Springer-Lehrbuch

Franz Schwabl

Statistische Mechanik

Dritte, aktualisierte Auflage
mit 189 Abbildungen, 26 Tabellen
und 186 Aufgaben

Professor Dr. Franz Schwabl
Physik-Department
Technische Universität München
James-Franck-Strasse
85747 Garching, Deutschland
e-mail: schwabl@ph.tum.de

ISBN-10 3-540-31095-9 3. Auflage Springer Berlin Heidelberg New York
ISBN-13 978-3-540-31095-2 3. Auflage Springer Berlin Heidelberg New York

ISBN 3-540-20360-5 2. Auflage Springer-Verlag Berlin Heidelberg New York

Bibliografische Information Der Deutschen Bibliothek.
Die Deutsche Bibliothek verzeichnet diese Publikation in der Deutschen Nationalbibliografie; detaillierte bibliografische Daten sind im Internet über <http://dnb.ddb.de> abrufbar.

Dieses Werk ist urheberrechtlich geschützt. Die dadurch begründeten Rechte, insbesondere die der Übersetzung, des Nachdrucks, des Vortrags, der Entnahme von Abbildungen und Tabellen, der Funksendung, der Mikroverfilmung oder der Vervielfältigung auf anderen Wegen und der Speicherung in Datenverarbeitungsanlagen, bleiben, auch bei nur auszugsweiser Verwertung, vorbehalten. Eine Vervielfältigung dieses Werkes oder von Teilen dieses Werkes ist auch im Einzelfall nur in den Grenzen der gesetzlichen Bestimmungen des Urheberrechtsgesetzes der Bundesrepublik Deutschland vom 9. September 1965 in der jeweils geltenden Fassung zulässig. Sie ist grundsätzlich vergütungspflichtig. Zuwiderhandlungen unterliegen den Strafbestimmungen des Urheberrechtsgesetzes.

Springer ist ein Unternehmen von Springer Science+Business Media

springer.de

© Springer-Verlag Berlin Heidelberg 2000, 2004, 2006
Printed in Germany

Die Wiedergabe von Gebrauchsnamen, Handelsnamen, Warenbezeichnungen usw. in diesem Werk berechtigt auch ohne besondere Kennzeichnung nicht zu der Annahme, daß solche Namen im Sinne der Warenzeichen- und Markenschutz-Gesetzgebung als frei zu betrachten wären und daher von jedermann benutzt werden dürften.

Satz: F. Schwabl und Satztechnik Katharina Steingraeber, Heidelberg
unter Verwendung eines Springer $\LaTeX 2_\varepsilon$ Makropakets
Herstellung: LE-TEX Jelonek, Schmidt & Vöckler GbR, Leipzig
Einbandgestaltung: *design & production* GmbH, Heidelberg

Gedruckt auf säurefreiem Papier   SPIN: 12041251   56/3180/YL - 5 4 3 2 1

Eine Theorie ist desto eindrucksvoller, je größer die Einfachheit ihrer Prämissen ist, je verschiedenartigere Dinge sie verknüpft und je weiter ihr Anwendungsbereich ist. Deshalb der tiefe Eindruck, den die klassische Thermodynamik auf mich machte. Es ist die einzige physikalische Theorie allgemeinen Inhaltes, von der ich überzeugt bin, daß sie im Rahmen der Anwendbarkeit ihrer Grundbegriffe niemals umgestoßen werden wird (zur besonderen Beachtung der grundsätzlichen Skeptiker).

Albert Einstein

Meiner Tochter Birgitta

Vorwort zur dritten Auflage

Die erfreulich positive Aufnahme des Buches hatte dazu geführt, daß innerhalb verhältnismäßig kurzer Zeit eine weitere Neuauflage erforderlich war. Dabei wurden an einer Reihe von Stellen erklärende Ergänzungen, Präzisierungen und Erweiterungen angebracht und Querverbindungen zwischen den einzelnen Abschnitten hervorgehoben. Das betrifft auch einen Teil der Übungsaufgaben. Ein Teil der Abbildungen wurde schöner gestaltet, der Umbruch wurde verbessert und Druckfehler korrigiert. Bei allen diesen Zusätzen habe ich darauf Bedacht genommen, den kompakten Charakter des Buches nicht zu verändern. Bei dieser Gelegenheit möchte ich allen Kollegen, Mitarbeitern und Studenten danken, die Verbesserungsvorschläge machten oder beim Korrekturlesen halfen. Herrn Dr. Th. Schneider und den an der Herstellung beteiligten Mitarbeitern des Springer-Verlages danke ich für die exzellente Zusammenarbeit.

München, *F. Schwabl*
im Januar 2006

Vorwort

Das vorliegende Lehrbuch behandelt die statistische Mechanik. Ziel ist eine deduktive Darstellung der statistischen Mechanik des Gleichgewichts basierend auf einer einzigen Hypothese – der Form der mikrokanonischen Dichtematrix – sowie der Behandlung der wichtigsten Elemente von Nichtgleichgewichtsphänomenen. Über die Grundlagen hinaus wird versucht, die Breite und Vielfalt der Anwendungen der statistischen Mechanik zu demonstrieren. Es werden auch modernere Gebiete wie Renormierungsgruppentheorie, Perkolation, stochastische Bewegungsgleichungen und deren Anwendungen in der kritischen Dynamik besprochen. Es wird Wert auf eine gestraffte Darstellung gelegt, die dennoch außer Kenntnis der Quantenmechanik keine weiteren Hilfsmittel benötigt. Die Verständlichkeit wird gewährleistet durch die Angabe aller mathematischen Schritte und ausführliche und vollständige Durchführung der Zwischenrechnungen. Am Ende jedes Kapitels sind eine Reihe von Übungsaufgaben angegeben. Teilabschnitte, die bei der ersten Lektüre übergangen werden können, sind mit einem Stern gekennzeichnet. Nebenrechnungen und Bemerkungen, die für das Verständnis nicht entscheidend sind, werden in Kleindruck dargestellt. Wo es hilfreich erscheint, werden Zitate angegeben, die keineswegs vollständig sind, aber zur weiteren Lektüre anregen sollen. Am Ende der fortgeschritteneren Kapitel befindet sich eine Liste von Lehrbüchern.

Im ersten Kapitel werden die Grundbegriffe der Wahrscheinlichkeitstheorie und Eigenschaften von Verteilungsfunktionen und Dichtematrizen dargestellt. In Kapitel 2 wird das mikrokanonische Ensemble und davon ausgehend grundlegende Begriffe wie Entropie, Druck und Temperatur eingeführt. Daran anschließend werden die Dichtematrizen für das kanonische und das großkanonische Ensemble abgeleitet. Das dritte Kapitel ist der Thermodynamik gewidmet. Hier wird der übliche Stoff (thermodynamische Potentiale, Hauptsätze, Kreisprozesse, etc.) mit besonderem Augenmerk auf die Theorie der Phasenübergänge, Mischungen und Grenzgebiete zur physikalischen Chemie behandelt. Kapitel 4 befaßt sich mit der statistischen Mechanik von idealen Quantensystemen, u. a. Bose-Einstein-Kondensation, Strahlungsfeld, Suprafluidität. Im Kapitel 5 werden reale Gase und Flüssigkeiten (innere Freiheitsgrade, van der Waals Gleichung, Mischungen) behandelt. Kapitel 6 ist den Erscheinungen des Magnetismus, u. a. magnetischen Phasenübergängen, gewidmet. Darüber hinaus werden damit verwandte Phänomene, wie z. B. die Gummielastizität, dargestellt. Kapitel 7 ist der Theorie der Phasenübergänge und kritischen Phänomenen gewidmet, wobei nach einem allgemeinen Überblick die Grundzüge der Renormierungsgruppentheorie dargestellt werden. Außerdem wird die Ginzburg-Landau- Theorie eingeführt, und als ein den kritischen Phänomenen verwandtes Gebiet die Perkolation besprochen. Die restlichen drei Kapitel handeln von Nichtgleichgewichtsvorgängen, das sind zunächst Brownsche Bewegung, Langevin- und Fokker-Planck-Gleichung und deren Anwendungen, sowie die Theorie der Boltzmann-Gleichung und daraus das H-Theorem und hydrodynamische Gleichungen. Im letzten Kapitel, über Irreversibilität, werden grundsätzliche Überlegungen über deren Zustandekommen und den Übergang ins Gleichgewicht angestellt. In den Anhängen wird u. a. der dritte Hauptsatz und die Herleitung der klassischen Verteilungsfunktion aus der Quantenstatistik dargestellt und die mikroskopische Herleitung hydrodynamischer Gleichungen. Diese ist nur deshalb in den Anhang verschoben, weil sie Methoden aus der fortgeschrittenen Quantenmechanik benützt, die über den Rahmen des Buches hinausgehen, und auch um den Gedankenfluß von Kapitel 10 nicht zu unterbrechen.

Das Buch wird Studenten der Physik und verwandter Fachgebiete ab dem 5. oder 6. Semester empfohlen, und Teile daraus können möglicherweise auch von Lehrenden nutzbringend verwendet werden. Dem Studierenden wird empfohlen, zunächst Abschnitte mit Stern oder Kleindruck zu übergehen, um so an den essentiellen Kern des Gebietes zu gelangen.

Dieses Buch ist aus Vorlesungen, die der Autor wiederholt an der Johannes Kepler Universität Linz und an der Technischen Universität München gehalten hat, entstanden. Am Schreiben des Manuskripts, am Lesen der Korrekturen haben viele Mitarbeiter mitgewirkt: Frau I. Wefers, Frau E. Jörg-Müller, die Herren M. Hummel, A. Vilfan, J. Wilhelm, K. Schenk, S. Clar, P. Maier, St. Fiedler, B. Kaufmann, M. Bulenda, K. Kroy, H. Schinz, A. Wonhas. Herr W. Gasser hat das gesamte Manuskript mehrfach gelesen und zahlreiche Korrekturvorschläge gemacht. Ratschläge meiner früheren Mitarbeiter, der Herren E. Frey und U. Täuber, waren ebenfalls sehr wertvoll. Ihnen und allen anderen Mitarbeitern, deren Hilfe wichtig war, sowie stellvertretend für den Springer-Verlag Herrn Dr. H.J. Kölsch sei an dieser Stelle herzlichst gedankt.

München, *F. Schwabl*
Dezember 1999

Inhaltsverzeichnis

1. **Grundlagen** 1
   1.1 Einleitung 1
   1.2 Exkurs über Wahrscheinlichkeitstheorie 4
       1.2.1 Wahrscheinlichkeitsdichte, charakteristische Funktion . 4
       1.2.2 Zentraler Grenzwertsatz 7
   1.3 Ensemble in der klassischen Statistik 9
       1.3.1 Phasenraum, Verteilungsfunktion 9
       1.3.2 Liouville-Gleichung 11
   1.4 Quantenstatistik 14
       1.4.1 Dichtematrix für reine und gemischte Gesamtheiten ... 14
       1.4.2 Von Neumann-Gleichung 15
   *1.5 Ergänzungen 17
       *1.5.1 Binomial- und Poisson-Verteilung 17
       *1.5.2 Gemischte Gesamtheiten und Dichtematrix
              von Teilsystemen 19
   Aufgaben 21

2. **Gleichgewichtsensemble** 25
   2.1 Vorbemerkungen 25
   2.2 Mikrokanonisches Ensemble 26
       2.2.1 Mikrokanonische Verteilungsfunktion und Dichtematrix 26
       2.2.2 Klassisches ideales Gas 30
       *2.2.3 Quantenmechanische harmonische Oszillatoren
              und Spin-Systeme 33
   2.3 Entropie 35
       2.3.1 Allgemeine Definition 35
       2.3.2 Extremaleigenschaft der Entropie 36
       2.3.3 Entropie im mikrokanonischen Ensemble 37
   2.4 Temperatur und Druck 38
       2.4.1 Systeme im Kontakt, Energieverteilungsfunktion,
              Definition der Temperatur 38
       2.4.2 Zur Schärfe von Verteilungsfunktionen
              von makroskopischen Größen 41
       2.4.3 Äußere Parameter, Druck 43

2.5 Eigenschaften einiger nicht wechselwirkender Systeme 46
 2.5.1 Ideales Gas 46
 *2.5.2 Nicht wechselwirkende quantenmechanische
    harmonische Oszillatoren und Spins 48
2.6 Kanonisches Ensemble 50
 2.6.1 Dichtematrix 50
 2.6.2 Beispiele: Maxwell-Verteilung
    und barometrische Höhenformel 53
 2.6.3 Entropie des kanonischen Ensembles
    und deren Extremalität 54
 2.6.4 Virialsatz und Äquipartitionstheorem
    (Gleichverteilungssatz) 54
 2.6.5 Thermodynamische Größen im kanonischen Ensemble . 58
 2.6.6 Weitere Eigenschaften der Entropie 60
2.7 Großkanonisches Ensemble............................... 63
 2.7.1 System mit Teilchenaustausch...................... 63
 2.7.2 Großkanonische Dichtematrix 64
 2.7.3 Thermodynamische Größen 65
 2.7.4 Großkanonisches Zustandsintegral
    für das klassische ideale Gas 67
 *2.7.5 Großkanonische Dichtematrix in Zweiter Quantisierung 69
Aufgaben 70

3. Thermodynamik 75
3.1 Potentiale und Hauptsätze der Gleichgewichtsthermodynamik . 75
 3.1.1 Definitionen 75
 3.1.2 Legendre-Transformation 79
 3.1.3 Gibbs-Duhem-Relation in homogenen Systemen 81
3.2 Ableitungen thermodynamischer Größen................... 82
 3.2.1 Definitionen 82
 3.2.2 Integrabilität und Maxwell-Relationen 84
 3.2.3 Jacobi-Determinante 87
 3.2.4 Beispiele 88
3.3 Fluktuationen und thermodynamische Ungleichungen 90
 3.3.1 Fluktuationen..................................... 90
 3.3.2 Ungleichungen 91
3.4 Absolute Temperatur und empirische Temperaturen 91
3.5 Thermodynamische Prozesse 93
 3.5.1 Begriffe der Thermodynamik....................... 93
 3.5.2 Irreversible Expansion eines Gases, Gay-Lussac-Versuch 95
 3.5.3 Statistische Begründung der Irreversibilität 97
 3.5.4 Reversible Vorgänge 98
 3.5.5 Adiabatengleichung 103
3.6 Erster und zweiter Hauptsatz 104

       3.6.1 Der erste und zweite Hauptsatz für reversible
             und irreversible Vorgänge........................ 104
      *3.6.2 Historische Formulierungen der Hauptsätze
             und andere Bemerkungen........................ 108
       3.6.3 Beispiele und Ergänzungen zum zweiten Hauptsatz ... 110
       3.6.4 Extremaleigenschaften 120
      *3.6.5 Thermodynamische Ungleichungen
             aus der Maximalität der Entropie 123
  3.7 Kreisprozesse 125
       3.7.1 Allgemein 125
       3.7.2 Carnot-Prozeß 126
       3.7.3 Allgemeiner Kreisprozeß.......................... 129
  3.8 Phasen von Einstoffsystemen (einkomponentigen Systemen)... 130
       3.8.1 Phasengrenzkurven 131
       3.8.2 Clausius-Clapeyron-Gleichung..................... 135
       3.8.3 Konvexität der freien Energie und Konkavität
             der freien Enthalpie............................... 140
       3.8.4 Tripelpunkt..................................... 142
  3.9 Gleichgewicht von mehrkomponentigen Systemen 145
       3.9.1 Verallgemeinerung der thermodynamischen Potentiale. 145
       3.9.2 Gibbs-Phasenregel und Phasengleichgewicht 147
       3.9.3 Chemische Reaktionen, Thermodynamisches
             Gleichgewicht und Massenwirkungsgesetz............ 151
      *3.9.4 Dampfdruckerhöhung durch Fremdgas
             und durch Oberflächenspannung.................... 157
Aufgaben 161

4. Ideale Quanten-Gase 169
  4.1 Großkanonisches Potential 169
  4.2 Klassischer Grenzfall $z = e^{\mu/kT} \ll 1$ 175
  4.3 Fast entartetes ideales Fermi-Gas 177
       4.3.1 Grundzustand, $T = 0$ 177
       4.3.2 Grenzfall starker Entartung........................ 178
      *4.3.3 Reale Fermionen 185
  4.4 Bose-Einstein-Kondensation 190
  4.5 Photonengas 198
       4.5.1 Eigenschaften von Photonen 198
       4.5.2 Die kanonische Zustandssumme 199
       4.5.3 Das Plancksche Strahlungsgesetz 201
      *4.5.4 Ergänzungen.................................... 204
      *4.5.5 Teilchenzahl–Fluktuationen von Fermionen
             und Bosonen.................................... 206
  4.6 Phononen in Festkörpern 207
       4.6.1 Harmonischer Hamilton-Operator 207
       4.6.2 Thermodynamische Eigenschaften 209

        *4.6.3 Anharmonische Effekte,
                Mie-Grüneisen-Zustandsgleichung 212
    4.7 Phononen und Rotonen in He II.......................... 214
        4.7.1 Die Anregungen (Quasiteilchen) von He II........... 214
        4.7.2 Thermische Eigenschaften 216
        *4.7.3 Suprafluidität, Zwei-Flüssigkeitsmodell 218
    Aufgaben 222

5. Reale Gase, Flüssigkeiten und Lösungen 227
    5.1 Ideales Molekül-Gas 227
        5.1.1 Hamilton-Operator und Zustandssumme 227
        5.1.2 Rotationsanteil.................................. 229
        5.1.3 Schwingungsanteil 232
        *5.1.4 Einfluß des Kernspins 234
    *5.2 Gemisch von idealen Molekülgasen...................... 236
    5.3 Virialentwicklung.. 239
        5.3.1 Herleitung....................................... 239
        5.3.2 Klassische Näherung für den zweiten Virialkoeffizienten 240
        5.3.3 Quantenkorrekturen zu den Virialkoeffizienten 244
    5.4 Van der Waals-Zustandsgleichung......................... 244
        5.4.1 Herleitung....................................... 244
        5.4.2 Maxwell-Konstruktion 249
        5.4.3 Gesetz der korrespondierenden Zustände 253
        5.4.4 Die Umgebung des kritischen Punktes............... 254
    5.5 Verdünnte Lösungen 260
        5.5.1 Zustandssumme und chemische Potentiale 260
        5.5.2 Osmotischer Druck 264
        *5.5.3 Lösung von Wasserstoff in Metallen (Nb, Pd,...) 265
        5.5.4 Gefrierpunktserniedrigung, Siedepunktserhöhung
                und Dampfdruckerniedrigung 266
    Aufgaben 269

6. Magnetismus 271
    6.1 Dichtematrix, Thermodynamik 271
        6.1.1 Hamilton-Operator und kanonische Dichtematrix 271
        6.1.2 Thermodynamische Relationen 275
        6.1.3 Ergänzungen und Bemerkungen 278
    6.2 Diamagnetismus von Atomen 281
    6.3 Paramagnetismus ungekoppelter magnetischer Momente 282
    6.4 Pauli-Paramagnetismus 287
    6.5 Ferromagnetismus 290
        6.5.1 Austauschwechselwirkung 290
        6.5.2 Molekularfeldnäherung für das Ising-Modell.......... 292
        6.5.3 Korrelationsfunktion und Suszeptibilität............. 303
        6.5.4 Ornstein–Zernike Korrelationsfunktion 304

		*6.5.5	Kontinuumsdarstellung............................ 308
*6.6	Dipolwechselwirkung, Formabhängigkeit, innere und äußere Felder 311
	6.6.1	Hamilton-Operator 311
	6.6.2	Thermodynamik und Magnetostatik 312
	6.6.3	Statistisch-mechanische Begründung 315
	6.6.4	Domänen.. 319
6.7	Anwendungen auf verwandte Phänomene 321
	6.7.1	Polymere, Gummielastizität 321
	6.7.2	Negative Temperaturen 324
	*6.7.3	Schmelzkurve von He³ 327
Aufgaben 329

7. Phasenübergänge, Renormierungsgruppentheorie und Perkolation 335

7.1 Phasenübergänge, kritische Phänomene 335
    7.1.1 Symmetriebrechung, Ehrenfestsche Klassifizierung 335
    *7.1.2 Beispiele für Phasenübergänge und Analogien 337
    7.1.3 Universalität....................................... 343
7.2 Statische Skalenhypothese 344
    7.2.1 Thermodynamische Größen, kritische Exponenten 344
    7.2.2 Skalenhypothese für die Korrelationsfunktion 348
7.3 Renormierungsgruppe................................... 350
    7.3.1 Einleitende Bemerkungen........................... 350
    7.3.2 Eindimensionales Ising-Modell, Dezimierungstransformation 351
    7.3.3 Zweidimensionales Ising-Modell 355
    7.3.4 Skalengesetze 361
    *7.3.5 Allgemeine Ortsraum RG-Transformationen 364
*7.4 Ginzburg-Landau-Theorie 367
    7.4.1 Ginzburg-Landau-Funktional 367
    7.4.2 Ginzburg-Landau-Näherung 370
    7.4.3 Fluktuationen in Gaußscher Näherung 372
    7.4.4 Kontinuierliche Symmetrie, Phasenübergänge erster Ordnung..................... 379
    *7.4.5 Impulsschalen-Renormierungsgruppe 386
*7.5 Perkolation 394
    7.5.1 Das Phänomen der Perkolation..................... 394
    7.5.2 Theoretische Beschreibung der Perkolation 398
    7.5.3 Perkolation in einer Dimension 399
    7.5.4 Bethe-Gitter (Cayley-Baum)....................... 400
    7.5.5 Allgemeine Skalentheorie 405
    7.5.6 Renormierungsgruppentheorie im Ortsraum.......... 408
Aufgaben 411

8. Brownsche Bewegung, Stochastische Bewegungsgleichungen und Fokker-Planck-Gleichungen ... 417

- 8.1 Langevin-Gleichungen ... 417
  - 8.1.1 Freie Langevin-Gleichung ... 417
  - 8.1.2 Langevin-Gleichung in einem Kraftfeld ... 422
- 8.2 Herleitung der Fokker-Planck-Gleichung aus der Langevin-Gleichung ... 424
  - 8.2.1 Fokker-Planck-Gleichung für die Langevin-Gleichung (8.1.1) ... 424
  - 8.2.2 Herleitung der Smoluchowski-Gleichung für die überdämpfte Langevin-Gleichung (8.1.23) ... 426
  - 8.2.3 Fokker-Planck-Gleichung für die Langevin-Gleichung (8.1.22b) ... 428
- 8.3 Beispiele und Anwendungen ... 428
  - 8.3.1 Integration der Fokker-Planck-Gleichung (8.2.6) ... 428
  - 8.3.2 Chemische Reaktion ... 431
  - 8.3.3 Kritische Dynamik ... 433
  - *8.3.4 Smoluchowski-Gleichung und supersymmetrische Quantenmechanik ... 438
- Aufgaben ... 441

9. Boltzmann-Gleichung ... 445

- 9.1 Einleitung ... 445
- 9.2 Herleitung der Boltzmann-Gleichung ... 446
- 9.3 Folgerungen aus der Boltzmann-Gleichung ... 451
  - 9.3.1 H-Theorem und Irreversibilität ... 451
  - *9.3.2 Verhalten der Boltzmann-Gleichung unter Zeitumkehr . 454
  - 9.3.3 Stoßinvarianten und lokale Maxwell-Verteilung ... 455
  - 9.3.4 Erhaltungssätze ... 457
  - 9.3.5 Hydrodynamische Gleichungen im lokalen Gleichgewicht ... 460
- *9.4 Linearisierte Boltzmann-Gleichung ... 464
  - 9.4.1 Linearisierung ... 464
  - 9.4.2 Skalarprodukt ... 465
  - 9.4.3 Eigenfunktionen von $\mathcal{L}$ und Entwicklung der Lösungen der Boltzmann-Gleichung ... 466
  - 9.4.4 Hydrodynamischer Grenzfall ... 469
  - 9.4.5 Lösungen der hydrodynamischen Gleichungen ... 474
- *9.5 Ergänzungen ... 476
  - 9.5.1 Relaxationszeitnäherung ... 476
  - 9.5.2 Berechnung von $W(\mathbf{v}_1, \mathbf{v}_2; \mathbf{v}'_1, \mathbf{v}'_2)$ ... 477
- Aufgaben ... 484

**10. Irreversibilität und Streben
   ins Gleichgewicht** 489
   10.1 Vorbemerkungen 489
   10.2 Wiederkehrzeit 491
   10.3 Der Ursprung makroskopischer irreversibler
        Bewegungsgleichungen 494
        10.3.1 Mikroskopisches Modell zur Brownschen Bewegung ... 494
        10.3.2 Mikroskopische zeitumkehrbare und makroskopische
               irreversible Bewegungsgleichungen, Hydrodynamik.... 500
   *10.4 Master-Gleichung und Irreversibilität
         in der Quantenmechanik 501
   10.5 Wahrscheinlichkeit und Phasenraumvolumen 504
        *10.5.1 Wahrscheinlichkeit und Zeitabstand
                großer Fluktuationen 504
        10.5.2 Ergodenhypothese 507
   10.6 Gibbssche und Boltzmannsche Entropie
        und deren Zeitverhalten 508
        10.6.1 Zeitableitung der Gibbsschen Entropie 508
        10.6.2 Boltzmann-Entropie 509
   10.7 Irreversibilität und Zeitumkehr 510
        10.7.1 Expansion eines Gases 510
        10.7.2 Beschreibung des Expansionsexperiments im μ-Raum . 515
        10.7.3 Einfluß äußerer Störungen auf die Trajektorien
               der Teilchen 516
   *10.8 Entropietod oder geordnete Strukturen? 518
   Aufgaben 520

Anhang 525
   A Nernstsches Theorem (3. Hauptsatz) 525
      A.1 Vorbemerkungen zur historischen Entwicklung
           des Nernstschen Theorems 525
      A.2 Nernstsches Theorem und thermodynamische
           Konsequenzen 526
      A.3 Restentropie, Metastabilität etc 528
   B Klassischer Grenzfall und Quantenkorrekturen 533
      B.1 Klassischer Grenzfall.............................. 533
      B.2 Berechnung der quantenmechanischen Korrekturen ... 538
      B.3 Quantenkorrekturen
           zum zweiten Virialkoeffizienten $B(T)$ 543
   C Störungsentwicklung 548
   D Riemannsche ζ-Funktion und Bernoulli-Zahlen 550
   E Herleitung des Ginzburg-Landau-Funktionals 551
   F Transfermatrix-Methode................................. 558
   G Integrale mit der Maxwell-Verteilung..................... 560
   H Hydrodynamik 561

	H.1	Hydrodynamische Gleichungen, phänomenologisch 562
	H.2	Kubo-Relaxationsfunktion 563
	H.3	Mikroskopische Ableitung hydrodynamischer Gleichungen 565
I	Einheiten, Tabellen 570

Sachverzeichnis 579

1. Grundlagen

1.1 Einleitung

Die statistische Mechanik behandelt die physikalischen Eigenschaften von Systemen, die aus sehr vielen Teilchen bestehen, d.h. Vielteilchensystemen, aufgrund der mikroskopischen Naturgesetze. Beispiele derartiger Vielteilchensysteme sind Gase, Flüssigkeiten, Festkörper in ihren verschiedenen Formen (kristallin, amorph), flüssige Kristalle, biologische Systeme, Sternmaterie, das Strahlungsfeld etc. Zu den interessierenden physikalischen Eigenschaften gehören Gleichgewichtseigenschaften (spezifische Wärme, thermische Ausdehnung, Elastizitätsmodul, magnetische Suszeptibilität, etc.) und Transporteigenschaften (Wärmeleitfähigkeit, elektrische Leitfähigkeit, etc.).

Schon lange vor ihrer Fundierung durch die statistische Mechanik wurde die Thermodynamik entwickelt, die allgemeine Beziehungen zwischen den makroskopischen Parametern des Systems lieferte. Der erste Hauptsatz der Thermodynamik wurde von Robert Mayer 1842 formuliert; dieser besagt, daß sich der Energieinhalt eines Körpers aus der Summe der an ihm geleisteten Arbeit und der ihm zugeführten Wärmemenge zusammensetzt:

$$dE = \delta Q + \delta A \ . \tag{1.1.1}$$

Daß Wärme eine Form von Energie ist oder präziser, daß Energie in Form von Wärme übertragen werden kann, wurde von Joule in den Jahren 1843–1849 experimentell überprüft (Reibungsversuche).

Der zweite Hauptsatz wurde von Clausius und von Lord Kelvin (W. Thomson[1]) 1850 aufgestellt. Dieser geht von der Feststellung aus, daß ein und derselbe Zustand eines thermodynamischen Systems durch unterschiedliche Aufteilung der Energiezufuhr in Wärme und Arbeitsanteil erreicht werden kann, d.h. Wärme ist keine „Zustandsgröße" (Zustandsgröße = physikalische Größe, die durch den Zustand des Systems bestimmt ist; später wird dieser Begriff mathematisch präzise festgelegt). Die wesentliche Erkenntnis des zweiten Hauptsatzes war, daß es eine Zustandsgröße S, die Entropie, gibt, die für reversible Veränderungen mit der Wärmezufuhr durch

---

[1] Geb. W. Thomson, der Name wurde später in Zusammenhang mit der Adelserhebung für hervorragende wissenschaftliche Verdienste angenommen.

$$\delta Q = T dS \qquad (1.1.2)$$

zusammenhängt, während für irreversible Vorgänge $\delta Q < T dS$ ist. Der zweite Hauptsatz ist identisch mit der Feststellung, daß ein perpetuum mobile 2. Art unmöglich ist (p.m. 2. Art = periodisch arbeitende Maschine, die nur ein Wärmereservoir abkühlt und Arbeit leistet).

Die atomistische Fundierung der Thermodynamik wurde eingeleitet durch die kinetische Theorie verdünnter Gase. Die von Maxwell (1831–1879) gefundene Geschwindigkeitsverteilung erlaubt die Ableitung der kalorischen und thermischen Zustandsgleichung von idealen Gasen. Boltzmann (1844–1906) stellte im Jahre 1874 die nach ihm benannte grundlegende Transportgleichung auf. Er leitete daraus das Anwachsen der Entropie (H-Theorem) beim Streben ins Gleichgewicht her. Weiter erkannte Boltzmann, daß die Entropie mit der Zahl der Zustände $W(E, V, \ldots)$, die mit den makroskopischen Angaben der Energie E, des Volumens $V, \ldots$ verträglich sind, durch

$$S \propto \log W(E, V, \ldots) \qquad (1.1.3)$$

zusammenhängt.[2] Es ist bemerkenswert, daß die atomistischen Grundlagen der Theorie der Gase zu einer Zeit geschaffen wurden, in der der atomare Aufbau der Materie nicht nur experimentell nicht gesichert war, sondern von angesehenen Physikern wie Mach (1828–1916) sogar zugunsten von Kontinuumstheorien erheblich angezweifelt wurde.

Die Beschreibung makroskopischer Systeme durch statistische Ensembles wurde von Boltzmann durch die Ergodenhypothese begründet. Grundlegende Beiträge zur Thermodynamik und statistischen Theorie der makroskopischen Systeme erfolgten von Gibbs (1839–1903) in den Jahren 1870–1900.

Erst durch die Quantentheorie (1925) war die korrekte Theorie im atomaren Bereich geschaffen. Im Unterschied zur klassischen statistischen Mechanik nennt man die auf der Quantentheorie basierende statistische Mechanik auch Quantenstatistik. Viele Phänomene wie z.B. elektronische Eigenschaften von Festkörpern, Supraleitung, Suprafluidität, Magnetismus, konnten erst auf der Basis der Quantenstatistik erklärt werden.

Auch heute gehört die statistische Mechanik noch zu den aktivsten Gebieten der theoretischen Physik: Theorie der Phasenübergänge, Theorie der Flüssigkeiten, ungeordnete Festkörper, Polymere, Membrane, biologische Systeme, granulare Medien, Oberflächen, Grenzflächen, Theorie der irreversiblen Prozesse, Systeme weit entfernt vom Gleichgewicht, nichtlineare Prozesse, Strukturbildung in offenen Systemen, biologische Vorgänge, und immer noch Magnetismus und Supraleitung.

Nach diesen Bemerkungen über den Problemkreis der statistischen Mechanik und über deren historische Entwicklung wollen wir nun einige charakteristische Probleme, die sich in der Theorie makroskopischer Systeme erge-

---

[2] Planck ergänzte diese Formel zu $S = k \log W$, wodurch die Ableitung $\left(\frac{\partial S}{\partial E}\right)^{-1}$ gleich der absoluten Temperatur ist.

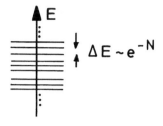

Abb. 1.1. Abstand der Energieniveaus für große Teilchenzahl N.

ben, aufzeigen. Konventionelle makroskopische Systeme wie Gase, Flüssigkeiten und Festkörper bei Zimmertemperatur bestehen aus $10^{19} - 10^{23}$ Teilchen pro cm^3. Die Zahl der quantenmechanischen Eigenzustände wächst natürlich mit der Teilchenzahl. Wie wir später sehen werden, ist der Abstand der Energieniveaus von der Größe e^{-N}, d.h. die Energieniveaus liegen so dicht, daß schon die kleinste Störung das System von einem Zustand in einen anderen überführen kann, der faktisch die gleiche Energie besitzt. Soll man nun als Ziel die Berechnung des Bewegungsablaufs der $3N$ Koordinaten in der klassischen Physik anstreben, oder der Zeitabhängigkeit der Wellenfunktion in der Quantenmechanik, um daraus Zeitmittelwerte berechnen zu können? Beide derartige Unterfangen wären undurchführbar und sind auch überflüssig. Man kann weder Newtonsche Gleichungen noch die Schrödinger-Gleichung für $10^{19} - 10^{23}$ Teilchen lösen. Und selbst wenn wir die Lösung hätten, würden wir nicht alle Koordinaten und Geschwindigkeiten oder Quantenzahlen im quantenmechanischen Fall kennen, um die Anfangswerte festzulegen. Außerdem spielt die detaillierte Zeitentwicklung für die interessierenden, makroskopischen Eigenschaften keine Rolle. Darüber hinaus führt auch die schwächste Wechselwirkung (äußere Störung), die auch bei der besten Isolierung von der Umgebung immer noch vorhanden ist, zur Änderung des mikroskopischen Zustandes bei gleichbleibenden makroskopischen Eigenschaften.

Es sind für die weitere Diskussion zwei Begriffe zu definieren.
Mikrozustand: Dieser ist definiert durch die Wellenfunktion des Systems in der Quantenmechanik, bzw. durch alle Koordinaten und Impulse des Systems in der klassischen Physik.
Makrozustand: Dieser wird charakterisiert durch einige makroskopische Angaben (Energie, Volumen, ...).
Aus den vorhergehenden Überlegungen folgt, daß der Zustand eines makroskopischen Systems statistisch beschrieben werden muß. Der Umstand, daß das System während des Meßvorganges eine Verteilung von Mikrozuständen durchläuft, erfordert, daß der Makrozustand durch Angabe der Wahrscheinlichkeit für das Auftreten bestimmter Mikrozustände zu charakterisieren ist. Die Gesamtheit der mit ihrer Häufigkeit gewichteten Mikrozustände, die einen Makrozustand repräsentieren, nennt man ein *statistisches Ensemble*. Statt Ensemble ist auch der Ausdruck statistische Gesamtheit oder Gesamtheit gebräuchlich.

Obwohl der Zustand eines makroskopischen Systems durch ein statistisches Ensemble charakterisiert wird, sind die Vorhersagen für makroskopische Größen scharf. Mittelwerte und Schwankungsquadrate sind beide proportional zur Teilchenzahl N. Die relative Schwankung, das Verhältnis von Schwankung zu Mittelwert, geht im thermodynamischen Grenzfall gegen Null (siehe (1.2.21c)).

1.2 Exkurs über Wahrscheinlichkeitstheorie

Wir wollen an dieser Stelle einige grundlegende mathematische Definitionen aus der Wahrscheinlichkeitstheorie zusammenstellen, um dann den zentralen Grenzwertsatz abzuleiten.[3]

1.2.1 Wahrscheinlichkeitsdichte, charakteristische Funktion

Zunächst müssen wir den Begriff der *Zufallsvariable* erläutern. Darunter versteht man eine Größe X, die Werte x abhängig von den Elementen e einer „Ereignismenge" E annehmen kann. Bei jeder einzelnen Beobachtung steht der Wert von X nicht fest, sondern es ist lediglich die Wahrscheinlichkeit für das Auftreten eines der möglichen Ergebnisse (Ereignisse) aus E bekannt. So ist bei einem idealen Würfel die Zufallsvariable die Augenzahl, die Werte von 1 bis 6 annehmen kann, wobei jedes dieser Ereignisse die Wahrscheinlichkeit 1/6 besitzt. Hätten wir die genaue Kenntnis der Anfangslage und der durch den Wurf ausgeübten Kräfte, wäre das Ergebnis des Wurfes aus der klassischen Mechanik berechenbar. In Unkenntnis derartiger detaillierter Angaben kann man nur die oben genannte Wahrscheinlichkeitsaussage treffen. Sei $e \in E$ ein Ereignis aus der Menge E und P_e die zugehörige Wahrscheinlichkeit, dann ist bei einer großen Zahl N von Versuchen die Anzahl N_e, mit der das Ergebnis e auftritt, durch $\lim_{N \to \infty} \frac{N_e}{N} = P_e$ mit P_e verknüpft.

Es sei X eine *Zufallsvariable*. Die von X angenommenen Werte x seien kontinuierlich verteilt, und die *Wahrscheinlichkeitsdichte* der Zufallsvariablen sei $w(x)$. Das bedeutet, $w(x)dx$ ist die Wahrscheinlichkeit, daß X einen Wert im Intervall $[x, x + dx]$ annimmt. Die gesamte Wahrscheinlichkeit ist eins, d.h., $w(x)$ ist auf eins normiert:

$$\int_{-\infty}^{+\infty} dx\, w(x) = 1 \,. \tag{1.2.1}$$

Definition 1: Der Mittelwert von X ist durch

$$\langle X \rangle = \int_{-\infty}^{+\infty} dx\, w(x)\, x \tag{1.2.2}$$

---

[3] Siehe z.B.: M. Fisz, *Wahrscheinlichkeitsrechnung und mathematische Statistik*, VEB Deutscher Verlag der Wissenschaften, Berlin, 1980.

definiert. Nun sei $F(X)$ eine Funktion der Zufallsvariablen X; man nennt dann $F(X)$ Zufallsfunktion. Deren Mittelwert ist entsprechend (1.2.2) durch

$$\langle F(X)\rangle = \int dx\, w(x) F(x) \tag{1.2.2'}$$

definiert.[4] Besondere Bedeutung haben die Potenzen von X, durch deren Mittelwerte die Momente der Wahrscheinlichkeitsdichte eingeführt werden.
Definition 2: Das *n-te Moment* der Wahrscheinlichkeitsdichte $w(x)$ ist durch

$$\mu_n = \langle X^n \rangle \tag{1.2.3}$$

definiert. (Das erste Moment von $w(x)$ ist durch den Mittelwert gegeben).
Definition 3: Das Schwankungsquadrat ist definiert durch

$$(\Delta x)^2 = \langle X^2 \rangle - \langle X \rangle^2 = \left\langle \left(X - \langle X \rangle\right)^2 \right\rangle . \tag{1.2.4}$$

Definition 4: Schließlich definieren wir die *charakteristische Funktion*:

$$\chi(k) = \int dx\, e^{-ikx} w(x) \equiv \left\langle e^{-ikX} \right\rangle . \tag{1.2.5}$$

Durch Umkehrung der Fouriertransformation kann $w(x)$ durch $\chi(k)$ ausgedrückt werden

$$w(x) = \int \frac{dk}{2\pi} e^{ikx} \chi(k) . \tag{1.2.6}$$

Unter der Voraussetzung, daß alle Momente der Wahrscheinlichkeitsdichte $w(x)$ existieren, folgt aus Gl. (1.2.5) folgende Darstellung der charakteristischen Funktion

$$\chi(k) = \sum_n \frac{(-ik)^n}{n!} \langle X^n \rangle . \tag{1.2.7}$$

Falls das Wertespektrum von X diskret ist, also die Werte $\xi_1, \xi_2, \ldots$ mit Wahrscheinlichkeiten $p_1, p_2, \ldots$ angenommen werden, ist die Wahrscheinlichkeitsdichte von der Form

$$w(x) = p_1 \delta(x - \xi_1) + p_2 \delta(x - \xi_2) + \ldots . \tag{1.2.8}$$

Häufig wird die Wahrscheinlichkeitsdichte diskrete und kontinuierliche Bereiche haben.

Für mehrdimensionale (mehrkomponentige) Systeme $\mathbf{X} = (X_1, X_2, \ldots)$ seien die von $\mathbf{X}$ angenommenen Werte $\mathbf{x} = (x_1, x_2, \ldots)$. Dann ist die Wahrscheinlichkeitsdichte $w(\mathbf{x})$ und besitzt folgende Bedeutung: Es ist $w(\mathbf{x}) d\mathbf{x} \equiv w(\mathbf{x}) dx_1 dx_2 \ldots dx_N$ die Wahrscheinlichkeit, $\mathbf{x}$ im Hyperkubus $\mathbf{x}, \mathbf{x} + d\mathbf{x}$ zu finden.

---

[4] Falls die Integrationsgrenzen nicht angegeben sind, erstreckt sich die Integration von $-\infty$ bis $+\infty$. Eine analoge Vereinfachung der Notation verwenden wir auch bei mehrdimensionalen Integralen.

1. Grundlagen

Definition 5: Der Mittelwert einer Funktion $F(\mathbf{X})$ der Zufallsvariablen $\mathbf{X}$ ist durch

$$\langle F(\mathbf{X})\rangle = \int d\mathbf{x}\, w(\mathbf{x})F(\mathbf{x}) \tag{1.2.9}$$

definiert.

Theorem: Wahrscheinlichkeitsdichte von Zufallsfunktionen
Eine Funktion F der Zufallsvariablen $\mathbf{X}$ ist selbst eine Zufallsvariable, die Werte f entsprechend einer Wahrscheinlichkeitsdichte $w_F(f)$ annimmt. Die Wahrscheinlichkeitsdichte $w_F(f)$ kann aus der Wahrscheinlichkeitsdichte $w(\mathbf{x})$ berechnet werden. Wir behaupten:

$$w_F(f) = \langle \delta(F(\mathbf{X}) - f)\rangle \,. \tag{1.2.10}$$

Beweis: Wir drücken die Wahrscheinlichkeitsdichte $w_F(f)$ durch ihre charakteristische Funktion aus

$$w_F(f) = \int \frac{dk}{2\pi} e^{ikf} \sum_n \frac{(-ik)^n}{n!} \langle F^n\rangle \,.$$

Setzen wir für $\langle F^n\rangle = \int d\mathbf{x}\, w(\mathbf{x}) F(\mathbf{x})^n$ ein, ergibt sich

$$w_F(f) = \int \frac{dk}{2\pi} e^{ikf} \int d\mathbf{x}\, w(\mathbf{x}) e^{-ikF(\mathbf{x})}$$

und nach Verwendung der Fourier-Darstellung der δ-Funktion $\delta(y) = \int \frac{dk}{2\pi} e^{iky}$ schließlich

$$w_F(f) = \int d\mathbf{x}\, w(\mathbf{x}) \delta(f - F(\mathbf{x})) = \langle \delta(F(\mathbf{X}) - f)\rangle \,,$$

also (1.2.10).
Definition 6: Für mehrdimensionale Verteilungen definieren wir *Korrelationen*

$$K_{ij} = \langle (X_i - \langle X_i\rangle)(X_j - \langle X_j\rangle)\rangle \tag{1.2.11}$$

der Zufallsvariablen X_i und X_j. Diese geben an, inwieweit Fluktuationen (Abweichungen vom Mittelwert) von X_i und X_j korreliert sind.

Falls die Variable x_i unabhängig von den übrigen auftritt, also die Wahrscheinlichkeitsdichte die Form

$$w(\mathbf{x}) = w_i(x_i) w'(\{x_k, k \neq i\})$$

hat, wobei $w'(\{x_k, k \neq i\})$ nicht von x_i abhängt, dann ist $K_{ij} = 0$ für $j \neq i$, also X_i und X_j unkorreliert.

Im Spezialfall
$$w(\mathbf{x}) = w_1(x_1)\cdots w_N(x_N)$$
sind die stochastischen Variablen $X_1,\ldots,X_N$ völlig unkorreliert.

Sei $P_n(x_1,\ldots,x_{n-1},x_n)$ die Wahrscheinlichkeitsdichte der Zufallsvariablen $X_1,\ldots,X_{n-1},X_n$. Dann ist die Wahrscheinlichkeitsdichte für eine Untermenge dieser Zufallsvariablen durch Integration von P_n über den Wertebereich der übrigen Zufallsvariablen gegeben; z.B. ist die Wahrscheinlichkeitsdichte $P_{n-1}(x_1,\ldots,x_{n-1})$ für die Zufallsvariablen $X_1,\ldots,X_{n-1}$

$$P_{n-1}(x_1,\ldots,x_{n-1}) = \int dx_n\, P_n(x_1,\ldots,x_{n-1},x_n)\;.$$

Schließlich führen wir noch den Begriff der *bedingten Wahrscheinlichkeit* und der bedingten Wahrscheinlichkeitsdichte ein.

Definition 7: Sei $P_n(x_1,\ldots,x_n)$ die Wahrscheinlichkeit(sdichte). Die bedingte Wahrscheinlichkeit(sdichte)

$$P_{k|n-k}(x_1,\ldots,x_k|x_{k+1},\ldots,x_n)$$

ist definiert durch die Wahrscheinlichkeit(sdichte) von $x_1,\ldots,x_k$, wenn mit Sicherheit $x_{k+1},\ldots,x_n$ vorliegen. Es gilt

$$P_{k|n-k}(x_1,\ldots,x_k|x_{k+1},\ldots,x_n) = \frac{P_n(x_1,\ldots,x_n)}{P_{n-k}(x_{k+1},\ldots,x_n)}\;, \quad (1.2.12)$$

wobei $P_{n-k}(x_{k+1},\ldots,x_n) = \int dx_1\ldots dx_k\, P_n(x_1,\ldots,x_n)\;.$

Anmerkung zur bedingten Wahrscheinlichkeit: Formel (1.2.12) wird in der mathematischen Literatur meist als Definition eingeführt, sie kann aber folgendermaßen deduziert werden, wenn man die Wahrscheinlichkeiten mit den statistischen Häufigkeiten identifiziert. $P_n(x_1,\ldots,x_k,x_{k+1},\ldots,x_n)$ bei festen $x_{k+1},\ldots,x_n$ legt die Häufigkeit der $x_1,\ldots,x_k$ bei festen $x_{k+1},\ldots,x_n$ fest. Die Wahrscheinlichkeitsdichte, die diesen Häufigkeiten entspricht, ist deshalb proportional zu $P_n(x_1,\ldots,x_k,x_{k+1},\ldots,x_n)$. Da $\int dx_1\ldots dx_k\, P_n(x_1,\ldots,x_k,x_{k+1},\ldots,x_n) = P_{n-k}(x_{k+1},\ldots,x_n)$, ist die auf 1 normierte bedingte Wahrscheinlichkeitsdichte

$$P_{k|n-k}(x_1,\ldots,x_k|x_{k+1},\ldots,x_n) = \frac{P_n(x_1,\ldots,x_n)}{P_{n-k}(x_{k+1},\ldots,x_n)}\;.$$

1.2.2 Zentraler Grenzwertsatz

Gegeben seien voneinander unabhängige Zufallsgrößen $X_1,X_2,\ldots,X_N$, die durch gleiche aber unabhängige Wahrscheinlichkeitsverteilungen $w(x_1), w(x_2), \ldots, w(x_N)$ charakterisiert seien. Der Mittelwert und das Schwankungsquadrat der $X_1,\ldots,X_N$ mögen existieren. Gesucht ist die Wahrscheinlichkeitsdichte für die Summe

$$Y = X_1 + X_2 + \ldots + X_N \quad (1.2.13)$$

1. Grundlagen

in der Grenze für $N \to \infty$. Es wird sich zeigen, daß die Wahrscheinlichkeitsdichte für Y durch eine Gauß-Verteilung gegeben ist.

Anwendungsbeispiele für diese Situation sind

a) System von *nicht wechselwirkenden Teilchen*
   X_i = Energie des i-ten Teilchens, Y = Gesamtenergie des Systems

b) *Random Walk* (Zufallsbewegung)
   X_i = Zuwachs beim i-ten Schritt, Y = Position nach N Schritten.

Zur übersichtlichen Berechnung der Wahrscheinlichkeitsdichte von Y ist es zweckmäßig, die Zufallsvariable Z einzuführen

$$Z = \sum_i (X_i - \langle X \rangle)/\sqrt{N} = (Y - N\langle X \rangle)/\sqrt{N} \;, \tag{1.2.14}$$

wo $\langle X \rangle \equiv \langle X_1 \rangle = \ldots = \langle X_N \rangle$ definiert ist.

Nach (1.2.10) ist die Wahrscheinlichkeitsdichte $w_Z(z)$ der Zufallsvariablen Z durch

$$\begin{aligned} w_Z(z) &= \int dx_1 \ldots dx_N\, w(x_1) \ldots w(x_N)\, \delta\!\left(z - \frac{x_1 + \ldots + x_N}{\sqrt{N}} + \sqrt{N}\langle X\rangle\right) \\ &= \int \frac{dk}{2\pi} e^{ikz} \int dx_1 \ldots dx_N\, w(x_1) \ldots w(x_N) e^{\frac{-ik(x_1+\ldots+x_N)}{\sqrt{N}}+ik\sqrt{N}\langle X\rangle} \\ &= \int \frac{dk}{2\pi} e^{ikz + ik\sqrt{N}\langle X\rangle} \left(\chi\!\left(\frac{k}{\sqrt{N}}\right)\right)^N \end{aligned} \tag{1.2.15}$$

gegeben, wobei $\chi(q)$ die charakteristische Funktion zu $w(x)$ ist.

Die Darstellung (1.2.7) der charakteristischen Funktion durch die Momente der Wahrscheinlichkeitsdichte kann man umformen, indem man den Logarithmus der Momentenentwicklung nimmt.

$$\chi(q) = \exp\!\left[-iq\langle X\rangle - \frac{1}{2}q^2(\Delta x)^2 + \ldots q^3 + \ldots\right], \tag{1.2.16}$$

d.h. allgemein

$$\chi(q) = \exp\!\left[\sum_{n=1}^{\infty} \frac{(-iq)^n}{n!} C_n\right]. \tag{1.2.16'}$$

Im Unterschied zu (1.2.7) wird in (1.2.16') der Logarithmus der charakteristischen Funktion in eine Potenzreihe entwickelt. Die darin auftretenden Entwicklungskoeffizienten C_n heißen *Kumulanten n-ter Ordnung*. Sie sind durch die Momente (1.2.3) ausdrückbar; die drei niedrigsten haben die Gestalt:

$$\begin{aligned} C_1 &= \langle X \rangle = \mu_1 \\ C_2 &= (\Delta x)^2 = \langle X^2 \rangle - \langle X \rangle^2 = \mu_2 - \mu_1^2 \\ C_3 &= \langle X^3 \rangle - 3\langle X^2 \rangle \langle X \rangle + 2\langle X \rangle^3 = \mu_3 - 3\mu_1\mu_2 + 2\mu_1^3 \;. \end{aligned} \tag{1.2.17}$$

Die Relationen (1.2.17) zwischen den Kumulanten und Momenten erhält man, indem man die Exponentialfunktion in (1.2.16) bzw. (1.2.16') entwickelt und die Koeffizienten der Taylor-Reihe mit (1.2.7) vergleicht.

Einsetzen von (1.2.16) in (1.2.15) ergibt

$$w_Z(z) = \int \frac{dk}{2\pi} e^{ikz - \frac{1}{2}k^2(\Delta x)^2 + \ldots k^3 N^{-\frac{1}{2}} + \ldots} . \qquad (1.2.18)$$

Daraus folgt unter Vernachlässigung der Terme, die für große N wie $1/\sqrt{N}$ oder stärker gegen Null gehen

$$w_Z(z) = \left(2\pi(\Delta x)^2\right)^{-1/2} e^{-\frac{z^2}{2(\Delta x)^2}} \qquad (1.2.19)$$

und schließlich unter Verwendung von $W_Y(y)dy = W_Z(z)dz$ für die Wahrscheinlichkeitsdichte der Zufallsvariablen Y

$$w_Y(y) = \left(2\pi N(\Delta x)^2\right)^{-1/2} e^{-\frac{(y-\langle X \rangle N)^2}{2(\Delta x)^2 N}} . \qquad (1.2.20)$$

Dies ist der *zentrale Grenzwertsatz*. $w_Y(y)$ ist eine Gauß-Verteilung, obwohl keineswegs vorausgesetzt war, daß $w(x)$ eine solche Verteilung war.

Mittelwert: $\qquad \langle Y \rangle = N \langle X \rangle \qquad (1.2.21\text{a})$

Schwankungsbreite: $\qquad \Delta y = \Delta x \sqrt{N} \qquad (1.2.21\text{b})$

Relative Schwankung: $\dfrac{\Delta y}{\langle Y \rangle} = \dfrac{\Delta x \sqrt{N}}{N \langle X \rangle} = \dfrac{\Delta x}{\langle X \rangle \sqrt{N}} . \qquad (1.2.21\text{c})$

Der zentrale Grenzwertsatz ist die mathematische Grundlage dafür, daß im Grenzfall großer N die Aussagen über Y scharf werden. Die relative Schwankung, das Verhältnis von Schwankung zu Mittelwert, geht nach (1.2.21c) im Grenzfall großer N gegen Null.

1.3 Ensemble in der klassischen Statistik

Obwohl die korrekte Theorie im atomistischen Bereich auf der Quantentheorie basiert und die klassische Statistik aus der Quantenstatistik abgeleitet werden kann, ist aus Gründen der anschaulichen Begriffsbildung zweckmäßig, die klassische Statistik schon jetzt parallel zur Quantenstatistik zu entwickeln. Wir werden später die klassische Verteilungsfunktion in ihrem Gültigkeitsgebiet aus der Quantenstatistik herleiten.

1.3.1 Phasenraum, Verteilungsfunktion

Wir betrachten N Teilchen in drei Dimensionen mit Koordinaten $q_1, \ldots, q_{3N}$ und Impulsen $p_1, \ldots, p_{3N}$. Als *Phasenraum*, auch Γ-Raum genannt, definiert

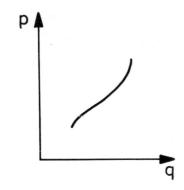

Abb. 1.2. Trajektorie im Phasenraum. Hier repräsentieren q und p die $6N$ Koordinaten und Impulse $q_1, \ldots, q_{3N}$ und $p_1, \ldots, p_{3N}$.

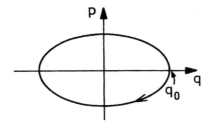

Abb. 1.3. Phasenbahn des eindimensionalen harmonischen Oszillators.

man den Raum, der durch die $6N$ Koordinaten und Impulse aufgespannt wird. Ein mikroskopischer Zustand wird durch einen Punkt im Γ-Raum und die Bewegung des Gesamtsystems durch eine Kurve im Phasenraum repräsentiert (Abb. 1.2), die man auch als Phasenbahn oder Phasentrajektorie bezeichnet.

Als Beispiel betrachten wir den *eindimensionalen harmonischen Oszillator*

$$q = q_0 \cos \omega t$$
$$p = -m q_0 \omega \sin \omega t \, , \qquad (1.3.1)$$

dessen Bahn im Phasenraum in Abb. 1.3 dargestellt ist.

Für große N ist der Phasenraum ein hochdimensionaler Raum. In aller Regel reicht die Kenntnis über ein derartiges System nicht aus, um seine Position im Phasenraum festzulegen. Wie schon im einleitenden Abschnitt 1.1 ausgeführt wurde, wird ein Makrozustand, charakterisiert durch die makroskopischen Angaben wie Energie E, Volumen V, Teilchenzahl N etc., durch sehr viele Mikrozustände, d.h. durch sehr viele Punkte im Phasenraum, gleichermaßen realisiert. Anstatt nun einen einzelnen dieser Mikrozustände willkürlich herauszugreifen, betrachten wir stattdessen eine Gesamtheit, d.h. ein Ensemble von Systemen, die alle ein und denselben Makrozustand repräsentieren, sich aber in allen möglichen dieser Mikrozustände befinden. Die Häufigkeit, mit der ein Punkt $(q,p) \equiv (q_1, \ldots, q_{3N}, p_1, \ldots, p_{3N})$ zur Zeit t auftritt, wird durch die Wahrscheinlichkeitsdichte $\rho(q, p, t)$ angegeben.

Die Einführung dieser Wahrscheinlichkeitsdichte ist nun keineswegs nur Ausdruck unserer Unkenntnis der detaillierten Form des Mikrozustandes, sondern hat vielmehr den folgenden physikalischen Hintergrund. Jedes realistische makroskopische System spürt auch bei bester Isolierung noch eine Wechselwirkung mit der Umgebung. Diese Wechselwirkung ist zwar so schwach, daß die makroskopischen Eigenschaften des Systems nicht geändert werden, d.h. der Makrozustand ändert sich nicht, sie führt aber dazu, daß das System immer wieder seinen Mikrozustand ändert und somit beispielsweise während eines Meßvorganges eine Verteilung von Mikrozuständen durchläuft. Diese während eines kurzen Zeitintervalls durchlaufenen Zustände werden zur Verteilung $\rho(q,p)$ zusammengefaßt. Diese Verteilung beschreibt also nicht nur die statistischen Eigenschaften eines fiktiven Ensembles von sehr vielen Kopien des betrachteten Systems in den diversen Mikrozuständen, sondern das Einzelsystem. Statt bei zeitlichen Mittelwerten die sequentielle stochastische Folge dieser Mikrozustände zugrunde zu legen, betrachten wir die simultane Zeitentwicklung des Ensembles. Es wird die Hauptaufgabe des nächsten Kapitels sein, die bestimmten physikalischen Situationen entsprechenden Verteilungsfunktionen zu bestimmen. Dafür wird auch die Kenntnis der Bewegungsgleichung sehr wichtig sein, die wir im nächsten Abschnitt herleiten werden. Für große N kennen wir nur die Wahrscheinlichkeitsverteilung $\rho(q,p,t)$. Dabei ist

$$\rho(q,p,t)dqdp \equiv \rho(q_1,\ldots,q_{3N},p_1,\ldots,p_{3N},t)\prod_{i=1}^{3N} dq_i dp_i \qquad (1.3.2)$$

gleich der Wahrscheinlichkeit zur Zeit t, ein System des Ensembles (oder das Einzelsystem im Laufe der Beobachtung) im Element $dqdp$ in der Umgebung des Punktes q,p im Γ-Raum zu finden. Man nennt $\rho(q,p,t)$ Verteilungsfunktion. Diese muß positiv, $\rho(q,p,t) \geq 0$ und normierbar sein. Hier stehen q,p für die Gesamtheit der Koordinaten und Impulse $q_1,\ldots,q_{3N},p_1,\ldots,p_{3N}$.

1.3.2 Liouville-Gleichung

Wir wollen nun den Zeitverlauf von $\rho(q,p,t)$ ausgehend von der Anfangsverteilung $W(q_0,p_0)$ zur Zeit 0 aufgrund der Hamilton-Funktion $H \equiv H(p,q)$ bestimmen. Dabei setzen wir das System als abgeschlossen voraus. Die folgenden Resultate sind aber auch gültig, wenn H äußere zeitabhängige Kräfte enthält. Wir betrachten zunächst ein System, dessen Koordinaten im Phasenraum zur Anfangszeit 0 q_0,p_0 seien. Die zugehörige Trajektorie im Phasenraum, die aus den Hamiltonschen Bewegungsgleichungen folgt, sei $q(t;q_0,p_0), p(t;q_0,p_0)$, wobei wir in den folgenden Darlegungen die Anfangswerte der Trajektorien explizit anführen. Für eine einzelne Trajektorie ist die Wahrscheinlichkeitsdichte der Koordinaten q und Impulse p von der Gestalt

$$\delta\big(q - q(t;q_0,p_0)\big)\delta\big(p - p(t;q_0,p_0)\big) \ . \qquad (1.3.3)$$

Hier ist $\delta(k) \equiv \delta(k_1)\ldots\delta(k_{3N})$. Die Anfangswerte sind jedoch im allgemeinen nicht scharf vorgegeben, sondern es liegt eine Verteilung $W(q_0,p_0)$ vor. In

1. Grundlagen

diesem Falle ergibt sich deshalb die Wahrscheinlichkeitsdichte im Phasenraum zur Zeit t durch Multiplikation von (1.3.3) mit $W(q_0, p_0)$ und Integration über die Anfangswerte

$$\rho(q,p,t) = \int dq_0 \int dp_0\, W(q_0,p_0) \delta\big(q-q(t;q_0,p_0)\big)\delta\big(p-p(t;q_0,p_0)\big)\,. \quad (1.3.3')$$

Wir wollen eine Bewegungsgleichung für $\rho(q,p,t)$ ableiten. Dazu benützen wir die Hamiltonschen Bewegungsgleichungen

$$\dot{q}_i = \frac{\partial H}{\partial p_i},\quad \dot{p}_i = -\frac{\partial H}{\partial q_i}\,. \qquad (1.3.4)$$

Die Geschwindigkeit im Phasenraum

$$\boldsymbol{v} = (\dot{q},\dot{p}) = \left(\frac{\partial H}{\partial p}, -\frac{\partial H}{\partial q}\right) \qquad (1.3.4')$$

erfüllt

$$\operatorname{div} \boldsymbol{v} \equiv \sum_i \left(\frac{\partial \dot{q}_i}{\partial q_i} + \frac{\partial \dot{p}_i}{\partial p_i}\right) = \sum_i \left(\frac{\partial^2 H}{\partial q_i \partial p_i} - \frac{\partial^2 H}{\partial p_i \partial q_i}\right) = 0\,. \qquad (1.3.5)$$

D.h. die Bewegung im Phasenraum kann als „Strömung" einer inkompressiblen „Flüssigkeit" veranschaulicht werden.

Durch Ableiten von (1.3.3') nach der Zeit findet man

$$\frac{\partial \rho(q,p,t)}{\partial t}$$
$$= -\sum_i \int dq_0 dp_0 W(q_0,p_0) \left(\dot{q}_i(t;q_0,p_0)\frac{\partial}{\partial q_i} + \dot{p}_i(t;q_0,p_0)\frac{\partial}{\partial p_i}\right)$$
$$\times \delta\big(q-q(t;q_0,p_0)\big)\delta\big(p-p(t;q_0,p_0)\big)\,. \qquad (1.3.6)$$

Drückt man die Geschwindigkeit im Phasenraum durch (1.3.4) aus und verwendet die δ-Funktionen in (1.3.6), erhält man nach (1.3.3') und (1.3.5) die folgenden Darstellungen der Bewegungsgleichung für $\rho(q,p,t)$

$$\frac{\partial \rho}{\partial t} = -\sum_i \left(\frac{\partial}{\partial q_i}\rho \dot{q}_i + \frac{\partial}{\partial p_i}\rho \dot{p}_i\right)$$
$$= -\sum_i \left(\frac{\partial \rho}{\partial q_i}\dot{q}_i + \frac{\partial \rho}{\partial p_i}\dot{p}_i\right) \qquad (1.3.7)$$
$$= \sum_i \left(-\frac{\partial \rho}{\partial q_i}\frac{\partial H}{\partial p_i} + \frac{\partial \rho}{\partial p_i}\frac{\partial H}{\partial q_i}\right)\,.$$

Unter Verwendung der Poisson Klammern[5] kann die letzte Zeile von Gl. (1.3.7) auch in der Form

---
[5] $\{u,v\} = \sum_i \left[\frac{\partial u}{\partial p_i}\frac{\partial v}{\partial q_i} - \frac{\partial u}{\partial q_i}\frac{\partial v}{\partial p_i}\right]$; die Vorzeichenkonvention ist in der Literatur nicht einheitlich.

$$\frac{\partial \rho}{\partial t} = -\{H, \rho\} \tag{1.3.8}$$

geschrieben werden. Dies ist die *Liouville-Gleichung*, die grundlegende Bewegungsgleichung für die klassische Verteilungsfunktion $\rho(q,p,t)$.

Ergänzungen:

Wir besprechen noch äquivalente Darstellungen der Liouville-Gleichung und Folgerungen daraus.

(i) Die erste Zeile der Gleichungskette (1.3.7) kann verkürzt als Kontinuitätsgleichung

$$\frac{\partial \rho}{\partial t} = -\operatorname{div} \boldsymbol{v}\rho \tag{1.3.9}$$

geschrieben werden. Man kann sich die Bewegung des Ensembles im Phasenraum als die Strömung einer Flüssigkeit veranschaulichen. Dann ist (1.3.9) die Kontinuitätsgleichung für die Dichte und die Gleichung (1.3.5) besagt, daß die „Flüssigkeit" inkompressibel ist.

(ii) Wir wollen nochmals die Analogie der Bewegung im Phasenraum zur Hydrodynamik einer Flüssigkeit aufgreifen. In unserer bisherigen Darstellung haben wir die Dichte an einem festen Punkt q, p des Γ-Raums betrachtet. Wir können aber auch die Bewegung vom Standpunkt eines mit der „Strömung" mitbewegten Beobachters betrachten, d.h. nach dem Zeitverlauf von $\rho(q(t), p(t), t)$ fragen, wobei wir in $q(t)$ und $p(t)$ der Kürze halber die Anfangskoordinaten q_0, p_0 weglassen. Die zweite Zeile von Gl. (1.3.7) besagt

$$\frac{d}{dt} \rho\bigl(q(t), p(t), t\bigr) = 0 \, . \tag{1.3.10}$$

Die Verteilungsfunktion ist längs einer Phasenraumtrajektorie konstant.

(iii) Wir untersuchen nun die Veränderung eines Volumelements $d\Gamma$ im Phasenraum. Zur Anfangszeit sei in einem Volumelement $d\Gamma_0$ eine gleichmäßig verteilte Zahl dN von Repräsentanten des Ensembles vorhanden. Aufgrund der Bewegung im Phasenraum nehmen diese zur Zeit t ein Volumen $d\Gamma$ ein. Das bedeutet, daß die Dichte ρ zur Anfangszeit $\frac{dN}{d\Gamma_0}$ ist, während sie zur Zeit t durch $\frac{dN}{d\Gamma}$ gegeben ist. Aus (1.3.10) folgt die Gleichheit dieser Größen, woraus (Abb. 1.4) die Gleichheit der Volumina

$$d\Gamma = d\Gamma_0 \tag{1.3.11}$$

folgt. Gleichung (1.3.8) ist als Liouville-Theorem aus der Mechanik bekannt.[6] Es wird dort mit Hilfe der Theorie kanonischer Transformationen aus der Jacobischen Determinante berechnet. Man kann in umgekehrter Richtung, ausgehend von (1.3.11), Gl. (1.3.10) und die Liouville-Gleichung (1.3.8) ableiten.

---

[6] L.D. Landau und E.M. Lifschitz, *Lehrbuch der Theoretischen Physik I, Mechanik*, Gl. (46.5), Akademie Verlag, Berlin, 1969

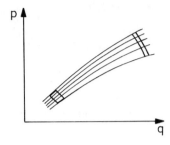

Abb. 1.4. Zeitliche Veränderung eines Volumenelements im Phasenraum, bei gleichbleibendem Volumsinhalt.

1.4 Quantenstatistik

1.4.1 Dichtematrix für reine und gemischte Gesamtheiten[7]

Die Dichtematrix ist von überragender Bedeutung für den Aufbau der Quantenstatistik; es sind dafür auch die Bezeichnungen statistischer Operator und Dichteoperator gebräuchlich.

Das System befinde sich im Zustand $|\psi\rangle$. Die Observable A hat in diesem Zustand den Mittelwert

$$\langle A \rangle = \langle \psi | A | \psi \rangle \ . \tag{1.4.1}$$

Die Struktur des Mittelwertes legt es nahe, die *Dichtematrix*

$$\rho = |\psi\rangle \langle \psi| \tag{1.4.2}$$

zu definieren. Es gilt:

$$\langle A \rangle = \mathrm{Sp}(\rho A) \tag{1.4.3a}$$

$$\mathrm{Sp}\,\rho = 1 \ , \ \rho^2 = \rho \ , \ \rho^\dagger = \rho \ . \tag{1.4.3b,c,d}$$

Dabei lautet die Definition der Spur (Sp)

$$\mathrm{Sp}\,X = \sum_n \langle n | X | n \rangle \ , \tag{1.4.4}$$

wobei $\{|n\rangle\}$ ein beliebiges vollständiges Orthonormalsystem ist. Wegen

$$\mathrm{Sp}\,X = \sum_n \sum_m \langle n|m\rangle \langle m| X |n\rangle = \sum_m \sum_n \langle m| X |n\rangle \langle n|m\rangle$$
$$= \sum_m \langle m| X |m\rangle$$

ist die Spur unabhängig von der Basis.

---

[7] Siehe z.B. F. Schwabl, *Quantenmechanik*, 6., erw. Aufl., Springer, Heidelberg, 2002 (korrigierter Nachdruck 2005), Kap. 20. Im folgenden wird dieses Lehrbuch mit QM I zitiert.

Anmerkung: Beweise von (1.4.3a–c):

$$\text{Sp }\rho A = \sum_n \langle n|\psi\rangle \langle\psi|A|n\rangle = \sum_n \langle\psi|A|n\rangle \langle n|\psi\rangle = \langle\psi|A|\psi\rangle \quad ,$$

$$\text{Sp }\rho = \text{Sp }\rho\mathbb{1} = \langle\psi|\mathbb{1}|\psi\rangle = 1 \;,\; \rho^2 = |\psi\rangle\langle\psi|\psi\rangle\langle\psi| = |\psi\rangle\langle\psi| = \rho \;.$$

Wenn die untersuchten Systeme oder Objekte alle in ein und demselben Zustand $|\psi\rangle$ sind, spricht man von einer *reinen Gesamtheit* oder man sagt, die Systeme befinden sich in einem *reinen Zustand*.

Neben dem der Quantenmechanik inhärenten, dem einzelnen Zustand innewohnenden statistischen Charakter, kann in einem Ensemble darüber hinaus noch eine statistische Verteilung von Zuständen vorliegen. Liegt ein Ensemble mit unterschiedlichen Zuständen vor, nennt man dieses eine *gemischte Gesamtheit*, ein *Gemisch*, oder man spricht von einem *gemischten Zustand*. Wir nehmen an, daß der Zustand $|\psi_1\rangle$ mit der Wahrscheinlichkeit von p_1, der Zustand $|\psi_i\rangle$ mit der Wahrscheinlichkeit p_i, u.s.w. realisiert ist, mit

$$\sum_i p_i = 1 \;.$$

Der Mittelwert von A ist dann

$$\langle A \rangle = \sum_i p_i \langle\psi_i|A|\psi_i\rangle \;. \tag{1.4.5}$$

Auch diesen Mittelwert kann man durch die nun folgendermaßen definierte *Dichtematrix*

$$\rho = \sum_i p_i |\psi_i\rangle\langle\psi_i| \tag{1.4.6}$$

darstellen. Es gilt:

$$\langle A \rangle = \text{Sp }\rho A \tag{1.4.7a}$$
$$\text{Sp }\rho = 1 \tag{1.4.7b}$$
$$\rho^2 \neq \rho \quad \text{und Sp }\rho^2 < 1, \text{falls } p_i \neq 0 \text{ ist für mehr als ein } i \tag{1.4.7c}$$
$$\rho^\dagger = \rho \;. \tag{1.4.7d}$$

Die Ableitungen für diese Relationen und weitere Ergänzungen über Dichtematritzen von gemischten Gesamtheiten werden in Abschnitt 1.5.2 dargestellt.

1.4.2 Von Neumann-Gleichung

Aus der *Schrödinger-Gleichung* und ihrer Adjungierten

$$i\hbar\frac{\partial}{\partial t}|\psi,t\rangle = H|\psi,t\rangle \;,\quad -i\hbar\frac{\partial}{\partial t}\langle\psi,t| = \langle\psi,t|H$$

folgt

$$i\hbar\frac{\partial}{\partial t}\rho = i\hbar \sum_i p_i \left(|\dot{\psi}_i\rangle \langle \psi_i| + |\psi_i\rangle \langle \dot{\psi}_i| \right)$$
$$= \sum_i p_i \left(H |\psi_i\rangle \langle \psi_i| - |\psi_i\rangle \langle \psi_i| H \right) .$$

Daraus ergibt sich

$$\frac{\partial}{\partial t}\rho = -\frac{i}{\hbar}[H,\rho] \tag{1.4.8}$$

die *von Neumann-Gleichung*, die das quantenmechanische Pendant der Liouville-Gleichung darstellt. Diese beschreibt die Zeitentwicklung der Dichtematrix im Schrödinger-Bild. Sie gilt auch für zeitabhängige Hamilton-Operatoren H. Sie ist nicht zu verwechseln mit der Bewegungsgleichung für Heisenberg-Operatoren, in der auf der rechten Seite ein positives Zeichen auftritt.

Der Mittelwert einer Observablen A ist durch

$$\langle A \rangle_t = \mathrm{Sp}\bigl(\rho(t)A\bigr) \tag{1.4.9}$$

gegeben, wobei sich $\rho(t)$ durch Lösung der von Neumann-Gleichung (1.4.8) ergibt. Die Zeitabhängigkeit des Mittelwertes wird durch den Index t hervorgehoben.

Die von Neumann-Gleichung wird uns im nächsten Kapitel bei der Aufstellung der Gleichgewichtsdichtematrizen wieder begegnen und ist natürlich für alle zeitabhängigen Vorgänge von fundamentaler Bedeutung.

Wir behandeln nun den Übergang zur *Heisenberg-Darstellung*. Die formale Lösung der Schrödinger-Gleichung ist von der Form

$$|\psi(t)\rangle = U(t,t_0)|\psi(t_0)\rangle , \tag{1.4.10}$$

wobei $U(t,t_0)$ ein unitärer Operator und $|\psi(t_0)\rangle$ der Anfangszustand zur Zeit t_0 ist. Daraus ergibt sich für die Zeitentwicklung der Dichtematrix

$$\rho(t) = U(t,t_0)\rho(t_0)U(t,t_0)^\dagger . \tag{1.4.11}$$

(Für zeitunabhängiges H ist $U(t,t_0) = \mathrm{e}^{-iH(t-t_0)/\hbar}$.)

Der Mittelwert einer Observablen A kann sowohl im Schrödinger-Bild wie auch im Heisenberg-Bild berechnet werden

$$\langle A \rangle_t = \mathrm{Sp}\bigl(\rho(t)A\bigr) = \mathrm{Sp}\bigl(\rho(t_0)U(t,t_0)^\dagger A U(t,t_0)\bigr) = \mathrm{Sp}\bigl(\rho(t_0)A_H(t)\bigr) . \tag{1.4.12}$$

Hier ist $A_H(t) = U^\dagger(t,t_0)AU(t,t_0)$ der Operator in der Heisenberg-Darstellung. Die Dichtematrix in der Heisenberg-Darstellung $\rho(t_0)$ ist zeitunabhängig.

*1.5 Ergänzungen

*1.5.1 Binomial- und Poisson-Verteilung

Wir besprechen nun zwei häufig auftretende Wahrscheinlichkeitsverteilungen. Gegeben sei ein Intervall der Länge L, das in zwei Teilintervalle $[0, a]$ und $[a, L]$ aufgeteilt werde. Es werden nun N unterscheidbare Objekte (Teilchen) völlig stochastisch auf die beiden Teilintervalle verteilt, so daß die Wahrscheinlichkeit eines Teilchens, sich im ersten oder zweiten Teilintervall zu befinden, durch $\frac{a}{L}$ oder $\left(1 - \frac{a}{L}\right)$ gegeben ist. Die Wahrscheinlichkeit dafür, daß sich n Teilchen im Intervall $[0, a]$ befinden, ist dann durch die *Binomialverteilung*

$$w_n = \left(\frac{a}{L}\right)^n \left(1 - \frac{a}{L}\right)^{N-n} \binom{N}{n} \tag{1.5.1}$$

gegeben,[8] wobei der kombinatorische Faktor $\binom{N}{n}$ die Zahl der Möglichkeiten gibt, aus N Objekten n auszuwählen. Der Mittelwert von n ist

$$\langle n \rangle = \sum_{n=0}^{N} n w_n = \frac{a}{L} N \tag{1.5.2a}$$

und das Schwankungsquadrat

$$(\Delta n)^2 = \frac{a}{L}\left(1 - \frac{a}{L}\right) N \; . \tag{1.5.2b}$$

Wir betrachten nun den Grenzfall $L \gg a$. Zunächst kann w_n mit $\binom{N}{n} = \frac{N \cdot (N-1) \cdots (N-n+1)}{n!}$ in der Form

$$\begin{aligned}w_n &= \left(\frac{aN}{L}\right)^n \left(1 - \frac{a}{L}\right)^{N-n} \frac{1}{n!} \, 1 \cdot \left(1 - \frac{1}{N}\right) \cdots \left(1 - \frac{n-1}{N}\right) \\ &= \overline{n}^n \frac{1}{n!} \left(1 - \frac{\overline{n}}{N}\right)^N \frac{1 \cdot (1 - \frac{1}{N}) \cdots (1 - \frac{n-1}{N})}{(1 - \frac{a}{L})^n}\end{aligned} \tag{1.5.3a}$$

geschrieben werden, wobei für den Mittelwert (1.5.2a) die Abkürzung $\overline{n} = \frac{aN}{L}$ eingeführt wurde. Im Grenzfall $\frac{a}{L} \to 0, N \to \infty$ bei endlichem $\overline{n}$ geht der dritte Faktor in (1.5.3a) in $e^{-\overline{n}}$ über und der letzte Faktor wird 1, so daß sich für die Wahrscheinlichkeitsverteilung

$$w_n = \frac{\overline{n}^n}{n!} e^{-\overline{n}} \tag{1.5.3b}$$

ergibt. Dies ist die *Poisson-Verteilung*, die schematisch in Abb. 1.5 dargestellt ist. Die Poisson-Verteilung hat folgende Eigenschaften

---

[8] Eine bestimmte Anordnung mit n Teilchen im Intervall a und $N - n$ in $L - a$, z.B. erstes Teilchen in a, zweites Teilchen in $L - a$, drittes Teilchen in $L - a$, u.s.w. hat die Wahrscheinlichkeit $\left(\frac{a}{L}\right)^n \left(1 - \frac{b}{L}\right)^{N-n}$. Daraus erhält man w_n durch Multiplikation mit der Zahl der Anordnungen $\binom{N}{n}$.

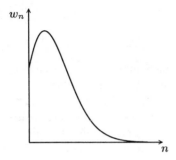

Abb. 1.5. Poisson-Verteilung

$$\sum_n w_n = 1 \ , \ \langle n \rangle = \overline{n} \ , \ (\Delta n)^2 = \overline{n} \ . \tag{1.5.4a,b,c}$$

Die ersten beiden Relationen folgen unmittelbar aus der Herleitung der Poisson-Verteilung aus der Binomialverteilung. Sie werden in Aufgabe 1.5 zusammen mit 1.5.4c direkt aus 1.5.3b hergeleitet. Die relative Schwankung ist deshalb

$$\frac{\Delta n}{\overline{n}} = \frac{1}{\overline{n}^{1/2}} \ . \tag{1.5.5}$$

Für nicht sehr große Zahlen $\overline{n}$, z.B. $\overline{n} = 100$ ist $\Delta n = 10$ und $\frac{\Delta n}{\overline{n}} = \frac{1}{10}$. Für makroskopische Systeme, z.B. $\overline{n} = 10^{20}$ ist $\Delta n = 10^{10}$ und $\frac{\Delta n}{\overline{n}} = 10^{-10}$. Die relative Schwankung wird ungeheuer klein. Für große $\overline{n}$ ist die Verteilung w_n sehr scharf um $\overline{n}$ konzentriert. Die Wahrscheinlichkeit, daß sich überhaupt kein Teilchen im Teilsystem befindet, d.h. $w_0 = e^{-10^{20}}$ ist verschwindend klein. Die Teilchenzahl im Untersystem $[0, a]$ ist zwar nicht fest, aber dennoch ist die relative Schwankung sehr klein für makroskopische Untersysteme.

In der untenstehenden Abbildung 1.6a) wird die Binomialverteilung für $N = 5$ und $\frac{a}{L} = \frac{3}{10}$ (und somit $\overline{n} = 1.5$) dargestellt und mit der Poisson-

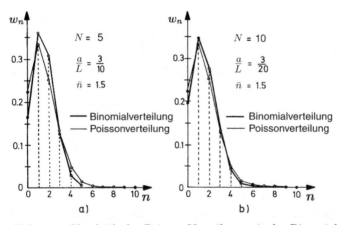

Abb. 1.6. Vergleich der Poisson-Verteilung mit der Binomialverteilung

Verteilung für $\bar{n} = 1.5$ verglichen, in b) das gleiche für $N \equiv 10$, $\frac{a}{L} = \frac{3}{20}$ (also wieder $\bar{n} = 1.5$). Selbst bei diesen kleinen N approximiert die Poisson-Verteilung die Binomialverteilung schon ziemlich gut. Schon bei $N = 100$ würden die graphischen Darstellungen der Binomial- und Poisson-Verteilung fast vollständig übereinstimmen.

*1.5.2 Gemischte Gesamtheiten und Dichtematrix von Teilsystemen

(i) Beweise von (1.4.7a–d)

$$\mathrm{Sp}\,\rho A = \sum_n \sum_i p_i \langle \psi_i | A | n \rangle \langle n | \psi_i \rangle = \sum_i p_i \langle \psi_i | A | \psi_i \rangle = \langle A \rangle\,.$$

Daraus folgt mit $A = 1$ auch (1.4.7b)

$$\rho^2 = \sum_i \sum_j p_i p_j | \psi_i \rangle \langle \psi_i | \psi_j \rangle \langle \psi_j | \neq \rho\,.$$

Für jedes $|\psi\rangle$ ist der Erwartungswert von ρ

$$\langle \psi | \rho | \psi \rangle = \sum_i p_i |\langle \psi | \psi_i \rangle|^2 \geq 0$$

nicht negativ. Da ρ hermitesch ist, sind die Eigenwerte P_m von ρ positiv reell:

$$\rho | m \rangle = P_m | m \rangle$$

$$\rho = \sum_{m=1}^{\infty} P_m | m \rangle \langle m |\,, \qquad (1.5.6)$$

$$P_m \geq 0,\quad \sum_{m=1}^{\infty} P_m = 1,\quad \langle m | m' \rangle = \delta_{mm'}\,.$$

In dieser Basis ist $\rho^2 = \sum_m P_m^2 | m \rangle \langle m |$ und offensichtlich $\mathrm{Sp}\,\rho^2 = \sum_m P_m^2 < 1$, wenn mehr als nur ein Zustand vorkommt. Man kann (1.4.7c) auch direkt aus (1.4.6) zeigen, wobei mindestens zwei verschiedene, aber nicht notwendigerweise orthogonale Zustände in (1.4.6) vorkommen müssen:

$$\mathrm{Sp}\,\rho^2 = \sum_n \sum_{i,j} p_i p_j \langle \psi_i | \psi_j \rangle \langle \psi_j | n \rangle \langle n | \psi_i \rangle$$
$$= \sum_{i,j} p_i p_j |\langle \psi_i | \psi_j \rangle|^2 < \sum_i p_i \sum_j p_j = 1.$$

(ii) Das Kriterium für einen reinen oder einen gemischten Zustand ist nach Gl. (1.4.3c) und (1.4.7c) $\mathrm{Sp}\,\rho^2 = 1$ bzw. $\mathrm{Sp}\,\rho^2 < 1$.

1. Grundlagen

(iii) Wir betrachten nun ein quantenmechanisches System, das aus zwei Teilsystemen 1 und 2 besteht. Deren Gesamtzustand sei

$$|\psi\rangle = \sum_n c_n |1n\rangle |2n\rangle \;, \tag{1.5.7}$$

wo mehr als ein c_n verschieden von Null sei. Die zugehörige Dichtematrix ist durch

$$\rho = |\psi\rangle \langle\psi| \tag{1.5.8}$$

gegeben. Wir führen nun Messungen durch, die nur das System 1 betreffen, d.h. die den Observablen A entsprechenden Operatoren wirken nur auf die Zustände $|1n\rangle$. Dann findet man für den Erwartungswert

$$\langle A \rangle = \mathrm{Sp}_1 \mathrm{Sp}_2 \rho A = \mathrm{Sp}_1[(\mathrm{Sp}_2 \rho) A] \;. \tag{1.5.9}$$

Hier bedeutet Sp_i die Spurbildung über das Teilsystem i. Für diese Experimente ist somit die über das System 2 gemittelte Dichtematrix maßgeblich

$$\hat{\rho} = \mathrm{Sp}_2 \rho = \sum_n |c_n|^2 |1n\rangle \langle 1n| \;. \tag{1.5.10}$$

Dies ist die Dichtematrix eines Gemisches, obwohl sich das Gesamtsystem in einem reinen Zustand befindet.

Der allgemeinste Zustand der Teilsysteme 1 und 2 ist von der Gestalt [9]

$$|\psi\rangle = \sum_{n,m} c_{nm} |1n\rangle |2m\rangle \;. \tag{1.5.11}$$

Auch hier ist

$$\begin{aligned}\hat{\rho} \equiv \mathrm{Sp}_2 |\psi\rangle \langle\psi| &= \sum_n \sum_{n'} \sum_m c_{nm} c^*_{n'm} |1n\rangle \langle 1n'| \\ &= \sum_m \left(\sum_n c_{nm} |1n\rangle \right) \left(\sum_{n'} c^*_{n'm} \langle 1n'| \right) \end{aligned} \tag{1.5.12}$$

im allgemeinen ein Gemisch. Da ein makroskopisches System immer mit irgendwelchen anderen Systemen in Verbindung war, befindet es sich auch in völliger Isolation niemals in einem reinen Zustand, sondern nur in einem gemischten.

Es mag auch noch instruktiv sein, den folgenden Spezialfall zu betrachten. Schreiben wir c_{nm} in der Form $c_{nm} = |c_{nm}| e^{i\varphi_{nm}}$. Falls die Phasen φ_{nm} stochastisch sind, wird aus $\hat{\rho}$ die Dichtematrix

$$\hat{\hat{\rho}} = \prod_{\langle nm \rangle} \left(\int_0^{2\pi} d\frac{\varphi_{nm}}{2\pi} \right) \hat{\rho} = \sum_n \left(\sum_m |c_{nm}|^2 \right) |1n\rangle \langle 1n| \;.$$

---

[9] Am Rande sei bemerkt, daß es möglich ist, eine biorthogonale Basis (Schmidt Basis) einzuführen, die den Zustand (1.5.11) in die Form (1.5.7) bringt, siehe QM I, Aufgabe 20.5.

Aufgaben zu Kapitel 1

1.1 Beweisen Sie die Stirlingsche Formel
$$x! \approx \sqrt{2\pi x}\, x^x\, e^{-x}\,,$$
indem Sie von $N! = \int_0^\infty dx\, x^N\, e^{-x}$ ausgehen und den Integranden $f(x) \equiv x^N e^{-x}$ bis zur zweiten Ordnung an die Funktion $g(x) = A\, e^{-(x-N)^2/a^2}$ anpassen. $f(x)$ hat ein scharfes Maximum bei $x_0 = N$.

1.2 Man bestimme die Wahrscheinlichkeit $w(N,m)$ dafür, bei einem System von N Spins genau m mit der Einstellung „↑" und dementsprechend $N-m$ mit der Einstellung „↓" anzutreffen. Es sei kein äußeres Feld und keine Wechselwirkung unter den Spins vorhanden, so daß für jeden einzelnen Spin die Konfigurationen ↑ und ↓ gleich wahrscheinlich sind.
(a) Man prüfe
$$\sum_{m=0}^{N} w(N,m) = 1\,.$$

(b) Berechnen Sie den Mittelwert von m,
$$\langle m \rangle = \sum_{m=0}^{N} w(N,m)\, m\,,$$
und die Schwankung $(\langle m^2 \rangle - \langle m \rangle^2)^{1/2}$.
Die dimensionslose Magnetisierung wird durch $M = 2m - N$ definiert; geben Sie dafür den Mittelwert und die Schwankung an.
(c) Berechnen Sie die Verteilung $w(N,M)$ für große N. Nehmen Sie $|M/N| \ll 1$ an.

1.3 Leiten Sie den zentralen Grenzwertsatz für $w_i(x_i)$ anstelle von $w(x_i)$ her. *Bemerkung*: Im Resultat haben Sie nur $N\langle X \rangle$ durch $\sum_i \langle X_i \rangle$ und $N(\Delta x)^2$ durch $\sum_i (\Delta x_i)^2$ zu ersetzen.

1.4 Random walk: Ein Teilchen geht bei jedem Schritt mit gleicher Wahrscheinlichkeit um die Distanz 1 nach links oder rechts.
(a) Berechnen Sie für $Y = N_+ - N_-$ $\langle Y \rangle, \langle Y^2 \rangle$ nach $N = N_+ + N_-$ Schritten exakt.
(b) Welches Resultat erhalten Sie aus dem zentralen Grenzwertsatz?

1.5 Bestätigen Sie für die Poisson-Verteilung (1.5.3b)
$$w(n) = e^{-\bar{n}}\, \frac{\bar{n}^n}{n!}\,, \quad n \geq 0 \text{ ganz,}$$
die Relationen (1.5.4a-c).

1.6 Die Verteilungsfunktion $\rho(E_1, \ldots, E_N)$ habe die Form
$$\rho = \prod_{i=1}^{N} f(E_i)\,.$$

Der Mittelwert und die Schwankung der einzelnen E_i seien e und $\langle (\Delta E_i)^2 \rangle^{1/2} = \Delta$. Berechnen Sie den Mittelwert und die Schwankung von $E = \sum_i E_i$.

1.7 Zeichnen Sie die Bahnkurve im Phasenraum für ein Teilchen,
(a) das sich mit Energie E in einem eindimensionalen, unendlich hohen Kastenpotential bewegt:

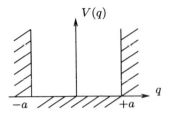

(b) das unter der Schwerkraft aus der Höhe h herabfällt, am Boden inelastisch reflektiert wird und wieder bis zur Höhe $9/10\, h$ aufsteigt, usw.

1.8 Zeigen Sie für v aus Gl. (1.3.4') und den Gradienten der Hamilton-Funktion $\nabla H(p,q) = \left(\frac{\partial H}{\partial q}, \frac{\partial H}{\partial p}\right)$ die Relationen

$$|v| = |\nabla H(p,q)| \quad \text{und} \quad v \perp \nabla H(p,q).$$

1.9 Eine Ionenquelle emittiert Ionen der Energie $E_1 = 5.000 \pm 1.00$ eV von einer Fläche von 1mm^2 in einen Raumwinkel $\Omega_1 = 1$ sterad. Die Ionen werden mit elektrischen Feldern auf $E_2 = 10$ MeV beschleunigt und auf eine Fläche von 1cm^2 fokussiert. Berechnen Sie den Auffallöffnungswinkel des Ionenstrahls mit Hilfe des *Liouville-Satzes*.
Anleitung: Nehmen Sie an, daß die Beschleunigung so rasch erfolgt, daß die unterschiedlichen Geschwindigkeiten im Strahl zu keiner zusätzlichen Verbreiterung des Strahls führen, d.h. $dx_2 = dx_1$; und nehmen Sie an, daß die Breite der Energieverteilung sich nicht ändert, $dE_2 = dE_1$.

1.10 (a) Zeigen Sie $\text{Sp}(AB) = \text{Sp}(BA)$.
(b) Es seien die Operatoren ρ_ν Dichtematrizen, die also die Bedingungen (1.4.7b-d) erfüllen, und $p_\nu \geq 0$, $\sum_\nu p_\nu = 1$. Zeigen Sie, daß $\sum_\nu p_\nu \rho_\nu$ ebenfalls diese Bedingungen erfüllt.

1.11 Betrachten Sie einen in z-Richtung laufenden Lichtstrahl. Ein beliebiger reiner Polarisationszustand kann als Linearkombination geschrieben werden

$$a|\uparrow\rangle + b|\downarrow\rangle,$$

wobei $|\uparrow\rangle$ den in x-Richtung polarisierten Zustand und $|\downarrow\rangle$ den in y-Richtung polarisierten Zustand der Welle darstellen möge.
(a) Berechnen Sie die Dichtematrix: für einen allgemeinen reinen Zustand, für den in x-Richtung polarisierten Zustand, für den in 45° polarisierten Zustand, für den in 135° polarisierten Zustand.
(b) Wie sieht die Dichtematrix für einen gemischten Zustand aus, wenn z.B.: 50% längs 45° polarisiert und 50% längs 135° polarisiert oder 50% in x-Richtung polarisiert und 50% in y-Richtung polarisiert sind? Die Winkel stellen die Winkel zwischen x-Achse und Polarisationsrichtung dar.

1.12 Das Galtonsche Brett ist ein senkrecht aufgestelltes Nagelbrett, in das N horizontale, gleich lange Reihen gleichartiger Nägel eingeschlagen sind, so daß die Nägel aufeinanderfolgender Reihen genau in der Mitte zwischen denen der darüber befindlichen angeordnet sind. Oberhalb der ersten Nagelreihe in der Mitte befindet sich ein Trichter, aus dem Kugeln herausgelassen werden, die die Nagelreihen durchlaufen. Unter der letzten Reihe befinden sich Fächer, die Kugeln aufnehmen. Welche Kurve wird durch die unterschiedliche Füllung der Fächer beschrieben?

1.13 Ein Gefäß mit Volumen V enthalte N Teilchen. Betrachten Sie ein Teilvolumen v, und nehmen Sie an, daß die Wahrscheinlichkeit dafür, ein bestimmtes Teilchen in diesem Teilvolumen v zu finden, durch v/V gegeben ist.
(a) Geben Sie die Wahrscheinlichkeit p_n an, n Teilchen in v zu finden.
(b) Berechnen Sie den Mittelwert und das Schwankungsquadrat $\bar{n}$ und $\overline{(n-\bar{n})^2}$.
(c) Zeigen Sie mit Hilfe der Stirlingschen Formel, daß p_n für große N und n näherungsweise durch eine Gauß-Verteilung gegeben ist.
(d) Zeigen Sie, daß in der Grenze $\frac{v}{V} \to 0$, $V \to \infty$ bei $\frac{N}{V} = $ const. p_n in eine Poisson-Verteilung übergeht.

1.14 *Gauß-Verteilung*: Die Gauß-Verteilung ist definiert durch die kontinuierliche Wahscheinlichkeitsdichte

$$w_G(x) = \frac{1}{\sqrt{2\pi\sigma^2}} e^{-(x-x_0)^2/2\sigma^2} .$$

Berechnen Sie für diese Verteilung $\langle X \rangle$, Δx, $\langle X^4 \rangle$ und $\langle X - \langle X^3 \rangle \rangle$.

1.15 *Lognormal-Verteilung*: Die Zufallsvariable X habe die Eigenschaft, daß $\log X$ einer Gauß-Verteilung genügt, mit $\langle \log X \rangle = \log x_0$.
(a) Zeigen Sie durch Transformation der Gauß-Verteilung, daß die Wahrscheinlichkeitsdichte für X die Form

$$P(x) = \frac{1}{\sqrt{2\pi\sigma^2}} \frac{1}{x} e^{-\frac{(\log(x/x_0))^2}{2\sigma^2}}, \quad 0 < x < \infty$$

hat.
(b) Zeigen Sie

$$\langle X \rangle = x_0 e^{\sigma^2/2}$$

und

$$\langle \log X \rangle = \log x_0 .$$

(c) Zeigen Sie, daß die Lognormal-Verteilung umgeschrieben werden kann in

$$P(x) = \frac{1}{x_0 \sqrt{2\pi\sigma^2}} (x/x_0)^{-1-\mu(x)}$$

mit

$$\mu(x) = \frac{1}{2\sigma^2} \log \frac{x}{x_0},$$

sie kann deshalb bei der Analyse von Daten leicht mit einem Potenzgesetz verwechselt werden.

2. Gleichgewichtsensemble

2.1 Vorbemerkungen

Wie in der Einleitung betont, besteht ein makroskopisches System aus $10^{19} - 10^{23}$ Teilchen und besitzt dementsprechend ein Energiespektrum mit Abständen $\Delta E \sim e^{-N}$. Der Versuch einer detaillierten Lösung der mikroskopischen Bewegungsgleichungen ist hoffnungslos, außerdem könnten nicht einmal die notwendigen Anfangsbedingungen oder Quantenzahlen angegeben werden. Zum Glück ist die Kenntnis der Zeitentwicklung eines solchen Mikrozustandes auch überflüssig. Denn bei jeder Beobachtung des Systems (sowohl von makroskopischen Größen, wie auch der mikroskopischen Eigenschaften, z.B. Dichtekorrelationsfunktion, Teilchendiffusion) mittelt man über ein endliches Zeitintervall. Da ein System nie streng isolierbar ist, geht das System während des Meßvorganges in viele andere Mikrozustände über. Abbildung 2.1 zeigt schematisch wie sich das System über verschiedene Phasentrajektorien bewegt. Deshalb ist ein Vielteilchensystem nicht durch einen einzigen Mikrozustand, sondern durch ein Ensemble von Mikrozuständen zu charakterisieren. Dieses statistische Ensemble von Mikrozuständen repräsentiert den durch makroskopische Bestimmungsgrößen $E, V, N, \ldots$ charakterisierten Makrozustand.[1]

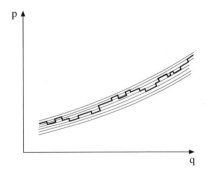

Abb. 2.1. Bewegung im Phasenraum (schematisch)

---

[1] Eine andere Begründung der statistischen Beschreibung gründet auf die Ergodenhypothese: Fast jeder Mikrozustand kommt allen Zuständen des entsprechenden Ensembles im Lauf der Zeit beliebig nahe. Daraus postulierte Boltzmann: Der Zeitmittelwert eines isolierten Systems ist gleich dem Mittelwert über das mikrokanonische Ensemble (siehe Abschn. 10.5.2).

2. Gleichgewichtsensemble

Erfahrungsgemäß strebt jedes makroskopische System im Laufe der Zeit einem Gleichgewichtszustand zu, in welchem

$$\dot{\rho} = 0 = -\frac{i}{\hbar}[H, \rho] \tag{2.1.1}$$

gelten muß. Da im Gleichgewicht die Dichtematrix ρ mit dem Hamilton-Operator H kommutiert, kann in einem Gleichgewichtsensemble ρ nur von den *Erhaltungsgrößen* abhängen. (Das System ändert sich mikroskopisch auch im Gleichgewicht laufend, aber die Verteilung der Mikrozustände im Ensemble wird zeitunabhängig.) Klassisch ist die rechte Seite von (2.1.1) durch die Poisson Klammer zu ersetzen.

2.2 Mikrokanonisches Ensemble

2.2.1 Mikrokanonische Verteilungsfunktion und Dichtematrix

Wir betrachten ein *isoliertes System* mit fest vorgegebener Teilchenzahl, festem Volumen V und Energie im Intervall $[E, E + \Delta]$ mit kleinem Δ, dessen Hamilton-Funktion $H(q, p)$ sei (Abb. 2.2). Der Gesamtimpuls und der Gesamtdrehimpuls mögen Null sein.

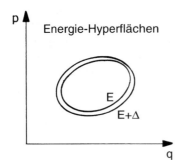

Abb. 2.2. Energieschale im Phasenraum

Wir müssen nun die Verteilungsfunktion (Dichtematrix) für diese physikalische Situation finden. Zunächst ist klar, daß nur Punkte des Phasenraums, die innerhalb der beiden Hyperflächen $H(q, p) = E$ und $H(q, p) = E + \Delta$ liegen, endliches statistisches Gewicht haben können. Man nennt das Gebiet des Phasenraums innerhalb der Hyperflächen $H(q, p) = E$ und $H(q, p) = E + \Delta$ Energieschale. Es ist intuitiv plausibel, daß im Gleichgewicht keine Region der Energieschale ausgezeichnet sein sollte, d.h., daß alle Punkte innerhalb der Energieschale das gleiche statistische Gewicht haben sollten. Dies können wir tatsächlich aus der an (2.1.1) anknüpfenden Überlegung ableiten. Hätten Regionen innerhalb der Energieschale ungleiches statistisches Gewicht, würde die Verteilungsfunktion (Dichtematrix) noch von anderen

Größen als H abhängen, und würde ρ nicht mit H vertauschen (klassisch die Poisson Klammer nicht verschwinden). Da bei festem E, Δ, V, N die Gleichgewichtsverteilungsfunktion nur von $H(q,p)$ abhängt, ist folglich jeder Zustand innerhalb der Energieschale, d.h. alle Punkte des Γ-Raums mit $E \leq H(q,p) \leq E + \Delta$, gleich wahrscheinlich. Ein Ensemble mit diesen Eigenschaften nennt man *mikrokanonisches Ensemble*. Die zugehörige *mikrokanonische Verteilungsfunktion* können wir in der Form

$$\rho_{MK} = \begin{cases} \frac{1}{\Omega(E)\Delta} & E \leq H(q,p) \leq E + \Delta \\ 0 & \text{sonst} \end{cases} \qquad (2.2.1)$$

postulieren, wobei voraussetzungsgemäß die Normierungskonstante $\Omega(E)$ nur von E, nicht aber von q und p abhängt. $\Omega(E)\Delta$ ist das Volumen der Energieschale.[2] Im Limes $\Delta \to 0$ geht (2.2.1) in

$$\rho_{MK} = \frac{1}{\Omega(E)} \delta\big(E - H(q,p)\big) \qquad (2.2.1')$$

über. Die Normierung der Wahrscheinlichkeitsdichte legt $\Omega(E)$ fest:

$$\int \frac{dq\,dp}{h^{3N} N!} \rho_{MK} = 1 \,. \qquad (2.2.2)$$

Der *Mittelwert* einer Größe A ist durch

$$\langle A \rangle = \int \frac{dq\,dp}{h^{3N} N!} \rho_{MK} A \qquad (2.2.3)$$

gegeben. Die Wahl der fundamentalen Integrationsvariablen (ob q oder q/const) ist im gegenwärtigen Stadium willkürlich und wurde in (2.2.2) und (2.2.3) entsprechend dem sich aus der Quantenstatistik ergebenden Limes fixiert. Wäre in der Normierungsbedingung (2.2.2) und im Mittelwert (2.2.3) der Faktor $(h^{3N} N!)^{-1}$ nicht vorhanden, dann wäre ρ_{MK} durch $(h^{3N} N!)^{-1} \rho_{MK}$ ersetzt. Alle Mittelwerte blieben dabei ungeändert, der Unterschied äußert sich jedoch in der Entropie (Abschn. 2.3). Der Faktor $1/N!$ rührt von der Ununterscheidbarkeit der Teilchen her. Die Notwendigkeit des Faktors $1/N!$ wurde von Gibbs schon vor der Quantenmechanik entdeckt. Ohne diesen Faktor würde fälschlicherweise eine Mischentropie von identischen Gasen auftreten (Gibbssches Paradoxon). D.h. es wäre die Summe der Entropien zweier gleichartiger idealer Gase aus N Teilchen, $2S_N$, kleiner als die Entropie eines derartigen Gases aus $2N$ Teilchen. Die Mischung idealer Gase wird in

---

[2] Die Oberfläche der Energieschale $\Omega(E)$ hängt neben der Energie E auch vom Volumen V und der Teilchenzahl N ab. Für die momentanen Betrachtungen ist nur die Abhängigkeit von E von Interesse; deshalb geben wir der Übersichtlichkeit und der Kürze halber die anderen Variablen nicht an. Auch bei den in späteren Abschnitten noch einzuführenden Zustandssummen gebrauchen wir eine analoge, verkürzte Notation. Die vollständigen Abhängigkeiten sind in Tab. 2.1 zusammengestellt.

Kap. 3, Abschnitt 3.6.3.4 besprochen. Wir verweisen auch auf die Berechnung der Entropie idealer Gasgemische in Kap. 5 und auf den letzten Absatz in Anhang B.1.

Wir werden für das $6N$-dimensionale Phasenraum-Volumenelement auch die verkürzte Notation

$$d\Gamma \equiv \frac{dq\,dp}{h^{3N}N!}$$

verwenden.

Aus der Normierungsbedingung (2.2.2) und der Darstellung (2.2.1') folgt

$$\Omega(E) = \int \frac{dq\,dp}{h^{3N}N!}\,\delta\bigl(E - H(q,p)\bigr)\,. \tag{2.2.4}$$

Nach Einführung von Koordinaten auf der Energieschale und einer Integrationsvariablen längs der Normalen $k_\perp$ kann man (2.2.4) auch durch das Oberflächenintegral

$$\Omega(E) = \int_E \frac{dS}{h^{3N}N!}\,dk_\perp\,\delta\bigl(E - H(S_E) - |\boldsymbol{\nabla}H|k_\perp\bigr)$$

$$= \int \frac{dS}{h^{3N}N!}\,\frac{1}{|\boldsymbol{\nabla}H(q,p)|} \tag{2.2.4'}$$

darstellen. Hier ist dS das Oberflächenelement der $(6N-1)$-dimensionalen Hyperfläche mit Energie E und $\boldsymbol{\nabla}$ ist der $6N$-dimensionale Gradient im Phasenraum. In Gl. (2.2.4') wurde $H(S_E) = E$ benützt und die Integration über $k_\perp$ ausgeführt. Nach Gl. (1.3.4') ist $|\boldsymbol{\nabla}H(q,p)| = |\boldsymbol{v}|$, und die Geschwindigkeit im Phasenraum ist senkrecht zum Gradienten, $\boldsymbol{v} \perp \boldsymbol{\nabla}H(q,p)$. Das bedeutet auch, daß die Geschwindigkeit immer tangential zur Oberfläche der Energieschale ist. Siehe Aufgabe 1.8.

Anmerkungen:

(i) Den Ausdruck (2.2.4') kann man auch leicht beweisen, wenn man von der Energieschale mit endlicher Dicke Δ ausgeht und diese in Segmente $dS\Delta k_\perp$ zerlegt. Dabei ist dS ein Oberflächenelement und $\Delta k_\perp$ der senkrechte Abstand zwischen den beiden Hyperflächen (Abb. 2.3). Da der Gradient die Änderung senkrecht zu einer Äquipotentialfläche angibt, ist $|\boldsymbol{\nabla}H(q,p)|\Delta k_\perp = \Delta$, wo $\boldsymbol{\nabla}H(q,p)$ auf der Hyperfläche $H(q,p) = E$ zu berechnen ist.

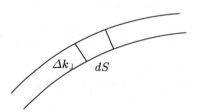

Abb. 2.3. Berechnung des Volumens der Energieschale

Daraus folgt

$$\Omega(E)\Delta = \int \frac{dS}{h^{3N} N!} \Delta k_\perp = \int \frac{dS}{h^{3N} N! |\boldsymbol{\nabla} H(q,p)|} \cdot \Delta \quad ,$$

also wieder (2.2.4′).
(ii) Gleichung (2.2.4′) hat eine intuitiv sehr einleuchtende Bedeutung. $\Omega(E)$ ist gegeben durch die Summe der Oberflächenelemente, jeweils dividiert durch die Geschwindigkeit im Phasenraum. Bereiche mit hoher Geschwindigkeit tragen weniger zu $\Omega(E)$ bei. Im Hinblick auf die Ergodenhypothese (siehe 10.5.2) ist dieser Sachverhalt sehr plausibel. Siehe Aufgabe 1.8: $|\boldsymbol{v}| = |\boldsymbol{\nabla} H|$ und $\boldsymbol{v} \perp \boldsymbol{\nabla} H$.

Wie schon erwähnt, ist $\Omega(E)\Delta$ in der klassischen statistischen Mechanik das Volumen der Energieschale. Wir werden gelegentlich $\Omega(E)$ auch als „Phasenoberfläche" bezeichnen. Wir definieren nun auch das Volumen innerhalb der Energieschale

$$\bar{\Omega}(E) = \int \frac{dq\,dp}{h^{3N} N!} \, \Theta\big(E - H(q,p)\big) \quad . \tag{2.2.5}$$

Offensichtlich gilt der Zusammenhang

$$\Omega(E) = \frac{d\bar{\Omega}(E)}{dE} \quad . \tag{2.2.6}$$

Quantenmechanisch erfolgt die Definition des mikrokanonischen Ensembles für ein isoliertes System mit Hamilton-Operator H und zugehörigen Energieeigenwerten E_n:

$$\rho_{MK} = \sum_n p(E_n) \, |n\rangle \langle n| \quad , \tag{2.2.7}$$

wobei ganz analog zu (2.2.1)

$$p(E_n) = \begin{cases} \frac{1}{\Omega(E)\Delta} & E \leq E_n \leq E + \Delta \\ 0 & \text{sonst} \end{cases} \quad . \tag{2.2.8}$$

In der *mikrokanonischen Dichtematrix* ρ_{MK} tragen alle Energieeigenzustände $|n\rangle$, deren Energie E_n im Intervall $[E, E + \Delta]$ liegen, mit gleichem Gewicht bei. Die Normierung

$$\text{Sp } \rho_{MK} = 1 \tag{2.2.9a}$$

ergibt

$$\Omega(E) = \frac{1}{\Delta} {\sum_n}' 1 \quad , \tag{2.2.9b}$$

wobei die Summation auf in der Energieschale liegende Zustände eingeschränkt ist. Somit ist $\Omega(E)\Delta$ gleich der Zahl der Energieeigenzustände in

2. Gleichgewichtsensemble

der Energieschale $[E, E + \Delta]$. Man verwendet für die Dichtematrix des mikrokanonischen Ensembles auch die verkürzte Darstellung

$$\rho_{MK} = \Omega(E)^{-1}\delta(H - E) \tag{2.2.7'}$$

und

$$\Omega(E) = \text{Sp } \delta(H - E) \,. \tag{2.2.9b'}$$

Gleichung (2.2.8) (und ihr klassisches Pendant (2.2.1)) stellt *die grundlegende Hypothese der statistischen Mechanik* des *Gleichgewichts* dar. Aus ihr können alle Gleichgewichtseigenschaften der Materie (ob isoliert oder in Kontakt mit der Umgebung) deduziert werden. Die mikrokanonische Dichtematrix beschreibt ein isoliertes System mit vorgegebenem E, V, N. Aus ihr können die übrigen, anderen physikalischen Situationen entsprechenden Gleichgewichtsdichtematrizen hergeleitet werden, wie z.B. die kanonische und großkanonische.

Wir werden an den folgenden Beispielen sehen, daß faktisch das gesamte Volumen innerhalb der Hyperfläche $H(q, p) = E$ an deren Oberfläche liegt. Genauer wird der Vergleich von $\bar{\Omega}(E)$ und $\Omega(E)\Delta$ zeigen, daß

$$\log\bigl(\Omega(E)\Delta\bigr) = \log \bar{\Omega}(E) + \mathcal{O}\Bigl(\log \frac{E}{N\Delta}\Bigr) \,.$$

Da $\log \Omega(E)\Delta$ und $\log \bar{\Omega}(E)$ beide proportional zu N sind, kann man die übrigen Terme für großes N vernachlässigen und in diesem Sinne

$$\Omega(E)\Delta = \bar{\Omega}(E)$$

schreiben.

2.2.2 Klassisches ideales Gas

Wir besprechen in diesem und im nächsten Abschnitt drei einfache Beispiele, für die $\Omega(E)$ berechnet werden kann, und aus denen wir die charakteristischen Abhängigkeiten von Energie und Teilchenzahl ablesen können.

Wir werden nun das klassische ideale Gas, also ein klassisches System von N Atomen, zwischen denen keinerlei Wechselwirkung besteht, untersuchen, und daraus ersehen, wie $\Omega(E)$ von der Energie E und der Teilchenzahl abhängt. Außerdem werden wir später an das Ergebnis dieses Abschnitts anknüpfend die Thermodynamik des idealen Gases ableiten.

Die Hamilton-Funktion des dreidimensionalen idealen Gases ist

$$H = \sum_{i=1}^{N} \frac{\mathbf{p}_i^2}{2m} + V_{\text{Wand}} \,. \tag{2.2.10}$$

Hier sind die $\mathbf{p}_i$ die kartesischen Impulse der Teilchen und V_{Wand} ist das Wandpotential. Die Oberfläche der Energieschale ist in diesem Fall

2.2 Mikrokanonisches Ensemble

$$\Omega(E) = \frac{1}{h^{3N}N!}\int_V d^3x_1\ldots\int_V d^3x_N \int d^3p_1\ldots\int d^3p_N\,\delta\!\left(E - \sum_{i=1}^{N}\frac{\mathbf{p}_i^2}{2m}\right),$$
(2.2.11)

wobei die x-Integrationen auf das durch die Wände eingegrenzte Volumen V beschränkt sind. Es wäre ein leichtes, $\Omega(E)$ direkt zu berechnen. Wir werden dies hier aber auf dem Umweg über $\bar{\Omega}(E)$, dem Volumen innerhalb der Energieschale, die hier eine Hyperkugel ist, tun, um beide Größen zur Verfügung zu haben:

$$\bar{\Omega}(E) = \frac{1}{h^{3N}N!}$$
$$\times \int_V d^3x_1\ldots\int_V d^3x_N \int d^3p_1\ldots\int d^3p_N\,\Theta\!\left(E - \sum_i \mathbf{p}_i^2/2m\right). \quad (2.2.12)$$

Wenn wir die Oberfläche der d-dimensionalen Einheits-Kugel[3]

$$(2\pi)^d K_d \equiv \int d\Omega_d = \frac{2\pi^{d/2}}{\Gamma(d/2)} \tag{2.2.13}$$

einführen, ergibt sich in sphärischen Polarkoordinaten bezüglich der Impulse

$$\bar{\Omega}(E) = \frac{V^N}{h^{3N}N!}\int d\Omega_{3N}\int_0^{\sqrt{2mE}} dp\, p^{3N-1}\,.$$

Daraus folgt unmittelbar

$$\bar{\Omega}(E) = \frac{V^N(2\pi mE)^{\frac{3N}{2}}}{h^{3N}N!(\frac{3N}{2})!}\,, \tag{2.2.14}$$

wobei $\Gamma(\frac{3N}{2}) = (\frac{3N}{2}-1)!$ unter der keine Einschränkung der Allgemeinheit bedeutenden Annahme geradzahliger Teilchenzahl gesetzt wurde. Gl.(2.2.14) kann für große N mittels der Stirlingschen Formel (Aufgabe 1.1)

$$N! \sim N^N e^{-N}(2\pi N)^{1/2} \tag{2.2.15}$$

vereinfacht werden, wobei es genügt, nur die beiden ersten, dominierenden Faktoren beizubehalten

$$\bar{\Omega}(E) \approx \left(\frac{V}{N}\right)^N \left(\frac{4\pi mE}{3h^2 N}\right)^{\frac{3N}{2}} e^{\frac{5N}{2}}\,. \tag{2.2.16}$$

Unter Verwendung von Gl.(2.2.6) erhalten wir aus (2.2.14) und (2.2.16) den exakten

---
[3] Die Ableitung von (2.2.13) wird am Ende des Abschnitts durchgeführt.

2. Gleichgewichtsensemble

$$\Omega(E) = \frac{V^N 2\pi m \left(2\pi m E\right)^{\frac{3N}{2}-1}}{h^{3N} N! \left(\frac{3N}{2}-1\right)!} \qquad (2.2.17)$$

und den asymptotischen, im Grenzfall großer N gültigen Ausdruck

$$\Omega(E) \approx \left(\frac{V}{N}\right)^N \left(\frac{4\pi m E}{3h^2 N}\right)^{\frac{3N}{2}} e^{\frac{5N}{2}} \frac{1}{E} \frac{3N}{2} \qquad (2.2.18)$$

für $\Omega(E)$. In (2.2.16) und (2.2.18) treten das spezifische Volumen V/N und die spezifische Energie E/N mit der Potenz N auf.

Wir vergleichen nun $\bar{\Omega}(E)$, das Volumen innerhalb der Energieschale, mit $\Omega(E)\Delta$, dem Volumen der Kugelschale von der Dicke Δ, indem wir wegen der N-ten Potenzen die Logarithmen dieser Größen betrachten:

$$\log\bigl(\Omega(E)\Delta\bigr) = \log \bar{\Omega}(E) + \mathcal{O}\Bigl(\log \frac{E}{N\Delta}\Bigr) \,. \qquad (2.2.19)$$

Da $\log \Omega(E)\Delta$ und $\log \bar{\Omega}(E)$ beide proportional zu N sind, kann man die übrigen Terme für großes N vernachlässigen. In diesem Sinne ist

$$\Omega(E)\Delta \approx \bar{\Omega}(E) \,, \qquad (2.2.20)$$

d.h. fast das gesamte Volumen der Hyperkugel, $H(q,p) \leq E$, liegt an deren Oberfläche. Dieser Sachverhalt rührt von der hohen Dimension des Phasenraums her, und es ist zu erwarten, daß (2.2.20) auch für wechselwirkende Systeme gültig bleibt.

Nun beweisen wir den Ausdruck (2.2.13) für die Oberfläche der d-dimensionalen Einheitskugel. Dazu berechnen wir das d-dimensionale Gauß-Integral

$$I = \int_{-\infty}^{\infty} dp_1 \ldots \int_{-\infty}^{\infty} dp_d \, e^{-(p_1^2 + \cdots + p_d^2)} = (\sqrt{\pi})^d \qquad (2.2.21)$$

Dieses kann auch in sphärischen Polarkoordinaten geschrieben werden[4]

$$I = \int_0^\infty dp\, p^{d-1} \int d\Omega_d\, e^{-p^2} = \frac{1}{2} \int dt\, t^{\frac{d}{2}-1} e^{-t} \int d\Omega_d = \frac{1}{2} \Gamma\!\left(\frac{d}{2}\right) \int d\Omega_d \,, \qquad (2.2.22)$$

wobei

$$\Gamma(z) = \int_0^\infty dt\, t^{z-1} e^{-t} \qquad (2.2.23)$$

---

[4] Wir bezeichnen das Oberflächenelement der d-dimensionalen Einheitskugel mit $d\Omega_d$. Für die Berechnung des Oberflächenintegrals $\int d\Omega_d$ ist es nicht nötig, den detaillierten Ausdruck für $d\Omega_d$ zu verwenden. Diesen kann man in E. Madelung, *Die Mathematischen Hilfsmittel des Physikers,* Springer, Berlin, 7. Auflage, 1964, Seite 244, entnehmen.

die *Gamma-Funktion* ist. Der Vergleich der beiden Ausdrücke (2.2.21) und (2.2.22) ergibt

$$\int d\Omega_d = \frac{2\pi^{d/2}}{\Gamma(d/2)} \ . \tag{2.2.13'}$$

Um weitere Einsichten in die wesentlichen Abhängigkeiten des Volumens der Energieschale zu erhalten, berechnen wir $\Omega(E)$ noch für zwei weitere einfache, diesmal quantenmechanische Systeme, nämlich ungekoppelte harmonische Oszillatoren und ungekoppelte (paramagnetische) Spins. Derartige einfache Probleme können in allen Ensembles mit diversen Methoden gelöst werden. Statt der sonst gebräuchlichen, kombinatorischen Methode verwenden wir in den beiden folgenden Beispielen eine rein analytische.

*2.2.3 Quantenmechanische harmonische Oszillatoren und Spin-Systeme

*2.2.3.1 Quantenmechanische harmonische Oszillatoren

Wir betrachten ein System von N gleichartigen harmonischen Oszillatoren, die untereinander überhaupt nicht oder nur so schwach gekoppelt seien, daß ihre Wechselwirkung vernachlässigt werden kann. Dann lautet der Hamilton-Operator

$$H = \sum_{j=1}^{N} \hbar\omega \left(a_j^\dagger a_j + \frac{1}{2} \right) \ , \tag{2.2.24}$$

wo $a_j^\dagger (a_j)$ Erzeugungs- (Vernichtungs-) operatoren für den j-ten Oszillator sind. Dann ist

$$\begin{aligned}
\Omega(E) &= \sum_{n_1=0}^{\infty} \cdots \sum_{n_N=0}^{\infty} \delta\left(E - \hbar\omega \sum_j \left(n_j + \frac{1}{2}\right) \right) \\
&= \sum_{n_1=0}^{\infty} \cdots \sum_{n_N=0}^{\infty} \int \frac{dk}{2\pi} e^{ik\left(E - \sum_j \hbar\omega(n_j + \frac{1}{2})\right)} = \int \frac{dk}{2\pi} e^{ikE} \prod_{i=1}^{N} \frac{e^{-ik\hbar\omega/2}}{1 - e^{-ik\hbar\omega}}
\end{aligned} \tag{2.2.25}$$

und schließlich

$$\Omega(E) = \int \frac{dk}{2\pi} e^{N\left(ik(E/N) - \log(2i\sin(k\hbar\omega/2))\right)} \ . \tag{2.2.26}$$

Die Berechnung dieses Integrals gelingt für große N mit der Sattelpunktsmethode.[5] Die Funktion

$$f(k) = ike - \log\bigl(2i\sin(k\hbar\omega/2)\bigr) \tag{2.2.27}$$

---

[5] J. Lense, *Reihenentwicklungen in der mathematischen Physik*, Walter de Gruyter, Berlin 1953; N.G. de Bruijn, *Asymptotic Methods in Analysis*, North Holland, 1970; P.M. Morse and H. Feshbach, *Methods of Theoretical Physics*, p. 434, McGraw Hill, New York, 1953.

34 2. Gleichgewichtsensemble

mit $e = E/N$ besitzt ein Maximum an der Stelle

$$k_0 = \frac{1}{\hbar\omega i} \log \frac{e + \frac{\hbar\omega}{2}}{e - \frac{\hbar\omega}{2}} \ . \tag{2.2.28}$$

Dieses Maximum bestimmt sich aus dem Verschwinden der ersten Ableitung

$$f'(k_0) = ie - \frac{\hbar\omega}{2} \cot \frac{k_0 \hbar\omega}{2} = 0 \ .$$

Deshalb findet man mit

$$\begin{aligned} f(k_0) &= ik_0 e - \log\left(2i/\sqrt{1-(2e/\hbar\omega)^2}\right) \\ &= \frac{e}{\hbar\omega} \log \frac{e + \frac{\hbar\omega}{2}}{e - \frac{\hbar\omega}{2}} + \frac{1}{2} \log\left(\left(e + \frac{\hbar\omega}{2}\right)\left(e - \frac{\hbar\omega}{2}\right)/(\hbar\omega)^2\right) \end{aligned} \tag{2.2.29}$$

und $f''(k_0) = \left(\frac{\hbar\omega}{2}\right)^2 / \sin^2(k_0 \hbar\omega/2)$ für $\Omega(E)$:

$$\Omega(E) = \frac{1}{2\pi} e^{N f(k_0)} \int dk\, e^{N\frac{1}{2}f''(k_0)(k-k_0)^2} \ . \tag{2.2.30}$$

Das Integral in diesem Ausdruck gibt lediglich einen Faktor proportional $\sqrt{N}$, deshalb ist die Zahl der Zustände durch

$$\Omega(E) = \exp\left\{ N \left[\frac{e + \frac{1}{2}\hbar\omega}{\hbar\omega} \log \frac{e + \frac{1}{2}\hbar\omega}{\hbar\omega} - \frac{e - \frac{1}{2}\hbar\omega}{\hbar\omega} \log \frac{e - \frac{1}{2}\hbar\omega}{\hbar\omega} \right] \right\} \tag{2.2.31}$$

gegeben.

*2.2.3.2 Zwei-Niveau-Systeme, Spin-$\frac{1}{2}$-Paramagnet

Als drittes Beispiel betrachten wir ein System von N Teilchen, die sich in zwei Zuständen befinden können. Die wichtigste Realisierung eines solchen Systems ist ein Paramagnet in einem Magnetfeld H mit dem Hamilton-Operator[6] ($h = -\mu_B H$)

$$\mathcal{H} = -h \sum_{i=1}^{N} \sigma_i \ , \quad \text{wo} \quad \sigma_i = \pm 1. \tag{2.2.32}$$

Die Zahl der Zustände mit Energie E ist nach (2.2.9)

$$\begin{aligned} \Omega(E) &= \sum_{\{\sigma_i = \pm 1\}} \delta\left(E + h\sum_{i=1}^{N} \sigma_i\right) = \int \frac{dk}{2\pi} \sum_{\{\sigma_i = \pm 1\}} e^{ik(E + h\sum_i \sigma_i)} \\ &= \int \frac{dk}{2\pi} e^{ikE} (2\cos kh)^N = 2^N \int \frac{dk}{2\pi} e^{f(k)} \end{aligned} \tag{2.2.33}$$

mit

---

[6] Es ist in der magnetischen Literatur üblich, das Magnetfeld mit **H** oder H zu bezeichnen. Zur Unterscheidung verwenden wir deshalb bei magnetischen Phänomenen für den Hamilton-Operator das Symbol $\mathcal{H}$.

$$f(k) = \mathrm{i}kE + N \log \cos kh \;. \tag{2.2.34}$$

Die Berechnung des Integrals geschieht wieder mit der Sattelpunktsmethode. Aus $f'(k) = \mathrm{i}E - Nh \tan kh$ und $f''(k) = -Nh^2/\cos^2 kh$ erhält man aus $f'(k_0) = 0$

$$k_0 h = \arctan \frac{\mathrm{i}E}{Nh} = \frac{\mathrm{i}}{2} \log \frac{1 + E/Nh}{1 - E/Nh} \;.$$

Für die zweite Ableitung ergibt sich

$$f''(k_0) = -\bigl(1 - (E/Nh)^2\bigr) Nh^2 \leq 0 \quad \text{für} \quad -Nh \leq E \leq Nh \;.$$

Somit erhält man mit der Abkürzung $e = E/Nh$

$$\begin{aligned}
\Omega(E) &= 2^N \exp\left(-\frac{Ne}{2} \log \frac{1+e}{1-e} + N \log \frac{1}{\sqrt{1-e^2}}\right) \int \frac{dk}{2\pi} \, \mathrm{e}^{-\frac{1}{2}\bigl(-f''(k_0)\bigr)(k-k_0)^2} \\
&= \frac{2^N}{\sqrt{2\pi}} \exp\left(-\frac{Ne}{2} \log \frac{1+e}{1-e} + \frac{N}{2} \log \frac{1}{1-e^2} - \frac{1}{2} \log\bigl((1-e^2)Nh^2\bigr)\right) \\
&= \frac{1}{\sqrt{2\pi}} \exp\Bigl\{ -\frac{N}{2}(1+e) \log \frac{1+e}{2} - \frac{N}{2}(1-e) \log \frac{1-e}{2} \\
&\quad - \frac{1}{2}\log(1-e^2) - \frac{1}{2} \log Nh^2 \Bigr\} \;,
\end{aligned}$$

$$\Omega(E) = \exp\left\{ -\frac{N}{2}\left[(1+e)\log\frac{1+e}{2} + (1-e)\log\frac{1-e}{2}\right] + \mathcal{O}(1, \log N) \right\} \;. \tag{2.2.34}$$

Wir haben somit in drei Beispielen die Zahl der Zustände $\Omega(E)$ berechnet. Die physikalischen Folgerungen der charakteristischen Energieabhängigkeit werden wir erst nach Einführung von Begriffen wie der Entropie und Temperatur diskutieren.

2.3 Entropie

2.3.1 Allgemeine Definition

Es sei eine beliebige Dichtematrix ρ vorgegeben, dann ist die *Entropie S* durch

$$S = -k \operatorname{Sp}(\rho \log \rho) \equiv -k \langle \log \rho \rangle \tag{2.3.1}$$

definiert. Wie hier werden wir häufig Formeln nur in ihrer quantenmechanischen Form angeben. Für die klassische Statistik ist die Spuroperation Sp als Integral über den Phasenraum zu lesen. Die physikalische Bedeutung von S wird erst in den folgenden Abschnitten klar werden. Zunächst ist die Entropie ein Maß für die Größe des zugänglichen Phasenraums und somit auch für die Ungewißheit des mikroskopischen Zustands des Systems, denn je mehr Zustände in der Dichtematrix vorkommen, desto größer ist S. Zum Beispiel ist für M Zustände, die mit gleicher Wahrscheinlichkeit $\frac{1}{M}$ realisiert sind, die Entropie durch

$$S = -k \sum_1^M \frac{1}{M} \log \frac{1}{M} = k \log M$$

gegeben. Für einen reinen Zustand ist $M = 1$ und die Entropie deshalb $S = 0$. In der Diagonaldarstellung von ρ (Gl. 1.4.8) sieht man sofort, daß die Entropie

$$S = -k \sum_n P_n \log P_n \geq 0 \qquad (2.3.2)$$

positiv semidefinit ist, da $x \log x \leq 0$ ist, im Intervall $0 < x \leq 1$ (siehe Abb. 2.4). Der Faktor k in (2.3.1) ist zunächst völlig willkürlich. Erst später durch Festlegung der Temperaturskala auf die absolute Temperatur ergibt sich für k die Boltzmann-Konstante $k = 1.38 \times 10^{-16}$ erg/K $= 1.38 \times 10^{-23}$ J/K. Siehe Abschn. 3.4. Der Wert der Boltzmann-Konstante wurde 1900 von Planck bestimmt.

Entropie ist auch ein Maß für die Unordnung und umgekehrt für den Informationsgehalt der Dichtematrix. Je mehr Zustände in der Dichtematrix enthalten sind, je kleiner das Gewicht jedes einzelnen ist, um so weniger Informationen über das System besitzt man. Je weniger Zustände vorhanden sind, umso größer ist die Information. Geringere Entropie bedeutet höheren Informationsgehalt. Wenn z.B. ein Volumen V zur Verfügung steht, die Teilchen sich jedoch nur in einem Teilvolumen aufhalten, ist die Entropie kleiner. Entsprechend ist der in der Dichtematrix enthaltene *Informationsgehalt* $\propto \mathrm{Sp}\, \rho \log \rho$ größer, denn man weiß, daß die Teilchen nicht irgendwo in V sondern nur im Teilvolumen sind.

2.3.2 Extremaleigenschaft der Entropie

Gegeben seien zwei Dichtematrizen ρ und ρ_1. Es gilt die wichtige Ungleichung

$$\mathrm{Sp}\left(\rho(\log \rho_1 - \log \rho)\right) \leq 0 \,. \qquad (2.3.3)$$

Zum Beweis von (2.3.3) verwenden wir die Diagonaldarstellung von $\rho = \sum_n P_n |n\rangle \langle n|$ und von $\rho_1 = \sum_\nu P_{1\nu} |\nu\rangle \langle \nu|$:

$$\mathrm{Sp}\left(\rho(\log \rho_1 - \log \rho)\right) = \sum_n P_n \langle n| (\log \rho_1 - \log P_n) |n\rangle =$$

$$= \sum_n P_n \langle n| \log \frac{\rho_1}{P_n} |n\rangle = \sum_n \sum_\nu P_n \langle n|\nu\rangle \langle \nu| \log \frac{P_{1\nu}}{P_n} |\nu\rangle \langle \nu|n\rangle =$$

$$\leq \sum_n \sum_\nu P_n \langle n|\nu\rangle \langle \nu| \left(\frac{P_{1\nu}}{P_n} - 1\right) |\nu\rangle \langle \nu|n\rangle = \sum_n P_n \langle n| \left(\frac{\rho_1}{P_n} - 1\right) |n\rangle =$$

$$= \mathrm{Sp}\, \rho_1 - \mathrm{Sp}\, \rho = 0 \,.$$

In einem Zwischenschritt haben wir die Basis $|\nu\rangle$ von ρ_1 verwendet und die Ungleichung $\log x \leq x-1$ benützt. Diese Ungleichung ist offensichtlich aus der Abb. 2.4. Formal folgt sie aus folgenden Eigenschaften der Funktion $f(x) = \log x - x + 1$:

$$f(1) = 0, \quad f'(1) = 0, \quad f''(x) = -\frac{1}{x^2} < 0 \quad \text{(d.h. } f(x) \text{ ist konvex)}.$$

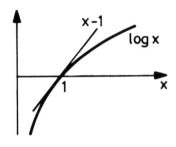

Abb. 2.4. Zur Illustration der Ungleichung $\log x \leq x - 1$

2.3.3 Entropie im mikrokanonischen Ensemble

Für die Entropie im mikrokanonischen Ensemble erhält man aus (2.3.1) und (2.2.7)

$$S_{MK} = -k \operatorname{Sp}\left(\rho_{MK} \log \rho_{MK}\right) = -k \operatorname{Sp}\left(\rho_{MK} \log \frac{1}{\Omega(E)\Delta}\right)$$

und mit der Normierung der Dichtematrix auf 1, Gl. (2.2.9a), schließlich

$$S_{MK} = k \log\bigl(\Omega(E)\Delta\bigr). \tag{2.3.4}$$

Die Entropie ist somit proportional zum Logarithmus des zugänglichen Phasenraumvolumens, bzw. quantenmechanisch zum Logarithmus der Zahl der realisierbaren Zustände.

Wir zeigen nun eine interessante Extremaleigenschaft der Entropie. Von allen Ensembles, deren Energie im Intervall $[E, E + \Delta]$ liegt, ist die Entropie des mikrokanonischen am größten. Zum Beweis dieser Aussage setzen wir in (2.3.3) $\rho_1 = \rho_{MK}$, und benützen, daß ρ genauso wie ρ_{MK} nur in der Energieschale verschieden von Null ist

$$S[\rho] \leq -k \operatorname{Sp}\left(\rho \log \rho_{MK}\right) = -k \operatorname{Sp}\left(\rho \log \frac{1}{\Omega(E)\Delta}\right) = S_{MK}. \tag{2.3.5}$$

Damit ist die Maximalität der Entropie des mikrokanonischen Ensembles gezeigt. Wir bemerken noch, daß für große N die folgenden Darstellungen der Entropie äquivalent sind

$$S_{MK} = k\log \Omega(E)\Delta = k\log \Omega(E)E = k\log \bar{\Omega}(E) \ . \tag{2.3.6}$$

Dies folgt unter Vernachlässigung logarithmischer Terme aus (2.2.19) und einer analogen Relation für $\Omega(E)E$.

Wir können nun die *Dichte der Zustände* abschätzen. Der Abstand der Energieniveaus ΔE ist durch

$$\Delta E = \frac{\Delta}{\Omega(E)\Delta} = \Delta \cdot e^{-S_{MK}/k} \sim \Delta \cdot e^{-N} \tag{2.3.7}$$

gegeben. Die Niveaus liegen tatsächlich ungeheuer dicht, wie in der Einleitung behauptet. In dieser Abschätzung wurde

$$S = k\log \Omega(E)\Delta \propto N$$

verwendet, wie sich aus dem klassischen Resultat (2.2.18), sowie (2.2.31) und (2.2.34) zeigt.

2.4 Temperatur und Druck

Die bisher erhaltenen Resultate für die mikrokanonische Gesamtheit erlauben die Berechnung von Mittelwerten beliebiger Operatoren. Diese Mittelwerte hängen von den natürlichen Parametern E, V und N der mikrokanonischen Gesamtheit ab. Temperatur und Druck traten bisher nicht auf. Im vorliegenden Abschnitt wollen wir diese Größen durch Ableitungen der Entropie nach der Energie und dem Volumen definieren.

2.4.1 Systeme im Kontakt, Energieverteilungsfunktion, Definition der Temperatur

Wir betrachten nun folgende physikalische Situation. Ein System sei in zwei Teilsysteme aufgeteilt, die miteinander wechselwirken, zwischen denen also Energieaustausch möglich ist. Das Gesamtsystem sei isoliert. Die Aufteilung in Untersysteme 1 und 2 muß nicht unbedingt räumlich sein. Der Hamilton-Operator sei $H = H_1 + H_2 + W$. Dabei sei die Wechselwirkung W klein im Vergleich zu $H_1(E_1)$ und $H_2(E_2)$. Zum Beispiel sei bei räumlicher Trennung

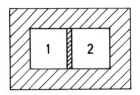

Abb. 2.5. Aufteilung eines isolierten Systems in Teilsysteme 1 und 2 mit fester, Energieaustausch ermöglichender Trennwand

2.4 Temperatur und Druck

der Oberflächenterm klein gegenüber der Volumensenergie. Die Wechselwirkung ist grundsätzlich wichtig, damit die beiden Teilsysteme Energie austauschen können. Das Gesamtsystem habe die Energie E, wird also durch die mikrokanonische Dichtematrix beschrieben

$$\rho_{MK} = \Omega_{1,2}(E)^{-1}\delta(H_1+H_2+W-E) \approx \Omega_{1,2}(E)^{-1}\delta(H_1+H_2-E) \,. \quad (2.4.1)$$

Dabei wurde W gegenüber H_1 und H_2 vernachlässigt, und $\Omega_{1,2}(E)$ ist die Phasenoberfläche des Gesamtsystems mit Trennwand (siehe Anmerkungen am Ende des Abschnitts).

Mit $\omega(E_1)$ bezeichnen wir die Wahrscheinlichkeitsdichte dafür, daß das Teilsystem 1 die Energie E_1 besitzt. Nach Gleichung (1.2.10) ist $\omega(E_1)$ durch

$$\omega(E_1) = \langle \delta(H_1 - E_1) \rangle$$
$$= \int d\Gamma_1 d\Gamma_2 \, \Omega_{1,2}(E)^{-1} \delta(H_1+H_2-E)\delta(H_1-E_1)$$
$$= \frac{\Omega_2(E-E_1)\Omega_1(E_1)}{\Omega_{1,2}(E)} \quad (2.4.2a)$$

gegeben, dabei wurde (2.4.1) eingesetzt und die Phasenraumoberflächen von Teilsystem 1, $\Omega_1(E_1) = \int d\Gamma_1 \, \delta(H_1-E_1)$ und Teilsystem 2, $\Omega_2(E-E_1) = \int d\Gamma_2 \, \delta(H_2-E+E_1)$ eingeführt. Den wahrscheinlichsten Wert von E_1, bezeichnet als $\tilde{E}_1$, finden wir aus $\frac{d\omega(E_1)}{dE_1} = 0$:

$$\left(-\Omega_2'(E-E_1)\Omega_1(E_1) + \Omega_2(E-E_1)\Omega_1'(E_1) \right)\Big|_{\tilde{E}_1} = 0 \,.$$

Unter Verwendung der Formel (2.3.4) für die mikrokanonische Entropie erhalten wir

$$\frac{\partial}{\partial E_2}S_2(E_2)\Big|_{E-\tilde{E}_1} = \frac{\partial}{\partial E_1}S_1(E_1)\Big|_{\tilde{E}_1} \,. \quad (2.4.3)$$

Wir führen nun folgende *Definition der Temperatur* ein

$$T^{-1} = \frac{\partial}{\partial E}S(E) \,. \quad (2.4.4)$$

Dann folgt aus (2.4.3)

$$T_1 = T_2 \,. \quad (2.4.5)$$

In der wahrscheinlichsten Konfiguration sind die Temperaturen der beiden Untersysteme gleich. Wir schreiben hier schon eine partielle Ableitung, weil später mehrere Variable vorkommen werden. Für das ideale Gas sehen wir sofort, daß die Temperatur proportional zur Energie pro Teilchen anwächst, $T \propto E/N$. Diese Eigenschaft, wie auch (2.4.5), die Gleichheit der Temperaturen zweier in Kontakt und im Gleichgewicht befindlicher Systeme entspricht dem üblichen Temperaturbegriff.

Bemerkungen:

Der Hamilton-Operator ist nach unten beschränkt und besitzt einen endlichen kleinsten Eigenwert E_0. Im allgemeinen ist der Hamilton–Operator nach oben nicht beschränkt und die Dichte der Energieeigenwerte nimmt mit steigender Energie zu. Folglich ist im allgemeinen die Temperatur nicht negativ ($T \geq 0$) und steigt mit wachsender Energie. Für Spinsysteme gibt es auch eine obere Schranke der Energie. Es nimmt dann die Zustandsdichte zur oberen Grenze hin wieder ab, so daß in diesem Energiebereich $\Omega'/\Omega < 0$ ist. Also gibt es in solchen Systemen Zustände mit negativer absoluter Temperatur (Siehe Abschnitt 6.7.2). Wegen der verschiedenen in (2.3.6) angegebenen Möglichkeiten, die Entropie darzustellen, kann die Temperatur auch als $T = \left(k\frac{d}{dE}\log\bar{\Omega}(E)\right)^{-1}$ geschrieben werden.

Anmerkungen zu $\Omega_{1,2}(E)$ in Gl. (2.4.1), können bei der ersten Lektüre überschlagen werden:

(i) In (2.4.1, 2.4.2) ist zu beachten, daß die beiden Teilsysteme 1 und 2 voneinander getrennt sind. Der in (2.4.1) und (2.4.2) auftretende Normierungsfaktor $\Omega_{1,2}(E)$ ist nicht durch

$$\int d\Gamma\, \delta(H-E) \equiv \int \frac{dq\,dp}{h^{3N}N!}\delta(H-E) = \Omega(E),$$

sondern durch

$$\begin{aligned}\Omega_{1,2}(E) &= \int d\Gamma_1 d\Gamma_2\, \delta(H-E) \equiv \int \frac{dq_1\,dp_1}{N_1!h^{3N_1}}\frac{dq_2\,dp_2}{N_2!h^{3N_2}}\delta(H-E)\\ &= \int dE_1 \int d\Gamma_1 d\Gamma_2\, \delta(H-E)\delta(H_1-E_1)\\ &= \int dE_1 \int d\Gamma_1 d\Gamma_2\, \delta(H_2-E+E_1)\delta(H_1-E_1)\\ &= \int dE_1\, \Omega_1(E_1)\Omega_2(E-E_1)\end{aligned} \quad (2.4.2\mathrm{b})$$

gegeben.

(ii) Zu dem gleichen Ergebnis für (2.4.2a) kommt man quantenmechanisch:

$$\begin{aligned}\omega(E_1) &= \langle\delta(H_1-E_1)\rangle \equiv \mathrm{Sp}\left(\frac{1}{\Omega_{1,2}(E)}\delta(H_1+H_2-E)\delta(H_1-E_1)\right)\\ &= \mathrm{Sp}_1\mathrm{Sp}_2\left(\frac{1}{\Omega_{1,2}(E)}\delta(H_2-(E-E_1))\delta(H_1-E_1)\right)\\ &= \frac{\Omega_1(E_1)\Omega_2(E-E_1)}{\Omega_{1,2}(E)}\end{aligned}$$

und

$$\begin{aligned}\Omega_{1,2}(E) &= \mathrm{Sp}\,\delta(H_1+H_2-E) \equiv \int dE_1\, \mathrm{Sp}\left(\delta(H_1+H_2-E)\delta(H_1-E_1)\right)\\ &= \int dE_1\, \mathrm{Sp}\left(\delta(H_2-E+E_1)\delta(H_1-E_1)\right) = \int dE_1\, \Omega_1(E_1)\Omega_2(E-E_1)\,.\end{aligned}$$

Hier wurde benützt, daß in nicht überlappenden Systemen 1 und 2 die Spurbildungen Sp_1 und Sp_2 über die Teile 1 und 2 unabhängig erfolgt, und die Zustände nur innerhalb der Teilsysteme symmetrisiert (antisymmetrisiert) werden müssen.

(iii) Wir erinnern daran, daß bei quantenmechanischen Teilchen, die sich in nicht überlappenden Zuständen (Wellenfunktionen) befinden, sich die Symmetrisierung (Antisymmetrisierung) in Erwartungswerten nicht auswirkt, und daß deshalb in dieser Situation von der Symmetrisierung überhaupt abgesehen werden kann.[7] Präziser: Betrachtet man Matrixelemente von Operatoren, die nur auf das Teilsystem 1 wirken, so sind deren Werte die gleichen, unabhängig davon, ob man die Existenz des Systems 2 überhaupt außer acht läßt, oder den (anti-)symmetrisierten Zustand des Gesamtsystems zugrunde legt.

2.4.2 Zur Schärfe von Verteilungsfunktionen von makroskopischen Größen

2.4.2.1 Ideales Gas

Für das *ideale Gas* findet man aus (2.2.18) für die Wahrscheinlichkeitsdichte der Energie E_1, Gl. (2.4.2a),

$$\omega(E_1) \propto \frac{(E_1/N_1)^{3N_1/2}(E_2/N_2)^{3N_2/2}}{(E/N)^{3N/2}} = \left(\frac{E_1}{N_1\bar{e}}\right)^{3N_1/2}\left(\frac{E_2}{N_2\bar{e}}\right)^{3N_2/2}, \quad (2.4.6)$$

wobei $\bar{e} = E/N$ ist. Im Gleichgewicht erhält man aus der Gleichheit der Temperaturen (Gl.(2.4.3)), d.h. aus $\frac{\partial S(\tilde{E}_1)}{\partial E_1} = \frac{\partial S(\tilde{E}_2)}{\partial E_2}$ die Bedingung $\frac{N_1}{\tilde{E}_1} = \frac{N_2}{E-\tilde{E}_1}$ und somit für den wahrscheinlichsten Wert

$$\tilde{E}_1 = E\frac{N_1}{N_1 + N_2}. \quad (2.4.7)$$

Entwickelt man die Verteilungsfunktion $\omega(E_1)$ um den wahrscheinlichsten Energiewert $\tilde{E}_1$, ergibt sich wegen $\frac{d\omega(E_1)}{dE_1}|_{\tilde{E}_1} = 0$ und bei Abbrechen der Entwicklung nach dem quadratischen Term

$$\log \omega(E_1) = \log \omega(\tilde{E}_1) + \frac{1}{2}\left(-\frac{3}{2}\frac{N_1}{\tilde{E}_1^2} - \frac{3}{2}\frac{N_2}{\tilde{E}_2^2}\right)(E_1 - \tilde{E}_1)^2,$$

also

$$\omega(E_1) = \omega(\tilde{E}_1)\,e^{-\frac{3}{4}\frac{N_1+N_2}{\tilde{E}_1\tilde{E}_2}(E_1-\tilde{E}_1)^2} = \omega(\tilde{E}_1)\,e^{-\frac{3}{4}\frac{N}{N_1N_2\bar{e}^2}(E_1-\tilde{E}_1)^2}, \quad (2.4.8)$$

wobei $\frac{N_1}{\tilde{E}_1^2} + \frac{N_2}{\tilde{E}_2^2} = \frac{N_2}{\tilde{E}_1\tilde{E}_2} + \frac{N_1}{\tilde{E}_1\tilde{E}_2} = \frac{N}{\tilde{E}_1\tilde{E}_2}$ benutzt wurde. Hier wurde $\log\omega(E_1)$ statt $\omega(E_1)$ wegen der in (2.4.6) auftretenden Potenz in der Teilchenzahl entwickelt. Dies empfiehlt sich auch, weil dann die Entwicklungskoeffizienten der Taylor–Entwicklung durch Ableitungen der Entropie ausgedrückt werden.

---

[7] Siehe z.B. G. Baym, *Lectures on Quantum Mechanics*, W.A. Benjamin, New York, Amsterdam, 1969, p. 393

Aus (2.4.8) erhalten wir für das relative Schwankungsquadrat

$$\frac{\langle (E_1 - \tilde{E}_1)\rangle^2}{\tilde{E}_1^2} = \frac{1}{\tilde{E}_1^2}\frac{2}{3}\frac{\tilde{E}_1 \tilde{E}_2}{(N_1+N_2)} = \frac{2}{3}\frac{1}{N}\frac{N_2}{N_1} \approx 10^{-20} \qquad (2.4.9)$$

oder für die relative Breite der Verteilung, wenn $N_2 \approx N_1$,

$$\frac{\Delta E_1}{\tilde{E}_1} \sim \frac{1}{\sqrt{N}} \ . \qquad (2.4.10)$$

Für makroskopische Systeme ist die Verteilung sehr scharf. Der wahrscheinlichste Zustand wird mit erdrückender Wahrscheinlichkeit realisiert. Die Schärfe der Verteilungsfunktion wird verdeutlicht, wenn man sie für die Energie pro Teilchen $e_1 = E_1/N_1$ inklusive des Normierungsfaktors angibt

$$\omega_{e_1}(e_1) = \sqrt{\frac{3}{4\pi}\frac{NN_1}{N_2}}\,\bar{e}\,e^{-\frac{3NN_1}{4N_2\bar{e}^2}(e_1-\tilde{e}_1)^2} \ .$$

2.4.2.2 Allgemeines wechselwirkendes System

Für *wechselwirkende Systeme* gilt allgemein:
Für eine beliebige Größe A, die als Volumenintegral über eine Dichte $A(\mathbf{x})$ geschrieben werden kann,

$$A = \int_V d^3x\, A(\mathbf{x}) \ , \qquad (2.4.11)$$

gilt

$$\langle A \rangle = \int_V d^3x \langle A(\mathbf{x})\rangle \sim V \ . \qquad (2.4.12)$$

Das Schwankungsquadrat ist durch

$$(\Delta A)^2 = \langle (A - \langle A \rangle)(A - \langle A \rangle)\rangle$$
$$= \int_V d^3x \int_V d^3x'\, \langle (A(\mathbf{x}) - \langle A(\mathbf{x})\rangle)(A(\mathbf{x}') - \langle A(\mathbf{x}')\rangle)\rangle \propto V l^3 \qquad (2.4.13)$$

gegeben. Beide Integrale in (2.4.13) erstrecken sich über das Volumen V. Die unter dem Integral stehende Korrelationsfunktion verschwindet jedoch für $|\mathbf{x}-\mathbf{x}'| > l$, wo l die Reichweite der Wechselwirkungen (die Korrelationslänge) ist. Diese ist endlich und somit ist das Schwankungsquadrat ebenfalls nur von der Größe V, und nicht, wie man vielleicht naiv erwarten könnte, quadratisch in V. Die relative Schwankung von A ist deshalb

$$\frac{\Delta A}{\langle A \rangle} \sim \frac{1}{V^{1/2}} \ . \qquad (2.4.14)$$

2.4.3 Äußere Parameter, Druck

Der Hamilton–Operator hänge von einem äußeren Parameter a ab, $H = H(a)$. Dieser äußere Parameter kann zum Beispiel das Volumen V des Systems sein. Mit Hilfe des Phasenraumvolumens $\bar{\Omega}$ läßt sich ein Ausdruck für das totale Differential der Entropie dS ableiten. Ausgehend vom Phasenraumvolumen

$$\bar{\Omega}(E,a) = \int d\Gamma\, \Theta(E - H(a)) \qquad (2.4.15)$$

bilden wir dessen totales Differential

$$d\bar{\Omega}(E,a) = \int d\Gamma\, \delta(E - H(a))\Big(dE - \frac{\partial H}{\partial a}da\Big)$$
$$= \Omega(E,a)\Big(dE - \Big\langle\frac{\partial H}{\partial a}\Big\rangle da\Big)\,, \qquad (2.4.16)$$

oder

$$d\log\bar{\Omega} = \frac{\Omega}{\bar{\Omega}}\Big(dE - \Big\langle\frac{\partial H}{\partial a}\Big\rangle da\Big)\,. \qquad (2.4.17)$$

Nun setzen wir $S(E,a) = k\log\bar{\Omega}(E,a)$ und (2.4.4) ein und erhalten

$$dS = \frac{1}{T}\Big(dE - \Big\langle\frac{\partial H}{\partial a}\Big\rangle da\Big)\,. \qquad (2.4.18)$$

Aus (2.4.18) können wir die partiellen Ableitungen der Entropie nach E und a ablesen:[8]

$$\Big(\frac{\partial S}{\partial E}\Big)_a = \frac{1}{T} \quad ; \quad \Big(\frac{\partial S}{\partial a}\Big)_E = -\frac{1}{T}\Big\langle\frac{\partial H}{\partial a}\Big\rangle\,. \qquad (2.4.19)$$

Einführung des *Druckes* (Spezialfall: $a = V$):

Nach den vorausgehenden Überlegungen können wir uns der Herleitung des Druckes im Rahmen der statistischen Mechanik zuwenden. Wir orientieren uns dabei an Abb. 2.6. Ein verschiebbarer Stempel, im Abstand L vom Ursprung, erlaube die Veränderung des Volumens $V = LF$, wo F der Querschnitt des Stempels sei. Der Einfluß der Wand wird durch ein Wandpotential dargestellt. Die zum Stempel orthogonale Ortskoordinate des i-ten Teilchens sei x_i. Dann ist das gesamte Wandpotential durch

$$V_{\text{Wand}} = \sum_{i=1}^{N} v(x_i - L) \qquad (2.4.20)$$

---

[8] Das Symbol $\big(\frac{\partial S}{\partial E}\big)_a$ etc bedeutet die partielle Ableitung bei konstant gehaltenem a.

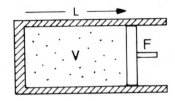

Abb. 2.6. Zur Definition des Druckes

gegeben. Dabei ist $v(x_i - L)$ gleich Null für $x_i < L$ und sehr groß für $x_i \geq L$, so daß das Eindringen der Gasmoleküle in die Wand unmöglich ist. Daraus erhält man für die Kraft auf die Moleküle

$$K = \sum_i K_i = \sum_i \left(-\frac{\partial v}{\partial x_i}\right) = \frac{\partial}{\partial L}\sum_i v(x_i - L) = \frac{\partial H}{\partial L} \ . \qquad (2.4.21)$$

Der Druck ist definiert durch die mittlere Kraft pro Flächeneinheit, die die Moleküle auf die Wand ausüben, woraus sich mit (2.4.21)

$$P \equiv -\frac{\langle K \rangle}{F} = -\left\langle \frac{\partial H}{\partial V} \right\rangle \qquad (2.4.22)$$

ergibt. In diesem Fall lauten die allgemeinen Relationen (2.4.18) und (2.4.19)

$$dS = \frac{1}{T}(dE + PdV) \qquad (2.4.23)$$

und

$$\frac{1}{T} = \left(\frac{\partial S}{\partial E}\right)_V \ , \quad \frac{P}{T} = \left(\frac{\partial S}{\partial V}\right)_E \ . \qquad (2.4.24)$$

Lösen wir (2.4.23) nach dE auf, so erhalten wir für die Änderung der Energie

$$dE = TdS - PdV \ , \qquad (2.4.25)$$

eine Relation, die wir später als *ersten Hauptsatz* (für konstante Teilchenzahl) identifizieren werden (siehe Gl. (3.1.3) und (3.1.3')). Durch Vergleich mit der phänomenologischen Thermodynamik wird die Identifikation von T mit der Temperatur zusätzlich gerechtfertigt. Wegen

$$-PdV = \frac{\langle K \rangle}{F}dV = \langle KdL \rangle \equiv \delta A \ ,$$

bedeutet der letzte Term in (2.4.25) die durch die Volumensänderung am System geleistete Arbeit.

Wir interessieren uns jetzt für die *Druckverteilung in zwei Teilsystemen*, die durch eine bewegliche Wand voneinander getrennt sind, wobei die jeweiligen Teilchenzahlen aber festgehalten werden (Abb. 2.6'). Die Energien und Volumina sind additiv

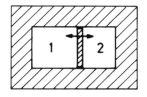

Abb. 2.6'. Zwei gegen die Außenwelt isolierte Systeme, die durch eine bewegliche und Energieaustausch ermöglichende Wand getrennt sind.

$$E = E_1 + E_2 \quad , \quad V = V_1 + V_2 \; . \tag{2.4.26}$$

Die Wahrscheinlichkeit dafür, daß das Teilsystem 1 die Energie E_1 besitzt und das Volumen V_1 einnimmt, ist durch

$$\begin{aligned}\omega(E_1, V_1) &= \int d\Gamma_1 d\Gamma_2 \, \frac{\delta(H_1 + H_2 - E)}{\Omega_{1,2}(E,V)} \delta(H_1 - E_1) \Theta(q_1 \in V_1) \Theta(q_2 \in V_2) \\ &= \frac{\Omega_1(E_1, V_1) \Omega_2(E_2, V_2)}{\Omega_{1,2}(E,V)}\end{aligned} \tag{2.4.27a}$$

gegeben. In (2.4.27a) bedeutet die Funktion $\Theta(q_1 \in V_1)$, daß alle räumlichen Koordinaten des Teilphasenraums 1 auf das Volumen V_1 eingeschränkt sind und entsprechend ist $\Theta(q_2 \in V_2)$ definiert. Hier ist sowohl E_1 wie auch V_1 eine statistische Variable, während in (2.4.2b) V_1 ein fester Parameter war. Deshalb ist der Normierungsfaktor hier

$$\Omega_{1,2}(E,V) = \int dE_1 \int dV_1 \, \Omega_1(E_1, V_1) \Omega_2(E - E_1, V - V_1) \; . \tag{2.4.27b}$$

Analog zu (2.4.3) ergibt sich der wahrscheinlichste Zustand der beiden Systeme aus dem Verschwinden der Ableitungen von (2.4.27a)

$$\frac{\partial \omega(E_1, V_1)}{\partial E_1} = 0 \quad \text{und} \quad \frac{\partial \omega(E_1, V_1)}{\partial V_1} = 0 \; .$$

Hieraus folgt

$$\frac{\partial}{\partial E_1} \log \Omega_1(E_1, V_1) = \frac{\partial}{\partial E_2} \log \Omega_2(E_2, V_2) \Rightarrow T_1 = T_2$$

und $\tag{2.4.28}$

$$\frac{\partial}{\partial V_1} \log \Omega_1(E_1, V_1) = \frac{\partial}{\partial V_2} \log \Omega_2(E_2, V_2) \Rightarrow P_1 = P_2 \; .$$

In Systemen, die durch eine bewegliche Wand und Energieaustausch verbunden sind, stimmen im Gleichgewicht Temperatur und Druck überein.

Die mikrokanonische Dichtematrix hängt offensichtlich von der Energie E und vom Volumen V ab, aber auch von der Zahl der Teilchen N. Wenn wir diesen Parameter ebenfalls als veränderlich betrachten, dann ist die gesamte Änderung von S durch

$$dS = \frac{1}{T} dE + \frac{P}{T} dV - \frac{\mu}{T} dN \tag{2.4.29}$$

zu ersetzen. Hier haben wir das *chemische Potential* über

$$\frac{\mu}{T} = k\frac{\partial}{\partial N} \log \Omega(E, V, N) \tag{2.4.30}$$

definiert. Das chemische Potential hängt mit der relativen Änderung der Zahl der zugänglichen Zustände bei einer Änderung der Teilchenzahl zusammen. Seine physikalische Bedeutung ist die Energieerhöhung pro dem System zugeführten Teilchen, wie aus (2.4.29) durch Auflösen für dE ersichtlich ist.

2.5 Thermodynamische Eigenschaften einiger nicht wechselwirkender Systeme

Nachdem wir nun die thermodynamischen Begriffe wie Temperatur und Druck eingeführt haben, sind wir nun in der Lage, die in Abschnitt 2.2.2 behandelten Beispiele klassisches ideales Gas, quantenmechanische harmonische Oszillatoren und nicht wechselwirkende Spins weiter zu behandeln. Wir werden im folgenden die thermodynamischen Konsequenzen aus den dort berechneten Phasenraumoberflächen bzw. der Zahl der Zustände $\Omega(E)$ ziehen.

2.5.1 Ideales Gas

Die in den beiden vorhergehenden Abschnitten eingeführten thermodynamischen Größen wollen wir nun für das ideale Gas berechnen. In (2.2.16) haben wir für das Phasenraumvolumen im Grenzfall großer Teilchenzahl

$$\bar{\Omega}(E) \equiv \int d\Gamma\, \Theta(E - H(q,p)) = \left(\frac{V}{N}\right)^N \left(\frac{4\pi m E}{3Nh^2}\right)^{\frac{3N}{2}} e^{\frac{5N}{2}} \tag{2.2.16}$$

gefunden. Wenn (2.2.16) in (2.3.6) eingesetzt wird, ergibt sich die Entropie als Funktion der Energie und des Volumens

$$S(E, V) = kN \log \left[\frac{V}{N}\left(\frac{4\pi m E}{3Nh^2}\right)^{\frac{3}{2}} e^{\frac{5}{2}}\right] . \tag{2.5.1}$$

Man nennt (2.5.1) auch *Sackur-Tetrode-Gleichung*. Sie bildet den Ausgangspunkt für die Berechnung der Temperatur und des Druckes. Die *Temperatur* ist nach (2.4.4) durch die inverse partielle Ableitung nach der Energie definiert $T^{-1} = \left(\frac{\partial S}{\partial E}\right)_V = kN\frac{3}{2}E^{-1}$, woraus unmittelbar die *kalorische Zustandsgleichung* des idealen Gases

$$E = \frac{3}{2}NkT \tag{2.5.2}$$

folgt. Mit (2.5.2) können wir die Entropie (2.5.1) auch als Funktion von T und V darstellen

2.5 Eigenschaften einiger nicht wechselwirkender Systeme 47

$$S(T,V) = kN \log \left[\frac{V}{N} \left(\frac{2\pi mkT}{h^2} \right)^{\frac{3}{2}} e^{\frac{5}{2}} \right] . \qquad (2.5.3)$$

Der *Druck* ergibt sich nach (2.4.24) durch Ableitung von (2.5.1) nach dem Volumen

$$P = T \left(\frac{\partial S}{\partial V} \right)_E = \frac{kTN}{V} . \qquad (2.5.4)$$

Dies ist die *thermische Zustandsgleichung* des idealen Gases, die häufig auch in der Form

$$PV = NkT \qquad (2.5.4')$$

geschrieben wird. Die Implikationen der thermischen Zustandsgleichung sind in den Diagrammen Abb. 2.7 dargestellt. Abbildung 2.7a zeigt die Zustandsfläche, d.h. den Druck als Funktion von V und T. Abbildung 2.7b,c,d zeigen

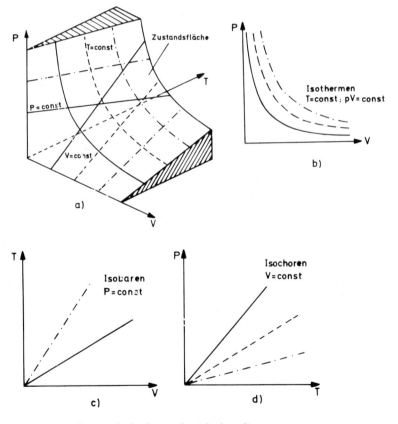

Abb. 2.7. Zustandsgleichung des idealen Gases:
(a) Zustandsfläche, **(b)** *P-V*-Diagramm, **(c)** *T-V*-Diagramm, **(d)** *P-T*-Diagramm

2. Gleichgewichtsensemble

Projektionen auf die PV-, TV- und PT-Ebenen. Hier sind jeweils die Isothermen ($T =$ const), die Isobaren ($P =$ const) und die Isochoren ($V =$ const) gezeichnet. Diese Linien sind auch in der Zustandsfläche (Abb.2.7a) eingetragen.

Bemerkungen:

(i) Aus (2.5.2) ist ersichtlich, daß die Temperatur mit dem Energiegehalt des idealen Gases steigt, was der landläufigen Vorstellung über den Temperaturbegriff entspricht.

(ii) Über die Zustandsgleichung (2.5.4) haben wir auch die Möglichkeit, die Temperatur zu messen. Die Messung der Temperatur eines idealen Gases ist auf die Messung seines Volumens und seines Druckes zurückgeführt. Die Temperatur eines beliebigen Körpers kann bestimmt werden, indem man diesen in Kontakt mit einem idealen Gas bringt und die Tatsache, daß sich die beiden Temperaturen ausgleichen (Gl.(2.4.5)), benützt. Dabei müssen die Größenverhältnisse so sein, daß das ideale Gas den zu untersuchenden Körper nur vernachlässigbar beeinflußt.

*2.5.2 Nicht wechselwirkende quantenmechanische harmonische Oszillatoren und Spins

2.5.2.1 Harmonische Oszillatoren

Aus (2.2.31) und (2.3.6) folgt für die Entropie von ungekoppelten harmonischen Oszillatoren mit $e = E/N$, unter Vernachlässigung eines logarithmischen Terms,

$$S(E) = kN \left[\frac{e + \frac{1}{2}\hbar\omega}{\hbar\omega} \log \frac{e + \frac{1}{2}\hbar\omega}{\hbar\omega} - \frac{e - \frac{1}{2}\hbar\omega}{\hbar\omega} \log \frac{e - \frac{1}{2}\hbar\omega}{\hbar\omega} \right]. \qquad (2.5.5)$$

Aus Gl. (2.4.4) erhält man für die Temperatur

$$T = \left(\frac{\partial S}{\partial E} \right)^{-1} = \frac{\hbar\omega}{k} \left(\log \frac{e + \frac{1}{2}\hbar\omega}{e - \frac{1}{2}\hbar\omega} \right)^{-1}. \qquad (2.5.6)$$

Daraus folgt über $\frac{E + \frac{1}{2}N\hbar\omega}{E - \frac{1}{2}N\hbar\omega} = e^{\frac{\hbar\omega}{kT}}$ für die Energie als Funktion der Temperatur

$$E = N\hbar\omega \left\{ \frac{1}{e^{\hbar\omega/kT} - 1} + \frac{1}{2} \right\}. \qquad (2.5.7)$$

Die Energie steigt mit der Temperatur monoton an (Abb. 2.8).
Grenzfälle:
Für $E \to N\frac{\hbar\omega}{2}$ (Minimum der Energie) ergibt sich

$$T \to \frac{1}{\log \infty} = 0, \qquad (2.5.8a)$$

und für $E \to \infty$

$$T \to \frac{1}{\log 1} = \infty. \qquad (2.5.8b)$$

Wir bemerken auch, daß für $T \to 0$ die Wärmekapazität $C_V = \left(\frac{\partial E}{\partial T} \right)_V \to 0$ strebt, im Einklang mit dem dritten Hauptsatz der Thermodynamik.

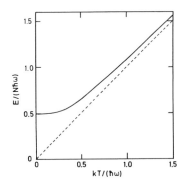

Abb. 2.8. Ungekoppelte harmonische Oszillatoren: Energie als Funktion der Temperatur.

2.5.2.2 Paramagnetisches Spin-$\frac{1}{2}$-System

Schließlich betrachten wir N nicht wechselwirkende magnetische Momente, deren Spin $\frac{1}{2}$ ist, oder allgemeiner miteinander nicht wechselwirkende Zweiniveausysteme. Wir knüpfen dabei an Abschnitt 2.2.3.2 an. Nach (2.2.34) ist die Entropie eines derartigen Systems durch

$$S(E) = \frac{kN}{2}\left\{-(1+e)\log\frac{1+e}{2} - (1-e)\log\frac{1-e}{2}\right\} \tag{2.5.9}$$

mit $e = E/Nh$ gegeben. Daraus folgt für die Temperatur

$$T = \left(\frac{\partial S}{\partial E}\right)^{-1} = \frac{2h}{k}\left(\log\frac{1-e}{1+e}\right)^{-1}. \tag{2.5.10}$$

Die Entropie ist in Abb. 2.9 als Funktion der Energie dargestellt und die Temperatur in Abb. 2.10. Die Grundzustandsenergie ist $E_0 = -Nh$. Für $E \to -Nh$ ergibt sich aus (2.5.10)

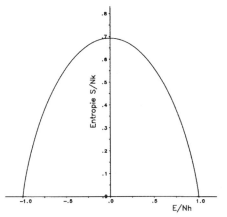

Abb. 2.9. Die Entropie als Funktion der Energie für ein Zwei-Niveau-System (Spin-$\frac{1}{2}$-Paramagnet)

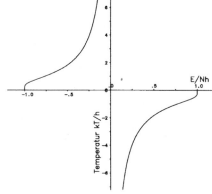

Abb. 2.10. Die Temperatur als Funktion der Energie für ein Zwei-Niveau-System (Spin-$\frac{1}{2}$-Paramagnet)

$$\lim_{E \to -Nh} T = 0 \,. \tag{2.5.11}$$

Die Temperatur wächst mit zunehmender Energie von $E_0 = -Nh$ ausgehend monoton an bis $E = 0$ erreicht wird, das ist der Zustand, in dem die magnetischen Momente völlig ungeordnet sind, d.h. ebenso viele sind parallel wie antiparallel zum äußeren Feld h orientiert. Die Region $E > 0$, bei der die Temperatur negativ (!) ist, werden wir erst in Abschnitt 6.7.2 besprechen.

2.6 Kanonisches Ensemble

In diesem Abschnitt sollen die Eigenschaften eines kleinen Untersystems 1, das in ein großes System 2 (Wärmebad[9]) eingebettet ist, untersucht werden (Abb. 2.11). Hierzu wird zunächst die Dichtematrix benötigt, die wir im folgenden quantenmechanisch ableiten. Das Gesamtsystem sei isoliert, werde also durch ein mikrokanonisches Ensemble beschrieben.

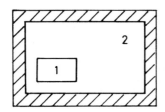

Abb. 2.11. Kanonisches Ensemble. Das Untersystem 1 befindet sich in Kontakt mit dem Wärmebad 2. Das Gesamtsystem ist isoliert.

2.6.1 Dichtematrix

Der Hamilton-Operator des Gesamtsystems

$$H = H_1 + H_2 + W \approx H_1 + H_2 \tag{2.6.1}$$

setzt sich additiv aus den Hamilton-Operatoren H_1 und H_2 der Systeme 1 und 2 und der Wechselwirkung W zusammen. Diese ist zwar notwendig, damit die beiden Teilsysteme miteinander ins Gleichgewicht kommen, es kann jedoch W gegenüber H_1 und H_2 vernachlässigt werden.

Unser Ziel ist die Herleitung der Dichtematrix für das System 1 allein. Wir werden hier zwei Herleitungen vorführen, von denen die zweite kürzer ist, die erste aber als Vorstufe für die Einführung des großkanonischen Ensembles im nächsten Abschnitt nützlich ist.

(i) $P_{E_{1n}}$ sei die Wahrscheinlichkeit dafür, daß sich das System 1 im Zustand n mit dem Energieeigenwert E_{1n} befinde. Dann ergibt sich für $P_{E_{1n}}$ unter Benutzung der mikrokanonischen Verteilung für das Gesamtsystem

---

[9] Unter einem Wärmebad (=Wärmereservoir) versteht man ein System, das so groß ist, daß die Zufuhr einer endlichen Energiemenge seine Temperatur nicht ändert.

2.6 Kanonisches Ensemble

$$P_{E_{1n}} = {\sum}' \frac{1}{\Omega_{1,2}(E)\Delta} = \frac{\Omega_2(E - E_{1n})}{\Omega_{1,2}(E)} \ . \tag{2.6.2}$$

Die Summe erstreckt sich über alle Zustände des Teilsystems 2, deren Energie E_{2n} in dem Intervall $E - E_{1n} \leq E_{2n} \leq E + \Delta - E_{1n}$ liegt. Falls das Teilsystem 1 sehr viel kleiner als das Teilsystem 2 ist, läßt sich der Logarithmus von $\Omega_2(E - E_{1n})$ nach E_{1n} entwickeln:

$$\begin{aligned} P_{E_{1n}} &= \frac{\Omega_2(E - \tilde{E}_1 + \tilde{E}_1 - E_{1n})}{\Omega_{1,2}(E)} \\ &\approx \frac{\Omega_2(E - \tilde{E}_1)}{\Omega_{1,2}(E)} \, \mathrm{e}^{(\tilde{E}_1 - E_{1n})/kT} = Z^{-1} \mathrm{e}^{-E_{1n}/kT} \ , \end{aligned} \tag{2.6.3}$$

dabei tritt die Temperatur des Wärmebades $T = \left(k \frac{\partial}{\partial E} \log \Omega_2(E - \tilde{E}_1)\right)^{-1}$ auf. Der Normierungsfaktor Z ist nach (2.6.3) durch

$$Z = \frac{\Omega_{1,2}(E)}{\Omega_2(\tilde{E}_2)} \, \mathrm{e}^{-\tilde{E}_1/kT} \tag{2.6.4}$$

gegeben. Es ist allerdings wichtig, daß Z direkt aus den Eigenschaften des Systems 1 berechnet werden kann. Die Bedingung, daß die Summe über alle $P_{E_{1n}}$ den Wert 1 ergeben muß, impliziert

$$Z = \sum_n \mathrm{e}^{-E_{1n}/kT} = \mathrm{Sp}_1 \, \mathrm{e}^{-H_1/kT} \ . \tag{2.6.5}$$

Man nennt Z Zustandssumme. Die kanonische Dichtematrix ist somit

$$\rho_K = \sum_n P_{E_{1n}} |n\rangle \langle n| = Z^{-1} \sum_n \mathrm{e}^{-E_{1n}/kT} |n\rangle \langle n| = Z^{-1} \mathrm{e}^{-H_1/kT} \ . \tag{2.6.6}$$

(ii) Die *zweite Herleitung* geht von der Tatsache aus, daß die Dichtematrix ρ für das Teilsystem 1 aus der mikrokanonischen Dichtematrix gewonnen wird, indem man die Spur über die Freiheitsgrade des Systems 2 ohne System 1 bildet

$$\begin{aligned} \rho_K &= \mathrm{Sp}_2 \, \rho_{MK} = \mathrm{Sp}_2 \, \frac{\delta(H_1 + H_2 - E)}{\Omega_{1,2}(E)} = \frac{\Omega_2(E - H_1)}{\Omega_{1,2}(E)} \\ &\equiv \frac{\Omega_2(E - \tilde{E}_1 + \tilde{E}_1 - H_1)}{\Omega_{1,2}(E)} \approx \frac{\Omega_2(E - \tilde{E}_1)}{\Omega_{1,2}(E)} \, \mathrm{e}^{(\tilde{E}_1 - H_1)/kT} \ . \end{aligned} \tag{2.6.7}$$

Diese Herleitung gilt klassisch wie quantenmechanisch, wie in (2.6.9) noch im Detail ausgeführt wird, womit auch auf diesem Weg (2.6.6) mit (2.6.5) gezeigt ist. Erwartungswerte von Observablen A, die nur auf Zustände des Teilsystems 1 wirken, sind durch

$$\langle A \rangle = \mathrm{Sp}_1 \, \mathrm{Sp}_2 \, \rho_{MK} \, A = \mathrm{Sp}_1 \, \rho_K \, A \tag{2.6.8}$$

gegeben.

2. Gleichgewichtsensemble

Bemerkungen:

(i) Klassische kanonische Verteilungsfunktion:
Die klassische Verteilungsfunktion des Untersystems 1 erhält man durch Integration von ρ_{MK} über Γ_2

$$\begin{aligned}\rho_K(q_1,p_1) &= \int d\Gamma_2\, \rho_{MK} \\ &= \int d\Gamma_2\, \frac{1}{\Omega_{1,2}(E)} \delta(E - H_1(q_1,p_1) - H_2(q_2,p_2)) \\ &= \frac{\Omega_2(E - H_1(q_1,p_1))}{\Omega_{1,2}(E)}\,.\end{aligned} \qquad (2.6.9)$$

Entwickelt man den Logarithmus dieses Ausdrucks nach H_1, ergibt sich

$$\rho_K(q_1,p_1) = Z^{-1} e^{-H_1(q_1,p_1)/kT} \qquad (2.6.10a)$$

$$Z = \int d\Gamma_1\, e^{-H_1(q_1,p_1)/kT}\,. \qquad (2.6.10b)$$

Z heißt hier *Zustandsintegral*. Mittelwerte von Observablen $A(q_1,p_1)$, die nur das Untersystem 1 betreffen, werden im klassischen Fall durch

$$\langle A \rangle = \int d\Gamma_1\, \rho_K(q_1,p_1) A(q_1,p_1) \qquad (2.6.10c)$$

berechnet, wie man analog zu (2.6.8) findet.

(ii) Energieverteilung:
Die in Abschn. 2.4.1 eingeführte Energieverteilung $\omega(E_1)$ kann auch im Rahmen des kanonischen Ensembles (siehe Aufgabe 2.7) klassisch und quantenmechanisch berechnet werden:

$$\begin{aligned}\omega(E_1) &= \frac{1}{\Delta_1} \int_{E_1}^{E_1+\Delta_1} dE_1' \sum_n \delta(E_1' - E_{1n}) P_{E_{1n}} \\ &\approx \frac{\Omega_2(E-E_1)}{\Omega_{1,2}(E)} \frac{1}{\Delta_1} {\sum_n}' 1 = \frac{\Omega_2(E-E_1)\Omega_1(E_1)}{\Omega_{1,2}(E)}\,.\end{aligned} \qquad (2.6.11)$$

Dieser Ausdruck stimmt mit (2.4.2) überein.

(iii) Die kanonische Zustandssumme (2.6.5) kann auch folgendermaßen dargestellt werden

$$\begin{aligned}Z &= \int dE_1\, \mathrm{Sp}_1\, e^{-H_1/kT} \delta(H_1 - E_1) = \int dE_1\, \mathrm{Sp}_1\, e^{-E_1/kT} \delta(H_1 - E_1) \\ &= \int dE_1\, e^{-E_1/kT}\, \Omega_1(E_1)\,.\end{aligned} \qquad (2.6.12)$$

(iv) Bei der Herleitung der kanonischen Dichtematrix, Gl. (2.6.7), wurde der Logarithmus von $\Omega_2(E-H_1)$ entwickelt. Wir zeigen, daß es gerechtfertigt war, die Entwicklung nach dem ersten Term der Taylor-Reihe abzubrechen,

$$\Omega_2(E - H_1) = \Omega_2(E - \tilde{E}_1 - (H_1 - \tilde{E}_1))$$
$$= \Omega_2(E - \tilde{E}_1)\,\mathrm{e}^{-\frac{1}{kT}(H_1-\tilde{E}_1)+\frac{1}{2}\left(\frac{\partial 1/T}{\partial \tilde{E}_2}\right)(H_1-\tilde{E}_1)^2+\dots}$$
$$= \Omega_2(E - \tilde{E}_1)\,\mathrm{e}^{-\frac{1}{kT}(H_1-\tilde{E}_1)-\frac{1}{2kT^2}\frac{\partial T}{\partial \tilde{E}_2}(H_1-\tilde{E}_1)^2+\dots}$$
$$= \Omega_2(E - \tilde{E}_1)\,\mathrm{e}^{-\frac{1}{kT}(H_1-\tilde{E}_1)}\left(1+\frac{1}{2TC}(H_1-\tilde{E}_1)+\dots\right),$$

wo C die Wärmekapazität des Wärmebades ist. Da wegen der Größe des Wärmebades gilt $(H_1 - \tilde{E}_1) \ll TC$ (betrachtet als Ungleichung für die Eigenwerte), ist es tatsächlich gerechtfertigt, die höheren Korrekturen in der Taylor-Reihe zu ignorieren.

(v) In den späteren Abschnitten werden wir nur mehr an dem (kanonischen) Untersystem 1 interessiert sein. Das Wärmebad 2 geht lediglich über die Temperatur ein. Wir werden dann in den in diesem Abschnitt hergeleiteten Beziehungen den Index „1" immer weglassen.

2.6.2 Beispiele: Maxwell-Verteilung und barometrische Höhenformel

Das Untersystem bestehe aus einem Teilchen. Die Wahrscheinlichkeit, daß seine Koordinate und sein Impuls die Werte $\mathbf{x}$ und $\mathbf{p}$ annehmen, ist:

$$w(\mathbf{x}, \mathbf{p})\,d^3x\,d^3p = C\,\mathrm{e}^{-\beta\left(\frac{\mathbf{p}^2}{2m}+V(\mathbf{x})\right)}\,d^3x\,d^3p\,. \tag{2.6.13}$$

Hier bedeuten $\beta = \frac{1}{kT}$ und $V(\mathbf{x})$ die potentielle Energie, während $C = C'C''$ ein Normierungsfaktor[10] ist.

Die Integration über den Raum liefert die *Impulsverteilung*

$$w(\mathbf{p})\,d^3p = C'\,\mathrm{e}^{-\beta\frac{\mathbf{p}^2}{2m}}\,d^3p\,. \tag{2.6.14}$$

Wenn man von der Richtung der Impulse absieht, also über alle Raumwinkel integriert, ergibt sich

$$w(p)\,dp = 4\pi C'\mathrm{e}^{-\beta\frac{p^2}{2m}}p^2\,dp\,, \tag{2.6.15}$$

die *Maxwellsche Geschwindigkeitsverteilung*.

Die Integration von (2.6.13) über den Impuls liefert die *Ortsverteilung*:

$$w(\mathbf{x})\,d^3x = C''\,\mathrm{e}^{-\beta V(\mathbf{x})}\,d^3x\,. \tag{2.6.16}$$

Setzt man für $V(\mathbf{x})$ das Schwerefeld $V(\mathbf{x}) = mgz$ ein und verwendet, daß die Teilchenzahldichte proportional zu $w(\mathbf{x})$ ist, so ergibt sich aus der Zustandsgleichung des idealen Gases (2.5.4'), welche den Druck mit der Dichte

---

[10] $C' = \left(\frac{\beta}{2\pi m}\right)^{3/2}$ und $C'' = \left(\int d^3x\,\mathrm{e}^{-\beta V(\mathbf{x})}\right)^{-1}$

2. Gleichgewichtsensemble

verbindet, für die Höhenabhängigkeit des Drucks die *barometrische Höhenformel*

$$P(z) = P_0 e^{-mgz/kT} \qquad (2.6.17)$$

(Siehe auch Übungsbeispiel 2.15).

2.6.3 Entropie des kanonischen Ensembles und deren Extremalität

Aus Gl. (2.6.6) ergibt sich für die Entropie des kanonischen Ensembles

$$S_K = -k\langle\log\rho_K\rangle = \frac{1}{T}\bar{E} + k\log Z \qquad (2.6.18)$$

mit

$$\bar{E} = \langle H\rangle . \qquad (2.6.18')$$

Sei jetzt ρ eine andere Verteilung mit derselben mittleren Energie $\langle H\rangle = \bar{E}$, dann folgt die Ungleichung

$$\begin{aligned}S[\rho] &= -k\,\mathrm{Sp}\,(\rho\log\rho) \leq -k\,\mathrm{Sp}\,(\rho\log\rho_K)\\ &= -k\,\mathrm{Sp}\,\left(\rho\left(-\frac{H}{kT} - \log Z\right)\right) = \frac{1}{T}\langle H\rangle + k\log Z = S_K .\end{aligned} \qquad (2.6.19)$$

Dabei wurde die Ungleichung (2.3.3) mit $\rho_1 = \rho_K$ benutzt. Von allen Ensembles mit gleicher mittlerer Energie besitzt das kanonische Ensemble die größte Entropie.

2.6.4 Virialsatz und Äquipartitionstheorem (Gleichverteilungssatz)

2.6.4.1 Klassischer Virialsatz und Äquipartitionstheorem

Wir betrachten nun ein klassisches System und fassen dessen Impulse und Koordinaten zu $x_i = p_i, q_i$ zusammen. Für den Mittelwert der Größe $x_i \frac{\partial H}{\partial x_j}$ ergibt sich folgende Relation

$$\begin{aligned}\left\langle x_i\frac{\partial H}{\partial x_j}\right\rangle &= Z^{-1}\int d\Gamma\, x_i\frac{\partial H}{\partial x_j}\,e^{-H/kT}\\ &= Z^{-1}\int d\Gamma\, x_i\frac{\partial e^{-H/kT}}{\partial x_j}(-kT) = kT\,\delta_{ij} ,\end{aligned} \qquad (2.6.20)$$

wobei eine partielle Integration ausgeführt wurde. Dabei wurde vorausgesetzt, daß $\exp(-H(p,q)/kT)$ für große p und q stark genug abfällt, so daß keine Randterme auftreten. Dies ist für die kinetische Energie und Potentiale wie die für harmonische Oszillatoren erfüllt. Im allgemeinen Fall muß man das Wandpotential mitberücksichtigen. Gl. (2.6.20) enthält als Spezialfälle den klassischen Virialsatz und das Äquipartitionstheorem.

Wenn wir (2.6.20) auf die Koordinaten q_i anwenden, erhalten wir den klassischen *Virialsatz*

$$\left\langle q_i \frac{\partial V}{\partial q_j} \right\rangle = kT \, \delta_{ij} \; . \tag{2.6.21}$$

Nun spezialisieren wir noch auf harmonische Oszillatoren, d.h.

$$V = \sum_i V_i \equiv \sum_i \frac{m\omega^2}{2} q_i^2 \; . \tag{2.6.22}$$

Für diese folgt aus (2.6.21)

$$\langle V_i \rangle = \frac{kT}{2} \; . \tag{2.6.23}$$

Die potentielle Energie eines jeden Freiheitsgrades besitzt im Mittel den Wert $kT/2$.

Wenn wir (2.6.20) auf die Impulse anwenden, ergibt sich das *Äquipartitionstheorem*. Dazu nehmen wir als kinetische Energie die allgemeine quadratische Form

$$E_{kin} = \sum_{i,k} a_{ik} p_i p_k \; , \quad \text{mit} \quad a_{ik} = a_{ki} \tag{2.6.24}$$

an. Für diese folgt $\frac{\partial E_{kin}}{\partial p_i} = \sum_k (a_{ik} p_k + a_{ki} p_k) = \sum_k 2 a_{ik} p_k$ und daraus nach Multiplikation mit p_i und Summation über alle i

$$\sum_i p_i \frac{\partial E_{kin}}{\partial p_i} = \sum_k 2 a_{ik} p_i p_k = 2 E_{kin} \; . \tag{2.6.25}$$

Nun bilden wir den thermischen Mittelwert und erhalten aus (2.6.20)

$$\left\langle \sum_i p_i \frac{\partial H}{\partial p_i} \right\rangle = 2 \langle E_{kin} \rangle = 3 N kT \; , \tag{2.6.26}$$

das *Äquipartitionstheorem*. Die mittlere kinetische Energie pro Freiheitsgrad ist $\frac{1}{2} kT$.

Wie schon unter Gl. (2.6.20) erwähnt, muß man im Potential V die Wechselwirkung $\frac{1}{2} \sum_{m,n} v(|\mathbf{x}_{mn}|)$ der Teilchen untereinander und i.A. die Wechselwirkung mit der Wand V_{Wand} berücksichtigen, mit $\mathbf{x}_{mn} = \mathbf{x}_m - \mathbf{x}_n$. Dann ergibt sich aus (2.6.23) und (2.6.25)

$$PV = \frac{2}{3} \langle E_{kin} \rangle - \frac{1}{6} \sum_{m,n} \left\langle \mathbf{x}_{mn} \frac{\partial v(|\mathbf{x}_{mn}|)}{\partial \mathbf{x}_{mn}} \right\rangle \; . \tag{2.6.27}$$

Der Term PV rührt vom Wandpotential her. Der zweite Term auf der rechten Seite heißt „Virial" und kann nach Potenzen von $\frac{N}{V}$ entwickelt werden (Virialentwicklung, Kap. 5.3).

*Beweis von (2.6.27):
Wir gehen von der Hamilton–Funktion

$$H = \sum_n \frac{\mathbf{p}_n^2}{2m} + \frac{1}{2} \sum_{n,m} v(\mathbf{x}_n - \mathbf{x}_m) + V_{\text{Wand}} \qquad (2.6.28)$$

aus, und schreiben nach (2.4.22) für den Druck

$$PV = -\left\langle \frac{\partial H}{\partial V} \right\rangle V = -\left\langle \frac{\partial H}{\partial L_1} \right\rangle \frac{V}{L_2 L_3} = -\frac{1}{3} \left\langle L_1 \frac{\partial H}{\partial L_1} + L_2 \frac{\partial H}{\partial L_2} + L_3 \frac{\partial H}{\partial L_3} \right\rangle. \qquad (2.6.29)$$

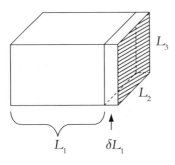

Abb. 2.12. Zum Wandpotential und zum Druck: Änderung des Volumens durch Verschiebung einer Wand um δL_1

Nun ist V_{Wand} von der Form (Abb. 2.12)

$$V_{\text{Wand}} = V_\infty \sum_i \{\Theta(x_{i1} - L_1) + \Theta(x_{i2} - L_2) + \Theta(x_{i3} - L_3)\} . \qquad (2.6.30)$$

Hier charakterisiert V_∞ die durch die Wand bewirkte Barriere. Die kinetische Energie der Teilchen ist sehr viel kleiner als V_∞. Offensichtlich ist $\frac{\partial V_{\text{Wand}}}{\partial L_1} = -V_\infty \sum_n \delta(x_{n1} - L_1)$ und deshalb

$$\left\langle \sum_n x_{n1} \frac{\partial V_{\text{Wand}}}{\partial x_{n1}} \right\rangle = \left\langle \sum_n x_{n1} V_\infty \delta(x_{n1} - L_1) \right\rangle = \left\langle \sum_n L_1 V_\infty \delta(x_{n1} - L_1) \right\rangle$$

$$= -\left\langle L_1 \frac{\partial V_{\text{Wand}}}{\partial L_1} \right\rangle = -\left\langle L_1 \frac{\partial H}{\partial L_1} \right\rangle .$$

Somit kann (2.6.29) in die Form

$$PV = \frac{1}{3} \left\langle \sum_{n,\alpha} x_{n\alpha} \frac{\partial}{\partial x_{n\alpha}} V_{\text{Wand}} \right\rangle = kTN - \frac{1}{3} \left\langle \sum_{n,\alpha} x_{n\alpha} \frac{\partial}{\partial x_{n\alpha}} v \right\rangle \qquad (2.6.31)$$

$$= \frac{2}{3} \langle E_{kin} \rangle - \frac{1}{6} \left\langle \sum_\alpha \sum_{n \neq m} (x_{n\alpha} - x_{m\alpha}) \frac{\partial v}{\partial (x_{n\alpha} - x_{m\alpha})} \right\rangle \qquad (2.6.32)$$

gebracht werden. Nach dem zweiten Gleichheitszeichen wurde der Virialsatz (2.6.21) eingesetzt, wobei wir verkürzt v für die Summe der Paarpotentiale schreiben. In der zweiten Zeile wurde kT durch (2.6.26) substituiert und die Ableitung der Paarpotentiale explizit angeschrieben, wo zum Beispiel

$$\left(x_1 \frac{\partial}{\partial x_1} + x_2 \frac{\partial}{\partial x_2}\right) v(\mathbf{x}_1 - \mathbf{x}_2) = (x_1 - x_2) \frac{\partial v(\mathbf{x}_1 - \mathbf{x}_2)}{\partial (x_1 - x_2)}$$

verwendet wurde und $x_1(x_2)$ die x-Komponente von Teilchen 1(2) bedeutet. Mit (2.6.32) ist (2.6.27) bewiesen.

*2.6.4.2 Quantenstatistischer Virialsatz

Ausgehend vom Hamilton-Operator

$$H = \sum_n \frac{\mathbf{p}_n^2}{2m} + \sum_n V(\mathbf{x}_n - \mathbf{x}_{\text{Wand}}) + \frac{1}{2} \sum_{n,m} v(\mathbf{x}_n - \mathbf{x}_m) \qquad (2.6.33)$$

folgt[11]

$$[H, \mathbf{x}_n \cdot \mathbf{p}_n] = -i\hbar \Bigg(\frac{\mathbf{p}_n^2}{m} - \mathbf{x}_n \cdot \nabla_n V(\mathbf{x}_n - \mathbf{x}_{\text{Wand}})$$
$$- \sum_{n \neq m} \mathbf{x}_n \cdot \nabla_n v(\mathbf{x}_n - \mathbf{x}_m) \Bigg) . \qquad (2.6.34)$$

Nun ist $\langle \psi | [H, \sum_n \mathbf{x}_n \cdot \mathbf{p}_n] | \psi \rangle = 0$ für Energieeigenzustände.

Wir setzen voraus, daß die Dichtematrix in der Basis der Energieeigenzustände diagonal sei, daraus folgt

$$2\langle E_{kin}\rangle - \Big\langle \sum_n \mathbf{x}_n \cdot \nabla_n V(\mathbf{x}_n - \mathbf{x}_{\text{Wand}})\Big\rangle$$
$$- \Big\langle \sum_n \sum_{m \neq n} \mathbf{x}_n \cdot \nabla_n v(\mathbf{x}_n - \mathbf{x}_m)\Big\rangle = 0 . \qquad (2.6.35)$$

Mit (2.6.31) folgt wieder unmittelbar das Virialtheorem

$$2\langle E_{kin}\rangle - 3PV - \frac{1}{2}\Big\langle \sum_n \sum_m (\mathbf{x}_n - \mathbf{x}_m) \cdot \nabla v(\mathbf{x}_n - \mathbf{x}_m)\Big\rangle = 0 . \qquad (2.6.27)$$

Man nennt (2.6.27) den *Virialsatz der Quantenstatistik*. Dieser gilt klassisch wie quantenmechanisch, während (2.6.21) und (2.6.26) nur klassisch gelten.

Aus dem Virialsatz (2.6.27) ergibt sich für ideale Gase

$$PV = \frac{2}{3}\langle E_{kin}\rangle = \frac{2}{3}\sum_n \frac{m}{2}\langle \mathbf{v}_n^2\rangle = \frac{1}{3}mN\langle \mathbf{v}^2\rangle . \qquad (2.6.36)$$

Für nicht wechselwirkende klassische Teilchen kann man das mittlere Geschwindigkeitsquadrat pro Teilchen $\langle \mathbf{v}^2\rangle$ mit der Maxwellschen Geschwindigkeitsverteilung berechnen, dann erhält man aus (2.6.36) wieder die bekannte Zustandsgleichung des klassischen idealen Gases.

---
[11] Siehe z.B. QM I, p.194.

2.6.5 Thermodynamische Größen im kanonischen Ensemble

2.6.5.1 Makroskopisches System: Äquivalenz des kanonischen und mikrokanonischen Ensembles

Wir setzen voraus, daß auch das kleinere Teilsystem ein *makroskopisches* System ist. Dann folgt aus den vorangegangenen Überlegungen zur Schärfe der Energieverteilungsfunktion $\omega(E_1)$, daß der Mittelwert der Energie $\bar{E}_1$ gleich dem wahrscheinlichsten Wert $\tilde{E}_1$ ist, d.h.

$$\bar{E}_1 = \tilde{E}_1 \ . \tag{2.6.37}$$

Wir wollen nun bestimmen, wie Aussagen über thermodynamische Größen im mikrokanonischen und kanonischen Ensemble zusammenhängen. Dazu formen wir die kanonische Zustandssumme (2.6.4) in folgender Weise um

$$Z = \frac{\Omega_{1,2}(E)}{\Omega_1(\tilde{E}_1)\Omega_2(E-\tilde{E}_1)}\Omega_1(\tilde{E}_1)\mathrm{e}^{-\tilde{E}_1/kT} = \omega(\tilde{E}_1)^{-1}\Omega_1(\tilde{E}_1)\mathrm{e}^{-\tilde{E}_1/kT} \ .$$

$$\tag{2.6.38}$$

Nach (2.4.8) ist die typische N_1-Abhängigkeit von $\omega(E_1)$

$$\omega(E_1) \sim N_1^{-\frac{1}{2}}\mathrm{e}^{-\frac{3}{4}(E_1-\tilde{E}_1)^2/N_1\bar{e}^2} \ , \tag{2.6.39}$$

wo der Normierungsfaktor aus $\int dE_1\,\omega(E_1) = 1$ bestimmt wurde. Nach (2.4.14) ist die N_1-Abhängigkeit auch für wechselwirkende Systeme von der Form (2.6.39). Somit ergibt sich aus (2.6.38)

$$Z = \mathrm{e}^{-\tilde{E}_1/kT}\Omega_1(\tilde{E}_1)\sqrt{N_1} \ . \tag{2.6.40}$$

Setzen wir dies in Gl.(2.6.18) ein, erhalten wir für die kanonische Entropie unter Benützung von (2.6.37) und Vernachlässigung von Termen der Größenordnung $\log N_1$

$$S_K = \frac{1}{T}\bigl(\bar{E}_1 - \tilde{E}_1 + kT\log\Omega_1(\tilde{E}_1)\bigr) = S_{MK}(\tilde{E}_1) \ . \tag{2.6.41}$$

Aus (2.6.41) sehen wir, daß die Entropie im kanonischen Ensemble gleich der in einem mikrokanonischen Ensemble mit Energie $\tilde{E}_1(=\bar{E}_1)$ ist. *Man erhält in beiden Ensembles für die thermodynamischen Größen identische Aussagen.*

2.6.5.2 Thermodynamische Größen

Wir stellen hier zusammen, wie die thermodynamischen Größen im kanonischen Ensemble berechnet werden. Da das Wärmebad nur über die Temperatur T eingeht, lassen wir den auf das Untersystem 1 hinweisenden Index weg. Dann lautet die kanonische Dichtematrix

2.6 Kanonisches Ensemble

$$\rho_K = e^{-\beta H}/Z \tag{2.6.42}$$

mit der Zustandssumme

$$Z = \mathrm{Sp}\, e^{-\beta H} \quad , \tag{2.6.43}$$

wobei $\beta = \frac{1}{kT}$ definiert wurde. Wir definieren noch die *freie Energie*

$$F = -kT \log Z \; . \tag{2.6.44}$$

Für die Entropie haben wir nach (2.6.18)

$$S_K = \frac{1}{T}(\bar{E} + kT \log Z) \; . \tag{2.6.45}$$

Die mittlere Energie ist durch

$$\bar{E} = \langle H \rangle = -\frac{\partial}{\partial \beta} \log Z = kT^2 \frac{\partial}{\partial T} \log Z \tag{2.6.46}$$

gegeben. Der Druck hat die Gestalt

$$P = -\left\langle \frac{\partial H}{\partial V} \right\rangle = kT \frac{\partial \log Z}{\partial V} \; . \tag{2.6.47}$$

Die Ableitung von Abschnitt 2.4.3, die für den Druck $-\langle \frac{\partial H}{\partial V} \rangle$ ergab, gilt natürlich auch im kanonischen Ensemble. Aus Gl. (2.6.45) folgt

$$F = \bar{E} - TS_K \; . \tag{2.6.48}$$

Da die kanonische Dichtematrix als Parameter T und V enthält, ist F ebenfalls eine Funktion dieser Größen. Bildet man das totale Differential von (2.6.44) unter Verwendung von (2.6.43), ergibt sich

$$dF = -k\,dT \log \mathrm{Sp}\, e^{-\beta H} - kT \frac{\mathrm{Sp}\left((\frac{dT}{kT^2}H - \frac{1}{kT}\frac{\partial H}{\partial V}dV)e^{-\beta H}\right)}{\mathrm{Sp}\, e^{-\beta H}}$$

$$= -\frac{1}{T}(\bar{E} + kT\log Z)dT + \left\langle \frac{\partial H}{\partial V} \right\rangle dV$$

und mit (2.6.45) bis (2.6.47)

$$dF(T, V) = -S_K dT - P dV \; . \tag{2.6.49}$$

Aus Gl. (2.6.48) und (2.6.49) folgt

$$d\bar{E} = T dS_K - P dV \; . \tag{2.6.50a}$$

Diese Relation entspricht (2.4.25) im mikrokanonischen Ensemble. Im Grenzfall makroskopischer Systeme ist $\bar{E} = \tilde{E} = E$ und $S_K = S_{MK}$.

2. Gleichgewichtsensemble

Der *1. Hauptsatz* der Thermodynamik drückt die Energie–Bilanz aus. Die allgemeinste Energieänderung eines Systems mit fester Teilchenzahl setzt sich zusammen aus der an dem Körper geleisteten Arbeit $\delta A = -PdV$ und der zugeführten Wärmemenge δQ

$$dE = \delta Q + \delta A \ . \tag{2.6.50b}$$

Durch Vergleich mit (2.6.50a) sieht man, daß die zugeführte Wärme

$$\delta Q = TdS \tag{2.6.50c}$$

ist (zweiter Hauptsatz für Übergänge zwischen Gleichgewichtszuständen).

In der kanonischen Zustandssumme und in der freien Energie treten als natürliche Variablen die Temperatur und das Volumen auf. Die Zustandssumme wird für einen Hamilton–Operator mit fester Teilchenzahl berechnet.[12] Wie im Falle des mikrokanonischen Ensembles kann man aber auch hier die Zustandssumme bzw. freie Energie, die die Teilchenzahl als Parameter enthält, als Funktion von N betrachten. Dann ist die totale Änderung von F

$$dF = -S_K dT - PdV + \left(\frac{\partial F}{\partial N}\right)_{T,V} dN \ , \tag{2.6.51}$$

und aus (2.6.48) folgt

$$d\bar{E} = TdS_K - PdV + \left(\frac{\partial F}{\partial N}\right)_{T,V} dN \ . \tag{2.6.52}$$

Im thermodynamischen Limes müssen (2.6.52) und (2.4.29) übereinstimmen, so daß

$$\left(\frac{\partial F}{\partial N}\right)_{T,V} = \mu \tag{2.6.53}$$

folgt.

2.6.6 Weitere Eigenschaften der Entropie

2.6.6.1 Additivität der Entropie

Wir betrachten nun zwei Untersysteme in einem Wärmebad (Abb. 2.13). Unter der Voraussetzung, daß jedes dieser Systeme sehr viele Teilchen enthält, ist die Energie additiv. D.h. die nur über die Oberfläche wirkende Wechselwirkungsenergie ist sehr viel kleiner als die Energie jedes der Einzelsysteme.

---

[12] Ausnahmen sind Photonen und bosonische Quasiteilchen wie Phononen und Rotonen in superfluidem Helium, bei denen die Teilchenzahl nicht fest ist (Kap. 4).

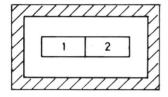

Abb. 2.13. Zwei Teilsysteme 1 und 2 in einem Wärmebad

Wir wollen nun zeigen, daß auch die Entropie additiv ist. Dazu gehen wir von den beiden Dichtematrizen der Untersysteme aus

$$\rho_1 = \frac{e^{-\beta H_1}}{Z_1} \quad , \quad \rho_2 = \frac{e^{-\beta H_2}}{Z_2} \; . \tag{2.6.54a,b}$$

Die Dichtematrix der beiden Untersysteme zusammen ist

$$\rho = \rho_1 \rho_2 \; , \tag{2.6.54c}$$

wobei wiederum $W \ll H_1, H_2$ benutzt wurde. Aus

$$\langle \log \rho \rangle = \langle \log \rho_1 \rangle + \langle \log \rho_2 \rangle \tag{2.6.55}$$

folgt, daß die gesamte Entropie S durch

$$S = S_1 + S_2 \quad , \tag{2.6.56}$$

die Summe der Entropien der Teilsysteme gegeben ist. Gl. (2.6.56) besagt, daß die Entropie additiv ist.

*2.6.6.2 Die statistische Bedeutung von Wärme

Wir wollen hier noch einige ergänzende Bemerkungen anfügen, die die statistische und physikalische Bedeutung von Wärmezufuhr betreffen. Dazu gehen wir aus von der mittleren Energie

$$\bar{E} = \langle H \rangle = \text{Sp}\,\rho H \tag{2.6.57a}$$

für eine beliebige Dichtematrix und deren totalen Änderung bei fester Teilchenzahl

$$d\bar{E} = \text{Sp}\,(d\rho\,H + \rho\,dH) \; , \tag{2.6.57b}$$

wobei $d\rho$ die Änderung der Dichtematrix und dH die Änderung des Hamilton-Operators ist (siehe Ende des Abschnitts). Die Änderung der Entropie

$$S = -k\,\text{Sp}\,\rho \log \rho \tag{2.6.58}$$

ist durch

$$dS = -k\,\mathrm{Sp}\left(d\rho \log \rho + \frac{\rho}{\rho}d\rho\right) \tag{2.6.59}$$

gegeben. Nun ist

$$\mathrm{Sp}\,d\rho = 0\;, \tag{2.6.60}$$

da für alle Dichtematrizen $\mathrm{Sp}\,\rho = \mathrm{Sp}\,(\rho + d\rho) = 1$, woraus

$$dS = -k\,\mathrm{Sp}\,(\log \rho\, d\rho) \tag{2.6.61}$$

folgt. Die Anfangsdichtematrix sei die kanonische, dann folgt mit Hilfe von (2.6.60)

$$dS = \frac{1}{T}\,\mathrm{Sp}\,(H\,d\rho)\;. \tag{2.6.62}$$

Setzen wir dies in (2.6.57b) ein und nehmen als einzigen Parameter von H das Volumen, d.h. $dH = \frac{\partial H}{\partial V}dV$, ergibt sich wieder

$$d\bar{E} = T\,dS + \left\langle \frac{\partial H}{\partial V}\right\rangle dV\;. \tag{2.6.63}$$

Wir diskutieren nun die physikalische Bedeutung der allgemeinen Relation (2.6.57b):
1. Term: Dieser stellt eine Änderung der Dichtematrix dar, d.h. eine Änderung der Besetzungswahrscheinlichkeiten.
2. Term: Änderung des Hamilton-Operators. Das bedeutet eine Energieänderung auf Grund von Einwirkungen, die die Energieeigenwerte des Systems ändern.

Sei ρ diagonal in den Energieeigenzuständen, dann ist

$$\bar{E} = \sum_i p_i E_i\;, \tag{2.6.64}$$

und die Änderung der mittleren Energie hat die Form

$$d\bar{E} = \sum_i dp_i E_i + \sum_i p_i dE_i\;. \tag{2.6.65}$$

D.h. die zugeführte Wärmemenge hat die Form

$$\delta Q = \sum_i dp_i E_i\;. \tag{2.6.66}$$

Die *Wärmezufuhr* bedeutet eine Umverteilung in den Besetzungswahrscheinlichkeiten der Zustände $|i\rangle$. Eine Erwärmung (Erhitzung) bedeutet eine Erhöhung der Besetzung der Zustände mit höherer Energie. Energieänderung durch *Arbeitszufuhr* (Arbeitsleistung am System) bedeutet eine Änderung der

Energieeigenwerte. Dabei dürfen sich Besetzungszahlen nur so ändern, daß die Entropie gleich bleibt.

Bei ausschließlicher Änderung der äußeren Parameter wird an dem System Arbeit geleistet, aber keine Wärme zugeführt. Obwohl sich dabei $d\rho$ ändern kann, kommt es zu keiner Entropieänderung. Man kann dies folgendermaßen explizit zeigen. Nach Gl. (2.6.61) ist $dS = -k\text{Sp}\,(\log\rho\,d\rho)$. Aus der von-Neumann-Gl. (1.4.8) $\dot\rho = \frac{\text{i}}{\hbar}[\rho, H(V(t))]$, die auch für zeitabhängige Hamilton-Operatoren, z.B. über das Volumen $V(t)$ gilt, folgt

$$\dot S = -k\,\text{Sp}\,(\log\rho\,\dot\rho)$$
$$= -\frac{\text{i}k}{\hbar}\,\text{Sp}\,(\log\rho\,[\rho, H]) = -\frac{\text{i}k}{\hbar}\,\text{Sp}\,(H\,[\log\rho,\rho]) = 0\ . \tag{2.6.67}$$

Die Entropie ändert sich nicht, es wird keine Wärme zugeführt. Ein Beispiel an dem dieser Sachverhalt demonstriert werden wird, ist die adiabatische reversible Expansion eines idealen Gases (Abschn. 3.5.4.1). Dort ändert sich aufgrund der geleisteten Arbeit das Volumen und somit die Hamilton-Funktion, außerdem ändert sich die Temperatur des Gases. Dies zusammen, führt zu einer Änderung der Verteilungsfunktion (Dichtematrix) nicht jedoch der Entropie.

2.7 Großkanonisches Ensemble

2.7.1 System mit Teilchenaustausch

Nachdem wir im vorangegangenen Abschnitt Systeme betrachtet haben, die mit einem Wärmebad Energie austauschen konnten, wollen wir nun als konsequente Verallgemeinerung des kanonischen Ensembles zusätzlich den Austausch von Materie zwischen Subsystem 1 einerseits und Wärmebad 2 andererseits zulassen (Abb. 2.14). Das Gesamtsystem ist isoliert. Die Gesamtenergie, die gesamte Teilchenzahl und das gesamte Volumen ist die Summe dieser Größen für die Teilsysteme

$$E = E_1 + E_2, \quad N = N_1 + N_2, \quad V = V_1 + V_2\ . \tag{2.7.1}$$

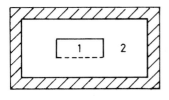

Abb. 2.14. Zum großkanonischen Ensemble; zwei Teilsysteme 1 und 2, zwischen denen Energie- und Teilchenaustausch möglich ist.

Die Wahrscheinlichkeitsverteilung der Zustandsgrößen E_1, N_1, V_1 des Untersystems 1 ergibt sich in völliger Analogie zu Abschnitt 2.4.3

$$\omega(E_1, N_1, V_1) = \frac{\Omega_1(E_1, N_1, V_1)\,\Omega_2(E - E_1, N - N_1, V - V_1)}{\Omega(E, N, V)}\,. \tag{2.7.2}$$

Die Suche nach dem Maximum dieser Verteilung führt wieder auf die Gleichheit der logarithmischen Ableitungen, diesmal bzgl. E, V und N. Die beiden ersten Relationen sind uns in Gl. (2.4.28) bereits begegnet und bedeuten den Temperatur- bzw. Druckausgleich zwischen beiden Systemen. Die dritte Beziehung drücken wir durch das in (2.4.30) definierte chemische Potential

$$\mu = -kT\frac{\partial}{\partial N}\log \Omega(E, N, V) = -T\left(\frac{\partial S}{\partial N}\right)_{E,V}, \tag{2.7.3}$$

aus und erhalten schließlich als Bedingung für die maximale Wahrscheinlichkeit den Ausgleich von Temperatur, Druck und chemischem Potential

$$T_1 = T_2, \quad P_1 = P_2, \quad \mu_1 = \mu_2\,. \tag{2.7.4}$$

2.7.2 Großkanonische Dichtematrix

Nun werden wir die Dichtematrix für das Untersystem berechnen. Die Wahrscheinlichkeit, daß in System 1 N_1 Teilchen sind, die sich im Zustand $|n\rangle$ mit der Energie $E_{1n}(N_1)$ befinden, ist gegeben durch:

$$p(N_1, E_{1n}(N_1), V_1) = \sum_{E - E_{1n}(N_1) \le E_{2m}(N_2) \le E - E_{1n}(N_1) + \Delta} \frac{1}{\Omega(E, N, V)\Delta}$$

$$= \frac{\Omega_2(E - E_{1n}, N - N_1, V_2)}{\Omega(E, N, V)}\,. \tag{2.7.5}$$

Um das System 2 zu eliminieren, führen wir nun unter der Voraussetzung, daß das Teilsystem 1 sehr viel kleiner als das Teilsystem 2 ist, analog zum kanonischen Ensemble eine Entwicklung nach E_{1n} und N_1 aus:

$$p(N_1, E_{1n}(N_1), V_1) = Z_G^{-1} e^{-(E_{1n} - \mu N_1)/kT}\,. \tag{2.7.6}$$

Damit erhält man für die *Dichtematrix des großkanonischen Ensembles*[13]

$$\rho_G = Z_G^{-1} e^{-(H_1 - \mu N_1)/kT}\,, \tag{2.7.7}$$

wobei sich die *großkanonische Zustandssumme* Z_G aus der Normierung der Dichtematrix ergibt

$$Z_G = \mathrm{Sp}\left(e^{-(H_1 - \mu N_1)/kT}\right)$$
$$= \sum_{N_1} \mathrm{Sp}\, e^{-H_1/kT + \mu N_1/kT} = \sum_{N_1} Z(N_1)\, e^{\mu N_1/kT}\,. \tag{2.7.8}$$

---

[13] Siehe auch die Herleitung in Zweiter Quantisierung, S.69.

Die beiden *Spuroperationen* Sp in Gl. (2.7.8) beziehen sich auf *unterschiedliche Räume*. Nach dem zweiten Gleichheitszeichen bedeutet Sp die Summation über alle Diagonalmatrixelemente zu fester Teilchenzahl N_1, während nach dem ersten Gleichheitszeichen Sp außerdem die Summation über alle Teilchenzahlen, $N_1 = 0, 1, 2, \ldots$, mitbeinhaltet. Der Mittelwert eines Operators A ist im großkanonischen Ensemble

$$\langle A \rangle = \mathrm{Sp}\,(\rho_G A)\,,$$

mit der zuletzt genannten, großkanonischen, Definition der Spur.

In der klassischen Statistik bleibt (2.7.7) für die Verteilungsfunktion ungeändert, während $\mathrm{Sp} \longrightarrow \sum_{N_1} \int d\Gamma_{N_1}$ mit dem $6N_1$-dimensionalen $d\Gamma_{N_1} = \frac{dq\,dp}{h^{3N_1} N_1!}$ zu ersetzen ist.

Man kann für $V_1 \ll V$ nach (2.7.5) Z_G^{-1} auch durch

$$Z_G^{-1} = \frac{\Omega_2(E, N, V - V_1)}{\Omega(E, N, V)} = e^{-PV_1/kT} \tag{2.7.9}$$

darstellen; siehe Gl. (2.4.24) und (2.4.28).

Aus der Dichtematrix erhält man für die großkanonische Entropie

$$S_G = -k \langle \log \rho_G \rangle = \frac{1}{T}(\bar{E} - \mu \bar{N}) + k \log Z_G \,. \tag{2.7.10}$$

Da das Energie- und Teilchenreservoir 2 nur über die Temperatur und das chemische Potential eingeht, lassen wir hier und in den folgenden Abschnitten den Index 1 weg.

Die Verteilungsfunktion für die Energie und die Teilchenzahl ist für makroskopische Untersysteme extrem scharf. Die relativen Schwankungen sind umgekehrt proportional zur Wurzel aus der mittleren Teilchenzahl. Deshalb ist $\bar{E} = \tilde{E}$ und $\bar{N} = \tilde{N}$ für makroskopische Teilsysteme. Auch von der großkanonischen Entropie läßt sich im Grenzfall makroskopischer Teilsysteme zeigen (vgl. Abschnitt 2.6.5.1), daß sie identisch ist mit der mikrokanonischen, genommen an den wahrscheinlichsten Werten (mit festem Volumen V_1)

$$\tilde{E}_1 = \bar{E}_1, \quad \tilde{N}_1 = \bar{N}_1 \tag{2.7.11}$$

$$S_G = S_{MK}(\tilde{E}_1, \tilde{N}_1)\,. \tag{2.7.12}$$

2.7.3 Thermodynamische Größen

Analog zur freien Energie des kanonischen Ensembles wird das *großkanonische Potential* durch

$$\Phi = -kT \log Z_G \tag{2.7.13}$$

definiert, woraus sich mit (2.7.10) die Darstellung

$$\Phi(T, \mu, V) = \bar{E} - T S_G - \mu \bar{N} \tag{2.7.14}$$

ergibt. Das vollständige Differential des großkanonischen Potentials ist durch

$$d\Phi = \left(\frac{\partial \Phi}{\partial T}\right)_{V,\mu} dT + \left(\frac{\partial \Phi}{\partial V}\right)_{T,\mu} dV + \left(\frac{\partial \Phi}{\partial \mu}\right)_{V,T} d\mu \qquad (2.7.15)$$

gegeben. Für die partiellen Ableitungen folgt aus (2.7.13) und (2.7.8)

$$\left(\frac{\partial \Phi}{\partial T}\right)_{V,\mu} = -k \log Z_G - kT \frac{1}{kT^2}\langle H - \mu N \rangle = \frac{1}{T}(\Phi - \bar{E} + \mu \bar{N}) = -S_G$$

$$\left(\frac{\partial \Phi}{\partial V}\right)_{T,\mu} = \left\langle \frac{\partial H}{\partial V} \right\rangle = -P \quad , \quad \left(\frac{\partial \Phi}{\partial \mu}\right)_{T,V} = -kT \frac{1}{kT}\langle N \rangle = -\bar{N} \ .$$

(2.7.16)

Setzt man (2.7.16) in (2.7.15) ein, ergibt sich

$$d\Phi = -S_G dT - P dV - \bar{N} d\mu \ . \qquad (2.7.17)$$

Daraus folgt zusammen mit (2.7.14)

$$d\bar{E} = T dS_G - P dV + \mu d\bar{N} \ , \qquad (2.7.18)$$

der *erste Hauptsatz*. Wie oben ausgeführt, kann man für makroskopische Systeme in (2.7.17) und (2.7.18) statt der Mittelwerte der Energie und der Teilchenzahl und statt S_G einfach E, N und S schreiben, was in späteren Kapiteln geschehen wird. Für konstante Teilchenzahl fällt (2.7.18) mit (2.4.25) zusammen. Die physikalische Bedeutung des ersten Hauptsatzes werden wir in Abschnitt 3.1 eingehend besprechen.

Nur in Abschnitt 2.4.2 haben wir uns mit den Schwankungen der physikalischen Größen befaßt. Wir könnten natürlich im großkanonischen Ensemble auch die Autokorrelationsfunktion von Energie und Teilchenzahl berechnen. Dabei zeigt sich, daß diese Größen extensiv sind und die relative Schwankung invers zur Wurzel der Ausdehnung des Systems abnimmt. Wir verschieben diese Betrachtungen in das Kapitel Thermodynamik, da wir dann die genannten Korrelationen auch mit thermodynamischen Ableitungen in Verbindung bringen können.

Wir schließen diesen Abschnitt mit einer tabellarischen Zusammenstellung der in diesem Kapitel behandelten Ensembles. *Bemerkung zur Tabelle 2.1*: Die thermodynamischen Funktionen, die sich aus dem Logarithmus der Normierungsfaktoren ergeben, sind die Entropie und die thermodynamischen Potentiale F und Φ (siehe Kapitel 3). Die Verallgemeinerung auf mehrere Teilchensorten wird in Kapitel 5 durchgeführt. Dabei hat man lediglich N durch $\{N_i\}$ und μ durch $\{\mu_i\}$ zu ersetzen.

Tabelle 2.1. Die wichtigsten Ensemble

Ensemble	mikrokanonisch	kanonisch	großkanonisch
Physikalische Situation	isoliert	Energieaustausch	Energie- und Teilchenaustausch
Dichtematrix	$\frac{1}{\Omega(E,V,N)} \times \delta(H-E)$	$\frac{1}{Z(T,V,N)} e^{-H/kT}$	$\frac{1}{Z_G(T,V,\mu)} \times e^{-(H-\mu N)/kT}$
Normierung	$\Omega(E,V,N) =$ Sp $\delta(H-E)$	$Z(T,V,N) =$ Sp $e^{-H/kT}$	$Z_G(T,V,\mu) =$ Sp $e^{-(H-\mu N)/kT}$
unabhängige Variablen	E,V,N	T,V,N	T,V,μ
Thermodynamische Funktion	S	F	Φ

2.7.4 Großkanonisches Zustandsintegral für das klassische ideale Gas

Als Beispiel betrachten wir den Spezialfall des klassischen idealen Gases.

2.7.4.1 Kanonisches Zustandsintegral

Für das kanonische Zustandsintegral für N Teilchen erhält man

$$Z_N = \frac{1}{N! h^{3N}} \int_V dq_1 \ldots dq_{3N} \int dp_1 \ldots dp_{3N}\, e^{-\beta \sum p_i^2/2m}$$
$$= \frac{V^N}{N!} \left(\frac{2m\pi}{\beta h^2}\right)^{\frac{3N}{2}} = \frac{1}{N!} \left(\frac{V}{\lambda^3}\right)^N \quad (2.7.19)$$

mit der *thermischen Wellenlänge*

$$\lambda = h/\sqrt{2\pi m k T}\,. \quad (2.7.20)$$

Der Name rührt daher, weil ein Teilchen mit der Masse m und dem Impuls h/λ eine kinetische Energie von der Größenordnung kT besitzt.

2.7.4.2 Großkanonische Zustandssumme

Setzt man (2.7.19) in die großkanonische Zustandssumme (2.7.8) ein, erhält man

$$Z_G = \sum_{N=0}^{\infty} e^{\beta \mu N} Z_N = \sum_{N=0}^{\infty} \frac{1}{N!} e^{\beta \mu N} \left(\frac{V}{\lambda^3}\right)^N = e^{zV/\lambda^3}\,, \quad (2.7.21)$$

68   2. Gleichgewichtsensemble

wobei die Fugazität

$$z = e^{\beta\mu} \qquad (2.7.22)$$

definiert wurde.

2.7.4.3 Thermodynamische Größen

Zunächst nimmt das großkanonische Potential die einfache Form

$$\Phi \equiv -kT \log Z_G = -kTzV/\lambda^3 \qquad (2.7.23)$$

an. Aus den partiellen Ableitungen erhält man die thermodynamischen Beziehungen.[14]

Teilchenzahl

$$N = -\left(\frac{\partial\Phi}{\partial\mu}\right)_{T,V} = zV/\lambda^3 \qquad (2.7.24)$$

Druck

$$PV = -V\left(\frac{\partial\Phi}{\partial V}\right)_{T,\mu} = -\Phi = NkT \qquad (2.7.25)$$

Dies ist wieder die schon in Abschnitt 2.5 gefundene thermische Zustandsgleichung des idealen Gases. Für das *chemische Potential* finden wir aus (2.7.22), (2.7.24) und (2.7.23)

$$\mu = -kT \log\left(\frac{V/N}{\lambda^3}\right) = -kT \log\frac{kT}{P\lambda^3} = kT \log P - kT \log\frac{kT}{\lambda^3} \ . \qquad (2.7.26)$$

Für die *Entropie* ergibt sich

$$\begin{aligned}S &= -\left(\frac{\partial\Phi}{\partial T}\right)_{V,\mu} = \frac{5}{2}kz\frac{V}{\lambda^3} + kT\left(-\frac{\mu}{kT^2}z\right)\frac{V}{\lambda^3} \\ &= kN\left(\frac{5}{2} + \log\frac{V/N}{\lambda^3}\right)\end{aligned} \qquad (2.7.27)$$

und für die *innere Energie* aus (2.7.14)

$$E = \Phi + TS + \mu N = NkT(-1 + \frac{5}{2}) = \frac{3}{2}NkT \ . \qquad (2.7.28)$$

---

[14] Aus den am Ende des vorhergehenden Abschnitts erwähnten Gründen ersetzen wir in (2.7.16) und (2.7.17) $\bar{E}$ und $\bar{N}$ durch E und N.

*2.7.5 Großkanonische Dichtematrix in Zweiter Quantisierung

Die Herleitung von ρ_G ist am kompaktesten im Formalismus der Zweiten Quantisierung. Zusätzlich zum Hamilton-Operator H ausgedrückt durch die Feldoperatoren $\psi(\mathbf{x})$, siehe Gl. (1.5.6d) in QM II[15], benötigen wir den Teilchenzahloperator, Gl. (1.5.10)[14]

$$\hat{N} = \int_V d^3x \psi^\dagger(\mathbf{x})\psi(\mathbf{x}) \, . \tag{2.7.29}$$

Die mikrokanonische Dichtematrix bei festem Volumen V ist

$$\rho_{MK} = \frac{1}{\Omega(E,N,V)} \delta(H-E)\delta(\hat{N}-N) \, . \tag{2.7.30}$$

Entsprechend der Zerlegung in die beiden Teilvolumen $V = V_1 + V_2$ ist $H = H_1 + H_2$ und $\hat{N} = \hat{N}_1 + \hat{N}_2$ mit $\hat{N}_i = \int_{V_i} d^3x \psi^\dagger(\mathbf{x})\psi(\mathbf{x})$, $i = 1, 2$. Aus (2.7.30) folgt für die Wahrscheinlichkeit, daß die Energie und die Teilchenzahl im Untervolumen 1 die Werte E_1 und N_1 annehmen,

$$\begin{aligned}
&\omega(E_1, V_1, N_1) \\
&= \mathrm{Sp} \frac{1}{\Omega(E,N,V)} \delta(H-E)\delta(\hat{N}-N)\delta(H_1-E_1)\delta(\hat{N}_1-N_1) \\
&= \mathrm{Sp} \frac{1}{\Omega(E,N,V)} \delta(H_2-(E-E_1))\delta(\hat{N}_2-(N-N_1)) \\
&\quad \times \delta(H_1-E_1)\delta(\hat{N}_1-N_1) \\
&= \frac{\Omega_1(E_1, N_1, V_1)\Omega_2(E-E_1, N-N_1, V-V_1)}{\Omega(E,N,V)}
\end{aligned} \tag{2.7.31}$$

Die (großkanonische) Dichtematrix für das Teilsystem 1 findet man durch Spurbildung der Dichtematrix des Gesamtsystems über das Teilsystem 2, betreffend sowohl die Energie als auch die Teilchenzahl:

$$\begin{aligned}
\rho_G &= \mathrm{Sp}_2 \frac{1}{\Omega(E,N,V)} \delta(H-E)\delta(\hat{N}-N) \\
&= \frac{\Omega_2(E-H_1, N-\hat{N}_1, V-V_1)}{\Omega(E,N,V)}
\end{aligned} \tag{2.7.32}$$

Die Entwicklung des Logarithmus von ρ_G nach H_1 und $\hat{N}_1$ führt auf

$$\rho_G = Z_G^{-1} e^{-(H_1 - \mu\hat{N}_1)/kT}$$

$$Z_G = \mathrm{Sp}\, e^{-(H_1 - \mu\hat{N}_1)/kT} \tag{2.7.33}$$

im Einklang mit den über die Wahrscheinlichkeiten gewonnenen Gleichungen (2.7.7) und (2.7.8).

---

[15] F. Schwabl, Quantenmechanik für Fortgeschrittene, 4. Aufl., Springer, Berlin Heidelberg, 2005; im folgenden als QM II zitiert.

Aufgaben zu Kapitel 2

2.1 Berechnen Sie $\Omega(E)$ für ein Spinsystem, das durch den Hamilton-Operator

$$\mathcal{H} = \mu_B H \sum_{i=1}^{N} S_i$$

beschrieben werde, wobei S_i die Werte $S_i = \pm 1/2$ annehmen kann

$$\Omega(E)\Delta = \sum_{E \leq E_n \leq E+\Delta} 1 \; .$$

Verwenden Sie im Unterschied zu 2.2.3.2 eine kombinatorische Methode.

2.2 Berechnen Sie für ein eindimensionales klassisches ideales Gas $\langle p_1^2 \rangle$ und $\langle p_1^4 \rangle$.

$$\text{Formel:} \quad \int_0^{\pi} \sin^m x \cos^n x \, dx = \frac{\Gamma\left(\frac{m+1}{2}\right) \Gamma\left(\frac{n+1}{2}\right)}{\Gamma\left(\frac{n+m+2}{2}\right)} \; .$$

2.3 Ein Teilchen bewegt sich eindimensional, der Wandabstand wird durch einen Stempel im Abstand L verschoben. Berechnen Sie die Änderung des Phasenraumvolumens $\bar{\Omega} = 2Lp$ (p Impuls).
(a) Bei langsamem kontinuierlichem Verschieben des Stempels.
(b) Bei schnellerem Verschieben des Stempels zwischen zwei Reflexionen.

2.4 Angenommen, die Entropie S hängt vom Volumen $\bar{\Omega}(E)$ der Energieschale ab; $S = f(\bar{\Omega})$. Zeigen Sie, daß aus der Additivität von S und dem multiplikativen Charakter von $\bar{\Omega}$ $S = \text{const} \times \log \bar{\Omega}$ folgt.

2.5 (a) Berechnen Sie für das klassische, ideale Gas, das in ein Volumen V eingeschlossen ist, die freie Energie und Entropie, indem Sie von der kanonischen Gesamtheit ausgehen.
(b) Vergleichen Sie mit dem Resultat aus Abschnitt 2.2.

2.6 Zeigen Sie aus der Bedingung, daß die Entropie $S = -k \, \text{Sp} \, (\rho \log \rho)$ maximal ist, daß unter den Nebenbedingungen $\text{Sp} \, \rho = 1$ und $\text{Sp} \, \rho H = \bar{E}$ für ρ die kanonische Dichtematrix resultiert.
Hinweis: Es handelt sich hier um ein Variationsproblem mit Nebenbedingungen, das mittels Lagranger Multiplikatoren gelöst werden kann.

2.7 Zeigen Sie für die Energieverteilung im klassischen kanonischen Ensemble

$$\omega(E_1) = \int d\Gamma_1 \, \rho_K \, \delta(H_1 - E_1)$$

$$= \Omega_1(E_1) \, \frac{\Omega_2(\tilde{E}_2)}{\Omega_{1,2}(E)} \, e^{\tilde{E}_1/kT} e^{-E_1/kT} \approx \frac{\Omega_2(E - E_1) \, \Omega_1(E_1)}{\Omega_{1,2}(E)} \; . \quad (2.7.34)$$

2.8 Betrachten Sie ein System von N klassischen, nichtgekoppelten, harmonischen, eindimensionalen Oszillatoren und berechnen Sie für dieses System die Entropie und die Temperatur, indem Sie von der mikrokanonischen Gesamtheit ausgehen.

2.9 Betrachten Sie die harmonischen Oszillatoren aus Aufgabe 2.8 und berechnen sie für dieses System den Mittelwert der Energie und die Entropie, indem Sie von der kanonischen Gesamtheit ausgehen.

2.10 Betrachten Sie analog zu den vorstehenden Aufgaben N quantenmechanische, nichtgekoppelte, harmonische, eindimensionale Oszillatoren und berechnen Sie ausgehend von der kanonischen Gesamtheit den Mittelwert der Energie $\bar{E}$ und die Entropie. Untersuchen Sie ferner $\lim_{\hbar\to 0}\bar{E}$, $\lim_{\hbar\to 0}S$ und $\lim_{T\to 0}S$ und vergleichen Sie die erhaltenen Grenzwerte mit den Resultaten aus Aufgabe 2.9.

2.11 Bestimmen Sie für die Maxwell-Verteilung
(a) den Mittelwert der n-ten Potenz der Geschwindigkeit $\langle v^n \rangle$, **(b)** $\langle v \rangle$, **(c)** $\langle (v - \langle v \rangle)^2 \rangle$, **(d)** $\left(\frac{m}{2}\right)^2 \langle (v^2 - \langle v^2 \rangle)^2 \rangle$, **(e)** die wahrscheinlichste Geschwindigkeit.

2.12 Bestimmen Sie die Zahl der Stöße der Moleküle eines idealen Gases auf die Wand pro Flächen- und Zeiteinheit, wobei
(a) der Winkel zwischen der Wandnormalen und der Richtung der Geschwindigkeit zwischen Θ und $\Theta + d\Theta$ liegt,
(b) der Betrag der Geschwindigkeit zwischen v und $v + dv$ liegt.

2.13 Berechnen Sie den Druck für ein Maxwell-Gas mit der Geschwindigkeitsverteilung

$$f(\mathbf{v}) = n\left(\frac{m\beta}{2\pi}\right)^{\frac{3}{2}} e^{-\frac{\beta m v^2}{2}}.$$

Anleitung: Der Druck kommt durch Reflexion von Teilchen an der Wand zustande; es ist also die in einem Zeitintervall τ wirkende mittlere Kraft auf eine Teilfläche F der Wand zu berechnen.

$$P = \frac{1}{\tau F}\int_0^\tau dt\, K_x(t)\,.$$

Wird ein Teilchen mit der Geschwindigkeit $\mathbf{v}$ an der Wand reflektiert, so ist auf Grund der Newtonschen Gleichung sein Beitrag zu $\int_0^\tau dt\, K_x(t)$ durch den Impulsübertrag $2mv_x$ gegeben. Also $P = \frac{1}{\tau F}\sum 2mv_x$, wobei sich die Summe über alle innerhalb der Zeit τ auf F einfallenden Teilchen erstreckt.
Ergebnis: $P = nkT$.

2.14 Einfaches Modell für *Thermalisierung*: Berechnen Sie die mittlere kinetische Energie eines Teilchens der Masse m_1 mit der Geschwindigkeit $\mathbf{v}_1$ durch den Kontakt mit einem idealen Gas mit der Teilchenmasse m_2. Zur Vereinfachung nehme man an, daß nur Stöße stattfinden, die als gerade und elastische aufgefaßt werden können. Die Rückwirkung auf das ideale Gas kann vernachlässigt werden. Es ist sinnvoll die Abkürzung $M = m_1 + m_2$ und $m = m_1 - m_2$ zu verwenden. Wieviele Stöße sind erforderlich, damit bei $m_1 \neq m_2$ das $(1-e^{-1})$-fache der Temperatur des idealen Gases erreicht wird?

2. Gleichgewichtsensemble

2.15 Berechnen Sie mit Hilfe der kanonischen Gesamtheit den Mittelwert der Teilchenzahldichte

$$n(\mathbf{x}) = \sum_{i=1}^{N} \delta(\mathbf{x} - \mathbf{x}_i)$$

für ein ideales Gas, das sich in einem unendlich hohen Zylinder des Querschnitts F im Schwerefeld der Erde befinden möge. Die potentielle Energie eines Teilchens im Schwerefeld sei mgh. Berechnen Sie weiterhin
(a) die innere Energie dieses Systems,
(b) den Druck in der Höhe h, indem Sie

$$P = \int_{h}^{\infty} \langle n(\mathbf{x}) \rangle mg \, dz$$

definieren,
(c) den mittleren Abstand $\langle z \rangle$ eines Sauerstoffmoleküls bzw. eines Heliumatoms von der Erdoberfläche bei $0°C$,
(d) das Schwankungsquadrat Δz für die in 2.15c genannten Teilchen.
An dieser Stelle sei auf drei verschiedene Herleitungen der barometrischen Höhenformel, die verschiedene physikalische Aspekte betonen, hingewiesen: R. Becker, *Theorie der Wärme*, 3. Auflage, § 27, p. 87, Springer, Berlin Heidelberg, 1985.

2.16 Die potentielle Energie von N nicht wechselwirkenden, lokalisierten Dipolen hängt von deren Orientierung zu einem äußeren Magnetfeld H ab:

$$\mathcal{H} = -\mu H_z \sum_{i=1}^{N} \cos \vartheta_i \, .$$

Berechnen Sie die Zustandssumme und zeigen Sie, daß die Magnetisierung in z–Richtung die Form

$$M_z = \left\langle \sum_{i=1}^{N} \mu \cos \vartheta_i \right\rangle = N\mu \, L(\beta \mu H_z) \; ; \quad L(x) \text{ Langevin-Funktion}$$

hat. Zeichnen Sie die Langevin-Funktion.
Wie groß ist die Magnetisierung bei hohen Temperaturen? Zeigen Sie, daß für hohe Temperaturen das Curie-Gesetz für die magnetische Suszeptibilität gilt

$$\chi = \lim_{H_z \to 0} \left(\frac{\partial M_z}{\partial H_z} \right) \sim \text{const}/T \, .$$

2.17 Zeigen Sie das *Äquipartitionstheorem* und den *Virialsatz* unter Heranziehung der *mikrokanonischen Verteilung*.

2.18 Im extrem relativistischen Fall lautet die Hamilton-Funktion von N Teilchen im dreidimensionalen Raum $H = \sum_i |\mathbf{p}_i| c$. Berechnen Sie mit Hilfe des Virialtheorems den Erwartungswert von H.

2.19 Berechnen Sie ausgehend von der kanonischen Gesamtheit der klassischen Statistik die Zustandsgleichung und die innere Energie eines Gases aus N ununterscheidbaren Teilchen, die die Einteilchenenergie $\varepsilon(\mathbf{p}) = |\mathbf{p}| \cdot c$ besitzen.

2.20 Zeigen Sie, daß für ein ideales Gas die Wahrscheinlichkeit, im großkanonischen Ensemble ein Untersystem mit N Teilchen zu finden, durch die Poisson-Verteilung gegeben ist.

$$p_N = \frac{1}{N!} e^{-\bar{N}} \bar{N}^N ,$$

wo $\bar{N}$ der Mittelwert von N im idealen Gas ist.
Anleitung: Gehen Sie aus von $p_N = e^{\beta(\Phi + N\mu)} Z_N$. Drücken Sie Φ, μ und Z_N durch $\bar{N}$ aus.

2.21 (a) Berechnen Sie die großkanonische Zustandssumme für ein Gemisch zweier idealer Gase (2 chemische Potentiale!).
(b) Zeigen Sie, daß

$$PV = (N_1 + N_2)kT$$
$$E = \frac{3}{2}(N_1 + N_2)kT$$

gilt, wo N_1, N_2, E mittlere Teilchenzahlen und Energie sind.

2.22 (a) Stellen Sie $\bar{E}$ durch Ableitung der großkanonischen Zustandssumme dar.
(b) Stellen Sie $(\Delta E)^2$ durch eine thermodynamische Ableitung von $\bar{E}$ dar.

2.23 Berechnen Sie die Dichtematrix in der x-Darstellung für ein freies Teilchen in einem dreidimensionalen Würfel der Kantenlänge L.

$$\rho(x,x') = c \sum_n e^{-\beta E_n} \langle x|n\rangle \langle n|x'\rangle$$

wobei c eine Normierungskonstante ist. L sei so groß, daß man zum kontinuierlichen Spektrum übergehen kann

$$\sum_n \longrightarrow \int \frac{L^3 d^3 p}{(2\pi\hbar)^3} \; ; \quad \langle x|n\rangle \longrightarrow \langle x|p\rangle = \frac{1}{L^{3/2}} e^{i\mathbf{p}\mathbf{x}/\hbar} .$$

2.24 Berechnen Sie die kanonische Dichtematrix für einen eindimensionalen, harmonischen Oszillator $H = -(\hbar^2/2m)(d^2/d^2x) + \frac{m\omega^2 x^2}{2}$ in der x-Darstellung für tiefe Temperaturen:

$$\rho(x,x') = c \sum_n e^{-\beta E_n} \langle x|n\rangle \langle n|x'\rangle ,$$

wobei c die Normierungskonstante ist

$$\langle x|n\rangle = (\pi^{1/2} 2^n n! x_0)^{-1/2} e^{-(x/x_0)^2/2} H_n\left(\frac{x}{x_0}\right) \; ; \quad x_0 = \sqrt{\frac{\hbar}{\omega m}} .$$

Die Hermite-Polynome sind in Aufgabe 2.27 definiert.
Anleitung: Überlegen Sie, welcher Zustand den größten Beitrag gibt.

2.25 Berechnen Sie für Beispiel 1.7 den zeitlichen Mittelwert von q^2 und den Mittelwert im mikrokanonischen Ensemble.

2.26 Zeigen Sie:

$$\int dq_1 \ldots dq_d \, f(q^2, \mathbf{q} \cdot \mathbf{k})$$
$$= (2\pi)^{-1} K_{d-1} \int_0^\infty dq \, q^{d-1} \int_0^\pi d\Theta (\sin \Theta)^{d-2} f(q^2, qk \cos \Theta) , \quad (2.7.35)$$

wobei $\mathbf{k} \in \mathcal{R}^d$ ein fester Vektor ist und $q = |\mathbf{q}|, k = |\mathbf{k}|$ und $K_d = 2^{-d+1} \pi^{-d/2} \times \left(\Gamma(\frac{d}{2})\right)^{-1}$.

2.27 Berechnen Sie die Matrixelemente der kanonischen Dichtematrix für einen eindimensionalen, harmonischen Oszillator in Ortsdarstellung,

$$\rho_{x,x'} = \langle x | \rho | x' \rangle = \langle x | e^{-\beta H} | x' \rangle .$$

Hinweis: Verwenden Sie die Vollständigkeitsrelation für die Eigenfunktionen des harmonischen Oszillators und beachten Sie, daß die Hermite-Polynome die Integraldarstellung

$$H_n(\xi) = (-1)^n e^{\xi^2} \left(\frac{d}{d\xi}\right)^n e^{-\xi^2} = \frac{e^{\xi^2}}{\sqrt{\pi}} \int_{-\infty}^\infty (-2iu)^n e^{-u^2 + 2i\xi u} du$$

besitzen. Alternativ kann auch die erste Darstellung für $H_n(x)$ und die Identität aus dem nächsten Beispiel verwendet werden.
Ergebnis:

$$\rho_{x,x'} = \frac{1}{Z} \left[\frac{m\omega}{2\pi\hbar \sinh \beta\hbar\omega}\right]^{1/2}$$
$$\times \exp\left\{-\frac{m\omega}{4\hbar}\left((x+x')^2 \tanh \frac{1}{2}\beta\hbar\omega + (x-x')^2 \operatorname{ctgh} \frac{1}{2}\beta\hbar\omega\right)\right\} . \quad (2.7.36)$$

2.28 Beweisen Sie folgende Identität

$$e^{\frac{\partial}{\partial x} \Pi \frac{\partial}{\partial x}} e^{-x \Delta x} = \frac{1}{\sqrt{\operatorname{Det}(1 + 4\Delta\Pi)}} e^{-x \frac{\Delta}{1+4\Delta\Pi} x} .$$

Hier sind Π und Δ zwei kommutierende symmetrische Matrizen, z.B.: $\frac{\partial}{\partial x} \Pi \frac{\partial}{\partial x} \equiv \frac{\partial}{\partial x_i} \Pi_{ik} \frac{\partial}{\partial x_k}$.

3. Thermodynamik

3.1 Thermodynamische Potentiale und Hauptsätze der Gleichgewichtsthermodynamik

3.1.1 Definitionen

Die Thermodynamik befaßt sich mit den makroskopischen Eigenschaften makroskopischer Systeme. Die Tatsache, daß makroskopische Systeme durch eine geringe Zahl von Variablen vollständig charakterisiert sind, wie z.B. Energie E, Volumen V, Teilchenzahl N und daß alle anderen Größen, wie z.B. die Entropie, deshalb Funktionen nur dieser Variablen sind, hat weitreichende Konsequenzen.

Wir betrachten in diesem Abschnitt Gleichgewichtszustände und Übergänge von einem Gleichgewichtszustand in andere benachbarte Gleichgewichtszustände. Schon im vorhergehenden Abschnitt haben wir die Änderung der Entropie bei Änderung von E, V, N bestimmt. Wir haben dabei Änderungen betrachtet, bei denen das System von einem Gleichgewichtszustand E, V, N in einen neuen Gleichgewichtszustand $E + dE$, $V + dV$, $N + dN$ übergeht. Anknüpfend an das Differential der Entropie (2.4.29) werden wir im folgenden den ersten Hauptsatz und die Bedeutung der darin auftretenden Größen untersuchen. Ausgehend von der inneren Energie werden wir dann die wichtigsten thermodynamischen Potentiale definieren und deren Eigenschaften besprechen.

Das betrachtete System bestehe aus einer einzigen Teilchensorte mit der Teilchenzahl N. Wir gehen aus von dessen Entropie, die eine Funktion von E, V, N ist.

Entropie : $S = S(E, V, N)$

In (2.4.29) haben wir für das Differential der Entropie

$$dS = \frac{1}{T}\, dE + \frac{P}{T}\, dV - \frac{\mu}{T}\, dN \qquad (3.1.1)$$

gefunden. Daraus liest man die partiellen Ableitungen

$$\left(\frac{\partial S}{\partial E}\right)_{V,N} = \frac{1}{T}, \qquad \left(\frac{\partial S}{\partial V}\right)_{E,N} = \frac{P}{T}, \qquad \left(\frac{\partial S}{\partial N}\right)_{E,V} = -\frac{\mu}{T} \qquad (3.1.2)$$

ab, die natürlich mit den Definitionen der Gleichgewichtsstatistik übereinstimmen. Wir können uns nun die Gleichung $S = S(E, V, N)$ nach E aufgelöst denken und erhalten damit die Energie E, welche in der Thermodynamik üblicherweise als innere Energie bezeichnet wird, als Funktion von S, V, N.

Innere Energie: $\quad E = E(S, V, N)$
Aus (3.1.1) ergibt sich die differentielle Relation

$$dE = TdS - PdV + \mu dN \ . \tag{3.1.3}$$

Wir können nun die einzelnen Terme in (3.1.3) interpretieren, wenn wir uns alle Möglichkeiten, einem System Energie zuzuführen, vor Augen halten. Dies kann erfolgen durch Arbeitsleistung, durch Zufuhr von Material (also Erhöhung der Stoffmenge) und durch Kontakt mit anderen Körpern, bei dem Wärme zugeführt wird. Die gesamte Energieänderung setzt sich also in folgender Weise

$$dE \quad = \quad \delta Q \quad + \quad \delta A \quad + \quad \delta E_N \tag{3.1.3'}$$

$\quad\quad\quad\quad\quad\downarrow\quad\quad\quad\quad\downarrow\quad\quad\quad\quad\quad\downarrow$
$\quad\quad\quad\quad$ Wärmezufuhr
$\quad\quad\quad\quad\quad\quad\quad\quad$ mechanische Arbeit

$\quad\quad\quad\quad\quad\quad$ Energieerhöhung durch Materialzufuhr

zusammen. Der zweite Term in (3.1.3) ist die am System geleistete Arbeit,

$$\delta A = -PdV \ , \tag{3.1.4a}$$

der dritte Term gibt die Änderung der Energie mit Erhöhung der Teilchenzahl an

$$\delta E_N = \mu dN \ . \tag{3.1.4b}$$

Das chemische Potential hat als physikalische Bedeutung die Energieerhöhung bei Zufuhr eines Teilchens (bei konstanter Entropie und konstantem Volumen). Der erste Term muß deshalb die Energieänderung durch Wärmezufuhr δQ sein, d.h.

$$\delta Q = TdS \ . \tag{3.1.5}$$

Die Beziehung (3.1.3), den Energiesatz der Wärmelehre, nennt man *ersten Hauptsatz*. Er gibt die Energieänderung beim Übergang von einem Gleichgewichtszustand zu einem anderen, infinitesimal benachbarten an. Die Beziehung (3.1.5) ist der *zweite Hauptsatz* für derartige Änderungen. Wir werden später den zweiten Hauptsatz allgemeiner formulieren. In diesem Zusammenhang werden wir auch klären, unter welchen Umständen diese Relationen der Gleichgewichtsthermodynamik auch für reale, mit einer endlichen Geschwindigkeit ablaufende thermodynamische Vorgänge anwendbar sind, wie z.B. bei Dampfmaschinen oder Verbrennungsmotoren.

3.1 Potentiale und Hauptsätze der Gleichgewichtsthermodynamik

Anmerkung:

Es ist wichtig, folgendes festzustellen: δA und δQ stellen keine Änderungen von Zustandsgrößen dar. Es gibt keine Zustandsfunktionen (Funktionen von E, V, N) A und Q. Ein Körper ist nicht durch „Wärme- oder Arbeitsgehalt" charakterisiert, sondern durch seine innere Energie. Wärme ($\sim$ Energieübertragung durch Berührung mit anderen Körpern) und Arbeit sind Übertragungsformen von Energie von einem Körper zum anderen.

Es ist vielfach zweckmäßig, über die innere Energie hinaus andere Größen mit der Dimension einer Energie zu betrachten. Als erstes definieren wir die freie Energie.

Freie Energie: $F = F(T, V, N)$
Die freie Energie ist durch

$$F = E - TS \quad \left(= -kT \log Z(T, V, N)\right) \tag{3.1.6}$$

definiert, wobei in Klammern der Zusammenhang mit der kanonischen Zustandssumme (Kap. 2) angegeben ist. Aus (3.1.3) folgt das Differential

$$dF = -SdT - PdV + \mu dN \tag{3.1.7}$$

und die partiellen Ableitungen

$$\left(\frac{\partial F}{\partial T}\right)_{V,N} = -S\,, \quad \left(\frac{\partial F}{\partial V}\right)_{T,N} = -P\,, \quad \left(\frac{\partial F}{\partial N}\right)_{T,V} = \mu\,. \tag{3.1.8}$$

Aus (3.1.8) sehen wir, daß die innere Energie durch F in der Form

$$E = F - T\left(\frac{\partial F}{\partial T}\right)_{V,N} = -T^2 \left(\frac{\partial}{\partial T}\frac{F}{T}\right)_{V,N} \tag{3.1.9}$$

dargestellt werden kann. Aus (3.1.7) ist ersichtlich, daß die freie Energie derjenige Teil der Energie ist, der bei einem isothermen Vorgang als Arbeit frei wird, wobei wir voraussetzen, daß die Teilchenzahl N konstant ist. Bei einer isothermen Volumenänderung ist die Änderung der freien Energie durch $(dF)_{T,N} = -PdV = \delta A$ gegeben, während $(dE)_{T,N} \neq \delta A$, da man Wärme zu- oder abführen muß, um die Temperatur konstant zu halten.

Enthalpie: $H = H(S, P, N)$
Die Enthalpie ist durch

$$H = E + PV \tag{3.1.10}$$

definiert. Aus (3.1.3) folgt

$$dH = TdS + VdP + \mu dN \tag{3.1.11}$$

und daraus die partiellen Ableitungen

$$\left(\frac{\partial H}{\partial S}\right)_{P,N} = T, \qquad \left(\frac{\partial H}{\partial P}\right)_{S,N} = V, \qquad \left(\frac{\partial H}{\partial N}\right)_{S,P} = \mu. \qquad (3.1.12)$$

Für isobare Vorgänge ist $(dH)_{P,N} = TdS = \delta Q = dE + PdV$, also gleich der Änderung der inneren Energie plus der Energieänderung der Druckvorrichtung (Siehe Abb. 3.1). Durch das Gewicht G samt Stempel mit Querschnitt A wird der Druck $P = G/A$ konstant gehalten. Die Änderung der Enthalpie ist die Summe aus der Änderung der inneren Energie und der Änderung der potentiellen Energie des Gewichts. Für einen isobaren Vorgang ist die dem System zugeführte Wärme δQ gleich dem Zuwachs der Enthalpie des Systems.

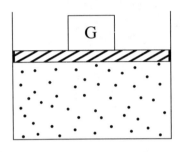

Abb. 3.1. Zur Änderung der Enthalpie bei isobaren Vorgängen; das Gewicht G bewirkt den Druck $P = G/A$, wo A der Querschnitt des Stempels ist.

Freie Enthalpie: $\qquad G = G(T, P, N)$
Die freie Enthalpie ist durch

$$G = E - TS + PV \qquad (3.1.13)$$

definiert. Ihr Differential folgt aus (3.1.3)

$$dG = -SdT + VdP + \mu dN. \qquad (3.1.14)$$

Aus (3.1.14) liest man sofort

$$\left(\frac{\partial G}{\partial T}\right)_{P,N} = -S, \qquad \left(\frac{\partial G}{\partial P}\right)_{T,N} = V, \qquad \left(\frac{\partial G}{\partial N}\right)_{T,P} = \mu \qquad (3.1.15)$$

ab.

Großkanonisches Potential: $\qquad \Phi = \Phi(T, V, \mu)$
Das großkanonische Potential ist durch

$$\Phi = E - TS - \mu N \qquad (= -kT \log Z_G(T, V, \mu)) \qquad (3.1.16)$$

definiert, wobei in Klammern der Zusammenhang mit der großkanonischen Zustandssumme (Kap. 2) angegeben ist. Die differentiellen Relationen lauten

$$d\Phi = -SdT - PdV - Nd\mu, \qquad (3.1.17)$$

$$\left(\frac{\partial \Phi}{\partial T}\right)_{V,\mu} = -S, \qquad \left(\frac{\partial \Phi}{\partial V}\right)_{T,\mu} = -P, \qquad \left(\frac{\partial \Phi}{\partial \mu}\right)_{T,V} = -N. \qquad (3.1.18)$$

3.1.2 Legendre-Transformation

Der Übergang von E zu den in (3.1.6), (3.1.10), (3.1.13) und (3.1.16) definierten thermodynamischen *Potentialen* erfolgte mittels sogenannter Legendre-Transformationen, deren allgemeine Struktur wir nun darstellen wollen. Wir gehen von einer Funktion Y aus, die von den Variablen $x_1, x_2, \ldots$ abhänge,

$$Y = Y(x_1, x_2, \ldots) \,. \qquad (3.1.19)$$

Die partiellen Ableitungen von Y nach x_i seien

$$a_i(x_1, x_2, \ldots) = \left(\frac{\partial Y}{\partial x_i}\right)_{\{x_j, j \neq i\}} . \qquad (3.1.20\mathrm{a})$$

Das Ziel ist nun, statt der unabhängigen Variablen x_1 als unabhängige Variable die Ableitung $\left(\frac{\partial Y}{\partial x_1}\right)$ einzuführen, d.h. etwa von der unabhängigen Variablen S zu T überzugehen. Dies ist durchaus von praktischer Bedeutung, da die Temperatur leicht direkt meßbar ist, während dies für die Entropie nicht zutrifft. Das totale Differential von Y ist durch

$$dY = a_1 dx_1 + a_2 dx_2 + \ldots \qquad (3.1.20\mathrm{b})$$

gegeben. Aus der Umformung $dY = d(a_1 x_1) - x_1 da_1 + a_2 dx_2 + \ldots$ folgt

$$d(Y - a_1 x_1) = -x_1 da_1 + a_2 dx_2 + \ldots \quad . \qquad (3.1.21)$$

Es ist dann zweckmäßig, die Funktion

$$Y_1 = Y - a_1 x_1 \qquad (3.1.22)$$

einzuführen, und als Funktion der Variablen $a_1, x_2, \ldots$ aufzufassen (*natürliche Variable*).[1] So sind zum Beispiel die natürlichen Variablen der freien Energie T, V, N. Das Differential von $Y_1(a_1, x_2, \ldots)$ hat in diesen unabhängigen Variablen die Gestalt

$$dY_1 = -x_1 da_1 + a_2 dx_2 + \ldots \qquad (3.1.21'\mathrm{a})$$

und die partiellen Ableitungen lauten

---

[1] Wir führen hier noch eine Bemerkung zur geometrischen Bedeutung der Legendre-Transformation an, wobei wir uns nur auf eine Variable beziehen. Eine Kurve kann entweder durch die Punktdarstellung $Y = Y(x_1)$ angegeben werden, oder durch die Schar ihrer Einhüllenden. Bei der zweiten Darstellung benötigt man für die einhüllenden Tangenten deren Achsenabschnitte auf der Ordinate als Funktion der Steigung a_1. Auf dieser geometrischen Bedeutung der Legendre-Transformation beruht die in Abb. 3.33 dargestellte Konstruktion von $G(T, P)$ aus $F(T, V)$. (Würde man in $Y = Y(x_1)$ einfach x_1 zugunsten von a_1 eliminieren, dann hätte man zwar Y als Funktion von a_1, könnte hieraus aber nicht mehr $Y(x_1)$ rekonstruieren.)

$$\left(\frac{\partial Y_1}{\partial a_1}\right)_{x_2,\ldots} = -x_1\,, \qquad \left(\frac{\partial Y_1}{\partial x_2}\right)_{a_1,\ldots} = a_2\,,\ldots \qquad (3.1.21'\text{b})$$

Auf diese Weise erhält man entsprechend den 3 Variablenpaaren 8 thermodynamische Potentiale. In Tabelle 3.1 sind die wichtigsten davon, nämlich die vorher aufgeführten, aufgelistet.

Tabelle 3.1. Energie, Entropie, thermodynamische Potentiale

Zustandsfunktion	Unabhängige Variable	Differentiale
Energie E	$S, V, \{N_j\}$	$dE = TdS - PdV + \sum_j \mu_j dN_j$
Entropie S	$E, V, \{N_j\}$	$dS = \frac{1}{T}dE + \frac{P}{T}dV - \sum_j \frac{\mu_j}{T}dN_j$
Freie Energie $F = E - TS$	$T, V, \{N_j\}$	$dF = -SdT - PdV + \sum_j \mu_j dN_j$
Enthalpie $H = E + PV$	$S, P, \{N_j\}$	$dH = TdS + VdP + \sum_j \mu_j dN_j$
Freie Enthalpie $G = E - TS + PV$	$T, P, \{N_j\}$	$dG = -SdT + VdP + \sum_j \mu_j dN_j$
Großkanonisches Potential $\Phi = E - TS - \sum_j \mu_j N_j$	$T, V, \{\mu_j\}$	$d\Phi = -SdT - PdV - \sum_j N_j d\mu_j$

Diese Tabelle enthält die Verallgemeinerung auf Systeme mit mehreren Komponenten (s. Abschnitt 3.9). N_j und μ_j sind die Teilchenzahl und das chemische Potential der Komponente j. Die bisherigen Formeln ergeben sich als Spezialfall, indem man den Index j und $\sum_j$ wegläßt.

Man nennt F, H, G, Φ thermodynamische Potentiale, weil sich aus ihnen durch Ableiten nach den ihnen zukommenden natürlichen unabhängigen Variablen die konjugierten Variablen ableiten lassen, ganz analog wie in der Mechanik die Kraftkomponenten aus dem Potential. Für die Entropie ist diese Bezeichnungsweise weniger gebräuchlich, weil sie nicht die Dimension einer Energie besitzt. E, F, H, G und Φ sind durch Legendre-Transformationen miteinander verknüpft. Die natürlichen Variablen werden auch als kanonische Variable bezeichnet. Für ein System, das nur aus einer chemischen Substanz besteht, ist bei fester Teilchenzahl der Zustand durch Angabe von zwei Größen z.B. T und V oder V und P vollkommen charakterisiert. Alle anderen thermodynamischen Größen können mittels der thermischen und kalorischen Zustandsgleichung berechnet werden. Wenn man den Zustand durch T und V charakterisiert, dann ist der Druck durch die (thermische) *Zustandsgleichung*

$$P = P(T, V)$$

gegeben. (Die explizite Form für eine bestimmte Substanz ergibt sich aus der statistischen Mechanik.) Trägt man in einem dreidimensionalen Diagramm P gegen T und V auf, erhält man die *Zustandsfläche* (Siehe Abb. 2.7 und später in Abschn. 3.8).

3.1.3 Gibbs-Duhem-Relation in homogenen Systemen

Wir spezialisieren uns in diesem Abschnitt auf den wichtigen Fall von homogenen thermodynamischen Systemen.[2] Ein derartiges System möge die Energie E, das Volumen V und die Teilchenzahl N besitzen. Nun betrachten wir ein zweites in seinen Eigenschaften völlig gleichartiges System, das lediglich um das α-fache größer sei. Dessen Energie, Volumen und Teilchenzahl ist dann αE, αV, αN. Wegen der Additivität der Entropie ist diese durch

$$S(\alpha E, \alpha V, \alpha N) = \alpha S(E, V, N) \tag{3.1.23}$$

gegeben. Folglich ist die Entropie S eine homogene Funktion ersten Grades von E, V und N. Entsprechend ist E eine homogene Funktion ersten Grades von S, V und N.
Es gibt zwei Sorten von Zustandsvariablen:
E, V, N, S, F, H, G, Φ heißen *extensiv*, da sie bei der oben beschriebenen Vergrößerung proportional zu α sind. T, P, μ heißen *intensiv*, da sie unabhängig von α sind; z.B. ist

$$T^{-1} = \frac{\partial S}{\partial E} = \frac{\partial \alpha S}{\partial \alpha E} \sim \alpha^0$$

und dies folgt genauso für die übrigen aufgezählten intensiven Variablen aus ihren Definitionen. Wir wollen nun Konsequenzen der Homogenität von S (Gl. (3.1.23)) weiter untersuchen. Dazu differenzieren wir (3.1.23) nach α und setzen dann $\alpha = 1$:

$$\left(\frac{\partial S}{\partial \alpha E} E + \frac{\partial S}{\partial \alpha V} V + \frac{\partial S}{\partial \alpha N} N \right)\bigg|_{\alpha=1} = S .$$

Daraus folgt mit (3.1.2) $-S + \frac{1}{T}E + \frac{P}{T}V - \frac{\mu}{T}N = 0$, also

$$E = TS - PV + \mu N , \tag{3.1.24}$$

die *Gibbs-Duhem* Relation. Zusammen mit $dE = TdS - PdV + \mu dN$ findet man aus (3.1.24)

$$SdT - VdP + Nd\mu = 0 , \tag{3.1.24'}$$

---

[2] Homogene Systeme haben in allen Raumbereichen die gleichen spezifischen Eigenschaften, sie können auch aus mehreren Teilchensorten bestehen. Inhomogen sind z.B. Systeme in einem ortsabhängigen Potential, Systeme die aus mehreren im Gleichgewicht befindlichen Phasen bestehen, wobei die einzelnen Phasen für sich durchaus homogen sein können.

die differentielle Gibbs-Duhem-Relation. Diese besagt, daß in einem homogenen System T, P und μ nicht unabhängig voneinander variiert werden können, und gibt den Zusammenhang zwischen den Variationen dieser intensiven Größen an.[3] Aus der Gibbs-Duhem-Relation folgen die Beziehungen

$$G(T,P,N) = \mu(T,P)\,N \qquad (3.1.25)$$

und

$$\Phi(T,V,\mu) = -P(T,\mu)\,V\;. \qquad (3.1.26)$$

Begründung: Aus der Definition (3.1.13) folgt mit (3.1.24) sofort $G = \mu N$, und da nach (3.1.15) $\mu = \left(\frac{\partial G}{\partial N}\right)_{T,P} = \mu + \left(\frac{\partial \mu}{\partial N}\right)_{T,P} N$ ist, muß μ unabhängig von N sein, womit (3.1.25) gezeigt ist. Genauso folgt aus (3.1.16) $\Phi = -PV$, und wegen $-P = \left(\frac{\partial \Phi}{\partial V}\right)_{T,\mu}$ muß P unabhängig von V sein.

Weitere Folgerungen aus der Homogenität (in der kanonischen Gesamtheit mit unabhängigen Variablen T, V, N) erhält man ausgehend von

$$P(T,V,N) = P(T,\alpha V, \alpha N) \quad \text{und} \quad \mu(T,V,N) = \mu(T,\alpha V, \alpha N) \qquad (3.1.27\text{a,b})$$

wieder aus der Ableitung nach α an der Stelle $\alpha = 1$:

$$\left(\frac{\partial P}{\partial V}\right)_{T,N} V + \left(\frac{\partial P}{\partial N}\right)_{T,V} N = 0 \quad \text{und} \quad \left(\frac{\partial \mu}{\partial V}\right)_{T,N} V + \left(\frac{\partial \mu}{\partial N}\right)_{T,V} N = 0\;.$$
$$(3.1.28\text{a,b})$$

Diese beiden Relationen besagen lediglich, daß für intensive Größen eine Volumenszunahme äquivalent einer Teilchenzahlabnahme ist.

3.2 Ableitungen thermodynamischer Größen

3.2.1 Definitionen

In diesem Abschnitt werden wir die wichtigsten thermodynamischen Ableitungen definieren. Es wird in den folgenden Definitionen die Teilchenzahl immer fest gehalten.

Die *Wärmekapazität* ist durch

$$C = \frac{\delta Q}{dT} = T\frac{dS}{dT} \qquad (3.2.1)$$

definiert. Sie gibt die Wärmemenge an, die erforderlich ist, um die Temperatur eines Körpers um 1 K zu erhöhen. Es ist dabei noch notwendig anzugeben,

---

[3] Die Verallgemeinerung auf mehrkomponentige Systeme erfolgt in Abschnitt 3.9, Gleichung (3.9.7).

3.2 Ableitungen thermodynamischer Größen

welche thermodynamische Variable bei dieser Erwärmung festgehalten wird. Die wichtigsten Fälle sind, das Volumen oder den Druck konstant zu halten. Erfolgt die Erwärmung bei konstantem Volumen, ist dafür die Wärmekapazität bei konstantem Volumen

$$C_V = T\left(\frac{\partial S}{\partial T}\right)_{V,N} = \left(\frac{\partial E}{\partial T}\right)_{V,N} \qquad (3.2.2a)$$

maßgeblich. In der Umformung von $(\partial S/\partial T)_{V,N}$ haben wir (3.1.1) verwendet. Erfolgt die Erwärmung bei konstantem Druck, ergibt sich aus (3.2.1) die Wärmekapazität bei konstantem Druck

$$C_P = T\left(\frac{\partial S}{\partial T}\right)_{P,N} = \left(\frac{\partial H}{\partial T}\right)_{P,N}. \qquad (3.2.2b)$$

Zur Umformung der Definition wurde (3.1.11) benützt. Dividiert man die Wärmekapazität durch die Masse der Substanz, erhält man die *spezifische Wärme*, allgemein c bzw. c_V oder c_P bei konstantem Volumen oder konstantem Druck. Die spezifische Wärme wird in Einheiten von J kg^{-1} K^{-1} gemessen. Es ist auch noch gebräuchlich, die spezifische Wärme auf 1 g zu beziehen und in Einheiten cal g^{-1} K^{-1} anzugeben. Unter der Molwärme (auch molare Wärmekapazität) einer Substanz versteht man die Wärmekapazität eines Mols. Sie ergibt sich aus der spezifischen Wärme bezogen auf 1 g, multipliziert mit dem Molekulargewicht.

Bemerkung: Wir werden später mit Hilfe von Gleichung (3.2.24) allgemein zeigen, daß die spezifische Wärme bei konstantem Druck größer als bei konstantem Volumen ist. Den physikalischen Ursprung dieses Unterschiedes können wir erkennen, wenn wir den ersten Hauptsatz für konstantes N in der Form $\delta Q = dE + PdV$ schreiben und darin für $dE = \left(\frac{\partial E}{\partial T}\right)_V dT + \left(\frac{\partial E}{\partial V}\right)_T dV = C_V dT + \left(\frac{\partial E}{\partial V}\right)_T dV$ einsetzen, also

$$\delta Q = C_V dT + \left[P + \left(\frac{\partial E}{\partial V}\right)_T\right] dV \ .$$

Außer der für die Erwärmung bei konstantem Volumen erforderlichen Wärmemenge $C_V dT$ wird bei Zunahme von V noch zusätzlich Wärme verbraucht für die Arbeit gegen den Druck PdV und für die Änderung der inneren Energie $(\partial E/\partial V)_T dV$. Für $C_P = \left(\frac{\delta Q}{dT}\right)_P$ folgt aus der letzten Beziehung

$$C_P = C_V + \left(P + \left(\frac{\partial E}{\partial V}\right)_T\right)\left(\frac{\partial V}{\partial T}\right)_P .$$

Weitere wichtige thermodynamische Ableitungen sind die Kompressibilität, der thermische Ausdehnungskoeffizient und der Spannungskoeffizient. Die *Kompressibilität* ist allgemein durch

$$\kappa = -\frac{1}{V}\frac{dV}{dP}$$

definiert. Sie ist ein Maß für die relative Volumensabnahme bei Erhöhung des Drucks. Für die Kompression bei konstant gehaltener Temperatur ist die durch

$$\kappa_T = -\frac{1}{V}\left(\frac{\partial V}{\partial P}\right)_{T,N} \qquad (3.2.3a)$$

definierte *isotherme Kompressibilität* maßgeblich. Für Vorgänge, bei denen keine Wärme zugeführt wird, die Entropie also konstant bleibt, ist die *adiabatische* (isentropische) *Kompressibilität*

$$\kappa_S = -\frac{1}{V}\left(\frac{\partial V}{\partial P}\right)_{S,N} \qquad (3.2.3b)$$

einzuführen. Der *thermische Ausdehnungskoeffizient* ist durch

$$\alpha = \frac{1}{V}\left(\frac{\partial V}{\partial T}\right)_{P,N} \qquad (3.2.4)$$

definiert. Die Definition des *Spannungskoeffizienten* lautet

$$\beta = \frac{1}{P}\left(\frac{\partial P}{\partial T}\right)_{V,N}. \qquad (3.2.5)$$

Größen wie C, κ, α sind Beispiele für sogenannte *Suszeptibilitäten*. Sie geben an, wie stark sich eine extensive Größe bei Einwirken (Zunahme) einer intensiven Größe ändert.

3.2.2 Integrabilität und Maxwell-Relationen

3.2.2.1 Die Maxwell-Relationen

Die Maxwell-Relationen sind Beziehungen zwischen den thermodynamischen Ableitungen, die aus den Integrabilitätsbedingungen folgen. Aus dem vollständigen Differential der Funktion $Y = Y(x_1, x_2)$

$$dY = a_1 dx_1 + a_2 dx_2\,, \qquad (3.2.6)$$

$$a_1 = \left(\frac{\partial Y}{\partial x_1}\right)_{x_2}, \qquad a_2 = \left(\frac{\partial Y}{\partial x_2}\right)_{x_1}$$

folgen wegen der Vertauschbarkeit der Reihenfolge der Ableitungen $\left(\frac{\partial a_1}{\partial x_2}\right)_{x_1} = \frac{\partial^2 Y}{\partial x_2 \partial x_1} = \frac{\partial^2 Y}{\partial x_1 \partial x_2} = \left(\frac{\partial a_2}{\partial x_1}\right)_{x_2}$ die *Integrabilitätsbedingung*

$$\left(\frac{\partial a_1}{\partial x_2}\right)_{x_1} = \left(\frac{\partial a_2}{\partial x_1}\right)_{x_2}. \qquad (3.2.7)$$

Insgesamt gibt es 12 verschiedene Maxwell-Relationen. Die Relationen bei festem N lauten:

$$E: \quad \left(\frac{\partial T}{\partial V}\right)_S = -\left(\frac{\partial P}{\partial S}\right)_V, \quad F: \quad \left(\frac{\partial S}{\partial V}\right)_T = \left(\frac{\partial P}{\partial T}\right)_V \quad (3.2.8\text{a,b})$$

$$H: \quad \left(\frac{\partial T}{\partial P}\right)_S = \left(\frac{\partial V}{\partial S}\right)_P \quad \text{bzw.} \quad \left(\frac{\partial S}{\partial V}\right)_P = \left(\frac{\partial P}{\partial T}\right)_S \quad (3.2.9)$$

$$G: \quad \left(\frac{\partial S}{\partial P}\right)_T = -\left(\frac{\partial V}{\partial T}\right)_P = -V\alpha. \quad (3.2.10)$$

Es ist dabei auch die Größe angegeben, aus deren Differential die Maxwell-Relation folgt. Es gibt auch Relationen, die N und μ enthalten; davon werden wir im weiteren benötigen:

$$F: \quad \left(\frac{\partial \mu}{\partial V}\right)_{T,N} = -\left(\frac{\partial P}{\partial N}\right)_{T,V}. \quad (3.2.11)$$

Daraus findet man für homogene Systeme aus den Relationen (3.1.28a) und (3.1.28b)

$$\begin{aligned}\left(\frac{\partial \mu}{\partial N}\right)_{T,V} &= -\frac{V}{N}\left(\frac{\partial \mu}{\partial V}\right)_{T,N} = \frac{V}{N}\left(\frac{\partial P}{\partial N}\right)_{T,V} \\ &= -\frac{V^2}{N^2}\left(\frac{\partial P}{\partial V}\right)_{T,N} = \frac{V}{N^2}\frac{1}{\kappa_T}.\end{aligned} \quad (3.2.12)$$

*3.2.2.2 Integrabilitätsbedingungen, vollständige und nicht vollständige Differentiale

Es mag an dieser Stelle hilfreich sein, die Integrabilitätsbedingungen noch mit aus der klassischen Mechanik bekannten Aussagen der Vektoranalysis in Verbindung zu bringen. Wir betrachten ein Vektorfeld $\mathbf{K}(\mathbf{x})$, das in einem einfach zusammenhängenden Gebiet G definiert ist. (Dieses Feld kann zum Beispiel ein Kraftfeld sein.) Es sind folgende Aussagen äquivalent:

(I) $\quad \mathbf{K}(\mathbf{x}) = -\boldsymbol{\nabla} V(\mathbf{x})$

mit $V(\mathbf{x}) = -\int_{\mathbf{x}_0}^{\mathbf{x}} d\mathbf{x}' \mathbf{K}(\mathbf{x}')$, wo $\mathbf{x}_0$ ein beliebiger fester Anfangspunkt ist, und sich das Linienintegral längs eines beliebigen Weges von $\mathbf{x}_0$ nach $\mathbf{x}$ erstreckt. D.h. $\mathbf{K}(\mathbf{x})$ ist aus einem Potential ableitbar.

(II) $\quad$ rot $\mathbf{K} = 0 \quad$ in jedem Punkt in G.

(III) $\quad \oint d\mathbf{x}\, \mathbf{K}(\mathbf{x}) = 0 \quad$ auf jedem geschlossenen Weg in G.

(IV) $\quad \int_{\mathbf{x}_1}^{\mathbf{x}_2} d\mathbf{x}\, \mathbf{K}(\mathbf{x}) \quad$ ist unabhängig vom Weg.

3. Thermodynamik

Kehren wir wieder in den Bereich der Thermodynamik zurück. Wir betrachten ein durch zwei unabhängige thermodynamische Variable x und y charakterisiertes System und eine Größe, deren differentielle Änderung durch

$$dY = A(x,y)dx + B(x,y)dy \tag{3.2.13}$$

gegeben ist. In der mechanischen Notation ist $\mathbf{K} = (A(x,y), B(x,y), 0)$. Die Existenz einer Zustandsgröße Y, also einer Zustandsfunktion $Y(x,y)$ (Aussage (I')), ist äquivalent zu jeder der drei übrigen Aussagen (II',III',IV').

(I')   Es existiert eine Zustandsfunktion $Y(x,y)$
$$Y(x,y) = Y(x_0, y_0) + \int_{(x_0,y_0)}^{(x,y)} \left(dx' A(x',y') + dy' B(x',y')\right) .$$

(II') $\left(\frac{\partial B}{\partial x}\right)_y = \left(\frac{\partial A}{\partial y}\right)_x$

(III') $\oint \left(dx A(x,y) + dy B(x,y)\right) = 0$

(IV') $\int_{P_0}^{P_1} \left(dx A(x,y) + dy B(x,y)\right)$ ist unabhängig vom Weg.

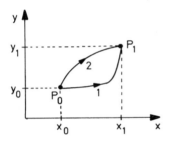

Abb. 3.2. Zu den Wegintegralen III' und IV'

Man nennt das Differential (3.2.13) vollständiges (oder auch exaktes) Differential, wenn die Koeffizienten A und B die Integrabilitätsbedingung (II') erfüllen.

3.2.2.3 Die Nichtintegrabilität von δQ und δA

Wir können nun beweisen, daß δQ und δA nicht integrabel sind. Wir betrachten zunächst δA und stellen uns vor, daß die unabhängigen thermodynamischen Variablen V und T seien. Dann lautet (3.1.4a)

$$\delta A = -PdV + 0 \cdot dT . \tag{3.2.14}$$

Die Ableitung des Druckes nach der Temperatur bei konstantem Volumen ist verschieden von Null, $\left(\frac{\partial P}{\partial T}\right)_V \neq 0$, während natürlich die Ableitung von Null nach V Null ergibt. D.h., die Integrabilitätsbedingung ist nicht erfüllt. Analog schreiben wir (3.1.5) in der Form

3.2 Ableitungen thermodynamischer Größen

$$\delta Q = TdS + 0 \cdot dV \ . \tag{3.2.15}$$

Wiederum ist $\left(\frac{\partial T}{\partial V}\right)_S = -\frac{\left(\frac{\partial S}{\partial V}\right)_T}{\left(\frac{\partial S}{\partial T}\right)_V} = -\frac{\left(\frac{\partial P}{\partial T}\right)_V}{\left(\frac{\partial S}{\partial T}\right)_V} \neq 0$, d.h. die Integrabilitätsbedingung ist nicht erfüllt. Deshalb gibt es keine Zustandsfunktionen $A(V,T,N)$ und $Q(V,T,N)$, deren Differentiale gleich δA und δQ wären. Dies ist der Grund für die unterschiedliche Bezeichnungsweise für das Differentialsymbol. Der Zusammenhang von zugeführter Wärme und am System geleisteter Arbeit mit den Zustandsgrößen existiert nur in differentieller Form. Man kann allerdings durchaus das Integral $\int_1 \delta Q = \int_1 TdS$ längs eines gegebenen Weges (etwa 1, Abb. 3.2) bilden und ebenso für δA, nur hängt der Wert dieser Integrale nicht nur von den Anfangs- und Endpunkten sondern auch von der Form des die beiden Punkte verbindenden Weges ab.

Bemerkung:

Falls ein Differential

$$\delta Y = A(x,y)dx + B(x,y)dy$$

die Integrabilitätsbedingung nicht erfüllt, aber durch Multiplikation mit einem Faktor $g(x,y)$ zu einem vollständigen Differential wird, nennt man $g(x,y)$ integrierenden Faktor. Es ist also $\frac{1}{T}$ integrierender Faktor zu δQ. In der statistischen Mechanik ergibt sich ganz selbstverständlich, daß die Entropie eine Zustandsfunktion ist, also dS ein vollständiges Differential. In der historischen Entwicklung der Thermodynamik war es eine entscheidende und höchst nichttriviale Erkenntnis, daß durch Multiplikation von δQ mit $\frac{1}{T}$ ein vollständiges Differential entsteht.

3.2.3 Jacobi-Determinante

Es ist häufig notwendig, von einem Paar thermodynamischer Variablen zu einem anderen Paar überzugehen. Zu der dabei nötigen Umrechnung der thermodynamischen Ableitungen ist es zweckmäßig, die Jacobi-Determinante zu benützen.

Im folgenden seien Funktionen von zwei Variablen betrachtet: $f(u,v)$, $g(u,v)$. Dafür definiert man die Jacobi-Determinante,

$$\frac{\partial(f,g)}{\partial(u,v)} := \begin{vmatrix} \left(\frac{\partial f}{\partial u}\right)_v & \left(\frac{\partial f}{\partial v}\right)_u \\ \left(\frac{\partial g}{\partial u}\right)_v & \left(\frac{\partial g}{\partial v}\right)_u \end{vmatrix} = \left(\frac{\partial f}{\partial u}\right)_v \left(\frac{\partial g}{\partial v}\right)_u - \left(\frac{\partial f}{\partial v}\right)_u \left(\frac{\partial g}{\partial u}\right)_v \ . \tag{3.2.16}$$

Die Jacobi-Determinante erfüllt eine Reihe von wichtigen Beziehungen.

Seien $u = u(x,y)$ und $v = v(x,y)$ Funktionen von x und y, dann läßt sich folgende Kettenregel elementar beweisen

3. Thermodynamik

$$\frac{\partial(f,g)}{\partial(x,y)} = \frac{\partial(f,g)}{\partial(u,v)} \frac{\partial(u,v)}{\partial(x,y)} \, . \tag{3.2.17}$$

Diese Beziehung ist wichtig für den in der Thermodynamik häufig notwendigen Wechsel der Variablen. Setzen wir für $g = v$, dann vereinfacht sich die Definition (3.2.16) zu

$$\frac{\partial(f,v)}{\partial(u,v)} = \left(\frac{\partial f}{\partial u}\right)_v \, . \tag{3.2.18}$$

Da eine Determinante bei Vertauschung zweier Spalten ihr Vorzeichen ändert, gilt

$$\frac{\partial(f,g)}{\partial(v,u)} = -\frac{\partial(f,g)}{\partial(u,v)} \, . \tag{3.2.19}$$

Spezialisiert man die Kettenregel (3.2.17) auf $x = f$ und $y = g$, so ergibt sich

$$\frac{\partial(f,g)}{\partial(u,v)} \frac{\partial(u,v)}{\partial(f,g)} = 1 \, . \tag{3.2.20}$$

Setzt man in (3.2.20) noch $g = v$, dann folgt mit (3.2.18)

$$\left(\frac{\partial f}{\partial u}\right)_v = \frac{1}{\left(\frac{\partial u}{\partial f}\right)_v} \, . \tag{3.2.20'}$$

Schließlich erhalten wir aus (3.2.18)

$$\left(\frac{\partial f}{\partial u}\right)_v = \frac{\partial(f,v)}{\partial(u,v)} = \frac{\partial(f,v)}{\partial(f,u)} \frac{\partial(f,u)}{\partial(u,v)} = -\frac{\left(\frac{\partial f}{\partial v}\right)_u}{\left(\frac{\partial u}{\partial v}\right)_f} \, . \tag{3.2.21}$$

Mittels dieser Beziehung kann man eine Ableitung mit konstant gehaltenem v in Ableitungen mit konstant gehaltenen u und f transformieren. Die hier angegebenen Relationen kann man auch auf Funktionen anwenden, die von mehr als zwei Variablen abhängen, wenn diese weiteren Variablen konstant gehalten werden.

3.2.4 Beispiele

(i) Zunächst leiten wir einige häufig verwendete Relationen zwischen thermodynamischen Ableitungen her. Unter Verwendung von Gl. (3.2.21), (3.2.3a) und (3.2.4) erhält man

$$\left(\frac{\partial P}{\partial T}\right)_V = -\frac{\left(\frac{\partial V}{\partial T}\right)_P}{\left(\frac{\partial V}{\partial P}\right)_T} = \frac{\alpha}{\kappa_T} \, , \tag{3.2.22}$$

3.2 Ableitungen thermodynamischer Größen

Somit hängt der Spannungskoeffizient $\beta = \frac{1}{P}\left(\frac{\partial P}{\partial T}\right)_V$ (Gl. (3.2.5)) mit dem Ausdehnungskoeffizienten α und der isothermen Kompressibilität κ_T zusammen. In Aufgabe 3.4 wird gezeigt:

$$\frac{C_P}{C_V} = \frac{\kappa_T}{\kappa_S} \tag{3.2.23}$$

(vergleiche (3.2.3a,b)). Weiterhin ist

$$C_V = T\frac{\partial(S,V)}{\partial(T,V)} = T\frac{\partial(S,V)}{\partial(T,P)}\frac{\partial(T,P)}{\partial(T,V)} =$$

$$= T\left(\frac{\partial P}{\partial V}\right)_T\left[\left(\frac{\partial S}{\partial T}\right)_P\left(\frac{\partial V}{\partial P}\right)_T - \left(\frac{\partial S}{\partial P}\right)_T\left(\frac{\partial V}{\partial T}\right)_P\right] =$$

$$= C_P - T\frac{\left(\frac{\partial S}{\partial P}\right)_T\left(\frac{\partial V}{\partial T}\right)_P}{\left(\frac{\partial V}{\partial P}\right)_T} = C_P + T\frac{\left(\frac{\partial V}{\partial T}\right)_P^2}{\left(\frac{\partial V}{\partial P}\right)_T}$$

Hier wurde die Maxwell-Relation (3.2.10) benützt. Also erhält man für die Wärmekapazitäten

$$C_P - C_V = \frac{TV\alpha^2}{\kappa_T}. \tag{3.2.24}$$

Mit $\kappa_T C_P - \kappa_T C_V = TV\alpha^2$ und $\kappa_T C_V = \kappa_S C_P$ folgt für die Kompressibilitäten

$$\kappa_T - \kappa_S = \frac{TV\alpha^2}{C_P} \tag{3.2.25}$$

Wegen (3.2.24) können die beiden spezifischen Wärmen nur gleich werden, wenn der Ausdehnungskoeffizient α verschwindet oder κ_T sehr groß wird. Ersteres ist für Wasser bei 4°C der Fall.
(ii) Nun bestimmen wir die thermodynamischen Ableitungen für das *klassische ideale Gas* anknüpfend an Abschnitt 2.7. Für die Enthalpie $H = E + PV$ folgt aus (2.7.25) und (2.7.28)

$$H = \frac{5}{2}NkT. \tag{3.2.26}$$

Dann findet man für die Wärmekapazitäten

$$C_V = \left(\frac{\partial E}{\partial T}\right)_V = \frac{3}{2}Nk, \qquad C_P = \left(\frac{\partial H}{\partial T}\right)_P = \frac{5}{2}Nk, \tag{3.2.27}$$

die Kompressibilitäten

$$\kappa_T = -\frac{1}{V}\left(\frac{\partial V}{\partial P}\right)_T = \frac{1}{P}, \qquad \kappa_S = \kappa_T\frac{C_V}{C_P} = \frac{3}{5P}, \tag{3.2.28}$$

3. Thermodynamik

den thermischen Ausdehnungskoeffizienten und den Spannungskoeffizienten

$$\alpha = \frac{1}{V}\left(\frac{\partial V}{\partial T}\right)_P = \frac{1}{T} \quad \text{und} \quad \beta = \frac{1}{P}\left(\frac{\partial P}{\partial T}\right)_V = \frac{1}{P}\frac{\alpha}{\kappa_T} = \frac{1}{T}\,.$$
(3.2.29a,b)

3.3 Fluktuationen und thermodynamische Ungleichungen

Dieser Abschnitt befaßt sich mit Fluktuationen der Energie und der Teilchenzahl und gehört inhaltlich zum vorhergehenden Kapitel. Wir behandeln diese Fragestellung erst hier, da die Endergebnisse durch thermodynamische Ableitungen ausgedrückt werden, deren Definitionen und Relationen wir erst jetzt zur Verfügung haben.

3.3.1 Fluktuationen

1. Wir betrachten ein kanonisches Ensemble, charakterisiert durch die Temperatur T, das Volumen V, die feste Teilchenzahl N und die Dichtematrix

$$\rho = \frac{\mathrm{e}^{-\beta H}}{Z}\,, \qquad Z = \mathrm{Sp}\,\mathrm{e}^{-\beta H}\,.$$

Der Mittelwert der Energie (Gl. (2.6.37)) ist durch

$$\bar{E} = \frac{1}{Z}\mathrm{Sp}\,\mathrm{e}^{-\beta H} H = \frac{1}{Z}\frac{\partial Z}{\partial(-\beta)}$$
(3.3.1)

gegeben. Leiten wir (3.3.1) nach der Temperatur ab,

$$\left(\frac{\partial \bar{E}}{\partial T}\right)_V = \frac{1}{kT^2}\frac{\partial \bar{E}}{\partial(-\beta)} = \frac{1}{kT^2}[\langle H^2\rangle - \langle H\rangle^2] = \frac{1}{kT^2}(\Delta E)^2$$

so erhalten wir nach Einsetzen von (3.2.2a) den folgenden Zusammenhang zwischen der spezifischen Wärme bei konstantem Volumen und der Schwankung der inneren Energie

$$C_V = \frac{1}{kT^2}(\Delta E)^2\,.$$
(3.3.2)

2. Als nächstem gehen wir von einem großkanonischen Ensemble aus, charakterisiert durch T, V, μ und die Dichtematrix

$$\rho_G = Z_G^{-1}\mathrm{e}^{-\beta(H-\mu N)}\,, \qquad Z_G = \mathrm{Sp}\,\mathrm{e}^{-\beta(H-\mu N)}\,.$$

Die mittlere Teilchenzahl ist durch

$$\bar{N} = \mathrm{Sp}\ \rho_G N = kT\, Z_G^{-1} \frac{\partial Z_G}{\partial \mu} \tag{3.3.3}$$

gegeben. Deren Ableitung nach dem chemischen Potential ergibt

$$\left(\frac{\partial \bar{N}}{\partial \mu}\right)_{T,V} = \beta(\langle N^2 \rangle - \bar{N}^2) = \beta(\Delta N)^2 \ .$$

Ersetzen wir die linke Seite durch (3.2.12), erhalten wir den folgenden Zusammenhang zwischen der isothermen Kompressibilität und der Schwankung der Teilchenzahl

$$\kappa_T = -\frac{1}{V}\left(\frac{\partial V}{\partial P}\right)_{T,N} = \frac{V}{N^2}\left(\frac{\partial N}{\partial \mu}\right)_{T,V} = \frac{V}{N^2}\beta(\Delta N)^2 \ . \tag{3.3.4}$$

(3.3.2) und (3.3.4) sind grundlegende Beispiele für Relationen zwischen Suszeptibilitäten (linke Seite) und Schwankungen, sog. Fluktuations-Response-Theoreme.

3.3.2 Ungleichungen

Aus den in 3.3.1 abgeleiteten Beziehungen folgen wegen der Positivität der Schwankungen die Ungleichungen

$$\kappa_T \geq 0 \ , \tag{3.3.5}$$

$$C_P \geq C_V \geq 0 \ . \tag{3.3.6}$$

In (3.3.6) wurde auch verwendet, daß nach (3.2.24) und (3.3.5) C_P größer als C_V ist. Bei Verkleinerung des Volumens erhöht sich der Druck. Bei Erhöhung der Energie erhöht sich die Temperatur. Das Zutreffen dieser Ungleichungen ist notwendig für die Stabilität der Materie. Wäre z.B. (3.3.5) verletzt, würde sich bei einer Kompression dieses Systems dessen Druck verringern, es würde also noch weiter komprimiert werden und schließlich kollabieren.

3.4 Absolute Temperatur und empirische Temperaturen

Die absolute Temperatur wurde in (2.4.4) durch $T^{-1} = \left(\frac{\partial S(E,V,N)}{\partial E}\right)_{V,N}$ definiert. Experimentell benützt man eine Temperatur ϑ, die z.B. durch die Länge eines Stabes oder einer Quecksilbersäule oder das Volumen oder den Druck eines Gasthermometers gegeben ist. Wir setzen voraus, daß die empirische Temperatur ϑ mit T monoton ansteigt, d.h. ϑ steigt ebenfalls, wenn wir dem System Wärme zuführen. Wir suchen nun eine Methode, um die absolute Temperatur aus ϑ zu bestimmen, gesucht ist der Zusammenhang $T = T(\vartheta)$.

3. Thermodynamik

Dazu gehen wir von dem thermodynamischen Differenzenquotienten $\left(\frac{\delta Q}{dP}\right)_T$ aus:

$$\left(\frac{\delta Q}{dP}\right)_T = T\left(\frac{\partial S}{\partial P}\right)_T = -T\left(\frac{\partial V}{\partial T}\right)_P = -T\left(\frac{\partial V}{\partial \vartheta}\right)_P \frac{d\vartheta}{dT}. \qquad (3.4.1)$$

Hier haben wir der Reihe nach $\delta Q = TdS$, die Maxwell-Relation (3.2.10) und $T = T(\vartheta)$ substituiert. Daraus folgt

$$\frac{1}{T}\frac{dT}{d\vartheta} = -\frac{\left(\frac{\partial V}{\partial \vartheta}\right)_P}{\left(\frac{\delta Q}{dP}\right)_T} = -\left(\frac{\partial V}{\partial \vartheta}\right)_P \left(\frac{dP}{\delta Q}\right)_\vartheta. \qquad (3.4.2)$$

Diese Beziehung gilt für jede beliebige Substanz. Die rechte Seite kann experimentell gemessen werden und ergibt eine Funktion von ϑ. Somit stellt (3.4.2) eine gewöhnliche inhomogene Differentialgleichung für $T(\vartheta)$ dar, deren Integration

$$T = \text{const} \cdot f(\vartheta) \qquad (3.4.3)$$

ergibt. Man erhält also eine eindeutige Beziehung zwischen der empirischen Temperatur ϑ und der absoluten Temperatur. Die Konstante ist wegen der Willkürlichkeit der Skala frei wählbar. Die *Skala* der *absoluten Temperatur* wird festgelegt, indem die Temperatur des Tripelpunktes von Wasser als $T_t = 273{,}16$ K definiert wird.

Für magnetische Thermometer folgt aus (siehe Kapitel 6) $\left(\frac{\delta Q}{dB}\right)_T = T\left(\frac{\partial S}{\partial B}\right)_T = T\left(\frac{\partial M}{\partial T}\right)_B$ analog

$$\frac{1}{T}\frac{dT}{d\vartheta} = \left(\frac{\partial M}{\partial \vartheta}\right)_B \left(\frac{dB}{\delta Q}\right)_\vartheta. \qquad (3.4.4)$$

Die absolute Temperatur

$$T = \left(\frac{\partial S}{\partial E}\right)_{V,N}^{-1} \qquad (3.4.5)$$

ist positiv, da die Zahl der Zustände ($\propto \Omega(E)$) mit wachsender Energie stark ansteigt. Der minimale Wert der absoluten Temperatur ist $T = 0$ (außer für auch nach oben energetisch begrenzte Systeme, wie z.B. paramagnetische Spins). Dies folgt aus der Verteilung der Energie-Niveaus E in der Umgebung der Grundzustandsenergie E_0. An den bisher explizit berechneten Modellen (quantenmechanische harmonische Oszillatoren, paramagnetische magnetische Momente, Abschn. 2.5.2.1 und 2.5.2.2) sehen wir, daß $\lim_{E \to E_0} S'(E) = \infty$ und daß deshalb für diese Modelle, welche typisch für das Verhalten bei kleinen Anregungsenergien sind,

$$\lim_{E \to E_0} T = 0.$$

Wir kehren nochmals zu der nach Gl. (3.4.3) erfolgten Festlegung der Temperatur-Skala auf $T_t = 273{,}16$ K zurück. Wie in Abschnitt 2.3 erwähnt, wird dadurch auch der Wert der Boltzmann-Konstanten festgelegt. Um das zu sehen, betrachten wir ein System dessen Zustandsgleichung bei T_t bekannt ist. Molekularer Wasserstoff kann bei T_t und $P = 1$ atm als ideales Gas behandelt werden. Die Dichte von H_2 bei T_t und $P = 1$ atm beträgt

$$\rho = 8{,}989 \times 10^{-2} \text{g/Liter} = 8{,}989 \times 10^{-5} \text{g/cm}^{-3}.$$

Das Molvolumen unter diesen Bedingungen hat deshalb den Wert

$$V_M = \frac{2{,}016 \text{ g}}{8{,}989 \times 10^{-2} \text{ g Liter}^{-1}} = 22{,}414 \text{ Liter}.$$

Ein Mol ist definiert durch 1 Mol $\triangleq$ Atomgewicht in g (z.B. hat ein Mol H_2 die Masse 2,016 g). Daraus können wir die *Boltzmann-Konstante* bestimmen

$$\begin{aligned} k = \frac{PV}{NT} &= \frac{1 \text{ atm } V_M}{L \times 273{,}16 \text{ K}} = 1{,}38066 \times 10^{-16} \text{ erg/K} \\ &= 1{,}38066 \times 10^{-23} J/K \end{aligned} \quad (3.4.6)$$

Hier ging die Loschmidt-Zahl (auch Avogadro-Zahl genannt)

$$L \equiv N_A \equiv \text{Zahl der Moleküle pro Mol}$$
$$= \frac{2{,}016 \text{ g}}{\text{Masse } H_2} = \frac{2{,}016 \text{ g}}{2 \times 1{,}6734 \times 10^{-24} \text{g}} = 6{,}0221 \times 10^{23} \text{ mol}^{-1}$$

ein.

Weitere Definitionen von Einheiten und Konstanten, wie z.B. der Gaskonstanten R, sind in Anhang I zusammengefaßt.

3.5 Thermodynamische Prozesse

In diesem Abschnitt wollen wir thermodynamische Prozesse besprechen, also Vorgänge, die entweder während des gesamten Zeitverlaufs oder zumindest im Anfangs- oder Endzustand durch die Thermodynamik ausreichend charakterisiert werden können.

3.5.1 Begriffe der Thermodynamik

Zunächst führen wir einige Begriffe der Thermodynamik ein, die im folgenden immer benützt werden, siehe Tab. 3.2.

Vorgänge, bei denen der Druck konstant ist, d.h. $P = const$, nennt man *isobar*, Vorgänge, bei denen das Volumen konstant ist, $V = const$, *isochor*,

3. Thermodynamik

Vorgänge, bei denen die Entropie konstant ist, $S = const$, *isentrop*, Vorgänge, bei denen keine Wärme zugeführt wird, d.h. $\delta Q = 0$, *adiabatisch, wärmeisoliert*.

Wir erwähnen hier auch noch eine Definition der Begriffe *extensiv* und *intensiv*, die der im Abschnitt Gibbs-Duhem-Relation gegebenen äquivalent ist. Dazu teilen wir ein System, das durch die thermodynamische Variable Y charakterisiert ist, in zwei Teile, die ihrerseits durch Y_1 und Y_2 charakterisiert seien. Falls $Y_1 + Y_2 = Y$ ist, nennt man Y extensiv, falls $Y_1 = Y_2 = Y$ gilt, nennt man sie intensiv (Siehe Abb. 3.3).

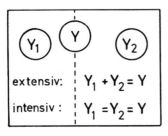

Abb. 3.3. Zur Definition von extensiven und intensiven thermodynamischen Variablen

Extensive Variable sind: V, N, E, S, die thermodynamischen Potentiale, die elektrische Polarisation **P**, die Magnetisierung **M**.
Intensive Variable sind: P, μ, T, das elektrische Feld **E**, das Magnetfeld **B**.

Tabelle 3.2. Einige thermodynamische Begriffe

Begriff	Definition
isobar	$P = const.$
isochor	$V = const.$
isotherm	$T = const.$
isentrop	$S = const.$
adiabatisch	$\delta Q = 0$
extensiv	proportional zur Größe des Systems
intensiv	unabhängig von der Größe des Systems

Quasistatischer Prozeß: Ein quasistatischer Prozeß ist ein Vorgang, der langsam gegenüber der charakteristischen Relaxationszeit des Systems, also der Zeit innerhalb derer das System von einem Nichtgleichgewichtszustand in einen Gleichgewichtszustand übergeht, verläuft, so daß sich das System in jedem Augenblick im Gleichgewicht befindet. Typische Relaxationszeiten sind $\tau = 10^{-10} - 10^{-9}$ sec.

Ein *Irreversibler Prozeß* ist ein Prozeß, der nicht in der umgekehrten Richtung ablaufen kann, wie z.B. der Übergang von einem Nichtgleichgewichtszustand in den Gleichgewichtszustand (Der Ausgangszustand kann auch aus einem Gleichgewichtszustand mit Einschränkungen durch Aufheben dieser Einschränkungen entstehen). Erfahrungsgemäß geht ein System, das sich nicht im Gleichgewicht befindet, in das Gleichgewicht über. Dabei erhöht sich seine Entropie. Das System bleibt im Gleichgewicht und kehrt nicht mehr in den Nichtgleichgewichtszustand zurück.

Reversible Prozesse: Reversible Prozesse sind solche, die auch in der umgekehrten Richtung ablaufen können. Für die Reversibilität ist entscheidend, daß man auf den vorgegebenen Prozeß den im umgekehrten Sinne durchlaufenen Prozeß so folgen lassen kann, daß keinerlei Änderungen in der Umgebung zurückbleiben.

Die Charakterisierung eines thermodynamischen Zustandes (bei fester Teilchenzahl N) kann durch Angabe von zwei Größen z.B. T und V oder P und V erfolgen. Die übrigen Größen ergeben sich aus der thermischen und kalorischen Zustandsgleichung. Ein System, das einen quasistatischen Prozeß durchläuft, also in jedem Augenblick im thermischen Gleichgewicht ist, kann durch eine Kurve z.B. im P-V-Diagramm dargestellt werden (Abb. 2.7b).

Ein reversibler Prozeß muß auf jeden Fall quasistatisch sein. Bei nicht quasistatischen Prozessen treten turbulente Strömungen und Temperaturschwankungen auf, die zu irreversibler Wärmeabgabe führen. Die Zwischenzustände in einem nicht quasistatischen Prozeß können im übrigen durch P und V gar nicht hinreichend charakterisiert werden. Man benötigt dazu wesentlich mehr Freiheitsgrade, oder anders ausgedrückt, einen höherdimensionalen Raum.

Es gibt auch quasistatische Prozesse, die irreversibel sind (z.B. Temperaturausgleich über einen schlechten Wärmeleiter 3.6.3.1; langsam geführter Gay-Lussac-Versuch 3.6.3.6). Auch dann gilt für die einzelnen Komponenten des Systems die Gleichgewichtsthermodynamik.

Anmerkung:

Wir bemerken, daß die Thermodynamik auf der statistischen Mechanik des Gleichgewichts beruht. Bei reversiblen Prozessen sind die Vorgänge so langsam, daß das System in jedem Augenblick im Gleichgewicht ist, bei irreversiblen Vorgängen ist dies zumindest am Anfang und Ende der Fall und die Thermodynamik kann für den Anfangs- und Endzustand angewendet werden. In den folgenden Abschnitten werden wir uns an einigen charakteristischen Beispielen die hier eingeführten Begriffe klarmachen. Insbesondere werden wir jeweils untersuchen, wie sich die Entropie im Laufe des Vorgangs ändert.

3.5.2 Irreversible Expansion eines Gases, Gay-Lussac-Versuch (1807)

Der Gay-Lussac-Versuch[4] behandelt die adiabatische Expansion eines Gases und wird folgendermaßen durchgeführt. Ein nach außen isoliertes Gefäß vom

---

[4] Louis Joseph Gay-Lussac, 1778-1850. Das Anliegen von Gay-Lussacs Versuchen war die Volumensabhängigkeit der inneren Energie von Gasen zu bestimmen.

Volumen V wird durch eine Trennwand in zwei Teilvolumina mit Volumen V_1 und V_2 aufgeteilt. Anfangs ist das Volumen V_1 mit Gas der Temperatur T gefüllt, während V_2 evakuiert ist. Dann wird die Trennwand entfernt und das Gas wird heftig in V_2 einströmen (Abb. 3.4).

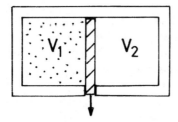

Abb. 3.4. Gay-Lussac-Versuch

Nachdem das Gas schließlich im Gesamtvolumen $V = V_1 + V_2$ ins Gleichgewicht gekommen ist, werden seine thermodynamischen Größen bestimmt.

Zunächst nehmen wir an, daß dieser Versuch mit einem idealen Gas durchgeführt werde. Der Anfangszustand ist durch das Volumen V_1 und die Temperatur T vollkommen charakterisiert. Die Entropie und der Druck sind nach (2.7.27) und (2.7.25) vor der Expansion durch

$$S = Nk\left(\frac{5}{2} + \log\frac{V_1/N}{\lambda^3}\right) \quad \text{und} \quad P = \frac{NkT}{V_1}$$

gegeben, mit der thermischen Wellenlänge λ

$$\lambda = \frac{h}{\sqrt{2\pi mkT}} \ .$$

Im Endzustand ist das Volumen nun $V = V_1 + V_2$. Die Temperatur ist weiterhin T, da die Energie konstant bleibt, und die kalorische Zustandsgleichung idealer Gase $E = \frac{3}{2}kTN$ keine Volumensabhängigkeit enthält. Die Entropie und der Druck nach der Expansion sind

$$S' = Nk\left(\frac{5}{2} + \log\frac{V/N}{\lambda^3}\right) , \quad P' = \frac{NkT}{V} \ .$$

Wir sehen, daß es bei diesem Vorgang zu einem Entropiezuwachs

$$\Delta S = S' - S = Nk\log\frac{V}{V_1} > 0 \tag{3.5.1}$$

kommt. Es ist intuitiv klar, daß dieser Vorgang irreversibel ist. Da sich die Entropie erhöht und keine Wärme zugeführt wird, $(\delta Q = 0)$, ist auch das noch zu beweisende mathematische Kriterium, Gleichung (3.6.8), für einen irreversiblen Vorgang erfüllt. Anfangs- und Endzustand sind beim Gay-Lussac Versuch Gleichgewichtszustände und auf diese konnten wir die Gleichgewichtsthermodynamik anwenden. Die Zwischenzustände sind i.a. keine Gleichgewichtszustände, und die Gleichgewichtsthermodynamik kann daher über diese keine Aussage machen. Nur wenn die Expansion quasistatisch erfolgt, kann die Gleichgewichtsthermodynamik in jedem Zeitpunkt angewandt werden. Dies ist dann der Fall, wenn die Expansion durch langsame Verschiebung eines Kolbens erfolgt (entweder durch schrittweise, keine Arbeit leistende Verschiebung des Kolbens oder indem die Reibung des Kolbens die Expansion des Gases verlangsamt, wobei eventuell entstehende Reibungswärme an das Gas zurückgeführt wird).

Für ein beliebiges isoliertes reales Gas gilt für die Temperaturänderung pro Volumeneinheit bei konstanter Energie

$$\left(\frac{\partial T}{\partial V}\right)_E = -\frac{\left(\frac{\partial E}{\partial V}\right)_T}{\left(\frac{\partial E}{\partial T}\right)_V} = -\frac{T\left(\frac{\partial S}{\partial V}\right)_T - P}{C_V} = \frac{1}{C_V}\left(P - T\left(\frac{\partial P}{\partial T}\right)_V\right) \; , \quad (3.5.2a)$$

wobei die Maxwell-Relation $\left(\frac{\partial S}{\partial V}\right)_T = \left(\frac{\partial P}{\partial T}\right)_V$ verwendet wurde. Dieser Koeffizient hat für das ideale Gas den Wert 0, kann sonst aber jedes Vorzeichen annehmen. Der Entropiezuwachs ist wegen $dE = TdS - PdV = 0$ durch

$$\left(\frac{\partial S}{\partial V}\right)_E = \frac{P}{T} > 0 \qquad (3.5.2b)$$

bestimmt, also $dS > 0$. Außerdem wird keine Wärme mit der Umgebung ausgetauscht, also $\delta Q = 0$. Deshalb folgt hier zwischen der Entropieänderung und der zugeführten Wärmemenge die Ungleichung

$$TdS > \delta Q \; . \qquad (3.5.3)$$

Die aus der Gleichgewichtsthermodynamik berechneten Koeffizienten (3.5.2a, b) sind auf den Gay-Lussac-Versuch im gesamten Verlauf anwendbar, wenn der Prozeß quasistatisch geführt wird. Der Vorgang ist dennoch irreversibel! Durch Integration von (3.5.2a,b) erhält man die Temperatur- und Entropiedifferenz von End- und Anfangszustand. Das dabei erhaltene Ergebnis kann man im übrigen auch auf den nichtquasistatischen irreversiblen Vorgang anwenden, da die beiden Endzustände gleich sind. Wir kommen auf den quasistatisch irreversiblen Gay-Lussac-Versuch nochmals in 3.6.3.6 zurück.

3.5.3 Statistische Begründung der Irreversibilität

Wie irreversibel ist der Gay-Lussac-Vorgang? Um zu verstehen, weshalb der Gay-Lussac-Versuch irreversibel ist, betrachten wir den Fall, daß die Volumenvergrößerung δV die Ungleichung $\delta V \ll V$ erfüllt, wo V nun das Ausgangsvolumen bedeute (Siehe Abb. 3.5).

Bei der Expansion von V auf $V + \delta V$ ändert sich die Phasenraumoberfläche von $\Omega(E,V)$ auf $\Omega(E, V + \delta V)$ und deshalb die Entropie von $S(E,V)$ auf $S(E, V + \delta V)$. Nachdem das Gas diese Expansion durchgeführt hat, fragen wir uns, wie groß die Wahrscheinlichkeit ist, das System nur in dem Teilvolumen V zu finden. Diese ist nach (1.3.2), (2.2.4) und (2.3.4) durch

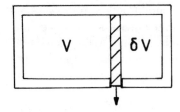

Abb. 3.5. Zum Gay-Lussac-Versuch

$$W(E,V) = \int_V \frac{dq\,dp}{N!\,h^{3N}} \frac{\delta(H-E)}{\Omega(E,V+\delta V)} = \frac{\Omega(E,V)}{\Omega(E,V+\delta V)} = \qquad (3.5.4)$$

$$= e^{-(S(E,V+\delta V)-S(E,V))/k} =$$

$$= e^{-\left(\frac{\partial S}{\partial V}\right)_E \delta V/k} = e^{-\frac{P}{T}\delta V/k} = e^{-\frac{\delta V}{V}N} \ll 1$$

gegeben, wobei in der letzten Umformung ein ideales Gas angenommen wurde. Wegen des Faktors $N \approx 10^{23}$ im Exponenten ist die Wahrscheinlichkeit, daß das System von selbst wieder in das Volumen V zurückkehrt, verschwindend klein. Allgemein gilt für die Wahrscheinlichkeit, daß eine *Einschränkung (Zwangsbedingung Z)* von selbst auftritt

$$W(E,Z) = e^{-(S(E)-S(E,Z))/k}\,. \qquad (3.5.5)$$

Es ist $S(E,Z) \ll S(E)$, da unter der Zwangsbedingung weniger Zustände zugänglich sind. Die Differenz $S(E) - S(E,Z)$ ist makroskopisch; im Falle der Volumensänderung war sie proportional zu $N\delta V/V$, und die Wahrscheinlichkeit $W(E,Z) \sim e^{-N}$ also praktisch Null. Der Übergang von einem Zustand mit der Zwangsbedingung Z in einen ohne diese Zwangsbedingung ist irreversibel, da die Wahrscheinlichkeit, daß das System von sich aus einen Zustand mit dieser Zwangsbedingung einnimmt, verschwindend klein ist.

3.5.4 Reversible Vorgänge

Wir betrachten im ersten Teilabschnitt die reversible isotherme und adiabatische Expansion von idealen Gasen, zur Erläuterung der Reversibilität und wegen der Bedeutung als Teileelemente in thermodynamischen Prozessen.

3.5.4.1 Charakteristische Beispiele: Reversible Expansion eines Gases

Bei der reversiblen Expansion eines idealen Gases wird an einer Feder Arbeit vom expandierenden Gas geleistet und Energie in der Feder gespeichert (Abb. 3.6). Diese Energie kann danach wieder zur Kompression des Gases verwendet werden, also ist der Prozeß reversibel. Man kann diesen Prozeß, der als reversible Variante des Gay-Lussac-Versuches angesehen werden kann, isotherm oder adiabatisch führen.

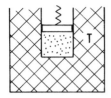

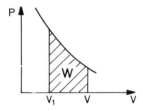

Abb. 3.6. Reversible isotherme Expansion eines Gases durch Speicherung der geleisteten Arbeit in einer Feder. Die vom Gas geleistete Arbeit ist gleich der Fläche unterhalb der Isothermen.

a) Isotherme Expansion eines Gases, T = const

Wir betrachten zuerst die isotherme Expansion. Hier befindet sich der Gasbehälter in einem Wärmebad, dessen Temperatur T sei. Bei der Expansion des Ausgangsvolumens V_1 auf V, wird vom Gas die Arbeit[5]

$$W = \int_{V_1}^{V} P dV = \int_{V_1}^{V} dV \frac{NkT}{V} = NkT \log \frac{V}{V_1} \tag{3.5.6}$$

geleistet. Diese Arbeit kann geometrisch als Fläche unterhalb der Isothermen veranschaulicht werden (Abb. 3.6). Da die Temperatur konstant ist, bleibt auch die Energie des idealen Gases ungeändert. Deshalb muß das Reservoir die Wärme

$$Q = W \tag{3.5.7}$$

an das System abgeben. Die Entropieänderung bei dieser isothermen Expansion ist nach (2.7.27) durch

$$\Delta S = Nk \log \frac{V}{V_1} \tag{3.5.8}$$

gegeben. Wir sehen durch Vergleich von (3.5.6) und (3.5.8), daß der Entropiezuwachs und die vom System aufgenommene Wärmemenge hier in folgendem Zusammenhang stehen

$$\Delta S = \frac{Q}{T}. \tag{3.5.9}$$

---

[5] Zum Unterschied von der am System geleisteten Arbeit wird die vom System geleistete Arbeit mit W bezeichnet ($W = -A$).

Dieser Vorgang ist reversibel, denn man kann durch die in der Feder gespeicherte Energie das Gas wieder auf das ursprüngliche Volumen komprimieren. Bei dieser Kompression gibt dann das Gas die Wärmemenge Q an das Reservoir ab. Der Endzustand des Systems und der Umgebung ist dann wieder identisch mit dem Ausgangszustand. Damit dieser Prozeß exakt quasistatisch verläuft, muß die Stärke der Feder im Verlauf so variieren, daß sie genau den Gegendruck P des Gases kompensiert (siehe dazu Diskussion in Abschnitt 3.5.4.2). Man kann sich die Speicherung und Rückgewinnung der Arbeitsenergie in einem idealisierten Gedankenexperiment auch durch die keine Energie kostende horizontale Verschiebung von kleinen Gewichten ausgeführt denken.

Wir kehren nochmals zu dem Beispiel der irreversiblen Expansion (Abschnitt 3.5.2) zurück. Man kann natürlich nach erfolgter Expansion durch Arbeitsleistung das Gasvolumen wieder komprimieren, dann erhöht man aber die Energie des Gases. Die dafür nötige Arbeit ist endlich, sie ist von der Größenordnung der Volumensänderung bestimmt und kann nicht wie bei reversiblen Vorgängen im Prinzip Null gemacht werden.

b) Adiabatische Expansion eines Gases, $\Delta Q = 0$

Nun beschreiben wir die adiabatische reversible Expansion. Im Unterschied zu Abb. 3.6 ist der Gasbehälter isoliert, und die Kurve im P-V-Diagramm steiler. In jedem Prozeß-Schritt ist $\delta Q = 0$, und da Arbeit vom Gas nach außen geleistet wird, kühlt es sich bei der Expansion ab. Aus dem ersten Hauptsatz folgt dann

$$dE = -PdV \ .$$

Setzen wir darin die kalorische und thermische Zustandsgleichung ein, ergibt sich

$$\frac{dT}{T} = -\frac{2}{3}\frac{dV}{V} \ . \tag{3.5.10}$$

Die Integration der letzten Gleichung führt auf die beiden Darstellungen der Adiabatengleichung des idealen Gases

$$T = T_1 (V_1/V)^{2/3} \quad \text{und} \quad P = NkT_1 \, V_1^{2/3} \, V^{-5/3} \ , \tag{3.5.11a,b}$$

wobei für b nochmals die Zustandsgleichung verwendet wurde.

Wir bestimmen nun wieder die bei Expansion von V_1 auf V geleistete Arbeit $W(V)$. Diese ist offenbar kleiner als bei der isothermen Expansion, da keine Wärme von außen zugeführt wird. Dementsprechend ist die Fläche unterhalb der Adiabaten kleiner als unterhalb der Isothermen (Siehe Abb. 3.7). Einsetzen von Gl. (3.5.11b) ergibt für die Arbeit

$$W(V) = \int_{V_1}^{V} dV \, P = \frac{3}{2} NkT_1 \left(1 - \left(\frac{V}{V_1}\right)^{-2/3}\right) \ ; \tag{3.5.12}$$

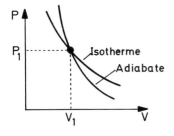

Abb. 3.7. Durch den Ausgangspunkt (P_1, V_1) mit $P_1 = NkT_1/V_1$ gehende Isotherme und Adiabate

geometrisch ist dies die Fläche unterhalb der Adiabaten, Abb. 3.7. Die Änderung der Entropie ist durch

$$\Delta S = Nk \log\left(\frac{V}{\lambda^3} \frac{\lambda_1^3}{V_1}\right) = 0 \qquad (3.5.13)$$

gegeben und verschwindet. Wir haben hier einen reversiblen Vorgang eines isolierten Systems ($\Delta Q = 0$) und finden $\Delta S = 0$, d.h. die Entropie bleibt ungeändert. Dies ist nicht überraschend, da für jeden infinitesimalen Teilschritt des Vorgangs

$$TdS = \delta Q = 0 \qquad (3.5.14)$$

gilt.

*3.5.4.2 Allgemeine Betrachtung von realen reversiblen Vorgängen

Wir wollen uns nun überlegen, inwieweit die Situation eines reversiblen Prozesses überhaupt realisierbar ist. Wenn der Prozeß in beiden Richtungen ablaufen kann, was entscheidet, daß er in eine bestimmte Richtung abläuft? Dazu betrachten wir in Abb. 3.8 einen Vorgang, der zwischen den Punkten 1 und 2 abläuft.

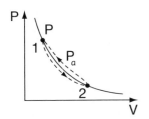
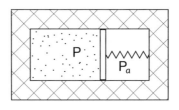

Abb. 3.8. Reversibler Prozeß. P Innendruck des Systems (durchgezogen). P_a der durch die Feder einwirkende Außendruck (gestrichelt).

Die durchgezogene Linie möge eine Isotherme oder eine Polytrope sein (d.h. eine zwischen Isotherme und Adiabate liegende Gleichgewichtskurve). Auf dem Weg von 1 nach 2 expandiert die Substanz, von 2 nach 1 komprimiert sie sich wieder auf den Anfangszustand 1, ohne daß irgend eine Veränderung in der Außenwelt übrig bleibt. In jedem Zeitpunkt wird der Druck in der Substanz durch den Außendruck (hier durch eine Feder angedeutet) genau kompensiert.

Dieser quasistatische reversible Prozeß ist natürlich eine Idealisierung. Damit die Expansion überhaupt erfolgt, muß der Außendruck P_a^{Ex} in der Expansionsphase des Ablaufs etwas niedriger als P sein. Der Außendruck ist in Abb. 3.8 durch die gestrichelte Kurve angedeutet. Die Kurve, die den realen Prozeßablauf charakterisieren soll, wurde in Abb. 3.8 strichliert gezeichnet, auch um anzudeuten, daß für diesen Vorgang die Kurve im PV-Diagramm gar nicht ausreicht das System vollständig zu charakterisieren. In der Expansionsphase $P_a < P$ ist das Gas in der Nähe des Kolbens etwas verdünnt. Effektiv ist dadurch der Druck reduziert und die Arbeit, die das Gas leistet, geringer als es seinem Druck entspricht. Es treten Dichtegradienten auf, d.h. es liegt ein Nichtgleichgewichtszustand vor. Die gewonnene Arbeit (die in der Feder gespeicherte Energie) $\int_1^2 dV \, P_a^{\text{Ex}}$ erfüllt dann die Ungleichung

$$\int_1^2 dV \, P_a^{\text{Ex}} < \int_1^2 dV \, P < \int_1^2 dV \, P_a^{\text{Kom}} . \tag{3.5.15}$$

Bei der Kompression muß $P_a^{\text{Kom}} \gtrsim P$ sein. Bei Rückkehr zu Punkt 1 wurde von außen die Arbeit $-\oint dV P_a = \oint dV P_a$ (die gleich der Fläche innerhalb der gestrichelten Kurve ist) geleistet. Diese Arbeit wird als Verlustwärme ΔQ_V an das Reservoir abgegeben. [Reibungsverluste; Turbulente Strömungen bei rascher Prozeßführung, die auch in Wärme übergehen.]

$$\Delta Q_V = \oint P_a \, dV > \left(\int_1^2 P \, dV + \int_2^1 P \, dV \right) = 0 \tag{3.5.16}$$

Die Ungleichung resultiert, weil $P_a \lessgtr P$, also Gas und Feder nicht im Gleichgewicht sind. Bei Rückkehr an den Punkt 1 ist die Entropie wieder gleich der Ausgangsentropie, d.h. die Änderung der Entropie $\Delta S = 0$. Deshalb kann die vorhergehende Ungleichung auch in der Form

$$\Delta Q = -\Delta Q_V \leq T \Delta S \tag{3.5.17}$$

geschrieben werden, wo ΔQ die (ihrem Vorzeichen nach negative) vom System aufgenommene Wärmemenge ist. Diese irreversiblen Verluste können im Prinzip bei langsamer Führung beliebig klein gemacht werden. Der reversible Prozeß ist der idealisierte Grenzfall.

Analog müssen bei Prozessen mit Wärmeübertragung kleine Temperaturunterschiede vorliegen. Damit das Reservoir a Wärme an das System abgibt, muß es etwas heißer sein. Damit das Reservoir b diese Wärmemenge wieder

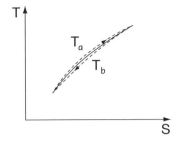

Abb. 3.9. Wärmeübertragung

aufnimmt, muß es etwas kälter sein als das System. Nach Durchlaufen des Kreisprozesses ist Wärme von dem heißeren a in das kältere b übergegangen (Abb. 3.9).

Streng reversible Vorgänge sind eigentlich keine zeitlich ablaufenden Vorgänge, sondern Folgen von aneinander gereihten Gleichgewichtszuständen. Alle in der Praxis ablaufenden, zeitlich veränderlichen Vorgänge sind irreversibel; es finden dabei Ausgleichsvorgänge von gestörten Gleichgewichtszuständen statt. Trotz ihres streng genommen unrealistischen Charakters spielen reversible Vorgänge in der Thermodynamik eine große Rolle. Während in der Thermodynamik über irreversible Vorgänge nur Aussagen in Form von Ungleichungen gemacht werden können, die die Prozeßrichtung bestimmen, ergeben sich für reversible Prozesse präzise Vorhersagen, die auch als Grenzfall realisierbar sind. Natürlich kann die Thermodynamik auch präzise Vorhersagen für irreversible Prozesse liefern, nämlich für die Relation von Anfangs- und Endzustand, wie man für den Fall der irreversiblen adiabatischen Expansion sieht.

3.5.5 Adiabatengleichung

Wir wollen hier die Adiabatengleichung zunächst allgemein diskutieren und dann auf ideale Gase anwenden. Wir gehen von Gl. (3.2.23),

$$\left(\frac{\partial P}{\partial V}\right)_S = \frac{C_P}{C_V}\left(\frac{\partial P}{\partial V}\right)_T , \qquad (3.5.18)$$

aus, und definieren das Verhältnis der spezifischen Wärmen

$$\kappa = \frac{C_P}{C_V} . \qquad (3.5.19)$$

Nach (3.3.6) ist $\kappa > 1$, und deshalb ist für beliebige Substanzen die Steigung der Adiabaten $P = P(V, S = \text{const.})$ größer als die der Isothermen $P = P(V, T = \text{const.})$.

Für ein klassisches ideales Gas ist κ=const.[6] und $\left(\frac{\partial P}{\partial V}\right)_T = -\frac{NkT}{V^2} = -\frac{P}{V}$.
Daher folgt aus (3.5.18)

$$\left(\frac{\partial P}{\partial V}\right)_S = -\kappa \frac{P}{V} \quad . \tag{3.5.20}$$

Die Lösung dieser Differentialgleichung lautet

$$PV^\kappa = \text{const.} \, ,$$

und mit Hilfe der Zustandsgleichung folgt dann

$$TV^{\kappa-1} = \text{const.} \tag{3.5.21}$$

Für das einatomige ideale Gas ist $\kappa = \frac{\frac{3}{2}+1}{\frac{3}{2}} = \frac{5}{3}$, wobei (3.2.27) verwendet wurde.

3.6 Erster und zweiter Hauptsatz

3.6.1 Der erste und zweite Hauptsatz für reversible und irreversible Vorgänge

3.6.1.1 Quasistatische und insbesondere reversible Vorgänge

Wir erinnern nun an die Formulierung des ersten und zweiten Hauptsatzes in (3.1.3) und (3.1.5). Bei reversiblen Übergängen von einem Gleichgewichtszustand zu einem benachbarten Gleichgewichtszustand gilt

$$dE = \delta Q - PdV + \mu dN \tag{3.6.1}$$

mit

$$\delta Q = TdS \, . \tag{3.6.2}$$

(3.6.1) und (3.6.2) sind die mathematischen Formulierungen des ersten und zweiten Hauptsatzes. Der zweite Hauptsatz in der Form (3.6.2) gilt für reversible (und damit notwendigerweise quasistatische) Vorgänge. Er gilt auch für quasistatische irreversible Vorgänge innerhalb derjenigen Teilsysteme, die sich zu jedem Zeitpunkt im Gleichgewicht befinden und nur quasistatische Übergänge von einem Gleichgewichtszustand in einen benachbarten Gleichgewichtszustand erfahren. (Ein Beispiel dafür ist der Temperaturausgleich zweier Körper über einen schlechten Wärmeleiter (siehe Abschn. 3.6.3.1). Das Gesamtsystem ist dabei nicht im Gleichgewicht, der Vorgang ist irreversibel. Der Temperaturausgleich erfolgt aber so langsam, daß sich die beiden Körper jeweils in Gleichgewichtszuständen befinden).

---

[6] Dies ist für das einatomige klassische ideale Gas nach (3.2.27) offensichtlich. Für das in Kap. 5 behandelte mehratomige, molekulare ideale Gas sind die spezifischen Wärmen nur in den Temperaturgebieten, wo innere Freiheitsgrade voll oder überhaupt nicht angeregt sind, temperaturunabhängig.

3.6.1.2 Irreversible Vorgänge

Für beliebige Vorgänge gilt der erste Hauptsatz in der allgemeinen in (3.1.3′) angegebenen Form

$$dE = \delta Q + \delta A + \delta E_N \; , \tag{3.6.1′}$$

wo δQ, δA und δE_N die zugeführte Wärmemenge, die am System geleistete Arbeit und die Energieerhöhung durch Materialzufuhr sind.

Um den zweiten Hauptsatz in voller Allgemeinheit aufzustellen, erinnern wir an die Relation (2.3.5) für die Entropie der mikrokanonischen Gesamtheit und betrachten folgende Situation. Wir gehen von zwei separierten und deshalb nicht miteinander im Gleichgewicht stehenden Systemen 1 und 2 aus, deren Entropien S_1 und S_2 seien. Nun bringen wir diese beiden Systeme in Kontakt. Die Entropie dieses Nichtgleichgewichtszustandes ist

$$S_{\text{Anfang}} = S_1 + S_2 \; . \tag{3.6.3}$$

Die beiden Systeme seien gegen die Außenwelt isoliert, ihre Gesamtenergie, -volumen und -teilchenzahl seien E, V und N. Nun geht das Gesamtsystem in den diesen makroskopischen Angaben entsprechenden mikrokanonischen Gleichgewichtszustand über. Wegen der Additivität der Entropie ist diese, nachdem das Gleichgewicht erreicht ist,

$$S_{1+2}(E, V, N) = S_1(\tilde{E}_1, \tilde{V}_1, \tilde{N}_1) + S_2(\tilde{E}_2, \tilde{V}_2, \tilde{N}_2) \; , \tag{3.6.4}$$

wo $\tilde{E}_1, \tilde{V}_1, \tilde{N}_1$ ($\tilde{E}_2, \tilde{V}_2, \tilde{N}_2$) die wahrscheinlichsten Werte dieser Größen im Teilsystem 1 (2) darstellen. Da die Gleichgewichtsentropie maximal ist (Gl. (2.3.5)), gilt folgende Ungleichung

$$\begin{aligned} S_1 + S_2 &= S_{\text{Anfang}} \\ &\leq S_{1+2}(E, V, N) = S_1(\tilde{E}_1, \tilde{V}_1, \tilde{N}_1) + S_2(\tilde{E}_2, \tilde{V}_2, \tilde{N}_2) \; . \end{aligned} \tag{3.6.5}$$

Immer dann, wenn die Ausgangsdichtematrix der vereinigten Systeme 1+2 nicht schon von vornherein gleich der mikrokanonischen ist, gilt das Ungleichheitszeichen.

Wir wenden nun die Ungleichung (3.6.5) auf verschiedene physikalische Situationen an.

(A) Ein abgeschlossenes System befinde sich nicht im Gleichgewicht. Wir können dieses in Teilsysteme zerlegen, die für sich im Gleichgewicht sind und wenden die Ungleichung (3.6.5) an. Dann ergibt sich für die Änderung der Gesamtentropie ΔS

$$\Delta S > 0 \; . \tag{3.6.6}$$

Diese Ungleichung besagt, daß die Entropie eines abgeschlossenen Systems nur anwachsen kann und wird auch als Clausius-Prinzip bezeichnet.

(B) Wir betrachten zwei für sich im Gleichgewicht, untereinander jedoch nicht im Gleichgewicht befindliche Systeme 1 und 2. Deren Entropieänderungen seien ΔS_1 und ΔS_2. Aus der Ungleichung (3.6.5) folgt

$$\Delta S_1 + \Delta S_2 > 0 \ . \tag{3.6.7}$$

Wir setzen nun voraus, daß das System 2 ein Wärmebad ist, das gegenüber System 1 groß ist und sich während des Vorgangs auf der Temperatur T befindet. Die dem System 1 zugeführte Wärmemenge sei ΔQ_1. Für das System 2 läuft der Vorgang quasistatisch ab, so daß dessen Entropieänderung ΔS_2 mit der zugeführten Wärmemenge $-\Delta Q_1$ durch

$$\Delta S_2 = -\frac{1}{T}\Delta Q_1$$

zusammenhängt. Setzen wir dies in (3.6.7) ein, finden wir

$$\Delta S_1 > \frac{1}{T}\Delta Q_1 \ . \tag{3.6.8}$$

In allen vorhergehenden Relationen brauchen die ΔS und die ΔQ keineswegs klein zu sein, sondern stellen einfach die Änderung der Entropie und die zugeführte Wärmemenge dar.

Wir haben in den bisherigen Überlegungen den Ausgangszustand und als Endzustand den totalen Gleichgewichtszustand betrachtet. Tatsächlich gelten diese Ungleichungen auch für Teilabschnitte des Relaxationsvorganges. Jeder Zwischenschritt kann aus Gleichgewichtszuständen mit Zwangsbedingungen dargestellt werden, wobei die Einschränkung durch die Zwangsbedingungen im Lauf der Zeit abnimmt. Gleichlaufend nimmt die Entropie zu. Es gilt also für jeden infinitesimalen Zeitschritt für die Entropie-Änderung des isolierten Gesamtsystems

$$dS \geq 0 \ . \tag{3.6.6'}$$

Für die unter B genannte physikalische Situation gilt

$$dS_1 \geq \frac{1}{T}\delta Q_1 \ . \tag{3.6.8'}$$

Wir *fassen* nun die Aussagen des ersten und zweiten Hauptsatzes noch *zusammen*.

Erster Hauptsatz:

$$dE = \delta Q + \delta A + \delta E_N \tag{3.6.9}$$

Energieänderung = zugeführte Wärme + Arbeit + Energieänderung durch Materialzufuhr; E ist eine Zustandsfunktion.

Zweiter Hauptsatz:

$$\delta Q \leq TdS \tag{3.6.10}$$

und S ist Zustandsfunktion.

   a) Für reversible Änderungen: $\delta Q = TdS$.
   b) Für irreversible Änderungen: $\delta Q < TdS$.

Anmerkungen:

(i) Das Gleichheitszeichen in (3.6.10) gilt auch für irreversible quasistatische Änderungen für diejenigen Teilbereiche, die in jedem Prozeßschritt im Gleichgewicht sind. (Siehe Abschnitt 3.6.3.1.)

(ii) In (3.6.10) haben wir (3.6.6) und (3.6.8) zusammengefaßt. Die Situation des isolierten Systems (3.6.6) ist in (3.6.10) enthalten, weil für dieses $\delta Q = 0$ gilt. (Siehe Beispiel 3.6.3.1)

(iii) Bei vielen Vorgängen bleibt die Teilchenzahl konstant ($dN = 0$). Deshalb verwenden wir häufig (3.6.9) nur unter Bedachtnahme auf δQ und δA, ohne jedesmal besonders darauf hinzuweisen.

Wir wenden nun den zweiten Hauptsatz auf einen Vorgang an, der vom Zustand A in den Zustand B führt, wie in Abb. 3.10 dargestellt ist. Integriert man (3.6.10), so ergibt sich

$$\int_A^B dS \geq \int_A^B \frac{\delta Q}{T}$$

und daraus

$$S_B - S_A \geq \int_A^B \frac{\delta Q}{T} \, . \tag{3.6.11}$$

Für reversible Vorgänge gilt das Gleichheitszeichen, für irreversible das Ungleichheitszeichen. Bei einem reversiblen Vorgang ist der Zustand zu jedem Zeitpunkt durch einen Punkt im P-V-Diagramm vollständig charakterisierbar. Bei einem irreversiblen Vorgang, der von einem Gleichgewichtszustand (eventuell mit Zwangsbedingungen) A in einen anderen Gleichgewichtszustand B führt, ist dies im allgemeinen nicht der Fall. Dies soll die unterbrochene Linie in Abb. 3.10 andeuten.

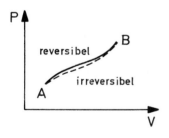

Abb. 3.10. Prozeßablauf zwischen zwei thermodynamischen Zuständen A und B

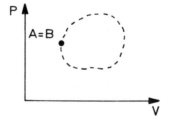

Abb. 3.11. Kreisprozeß, geschlossene Kurve im P-V-Diagramm, die wieder an den Ausgangspunkt ($B = A$) zurückführt, wobei zumindestens teilweise irreversible Zustandsänderungen durchlaufen werden.

Wir betrachten folgende Spezialfälle:

(i) Adiabatischer Prozeß: Für einen adiabatischen Vorgang ($\delta Q = 0$) folgt aus (3.6.11)

$$S_B \geq S_A \quad \text{oder} \quad \Delta S \geq 0 \ . \tag{3.6.11'}$$

Die Entropie eines thermisch abgeschlossenen (wärmeisolierten) Systems nimmt nicht ab. Diese Aussage ist allgemeiner als Gleichung (3.6.6), wo völlig abgeschlossene Systeme vorausgesetzt wurden.

(ii) Kreisprozeß: Für einen Kreisprozeß ist der Endzustand identisch mit dem Anfangszustand $B = A$ (Abb. 3.11). Dann ist $S_B = S_A$ und es folgt aus (3.6.11) für einen Kreisprozeß die Ungleichung

$$0 \geq \oint \frac{\delta Q}{T} \ , \tag{3.6.12}$$

wo das Ringintegral $\oint$ entsprechend der tatsächlichen Prozeßrichtung auf der geschlossenen Kurve von Abb. 3.11 berechnet wird.

*3.6.2 Historische Formulierungen der Hauptsätze und andere Bemerkungen

Erster Hauptsatz

Es gibt kein perpetuum mobile erster Art (Unter einem perpetuum mobile erster Art versteht man eine periodisch arbeitende Maschine, die nur Energie abgibt). Energie ist erhalten und Wärme ist nur eine bestimmte Form von Energie, genauer Energieübertragung. Die Erkenntnis, daß Wärme nur eine Form von Energie ist und nicht ein eigener alle Körper durchdringender Stoff, ist das besondere Verdienst von Julius Robert Mayer (Arzt) (1814-1878) 1842. James Prescott Joule (Bierbrauer) führte in den Jahren 1843-1849 Experimente durch, die die Äquivalenz von Wärmeenergie und Arbeitsenergie zeigten

$$1 \text{ cal} = 4.1840 \times 10^7 \text{ erg} = 4.1840 \text{ Joule} \ .$$

Von Clausius wurde der erste Hauptsatz mathematisch formuliert:

$$\delta Q = dE + PdV \ .$$

Aus dem ersten Hauptsatz, der die Erhaltung der Energie und die Aussage, daß E eine Zustandsgröße ist, beinhaltet, folgt die oben genannte historische Formulierung. Denn wenn eine Maschine wieder in ihren Ausgangszustand zurückgekehrt ist, ist ihre Energie ungeändert und sie kann deshalb keine Energie nach außen abgegeben haben.

Zweiter Hauptsatz

Rudolf Clausius (1822-1888) 1850 : *Wärme kann nie von selbst von einem kälteren in ein wärmeres Reservoir übergehen.*
William Thomson (Lord Kelvin, 1824-1907) 1851 :*Unmöglichkeit eines perpetuum mobile zweiter Art.* (Unter einem perpetuum mobile zweiter Art versteht man eine periodisch arbeitende Maschine, die *nur ein* Wärmereservoir abkühlt und Arbeit leistet.)
Diese Formulierungen sind untereinander und mit der mathematischen Formulierung äquivalent.

Äquivalenz der Formulierungen des zweiten Hauptsatzes.

Die Existenz eines perpetuum mobile zweiter Art könnte man anwenden, um einem Reservoir, dessen Temperatur T_1 ist, Wärme zu entziehen. Die geleistete Arbeit könnte man dann zur Erwärmung eines heißeren Reservoirs mit Temperatur T_2 verwenden. Aus der Richtigkeit der Clausiusschen Aussage folgt deshalb die Richtigkeit der Kelvinschen Aussage.

Könnte Wärme von einem kälteren in ein heißeres Reservoir übergehen, so könnte man diese Wärme bei einem Carnot-Prozeß (siehe Abschnitt 3.7.2) verwenden, wobei Arbeit geleistet wird und ein Teil der Wärme wieder vom kälteren Reservoir aufgenommen wird. Bei dem Vorgang wäre nur dem kälteren Reservoir Wärme entzogen und Arbeit geleistet worden. Man hätte dann insgesamt ein perpetuum mobile zweiter Art. Aus der Richtigkeit der Kelvinschen Aussage folgt deshalb die Richtigkeit der Clausiusschen Aussage.

Die beiden verbalen Formulierungen des zweiten Hauptsatzes, die Clausiussche und die Kelvinsche Aussage sind also äquivalent. Es bleibt noch zu zeigen, daß die Clausiussche Aussage äquivalent zu der differentiellen Form des zweiten Hauptsatzes (3.6.10) ist. Dazu bemerken wir, daß aus (3.6.10) in Abschnitt 3.6.3.1 gezeigt werden wird, daß Wärme vom heißeren Reservoir zum kälteren übergeht. Aus (3.6.10) folgt die Clausiussche Aussage. Nun müssen wir noch zeigen, daß aus der Clausiusschen Aussage die Relation (3.6.10) folgt. Dies sieht man folgendermaßen ein. Würde nämlich statt (3.6.10) umgekehrt $TdS < \delta Q$ gelten, dann würde aus der Betrachtung über den quasistatischen Temperaturausgleich folgen, daß Wärme vom kälteren zum heißeren Reservoir transportiert würde; also daß die Clausiussche Aussage falsch ist. Die Richtigkeit der Clausiusschen Aussage bedingt somit die Richtigkeit der mathematischen Formulierung des zweiten Hauptsatzes (3.6.10). Alle Formulierungen des zweiten Hauptsatzes sind äquivalent. Wir haben diese historischen Überlegungen hier vorgeführt, weil gerade diese Verbalformulierungen zu Alltagskonsequenzen des zweiten Hauptsatzes Bezug haben und weil diese Art der Schlußfolgerung typisch für die Thermodynamik ist.

Nullter Hauptsatz

Wenn zwei Systeme im thermischen Gleichgewicht mit einem dritten System sind, dann sind sie auch untereinander im Gleichgewicht.
Beweis in der statistischen Mechanik:
Systeme 1, 2 und 3. Gleichgewicht von 1 mit 3 bedeutet $T_1 = T_3$ und von 2 mit 3 $T_2 = T_3$, daraus folgt $T_1 = T_2$ also sind auch 1 und 2 miteinander im Gleichgewicht. Die Überlegung für den Druck und das chemische Potential läuft genauso.

3. Thermodynamik

Dieser Tatbestand ist natürlich in der Praxis sehr wichtig, da er ermöglicht durch Thermometer und Manometer festzustellen, ob zwei Körper gleiche Temperatur und Druck besitzen und miteinander im Gleichgewicht bleiben oder nicht, falls sie in Kontakt gebracht werden.

Der dritte Hauptsatz

Der dritte Hauptsatz (auch Nernstsches Theorem) macht Aussagen über den Temperaturverlauf thermodynamischer Größen im Grenzfall $T \to 0$; er wird im Anhang A.1 besprochen. Seine Bedeutung ist nicht von der gleichen Tragweite wie der erste und zweite Hauptsatz. Das Verschwinden von spezifischen Wärmen für $T \to 0$ ist eine unmittelbare Folgerung der Quantenmechanik. Insofern kann seine Aufstellung in der Ära der klassischen Physik als visionär betrachtet werden.

3.6.3 Beispiele und Ergänzungen zum zweiten Hauptsatz

Es werden nun eine Reihe von Beispielen dargestellt, die die vorhergehenden Begriffe und allgemeinen Ergebnisse erläutern und auch praktische Bedeutung besitzen.

3.6.3.1 Quasistatischer Temperaturausgleich

Wir betrachten zwei Körper mit den Temperaturen T_1 und T_2 und den Entropien S_1 und S_2. Diese beiden Körper werden durch einen schlechten Wärmeleiter verbunden und seien gegenüber der Umwelt isoliert (Abb. 3.12). Die beiden Temperaturen seien verschieden, $T_1 \neq T_2$, deshalb sind die beiden Körper nicht untereinander im Gleichgewicht. Da der Wärmeleiter schlecht ist, erfolgen alle Energieübertragungen langsam und jedes der Teilsysteme ist zu jedem Zeitpunkt im thermischen Gleichgewicht. Es gilt deshalb, bei einer Wärmezufuhr δQ an Körper 1 und damit einer entgegengesetzten Wärmezufuhr $-\delta Q$ an Körper 2, der zweite Hauptsatz für die beiden Teilsysteme in der Form

$$dS_1 = \frac{\delta Q}{T_1}, \qquad dS_2 = -\frac{\delta Q}{T_2}. \tag{3.6.13}$$

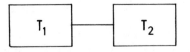

Abb. 3.12. Quasistatischer Temperaturausgleich zweier durch einen schlechten Wärmeleiter verbundenen Körper

Für das Gesamtsystem gilt

$$dS_1 + dS_2 > 0 \,, \tag{3.6.14}$$

da sich beim Übergang in den Gleichgewichtszustand die Gesamtentropie erhöht. Setzen wir (3.6.13) in (3.6.14) ein, ergibt sich

$$\delta Q \left(\frac{1}{T_1} - \frac{1}{T_2} \right) > 0 \,. \tag{3.6.15}$$

Wir setzen voraus, daß $T_2 > T_1$ ist, daraus folgt aus (3.6.13) die Ungleichung $\delta Q > 0$, also geht Wärme *vom heißeren zum kälteren Behälter* über. Es werden hier die differentiellen Teilschritte betrachtet, da sich die Temperaturen im Laufe des Vorgangs ändern. Die Wärmeübertragung geht so lange vor sich, bis die beiden Temperaturen ausgeglichen sind; die gesamte von 2 nach 1 übertragene Wärmemenge $\int \delta Q$ ist positiv.

Auch beim *nicht quasistatischen* Temperaturausgleich geht Wärme vom heißeren zum kälteren: Wenn die beiden vorhin genannten Körper in Kontakt gebracht werden (natürlich wieder von der Außenwelt isoliert, aber ohne Barriere eines schlechten Leiters), ergibt sich der gleiche Endzustand wie beim quasistatischen Prozeß. Es ist also auch beim nichtquasistatischen Temperaturausgleich Wärme vom heißeren zum kälteren Körper übergegangen.

3.6.3.2 Joule-Thomson-Prozeß

Der Joule-Thomson-Prozeß betrifft die gedrosselte Expansion eines Gases (siehe Abb. 3.13). Dabei wird ein Gasstrom durch eine enge Drossel gepreßt.

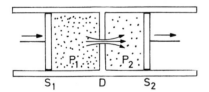

Abb. 3.13. Joule-Thomson-Prozeß, mit verschiebbaren Stempeln S_1 und S_2 und Drossel D

Das Gasvolumen wird links und rechts durch die beiden Stempel S_1 und S_2 abgegrenzt, die im linken und rechten Teil die Drucke P_1 und P_2 erzeugen, wobei $P_1 > P_2$ ist. Der Vorgang erfolge adiabatisch, d.h. $\delta Q = 0$ während des gesamten Vorgangs.

Im Ausgangszustand (1) nimmt das Gas auf der linken Seite das Volumen V_1 ein und besitzt die Energie E_1. Im Endzustand ist das Gas rechts und besitzt Volumen V_2 und Energie E_2. Durch den linken Stempel wird am Gas Arbeit geleistet, am rechten Stempel leistet das Gas Arbeit nach außen. Die Differenz der inneren Energien ist gleich der gesamten am System geleisteten Arbeit

3. Thermodynamik

$$E_2 - E_1 = \int_1^2 dE = \int_1^2 \delta A = \int_{V_1}^0 dV_1(-P_1) + \int_0^{V_2} dV_2(-P_2)$$
$$= P_1 V_1 - P_2 V_2 \; .$$

Daraus folgt, daß die Enthalpie bei diesem Vorgang ungeändert bleibt

$$H_2 = H_1 \; , \tag{3.6.16}$$

wobei $H_i = E_i + P_i V_i$ definiert wurde.

Für die Kältetechnik ist nun von Bedeutung, ob bei einer derartigen gedrosselten Expansion das Gas abgekühlt wird. Dies wird durch den *Joule-Thomson-Koeffizienten* beantwortet

$$\left(\frac{\partial T}{\partial P}\right)_H = -\frac{\left(\frac{\partial H}{\partial P}\right)_T}{\left(\frac{\partial H}{\partial T}\right)_P} = -\frac{T\left(\frac{\partial S}{\partial P}\right)_T + V}{T\left(\frac{\partial S}{\partial T}\right)_P} = \frac{T\left(\frac{\partial V}{\partial T}\right)_P - V}{C_P} \; .$$

In der Umformung haben wir (3.2.21), $dH = TdS + VdP$ und die Maxwell-Relation (3.2.10) verwendet. Setzen wir den thermischen Ausdehnungskoeffizienten α ein, so ergibt sich für den Joule-Thomson-Koeffizienten

$$\left(\frac{\partial T}{\partial P}\right)_H = \frac{V}{C_P}(T\alpha - 1) \; . \tag{3.6.17}$$

Für ein ideales Gas ist $\alpha = \frac{1}{T}$, deshalb kommt es zu keiner Temperaturänderung bei einer Expansion. Für ein reales Gas kann sowohl Abkühlung als auch Erwärmung auftreten. Wenn $\alpha > \frac{1}{T}$ ist, dann führt Expansion zur Abkühlung (positiver Joule-Thomson-Effekt). Wenn $\alpha < \frac{1}{T}$ ist, dann führt die Expansion zur Erwärmung (negativer Joule-Thomson-Effekt). Die Grenze zwischen diesen beiden Effekten wird durch die *Inversionskurve* gegeben, die durch

$$\alpha = \frac{1}{T} \tag{3.6.18}$$

definiert ist. Wir berechnen nun die Inversionskurve für ein van-der-Waals-Gas, und gehen von der *van-der-Waals-Zustandsgleichung* (Kapitel 5) aus

$$P = \frac{kT}{v - b} - \frac{a}{v^2} \; , \quad v = \frac{V}{N} \tag{3.6.19}$$

und differenzieren diese bei konstant gehaltenem Druck nach der Temperatur

$$0 = \frac{k}{v - b} - \frac{kT}{(v - b)^2}\left(\frac{\partial v}{\partial T}\right)_P + \frac{2a}{v^3}\left(\frac{\partial v}{\partial T}\right)_P \; .$$

Darin setzen wir für $\left(\frac{\partial v}{\partial T}\right)_P$ die Bedingung (3.6.18) ein

$$\alpha \equiv \frac{1}{v}\left(\frac{\partial v}{\partial T}\right)_P = \frac{1}{T}$$

und erhalten $0 = \frac{k}{v} - \frac{k}{v-b} + \frac{2a}{v^3}\frac{1}{T}(v-b)$. Mit Hilfe der van-der-Waals-Gleichung ergibt sich schließlich für die Inversionskurve

$$0 = -\frac{b}{v}\left(P + \frac{a}{v^2}\right) + \frac{2a}{v^3}(v-b),$$

also

$$P = \frac{2a}{bv} - \frac{3a}{v^2}. \tag{3.6.20}$$

Im Grenzfall starker Verdünnung können wir den zweiten Term in (3.6.20) vernachlässigen und die Inversionskurve ist dann durch

$$P = \frac{2a}{bv} = \frac{kT_{inv}}{v} \quad, \quad T_{inv} = \frac{2a}{bk} = 6.75\, T_c \tag{3.6.21}$$

gegeben. Hier ist T_c die aus der van-der-Waals-Gleichung folgende kritische Temperatur (5.4.13). Für Temperaturen, die höher als die Inversionstemperatur T_{inv} sind, ist der Joule-Thomson-Effekt immer negativ. Die Inversionstemperatur und andere Daten einiger Gase sind im Tabellenanhang in Tabelle I.4 angegeben.

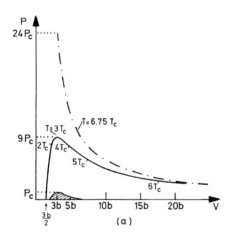

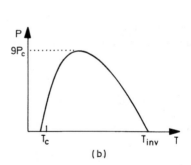

(a) Inversionskurve beim Joule-Thomson-Effekt (obere durchgezogene Kurve). Die Isotherme $T = 6.75\, T_c$ (strichpunktiert). Das schraffierte Gebiet scheidet aus, da in ihm Dampf und Flüssigkeit immer gleichzeitig vorhanden sind.

(b) Die Inversionskurve im P-T-Diagramm.

Abb. 3.14. Inversionskurve beim Joule-Thomson-Effekt

Die Entropieänderung beim Joule-Thomson-Prozeß ist bestimmt durch

$$\left(\frac{\partial S}{\partial P}\right)_H = -\frac{V}{T}, \qquad (3.6.22)$$

wie sich aus $dH = TdS + VdP = 0$ ergibt. Da der Druck abnimmt, ergibt sich für die Entropie, $dS > 0$, während $\delta Q = 0$ ist. Der Joule-Thomson-Prozeß ist *irreversibel*, da der Ausgangszustand mit unterschiedlichen Drücken in den beiden Kammern offensichtlich kein Gleichgewichtszustand ist.

Die komplette Inversionskurve nach der van-der-Waals-Theorie ist in Abb. 3.14a,b dargestellt. Innerhalb der Inversionskurve führt die Expansion zu einer Abkühlung.

3.6.3.3 Temperaturausgleich von idealen Gasen

Wir untersuchen nun den Temperaturausgleich zweier einatomiger idealer Gase (a und b). Die beiden einatomigen Gase seien durch einen verschiebbaren Stempel getrennt und gegen die Umgebung isoliert (Abb. 3.15).

Der Druck der beiden Gase sei gleich $P_a = P_b = P$, während die Temperaturen im Ausgangszustand unterschiedlich seien, $T_a \neq T_b$. Die Volumina und Teilchenzahlen sind durch V_a, V_b und N_a, N_b gegeben, so daß das Gesamtvolumen und die gesamte Teilchenzahl $V = V_a + V_b$ und $N = N_a + N_b$ sind. Die Entropie des Anfangszustandes ist durch

$$S = S_a + S_b = k\left\{N_a\left(\frac{5}{2} + \log\frac{V_a}{N_a\lambda_a^3}\right) + N_b\left(\frac{5}{2} + \log\frac{V_b}{N_b\lambda_b^3}\right)\right\} \qquad (3.6.23)$$

gegeben. Die Temperatur nach Einstellung des Gleichgewichts, bei dem sich die Temperaturen der beiden Systeme nach Kap. 2 angleichen müssen, nennen wir T.

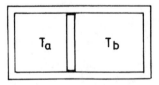

Abb. 3.15. Temperaturausgleich zweier idealer Gase

Wegen der Energieerhaltung gilt $\frac{3}{2}NkT = \frac{3}{2}N_akT_a + \frac{3}{2}N_bkT_b$ woraus

$$T = \frac{N_aT_a + N_bT_b}{N_a + N_b} = c_aT_a + c_bT_b \qquad (3.6.24)$$

folgt, worin die Teilchenzahlverhältnisse $c_{a,b} = \frac{N_{a,b}}{N}$ eingeführt wurden. Wir erinnern an die Definition der thermischen Wellenlängen

3.6 Erster und zweiter Hauptsatz

$$\lambda_{a,b} = \frac{h}{\sqrt{2\pi m_{a,b} k T_{a,b}}} \, , \qquad \lambda'_{a,b} = \frac{h}{\sqrt{2\pi m_{a,b} k T}} \, .$$

Die Entropie nach Einstellung des Gleichgewichts ist

$$S' = kN_a \left\{ \frac{5}{2} + \log \frac{V'_a}{N_a \lambda'^3_a} \right\} + kN_b \left\{ \frac{5}{2} + \log \frac{V'_b}{N_b \lambda'^3_b} \right\} \, ,$$

so daß sich für den Entropiezuwachs

$$S' - S = kN_a \log \frac{V'_a \lambda^3_a}{V_a \lambda'^3_a} + kN_b \log \frac{V'_b \lambda^3_b}{V_b \lambda'^3_b} \tag{3.6.25}$$

ergibt. Wir zeigen noch, daß der Druck ungeändert bleibt. Dazu addieren wir die beiden Zustandsgleichungen der Teilsysteme vor dem Temperaturausgleich

$$V_a P = N_a k T_a \, , \qquad V_b P = N_b k T_b \tag{3.6.26a}$$

und erhalten mit (3.6.24)

$$(V_a + V_b)P = (N_a + N_b)kT \, . \tag{3.6.26b}$$

Aus den Zustandsgleichungen der beiden Teilsysteme nach dem Temperaturausgleich

$$V'_{a,b} P' = N_{a,b} kT \tag{3.6.26a'}$$

mit $V'_a + V'_b = V$ folgt

$$VP' = (N_a + N_b)kT \, , \tag{3.6.26b'}$$

also $P' = P$. Hier, in (3.6.24) und (3.6.26b') geht übrigens ein, daß die beiden einatomigen Gase gleiche spezifische Wärme besitzen. Durch Vergleich von (3.6.26b) und (3.6.26b') folgen die Volumensverhältnisse

$$\frac{V'_{a,b}}{V_{a,b}} = \frac{T}{T_{a,b}} \, .$$

Daraus folgt

$$S' - S = \frac{5}{2} k \log \frac{T^{N_a + N_b}}{T_a^{N_a} T_b^{N_b}} \, ,$$

woraus sich schließlich

$$S' - S = \frac{5}{2} kN \log \frac{T}{T_a^{c_a} T_b^{c_b}} = \frac{5}{2} kN \log \frac{c_a T_a + c_b T_b}{T_a^{c_a} T_b^{c_b}} \tag{3.6.27}$$

ergibt. Wegen der Konvexität der Exponentialfunktion gilt

$$T_a^{c_a} T_b^{c_b} = \exp(c_a \log T_a + c_b \log T_b) \leq c_a \exp \log T_a + c_b \exp \log T_b$$
$$= c_a T_a + c_b T_b = T$$

und somit folgt aus (3.6.27) $S' - S \geq 0$, d.h. die Entropie nimmt bei dem Temperaturausgleich zu.

3. Thermodynamik

Anmerkung:

Nach dem Temperaturausgleich, bei dem Wärme vom heißeren zum kälteren strömt, sind die Volumina:

$$V'_a = \frac{N_a}{N_a + N_b} V , \qquad V'_b = \frac{N_b}{N_a + N_b} V .$$

Das bedeutet mit (3.6.26b), daß $V'_a/V_a = T/T_a$ und $V'_b/V_b = T/T_b$ sind. Die dem Teil a zugeführte Energie ist $\Delta E_a = \frac{3}{2} N_a k (T - T_a)$.

Die dem Teil a zugeführte Enthalpie ist durch $\Delta H_a = \frac{5}{2} N_a k (T - T_a)$ gegeben. Da der Vorgang isobar ist, gilt $\Delta Q_a = \Delta H_a$. Die am System a geleistete Arbeit ist deshalb

$$\Delta A_a = \Delta E_a - \Delta Q_a = -N_a k (T - T_a) .$$

Das heißere Teilsystem gibt Wärme ab. Da es dann für den Druck P zu dünn wäre, wird es komprimiert, also nimmt es Energie durch an ihm geleistete Arbeit auf.

3.6.3.4 Mischentropie

Wir betrachten nun die Durchmischung zweier unterschiedlicher idealer Gase mit Massen m_a und m_b.

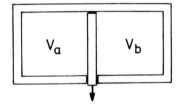

Abb. 3.16. Mischung zweier Gase

Die Temperaturen und Drucke der Gase seien gleich

$$T_a = T_b = T , \qquad P_a = P_b = P .$$

Aus den Zustandsgleichungen

$$V_a P = N_a k T , \qquad V_b P = N_b k T$$

folgt

$$\frac{N_a}{V_a} = \frac{N_b}{V_b} = \frac{N_a + N_b}{V_a + V_b} .$$

Unter Verwendung der thermischen Wellenlänge $\lambda_{a,b} = \frac{h}{\sqrt{2\pi m_{a,b} k T}}$ ist die Entropie mit Trennwand durch

$$S = S_a + S_b = k\left\{N_a\left(\frac{5}{2} + \log\frac{V_a}{N_a\lambda_a^3}\right) + N_b\left(\frac{5}{2} + \log\frac{V_b}{N_b\lambda_b^3}\right)\right\} \quad (3.6.28)$$

gegeben. Nach dem Herausnehmen der Trennwand und Durchmischen der Gase ist der Wert der Entropie

$$S' = k\left\{N_a\left(\frac{5}{2} + \log\frac{V_a+V_b}{N_a\lambda_a^3}\right) + N_b\left(\frac{5}{2} + \log\frac{V_a+V_b}{N_b\lambda_b^3}\right)\right\}. \quad (3.6.29)$$

Aus (3.6.28) und (3.6.29) erhalten wir die Entropiedifferenz

$$S' - S = k\log\frac{(N_a+N_b)^{N_a+N_b}}{N_a^{N_a}N_b^{N_b}} = k(N_a+N_b)\log\left(\frac{1}{c_a^{c_a}c_b^{c_b}}\right) > 0,$$

wobei die relativen Teilchenzahlen

$$c_{a,b} = \frac{N_{a,b}}{N_a+N_b}$$

verwendet wurden. Da das Argument des Logarithmus größer als 1 ist, ergibt sich eine positive Mischentropie,

z.B. $\quad N_a = N_b, \qquad S' - S = 2kN_a\log 2$.

Die Mischentropie tritt immer auf, wenn verschiedene Gase ineinander diffundieren, auch wenn es sich um Isotope desselben Elements handelt. Wenn andererseits die Gase a und b gleichartig (identisch) sind, ist die Entropie nach Entfernung der Trennwand

$$S'_{id} = k(N_a+N_b)\left\{\frac{5}{2} + \log\frac{V_a+V_b}{(N_a+N_b)\lambda^3}\right\} \quad (3.6.29')$$

und $\lambda = \lambda_a = \lambda_b$. Es ist nun

$$S'_{id} - S = k\log\frac{(V_a+V_b)^{N_a+N_b}\,N_a^{N_a}N_b^{N_b}}{(N_a+N_b)^{N_a+N_b}\,V_a^{N_a}V_b^{N_b}} = 0$$

unter Verwendung der Zustandsgleichung, also tritt keine Mischentropie auf. Dies ist durch den auf der Ununterscheidbarkeit der Teilchen beruhenden Faktor $1/N!$ im fundamentalen Integrationselement in (2.2.2) und (2.2.3) bedingt. Ohne diesen käme es, wie nach (2.2.3) erwähnt, zum Gibbsschen Paradoxon, d.h. einer positiven Mischentropie von gleichartigen Gasen.

*3.6.3.5 Heizen eines Raumes

Schließlich betrachten wir ein Beispiel in Anlehnung an Sommerfeld.[7] Ein Zimmer soll von $0°C$ auf $20°C$ erwärmt werden. Welche Wärmemenge ist erforderlich? Wie ändert sich der Energiegehalt des Raumes?

---

[7] A. Sommerfeld, *Vorlesungen über Theoretische Physik*, Bd. V, *Thermodynamik und Statistik*, (Harri Deutsch, Thun, 1987)

3. Thermodynamik

Wenn die Luft aus dem Raum über die Fensterschlitze entweichen kann, ist dieser Vorgang isobar, wobei allerdings die Zahl der Luftmoleküle innerhalb des Raumes im Laufe der Erwärmung abnimmt. Die zugeführte Wärmemenge hängt mit der Temperaturerhöhung über

$$\delta Q = C_P dT \qquad (3.6.30)$$

zusammen, wo C_P die Wärmekapazität bei konstantem Druck ist. In dem betrachteten Temperaturbereich sind die Rotationsfreiheitsgrade von Sauerstoff O_2 und Stickstoff N_2 angeregt (siehe Kap. 5), so daß unter der Annahme, Luft sei ein ideales Gas

$$C_P = \frac{7}{2} Nk \,, \qquad (3.6.31)$$

wobei N die gesamte Teilchenzahl ist.

Die gesamte Wärmezufuhr erhält man durch Integration von (3.6.31) zwischen der Ausgangs- und Endtemperatur T_1 und T_2

$$Q = \int_{T_1}^{T_2} dT \, C_P \,. \qquad (3.6.32)$$

Sieht man zunächst von der Temperaturabhängigkeit der Teilchenzahl und damit der Wärmekapazität (3.6.31) ab, so ergibt sich

$$Q = C_P(T_2 - T_1) = \frac{7}{2} N_1 k (T_2 - T_1) \,. \qquad (3.6.32')$$

Hier haben wir die Teilchenzahl bei T_1 mit N_1 bezeichnet und deren Änderung vernachlässigt. Gleichung (3.6.32') wird eine gute Näherung darstellen, wenn $T_2 \approx T_1$.

Wenn die Änderung der Teilchenzahl innerhalb des Raumes mit Volumen V berücksichtigt wird, muß in (3.6.31) N nach der Zustandsgleichung durch $N = PV/kT$ ersetzt werden, und es folgt

$$Q = \int_{T_1}^{T_2} dT \, \frac{7}{2} \frac{PV}{T} = \frac{7}{2} PV \log \frac{T_2}{T_1} = \frac{7}{2} N_1 k T_1 \log \frac{T_2}{T_1} \,. \qquad (3.6.33)$$

Mit $\log \frac{T_2}{T_1} = \frac{T_2}{T_1} - 1 + \mathcal{O}\left(\left(\frac{T_2}{T_1} - 1\right)^2\right)$ erhalten wir für kleine Temperaturdifferenz aus (3.6.33) die Näherungsformel (3.6.32')

$$Q = \frac{7}{2} PV \frac{T_2 - T_1}{T_1} = 3.5 \left(10^6 \frac{\text{dyn}}{\text{cm}^2}\right) 10^6 (V\text{m}^3) \frac{20}{273} = \frac{3.5 \times 2}{2.73} 10^{11} \text{erg} \, (V\text{m}^3)$$
$$= 6 \text{ kcal} \, (V\text{m}^3) \,.$$

Es ist instruktiv, die Änderung des Energieinhalts des Raumes bei der Erwärmung zu berechnen, wobei wir berücksichtigen, daß die Rotationsfreiheitsgrade voll angeregt sind, $T \gg \Theta_\text{r}$ (siehe Kap. 5). Dann ist die innere Energie vor und nach der Erwärmung

$$E_i = \frac{5}{2} N_i k T_i - N_i k \Theta_\text{r} \frac{1}{6} + N_i \varepsilon_\text{el} \qquad (3.6.34)$$

$$E_2 - E_1 = \frac{5}{2} k(N_2 T_2 - N_1 T_1) - \frac{1}{6} PV \Theta_\text{r} \left(\frac{1}{T_2} - \frac{1}{T_1}\right) + PV \frac{\varepsilon_\text{el}}{k} \left(\frac{1}{T_2} - \frac{1}{T_1}\right)$$

Der erste Term ist exakt Null, der zweite positiv, der dritte, der dominierende Term ist negativ. Die innere Energie des Raumes nimmt beim Heizen sogar ab. Die zugeführte Wärme wird an die Außenwelt abgegeben, um dabei zu erreichen, die Temperatur im Raum und damit die mittlere kinetische Energie der im Raum verbleibenden Gasmoleküle zu erhöhen.

Das Heizen bei fester Teilchenzahl (vollständige Abdichtung) erfordert die Wärmemenge $Q = C_V(T_2 - T_1) \equiv \frac{5}{2} N_1 k(T_2 - T_1)$. Für kleine Temperaturdifferenzen $T_2 - T_1$ ist es günstiger zuerst zu erwärmen und bei der Endtemperatur T_2 den Druck auszugleichen. Der Schnittpunkt der beiden Kurven (P, N) const. und P const, N variabel (Abb. 3.17) bei T_2^0 wird bestimmt durch

$$\frac{T_2^0 - T_1}{T_1 \log \frac{T_2^0}{T_1}} = \frac{C_P}{C_V} .$$

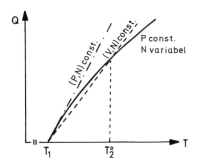

Abb. 3.17. Zugeführte Wärmemenge beim Heizen; isobar (durchgezogen), isochor (strichliert), isobar unter Vernachlässigung der Abnahme der Teilchenzahl (strichpunktiert).

Eine numerische Abschätzung ergibt für den Schnittpunkt in Abb. 3.17 $T_2^0 = 1.9\, T_1$, d.h. bei $T_1 = 273°$K, $T_2^0 = 519°$K.

Bei jeder Raumerwärmung ist das isolierte Erwärmen günstiger. Die Differenz der notwendigen Wärmemengen ist

$$\Delta Q \approx (C_P - C_V)(T_2 - T_1) = \frac{1}{3.5} 6 \text{ kcal } (V\text{m}^3) = 1.7 \text{ kcal } (V\text{m}^3) .$$

Nicht berücksichtigt in allen Überlegungen ist die Erwärmung der Wände. Die Überlegungen treffen für die rasche Aufheizung der Luft zu.

Die Druckänderung bei Erwärmung mit fester Luftmenge um 20°C beträgt allerdings

$$\frac{\delta P}{P} = \frac{\delta T}{T} \sim \frac{20}{273} \sim 0.07 , \text{ d.h. } \delta P \sim 0.07 \text{ bar} \sim 0.07 \text{ kg/cm}^2 \sim 700 \text{ kg/m}^2 !$$

*3.6.3.6 Irreversibler, quasistatischer Gay-Lussac-Versuch

Wir erinnern an die verschiedenen Varianten des Gay-Lussac-Versuchs. Bei der irreversiblen Führung ist $\Delta Q = 0$ und $\Delta S > 0$ (3.5.1). Bei der reversiblen Führung (isotherm oder adiabatisch) ist mit (3.5.9), (3.5.14) die entsprechende Relation für reversible Prozesse erfüllt.

Es ist instruktiv, den Gay-Lussac-Versuch quasistatisch irreversibel ablaufen zu lassen. Man kann sich vorstellen, daß die Expansion nicht schlagartig erfolgt, sondern durch die Reibung des Kolbens so langsam abläuft, daß das Gas immer im Gleichgewicht ist. Die Reibungswärme kann entweder dem Gas zugeführt werden oder kann nach außen abgegeben werden. Wir betrachten zunächst die erste Möglichkeit. Da die Reibungswärme wieder dem Gas zugeführt wird, ist nach jedem Prozeßschritt keine Veränderung der Außenwelt vorhanden. Das Endergebnis entspricht der Situation des üblichen Gay-Lussac-Versuchs. Für den Moment versehen wir das Gas mit dem Index 1 und den Kolben, der zunächst die Reibungswärme aufnimmt, mit 2. Dann ist die Arbeit, die das Gas bei der Expansion um dV leistet

$$\delta W_{1\to 2} = PdV \ .$$

Dieser Energiebetrag wird vom Kolben als Wärme an 1 abgegeben

$$\delta Q_{2\to 1} = \delta W_{1\to 2} \ .$$

Die Energieänderung des Gases ist $dE = \delta Q_{2\to 1} - \delta W_{1\to 2} = 0$. Da das Gas immer im momentanen Gleichgewicht ist, gilt auch $dE = TdS - PdV$ und deshalb für den Entropiezuwachs des Gases

$$TdS = \delta Q_{2\to 1} > 0 \ .$$

Das Gesamtsystem Gas + Kolben leitet keine Wärme nach außen ab und leistet auch keine Arbeit nach außen, d.h. $\delta Q = 0$ und $\delta A = 0$. Da sich die Entropie des Kolbens nicht ändert (der Einfachheit halber ideales Gas, ohne Temperaturänderung) folgt $TdS > \delta Q$.

Nun betrachten wir die Situation, daß die Reibungswärme nach außen abgeführt wird. Das bedeutet $\delta Q_{2\to 1} = 0$ und deshalb $TdS = 0$ und auch $dS = 0$. Die gesamte nach außen abgeführte Wärmemenge (Verlustwärme δQ_V) ist

$$\delta Q_V = \delta W_{1\to 2} > 0 \ .$$

Auch hier ist die Ungleichung $-\delta Q_V < TdS$ als Charakteristikum des irreversiblen Prozesses erfüllt. Der Endzustand des Gases entspricht demjenigen, den wir beim reversibel geführten adiabatischen Prozeß gefunden hatten. Dort war $\Delta S = 0$, $Q = 0$ und $W > 0$. Jetzt ist $\Delta S = 0$, während $Q_V > 0$ und gleich W des adiabatisch reversiblen Prozesses aus Gl. (3.5.12) ist.

3.6.4 Extremaleigenschaften

In diesem Abschnitt leiten wir Extremaleigenschaften der thermodynamischen Potentiale her. Aus diesen werden wir die Gleichgewichtsbedingungen für multikomponentige Systeme in verschiedenen Phasen und auch wieder die Ungleichungen (3.3.5) und (3.3.6) gewinnen.

Wir setzen in diesem Abschnitt voraus, daß kein Teilchenaustausch mit der Umgebung stattfindet, d.h. $dN_i = 0$ abgesehen von chemischen Reaktionen innerhalb des Systems. Das System sei i.a. noch nicht im Gleichgewicht; dann ist z.B. für ein abgeschlossenes System der Zustand nicht durch E, V, $\{N_i\}$ allein charakterisiert, sondern es bedarf noch weiterer Größen

x_α, die z.B. die Konzentrationen der unabhängigen Bestandteile in den verschiedenen Phasen oder Konzentrationen der Komponenten, zwischen denen chemische Reaktionen ablaufen, angeben. Eine andere Nichtgleichgewichtssituation sind räumliche Inhomogenitäten.[8]

Wir setzen jedoch voraus, daß Gleichgewicht bezüglich der Temperatur und des Druckes vorliegt, d.h. daß das System durch einheitliche (wenn auch veränderliche) T und P charakterisiert ist. Diese Voraussetzung läßt sich noch etwas abschwächen. Es genügt für die folgende Herleitung, daß das System im Stadium der Arbeitsleistung durch den Druck P ebenfalls den Druck P besitzt, und während es Wärme mit einem Reservoir der Temperatur T austauscht, die Temperatur T besitzt. (Dies erlaubt z.B. inhomogene Temperaturverteilungen während einer chemischen Reaktion in einem Teilbereich.) Unter diesen Voraussetzungen lautet der erste Hauptsatz (3.6.9) $dE = \delta Q - PdV$.

Unser Ausgangspunkt ist der zweite Hauptsatz (3.6.10)

$$dS \geq \frac{\delta Q}{T} \, . \qquad (3.6.35)$$

Darin setzen wir den ersten Hauptsatz ein und erhalten

$$dS \geq \frac{1}{T}(dE + PdV) \, . \qquad (3.6.36a)$$

Wir haben hier den Energiesatz der Gleichgewichtsthermodynamik verwendet, der aber auch in Nichtgleichgewichtszuständen gilt. Die Änderung der Energie ist gleich der zugeführten Wärme und der geleisteten Arbeit. Voraussetzung ist, daß während des Vorgangs ein bestimmter Druck vorliegt.

Wenn E, V konstant gehalten werden, ist nach Gl. (3.6.36a)

$$dS \geq 0 \qquad \text{für } E, V \text{ fest} \qquad (3.6.36b)$$

das heißt, ein abgeschlossenes System strebt einem Maximum der Entropie zu. Wenn ein Nichtgleichgewichtszustand durch einen Parameter x charakterisiert wird, hat die Entropie das in Abb. 3.18 skizzierte Aussehen. Sie ist maximal für den Gleichgewichtswert x_0. Der Parameter x kann z.B. das Volumen oder die Energie eines Teilsystems des betrachteten abgeschlossenen Systems sein.

---

[8] Als Beispiel kann man sich ein Stück Eis und eine Lösung aus Kochsalz und Wasser bei $P = 1$ atm und $-5°C$ denken. Jeder dieser Teile ist für sich im Gleichgewicht. Bringt man sie in Kontakt, dann schmilzt soviel Eis und es diffundiert etwas NaCl in das Eis, bis die Konzentrationen so sind, daß das Eis und die Lösung im Gleichgewicht sind (siehe Abschnitt über Eutektika). Der hier beschriebene Ausgangszustand - ein Nichtgleichgewichtszustand - ist ein typisches Beispiel für ein gehemmtes Gleichgewicht. Solange Barrieren den Teilchenaustausch verhindern (hemmen), also nur Energie- und Volumensausgleich möglich sind, ist dieser inhomogene Zustand durch die Gleichgewichtsthermodynamik darstellbar.

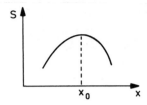
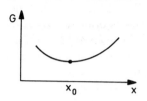

Abb. 3.18. Entropie als Funktion eines Parameters x, Gleichgewichtswert x_0.

Abb. 3.19. Freie Enthalpie als Funktion eines Parameters.

Man nennt Änderungen *virtuell* – also im Prinzip möglich, wenn sie mit den Bedingungen des Systems verträglich sind. Eine ungleichmäßige Aufteilung der Energie auf Teilsysteme bei gleichbleibender Gesamtenergie wird zwar von selbst nicht auftreten, ist aber denkbar. Im Gleichgewicht ist die Entropie ein Maximum gegenüber allen virtuellen Veränderungen.

Als nächstes betrachten wir die freie Enthalpie,

$$G = E - TS + PV , \qquad (3.6.37)$$

die wir durch (3.6.37) für Nichtgleichgewichtszustände ebenso definieren wie für Gleichgewichtszustände. Für deren Änderung folgt aus (3.6.36a) die Ungleichung

$$dG \leq -SdT + VdP \qquad (3.6.38a)$$

Für konstant gehaltene T und P folgt aus (3.6.38a)

$$dG \leq 0 \quad \text{für } T \text{ und } P \text{ fest,} \qquad (3.6.38b)$$

d.h. die freie Enthalpie G strebt einem Minimum zu. In der Umgebung des Minimums (Abb. 3.19) gilt für eine virtuelle (gedachte) Änderung

$$\delta G = G(x_0 + \delta x) - G(x_0) = \frac{1}{2}G''(x_0)(\delta x)^2 . \qquad (3.6.39)$$

Die Terme erster Ordnung verschwinden, deshalb gilt in erster Ordnung δx:

$$\delta G = 0 \quad \text{für } T \text{ und } P \text{ fest.}[9] \qquad (3.6.38c)$$

Man bezeichnet dies als *Stationarität*. Da G bei x_0 ein Minimum besitzt, ist

$$G''(x_0) > 0 . \qquad (3.6.40)$$

---

[9] Diese Bedingung spielt in der physikalischen Chemie eine große Rolle, da in der Chemie Druck und Temperatur meist vorgegeben sind.

Analog zeigt man für die freie Energie $F = E - TS$ und für die Enthalpie $H = E + PV$

$$dF \leq -SdT - PdV \qquad (3.6.41\text{a})$$

$$dH \leq TdS + VdP \,. \qquad (3.6.42\text{a})$$

Auch diese Potentiale streben beim Übergang in das Gleichgewicht unter der Bedingung festgehaltener natürlicher Variablen einem Minimum zu:

$$dF \leq 0 \qquad \text{für } T \text{ und } V \text{ fest} \qquad (3.6.41\text{b})$$

und

$$dH \leq 0 \qquad \text{für } S \text{ und } P \text{ fest,} \qquad (3.6.42\text{b})$$

und als Gleichgewichtsbedingungen folgen

$$\delta F = 0 \qquad \text{für } T \text{ und } V \text{ fest} \qquad (3.6.41\text{c})$$

$$\delta H = 0 \qquad \text{für } S \text{ und } P \text{ fest.} \qquad (3.6.42\text{c})$$

*3.6.5 Thermodynamische Ungleichungen aus der Maximalität der Entropie

Wir betrachten ein System, dessen Energie E und dessen Volumen V sein möge. Dieses System zerlegen wir in zwei gleich große Teile und untersuchen eine virtuelle Änderung der Energie und des Volumens des Untersystems 1 um δE_1 und δV_1. Dementsprechend ändern sich die Werte des Teilsystems 2 um $-\delta E_1$ und $-\delta V_1$. Die gesamte Entropie ist vorher

$$S(E,V) = S_1\left(\frac{E}{2}, \frac{V}{2}\right) + S_2\left(\frac{E}{2}, \frac{V}{2}\right) \,. \qquad (3.6.43)$$

Deshalb ist die Änderung der Entropie durch

$$\begin{aligned}
\delta S &= S_1\left(\frac{E}{2} + \delta E_1, \frac{V}{2} + \delta V_1\right) + S_2\left(\frac{E}{2} - \delta E_1, \frac{V}{2} - \delta V_1\right) - S(E,V) \\
&= \left(\frac{\partial S_1}{\partial E_1} - \frac{\partial S_2}{\partial E_2}\right)\delta E_1 + \left(\frac{\partial S_1}{\partial V_1} - \frac{\partial S_2}{\partial V_2}\right)\delta V_1 \\
&\quad + \frac{1}{2}\left(\frac{\partial^2 S_1}{\partial E_1^2} + \frac{\partial^2 S_2}{\partial E_2^2}\right)(\delta E_1)^2 + \frac{1}{2}\left(\frac{\partial^2 S_1}{\partial V_1^2} + \frac{\partial^2 S_2}{\partial V_2^2}\right)(\delta V_1)^2 \\
&\quad + \left(\frac{\partial^2 S_1}{\partial E_1 \partial V_1} + \frac{\partial^2 S_2}{\partial E_2 \partial V_2}\right)\delta E_1 \delta V_1 + \ldots
\end{aligned} \qquad (3.6.44)$$

gegeben. Aus der Stationarität der Entropie, $\delta S = 0$, folgt, daß die Terme linear in δE_1 und δV_1 verschwinden müssen. Dies besagt, daß im Gleichgewicht Temperatur T und Druck P der Untersysteme gleich sein müssen

$$T_1 = T_2 \;, \quad P_1 = P_2 \;; \tag{3.6.45a}$$

eine Aussage, die uns schon aus der Gleichgewichtsstatistik bekannt ist.

Wenn man auch noch virtuelle Änderungen der Teilchenzahlen δN_1 und $-\delta N_1$ in den Teilsystemen 1 und 2 zuläßt, dann tritt in der zweiten Zeile von (3.6.44) noch ein Term $\left(\frac{\partial S_1}{\partial N_1} - \frac{\partial S_2}{\partial N_2}\right)\delta N_1$ hinzu, und man erhält als weitere Gleichgewichtsbedingung die Gleichheit der chemischen Potentiale

$$\mu_1 = \mu_2 \tag{3.6.45b}$$

Dabei können die beiden Teilsysteme auch aus unterschiedlichen Phasen (z.B. fest und flüssig) bestehen.

Zunächst bemerken wir, daß die zweiten Ableitungen von S_1 und S_2 in (3.6.44) beide an den Stellen $E/2$, $V/2$ zu bilden sind und deshalb einander gleich sind. Im Gleichgewichtszustand ist die Entropie nach (3.6.36b) maximal. Daraus folgen für die Koeffizienten der quadratischen Form (3.6.44) die beiden Bedingungen

$$\frac{\partial^2 S_1}{\partial E_1^2} = \frac{\partial^2 S_2}{\partial E_2^2} \leq 0 \tag{3.6.46a}$$

und

$$\frac{\partial^2 S_1}{\partial E_1^2}\frac{\partial^2 S_1}{\partial V_1^2} - \left(\frac{\partial^2 S_1}{\partial E_1 \partial V_1}\right)^2 \geq 0 \;. \tag{3.6.46b}$$

Wir lassen nun den Index 1 weg und formen die linke Seite der ersten Bedingung um

$$\frac{\partial^2 S}{\partial E^2} = \left(\frac{\partial \frac{1}{T}}{\partial E}\right)_V = -\frac{1}{T^2 C_V} \;. \tag{3.6.47a}$$

Die linke Seite der zweiten Bedingung, Gl. (3.6.45b), können wir durch eine Jakobi-Determinante darstellen und umformen

$$\frac{\partial\left(\frac{\partial S}{\partial E}, \frac{\partial S}{\partial V}\right)}{\partial(E,V)} = \frac{\partial\left(\frac{1}{T}, \frac{P}{T}\right)}{\partial(E,V)} = \frac{\partial\left(\frac{1}{T}, \frac{P}{T}\right)}{\partial(T,V)}\frac{\partial(T,V)}{\partial(E,V)}$$
$$= -\frac{1}{T^3}\left(\frac{\partial P}{\partial V}\right)_T \frac{1}{C_V} = \frac{1}{T^3 V \kappa_T C_V} \;. \tag{3.6.47b}$$

Wenn wir die Ausdrücke (3.6.47a,b) in die Ungleichungen (3.6.46a) und (3.6.46b) einsetzen, ergibt sich

$$C_V \geq 0\,, \quad \kappa_T \geq 0\,, \qquad\qquad (3.6.48\text{a,b})$$

was die *Stabilität* des Systems ausdrückt. Bei Wärmeabgabe wird das System kälter. Bei Kompression erhöht sich der Druck.

Stabilitätsbedingungen der Art (3.6.48a,b) sind Ausdruck des *Prinzips von Le Chatelier:* Wenn ein System in einem stabilen Gleichgewichtszustand ist, dann führt jede spontane Änderung seiner Parameter zu Reaktionen, die das System wieder ins Gleichgewicht führen.

Die Ungleichungen (3.6.48a,b) wurden in Abschnitt 3.3 schon aus der Positivität von Teilchenzahl- und Energieschwankungen hergeleitet. Durch die obige Herleitung sind sie im Rahmen der Thermodynamik auf die Stationarität der Entropie zurückgeführt. Die Ungleichung $C_V \geq 0$ garantiert die *thermische Stabilität*. Wird einem Teil eines Systems Wärme zugeführt, dann erhöht sich seine Temperatur und es gibt Wärme an seine Umgebung ab, wodurch sich seine Temperatur erniedrigt. Wäre die spezifische Wärme negativ, dann würde sich die Temperatur des Teilsystems bei der Wärmezufuhr erniedrigen, und es würde Wärme aus der Umgebung einströmen, die zu einer weiteren Temperaturerniedrigung führen würde. Die kleinste Wärmezufuhr würde eine Instabilität auslösen. Die Ungleichung $\kappa_T \geq 0$ garantiert die *mechanische Stabilität*. Eine kleine Volumensausdehnung eines Teilbereiches hat zur Folge, daß sich darin der Druck vermindert und die Umgebung mit höherem Druck diesen Teilbereich wieder komprimiert. Wäre $\kappa_T < 0$ dann würde der Druck ansteigen und das Volumenelement würde sich noch weiter ausdehnen.

3.7 Kreisprozesse

Die Analyse von Kreisprozessen hat historisch in der Entwicklung der Thermodynamik und in der Auffindung des zweiten Hauptsatzes eine wichtige Rolle gespielt. Auch heute ist deren Verständnis von prinzipiellem Interesse und darüber hinaus von eminent praktischer Bedeutung. Die Thermodynamik liefert Aussagen über die Effizienz (den Wirkungsgrad) von Kreisprozessen (periodisch wiederkehrenden Vorgängen) allgemeinster Art, die sowohl für Wärmekraftmaschinen und damit für die Energiewirtschaft, wie auch für den Energiehaushalt biologischer Systeme wichtig sind.

3.7.1 Allgemein

Bei Kreisprozessen kehrt die Arbeitssubstanz, d.i. das betrachtete System, nach einem Durchlauf wieder in den Ausgangszustand zurück. Aus praktischen Gründen wird in der Dampfmaschine und im Verbrennungsmotor die Arbeitssubstanz periodisch gewechselt. Wir nehmen an, daß der Prozeß quasistatisch verläuft, somit können wir den Zustand des Systems durch zwei thermodynamische Variable charakterisieren, z.B. P und V oder T und S.

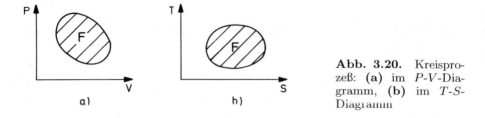

Abb. 3.20. Kreisprozeß: (a) im P-V-Diagramm, (b) im T-S-Diagramm

Der Prozeß ist in der P-V- und T-S-Ebene durch eine geschlossene Kurve repräsentiert (Abb. 3.20).

Die während eines Umlaufs nach außen geleistete Arbeit ist durch das Ringintegral (das geschlossene Linienintegral)

$$W = -A = \oint P dV = F \tag{3.7.1}$$

gegeben, welches gleich der durch den Kreisprozeß eingeschlossenen Fläche F ist.

Die während eines Umlaufs aufgenommene Wärme ist durch

$$Q = \oint T dS = F \tag{3.7.2}$$

gegeben. Da das System nach einem Umlauf wieder in den Ausgangszustand zurückkehrt, also insbesondere die innere Energie der Arbeitssubstanz unverändert ist, folgt aus dem Energiesatz

$$Q = W . \tag{3.7.3}$$

Die aufgenommene Wärmemenge ist gleich der nach außen geleisteten Arbeit. (Der Umlaufsinn und der Flächeninhalt im P-V- und T-S-Diagramm sind also gleich.) Falls der Kreisprozeß im Uhrzeigersinn durchlaufen wird (Rechtsprozeß) ist

$$\circlearrowright \quad Q = W > 0 \tag{3.7.4a}$$

und man spricht von einer Arbeitsmaschine. Für den Fall des Gegenuhrzeigersinns (Linksprozeß) ist

$$\circlearrowleft \quad Q = W < 0 \tag{3.7.4b}$$

und die Maschine fungiert als Wärmepumpe oder Kältemaschine.

3.7.2 Carnot-Prozeß

Von grundsätzlicher Bedeutung ist der Carnot-Prozeß, dessen P-V- und T-S-Diagramme in Abb. 3.21 dargestellt sind.

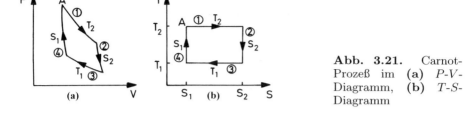

Abb. 3.21. Carnot-Prozeß im (a) P-V-Diagramm, (b) T-S-Diagramm

Wir besprechen zuerst den im Uhrzeigersinn ablaufenden Prozeß, also die Arbeitsmaschine. Ausgangspunkt ist der Punkt A. Der Prozeß ist in vier Teilschritte, isotherme Expansion, adiabatische Expansion, isotherme Kompression und adiabatische Kompression zerlegt. Das System wird abwechselnd mit Wärmebädern der Temperaturen T_2 und T_1, wobei $T_2 > T_1$ ist, in Kontakt gebracht und isoliert. Die Kolbenbewegung ist in Abb. 3.22 dargestellt.

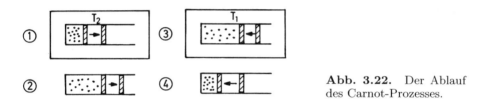

Abb. 3.22. Der Ablauf des Carnot-Prozesses.

1. Isotherme Expansion: Das System wird mit dem heißeren Wärmebad der Temperatur T_2 in Kontakt gebracht. Die Wärmemenge

$$Q_2 = T_2(S_2 - S_1) \tag{3.7.5a}$$

wird dem Bad 2 bei gleichzeitiger Arbeitsleistung nach außen entnommen.

2. Adiabatische Expansion: Das System wird wärmeisoliert. Es erfolgt durch adiabatische Expansion Arbeitsleistung nach außen und Abkühlung der Arbeitssubstanz von der Temperatur T_2 auf T_1.

3. Isotherme Kompression: Die Arbeitssubstanz wird in Kontakt mit dem auf Temperatur T_1 befindlichen Wärmebad 1 gebracht und durch Arbeitsleistung von außen komprimiert. Die von der Arbeitssubstanz „aufgenommene" Wärmemenge

$$Q_1 = T_1(S_1 - S_2) < 0 \tag{3.7.5b}$$

ist negativ. D.h., es wird die Wärmemenge $|Q_1|$ an das Wärmebad abgegeben.

4. Adiabatische Kompression: Durch Arbeitsleistung von außen wird die nun wieder isolierte Arbeitssubstanz komprimiert und ihre Temperatur auf T_2 erhöht.

Da nach einem Durchlauf die innere Energie ungeändert ist, ist die gesamte nach außen geleistete Arbeit gleich der vom System aufgenommenen Wärmemenge $Q = Q_1 + Q_2$, also

$$W = Q = (T_2 - T_1)(S_2 - S_1) \,. \tag{3.7.5c}$$

Der *Wirkungsgrad* (= geleistete Arbeit/aus dem heißeren Bad entnommene Wärmemenge) ist durch

$$\eta = \frac{W}{Q_2} \tag{3.7.6a}$$

definiert. Für die Carnot-Maschine ergibt sich

$$\eta_C = 1 - \frac{T_1}{T_2} \,, \tag{3.7.6b}$$

wobei der Index C auf Carnot hinweist. Es ist $\eta_C < 1$. Die allgemeine Gültigkeit von (3.7.6a) kann nicht genügend betont werden; sie gilt für jede beliebige Arbeitssubstanz. Später wird auch gezeigt werden, daß es keinen Kreisprozeß gibt, dessen Wirkungsgrad den Carnotschen übertrifft.

Inverser Carnot-Prozeß
Nun betrachten wir den inversen Carnot-Prozeß, bei dem der Umlaufsinn entgegen dem Uhrzeigersinn ist (Abb. 3.23). Dabei gilt für die aus dem Bad 2 und 1 entnommenen Wärmemengen

$$\begin{aligned} Q_2 &= T_2(S_1 - S_2) < 0 \\ Q_1 &= T_1(S_2 - S_1) > 0 \,. \end{aligned} \tag{3.7.7a,b}$$

Die gesamte vom System aufgenommene Wärmemenge Q, und die am System geleistete Arbeit A, sind dann durch

$$Q = (T_1 - T_2)(S_2 - S_1) = -A < 0 \tag{3.7.8}$$

gegeben. Es wird Arbeit von außen geleistet. Das heißere Reservoir wird erwärmt, das kältere abgekühlt. Je nachdem ob das primäre Interesse die

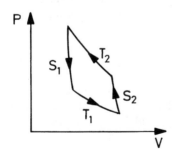

Abb. 3.23. Inverser Carnot-Prozeß

Erwärmung des heißeren Reservoirs oder die Abkühlung des kälteren ist, definiert man die Heizeffektivität oder die Kühleffektivität.

Heizeffektivität (= an das Bad 2 übertragene Wärme/geleistete Arbeit)

$$\eta_C^H = \frac{-Q_2}{A} = \frac{T_2}{T_2 - T_1} > 1 \; . \tag{3.7.9}$$

Da $\eta_C^H > 1$ ist, stellt dies eine effektivere Heizmethode als die direkte Umwandlung von elektrischer oder anderer Arbeitsenergie in Wärme dar (man nennt eine derartige Maschine Wärmepumpe). Die Formel zeigt aber auch, daß Wärmepumpen nur sinnvoll sind, solange $T_2 \approx T_1$ ist; denn wenn die Temperatur des Reservoirs (z.B. Nordpolmeer) $T_1 \ll T_2$ ist, folgt $|Q_2| \approx |A|$, d.h. man kann, statt über eine Wärmepumpe, die Antriebsenergie direkt in Wärme umwandeln.

Kühleffektivität (= dem kälteren Reservoir entzogene Wärmemenge/geleistete Arbeit)

$$\eta_C^K = \frac{Q_1}{A} = \frac{T_1}{T_2 - T_1} \; . \tag{3.7.10}$$

Bei großtechnischen Kühlvorgängen ist es zweckmäßig, in mehreren Schritten zu kühlen.

3.7.3 Allgemeiner Kreisprozeß

Wir betrachten nun einen allgemeinen Kreisprozeß (Abb. 3.24), bei dem Wärmeaustausch mit der Umgebung bei unterschiedlichen Temperaturen stattfinden kann, nicht notwendigerweise nur bei der Maximal- und Minimaltemperatur. Wir zeigen, daß der Wirkungsgrad η die Ungleichung

$$\eta \leq \eta_C \tag{3.7.11}$$

erfüllt, wo η_C der Wirkungsgrad eines zwischen den Extremaltemperaturen operierenden Carnot-Prozesses ist.

Wir zerlegen den Prozeß in Abschnitte mit Wärmezufuhr ($\delta Q > 0$) und Wärmeabgabe ($\delta Q < 0$) und lassen auch irreversible Prozeßführung zu

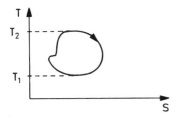

Abb. 3.24. Allgemeiner Kreisprozeß

3. Thermodynamik

$$W = Q = \oint \delta Q = \int_{\delta Q > 0} \delta Q + \int_{\delta Q < 0} \delta Q = \underset{>0}{Q_2} + \underset{<0}{Q_1} \; .$$

Aus dem zweiten Hauptsatz folgt

$$0 \geq \oint \frac{\delta Q}{T} = \int_{\delta Q > 0} \frac{\delta Q}{T} + \int_{\delta Q < 0} \frac{\delta Q}{T} \geq \frac{Q_2}{T_2} + \frac{Q_1}{T_1} \; . \tag{3.7.12}$$

Hier wurde für das zweite Ungleichheitszeichen die Ungleichung $T_1 \leq T \leq T_2$ ausgenützt. Somit folgt

$$\frac{Q_1}{Q_2} \leq -\frac{T_1}{T_2} \; . \tag{3.7.13}$$

Daraus ergibt sich für den Wirkungsgrad dieses Prozesses die Ungleichung

$$\eta = \frac{Q_1 + Q_2}{Q_2} = 1 + \frac{Q_1}{Q_2} \leq 1 - \frac{T_1}{T_2} = \eta_C \; , \tag{3.7.14}$$

womit (3.7.11) bewiesen ist. Der Wirkungsgrad η ist nur dann gleich dem Carnot-Wirkungsgrad, wenn Wärmeübertragung nur bei der Minimal- und Maximaltemperatur erfolgt und wenn der Prozeß reversibel verläuft (zweites und erstes Ungleichheitszeichen in Gl. (3.7.12)).

Auch beim realen Carnot-Prozeß muß eine geringe Differenz zwischen Innen- und Außendruck sein, damit der Prozeß überhaupt abläuft (siehe Abb. 3.25). Wir erinnern an die Überlegungen am Ende von Abschnitt 3.5, die an Abb. 3.9 anknüpften. Dies führt dazu, daß W durch die von der gestrichelten Kurve eingeschlossene Fläche gegeben ist. Deshalb ist der Wirkungsgrad des realen Carnot-Prozesses etwas kleiner als der durch (3.7.6b) gegebene Maximalwert. Die Physik setzt hier für die Effektivität technisch einsetzbarer Wärmekraftmaschinen, aber auch biologischer Systeme eine universelle Schranke.

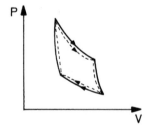

Abb. 3.25. Idealisierter (ausgezogen) und realer (gestrichelter) Verlauf des Carnot-Prozesses.

3.8 Phasen von Einstoffsystemen (einkomponentigen Systemen)

Die verschiedenen chemischen Substanzen eines Systems nennt man Komponenten. Bei einer einheitlichen chemischen Substanz spricht man demgemäß von einem einkomponentigen System oder einem Einstoffsystem. Die Komponenten eines Systems können in verschiedenen physikalischen Erscheinungsformen (Strukturen), die man als Phasen bezeichnet, auftreten. Wir betrachten im weiteren einkomponentige Systeme.

3.8.1 Phasengrenzkurven

Jede Substanz kann in mehreren Phasen auftreten: fest, flüssig, gasförmig. Die feste und die flüssige Phase können noch in weitere Phasen mit unterschiedlichen physikalischen Eigenschaften aufspalten. Unter welchen Bedingungen können zwei Phasen nebeneinander im Gleichgewicht vorliegen? Die Gleichgewichtsbedingung (2.7.4) oder auch (3.6.45a,b) besagt, daß T, P und μ gleich sein müssen. Seien $\mu_1(T,P)$ und $\mu_2(T,P)$ die chemischen Potentiale der ersten und zweiten Phase, so folgt

$$\mu_1(T,P) = \mu_2(T,P) \,. \tag{3.8.1}$$

Daraus ergibt sich die Phasengrenzkurve

$$P = P_0(T) \,. \tag{3.8.2}$$

Die Koexistenz zweier Phasen ist längs einer Linie im P-T-Diagramm möglich. Beispiele für Phasengrenzkurven sind, siehe Abb. 3.26: fest - flüssig: Schmelzkurve, fest - gasförmig: Sublimationskurve, flüssig - gasförmig: Verdampfungskurve (auch Dampfdruckkurve). Abb. 3.26 zeigt ein für die meisten einfachen Substanzen typisches Phasendiagramm.

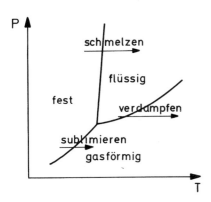

Abb. 3.26. Phasen einer einfachen Substanz im P-T-Diagramm.

Wir betrachten vorerst den Verdampfungsvorgang bei isobarer Erhitzung der Flüssigkeit, z.B. beim Druck P_0 in Abb. 3.27a. Im Gebiet 1 liegt nur Flüssigkeit vor, bei der Temperatur $T(P_0)$ (Stelle 2) verdampft die Flüssigkeit und im Gebiet 3 liegt die Substanz in der Gasphase vor.

Zur vollständigen Charakterisierung der physikalischen Verhältnisse auf der Übergangslinie stellen wir den Verdampfungsvorgang bei konstant gehaltenem Druck P_0 im T-V-Diagramm dar (Abb. 3.27b). Im Gebiet 1 ist nur Flüssigkeit vorhanden, und eine Wärmezufuhr führt zu Temperaturerhöhung und thermischer Ausdehnung, bis $T(P_0)$ erreicht ist. Die weitere Wärmezufuhr wird zur Umwandlung von Flüssigkeit in Gas verwendet (Gebiet 2). Erst wenn die gesamte Flüssigkeit verdampft ist, steigt die Temperatur wieder an (Gebiet 3). Im horizontalen Bereich der Isobaren 2 liegen Gas und Flüssigkeit in den Bruchteilen c_G und c_{Fl} vor,

$$c_G + c_{Fl} = 1 \,. \tag{3.8.3}$$

Das gesamte Volumen ist

$$V = c_G V_G + c_{Fl} V_{Fl} = c_G V_G + (1 - c_G) V_{Fl} \,, \tag{3.8.4}$$

wobei V_G und V_{Fl} die Volumina der reinen Gas- und Flüssigkeitsphasen bei der Verdampfungstemperatur bedeuten. Es folgt

$$c_G = \frac{V - V_{Fl}}{V_G - V_{Fl}} \,. \tag{3.8.5}$$

Betrachten wir die Verdampfung bei einem anderen Druck, ergibt sich ein ähnlicher Verlauf. Der Bereich mit horizontalen Isobaren heißt Koexistenzgebiet, da hier Flüssigkeit und Gas koexistieren. Es wird von der Koexistenzkurve eingeschlossen. Bei Erhöhung des Druckes wird der Unterschied zwischen flüssiger und gasförmiger Phase geringer und der Koexistenzbereich im T-V-Diagramm schmäler. Die beiden Zweige der Koexistenzkurve schließen sich im kritischen Punkt, dessen Temperatur und Druck T_c und P_c heißen kritische Temperatur und Druck. Für Wasser ist $T_c = 647,3$ K und $P_c = 221,36$ bar. Für einige andere Substanzen sind die kritischen Temperaturen in Tabelle I.4 zusammengestellt. Für Drücke oberhalb des kritischen

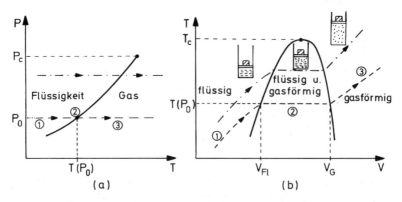

Abb. 3.27. Zum Verdampfungsvorgang: **(a)** P-T-Diagramm: Verdampfungskurve, **(b)** T-V-Diagramm: Koexistenzgebiet, eingeschlossen durch die Koexistenzkurve (durchgezogen), isobare Erwärmung (gestrichelt oder strichpunktiert)

3.8 Phasen von Einstoffsystemen (einkomponentigen Systemen)

gibt es keinen Phasenübergang zwischen einer dichteren flüssigen und einer dünneren gasförmigen Phase. In diesem Bereich gibt es nur eine kontinuierlich mit der Temperatur variierende fluide Phase. Dieser Sachverhalt wird im dreidimensionalen P-V-T-Diagramm deutlicher.

Bei Temperaturen unterhalb von T_c erreicht man durch isotherme Kompression die flüssige Phase. Für Temperaturen oberhalb von T_c tritt kein Phasenübergang von gasförmig in flüssig auf. Erstmalig konnte dies an den unter Normalbedingungen gasförmigen Substanzen, O_2, N_2,... in Gasverdichtungsversuchen mit extrem hohen Drücken von Natterer[10] gezeigt werden (siehe Werte von T_c in Tab. I.4). Der kritische Zustand wurde zuerst von Andrews[11] an CO_2 untersucht.

In Abb. 3.28 ist das dreidimensionale P-V-T-Diagramm für eine typische einfache Substanz wie CO_2 aufgetragen. Man nennt die Fläche $P = P(V,T)$

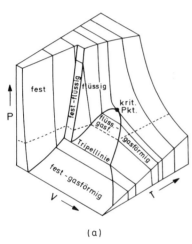

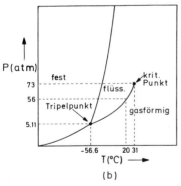
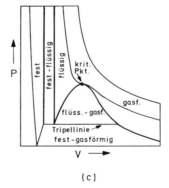

Abb. 3.28. CO_2: (a) Zustandsfläche $P = P(V,T)$ für eine Substanz, die sich beim Gefrieren zusammenzieht. Isotherme durchgezogen, Isobare gestrichelt. (b) P-T-Diagramm (Phasendiagramm). Hier sind Zahlenwerte für CO_2 eingetragen, die Skala ist jedoch nicht maßstäblich. (c) P-V-Diagramm.

---

[10] I. Natterer, Sitzungsberichte d. kais. Akademie der Wissenschaften, mathem.-naturwiss. Classe Bd. V, 351 (1850) und ibid. Bd. VI, 557 (1851) und Sitzungsbericht d. Wien. Akad. XII, 199 (1854)

[11] Th. Andrews, Philos. Trans. **159**, 11, 575 (1869)

die Zustandsfläche. Die Koexistenzgebiete flüssig-gasförmig, fest-flüssig und fest-gasförmig sind klar erkennbar. Diese Substanz zieht sich beim Gefrieren zusammen. In Abb. 3.28 ist auch die Projektion auf die P-T-Ebene, also das Phasendiagramm, und auf die P-V-Ebene gezeigt. Im P-T-Diagramm sind Zahlenwerte für CO_2 eingetragen.

Die beim Flüssigkeits-Gas-Übergang diskutierten Verhältnisse sind beim Sublimieren und Schmelzen analog, jedoch gibt es bei diesen Phasenübergängen keinen kritischen Punkt. Wie aus Abb. 3.26 und 3.28b ersichtlich ist, koexistieren im Tripelpunkt feste, flüssige und gasförmige Phase. In Abb. 3.28a,c, in denen die Zustandsfläche gegenüber der extensiven Variablen V aufgetragen ist, wird der Tripelpunkt zur Tripellinie (siehe Abschnitt 3.8.4).

In Abb. 3.29 ist auch noch das Phasendiagramm für den Fall gezeigt, daß sich die Substanz beim Gefrieren ausdehnt, wie das für Wasser der Fall ist.

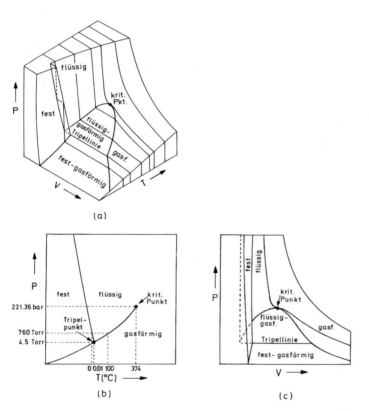

Abb. 3.29. H_2O: **(a)** Zustandsfläche einer Substanz, die sich beim Gefrieren ausdehnt. **(b)** P-T-Diagramm (Phasendiagramm). Hier sind Zahlenwerte von H_2O eingetragen. Die Skala ist nicht maßstäblich. **(c)** P-V-Diagramm.

3.8 Phasen von Einstoffsystemen (einkomponentigen Systemen)

Bemerkungen:

a) Es ist üblich, ein Gas in der Nähe der Verdampfungskurve als *Dampf* zu bezeichnen. Dämpfe sind nichts anderes als Gase, die vom Zustand eines idealen Gases deutlich abweichen, außer bei sehr kleinen Drücken. Ein Dampf der mit seiner Flüssigkeit im Gleichgewicht ist, heißt gesättigt.

b) In der technischen Literatur bezeichnet man die Verdampfungskurve auch als *Spannungskurve*, das Koexistenzgebiet als *Sättigungsgebiet* und die Koexistenzkurve als *Sättigungskurve*. Beim Verdampfen einer Flüssigkeit befinden sich im Sättigungsgebiet im Dampf auch schwebende Flüssigkeitströpfchen. Man nennt dieses Gemenge feuchten Dampf oder Naßdampf. Die Dampffeuchtigkeit verschwindet erst, wenn die letzten Wassertropfen verdampfen und es entsteht dann trocken gesättigter Dampf (V_G in Abb. 3.27b). Die Ausdrucksweise „gesättigt" erklärt sich, weil sich bei geringstem Wärmeentzug Wassertröpfchen bilden, also der Dampf zu kondensieren beginnt. Dampf (Gas) in der reinen Gasphase (Gebiet 3 in Abb. 3.27) bezeichnet man auch als überhitzten Dampf. Unrichtig ist es, Wolken schwebender fester oder flüssiger Teilchen als Dampf zu bezeichnen (z.B. „dampfende" Lokomotive). Derartige Wolken sind richtig als Nebel zu bezeichnen. Wasserdampf ist unsichtbar.

c) Den rechten Zweig der Koexistenzkurve (s. Abb. 3.27b) nennt man auch *Nebelgrenze* und den linken *Siedegrenze*. Von der Gasphase kommend treten an der Nebelgrenze die ersten Flüssigkeitströpfchen auf und von der flüssigen Phase kommend bilden sich an der Siedegrenze die ersten Gasblasen.

d) Zur Erläuterung des Dampfdrucks erinnern wir an folgenden bekannten Sachverhalt. Ein zylindrisches Gefäß sei im unteren Teil mit einer Flüssigkeit, z.B. Wasser, gefüllt. Ein beweglicher, luftdicht abschließender Kolben liege anfangs der Wasseroberfläche an. Wird der Kolben bei dauernd festgehaltener Temperatur gehoben, so verdampft gerade so viel Wasser, daß im entstandenen Zwischenraum ein bestimmter, vom Volumen unabhängiger Dampfdruck herrscht. Der Dampf ist gesättigt. Wird der Kolben gesenkt, so wird der Dampf nicht etwa komprimiert, sondern es schlägt sich so viel Wasser nieder, daß der Dampf gesättigt bleibt. Siehe Isotherme in Abb. 3.29a.

e) Der Druck (genauer Partialdruck, siehe S. 156 und Abschn. 5.2) des gesättigten Dampfes über einer Flüssigkeit ist nahezu unabhängig davon, ob sich über der Flüssigkeit noch fremde Gase, z.B. Luft, befinden. Das Verdampfen in dieser Situation werden wir später in 3.9.4.1 genauer besprechen.

3.8.2 Clausius-Clapeyron-Gleichung

3.8.2.1 Herleitung

Nach den Ausführungen des vorhergehenden Abschnitts ändert sich bei Durchschreiten einer Phasengrenzkurve im allgemeinen das Volumen und die Entropie der Substanz. Die Clausius-Clapeyron-Gleichung setzt diese Änderung mit der Steigung der Phasengrenzkurve in Beziehung. Diese Größen sind deshalb miteinander verknüpft, weil die Gleichheit der chemischen Potentiale (3.8.1) auch die Gleichheit der Ableitung der chemischen Potentiale längs der Phasengrenzkurve bedingt, und letztere sind durch die (spezifischen) Volumina und Entropien ausdrückbar.

Zu der Herleitung der Clausius-Clapeyron-Gleichung setzen wir in die Gleichgewichtsbedingung (3.8.1) deren Lösung (3.8.2), d.i. die Phasengrenzkurve $P_0(T)$, ein

$$\mu_1(T, P_0(T)) = \mu_2(T, P_0(T))$$

und differenzieren nach T

$$\left(\frac{\partial \mu_1}{\partial T}\right)_P + \left(\frac{\partial \mu_1}{\partial P}\right)_T \frac{dP_0}{dT} = \left(\frac{\partial \mu_2}{\partial T}\right)_P + \left(\frac{\partial \mu_2}{\partial P}\right)_T \frac{dP_0}{dT}. \quad (3.8.6)$$

Wir erinnern an die in jeder der beiden homogenen Phasen gültigen thermodynamischen Beziehungen $dG = -SdT + VdP + \mu dN$ und $G = \mu(T,P)N$, woraus

$$S = -\left(\frac{\partial \mu}{\partial T}\right)_P N, \qquad V = \left(\frac{\partial \mu}{\partial P}\right)_T N \quad (3.8.7)$$

folgt. Wendet man diese auf die Phasen 1 und 2 mit den chemischen Potentialen μ_1 und μ_2 an, ergibt sich aus (3.8.6)

$$\frac{dP_0}{dT} = \frac{\Delta S}{\Delta V}, \quad (3.8.8)$$

wobei die Entropie- und Volumensdifferenzen

$$\Delta S = S_2 - S_1 \quad \text{und} \quad \Delta V = V_2 - V_1 \quad (3.8.9\text{a,b})$$

definiert wurden. Hier sind $S_{1,2}$ und $V_{1,2}$ die Entropien und Volumina der aus N Molekülen bestehenden Substanz in den Phasen 1 und 2 an der Grenzkurve. Es sind ΔS und ΔV die Entropie- und Volumensänderung bei Phasenumwandlung der gesamten Substanz. Die *Clausius-Clapeyron-Gleichung* (3.8.8) drückt die Steigung der Phasengrenzkurve durch das Verhältnis der Entropie- und Volumensänderungen beim Phasenübergang aus. Die latente Wärme Q_L ist diejenige Wärmemenge, die benötigt wird, um die Substanz aus der Phase 1 in die Phase 2 überzuführen

$$Q_L = T\Delta S. \quad (3.8.10)$$

Führen wir diese in (3.8.8) ein, nimmt die Clausius-Clapeyron-Gleichung folgende Gestalt an

$$\frac{dP_0}{dT} = \frac{Q_L}{T\Delta V}. \quad (3.8.11)$$

Bemerkungen:

(i) Häufig drückt man die rechte Seite der Clausius-Clapeyron-Gleichung, (3.8.8) oder (3.8.11), durch die Entropien (latente Wärme) und Volumina von 1 g oder auch 1 Mol einer Substanz aus.

(ii) Beim Übergang von der Tieftemperaturphase (1) zur Hochtemperaturphase (2) kann ΔV positiv aber auch negativ sein, jedoch ist *immer* $\Delta S > 0$. Dazu erinnern wir an die in Abschnitt 3.8.1 besprochene isobare Erwärmung. Im Koexistenzgebiet bleibt die Temperatur T konstant, da die zugeführte Wärme zur Umwandlung verwendet wird. Aus (3.8.10), $Q_L = T\Delta S > 0$, folgt $\Delta S > 0$. Man kann dies auch aus Abb. 3.34b ablesen, deren allgemeine Form sich aus der Konkavität von G und $\left(\frac{\partial G}{\partial T}\right)_P = -S < 0$ ergibt.

3.8.2.2 Beispiele zur Clausius-Clapeyron-Gleichung:

Wir besprechen nun einige interessante Beispiele zur Clausius-Clapeyron-Gleichung.

(i) Flüssig → Gasförmig: Da nach der vorausgehenden Überlegung $\Delta S > 0$ und das spezifische Volumen des Gases größer ist, $\Delta V > 0$, folgt $\frac{dP_0}{dT} > 0$, d.h. die Siedetemperatur nimmt mit dem Druck zu (Tab. I.5 und Abb. 3.28(b), 3.29(b)).
Tabelle I.6 enthält die Verdampfungswärmen einiger Stoffe bei ihrem Siedepunkt unter Normaldruck, d.h. 760 Torr. Man beachte den hohen Wert von Wasser.

(ii) Fest → Flüssig: Beim Übergang in die Hochtemperaturphase ist immer $\Delta S > 0$. Meistens ist $\Delta V > 0$, dann folgt $\frac{dT}{dP} > 0$. Bei Wasser ist $\Delta V < 0$ und deshalb $\frac{dT}{dP} < 0$. Daß Eis auf Wasser schwimmt, impliziert über die Clausius-Clapeyron-Gleichung, daß der Schmelzpunkt bei Druckerhöhung abnimmt (Abb. 3.29).

Bemerkung: Es gibt auch noch einige andere Substanzen, die sich beim Schmelzen ausdehnen, z.B. Quecksilber und Wismut. Die starke Volumenszunahme des Wassers (9,1%) hat mit der lockeren, Hohlräume aufweisenden Struktur von Eis zu tun (Die Bindung kommt durch Wasserstoffbrücken zwischen den Sauerstoffatomen zustande, siehe Abb. 3.30). Deshalb ist die flüssige Phase dichter. Schon ab 4°C oberhalb des Schmelzpunktes T_m nimmt die Dichte des Wassers bei Abkühlung ab (Anomalie des Wassers), weil schon oberhalb von T_m lokale Ordnung einsetzt. Während in der Regel der feste Stoff in seiner eigenen Schmelze zu Boden sinkt, schwimmt Eis auf Wasser, und zwar so, daß es zu etwa 9/10 eintaucht. Diese Tatsache spielt im Zusammenhang mit der Dichteanomalie des Wasser eine sehr wichtige Rolle in der Natur und ist für das Leben auf der Erde fundamental.
Die Volumensänderung beim Schmelzen ist $V_{Fl} - V_F = (1.00 - 1.091) \, \text{cm}^3/\text{g} = -0.091 \, \text{cm}^3\text{g}^{-1}$. Die Schmelzwärme pro g beträgt $Q = 80 \, \text{cal/g} = 80 \times 42.7 \, \text{at cm}^3/\text{g}$. Daraus folgt für die Steigung der Schmelzkurve des Eises bei etwa 0°C

$$\frac{dP}{dT} = -\frac{80 \times 42.7}{273 \times 0.091} \frac{\text{at}}{\text{K}} = -138 \, \text{at/K} \ . \tag{3.8.12}$$

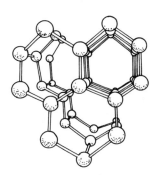

Abb. 3.30. Die hexagonale Struktur von Eis. Es sind die Sauerstoffatome gezeichnet, die über Wasserstoffbrücken mit vier Nachbarn verbunden sind.

Die Schmelzkurve verläuft als Funktion der Temperatur sehr steil. Es erfordert eine Druckerhöhung von 138 at, damit sich die Schmelztemperatur um 1 K erniedrigt. Diese „Gefrierpunktserniedrigung" tritt, so klein sie ist, in einer Reihe von Alltagserscheinungen zutage. Bringt man ein Stück Eis von etwas weniger als 0° unter erhöhten Druck, so tritt im ersten Augenblick ein Schmelzvorgang ein. Die hierzu nötige Schmelzwärme entzieht aber das Eis sich selbst, und es kühlt sich so auf eine etwas niedrigere Temperatur ab, so daß ein Fortschreiten des Schmelzvorganges unterbunden wird, solange dem Eis nicht Wärme von außen zugeführt wird. Auf dieser Tatsache beruht die sogenannte *Regelation* des Eises (= das abwechselnde Auftauen und Gefrieren von Eis durch Temperatur- und Druckänderungen). Das Zusammenpressen des Schnees, der ja aus Eiskristallen besteht, im Schneeball bewirkt infolge der Druckzunahme, daß der Schnee stellenweise schmilzt. Beim Nachlassen des Drucks gefriert er wieder, und die Schneekristalle backen zusammen. Die Glätte von Eis rührt sehr wesentlich auch davon her, daß es an Druckstellen schmilzt, so daß sich zwischen einem gleitenden Körper und dem Eis eine dünne Wasserschicht befindet, die wie ein Schmiermittel wirkt, worauf man auch die leichte Beweglichkeit des Schlittschuhläufers zurückführt. Auf der Regelation beruht auch zum Teil die Plastizität des Gletschereises und dessen Vorrücken ähnlich einer zähen Flüssigkeit. Unter dem Druck des darüber lastenden Eises werden die tieferen Partien des Gletschers beweglich, gefrieren aber wieder, wenn der Druck nachläßt.

(iii) He^3, Flüssig → Fest: Das Phasendiagramm von He^3 ist in Abb. 3.31 schematisch gezeichnet. Bei tiefen Temperaturen gibt es ein Intervall mit fallender Schmelzkurve. In dieser Region ist beim Übergang von flüssig nach fest (siehe Pfeil in Abb. 3.31a) $\frac{dP}{dT} < 0$; des weiteren zeigt sich experimentell, daß das Volumen der festen Phase (wie im Normalfall) kleiner als der flüssigen ist, $\Delta V < 0$. Somit ergibt sich aus der Clausius-Clapeyron-Gleichung (3.8.8) $\Delta S > 0$, wie es aufgrund der allgemeinen Überlegung in Anmerkung (ii) sein muß.

Pomerantschuk-Effekt: Man bezeichnet die Tatsache, daß in dem oben genannten Temperaturintervall die Entropie beim Verfestigen steigt, als Pomerantschuk-Effekt. Man nützt diesen zur Erreichung tiefer Temperaturen aus (Siehe Abb. 3.31b). Eine Kompression (gestrichelte Linie) von flüssigem He^3 führt zur Verfestigung und wegen $\Delta S > 0$ zum Verbrauch von Wärme. Das hat eine Abkühlung der Substanz zur Folge. Die Kompression führt deshalb zu einer Zustandsänderung längs der Schmelzkurve (siehe Pfeil in Abb. 3.31b).

Man kann diesen Effekt zur Abkühlung von He^3 verwenden. Man erreicht dabei Temperaturen bis zu 2×10^{-3} K. Der Pomerantschuk-Effekt hat allerdings heute kaum mehr praktische Bedeutung in der Tieftemperaturphysik. Die wichtigsten Methoden zur Erreichung tiefster Temperaturen sind He^3-He^4-Entmischung ($2 \times 10^{-3} - 5 \times 10^{-3}$ K), und adiabatische Entmagnetisierung von Kupfer ($10 \times 10^{-6} - 12 \times 10^{-6}$ K), wobei in Klammern die erreichbaren Temperaturen angegeben sind.

(iv) Sublimationskurve: Wir betrachten einen Festkörper (1), der sich im Gleichgewicht mit einem klassischen idealen Gas (2) befindet. Da für die

3.8 Phasen von Einstoffsystemen (einkomponentigen Systemen) 139

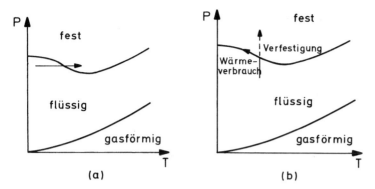

Abb. 3.31. Phasendiagramm von He^3. (a) Isobare Verfestigung im Bereich $\frac{dP}{dT} < 0$. (b) Pomerantschuk-Effekt.

Volumina $V_1 \ll V_2$ gilt, folgt aus der Clausius-Clapeyron-Gleichung (3.8.11)

$$\frac{dP}{dT} = \frac{Q_L}{TV_2},$$

wobei Q_L die Sublimationswärme darstellt. Für V_2 setzen wir die ideale Gasgleichung ein

$$\frac{dP}{dT} = \frac{Q_L P}{kNT^2}. \qquad (3.8.13)$$

Diese Differentialgleichung kann unter der Annahme, daß Q_L temperaturunabhängig ist, sofort integriert werden

$$P = P_0 \, e^{-q/kT}, \qquad (3.8.14)$$

wobei $q = \frac{Q_L}{N}$ die Sublimationswärme pro Teilchen ist. Gleichung (3.8.14) gibt den Verlauf der Sublimationskurve unter den genannten Voraussetzungen an.

Der Dampfdruck der meisten festen Stoffe ist überaus klein, und in der Tat zeigt sich fast durchweg keine meßbare zeitliche Abnahme der Menge dieser Stoffe durch Verdampfung. Nur sehr wenige feste Stoffe zeigen eine deutlich beobachtbare *Sublimation* und haben infolgedessen auch einen merklichen, mit der Temperatur ansteigenden Dampfdruck, dazu gehören manche feste Duftstoffe. Zahlenwerte für den Dampfdruck über Eis und Jod geben die Tabellen I.8 und I.9.
Bei scharfem Frost und trockener Luft beobachtet man ein allmähliches Schwinden des Schnees, der sich durch Sublimation unmittelbar in Wasserdampf verwandelt. Der umgekehrte Vorgang ist die unmittelbare Bildung von Rauhreif aus dem Wasserdampf der Luft sowie die Bildung der Schneekristalle in den kalten oberen Luftschichten. Bringt man in ein luftleer gemachtes Glasgefäß Jodkristalle und kühlt eine Stelle der Gefäßwand ab, so schlägt sich dort aus dem im Gefäß gebildeten Joddampf festes Jod nieder. Frei an der Luft liegende Jodkristalle, gewisse Quecksilbersalze, darunter das „Sublimat" (HgCl$_2$) u. dgl., verschwinden durch Sublimation.

3.8.3 Konvexität der freien Energie und Konkavität der freien Enthalpie

Wir kehren nun nochmals zum Gas-Flüssigkeits-Übergang zurück, um einige weitere Aspekte der Verdampfung und das Krümmungsverhalten der thermodynamischen Potentiale zu besprechen. Das Koexistenzgebiet und die Koexistenzkurve sind im T-V-Diagramm deutlich ersichtlich. Statt dessen benützt man auch häufig das P-V-Diagramm. Aus der Projektion des dreidimensionalen P-V-T-Diagramms ersieht man die in Abb. 3.32 gezeichnete Form. Aus dem Verlauf der Isothermen im P-V-Diagramm kann die freie Energie analytisch und graphisch bestimmt werden. Wegen $\left(\frac{\partial F}{\partial V}\right)_T = -P$, folgt für die freie Energie

$$F(T,V) - F(T,V_0) = -\int_{V_0}^{V} dV' P_T(V') \ . \tag{3.8.15}$$

Man sieht sofort, daß die Isotherme in Abb. 3.32 qualitativ zu der Volumenabhängigkeit der darunter gezeichneten freien Energie führt. Die freie Energie ist konvex (nach oben gekrümmt). Die grundlegende Ursache dafür ist, daß die Kompressibilität positiv ist:

$$\frac{\partial^2 F}{\partial V^2} = -\frac{\partial P}{\partial V} \propto \frac{1}{\kappa_T} > 0 \ ,$$

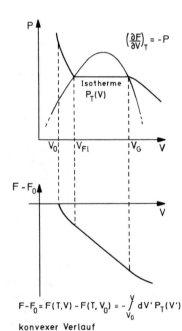

$F-F_0 = F(T,V) - F(T,V_0) = -\int_{V_0}^{V} dV' P_T(V')$

konvexer Verlauf

Abb. 3.32. Isotherme $P_T(V)$ und freie Energie als Funktion des Volumens beim Verdampfen, dünne Linie Koexistenzkurve

3.8 Phasen von Einstoffsystemen (einkomponentigen Systemen) 141

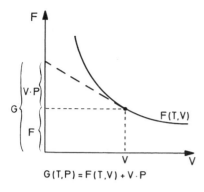

Abb. 3.33. Die konstruktive Bestimmung der freien Enthalpie aus der freien Energie.

während

$$\left(\frac{\partial^2 F}{\partial T^2}\right)_V = -\left(\frac{\partial S}{\partial T}\right)_V \propto -C_V < 0 \ . \tag{3.8.16}$$

Diese Ungleichungen beruhen auf den früher bewiesenen Stabilitätsrelationen (3.3.5, 3.3.6) bzw. (3.6.48a,b).

Die freie Enthalpie $G(T,P) = F + PV$ kann man aus $F(T,V)$ konstruktiv bestimmen. Wegen $P = -\left(\frac{\partial F}{\partial V}\right)_T$ ergibt sich $G(T,P)$ aus $F(T,V)$, indem man eine Tangente mit Steigung $-P$ an $F(T,V)$ anlegt (Siehe Abb. 3.33). Der Schnittpunkt dieser Tangente mit der Ordinate hat die Koordinate

$$F(T,V) - V\left(\frac{\partial F}{\partial V}\right)_T = F + VP = G(T,P) \ . \tag{3.8.17}$$

Das Ergebnis dieser Konstruktion ist in Abb. 3.34 gezeichnet.

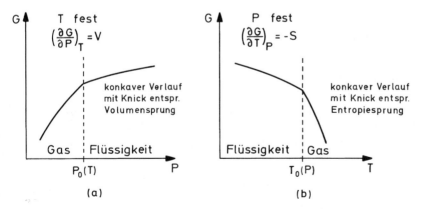

Abb. 3.34. Die freie Enthalpie als Funktion (a) des Druckes und (b) der Temperatur.

Die Ableitungen der freien Enthalpie

$$\left(\frac{\partial G}{\partial P}\right)_T = V \quad \text{und} \quad \left(\frac{\partial G}{\partial T}\right)_P = -S$$

ergeben das Volumen und die Entropie. Sie sind am Phasenübergang unstetig, was sich in einem Knick der Kurven äußert. Hier ist $P_0(T)$ der Verdampfungsdruck bei der Temperatur T und $T_0(P)$ die Verdampfungstemperatur beim Druck P. Aus dieser Konstruktion erkennt man auch, daß die freie Enthalpie konkav ist (Abb. 3.34). Die Krümmungen sind negativ, da $\kappa_T > 0$ und $C_P > 0$ sind. Die Vorzeichen der Steigungen ergeben sich aus $V > 0$ und $S > 0$. Aus den Abbildungen ist ersichtlich, daß beim Übergang in die Hochtemperaturphase die Entropie zunimmt und beim Übergang in die Phase höheren Druckes das Volumen abnimmt. Diese Folgerungen aus den Stabilitätsbedingungen gelten ganz allgemein. In den Diagrammen (3.34a,b) können Gas und Flüssigkeit durch Niederdruck und Hochdruck bzw. Hochtemperatur- und Niedertemperatur-Phasen ersetzt werden.

Beim Schmelzen muß die latente Wärme zugeführt werden, beim Gefrieren muß diese der Substanz entnommen werden. Wenn man bei konstantem Druck Wärme zu- oder abführt, wird diese dazu verwendet, um die feste in die flüssige Phase oder umgekehrt umzuwandeln. Im Koexistenzbereich bleibt dabei die Temperatur konstant. Dies ist der Grund dafür, daß im Spätherbst und Frühjahr die Außentemperatur auf der Erde über längere Perioden gerade sehr nahe bei Null Grad Celsius, dem Gefrierpunkt von Wasser, liegt.

3.8.4 Tripelpunkt

Im Tripelpunkt (Abb. 3.26 und 3.35) koexistieren feste, flüssige und gasförmige Phase im Gleichgewicht. Die Bedingung für das Gleichgewicht von gasförmiger, flüssiger und fester Phase oder allgemeiner von drei Phasen 1, 2 und 3 lautet

$$\mu_1(T,P) = \mu_2(T,P) = \mu_3(T,P) , \qquad (3.8.18)$$

und legt den Tripelpunktsdruck und die Tripelpunktstemperatur P_t, T_t fest.

Im P-T-Diagramm ist der Tripelpunkt ein Punkt. Im T-V-Diagramm ist der Tripelpunkt die in Abb. 3.35b gezeichnete horizontale Linie. Längs dieser sind die drei Phasen im Gleichgewicht. Stellt man das Phasendiagramm durch zwei extensive Variable dar, wie z.B. in Abb. 3.35c in V und S, so wird aus dem Tripelpunkt die gesamte dort sichtbare Dreiecksfläche. In jedem Punkt dieses Dreiecks sind die drei den Eckpunkten des Dreiecks entsprechenden Zustände der Phasen 1, 2 und 3 miteinander in Koexistenz.

Wir wollen dies nun genauer erläutern. Es seien s_1, s_2 und s_3 die Entropien pro Teilchen der Phasen 1, 2 und 3 genau am Tripelpunkt $s_i = -\left(\frac{\partial \mu_i}{\partial T}\right)_P\big|_{T_t,P_t}$ und entsprechend v_1, v_2, v_3 die spezifischen Volumina $v_i = \left(\frac{\partial \mu_i}{\partial P}\right)_T\big|_{T_t,P_t}$. Die Punkte (s_i, v_i) sind im s-v-Diagramm als

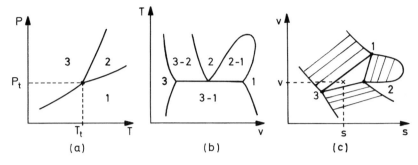

Abb. 3.35. Tripel-Punkt (**a**) im P-T-Diagramm (Die Phasen sind mit 1, 2, 3 bezeichnet. Die Koexistenzgebiete sind durch 3-2 etc. gekennzeichnet, d.h. Koexistenz von Phase 3 und Phase 2 auf den beiden Ästen der Koexistenzkurve.), (**b**) im T-v-Diagramm und (**c**) im v-s-Diagramm

Punkte 1, 2, 3 eingetragen. Offensichtlich kann jedes Paar von Phasen miteinander koexistieren; die Verbindungslinien zwischen den Punkten 1 und 2 etc. ergeben das Dreieck mit den Eckpunkten 1, 2, 3. Die Koexistenzkurven zweier Phasen, z.B. 1 und 2 ergeben sich im s-v-Diagramm aus $s_i(T) = -\left(\frac{\partial \mu_i}{\partial T}\right)_P\big|_{P_0(T)}$ und $v_i(T) = \left(\frac{\partial \mu_i}{\partial P}\right)_T\big|_{P_0(T)}$ mit $i = 1$ und 2 und der zugehörigen Phasengrenzkurve $P = P_0(T)$. Hier ist die Temperatur ein Parameter; Punkte auf den beiden Ästen der Koexistenzkurven mit gleichem T können miteinander in Koexistenz sein. Das Diagramm 3.35c ist nur schematisch. Die (keineswegs parallelen) Geraden innerhalb der Zwei-Phasen-Koexistenzflächen geben an, welche der Paare von einkomponentigen Zuständen auf den beiden Ästen der Koexistenzlinie miteinander in Koexistenz sein können.

Nun kommen wir zum Inneren der Dreiecksfläche in Abb. 3.35c. Zunächst ist klar, daß die drei Tripelpunktsphasen 1, 2, 3 mit Temperatur T_t und Druck P_t in beliebigen Mengenverhältnissen miteinander koexistieren können. Das bedeutet auch, daß eine vorgegebene Menge der Substanz in beliebigen Bruchteilen c_1, c_2, c_3 $(0 \leq c_i \leq 1)$

$$c_1 + c_2 + c_3 = 1 \tag{3.8.19a}$$

auf diese drei Phasen aufgeteilt werden kann, und dann die gesamte spezifische Entropie

$$c_1 s_1 + c_2 s_2 + c_3 s_3 = s \tag{3.8.19b}$$

und das gesamte spezifische Volumen

$$c_1 v_1 + c_2 v_2 + c_3 v_3 = v \tag{3.8.19c}$$

besitzt. Aus (3.8.19a,b,c) folgt, daß s und v innerhalb des Dreiecks von Abb. 3.35c liegt. Umgekehrt kann jeder (heterogene) Gleichgewichtszustand mit gesamter spezifischer Entropie s und spezifischem Volumen v innerhalb des Dreiecks realisiert werden, wobei c_1, c_2, c_3 aus (3.8.19a-c) folgen. Gl. (3.8.19a-c) können durch folgende Schwerpunktsregel interpretiert werden. Es sei ein Punkt (s,v) innerhalb des Dreiecks im v-s-Diagramm (siehe Abb. 3.35c) gegeben. Die Bruchteile c_1, c_2, c_3 müssen so gewählt werden, daß eine Belegung der Eckpunkte des Dreiecks 1, 2, 3 mit Massen c_1, c_2, c_3 auf einen Schwerpunkt mit der Position (s,v) führt. Das ist unmittelbar einsichtig, wenn man (3.8.19b,c) in der zweikomponentigen Form darstellt:

$$c_1 \begin{pmatrix} v_1 \\ s_1 \end{pmatrix} + c_2 \begin{pmatrix} v_2 \\ s_2 \end{pmatrix} + c_3 \begin{pmatrix} v_3 \\ s_3 \end{pmatrix} = \begin{pmatrix} v \\ s \end{pmatrix} \qquad (3.8.20)$$

Bemerkungen:

(i) Abgesehen von der Schwerpunktsregel können die linearen Gleichungen auch algebraisch gelöst werden

$$c_1 = \frac{\begin{vmatrix} 1 & 1 & 1 \\ s & s_2 & s_3 \\ v & v_2 & v_3 \end{vmatrix}}{\begin{vmatrix} 1 & 1 & 1 \\ s_1 & s_2 & s_3 \\ v_1 & v_2 & v_3 \end{vmatrix}}, \; c_2 = \frac{\begin{vmatrix} 1 & 1 & 1 \\ s_1 & s & s_3 \\ v_1 & v & v_3 \end{vmatrix}}{\begin{vmatrix} 1 & 1 & 1 \\ s_1 & s_2 & s_3 \\ v_1 & v_2 & v_3 \end{vmatrix}}, \; c_3 = \frac{\begin{vmatrix} 1 & 1 & 1 \\ s_1 & s_2 & s \\ v_1 & v_2 & v \end{vmatrix}}{\begin{vmatrix} 1 & 1 & 1 \\ s_1 & s_2 & s_3 \\ v_1 & v_2 & v_3 \end{vmatrix}}.$$

(ii) Durch den Tripelpunkt ist eine präzise Festlegung einer Temperatur und eines Druckes möglich, denn die Koexistenz der drei Phasen ist zweifelsfrei feststellbar. Aus Abb. 3.35c ist auch ersichtlich, daß der Tripelpunkt als Funktion der experimentell kontrollierbaren Parameter kein Punkt, sondern die gesamte Dreiecksfläche ist. Die von außen direkt steuerbaren Parameter sind nicht P und T, sondern das Volumen V und die Entropie S, die man durch Arbeitsleistung oder Wärmezufuhr ändern kann. Führt man dem System im durch ein Kreuz (Abb. 3.35c) markierten Zustand Wärme zu, dann wird im Beispiel von Wasser etwas Eis schmelzen, der Zustand aber noch immer innerhalb des Dreiecks bleiben. Dies erklärt, daß sich der Tripelpunkt als in weiten Grenzen unempfindlicher Temperaturstandard eignet.

(iii) Für Wasser ist $T_t = 273,16$ K und $P_t = 4,58$ Torr. Wie in Abschnitt 3.4 ausgeführt wurde, wird die absolute Temperaturskala durch den Tripelpunkt des Wassers festgelegt. Zur Erreichung des Tripelpunktes muß man lediglich hochreines Wasser in einen Behälter destillieren und diesen nach Entfernung von jeglicher Luft versiegeln. Man hat dann Wasser und Wasserdampf koexistierend (Koexistenzgebiet 1-2 in Abb. 3.35c). Entzug von Wärme durch eine Kältemischung bringt das System in die Tripelpunkts-Region. Solange alle drei Phasen vorliegen, ist die Temperatur gleich T_t (Siehe Abb. 3.36).

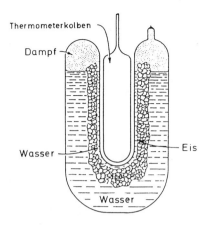

Abb. 3.36. Tripelpunkts-Zelle; Eis, Wasser und Wasserdampf sind miteinander im Gleichgewicht. Durch die an der inneren Wand eingebrachte Kältemischung gefriert dort das Wasser. Nachdem die Kältemischung durch den Thermometerkolben ersetzt wird, bildet sich an der inneren Wand ein Flüssigkeitsfilm.

3.9 Gleichgewicht von mehrkomponentigen Systemen

3.9.1 Verallgemeinerung der thermodynamischen Potentiale

Wir betrachten ein homogenes Gemisch von n Stoffen, oder wie man in diesem Zusammenhang sagt, Komponenten, deren Teilchenzahlen $N_1, N_2, \ldots, N_n$ seien. Wir müssen zunächst die thermodynamischen Relationen auf diese Situation verallgemeinern. Hierzu knüpfen wir an Kapitel 2 an. Das Phasenraumvolumen und desgleichen die Entropie sind nun Funktionen der Energie, des Volumens und aller Teilchenzahlen

$$S = S(E, V, N_1, \ldots, N_n) \,. \tag{3.9.1}$$

Alle thermodynamischen Beziehungen können auf diesen Fall verallgemeinert werden, indem man N und μ durch N_i und μ_i ersetzt und über i summiert. Wir definieren das chemische Potential des i-ten Stoffes durch

$$\mu_i = -T \left(\frac{\partial S}{\partial N_i}\right)_{E, V, \{N_{k \neq i}\}} \tag{3.9.2a}$$

und wie bisher sind

$$\frac{1}{T} = \left(\frac{\partial S}{\partial E}\right)_{V, \{N_k\}} \quad \text{und} \quad \frac{P}{T} = \left(\frac{\partial S}{\partial V}\right)_{E, \{N_k\}}. \tag{3.9.2b,c}$$

Dann folgt für das Differential der Entropie

$$dS = \frac{1}{T} dE + \frac{P}{T} dV - \sum_{i=1}^{n} \frac{\mu_i}{T} dN_i \tag{3.9.3}$$

und daraus der *erste Hauptsatz*

146   3. Thermodynamik

$$dE = TdS - PdV + \sum_{i=1}^{n} \mu_i dN_i \tag{3.9.4}$$

für dieses Gemisch.

Die Gibbs-Duhem-Relation für *homogene Gemische* lautet

$$E = TS - PV + \sum_{i=1}^{n} \mu_i N_i \ . \tag{3.9.5}$$

Diese erhält man analog zu Abschnitt 3.1.3, indem man

$$\alpha E = E(\alpha S, \alpha V, \alpha N_1, \ldots, \alpha N_n) \tag{3.9.6}$$

nach α differenziert. Aus (3.9.4) und (3.9.5) folgt die differentielle Form der Gibbs-Duhem-Relation für Gemische

$$-SdT + VdP - \sum_{i=1}^{n} N_i d\mu_i = 0 \ . \tag{3.9.7}$$

Daraus ist ersichtlich, daß von den $n+2$ Variablen $(T, P, \mu_1, \ldots, \mu_n)$ nur $n+1$ unabhängig sind.

Die *freie Enthalpie* ist durch

$$G = E - TS + PV \tag{3.9.8}$$

definiert. Aus dem ersten Hauptsatz (3.9.4) ergibt sich das Differential

$$dG = -SdT + VdP + \sum_{i=1}^{n} \mu_i dN_i \ . \tag{3.9.9}$$

Aus (3.9.9) liest man

$$S = -\left(\frac{\partial G}{\partial T}\right)_{P,\{N_k\}}, \quad V = \left(\frac{\partial G}{\partial P}\right)_{T,\{N_k\}}, \quad \mu_i = \left(\frac{\partial G}{\partial N_i}\right)_{T,P,\{N_{k\neq i}\}} \tag{3.9.10}$$

ab.

Für homogene Gemische findet man mittels der Gibbs-Duhem-Relation (3.9.5) für die freie Enthalpie (3.9.8)

$$G = \sum_{i=1}^{n} \mu_i N_i \ . \tag{3.9.11}$$

Dann ist

$$S = -\sum_{i=1}^{n} \left(\frac{\partial \mu_i}{\partial T}\right)_P N_i \ , \quad V = \sum_{i=1}^{n} \left(\frac{\partial \mu_i}{\partial P}\right)_T N_i \ . \tag{3.9.12}$$

Die chemischen Potentiale sind intensive Größen und hängen deshalb nur von T, P und den $n-1$ Konzentrationen $c_1 = \frac{N_1}{N}, \ldots, c_{n-1} = \frac{N_{n-1}}{N}$ ab ($N = \sum_{i=1}^{n} N_i$, $c_n = 1 - c_1 - \ldots - c_{n-1}$).

Das *großkanonische Potential* ist durch

$$\Phi = E - TS - \sum_{i=1}^{n} \mu_i N_i \tag{3.9.13}$$

definiert. Für dessen Differential findet man aus dem ersten Hauptsatz (3.9.4)

$$d\Phi = -SdT - PdV - \sum_{i=1}^{n} N_i d\mu_i \ . \tag{3.9.14}$$

Für homogene Gemische ergibt sich aus der Gibbs-Duhem-Relation (3.9.5)

$$\Phi = -PV \ . \tag{3.9.15}$$

Die Dichtematrix für Gemische hängt vom gesamten Hamilton-Operator ab und wird im Kapitel 5 eingeführt.

3.9.2 Gibbs-Phasenregel und Phasengleichgewicht

Wir betrachten n chemisch verschiedene Stoffe (Komponenten), die sich in r Phasen befinden können (Abb. 3.37) und zwischen denen keine chemischen Reaktionen stattfinden sollen.

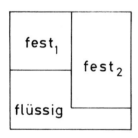

Abb. 3.37. Gleichgewicht von 3 Phasen.

Es gelten die folgenden *Gleichgewichtsbedingungen:*

Temperatur T und *Druck* P müssen im Gesamtsystem einheitliche Werte annehmen. Außerdem müssen für jede Komponente i die *chemischen Potentiale* in allen Phasen gleich sein.

Diese Gleichgewichtsbedingungen können sowohl direkt durch Betrachtung der mikrokanonischen Gesamtheit abgeleitet werden, als auch aus der Stationarität der Entropie.

(i) Als erste Möglichkeit denken wir uns ein aus n chemischen Substanzen bestehendes mikrokanonisches Ensemble und zerlegen dieses in r Teile. Berechnet man die Wahrscheinlichkeit für eine bestimmte Aufteilung der Energie, des Volumens und der Teilchenzahlen auf diese Teile, dann erhält man für die wahrscheinlichste Aufteilung *die Gleichheit von Temperatur, Druck und der chemischen Potentiale jeder Komponente*.

(ii) Als zweite Möglichkeit zur Ableitung der Gleichgewichtsbedingungen kann man von der Maximalität der Entropie im Gleichgewicht (3.6.36b)

$$dS \geq \frac{1}{T}\left(dE + PdV - \sum_{i=1}^{n}\mu_i dN_i\right) \tag{3.9.16}$$

und der daraus folgenden Stationarität des Gleichgewichtszustandes bei festem E, V, $\{N_i\}$,

$$\delta S = 0 \tag{3.9.17}$$

gegenüber virtuellen Veränderungen Gebrauch machen. Man kann dann wie in Abschnitt 3.6.5 vorgehen und ein System in zwei Teile 1 und 2 zerlegen und neben der Energie und dem Volumen noch die Teilchenzahlen variieren: (Siehe (3.6.44))

$$\delta S = \left(\frac{\partial S_1}{\partial E_1} - \frac{\partial S_2}{\partial E_2}\right)\delta E_1 + \left(\frac{\partial S_1}{\partial V_1} - \frac{\partial S_2}{\partial V_2}\right)\delta V_1$$
$$+ \sum_i \left(\frac{\partial S_1}{\partial N_{i,1}} - \frac{\partial S_2}{\partial N_{i,2}}\right)\delta N_{i,1} + \ldots \tag{3.9.18}$$

Hier ist $N_{i,1}$ ($N_{i,2}$) die Teilchenzahl der Komponente i im Teilsystem 1 (2). Aus dem Verschwinden der Variation folgen die *Gleichheit der Temperaturen und Drücke*

$$T_1 = T_2, \quad P_1 = P_2 \tag{3.9.19}$$

und $\frac{\partial S_1}{\partial N_{i,1}} = \frac{\partial S_2}{\partial N_{i,2}}$, *also die Gleichheit der chemischen Potentiale*

$$\mu_{i,1} = \mu_{i,2} \quad \text{für } i = 1, \ldots, n. \tag{3.9.20}$$

Damit sind die eingangs des Abschnitts formulierten Gleichgewichtsbedingungen hergeleitet und wir wollen diese nun auf n chemische Substanzen in r Phasen anwenden (Abb. 3.37). Insbesondere wollen wir klären, wieviele Phasen im Gleichgewicht koexistieren können. Neben der Gleichheit von Temperatur und Druck im gesamten System müssen nach (3.9.20) auch die chemischen Potentiale gleich sein

$$\mu_1^{(1)} = \ldots = \mu_1^{(r)},$$
$$\ldots \tag{3.9.21}$$
$$\mu_n^{(1)} = \ldots = \mu_n^{(r)}.$$

3.9 Gleichgewicht von mehrkomponentigen Systemen

Der obere Index bezieht sich auf die Phasen, der untere auf die Stoffe. Die Gleichungen (3.9.21) stellen insgesamt $n(r-1)$ Bedingungen für die $2+(n-1)r$ Variablen $(T, P, c_1^{(1)}, \ldots, c_{n-1}^{(1)}, \ldots, c_1^{(r)}, \ldots, c_{n-1}^{(r)})$ dar.
Die Zahl der Variablen, die man variieren kann (die *Zahl der Freiheitsgrade*), ist deshalb $f = 2 + (n-1)r - n(r-1)$

$$f = 2 + n - r \ . \tag{3.9.22}$$

Die Beziehung (3.9.22) nennt man *Gibbssche Phasenregel*.
Bei dieser Herleitung haben wir angenommen, daß jede Substanz in allen r Phasen vorhanden ist. Von dieser Voraussetzung können wir leicht abgehen. Wenn z.B. die Substanz 1 in der Phase 1 nicht vorkommt, dann entfällt die Bedingung an $\mu_1^{(1)}$. Es tritt dann aber auch in der Phase 1 die Teilchenzahl der Komponente 1 nicht als Variable auf. Man hat somit eine Bedingung, aber auch eine Variable, weniger und die Gibbssche Phasenregel (3.9.22) gilt unverändert.[12]

Beispiele zur Gibbsschen Phasenregel:

(i) Einkomponentiges System, $n = 1$:
r = 1, f = 2 T, P frei
r = 2, f = 1 $P = P_0(T)$ Phasengrenzkurve
r = 3, f = 0   fester Punkt: Tripelpunkt.

(ii) Zweikomponentiges System, $n = 2$:
Ein Beispiel für ein zweikomponentiges System ist eine Mischung von Salmiak und Wasser, NH_4Cl+H_2O. Die möglichen Phasen sind: Wasserdampf (darin ist faktisch kein NH_4Cl enthalten), Flüssigkeitsgemisch, Eis (mit etwas Salzgehalt), Salz (mit etwas H_2O).

Mögliche koexistierende Phasen sind:
- Eine flüssige Phase: $r = 1$, $f = 3$ (Variable P, T, c)
- Flüssige Phase + Wasserdampf: $r = 2$, $f = 2$, Variable P, T, die Konzentration ist eine Funktion von P und T: $c = c(P,T)$.
- Flüssige Phase + Wasserdampf + eine feste Phase: $r = 3$, $f = 1$. Nur eine Variable, z.B. die Temperatur ist frei variierbar.
- Flüssige Phase + Dampf + Eis + Salz: $r = 4$, $f = 0$. Dies ist der Eutektische Punkt.

Das Phasendiagramm der flüssigen und der festen Phasen ist in Abb. 3.38 dargestellt. Bei der Konzentration 0 ist der Schmelzpunkt von reinem Eis ersichtlich und bei $c = 1$ von reinem Salz. Da sich der Gefrierpunkt einer Lösung

---

[12] Die Zahl der Freiheitsgrade ist eine Aussage über die intensiven Variablen, es gibt jedoch noch Variationen in den extensiven Variablen. Z.B. ist am Tripelpunkt $f = 0$, die Entropie und das Volumen können innerhalb eines Dreiecks variieren (Abschn. 3.8.4).

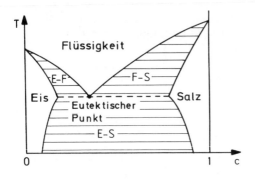

Abb. 3.38. Phasendiagramm eines Gemisches aus Salmiak und Wasser. In den horizontal schraffierten Gebieten sind Eis und Flüssigkeit, Flüssigkeit und festes Salz und schließlich Eis und festes Salz miteinander in Koexistenz.

absenkt (siehe Kap. 5), ist der Verlauf der beiden Äste der Gefrierpunktskurve als Funktion der Konzentration verständlich. Die beiden Äste treffen sich im eutektischen Punkt. In den Gebieten E-F sind Eis und Flüssigkeit und in F-S Flüssigkeit und Salz miteinander längs der Horizontalen in Koexistenz. Dabei ist die Konzentration von NH_4Cl in Eis wesentlich geringer als in dem damit im Gleichgewicht stehenden Flüssigkeitsgemisch. Oft bestehen die festen Phasen nur aus den reinen Komponenten. Dann sind die linken und rechten Begrenzungslinien die beiden Senkrechten längs $c = 0$ und $c = 1$. Am eutektischen Punkt ist das Flüssigkeitsgemisch mit dem Eis und dem Salz im Gleichgewicht. Ist die Konzentration einer Flüssigkeit niedriger als es der Konzentration des eutektischen Punktes entspricht, wird bei Abkühlung Eis abgeschieden. Dabei erhöht sich die Konzentration der Flüssigkeit solange, bis schließlich die eutektische Konzentration erreicht wird, bei der sich die Flüssigkeit in Eis und Salz umwandelt. Das dabei entstehende Gemisch aus Salz und Eiskristallen nennt man Eutektikum. Bei der eutektischen Konzentration besitzt die Flüssigkeit ihren niedrigsten Gefrierpunkt.

Das Phasendiagramm in Abb. 3.38 der flüssigen und der festen Phasen und die zugehörige Interpretation mit der Gibbsschen Phasenregel sind auf folgende physikalische Gegebenheiten anwendbar: (i) bei so niedrigem Druck, daß auch eine (nicht eingezeichnete) gasförmige Phase vorhanden ist (ii) ohne Gasphase bei festem Druck P, wodurch auch ein Freiheitsgrad verbraucht wird (iii) in Anwesenheit von Luft mit Druck P und darin gelöstem Dampf mit Partialdruck cP.[13] Die Konzentration des Dampfes c in der Luft geht im chemischen Potential durch $\log cP$ ein (siehe Kap. 5). Diese richtet sich gerade so ein, daß das chemische Potential des Wasserdampfes gleich dem chemischen Potential in der Flüssigkeitsmischung ist. Es sei darauf hingewiesen, daß wegen des Termes $\log c$ das chemische Potential des in der Luft gelösten Dampfes niedriger ist, als das des reinen Dampfes. Während bei Normaldruck Verdampfung erst bei 100°C eintritt, dann wandelt sich die gesamte Flüssigkeit in Dampf um, geht auch bei ganz niedrigen Temperaturen soviel

---
[13] Die Gibbssche Phasenregel ist natürlich wieder erfüllt; gegenüber (ii) ist eine Komponente (Luft) und eine Phase (Luft-Dampfgemisch) mehr vorhanden.

in die Dampfphase über, daß der $\log c$-Term den Ausgleich der chemischen Potentiale bewirkt.

Aus dem Phasendiagramm 3.38 ist die Wirkungsweise von Kältemischungen verständlich. Bringt man z.B. NaCl und Eis von einer Temperatur von $0°C$ zusammen, so sind diese nicht im Gleichgewicht. Es wird etwas Eis schmelzen, dabei löst sich Salz in dieser Flüssigkeit. Deren Konzentration ist allerdings viel zu hoch um mit dem Eis im Gleichgewicht zu sein, so daß noch mehr Eis schmilzt. Bei dem Schmelzvorgang wird Wärme verbraucht, die Entropie erhöht, so daß sich die Temperatur erniedrigt. Der beschriebene Vorgang setzt sich so lange fort, bis die Temperatur des eutektischen Punktes erreicht ist. Dann sind Eis, hydriertes Salz NaCl·2H$_2$O und Flüssigkeit mit der eutektischen Konzentration miteinander im Gleichgewicht. Für NaCl und H$_2$O ist die eutektische Temperatur $-21°C$. Man nennt das dabei entstehende Gemisch Kältemischung. Diese eignet sich, um die Temperatur auf $-21°C$ konstant zu halten. Wärmeaufnahme führt nicht zu Erhöhung der Temperatur der Kältemischung, sondern nur zum weiteren Schmelzen von Eis und Lösen von NaCl bei gleichbleibender Temperatur.

Eutektische Mischungen treten immer dann auf, wenn zwischen den beiden festen Phasen eine Mischbarkeitslücke besteht und die freie Energie der Flüssigkeitsmischung niedriger ist als die der beiden festen Phasen (siehe Aufgabe 3.28). Der Schmelzpunkt des eutektischen Gemisches ist dann erheblich niedriger als die Schmelzpunkte der beiden festen Phasen (siehe Tabelle I.10).

3.9.3 Chemische Reaktionen, Thermodynamisches Gleichgewicht und Massenwirkungsgesetz

In diesem Abschnitt betrachten wir mehrkomponentige Systeme, in denen sich die Teilchenzahlen durch chemische Reaktionen ändern können. Wir bestimmen zuerst die allgemeine Bedingung für das chemische Gleichgewicht und untersuchen dann Gemische aus idealen Gasen.

3.9.3.1 Bedingung für chemisches Gleichgewicht

Reaktionsgleichungen, wie zum Beispiel

$$2H_2 + O_2 \rightleftharpoons 2H_2O \tag{3.9.23}$$

können allgemein in der Gestalt

$$\sum_{j=1}^{n} \nu_j A_j = 0 \tag{3.9.24}$$

geschrieben werden, wobei die A_j die chemischen Symbole und die stöchiometrischen Koeffizienten ν_j (kleine) ganze Zahlen sind, die die Beteiligung der Komponenten an der Reaktion angeben, vereinbarungsgemäß links positiv und rechts negativ.

3. Thermodynamik

Die Reaktionsgleichung (3.9.24) enthält weder eine Aussage darüber, in welchen Konzentrationen die A_j im thermodynamischen und chemischen Gleichgewicht bei vorgegebener Temperatur und vorgegebenem Druck vorhanden sind, noch darüber, in welche Richtung die Reaktion ablaufen wird. Die Änderung der freien Enthalpie mit der Teilchenzahl bei *fester Temperatur* T und *festem Druck* P ist für einphasige Systeme[14]

$$dG = \sum_{j=1}^{n} \mu_j dN_j \ . \tag{3.9.25}$$

Im Gleichgewicht müssen die N_j so bestimmt werden, daß G stationär ist,

$$\sum_{j=1}^{n} \mu_j dN_j = 0 \ . \tag{3.9.26}$$

Wird bei der Reaktion die Menge dM umgesetzt, so gilt $dN_j = \nu_j dM$. Somit erfordert die Stationaritätsbedingung

$$\sum_{j=1}^{n} \mu_j \nu_j = 0 \ . \tag{3.9.27}$$

Für jede chemische Reaktion, die im System möglich ist, gilt eine solche Bedingung. Für das prinzipielle Verständnis reicht es, das chemische Gleichgewicht für eine einzige Reaktion zu bestimmen. Die chemischen Potentiale $\mu_j(T, P)$ hängen außer vom Druck und der Temperatur auch von den relativen Teilchenzahlen (Konzentrationen) ab. Letztere stellen sich im chemischen Gleichgewicht so ein, daß (3.9.27) erfüllt ist.

Falls miteinander chemisch reagierende Substanzen zwar im thermischen aber nicht im chemischen Gleichgewicht sind, kann aus der Änderung der freien Enthalpie

$$\delta G = \delta \Big[\sum_j \mu_j(T, P) \nu_j M \Big] \tag{3.9.25'}$$

die Richtung des Reaktionsablaufes bestimmt werden. Da G im Gleichgewicht minimal ist, muß $\delta G \leq 0$ sein, siehe Gl. (3.6.38b). Die chemische Zusammensetzung verschiebt sich in Richtung kleinerer freier Enthalpie oder kleinerer chemischer Potentiale.

Anmerkungen: (i) Man kann die Bedingung für chemisches Gleichgewicht (3.9.27) so interpretieren, daß das chemische Potential einer Verbindung gleich der Summe der chemischen Potentiale seiner Konstituenten ist.

---

[14] Chemische Reaktionen in Systemen, die aus mehreren Phasen bestehen, werden in M.W. Zemansky and R.H. Dittman, *Heat and Thermodynamics*, Mc Graw Hill, Auckland, Sixth Edition, 1987 behandelt.

(ii) Die Gleichgewichtsbedingung (3.9.27) für die Reaktion (3.9.24) gilt auch, wenn das System aus mehreren im Kontakt stehenden Phasen besteht, zwischen denen die reagierenden Substanzen übergehen könnten. Dies kommt von der Gleichheit des chemischen Potentials jeder Komponente in allen miteinander im Gleichgewicht stehenden Phasen.

(iii) Gl. (3.9.27) kann auch verwendet werden, um die Gleichgewichtsverteilung von Elementarteilchen, die durch Reaktionen ineinander übergehen können, zu bestimmen. Z.B. kann die Verteilung von Elektronen und Positronen, die der Paarvernichtung $e^- + e^+ \rightleftharpoons \gamma$ unterliegen, bestimmt werden (siehe Aufgabe 3.31). Diese Anwendungen der statistischen Mechanik sind wichtig in der Kosmologie, der Beschreibung der Frühphase des Universums und dem Elementarteilchenreaktionsgleichgewicht in Sternen.

3.9.3.2 Gemische idealer Gase

Zur weiteren Auswertung der Gleichgewichtsbedingung (3.9.27) werden Aussagen über die chemischen Potentiale benötigt. Wir betrachten im folgenden *Reaktionen in* (klassischen) *idealen Gasen*. In Abschnitt 5.2 wird gezeigt, daß das chemische Potential der Teilchensorte j eines Gemisches von idealen Molekülgasen in der Gestalt

$$\mu_j = f_j(T) + kT \log c_j P \tag{3.9.28a}$$

geschrieben werden kann, wobei $c_j = \frac{N_j}{N}$ gilt und N die Gesamtteilchenzahl ist. Die Funktion $f_j(T)$ ist rein temperaturabhängig und enthält die mikroskopischen Parameter des Gases Nr. j. Aus (3.9.27) und (3.9.28a) folgt

$$\prod_j e^{\nu_j [f_j(T)/kT + \log(c_j P)]} = 1 \ . \tag{3.9.29}$$

Nach Abschnitt 5.2, Gl. (5.2.4′) gilt

$$f_j(T) = \varepsilon^0_{\text{el},j} - c_{P,j} T \log kT - kT \zeta_j \ . \tag{3.9.28b}$$

Durch Einsetzen von (3.9.28b) in (3.9.29) ergibt sich für das Produkt der potenzierten Konzentrationen

$$\prod_j c_j^{\nu_j} = K(T,P) \equiv e^{\sum_j \nu_j (\zeta_j - \frac{\varepsilon^0_{\text{el},j}}{kT})} (kT)^{\sum_j c_{P,j} \nu_j / k} P^{-\sum_j \nu_j} \ ; \tag{3.9.30}$$

wobei $\varepsilon^0_{\text{el},j}$ die elektronische Energie, $c_{P,j}$ die spezifische Wärme der Komponente j bei konstantem Druck und ζ_j die chemische Konstante

$$\zeta_j = \log \frac{2 m_j^{3/2}}{k \Theta_{\text{r},j} (2\pi\hbar^2)^{3/2}} \tag{3.9.31}$$

ist. Dabei ist $\Theta_r \ll T \ll \Theta_v$ angenommen, wo Θ_r und Θ_v die charakteristischen Temperaturen für die Rotations- und Vibrationsfreiheitsgrade sind, Gl. (5.1.11) und (5.1.17).

Gl. (3.9.30) ist das *Massenwirkungsgesetz* für die Konzentrationen. Die Funktion $K(T,P)$ wird auch als Massenwirkungskonstante bezeichnet. Die Aussage, daß $\prod_j c_j^{\nu_j}$ nur eine Funktion von T und P ist, gilt allgemein für *ideale Gemische* $\mu_j(T,P,\{c_l\}) = \mu_j(T,P,c_j-1,c_i-0(i\neq j)) + kT\log c_j$.

Wenn man statt der Konzentrationen die *Partialdrücke* (siehe Bemerkung (i) am Ende dieses Abschnitts)

$$P_j = c_j P \tag{3.9.32}$$

einführt, erhält man

$$\prod_j P_j^{\nu_j} = K_P(T) \equiv e^{\sum_j \nu_j \left(\zeta_j - \frac{\varepsilon^0_{\text{el},j}}{kT}\right)} (kT)^{\sum_j c_{P,j}\nu_j/k}, \tag{3.9.30'}$$

das *Massenwirkungsgesetz* von Guldberg und Waage[15] für die *Partialdrucke*, wobei $K_P(T)$ unabhängig von P ist.

Es folgt z.B. für die Knallgasreaktion von Gl. (3.9.23)

$$2H_2 + O_2 - 2H_2O = 0$$

mit

$$\nu_{H_2} = 2, \quad \nu_{O_2} = 1, \quad \nu_{H_2O} = -2 \tag{3.9.33}$$

die Relation

$$K(T,P) = \frac{[H_2]^2[O_2]}{[H_2O]^2} = const.\, e^{-q/kT}\, T^{\sum_j c_{P,j}\nu_j/k}\, P^{-1}\,. \tag{3.9.34}$$

Hier sind die Konzentrationen $c_j = [A_j]$ durch die chemischen Symbole in eckigen Klammern dargestellt, und es ist

$$q = 2\varepsilon^0_{H_2} + \varepsilon^0_{O_2} - 2\varepsilon^0_{H_2O} > 0$$

die Wärmetönung, welche für die Knallgasreaktion positiv ist. Der Dissoziationsgrad α wird durch die Konzentrationen

$$[H_2O] = 1 - \alpha, \quad [O_2] = \frac{\alpha}{2}, \quad [H_2] = \alpha$$

definiert. Somit folgt aus (3.9.34)

$$\frac{\alpha^3}{2(1-\alpha)^2} \sim e^{-q/kT}\, T^{\sum_j c_{P,j}\nu_j/k}\, P^{-1}\,, \tag{3.9.35}$$

---

[15] Das Massenwirkungsgesetz wurde von Guldberg und Waage 1867 auf Grund statistischer Erwägungen über Treffwahrscheinlichkeiten bei Reaktionen aufgestellt und später von Gibbs für ideale Gase thermodynamisch bewiesen und durch die Berechnung von $K(T,P)$ verschärft.

3.9 Gleichgewicht von mehrkomponentigen Systemen   155

woraus α berechnet werden kann. α fällt mit sinkender Temperatur exponentiell ab.

Das Massenwirkungsgesetz gibt wichtige Aussagen darüber, unter welchen Bedingungen gewünschte Reaktionen mit optimaler Ausbeute ablaufen. Es mag für die Verkürzung der Zeitskala der Reaktion noch zusätzlich ein Katalysator nötig sein; welche Gleichgewichtsverteilung sich zwischen den reagierenden Komponenten einstellt, ist aber lediglich durch die Reaktionsgleichungen und die chemischen Potentiale der Konstituenten (Komponenten) bestimmt – im Falle der idealen Gase durch Gl. (3.9.30).

Das Massenwirkungsgesetz hat viele Anwendungen in Chemie und Technik. Wir greifen hier nur als ein Beispiel die Druckabhängigkeit des Reaktionsgleichgewichts heraus. Aus (3.9.30) folgt für die Druckableitung von $K(T,P)$

$$\frac{1}{K}\frac{\partial K}{\partial P} = \frac{\partial \log K}{\partial P} = -\frac{1}{P}\sum_i \nu_i , \qquad (3.9.36a)$$

mit dem sog. Molüberschuß $\nu = \sum_i \nu_i$. Aus der Zustandsgleichung idealer Gasgemische (Gl. (5.2.3)) $PV = kT\sum_i N_i$, erhält man für die mit einer Reaktion bei festem T und P einhergehenden Änderungen ΔV und ΔN_i:

$$P\Delta V = kT\sum_i \Delta N_i . \qquad (3.9.37a)$$

Sei die Zahl der Einzelreaktionen $\Delta\mathcal{N}$, d.h. $\Delta N_i = \nu_i \Delta\mathcal{N}$, dann folgt aus (3.9.37a)

$$-\frac{1}{P}\sum_i \nu_i = -\frac{\Delta V}{kT\Delta\mathcal{N}} . \qquad (3.9.37b)$$

Nehmen wir für $\Delta\mathcal{N} = L$ (die Loschmidt/Avogadro-Zahl), dann werden von jeder Komponente ν_i Mol umgesetzt und es folgt aus (3.9.36a) und (3.9.37b) mit der Gaskonstanten R

$$\frac{1}{K}\frac{\partial K}{\partial P} = -\frac{\Delta V}{RT} . \qquad (3.9.36b)$$

Außerdem ist dann $\Delta V = \sum_i \nu_i V_{\text{Mol}}$ die Volumensänderung bei Ablauf der Reaktion von rechts nach links (bei einer in der Form (3.9.23) dargestellten Reaktion). (Der Wert des Molvolumens V_{Mol} ist für jedes der idealen Gase gleich.) Nach Gl. (3.9.36b) in Verbindung mit (3.9.30) führt eine Zunahme von K zu einem Anwachsen der Konzentrationen c_j mit positivem ν_j, d.h. der Substanzen, die auf der linken Seite der Reaktionsgleichungen stehen. Somit verschiebt sich nach (3.9.36b) bei einer Druckerhöhung das Gleichgewicht zugunsten der Seite der Reaktionsgleichung mit dem kleineren Volumen. Wenn $\Delta V = 0$ ist, hängt die Lage des Gleichgewichts nur von der Temperatur ab: z.B. bei der Chlor-Wasserstoff-Reaktion $H_2 + Cl_2 \rightleftharpoons 2HCl$.

3. Thermodynamik

Ähnlich zeigt man für die Temperaturabhängigkeit von $K(T,P)$

$$\frac{\partial \log K}{\partial T} = \frac{\sum_i \nu_i h_i}{RT^2} = \frac{\Delta h}{RT^2} \ . \tag{3.9.38}$$

Hier bedeutet h_i die Enthalpie pro Mol der Substanz i und Δh die Änderung der gesamten Molenthalpie bei einmaligem Ablauf der Reaktionsgleichung von rechts nach links, siehe Aufgabe 3.26.

Ein interessantes und technisch wichtiges Anwendungsbeispiel ist die Ammoniakerzeugung aus Stickstoff und Wasserstoffgas nach Haber: Die chemische Reaktion

$$N_2 + 3H_2 \rightleftharpoons 2NH_3 \tag{3.9.39}$$

ist durch $1N_2 + 3H_2 - 2NH_3 \rightleftharpoons 0$ charakterisiert $\left(\nu = \sum_i \nu_i = 2\right)$:

$$\frac{c_{N_2} c_{H_2}^3}{c_{NH_3}^2} = K(T,P) = K_P(T) P^{-2} \ . \tag{3.9.40}$$

Zur Erzielung einer hohen NH_3-Ausbeute muß der Druck möglichst groß gemacht werden. Sommerfeld:[16] „Die volle Beherrschung der thermodynamischen Gleichgewichtsbedingungen (Haber), die technische Überwindung der mit hohen Drucken verbundenen Konstruktionsschwierigkeiten (Bosch) und die Auswahl geeigneter Katalysatoren, die zur Beschleunigung der Reaktion dient (Mittasch), waren die Vorbedingungen für den großartigen Erfolg dieser Synthese."

Bemerkungen:

(i) Die in Gl. (3.9.32) eingeführten *Partialdrücke* $P_j = c_j P$ mit $c_j = N_j/N$ erfüllen nach der Zustandsgleichung des Gemisches idealer Molekülgase (5.2.3) die Gleichungen

$$V P_j = N_j kT \quad \text{und} \quad P = \sum_i P_i \ . \tag{3.9.41}$$

(Diese Tatsache ist unter Daltons Gesetz bekannt: Die nichtwechselwirkenden Gase des Gemisches üben einen ihrer Teilchenzahl entsprechenden Partialdruck aus, so als ob sie das gesamte Volumen alleine zur Verfügung hätten.)

(ii) Häufig wird auch das Massenwirkungsgesetz, ausgedrückt durch die *Teilchendichten* $\varrho_i = N_i/V$, verwendet:

$$\prod_i \varrho_i^{\nu_i} = K_\varrho(T) \equiv (kT)^{-\sum_i \nu_i} K_P(T) \ . \tag{3.9.30'}$$

(iii) Wir betrachten nun die *Richtung* des Reaktionsablaufs. Wenn ein Gemisch anfänglich mit beliebigen Dichten vorliegt, kann man aus dem Massenwirkungsgesetz die *Richtung*, mit der die Reaktion abläuft, ablesen. Seien

---

[16] A. Sommerfeld, *Vorlesungen über Theoretische Physik*, Bd.V, *Thermodynamik und Statistik*, S. 71 (Harri Deutsch, Thun, 1987)

$\nu_1, \nu_2, \ldots, \nu_s$ positiv und $\nu_{s+1}, \ldots, \nu_n$ negativ, also die Reaktionsgleichung (3.9.24) von der Form

$$\sum_{i=1}^{s} \nu_i A_i \rightleftharpoons \sum_{i=s+1}^{n} |\nu_i| A_i \ . \tag{3.9.24'}$$

Angenommen, das Produkt der Teilchendichten erfüllt die Ungleichung

$$\prod_i \varrho_i^{\nu_i} \equiv \frac{\prod_{i=1}^{s} \varrho_i^{\nu_i}}{\prod_{i=s+1}^{n} \varrho_i^{|\nu_i|}} < K_\varrho(T) \ , \tag{3.9.42}$$

also das System ist nicht im chemischen Gleichgewicht. Wenn die chemische Reaktion (3.9.24') von rechts nach links abläuft, erhöhen sich die Dichten links und erniedrigen sich die Dichten rechts, und der Bruch in der Ungleichung wird größer. Folglich wird in dem Fall (3.9.42) die Reaktion von rechts nach links ablaufen. Wenn umgekehrt anfänglich das Größerzeichen > vorläge, würde die Reaktion von links nach rechts ablaufen.
(iv) Bei allen chemischen Reaktionen findet man eine „*Wärmetönung*" (*Reaktionswärme*), d.h. sie verlaufen entweder unter Wärmeentwicklung – exotherm – oder unter Wärmeaufnahme – endotherm. Wir erinnern daran, daß für isobare Vorgänge $\Delta Q = \Delta H$, die Reaktionswärme gleich der Änderung der Enthalpie ist; siehe Kommentar nach Gl. (3.1.12). Die Temperaturabhängigkeit des Reaktionsgleichgewichts folgt aus Gl. (3.9.38). Eine Temperaturerhöhung bei konstantem Druck verschiebt das Gleichgewicht zugunsten derjenigen Seite der Reaktionsgleichung, die die höhere Enthalpie besitzt; oder anders ausgedrückt, führt zu einem Reaktionsablauf, bei dem Wärme aufgenommen wird. In der Regel ist in der Reaktionswärme der elektronische Beitrag – $\mathcal{O}(\mathrm{eV})$ – dominierend. Deshalb ist bei niederen Temperaturen die enthalpiereichere Seite praktisch nicht vorhanden.

*3.9.4 Dampfdruckerhöhung durch Fremdgas und durch Oberflächenspannung

3.9.4.1 Verdampfen von Wasser unter Luftatmosphäre

Wie in Abschn. 3.8.1 ausführlich diskutiert, kann ein einkomponentiges System nur längs der Dampfdruckkurve $P_0(T)$ verdampfen oder anders ausgedrückt nur längs der Dampfdruckkurve sind die Gas- und Flüssigkeitsphase im Gleichgewicht. Wenn außerdem ein Fremdgas vorhanden ist, bedeutet dies in der Gibbsschen Phasenregel einen Freiheitsgrad mehr, so daß eine Flüssigkeit mit ihrem Dampf auch außerhalb von $P_0(T)$ koexistieren kann.

Wir wollen hier das Verdampfen in Gegenwart von Fremdgasen und im besonderen von Wasser unter Luftatmosphäre untersuchen. Dabei nehmen wir an, daß das Fremdgas in der flüssigen Phase nur in vernachlässigbarem Maße gelöst ist. Wäre das chemische Potential der Flüssigkeit unabhängig

3. Thermodynamik

vom Druck, dann hätte das Fremdgas überhaupt keinen Einfluß auf das chemische Potential der Flüssigkeit; der Partialdruck des Dampfes müßte dann identisch sein mit dem Dampfdruck der reinen Substanz – eine häufig anzutreffende Aussage. Tatsächlich wirkt auf die Flüssigkeit der Gesamtdruck, wodurch sich deren chemisches Potential ändert. Die daraus resultierende Dampfdruckerhöhung wollen wir hier berechnen.

Zunächst stellen wir fest, daß

$$\left(\frac{\partial \mu_{\text{Fl}}}{\partial P}\right)_T = \frac{V}{N} \tag{3.9.43}$$

wegen des geringen spezifischen Volumens $v_{\text{Fl}} = \frac{V}{N}$ der Flüssigkeit klein ist. Bei einer Änderung des Druckes um ΔP ändert sich das chemische Potential der Flüssigkeit nach

$$\mu_{\text{Fl}}(T, P + \Delta P) = \mu_{\text{Fl}}(T, P) + v_{\text{Fl}} \Delta P + \mathcal{O}(\Delta P^2) \,. \tag{3.9.44}$$

Nach der Gibbs-Duhem-Relation ist das chemische Potential der Flüssigkeit

$$\mu_{\text{Fl}} = e_{\text{Fl}} - T s_{\text{Fl}} + P v_{\text{Fl}} \tag{3.9.45}$$

Hier bedeuten e_{Fl} und s_{Fl} die innere Energie und Entropie pro Teilchen. Wenn wir Temperatur- und Druckabhängigkeit von e_{Fl}, s_{Fl} und v_{Fl} vernachlässigen können, so gilt (3.9.44) ohne jegliche Korrekturen.

Das chemische Potential des Dampfes ist unter der Annahme einer idealen Mischung[17]

$$\mu_{\text{Dampf}}(T, P) = \mu_0(T) + kT \log cP \,, \tag{3.9.46}$$

wo c die Konzentration des Dampfes $c = \frac{N_{\text{Dampf}}}{N_{\text{Fremd}} + N_{\text{Dampf}}}$ in der Gasphase ist. Die Verdampfungskurve $P_0(T)$ ohne Fremdgase folgt aus

$$\mu_{\text{Fl}}(T, P_0) = \mu_0(T) + kT \log P_0 \,. \tag{3.9.47}$$

Mit Fremdgas setzt sich der Druck aus dem Druck des Fremdgases P_{Fremd} und dem Partialdruck des Dampfes $P_{\text{Dampf}} = cP$ zusammen $P = P_{\text{Fremd}} + P_{\text{Dampf}}$. Dann lautet die Gleichheit der chemischen Potentiale in der flüssigen und gasförmigen Phase

$$\mu_{\text{Fl}}(T, P_{\text{Fremd}} + P_{\text{Dampf}}) = \mu_0(T) + kT \log P_{\text{Dampf}} \,.$$

Ziehen wir davon (3.9.47) ab, ergibt sich

$$\mu_{\text{Fl}}(T, P_{\text{Fremd}} + P_{\text{Dampf}}) - \mu_{\text{Fl}}(T, P_0) = kT \log\left(\frac{P_{\text{Dampf}} - P_0}{P_0} + 1\right)$$

$$v_{\text{Fl}}(P_{\text{Fremd}} + P_{\text{Dampf}} - P_0) \approx kT \frac{P_{\text{Dampf}} - P_0}{P_0}$$

---
[17] Siehe Abschn. 5.2

$$v_{\text{Fl}} P_{\text{Fremd}} = \left(\frac{kT}{P_0} - v_{\text{Fl}}\right)(P_{\text{Dampf}} - P_0)$$

$$P_{\text{Dampf}} - P_0 = \frac{v_{\text{Fl}} P_{\text{Fremd}}}{v_{\text{G}} - v_{\text{Fl}}} = \frac{v_{\text{Fl}}}{v_{\text{G}} - v_{\text{Fl}}}(P - P_{\text{Dampf}}) \,. \tag{3.9.48}$$

Aus dem zweiten Glied von (3.9.48) folgt für die Dampfdruckerhöhung näherungsweise $P_{\text{Dampf}} - P_0(T) \approx \frac{v_{\text{Fl}}}{v_{\text{G}}} P_{\text{Fremd}}$ und exakt findet man

$$P_{\text{Dampf}} = P_0(T) + \frac{v_{\text{Fl}}}{v_{\text{G}}}(P - P_0(T)) \,. \tag{3.9.49}$$

Der Partialdruck des Dampfes ist gegenüber der Dampfdruckkurve um $\frac{v_{\text{Fl}}}{v_{\text{G}}} \times (P - P_0(T))$ erhöht. Wegen der Kleinheit des Faktors $\frac{v_{\text{Fl}}}{v_{\text{G}}}$ ist allerdings näherungsweise der Partialdruck gleich dem Dampfdruck bei der Temperatur T. Die wichtigste Aussage dieser Überlegungen ist folgende: Während eine Flüssigkeit unter dem Druck P bei der Temperatur T nur für $P = P_0(T)$ im Gleichgewicht mit ihrer Gasphase ist, also für $P > P_0(T)$ (oder für Temperaturen unterhalb der Siedetemperatur) nur als Flüssigkeit vorliegt, ist sie auch in diesem (P,T)-Gebiet mit seinem in einem anderen Gas gelösten Dampf im Gleichgewicht.

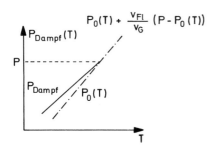

Abb. 3.39. Dampfdruck P_{Dampf} ist gegenüber der Dampfdruckkurve $P_0(T)$ (strich-punktiert) erhöht.

Wir besprechen nun das Verdampfen von Wasser oder das Sublimieren von Eis in Luftatmosphäre, Abb. 3.39. Durch die Luftatmosphäre wird ein bestimmter Druck P vorgegeben. Bei jeder Temperatur T unterhalb der zu diesem Druck gehörigen Verdampfungstemperatur ($P > P_0(T)$) verdampft gerade soviel Wasser, daß (erinnere $P_{\text{Dampf}} = cP$) der Partialdruck durch (3.9.49) gegeben ist. Die Konzentration des Wasserdampfes ist $c = (P_0(T) + \frac{v_{\text{Fl}}}{v_{\text{G}}}(P - P_0(T)))/P$.

In freier Luftatmosphäre wird der Wasserdampf durch Diffusion oder auch Konvektion (Wind) abtransportiert, und es muß immer Wasser von neuem verdampft (verdunstet) werden.[18] Bei Erhöhung der Temperatur erhöht sich der Partialdruck

---

[18] Wie schon vorhin erwähnt gelten die obigen Überlegungen auch für die Sublimation. Wenn man Wasser bei 1 atm unterhalb von 0°C abkühlt gefriert es zu Eis. Dieses Eis von beispielsweise $-10°C$ ist zwar als Einstoffsystem nicht mit der Gasphase im Gleichgewicht, aber mit Wasserdampf in Luft von einem Partialdruck von etwa $P_0(-10°C)$, wo $P_0(T)$ die Sublimationskurve darstellt. Aus diesem Grund trocknet gefrorene Wäsche, weil Eis in Luftatmosphäre sublimiert.

des Wassers, bis er schließlich gleich P ist. Die dann weiter vor sich gehende Verdampfung nennt man auch Sieden.

Für $P = P_0(T)$ ist die Flüssigkeit mit ihrem reinen Dampf im Gleichgewicht. Das Verdampfen geht dann nicht nur an der Oberfläche, sondern auch im Inneren der Flüssigkeit insbesondere an den Gefäßwänden vor sich. Es bilden sich dort Dampfblasen, die an die Oberfläche steigen. Im Inneren dieser Dampfblasen herrscht der Dampfdruck $P_0(T)$, welcher der Temperatur T entspricht. Da die Dampfblasen im Inneren der Flüssigkeit auch noch unter dem hydrostatischen Druck der Flüssigkeit stehen, muß ihre Temperatur tatsächlich etwas höher sein als die Siedetemperatur bei Atmosphärendruck. Falls die Flüssigkeit Kondensationskeime (Fettkügelchen in der Milch) enthält, an den sich Dampfblasen leichter bilden als in der reinen Flüssigkeit, dann „kocht sie über".

Die Erhöhung des Dampfdruckes durch zusätzlichen Druck, oder wie man sich auch ausdrückt, durch Pressung mag überraschen. Der zusätzliche Druck bewirkt ein verstärktes Austreten von Molekülen aus der Flüssigkeit, also einen Anstieg des Partialdruckes.

3.9.4.2 Dampfdruckerhöhung durch Oberflächenspannung von Tröpfchen

Ein zusätzlicher Druck rührt auch von der Oberflächenspannung her und kommt beim *Verdampfen von Flüssigkeitströpfchen* zur Geltung. Wir betrachten ein Flüssigkeitströpfchen vom Radius r. Bei einer isothermen Änderung des Radius um dr vergrößert sich die Oberfläche um $8\pi r\, dr$, was zu einer Energieerhöhung um $\sigma 8\pi r\, dr$ führt, wobei σ die Oberflächenspannung ist. Durch die Druckdifferenz p zwischen dem im Tröpfchen herrschenden Druck und dem Druck des umgebenden Gases kommt es zu einer auf die Oberfläche nach außen wirkenden Kraft $p\,4\pi r^2$. Die gesamte Änderung der freien Energie ist deshalb

$$dF = \delta A = \sigma 8\pi r\, dr - p\, 4\pi r^2\, dr\ . \tag{3.9.50}$$

Im Gleichgewicht muß die freie Energie des Tröpfchens stationär sein, so daß sich für die Druckdifferenz folgende Abhängigkeit vom Radius ergibt

$$p = \frac{2\sigma}{r}\ . \tag{3.9.51}$$

Danach besitzen kleine Tröpfchen einen größeren Dampfdruck als größere. Die Dampfdruckerhöhung aufgrund der Oberflächenspannung ist nun nach Gl. (3.9.48)

$$P_{\text{Dampf}} - P_0(T) = \frac{2\sigma}{r} \frac{v_{\text{Fl}}}{v_{\text{G}} - v_{\text{Fl}}} \tag{3.9.52}$$

umgekehrt proportional zum Radius des Tröpfchens. In einem Gemisch von kleinen und großen Tropfen werden deshalb die kleineren von den größeren aufgezehrt.

Bemerkungen:

(i) Kleine Tröpfchen verdampfen leichter als Flüssigkeiten mit ebener Oberfläche, und umgekehrt findet an ihnen schwerer eine Kondensation statt. Deshalb tritt an ausgedehnten, festen, abgekühlten Flächen eine Kondensation des Wasserdampfes der Luft leichter ein als an kleinen Wassertröpfchen. Die Temperatur, bei der eine Kondensation von Wasser aus der Atmosphäre (Taubildung) an ausgedehnten Flächen eintritt, heißt Taupunkt. Er ist vom Partialdruck des Wasserdampfes, d.h. dem Sättigungsgrad der Luft, abhängig und kann zur Bestimmung des Feuchtigkeitsgehaltes der Atmosphäre dienen.
(ii) Wir betrachten die homogene Kondensation eines Gases im freien Raum ohne Oberflächen. Die Temperatur des Gases sei T und der Dampfdruck bei dieser Temperatur $P_0(T)$. Wir nehmen an, daß der Druck P des Gases den Dampfdruck übersteigt; es heißt dann übersättigter Dampf. Zu jedem Übersättigungsgrad läßt sich aus (3.9.52) ein kritischer Radius

$$r_{\mathrm{kr}} = \frac{v_{\mathrm{Fl}}}{v_{\mathrm{G}}} \frac{2\sigma}{(P - P_0(T))}$$

definieren. Für Tröpfchen, deren Radius kleiner als r_{kr} ist, ist der Dampf nicht übersättigt. Die Kondensation kann also nicht durch die Bildung ganz kleiner Tröpfchen zustande kommen, da deren Dampfdruck größer als P ist. Es muß sich durch eine Schwankung ein kritisches Tröpfchen bilden, das die Kondensation einleitet. Die Kondensation wird durch zusätzliche anziehende Kräfte erleichtert. So wirken in der Luft stets vorhandene elektrisch geladene Staubteilchen und dergleichen infolge der von ihnen ausgehenden elektrischen Kräfte auf Wasserdampf kondensationsfördernd, also als Kondensationskeime.

Aufgaben zu Kapitel 3

3.1 Lesen Sie die partiellen Ableitungen der inneren Energie E nach ihren natürlichen Variablen aus Gl. (3.1.3) ab.

3.2 Zeigen Sie, daß

$$\delta g = \alpha dx + \beta \frac{x}{y} dy$$

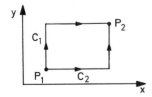

Abb. 3.40. Wege im x-y-Diagramm

kein exaktes Differential ist: a) mit Hilfe der Integrabilitätsbedingungen, b) durch Integration von P_1 nach P_2 entlang der Wege C_1 und C_2. Zeigen Sie, daß $1/x$ ein integrierender Faktor ist $df = \delta g/x$.

3.3 Beweisen Sie die Kettenregel (3.2.17) für Jacobi-Determinanten!

3.4 Leiten Sie die folgenden Relationen her:

$$\frac{C_P}{C_V} = \frac{\kappa_T}{\kappa_S} \quad , \quad \left(\frac{\partial T}{\partial V}\right)_S = -\frac{T}{C_V}\left(\frac{\partial P}{\partial T}\right)_V \quad \text{und} \quad \left(\frac{\partial T}{\partial P}\right)_S = \frac{T}{C_P}\left(\frac{\partial V}{\partial T}\right)_P .$$

3.5 Bestimmen Sie die Arbeitsleistung $W(V) = \int_{V_1}^{V} dV\, P$ eines idealen Gases bei reversibler adiabatischer Expansion. Aus $\delta Q = 0$ folgt $dE = -PdV$, daraus ergeben sich die Adiabatengleichungen $T = T_1\left(\frac{V_1}{V}\right)^{2/3}$ und $P = NkT_1\frac{V_1^{2/3}}{V^{5/3}}$ des idealen Gases, mit denen die Arbeitsleistung bestimmt werden kann.

3.6 Zeigen Sie, daß aus der Maximalität der Entropie die Stabilitätsbedingungen (3.6.48a,b) folgen.

3.7 Ein Liter ideales Gas expandiert reversibel und isotherm (20°C) von einem Anfangsdruck von 20 atm auf 1 atm. Wie groß ist die geleistete Arbeit in Joule? Welche Wärmemenge Q in Kalorien muß dem Gas zugeführt werden?

3.8 Zeigen Sie, daß das Verhältnis des Entropiezuwachses bei Erwärmung eines idealen Gases von T_1 auf T_2 bei konstantem Druck bzw. bei konstantem Volumen durch das Verhältnis der spezifischen Wärme gegeben ist.

3.9 Ein thermisch isoliertes System bestehe aus zwei 2 Subsystemen (T_A, V_A, P) und (T_B, V_B, P), die durch einen beweglichen, wärmedurchlässigen Stempel getrennt sind. (Abb. 3.41(a). Die Gase seien ideal).
(a) Berechnen Sie die Entropieänderung beim Temperaturausgleich (irreversibler Prozeß).
(b) Berechnen Sie die bei einem quasistatischen Temperaturausgleich geleistete Arbeit, Abb. 3.41(b).

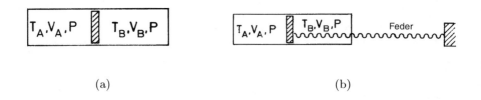

(a)   (b)

Abb. 3.41. Zu Aufgabe 3.9

3.10 Berechnen Sie die gewonnene Arbeit $W = \oint PdV$ beim Carnot-Prozeß für ein ideales Gas, indem Sie das Ringintegral auswerten.

3.11 Vergleichen Sie die Kühleffektivität eines Carnot-Zyklus zwischen den Temperaturen T_1 und T_2 mit der von zwei Carnot-Zyklen, die zwischen T_1 und T_3 und zwischen T_3 und T_2 arbeiten ($T_1 < T_3 < T_2$). Zeigen Sie, daß es günstiger ist, einen Kühlvorgang in Teilschritte zu zerlegen.

3.12 Diskutieren Sie einen Carnot-Zyklus, bei dem das Arbeitsmaterial thermische Strahlung ist. Es gilt: $E = \sigma V T^4$, $pV = \frac{1}{3}E$, $\sigma > 0$.
(a) Stellen Sie die Adiabatengleichung auf. **(b)** Berechnen Sie C_V und C_P.

3.13 Berechnen Sie den Wirkungsgrad des Joule-Zyklus (siehe Abb. 3.42):

$$\text{Resultat}: \eta = 1 - (P_2/P_1)^{(\kappa-1)/\kappa}.$$

Vergleichen Sie den Wirkungsgrad mit dem des (gestrichelt eingezeichneten) Carnot-Prozesses, wobei das Arbeitsmittel ein ideales Gas ist.

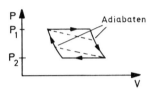
Abb. 3.42. Joule-Zyklus

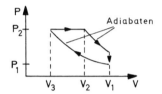
Abb. 3.43. Diesel-Zyklus

3.14 Berechnen Sie den Wirkungsgrad des Diesel-Zyklus (Abb. 3.43): Ergebnis

$$\eta = 1 - \frac{1}{\kappa}\frac{(V_2/V_1)^\kappa - (V_3/V_1)^\kappa}{(V_2/V_1) - (V_3/V_1)}.$$

3.15 Berechnen Sie für ein ideales Gas die Änderung der inneren Energie, die zu leistende Arbeit und die zuzuführende Wärmemenge für die quasistatischen Prozesse auf folgenden Wegen von 1 nach 2 (siehe Abb. 3.44)
(a) 1-A-2
(b) 1-B-2
(c) 1-C-2. Wie sieht die Fläche $E(P, V)$ aus?

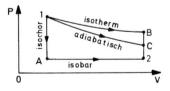
Abb. 3.44. Zu Aufgabe 3.15

3.16 Betrachten Sie den sogenannten Stirlingschen Kreisprozeß, wobei eine Wärmekraftmaschine (Arbeitsmittel: ideales Gas) Arbeit gemäß dem folgenden quasistatischen Zyklus leistet:
(a) isotherme Expansion bei der Temperatur T_1 vom Volumen V_1 auf das Volumen V_2.
(b) Abkühlung bei konstantem Volumen V_2 von T_1 nach T_2.
(c) isotherme Kompression bei der Temperatur T_2 von V_2 auf V_1.
(d) Erwärmung bei konstantem Volumen von T_2 auf T_1.
Bestimmen Sie den Wirkungsgrad η für diesen Prozeß!

3.17 Das Verhältnis des spezifischen Volumens von Wasser zu dem von Eis ist 1.000:1.091 bei $0°C$ und 1 atm. Die Schmelzwärme ist $80\,\text{cal/g}$. Berechnen Sie die Steigung der Schmelzkurve.

3.18 Integrieren Sie die Clausius-Clapeyronsche Differentialgleichung für den Übergang flüssig-gasförmig, indem Sie vereinfachend annehmen, daß die Übergangswärme konstant ist, $V_\text{flüss}$ gegen V_gas vernachlässigt werden kann und für die Gasphase die Zustandsgleichung für ideale Gase gilt.

3.19 Betrachten Sie die Umgebung des Tripelpunktes in einem Bereich, wo die Grenzkurven durch Geraden genähert werden können. Zeigen Sie, daß $\alpha < \pi$ ist (siehe Abb. 3.45). *Anleitung:* Benützen Sie $dP/dT = \Delta S/\Delta V$, und daß die Steigung der Geraden 2 größer ist, als die der Geraden 3.

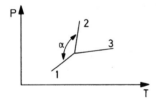

Abb. 3.45. Umgebung des Tripelpunktes

3.20 Die latente Wärme von Eis pro Masseneinheit sei Q_L. Ein Gefäß enthält eine Mischung von Wasser und Eis am Gefrierpunkt (absolute Temperatur T_0). Es soll zusätzlich Wasser der Masse m aus dem Gefäß mit einem Kühlapparat gefroren werden. Die vom Kühlapparat abgegebene Wärme wird verwendet, um einen Körper der Wärmekapazität C und der Anfangstemperatur T_0 aufzuwärmen. Wie groß ist die minimale Wärmeenergie, die vom Kühlapparat an den Körper abgegeben wird? (C sei temperaturunabhängig)

3.21 (a) Diskutieren Sie die Druckabhängigkeit der Reaktion $N_2+3H_2 \rightleftharpoons 2NH_3$ (Ammoniakerzeugung). Für welchen Druck ist die Ammoniakausbeute möglichst groß?
(b) Diskutieren Sie die thermische Dissoziation $2H_2O \rightleftharpoons 2H_2+O_2$. Zeigen Sie, daß eine Druckerhöhung der Dissoziation entgegenwirkt.

3.22 Ergänzen Sie die Details der Ableitung von (3.9.36a) und (3.9.36b).

3.23 Diskutieren Sie die Druck- und Temperaturabhängigkeit der Reaktion

$$CO + 3H_2 \rightleftharpoons CH_4 + H_2O$$

3.24 Wenden Sie das Massenwirkungsgesetz auf die Reaktion $H_2+Cl_2 \rightleftharpoons 2HCl$ an.

3.25 Leiten Sie das Massenwirkungsgesetz für die Teilchendichten $\varrho_j = N_j/V$, Gl. (3.9.30'), her.

3.26 Beweisen Sie Gl. (3.9.38) für die Temperaturabhängigkeit der Massenwirkungskonstante.

Anleitung: Zeigen Sie $H = G - T\frac{\partial G}{\partial T} = -T^2 \frac{\partial}{\partial T}\left(\frac{G}{T}\right)$ und drücken Sie die Änderung der freien Enthalpie

$$\Delta G = \sum_i \mu_i \nu_i$$

durch Gl. (3.9.28) aus und setzen Sie das Massenwirkungsgesetz (3.9.30) oder (3.9.30') ein.

3.27 Pomerantschuk-Effekt. Das Entropiediagramm für festes bzw. flüssiges He^3 besitzt unterhalb von 3 K die angegebene Gestalt. Beachten Sie, daß die spezifischen Volumina in beiden Phasen in diesem Temperaturbereich sich nicht ändern. Stellen Sie $P(T)$ für die Koexistenzkurven der Phasen dar (Abb. 3.46).

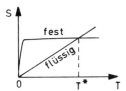

Abb. 3.46. Pomerantschuk-Effekt

3.28 Die (spezifischen) freien Energien f_α und f_β zweier fester Phasen α und β mit einer Mischbarkeitslücke und die (spezifische) freie Energie f_{Fl} der Flüssigkeitsmischung sind als Funktion der Konzentration c in Abb. 3.47 dargestellt.

Diskutieren Sie die Bedeutung der gestrichelten und der durchgezogenen Doppeltangenten. Bei Erniedrigung der Temperatur wird die freie Energie der flüssigen Phase erhöht, also verschiebt sich f_{Fl} gegenüber den beiden festen Zweigen der freien Energie nach oben. Leiten Sie daraus die Form des eutektischen Phasendiagramms ab.

3.29 Eine typische Form eines Zustandsdiagramms von flüssigen und gasförmigen Gemischen ist in Abb. 3.48 dargestellt.

Die Komponenten A und B sind sowohl in der Gasphase als auch in der flüssigen Phase beliebig mischbar. B hat den höheren Siedepunkt als A. Für eine Temperatur in dem Intervall $T_A < T < T_B$ ist deshalb die Gasphase A-reicher als die flüssige Phase. Diskutieren Sie das Sieden für die Ausgangskonzentration c_0,
(a) für den Fall, daß die Flüssigkeit in Kontakt mit der Gasphase bleibt. Zeigen Sie, daß der Verdampfungsvorgang in dem Temperaturintervall T_0 bis T_e abläuft.
(b) für den Fall, daß der Dampf abgepumpt wird. Zeigen Sie, daß der Verdampfungsvorgang im Intervall T_0 bis T_B abläuft.
Anmerkung: Man nennt die aus Verdampfungslinie und Kondensationslinie zusammengesetzte Kurve „Siedelinse". Ihre Form ist entscheidend für die Effizienz von Destillationsvorgängen. Die Siedelinse kann auch kompliziertere Formen annehmen

166   3. Thermodynamik

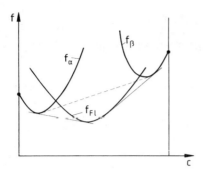

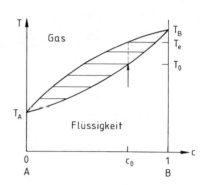

Abb. 3.47. Flüssigkeitsgemisch

Abb. 3.48. Siedelinse

als in Abb. 3.48, wie z.B. in Abb. 3.49. Eine Mischung mit der Konzentration c_a nennt man azeotrop. Für diese Konzentration läuft der Verdampfungsvorgang des Gemisches genau bei der Temperatur T_a und nicht in einem Temperaturintervall ab. Auch die eutektische Konzentration ist in diesem Sinne speziell. Ein derartiger Punkt tritt im Alkohol-Wasser Gemisch bei 96 % auf, was die Destillationsmöglichkeit begrenzt.[19]

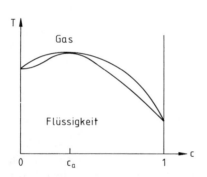

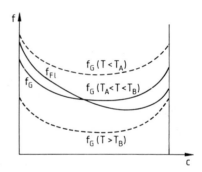

Abb. 3.49. Siedelinse

Abb. 3.50. Freie Energie

3.30 In Abb. 3.50 ist die freie Energie der flüssigen Phase f_Fl als Funktion der Konzentration gezeichnet, sowie die der Gasphase f_G. Es ist angenommen, daß f_Fl temperaturunabhängig ist und f_G mit abnehmender Temperatur sich nach oben verschiebt. Erklären Sie das Zustandekommen der Siedelinse von Aufgabe 3.29.[19]

---

[19] Detaillierte Angaben über Phasendiagramme von Mischungen findet man in M. Hansen, *Constitution of Binary Alloys*, McGraw Hill, 1983 und Supplementen. Weitere ausführliche Diskussionen über die Form von Phasendiagrammen findet man in Landau Lifschitz, *Lehrbuch der Theoretischen Physik*, Bd. V *Statistische Physik*.

3.31 Betrachten Sie die Paarerzeugung von Elektron-Positron-Paaren

$$e^+ + e^- \rightleftharpoons \gamma \,.$$

Nehmen Sie der Einfachheit halber an, daß das chemische Potential der Elektronen und Positronen durch den nichtrelativistischen Grenzfall unter Berücksichtigung der Ruheenergie durch $\mu = mc^2 + kT \log \frac{\lambda^3 N}{V}$ gegeben sei. Zeigen Sie für die Teilchenzahldichten $n_\pm$ von $e^\pm$, daß

$$n_+ n_- = \lambda^{-6} e^{-\frac{2mc^2}{kT}}$$

gilt und diskutieren Sie die Konsequenzen.

3.32 Betrachten Sie die Siede- und Kondensationskurven eines zweikomponentigen Flüssigkeitsgemisches. Die Konzentrationen in der Gas- und Flüssigkeitsphase seien c_G und c_{Fl}. Zeigen Sie, daß in Punkten mit $c_G = c_{Fl}$ (azeotropes Gemisch), an denen sich also die Siede- und die Kondensationskurve berühren, für festes P

$$\frac{dT}{dc} = 0$$

und für festes T

$$\frac{dP}{dc} = 0$$

sind, d.h. die Steigungen sind horizontal.
Anleitung: Gehen Sie aus von den differentiellen Gibbs-Duhem-Beziehungen der Gas und der Flüssigkeitsphase auf den Grenzkurven.

3.33 Bestimmen Sie die Temperatur der Atmosphäre als Funktion der Höhe. Um wieviel nimmt die Temperatur pro km Höhe ab? Vergleichen Sie Ihr Resultat für den Druck $P(z)$ mit der Barometerformel (siehe Aufgabe 2.15).
Anleitung: Gehen Sie von der Kräftebilanz in einem kleinen Luftvolumen aus. Das ergibt

$$\frac{dP(z)}{dz} = -mg\, P(z)/k \cdot T(z).$$

Nehmen Sie an, daß die Temperaturänderungen mit Druckänderungen der Luft (ideales Gas) adiabatisch zusammenhängen $\frac{dT(z)}{T(z)} = \frac{\gamma-1}{\gamma} \frac{dP(z)}{P}$. Daraus folgt $\frac{dT(z)}{dz}$.
Zahlenwerte: $m = 29 \mathrm{g/mol}$, $\gamma = 1.41$.

3.34 In der Meteorologie betrachtet man auch die „homogene Atmosphäre", bei der ρ konstant ist. Bestimmen Sie den Druck und die Temperatur als Funktion der Höhe. Berechnen Sie die Entropie der homogenen Atmosphäre und vergleichen Sie diese mit jener einer isothermen Atmosphäre gleichen Energieinhalts. Kann eine solche homogene Atmosphäre stabil sein?

4. Ideale Quanten-Gase

In diesem Kapitel wollen wir die thermodynamischen Eigenschaften idealer Quantengase, also nicht wechselwirkender Teilchen, aus der Quantenstatistik herleiten. Dies umfaßt nichtrelativistische Fermionen und Bosonen, deren Wechselwirkungen vernachlässigt werden, Quasiteilchen in kondensierter Materie und relativistische Quanten, insbesondere Photonen.

4.1 Großkanonisches Potential

Die Berechnung des großkanonischen Potentials ist am einfachsten. Um zunächst ein konkretes System vor Augen zu haben, gehen wir vom Hamilton-Operator für N nicht wechselwirkende, nichtrelativistische Teilchen aus

$$H = \sum_{i=1}^{N} \frac{1}{2m} \mathbf{p}_i^2 \,. \tag{4.1.1}$$

Die Teilchen seien in einen Kubus der Länge L und Volumen $V = L^3$ eingeschlossen, wobei wir periodische Randbedingungen voraussetzen. Die Einteilcheneigenfunktionen des Hamilton-Operators sind dann die Impulseigenzustände $|\mathbf{p}\rangle$ und in der Ortsdarstellung durch

$$\varphi_{\mathbf{p}}(\mathbf{x}) = \langle \mathbf{x} | \mathbf{p} \rangle = \frac{1}{\sqrt{V}} e^{i\mathbf{p}\cdot\mathbf{x}/\hbar} \tag{4.1.2a}$$

gegeben, wobei die Impulsquantenzahlen die Werte

$$\mathbf{p} = \frac{2\pi\hbar}{L}(\nu_1, \nu_2, \nu_3)\,, \quad \nu_\alpha = 0, \pm 1, \dots\,, \tag{4.1.2b}$$

annehmen und die Einteilchenenergie durch

$$\varepsilon_{\mathbf{p}} = \frac{\mathbf{p}^2}{2m} \tag{4.1.2c}$$

gegeben ist. Zur vollständigen Charakterisierung der Einteilchenzustände müssen wir noch den Spin s berücksichtigen. Dieser ist für Bosonen ganzzahlig und für Fermionen halbzahlig. Die Quantenzahl m_s für die z-Komponente des Spins nimmt $2s+1$ Werte an. Wir fassen mit $p \equiv (\mathbf{p}, m_s)$ die beiden Quantenzahlen in einem Symbol zusammen und haben für die kompletten Energieeigenzustände

$$|p\rangle \equiv |\mathbf{p}\rangle |m_s\rangle \; . \tag{4.1.2d}$$

In die nun folgende Behandlung können wir auch beliebige nicht wechselwirkende Hamilton-Operatoren mit einschließen, die z.B. noch ein Potential enthalten und vom Spin abhängen, wie dies etwa bei Elektronen in einem Magnetfeld der Fall ist. Wir nennen auch dann die Einteilchenquantenzahlen p und den zum Energieeigenzustand $|p\rangle$ gehörigen Eigenwert ε_p, der jedoch nicht mehr mit (4.1.2c) übereinstimmen muß. Aus diesen ergibt sich das Basissystem der N-Teilchenzustände für Bosonen und Fermionen

$$|p_1, p_2, \ldots, p_N\rangle = \mathcal{N} \sum_P (\pm 1)^P P |p_1\rangle \ldots |p_N\rangle \; . \tag{4.1.3}$$

Hier wird über alle Permutationen P der Zahlen 1 bis N summiert. Das obere Vorzeichen gilt für Bosonen, $(+1)^P = 1$, das untere für Fermionen. Es ist $(-1)^P$ für gerade Permutationen 1 und für ungerade -1. Die Bosonenzustände sind vollkommen symmetrisch, die Fermionenzustände vollkommen antisymmetrisch. Wegen der Symmetrisierungsoperation ist der Zustand (4.1.3) völlig charakterisiert durch die *Besetzungszahlen* n_p, die angeben, wieviele der N Teilchen im Zustand $|p\rangle$ sind. Für Bosonen kann $n_p = 0, 1, 2, \ldots$ alle ganzzahligen Werte von 0 bis ∞ annehmen. Man sagt, diese Teilchen genügen der Bose-Einstein-Statistik. Für Fermionen kann jeder Einteilchenzustand höchstens einmal besetzt werden, $n_p = 0, 1$ (gleiche Quantenzahlen würden durch die Antisymmetrisierung auf der rechten Seite von (4.1.3) Null ergeben). Man sagt, derartige Teilchen genügen der Fermi-Dirac-Statistik. Der Normierungsfaktor in (4.1.3) ist $\mathcal{N} = \frac{1}{\sqrt{N!}}$ für Fermionen und $\mathcal{N} = (N! \, n_{p_1}! \, n_{p_2}! \ldots)^{-1/2}$ für Bosonen.[1]

Für einen N-Teilchen Zustand muß die Summe aller n_p

$$N = \sum_p n_p \tag{4.1.4}$$

erfüllen, und der Energie-Eigenwert dieses N-Teilchen-Zustandes ist

$$E(\{n_p\}) = \sum_p n_p \varepsilon_p \; . \tag{4.1.5}$$

Nun können wir leicht die großkanonische Zustandssumme (Abschnitt 2.7.2) berechnen:

---

[1] Anmerkung: Für Bosonen kann der Zustand (4.1.3) auch in der Form $(N!/n_{p_1}! \, n_{p_2}! \ldots)^{-1/2} \sum_{P'} P' |p_1\rangle \ldots |p_N\rangle$ geschrieben werden, wo nur über zu unterschiedlichen Termen führende Permutationen P' summiert wird.

4.1 Großkanonisches Potential

$$Z_G \equiv \sum_{N=0}^{\infty} \sum_{\substack{\{n_p\} \\ \sum_p n_p = N}} e^{-\beta(E(\{n_p\}) - \mu N)} = \sum_{\{n_p\}} e^{-\beta \sum_p (\varepsilon_p - \mu) n_p}$$

$$= \prod_p \sum_{n_p} e^{-\beta(\varepsilon_p - \mu) n_p} = \begin{cases} \prod_p \dfrac{1}{1 - e^{-\beta(\varepsilon_p - \mu)}} & \text{für Bosonen} \\ \prod_p \left(1 + e^{-\beta(\varepsilon_p - \mu)}\right) & \text{für Fermionen.} \end{cases}$$

(4.1.6)

Wir fügen hier einige Erläuterungen zu (4.1.6) ein. Hier bedeutet $\sum_{\{n_p\}} \cdots \equiv \prod_p \sum_{n_p} \cdots$ die Vielfachsumme über alle Besetzungszahlen, wobei jede der Besetzungszahlen n_p die zulässigen Werte (0,1 für Fermionen und 0,1,2,... für Bosonen) annimmt. Hier durchläuft $p \equiv (\mathbf{p}, m_s)$ alle Werte von $\mathbf{p}$ und m_s. Die Berechnung der großkanonischen Zustandssumme verlangt, daß man zunächst für feste Teilchenzahl N über alle damit verträglichen Zustände und dann über alle Teilchenzahlen $N = 0, 1, 2, \ldots$ summiert. In der Definition von Z_G tritt deshalb $\sum_{\{n_p\}}$ mit der Einschränkung $\sum_p n_p = N$ auf. Da aber zum Abschluß über alle N summiert wird, folgt der Ausdruck nach dem zweiten Gleichheitszeichen, in dem über alle n_p unabhängig voneinander summiert wird. Hier erkennt man, daß es im Vergleich zu den anderen Ensembles am bequemsten ist, die großkanonische Zustandssumme zu berechnen. Für Bosonen entsteht in (4.1.6) ein Produkt von geometrischen Reihen; die Bedingung für deren Konvergenz verlangt $\mu < \varepsilon_p$ für alle p.

Aus (4.1.6) folgt das großkanonische Potential

$$\Phi = -\beta^{-1} \log Z_G = \pm \beta^{-1} \sum_p \log\left(1 \mp e^{-\beta(\varepsilon_p - \mu)}\right), \quad (4.1.7)$$

aus dem wir alle interessierenden thermodynamischen Größen ableiten können. Dabei beziehen sich hier und im folgenden die oberen (unteren) Vorzeichen auf Bosonen (Fermionen). Für die mittlere Teilchenzahl ergibt sich deshalb

$$N \equiv -\left(\frac{\partial \Phi}{\partial \mu}\right)_\beta = \sum_p n(\varepsilon_p) \, . \quad (4.1.8)$$

Hier wurde

$$n(\varepsilon_p) \equiv \frac{1}{e^{\beta(\varepsilon_p - \mu)} \mp 1} \quad (4.1.9)$$

eingeführt, die man auch als Bose- bzw. Fermi-Verteilungsfunktion bezeichnet. Wir zeigen nun, daß $n(\varepsilon_q)$ die *mittlere Besetzungszahl* des Zustands $|q\rangle$ ist. Dazu wird der Mittelwert von n_q berechnet

4. Ideale Quanten-Gase

$$\langle n_q \rangle = \mathrm{Sp}(\rho_G n_q) = \frac{\sum_{\{n_p\}} e^{-\beta \sum_p n_p(\varepsilon_p - \mu)} n_q}{\sum_{\{n_p\}} e^{-\beta \sum_p n_p(\varepsilon_p - \mu)}} = \frac{\sum_{n_q} e^{-\beta n_q(\varepsilon_q - \mu)} n_q}{\sum_{n_q} e^{-\beta n_q(\varepsilon_q - \mu)}}$$

$$= -\frac{\partial}{\partial x} \log \sum_n e^{-xn} \bigg|_{x=\beta(\varepsilon_q - \mu)} = n(\varepsilon_q) \,,$$

womit die Behauptung gezeigt ist. Wir kehren nun zur Berechnung der thermodynamischen Größen zurück. Für die *innere Energie* findet man aus (4.1.7)

$$E = \left(\frac{\partial(\Phi\beta)}{\partial\beta} \right)_{\beta\mu} = \sum_p \varepsilon_p n(\varepsilon_p) \,, \tag{4.1.10}$$

wobei in dieser Ableitung das *Produkt* $\beta\mu$ konstant gehalten wird.

Bemerkungen:

(i) Damit $n(\varepsilon_p) \geq 0$ für jedes p ist, muß für *Bosonen* $\mu < 0$, für ein allgemeineres Energiespektrum $\mu < \min(\varepsilon_p)$, sein.

(ii) Für $e^{-\beta(\varepsilon_p - \mu)} \ll 1$ ergibt sich aus (4.1.7) für $s = 0$ das großkanonische Potential klassischer idealer Gase (siehe 4.1.14a)

$$\Phi = -\beta^{-1} \sum_p e^{-\beta(\varepsilon_p - \mu)} = -\frac{z}{\beta} \frac{V}{(2\pi\hbar)^3} \int d^3 p\, e^{-\beta p^2/2m} = -\frac{zV}{\beta\lambda^3} \,. \tag{4.1.11}$$

Hier wurde für die rechte Seite von (4.1.11) die Dispersionsrelation $\varepsilon_p = \mathbf{p}^2/2m$ aus Gl. (4.1.2c) verwendet. Mit

$$z = e^{\beta\mu} \tag{4.1.12}$$

wurde die Fugazität[2] und mit $\lambda = \frac{h}{\sqrt{2\pi m k T}}$ (Gl. (2.7.20)) die thermische Wellenlänge eingeführt. Für $s \neq 0$ würde sich ein Zusatzfaktor $(2s+1)$ nach dem zweiten und dritten Gleichheitszeichen in Gl. (4.1.11) ergeben.

(iii) Die Berechnung der großkanonischen Zustandssumme ist noch einfacher, wenn man den Formalismus der zweiten Quantisierung verwendet

$$Z_G = \mathrm{Sp}\, \exp(-\beta(H - \mu\hat{N})) \,, \tag{4.1.13a}$$

wo der Hamilton-Operator und der Teilchenzahl-Operator in zweiter Quantisierung[3] die Gestalt

$$H = \sum_p \varepsilon_p\, a_p^\dagger a_p \tag{4.1.13b}$$

---

[2] Fugazität=Flüchtigkeit: (Ursprünglich eingeführt als Größe, die in der idealen Zustandsgleichung den Druck P ersetzt, so daß daraus die Zustandsgleichung des realen Gases resultiert).

[3] Siehe z.B. F. Schwabl, *Quantenmechanik für Fortgeschrittene (QM II)*, 4. Aufl., Springer, 2005, Kap. 1.

und

$$\hat{N} = \sum_p a_p^\dagger a_p \qquad (4.1.13c)$$

besitzen. Dann folgt

$$Z_G = \text{Sp} \prod_p e^{-\beta(\varepsilon_p - \mu)a_p^\dagger a_p} = \prod_p \sum_{n_p} e^{-\beta(\varepsilon_p - \mu)n_p} \qquad (4.1.13d)$$

und damit wieder (4.1.6).

Nach Gl. (4.1.2b) entspricht jedem der diskreten **p**-Werte im Impulsraum ein Volumen $\Delta = (2\pi\hbar/L)^3$. Deshalb können im Grenzfall großer V Summen über **p** durch Integrale ersetzt werden. Für den Hamilton-Operator freier Teilchen (4.1.1) bedeutet dies in (4.1.7) und (4.1.8)

$$\sum_p \ldots = g\sum_\mathbf{p} \ldots = g\frac{1}{\Delta}\sum_\mathbf{p}\Delta\ldots = g\frac{V}{(2\pi\hbar)^3}\int d^3p \ldots \qquad (4.1.14a)$$

mit dem Entartungsfaktor

$$g = 2s + 1, \qquad (4.1.14b)$$

wegen der Unabhängigkeit der Einteilchenenergie ε_p vom Spin.

Für die mittlere Teilchenzahl erhalten wir dann aus (4.1.8)[4]

$$N = \frac{gV}{(2\pi\hbar)^3}\int d^3p\, n(\varepsilon_\mathbf{p}) = \frac{gV}{2\pi^2\hbar^3}\int_0^\infty dp\, p^2 n(\varepsilon_\mathbf{p})$$

$$= \frac{gVm^{3/2}}{2^{1/2}\pi^2\hbar^3}\int_0^\infty \frac{d\varepsilon\,\sqrt{\varepsilon}}{e^{\beta(\varepsilon-\mu)} \mp 1}, \qquad (4.1.15)$$

wobei als Integrationsvariable $\varepsilon = p^2/2m$ eingeführt wurde. Wir definieren noch das spezifische Volumen

$$v = V/N \qquad (4.1.16)$$

und substituieren $x = \beta\varepsilon$, dann ergibt sich schließlich aus (4.1.15)

$$\frac{1}{v} = \frac{1}{\lambda^3}\frac{2g}{\sqrt{\pi}}\int_0^\infty dx\, \frac{x^{1/2}}{e^x z^{-1} \mp 1} = \frac{g}{\lambda^3}\begin{cases} g_{3/2}(z) & \text{für Bosonen} \\ f_{3/2}(z) & \text{für Fermionen} \end{cases}. \qquad (4.1.17)$$

---

[4] Für Bosonen wird es sich in Abschn. 4.4 erweisen, daß in einem Temperaturbereich, wo $\mu \to 0$ geht, der Term mit **p** = 0 beim Übergang von der Summe über die Impulse zum Integral gesondert behandelt werden muß.

Dabei wurden die verallgemeinerten ζ-Funktionen eingeführt, die durch

$$\left.\begin{array}{c} g_\nu(z) \\ f_\nu(z) \end{array}\right\} \equiv \frac{1}{\Gamma(\nu)} \int_0^\infty dx \, \frac{x^{\nu-1}}{e^x z^{-1} \mp 1} \qquad (4.1.18)$$

definiert sind.[5] Genauso ergibt sich aus (4.1.7)

$$\begin{aligned} \Phi &= \pm \frac{gV}{(2\pi\hbar)^3 \beta} \int d^3p \, \log\left(1 \mp e^{-\beta(\varepsilon_p - \mu)}\right) \\ &= \pm \frac{gVm^{3/2}}{2^{1/2}\pi^2\hbar^3 \beta} \int_0^\infty d\varepsilon \, \sqrt{\varepsilon} \log\left(1 \mp e^{-\beta(\varepsilon - \mu)}\right) , \end{aligned} \qquad (4.1.19)$$

was nach einer partiellen Integration auf

$$\Phi = -PV = -\frac{2}{3} \frac{gVm^{3/2}}{2^{1/2}\pi^2\hbar^3} \int_0^\infty \frac{d\varepsilon \, \varepsilon^{3/2}}{e^{\beta(\varepsilon-\mu)} \mp 1} = -\frac{gVkT}{\lambda^3} \left\{\begin{array}{c} g_{5/2}(z) \\ f_{5/2}(z) \end{array}\right. \qquad (4.1.19')$$

führt, wobei die obere Zeile für Bosonen und die untere für Fermionen gilt. Dabei wurde auch der für homogene Systeme gültige Ausdruck (3.1.26) $\Phi = -PV$ eingesetzt. Für die innere Energie erhält man aus (4.1.10)

$$E = \frac{gV}{(2\pi\hbar)^3} \int d^3p \, \varepsilon_{\mathbf{p}} n(\varepsilon_{\mathbf{p}}) = \frac{gVm^{3/2}}{2^{1/2}\pi^2\hbar^3} \int_0^\infty \frac{d\varepsilon \, \varepsilon^{3/2}}{e^{\beta(\varepsilon-\mu)} \mp 1} . \qquad (4.1.20)$$

Der Vergleich mit (4.1.19') ergibt bemerkenswerterweise den gleichen Zusammenhang

$$PV = \frac{2}{3} E \qquad (4.1.21)$$

wie für das klassische ideale Gas. Weitere allgemeine Relationen folgen aus der Homogenität von Φ in T und μ. Aus (4.1.19'), (4.1.15) und (3.1.18) folgt

$$P = -\frac{\Phi}{V} = -T^{5/2} \varphi\left(\frac{\mu}{T}\right) , \quad N = VT^{3/2} n\left(\frac{\mu}{T}\right) , \qquad (4.1.22a,b)$$

$$S = -\left(\frac{\partial \Phi}{\partial T}\right)_{V,\mu} = VT^{3/2} s\left(\frac{\mu}{T}\right) \quad \text{und} \quad \frac{S}{N} = \frac{s(\mu/T)}{n(\mu/T)} . \qquad (4.1.22c,d)$$

---

[5] Die Gamma-Funktion ist durch $\Gamma(\nu) = \int_0^\infty dt \, e^{-t} t^{\nu-1}$ [$\operatorname{Re}\nu > 0$] definiert. Sie erfüllt die Relation $\Gamma(\nu+1) = \nu\,\Gamma(\nu)$; z. B.: $\Gamma(\frac{1}{2}) = \sqrt{\pi}$, $\Gamma(\frac{3}{2}) = \sqrt{\pi}/2$, $\Gamma(\frac{5}{2}) = 3\sqrt{\pi}/4$. Die Riemannsche ζ-Funktion ist in Gl. (D.2) definiert.

Aus diesen Ergebnissen können wir leicht die Adiabatengleichung ableiten. Die Bedingung $S = \text{const}$ und $N = \text{const}$ ergibt mit (4.1.22d), (4.1.22b) und (4.1.22a) $\mu/T = \text{const}$, $VT^{3/2} = \text{const}$, $PT^{-5/2} = \text{const}$ und schließlich

$$PV^{5/3} = \text{const} \,. \tag{4.1.23}$$

Die Adiabatengleichung hat dieselbe Gestalt wie für das klassische ideale Gas, obwohl die meisten anderen thermodynamischen Größen sich unterschiedlich verhalten, wie zum Beispiel $c_P/c_V \neq 5/3$.

Nach diesen allgemeinen Vorüberlegungen wollen wir die Zustandsgleichung aus (4.1.22a) herleiten. Dazu müssen wir μ/T aus (4.1.22a) eliminieren und mittels (4.1.22b) durch die Dichte N/V ersetzen. Die explizite Berechnung führen wir in 4.2 für den klassischen Grenzfall und in 4.3 und 4.4 für tiefe Temperaturen, bei denen die Quanteneffekte dominieren.

4.2 Klassischer Grenzfall $z = \mathrm{e}^{\mu/kT} \ll 1$

Zunächst berechnen wir die Zustandsgleichung im nahezu klassischen Grenzfall. Dazu werden die in (4.1.18) definierten, verallgemeinerten ζ-Funktionen g und f in Potenzreihen in z entwickelt

$$\left.\begin{array}{c} g_\nu(z) \\ f_\nu(z) \end{array}\right\} = \frac{1}{\Gamma(\nu)} \int_0^\infty dx\, x^{\nu-1} \mathrm{e}^{-x} z \sum_{k'=0}^\infty (\pm 1)^{k'} \mathrm{e}^{-xk'} z^{k'} = \sum_{k=1}^\infty \frac{(\pm 1)^{k+1} z^k}{k^\nu}, \tag{4.2.1}$$

wobei die obere Zeile (Vorzeichen) für Bosonen, die untere für Fermionen gilt. Damit nimmt Gl. (4.1.17) die Gestalt

$$\frac{\lambda^3}{v} = g \sum_{k=1}^\infty \frac{(\pm 1)^{k+1} z^k}{k^{3/2}} = g\left(z \pm \frac{z^2}{2^{3/2}} + \mathcal{O}(z^3)\right) \tag{4.2.2}$$

an. Diese Gleichung kann man iterativ nach z auflösen

$$z = \frac{\lambda^3}{vg} \mp \frac{1}{2^{3/2}} \left(\frac{\lambda^3}{vg}\right)^2 + \mathcal{O}\left(\left(\frac{\lambda^3}{v}\right)^3\right). \tag{4.2.3}$$

Setzt man dies in die aus (4.1.19') und (4.2.1) folgende Entwicklung für Φ

$$\Phi = -\frac{gVkT}{\lambda^3}\left(z \pm \frac{z^2}{2^{5/2}} + \mathcal{O}(z^3)\right) \tag{4.2.4}$$

ein, so läßt sich μ zugunsten von N eliminieren und es ergibt sich die Zustandsgleichung

4. Ideale Quanten-Gase

$$PV = -\Phi = NkT\left(1 \mp \frac{\lambda^3}{2^{5/2}gv} + \mathcal{O}\left(\left(\frac{\lambda^3}{v}\right)^2\right)\right). \qquad (4.2.5)$$

Die Symmetrisierung (Antisymmetrisierung) der Wellenfunktionen bewirkt im Vergleich mit dem klassischen idealen Gas eine *Verringerung* (*Erhöhung*) des Drucks. Diese wirkt sich so wie eine Anziehung (Abstoßung) der tatsächlich wechselwirkungsfreien Teilchen aus (Clusterbildung (Zusammenballung) von Bosonen, Ausschließungsprinzip für Fermionen). Für das chemische Potential finden wir aus (4.1.12) und (4.2.3) die Entwicklung unter Benutzung von $\frac{\lambda^3}{vg} \ll 1$

$$\mu = kT \log z = kT\left[\log\frac{\lambda^3}{gv} \mp \frac{1}{2^{3/2}}\frac{\lambda^3}{gv}\cdots\right], \qquad (4.2.6)$$

d.h. $\mu < 0$. Für die freie Energie $F = \Phi + \mu N$ folgt aus (4.2.5) und (4.2.6)

$$F = F_{\text{klass}} \mp kT\frac{N\lambda^3}{2^{5/2}gv}, \qquad (4.2.7a)$$

wo

$$F_{\text{klass}} = NkT\left(-1 + \log\frac{\lambda^3}{gv}\right) \qquad (4.2.7b)$$

die freie Energie des klassischen idealen Gases ist.

Bemerkungen:

(i) Die *Quantenkorrekturen* sind proportional zu $\hbar^3$, da λ proportional zu $\hbar$ ist. Man nennt diese Korrekturen auch *Austauschkorrekturen*, da sie einzig vom Symmetrieverhalten der Wellenfunktion abhängen. (Siehe auch Anhang B.)

(ii) Die Austauschkorrekturen zu den klassischen Ergebnissen sind bei endlichen Temperaturen von der Größenordnung λ^3/v. Die klassische Zustandsgleichung gilt für $z \ll 1$, bzw. $\lambda \ll v^{1/3}$, also im Grenzfall starker Verdünnung. Dieser Grenzfall ist umso besser realisiert, je höher die Temperatur und je geringer die Dichte ist. Die Besetzungszahl im klassischen Grenzfall ist gegeben durch (Abb. 4.1)

$$n(\varepsilon_{\mathbf{p}}) \approx e^{-\beta\varepsilon_{\mathbf{p}}}e^{\beta\mu} = e^{-\beta\varepsilon_{\mathbf{p}}}\frac{\lambda^3}{gv} \ll 1. \qquad (4.2.8)$$

Der klassische Grenzfall (4.2.8) gilt für Bosonen und Fermionen gleichermaßen. Im Vergleich dazu ist die Fermi-Verteilungsfunktion bei Temperatur Null eingezeichnet. Deren Bedeutung sowie die von ε_F wird in Abschnitt 4.3 besprochen.

(iii) Entsprechend der symmetriebedingten Druckänderung von (4.2.5) führen die Austauscheffekte zu einer Abänderung der freien Energie (4.2.7a).

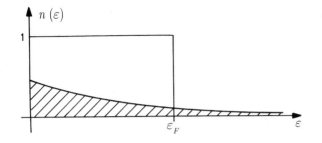

Abb. 4.1. Die Besetzungszahl $n(\varepsilon)$ im klassischen Grenzfall (schraffiert). Zum Vergleich ist auch die Besetzungszahl für ein entartetes Fermigas eingezeichnet.

4.3 Fast entartetes ideales Fermi-Gas

In diesem und im nächsten Abschnitt betrachten wir den entgegengesetzten Grenzfall, in dem die Quanteneffekte dominieren. Wir müssen hier Fermionen und Bosonen in 4.4 separat behandeln. Zunächst erinnern wir unabhängig von der statistischen Mechanik an die Eigenschaften des Grundzustandes von Fermionen.

4.3.1 Grundzustand, $T = 0$ (Entartung)

Wir besprechen zuerst den Grundzustand von N Fermionen. Dieser ist bei Temperatur Null realisiert. Im Grundzustand sind die N niedrigsten Einteilchenzustände $|p\rangle$ einfach besetzt. Falls die Energie nur vom Impuls $\mathbf{p}$ abhängt, kommt jeder Wert von $\mathbf{p}$ g-fach vor. Für die Dispersionsrelation (4.1.2c) sind deshalb die Impulse innerhalb einer Kugel (der Fermi-Kugel), deren Radius man Fermi-Impuls p_F nennt (Abb. 4.2), besetzt. Die Teilchenzahl hängt mit p_F folgendermaßen zusammen

$$N = g \sum_{p \leq p_F} 1 = g \frac{V}{(2\pi\hbar)^3} \int d^3 p \, \Theta(p_F - p) = \frac{g V p_F^3}{6\pi^2 \hbar^3} \; . \tag{4.3.1}$$

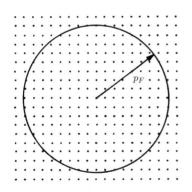

Abb. 4.2. Besetzung der Impulseigenzustände innerhalb der Fermikugel

178 4. Ideale Quanten-Gase

Aus (4.3.1) ergibt sich folgende Beziehung zwischen der Teilchenzahldichte $n = \frac{N}{V}$ und dem *Fermi-Impuls*

$$p_F = \left(\frac{6\pi^2}{g}\right)^{1/3} \hbar\, n^{1/3}\ . \tag{4.3.2}$$

Die dem Fermi–Impuls entsprechende Einteilchenenergie nennt man *Fermi-Energie*:

$$\varepsilon_F = \frac{p_F^2}{2m} = \left(\frac{6\pi^2}{g}\right)^{2/3} \frac{\hbar^2}{2m}\, n^{2/3}\ . \tag{4.3.3}$$

Für die Grundzustandsenergie folgt

$$E = \frac{gV}{(2\pi\hbar)^3} \int d^3p\, \frac{p^2}{2m} \Theta(p_F - p) = \frac{gVp_F^5}{20\pi^2\hbar^3 m} = \frac{3}{5} \varepsilon_F N\ . \tag{4.3.4}$$

Aus (4.1.21) und (4.3.4) ergibt sich für den Druck von Fermionen bei der Temperatur Null

$$P = \frac{2}{5} \varepsilon_F n = \frac{1}{5} \left(\frac{6\pi^2}{g}\right)^{2/3} \frac{\hbar^2}{m}\, n^{5/3}\ . \tag{4.3.5}$$

Die Entartung des Grundzustandes ist so gering, daß für $T = 0$ die Entropie und TS verschwinden (Siehe auch (4.3.19)). Daraus und mit (4.3.4) und (4.3.5) ergibt die Gibbs-Duhem-Relation $\mu = \frac{1}{N}(E + PV - TS)$ für das chemische Potential

$$\mu = \varepsilon_F\ . \tag{4.3.6}$$

Dieses Ergebnis ist auch aus der Form des Grundzustandes ersichtlich, die eine Besetzung aller Niveaus bis zur Fermi-Energie beinhaltet, woraus folgt, daß die Fermi-Verteilungsfunktion eines Systems von N Fermionen für $T = 0$ in $n(\varepsilon) = \Theta(\varepsilon_F - \varepsilon)$ übergehen muß. Klarerweise benötigt man genau die Energie ε_F um ein weiteres Fermion in das System einzubringen. Die Existenz der Fermi-Energie ist eine Folge des Pauli-Prinzips und somit ein Quanteneffekt.

4.3.2 Grenzfall starker Entartung

Nun berechnen wir die thermodynamischen Eigenschaften im Grenzfall großer μ/kT. In der Abb. 4.3 ist die Fermi-Verteilungsfunktion

$$n(\varepsilon) = \frac{1}{e^{(\varepsilon-\mu)/kT} + 1} \tag{4.3.7}$$

für tiefe Temperaturen dargestellt. Gegenüber einer Stufenfunktion an der

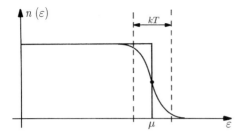

Abb. 4.3. Fermi-Verteilungsfunktion $n(\varepsilon)$ für kleine Temperaturen, verglichen mit der Stufenfunktion $\Theta(\mu - \varepsilon)$.

Stelle μ ist sie über einen Bereich kT aufgeweicht. Wir werden unten sehen, daß μ nur bei $T = 0$ gleich ε_F ist. Für $T = 0$ artet die Fermi-Verteilungsfunktion in eine Stufenfunktion aus, man spricht dann von einem entarteten Fermi-Gas, für kleine T von einem fast entarteten Fermi-Gas.

Es ist zweckmäßig, die Vorfaktoren in (4.1.19′) und (4.1.15) durch die Fermi-Energie (4.3.3) zu ersetzen;[6] für das großkanonische Potential erhält man

$$\Phi = -N\varepsilon_F^{-3/2} \int_0^\infty d\varepsilon \, \varepsilon^{3/2} n(\varepsilon) \tag{4.3.8}$$

und aus der Formel (4.1.15) für N wird

$$1 = \frac{3}{2}\varepsilon_F^{-3/2} \int_0^\infty d\varepsilon \, \varepsilon^{1/2} n(\varepsilon) \, . \tag{4.3.9}$$

Es bleiben also noch Integrale des Typs

$$I = \int_0^\infty d\varepsilon \, f(\varepsilon) n(\varepsilon) \tag{4.3.10}$$

zu berechnen. Die Methode für die Auswertung bei tiefen Temperaturen stammt von Sommerfeld: Man kann I in folgender Weise zerlegen

$$\begin{aligned} I &= \int_0^\mu d\varepsilon \, f(\varepsilon) + \int_0^\infty d\varepsilon \, f(\varepsilon)[n(\varepsilon) - \Theta(\mu - \varepsilon)] \\ &\approx \int_0^\mu d\varepsilon \, f(\varepsilon) + \int_{-\infty}^\infty d\varepsilon \, f(\varepsilon)[n(\varepsilon) - \Theta(\mu - \varepsilon)] \end{aligned} \tag{4.3.11}$$

und für $T \to 0$ im zweiten Term die Integrationsgrenze näherungsweise nach

---

[6] In (4.3.8) und (4.3.14) ist Φ nach wie vor durch seine natürlichen Variablen T, V und μ ausgedrückt, da $N\varepsilon_F^{-3/2} \propto V$. In (4.3.14′) ist die Abhängigkeit von μ über (4.3.13) durch T und N/V ersetzt.

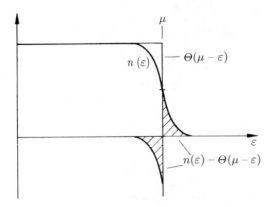

Abb. 4.4. Die Fermi-Verteilungsfunktion $n(\varepsilon)$ und $n(\varepsilon) - \Theta(\mu - \varepsilon)$.

$-\infty$ verschieben, da für negative ε $\quad n(\varepsilon) = 1 + \mathcal{O}(e^{-(\mu-\varepsilon)/kT})$ ist.[7] Man sieht sofort aus Abb. 4.4, daß $\bigl(n(\varepsilon) - \Theta(\mu - \varepsilon)\bigr)$ nur in der Umgebung von $\varepsilon = \mu$ verschieden von Null ist und antisymmetrisch um die Stelle μ ist.[8] Deshalb entwickeln wir $f(\varepsilon)$ um die Stelle μ in eine Taylor-Reihe und führen als neue Integrationsvariable $x = (\varepsilon - \mu)/kT$ ein:

$$I = \int_0^\mu d\varepsilon\, f(\varepsilon) + \int_{-\infty}^\infty dx \left[\frac{1}{e^x + 1} - \Theta(-x)\right] \times$$

$$\times \left(f'(\mu)\,(kT)^2\, x + \frac{f'''(\mu)}{3!}(kT)^4 x^3 + \ldots\right)$$

$$= \int_0^\mu d\varepsilon\, f(\varepsilon) + 2(kT)^2 f'(\mu) \int_0^\infty dx\, \frac{x}{e^x + 1} +$$

$$+ \frac{2(kT)^4}{3!} f'''(\mu) \int_0^\infty dx\, \frac{x^3}{e^x + 1} + \ldots$$

(da $\left[\frac{1}{e^x+1} - \Theta(-x)\right]$ antisymmetrisch und $= \frac{1}{e^x+1}$ für $x > 0$). Daraus folgt unter Verwendung der in Anhang D, Gl. (D.7), berechneten Integrale die allgemeine Entwicklung nach der Temperatur[9]

---

[7] Sollte $f(\varepsilon)$ von vornherein nur für positive ε definiert sein, kann man z.B. $f(-\varepsilon) = f(\varepsilon)$ definieren, das Ergebnis hängt nur von $f(\varepsilon)$ bei positiven ε ab.

[8] $\frac{1}{e^x+1} - \Theta(-x) = 1 - \frac{1}{e^{-x}+1} - \Theta(-x) = -\left[\frac{1}{e^{-x}+1} - \Theta(x)\right]$

[9] Diese Reihe ist eine asymptotische Reihe in T. Eine asymptotische Reihe für eine Funktion $I(\lambda)$, $I(\lambda) = \sum_{k=0}^m a_k \lambda^k + R_m(\lambda)$ ist durch folgendes Verhalten des Restglieds charakterisiert: $\lim_{\lambda \to 0} R_m(\lambda)/\lambda^m = 0$, $\lim_{m \to \infty} R_m(\lambda) = \infty$. Für kleine λ wird die Funktion durch eine endliche Zahl der Reihenglieder sehr genau repräsentiert. Daß für Funktionen $f(\varepsilon) \sim \varepsilon^{1/2}$ etc. das Integral aus (4.3.10) nicht in eine Taylor-Reihe entwickelbar ist, sieht man sofort, da I für $T < 0$ divergiert.

$$I = \int_0^\mu d\varepsilon\, f(\varepsilon) + \frac{\pi^2}{6}(kT)^2 f'(\mu) + \frac{7\pi^4}{360}(kT)^4 f'''(\mu) + \ldots \,. \qquad (4.3.12)$$

Wenden wir diese Entwicklung auf Gl. (4.3.9) an, so ergibt sich

$$1 = \left(\frac{\mu}{\varepsilon_F}\right)^{3/2}\left\{1 + \frac{\pi^2}{8}\left(\frac{kT}{\mu}\right)^2 + \mathcal{O}(T^4)\right\}\,.$$

Diese Gleichung können wir iterativ nach μ auflösen und erhalten das chemische Potential als Funktion von T und N/V

$$\mu = \varepsilon_F\left\{1 - \frac{\pi^2}{12}\left(\frac{kT}{\varepsilon_F}\right)^2 + \mathcal{O}(T^4)\right\}\,, \qquad (4.3.13)$$

wobei ε_F durch (4.3.3) gegeben ist. Das chemische Potential verringert sich mit steigender Temperatur, da nicht mehr alle Zustände innerhalb der Fermi-Kugel besetzt sind. Genauso ergibt sich für (4.3.8)

$$\Phi = -N\varepsilon_F^{-3/2}\left\{\frac{2}{5}\mu^{5/2} + \frac{\pi^2}{6}(kT)^2\frac{3}{2}\mu^{1/2} + \ldots\right\}\,, \qquad (4.3.14)$$

woraus nach Einsetzen von (4.3.13)[10]

$$\Phi = -\frac{2}{5}N\varepsilon_F\left\{1 + \frac{5\pi^2}{12}\left(\frac{kT}{\varepsilon_F}\right)^2 + \mathcal{O}(T^4)\right\} \qquad (4.3.14')$$

bzw. über $P = -\Phi/V$ die Zustandsgleichung folgt. Aus (4.1.21) ergibt sich unmittelbar für die innere Energie

$$E = \frac{3}{2}PV = \frac{3}{5}N\varepsilon_F\left\{1 + \frac{5\pi^2}{12}\left(\frac{kT}{\varepsilon_F}\right)^2 + \mathcal{O}(T^4)\right\}\,. \qquad (4.3.15)$$

Daraus folgt für die Wärmekapazität bei konstantem V und N

$$C_V = Nk\frac{\pi^2}{2}\frac{T}{T_F}\,, \qquad (4.3.16)$$

wobei die *Fermi-Temperatur*

$$T_F = \varepsilon_F/k \qquad (4.3.17)$$

eingeführt wurde. Für tiefe Temperaturen ($T \ll T_F$) ist die Wärmekapazität linear in der Temperatur (Abb. 4.5). Dieses Verhalten kann man sich leicht qualitativ verständlich machen. Erhöht man die Temperatur von Null auf T, so erhöht sich die Energie eines Teils der Teilchen um kT. Die Zahl der

---

[10] Wenn man das großkanonische Potential als Funktion seiner natürlichen Variablen benötigt, muß man in (4.3.14) $N\varepsilon_F^{-3/2} = Vg(2m)^{3/2}/6\pi^2\hbar^3$ ersetzen. Für die Berechnung von C_V und der Zustandsgleichung ist es jedoch zweckmäßig als Variable T, V und N zu verwenden.

182   4. Ideale Quanten-Gase

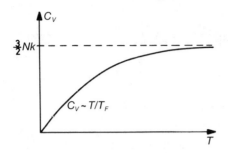 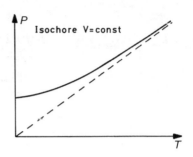

Abb. 4.5. Spezifische Wärme (Wärmekapazität) des idealen Fermi-Gases

Abb. 4.6. Der Druck als Funktion der Temperatur. Ideales Fermi-Gas (durchgezogen). Ideales klassisches Gas (gestrichelt).

Teilchen, die derartig angeregt werden, ist auf eine Schale der Breite kT um die Fermi-Kugel beschränkt, also durch NkT/ε_F gegeben. Insgesamt ist die Energieerhöhung

$$\delta E \sim kTN \frac{kT}{\varepsilon_F} , \qquad (4.3.16')$$

woraus sich wie in (4.3.16) $C_V \sim kNT/T_F$ ergibt. Nach (4.3.14') ist der Druck durch

$$P = \frac{2}{5} \left(\frac{6\pi^2}{g}\right)^{2/3} \frac{\hbar^2}{2m} \left(\frac{N}{V}\right)^{5/3} \left[1 + \frac{5\pi^2}{12}\left(\frac{kT}{\varepsilon_F}\right)^2 + \ldots \right] \qquad (4.3.14'')$$

gegeben. Wegen des Pauli-Verbotes kommt es gegenüber dem klassischen idealen Gas zu einer *Druckerhöhung* bei $T = 0$, wie aus Abb. 4.6 ersichtlich ist. Daraus folgt für die isotherme Kompressibilität

$$\kappa_T = -\frac{1}{V}\left(\frac{\partial V}{\partial P}\right)_T = \frac{3(V/N)}{2\varepsilon_F}\left[1 - \frac{\pi^2}{12}\left(\frac{kT}{\varepsilon_F}\right)^2 + \ldots\right] . \qquad (4.3.18)$$

Für die Entropie findet man für $T \ll T_F$

$$S = kN\frac{\pi^2}{2}\frac{T}{T_F} \qquad (4.3.19)$$

mit $TS = E+PV-\mu N$ aus (4.3.15), (4.3.14') und (4.3.13) (vergleiche Anhang A.1, Dritter Hauptsatz).

Das *chemische Potential* eines idealen Fermi-Gases bei fester Dichte kann aus Gl. (4.3.9) bestimmt werden und ist als Funktion der Temperatur in Abb. 4.7 dargestellt.

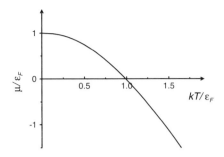

Abb. 4.7. Chemisches Potential des idealen Fermi-Gases bei fester Dichte als Funktion der Temperatur.

Ergänzungen:

(i) Die Fermi-Temperatur, auch Entartungstemperatur genannt,

$$T_F[\text{K}] = \frac{\varepsilon_F}{k} = 3.85 \times 10^{-38} \frac{1}{m[\text{g}]} \left(\frac{N}{V[\text{cm}^3]}\right)^{2/3} \tag{4.3.20}$$

ist charakteristisch für das thermodynamische Verhalten von Fermionen (siehe Tab. 4.1). Für $T \ll T_F$ ist das System fast entartet, während für $T \gg T_F$ der klassische Grenzfall zutrifft. Fermi-Energien werden üblicherweise in Elektronen-Volt angegeben. Die Umrechnung in Kelvin erfolgt über $1\,\text{eV} \stackrel{\wedge}{=} 11605\,\text{K}$.

(ii) Die *Zustandsdichte* ist durch

$$\nu(\varepsilon) = \frac{Vg}{(2\pi\hbar)^3} \int d^3p\, \delta(\varepsilon - \varepsilon_{\mathbf{p}}) \tag{4.3.21}$$

definiert. Wir bemerken, daß $\nu(\varepsilon)$ lediglich von der Dispersionsrelation bestimmt ist und nicht von der Statistik. Die thermodynamischen Größen hängen nicht von der detaillierten Impulsabhängigkeit der Energieniveaus ab, sondern nur von der Verteilung der Energieniveaus, also der Zustandsdichte. Integrale über den Impulsraum, deren Integranden nur von $\varepsilon_{\mathbf{p}}$ abhängen, können folgendermaßen umgeformt werden

$$\int d^3p\, f(\varepsilon_{\mathbf{p}}) = \int d\varepsilon \int d^3p\, f(\varepsilon)\delta(\varepsilon - \varepsilon_{\mathbf{p}}) = \frac{(2\pi\hbar)^3}{Vg} \int d\varepsilon\, \nu(\varepsilon)f(\varepsilon)\,.$$

Beispielsweise läßt sich die Teilchenzahl in der Form

$$N = \int_{-\infty}^{\infty} d\varepsilon\, \nu(\varepsilon)n(\varepsilon) \tag{4.3.22}$$

durch die Zustandsdichte ausdrücken. Für freie Elektronen ergibt sich aus (4.3.21)

$$\nu(\varepsilon) = \frac{gV}{4\pi^2} \left(\frac{2m}{\hbar^2}\right)^{\frac{3}{2}} \varepsilon^{1/2} = \frac{3}{2} N \frac{\varepsilon^{1/2}}{\varepsilon_F^{3/2}}\,. \tag{4.3.23}$$

Die in Abb. 4.8 dargestellte $\varepsilon^{1/2}$-Abhängigkeit ist charakteristisch für nichtrelativistische, materielle, nicht wechselwirkende Teilchen.

Die oben dargestellten Ableitungen der spezifischen Wärme und der Kompressibilität können auf allgemeine Zustandsdichten $\nu(\varepsilon)$ verallgemeinert werden, indem (4.3.9) und (4.3.8) für allgemeines $\nu(\varepsilon)$ ausgewertet werden. Die Ergebnisse lauten

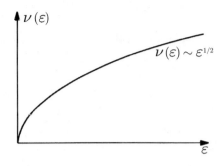

Abb. 4.8. Die Zustandsdichte für freie Elektronen in drei Dimensionen.

$$C_V = \frac{1}{3}\pi^2 \nu(\varepsilon_F) k^2 T + \mathcal{O}((T/T_F)^3) \tag{4.3.24a}$$

und

$$\kappa_T = \frac{V}{N^2}\nu(\varepsilon_F) + \mathcal{O}((T/T_F)^2) \ . \tag{4.3.24b}$$

Daß nur der Wert der Zustandsdichte an der Fermi-Energie für das Tieftemperaturverhalten maßgeblich ist, war nach den Bemerkungen nach Gleichung (4.3.17) zu erwarten. Für (4.3.23) ergeben sich aus (4.3.24a,b) wieder die Ergebnisse (4.3.16) und (4.3.18).

(iii) Entartete Fermi-Flüssigkeiten: Physikalische Beispiele für entartete Fermi-Flüssigkeiten sind in Tab. 4.1 aufgeführt.

Tabelle 4.1. Entartete Fermi-Flüssigkeiten, Masse, Dichte, Fermi-Temperatur, Fermi-Energie

Teilchen	m[g]	N/V[cm^{-3}]	T_F[K]	ε_F[eV]
Metallelektronen	0.91×10^{-27}	10^{24}	10^5	< 10
He^3, $P=$ 0–30 bar	5.01×10^{-24} $m^*/m = 2.8$–5.5	$(1.6$–$2.3) \times 10^{22}$	1.7–1.1	$(1.5$–$0.9) \times 10^{-4}$
Neutronen im Kern	1.67×10^{-24}	0.11×10^{39} $\times \left(\frac{A-Z}{A}\right)$	5.3×10^{11} $\times \left(\frac{A-Z}{A}\right)^{\frac{2}{3}}$	$46\left(\frac{A-Z}{A}\right)^{\frac{2}{3}} \times 10^6$
Protonen im Kern	1.67×10^{-24}	$0.11 \times 10^{39} \frac{Z}{A}$	$5.3 \times 10^{11} \left(\frac{Z}{A}\right)^{\frac{2}{3}}$	$46\left(\frac{Z}{A}\right)^{\frac{2}{3}} \times 10^6$
Elektronen in weißen Zwergen	0.91×10^{-27}	10^{30}	3×10^9	3×10^5

(iv) Coulomb-Wechselwirkung:
Elektronen in Metallen sind nicht frei, sondern stoßen sich infolge der Coulomb-Wechselwirkung ab

$$H = \sum_i \frac{p_i^2}{2m} + \frac{1}{2}\sum_{i \neq j} \frac{e^2}{r_{ij}} \ . \tag{4.3.25}$$

Die folgende Skalierung des Hamilton-Operators zeigt, daß die Näherung freier Elektronen vor allem für *große Dichten* sinnvoll ist. Dazu führen wir eine kanonische Transformation $r' = r/r_0$, $p' = p r_0$ durch. Die charakteristische Länge r_0 ist durch $\frac{4\pi}{3} r_0^3 N = V$ definiert, d.h. $r_0 = \left(\frac{3V}{4\pi N}\right)^{1/3}$. In den neuen Variablen lautet der Hamilton-Operator

$$H = \frac{1}{r_0^2}\left(\sum_i \frac{p_i'^2}{2m} + r_0 \frac{1}{2}\sum_{i\neq j} \frac{e^2}{r_{ij}'}\right). \qquad (4.3.25')$$

Die Coulomb-Wechselwirkung wird im Vergleich zur kinetischen Energie umso unwichtiger, je kleiner r_0 ist, d.h. je dichter das Gas ist.

*4.3.3 Reale Fermionen

In diesem Abschnitt besprechen wir reale fermionische Vielteilchensysteme: Elektronen in Metallen, flüssiges He^3, Protonen und Neutronen in Kernen, Elektronen in Weißen Zwergen, Neutronen in Neutronensternen. Alle diese Fermionen wechselwirken; man kann jedoch viele Eigenschaften verstehen, wenn man die Wechselwirkung vernachlässigt. Wir geben im folgenden die Parameter Masse, Fermi-Energie und Temperatur an und besprechen die Modifikationen, die von der Wechselwirkung herrühren (siehe auch Tabelle 4.1).

a) Elektronengas in Festkörpern

Alkalimetalle Li, Na, K, Rb, Cs sind einwertig (Kristallstruktur kubisch raumzentriert), z.B. besitzt Na ein 3s^1-Elektron (Tab. 4.2).
Edelmetalle (Kristallstruktur kubisch flächenzentriert)

Kupfer	Cu	4s^{1}3d^{10}
Silber	Ag	5s^{1}4d^{10}
Gold	Au	6s^{1}5d^{10}

Alle diese Elemente besitzen ein Valenzelektron pro Atom, welches zu einem Leitungselektron im Metall wird. Die Zahl dieser freien Elektronen ist gleich der Zahl der Atome. Die Energie-Impuls-Beziehung ist in guter Näherung parabolisch $\varepsilon_\mathbf{p} = \frac{\mathbf{p}^2}{2m}$.[11]

---

[11] Bemerkung zur festkörperphysikalischen Anwendung: Für Na ist $\frac{4\pi}{3}(\frac{p_F}{\hbar})^3 = \frac{4\pi^3 N}{V} = \frac{1}{2} V_{\text{Brill.}}$, wo $V_{\text{Brill.}}$ das Volumen der ersten Brillouin-Zone bedeutet. Die Fermi-Kugel liegt immer innerhalb der Brillouin-Zone, schneidet also nirgends die Begrenzung der Brillouin-Zone, wo es zu Energielücken und auch zu Deformationen der Fermi-Oberfläche käme. Die Fermi-Oberfläche ist deshalb faktisch kugelförmig, $\Delta p_F / p_F \approx 10^{-3}$. Selbst in Kupfer, wo die 4s-Fermi-Oberfläche die Brillouin-Zone des fcc Gitters schneidet, ist die Fermi-Oberfläche in den meisten Bereichen näherungsweise kugelförmig.

4. Ideale Quanten-Gase

Tabelle 4.2. Elektronen in Metallen; Element, Dichte, Fermi-Energie, Fermi-Temperatur, $\gamma/\gamma_{\text{theor.}}$, effektive Masse

	N/V [cm^{-3}]	ε_F [eV]	T_F [K]	$\gamma/\gamma_{\text{theor.}}$	m^*/m
Li	4.6×10^{22}	4.7	5.5×10^4	2.17	2.3
Na	2.5	3.1	3.7	1.21	1.3
K	1.34	2.1	2.4	1.23	1.2
Rb	1.08	1.8	2.1	1.22	1.3
Cs	0.86	1.5	1.8	1.35	1.5
Cu	8.5	7	8.2	1.39	1.3
Ag	5.76	5.5	6.4	1.00	1.1
Au	5.9	5.5	6.4	1.13	1.1

Die Berücksichtigung der Elektron-Elektron-Wechselwirkung erfordert Vielteilchenmethoden, die hier nicht zur Verfügung stehen. Die Wechselwirkung zweier Elektronen wird durch die Abschirmung durch die übrigen Elektronen geschwächt; insofern ist es verständlich, daß in einer Reihe von Phänomenen die Wechselwirkung in erster Näherung vernachlässigbar ist (z.B. Pauli-Paramagnetismus, nicht jedoch Ferromagnetismus).

Die gesamte spezifische Wärme eines Metalls setzt sich aus dem Beitrag der Elektronen und der Phononen (Gitterschwingungen, siehe Abschn. 4.6) zusammen (Abb. 4.9)

$$\frac{C_V}{N} = \gamma T + DT^3 \; .$$

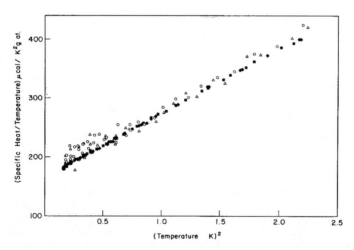

Abb. 4.9. Zur experimentellen Bestimmung von γ aus der spezifischen Wärme von Gold (D.L. Martin, Phys. Rev. **141**, 576 (1966); **170**, 650 (1968))

Trägt man $\frac{C_V}{NT} = \gamma + DT^2$ gegen T^2 auf, kann man γ auf der Ordinate ablesen. Nach (4.3.16) ist der theoretische Wert von γ: $\gamma_{\text{theor}} = \frac{\pi^2 k^2}{2\varepsilon_F}$. Die Abweichungen zwischen Theorie und Experiment können darauf zurückgeführt werden, daß sich die Elektronen im Potential der Atomrümpfe bewegen und dem Einfluß der Elektron-Elektron-Wechselwirkung unterliegen. Das Potential und die Elektron-Elektron-Wechselwirkung führen unter anderem zu einer effektiven Masse m^* der Elektronen, d.h. die Dispersionsrelation lautet näherungsweise $\varepsilon_{\mathbf{p}} = \frac{p^2}{2m^*}$. Diese *effektive Masse* kann größer oder kleiner als die Masse freier Elektronen sein.

b) Fermi-Flüssigkeit He^3

He^3 hat den Kernspin $I = \frac{1}{2}$, die Masse $m = 5.01 \times 10^{-24}$g, bei $P = 0$ die Teilchenzahldichte $n = 1.6 \times 10^{22}\,\text{cm}^{-3}$ und die Massendichte $0.081\,\text{g}\,\text{cm}^{-3}$. Daraus folgt $\varepsilon_F = 4.2 \times 10^{-4}$eV und $T_F = 4.9$K. Die Wechselwirkung der He^3-Atome führt zu einer effektiven Masse, welche bei Druck $P = 0$ und $P = 30$ bar die Werte $m^* = 2.8 m$ und $m^* = 5.5 m$ hat. Deshalb ist die Fermi-Temperatur für $P = 30$, $T_F \approx 1$K gegenüber der eines fiktiven nichtwechselwirkenden He^3-Gases reduziert. Die Dichten bei diesen Drücken sind $n = 1.6 \times 10^{23}\,\text{cm}^{-3}$ und $n = 2.3 \times 10^{22}\,\text{cm}^{-3}$. Die Wechselwirkung zwischen den Heliumatomen ist kurzreichweitig im Gegensatz zur Elektron-Elektron-Wechselwirkung. Die geringe Masse führt zu großen Nullpunktsschwankungen; deshalb bleibt He^3 wie auch He^4 bei Drücken unterhalb von ~ 30 bar flüssig. Man nennt He^3 und He^4 Quantenflüssigkeiten. Bei 10^{-3}K findet ein Phasenübergang in den suprafluiden Zustand durch ($l = 1$, $s = 1$) BCS-Paarbildung statt.[12] Bei der Supraleitung in Metallen haben die aus Elektronen gebildeten Cooper-Paare $l = 0$ und $s = 0$. Das verhältnismäßig komplizierte Phasendiagramm von He^3 ist in Abb. 4.10 dargestellt.[12]

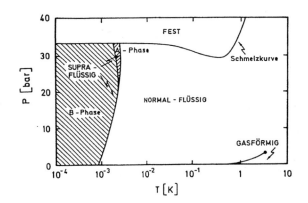

Abb. 4.10. Phasendiagramm von He^3

---

[12] D. Vollhardt und P. Wölfle, *The Superfluid Phases of Helium 3*, Taylor & Francis, London, 1990

188   4. Ideale Quanten-Gase

c) Kernmaterie

Ein weiteres Beispiel für Fermionen-Vielteilchensysteme sind Neutronen und Protonen im Kern, die beide ungefähr die Masse $m = 1.67 \times 10^{-24}$g besitzen. Der Kernradius hängt mit der Nukleonenzahl A über $R = 1.3 \times 10^{-13} A^{1/3}$cm zusammen. Das Kernvolumen ist $V = \frac{4\pi}{3} R^3 = \frac{4\pi}{3}(1.3)^3 \times 10^{-39} A\,\text{cm}^3 = 9.2 \times 10^{-39} A\,\text{cm}^3$. A ist die Zahl der Nukleonen und Z die Zahl der Protonen im Kern. Kernmaterie[13] tritt nicht nur im Inneren von großen Atomkernen auf, sondern auch in Neutronensternen, wobei dort auch die Gravitationswechselwirkung berücksichtigt werden muß.

d) Weiße Zwerge

Die Eigenschaften des (fast) freien Elektronengases sind in der Tat von grundlegender Bedeutung für die Stabilität der Weißen Zwerge, die am Ende eines Sternenlebens auftreten können.[14] Der erste solche weiße Zwerg, Sirius B, wurde von Bessel als Begleiter des Sirius vorhergesagt.

Masse $\approx M_\odot = 1.99 \times 10^{33}$g
Radius $\approx 0.01 R_\odot$, $R_\odot = 7 \times 10^{10}$cm
Dichte $\approx 10^7 \rho_\odot = 10^7$g/cm^3, $\rho_\odot = 1$g/cm^3
$\rho_{\text{Sirius B}} \approx 0.69 \times 10^5$g/cm^3
Temperatur im Zentrum $\approx 10^7$K $\approx T_\odot$

Weiße Zwerge bestehen aus ionisierten Kernen und freien Elektronen. Es kann in weißen Zwergen noch immer Helium verbrennen. Die Fermi-Temperatur ist $T_F \approx 3 \times 10^9$K, demnach ist das Elektronengas hochgradig entartet. Dem hohen Nullpunktsdruck des Elektronengases wirkt die Gravitationsanziehung der Kerne, die den Stern zusammenhält, entgegen. Die Elektronen können faktisch als frei betrachtet werden; die Coulombabstoßung ist bei diesen hohen Dichten vernachlässigbar.

---

[13] A.L. Fetter and J.D. Walecka, *Quantum Theory of Many-Particle Systems*, McGraw-Hill, New York 1971

[14] Eine in der Astronomie übliche Klassifizierung der Sterne erfolgt durch die Angabe ihrer Lage im Hertzsprung-Russel-Diagramm, in welchem die Helligkeit gegen die Farbe (äquivalent der Oberflächentemperatur) aufgetragen ist. Die meisten Sterne liegen in der sog. Hauptreihe. Das sind Sterne etwa von einem Zehntel der Masse der Sonne bis zur sechzigfachen Sonnenmasse, in dem Entwicklungsstadium, in welchem Wasserstoff zu Helium fusioniert (verbrennt). Etwa 90% ihrer Entwicklung halten sich die Sterne in der Hauptreihe auf – solange das nukleare Brennen und die Gravitationsanziehung einander die Waage halten. Wenn der Kernverschmelzungsprozeß zu Ende geht, dominiert die Schwerkraft. In der weiteren Entwicklung werden die Sterne zu roten Riesen und kontrahieren schließlich zu folgenden Endstadien. Für Sterne bis zur 1.4-fachen Masse unserer Sonne wird die Verdichtung durch das Ansteigen der Fermi-Energie der Elektronen beendet, es entsteht ein weißer Zwerg, bestehend aus Helium und Elektronen. Sterne mit der zwei- bis dreifachen Sonnenmasse beenden ihre Kontraktion nach Zwischenstadien als Neutronensterne. Ab der drei- bis vierfachen Sonnenmasse ist auch die Fermi-Energie der Neutronen nicht mehr imstande den Verdichtungsprozeß zu stoppen, es entsteht ein schwarzes Loch.

*e) Landau-Theorie von Fermi-Flüssigkeiten

Die für ideale Fermi-Gase bei tiefen Temperaturen gefundenen charakteristischen Temperaturabhängigkeiten bleiben auch in Anwesenheit von Wechselwirkungen bestehen. Dies ist das Ergebnis der Landauschen Fermi-Flüssigkeitstheorie, welche auf einer Reihe von plausiblen physikalischen Argumenten beruht, welche auch mit der quantenmechanischen Vielteilchentheorie mikroskopisch begründet werden können. Wir stellen diese Theorie nur skizzenhaft mit den wesentlichen Endergebnissen dar und verweisen auf ausführliche Darstellungen.[15] Zunächst betrachtet man den Grundzustand des idealen Fermi-Gases und den Grundzustand mit einem zusätzlichen Teilchen (mit Impuls $\mathbf{p}$) und schaltet die Wechselwirkung ein. Dabei geht der ideale in einen abgeänderten Grundzustand über und der Zustand mit dem zusätzlichen Teilchen in den abgeänderten Grundzustand und ein angeregtes Quant (Quasiteilchen mit Impuls $\mathbf{p}$) über. Die Energie dieses Quants $\varepsilon(\mathbf{p})$ ist gegenüber $\varepsilon_0(\mathbf{p}) \equiv \mathbf{p}^2/2m$ verschoben. Da jeder nichtwechselwirkende Einteilchenzustand nur einfach besetzt ist, gibt es auch keine mehrfachbesetzten Quasiteilchenzustände, also gehorchen die Quasiteilchen ebenfalls der Fermi-Dirac-Statistik.

Falls mehrere Quasiteilchen angeregt sind, hängt ihre Energie auch von der Zahl $\delta n(\mathbf{p})$ der anderen Anregungen ab

$$\varepsilon(\mathbf{p}) = \varepsilon_0(\mathbf{p}) + \sum_{\mathbf{p}'} \mathcal{F}(\mathbf{p}, \mathbf{p}') \delta n(\mathbf{p}') \ . \tag{4.3.26}$$

Für die mittlere Besetzungszahl erhält man wegen des fermionischen Charakters der Quasiteilchen wie für ideale Fermionen

$$n_{\mathbf{p}} = \frac{1}{e^{(\varepsilon(\mathbf{p}) - \mu)/kT} + 1} \ , \tag{4.3.27}$$

wobei nach (4.3.26) $\varepsilon(\mathbf{p})$ selbst von der Besetzungszahl abhängt. Diese Relation wird in diesem Kontext üblicherweise aus der Maximierung des in Aufgabe 4.2 hergeleiteten Entropieausdrucks abgeleitet, welchen man aus rein kombinatorischen Überlegungen erhalten kann. Bei niederen Temperaturen sind die Quasiteilchen nur in der Nähe der Fermi-Kante angeregt und wegen der besetzten Zustände und der Energieerhaltung ist der Phasenraum für Streuprozesse erheblich eingeschränkt. Obwohl die Wechselwirkung keineswegs klein sein muß, verschwindet die Streurate mit der Temperatur wie $\frac{1}{\tau} \sim T^2$, d.h. die Quasiteilchen sind nahezu stabile Teilchen.

Die Wechselwirkung zwischen den Quasiteilchen schreibt man in der Form

---

[15] Eine detaillierte Darstellung der Landauschen Fermi-Flüssigkeitstheorie findet sich in D. Pines and Ph. Nozieres, *The Theory of Quantum Liquids*, W.A. Benjamin, New York 1966 und J. Wilks, *The Properties of Liquid and Solid Helium*, Clarendon Press, Oxford, 1967. Siehe auch J. Wilks and D.S. Betts, *An Introduction to Liquid Helium*, Oxford University Press, 2nd ed., Oxford, (1987).

190   4. Ideale Quanten-Gase

$$\mathcal{F}(\mathbf{p},\boldsymbol{\sigma};\mathbf{p}',\boldsymbol{\sigma}') = f^s(\mathbf{p},\mathbf{p}') + \boldsymbol{\sigma}\cdot\boldsymbol{\sigma}' f^a(\mathbf{p},\mathbf{p}') \tag{4.3.28a}$$

mit dem Pauli-Spin-Matrizen $\boldsymbol{\sigma}$. Da nur Impulse in der Nähe des Fermi-Impulses maßgeblich sind, führt man

$$f^{s,a}(\mathbf{p},\mathbf{p}') = f^{s,a}(\chi) \tag{4.3.28b}$$

und

$$F^{s,a}(\chi) = \nu(\varepsilon_F) f^{s,a}(\chi) = \frac{V m^* p_F}{\pi^2 \hbar^3} f^{s,a}(\chi) \tag{4.3.28c}$$

ein, wo χ der von $\mathbf{p}$ und $\mathbf{p}'$ eingeschlossene Winkel und $\nu(\varepsilon_F)$ die Zustandsdichte ist. Eine Entwicklung nach Legendre-Polynomen führt auf

$$F^{s,a}(\chi) = \sum_l F_l^{s,a} P_l(\cos\chi) = 1 + F_1^{s,a}\cos\chi + \dots\,. \tag{4.3.28d}$$

Die F_l^s und F_l^a sind die spin-symmetrischen und -antisymmetrischen Landau-Parameter; die F_l^a rühren von der Austauschwechselwirkung her.
Wegen der Fermi-Natur der Quasiteilchen, die bei tiefen Temperaturen nur in der Nähe der Fermi-Energie angeregt werden können, ist es aus der qualitativen Abschätzung (4.3.16′) klar, daß auch für die Fermi-Flüssigkeit die spezifische Wärme linear von der Temperatur abhängt. Im Detail erhält man für die spezifische Wärme, die Kompressibilität und die magnetische Suszeptibilität

$$C_V = \frac{1}{3}\pi^2 \nu(\varepsilon_F) k^2 T\,, \tag{4.3.29a}$$

$$\kappa_T = \frac{V}{N^2}\frac{\nu(\varepsilon_F)}{1+F_0^s}\,, \tag{4.3.29b}$$

$$\chi = \mu_B^2 \frac{\nu(\varepsilon_F) N}{1+F_0^a}\,, \tag{4.3.29c}$$

mit der Zustandsdichte $\nu(\varepsilon_F) = \frac{V m^* p_F}{\pi^2 \hbar^3}$ und dem Verhältis der effektiven Masse

$$\frac{m^*}{m} = 1 + \frac{1}{3}F_1^s\,. \tag{4.3.29d}$$

Die Struktur der Resultate ist gleich wie für ideale Fermionen.

4.4 Bose-Einstein-Kondensation

In diesem Abschnitt untersuchen wir das Tieftemperaturverhalten eines nichtrelativistischen idealen Bose-Gases mit Spin $s = 0$, also $g = 1$ und

$$\varepsilon_{\mathbf{p}} = \frac{\mathbf{p}^2}{2m} \, . \tag{4.4.1}$$

Im Grundzustand nehmen nichtwechselwirkende Bosonen alle den energetisch niedrigsten Einteilchenzustand ein; ihr Tieftemperaturverhalten wird sich deshalb ganz erheblich von Fermionen unterscheiden. Zwischen der Hochtemperaturphase, in der sich die Bosonen entsprechend der Bose-Verteilungsfunktion auf das gesamte Spektrum von Impulswerten verteilen, in die Phase, in welcher der ($\mathbf{p} = 0$)-Zustand makroskopisch besetzt ist, (bei $T = 0$ sind alle Teilchen in diesem Zustand), findet ein Phasenübergang statt. Diese sog. Bose-Einstein-Kondensation eines idealen Bose-Gases wurde von Einstein[16] aufgrund statistischer Betrachtungen Boses nahezu siebzig Jahre vor ihrer experimentellen Beobachtung vorhergesagt.

Wir knüpfen zunächst an die Ergebnisse von Abschnitt 4.1 an, wo wir für die Teilchenzahldichte – d.h. das inverse spezifische Volumen – in Gl. (4.1.17) fanden

$$\frac{\lambda^3}{v} = g_{3/2}(z) \tag{4.4.2a}$$

mit $\lambda = \hbar\sqrt{2\pi/mkT}$ und mit (4.2.1)

$$g_{3/2}(z) = \frac{2}{\sqrt{\pi}} \int_0^\infty dx \, \frac{x^{1/2}}{e^x z^{-1} - 1} = \sum_{k=1}^\infty \frac{z^k}{k^{3/2}} \, . \tag{4.4.2b}$$

Nach Bemerkung (i) in Abschnitt 4.1 ist die Fugazität von Bosonen $z = e^{\mu/kT}$ auf $z \leq 1$ eingeschränkt. Der Maximalwert der Funktion $g_{3/2}(z)$, welche in Abb. 4.11 dargestellt ist, ist dann durch $g_{3/2}(1) = \zeta(3/2) = 2.612$ gegeben.

Im folgenden seien die Teilchenzahl, das Volumen und folglich das spezifische Volumen v immer fest vorgegeben. Dann läßt sich durch Umkehrung von Gl. (4.1.17) z als Funktion von T oder zweckmäßiger von $v\lambda^{-3}$ berechnen. Bei Erniedrigung der Temperatur nimmt $\frac{v}{\lambda^3}$ ab und es wird z deshalb größer,

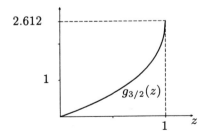

Abb. 4.11. Die Funktion $g_{3/2}(z)$.

---

[16] A. Einstein, Sitzber. Kgl. Preuss. Akad. Wiss. **1924**, 261, (1924), ibid. **1925**, 3 (1925)
S. Bose, Z. Phys. **26**, 178 (1924)

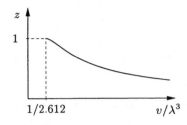

Abb. 4.12. Die Fugazität z als Funktion von v/λ^3.

bis schließlich bei $\frac{v}{\lambda^3} = \frac{1}{2.612}$ sein Maximalwert $z = 1$ erreicht ist (Abb. 4.12). Dies definiert eine charakteristische Temperatur

$$kT_c(v) = \frac{2\pi\hbar^2/m}{(2.612\,v)^{2/3}} \; . \tag{4.4.3}$$

Wenn z gegen 1 geht, müssen wir den in (4.1.14a) und (4.1.15) verwendeten Grenzübergang von $\sum_\mathbf{p} \to \int d^3p$ sorgfältiger durchführen. Dies wird auch dadurch signalisiert, daß (4.1.17) für $z = 1$ implizieren würde, daß für Temperaturen unterhalb von $T_c(v)$ die Dichte $\frac{1}{v}$ mit sinkender Temperatur abnehmen müßte. Nach (4.1.17) scheint dann nicht mehr für alle Teilchen Platz zu sein. Offensichtlich müssen wir den $(\mathbf{p} = 0)$-Term in der Summe (4.1.8), der für $z \to 1$ divergiert, gesondert behandeln:

$$N = \frac{1}{z^{-1} - 1} + \sum_{\mathbf{p} \neq 0} n(\varepsilon_\mathbf{p}) = \frac{1}{z^{-1} - 1} + \frac{V}{(2\pi\hbar)^3} \int d^3p\, n(\varepsilon_\mathbf{p}) \; .$$

Der $\mathbf{p} = 0$ Zustand für Fermionen erforderte keine besondere Behandlung, da die mittleren Besetzungszahlen höchstens den Wert 1 annehmen. Selbst für Bosonen ist diese Abänderung nur für $T < T_c(v)$ von Bedeutung und führt bei $T = 0$ auf die vollständige Besetzung des $\mathbf{p} = 0$ Zustandes, im Einklang mit dem eingangs erwähnten Grundzustand.

Wir erhalten also für Bosonen statt (4.4.2a)

$$N = \frac{1}{z^{-1} - 1} + N\frac{v}{\lambda^3} g_{3/2}(z) \; , \tag{4.4.4}$$

oder unter Verwendung von Gl. (4.4.3) auch

$$N = \frac{1}{z^{-1} - 1} + N\left(\frac{T}{T_c(v)}\right)^{3/2} \frac{g_{3/2}(z)}{g_{3/2}(1)} \; . \tag{4.4.4'}$$

Die gesamte Teilchenzahl N setzt sich somit aus der Zahl der Teilchen im Grundzustand

$$N_0 = \frac{1}{z^{-1} - 1} \tag{4.4.5a}$$

und der Zahl der Teilchen in den angeregten Zuständen

$$N' = N \left(\frac{T}{T_c(v)}\right)^{3/2} \frac{g_{3/2}(z)}{g_{3/2}(1)} \tag{4.4.5b}$$

zusammen. Für Temperaturen $T > T_c(v)$ gibt Gl. (4.4.4') für z einen Wert $z < 1$. Der erste Term auf der rechten Seite von (4.4.4') ist deshalb endlich und kann gegen N vernachlässigt werden. Es gelten also hier unsere eingangs gemachten Überlegungen, insbesondere folgt z aus

$$g_{3/2}(z) = 2.612 \left(\frac{T_c(v)}{T}\right)^{3/2} \quad \text{für } T > T_c(v) \,. \tag{4.4.5c}$$

Für $T < T_c(v)$ ist nach Gl. (4.4.4') $z = 1 - \mathcal{O}(1/N)$, sodaß alle diejenigen Teilchen, die nicht mehr in den angeregten Zuständen Platz haben, in den Grundzustand übergehen. Wenn z so nahe an 1 ist, kann man im zweiten Term $z = 1$ setzen und erhält

$$N_0 = N \left(1 - \left(\frac{T}{T_c(v)}\right)^{3/2}\right) \,.$$

Definieren wir im thermodynamischen Limes den Anteil des Kondensats im System durch

$$\nu_0 = \lim_{\substack{N \to \infty \\ v \text{ fest}}} \frac{N_0}{N} \,, \tag{4.4.6}$$

so gilt zusammenfassend

$$\nu_0 = \begin{cases} 0 & T > T_c(v) \\ 1 - \left(\frac{T}{T_c(v)}\right)^{3/2} & T < T_c(v) \,. \end{cases} \tag{4.4.7}$$

Man nennt dieses Phänomen *Bose-Einstein-Kondensation*. Unterhalb von $T_c(v)$ ist der Grundzustand $\mathbf{p} = 0$ *makroskopisch* besetzt. Der Temperaturverlauf von ν_0 und $\sqrt{\nu_0}$ ist in Abb. 4.13 gezeigt. Die Größen ν_0 und $\sqrt{\nu_0}$ sind gleichermaßen für die Kondensation oder die Ordnung des Systems charakteristisch. Aus später ersichtlichen Gründen nennt man $\sqrt{\nu_0}$ Ordnungsparameter. In der Nähe von T_c verschwindet $\sqrt{\nu_0}$ wie

$$\sqrt{\nu_0} \propto \sqrt{T_c - T} \,. \tag{4.4.7'}$$

In Abb. 4.14 ist die Übergangstemperatur als Funktion des spezifischen Volumens gezeigt. Je höher die Dichte ist (d.h. je kleiner das spezifische Volumen), desto höher ist die Temperatur $T_c(v)$, bei der die Bose-Einstein-Kondensation einsetzt.

Bemerkung: Man könnte sich fragen, ob nicht auch die nächsten Terme in der Summe $\sum_{\mathbf{p}} n(\varepsilon_{\mathbf{p}})$ makroskopisch besetzt sein könnten. Die folgende Abschätzung

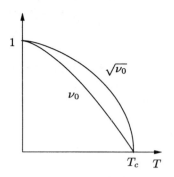
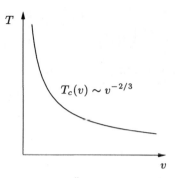

Abb. 4.13. Die relative Zahl von Teilchen im Kondensat und deren Wurzel als Funktion der Temperatur

Abb. 4.14. Übergangstemperatur als Funktion des spezifischen Volumens

zeigt jedoch, daß $n(\varepsilon_{\mathbf{p}}) \ll n(0)$ für $p \neq 0$. Betrachten wir den Impuls $\mathbf{p} = \left(\frac{2\pi\hbar}{L}, 0, 0\right)$, für den

$$\frac{1}{V}\frac{1}{e^{\beta p_1^2/2m}z^{-1} - 1} < \frac{1}{V}\frac{1}{e^{\beta p_1^2/2m} - 1} < \frac{2m}{V\beta p_1^2} \sim \mathcal{O}(V^{-1/3})$$

folgt, während $\frac{1}{V}\frac{1}{z^{-1}-1} \sim \mathcal{O}(1)$.

Im großkanonischen Potential gibt es keine Änderungen gegenüber der Integraldarstellung (4.1.19'), da für den Term mit $\mathbf{p} = 0$ im thermodynamischen Grenzfall

$$\lim_{V \to \infty} \frac{1}{V} \log(1 - z(V)) = \lim_{V \to \infty} \frac{1}{V} \log \frac{1}{V} = 0$$

folgt. Deshalb ist der Druck ungeändert durch (4.1.19') gegeben, wobei z für $T > T_c(v)$ aus (4.4.5c) folgt und für $T < T_c(v)$ durch $z = 1$ gegeben ist. Insgesamt lautet somit der Druck des idealen Bose-Gases

$$P = \begin{cases} \dfrac{kT}{\lambda^3} g_{5/2}(z) & T > T_c \\[2mm] \dfrac{kT}{\lambda^3} 1.342 & T < T_c \end{cases}, \qquad (4.4.8)$$

mit $g_{5/2}(1) = \zeta\left(\frac{5}{2}\right) = 1.342$. Setzen wir hier z aus (4.4.4) ein, so erhielten wir die Zustandsgleichung. Für $T > T_c$ können wir (4.4.8) mit (4.4.5c) in die Form

$$P = \frac{kT}{v}\frac{g_{5/2}(z)}{g_{3/2}(z)} \qquad (4.4.9)$$

bringen. Die Funktionen $g_{5/2}(z)$ und $g_{3/2}(z)$ sind in Abb. 4.15 dargestellt. Daraus läßt sich der Verlauf der Zustandsgleichung qualitativ ablesen. Für kleine z ist $g_{5/2}(z) \approx g_{3/2}(z)$, deshalb ergibt sich für große v und T aus

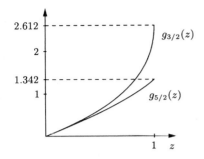

Abb. 4.15. Die Funktionen $g_{3/2}(z)$ und $g_{5/2}(z)$. Im Limes $z \to 0$ stimmen die Funktionen asymptotisch überein, $g_{3/2}(z) \approx g_{5/2}(z) \approx z$.

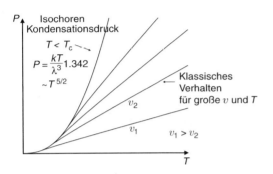

Abb. 4.16. Die Zustandsgleichung des idealen Bose-Gases. Gezeigt sind die Isochoren für abnehmende Werte von v. Für $T < T_c(v)$ ist der Druck $P = \frac{kT}{\lambda^3} 1.342$.

(4.4.9) die klassische Zustandsgleichung (siehe Abb. 4.16). Bei Annäherung an $T_c(v)$ macht sich zunehmend bemerkbar, daß $g_{5/2}(z) < g_{3/2}(z)$ ist. Die Isochoren münden bei $T_c(v)$ in die Kurve $P = \frac{kT}{\lambda^3} 1.342$ ein, die den Druck für $T < T_c(v)$ beschreibt. Insgesamt führt dies zu der Zustandsgleichung, welche durch ihre Isochoren in Abb. 4.16 dargestellt ist.

Für die Entropie findet man[17]

$$S = \left(\frac{\partial PV}{\partial T}\right)_{V,\mu} = \begin{cases} Nk\left(\frac{5}{2}\frac{v}{\lambda^3}g_{5/2}(z) - \log z\right) & T > T_c \\ Nk\frac{5}{2}\frac{g_{5/2}(1)}{g_{3/2}(1)}\left(\frac{T}{T_c}\right)^{3/2} & T < T_c \end{cases} \quad (4.4.10)$$

und nach einiger Rechnung für die Wärmekapazität bei konstantem Volumen

$$C_V = T\left(\frac{\partial S}{\partial T}\right)_{N,V} = Nk \begin{cases} \frac{15}{4}\frac{v}{\lambda^3}g_{5/2}(z) - \frac{9}{4}\frac{g_{3/2}(z)}{g_{1/2}(z)} & T > T_c \\ \frac{15}{4}\frac{g_{5/2}(1)}{g_{3/2}(1)}\left(\frac{T}{T_c}\right)^{3/2} & T < T_c \end{cases} \quad (4.4.11)$$

---

[17] Man beachte $\frac{d}{dz}g_\nu(z) = \frac{1}{z}g_{\nu-1}(z)$.

Die Entropie und die spezifische Wärme verhalten sich wie $T^{3/2}$ für kleine T. Zur Entropie und zur inneren Energie tragen nur die angeregten Zustände bei; das Kondensat hat den Entropiewert null. Bei T_c besitzt die spezifische Wärme des idealen Bose-Gases eine Spitze (Abb. 4.17).

Aus Gl. (4.4.4) bzw. Abb. 4.12 erhält man das in Abb. 4.18 dargestellte chemische Potential als Funktion der Temperatur.

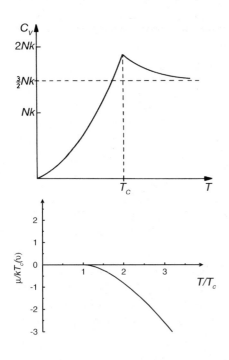

Abb. 4.17. Wärmekapazität = $N \times$ Spezifische Wärme eines idealen Bose-Gases

Abb. 4.18. Chemisches Potential des idealen Bose-Gases bei fester Dichte als Funktion der Temperatur

He^4 hat bei $T_\lambda = 2.18\,\text{K}$, der sogenannten Lambda-Temperatur, einen Phasenübergang in den suprafluiden Zustand (siehe Abb. 4.19). Könnte man die Wechselwirkung der Helium-Atome vernachlässigen, so wäre die Temperatur für Bose-Einstein-Kondensation $T_c(v) = 3.14\,\text{K}$, wobei in (4.4.3) das spezifische Volumen von Helium eingesetzt wurde. Die Wechselwirkung ist jedoch sehr wesentlich, und es wäre falsch den Phasenübergang in den suprafluiden Zustand mit der oben besprochenen Bose-Einstein-Kondensation zu identifizieren. Der suprafluide Zustand im dreidimensionalen Helium entsteht zwar ebenfalls durch eine Kondensation (makroskopische Besetzung) des $\mathbf{p} = 0$ Zustandes, aber bei $T = 0$ beträgt der Anteil des Kondensats nur 8%. Die spezifische Wärme (Abb. 4.20) zeigt die dem Phasenübergang den Namen gebende λ-Anomalie, eine näherungsweise logarithmische Singularität. Das typische Anregungsspektrum und das hydrodynamische Verhalten, wie es durch das Zweiflüssigkeitsmodell beschrieben wird, ist nur in einem wechselwirkenden Bose-System möglich (Abschnitt 4.7.1).

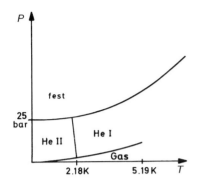

Abb. 4.19. Das Phasendiagramm von He^4 (schematisch). Unterhalb von 2.18 K tritt ein Phasenübergang von der normal flüssigen He I-Phase in die supraflüssige He II-Phase auf.

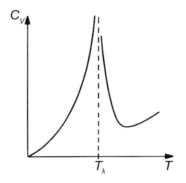

Abb. 4.20. Experimentelle spezifische Wärme von He^4 mit der charakteristischen Lambda-Anomalie

Ein weiteres Bose-Gas, das idealer ist als Helium und in dem man ebenfalls Bose-Einstein-Kondensation erwartet und intensiv experimentell sucht, ist atomarer Wasserstoff in einem starken Magnetfeld (durch die Spinpolarisation der Wasserstoffelektronen soll die Rekombination zu molekularem H$_2$ verhindert werden). Wegen der dennoch nicht zu verhindernden Rekombination von H zu H$_2$ ist es über viele Jahre nicht möglich gewesen, atomaren Wasserstoff in hinreichender Dichte herzustellen. Durch die Entwicklung von Atomfallen hat es in diesem Gebiet überraschende Fortschritte gegeben.

Bose-Einstein-Kondensation wurde 70 Jahre nach seiner Vorhersage in einem Gas aus etwa 2000 spin-polarisierten ^{87}Rb-Atomen, die in einer Quadrupol-Falle eingeschlossen waren, beobachtet.[18,19] Die Übergangstemperatur liegt bei 170×10^{-9}K. Zunächst würde man einwenden, daß Alkaliatome für niedere Temperaturen einen Festkörper bilden sollten; es kann jedoch selbst bei Temperaturen im Nanokelvinbereich ein metastabiler gasförmiger Zustand aufrecht erhalten werden. Der kondensierte Zustand ließ sich in den ersten Experimenten etwa zehn Sekunden aufrechterhalten. Ein ähnlicher Erfolg wurde in einem Gas aus 2×10^5 spinpolarisierten ^{7}Li-Atomen erzielt.[20] In diesem Fall liegt die Kondensationstemperatur bei $T_c \approx 400 \times 10^{-9}$K. In ^{87}Rb ist die s-Wellen Streulänge positiv, während sie in ^{7}Li negativ ist. Dennoch kommt es auch in ^{7}Li nicht zu einem Kollaps der Gasphase in die flüssige oder feste Phase, jedenfalls nicht in der räumlich inhomogenen Falle.[20] Schließlich konnte auch in atomarem Wasserstoff ein Kondensat von

---
[18] M.H. Anderson, J.R. Ensher, M.R. Matthews, C.E. Wieman and E.A. Cornell, Science **269**, 198 (1995)
[19] Siehe auch G.P. Collins, Physics Today, August 1995, 17.
[20] C.C. Bradley, C.A. Sackett, J.J. Tollett and R.G. Hulet, Phys. Rev. Lett. **75**, 1687 (1995)

mehr als 10^8 Atomen mit einer Übergangstemperatur von ungefähr 50 μK für bis zu 5 sec aufrechterhalten werden.[21]

4.5 Photonengas

4.5.1 Eigenschaften von Photonen

Als nächstes wollen wir die thermischen Eigenschaften des Strahlungsfeldes bestimmen. Wir zählen einige charakteristische Eigenschaften von Photonen auf.

(i) Photonen haben die Dispersionsrelation $\varepsilon_{\mathbf{p}} = c|\mathbf{p}| = \hbar c k$ und sind Bosonen mit dem Spin $s = 1$. Da es sich um ultrarelativistische Teilchen handelt ($m = 0$, $v = c$) hat der Spin nur 2 Einstellmöglichkeiten, nämlich parallel oder antiparallel zu $\mathbf{p}$, entsprechend rechts- bzw. linkspolarisiertem Licht (0 und π sind die einzigen lorentzinvarianten Winkel). Deshalb ist der Entartungsfaktor für Photonen $g = 2$.

(ii) Die Wechselwirkung der Photonen ist faktisch Null, wie man aus der folgenden Überlegung sieht: In niedrigster Ordnung besteht die Wechselwirkung in der Streuung zweier Photonen γ_1 und γ_2 in die Endzustände γ_3 und γ_4, (siehe Abb. 4.21a). Dabei zerfällt etwa das Photon γ_1 in ein virtuelles Elektron-Positron-Paar, das Photon γ_2 wird von dem Positron absorbiert, das Elektron emittiert das Photon γ_3 und rekombiniert mit dem Positron zum Photon γ_4. Der Streuquerschnitt hierfür ist extrem klein, nämlich $\sigma \approx 10^{-50}$ cm^2. Aus dem Streuquerschnitt kann man die mittlere Stoßzeit folgendermaßen berechnen. Ein Photon durchmißt in der Zeit Δt die Strecke $c\Delta t$. Deshalb betrachten wir den in Abb. 4.21b dargestellten Zylinder, dessen Grundfläche der Streuquerschnitt und dessen Höhe Lichtgeschwindigkeit $\times$ Δt sei.

Ein Photon wechselwirkt größenordnungsmäßig in der Zeit Δt mit allen Photonen, die sich im Volumen $c\sigma\Delta t$ befinden. Es sei N die von der Temperatur abhängende und noch zu bestimmende Gesamtzahl (Siehe Ende von Abschnitt 4.5.4) der Photonen innerhalb eines Volumens V. Dann wechselwirkt

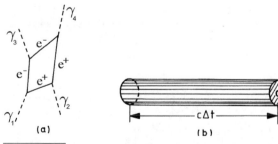

Abb. 4.21. (a) Photon-Photon-Streuung (Photon gestrichelt, Elektron und Positron durchgezogen) (b) Streuquerschnitt und mittlere Stoßzeit

---

[21] D. Kleppner, Th. Greytak et al., Phys. Rev. Lett. **81**, 3811 (1998)

ein Photon pro Zeiteinheit mit $c\sigma N/V$ anderen Photonen. Daraus folgt für die mittlere Stoßzeit τ, das ist die mittlere Zeit zwischen zwei Stößen,

$$\tau = \frac{(V/N)}{c\sigma} = 10^{40} \frac{\sec}{\mathrm{cm}^3} \frac{V}{N} \; .$$

Demnach ist die mittlere Stoßzeit von der Größenordnung $\tau \approx 10^{31}$ sec bei Zimmertemperatur und $\tau \approx 10^{18}$ sec bei Sonnentemperatur (10^7K). Selbst bei der im Zentrum der Sonne herrschenden Temperatur ist die Wechselwirkung der Photonen vernachlässigbar. Zum Vergleich beträgt das Alter des Weltalls $\sim 10^{17}$sec. Photonen bilden wirklich ein ideales Quantgas.
Die Wechselwirkung mit der umgebenden Materie ist notwendig, damit das Strahlungsfeld ins Gleichgewicht kommt. Die Einstellung des Gleichgewichts des Photonengases kommt durch Absorption und Emission von Photonen durch die Materie zustande. Im folgenden untersuchen wir das Strahlungsfeld in einem Hohlraum vom Volumen V und der Temperatur T und nehmen ohne Beschränkung der Allgemeinheit als Quantisierungsvolumen einen Kubus (Die Form ist für kurze Wellen irrelevant, und die langen Wellen fallen statistisch nicht ins Gewicht).
(iii) Die Zahl der Photonen ist nicht erhalten. Photonen werden von der Materie emittiert und absorbiert. Aus der quantenfeldtheoretischen Beschreibung der Photonen folgt, daß jeder Wellenzahl und Polarisationsrichtung ein harmonischer Oszillator entspricht. Der *Hamilton-Operator* hat deshalb die Form

$$H = \sum_{\mathbf{p},\lambda} \varepsilon_{\mathbf{p}} \hat{n}_{\mathbf{p},\lambda} \equiv \sum_{\mathbf{p},\lambda} \varepsilon_{\mathbf{p}} a^{\dagger}_{\mathbf{p},\lambda} a_{\mathbf{p},\lambda} \; , \qquad \mathbf{p} \neq 0 \; , \tag{4.5.1}$$

wobei $\hat{n}_{\mathbf{p},\lambda} = a^{\dagger}_{\mathbf{p},\lambda} a_{\mathbf{p},\lambda}$ der Besetzungszahloperator zum Impuls $\mathbf{p}$ und der Polarisationsrichtung λ ist und $a^{\dagger}_{\mathbf{p},\lambda}$, $a_{\mathbf{p},\lambda}$ Erzeugungs- bzw. Vernichtungsoperator eines Photons im Zustand $\mathbf{p},\lambda$ bedeuten. Wir bemerken, daß im Hamilton-Operator des Strahlungsfeldes keine Nullpunktsenergie auftritt, was in der Quantenfeldtheorie automatisch erreicht wird, indem man den Hamilton-Operator durch normalgeordnete Produkte definiert.[22]

4.5.2 Die kanonische Zustandssumme

Die kanonische Zustandssumme ist durch ($n_{\mathbf{p},\lambda} = 0, 1, 2, \ldots$)

$$Z = \mathrm{Sp}\, e^{-\beta H} = \sum_{\{n_{\mathbf{p},\lambda}\}} e^{-\beta \sum_{\mathbf{p}} \varepsilon_{\mathbf{p}} n_{\mathbf{p},\lambda}} = \left[\prod_{\mathbf{p}\neq 0} \frac{1}{1 - e^{-\beta\varepsilon_{\mathbf{p}}}} \right]^2 \tag{4.5.2}$$

---

[22] C. Itzykson, J.-B. Zuber, *Quantum Field Theory*, McGraw-Hill; siehe auch QM II.

gegeben. Es gibt hier keine Nebenbedingung an die Zahl der Photonen, da diese nicht fest ist. In (4.5.2) tritt wegen der beiden Polarisationen λ die Potenz 2 auf. Daraus ergibt sich für die freie Energie

$$F(T,V) = -kT \log Z = 2kT \sum_{\mathbf{p} \neq 0} \log\left(1 - e^{-\varepsilon_\mathbf{p}/kT}\right)$$

$$= \frac{2V}{\beta} \int \frac{d^3p}{(2\pi\hbar)^3} \log(1 - e^{-\beta\varepsilon_\mathbf{p}}) = \frac{V(kT)^4}{\pi^2(\hbar c)^3} \int_0^\infty dx\, x^2 \log(1 - e^{-x}) .$$

(4.5.3)

Die Summe wurde gemäß (4.1.14a) in ein Integral umgewandelt. Für das Integral in (4.5.3) finden wir nach partieller Integration

$$\int_0^\infty dx\, x^2 \log(1 - e^{-x}) = -\frac{1}{3} \int_0^\infty \frac{dx\, x^3}{e^x - 1} = -2 \sum_{n=1}^\infty \frac{1}{n^4} \equiv -2\zeta(4) = -\frac{\pi^4}{45} ,$$

wobei $\zeta(n)$ die Riemannsche ζ-Funktion ist (Gl. (D.2) und (D.3)), so daß sich schließlich für F

$$F(T,V) = -\frac{V(kT)^4}{(\hbar c)^3} \frac{\pi^2}{45} = -\frac{4\sigma}{3c} V T^4$$

(4.5.4)

mit der *Stefan-Boltzmann-Konstanten*

$$\sigma \equiv \frac{\pi^2 k^4}{60\hbar^3 c^2} = 5.67 \times 10^{-8}\, \text{J sec}^{-1}\, \text{m}^{-2}\, \text{K}^{-4}$$

(4.5.5)

ergibt. Aus (4.5.4) erhält man die Entropie

$$S = -\left(\frac{\partial F}{\partial T}\right)_V = \frac{16\sigma}{3c} V T^3 ,$$

(4.5.6a)

die innere Energie (kalorische Zustandsgleichung)

$$E = F + TS = \frac{4\sigma}{c} V T^4$$

(4.5.6b)

und den Druck (thermische Zustandsgleichung)

$$P = -\left(\frac{\partial F}{\partial V}\right)_T = \frac{4\sigma}{3c} T^4$$

(4.5.6c)

und schließlich die Wärmekapazität

$$C_V = T\left(\frac{\partial S}{\partial T}\right)_V = \frac{16\sigma}{c} V T^3 .$$

(4.5.7)

Auf Grund der relativistischen Dispersion ist für Photonen

$$E = 3PV$$

und nicht $\frac{3}{2}PV$. Man nennt (4.5.6b) *Stefan-Boltzmann*-Gesetz: Die innere Energie des Strahlungsfeldes steigt mit der vierten Potenz der Temperatur an. Der Strahlungsdruck (4.5.6c) ist außer bei extrem hohen Temperaturen sehr gering. Bei 10^5 K, der bei einer Atombombenexplosion erzeugten Temperatur, beträgt er $P = 0.25$ atm und bei 10^7 K, der Sonnentemperatur, $P = 25 \times 10^6$ atm.

4.5.3 Das Plancksche Strahlungsgesetz

Wir wollen nun noch einige Charakteristika des Strahlungsfeldes besprechen. Die *mittlere Besetzungszahl* des Zustandes $(\mathbf{p}, \lambda)$ ist durch

$$\langle n_{\mathbf{p},\lambda}\rangle = \frac{1}{e^{\varepsilon_{\mathbf{p}}/kT} - 1} \tag{4.5.8a}$$

mit $\varepsilon_{\mathbf{p}} = \hbar\omega_{\mathbf{p}} = cp$ gegeben, da

$$\langle n_{\mathbf{p},\lambda}\rangle \equiv \frac{\operatorname{Sp} e^{-\beta H} \hat{n}_{\mathbf{p},\lambda}}{\operatorname{Sp} e^{-\beta H}} = \frac{\sum\limits_{n_{\mathbf{p},\lambda}=0}^{\infty} n_{\mathbf{p},\lambda} e^{-n_{\mathbf{p},\lambda}\varepsilon_{\mathbf{p}}/kT}}{\sum\limits_{n_{\mathbf{p},\lambda}=0}^{\infty} e^{-n_{\mathbf{p},\lambda}\varepsilon_{\mathbf{p}}/kT}}$$

in Analogie zu Gl. (4.1.9) ausgewertet werden kann. Die mittlere Besetzungszahl (4.5.8a) entspricht der atomarer oder molekularer freier Bosonen, Gl. (4.1.9), mit $\mu = 0$.

Die Anzahl der besetzten Zustände im Element d^3p in einem festen Volumen ist deshalb (siehe (4.1.14a))

$$\langle n_{\mathbf{p},\lambda}\rangle \frac{2V}{(2\pi\hbar)^3} d^3p \tag{4.5.8b}$$

und im Intervall $[p, p + dp]$

$$\langle n_{\mathbf{p},\lambda}\rangle \frac{V}{\pi^2 \hbar^3} p^2 \, dp \ . \tag{4.5.8c}$$

Daraus folgt für die Anzahl der besetzten Zustände im Intervall $[\omega, \omega + d\omega]$

$$\frac{V}{\pi^2 c^3} \frac{\omega^2 d\omega}{e^{\hbar\omega/kT} - 1} \ . \tag{4.5.8d}$$

Die *spektrale Energiedichte* $u(\omega)$ ist durch Energie pro Volumen- und Frequenzeinheit definiert, also durch Multiplikation von (4.5.8d) mit $\hbar\omega/V$

$$u(\omega) = \frac{\hbar}{\pi^2 c^3} \frac{\omega^3}{e^{\hbar\omega/kT} - 1} \ . \qquad (4.5.9)$$

Dies ist das berühmte *Plancksche Strahlungsgesetz* (1900), das an der Wiege der Quantentheorie stand.

Wir wollen diese Ergebnisse nun eingehend diskutieren. Die Besetzungszahl (4.5.8a) für Photonen divergiert für $p \to 0$ wie $1/p$ (siehe Abb. 4.22), da die Energie der Photonen für $\mathbf{p} \to 0$ verschwindet. Da die Zustandsdichte in drei Dimensionen proportional zu ω^2 verläuft, ist diese Divergenz für den Energiegehalt des Strahlungsfeldes ohne Belang. Die spektrale Energiedichte ist in Abb. 4.22 dargestellt. Als Funktion von $\hbar\omega$ besitzt sie ein Maximum bei

$$\hbar\omega_{\mathrm{max}} = 2.82\,kT \ , \qquad (4.5.10)$$

etwa der dreifachen thermischen Energie. Das Maximum verschiebt sich proportional zur Temperatur. Gleichung (4.5.10), das *Wiensche Verschiebungsgesetz* (1893), hat historisch in der Entwicklung der Theorie des Strahlungsfeldes, die zur Entdeckung des Planckschen Wirkungsquantums führte, eine bedeutende Rolle gespielt. In Abb. 4.23 haben wir $u(\omega, T)$ für unterschiedliche Temperaturen dargestellt.

Wir besprechen nun noch *Grenzfälle* des Planckschen Strahlengesetzes:

(i) $\hbar\omega \ll kT$: Für niedere Frequenzen ergibt sich aus (4.5.9)

$$u(\omega) = \frac{kT\omega^2}{\pi^2 c^3} \ , \qquad (4.5.11)$$

das *Rayleigh-Jeans* Strahlungsgesetz. Dies ist der klassische, niederenergetische Grenzfall. Dieses Ergebnis der klassischen Physik war eines der Hauptprobleme in der Theorie des Strahlungsfeldes. Neben der Tatsache, daß es mit dem Experiment nur bei kleinen Frequenzen übereinstimmte, war es auch grundsätzlich unakzeptabel. Denn nach (4.5.11) ergäbe sich infolge der Divergenz von $u(\omega)$ im Limes großer Frequenzen, $\omega \to \infty$, die sogenannte Ultraviolettkatastrophe, die zu einem unendlichen Energiegehalt $\int_0^\infty d\omega\, u(\omega) = \infty$ der Hohlraumstrahlung führte.

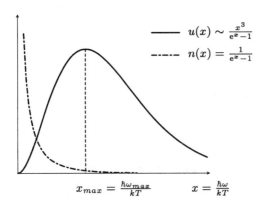

Abb. 4.22. Die Photonenzahl als Funktion von $\hbar\omega/kT$ (strichpunktiert). Die spektrale Energiedichte als Funktion von $\hbar\omega/kT$ (durchgezogen).

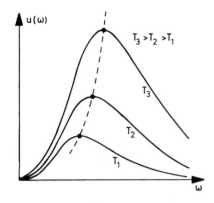

Abb. 4.23. Das Plancksche Gesetz für drei Temperaturen $T_1 < T_2 < T_3$.

(ii) $\hbar\omega \gg kT$: Im Grenzfall hoher Frequenzen ergibt sich aus (4.5.9)

$$u(\omega) = \frac{\hbar\omega^3}{\pi^2 c^3} e^{-\hbar\omega/kT} \,. \tag{4.5.12}$$

Die Energiedichte fällt mit ansteigender Frequenz exponentiell ab. Diese Relation war als *Wiensches* Gesetz empirisch gefunden worden. In seiner ersten Herleitung hat Planck weitblickend (4.5.9) aufgestellt, indem er zwischen den den Gleichungen (4.5.11) und (4.5.12) entsprechenden Entropien interpolierte.

Häufig wird die Energiedichte als Funktion der Wellenlänge λ angegeben: Ausgehend von $\omega = ck = \frac{2\pi c}{\lambda}$, erhalten wir $d\omega = -\frac{2\pi c}{\lambda^2} d\lambda$. Deshalb ist die Energie pro Volumeneinheit im Intervall $[\lambda, \lambda + d\lambda]$ durch

$$\frac{dE_\lambda}{V} = u\left(\omega = \frac{2\pi c}{\lambda}\right) \left|\frac{d\omega}{d\lambda}\right| d\lambda = \frac{16\pi^2 \hbar c \, d\lambda}{\lambda^5 \left(e^{\frac{2\pi\hbar c}{kT\lambda}} - 1\right)} \tag{4.5.13}$$

gegeben, wobei (4.5.9) eingesetzt wurde. Die Energiedichte als Funktion der Wellenlänge $\frac{dE_\lambda}{d\lambda}$ besitzt ihr Maximum an der Stelle $\lambda_{\max}$, bestimmt durch

$$\frac{2\pi\hbar c}{kT\lambda_{\max}} = 4.965 \,. \tag{4.5.14}$$

Wir wollen nun die Strahlung, die von einer Öffnung eines *Hohlraums* bei Temperatur T ausgeht, berechnen. Dazu bemerken wir zunächst, daß die Strahlung im Hohlraum völlig isotrop ist. Die Wärmeabstrahlung mit Frequenz ω in ein Raumwinkelelement $d\Omega$ ist deshalb $u(\omega)\frac{d\Omega}{4\pi}$. Die pro Zeiteinheit durch die Einheitsfläche austretende Strahlungsenergie ist

$$I(\omega, T) = \frac{1}{4\pi} \int d\Omega \, c \, u(\omega) \cos\vartheta = \frac{1}{4\pi} \int_0^{2\pi} d\varphi \int_0^1 d\eta \, \eta \, c \, u(\omega) = \frac{c}{4} u(\omega) \,. \tag{4.5.15}$$

204 4. Ideale Quanten-Gase

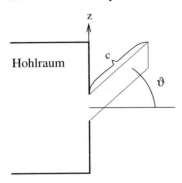

Abb. 4.24. Zur Abstrahlung pro Flächeneinheit eines Hohlraums (schwarzen Körpers)

Die Integration über den Raumwinkel $d\Omega$ erstreckt sich nur über eine Halbkugel (siehe Abb. 4.24). Die gesamte abgestrahlte Leistung pro Flächeneinheit (der Energiefluß) ist

$$I_E(T) = \int d\omega\, I(\omega, T) = \sigma T^4 \,, \tag{4.5.16}$$

wo wieder die Stefan-Boltzmann-Konstante σ von Gl. (4.5.5) eingeht.

Einen Körper, der alle auf ihn einfallende Strahlung vollständig absorbiert, nennt man *schwarz*. Eine Öffnung eines Hohlraums, dessen innere Wände gut absorbieren, ist die ideale Realisierung eines schwarzen Körpers. Die oben berechnete Abstrahlung aus der Öffnung eines Hohlraums stellt also die von einem schwarzen Körper ausgehende Strahlung dar. Näherungsweise werden Gl. (4.5.15,16) auch für die Abstrahlung von Himmelskörpern verwendet.

Bemerkung: Das Universum ist von der durch Penzias und Wilson entdeckten sog. *Hintergrundstrahlung* durchflutet, die nach der Planckschen Formel mit einer Temperatur von $2,73$ K verteilt ist. Diese rührt aus der Frühzeit des Universums — etwa 300.000 Jahre nach dem Urknall — her, zu der sich die Temperatur des Universums schon auf etwa 3000 K abgekühlt hatte. Vor dieser Zeit war diese Strahlung mit der Materie im thermischen Gleichgewicht. Bei Temperaturen von 3000 K und darunter wurden Elektronen an Kerne zu Atomen gebunden, so daß der Weltraum für diese Lichtstrahlung durchsichtig wurde, und diese faktisch von der übrigen Materie entkoppelte. Die Expansion des Universums auf etwa das Tausendfache führte wegen der Rotverschiebung zu einer Vergrößerung aller Wellenlängen auf das Tausendfache und folglich zu einer Planck-Verteilung mit einer Temperatur von $2,73$ K.

*4.5.4 Ergänzungen

Wir wollen nun die Eigenschaften des Photonengases noch physikalisch interpretieren und mit anderen Gasen vergleichen.
Die *mittlere Photonenzahl* ist durch

$$N = 2{\sum_{\mathbf{p}}}' \frac{1}{e^{cp/kT} - 1} = \frac{V}{\pi^2 c^3} \int\limits_0^\infty \frac{d\omega\, \omega^2}{e^{\hbar\omega/kT} - 1}$$

$$= \frac{V(kT)^3}{\pi^2 c^3 \hbar^3} \int\limits_0^\infty \frac{dx\, x^2}{e^x - 1} = \frac{2\zeta(3)}{\pi^2} V \left(\frac{kT}{\hbar c}\right)^3$$

gegeben, wobei in $\sum'_{\mathbf{p}}$ der Wert $\mathbf{p} = 0$ ausgeschlossen ist. Setzt man $\zeta(3)$ ein, dann folgt

$$N = 0.244\, V \left(\frac{kT}{\hbar c}\right)^3 . \tag{4.5.17}$$

Kombinieren wir dies mit (4.5.6c) und (4.5.6a) ergibt sich mit näherungsweisen Zahlenfaktoren eine formale Ähnlichkeit zum klassischen idealen Gas

$$PV = 0.9\, NkT \tag{4.5.18}$$
$$S = 3.6\, Nk\,, \tag{4.5.19}$$

wobei N jedoch stets durch (4.5.17) gegeben ist und nicht durch einen festen Wert. Der Druck pro Teilchenzahl ist ungefähr von der gleichen Größe wie beim klassischen idealen Gas.

Die thermische Wellenlänge des Photonengases ist durch

$$\lambda_T = \frac{2\pi}{k_{\max}} = \frac{2\pi\hbar c}{2.82\, kT} = \frac{0.510}{T[\mathrm{K}]} [\mathrm{cm}] \tag{4.5.20}$$

gegeben. Mit dem numerischen Faktor 0.510 ist λ_T in der Einheit cm angegeben. Eingesetzt in (4.5.17) erhalten wir

$$N = 0.244 \left(\frac{2\pi}{2.82}\right)^3 \frac{V}{\lambda_T^3} = 2.70\, \frac{V}{\lambda_T^3}\,. \tag{4.5.21}$$

Für das klassische ideale Gas ist $\frac{V}{N\lambda_T^3} \gg 1$; im Gegensatz dazu ist der mittlere Abstand der Photonen $(V/N)^{1/3}$ nach (4.5.21) von der Größenordnung λ_T, und deshalb müssen Photonen quantenmechanisch betrachtet werden.

Bei Zimmertemperatur, also $T = 300\,\mathrm{K}$, ist $\lambda_T = 1.7 \times 10^{-3}\,\mathrm{cm}$ und die Dichte $\frac{N}{V} = 5.5 \times 10^8\,\mathrm{cm}^{-3}$. Bei Sonnentemperatur, also $T \approx 10^7\,\mathrm{K}$, ist $\lambda_T = 5.1 \times 10^{-8}\,\mathrm{cm}$ und die Dichte $\frac{N}{V} = 2.0 \times 10^{22}\,\mathrm{cm}^{-3}$. Im Vergleich dazu beträgt die Wellenlänge von sichtbarem Licht $\lambda = 10^{-4}\,\mathrm{cm}$.

Anmerkung: Hätte das Photon eine endliche Ruhemasse m, so wäre $g = 3$. Dann hätte man im Stefan-Boltzmann-Gesetz einen Faktor $\frac{3}{2}$. Die experimentelle Gültigkeit des Stefan-Boltzmann-Gesetzes besagt, daß entweder $m = 0$ ist, oder daß die longitudinalen Photonen nicht an die Materie koppeln.

Chemisches Potential: Das chemische Potential des Photongases kann aus der Gibbs-Duhem-Relation $E = TS - PV + \mu N$ berechnet werden, da es sich um ein homogenes System handelt:

$$\mu = \frac{1}{N}(E - TS + PV) = \frac{1}{N}\left(4 - \frac{16}{3} + \frac{4}{3}\right)\frac{\sigma V T^3}{3c} \equiv 0 \ . \tag{4.5.22}$$

Das chemische Potential des Photonengases ist für alle Temperaturen identisch 0, da die Zahl der Photonen nicht fest ist, sondern sich an die Temperatur und das Volumen anpaßt. Photonen werden von der umgebenden Materie, den Wänden des Hohlraums, absorbiert und emittiert. Generell verschwindet das chemische Potential von Teilchen und von Quasiteilchen, wie z.B. Phononen, deren Teilchenzahl durch keinen Erhaltungssatz eingeschränkt ist. Betrachten wir nämlich die freie Energie für eine fiktive feste Zahl von Photonen (Phononen etc.) $F(T, V, N_{\text{Ph}})$. Da die Zahl der Photonen (Phononen) nicht eingeschränkt ist, adjustiert sie sich so, daß die freie Energie minimal wird $\left(\frac{\partial F}{\partial N_{\text{Ph}}}\right)_{T,V} = 0$. Das ist aber gerade der Ausdruck für das chemische Potential, welches somit verschwindet: $\mu = 0$. Ebenso hätten wir von der Maximalität der Entropie ausgehen können $\left(\frac{\partial S}{\partial N_{\text{Ph}}}\right)_{E,V} = -\frac{\mu}{T} = 0$.

*4.5.5 Teilchenzahl–Fluktuationen von Fermionen und Bosonen

Da wir nun die statistischen Eigenschaften der verschiedenen Quantengase kennengelernt haben, nämlich Fermionen und Bosonen (inklusive Photonen, deren Teilchenzahlverteilung sich durch $\mu = 0$ auszeichnet), wollen wir jetzt die mittleren Schwankungen der Teilchenzahlen studieren. Zu diesem Zweck gehen wir vom großkanonischen Potential aus

$$\Phi = -\beta^{-1} \log \sum_{\{n_p\}} e^{-\beta \sum_p n_p(\varepsilon_p - \mu)} \ . \tag{4.5.23}$$

Die Ableitung von Φ nach ε_q ergibt den Mittelwert von n_q

$$\frac{\partial \Phi}{\partial \varepsilon_q} = \frac{\sum_{\{n_p\}} n_q e^{-\beta \sum_p n_p(\varepsilon_p - \mu)}}{\sum_{\{n_p\}} e^{-\beta \sum_p n_p(\varepsilon_p - \mu)}} = \langle n_q \rangle \ . \tag{4.5.24}$$

Die zweite Ableitung von Φ ergibt das Schwankungsquadrat

$$\frac{\partial^2 \Phi}{\partial \varepsilon_q^2} = -\beta \left\{\langle n_q^2 \rangle - \langle n_q \rangle^2\right\} \equiv -\beta (\Delta n_q)^2 \ . \tag{4.5.25}$$

Somit erhalten wir unter Benützung von $\frac{e^x}{e^x \mp 1} = 1 \pm \frac{1}{e^x \mp 1}$

$$(\Delta n_q)^2 = -\beta^{-1} \frac{\partial \langle n_q \rangle}{\partial \varepsilon_q} = \frac{e^{\beta(\varepsilon_q - \mu)}}{\left(e^{\beta(\varepsilon_q - \mu)} \mp 1\right)^2} = \langle n_q \rangle (1 \pm \langle n_q \rangle) \ . \tag{4.5.26}$$

Für Fermionen ist das Schwankungsquadrat immer klein. Im Bereich der besetzten Zustände, wo $\langle n_q \rangle = 1$ ist, verschwindet Δn_q und im Bereich kleiner $\langle n_q \rangle$ ist $\Delta n_q \approx \langle n_q \rangle^{1/2}$.

Bemerkung: Für Bosonen können die Schwankungen sehr groß werden. Im Falle großer Besetzungszahlen wird $\Delta n_q \sim \langle n_q \rangle$ und die relative Schwankung geht gegen eins. Dies ist eine Konsequenz der Tendenz von Bosonen sich zusammenzuballen. Diese großen Schwankungen findet man auch im räumlichen Sinn. Wenn N Bosonen in einem Volumen L^3 eingeschlossen sind, dann ist die mittlere Zahl der Bosonen in einem Teilvolumen a^3 durch $\bar{n} = Na^3/L^3$ gegeben. Falls $a \ll \lambda$, wo λ die Ausdehnung der Wellenfunktionen der Bosonen ist, dann findet man für das Schwankungsquadrat der Teilchenzahl $(\Delta N_{a^3})^2$ in dem Teilvolumen[23]

$$(\Delta N_{a^3})^2 = \bar{n}(\bar{n}+1) \ .$$

Im Vergleich dazu erinnern wir an das ganz andersartige Verhalten von *klassischen Teilchen*, die einer Poisson-Verteilung (siehe Abschnitt 1.5.1) genügen. Die Wahrscheinlichkeit, n Teilchen im Teilvolumen a^3 zu finden, ist für $a/L \ll 1$ und $N \to \infty$

$$P_n = \mathrm{e}^{-\bar{n}} \frac{\bar{n}^n}{n!}$$

mit $\bar{n} = Na^3/L^3$, woraus

$$(\Delta n)^2 = \overline{n^2} - \bar{n}^2 = \sum_n P_n n^2 - \bar{n}^2 = \bar{n}$$

folgt. Die Abweichung der Zählraten von Bosonen vom Poisson-Gesetz wurden in intensiven Photonen-Strahlen experimentell verifiziert.[24]

4.6 Phononen in Festkörpern

4.6.1 Harmonischer Hamilton-Operator

Wir erinnern an die Mechanik der linearen Kette aus N Teilchen der Masse m, die durch Federn zwischen nächsten Nachbarn mit der Federkonstante f gekoppelt sind. Deren Hamilton-Funktion besitzt in harmonischer Näherung die Form

$$H = W_0 + \sum_n \left[\frac{m}{2}\dot{u}_n^2 + \frac{f}{2}(u_n - u_{n-1})^2\right] \ . \tag{4.6.1}$$

Man gelangt zu (4.6.1), indem man von der Hamilton-Funktion der N Teilchen, deren Positionen x_n seien, ausgeht. Die Gleichgewichtslagen der Teilchen seien x_n^0, wobei für eine unendliche Kette und für eine endliche Kette bei periodischen Randbedingungen die Gleichgewichtslagen exakt translationsinvariant sind und der Abstand benachbarter Gleichgewichtspositionen durch die Gitterkonstante $a = x_{n+1}^0 - x_n^0$ gegeben ist. Dann führt man die

---

[23] Eine detaillierte Diskussion der Tendenz von Bosonen sich in Regionen überlappender Wellenfunktionen zusammenzuballen, findet sich in E.M. Henley und W. Thirring, *Elementary Quantum Field Theory*, McGraw Hill, New York 1962, Seite 52ff.

[24] R. Hanbury Brown und R.Q. Twiss, Nature **177**, 27 (1956).

Auslenkungen von den Gleichgewichtslagen $u_n = x_n - x_n^0$ ein und entwickelt nach den u_n. Die Größe W_0 ist durch den Wert der gesamten potentiellen Energie $W(\{x_n\})$ der Kette an der Gleichgewichtslage gegeben. Durch die kanonische Transformation

$$u_n = \frac{1}{\sqrt{Nm}} \sum_k e^{ikan} Q_k \;, \quad m\dot{u}_n = \sqrt{\frac{m}{N}} \sum_k e^{-ikan} P_k \tag{4.6.2}$$

wird H in eine Summe von ungekoppelten harmonischen Oszillatoren transformiert

$$H = W_0 + \sum_k \frac{1}{2}(P_k P_{-k} + \omega_k^2 Q_k Q_{-k}) \;, \tag{4.6.1'}$$

wobei die Frequenzen mit der Wellenzahl über

$$\omega_k = 2\sqrt{\frac{f}{m}} \sin \frac{ka}{2} \tag{4.6.3}$$

zusammenhängen. Man bezeichnet Q_k als Normalkoordinaten und die P_k als Normalimpulse. Die Q_k und P_k sind zueinander konjugierte Variable, welche wir im folgenden als quantenmechanische Operatoren auffassen. In der quantenmechanischen Darstellung gelten die folgenden Vertauschungsrelationen

$$[u_n, m\dot{u}_{n'}] = i\hbar \delta_{nn'} \;, \quad [u_n, u_{n'}] = [m\dot{u}_n, m\dot{u}_{n'}] = 0$$

und daraus folgt

$$[Q_k, P_{k'}] = i\hbar \delta_{kk'} \;, \quad [Q_k, Q_{k'}] = [P_k, P_{k'}] = 0 \;;$$

außerdem gilt $Q_k^\dagger = Q_{-k}$ und $P_k^\dagger = P_{-k}$. Schließlich kann man durch Einführen von Erzeugungs– und Vernichtungsoperatoren

$$Q_k = \sqrt{\frac{\hbar}{2\omega_k}}(a_k + a_{-k}^\dagger) \;, \quad P_k = -i\sqrt{\frac{\hbar \omega_k}{2}}(a_{-k} - a_k^\dagger) \tag{4.6.4}$$

$$H = W_0 + \sum_k \hbar \omega_k \left(\hat{n}_k + \frac{1}{2}\right) \tag{4.6.1''}$$

erhalten, mit dem Besetzungszahloperator

$$\hat{n}_k = a_k^\dagger a_k \tag{4.6.5}$$

und $[a_k, a_{k'}^\dagger] = \delta_{kk'}$, $[a_k, a_{k'}] = [a_k^\dagger, a_{k'}^\dagger] = 0$.

In dieser Form können wir den Hamilton-Operator sofort auf drei Dimensionen verallgemeinern. In einem dreidimensionalen Kristall mit einem Atom pro Einheitszelle gibt es zu jeder Wellenzahl 3 Gitterschwingungen, eine longitudinale (l) und zwei transversale (t_1, t_2) (Siehe Abb. 4.25). Wenn die Einheitszelle s Atome enthält, gibt es $3s$ Gitterschwingungen. Diese setzen sich aus den drei akustischen, deren Frequenz bei $k = 0$ verschwindet, und den $3(s-1)$ optischen Phononen, deren Frequenz bei $k = 0$ endlich ist, zusammen.[25]

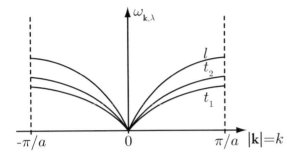

Abb. 4.25. Die Phononfrequenzen in einem Kristall mit einem Atom pro Einheitszelle

Wir werden uns im folgenden auf den einfachen Fall eines einzigen Atoms pro Einheitszelle beschränken, also auf Bravais-Kristalle. Dann lautet nach den vorhergehenden Betrachtungen der Hamilton-Operator

$$H = W_0(V) + \sum_{\mathbf{k},\lambda} \hbar\omega_{\mathbf{k},\lambda} \left(\hat{n}_{\mathbf{k},\lambda} + \frac{1}{2} \right). \tag{4.6.6}$$

Hier haben wir die Gitterschwingungen durch den Wellenzahlvektor $\mathbf{k}$ und die Polarisation λ charakterisiert. Die zugehörige Frequenz ist $\omega_{\mathbf{k},\lambda}$ und der entsprechende Besetzungszahloperator $\hat{n}_{\mathbf{k},\lambda}$. Die potentielle Energie $W_0(V)$ in der Gleichgewichtslage des Kristalls hängt von der Gitterkonstanten oder, was bei vorgegebener Teilchenzahl äquivalent ist, vom Volumen ab. Der Kürze halber werden wir den Wellenzahlvektor und die Polarisation in der Form $k \equiv (\mathbf{k}, \lambda)$ zusammenfassen. Es gibt in einem Gitter mit N Atomen insgesamt $3N$ Schwingungsfreiheitsgrade.

4.6.2 Thermodynamische Eigenschaften

Analog zu der Rechnung bei Photonen ergibt sich für die freie Energie

$$F = -kT \log Z = W_0(V) + \sum_k \left[\frac{\hbar\omega_k}{2} + kT \log\left(1 - e^{-\hbar\omega_k/kT}\right) \right]. \tag{4.6.7}$$

Die innere Energie finden wir aus

---

[25] Siehe z.B. J.M. Ziman, *Principles of the Theory of Solids*, 2nd edition, Cambridge University Press, 1972.

$$E = -T^2 \left(\frac{\partial}{\partial T}\frac{F}{T}\right)_V , \qquad (4.6.8)$$

also

$$E = W_0(V) + \sum_k \frac{\hbar\omega_k}{2} + \sum_k \hbar\omega_k \frac{1}{e^{\hbar\omega_k/kT} - 1} . \qquad (4.6.8')$$

Es erweist sich auch hier für die Phononen wieder als zweckmäßig, die normierte Zustandsdichte

$$g(\omega) = \frac{1}{3N}\sum_k \delta(\omega - \omega_k) \qquad (4.6.9)$$

einzuführen. Der Vorfaktor ist so gewählt, daß

$$\int_0^\infty d\omega\, g(\omega) = 1 . \qquad (4.6.10)$$

Mit Hilfe der Zustandsdichte kann die innere Energie in der Form

$$E = W_0(V) + E_0 + 3N \int_0^\infty d\omega\, g(\omega)\frac{\hbar\omega}{e^{\hbar\omega/kT} - 1} \qquad (4.6.11)$$

geschrieben werden, wobei für die Nullpunktsenergie der Phononen die Bezeichnung $E_0 = \sum_k \hbar\omega_k/2$ eingeführt wurde. Für die thermodynamischen Größen kommt es nicht auf die genaue Wellenzahlabhängigkeit der Phononfrequenzen an, sondern nur auf deren Verteilung, die Zustandsdichte.

Um nun die thermodynamischen Größen wie etwa die innere Energie bestimmen zu können, müssen wir zunächst die Zustandsdichte $g(\omega)$ berechnen. Für kleine k ist die Frequenz der longitudinalen Phononen $\omega_{\mathbf{k},l} = c_l k$, und die der transversalen Phononen $\omega_{\mathbf{k},t} = c_t k$, welche zweifach entartet sind, wobei c_l und c_t die longitudinale und transversale Schallgeschwindigkeit sind. Setzen wir dies in (4.6.9) ein, erhalten wir

$$g(\omega) = \frac{V}{3N}\frac{1}{2\pi^2}\int dk\, k^2[\delta(\omega - c_l k) + 2\delta(\omega - c_t k)] = \frac{V}{N}\frac{\omega^2}{6\pi^2}\left(\frac{1}{c_l^3} + \frac{2}{c_t^3}\right) . \qquad (4.6.12)$$

Gleichung (4.6.12) trifft nur für kleine Frequenzen zu, also in dem Bereich, in dem die Phonon-Dispersionsrelation tatsächlich linear ist. In diesem Frequenzbereich ist die Zustandsdichte proportional zu ω^2, wie das auch bei Photonen der Fall war. Mit (4.6.12) können wir nun die thermodynamischen Größen für niedere Temperaturen berechnen, da in diesem Temperaturbereich nur niederfrequente Phononen thermisch angeregt sind. Im Grenzfall hoher

4.6 Phononen in Festkörpern

Temperaturen werden wir sehen, daß es auf die detaillierte Form des Phonon-Spektrums gar nicht ankommt, sondern nur auf die gesamte Zahl der Schwingungen. Somit können wir auch diesen Fall sofort behandeln, Gl. (4.6.14). Bei *tiefen* Temperaturen tragen nur niedere Frequenzen bei, da Frequenzen $\omega \gg kT/\hbar$ durch die Exponentialfunktion im Integral (4.6.11) unterdrückt werden. Deshalb kann das Niederfrequenzresultat (4.6.12) für $g(\omega)$ verwendet werden. Entsprechend der Rechnung für Photonen ergibt sich

$$E = W_0(V) + E_0 + \frac{V\pi^2 k^4}{30\hbar^3}\left(\frac{1}{c_l^3} + \frac{2}{c_t^3}\right) T^4 \ . \tag{4.6.13}$$

Für hohe Temperaturen, also Temperaturen, die sehr viel größer sind als $\hbar\omega_{\max}/k$, wo $\omega_{\max}$ die Maximalfrequenz der Phononen ist, gilt für alle Frequenzen, für die $g(\omega)$ nicht verschwindet, $\left(e^{\hbar\omega/kT} - 1\right)^{-1} \approx \frac{kT}{\hbar\omega}$, und deshalb folgt aus (4.6.11) und (4.6.10)

$$E = W_0(V) + E_0 + 3NkT \ . \tag{4.6.14}$$

Durch Ableiten nach der Temperatur erhalten wir aus (4.6.13) und (4.6.14) im Grenzfall kleiner Temperaturen

$$C_V \sim T^3 \tag{4.6.15}$$

das *Debyesche Gesetz* und im Grenzfall hoher Temperaturen

$$C_V \approx 3Nk \tag{4.6.16}$$

das *Dulong-Petit*-Gesetz. Für tiefe Temperaturen ist die spezifische Wärme proportional zu T^3, während sie für hohe Temperaturen gleich der Zahl der Freiheitsgrade mal der Boltzmann-Konstanten ist.

Um die spezifische Wärme für alle Temperaturen bestimmen zu können, benötigen wir die normierte Zustandsdichte $g(\omega)$ für den gesamten Frequenzbereich. Die typische Form von $g(\omega)$ für einen Bravais-Kristall[25] ist in Abb. 4.26 gezeigt. Für kleine ω erkennt man das ω^2-Verhalten. Oberhalb der Maximalfrequenz verschwindet $g(\omega)$. In Zwischenbereichen weist die Zustandsdichte noch charakteristische Strukturen, sogenannte van Hove-Singularitäten[25] auf, die von den Maxima, Minima und Sattelpunkten der Phononen-Dispersionsrelation herrühren, deren typischer Verlauf in Abb. 4.27 dargestellt ist.

Um eine für viele Zwecke ausreichende Interpolationsformel zu erhalten, approximiert man die Zustandsdichte durch die *Debyesche Näherung*

$$g_D(\omega) = \frac{3\omega^2}{\omega_D^3}\Theta(\omega_D - \omega) \ , \tag{4.6.17a}$$

212   4. Ideale Quanten-Gase

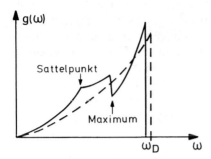

Abb. 4.26. Die Phonon-Zustandsdichte $g(\omega)$. Durchgezogen: Realistische Zustandsdichte. Strichliert: Die Debyesche Näherung.

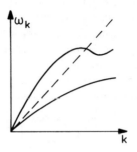

Abb. 4.27. Phonondispersionsrelation mit Maxima, Minima und Sattelpunkten, die sich in der Zustandsdichte als van Hove-Singularitäten äußern.

mit

$$\frac{1}{\omega_D^3} = \frac{1}{18\pi^2} \frac{V}{N} \left(\frac{1}{c_l^3} + \frac{2}{c_t^3} \right) . \tag{4.6.17b}$$

Durch (4.6.17a) wird der Niederfrequenzausdruck (4.6.12) auf den ganzen Frequenzbereich ausgedehnt und bei der sogenannten Debye-Frequenz ω_D abgeschnitten, die so gewählt ist, daß (4.6.10) erfüllt ist. Die Debyesche Näherung ist ebenfalls in Abb. 4.26 dargestellt.

Setzt man (4.6.17a) in (4.6.11) ein, so erhält man

$$E = W_0(V) + E_0 + 3NkT\, D\left(\frac{\hbar\omega_D}{kT}\right) \tag{4.6.18}$$

mit

$$D(x) = \frac{3}{x^3} \int_0^x \frac{dy\, y^3}{e^y - 1} . \tag{4.6.19}$$

Leitet man (4.6.18) nach der Temperatur ab, so ergibt sich ein Ausdruck für die spezifische Wärme, der zwischen dem Debye- und dem Dulong-Petit-Grenzfall interpoliert (Siehe Abb. 4.28).

*4.6.3 Anharmonische Effekte, Mie-Grüneisen-Zustandsgleichung

Bisher haben wir nur die harmonische Näherung behandelt. Tatsächlich enthält der Hamilton-Operator für Phononen in einem Kristall auch anharmonische Terme, z.B.

$$H_{\text{int}} = \sum_{k_1, k_2} c(k_1, k_2) Q_{k_1} Q_{k_2} Q_{-k_1-k_2}$$

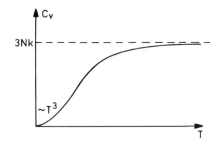

Abb. 4.28. Die Wärmekapazität eines einatomigen Isolators. Bei tiefen Temperaturen ist $C_V \sim T^3$ und bei hohen konstant.

mit Koeffizienten $c(k_1, k_2)$. Terme dieser Art und höhere Potenzen rühren von der Entwicklung des Wechselwirkungspotentials nach den Auslenkungen der Gitterbausteine her. Diese nichtlinearen Terme sind verantwortlich für (i) die thermische Ausdehnung von Kristallen (ii) das Auftreten eines linearen Terms in der spezifischen Wärme für hohe T (iii) die Dämpfung von Phononen (iv) und eine endliche Wärmeleitfähigkeit. Diese Terme sind auch entscheidend bei strukturellen Phasenübergängen. Die systematische Behandlung dieser Phänomene erfordert störungstheoretische Methoden. Die anharmonischen Terme bewirken, daß die Frequenzen ω_k von der Gitterkonstanten, d.h. vom Volumen V des Kristalls abhängen. Diesen Effekt der Anharmonizitäten können wir näherungsweise mit einer geringfügigen Erweiterung der harmonischen Theorie des vorhergehenden Teilabschnitts zur Herleitung der Zustandsgleichung mitberücksichtigen.

Wir leiten die freie Energie F nach dem Volumen ab. Außer der potentiellen Energie W_0 an der Gleichgewichtskonfiguration hängt auch ω_k, bedingt durch Anharmonizitäten, vom Volumen V ab, deshalb ergibt sich für den Druck

$$P = -\left(\frac{\partial F}{\partial V}\right)_T = -\frac{\partial W_0}{\partial V} - \sum_k \hbar \omega_k \left(\frac{1}{2} + \frac{1}{e^{\hbar \omega_k / kT} - 1}\right) \frac{\partial \log \omega_k}{\partial V} \ . \quad (4.6.20)$$

Zur Vereinfachung wird angenommen, daß die logarithmische Ableitung von ω_k nach dem Volumen für alle Wellenzahlen gleich ist (Grüneisen-Annahme)

$$\frac{\partial \log \omega_k}{\partial V} = \frac{1}{V} \frac{\partial \log \omega_k}{\partial \log V} = -\gamma \frac{1}{V} \ . \quad (4.6.21)$$

Die hier auftretende Materialkonstante γ heißt Grüneisen-Konstante. Das negative Vorzeichen besagt, daß die Frequenzen bei Ausdehnung kleiner werden. Setzen wir nun (4.6.21) in (4.6.20) ein und vergleichen wir mit (4.6.8′), so erhalten wir mit $E_{\text{Ph}} = E - W_0$ die *Mie-Grüneisen*-Zustandsgleichung

$$P = -\frac{\partial W_0}{\partial V} + \gamma \frac{E_{\text{Ph}}}{V} \ . \quad (4.6.22)$$

Diese Formel trifft für nichtleitende Kristalle zu, bei denen keine elektronischen Anregungen vorhanden sind und das thermische Verhalten einzig durch die Phononen bestimmt wird.

214   4. Ideale Quanten-Gase

Aus der Mie-Grüneisen-Zustandsgleichung lassen sich die verschiedenen thermodynamischen Ableitungen bestimmen, wie z.B. der Spannungskoeffizient (3.2.5)

$$\beta = \left(\frac{\partial P}{\partial T}\right)_V = \gamma C_V(T)/V \tag{4.6.23}$$

und der lineare Ausdehnungskoeffizient (Anhang: I, Tabelle I.3)

$$\alpha_l = \frac{1}{3V}\left(\frac{\partial V}{\partial T}\right)_P , \tag{4.6.24}$$

der wegen $\left(\frac{\partial P}{\partial T}\right)_V = -\left(\frac{\partial V}{\partial T}\right)_P / \left(\frac{\partial V}{\partial P}\right)_T \equiv \frac{\left(\frac{\partial V}{\partial T}\right)_P}{\kappa_T V}$ auch als

$$\alpha_l = \frac{1}{3}\beta\kappa_T \tag{4.6.25}$$

dargestellt werden kann. In der letzten Relation kann für tiefe Temperaturen die Kompressibilität durch

$$\kappa_T(0) = -\frac{1}{V}\left(\frac{\partial V}{\partial P}\right)_{T=0} = \left(V\frac{\partial^2 W_0}{\partial V^2}\right)^{-1} \tag{4.6.26}$$

ersetzt werden. Bei tiefen Temperaturen verhalten sich nach (4.6.23) und (4.6.25) der thermische Ausdehnungskoeffizient und der Spannungskoeffizient eines Isolators so wie die spezifische Wärme und sind proportional zur dritten Potenz der Temperatur

$$\alpha \propto \beta \propto T^3 .$$

Wegen des thermodynamischen Zusammenhangs der spezifischen Wärmen (3.2.24) verhält sich $C_P - C_V \propto T^7$. Deshalb ist bei Temperaturen unterhalb der Debye-Temperatur die isobare spezifische Wärme faktisch gleich der isochoren.

Analog zu den Phononen kann man die thermodynamischen Eigenschaften anderer Quasiteilchen bestimmen. *Magnonen* in Antiferromagneten haben ebenfalls eine lineare Dispersionsrelation bei kleinem k und deshalb ist deren Beitrag zur spezifischen Wärme ebenfalls proportional T^3. Magnonen im Ferromagneten haben eine quadratische Dispersionsrelation $\sim k^2$ und führen zu einer spezifischen Wärme $\sim T^{3/2}$.

4.7 Phononen und Rotonen in He II

4.7.1 Die Anregungen (Quasiteilchen) von He II

Im Anschluß an die in 4.4 dargestellte Bose-Einstein-Kondensation haben wir das Phasendiagramm von He^4 besprochen. In der He II-Phase, unterhalb

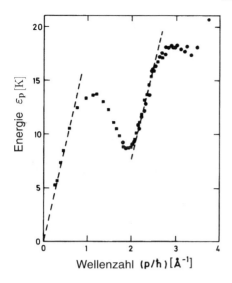

Abb. 4.29. Die Quasiteilchenanregungen in suprafluidem He^4. Phononen und Rotonen nach Henshaw und Woods.[27]

von $T_\lambda = 2.18\,\text{K}$, kondensiert He^4. Zustände mit der Wellenzahl 0 sind makroskopisch besetzt. In der Sprache der zweiten Quantisierung bedeutet dies, daß der Erwartungswert des Feldoperators $\psi(\mathbf{x})$ endlich ist. Der Ordnungsparameter ist hier $\langle\psi(\mathbf{x})\rangle$.[26] Das Anregungsspektrum ist dann ganz anders als in einem System von freien Bosonen. Wir wollen hier nicht auf die quantenmechanische Theorie eingehen, sondern an den experimentellen Befund anknüpfen. Bei tiefen Temperaturen sind nur die niederenergetischen Anregungen von Bedeutung. In Abb. 4.29 sind die mittels Neutronenstreuung bestimmten Anregungen dargestellt.

Das Anregungsspektrum zeigt folgende Charakteristika. Für kleine p variiert die Anregungsenergie linear mit dem Impuls

$$\varepsilon_\mathbf{p} = cp \,. \tag{4.7.1a}$$

In diesem Bereich heißen die Anregungen Phononen, deren Schallgeschwindigkeit ist $c = 238\,\text{m/sec}$. Als zweites Charakteristikum hat das Anregungsspektrum ein Minimum bei $p_0 = 1.91\,\text{Å}^{-1}\hbar$. In diesem Bereich heißen die Anregungen Rotonen und können durch

$$\varepsilon_\mathbf{p} = \Delta + \frac{(|\mathbf{p}| - p_0)^2}{2\mu} \tag{4.7.1b}$$

---

[26] Es ist

$$a_0 |\phi_0(N)\rangle = \sqrt{N}\,|\phi_0(N-1)\rangle \approx \sqrt{N}\,|\phi_0(N)\rangle$$
$$a_0^\dagger |\phi_0(N)\rangle = \sqrt{N+1}\,|\phi_0(N+1)\rangle \approx \sqrt{N}\,|\phi_0(N)\rangle \,,$$

da bei makroskopischer Besetzung des Grundzustandes $N \gg 1$ ist. Siehe z.B. QM II, Abschn. 3.2.2.

[27] D.G. Henshaw and A.D. Woods, Phys. Rev. **121**, 1266 (1961).

dargestellt werden, mit der effektiven Masse $\mu = 0.16\, m_{\text{He}}$ und der Lücke $\Delta/k = 8.6\,\text{K}$. Diese Züge der Dispersionsrelationen werden sich auch in den thermodynamischen Eigenschaften äußern.

4.7.2 Thermische Eigenschaften

Bei tiefen Temperaturen ist die Zahl der Anregungen klein, und deren Wechselwirkung kann vernachlässigt werden. Da die He^4-Atome Bosonen sind, sind auch die Quasiteilchen dieses Systems Bosonen.[28] Wir betonen, daß die Quasiteilchen in Gleichungen (4.7.1a) und (4.7.1b) kollektive Dichte-Anregungen sind, die nichts mit der Bewegung einzelner Heliumatome zu tun haben.

Wegen des Bose-Charakters und wegen der Tatsache, daß die Zahl der Quasiteilchen nicht erhalten ist, also das chemische Potential Null ist, gilt für die mittlere Besetzungszahl

$$n(\varepsilon_{\mathbf{p}}) = \left(e^{\beta \varepsilon_{\mathbf{p}}} - 1\right)^{-1} . \tag{4.7.2}$$

Es folgt für die freie Energie

$$F(T,V) = \frac{kTV}{(2\pi\hbar)^3} \int d^3p \, \log\left(1 - e^{-\beta \varepsilon_{\mathbf{p}}}\right) , \tag{4.7.3a}$$

für die mittlere Zahl von Quasiteilchen

$$N_{\text{Q.T.}}(T,V) = \frac{V}{(2\pi\hbar)^3} \int d^3p \, n(\varepsilon_{\mathbf{p}}) \tag{4.7.3b}$$

und für die innere Energie

$$E(T,V) = \frac{V}{(2\pi\hbar)^3} \int d^3p \, \varepsilon_{\mathbf{p}} n(\varepsilon_{\mathbf{p}}) . \tag{4.7.3c}$$

Bei tiefen Temperaturen tragen in (4.7.3a) bis (4.7.3c) nur die Phononen und Rotonen bei, da nur diese thermisch angeregt sind. Der Beitrag der Phononen ist in diesem Limes durch

$$F_{\text{Ph}} = -\frac{\pi^2 V (kT)^4}{90(\hbar c)^3} , \quad \text{bzw.} \quad E_{\text{Ph}} = \frac{\pi^2 V (kT)^4}{30(\hbar c)^3} \tag{4.7.4a,b}$$

gegeben. Daraus ergibt sich für die Wärmekapazität bei konstantem Volumen

$$C_V = \frac{2\pi^2 V k^4 T^3}{15(\hbar c)^3} . \tag{4.7.4c}$$

---

[28] Dagegen kann es in wechselwirkenden Fermi-Systemen sowohl Fermi- wie Bose-Quasiteilchen geben. Die Teilchen-Zahl bosonischer Quasiteilchen ist im allgemeinen nicht fest. Extra Quasiteilchen können entstehen; da die Änderung des Drehimpulses jedes Quantensystems ganzzahlig sein muß, müssen diese Anregungen ganzzahligen Spin besitzen.

4.7 Phononen und Rotonen in He II

Wegen der Lücke in der Rotonenenergie (4.7.1b) kann für niedrige Temperaturen, $T \leq 2\,\mathrm{K}$, die Rotonen-Besetzungszahl durch $n(\varepsilon_\mathbf{p}) \approx \mathrm{e}^{-\beta\varepsilon_\mathbf{p}}$ genähert werden, und es ergibt sich für die mittlere Zahl der Rotonen

$$
\begin{aligned}
N_{\text{Rot}} &\approx \frac{V}{(2\pi\hbar)^3} \int d^3p\, \mathrm{e}^{-\beta\varepsilon_\mathbf{p}} = \frac{V}{2\pi^2\hbar^3} \int_0^\infty dp\, p^2\, \mathrm{e}^{-\beta\varepsilon_\mathbf{p}} \\
&= \frac{V}{2\pi^2\hbar^3} \mathrm{e}^{-\beta\Delta} \int_0^\infty dp\, p^2\, \mathrm{e}^{-\beta(p-p_0)^2/2\mu} \\
&\approx \frac{V}{2\pi^2\hbar^3} \mathrm{e}^{-\beta\Delta} p_0^2 \int_{-\infty}^\infty dp\, \mathrm{e}^{-\beta(p-p_0)^2/2\mu} \approx \frac{V p_0^2}{2\pi^2\hbar^3}\left(2\pi\mu kT\right)^{1/2} \mathrm{e}^{-\beta\Delta}\ .
\end{aligned}
$$

(4.7.5a)

Der Beitrag der Rotonen zur inneren Energie ist durch

$$
E_{\text{Rot}} \approx \frac{V}{(2\pi\hbar)^3}\int d^3p\, \varepsilon_p\, \mathrm{e}^{-\beta\varepsilon_p} = -\frac{\partial}{\partial\beta} N_{\text{Rot}} = \left(\Delta + \frac{kT}{2}\right) N_{\text{Rot}} \quad (4.7.5\text{b})
$$

gegeben, woraus für die spezifische Wärme

$$
C_{\text{Rot}} = k\left(\frac{3}{4} + \frac{\Delta}{kT} + \left(\frac{\Delta}{kT}\right)^2\right) N_{\text{Rot}} \tag{4.7.5c}
$$

folgt, wobei nach (4.7.5a) N_{Rot} für $T \to 0$ exponentiell verschwindet. In Abb. 4.30 ist die spezifische Wärme als Funktion der Temperatur doppeltlogarithmisch dargestellt. Die Gerade folgt dem T^3-Gesetz von Gl. (4.7.4c). Oberhalb von $0.6\,\mathrm{K}$ macht sich der Rotonen-Beitrag (4.7.5c) bemerkbar.

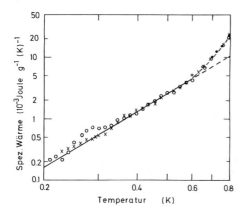

Abb. 4.30. Die spezifische Wärme von Helium II unter gesättigtem Dampfdruck (Wiebes, Niels-Hakkenberg und Kramers).

*4.7.3 Suprafluidität, Zwei-Flüssigkeitsmodell

Die Kondensation von Helium und die daraus folgende Quasiteilchen-Dispersionsrelation ((4.7.1a,b), Abb. 4.29) haben entscheidende Konsequenzen für das dynamische Verhalten von He^4 in der He II-Phase. Es folgt hieraus die Suprafluidität und deren Darstellung durch das Zwei-Flüssigkeitsmodell. Um dies einzusehen, betrachten wir die Strömung von Helium in einer Röhre in zwei verschiedenen Inertialsystemen. Im System K ist die Röhre in Ruhe und die Flüssigkeit strömt mit der Geschwindigkeit $-\mathbf{v}$. Im System K$_0$ sei das Helium in Ruhe, während die Röhre die Geschwindigkeit $\mathbf{v}$ besitzt (Siehe Abb. 4.31).

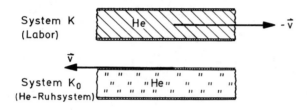

Abb. 4.31. Suprafluides Helium im Ruhsystem der Röhre K und im Ruhsystem der Flüssigkeit K$_0$.

Die Gesamt-Energien (E, E_0) und die Gesamt-Impulse ($\mathbf{P}, \mathbf{P}_0$) der Flüssigkeit in den beiden Systemen (K,K$_0$) hängen durch eine *Galilei-Transformation*

$$\mathbf{P} = \mathbf{P}_0 - M\mathbf{v} \tag{4.7.6a}$$

$$E = E_0 - \mathbf{P}_0 \cdot \mathbf{v} + \frac{M\mathbf{v}^2}{2} \tag{4.7.6b}$$

zusammen. Dabei bedeuten

$$\sum_i \mathbf{p}_i = \mathbf{P}, \quad \sum_i \mathbf{p}_{i0} = \mathbf{P}_0, \quad \sum_i m_i = M. \tag{4.7.6c}$$

Man zeigt (4.7.6a,b), indem man die Galilei-Transformation für die einzelnen Teilchen

$$\mathbf{x}_i = \mathbf{x}_{i0} - \mathbf{v}t, \quad \mathbf{p}_i = \mathbf{p}_{i0} - m\mathbf{v}$$

anwendet. Das gibt für den Gesamtimpuls

$$\mathbf{P} = \sum \mathbf{p}_i = \sum (\mathbf{p}_{i0} - m\mathbf{v}) = \mathbf{P}_0 - M\mathbf{v}$$

und die Gesamtenergie

$$E = \sum_i \frac{1}{2m}\mathbf{p}_i^2 + \sum_{\langle i,j \rangle} V(\mathbf{x}_i - \mathbf{x}_j) = \sum_i \frac{m}{2}\left(\frac{\mathbf{p}_{i0}}{m} - \mathbf{v}\right)^2 + \sum_{\langle i,j \rangle} V(\mathbf{x}_{i0} - \mathbf{x}_{j0})$$

$$= \sum_i \frac{\mathbf{p}_{i0}^2}{2m} - \mathbf{P}_0 \cdot \mathbf{v} + \frac{M}{2}\mathbf{v}^2 + \sum_{\langle i,j \rangle} V(\mathbf{x}_{i0} - \mathbf{x}_{j0}) = E_0 - \mathbf{P}_0 \cdot \mathbf{v} + \frac{M}{2}\mathbf{v}^2.$$

In einer gewöhnlichen Flüssigkeit wird jede anfänglich vorhandene Strömung durch Reibungsverluste abgebremst. Vom System K_0 aus betrachtet bedeutet dies, daß in der Flüssigkeit Anregungen auftreten, die sich mit der Wand mitbewegen, so daß nach und nach mehr und mehr der Flüssigkeit mit der bewegten Röhre mitgezogen wird. Von K aus betrachtet bedeutet dieser Vorgang, daß die Strömung der Flüssigkeit abgebremst wird. Damit derartige Anregungen überhaupt auftreten können, muß sich die Energie der Flüssigkeit dabei vermindern. Wir müssen nun untersuchen, ob für das spezielle Anregungsspektrum von He II, Abb. 4.29, die strömende Flüssigkeit durch Bildung von Anregungen ihre Energie vermindern kann.

Ist es energetisch günstig, Quasiteilchen anzuregen? Wir betrachten zuerst Helium bei der Temperatur $T = 0$, also im Grundzustand. Im Grundzustand sind Energie und Impuls im System K_0 durch

$$E_0^g \quad \text{und} \quad \mathbf{P}_0 = 0 \tag{4.7.7a}$$

gegeben. Daraus folgt für diese Größen im System K

$$E^g = E_0^g + \frac{M\mathbf{v}^2}{2} \quad \text{und} \quad \mathbf{P} = -M\mathbf{v} \, . \tag{4.7.7b}$$

Wenn ein Quasiteilchen mit Impuls $\mathbf{p}$ und der Energie $\varepsilon_\mathbf{p}$ angeregt ist, haben die Energie und der Impuls im System K_0 die Werte

$$E_0 = E_0^g + \varepsilon_\mathbf{p} \quad \text{und} \quad \mathbf{P}_0 = \mathbf{p} \, , \tag{4.7.7c}$$

und daraus folgt aus (4.7.6a,b) für die Energie im System K

$$E = E_0^g + \varepsilon_\mathbf{p} - \mathbf{p} \cdot \mathbf{v} + \frac{M\mathbf{v}^2}{2} \quad \text{und} \quad \mathbf{P} = \mathbf{p} - M\mathbf{v} \, . \tag{4.7.7d}$$

Die Anregungsenergie im System K (im Ruhsystem der Röhre) ist deshalb

$$\Delta E = \varepsilon_\mathbf{p} - \mathbf{p} \cdot \mathbf{v} \, . \tag{4.7.8}$$

ΔE ist die Energieänderung der Flüssigkeit durch das Auftreten einer Anregung in K. Nur wenn $\Delta E < 0$ ist, verliert die strömende Flüssigkeit Energie. Da $\varepsilon - \mathbf{pv}$ am kleinsten ist, wenn $\mathbf{p} \| \mathbf{v}$ ist, muß die Ungleichung

$$v > \frac{\varepsilon}{p} \tag{4.7.9a}$$

erfüllt sein, damit eine Anregung auftritt. Aus (4.7.9a) ergibt sich die kritische Geschwindigkeit (Abb. 4.32)

$$v_c = \left(\frac{\varepsilon}{p}\right)_{\min} \approx 60 \,\text{m/sec} \, . \tag{4.7.9b}$$

Wenn die Strömungsgeschwindigkeit kleiner als v_c ist, werden keine Quasiteilchen angeregt, und die Flüssigkeit strömt ungebremst durch die Röhre.

Dieses Phänomen nennt man Suprafluidität. Das Auftreten einer endlichen kritischen Geschwindigkeit ist eng mit der Form des Anregungsspektrums verknüpft, das bei $\mathbf{p} = 0$ endliche Gruppengeschwindigkeit besitzt und überall größer als Null ist (Abb. 4.32).

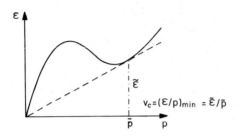

Abb. 4.32. Quasiteilchen und kritische Geschwindigkeit.

Der Wert (4.7.9b) der kritischen Geschwindigkeit wird bei der Bewegung von Ionen in He II beobachtet. Die kritische Geschwindigkeit für die Strömungen in Kapillaren ist viel kleiner als v_c, da schon bei geringerer Geschwindigkeit Wirbel entstehen; diese Anregungen haben wir hier nicht betrachtet.

Eine entsprechende Argumentation gilt auch bei endlichen Temperaturen für das Entstehen von zusätzlichen Anregungen. Bei endlichen Temperaturen sind thermische Anregungen von Quasiteilchen vorhanden. Wie wirken sich diese aus? Die Quasiteilchen werden mit der bewegten Röhre im Gleichgewicht sein und die mittlere Geschwindigkeit $\mathbf{v}$ im System K_0 haben. Das Kondensat, die suprafluide Komponente, ruht in K_0. Die Quasiteilchen haben den Impuls $\mathbf{p}$ und die Anregungsenergie $\varepsilon_\mathbf{p}$ in K_0. Die mittlere Zahl dieser Quasiteilchen ist $n(\varepsilon_\mathbf{p} - \mathbf{p} \cdot \mathbf{v})$. (Man muß die Gleichgewichtsverteilungsfunktionen in dem System anwenden, in dem das Quasiteilchengas ruht! Und dort ist die Anregungsenergie $\varepsilon_\mathbf{p} - \mathbf{p} \cdot \mathbf{v}$).

Der Impuls des Quasiteilchengases ist in K_0 durch

$$\mathbf{P}_0 = \frac{V}{(2\pi\hbar)^3} \int d^3 p \, \mathbf{p} \, n(\varepsilon_\mathbf{p} - \mathbf{p} \cdot \mathbf{v}) \qquad (4.7.10)$$

gegeben. Für kleine Geschwindigkeit kann man (4.7.10) nach $\mathbf{v}$ entwickeln. Indem man $\int d^3 p \, \mathbf{p} \, n(\varepsilon_\mathbf{p}) = 0$ verwendet und mit der ersten Ordnung in $\mathbf{v}$ abbricht, ergibt sich

$$\mathbf{P}_0 \approx \frac{-V}{(2\pi\hbar)^3} \int d^3 p \, \mathbf{p}(\mathbf{p} \cdot \mathbf{v}) \frac{\partial n}{\partial \varepsilon_\mathbf{p}} = \frac{-V}{(2\pi\hbar)^3} \mathbf{v} \frac{1}{3} \int d^3 p \, \mathbf{p}^2 \frac{\partial n}{\partial \varepsilon_\mathbf{p}},$$

wobei $\int d^3 p \, p_i p_j f(|\mathbf{p}|) = \frac{1}{3}\delta_{ij} \int d^3 p \, \mathbf{p}^2 f(|\mathbf{p}|)$ benutzt wurde. Für kleine T genügt es, in dieser Gleichung den Phononen-Beitrag zu berücksichtigen, also

$$\mathbf{P}_{0,\text{Ph}} = -\frac{4\pi V}{(2\pi\hbar)^3} \mathbf{v} \frac{1}{3c^5} \int_0^\infty d\varepsilon \, \varepsilon^4 \frac{\partial n}{\partial \varepsilon} . \qquad (4.7.11)$$

Nach partieller Integration und der Ersetzung von $4\pi \int d\varepsilon\, \varepsilon^2/c^3$ durch $\int d^3p$ erhält man

$$\mathbf{P}_{0,\text{Ph}} = \frac{V}{(2\pi\hbar)^3}\mathbf{v}\,\frac{4}{3c^2}\int d^3p\,\varepsilon_{\mathbf{p}} n(\varepsilon_{\mathbf{p}})\;.$$

Dieses Ergebnis schreiben wir in der Form

$$\mathbf{P}_{0,\text{Ph}} = V\rho_{n,\text{Ph}}\mathbf{v}\;, \tag{4.7.12}$$

wo wir die *normalfluide Dichte*

$$\rho_{n,\text{Ph}} = \frac{4}{3}\frac{E_{\text{Ph}}}{Vc^2} = \frac{2\pi^2}{45}\frac{(kT)^4}{\hbar^3 c^5} \tag{4.7.13}$$

definiert haben; vergleiche (4.7.4b). In (4.7.13) ist der Phononen-Beitrag zu ρ_n ausgewertet. Der Beitrag der Rotonen ist durch

$$\rho_{n,\text{Rot}} = \frac{p_0^2}{3kT}\frac{N_{\text{Rot}}}{V} \tag{4.7.14}$$

gegeben. Gl. (4.7.14) folgt aus (4.7.9) nach ähnlichen Näherungen wie bei der Bestimmung von N_{Rot} in Gl. (4.7.5a). Man nennt $\rho_n = \rho_{n,\text{Ph}} + \rho_{n,\text{Rot}}$ die Massendichte der Normalkomponente. Nur dieser Teil der Dichte kommt mit der Wand ins Gleichgewicht.

Der gesamte Impuls pro Volumeneinheit $\mathbf{P}_0/V$ ist nach (4.7.10) und (4.7.12) durch

$$\mathbf{P}_0/V = \rho_n\mathbf{v} \tag{4.7.15}$$

gegeben. Wir führen nun eine Galilei-Transformation von dem System K_0, in dem das Kondensat ruht, auf ein System durch, in dem sich das Kondensat mit Geschwindigkeit $\mathbf{v}_s$ bewegt. Das Quasiteilchengas, d.h. die Normalkomponente, hat in diesem Bezugssystem die Geschwindigkeit $\mathbf{v}_n = \mathbf{v} + \mathbf{v}_s$. Der Impuls ergibt sich aus (4.7.15), indem man aufgrund der Galilei-Transformation $\rho\mathbf{v}_s$ addiert

$$\mathbf{P}/V = \rho\mathbf{v}_s + \rho_n\mathbf{v}\;.$$

Substituiert man $\mathbf{v} = \mathbf{v}_n - \mathbf{v}_s$, kann man den Impuls in der Form

$$\mathbf{P}/V = \rho_s\mathbf{v}_s + \rho_n\mathbf{v}_n \tag{4.7.16}$$

schreiben, wobei die *suprafluide Dichte*

$$\rho_s = \rho - \rho_n \tag{4.7.17}$$

definiert wurde. Ähnlich kann man die freie Energie im System K_0 berechnen und daraus durch eine Galilei-Transformation die freie Energie der strömenden Flüssigkeit pro Volumeinheit in dem System, in dem sich die suprafluide Komponente mit $\mathbf{v}_s$ bewegt, bestimmen (Übungen, Aufgabe 4.23):

$$F(T, V, \mathbf{v}_s, \mathbf{v}_n)/V = F(T,V)/V + \frac{1}{2}\rho_s \mathbf{v}_s^2 + \frac{1}{2}\rho_n \mathbf{v}_n^2 , \tag{4.7.18}$$

wo die freie Energie der ruhenden Flüssigkeit $F(T,V)$ durch (4.7.3a) und die darauffolgenden Relationen gegeben ist.

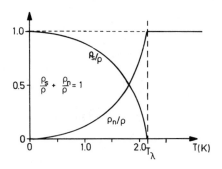

Abb. 4.33. Suprafluide und normale Dichte ρ_s und ρ_n in He II als Funktion der Temperatur, gemessen durch die Schwingungen eines Torsionspendels von Andronikaschvili.

Das hydrodynamische Verhalten von in der He II-Phase kondensiertem Helium ist so, als würde Helium aus zwei Flüssigkeiten bestehen, einer normalfluiden mit der Dichte ρ_n, die mit Hindernissen wie z.B. der Oberfläche der Röhre ins Gleichgewicht kommt, und einer suprafluiden mit der Dichte ρ_s, die reibungsfrei strömt. Bei $T \to 0$ geht $\rho_s \to \rho$ und $\rho_n \to 0$, während bei $T \to T_\lambda$ $\rho_s \to 0$ und $\rho_n \to \rho$ gehen. Dieses theoretische Bild, das Zwei-Flüssigkeitsmodell von Tisza und Landau, wurde unter anderem in Experimenten von Andronikaschvili (Abb. 4.33) bestätigt. Es ist die theoretische Basis für die faszinierenden makroskopischen Eigenschaften von suprafluidem Helium.

Aufgaben zu Kapitel 4

4.1 Zeigen Sie die Richtigkeit der Gleichungen (4.3.24a) und (4.3.24b).

4.2 Zeigen Sie, daß die Entropie eines idealen Bose-(Fermi-) Gases in folgender Form dargestellt werden kann:

$$S = k \sum_{\mathbf{p}} \Big(-\langle n_{\mathbf{p}} \rangle \log \langle n_{\mathbf{p}} \rangle \pm \big(1 \pm \langle n_{\mathbf{p}} \rangle\big) \log\big(1 \pm \langle n_{\mathbf{p}} \rangle\big) \Big) .$$

Betrachten Sie diesen Ausdruck auch im klassischen Grenzfall und im Grenzfall $T \to 0$.

4.3 Berechnen Sie C_V, C_P, κ_T, α für ideale Bose- und Fermi-Gase im Grenzfall starker Verdünnung bis zur Ordnung $\hbar^3$.

4.4 Schätzen Sie die Fermi-Energien (in eV) und die Fermi-Temperaturen (in K) für folgende Systeme ab. (Näherung freier Teilchen: $\varepsilon_F = \frac{\hbar^2}{2m}\left(\frac{N}{V}\right)^{2/3}\left(\frac{6\pi^2}{g}\right)^{2/3}$)
(a) Elektronen im Metall
(b) Neutronen in einem schweren Kern
(c) He^3 in flüssigem He^3 ($V/N = 46.2\,\text{Å}^3$).

4.5 Betrachten Sie ein eindimensionales Elektronengas ($S = 1/2$), bestehend aus N Teilchen im Raumintervall $(0, L)$.
(a) Wie groß sind Fermi-Impuls p_F und Fermi-Energie ε_F?
(b) Berechnen Sie analog zu Abschnitt 4.3 $\mu = \mu(T, N/L)$.
Ergebnis: $p_F = \frac{\pi \hbar N}{L}$, $\mu = \varepsilon_F\left[1 + \frac{\pi^2}{12}\left(\frac{kT}{\varepsilon_F}\right)^2 + \mathcal{O}(T^4)\right]$.
Geben Sie eine qualitative Erklärung des Vorzeichenunterschieds der Temperaturabhängigkeit gegeüber drei Dimensionen.

4.6 Berechnen Sie das chemische Potential $\mu(T, N/V)$ für ein zweidimensionales Fermi-Gas.

4.7 Man bestimme das mittlere Schwankungsquadrat $(\Delta N)^2 = \langle N^2 \rangle - \langle N \rangle^2$ der Fluktuationen der Zahl der Elektronen für ein Elektronengas im Limes verschwindender Temperatur.

4.8 Berechnen Sie die isotherme Kompressibilität (Gl. (4.3.18)) des Elektronengases für tiefe Temperaturen, indem Sie von Formel (4.3.14') für den Druck, $P = \frac{2}{5}\frac{\varepsilon_F N}{V} + \frac{\pi^2}{6}\frac{(kT)^2}{\varepsilon_F}\frac{N}{V}$ ausgehen. Vergleichen Sie mit der in Aufgabe 4.7 bestimmten Teilchenzahlfluktuation.

4.9 Berechnen Sie die freie Energie für das fast entartete Fermi-Gas, sowie α und C_P.

4.10 Berechnen Sie für ein extrem relativistisches Fermigas ($\varepsilon_p = pc$)
(a) das großkanonische Potential Φ
(b) die thermische Zustandsgleichung
(c) die spezifische Wärme C_V.
Betrachten Sie auch den Grenzfall sehr tiefer Temperaturen.

4.11 (a) Berechnen Sie die Grundzustandsenergie des relativistischen Elektronengases, $E_p = \sqrt{(m_e c^2)^2 + (pc)^2}$, in einem weißen Zwerg, der N Elektronen und $N/2$ (ruhende) Heliumkerne enthalten möge, und geben Sie den Nullpunktsdruck für die beiden Grenzfälle

$$x_F \ll 1 : P_0 = \frac{m_e c^2}{v^5} x_F^2$$

$$x_F \gg 1 : P_0 = \frac{m_e c^2}{v^4} x_F \left(1 - \frac{1}{x_F^2}\right)$$

an; $x_F = \frac{p_F}{m_e c}$. Wie hängt der Druck vom Radius R des Sterns ab?

(b) Leiten Sie eine Beziehung zwischen der Masse M des Sterns und seinem Radius R für die beiden Fälle $x_F \ll 1$ und $x_F \gg 1$ her und zeigen Sie, daß ein weißer Zwerg keine größere Masse haben kann als

$$M_0 = \frac{9m_\mathrm{p}}{64}\sqrt{\frac{3\pi}{\alpha^3}}\left(\frac{\hbar c}{\gamma m_\mathrm{p}^2}\right)^{3/2}.$$

$\alpha \sim 1$,

$G = 6.7 \times 10^{-8}\,\mathrm{dyn\,cm^2 g^{-2}}$ \quad Gravitationskonstante

$m_\mathrm{p} = 1.7 \times 10^{-24}\,\mathrm{g}$ \quad\quad\quad\quad Protonmasse

(c) Wird ein Stern bei gegebener Masse $M = 2m_\mathrm{p}N$ auf einen (endlichen) Radius R komprimiert, so erniedrigt sich seine Energie um die Selbstenergie E_g der Gravitation, die für homogene Massenverteilung die Form $E_g = -\alpha G M^2/R$ hat, wobei α eine Zahl der Größenordnung 1 ist. Aus

$$\frac{dE_0}{dV} + \frac{dR}{dV}\frac{dE_g}{dR} = 0$$

können Sie den Gleichgewichtsradius bestimmen, wobei $dE_0 = -P_0(R)\,4\pi R^2 dR$ das Differential der Grundzustandsenergie ist.

4.12 Zeigen Sie, daß im zweidimensionalen idealen Bose-Gas keine Bose-Einstein-Kondensation auftritt.

4.13 Beweisen Sie die Formeln (4.4.10) und (4.4.11) für die Entropie und die spezifische Wärme eines idealen Bose-Gases.

4.14 Berechnen Sie die innere Energie eines idealen Bose-Gases für $T < T_c(v)$, bestimmen Sie daraus die spezifische Wärme, und vergleichen Sie mit Gleichung (4.4.10).

4.15 Zeigen Sie für Bosonen mit $\varepsilon_p = ap^s$ und $\mu = 0$, daß sich die spezifische Wärme bei tiefen Temperaturen im Dreidimensionalen wie $T^{3/s}$ verhält. Im Spezialfall $s = 2$ ergibt sich die spezifische Wärme eines Ferromagneten, dessen Bosonen Spinwellen sind.

4.16 Zeigen Sie, daß das Maximum der Planckschen Formel für die Energieverteilung $u(\omega)$ bei $\omega_{\max} = 2.82\,\frac{kT}{\hbar}$ liegt, siehe (4.5.10).

4.17 Bestätigen Sie, daß der von einem schwarzen Körper der Temperatur T in den Halbraum ausgehende Energiefluß $I_E(T)$ durch (Gl. (4.5.16)), $I_E(T) \equiv \frac{\text{abgestrahlte Energie}}{\mathrm{cm}^2\,\mathrm{sec}} = \frac{cE}{4V} = \sigma T^4$, gegeben ist, indem Sie von der Energiestromdichte

$$\mathbf{j}_E = \frac{1}{V}\sum_{\mathbf{p},\lambda} c\frac{\mathbf{p}}{p}\varepsilon_\mathbf{p}\langle n_{\mathbf{p},\lambda}\rangle$$

ausgehen. Der Energiefluß I_E pro Flächeneinheit durch ein Flächenelement $d\mathbf{f}$ ist $\mathbf{j}_E\frac{d\mathbf{f}}{|d\mathbf{f}|}$.

4.18 Der Energiefluß, der von der Sonne auf die Erde trifft, beträgt $b = 0,136$ Joule $\mathrm{sec}^{-1}\,\mathrm{cm}^{-2}$ (ohne Absorptionsverluste, bei senkrechtem Einfall). b heißt auch Solarkonstante.
(a) Zeigen Sie, daß die gesamte Sonnenabstrahlung $= 4 \times 10^{26}$ Joule sec^{-1} ist.
(b) Berechnen Sie die Oberflächentemperatur der Sonne unter der Annahme, daß die Sonne wie ein schwarzer Körper strahlt ($T \sim 6000\,\mathrm{K}$).
$R_S = 7 \times 10^{10}\,\mathrm{cm}$, $R_{SE} = 1\,\mathrm{AE} = 1.5 \times 10^{13}\,\mathrm{cm}$

4.19 Phononen im Festkörper. Berechnen Sie den Beitrag der sog. optischen Phononen zur spezifischen Wärme eines Festkörpers, indem Sie für die Dispersionsrelation der Schwingungen $\varepsilon(k) = \omega_E$ annehmen (Einstein-Modell).

4.20 Berechnen Sie die der Gleichung (4.6.17a) entsprechende Frequenzverteilung für ein- bzw. zweidimensionale Gitter. Welches Verhalten hat in diesem Falle die spezifische Wärme bei tiefen Temperaturen? (Beispiele für niederdimensionale Systeme sind Selen (eindimensionale Ketten) und Graphit (Schichten)).

4.21 Der Druck eines Festkörpers ist durch $P = -\frac{\partial W_0}{\partial V} + \gamma \frac{E_{\text{ph}}}{V}$ gegeben (siehe (4.6.22)). Zeigen Sie unter der Annahme $W_0(V) = (V - V_0)^2 / 2\chi_0 V_0$ für $V \sim V_0$ und $\chi_0 C_V T \ll V_0$, daß die thermische Ausdehnung (bei konstantem $P \sim 0$) durch

$$\alpha \equiv \frac{1}{V}\left(\frac{\partial V}{\partial T}\right) = \frac{\gamma \chi_0 C_V}{V_0} \quad \text{und} \quad C_P - C_V = \frac{\gamma^2 \chi_0 C_V^2 T}{V_0}$$

gegeben ist.

4.22 Spezifische Wärme in Metallen.
Vergleichen Sie die Beiträge von Phononen und Elektronen. Zeigen Sie, daß der lineare Beitrag zur spezifischen Wärme erst für $T < T^* = 0.14\theta_D \sqrt{\theta_D/T_F}$ dominiert. Schätzen Sie T^* für typische Werte von θ_D und T_F ab.

4.23 Suprafluides Helium: Zeigen Sie, daß in einem Koordinatensystem, in dem die suprafluide Komponente ruht, die freie Energie $F = E - TS$ gegeben ist durch

$$\Phi_{\mathbf{v}} + \rho_n v^2 , \quad \text{wo} \quad \Phi_{\mathbf{v}} = \frac{1}{\beta} \sum_{\mathbf{p}} \log\left[1 - e^{-\beta(\varepsilon_{\mathbf{p}} - \mathbf{p} \cdot \mathbf{v})}\right] .$$

Entwickeln Sie $\Phi_{\mathbf{v}}$ und zeigen Sie ferner, daß in dem System, in dem sich die suprafluide Komponente mit $\mathbf{v}_s$ bewegt

$$F = \Phi_0 + \frac{\rho_n v_n^2}{2} + \frac{\rho_s v_s^2}{2} ; \quad \mathbf{v}_n = \mathbf{v} + \mathbf{v}_s .$$

Hinweise: Bei der Bestimmung der freien Energie F beachte man, daß die Verteilungsfunktion n für die Quasiteilchen mit der Energie $\varepsilon_{\mathbf{p}}$ gleich $n(\varepsilon_{\mathbf{p}} - \mathbf{p} \cdot \mathbf{v})$ ist.

4.24 Ideale Bose- und Fermi-Gase im kanonischen Ensemble.
(a) Berechnen Sie die kanonische Zustandssumme für ideale Bose- und Fermi-Gase.
(b) Berechnen Sie die mittlere Besetzungszahl im kanonischen Ensemble.
Anleitung: Berechnen Sie statt Z_N die Größe

$$Z(x) = \sum_{N=0}^{\infty} x^N Z_N$$

und bestimmen Sie Z_N durch $Z_N = \frac{1}{2\pi i} \oint \frac{Z(x)}{x^{N+1}} dx$, wobei der Weg in der komplexen x-Ebene den Ursprung, aber keine Singularität von $Z(x)$ einschließt. Benutzen Sie bei der Berechnung des Integrals die Sattelpunktsmethode.

4.25 Berechnen Sie das chemische Potential μ für den atomaren Grenzfall des Hubbard-Modells,

$$H = U \sum_{i=1}^{N} n_{i\uparrow} n_{i\downarrow} \,,$$

wobei $n_{i\uparrow} = c_{i\uparrow}^{\dagger} c_{i\uparrow}$ der Anzahloperator für Elektronen im Zustand i (Gitterplatz) und $\sigma = +\frac{1}{2}$ ist. (Im allgemeinen Fall, der hier *nicht* betrachtet werden soll, lautet das Hubbard-Modell

$$H = \sum_{ij\sigma} t_{ij} c_{i\sigma}^{\dagger} c_{j\sigma} + U \sum_{i} n_{i\uparrow} n_{i\downarrow} \,.)$$

5. Reale Gase, Flüssigkeiten und Lösungen

In diesem Kapitel werden wir reale Gase betrachten, also auf die Wechselwirkung der Atome oder Moleküle und deren Struktur Bedacht nehmen. Im ersten Abschnitt wird die Erweiterung gegenüber dem klassischen idealen Gas nur in der Berücksichtigung der inneren Freiheitsgrade bestehen. Im zweiten Abschnitt werden Mischungen derartiger idealer Gase betrachtet. In den weiteren Abschnitten wird die Wechselwirkung der Moleküle berücksichtigt, was auf die Virialentwicklung und die van der Waals-Theorie der flüssigen und gasförmigen Phase führt. Besondere Aufmerksamkeit wird dem Übergang zwischen diesen Phasen gewidmet. Im letzten Abschnitt werden Mischungen untersucht. Dieses Kapitel weist auch Verbindungen zur Alltagsphysik auf. Es werden darin Grenzgebiete berührt, die Anwendungen in der physikalischen Chemie, Biologie und Technik besitzen.

5.1 Ideales Molekül-Gas

5.1.1 Hamilton-Operator und Zustandssumme

Das Gas bestehe aus N Molekülen, die wir mit dem Index n numerieren. Zu den Translationsfreiheitsgraden, die wir nach wie vor als klassisch voraussetzen, kommen nun die inneren Freiheitsgrade (Rotation, Vibration, elektronische Anregung) hinzu. Die Wechselwirkung der Moleküle untereinander wird vernachlässigt. Der gesamte Hamilton-Operator besteht aus der Translationsenergie (kinetische Energie der Moleküle) und dem Hamilton-Operator der inneren Freiheitsgrade $H_{i,n}$, summiert über alle Moleküle

$$H = \sum_{n=1}^{N} \left(\frac{\mathbf{p}_n^2}{2m} + H_{i,n} \right) . \tag{5.1.1}$$

Die Eigenwerte von $H_{i,n}$ sind die inneren Energieniveaus $\varepsilon_{i,n}$. Die kanonische Zustandssumme ist durch

$$Z(T,V,N) = \frac{V^N}{(2\pi\hbar)^{3N} N!} \int d^3p_1 \ldots d^3p_N \; e^{-\sum_n \mathbf{p}_n^2/2mkT} \prod_n \sum_{\varepsilon_{i,n}} e^{-\varepsilon_{i,n}/kT}$$

gegeben. Die klassische Behandlung der Translationsfreiheitsgrade, repräsentiert durch das Zustandsintegral über die Impulse, ist gerechtfertigt, wenn das spezifische Volumen sehr viel größer als die dritte Potenz der thermischen Wellenlänge $\lambda = 2\pi\hbar/\sqrt{2\pi mkT}$ ist (Kap. 4). Da die inneren Energieniveaus $\varepsilon_{i,n} \equiv \varepsilon_i$ für alle Moleküle identisch sind, folgt

$$Z(T,V,N) = \frac{1}{N!}[Z_{\text{tr}}(1)\,Z_i]^N = \frac{1}{N!}\left[\frac{V}{\lambda^3}Z_i\right]^N , \qquad (5.1.2)$$

wo $Z_i = \sum_{\varepsilon_i} e^{-\varepsilon_i/kT}$ die Zustandssumme über die inneren Freiheitsgrade und $Z_{\text{tr}}(1)$ das translatorische Zustandsintegral jeweils eines einzelnen Moleküls sind. Aus (5.1.2) folgt für die freie Energie unter Zuhilfenahme der Stirlingschen Formel für große N

$$F = -kT\log Z \approx -NkT\left[1 + \log\frac{V}{N\lambda^3} + \log Z_i\right] . \qquad (5.1.3)$$

Aus (5.1.3) findet man die Zustandsgleichung

$$P = -\left(\frac{\partial F}{\partial V}\right)_{T,N} = \frac{NkT}{V} , \qquad (5.1.4)$$

die mit der des einatomigen Gases übereinstimmt, da die inneren Freiheitsgrade nicht von V abhängen. Für die Entropie folgt

$$S = -\left(\frac{\partial F}{\partial T}\right)_{V,N} = Nk\left[\frac{5}{2} + \log\frac{V}{N\lambda^3} + \log Z_i + T\frac{\partial \log Z_i}{\partial T}\right] \qquad (5.1.5a)$$

und daraus für die innere Energie

$$E = F + TS = NkT\left[\frac{3}{2} + T\frac{\partial \log Z_i}{\partial T}\right] . \qquad (5.1.5b)$$

Die kalorische Zustandsgleichung (5.1.5b) wird durch die inneren Freiheitsgrade gegenüber der des einatomigen idealen Gases abgeändert. Ebenso äußern sich die inneren Freiheitsgrade in der Wärmekapazität bei konstantem Volumen

$$C_V = \left(\frac{\partial E}{\partial T}\right)_{V,N} = Nk\left[\frac{3}{2} + \frac{\partial}{\partial T}T^2\frac{\partial \log Z_i}{\partial T}\right] . \qquad (5.1.6)$$

Schließlich geben wir für spätere Anwendungen auch noch das chemische Potential

$$\mu = \left(\frac{\partial F}{\partial N}\right)_{T,V} = -kT\log\left(\frac{V}{N\lambda^3}Z_i\right) \qquad (5.1.5c)$$

an, was mit $\mu = \frac{1}{N}(F + PV)$ übereinstimmt, da es sich um ein homogenes System handelt.

Für die weitere Auswertung müssen die Beiträge aus den inneren Freiheitsgraden der Moleküle untersucht werden. Die Energieniveaus der inneren Freiheitsgrade setzen sich aus drei Beiträgen zusammen

$$\varepsilon_i = \varepsilon_{el} + \varepsilon_{rot} + \varepsilon_{vib} \;. \tag{5.1.7}$$

Hier bedeutet ε_{el} die elektronische Energie inklusive der Coulomb-Abstoßung der Kerne, bezogen auf die Energie separierter Atome. ε_{rot} ist die Rotationsenergie und ε_{vib} die Schwingungs(Vibrations-)energie der Moleküle.

Wir untersuchen zweiatomige Moleküle aus verschiedenen Atomen (z.B. HCl; für gleichartige Atome, siehe Abschn. 5.1.4). Dann besitzt die Rotationsenergie die Gestalt[1]

$$\varepsilon_{rot} = \frac{\hbar^2 l(l+1)}{2I} \;, \tag{5.1.8a}$$

wo l die Drehimpulsquantenzahl und $I = m_{red} R_0^2$ das durch die reduzierte Masse m_{red} und den Kernabstand R_0 dargestellte Trägheitsmoment ist.[2] Die Schwingungsenergie ε_{vib} hat die Gestalt[1]

$$\varepsilon_{vib} = \hbar\omega \left(n + \frac{1}{2} \right) \;, \tag{5.1.8b}$$

wo ω die Frequenz der Molekülschwingung und $n = 0, 1, 2, \ldots$ ist. Die elektronischen Energieniveaus ε_{el} sind mit der Dissoziationsenergie ε_{Diss} zu vergleichen. Da wir nicht-dissoziierte Moleküle betrachten wollen, also $kT \ll \varepsilon_{Diss}$ sein muß, und andererseits die Anregungsenergien der niedrigsten elektronischen Zustände von der gleichen Größenordnung sind wie ε_{Diss}, folgt aus der Bedingung $kT \ll \varepsilon_{Diss}$, daß sich die Elektronen im Grundzustand, dessen Energie wir mit ε_{el}^0 bezeichnen, befinden. Dann wird

$$Z_i = \exp\left(-\frac{\varepsilon_{el}^0}{kT}\right) Z_{rot} Z_{vib} \;. \tag{5.1.9}$$

Wir berechnen nun der Reihe nach den Rotationsanteil Z_{rot} und den Vibrationsanteil Z_{vib} zur Zustandssumme.

5.1.2 Rotationsanteil

Da die Rotationsenergie ε_{rot} (5.1.8a) nicht von der Quantenzahl m (z–Komponente des Drehimpulses) abhängt, ergibt die Summation über m einen

---

[1] Im allgemeinen hängen das Trägheitsmoment I und die Schwingungsfrequenz ω von l ab[2]. Die letztere Abhängigkeit führt zu einer Kopplung von Rotations- und Schwingungsfreiheitsgraden. Für die folgende Auswertung ist angenommen, daß diese Abhängigkeiten schwach sind und vernachlässigt werden können.
[2] Siehe z.B. QM I

230   5. Reale Gase, Flüssigkeiten und Lösungen

Faktor $(2l+1)$, und es bleibt die Summation über l, die alle natürlichen Zahlen durchläuft,

$$Z_{\text{rot}} = \sum_{l=0}^{\infty}(2l+1)\exp\left(-\frac{l(l+1)\Theta_r}{2T}\right) . \tag{5.1.10}$$

Hier wurde die charakteristische Temperatur

$$\Theta_r = \frac{\hbar^2}{Ik} \tag{5.1.11}$$

eingeführt. Wir betrachten nun zwei Grenzfälle:

$T \ll \Theta_r$: Für niedere Temperaturen tragen in (5.1.10) nur die kleinsten Werte von l bei

$$Z_{\text{rot}} = 1 + 3\,e^{-\Theta_r/T} + 5\,e^{-3\Theta_r/T} + \mathcal{O}\left(e^{-6\Theta_r/T}\right) . \tag{5.1.12}$$

$T \gg \Theta_r$: Für hohe Temperaturen muß die Summation über alle l ausgeführt werden, was auf

$$Z_{\text{rot}} = 2\frac{T}{\Theta_r} + \frac{1}{3} + \frac{1}{30}\frac{\Theta_r}{T} + \mathcal{O}\left(\left(\frac{\Theta_r}{T}\right)^2\right) \tag{5.1.13}$$

führt.

Zum Beweis von (5.1.13) verwendet man die Euler-MacLaurin-Summenformel[3]

$$\sum_{l=0}^{\infty} f(l) = \int_0^{\infty} dl\, f(l) + \frac{1}{2}f(0) + \sum_{k=1}^{n-1}\frac{(-1)^k B_k}{(2k)!}f^{(2k-1)}(0) + \text{Rest}_n , \tag{5.1.14}$$

für den Spezialfall $f(\infty) = f'(\infty) = \ldots = 0$. Die ersten Bernoulli-Zahlen B_n sind gegeben durch $B_1 = \frac{1}{6}, B_2 = \frac{1}{30}$. Der erste Term in (5.1.14) ergibt gerade das klassische Resultat

$$\int_0^{\infty} dl\, f(l) = \int_0^{\infty} dl\,(2l+1)\exp\left(-\frac{l(l+1)}{2}\frac{\Theta_r}{T}\right) = 2\int_0^{\infty} dx\, e^{-x\frac{\Theta_r}{T}} = 2\frac{T}{\Theta_r} , \tag{5.1.15}$$

das man erhält, wenn man die Rotationsenergie nicht quantenmechanisch, sondern nach der klassischen Mechanik berücksichtigt.[4] Die weiteren Terme erhält man über

$$f(0) = 1 , \quad f'(0) = 2 - \frac{\Theta_r}{2T} , \quad f'''(0) = -6\frac{\Theta_r}{T} + 3\left(\frac{\Theta_r}{T}\right)^2 - \frac{1}{8}\left(\frac{\Theta_r}{T}\right)^3 ,$$

woraus über (5.1.14) die Entwicklung (5.1.13) folgt.

---

[3] Whittaker, Watson, *A Modern Course of Analysis*, Cambridge at the Clarendon Press; Smirnow III$_2$, S.239

[4] Siehe z.B. A. Sommerfeld, *Thermodynamik und Statistik*, S.196

$$Z_{\text{rot}} = \frac{4\pi I^2}{(2\pi\hbar)^2}\int d\omega_1 \int d\omega_2\, e^{-\frac{\beta I}{2}(\omega_1^2 + \omega_2^2)} = \frac{2IkT}{\hbar^2} .$$

Aus (5.1.12) und (5.1.13) ergibt sich für den Logarithmus der Zustandssumme nach Entwicklung

$$\log Z_{\text{rot}} = \begin{cases} 3\,e^{-\Theta_r/T} - \dfrac{9}{2}\,e^{-2\Theta_r/T} + \mathcal{O}(e^{-3\Theta_r/T}) & T \ll \Theta_r \\[2mm] \log\left(\dfrac{2T}{\Theta_r}\right) + \dfrac{\Theta_r}{6T} + \dfrac{1}{360}\left(\dfrac{\Theta_r}{T}\right)^2 + \mathcal{O}\left(\left(\dfrac{\Theta_r}{T}\right)^3\right) & T \gg \Theta_r\,. \end{cases}$$
(5.1.16a)

Aus diesem Resultat kann der Beitrag der Rotationsfreiheitsgrade zur inneren Energie berechnet werden

$$E_{\text{rot}} = NkT^2 \frac{\partial}{\partial T} \log Z_{\text{rot}}$$

$$= \begin{cases} 3Nk\Theta_r\left(e^{-\Theta_r/T} - 3\,e^{-2\Theta_r/T} + \ldots\right) & T \ll \Theta_r \\[2mm] NkT\left(1 - \dfrac{\Theta_r}{6T} - \dfrac{1}{180}\left(\dfrac{\Theta_r}{T}\right)^2 + \ldots\right) & T \gg \Theta_r\,. \end{cases}$$
(5.1.16b)

Der Beitrag zur Wärmekapazität bei konstantem Volumen lautet

$$C_V^{\text{rot}} = Nk \begin{cases} 3\left(\dfrac{\Theta_r}{T}\right)^2 e^{-\Theta_r/T}\left(1 - 6\,e^{-\Theta_r/T} + \ldots\right) & T \ll \Theta_r \\[2mm] 1 + \dfrac{1}{180}\left(\dfrac{\Theta_r}{T}\right)^2 + \ldots & T \gg \Theta_r\,. \end{cases}$$
(5.1.16c)

In Abb. 5.1 ist der Rotationsbeitrag zur spezifischen Wärme dargestellt.

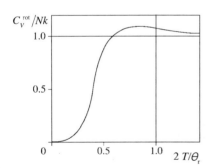

Abb. 5.1. Rotationsbeitrag zur spezifischen Wärme

Für tiefe Temperaturen sind die Rotationsfreiheitsgrade thermisch nicht angeregt. Erst bei $T \approx \Theta_r/2$ tragen die Rotationsniveaus bei. Für hohe Temperaturen, also im klassischen Gebiet, geben die beiden Freiheitsgrade der

Rotation einen Beitrag $2kT/2$ zur inneren Energie. Erst durch die Quantentheorie wird verständlich, warum in Abweichung vom Gleichverteilungssatz der klassischen Physik die spezifische Wärme pro Molekül verschieden von der mit $k/2$ mulitplizierten Zahl der Freiheitsgrade sein kann. Der Rotationsanteil zur spezifischen Wärme hat ein Maximum von 1.1 bei der Temperatur $0.81\,\Theta_\mathrm{r}/2$. Für HCl beträgt $\Theta_\mathrm{r}/2 = 15.02\,\mathrm{K}$.

5.1.3 Schwingungsanteil

Wir kommen nun zum Schwingungsanteil, wobei wir mit

$$\hbar\omega = k\Theta_\mathrm{v} \tag{5.1.17}$$

eine charakteristische Temperatur einführen. Wir erhalten die bekannte Zustandssumme eines harmonischen Oszillators

$$Z_\mathrm{vib} = \sum_{n=0}^{\infty} \mathrm{e}^{-(n+\frac{1}{2})\frac{\Theta_\mathrm{v}}{T}} = \frac{\mathrm{e}^{-\Theta_\mathrm{v}/2T}}{1 - \mathrm{e}^{-\Theta_\mathrm{v}/T}}, \tag{5.1.18}$$

deren Logarithmus durch $\log Z_\mathrm{vib} = -\frac{\Theta_\mathrm{v}}{2T} - \log\left(1 - \mathrm{e}^{-\Theta_\mathrm{v}/T}\right)$ gegeben ist. Daraus ergibt sich für die innere Energie

$$E_\mathrm{vib} = NkT^2 \frac{\partial}{\partial T} \log Z_\mathrm{vib} = Nk\Theta_\mathrm{v} \left[\frac{1}{2} + \frac{1}{\mathrm{e}^{\Theta_\mathrm{v}/T} - 1}\right], \tag{5.1.19a}$$

und für den Vibrationsbeitrag zur Wärmekapazität bei konstantem Volumen

$$C_V^\mathrm{vib} = Nk \frac{\Theta_\mathrm{v}^2}{T^2} \frac{\mathrm{e}^{\Theta_\mathrm{v}/T}}{\left[\mathrm{e}^{\Theta_\mathrm{v}/T} - 1\right]^2} = Nk \frac{\Theta_\mathrm{v}^2}{T^2} \frac{1}{[2\sinh\Theta_\mathrm{v}/2T]^2}. \tag{5.1.19b}$$

Für tiefe und hohe Temperaturen findet man aus (5.1.19b) die Grenzfälle

$$\frac{C_V^\mathrm{vib}}{Nk} = \begin{cases} \left(\dfrac{\Theta_\mathrm{v}}{T}\right)^2 \mathrm{e}^{-\Theta_\mathrm{v}/T} + \ldots & T \ll \Theta_\mathrm{v} \\[2mm] 1 - \dfrac{1}{12}\left(\dfrac{\Theta_\mathrm{v}}{T}\right)^2 + \ldots & T \gg \Theta_\mathrm{v} . \end{cases} \tag{5.1.19c}$$

Die Schwingungsniveaus sind erst für Temperaturen oberhalb von Θ_v merklich angeregt. Die spezifische Wärme (5.1.19b) ist in Abb. 5.2 dargestellt.

Der Beitrag der *elektronischen Energie* $\varepsilon_\mathrm{el}^0$ zur Zustandssumme, freien Energie, inneren Energie, Entropie und zum chemischen Potential ist nach (5.1.9)

$$Z_\mathrm{el} = \mathrm{e}^{-\varepsilon_\mathrm{el}^0/kT}, \quad F_\mathrm{el} = N\varepsilon_\mathrm{el}^0, \quad E_\mathrm{el} = N\varepsilon_\mathrm{el}^0, \quad S_\mathrm{el} = 0, \quad \mu_\mathrm{el} = \varepsilon_\mathrm{el}^0. \tag{5.1.20}$$

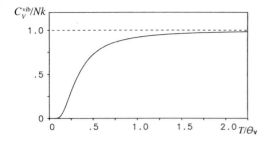

Abb. 5.2. Vibrationsanteil der spezifischen Wärme (Gl. (5.1.19b))

Diese Anteile spielen bei chemischen Reaktionen eine Rolle, da dort die Atomhülle völlig umgebaut wird.

In einem zweiatomigen Molekül-Gas gibt es drei Freiheitsgrade der Translation, zwei Freiheitsgrade der Rotation und einen doppelt zu zählenden Schwingungsfreiheitsgrad ($E = \frac{\mathbf{p}^2}{2m} + \frac{m}{2}\omega^2 x^2$; kinetische und potentielle Energie liefern je $\frac{1}{2}kT$). Die klassische spezifische Wärme ist deshalb $7k/2$, wie es experimentell für hohe Temperaturen gefunden wird. Insgesamt ergibt sich das in Abb. 5.3 dargestellte Bild des Temperaturverlaufs der spezifischen Wärme. Die Kurve ist nicht bis zur Temperatur Null gezeichnet, da dort die Näherung des klassischen idealen Gases sicher nicht mehr zutrifft.

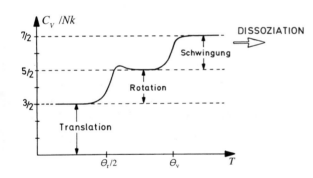

Abb. 5.3. Spezifische Wärme C_V bei konstantem Volumen eines Molekülgases (schematisch).

Die Rotationsniveaus entsprechen einer Wellenlänge von $\lambda = 0.1 - 1$ cm und liegen im fernen Infrarot- und Mikrowellenbereich, während die Vibrationsniveaus bei einer Wellenlänge von $\lambda = 2 \times 10^{-3} - 3 \times 10^{-3}$ cm im Infraroten liegen. Die entsprechenden Energien sind $10^{-3} - 10^{-4}$ eV beziehungsweise $0.06 - 0.04$ eV (Abb. 5.4). Ein Elektronvolt entspricht etwa 11000 K ($1\,\text{K} \triangleq 0.86171 \times 10^{-4}$ eV). Einige Werte von Θ_r und Θ_v sind in Tabelle 5.1 zusammengefaßt.

Bei komplizierten Molekülen gibt es drei Rotationsfreiheitsgrade und mehr Schwingungsfreiheitsgrade (für n Atome i.a. $3n - 6$ Schwingungsfreiheitsgrade und für lineare Moleküle $3n - 5$). Bei genauen Experimenten sieht

234 5. Reale Gase, Flüssigkeiten und Lösungen

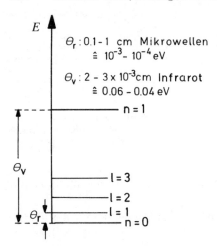

Abb. 5.4. Die Lage der Rotations- und Vibrationsniveaus (schematisch).

	H$_2$	HD	D$_2$	HCl	O$_2$
$\frac{1}{2}\Theta_r$ [K]	85	64	43	15	2
Θ_v [K]	6100	5300	4300	4100	2200

Tabelle 5.1. Die Werte von $\frac{\Theta_r}{2}$ und Θ_v für einige Moleküle

man auch die Kopplung zwischen Schwingungs- und Rotationsfreiheitsgraden und Anharmonizitäten in den Schwingungsfreiheitsgraden.

*5.1.4 Einfluß des Kernspins

Vorweg sei betont, daß angenommen wird, daß der elektronische Grundzustand Bahndrehimpuls und Spin Null habe. Für Kerne A und B, die verschiedenen Spin S_A und S_B besitzen, erhält man in der Zustandssumme den zusätzlichen Faktor $(2S_A + 1)(2S_B + 1)$, d.h. $Z_i \to (2S_A + 1)(2S_B + 1)Z_i$. Dies führt pro Molekül zu einem Zusatz $-kT\log(2S_A + 1)(2S_B + 1)$ in der freien Energie und zu einem Zusatz $k\log(2S_A + 1)(2S_B + 1)$ in der Entropie, d.h. eine Änderung der chemischen Konstanten um $\log(2S_A + 1)(2S_B + 1)$, (siehe Gl. (3.9.29) und (5.2.5′)). Folglich bleiben die innere Energie und die spezifischen Wärmen ungeändert.

Bei Molekülen wie H$_2$, D$_2$, O$_2$ aus identischen Bestandteilen muß man das Pauli-Prinzip beachten. Wir betrachten den Fall von H$_2$, wo der Spin der einzelnen Kerne $S = 1/2$ ist.

Orthowasserstoff-Molekül: Kernspintriplett ($S_\text{tot} = 1$), die Ortswellenfunktion der Kerne ist antisymmetrisch (l ungerade)

Parawasserstoff-Molekül: Kernspinsinglett ($S_\text{tot} = 0$), die Ortswellenfunktion der Kerne ist symmetrisch ($l = $ gerade)

$$Z_u = \sum_{l \text{ ungerade}} (2l+1) \exp\left(-\frac{l(l+1)}{2}\frac{\Theta_r}{T}\right) \qquad (5.1.21a)$$

$$Z_g = \sum_{l \text{ gerade}} (2l+1) \exp\left(-\frac{l(l+1)}{2}\frac{\Theta_r}{T}\right) . \qquad (5.1.21b)$$

Im vollständigen Gleichgewicht ist

$$Z = 3Z_u + Z_g .$$

Für $T = 0$ ist der Gleichgewichtszustand der Grundzustand $l = 0$, also ein Parazustand. Tatsächlich wird wegen der Langsamkeit der Übergänge zwischen den beiden Spinzuständen bei $T = 0$ noch ein Gemisch aus Ortho- und Parawasserstoff vorliegen. Bei hohen Temperaturen ist $Z_u \approx Z_g \approx \frac{1}{2}Z_{\text{rot}} = \frac{T}{\Theta_r}$ und das Mischungsverhältnis von Ortho- und Parawasserstoff 3:1. Wenn wir von diesem Zustand ausgehend abkühlen und von Ortho-Para-Reaktionen absehen, dann besteht H$_2$ aus einem Gemisch von zwei Molekülsorten: $\frac{3}{4}N$ Ortho-, $\frac{1}{4}N$ Parawasserstoff, und die Zustandssumme dieses (metastabilen) Nichtgleichgewichtszustandes ist

$$Z = (Z_u)^{3/4}(Z_g)^{1/4} . \qquad (5.1.22)$$

Dann ist die spezifische Wärme

$$C_V^{\text{rot}} = \frac{3}{4}C_{Vo}^{\text{rot}} + \frac{1}{4}C_{Vp}^{\text{rot}} \qquad (5.1.23)$$

In Abb. 5.5 sind die Rotationsanteile der spezifischen Wärme für den metastabilen Zustand ($\frac{3}{4}$ Ortho und $\frac{1}{4}$ Para) und für das vollständige Gleichgewicht dargestellt. Die Gleichgewichtseinstellung kann durch Katalysatoren beschleunigt werden.

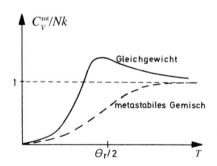

Abb. 5.5. Rotationsanteil der spezifischen Wärme für zweiatomige Moleküle wie H$_2$: Gleichgewicht (durchgezogen), metastabiles Gemisch (gestrichelt).

In Deuteriummolekülen, D$_2$, ist der Kernspin pro Atom $S = 1$,[5] der sich im Molekül zu Orthodeuterium mit Gesamtkernspin 2 oder 0 und Paradeuterium mit Gesamtkernspin 1 zusammensetzt. Der Entartungsgrad dieser

---

[5] QM I, Seite 189

Zustände ist 6 und 3. Die zugehörigen Bahndrehimpulse sind gerade und ungerade. Die Zustandssumme ist entsprechend den Gl. (5.1.21a-b) durch $Z = 6Z_g + 3Z_u$ gegeben.

*5.2 Gemisch von idealen Molekülgasen

In diesem Abschnitt bestimmen wir die thermodynamischen Eigenschaften von Gemischen aus Molekülgasen. Die verschiedenen Teilchensorten (Elemente), von denen es insgesamt n geben möge, unterscheiden wir durch den Index j. Somit bedeutet N_j die Teilchenzahl, $\lambda_j = \frac{h}{(2\pi m_j kT)^{1/2}}$ die thermische Wellenlänge, $c_j = \frac{N_j}{N}$ die Konzentration, $\varepsilon^0_{\text{el},j}$ die elektronische Grundzustandsenergie, Z_j die gesamte Zustandssumme (siehe (5.1.2)), und $Z_{\text{i},j}$ die Zustandssumme über die inneren Freiheitsgrade der Teilchensorte j, wo hier im Unterschied zu (5.1.9) der elektronische Teil abseperiert wird. Die Gesamtteilchenzahl ist $N = \sum_j N_j$.

Die gesamte Zustandssumme dieses nicht wechselwirkenden Systems ist

$$Z = \prod_{j=1}^{n} Z_j , \qquad (5.2.1)$$

und daraus folgt für die freie Energie

$$F = -kT \sum_j N_j \left[1 + \log \frac{V Z_{\text{i},j}}{N_j \lambda_j^3} \right] + \sum_j \varepsilon^0_{\text{el},j} N_j . \qquad (5.2.2)$$

Aus (5.2.2) folgt für den Druck $P = -\left(\frac{\partial F}{\partial V}\right)_{T,\{N_j\}}$

$$P = \frac{kT}{V} \sum_j N_j = \frac{kTN}{V} . \qquad (5.2.3)$$

Die Zustandsgleichung (5.2.3) ist identisch mit der des einatomigen idealen Gases, da der Druck durch die translatorischen Freiheitsgrade bewirkt wird. Für das chemische Potential μ_j der Komponente j (Abschnitt 3.9.1) finden wir

$$\mu_j = \left(\frac{\partial F}{\partial N_j}\right)_{T,V} = -kT \log \frac{V Z_{\text{i},j}}{N_j \lambda_j^3} + \varepsilon^0_{\text{el},j} \qquad (5.2.4)$$

oder, wenn wir statt des Volumens aus (5.2.3) den Druck einsetzen,

$$\mu_j = -kT \log \frac{kT Z_{\text{i},j}}{c_j P \lambda_j^3} + \varepsilon^0_{\text{el},j} . \qquad (5.2.4')$$

Wir machen nun die Voraussetzung, daß die Rotationsfreiheitsgrade vollständig angeregt seien, jedoch nicht die Vibrationsfreiheitsgrade ($\Theta_\text{r} \ll T \ll \Theta_\text{v}$).

Dann ergibt sich nach Einsetzen von $Z_{i,j} = Z_{\text{rot},j} = \frac{2T}{\Theta_{r,j}}$ (siehe Gl. (5.1.13)) in (5.2.4')

$$\mu_j = \varepsilon^0_{\text{el},j} - \frac{7}{2}kT\log kT - kT\log \frac{m_j^{3/2}}{2^{1/2}\pi^{3/2}\hbar^3 k\Theta_{r,j}} + kT\log c_j P \ . \quad (5.2.5)$$

Wir haben hier berücksichtigt, daß die Massen und die charakteristischen Temperaturen von der Teilchensorte j abhängen. Der Druck geht in das chemische Potential der Komponente j in der Kombination $c_j P \equiv P_j$ (Partialdruck) ein. Das chemische Potential (5.2.5) ist ein Spezialfall von der allgemeinen Gestalt

$$\mu_j = \varepsilon^0_{\text{el},j} - c_{P,j} T\log kT - kT\zeta_j + kT\log c_j P \ . \quad (5.2.5')$$

Für zweiatomige Moleküle ist im oben genannten Temperaturbereich $c_{P,j} = 7k/2$. Die ζ_j heißen chemische Konstanten; diese gehen in das Massenwirkungsgesetz ein (siehe Kap. 3.9.3). Für die Entropie folgt

$$\begin{aligned}S &= -\sum_j N_j \left(\frac{\partial \mu_j}{\partial T}\right)_{P,\{N_i\}} \\ &= \sum_j (c_{P,j}\log kT + c_{P,j} + k\zeta_j - k\log c_j P)\, N_j \ ,\end{aligned} \quad (5.2.6)$$

woraus ersichtlich ist, daß der Koeffizient $c_{P,j}$ die spezifische Wärme bei konstantem Druck der Komponente j ist.

Bemerkungen zu 5.1 und 5.2: In den vorhergehenden Abschnitten wurden die wesentlichen Effekte der inneren Freiheitsgrade von Molekülgasen besprochen. Es folgen nun einige ergänzende Bemerkungen über zusätzliche Effekte, die von der jeweiligen Atomstruktur abhängen.

(i) Zunächst betrachten wir atomare Gase. Die einzigen inneren Freiheitsgrade sind die elektronischen. Für die Edelgase besitzt der elektronische Grundzustand $L = S = 0$ und ist somit nicht entartet. Die angeregten Niveaus liegen etwa um 20 eV, entsprechend einer Temperatur von 200.000 K höher; sie sind deshalb in der Praxis thermisch nicht angeregt, alle Atome befinden sich im Grundzustand. Man sagt auch, die elektronischen Freiheitsgrade sind „eingefroren". Der Kernspin S_K führt zu einem Faktor $(2S_K + 1)$. Gegenüber punktförmigen klassischen Teilchen erhält die Zustandssumme einen zusätzlichen Faktor $(2S_K + 1)e^{-\varepsilon_0/kT}$, was in der freien Energie einen Zusatz $\varepsilon_0 - kT\log(2S_K + 1)$ gibt. Dies führt zu einem Zusatz $k\log(2S_K + 1)$ in der Entropie, aber zu keiner Änderung der spezifischen Wärme.
(ii) Die Anregungsenergien anderer Atome sind zwar nicht so hoch wie bei den Edelgasen, z.B. für Na 2.1 eV oder 24.000 K, aber dennoch sind die angeregten Zustände thermisch nicht besetzt. Falls die Elektronenhülle des Atoms ein endliches S, aber immer noch $L = 0$ hat, ergibt sich zusammen mit dem Kernspin ein Entartungsfaktor $(2S + 1)(2S_K + 1)$. Die freie Energie enthält dann den Zusatzterm $\varepsilon_0 - kT\log((2S_K + 1)(2S + 1))$ mit den oben diskutierten Konsequenzen. Man muß hier allerdings die magnetische Wechselwirkung zwischen den Kern- und Elektronmomenten betrachten, die zur Hyperfeinaufspaltung führt. Diese ist z.B. in

Wasserstoff von der Größe 6×10^{-6} eV, entsprechend der bekannten 21 cm Linie. Die entsprechende charakteristische Temperatur ist 0.07 K. Die Hyperfeinaufspaltung kann deshalb im Gasbereich völlig vernachlässigt werden.

(iii) Falls sowohl der Spin S, als auch der Bahndrehimpuls L endlich sind, ist der Grundzustand $(2S+1)(2L+1)$-fach entartet; diese Entartung wird durch die Spin-Bahn-Kopplung teilweise aufgehoben. Die Energieeigenwerte hängen vom Gesamtdrehimpuls J, dessen Werte zwischen $S+L$ und $|S-L|$ liegen, ab. Z.B. haben monoatomare Halogene im Grundzustand nach den beiden ersten Hundschen Regeln $S = \frac{1}{2}$ und $L = 1$. Wegen der Spin-Bahn-Kopplung ist im Grundzustand $J = \frac{3}{2}$, die Niveaus mit $J = \frac{1}{2}$ haben höhere Energie. Für Chlor beispielsweise liegt das 2-fach entartete $^2P_{1/2}$ Niveau um $\delta\varepsilon = 0.11$ eV über dem 4-fach entarteten $^2P_{3/2}$ Grundzustandsniveau. Dies entspricht einer Temperatur von $\frac{\delta\varepsilon}{k} = 1270$ K. Die Zustandssumme erhält nun von den inneren Feinstrukturfreiheitsgraden einen Faktor $Z_{el} = 4\,e^{-\varepsilon_0/kT} + 2\,e^{-(\varepsilon_0+\delta\varepsilon)/kT}$, was in der freien Energie zu einem Zusatz $-kT \log Z_{el} = \varepsilon_0 - kT \log\left(4 + 2\,e^{-\frac{\delta\varepsilon}{kT}}\right)$ führt. Dies ergibt den folgenden elektronischen Beitrag zur spezifischen Wärme

$$C_V^{el} = Nk \frac{2\left(\frac{\delta\varepsilon}{kT}\right)^2 e^{\frac{\delta\varepsilon}{kT}}}{\left(2\,e^{\frac{\delta\varepsilon}{kT}} + 1\right)^2}.$$

Für $T \ll \delta\varepsilon/k$ ist $Z_{el} = 4$ – nur die vier niedrigsten Niveaus sind angeregt – und $C_V^{el} = 0$.

Für $T \gg \delta\varepsilon/k$ ist $Z_{el} = 6$, alle sechs Niveaus sind gleichermaßen besetzt, und $C_V^{el} = 0$.

Für dazwischenliegende Temperaturen durchläuft C_V^{el} ein Maximum bei etwa $\delta\varepsilon/k$. Sowohl für tiefe als auch für hohe Temperaturen äußern sich die Feinstrukturniveaus nur in den Entartungsfaktoren, führen aber zu keinen Beiträgen in der spezifischen Wärme. Man sollte hier noch bemerken, daß monoatomares Cl nur bei sehr tiefen Temperaturen vorliegt, und sonst sich zu Cl$_2$ verbindet.

(iv) Bei zweiatomigen Molekülen ist in vielen Fällen der niedrigste elektronische Zustand nicht entartet und die angeregten elektronischen Niveaus sind weit von ε_0 entfernt. Die innere Zustandssumme enthält von den Elektronen nur den Faktor $e^{-\varepsilon_0/kT}$. Es gibt jedoch Moleküle, die im elektronischen Grundzustand einen endlichen Bahndrehimpuls Λ oder Spin besitzen. Dies ist zum Beispiel für NO der Fall. Da der Bahndrehimpuls zwei mögliche Richtungen bezüglich der Molekülachse hat, ergibt sich in der Zustandssumme ein Faktor 2. Ein endlicher Elektronenspin führt zu einem Faktor $(2S+1)$. Bei $S \neq 0$ und $\Lambda \neq 0$ gibt es wiederum Feinstruktureffekte, die von einer Größenordnung sein können, daß sie die thermodynamischen Eigenschaften beeinflussen. Die resultierenden Ausdrücke sind von der gleichen Gestalt wie in Bemerkung (iii). Ein besonderer Fall ist das Sauerstoffmolekül O$_2$. Der Grundzustand $^3\Sigma$ hat Bahndrehimpuls Null und Spin $S = 1$, ist also ein Triplett ohne Feinstruktur. Das erste angeregte Niveau $^1\Delta$ ist zweifach entartet und liegt mit $\delta\varepsilon = 0.97$ eV $\triangleq$ 11300 K relativ nahe, so daß es bei hohen Temperaturen angeregt werden kann. Diese Elektronenkonfigurationen führen in der Zustandssumme zu einem Faktor $e^{\frac{-\varepsilon_0}{kT}}\left(3 + 2\,e^{\frac{-\delta\varepsilon}{kT}}\right)$ mit den in Bemerkung (iii) diskutierten Konsequenzen.

5.3 Virialentwicklung

5.3.1 Herleitung

Wir studieren nun ein reales Gas, bei dem die Teilchen untereinander wechselwirken. In diesem Fall kann die Zustandssumme nicht mehr exakt berechnet werden. In deren Auswertung wird als erster Schritt die Virialentwicklung, eine Entwicklung nach der Dichte, dargestellt. Die großkanonische Zustandssumme Z_G können wir in die Beiträge für 0,1,2, usw. Teilchen zerlegen

$$Z_G = \mathrm{Sp}\, e^{-(H-\mu N)/kT} = 1 + Z(T,V,1)\, e^{\mu/kT} + Z(T,V,2)\, e^{2\mu/kT} + \ldots, \quad (5.3.1)$$

wobei $Z_N \equiv Z(T,V,N)$ die kanonische Zustandssumme für N Teilchen darstellt. Daraus erhält man für das großkanonische Potential unter Verwendung der Taylor-Reihe für den Logarithmus

$$\Phi = -kT \log Z_G = -kT\Big[Z_1 e^{\mu/kT} + \Big(Z_2 - \tfrac{1}{2}Z_1^2\Big) e^{2\mu/kT} + \ldots\Big], \quad (5.3.2)$$

wobei der Logarithmus nach Potenzen in der Fugazität $z = e^{\mu/kT}$ entwickelt wurde. Aus der Ableitung von (5.3.2) nach dem chemischen Potential ergibt sich die mittlere Teilchenzahl

$$\bar N = -\left(\frac{\partial \Phi}{\partial \mu}\right)_{T,V} = Z_1 e^{\mu/kT} + 2\Big(Z_2 - \tfrac{1}{2}Z_1^2\Big) e^{2\mu/kT} + \ldots. \quad (5.3.3)$$

Gl. (5.3.3) kann man iterativ nach $e^{\mu/kT}$ auflösen mit dem Ergebnis

$$e^{\mu/kT} = \frac{\bar N}{Z_1} - \frac{2\big(Z_2 - \tfrac{1}{2}Z_1^2\big)}{Z_1}\left(\frac{\bar N}{Z_1}\right)^2 + \ldots. \quad (5.3.4)$$

Gl. (5.3.4) stellt eine Entwicklung von $e^{\mu/kT}$ nach der Dichte dar, da $Z_1 \sim V$. Einsetzen von (5.3.4) in Φ bewirkt, daß Φ statt in seinen natürlichen Variablen T,V,μ durch $T,V,\bar N$ dargestellt ist, was für die Aufstellung der Zustandsgleichung günstig ist:

$$\Phi = -kT\Big[\bar N - \Big(Z_2 - \tfrac{1}{2}Z_1^2\Big)\frac{\bar N^2}{Z_1^2} + \ldots\Big]. \quad (5.3.5)$$

Dies sind die ersten Glieder der sogenannten *Virialentwicklung*. Durch Anwendung der Gibbs-Duhem-Relation $\Phi = -PV$ gelangt man daraus direkt auf die Entwicklung der Zustandsgleichung nach der Teilchenzahldichte $\rho = \bar N/V$

$$P = kT\rho\Big[1 + B(T)\rho + C(T)\rho^2 + \ldots\Big]. \quad (5.3.6)$$

Der Koeffizient von ρ^n in der eckigen Klammer heißt $(n+1)$-ter Virialkoeffizient. Die führende Korrektur zur Zustandsgleichung des idealen Gases wird durch den *zweiten Virialkoeffizienten*

240   5. Reale Gase, Flüssigkeiten und Lösungen

$$B = -\left(Z_2 - \frac{1}{2}Z_1^2\right)V/Z_1^2 \tag{5.3.7}$$

bestimmt. Dieser Ausdruck gilt klassisch wie quantenmechanisch.

Anmerkung: Im klassischen Grenzfall können die Impulsintegrationen ausgeführt werden, und (5.3.1) vereinfacht sich in folgender Weise

$$Z_G(T,V,\mu) = \sum_{N=0}^{\infty} \frac{e^{\beta\mu N}}{N!\lambda^{3N}} Q(T,V,N) . \tag{5.3.8}$$

Hier ist $Q(T,V,N)$ der Konfigurationsanteil der kanonischen Zustandssumme $Z(T,V,N)$

$$Q(T,V,N) = \int_V d^{3N}x \, e^{-\beta \sum_{i<j} v_{ij}} = \int_V d^{3N}x \prod_{i<j}(1+f_{ij}) =$$
$$= \int_V d^{3N}x \, [1 + (f_{12} + f_{13} + \ldots) + (f_{12}f_{13} + \ldots) + \ldots] \tag{5.3.9}$$

mit $f_{ij} = e^{-\beta v_{ij}} - 1$. Dabei bedeutet $\sum_{i<j} \equiv \frac{1}{2}\sum_i \sum_{j \neq i}$ die Summe über alle Teilchenpaare. Hieraus ersieht man, daß die Virialentwicklung eine Entwicklung nach r_0^3/v darstellt, wo r_0 die Reichweite des Potentials ist. Die klassische Entwicklung ist für $\lambda \ll r_0 \ll v^{1/3}$ zulässig, siehe Gl. (B.39a) und (B.39b) in Anhang B. Auf (5.3.9) kann eine systematische graphentheoretische Entwicklung aufgebaut werden (Ursell und Mayer 1939).

5.3.2 Klassische Näherung für den zweiten Virialkoeffizienten

Für ein klassisches Gas erhält man für die kanonische Zustandssumme

$$Z_N = \frac{1}{N!h^{3N}} \int d^3p_1 \ldots d^3p_N \int d^3x_1 \ldots d^3x_N e^{-(\sum_i \mathbf{p}_i^2/2 + v(\mathbf{x}_1,\ldots,\mathbf{x}_N))/kT}$$
$$\tag{5.3.10a}$$

von N Teilchen nach Ausführung der Integrationen über die $3N$ Impulse

$$Z_N = \frac{1}{\lambda^{3N}N!} \int d^3x_1 \ldots d^3x_N \, e^{-v(\mathbf{x}_1,\ldots,\mathbf{x}_N)/kT} , \tag{5.3.10b}$$

wo $v(\mathbf{x}_1, \ldots, \mathbf{x}_N)$ das gesamte Potential der N Teilchen ist. Die Integrale über $\mathbf{x}_i$ sind dabei auf das Volumen V eingeschränkt. Falls kein äußeres Potential vorliegt, und das System translationsinvariant ist, so daß die Zweiteilchenwechselwirkung nur von $\mathbf{x}_1 - \mathbf{x}_2$ abhängt, ergibt sich aus (5.3.10b)

$$Z_1 = \frac{1}{\lambda^3} \int d^3x_1 \, e^0 = \frac{V}{\lambda^3} \tag{5.3.11a}$$

und

$$Z_2 = \frac{1}{2\lambda^6} \int d^3x_1 \, d^3x_2 \, e^{-v(\mathbf{x}_1-\mathbf{x}_2)/kT} = \frac{V}{2\lambda^6} \int d^3y \, e^{-v(\mathbf{y})/kT} \; . \quad (5.3.11\text{b})$$

Daraus folgt für den zweiten Virialkoeffizienten (5.3.7)

$$B = -\frac{1}{2} \int d^3y \, f(\mathbf{y}) = -\frac{1}{2} \int d^3y \left(e^{-v(\mathbf{y})/kT} - 1 \right) \quad (5.3.12)$$

mit $f(\mathbf{y}) = e^{-v(\mathbf{y})/kT} - 1$. Für die weitere Rechnung benötigen wir nun das Zweiteilchen-Potential $v(\mathbf{y})$, auch Paar-Potential genannt. In Abb. 5.6 ist als Beispiel das Lennard-Jones-Potential dargestellt, das in theoretischen Modellen der Gas- und Flüssigkeitstheorie Verwendung findet und in Gl. (5.3.16) definiert wird.

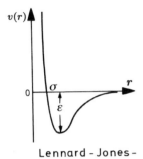

Abb. 5.6. Lennard-Jones Potential als Beispiel eines Paar-Potentials $v(\mathbf{y})$, Gl. (5.3.16)

5.3.2.1 Qualitative Abschätzung von $B(T)$

Ein charakteristischer Zug realistischer Potentiale ist das starke Ansteigen für überlappende Atomhüllen und die anziehende Wechselwirkung bei größeren Abständen. Der typische Verlauf ist in Abb. 5.7 dargestellt. Bis zum sogenannten Radius harter Kugeln (hard core)[6] σ ist das Potential unendlich und außerhalb ist es schwach negativ. Daraus resultiert für $f(r)$ der in Abb. 5.7 dargestellte Verlauf.

Wenn wir nun voraussetzen, daß im Bereich negativen Potentials $\left| \frac{v(\mathbf{x})}{kT} \right| \ll 1$ ist, so finden wir für die Funktion aus (5.3.12)

$$f(\mathbf{x}) = \begin{cases} -1 & |\mathbf{x}| < \sigma \\ -\dfrac{v(\mathbf{x})}{kT} & |\mathbf{x}| \geq \sigma \end{cases} . \quad (5.3.13)$$

---

[6] Wir verwenden hin und wieder auch den englischen Ausdruck „hard core".

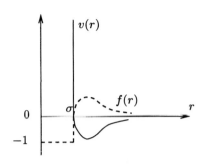

Abb. 5.7. Charakteristisches Paar-Potential $v(r)$ (durchgezogen) und zugehöriges $f(r)$ (gestrichelt).

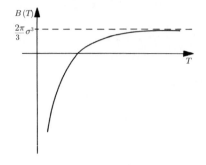

Abb. 5.8. Der zweite Virialkoeffizient nach der Näherungsrelation (5.3.14)

Daraus ergibt sich für den zweiten Virialkoeffizienten

$$B(T) \approx -\frac{1}{2}\left[-\frac{4\pi}{3}\sigma^3 + 4\pi \int_\sigma^\infty dr\, r^2(-v(r))/kT\right] = b - \frac{a}{kT}, \qquad (5.3.14)$$

wobei

$$b = \frac{2\pi}{3}\sigma^3 = 4\,\frac{4\pi}{3}r_0^3 \qquad (5.3.15a)$$

das vierfache Eigenvolumen bedeutet. Für harte Kugeln mit Radius r_0 ist $\sigma = 2r_0$ und

$$a = -2\pi \int_\sigma^\infty dr\, r^2 v(r) = -\frac{1}{2}\int d^3x\, v(\mathbf{x})\Theta(r-\sigma)\,. \qquad (5.3.15b)$$

Das Ergebnis (5.3.14) für $B(T)$ ist in Abb. 5.8 dargestellt.

Tatsächlich nimmt $B(T)$ bei höheren Temperaturen wieder ab, da das Potential in der Natur nicht wie bei harten Kugeln unendlich hoch ist (siehe Abb. 5.9).

Bemerkung: Aus der experimentellen Bestimmung der Temperaturabhängigkeit der Virialkoeffizienten können Rückschlüsse auf das Potential gezogen werden.

Beispiele:

Lennard-Jones-Potential ((12-6)-Potential):

$$v(r) = 4\varepsilon\left[\left(\frac{\sigma}{r}\right)^{12} - \left(\frac{\sigma}{r}\right)^6\right] \qquad (5.3.16)$$

exp-6-Potential:

$$v(r) = \varepsilon\left[\exp\left(\frac{a-r}{\sigma_1}\right) - \left(\frac{\sigma_2}{r}\right)^6\right] \qquad (5.3.17)$$

Das exp-6-Potential ist ein Spezialfall des sog. Buckingham-Potentials, welches auch noch einen Term $\propto -r^{-8}$ enthält.

5.3.2.2 Lennard-Jones-Potential

Wir besprechen nun den zweiten Virialkoeffizienten für das Lennard-Jones-Potential

$$v(r) = 4\varepsilon \left[\left(\frac{\sigma}{r}\right)^{12} - \left(\frac{\sigma}{r}\right)^6 \right].$$

Es erweist sich als zweckmäßig, dimensionslose Größen $r^* = r/\sigma$, $T^* = kT/\varepsilon$ einzuführen. Partielle Integration von (5.3.12) ergibt

$$B(T) = \frac{2\pi}{3} \sigma^3 \frac{4}{T^*} \int dr^* \, r^{*2} \left[\frac{12}{r^{*12}} - \frac{6}{r^{*6}} \right] e^{-\frac{4}{T^*}\left[\frac{1}{r^{*12}} - \frac{1}{r^{*6}}\right]}. \tag{5.3.18}$$

Entwicklung des Faktors $\exp\left(\frac{4}{T^* r^{*6}}\right)$ nach $\frac{4}{T^* r^{*6}}$ führt auf

$$\begin{aligned} B(T) &= -\frac{2\pi}{3} \sigma^3 \sum_{j=0}^{\infty} \frac{2^{j-3/2}}{j!} \Gamma\left(\frac{2j-1}{4}\right) T^{*-(2j+1)/4} \\ &= \frac{2\pi}{3} \sigma^3 \left[\frac{1.73}{T^{*1/4}} - \frac{2.56}{T^{*3/4}} - \frac{0.87}{T^{*5/4}} - \cdots \right] \end{aligned} \tag{5.3.19}$$

(siehe Hirschfelder et al.[7] Gl. (3.63)); die Reihe konvergiert rasch für große T^*. In Abb. 5.9 ist der reduzierte zweite Virialkoeffizient als Funktion von T^* dargestellt.

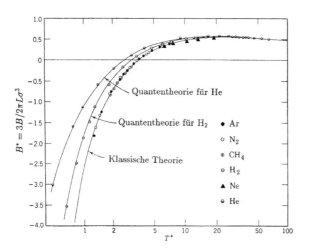

Abb. 5.9. Der reduzierte zweite Virialkoeffizient $B^* = 3B/2\pi L\sigma^3$ für das Lennard-Jones-Potential. L bezeichnet die Loschmidt-Zahl ($L = 0.6022136710^{23} \text{mol}^{-1}$; nach Hirschfelder et al.[7] und R.J. Lunbeck, Dissertation, Amsterdam 1950)

---

[7] T.O. Hirschfelder, Ch.F. Curtiss and R.B. Bird, *Molecular Theory of Gases and Liquids*, John Wiley and Sons, Inc., New York 1954

Bemerkungen:

(i) Man findet gute Übereinstimmung für die Edelgase Ne, Ar, Kr, Xe nach Anpassung von σ und ε.
(ii) Für $T^* > 100$ ist der Abfall von $B(T)$ experimentell etwas stärker als bei Lennard-Jones-Wechselwirkung vorhergesagt (d.h. Abstoßung ist schwächer).
(iii) Eine bessere Anpassung an die experimentellen Werte erhält man durch das exp-6-Potential (5.3.17).
(iv) Die Möglichkeit, durch Einführung dimensionsloser Größen den zweiten Virialkoeffizienten für klassische Gase in einheitlicher Form darzustellen, ist Ausdruck des sogenannten Gesetzes der korrespondierenden Zustände (Siehe Abschnitt 5.4.3).

5.3.3 Quantenkorrekturen zu den Virialkoeffizienten

Der quantenmechanische Ausdruck für den zweiten Virialkoeffizienten $B(T)$ ist durch (5.3.7) gegeben, wobei die darin auftretenden Zustandssummen nun quantenmechanisch zu berechnen sind. Die Quantenkorrekturen zu $B(T)$ und den anderen Virialkoeffizienten sind von zweierlei Natur. Es gibt Korrekturen, die von der Statistik (Bose- oder Fermi-Statistik) herrühren. Weiters gibt es Korrekturen, die von der Nichtvertauschbarkeit quantenmechanischer Observabler resultieren. Die Korrekturen aufgrund der Statistik sind von der Größe

$$B = \mp \frac{\lambda^3}{2^{5/2}} \propto \hbar^3 \quad \text{für} \quad \begin{matrix} \text{Bosonen} \\ \text{Fermionen} \end{matrix}, \tag{5.3.20}$$

wie man aus Abschnitt 4.2 oder Gl. (B.43) ablesen kann. Die Wechselwirkungsquantenkorrekturen sind nach Gl. (B.46) von der Form

$$B_{\text{qm}} = \int d^3y \, e^{-v(\mathbf{y})/kT} (\boldsymbol{\nabla} v(\mathbf{y}))^2 \frac{\hbar^2}{24m(kT)^2}, \tag{5.3.21}$$

also von der Größenordnung $\hbar^2$. Die in (5.3.21) angegebene niedrigste Korrektur stammt von der Nichtvertauschbarkeit von $\mathbf{p}^2$ und $v(\mathbf{x})$.

In Anhang B.3.3 ist gezeigt, daß der zweite Virialkoeffizient in Verbindung mit der Zeitdauer, die sich die stoßenden Teilchen im gegenseitigen Potential aufhalten, gebracht werden kann. Je kürzer diese Zeit ist, umso mehr gehorcht das Gas der klassischen Zustandsgleichung eines idealen Gases.

5.4 Van der Waals-Zustandsgleichung

5.4.1 Herleitung

Wir werden nun die Zustandsgleichung eines klassischen, realen (d.h. wechselwirkenden) Gases herleiten. Dabei wird vorausgesetzt, daß die Wechselwirkung der Gasatome (Moleküle) nur aus einem Zweiteilchenpotential bestehe, das in einen Anteil von harten Kugeln $v_{\text{H.K.}}(\mathbf{y})$, für $|\mathbf{y}| \leq \sigma$, und einen anziehenden Teil $w(\mathbf{y})$ zerlegbar ist (siehe Abb. 5.7)

$$v(\mathbf{y}) = v_{\text{H.K.}}(\mathbf{y}) + w(\mathbf{y}) \,. \tag{5.4.1}$$

Der Ausdruck „harte Kugel", für den auch in der deutschsprachigen Literatur „hard core" verwendet wird, bedeutet, daß sich die Gasmoleküle bei kleinen Abständen wie undurchdringbare harte Kugeln abstoßen, was auch in der Natur näherungsweise erfüllt ist.

Unsere Aufgabe ist nun die Bestimmung des Zustandsintegrals, für das wir nach Ausführung der Impulsintegrationen

$$Z(T,V,N) = \frac{1}{\lambda^{3N} N!} \int d^3 x_1 \ldots \int d^3 x_N \, e^{-\sum_{i<j} v(\mathbf{x}_i - \mathbf{x}_j)/kT} \tag{5.4.2}$$

erhalten. Es bleibt die Berechnung des Konfigurationsanteils. Diese kann natürlich nicht exakt ausgeführt werden, sondern enthält einige intuitive Näherungselemente. Sehen wir zunächst von der anziehenden Wechselwirkung ab und betrachten das Potential harter Kugeln alleine. Dieses gibt im Zustandsintegral für viele Teilchen

$$\int d^3 x_1 \ldots d^3 x_N \, e^{-\sum_{i<j} v_{\text{H.K.}}(\mathbf{x}_{ij})/kT} \approx (V - V_0)^N \,. \tag{5.4.3}$$

Dieses Ergebnis kann man sich folgendermaßen plausibel machen. Falls der hard-core-Radius Null wäre, $\sigma = 0$, dann ergäbe die Integration in (5.4.3) einfach V^N; für endliches σ bleibt für jedes Teilchen nur $V - V_0$, wobei V_0 das von den $N-1$ übrigen Teilchen belegte Volumen ist. Dies ist nicht exakt, da die Größe des freien Volumens $(V - V_0)$ von der Konfiguration abhängt, wie aus Abb. 5.10 ersichtlich ist. Mit V_0 ist hier das belegte Volumen für typische Konfigurationen gemeint, die großes statistisches Gewicht besitzen.

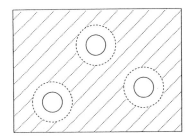
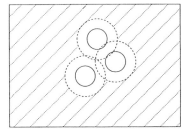

Abb. 5.10. Zwei Konfigurationen von drei Atomen im Volumen V. In der ersten Konfiguration ist V_0 größer als in der zweiten. Der Schwerpunkt eines zusätzlichen Atoms muß sich außerhalb der gestrichelten Kreise befinden. Bei der dichten Packung findet ein weiteres Atom mehr Platz vor. Kugeln mit Radius r_0 durchgezogen und $\sigma = 2r_0$ gestrichelt

246   5. Reale Gase, Flüssigkeiten und Lösungen

Dann kann man sich vorstellen die Integrationen in (5.4.3) sukzessive auszuführen und erhält für jedes Teilchen einen Faktor $V - V_0$.

Mit Verweis auf Abb. 5.10 können wir bei Teilchenzahl N für V_0 folgende Schranken finden. Das kleinste V_0 ergibt sich bei dichtester Kugelpackung $V_0^{\min} = 4\sqrt{2}\,r_0^3 N = 5,65\,r_0^3 N$. Das größte V_0 ergibt sich bei nichtüberlappenden Kugeln mit Radius $2r_0$, d.h. $V_0^{\max} = 8\frac{4\pi}{3} r_0^3 N = 33,51\,r_0^3 N$. Das tatsächliche V_0 wird dazwischen liegen und unten aus dem Vergleich mit der Virialentwicklung bestimmt werden, nämlich $V_0 = bN = 4\frac{4\pi}{3} r_0^3 N = 16,75\,r_0^3 N$.

Unter Verwendung von (5.4.3) können wir die Zustandssumme (5.4.2) in die Form

$$Z(T,V,N) = \frac{(V-V_0)^N}{\lambda^{3N} N!} \frac{\int d^3x_1 \ldots \int d^3x_N\; e^{-\text{H.K.}} \cdot e^{-\sum_{i<j} w(\mathbf{x}_i - \mathbf{x}_j)/kT}}{\int d^3x_1 \ldots \int d^3x_N\; e^{-\text{H.K.}}} \qquad (5.4.4)$$

bringen. Hier steht H.K. für die Summe aller Potentialbeiträge harter Kugeln dividiert durch kT. Der im zweiten Bruch zusammengefaßte Ausdruck kann als Mittelwert von $\exp\{-\sum_{i<j} w(\mathbf{x}_i - \mathbf{x}_j)/kT\}$ in einem nur hard-core-Wechselwirkungen unterliegenden Gas interpretiert werden. Bevor wir darauf näher eingehen, wollen wir den zweiten Exponenten direkt betrachten. Für Potentiale, deren Reichweite sehr viel größer als σ und der Teilchenabstand ist, folgt näherungsweise für das auf j durch die übrigen Teilchen wirkende Potential $\sum_{i \neq j} w(\mathbf{x}_i - \mathbf{x}_j) \approx (N-1)\int \frac{d^3x}{V} w(\mathbf{x})$. D.h., die Summe über alle Paare ist

$$\sum_{i<j} w(\mathbf{x}_i - \mathbf{x}_j) \equiv \frac{1}{2} \sum_j \sum_{i \neq j} w(\mathbf{x}_i - \mathbf{x}_j) \approx \frac{1}{2} N(N-1)\bar{w} \approx \frac{1}{2} N^2 \bar{w} \quad (5.4.5a)$$

mit

$$\bar{w} = \frac{1}{V} \int d^3x\; w(\mathbf{x}) \equiv -\frac{2a}{V} \,. \qquad (5.4.5b)$$

Also ergibt sich für die Zustandssumme

$$Z(T,V,N) = \frac{(V-V_0)^N}{\lambda^{3N} N!} e^{-\frac{N(N-1)}{2} \frac{\bar{w}}{kT}} = \frac{(V-V_0)^N}{\lambda^{3N} N!} e^{\frac{N^2 a}{VkT}} \,. \qquad (5.4.6)$$

In dieser Rechnung wurde der anziehende Teil des Potential durch seinen Mittelwert ersetzt. Es handelt sich hier, ähnlich der im nächsten Kapitel zu besprechenden Molekularfeldtheorie des Ferromagnetismus, um eine „Mittlere-Potential-Näherung".

Bevor wir die thermodynamischen Konsequenzen von (5.4.6) diskutieren, kehren wir nochmals zu (5.4.4) und die daran anschließende Bemerkung zurück. Der letzte Faktor kann durch die Kumulantenentwicklung Gl. (1.2.16'), in der Gestalt

5.4 Van der Waals-Zustandsgleichung

$$\left\langle e^{-\sum_{i<j} w(\mathbf{x}_i-\mathbf{x}_j)/kT} \right\rangle_{\text{H.K.}} = \exp\Bigg\{-\left\langle \sum_{i<j} w(\mathbf{x}_i - \mathbf{x}_j)/kT \right\rangle_{\text{H.K.}}$$
$$+\frac{1}{2}\left(\left\langle \left(\sum_{i<j} w(\mathbf{x}_i - \mathbf{x}_j)/kT\right)^2 \right\rangle_{\text{H.K.}} - \left\langle \sum_{i<j} w(\mathbf{x}_i - \mathbf{x}_j)/kT \right\rangle_{\text{H.K.}}^2 \right)+\ldots\Bigg\}$$
(5.4.7)

geschrieben werden. Die Mittelwerte $\langle\ \rangle_{\text{H.K.}}$ werden bezüglich der kanonischen Verteilungsfunktion des gesamten hard-core-Potentials gebildet. Deshalb bedeutet $\left\langle \sum_{i<j} w(\mathbf{x}_i - \mathbf{x}_j) \right\rangle_{\text{H.K.}}$ den Mittelwert des anziehenden Potentials in dem durch die Wechselwirkung harter Kugeln erlaubten „freien Volumen". Unter der vorhin gemachten Voraussetzung, Reichweite sehr viel größer als der hard-core-Radius σ und der Teilchenabstand, folgt wieder (5.4.5a,b) und (5.4.6). Der zweite Term in der Kumulantenentwicklung (5.4.7) stellt das Schwankungsquadrat der anziehenden Wechselwirkungen dar. Je höher die Temperatur, desto mehr dominiert der Term $\bar{w}/kT$.

Aus (5.4.6) ergibt sich mit $N! \simeq N^N e^{-N}\sqrt{2\pi N}$ die freie Energie

$$F = -kTN \log \frac{\mathrm{e}(V - V_0)}{\lambda^3 N} - \frac{N^2 a}{V}, \qquad (5.4.8)$$

der Druck (die thermische Zustandsgleichung)

$$P = -\left(\frac{\partial F}{\partial V}\right)_{T,N} = \frac{kTN}{V - V_0} - \frac{N^2 a}{V^2} \qquad (5.4.9)$$

und aus $E = -T^2 \left(\frac{\partial}{\partial T}\frac{F}{T}\right)_{V,N}$ die innere Energie (kalorische Zustandsgleichung)

$$E = \frac{3}{2}NkT - \frac{N^2 a}{V}. \qquad (5.4.10)$$

Wir können noch V_0 mit dem zweiten Virialkoeffizienten in Verbindung bringen. Dazu entwickeln wir (5.4.9) nach $1/V$ und identifizieren das Ergebnis mit der Virialentwicklung (5.3.6) und (5.3.14)

$$P = \frac{kTN}{V}\left[1 + \frac{V_0}{V} - \frac{aN}{kTV} + \ldots\right] \equiv \frac{kTN}{V}\left[1 + \left(b - \frac{a}{kT}\right)\frac{N}{V} + \ldots\right].$$

Daraus ergibt sich

$$V_0 = Nb, \qquad (5.4.11)$$

wobei b der vom abstoßenden Teil des Potentials stammende Beitrag zum zweiten Virialkoeffizienten ist. Eingesetzt in (5.4.9) erhalten wir

$$P = \frac{kT}{v - b} - \frac{a}{v^2}, \qquad (5.4.12)$$

248 5. Reale Gase, Flüssigkeiten und Lösungen

wo auf der rechten Seite das spezifische Volumen $v = V/N$ eingeführt wurde. Gleichung (5.4.12) oder äquivalent (5.4.9) ist die *van der Waals-Zustandsgleichung* realer Gase.[8] (5.4.10) ist die zugehörige kalorische Zustandsgleichung.

Bemerkungen:

(i) Die van der Waals-Gleichung (5.4.12) hat im Vergleich zur Zustandsgleichung des idealen Gases $P = kT/v$ folgende Eigenschaften. Das Volumen v ist durch $v - b$, das freie Volumen, ersetzt. Bei $v = b$ wird der Druck unendlich. Diese Änderung gegenüber dem idealen Gas ist durch den abstoßenden Teil des Potentials bedingt.

(ii) Die anziehende Wechselwirkung bedingt über den Term $-a/v^2$ eine Verringerung des Drucks. Dieser wirkt sich umso stärker aus, je tiefer die Temperatur ist.

(iii) Wir geben hier noch einen anderen Vergleich der van der Waals-Gleichung mit der Zustandsgleichung eines idealen Gases, indem wir (5.4.12) in die Form

$$\left(P + \frac{a}{v^2}\right)(v - b) = kT$$

bringen. Im Vergleich zu $Pv = kT$ ist das spezifische Volumen v um b verringert, da die Moleküle nicht punktförmig sind, sondern ein endliches Eigenvolumen besitzen. Die gegenseitige Anziehung der Moleküle führt bei gleichem Druck zu einer Verkleinerung des Volumens, wirkt sich also wie ein zusätzlicher druckartiger Term auf die Moleküle aus. Man kann sich auch leicht die Proportionalität dieses Terms zu $1/v^2$ klar machen. Betrachtet man nämlich eine Oberflächenschicht der Flüssigkeit, so erfährt diese von der darunterliegenden Flüssigkeit eine Anziehung, die dem Quadrat der Dichte proportional sein muß; denn bei der Vergrößerung der Dichte in beiden dieser Schichten erhöht sich die Zahl der Moleküle proportional zur Dichte, die anziehende Kraft pro Flächeneinheit also proportional zu $1/v^2$.

Aus der Summe beider Terme in der van der Waals-Gleichung resultieren qualitativ unterschiedliche Formen der Isothermen für tiefe (T_1, T_2) und hohe (T_3, T_4) Temperaturen. Die Schar der van der Waals-Isothermen ist in Abb. 5.11 dargestellt. Für $T > T_c$ sind die Isothermen monoton. Für $T < T_c$ findet man die sogenannten van der Waals-Schleifen, deren Bedeutung später noch besprochen wird.

Zunächst ist ersichtlich, daß es auf der sogenannten kritischen Isotherme einen kritischen Punkt gibt, für den die erste und zweite Ableitung verschwindet. Der kritische Punkt T_c, P_c, V_c folgt demnach aus $\frac{\partial P}{\partial V} = \frac{\partial^2 P}{\partial V^2} = 0$. Dies führt auf die beiden Bedingungen $-\frac{kT}{(v-b)^2} + \frac{2a}{v^3} = 0$, $\frac{kT}{(v-b)^3} - \frac{3a}{v^4} = 0$, woraus sich die Werte

$$v_c = 3b, \quad kT_c = \frac{8}{27}\frac{a}{b}, \quad P_c = \frac{a}{27b^2} \tag{5.4.13}$$

ergeben. Hieraus folgt das dimensionslose Verhältnis

---

[8] Johannes Dietrich van der Waals, 1837-1923, 1873 Zustandsgleichung, 1910 Nobelpreis

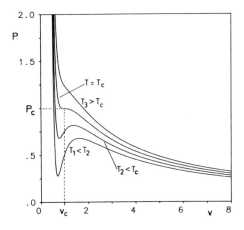

Abb. 5.11. Die van der Waals-Isothermen in dimensionslosen Einheiten P/P_c und v/v_c.

$$\frac{kT_c}{P_c v_c} = \frac{8}{3} = 2.\dot{6} \ . \tag{5.4.14}$$

Im Vergleich dazu erweist sich der experimentelle Wert als etwas größer.

Anmerkung: Schon aus der Herleitung ist offenkundig, daß die van der Waals-Gleichung nur näherungsweise Gültigkeit haben kann. Dies betrifft sowohl die Reduzierung der Abstoßung auf ein effektives Eigenvolumen b, wie auch die Ersetzung des bindenden (negativen) Teils des Potentials durch seinen Mittelwert. Letzteres wird umso besser, je langreichweitiger die Wechselwirkung ist. In der Ableitung wurden Korrelationseffekte vernachlässigt, was insbesondere in der Nähe des kritischen Punktes fragwürdig ist, wo große Schwankungen in der Dichte auftreten werden (siehe unten). Dennoch ist die van der Waals-Gleichung z.T. mit empirisch modifizierten van der Waals-Konstanten a und b in der Lage, ein qualitatives Bild der Kondensation und des Verhaltens in der Nähe des kritischen Punktes zu geben. Es gibt eine Vielzahl von Abänderungen der van der Waals-Gleichung, z.B. wurde von Clausius die Gleichung

$$P = \frac{kT}{v-a} - \frac{c}{T(v+b)^2}$$

vorgeschlagen. Das in Abb. 5.12 dargestellte Bild der Isothermen ist denen der van der Waals-Theorie ähnlich.

5.4.2 Maxwell-Konstruktion

Für Temperaturen unterhalb von T_c haben die van der Waals-Isothermen die charakteristische Schleifenform (Abb. 5.12). Besonders irritierend sind die Regionen, in denen $(\partial P/\partial V)_T > 0$, also die freie Energie nicht konvex ist und deshalb die Stabilitätsbedingung (3.6.48b) verletzt ist. In diesem Gebiet muß die Zustandsgleichung sicher modifiziert werden. Wir werden nun die freie Energie der van der Waals-Theorie betrachten. Dabei wird es sich zeigen, daß ein inhomogener Zustand aus flüssiger und gasförmiger Phase eine

250   5. Reale Gase, Flüssigkeiten und Lösungen

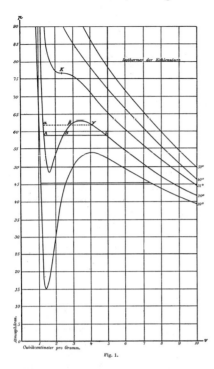

Abb. 5.12. Isothermen der Kohlensäure nach der Clausiusschen Zustandsgleichung. Aus M. Planck, *Thermodynamik*, Veit & Comp, Leipzig, 1897, S.14.

niedrigere freie Energie besitzt. In Abb. 5.13 ist eine van der Waals-Isotherme und darunter die zugehörige spezifische freie Energie $f(T,v) = F(T,V)/N$ aufgetragen. Obwohl die zweite Figur direkt von Gl. (5.4.8) abgelesen werden kann, ist es instruktiv und für die weitere Diskussion nützlich, die typische Form der spezifischen freien Energie aus dem Verlauf der Isothermen $P(T,v)$ durch Integration von $P = -\left(\frac{\partial f}{\partial v}\right)_T$ über das Volumen zu bestimmen:

$$f(T,v) = f(T,v_a) - \int_{v_a}^{v} dv' \, P(T,v') \,. \tag{5.4.15}$$

Die Integration erstreckt sich von einem beliebigen Ausgangswert v_a des spezifischen Volumens bis v. Nun schneiden wir die van der Waals-Isotherme mit einer horizontalen Geraden genau so, daß die beiden schraffierten Flächen gleichen Inhalt besitzen. Den Druck, der dieser Schnittgeraden entspricht, bezeichnen wir mit P_0. Mit dieser Konstruktion ergeben sich die beiden Volumenwerte v_1 und v_2. Die Werte der freien Energie an den Stellen $v_{1,2}$ bezeichnen wir mit $f_{1,2} = f(T,v_{1,2})$. An den Stellen v_1 und v_2 nimmt der Druck den Wert P_0 an und deshalb ist die Steigung von $f(T,v)$ dort durch $-P_0$ gegeben. Als Referenz für die graphische Bestimmung der freien Energie legen wir durch (v_1, f_1) eine Gerade mit der Steigung $-P_0$, diese ist gestrichelt gezeichnet. Hätte der Druck im gesamten Intervall zwischen v_1 und v_2 den Wert P_0, so wäre die freie Energie $f_1 - P_0(v - v_1)$. Nun sehen

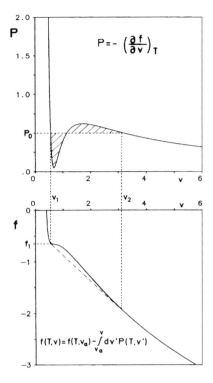

Abb. 5.13. Van der Waals-Isotherme und freie Energie in dimensionslosen Einheiten P/P_c, v/v_c und f/kT_c. Die freie Energie des heterogenen Zustands (gestrichelt) ist niedriger als die van der Waals freie Energie (durchgezogen).

wir leicht, daß die in Abb. 5.13 gezeichnete freie Energie aus $P(T,v)$ folgt. Denn die van der Waals-Isotherme fällt rechts von v_1 zunächst unter die Horizontale $P = P_0$. Somit liegt das negative Integral, also die der van der Waals-Isothermen entsprechende freie Energie oberhalb der gestrichelten Geraden. Erst beim Volumen v_2 ist wegen der vorausgesetzten Flächengleichheit $f_2 \equiv f(T, v_2) = f_1 - P_0(v_2 - v_1)$, und die beiden Kurven fallen wieder zusammen. Wegen $P_0 = -\frac{\partial f}{\partial v}\big|_{v_1} = -\frac{\partial f}{\partial v}\big|_{v_2}$ ist die (gestrichelte) Gerade mit der Steigung $-P_0$ gerade die Doppel-Tangente an die Kurve $f(T, v)$. Da $P > P_0$ für $v < v_1$ und $P < P_0$ für $v > v_2$ ist, liegt f auch in diesen Bereichen oberhalb der Doppeltangente. Aus Abb. 5.13 ist ersichtlich, daß die freie Energie der van der Waals-Theorie nicht überall konvex $\left(0 > \frac{\partial^2 f}{\partial v^2} = -\frac{\partial P}{\partial v} = \frac{1}{\kappa_T}\right)$ ist, in Widerspruch zur thermodynamischen Ungleichung (3.3.5).

Zum Vergleich betrachten wir nun ein zweiphasiges, heterogenes System, dessen gesamte Stoffmenge sich mit den Bruchteilen $c_1 = \frac{v_2 - v}{v_2 - v_1}$ im Zustand (v_1, T) und $c_2 = \frac{v - v_1}{v_2 - v_1}$ im Zustand (v_2, T) befindet. Diese Zustände haben gleichen Druck und Temperatur und können gemeinsam im Gleichgewicht existieren. Da die freie Energie dieses inhomogenen Zustands die Linearkombination $c_1 f_1 + c_2 f_2$ von f_1 und f_2 ist, liegt sie auf der gestrichelten Geraden.[9] Also ist die freie Energie dieses inhomogenen Zustandes kleiner als die freie

---

[9] $c_1 + c_2 = 1$, $v_1 c_1 + v_2 c_2 = v$, $c_1 f_1 + c_2 f_2 = c_1 f_1 + c_2 (f_1 - P_0(v_2 - v_1)) = f_1 - P_0(v - v_1)$

252   5. Reale Gase, Flüssigkeiten und Lösungen

Energie der van der Waals-Theorie. Im Intervall $[v_1, v_2]$ (Zweiphasengebiet) spaltet die Substanz in zwei Phasen, nämlich den flüssigen Zustand mit Temperatur und Volumen (T, v_1) und den gasförmigen Zustand mit (T, v_2) auf. Der Druck in diesem Intervall ist P_0. Die *reale Isotherme* erhält man aus der van der Waals-Isotherme, indem man die Schleife durch die flächenhalbierende Horizontale $P = P_0$ ersetzt. Außerhalb des Intervalls $[v_1, v_2]$ bleibt die van der Waals-Isotherme unverändert. Man nennt diese Konstruktion der Zustandsgleichung aus der van der Waals-Theorie *Maxwell-Konstruktion*. Die Werte von v_1 und v_2 hängen von der Temperatur der betrachteten Isotherme ab, d.h. $v_1 = v_1(T)$ und $v_2 = v_2(T)$. Bei Annäherung von T an T_c wird das Intervall $[v_1(T), v_2(T)]$ kleiner, bei Entfernung größer. Entsprechend erhöht und erniedrigt sich der Druck $P_0(T)$. In Abb. 5.14 ist die Maxwell-Konstruktion für eine Schar von van der Waals-Isothermen dargestellt. Die Punkte $(P_0(T), v_1(T))$ und $(P_0(T), v_2(T))$ bilden den Flüssigkeitsast und den Gasast der Koexistenzkurve (in Abb. 5.14 fett gezeichnet). Das Gebiet innerhalb der Koexistenzkurve nennt man Koexistenzgebiet. Im Koexistenzgebiet sind die Isothermen horizontal, der Zustand ist heterogen und setzt sich aus dem flüssigen und dem gasförmigen Zustand der beiden Endpunkte zusammen.

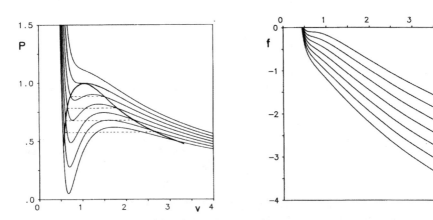

Abb. 5.14. Van der Waals-Isotherme mit Maxwell-Konstruktion und daraus resultierende Koexistenzkurve (fett) in dimensionslosen Einheiten P/P_c und v/v_c, und die freie Energie f.

Bemerkungen:

(i) In Abb. 5.15 ist die Zustandsfläche, wie sie aus der Maxwell-Konstruktion folgt, schematisch dargestellt. Die van der Waalssche Zustandsgleichung und die daraus ableitbaren Folgerungen sind in Einklang mit den allgemeinen Überlegungen über den Flüssigkeits-Gas-Übergang im Rahmen der Thermodynamik aus Abschn. 3.8.1.

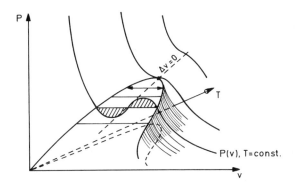

Abb. 5.15. Zustandsfläche nach der van der Waals-Theorie mit Maxwell-Konstruktion (schematisch). Neben drei Isothermen für Temperaturen $T_1 < T_c < T_2$ ist die Koexistenzkurve (-fläche) und deren Projektion auf die T-V-Ebene gezeigt.

(ii) Die chemischen Potentiale $\mu = f + Pv$ für die flüssige Phase auf der Koexistenzkurve und die mit ihr koexistierende gasförmige Phase auf der Koexistenzkurve sind gleich groß.

(iii) Von Kac, Uhlenbeck und Hemmer[10] wurde das Zustandsintegral für ein eindimensionales Modell mit dem Potential unendlicher Reichweite

$$v(x) = \begin{cases} \infty & |x| < x_0 \\ -\kappa e^{-\kappa|x|} & |x| > x_0 \end{cases} \quad \text{und } \kappa \to 0$$

exakt berechnet. Das Ergebnis ist eine Zustandsgleichung, die qualitativ mit der van der Waals-Theorie identisch ist. Im Koexistenzgebiet treten von vornherein statt der Schleifen die horizontalen Isothermen auf.

(iv) Eine Herleitung der van der Waals-Gleichung für langreichweitige Potentiale, zurückgehend auf L.S. Ornstein, bei der das Volumen in Zellen eingeteilt wird und die wahrscheinlichsten Besetzungszahlen in diesen Zellen bestimmt werden, wurde von van Kampen[11] gegeben. Es werden die homogenen und heterogenen stabilen Zustände gefunden. Innerhalb des Koexistenzgebietes sind die heterogenen Zustände – beschrieben durch die Horizontalen der Maxwell-Konstruktion – absolut stabil. Die beiden homogenen Zustände – dargestellt durch die van der Waals Schleifen – sind, solange $\frac{\partial P}{\partial v} < 0$ ist, metastabil und beschreiben überhitzte Flüssigkeit und unterkühlten Dampf.

5.4.3 Gesetz der korrespondierenden Zustände

Wenn man die van der Waals-Gleichung durch $P_c = \frac{a}{27b^2}$ dividiert und die reduzierten Variablen $P^* = \frac{P}{P_c}$, $V^* = \frac{v}{v_c}$, $T^* = \frac{T}{T_c}$ einführt, dann ergibt sich die dimensionslose Form der van der Waals-Gleichung

$$P^* = \frac{8T^*}{3V^* - 1} - \frac{3}{V^{*2}}. \tag{5.4.16}$$

In diesen Einheiten ist die Zustandsgleichung für alle Stoffe gleich. Stoffe mit gleichen P^*, V^* und damit T^* befinden sich in korrespondierenden

---

[10] M. Kac, G.E. Uhlenbeck and P.C. Hemmer, J. Math. Phys. **4**, 216 (1963)
[11] N.G. van Kampen, Phys. Rev. **135**, A362 (1964)

Zuständen. Gl. (5.4.16) heißt „Gesetz der korrespondierenden Zustände", man kann sie auch in die Form

$$\frac{P^*V^*}{T^*} = \frac{8}{3 - \frac{P^*}{T^*} \cdot \frac{T^*}{P^*V^*}} - \frac{3P^*}{T^{*2}} \frac{T^*}{P^*V^*}$$

bringen. Das bedeutet, daß P^*V^*/T^* als Funktion von P^* eine Kurvenschar mit dem Parameter T^* ergibt. Alle Daten von verschiedensten Flüssigkeiten zu festen T^* liegen auf einer Kurve (Abb. 5.16). Dies gilt über den Gültigkeitsbereich der van der Waals-Gleichung hinaus. Nach dem Experiment verhalten sich Flüssigkeiten gleichartig, wenn man P, V und T in Einheiten P_c, V_c und T_c mißt. Dies ist für eine Reihe von Substanzen in Abb. 5.16 dargestellt.

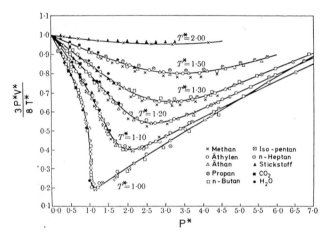

Abb. 5.16. Gesetz der korrespondierenden Zustände.[12]

5.4.4 Die Umgebung des kritischen Punktes

Wir diskutieren nun die van der Waals-Gleichung in der Nähe ihres kritischen Punktes. Dazu schreiben wir die Resultate in einer Form, welche die Analogie mit anderen Phasenübergängen verdeutlicht. Die Zweckmäßigkeit dieser Darstellung wird erst im Vergleich mit dem Ferromagneten des nächsten Kapitels voll zum Ausdruck kommen. Die *Zustandsgleichung* in der *Umgebung des kritischen Punktes* erhalten wir, indem wir

$$\Delta P = P - P_c, \qquad \Delta v = v - v_c, \qquad \Delta T = T - T_c \qquad (5.4.17)$$

einführen und die van der Waals-Gleichung (5.4.12) nach Δv und ΔT entwickeln:

---

[12] G.J. Su, Ind. Engng. Chem. analyt. Edn. **38**, 803 (1946)

$$P = \frac{k(T_c + \Delta T)}{2b + \Delta v} - \frac{a}{(3b + \Delta v)^2}$$
$$= \frac{k(T_c + \Delta T)}{2b}\left(1 - \frac{\Delta v}{2b} + \left(\frac{\Delta v}{2b}\right)^2 - \left(\frac{\Delta v}{2b}\right)^3 + \left(\frac{\Delta v}{2b}\right)^4 \mp \ldots\right)$$
$$- \frac{a}{9b^2}\left(1 - 2\frac{\Delta v}{3b} + 3\left(\frac{\Delta v}{3b}\right)^2 - 4\left(\frac{\Delta v}{3b}\right)^3 + 5\left(\frac{\Delta v}{3b}\right)^4 \mp \ldots\right).$$

Daraus folgt für die Zustandsgleichung in unmittelbarer Nähe des kritischen Punktes[13]

$$\Delta P^* = 4\,\Delta T^* - 6\,\Delta T^* \Delta v^* - \frac{3}{2}(\Delta v^*)^3 + \ldots, \tag{5.4.18}$$

die in dieser Näherung antisymmetrisch in Δv^* ist, siehe Abb. 5.17.

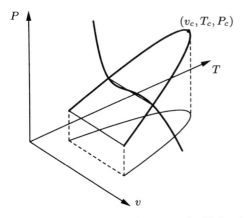

Abb. 5.17. Koexistenzkurve in der Nähe des kritischen Punktes. Wegen des Terms $4\,\Delta T^*$ in der Zustandsgleichung (5.4.18) ist die Koexistenzfläche gegen die V-T-Ebene geneigt. Die eingezeichnete Isotherme ist so weit vom kritischen Punkt entfernt, daß sie nicht mehr streng antisymmetrisch ist.

Dampfdruckkurve:
Die Dampfdruckkurve erhalten wir durch Projektion der Koexistenzfläche auf die P-T-Ebene. Wegen der Antisymmetrie der van der Waals-Schleifen in Δv^* in der Nähe von T_c (Gl. (5.4.18)) können wir die Lage der Koexistenzfläche einfach bestimmen, indem wir $\Delta v^* = 0$ setzen (siehe Abb. 5.17),

$$\Delta P^* = 4\,\Delta T^*. \tag{5.4.19}$$

---

[13] Der Term $\Delta T (\Delta v)^2$ und erst recht höhere Ordnungen können in der führenden Berechnung der Koexistenzkurve vernachlässigt werden, da er effektiv von der Ordnung $(\Delta T)^2$ im Vergleich zu den berücksichtigten $\sim (\Delta T)^{3/2}$ ist. Die Korrekturen zum führenden kritischen Verhalten werden am Ende dieses Abschnitts zusammengestellt. In Gl. (5.4.18) verwenden wir der Übersichtlichkeit halber die vor Gl. (5.4.16) eingeführten reduzierten Variablen: $\Delta P^* = \Delta P/P_c$ usw.

Koexistenzkurve:

Die Koexistenzkurve ist die Projektion der Koexistenzfläche auf die V-T-Ebene. Setzen wir (5.4.19) in (5.4.18) ein, so ergibt sich die Gleichung $0 = 6\,\Delta T^* \Delta v^* + 3/2\,(\Delta v^*)^3$ mit den Lösungen

$$\Delta v_G^* = -\Delta v_{Fl}^* = \sqrt{4(-\Delta T^*)} + \mathcal{O}(\Delta T^*) \tag{5.4.20}$$

für $T < T_c$. Für $T < T_c$ kann die Substanz nicht mehr in jeder Dichte vorliegen, sondern spaltet in eine dünnere gasförmige und eine dichtere flüssige Phase auf (vergl. Abschn. 3.8). Δv_G^* und Δv_{Fl}^* stellen die beiden Werte des Ordnungsparameters dieses Phasenüberganges dar (siehe Kap. 7).

Spezifische Wärme:

$T > T_c$: Die innere Energie ist nach Gl. (5.4.10) $E = \frac{3}{2}NkT - \frac{aN^2}{V}$.
Deshalb ist die spezifische Wärme bei konstantem Volumen außerhalb der Koexistenzfläche

$$C_V = \frac{3}{2}Nk\,, \tag{5.4.21a}$$

wie im idealen Gas. Wir stellen uns nun vor, ein System genau mit der kritischen Dichte abzukühlen. Oberhalb von T_c liegt dieses mit homogener Dichte $1/v_c$ vor, und unterhalb spaltet es (nach (5.4.20)) in den Bruchteilen $c_G = \frac{v_c - v_{Fl}}{v_G - v_{Fl}}$ und $c_{Fl} = \frac{v_G - v_c}{v_G - v_{Fl}}$ in Gas und Flüssigkeit auf.

$T < T_c$: Unterhalb von T_c ist die innere Energie durch

$$\frac{E}{N} = \frac{3}{2}kT - a\left(\frac{c_G}{v_G} + \frac{c_{Fl}}{v_{Fl}}\right) = \frac{3}{2}kT - a\frac{v_c + \Delta v_G + \Delta v_{Fl}}{(v_c + \Delta v_G)(v_c + \Delta v_{Fl})} \tag{5.4.21b}$$

gegeben. Setzen wir darin (5.4.20), bzw. vorgreifend (5.4.29) ein,[14] erhalten wir

$$E = N\left(\frac{3}{2}kT - \frac{a}{v_c} + \frac{9}{2}k(T - T_c) + \frac{56}{25}\frac{a}{v_c}\left(\frac{T - T_c}{T_c}\right)^2 + \mathcal{O}\left((\Delta T)^{5/2}\right)\right).$$

Die spezifische Wärme

$$C_V = \frac{3}{2}Nk + \frac{9}{2}Nk\left(1 + \frac{28}{25}\frac{T - T_c}{T_c} + \ldots\right) \qquad \text{für } T < T_c \tag{5.4.21c}$$

erfährt einen Sprung (siehe Abb. 5.18).

---

[14] Aus (5.4.20) findet man lediglich den Sprung in der spezifischen Wärme; um auch noch den linearen Term in (5.4.21b) zu bestimmen, muß man die Entwicklung von Δv_G und Δv_{Fl} weiter treiben, Gl. (5.4.27). Inklusive dieser höheren Terme ist die Koexistenzkurve nicht symmetrisch.

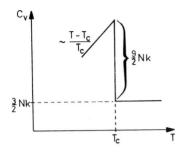

Abb. 5.18. Die spezifische Wärme in der Nähe des kritischen Punktes der van der Waals-Flüssigkeit.

Kritische Isotherme:
Zur Bestimmung der kritischen Isothermen setzen wir in (5.4.18) $\Delta T^* = 0$. Die kritische Isotherme

$$\Delta P^* = -\frac{3}{2}(\Delta v^*)^3 \tag{5.4.22}$$

ist eine Parabel dritter Ordnung, sie verläuft durch den kritischen Punkt horizontal, was die Divergenz der isothermen Kompressibilität impliziert.

Kompressibilität:
Zur Berechnung der isothermen Kompressibilität $\kappa_T = -\frac{1}{V}\left(\frac{\partial V}{\partial P}\right)_T$ bestimmen wir aus der van der Waals-Gleichung (5.4.18)

$$N\left(\frac{\partial P^*}{\partial V^*}\right)_T = -6\,\Delta T^* - \frac{9}{2}(\Delta v^*)^2 \,. \tag{5.4.23}$$

Für $T > T_c$ ergibt sich daraus längs der kritischen Isochoren ($\Delta v^* = 0$)

$$\kappa_T = \frac{1}{6P_c}\frac{1}{\Delta T^*} = \frac{T_c}{6P_c}\frac{1}{\Delta T} \,. \tag{5.4.24a}$$

Für $T < T_c$ erhalten wir längs der Koexistenzkurve (d.h. $\Delta v^* = \Delta v_G^* = -\Delta v_{Fl}^*$) mit Gl. (5.4.20) $N\left(\frac{\partial P^*}{\partial V^*}\right)_T = -6\,\Delta T^* - \frac{9}{2}(\Delta v_G^*)^2 = 24\,\Delta T^*$, also

$$\kappa_T = \frac{T_c}{12P_c}\frac{1}{(-\Delta T)} \,. \tag{5.4.24b}$$

Die isotherme Kompressibilität divergiert in der van der Waalsschen Theorie oberhalb und unterhalb der kritischen Temperatur wie $(T - T_c)^{-1}$. Die damit verbundenen langreichweitigen Dichteschankungen führen zu einem Ansteigen der Lichtstreuung in Vorwärtsrichtung (kritische Opaleszenz). Siehe (9.4.51).

Zusammenfassung:
Der Vergleich mit dem Experiment zeigt, daß Flüssigkeiten in der Nähe ihres

kritischen Punktes singuläres Verhalten, ähnlich den obigen Ergebnissen, zeigen. Die Koexistenzlinie genügt einem Potenzgesetz, aber der Exponent ist nicht 1/2 sondern $\beta \approx 0.326$; die spezifische Wärme wird in der Realität sogar divergent, man charakterisiert sie durch einen kritischen Exponenten α. Die kritische Isotherme wird durch $\Delta P \sim \Delta v^\delta$ und die isotherme Suszeptibilität durch $\kappa_T \sim |T - T_c|^{-\gamma}$ charakterisiert. In Tabelle 5.2 haben wir die Ergebnisse der van der Waals Theorie zusammengefaßt und die allgemeinen in der Natur beobachteten Potenzgesetze angegeben. Die Exponenten β, α, δ, γ heißen kritische Exponenten. Die spezifische Wärme in der van der Waals-Theorie besitzt einen Sprung, Abb. 5.18. Sie ist deshalb unmittelbar links und rechts des Übergangs von der Größe $(T - T_c)^0$. Der Index sp an der Null in der Tabelle weist auf „Sprung" hin, wie er in Abb. 5.18 auftritt; vergleiche Gl. (7.1.1).

Tabelle 5.2. Kritisches Verhalten nach der van der-Waals Theorie

Physikalische Größe	van der Waals	kritisches Verhalten	Temperaturbereich
$\Delta v_G = -\Delta v_{Fl}$	$\sim (T_c - T)^{\frac{1}{2}}$	$(T_c - T)^\beta$	$T < T_c$
c_V	$\sim (T - T_c)^{0_{sp}}$	$|T_c - T|^{-\alpha}$	$T \gtrless T_c$
ΔP	$\sim (\Delta v)^3$	$(\Delta v)^\delta$	$T = T_c$
κ_T	$\sim |T - T_c|^{-1}$	$|T - T_c|^{-\gamma}$	$T \gtrless T_c$

Latente Wärme

Schließlich bestimmen wir noch die latente Wärme unmittelbar unterhalb der kritischen Temperatur. Die latente Wärme kann mittels der Clausius-Clapeyron-Gleichung (3.8.8) in der Form

$$q = T(s_G - s_{Fl}) = T\frac{\partial P_0}{\partial T}(v_G - v_{Fl}) = T\frac{\partial P_0}{\partial T}(\Delta v_G - \Delta v_{Fl})$$

geschrieben werden. Hier bedeuten s_G und s_{Fl} die Entropien der Gas- und Flüssigkeitsphase pro Teilchen und $\frac{\partial P_0}{\partial T}$ die Steigung der Verdampfungskurve an der entsprechenden Stelle. In der Nähe des kritischen Punktes kann in führender Ordnung $T\frac{\partial P_0}{\partial T} \approx T_c \frac{\partial P_0}{\partial T}\big|_{k.P.}$ gesetzt werden, wo $(\partial P_0/\partial T)_{k.P.}$ die Steigung der Verdampfungskurve am kritischen Punkt ist

$$q = 2T_c \left(\frac{\partial P}{\partial T}\right)_{k.P.} \Delta v_G . \qquad (5.4.25)$$

Die Steigung der Dampfdruckkurve bei T_c ist endlich (vgl. Abb. 5.17, Gl. (5.4.19)). Deshalb nimmt die latente Wärme bei Annäherung an T_c mit demselben Potenzgesetz wie der Ordnungsparameter ab, d.h. $q \propto (T_c - T)^\beta$; nach der van der Waals Theorie ist $\beta = \frac{1}{2}$.

Mittels der thermodynamischen Beziehung (3.2.24) $C_P - C_V = -T \times \left(\frac{\partial P}{\partial T}\right)_V^2 / \left(\frac{\partial P}{\partial V}\right)_T$ können wir auch das kritische Verhalten der spezifischen Wärme bei konstantem Druck bestimmen. Da $\left(\frac{\partial P}{\partial T}\right)_V$ endlich ist, verhält sich die rechte Seite wie die isotherme Kompressibilität κ_T, und da C_V nur unstetig oder höchstens schwach singulär ist, folgt allgemein

$$C_P \sim \kappa_T \propto (T - T_c)^{-\gamma} \ ; \tag{5.4.26}$$

für die van der Waals-Flüssigkeit $\gamma = 1$.

*Höhere Korrekturen zu Gl. (5.4.18)

Es ist übersichtlicher, die in (5.4.16) definierten reduzierten Größen zu verwenden. Dann lautet die van der Waals-Gleichung

$$\Delta P^* = 4\Delta T^* - 6\Delta T^* \Delta v^* + 9\Delta T^* (\Delta v^*)^2 - \left(\frac{3}{2} + \frac{27}{2}\Delta T^*\right)(\Delta v^*)^3$$
$$+ \left(\frac{21}{4} + \frac{81}{4}\Delta T^*\right)(\Delta v^*)^4 + \left(\frac{99}{8} + \frac{243}{8}\Delta T^*\right)(\Delta v^*)^5 + \mathcal{O}\left((\Delta v^*)^6\right) . \tag{5.4.27}$$

Die Koexistenzkurve $\Delta v^*_{G/Fl}$ und die Dampfdruckkurve, die wir hier mit $\Delta P^*_0(\Delta T^*)$ bezeichnen, bestimmen sich aus der van der Waals-Gleichung

$$\Delta P^*(\Delta T^*, \Delta v^*_G) = \Delta P^*(\Delta T^*, \Delta v^*_{Fl}) = 0$$

und der Maxwell-Konstruktion

$$\int_{\Delta v^*_{Fl}}^{\Delta v^*_G} d(\Delta v^*) \left(\Delta P^* - \Delta P^*_0(\Delta T^*)\right) = 0 \ .$$

Es ergibt sich für die *Dampfdruckkurve*:

$$\Delta P^*_0 = 4\Delta T^* + \frac{24}{5}(-\Delta T^*)^2 + \mathcal{O}\left((-\Delta T^*)^{5/2}\right) , \tag{5.4.28}$$

die *Koexistenzkurve*:

$$\Delta v^*_G = 2\sqrt{-\Delta T^*} + \frac{18}{5}(-\Delta T^*) + X(-\Delta T^*)^{3/2} + \mathcal{O}((\Delta T^*)^2)$$
$$\Delta v^*_{Fl} = -2\sqrt{-\Delta T^*} + \frac{18}{5}(-\Delta T^*) + Y(-\Delta T^*)^{3/2} + \mathcal{O}((\Delta T^*)^2) \tag{5.4.29}$$

(mit $X - Y = \frac{294}{25}$, siehe Aufgabe 5.6). Im Unterschied zum ferromagnetischen Phasenübergang ist der Ordnungsparameter nicht exakt symmetrisch, sondern nur nahe bei T_c, vergleiche Gl. (5.4.20).

Die *Innere Energie*:

$$\frac{E}{N} = \frac{3}{2}kT - \frac{a}{v_c}\left(1 - 4\Delta T^* - \frac{56}{25}(\Delta T^*)^2 + \mathcal{O}\left(|\Delta T^*|^{5/2}\right)\right) \tag{5.4.30}$$

und die Wärmekapazität

$$C_V = \frac{3}{2}Nk + \frac{9}{2}Nk\left(1 - \frac{28}{25}|\Delta T^*| + \mathcal{O}\left(|\Delta T^*|^{3/2}\right)\right) . \tag{5.4.31}$$

Bei der Berechnung der spezifischen Wärme geht nur die Differenz $X - Y = 294/25$ ein. Die Dampfdruckkurve ist nicht mehr linear in ΔT^*, und die Koexistenzkurve ist nicht mehr symmetrisch um das kritische Volumen.

5.5 Verdünnte Lösungen

5.5.1 Zustandssumme und chemische Potentiale

Das Lösungsmittel bestehe aus N, die gelöste Substanz aus N' Atomen (Molekülen), so daß die Konzentration durch

$$c = \frac{N'}{N} \ll 1$$

gegeben ist. Wir berechnen die Eigenschaften einer solchen Lösung mit Hilfe der großkanonischen Zustandssumme[15]

$$\begin{aligned}Z_G(T,V,\mu,\mu') &= \sum_{n'=0}^{\infty} Z_{n'}(T,V,\mu) z'^{n'} \\ &= Z_0(T,V,\mu) + z' Z_1(T,V,\mu) + \mathcal{O}(z'^2)\,. \end{aligned} \quad (5.5.1)$$

Diese hängt von den chemischen Potentialen des Lösungsmittels μ und der gelösten Substanz μ' ab. Da die gelöste Substanz in sehr geringer Konzentration vorliegt, ist $\mu' \ll 0$ und deshalb die Fugazität $z' = e^{\mu'/kT} \ll 1$. In (5.5.1) bedeutet $Z_0(T,V,\mu)$ die großkanonische Zustandssumme des reinen Lösungsmittels und $Z_1(T,V,\mu)$ die großkanonische Zustandssumme des Lösungsmittels und eines gelösten Moleküls.

Daraus ergibt sich für den gesamten Druck

$$-P = \frac{\Phi}{V} = -\frac{kT}{V} \log Z_G = \varphi_0(T,\mu) + z' \varphi_1(T,\mu) + \mathcal{O}(z'^2)\,, \quad (5.5.2)$$

wobei $\varphi_0 = -\frac{kT}{V} \log Z_0$ und $\varphi_1 = -\frac{kT}{V} \frac{Z_1}{Z_0}$. In (5.5.2) ist $\varphi_0(T,\mu)$ der Beitrag des reines Lösungsmittels und der zweite Term die Korrektur aufgrund der gelösten Substanz. Hier hängen Z_1 und damit φ_1 von der Wechselwirkung des gelösten Moleküls mit dem Lösungsmittel ab, nicht jedoch von der Wechselwirkung der gelösten Moleküle untereinander. Wir wollen nun das chemische Potential μ durch den Druck ausdrücken. Dazu verwenden wir die Umkehrfunktion φ_0^{-1} bei festem T, d.h. $\varphi_0^{-1}(T, \varphi_0(T,\mu)) = \mu$ und erhalten

$$\begin{aligned}\mu &= \varphi_0^{-1}(T, -P - z'\varphi_1(T,\mu)) \\ &= \varphi_0^{-1}(T, -P) - z' \frac{\varphi_1(T, \varphi_0^{-1}(T,-P))}{\frac{\partial \varphi_0}{\partial \mu}\big|_{\mu = \varphi_0^{-1}(T,-P)}} + \mathcal{O}(z'^2)\,. \end{aligned} \quad (5.5.3)$$

Die (mittleren) Teilchenzahlen sind

---

[15] Hier ist $Z_{n'}(T,V,\mu) = \sum_{n=0}^{\infty} \mathrm{Sp}_n \, \mathrm{Sp}_{n'} e^{-\beta(H_n + H'_{n'} + W_{n'n} - \mu n)}$, wo Sp_n und $\mathrm{Sp}_{n'}$ die Spuren über n- und n'-Teilchenzustände des Lösungsmittels und der gelösten Substanz bedeuten. Die Hamilton-Operatoren dieser Teilsysteme und ihre Wechselwirkung sind mit H_n, $H'_{n'}$ und $W_{n'n}$ bezeichnet.

$$N = -\frac{\partial \Phi}{\partial \mu} = -V\frac{\partial \varphi_0(T,\mu)}{\partial \mu} + \mathcal{O}(z') \tag{5.5.4a}$$

$$N' = -\frac{\partial \Phi}{\partial \mu'} = -\frac{z'V}{kT}\varphi_1(T,\mu) + \mathcal{O}(z'^2) \ . \tag{5.5.4b}$$

Setzt man dies in (5.5.3) ein, ergibt sich schließlich

$$\mu(T,P,c) = \mu_0(T,P) - kTc + \mathcal{O}(c^2) \ , \tag{5.5.5}$$

wo $\mu_0(T,P) \equiv \varphi_0^{-1}(T,-P)$ das chemische Potential des reinen Lösungsmittels als Funktion von T und P ist. Aus (5.5.4b) und (5.5.4a) erhält man für das chemische Potential der gelösten Substanz

$$\begin{aligned}\mu' = kT\log z' &= kT\log\left(\frac{-N'kT}{V\varphi_1(T,\mu)}\right) + \mathcal{O}(z'^2) \\ &= kT\log\frac{N'kT\frac{\partial \varphi_0(T,\mu)}{\partial \mu}}{N\varphi_1(T,\mu)} + \mathcal{O}(z') \ ,\end{aligned} \tag{5.5.6}$$

schließlich unter Verwendung von (5.5.5)

$$\mu'(T,P,c) = kT\log c + g(T,P) + \mathcal{O}(c) \ . \tag{5.5.7}$$

In die nur von den thermodynamischen Variablen T und P abhängige Funktion $g(T,P) = kT\log(kT/v_0(T,P)\varphi_1(T,\mu_0(T,P)))$ geht auch die Wechselwirkung der gelösten Moleküle mit dem Lösungsmittel ein.

Die einfachen Abhängigkeiten der chemischen Potentiale von der Konzentration gelten, wenn man als unabhängige Variable T und P wählt. Wir können aus (5.5.5) den Druck als Funktion von T und μ berechnen. Dazu verwenden wir $P_0(T,\mu)$, die Umkehrfunktion von $\mu_0(T,P)$ und schreiben (5.5.5) folgendermaßen um

$$\mu = \mu_0(T, P_0(T,\mu) + (P - P_0(T,\mu))) - kTc \ ,$$

entwickeln nach $P - P_0(T,\mu)$ und verwenden, daß für das reine Lösungsmittel $\mu_0(T, P_0(T,\mu)) = \mu$ gilt:

$$\mu = \mu + \left(\frac{\partial \mu_0}{\partial P}\right)_T (P - P_0(T,\mu)) - kTc \ .$$

Aus der Gibbs-Duhem-Relation wissen wir $\left(\frac{\partial \mu_0}{\partial P}\right)_T = v_0(P,T) = v + \mathcal{O}(c^2)$, woraus

$$P = P_0(T,\mu) + \frac{c}{v}kT + \mathcal{O}(c^2) \tag{5.5.8}$$

folgt, wo v das spezifische Volumen des Lösungsmittels ist. Die Wechselwirkung der gelösten Atome mit dem Lösungsmittel tritt in $P(T,\mu,c)$ und

$\mu(T,P,c)$ in der betrachteten Ordnung nicht auf, ohne daß über diese Wechselwirkung eine einschränkende Annahme gemacht worden wäre.

*Alternative Herleitung von (5.5.6) und (5.5.7) im kanonischen Ensemble

Wir betrachten wieder ein System mit zwei Teilchensorten, die in den Zahlen N und N' vorliegen, wobei die Konzentration der letzteren $c = \frac{N'}{N} \ll 1$ sehr klein sei. Die Wechselwirkung der gelösten Atome untereinander kann für verdünnte Lösungen vernachlässigt werden. Die Wechselwirkung von Lösungsmittel und gelöster Substanz wird mit $W_{N'N}$ bezeichnet. Außerdem wird die gelöste Substanz als klassisch angenommen. Über das Lösungsmittel wird zunächst keine Voraussetzung getroffen, es kann sich insbesondere auch in jeder beliebigen Phase (fest, flüssig, gasförmig) befinden.

Die kanonische Zustandssumme des gesamten Systems ist dann von der Form

$$Z = \text{Sp}\, e^{-H_N/kT} \int \frac{d\Gamma_{N'}}{N'!\, h^{3N'}} e^{-(H'_{N'} + W_{N'N})/kT}$$
$$= \left(\text{Sp}\, e^{-H_N/kT}\right) \frac{1}{N'!\, \lambda'^{3N}} \left\langle \int d^3x_1 \ldots d^3x_{N'}\, e^{-(V_{N'} + W_{N'N})/kT} \right\rangle, \quad (5.5.9\text{a})$$

wo λ' die thermische Wellenlänge der gelösten Substanz ist. H_N, $H'_{N'}$ sind die Hamilton-Operatoren von Lösungsmittel und gelösten Molekülen, $V_{N'}$ die Wechselwirkung der gelösten Moleküle und $W_{N'N}$ die Wechselwirkung von Lösungsmittel und gelöster Substanz. In (5.5.9a) tritt noch der Konfigurationsanteil

$$Z_{\text{Konf}} = \int d^3x_1 \ldots d^3x_{N'} \left\langle e^{-(V_{N'} + W_{N'N})/kT} \right\rangle$$
$$\equiv \frac{\int d^3x_1 \ldots d^3x_{N'}\, \text{Sp}\, e^{-H_N/kT}\, e^{-(V_{N'}+W_{N'N})/kT}}{\text{Sp}\, e^{-H_N/kT}} \quad (5.5.9\text{b})$$

auf. Die Spur erstreckt sich über die Freiheitsgrade des Lösungsmittels. Falls dieses quantenmechanisch behandelt werden muß, enthält $W_{N'N}$ auch noch einen Zusatzbeitrag wegen des nichtverschwindenden Kommutators von H_N und der Wechselwirkung. $V_{N'}$ hängt von den $\{x'\}$ und $W_{N'N}$ von den $\{x'\}$ und $\{x\}$ ab (Koordinaten der gelösten Moleküle und des Lösungsmittels). Wir setzen voraus, daß die Wechselwirkung kurzreichweitig sei, dann kann für alle typischen Konfigurationen der gelösten Moleküle $V_{N'}$ vernachlässigt werden

$$\left\langle e^{-(V_{N'}+W_{N'N})/kT} \right\rangle \approx \left\langle e^{-W_{N'N}/kT} \right\rangle$$
$$= e^{-\langle W_{N'N}\rangle/kT + \frac{1}{2}\langle(W_{N'N}^2 - \langle W_{N'N}\rangle^2)\rangle/(kT)^2 \pm \ldots}$$
$$= e^{-\sum_{n'=0}^{N'}\left(\frac{\langle W_{n'N}\rangle}{kT} - \frac{1}{2(kT)^2}\langle(W_{n'N}^2 - \langle W_{n'N}\rangle^2)\rangle \pm \ldots\right)}$$
$$= e^{-N'\psi(T,V/N)}. \quad (5.5.9\text{c})$$

Hier bedeutet $W_{n'N}$ die Wechselwirkung des Moleküls n' mit den N Molekülen des Lösungsmittels. In Gl. (5.5.9c) wurde eine Kumulantenentwicklung durchgeführt und berücksichtigt, daß die Überlappung der Wechselwirkungen von verschiedenen Molekülen für alle typischen Konfigurationen verschwindet. Wegen der Translationsinvarianz sind außerdem die Erwartungswerte $\langle W_{n'N}\rangle$ etc. unabhängig von $\mathbf{x}'$ und für alle n' gleich. Somit ergibt sich für jedes der gelösten Moleküle ein Faktor

$e^{-\psi(T,V/N)}$, wo ψ von der Temperatur und vom spezifischen Volumen des Lösungsmittels abhängt. Aus (5.5.9c) folgt für die Zustandssumme (5.5.9a)

$$Z = \left(\text{Sp}\, e^{-H_N/kT}\right) \frac{1}{N'!} \left(\frac{V}{\lambda'^3} \psi(T, V/N)\right)^{N'}. \tag{5.5.10}$$

Dieses Ergebnis hat folgende physikalische Bedeutung. *Die gelösten Moleküle verhalten sich wie ein ideales Gas.* Sie spüren an jeder Stelle das gleiche Potential der gerade umgebenden Lösungsmittelatome, d.h. sie befinden sich in einem ortsunabhängigen effektiven Potential $kT\psi(T, V/N)$, dessen Wert von der Wechselwirkung, der Temperatur und der Dichte abhängt. Die freie Energie besitzt deshalb die Gestalt

$$F(T, V, N, N') = F_0(T, V, N) - kTN' \log \frac{eV}{N'\lambda'^3} - N'\gamma(T, V/N), \tag{5.5.11}$$

wo $F_0(T,V) = -kT \log \text{Sp}\, e^{-H_N/kT}$ die freie Energie des reinen Lösungsmittels ist. $\gamma(T, V/N) = kT \log \psi(T, V/N)$ rührt von der Wechselwirkung der gelösten Atome mit dem Lösungsmittel her. Aus (5.5.11) gewinnen wir für den Druck

$$\begin{aligned} P &= -\left(\frac{\partial F}{\partial V}\right)_{T,N,N'} = P_0(T, V/N) + \frac{kTN'}{V} + N'\left(\frac{\partial}{\partial V}\gamma\right)_{T,N} \\ &= P_0(T, v) + \frac{kTc}{v} + c\left(\frac{\partial}{\partial v}\gamma(T, v)\right)_T, \end{aligned} \tag{5.5.12}$$

wobei $c = \frac{N'}{N}$ und $v = \frac{V}{N}$ eingesetzt wurden.

Wir könnten aus (5.5.11) die chemischen Potentiale als Funktion von T und v berechnen. In der Praxis hat man jedoch meist physikalische Bedingungen, bei denen statt des spezifischen Volumens der Druck vorgegeben ist. Um die chemischen Potentiale als Funktion des Druckes zu erhalten, ist es zweckmäßig, zur freien Enthalpie überzugehen. Diese ergibt sich aus (5.5.11) und (5.5.12) als

$$G = F + PV = G_0(T, P, N) - kTN'\left(\log \frac{eV}{N'\lambda'^3} - 1\right) - N'\left(\gamma - V\frac{\partial \gamma}{\partial V}\right), \tag{5.5.13}$$

wo $P_0(T, v)$ und $G_0(T, P, N)$ die entsprechenden Größen für das reine Lösungsmittel sind. Aus Gleichung (5.5.12) kann man v als Funktion von P, T und c berechnen

$$v = v_0(T, P) + \mathcal{O}(N'/N).$$

Setzt man dies in (5.5.13) ein, so ergibt sich für die freie Enthalpie ein Ausdruck der Gestalt

$$G(T, P, N, N') = G_0(T, P, N) - kTN'\left(\log \frac{N}{N'} - 1\right) + N'g(T, P) + \mathcal{O}\left(\frac{N'^2}{N}\right), \tag{5.5.14}$$

wo $g(T, P) = \left(-kT \log \frac{v}{\lambda'^3} - \left(\gamma - V\frac{\partial \gamma}{\partial V}\right)\right)\Big|_{v=v_0(T,P)}$. Nun können wir die beiden chemischen Potentiale als Funktion von T, P und c bestimmen. Für das chemische Potential des Lösungsmittels $\mu(T, P, c) = \left(\frac{\partial G}{\partial N}\right)_{T,P,N'}$ folgt in führender Ordnung in der Konzentration

$$\mu(T, P, c) = \mu_0(T, P) - kTc + \mathcal{O}(c^2) \ . \tag{5.5.15}$$

Für das chemische Potential der gelösten Substanz ergibt sich aus (5.5.14)

$$\mu'(T, P, c) = \left(\frac{\partial G}{\partial N'}\right)_{N, P, T} = -kT \log \frac{1}{c} + g(T, P) + \mathcal{O}(c) \ . \tag{5.5.16}$$

Die Resultate (5.5.15) und (5.5.16) stimmen mit den im Rahmen des großkanonischen Ensembles erhaltenen (5.5.5) und (5.5.7) überein.

5.5.2 Osmotischer Druck

Zwei Lösungen aus denselben Substanzen (z.B. Salz in Wasser) seien durch eine semipermeable Wand getrennt (Abb. 5.19). Beispiele für semipermeable Wände sind Zellwände.

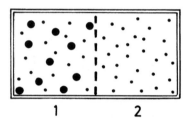

Abb. 5.19. Eine nur für das Lösungsmittel durchlässige (=semipermeable) Wand trennt die beiden Lösungen. Lösungsmittel ·, gelöste Substanz •, Konzentrationen c_1 und c_2

Die semipermeable Wand ist nur für das Lösungsmittel durchlässig. Deshalb werden in den Teilen 1 und 2 verschiedene Konzentrationen c_1 und c_2 vorliegen. Im Gleichgewicht sind zwar die chemischen Potentiale des Lösungsmittels auf beiden Seiten der Wand gleich, nicht aber die der gelösten Substanz. Der *osmotische Druck* ist durch die Druckdifferenz

$$\Delta P = P_1 - P_2$$

definiert. Aus (5.5.8) läßt sich der Druck auf beiden Seiten berechnen, und da im Gleichgewicht die chemischen Potentiale des Lösungsmittels gleich sind, $\mu_1 = \mu_2$, folgt für die Druckdifferenz

$$\Delta P = \frac{c_1 - c_2}{v} kT \ . \tag{5.5.17}$$

Die *van't Hoff-Formel* ergibt sich als Spezialfall $c_2 = 0$, $c_1 = c$, wenn auf einer Seite der Trennwand nur das reine Lösungsmittel vorliegt:

$$\Delta P = \frac{c}{v} kT = \frac{N'}{V} kT \ . \tag{5.5.17'}$$

Hier bedeutet N' die Zahl der gelösten Moleküle im Bereich 1 und V dessen Volumen.

Anmerkungen:

(i) Gleichung (5.5.17′) gilt für kleine Konzentrationen, unabhängig von der Natur des Lösungsmittels und der gelösten Substanz. Wir weisen auf die formale Ähnlichkeit der van't Hoff Formel (5.5.17′) mit der Zustandsgleichung idealer Gase hin. Der osmotische Druck einer verdünnten Lösung von n Mol der gelösten Substanz ist gleich dem Druck, welchen n Mol eines idealen Gases auf die Wände des Gesamtvolumens V von Lösung und Lösungsmittel ausüben würden.

(ii) Man kann sich das Zustandekommen des osmotischen Drucks folgendermaßen physikalisch vorstellen. Der konzentrierte Teil der Lösung hat die Tendenz sich in den weniger konzentrierten Bereich auszudehnen, um Konzentrationsgleichheit herzustellen.

(iii) Für eine wässerige Lösung mit der Konzentration $c = 0.01$ beträgt der osmotische Druck bei Zimmertemperatur $\Delta P = 13,3$ bar.

*5.5.3 Lösung von Wasserstoff in Metallen (Nb, Pd,...)

Wir wenden die Ergebnisse des Abschnittes 5.5.1 nun auf ein wichtiges praktisches Beispiel, der Lösung von Wasserstoff in Metallen wie Nb, Pd,... an (Abb. 5.20). In der Gasphase liegt Wasserstoff in molekularer Form H_2 vor, während er im Metall dissoziiert. Es handelt sich also um einen Fall von *chemischen Gleichgewichts*, Abschn. 3.9.3.

Abb. 5.20. Lösung von Wasserstoff in Metallen: Atomarer Wasserstoff im Metall wird durch einen Punkt, molekularer Wasserstoff in der umliegenden Gasphase durch ein Punktepaar symbolisiert.

Das chemische Potential des molekularen Wasserstoffgases ist nach Gl. (5.1.5c)

$$\mu_{H_2} = -kT \left[\log \frac{V}{N\lambda_{H_2}^3} + \log Z_i\right] = -kT \left[\log \frac{kT}{P\lambda_{H_2}^3} + \log Z_i\right] , \quad (5.5.18)$$

wobei Z_i auch den elektronischen Beitrag zur Zustandssumme enthält. Das chemische Potential des im Metall gelösten atomaren Wasserstoffs ist nach Gl. (5.5.7)

$$\mu_H = kT \log c + g(T, P) . \quad (5.5.19)$$

Die genannten Metalle finden als Speicher von Wasserstoff Verwendung. Die Bedingung für das chemische Gleichgewicht (3.9.26) lautet in diesem Fall $2\mu_\text{H} = \mu_{\text{H}_2}$; daraus folgt für die Konzentration im Gleichgewicht

$$c = \mathrm{e}^{(\mu_{\text{H}_2}/2 - g(T,P))/kT} = \left(\frac{P\lambda_{\text{H}_2}^3}{kT}\right)^{\frac{1}{2}} Z_\text{i}^{-\frac{1}{2}} \exp\left(\frac{-2g(T,P) + \varepsilon_\text{el}}{2kT}\right). \quad (5.5.20)$$

Da $g(T, P)$ nur schwach von P abhängt, ist die Konzentration des gelösten Wasserstoffs $c \sim P^{\frac{1}{2}}$. Diese Abhängigkeit ist unter dem Namen *Sievertsches Gesetz* bekannt.

5.5.4 Gefrierpunktserniedrigung, Siedepunktserhöhung und Dampfdruckerniedrigung

Bevor wir zur quantitativen Behandlung von Gefrierpunktserniedrigung, Siedepunktserhöhung und Dampfdruckerniedrigung übergehen, schicken wir eine qualitative Diskussion dieser Phänomene voraus. Die freie Enthalpie der flüssigen Phase wird nach Gl. (5.5.5) gegenüber ihrem Wert im reinen Lösungsmittel erniedrigt, ein Effekt, den man auch mit einer Entropieerhöhung interpretieren kann. Die freien Enthalpien der festen und gasförmigen Phase bleiben ungeändert. In Abb. 5.21 ist $G(T, P)$ als Funktion der Temperatur und des Druckes unter Bedachtnahme auf die Konvexität qualitativ dargestellt, wobei vorausgesetzt ist, daß die gelöste Substanz nur in der flüssigen Phase löslich sei. Die durchgezogene Kurve beschreibt das reine Lösungsmittel, während die Veränderung durch die gelöste Substanz mit der strich-punktierten Kurve charakterisiert ist. In der Regel ist die Konzentration der Lösung in der flüssigen Phase am größten, und die damit verbundene Entropieerhöhung führt zu einer Absenkung der freien Enthalpie. Aus diesen

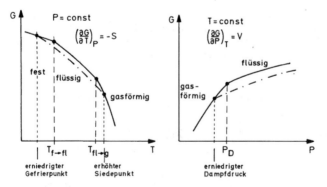

Abb. 5.21. Veränderung der freien Enthalpie durch Lösung einer Substanz, die sich nur in der flüssigen Phase merklich löst. Reines Lösungsmittel durchgezogen, mit gelöster Substanz strich-punktiert. Erkennbar sind Gefrierpunktserniedrigung, Siedepunktserhöhung und Dampfdruckerniedrigung.

beiden Diagrammen lassen sich die Erniedrigung der Gefrierpunktstemperatur und die Erhöhung der Siedepunktstemperatur sowie die Dampfdruckerniedrigung ablesen.

Wir wenden uns nun der analytischen Behandlung dieser Vorgänge zu. Zunächst betrachten wir den Schmelzvorgang. Die Konzentrationen der gelösten Substanz in der flüssigen und festen Phase sind c_{Fl} und c_F.[16] Die chemischen Potentiale des Lösungsmittels sind in der flüssigen und festen Phase μ^{Fl} und μ^F und entsprechend im reinen System μ_0^{Fl} und μ_0^F. Aus Gl. (5.5.5) folgt

$$\mu^{Fl} = \mu_0^{Fl}(P,T) - kTc_{Fl}$$

und

$$\mu^F = \mu_0^F(P,T) - kTc_F \ .$$

Im Gleichgewicht müssen die chemischen Potentiale des Lösungsmittels übereinstimmen, $\mu^{Fl} = \mu^F$, woraus folgt[17]

$$\mu_0^{Fl}(P,T) - kTc_{Fl} = \mu_0^F(P,T) - kTc_F \ . \tag{5.5.21}$$

Für das reine Lösungsmittel erhält man die Schmelzpunktskurve, also den Zusammenhang von Schmelzdruck P_0 und Schmelztemperatur T_0 aus

$$\mu_0^{Fl}(P_0,T_0) = \mu_0^F(P_0,T_0) \ . \tag{5.5.22}$$

Es sei (P_0, T_0) ein Punkt auf der Schmelzpunktskurve des reinen Lösungsmittels. Nun betrachten wir einen Punkt (P, T) auf der Schmelzpunktskurve, der also (5.5.21) erfüllt, und der gegenüber (P_0, T_0) um ΔP und ΔT verschoben ist, d.h.

$$P = P_0 + \Delta P \ , \qquad T = T_0 + \Delta T \ .$$

Entwickelt man Gl. (5.5.21) nach ΔP und ΔT und benützt (5.5.22), so ergibt sich der folgende Zusammenhang

$$\left.\frac{\partial \mu_0^{Fl}}{\partial P}\right|_0 \Delta P + \left.\frac{\partial \mu_0^{Fl}}{\partial T}\right|_0 \Delta T - kTc_{Fl} = \left.\frac{\partial \mu_0^F}{\partial P}\right|_0 \Delta P + \left.\frac{\partial \mu_0^F}{\partial T}\right|_0 \Delta T - kTc_F \ . \tag{5.5.23}$$

---

[16] Da zwei Phasen und zwei Komponenten vorhanden sind, ist die Zahl der Freiheitsgrade zwei (Gibbssche Phasenregel). Man kann z.B. die Temperatur und eine Konzentration vorgeben, dann sind die andere Konzentration und der Druck festgelegt.

[17] Es müssen natürlich auch die chemischen Potentiale der gelösten Substanz gleich sein. Daraus kann man beispielsweise die Konzentration der festen Phase c_F durch T und c_{Fl} ausdrücken. Wir werden aber den genauen Wert von c_F nicht benötigen, da $c_F \ll c_{Fl}$ vernachlässigbar ist.

Nun erinnern wir daran, daß aus $G = \mu N = E - TS + PV$

$$dG = -SdT + VdP + \mu dN = d(\mu N) = \mu dN + Nd\mu ,$$

$$\left(\frac{\partial \mu}{\partial P}\right)_{T,N} = \frac{V}{N} = v, \qquad \left(\frac{\partial \mu}{\partial T}\right)_{P,N} = -\frac{S}{N} = -s$$

folgt. Die Ableitungen in (5.5.23) können deshalb durch die Volumina pro Molekül v_{Fl} und v_F und die Entropien pro Molekül s_{Fl} und s_F in der flüssigen und festen Phase des reinen Lösungsmittels ausgedrückt werden,

$$-(s_F - s_{Fl})\Delta T + (v_F - v_{Fl})\Delta P = (c_F - c_{Fl})kT . \tag{5.5.24}$$

Führen wir schließlich noch die Schmelzwärme $q = T(s_{Fl}-s_F)$ ein, so erhalten wir

$$\frac{q}{T}\Delta T + (v_F - v_{Fl})\Delta P = (c_F - c_{Fl})kT . \tag{5.5.25}$$

Die Änderung der Übergangstemperatur ΔT bei vorgegebenem Druck erhalten wir aus (5.5.25), indem wir $P = P_0$ bzw. $\Delta P = 0$ setzen:

$$\Delta T = \frac{kT^2}{q}(c_F - c_{Fl}) . \tag{5.5.26}$$

In aller Regel ist die Konzentration in der festen Phase sehr viel kleiner als in der flüssigen, d.h. $c_F \ll c_{Fl}$, dann vereinfacht sich (5.5.26) zu

$$\Delta T = -\frac{kT^2}{q}c_{Fl} < 0 . \tag{5.5.26'}$$

Da die Entropie der Flüssigkeit größer, bzw. beim Schmelzen Wärme aufgenommen wird, ist $q > 0$. Folglich bewirkt die Lösung einer Substanz eine *Schmelzpunkterniedrigung*.

Anmerkung: Beim Erstarren der Flüssigkeit gilt zunächst (5.5.26') mit der Ausgangskonzentration c_{Fl}. Da aber reines Lösungsmittel in fester Form ausgeschieden wird, erhöht sich die Konzentration c_{Fl}, so daß es einer weiteren Abkühlung bedarf, um den Gefrierungsvorgang aufrecht zu erhalten. Das Gefrieren einer Lösung erfolgt also in einem endlichen Temperaturintervall.

Man kann die obigen Ergebnisse auf den *Verdampfungsvorgang* übertragen. Dazu ersetzen wir

Fl → G , F → Fl

und erhalten für die flüssige Phase (Fl) und die Gasphase (G) aus (5.5.25) den Zusammenhang

$$\frac{q}{T}\Delta T + (v_{Fl} - v_G)\Delta P = (c_{Fl} - c_G)kT . \tag{5.5.27}$$

Setzen wir in (5.5.27) $\Delta P = 0$, so ergibt sich

$$\Delta T = \frac{kT^2}{q}(c_{\text{Fl}} - c_{\text{G}}) \approx \frac{kT^2}{q} c_{\text{Fl}} > 0 ,\qquad(5.5.28)$$

eine *Siedepunktserhöhung*. In der letzten Gleichung wurde $c_{\text{Fl}} \gg c_{\text{G}}$ angenommen (gilt nicht mehr in der Nähe des kritischen Punktes).

Setzen wir in (5.5.27) $\Delta T = 0$, so finden wir

$$\Delta P = \frac{c_{\text{Fl}} - c_{\text{G}}}{v_{\text{Fl}} - v_{\text{G}}} kT \approx -\frac{c_{\text{Fl}} - c_{\text{G}}}{v_{\text{G}}} kT \qquad(5.5.29)$$

eine *Dampfdruckerniedrigung*. Wenn die gasförmige Phase nur aus dem Dampf des reinen Lösungsmittels besteht, vereinfacht sich (5.5.29) zu

$$\Delta P = -\frac{c_{\text{Fl}}}{v_{\text{G}}} kT .\qquad(5.5.30)$$

Durch Einsetzen der Zustandsgleichung des idealen Gases $Pv_{\text{G}} = kT$ folgt

$$\Delta P = -c_{\text{Fl}} P = -c_{\text{Fl}}(P_0 + \Delta P) .$$

Die Auflösung der letzten Gleichung ergibt die relative Druckänderung

$$\frac{\Delta P}{P_0} = -\frac{c_{\text{Fl}}}{1 + c_{\text{Fl}}} \approx -c_{\text{Fl}} ,\qquad(5.5.31)$$

Raoultsches Gesetz. Die relative Dampfdruckerniedrigung wächst linear mit der Konzentration der gelösten Substanz. Die hier abgeleiteten Ergebnisse sind in Einklang mit den qualitativen Überlegungen am Beginn dieses Teilabschnitts.

Aufgaben zu Kapitel 5

5.1 Die Rotationsbewegung eines zweiatomigen Moleküls wird durch die Winkelvariablen ϑ und φ und die dazu konjugierten kanonischen Impulse p_ϑ und p_φ mit der Hamilton-Funktion $H = \frac{p_\vartheta^2}{2I} + \frac{1}{2I\sin^2\vartheta} p_\varphi^2$ beschrieben. Berechnen Sie das klassische Zustandsintegral für die kanonische Gesamtheit.
Resultat: $Z_{\text{rot}} = \frac{2T}{\Theta_r}$ (siehe Fußnote 4 zu Gl. (5.1.15)).

5.2 Bestätigen Sie die Formeln (5.4.13) für den kritischen Druck, das kritische Volumen und die kritische Temperatur des van der Waals-Gases und die Entwicklung (5.4.18) von $P(T,V)$ um den kritischen Punkt bis zur dritten Ordnung in Δv.

5.3 Zur Entwicklung der van der Waals-Gleichung in der Nähe des kritischen Punktes.
(a) Warum ist es erlaubt, bei der Bestimmung der führenden Ordnung den Term $\Delta T(\Delta V)^2$ gegenüber $(\Delta V)^3$ wegzulassen?
(b) Berechnen Sie die Korrektur $\mathcal{O}(\Delta T)$ in der Koexistenzkurve.
(c) Berechnen Sie die Korrektur $\mathcal{O}\big((T - T_c)^2\big)$ in der inneren Energie.

5.4 Die Zustandsgleichung für ein van der Waals-Gas ist in reduzierten Variablen in Gl. (5.4.16) gegeben.
Berechnen Sie den Ort der Inversionspunkte (Kap. 3) im p^*, T^*-Diagramm. Wo liegt das Maximum der Kurve?

5.5 Berechnen Sie für ein van der Waals-Gas den Sprung in der spezifischen Wärme c_v für ein spezifisches Volumen $v \neq v_c$.

5.6 Zeigen Sie allgemein und für die van der Waals-Gleichung, daß κ_s und c_v das gleiche Verhalten für $T \to T_c$ zeigen.

5.7 Betrachten Sie zwei Metalle 1 und 2 (mit Schmelztemperaturen T_1, T_2, und temperaturunabhängigen Schmelzwärmen q_1, q_2), die sich in der flüssigen Phase ideal (d.h. wie für kleine Konzentrationen im ganzen Konzentrationsbereich) mischen. In der festen Phase mischen sich diese Metalle nicht. Berechnen Sie den eutektischen Punkt T_E (siehe auch Abschn. 3.9.2).
Anleitung: Stellen Sie die Gleichgewichtsbedingungen zwischen reiner fester Phase 1 bzw. 2 und der flüssigen Phase auf. Daraus ergeben sich die Konzentrationen

$$c_i = e^{\lambda_i}, \quad \text{wo } \lambda_i = \frac{q_i}{kT_i}\left(1 - \frac{T_i}{T}\right) ; \quad i = 1, 2$$

unter Verwendung von

$$\frac{\partial (G/T)}{\partial T} = -H/T^2, \quad q_i = \Delta H_i, \quad G = \mu N .$$

5.8 Werten Sie die van't Hoff-Formel (5.5.17′) für das folgende einfache Beispiel aus. Die Konzentration des gelösten Stoffes sei $c = 0.01$, das Lösungsmittel sei Wasser (bei 20°C) und verwenden Sie $\rho_{H_2O} = 1\,\text{g/cm}^3$ (20°C). Wie groß ist der osmotische Druck ΔP?

6. Magnetismus

In diesem Kapitel befassen wir uns mit den grundlegenden Phänomenen des Magnetismus. Zunächst werden im ersten Abschnitt, ausgehend vom Hamilton-Operator, die Dichtematrix aufgestellt und die thermodynamischen Relationen für magnetische Systeme hergeleitet. Daran knüpft sich die Behandlung diamagnetischer und paramagnetischer Substanzen (Curie- und Pauli-Paramagnetismus) an. Schließlich wird in Abschnitt 6.5.1 der Ferromagnetismus untersucht. Es werden im Rahmen der Molekularfeldnäherung die grundlegenden Eigenschaften von Phasenübergängen dargestellt (Curie-Weiß-Gesetz, Ornstein-Zernike-Korrelationsfunktion etc.). Die so erhaltenen Ergebnisse werden den Ausgangspunkt für die Renormierungsgruppentheorie kritischer Phänomene des anschließenden Kapitels bilden.

6.1 Dichtematrix, Thermodynamik

6.1.1 Hamilton-Operator und kanonische Dichtematrix

Wir stellen hier einige aus der Elektrodynamik und Quantenmechanik bekannte Fakten über magnetische Eigenschaften zusammen. Der Hamilton-Operator für N Elektronen im Magnetfeld $\mathbf{H} = \mathrm{rot}\,\mathbf{A}$ lautet

$$\mathcal{H} = \sum_{i=1}^{N} \frac{1}{2m}\left(\mathbf{p}_i - \frac{e}{c}\mathbf{A}(\mathbf{x}_i)\right)^2 - \boldsymbol{\mu}_i^{\mathrm{Spin}} \cdot \mathbf{H}(\mathbf{x}_i) + W_{\mathrm{Coul}}. \qquad (6.1.1)$$

Der Index i numeriert die Elektronen. Der kanonische Impuls des i-ten Elektrons ist $\mathbf{p}_i$ und der kinetische $m\mathbf{v}_i = \mathbf{p}_i - \frac{e}{c}\mathbf{A}(\mathbf{x}_i)$. Die Ladung und das magnetische Moment sind durch

$$e = -e_0 \ , \quad \boldsymbol{\mu}_i^{\mathrm{Spin}} = -\frac{g_e \mu_{\mathrm{B}}}{\hbar}\mathbf{S}_i \qquad (6.1.2a)$$

gegeben,[1] wobei neben der Elementarladung e_0 das Bohrsche Magneton

$$\mu_{\mathrm{B}} = \frac{e_0 \hbar}{2mc} = 0.927 \cdot 10^{-20} \frac{\mathrm{erg}}{\mathrm{Gauss}} = 0.927 \cdot 10^{-23} \frac{\mathrm{J}}{\mathrm{T}} \qquad (6.1.2b)$$

---
[1] QM I, S.188

6. Magnetismus

und der Landé-g-Faktor oder spektroskopische Aufspaltungsfaktor des Elektrons

$$g_\mathrm{e} = 2.0023 \tag{6.1.2c}$$

eingeführt wurden. Die Größe $\gamma = \frac{eg_\mathrm{e}}{2mc} = -\frac{g_\mathrm{e}\mu_\mathrm{B}}{\hbar}$ heißt magnetomechanisches Verhältnis oder gyromagnetisches Verhältnis. Der letzte Term in (6.1.1) steht für die Coulomb-Wechselwirkung der Elektronen untereinander und mit den Kernen.

Die Dipol-Dipol-Wechselwirkung der Spins ist hier vernachlässigt. Deren Konsequenzen, wie z.B. das Entmagnetisierungsfeld werden in Abschnitt 6.6 untersucht; siehe (ii), Ende von Abschnitt 6.6.3. Wir nehmen an, daß das Feld **H** durch äußere Quellen erzeugt wird. Im Vakuum ist **B** = **H**. Wir verwenden das Magnetfeld **H**, da dies in der magnetischen Literatur gebräuchlicher ist.

Der Stromdichteoperator ergibt sich somit zu[2]

$$\mathbf{j}(\mathbf{x}) \equiv -c\frac{\delta \mathcal{H}}{\delta \mathbf{A}(\mathbf{x})} = \sum_{i=1}^{N} \left\{ \frac{e}{2m}\left[\left(\mathbf{p}_i - \frac{e}{c}\mathbf{A}(\mathbf{x}_i)\right), \delta(\mathbf{x} - \mathbf{x}_i)\right]_+ \right.$$
$$\left. + c\,\mathrm{rot}\left(\boldsymbol{\mu}_i^{\mathrm{Spin}}\,\delta(\mathbf{x} - \mathbf{x}_i)\right) \right\}. \tag{6.1.3}$$

Die Stromdichte enthält einen Beitrag von der Bahnbewegung und einen Spinbeitrag. Hier bedeutet $[A, B]_+ = AB + BA$.

Für das *gesamte magnetische Moment* erhält man[3,4]

$$\boldsymbol{\mu} \equiv \frac{1}{2c}\int d^3x\,\mathbf{x} \times \mathbf{j}(\mathbf{x}) = \sum_{i=1}^{N}\left\{\frac{e}{2mc}\mathbf{x}_i \times \left(\mathbf{p}_i - \frac{e}{c}\mathbf{A}(\mathbf{x}_i)\right) + \boldsymbol{\mu}_i^{\mathrm{Spin}}\right\}. \tag{6.1.4}$$

Für ortsunabhängige **H** kann Gl. (6.1.4) auch in der Form

$$\boldsymbol{\mu} = -\frac{\partial \mathcal{H}}{\partial \mathbf{H}} \tag{6.1.5}$$

geschrieben werden. Das magnetische Moment des i-ten Elektrons ist nach Gl. (6.1.4) für ortsunabhängiges Magnetfeld (siehe Bemerkung (iv) in Abschnitt 6.1.3)

$$\begin{aligned}\boldsymbol{\mu}_i &= \boldsymbol{\mu}_i^{\mathrm{Spin}} + \frac{e}{2mc}\mathbf{L}_i - \frac{e^2}{2mc^2}\mathbf{x}_i \times \mathbf{A}(\mathbf{x}_i) \\ &= \frac{e}{2mc}(\mathbf{L}_i + g_\mathrm{e}\mathbf{S}_i) - \frac{e^2}{4mc^2}\left(\mathbf{H}\,\mathbf{x}_i^2 - \mathbf{x}_i(\mathbf{x}_i \cdot \mathbf{H})\right).\end{aligned} \tag{6.1.6}$$

---

[2] Die auf (6.1.3)-(6.1.5) führenden Zwischenrechnungen werden am Ende dieses Abschnitts nachgeholt.

[3] J.D. Jackson, *Classical Electrodynamics*, 2nd edition, John Wiley and sons, New York, 1975 p. 18.

[4] Magnetische Momente bezeichnen wir generell mit $\boldsymbol{\mu}$, nur die mit dem Spin verbundenen magnetischen Momente von Elementarteilchen bezeichnen wir mit $\boldsymbol{\mu}^{\mathrm{Spin}}$.

Wenn $\mathbf{H} = H\mathbf{e}_z$ ist, dann folgt (für ein einzelnes Teilchen)

$$\boldsymbol{\mu}_{iz} = \frac{e}{2mc}(\mathbf{L}_i + g_e\mathbf{S}_i)_z - \frac{e^2 H}{4mc^2}(x_i^2 + y_i^2) = -\frac{\partial \mathcal{H}}{\partial H},$$

und der Hamilton-Operator lautet[5]

$$\mathcal{H} = \sum_{i=1}^{N}\left\{\frac{\mathbf{p}_i^2}{2m} - \frac{e}{2mc}(\mathbf{L}_i + 2\mathbf{S}_i)_z H + \frac{e^2 H^2}{8mc^2}(x_i^2 + y_i^2)\right\} + W_{Coul}. \quad (6.1.7)$$

Hier wurde $g_e = 2$ gesetzt.

Wir müssen nun die Dichtematrizen für magnetische Systeme aufstellen und können dazu die Schritte von Kap. 2 nachvollziehen. Ein isoliertes magnetisches System wird durch ein *mikrokanonisches Ensemble* beschrieben,

$$\rho_{MK} = \delta\left(\mathcal{H} - E\right)/\Omega\left(E, \mathbf{H}\right) \quad \text{mit} \quad \Omega\left(E, \mathbf{H}\right) = \text{Sp }\delta(\mathcal{H} - E),$$

wobei für den Hamilton-Operator (6.1.1) einzusetzen ist. Wenn sich das magnetische System in Kontakt mit einem Wärmebad befindet, mit dem Energieaustausch möglich ist, dann findet man für das magnetische Untersystem genauso wie in Kap. 2 die *kanonische Dichtematrix*

$$\rho = \frac{1}{Z}\,\mathrm{e}^{-\mathcal{H}/kT}. \quad (6.1.8)$$

Der Normierungsfaktor ist durch die Zustandssumme

$$Z = \text{Sp }\mathrm{e}^{-\mathcal{H}/kT} \quad (6.1.9a)$$

gegeben. Die kanonischen Parameter (natürlichen Variablen) sind hier die Temperatur, deren Inverses wie in Kap. 2 mikrokanonisch als Ableitung der Entropie des Wärmebades nach dessen Energie definiert wird, und das äußere Magnetfeld $\mathbf{H}$.[6] Dementsprechend ist die *kanonische freie Energie*

$$F(T, \mathbf{H}) = -kT \log Z \quad (6.1.9b)$$

eine Funktion von T und $\mathbf{H}$. Die *Entropie S* und die *innere Energie E* berechnen sich definitionsgemäß als

$$S = -k\langle\log\rho\rangle = \frac{1}{T}(E - F), \quad (6.1.10)$$

und

---

[5] Siehe z.B.: QM I, Abschnitt 7.2.
[6] In diesem Kapitel beschränken wir uns nur auf magnetische Effekte. Es werden deshalb die Teilchenzahl und das Volumen als fest betrachtet. Für Phänomene wie die Magnetostriktion ist es notwendig, auch die Abhängigkeit der freien Energie vom Volumen und allgemeiner vom Deformationstensor des Festkörpers zu betrachten (siehe auch Bemerkung in 6.1.2.4).

274   6. Magnetismus

$$E = \langle \mathcal{H} \rangle \,. \tag{6.1.11}$$

Das *magnetische Moment des Körpers* ist durch den thermischen Mittelwert des gesamten quantenmechanischen magnetischen Moments definiert

$$\boldsymbol{\mathcal{M}} \equiv \langle \boldsymbol{\mu} \rangle = -\left\langle \frac{\partial \mathcal{H}}{\partial \mathbf{H}} \right\rangle \,. \tag{6.1.12}$$

Unter der *Magnetisierung* **M** versteht man das magnetische Moment pro Einheitsvolumen, d.h. für homogen magnetisierte Körper

$$\mathbf{M} = \frac{1}{V} \boldsymbol{\mathcal{M}} \tag{6.1.13a}$$

und allgemein

$$\boldsymbol{\mathcal{M}} = \int d^3 x\, \mathbf{M}(\mathbf{x}) \,. \tag{6.1.13b}$$

Für das Differential von F ergibt sich aus (6.1.9)–(6.1.10)

$$dF = (F - E) \frac{dT}{T} - \boldsymbol{\mathcal{M}} \cdot d\mathbf{H} \equiv -S dT - \boldsymbol{\mathcal{M}} \cdot d\mathbf{H} \,, \tag{6.1.14a}$$

also

$$\left(\frac{\partial F}{\partial T} \right)_{\mathbf{H}} = -S \quad \text{und} \quad \left(\frac{\partial F}{\partial \mathbf{H}} \right)_{T} = -\boldsymbol{\mathcal{M}}. \tag{6.1.14b}$$

Aus Gleichung (6.1.10) kann man die innere Energie E durch F und S ausdrücken und erhält aus (6.1.14a) den ersten Hauptsatz für magnetische Systeme

$$dE = T dS - \boldsymbol{\mathcal{M}} d\mathbf{H} \,. \tag{6.1.15}$$

Die innere Energie E enthält die Wechselwirkung der magnetischen Momente mit dem Magnetfeld (siehe (6.1.7)). Im Vergleich zum Gas ist im ersten Hauptsatz formal zu ersetzen: $V \to \mathbf{H}$, $P \to \boldsymbol{\mathcal{M}}$. Neben der (kanonischen) freien Energie $F(T, \mathbf{H})$ führt man auch die *Helmholtzsche freie Energie*[7]

$$A(T, \boldsymbol{\mathcal{M}}) = F(T, \mathbf{H}) + \boldsymbol{\mathcal{M}} \cdot \mathbf{H} \tag{6.1.16}$$

ein. Deren Differential ist

$$dA = -S dT + \mathbf{H} d\boldsymbol{\mathcal{M}} \,, \tag{6.1.17a}$$

d.h.

$$\left(\frac{\partial A}{\partial T} \right)_{\boldsymbol{\mathcal{M}}} = -S \quad \text{und} \quad \left(\frac{\partial A}{\partial \boldsymbol{\mathcal{M}}} \right)_{T} = \mathbf{H}. \tag{6.1.17b}$$

---

[7] Die Bezeichnung der magnetischen Potentiale ist in der Literatur uneinheitlich. Dies betrifft nicht nur die Wahl der Symbole, es wird auch gelegentlich das von **H** abhängige Potential $F(T, \mathbf{H})$ als Helmholtzsche freie Energie bezeichnet.

6.1.2 Thermodynamische Relationen

*6.1.2.1 Thermodynamische Potentiale

An dieser Stelle fassen wir die Definitionen der beiden im vorigen Abschnitt eingeführten Potentiale und ihre Differentiale nochmals zusammen. Diese der Systematik dienende Zusammenstellung kann in einer ersten Lektüre überschlagen werden:

$$F = F(T, \mathbf{H}) = E - TS \,, \qquad dF = -SdT - \mathbf{M}\, d\mathbf{H} \qquad (6.1.18a)$$
$$A = A(T, \mathbf{M}) = E - TS + \mathbf{M} \cdot \mathbf{H} \,, \qquad dA = -SdT + \mathbf{H}\, d\mathbf{M} \,. \qquad (6.1.18b)$$

Im Vergleich zur Flüssigkeit sind die thermodynamischen Variablen $T, \mathbf{H}$ und $\mathbf{M}$ statt T, P und V. Die vorstehenden thermodynamischen Beziehungen kann man aus denen für die Flüssigkeit durch die Substitutionen $V \to \mathbf{M}$ und $P \to \mathbf{H}$ erhalten. Zwischen Magneten und Flüssigkeiten besteht auch noch eine weitere Analogie. Die Dichtematrix des großkanonischen Potentials enthält den Term $-\mu N$, dem entspricht im Magneten $-\mathbf{H} \cdot \mathbf{M}$. Insbesondere im Tieftemperaturbereich, wo man die Eigenschaften eines Magneten durch Spinwellen (Magnonen) beschreiben kann, ist diese Analogie nützlich. Dort ist der Wert der Magnetisierung durch die Zahl der thermisch angeregten Spinwellen bestimmt. Es entsprechen deshalb einander $M \leftrightarrow N$ und $H \leftrightarrow \mu$. Selbstverständlich folgen aus (6.1.15) und (6.1.18a,b) *Maxwell-Relationen*

$$\left(\frac{\partial T}{\partial \mathbf{H}}\right)_S = -\left(\frac{\partial \mathbf{M}}{\partial S}\right)_{\mathbf{H}} \,, \qquad \left(\frac{\partial S}{\partial \mathbf{H}}\right)_T = \left(\frac{\partial \mathbf{M}}{\partial T}\right)_{\mathbf{H}} \,. \qquad (6.1.19)$$

*6.1.2.2 Magnetische Response Funktionen, spezifische Wärmen und Suszeptibilitäten

Entsprechend den spezifischen Wärmen einer Flüssigkeit definiert man hier die spezifische Wärme C_M und C_H (bei konstanten M und H) durch[8]

$$C_M \equiv T\left(\frac{\partial S}{\partial T}\right)_M = -T\left(\frac{\partial^2 A}{\partial T^2}\right)_M \qquad (6.1.20a)$$

$$C_H \equiv T\left(\frac{\partial S}{\partial T}\right)_H = \left(\frac{\partial E}{\partial T}\right)_H = -T\left(\frac{\partial^2 F}{\partial T^2}\right)_H \,. \qquad (6.1.20b)$$

Statt der Kompressibilitäten einer Flüssigkeit hat man im Magnetismus die isotherme Suszeptibilität

$$\chi_T \equiv \left(\frac{\partial M}{\partial H}\right)_T = -\frac{1}{V}\left(\frac{\partial^2 F}{\partial H^2}\right)_T \qquad (6.1.21a)$$

---

[8] Zur Vereinfachung der Notation werden wir häufig $\mathbf{H}$ und $\mathbf{M}$ durch H und M ersetzen, wobei vorausgesetzt ist, daß $\mathbf{M}$ parallel zu $\mathbf{H}$ ist und H und M die Komponenten in Richtung von $\mathbf{H}$ sind.

und die adiabatische Suszeptibilität

$$\chi_S \equiv \left(\frac{\partial M}{\partial H}\right)_S = \frac{1}{V}\left(\frac{\partial^2 E}{\partial H^2}\right)_S. \tag{6.1.21b}$$

Analog zu Kap. 3 zeigt man

$$C_H - C_M = TV\alpha_H^2/\chi_T, \tag{6.1.22a}$$

$$\chi_T - \chi_S = TV\alpha_H^2/C_H \tag{6.1.22b}$$

und

$$\frac{C_H}{C_M} = \frac{\chi_T}{\chi_S}. \tag{6.1.22c}$$

Hier wurde

$$\alpha_H \equiv \left(\frac{\partial M}{\partial T}\right)_H \tag{6.1.23}$$

definiert. Gl. (6.1.22a) kann auch in

$$C_H - C_M = TV\alpha_M^2 \chi_T \tag{6.1.22d}$$

umgeformt werden, wo

$$\alpha_M = \left(\frac{\partial H}{\partial T}\right)_M = -\frac{\alpha_H}{\chi_T} \tag{6.1.22e}$$

eingesetzt wurde.

*6.1.2.3 Stabilitätseigenschaften und Konvexität der freien Energie

Auch für die magnetischen Suszeptibilitäten und spezifischen Wärmen kann man Ungleichungen der Art (3.3.5) und (3.3.6) herleiten

$$\chi_T \geq 0, \qquad C_H \geq 0 \quad \text{und} \quad C_M \geq 0. \tag{6.1.24a,b,c}$$

Zur statistisch-mechanischen Herleitung dieser Ungleichungen setzen wir voraus, daß der Hamilton-Operator die Gestalt

$$\mathcal{H} = \mathcal{H}_0 - \boldsymbol{\mu} \cdot \mathbf{H} \tag{6.1.25}$$

habe, wo also $\mathbf{H}$ nur linear eingeht, und $\boldsymbol{\mu}$ mit $\mathcal{H}$ kommutiert. Dann folgt

$$\chi_T = \frac{1}{V}\left(\frac{\partial \langle \mu \rangle}{\partial H}\right)_T = \frac{1}{V}\left(\frac{\partial}{\partial H}\frac{\operatorname{Sp} e^{-\beta\mathcal{H}}\mu}{\operatorname{Sp} e^{-\beta\mathcal{H}}}\right)_T = \frac{\beta}{V}\left\langle (\mu - \langle \mu \rangle)^2 \right\rangle \geq 0 \tag{6.1.26a}$$

und

$$C_H = \left(\frac{\partial}{\partial T}\langle\mathcal{H}\rangle\right)_H = \left(\frac{\partial}{\partial T}\frac{\operatorname{Sp}e^{-\beta\mathcal{H}}\mathcal{H}}{\operatorname{Sp}e^{-\beta\mathcal{H}}}\right)_H = \frac{1}{kT^2}\left\langle(\mathcal{H}-\langle\mathcal{H}\rangle)^2\right\rangle \geq 0\,,$$
(6.1.26b)

womit (6.1.24a) und (6.1.24b) gezeigt sind. Gl. (6.1.24c) zeigt man, indem man

$$A(T, \mathcal{M}) = F(T, H) + H\mathcal{M}$$

bei konstantem M zweimal nach der Temperatur ableitet (Aufgabe 6.1). Folglich ist $F(T, H)$ konkav[9] in T und in H, während $A(T, \mathcal{M})$ konkav in T und konvex in $\mathcal{M}$ ist $\left(\left(\frac{\partial^2 A}{\partial T^2}\right)_H = -\frac{C_M}{T} \leq 0\,,\ \left(\frac{\partial^2 A}{\partial \mathcal{M}^2}\right)_T = \left(\frac{\partial H}{\partial \mathcal{M}}\right)_T = \frac{1}{\chi_T} \geq 0\right)$.

Bei der Herleitung ist eingegangen, daß der Hamilton-Operator $\mathcal{H}$ die allgemeine Gestalt (6.1.25) besitzt, und somit diamagnetische Effekte (proportional zu H^2) vernachlässigbar sind.

Anmerkung: In Analogie zu den Extremaleigenschaften aus Abschn. 3.6.4 strebt für magnetische Systeme die kanonische freie Energie F für festes T und H einem Minimum zu, und die Helmholtzsche freie Energie A für festes T und M einem Minimum zu. An den Minima gelten die Stationäritätsbedingungen $\delta F = 0$, bzw. $\delta A = 0$,
also $dF < 0$ für T und H fest
und $dA < 0$ für T und M fest.

6.1.2.4 Innere Energie

$E \equiv \langle\mathcal{H}\rangle$ ist die innere Energie, die sich in natürlicher Weise aus der statistischen Mechanik ergibt. Sie enthält die Energie des Materials inklusive der Einwirkung des elektromagnetischen Feldes, jedoch nicht die Feldenergie. Es ist gebräuchlich, auch noch eine zweite innere Energie einzuführen, die wir mit U bezeichnen, und die durch

$$U = E + \mathcal{M} \cdot \mathbf{H} \tag{6.1.27a}$$

definiert ist und demnach das vollständige Differential

$$dU = TdS + \mathbf{H}d\mathcal{M} \tag{6.1.27b}$$

besitzt. Daraus folgen

$$T = \left(\frac{\partial U}{\partial S}\right)_{\mathcal{M}}, \quad \mathbf{H} = \left(\frac{\partial U}{\partial \mathcal{M}}\right)_S \tag{6.1.27c}$$

und die Maxwell-Relation

$$\left(\frac{\partial \mathbf{H}}{\partial S}\right)_{\mathcal{M}} = \left(\frac{\partial T}{\partial \mathcal{M}}\right)_S. \tag{6.1.28}$$

---

[9] Siehe auch R.B. Griffiths, J. Math. Phys. **5**, 1215 (1964). Tatsächlich genügt für den Beweis von (6.1.24a), daß μ linear in $\mathcal{H}$ eingeht. M.E. Fisher, Rep. Progr. Phys. **XXX**, 615 (1967), S. 644.

6. Magnetismus

Bemerkungen:

(i) Wie in Fußnote 5 hervorgehoben wurde, werden in diesem Kapitel durchwegs die Teilchenzahl und das Volumen als fest vorausgesetzt. Im Falle veränderlichen Volumens und variabler Teilchenzahl lautet die Verallgemeinerung des ersten Hauptsatzes

$$dU = TdS - PdV + \mu dN + \mathbf{H}d\mathbf{M} \qquad (6.1.29)$$

und entsprechend

$$dE = TdS - PdV + \mu dN - \mathbf{M}d\mathbf{H} \; . \qquad (6.1.30)$$

Das großkanonische Potential

$$\Phi(T, V, \mu, \mathbf{H}) = -kT \log \mathrm{Sp}\, e^{-\beta(\mathcal{H}-\mu N)} \qquad (6.1.31\mathrm{a})$$

besitzt dann das Differential

$$d\Phi = -SdT - PdV - \mu dN - \mathbf{M}d\mathbf{H} \; , \qquad (6.1.31\mathrm{b})$$

wobei das chemische Potential μ nicht mit dem mikroskopischen magnetischen Moment $\boldsymbol{\mu}$ zu verwechseln ist.

(ii) Wir bemerken, daß die freien Energien des kristallinen Festkörpers nicht rotationsinvariant sind, sondern nur mehr invariant gegenüber den Rotationen der entsprechenden Punktgruppe. Dementsprechend ist die Suszeptibilität $\chi_{ij} = \frac{\partial M_i}{\partial H_j}$ ein Tensor zweiter Stufe. In diesem Lehrbuch werden die wesentlichen statistischen Methoden dargestellt, es wird aber auf festkörperphysikalische, elementspezifische Details verzichtet. Mit den dargestellten Methoden soll es dem Leser möglich sein, die dem realen Einzelfall anhaftenden Komplikationen zu verstehen.

6.1.3 Ergänzungen und Bemerkungen

(i) *Bohr-van-Leeuwen-Theorem.*
Die Aussage des *Bohr-van-Leeuwen-Theorems* ist die Nichtexistenz von Magnetismus in der klassischen Statistik.
Das klassische Zustandsintegral für ein geladenes Teilchen im elektromagnetischen Feld ist durch

$$Z_{Kl} = \frac{\int d^{3N}p \int d^{3N}x}{(2\pi\hbar)^{3N} N!} e^{-\mathcal{H}(\{\mathbf{p}_i - \frac{e}{c}\mathbf{A}(\mathbf{x}_i)\},\{\mathbf{x}_i\})/kT} \qquad (6.1.32)$$

gegeben. Durch die Substitution $\mathbf{p}'_i = \mathbf{p}_i - \frac{e}{c}\mathbf{A}(\mathbf{x}_i)$ wird Z_{Kl} unabhängig von $\mathbf{A}$ und somit auch unabhängig von $\mathbf{H}$. Also ist $\mathbf{M} = -\frac{\partial F}{\partial \mathbf{H}} = 0$, $\chi = -\frac{1}{V}\frac{\partial^2 F}{\partial H^2} = 0$. Da der Spin ebenfalls ein Quantenphänomen ist, sind Dia-,

6.1 Dichtematrix, Thermodynamik

Para- und Ferromagnetismus Quantenphänomene. Man könnte sich noch fragen, wie diese Aussage in Einklang mit dem später zu besprechenden „klassischen" Langevin-Paramagnetismus zu bringen ist. Es wird dabei ein zwar großer, aber fester Wert des Drehimpulses angenommen, dadurch wird ein nichtklassischer Zug in die Theorie gebracht. In der klassischen Physik variieren Drehimpulse, Atomradien etc. kontinuierlich und sind unbeschränkt.[10]

(ii) Nun tragen wir die einfachen Zwischenrechnungen, die zu (6.1.3)-(6.1.5) führen, nach. In (6.1.3) hat man $-c\frac{\delta\mathcal{H}}{\delta\mathbf{A}(x)}$ zu bilden. Der erste Term in (6.1.1) führt offensichtlich auf den ersten Term in (6.1.3). In der Komponente j_α des Stromes führt die Ableitung des zweiten Terms auf

$$c\frac{\delta}{\delta A_\alpha(\mathbf{x})}\sum_{i=1}^{N}\boldsymbol{\mu}_i^{\text{Spin}}\cdot\text{rot }\mathbf{A}(\mathbf{x}_i) = c\frac{\delta}{\delta A_\alpha(\mathbf{x})}\sum_{i=1}^{N}\mu_{i\beta}^{\text{Spin}}\epsilon_{\beta\gamma\delta}\frac{\partial}{\partial x_{i\gamma}}A_\delta(\mathbf{x}_i) =$$

$$= c\sum_{i=1}^{N}\mu_{i\beta}^{\text{Spin}}\epsilon_{\beta\gamma\delta}\frac{\partial}{\partial x_{i\gamma}}\delta(\mathbf{x}-\mathbf{x}_i)\delta_{\alpha\delta} = c\left(\sum_{i=1}^{N}\text{rot}\left[\boldsymbol{\mu}_i^{\text{Spin}}\delta(\mathbf{x}-\mathbf{x}_i)\right]\right)_\alpha.$$

Über doppelt vorkommende griechische Indizes wird summiert. Da die Ableitung des dritten Terms in (6.1.1) Null gibt, ist (6.1.3) gezeigt.

(iii) In (6.1.4) ergibt sich der erste Term in offensichtlicher Weise aus dem in (6.1.3). Für den zweiten Term erhält man, indem man partiell integriert und $\partial_\delta x_\beta = \delta_{\delta\beta}$ benützt,

$$\frac{1}{2}\sum_{i=1}^{N}\left(\int d^3x\,\mathbf{x}\times\text{rot}\left[\boldsymbol{\mu}_i^{\text{Spin}}\delta(\mathbf{x}-\mathbf{x}_i)\right]\right)_\alpha =$$

$$= \frac{1}{2}\sum_{i=1}^{N}\int d^3x\,\epsilon_{\alpha\beta\gamma}\,x_\beta\,\epsilon_{\gamma\delta\rho}\,\partial_\delta\left[\mu_{i\rho}^{\text{Spin}}\delta(\mathbf{x}-\mathbf{x}_i)\right] =$$

$$= -\frac{1}{2}\sum_{i=1}^{N}\int d^3x\,\epsilon_{\alpha\beta\gamma}\,\epsilon_{\gamma\delta\rho}\,\delta_{\delta\beta}\mu_{i\rho}^{\text{Spin}}\delta(\mathbf{x}-\mathbf{x}_i) =$$

$$= -\frac{1}{2}\sum_{i=1}^{N}\int d^3x\,(-2\delta_{\alpha\rho})\,\mu_{i\rho}^{\text{Spin}}\delta(\mathbf{x}-\mathbf{x}_i) = \sum_{i=1}^{N}\mu_{i\alpha}^{\text{Spin}},$$

womit (6.1.4) gezeigt ist.

(iv) Schließlich zeigen wir (6.1.5).
Zunächst kann das Vektorpotential eines ortsunabhängigen Magnetfeldes in der Form
$\mathbf{A} = \frac{1}{2}\mathbf{H}\times\mathbf{x}$ dargestellt werden, da rot $\mathbf{A} = \frac{1}{2}\left(\mathbf{H}\left(\nabla\cdot\mathbf{x}\right)-\left(\mathbf{H}\cdot\nabla\right)\mathbf{x}\right) = \mathbf{H}$ ergibt.
Für die Ableitung findet man, indem man für die Ableitung nach H_α nach dem zweiten Gleichheitszeichen $\frac{1}{2}\epsilon_{\sigma\alpha\tau}\,x_{i\tau}$ einsetzt,

---

[10] Eine ausführliche Diskussion des Theorems und die Original-Zitate finden sich in J. H. van Vleck, *The Theory of Electric and Magnetic Susceptibility*, Oxford, University Press, 1932.

6. Magnetismus

$$-\frac{\partial \mathcal{H}}{\partial H_\alpha} = -\sum_{i=1}^{N} \frac{2}{2m} \left(\mathbf{p}_i - \frac{e}{c}\mathbf{A}\right)_\sigma \left(-\frac{e}{c}\right) \frac{\partial}{\partial H_\alpha} \frac{1}{2} \epsilon_{\sigma\rho\tau} H_\rho x_{i\tau} + \mu_{i\alpha}^{\text{Spin}} =$$
$$= \frac{e}{2mc} \sum_{i=1}^{N} \left(\mathbf{x}_i \times \left(\mathbf{p}_i - \frac{e}{c}\mathbf{A}\right)\right)_\alpha + \mu_{i\alpha}^{\text{Spin}}$$
(6.1.33)

tatsächlich die rechte Seite von (6.1.4).

Im Hamilton-Operator (6.1.1) enthält W_{Coul} die Coulomb-Wechselwirkung der Elektronen untereinander und mit den Kernen. Die im Abschnitt (6.1.2) abgeleiteten thermodynamischen Relationen sind somit von allgemeiner Gültigkeit; insbesondere treffen sie für Ferromagneten zu, da die dort maßgebliche Austauschwechselwirkung auch nur eine Konsequenz der Coulomb-Wechselwirkung im Verein mit der *Fermi-Dirac*-Statistik ist.

Über die in (6.1.1) stehenden Wechselwirkungen hinaus gibt es noch die zwischen den magnetischen Momenten wirkende magnetische Dipolwechselwirkung und die Spin–Bahn–Wechselwirkung,[11] die unter anderem zu *Anisotropieeffekten* führen. Die abgeleiteten thermodynamischen Beziehungen gelten auch für diese allgemeineren Fälle, wobei die Suszeptibilitäten und spezifischen Wärmen wegen der langreichweitigen Dipol-Wechselwirkung formabhängig werden. Wir werden in Abschnitt 6.6 auf die Effekte der Dipolwechselwirkung näher eingehen. Für elliptische Proben ist das innere Feld homogen, $\mathbf{H}_i = \mathbf{H} - D\mathbf{M}$, wo D der Entmagnetisierungstensor (für Hauptachsenrichtungen der zugehörige Entmagnetisierungfaktor) ist. Es wird sich zeigen, daß man statt der Suszeptibilitäten bezüglich des von außen angelegten Feldes $\mathbf{H}$ zu Suszeptibilitäten bezüglich des makroskopischen inneren Feldes übergehen kann, und daß diese Suszeptibilitäten formunabhängig sind.[12] In den vier folgenden grundsätzlichen statistisch-mechanischen Abschnitten wird die Dipolwechselwirkung außer acht gelassen, was in vielen Situationen auch quantitativ gerechtfertigt ist. In den beiden folgenden Abschnitten betrachten wir magnetische Eigenschaften von nicht wechselwirkenden Atomen und Ionen; diese können auch in Festkörpern eingebaut sein. Die Drehimpulsquantenzahlen einzelner Atome im Grundzustand werden durch die *Hundschen Regeln*[13] bestimmt.

---

[11] Die Spin–Bahn–Wechselwirkung $\propto \mathbf{L} \cdot \mathbf{S}$ führt in effektiven Spin-Modellen zu anisotropen Wechselwirkungen. Der Bahndrehimpuls wird durch das Kristallfeld des Gitters beeinflußt, wodurch sich die Gitteranisotropie auf den Spin überträgt.

[12] Für nichtelliptische Proben ist die Magnetisierung nicht homogen. In diesem Fall hängt $\frac{\partial M}{\partial H}$ vom Ort ab und hat nur lokale Bedeutung. Es ist dann zweckmäßig, auch eine Gesamtsuszeptibilität $\chi_{T,S}^{\text{tot}} = \left(\frac{\partial M}{\partial H}\right)_{T,S}$ einzuführen, welche sich im homogenen Fall nur um einen Faktor V von (6.1.33) unterscheidet.

[13] Siehe z.B. QM I, Kap. 13 und Tab. I.11

6.2 Diamagnetismus von Atomen

Wir betrachten Atome oder Ionen mit abgeschlossenen Schalen, wie z.B. Helium und die anderen Edelgase oder die Alkalihalogenide. In diesem Fall sind im Grundzustand die Quantenzahlen des Gesamtbahndrehimpulses und des Gesamtspins Null, $S = 0$ und $L = 0$, und folglich für den Gesamtdrehimpuls $\mathbf{J} = \mathbf{L} + \mathbf{S}$ auch $J = 0$.[14] Deshalb gilt $\mathbf{L}\left|0\right\rangle = \mathbf{S}\left|0\right\rangle = \mathbf{J}\left|0\right\rangle = 0$, wo $\left|0\right\rangle$ der Grundzustand ist. Der paramagnetische Beitrag zum Hamilton-Operator (6.1.7) verschwindet deshalb in jeder Ordnung der Störungstheorie. Es genügt, den verbleibenden, diamagnetischen Term in (6.1.7) in erster Ordnung Störungstheorie zu behandeln, da alle angeregten Zustände sehr viel höher liegen. Da die Wellenfunktion für abgeschlossene Schalen rotationssymmetrisch ist, ist $\left\langle 0\right|\sum_i \left(x_i^2 + y_i^2\right)\left|0\right\rangle = \frac{2}{3}\left\langle 0\right|\sum_i r_i^2 \left|0\right\rangle$ und ergibt sich für die Energieverschiebung des Grundzustandes

$$E_1 = \frac{e^2 H^2}{12 m c^2} \left\langle 0\right|\sum_i r_i^2 \left|0\right\rangle . \tag{6.2.1}$$

Daraus folgt für das magnetische Moment und die Suszeptibilität eines einzelnen Atoms

$$\left\langle \mu_z \right\rangle = -\frac{\partial E_1}{\partial H} = -\frac{e^2 \left\langle 0\right|\sum_i r_i^2 \left|0\right\rangle}{6 m c^2} H, \quad \chi = \frac{\partial \left\langle \mu_z \right\rangle}{\partial H} = -\frac{e^2 \left\langle 0\right|\sum_i r_i^2 \left|0\right\rangle}{6 m c^2}, \tag{6.2.2}$$

wo über die Elektronen des Atoms summiert wird. Das magnetische Moment ist entgegengesetzt zum Feld orientiert und die Suszeptibilität ist negativ. Wir schätzen noch die Größenordnung dieses sogenannten *Langevin-Diamagnetismus* unter Verwendung des Bohrschen Radius ab:

$$\chi = -\frac{25 \times 10^{-20} \times 10^{-16}}{6 \times 10^{-27} \times 10^{21}} \text{cm}^3 \approx -5 \times 10^{-30} \text{cm}^3,$$

$$\chi \text{ pro mol} = -5 \times 10^{-30} \times 6 \times 10^{23} \frac{\text{cm}^3}{\text{mol}} \approx -3 \times 10^{-6} \frac{\text{cm}^3}{\text{mol}}.$$

Die experimentellen Werte der molaren Suszeptibilität der Edelgase sind in Tabelle 6.1 angegeben.

Tabelle 6.1. Molare Suszeptibilitäten der Edelgase

	He	Ne	Ar	Kr	Xe
χ in 10^{-6} cm^3/mol	-1.9	-7.2	-15.4	-28.0	-43.0

---

[14] Der diamagnetische Beitrag ist zwar auch in anderen Atomen vorhanden, aber für im Labor erreichbare Felder vernachlässigbar gegen den paramagnetischen.

6. Magnetismus

Anschauliche Interpretation: Durch das Feld **H** wird ein Zusatzstrom $\Delta j = -er\Delta\omega$ induziert, wobei sich die Umlauffrequenz der Elektronenbewegung um den Larmorbetrag $\Delta\omega = \frac{eH}{2mc}$ erhöht. Das Vorzeichen ist so, daß entsprechend der Lenzschen Regel sowohl das magnetische Moment μ_z als auch das induzierte Magnetfeld dem äußeren Feld **H** entgegengerichtet sind:

$$\mu_z \sim \frac{r\Delta j}{2c} \sim -\frac{r^2\Delta\omega e}{2c} \sim -\frac{e^2 r^2 H}{4mc^2} \ .$$

Wir bemerken noch, daß das Ergebnis (6.2.2) proportional zum Quadrat des Bohrschen Radius ist und damit zur vierten Potenz von $\hbar$, in Bestätigung der Quantennatur magnetischer Phänomene.

6.3 Paramagnetismus ungekoppelter magnetischer Momente

Atome und Ionen mit einer ungeraden Zahl von Elektronen, z.B. Na, sowie mit nur teilweise gefüllten inneren Schalen, z.B. Mn^{2+}, Gd^{3+}, U^{4+} (Übergangselemente, Ionen mit der gleichen elektronischen Struktur wie Übergangsmetalle, seltene Erden und Aktinoide) besitzen endliche magnetische Momente auch für $\mathbf{H} = 0$,

$$\boldsymbol{\mu} = \frac{e}{2mc}(\mathbf{L} + g_e \mathbf{S}) = \frac{e}{2mc}(\mathbf{J} + \mathbf{S}) \quad (g_e = 2) \ . \tag{6.3.1}$$

Hier ist $\mathbf{J} = \mathbf{L} + \mathbf{S}$ der Gesamtdrehimpulsoperator. Für schwaches (d.h. $e\hbar H/mc \ll$ Spin-Bahn-Kopplung) und längs der z-Achse orientiertes Feld **H** ergibt die Theorie des *Zeeman-Effektes*[15] für die Verschiebung des Energieniveaus

$$\Delta E_{M_J} = g\mu_B M_J H \ , \tag{6.3.2}$$

wo M_J die Werte $M_J = -J, \ldots, J$ durchläuft[16] und der Landé-Faktor

$$g = 1 + \frac{J(J+1) + S(S+1) - L(L+1)}{2J(J+1)} \tag{6.3.3}$$

eingeführt wurde. Vertraute Spezialfälle sind $L = 0 : g = 2, M_J \equiv M_S = \pm\frac{1}{2}$ und $S = 0 : g = 1, M_J \equiv M_L = -L, \ldots, L$.

Der Landé-Faktor kann durch das klassische Bild, daß **L** und **S** unabhängig um die räumlich feste Richtung der Bewegungskonstanten **J** präzedieren, veranschaulicht werden. Denn dann gilt:

$$(\mathbf{L} + 2\mathbf{S})_z = \frac{\mathbf{J} \cdot (\mathbf{L} + 2\mathbf{S})}{|\mathbf{J}|} \frac{J_z}{|\mathbf{J}|} = J_z \frac{\mathbf{J}^2 + \mathbf{J} \cdot \mathbf{S}}{\mathbf{J}^2}$$

$$= J_z \left(1 + \frac{\mathbf{S}^2 + \frac{1}{2}(\mathbf{J}^2 - \mathbf{L}^2 - \mathbf{S}^2)}{\mathbf{J}^2}\right) \ .$$

---

[15] Siehe z.B. QM I, Abschn. 14.2
[16] $\mathbf{J} = \mathbf{L} + \mathbf{S}$, $J_z |m_j\rangle = \hbar m_j |m_j\rangle$

6.3 Paramagnetismus ungekoppelter magnetischer Momente

Die Zustandssumme wird somit

$$Z = \left(\sum_{m=-J}^{J} e^{-\eta m} \right)^N = \left(\frac{\sinh \eta (2J+1)/2}{\sinh \eta/2} \right)^N, \qquad (6.3.4)$$

mit der Abkürzung

$$\eta = \frac{g\mu_B H}{kT}. \qquad (6.3.5)$$

Hierbei wurde benutzt, daß

$$\sum_{m=-J}^{J} e^{-\eta m} = e^{-\eta J} \sum_{r=0}^{2J} e^{\eta r}$$

$$= e^{-\eta J} \frac{e^{\eta(2J+1)} - 1}{e^\eta - 1} = \left(\frac{\sinh \eta (2J+1)/2}{\sinh \eta/2} \right)$$

gilt. Für die freie Energie finden wir aus (6.3.4)

$$F(T,H) = -kTN \log \left\{ \frac{\sinh \eta (2J+1)/2}{\sinh \eta/2} \right\}, \qquad (6.3.6)$$

woraus wir die Magnetisierung

$$M = -\frac{1}{V} \frac{\partial F}{\partial H} = n g \mu_B J B_J(\eta) \qquad (6.3.7)$$

erhalten ($n = \frac{N}{V}$). Die Magnetisierung ist in Richtung des Magnetfeldes **H** orientiert. In Gl. (6.3.7) haben wir die *Brillouin-Funktion* B_J eingeführt, die durch

$$B_J(\eta) = \frac{1}{J} \left\{ \left(J + \frac{1}{2} \right) \operatorname{ctgh} \eta \left(J + \frac{1}{2} \right) - \frac{1}{2} \operatorname{ctgh} \frac{\eta}{2} \right\} \qquad (6.3.8)$$

definiert ist (Abb. 6.1). Wir betrachten nun die asymptotischen Grenzfälle:

$$\eta \to 0: \qquad \operatorname{ctgh} \eta = \frac{1}{\eta} + \frac{\eta}{3} + \mathcal{O}(\eta^3), \quad B_J(\eta) = \frac{J+1}{3}\eta + \mathcal{O}(\eta^3) \qquad (6.3.9a)$$

und

$$\eta \to \infty: \qquad B_J(\infty) = 1. \qquad (6.3.9b)$$

Setzen wir (6.3.9a) in (6.3.7) ein, so erhalten wir für kleine Felder, $H \ll kT/Jg\mu_B$,

$$M = n\left(g\mu_{\rm B}\right)^2 \frac{J(J+1)H}{3kT} \tag{6.3.10a}$$

während sich aus (6.3.9b) für große Felder, $H \gg kT/Jg\mu_{\rm B}$,

$$M = ng\mu_{\rm B}J \tag{6.3.10b}$$

ergibt, was vollkommene Ausrichtung der magnetischen Momente bedeutet. Einen wichtigen Spezialfall stellen Spin-$\frac{1}{2}$-Systeme dar. Setzen wir in (6.3.8) $J = \frac{1}{2}$, so ergibt sich

$$B_{\frac{1}{2}}(\eta) = 2\operatorname{ctgh}\eta - \operatorname{ctgh}\frac{\eta}{2} = \frac{\left(\cosh^2\frac{\eta}{2} + \sinh^2\frac{\eta}{2}\right)}{\sinh\frac{\eta}{2}\cosh\frac{\eta}{2}} - \frac{\cosh\frac{\eta}{2}}{\sinh\frac{\eta}{2}} = \operatorname{tgh}\frac{\eta}{2}. \tag{6.3.11}$$

Dieses Resultat findet man noch rascher direkt, da für Spin $S = 1/2$ die Zustandssumme für einen Spin durch $Z = 2\cosh\eta/2$ und der Mittelwert der Magnetisierung durch $M = ng\mu_{\rm B}Z^{-1}\sinh\eta/2$ gegeben ist.

Für $J = \infty$, wobei gleichzeitig $g\mu_{\rm B} \to 0$ geht, so daß $\mu = g\mu_{\rm B}J$ endlich ist, ergibt sich

$$B_\infty(\eta) = \operatorname{ctgh}\eta J - \frac{1}{\eta J} = \operatorname{ctgh}\frac{\mu H}{kT} - \frac{kT}{\mu H}. \tag{6.3.12a}$$

$B_\infty(\eta)$ heißt *Langevin-Funktion* für klassische magnetische Momente μ; sie bestimmt zusammen mit (6.3.7) die Magnetisierung

$$M = n\mu\left(\operatorname{ctgh}\frac{\mu H}{kT} - \frac{kT}{\mu H}\right) \tag{6.3.12b}$$

von „klassischen" magnetischen Momenten der Größe μ. Ein klassisches magnetisches Moment $\boldsymbol{\mu}$ kann in alle Raumrichtungen orientiert sein, seine Energie ist $E = -\mu H\cos\vartheta$, wo ϑ der vom Feld $\mathbf{H}$ und vom magnetischen Moment $\boldsymbol{\mu}$ eingeschlossene Winkel ist. Das klassische Zustandsintegral für ein Teilchen ist $Z = \int d\Omega\, e^{-E/kT}$ und führt über (6.1.9b) wieder auf (6.3.12b). Schließlich ergibt sich für die Suszeptibilität

$$\chi = n\left(g\mu_{\rm B}\right)^2 \frac{J}{kT}B'_J(\eta). \tag{6.3.13}$$

Für kleine Magnetfelder $H \ll \frac{kT}{Jg\mu_{\rm B}}$ erhält man das *Curie-Gesetz*

$$\chi_{Curie} = n\left(g\mu_{\rm B}\right)^2 \frac{J(J+1)}{3kT}. \tag{6.3.14}$$

Das durch (6.3.7), (6.3.13) und (6.3.14) charakterisierte magnetische Verhalten ungekoppelter Momente bezeichnet man als *Paramagnetismus*. Das Curie-Gesetz ist charakteristisch für vorhandene, elementare Momente, die

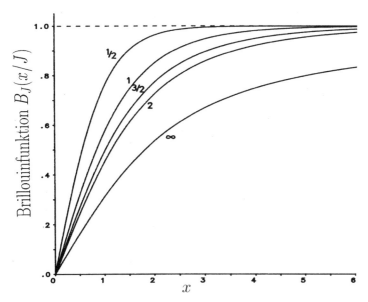

Abb. 6.1. Brillouin-Funktion für $J = 1/2, 1, 3/2, 2, \infty$ als Funktion von $x = \frac{g\mu_B J H}{kT} = \eta J$. B_∞ ist identisch mit der Langevin-Funktion für klassische Momente.

durch das Feld nur orientiert werden müssen, im Unterschied zur Polarisation von harmonischen Oszillatoren, deren Moment durch das Feld induziert wird (siehe Aufgabe 6.4).

Wir fügen noch eine Bemerkung über die Größenordnungen ein. Die diamagnetische Suszeptibilität pro Mol beträgt nach der an Gl. (6.2.2) anknüpfenden Abschätzung ungefähr $\chi^{mol} \approx -10^{-5}$ cm^3/Mol. Die paramagnetische Suszeptibilität ist bei Raumtemperatur etwa 500 mal größer, d.h. $\chi^{mol} \approx 10^{-2}$-$10^{-3}$ cm^3/Mol.

Die Entropie des Paramagneten ist

$$S = -\left(\frac{\partial F}{\partial T}\right)_H = Nk\left(\log\left(\frac{\sinh\frac{\eta(2J+1)}{2}}{\sinh\frac{\eta}{2}}\right) - \eta J B_J(\eta)\right). \tag{6.3.15}$$

Für Spin-$\frac{1}{2}$ vereinfacht sich (6.3.15) auf

$$S = Nk\left(\log\left(2\cosh\frac{\mu_B H}{kT}\right) - \frac{\mu_B H}{kT}\operatorname{tgh}\frac{\mu_B H}{kT}\right) \tag{6.3.16}$$

mit dem Grenzfall

$$S = Nk\log 2 \quad \text{für} \quad H \to 0. \tag{6.3.16'}$$

Die Entropie, die innere Energie und die spezifische Wärme für den Paramagneten sind in Abb. 6.2a,b,c dargestellt. Der Höcker in der spezifischen

Wärme ist typisch für 2-Niveau-Systeme und wird in Zusammenhang mit Defekten Schottky-Anomalie genannt.

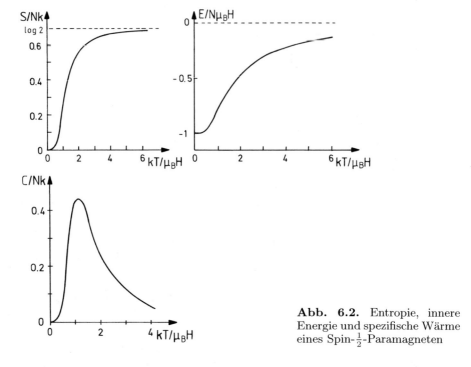

Abb. 6.2. Entropie, innere Energie und spezifische Wärme eines Spin-$\frac{1}{2}$-Paramagneten

Van Vleck-Paramagnetismus: Die Quantenzahl des Gesamtdrehimpulses verschwindet auch, $J = 0$, wenn eine Schale gerade um eins weniger als halb gefüllt ist. In diesem Fall ist zwar nach Gl. (6.3.2) $\langle 0|\,\mathbf{J} + \mathbf{S}\,|0\rangle = 0$, aber der paramagnetische Term in (6.1.7) liefert einen endlichen Beitrag zweiter Ordnung in der Störungstheorie. Zusammen mit dem diamagnetischen Term erhält man für die Energieänderung des Grundzustandes

$$\Delta E_0 = -\sum_n \frac{|\langle 0|\,(\mathbf{L} + 2\mathbf{S}) \cdot \mathbf{H}\,|n\rangle|^2}{E_n - E_0} + \frac{e^2 H^2}{8mc^2} \langle 0|\sum_i (x_i^2 + y_i^2)\,|0\rangle \qquad (6.3.17)$$

Der erste, nach *van Vleck*[17] benannte, paramagnetische Term, der auch im Magnetismus von Molekülen[18] eine Rolle spielt, konkurriert mit dem diamagnetischen Term.

---

[17] J.H. van Vleck, *The Theory of Magnetic and Electric Susceptiblities*, Oxford University Press, 1932.

[18] Ch. Kittel, *Introduction to Solid State Physics*, Third edition, John Wiley, New York, 1967

6.4 Pauli-Paramagnetismus

Wir betrachten nun ein freies, dreidimensionales Elektronengas im Magnetfeld und beschränken uns zunächst auf die Ankopplung des Magnetfeldes an die Elektronenspins. Die Energieeigenwerte sind dann nach Gl. (6.1.7)

$$\epsilon_{\mathbf{p}\pm} = \frac{\mathbf{p}^2}{2m} \pm \frac{1}{2} g_e \mu_B H \ . \tag{6.4.1}$$

Die Energie-Niveaus werden im Magnetfeld aufgespalten. Elektronen, deren Spins parallel zum Feld orientiert sind, besitzen höhere Energie, und derartige Zustände sind deshalb weniger besetzt (siehe Abb. 6.3).

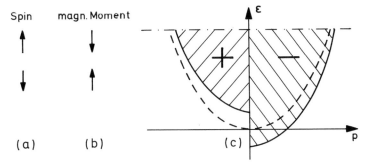

Abb. 6.3. Orientierung (a) der Spins und (b) der magnetischen Momente. (c) Die Energie als Funktion von **p** (nach links für positive Spins und nach rechts für negative Spins)

Die Zahl der Elektronen in den beiden Zuständen ergibt sich zu

$$N_\pm = \frac{V}{(2\pi\hbar)^3} \int d^3 p\, n\left(\frac{p^2}{2m} \pm \frac{1}{2} g_e \mu_B H\right) = \int\limits_0^\infty d\epsilon\, \frac{1}{2}\nu(\epsilon) n\left(\epsilon \pm \frac{1}{2} g_e \mu_B H\right), \tag{6.4.2}$$

wobei die Zustandsdichte

$$\nu(\epsilon) = \frac{gV}{(2\pi\hbar)^3} \int d^3 p\, \delta(\epsilon - \epsilon_p) = N\frac{3}{2}\frac{\epsilon^{1/2}}{\epsilon_F^{3/2}} \ , \tag{6.4.3}$$

die die Normierungsbedingung $\int_0^{\epsilon_F} d\epsilon\, \nu(\epsilon) = N$ erfüllt, eingeführt wurde. Im Fall $g_e \mu_B H \ll \mu \approx \epsilon_F$ können wir nach H entwickeln:

$$N_\pm = \int\limits_0^\infty d\epsilon\, \frac{1}{2}\nu(\epsilon) \left[n(\epsilon) \pm n'(\epsilon)\frac{1}{2} g_e \mu_B H + \mathcal{O}(H^2)\right] \ . \tag{6.4.4}$$

288   6. Magnetismus

Für die Magnetisierung erhält man unter Verwendung dieses Ergebnisses:

$$M = -\mu_B(N_+ - N_-)/V = -\frac{\mu_B^2 H}{V}\int_0^\infty d\epsilon\, \nu(\epsilon) n'(\epsilon) + \mathcal{O}\left(H^3\right) , \qquad (6.4.5)$$

wobei $g_e = 2$ gesetzt wurde. Für $T \to 0$ ergibt sich aus (6.4.5) für die Magnetisierung

$$M = \mu_B^2 \nu(\epsilon_F) H/V + \mathcal{O}\left(H^3\right) = \frac{3}{2}\mu_B^2 \frac{NH}{V\epsilon_F} + \mathcal{O}\left(H^3\right) \qquad (6.4.6)$$

und die magnetische Suszeptibilität

$$\chi_P = \frac{3}{2}\mu_B^2 \frac{N}{V\epsilon_F} + \mathcal{O}\left(H^2\right) . \qquad (6.4.7)$$

Dieses Resultat beschreibt das Phänomen des *Pauli-Spin-Paramagnetismus*.

Ergänzungen:

(i) Für $T \neq 0$ muß man mit Hilfe der Sommerfeld-Entwicklung die Änderung des chemischen Potentials berücksichtigen:

$$\begin{aligned} N &= \int_0^\infty d\epsilon\, \nu(\epsilon) n(\epsilon) + \mathcal{O}\left(H^2\right) = \int_0^\mu d\epsilon\, \nu(\epsilon) + \frac{\pi^2 (kT)^2}{6}\nu'(\mu) + \mathcal{O}\left(H^2, T^4\right) \\ &= \int_0^{\epsilon_F} d\epsilon\, \nu(\epsilon) + (\mu - \epsilon_F)\nu(\epsilon_F) + \frac{\pi^2 (kT)^2}{6}\nu'(\epsilon_F) + \mathcal{O}\left(H^2, T^4\right) \end{aligned}$$

$$(6.4.8)$$

und da der erste Term auf der rechten Seite gleich N ist,

$$\mu - \epsilon_F = -\frac{\pi^2 (kT)^2}{6}\frac{\nu'(\epsilon_F)}{\nu(\epsilon_F)} + \mathcal{O}\left(H^2, T^4\right) . \qquad (6.4.9)$$

Mit partieller Integration folgt aus (6.4.5) und (6.4.9)

$$\begin{aligned} M &= \frac{\mu_B^2 H}{V} \int_0^\infty d\epsilon\, \nu'(\epsilon) n(\epsilon) + \mathcal{O}\left(H^3\right) \\ &= \frac{\mu_B^2 H}{V}\left[\nu(\mu) + \frac{\pi^2 (kT)^2}{6}\nu''(\mu) + \mathcal{O}\left(H^3, T^4\right)\right] \\ &= \frac{\mu_B^2 H}{V}\left[\nu(\epsilon_F) - \frac{\pi^2 (kT)^2}{6}\left(\frac{\nu'(\epsilon_F)^2}{\nu(\epsilon_F)} - \nu''(\epsilon_F)\right)\right] + \mathcal{O}\left(H^3, T^4\right) . \end{aligned} \qquad (6.4.10)$$

(ii) Die Pauli-Suszeptibilität (6.4.7) kann man ähnlich wie die lineare spezifische Wärme eines Fermi-Gases interpretieren (siehe Abschnitt 4.3.2):

$$\chi_P = \chi_{\text{Curie}} \frac{\nu(\epsilon_F)}{N} kT = \mu_B^2 \, \nu(\epsilon_F)/V \; . \tag{6.4.11}$$

Naiv könnte man erwarten, daß die Suszeptibilität von N Elektronen gleich der Curie-Suszeptibilität χ_{Curie} aus Gl. (6.3.14) sein müßte und somit wie $1/T$ divergieren würde. Es war das Verdienst von Pauli, zu erkennen, daß nicht alle Elektronen, sondern nur die in der Nähe der Fermi-Energie beitragen. Die Zahl der thermisch anregbaren Elektronen ist $kT\nu(\epsilon_F)$.

(iii) Die Landau-Quasiteilchen-Wechselwirkung ergibt, siehe Absch. 4.3.3e, Gl. 4.3.29c

$$\chi_P = \frac{\mu_B^2 \, \nu(\epsilon_F)}{V(1 + F_a)} \; . \tag{6.4.12}$$

Hier ist F_a eine antisymmetrische Kombination der Wechselwirkungsparameter.[19]

(iv) Zum Pauli-Paramagnetismus kommt noch der Landau-Diamagnetismus von der Bahn-Bewegung der Elektronen hinzu:[20]

$$\chi_L = -\frac{e^2 k_F}{12\pi^2 mc^2} \; . \tag{6.4.13}$$

Für ein freies Elektronengas ist $\chi_L = -\frac{1}{3}\chi_P$. Die Gittereffekte im Kristall wirken sich in χ_L und χ_P unterschiedlich aus. Gl. (6.4.13) gilt für freie Elektronen unter Vernachlässigung des Zeeman-Terms. Die magnetische Suszeptibilität für freie Spin-$\frac{1}{2}$-Fermionen setzt sich aus drei Teilen zusammen: Sie ist die Summe

$$\chi = \chi_P + \chi_L + \chi_{\text{Osz}} \; .$$

χ_{Osz} ist ein oszillierender Teil, der für große Felder H wichtig wird und die de-Haas-van-Alphen-Oszillationen darstellt.

(v) Abb. 6.3c kann man auch noch anders, als oben erwähnt, lesen. Führt man die Zustandsdichten für Spin $\pm\hbar/2$

---

[19] D. Pines and Ph. Nozières, *The Theory of Quantum Liquids* Vol. I: Normal Fermi Liquids, W. A. Benjamin, New York 1966, S. 25

[20] Siehe z.B. D. Wagner, *Introduction to the Theory of Magnetism*, Pergamon Press, Oxford, 1972 und W. Nolting, *Quantentheorie des Magnetismus* 1,2, Teubner, Stuttgart, 1986

$$\nu_\pm(\epsilon) = \frac{V}{(2\pi\hbar)^3} \int d^3p\, \delta(\epsilon - \epsilon_{p\pm})$$

$$= \frac{V}{(2\pi\hbar)^3} \int d^3p\, \delta\left(\epsilon - \left(\frac{p^2}{2m} \pm \frac{1}{2} g_e \mu_B H\right)\right)$$

$$= \frac{mV}{2\pi^2 \hbar^3} \int_0^\infty dp\, p\, \Theta\left(\epsilon \mp \frac{1}{2} g_e \mu_B H\right) \delta\left(p - \sqrt{2m\left(\epsilon \mp \frac{1}{2} g_e \mu_B H\right)}\right)$$

$$= N \frac{3}{4\epsilon_F^{3/2}} \Theta\left(\epsilon \mp \frac{1}{2} g_e \mu_B H\right) \left(\epsilon \mp \frac{1}{2} g_e \mu_B H\right)^{1/2},$$

dann bedeuten die nach links und rechts aufgetragenen, durchgezogenen Kurven auch $\nu_+(\epsilon)$ und $\nu_-(\epsilon)$.

6.5 Ferromagnetismus

6.5.1 Austauschwechselwirkung

Ferromagnetismus und Antiferromagnetismus beruhen auf den Varianten der Austauschwechselwirkung, die eine Konsequenz des Pauli-Prinzips und der Coulomb-Wechselwirkung ist. Siehe Bemerkungen nach Gl. (6.1.33). Im einfachsten Fall der Austauschwechselwirkung von zwei Elektronen, zwei Atomen oder zwei Molekülen mit den Spins $\mathbf{S}_1$ und $\mathbf{S}_2$ ist diese von der Gestalt $\pm J\, \mathbf{S}_1 \cdot \mathbf{S}_2$, wo J eine positive vom Abstand abhängige Konstante ist. Die Austauschkonstante $\pm J$ wird durch die Coulomb-Wechselwirkung enthaltende Überlappungsintegrale bestimmt.[21] Falls die Austauschenergie negativ ist,

$$E = -J\, \mathbf{S}_1 \cdot \mathbf{S}_2 \tag{6.5.1a}$$

wird Parallelstellung der Spins bevorzugt. Dies führt in einem Festkörper zum Ferromagnetismus (Abb. 6.4b), das bedeutet, daß unterhalb der Curie-Temperatur T_c eine spontane Magnetisierung auftritt. Falls die Austauschenergie positiv ist,

$$E = J\, \mathbf{S}_1 \cdot \mathbf{S}_2\,, \tag{6.5.1b}$$

wird eine Antiparallelstellung der Spins begünstigt. Dies kann bei geeigneter Gitterstruktur zu einem antiferromagnetischen Zustand führen. Unterhalb der Néel-Temperatur T_N tritt eine alternierende magnetische Ordnung (Abb. 6.4c) auf. Oberhalb der jeweiligen Übergangstemperatur (T_C oder T_N) liegt der paramagnetische Zustand vor (Abb. 6.4a). Die Austauschwechselwirkung ist zwar kurzreichweitig, aber aufgrund ihrer elektrostatischen Herkunft i.a. wesentlich stärker als die Dipol-Dipol-Wechselwirkung. Beispiele für Ferromagneten sind Fe, Ni, EuO und für Antiferromagneten MnF_2, $RbMnF_3$.

---

[21] Siehe Kap. 13 und 15, QM I

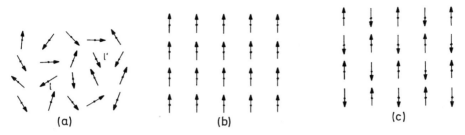

Abb. 6.4. Kristallgitter von magnetischen Ionen. Der Spin $\mathbf{S}_l$ hat die Position $\mathbf{x}_l$. l numeriert die Gitterplätze. **(a)** Paramagnetischer Zustand **(b)** Ferromagnetischer Zustand **(c)** Antiferromagnetischer Zustand.

Wir werden uns im weiteren mit der Situation (6.5.1a), also dem Ferromagnetismus befassen und auf (6.5.1b) erst bei der Diskussion von Phasenübergängen wieder zurückkommen. Wir stellen uns nun vor, daß die magnetischen Ionen auf einem einfach kubischen Kristallgitter mit Gitterkonstante a sitzen und zwischen ihnen eine negative Austauschwechselwirkung ($J > 0$) wirkt (Abb. 6.4a). Die Gitterplätze werden mit dem Index l numeriert. Die Lage des l-ten Ions sei $\mathbf{x}_l$ und sein Spin sei $\mathbf{S}_l$. Zum gesamten Hamilton-Operator tragen nun alle paarweisen Wechselwirkungsenergien der Form (6.5.1a) bei[22]

$$\mathcal{H} = -\frac{1}{2} \sum_{l,l'} J_{ll'}\, \mathbf{S}_l \cdot \mathbf{S}_{l'}\;. \tag{6.5.2}$$

Hier haben wir die Austauschwechselwirkung zwischen den Spins an den Gitterplätzen l und l' mit $J_{ll'}$ bezeichnet. Die Summe erstreckt sich über alle l und l', wobei der Faktor $1/2$ bewirkt, daß jedes Paar von Spins nur einmal in (6.5.2) auftritt. Die Austauschwechselwirkungskonstante erfüllt $J_{ll'} = J_{l'l}$ und wir vereinbaren $J_{ll} = 0$, damit wir das Vorkommen gleicher l in der Summe nicht auszuschließen brauchen. Der Hamilton-Operator (6.5.2) repräsentiert das *Heisenberg-Modell*.[23] Da nur Skalarprodukte von Spinvektoren auftreten, hat er folgende wichtige Eigenschaft: $\mathcal{H}$ ist invariant gegenüber

---

[22] Tatsächlich gibt es in einem Festkörper auch Wechselwirkungen zwischen mehr als nur zwei Spins, die hier vernachlässigt werden.

[23] Der oben beschriebene *direkte Austausch* tritt nur auf, wenn die Momente nahe genug sind, sodaß die Wellenfunktionen überlappen. Häufiger ist der *indirekte Austausch*, der weiter entfernte Momente koppelt. Dieser wirkt über ein Zwischenglied, welches in Metallen ein ungebundenes (itinerantes) Elektron und in Isolatoren ein gebundenes Elektron sein kann. Die resultierende Wechselwirkung nennt man im ersten Fall RKKY (Rudermann, Kittel, Kasuya, Yosida) Wechselwirkung und im zweiten Fall Superaustausch. (Siehe z.B. C.M. Hurd, Contemp. Phys. **23**, 469 (1982)). Auch in Fällen, wo nicht der direkte Austausch maßgeblich ist, und selbst für itinerante Magnete (wo 3d und 4s Elektronen nicht lokalisiert in Bändern vorliegen) kann man die magnetischen Phänomene, insbesondere das Verhalten in der Nähe des Phasenübergangs, durch ein effektives

der gemeinsamen Rotation aller Spinvektoren. Es ist keine Richtung ausgezeichnet und deshalb kann eine evtl. auftretende ferromagnetische Ordnung in jeder beliebigen Raumrichtung erfolgen. Welche dieser Richtungen tatsächlich ausgewählt wird, wird durch geringfügige Anisotropien oder äußere Magnetfelder festgelegt. In einer Reihe von Substanzen ist diese Rotationsinvarianz nahezu ideal realisiert, wie z.B. EuO, EuS, Fe und dem Antiferromagneten RbMnF$_3$. In anderen Fällen kann die Anisotropie der Kristallstruktur bewirken, daß die magnetischen Momente statt in allen Raumrichtungen nur in zwei, z.B. in positive und negative z-Richtung orientiert sind. Diese Situation kann durch das *Ising-Modell*

$$\mathcal{H} = -\frac{1}{2} \sum_{l,l'} J_{ll'} S_l^z S_{l'}^z \tag{6.5.3}$$

beschrieben werden. Das Ising-Modell ist erheblich einfacher als das Heisenberg-Modell (6.5.2), da der Hamilton-Operator in den Spineigenzuständen von S_l^z diagonal ist. Aber auch für (6.5.3) ist die Berechnung der Zustandssumme im allgemeinen höchst nichttrivial. Wie wir sehen werden, läßt sich das eindimensionale Ising-Modell mit einer Wechselwirkung nur zwischen nächsten Nachbarn elementar exakt lösen. Die Lösung des zweidimensionalen Modells, d.h. die Berechnung der Zustandssumme, erfordert schon spezielle algebraische oder graphentheoretische Methoden, und in drei Dimensionen konnte dieses Modell bisher nicht exakt gelöst werden. Wenn das Gitter N Plätze besitzt, dann tragen zur Zustandssumme $Z = \text{Sp } e^{-\beta \mathcal{H}}$ insgesamt 2^N Konfigurationen bei. (Jeder Spin kann unabhängig von den anderen die zwei Werte $\pm\hbar/2$ annehmen.) Eine naive Summation über alle diese Konfigurationen ist selbst für das Ising-Modell nur in einer Dimension möglich. Um die wesentlichen physikalischen Effekte, die mit der ferromagnetischen Ordnung verbunden sind, zu verstehen, wollen wir im nächsten Abschnitt die Molekularfeldnäherung verwenden. Diese kann für alle Ordnungs-Probleme durchgeführt werden. Wir werden sie am Ising-Modell vorführen.

6.5.2 Molekularfeldnäherung für das Ising-Modell

Wir betrachten den Hamilton-Operator des Ising-Modells in einem äußeren Magnetfeld

$$\mathcal{H} = -\frac{1}{2} \sum_{l,l'} J(l-l') \sigma_l \sigma_{l'} - h \sum_l \sigma_l \, . \tag{6.5.4}$$

Gegenüber (6.5.3) enthält (6.5.4) einige Änderungen in der Bezeichnung. Statt der Spinoperatoren S_l^z haben wir die Pauli-Matrizen σ_l^z eingeführt und verwenden als Basis die Eigenzustände der σ_l^z, deren Eigenwerte

---

Heisenberg-Modell beschreiben. Eine Herleitung des Heisenberg-Modells aus dem Hubbard-Modell findet sich in D.C. Mattis, *The Theory of Magnetism*, Harper and Row, New York, 1965.

$\sigma_l = \pm 1$ für jedes l

sind. Der Hamilton-Operator ist nur mehr eine Funktion von (kommutierenden) Zahlen. Indem wir die Austauschwechselwirkung in der Form $J(l-l')$ schreiben ($J(l-l') = J(l'-l) = J_{ll'}\hbar^2/4$, $J(0)=0$), bringen wir zum Ausdruck, daß das System translationsinvariant ist, d.h. $J(l-l')$ nur vom Abstand der Gitterpunkte abhängt. Die Wirkung des äußeren Magnetfeldes ist durch den Term $-h\sum_l \sigma_l$ repräsentiert. Der Faktor $-\frac{1}{2}g\mu_B$ wurde mit dem Magnetfeld H zu $h = -\frac{1}{2}g\mu_B H$ zusammengefaßt, damit ist die Vorzeichenkonvention für h so gewählt, daß sich die σ_l parallel dazu orientieren.

Wegen der Translationsinvarianz des Hamilton-Operators erweist es sich für das Spätere zweckmäßig, die Fourier-Transformierte der Austauschkopplung

$$\tilde{J}(\mathbf{k}) = \sum_l J(l) e^{-i\mathbf{k}\cdot\mathbf{x}_l} \tag{6.5.5}$$

einzuführen. Häufig werden wir $\tilde{J}(\mathbf{k})$ für kleine Wellenzahlen $\mathbf{k}$ benötigen. Wegen der endlichen Reichweite von $J(l-l')$ können wir dafür die Exponentialfunktion in (6.5.5) entwickeln

$$\tilde{J}(\mathbf{k}) = \sum_l J(l) - \frac{1}{2}\sum_l (\mathbf{k}\cdot\mathbf{x}_l)^2 J(l) + \ldots \tag{6.5.5'}$$

Für kubische und quadratische Gitter, generell wenn Spiegelungsinvarianz vorliegt, fällt der lineare Term in $\mathbf{k}$ weg.

Den Hamilton-Operator (6.5.4) können wir folgendermaßen interpretieren. Für irgendeine Konfiguration aller Spins $\sigma_{l'}$ wirkt auf einen beliebig herausgegriffenen Spin σ_l ein lokales Feld

$$h_l = h + \sum_{l'} J(l-l')\sigma_{l'} \, . \tag{6.5.6}$$

Wäre h_l ein fest vorgegebenes Feld, könnten wir die Zustandssumme für den Spin σ_l sofort angeben. Hier hängt aber das Feld h_l von der Konfiguration der Spins ab und der Wert von σ_l selbst geht wiederum in die lokalen Felder, die auf seine Nachbarn wirken, ein. Um diese Schwierigkeit näherungsweise zu umgehen, ersetzen wir das lokale Feld (6.5.6) durch seinen Mittelwert, also durch das *mittlere Feld*

$$\langle h_l \rangle = h + \sum_{l'} J(l-l')\langle \sigma_{l'} \rangle = h + \tilde{J}(0)m \, . \tag{6.5.7}$$

Im zweiten Teil der Gleichung haben wir den wegen der Translationsinvarianz des Hamilton-Operators vom Ort unabhängigen Mittelwert

$$m = \langle \sigma_l \rangle \tag{6.5.8}$$

eingeführt; es bedeutet also m die mittlere Magnetisierung pro Gitterplatz (pro Spin). Außerdem haben wir für die Fourier-Transformierte bei $\mathbf{k} = 0$ (siehe (6.5.5')) die Abkürzung

$$\tilde{J} \equiv \tilde{J}(0) \equiv \sum_l J(l) \tag{6.5.9}$$

verwendet. In (6.5.7) kommt zum äußeren Feld noch das *Molekularfeld* $\tilde{J}m$ hinzu. Die Dichtematrix ist damit von der vereinfachten Form

$$\rho \propto \prod_l e^{\sigma_l(h+\tilde{J}m)/kT} .$$

Wir haben formal das Problem eines Paramagneten vor uns, wo allerdings das Molekularfeld erst selbstkonsistent aus dem Wert der Magnetisierung (6.5.8) bestimmt werden muß.

Wir wollen die hier intuitiv begründete Molekularfeldnäherung noch auf einem formalen Weg herleiten. Dabei gehen wir von einem beliebigen Wechselwirkungsterm in (6.5.4), $-J(l-l')\sigma_l\sigma_{l'}$ aus und schreiben diesen bis auf den Vorfaktor folgendermaßen um

$$\begin{aligned}\sigma_l\sigma_{l'} &= \big(\langle\sigma_l\rangle + \sigma_l - \langle\sigma_l\rangle\big)\big(\langle\sigma_{l'}\rangle + \sigma_{l'} - \langle\sigma_{l'}\rangle\big) \\ &= \langle\sigma_l\rangle\langle\sigma_{l'}\rangle + \langle\sigma_l\rangle\big(\sigma_{l'} - \langle\sigma_{l'}\rangle\big) \\ &\quad + \langle\sigma_{l'}\rangle\big(\sigma_l - \langle\sigma_l\rangle\big) + \big(\sigma_l - \langle\sigma_l\rangle\big)\big(\sigma_{l'} - \langle\sigma_{l'}\rangle\big) .\end{aligned} \tag{6.5.10}$$

Hier haben wir nach Potenzen in Abweichungen vom Mittelwert geordnet. Nun vernachlässigen wir Terme, die nichtlinear in diesen Fluktuationen sind. Das ergibt folgende näherungsweise Ersetzung

$$\sigma_l\sigma_{l'} \to -\langle\sigma_l\rangle\langle\sigma_{l'}\rangle + \langle\sigma_l\rangle\sigma_{l'} + \langle\sigma_{l'}\rangle\sigma_l , \tag{6.5.10'}$$

die von (6.5.4) auf den Hamilton-Operator in *Molekularfeldnäherung*

$$\mathcal{H}_{\text{MFT}} = \frac{1}{2}m^2 N \tilde{J}(0) - \sum_l \sigma_l\big(h + \tilde{J}(0)m\big) \tag{6.5.11}$$

führt. Zu Zulässigkeit und Gültigkeitsbereich dieser Näherung wird auf die Bemerkungen verwiesen. Mit dem vereinfachten Hamilton-Operator (6.5.11) ergibt sich die Dichtematrix

$$\rho_{\text{MFT}} = Z_{\text{MFT}}^{-1}\, e^{\beta[\sum_l \sigma_l(h+\tilde{J}m) - \frac{1}{2}m^2 \tilde{J}N]} \tag{6.5.12}$$

und die Zustandssumme

$$Z_{\text{MFT}} = \text{Sp}\, e^{\beta[\sum_l \sigma_l(h+\tilde{J}m) - \frac{1}{2}m^2 \tilde{J}N]} = \prod_l \left(\sum_{\sigma_l=\pm 1} e^{\beta\sigma_l(h+\tilde{J}m)}\right) e^{-\frac{1}{2}\beta m^2 \tilde{J}N} \tag{6.5.13}$$

in Molekularfeldnäherung, wobei Sp $\equiv \sum_{\{\sigma_l=\pm 1\}}$. Somit ergibt sich für (6.5.13)

$$Z_{\text{MFT}} = \left(e^{-\frac{1}{2}\beta m^2 \tilde{J}} 2\cosh\beta(h + \tilde{J}m)\right)^N. \tag{6.5.13'}$$

Mit $m = \frac{1}{N}kT\frac{\partial}{\partial h}\log Z_{\text{MFT}}$ erhalten wir die Zustandsgleichung in Molekularfeldnäherung

$$m = \text{tgh}\left(\beta(\tilde{J}m + h)\right), \tag{6.5.14}$$

die eine implizite Gleichung für m darstellt. Gegenüber der Zustandsgleichung des Paramagneten ist das Feld h durch das innere Molekularfeld $\tilde{J}m$ verstärkt. Wir werden später sehen, daß (6.5.14) analytisch nach h auflösbar ist. Es ist jedoch instruktiv, (6.5.14) zunächst in Grenzfällen zu lösen. Es erweist sich dabei als zweckmäßig, die Abkürzungen

$$T_c = \frac{\tilde{J}}{k} \quad \text{und} \quad \tau = \frac{T - T_c}{T_c} \tag{6.5.15}$$

einzuführen. Es wird sich sofort zeigen, daß T_c die Bedeutung der Übergangstemperatur, *Curie-Temperatur*, besitzt. Oberhalb von T_c ist die Magnetisierung in Abwesenheit eines äußeren Feldes Null, unterhalb wächst sie mit abnehmender Temperatur kontinuierlich auf einen endlichen Wert an. Wir bestimmen zunächst das Verhalten in der Nähe von T_c, wo wir nach τ, h und m entwickeln können.

a) $h = 0$:
Für verschwindendes Feld und nahe bei T_c kann (6.5.14) in eine Taylor-Reihe entwickelt werden,

$$m = \text{tgh}\,\beta \tilde{J}m = \frac{T_c}{T}m - \frac{1}{3}\left(\frac{T_c}{T}m\right)^3 + \ldots \tag{6.5.16}$$

die, um den führenden Term der Lösung zu erhalten, mit der dritten Ordnung abgebrochen werden kann. Die Lösungen von (6.5.16) sind

$$m = 0 \quad \text{für} \quad T > T_c \tag{6.5.17a}$$

und

$$m = \pm m_0, \quad m_0 = \sqrt{3}(-\tau)^{1/2} \quad \text{für} \quad T < T_c. \tag{6.5.17b}$$

Die erste Lösung, $m = 0$, findet man für alle Temperaturen, die zweite nur für $T \leq T_c$, d.h. $\tau \leq 0$. Da die freie Energie der zweiten Lösung kleiner ist (siehe unten und Abb. 6.9), ist diese die stabile Lösung unterhalb von T_c. Aus dieser Überlegung ergeben sich die in (6.5.17) angegebenen Temperaturbereiche. Für $T \leq T_c$ setzt die mit m_0 bezeichnete *spontane Magnetisierung*

(6.5.17b) mit einem Wurzelgesetz ein (Abb. 6.5). Man nennt diese Größe den *Ordnungsparameter* des ferromagnetischen Phasenübergangs.

b) h und τ endlich:
Für kleine h und τ und damit m führt die Entwicklung von (6.5.14)

$$m\left(1 - \frac{T_c}{T}\right) = \frac{h}{kT} - \frac{1}{3}\left(\frac{h}{kT} + \frac{T_c}{T}m\right)^3 + \ldots$$

auf die *magnetische Zustandsgleichung*

$$\frac{h}{kT_c} = \tau m + \frac{1}{3}m^3 \tag{6.5.18}$$

in der Nähe von T_c. Ein äußeres Feld bewirkt auch schon oberhalb von T_c eine endliche Magnetisierung und führt qualitativ zu der gestrichelten Kurve in Abb. 6.5.

c) $\tau = 0$:
Genau bei T_c folgt aus (6.5.18) die kritische Isotherme

$$m = \left(\frac{3h}{kT_c}\right)^{1/3}, \quad h \sim m^3 \ . \tag{6.5.19}$$

d) Suszeptibilität für kleine τ:
Als nächstes berechnen wir die isotherme magnetische Suszeptibilität $\chi = \left(\frac{\partial m}{\partial h}\right)_T$, indem wir die Zustandsgleichung (6.5.18) nach h differenzieren

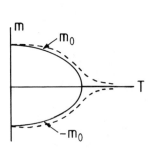

Abb. 6.5. Spontane Magnetisierung (durchgezogen), Magnetisierung bei äußerem Feld (strichliert). Die spontane Magnetisierung des Ising-Modells hat zwei Einstellungsmöglichkeiten $+m_0$ oder $-m_0$.

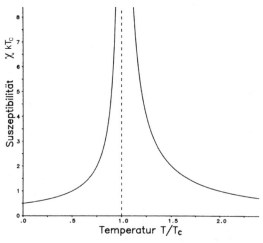

Abb. 6.6. Die magnetische Suszeptibilität (6.5.21), Curie-Weiß-Gesetz.

$$\frac{1}{kT_c} = \tau\chi + m^2\chi \ . \tag{6.5.20}$$

Im Grenzfall $h \to 0$ können wir in (6.5.20) die spontane Magnetisierung (6.5.17) einsetzen und erhalten für die isotherme magnetische Suszeptibilität

$$\chi = \frac{1/kT_c}{\tau + m^2} = \begin{cases} \dfrac{1/k}{T - T_c} & T > T_c \\ \dfrac{1/k}{2(T_c - T)} & T < T_c \end{cases}, \tag{6.5.21}$$

das in Abb. 6.6 dargestellte *Curie-Weiß-Gesetz*.

Anmerkung: Wir können die bei T_c divergente Suszeptibilität verständlich machen, indem wir vom Curie-Gesetz für paramagnetische Spins (6.3.10a) ausgehen, zum Feld h noch das innere Molekularfeld $\tilde{J}m$ hinzuaddieren und daraus die Magnetisierung bestimmen:

$$m = \frac{1}{kT}(h + \tilde{J}m) \to \frac{m}{h} = \frac{1/k}{T - T_c} \ . \tag{6.5.22}$$

Nach diesen Grenzfällen lösen wir (6.5.14) allgemein. Zunächst besprechen wir die graphische Lösung dieser Gleichung anhand von Abb. 6.7.

e) Graphische Lösung der Gleichung $m = \text{tgh}(\beta(h + \tilde{J}m))$

Zur graphischen Lösung ist es zweckmäßig, die Hilfsvariable $y = m + \frac{h}{kT_c}$ einzuführen. Dann findet man m als Funktion von h, indem man die Gerade $y - \frac{h}{kT_c}$ mit $\text{tgh}\frac{T_c}{T}y$ schneidet:

$$m = y - \frac{h}{kT_c} = \text{tgh}\frac{T_c}{T}y \ .$$

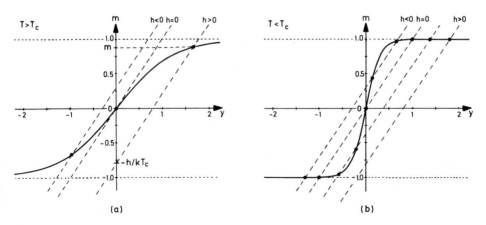

Abb. 6.7. Graphische Lösung von Gl. (6.5.14).

Für $T \geq T_c$ zeigt Abb. 6.7a genau einen Schnittpunkt für jedes h. Dies ergibt die monoton verlaufende Kurve für $T \geq T_c$ in Abb. 6.8. Für $T < T_c$ ist nach Abb. 6.7b die Steigung von $\tgh \frac{T_c}{T} y$ bei $y = 0$ größer als 1 und deshalb ergeben sich für kleine Absolutwerte von h drei Schnittpunkte, während die Lösung für starke Felder eindeutig bleibt. Dies führt zu der in Abb. 6.8 dargestellten Funktion für $T < T_c$.

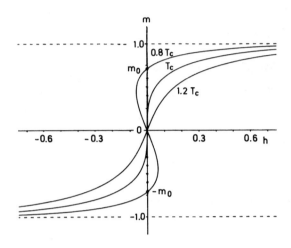

Abb. 6.8. Die magnetische Zustandsgleichung nach der Molekularfeldnäherung (6.5.23). Die punktierte Vertikale auf der m-Achse repräsentiert den inhomogenen Zustand (6.5.28).

Für kleine h ist $m(h)$ mehrdeutig. Besonders auffällig ist, daß die s-förmige Kurve $m(h)$ eine Strecke mit negativer Steigung, also negativer Suszeptibilität enthält. Um die Stabilität der Lösung zu klären, müssen wir die freie Energie heranziehen. Zunächst bemerken wir noch, daß sich für große h die Magnetisierung ihrem Sättigungswert nähert.

Tatsächlich kann man aus Gl. (6.5.14) die Funktion $h(m)$ sofort analytisch berechnen, da aus

$$\beta(\tilde{J}m + h) = \text{Artgh}\, m \equiv \frac{1}{2} \log \frac{1+m}{1-m}$$

die Zustandsgleichung

$$h = -kT_c m + \frac{kT}{2} \log \frac{1+m}{1-m} \qquad (6.5.23)$$

folgt. Deren Form ist für $T \lesseqgtr T_c$ in Abb. 6.8 für die beiden exemplarischen Werte $T = 0.8\, T_c$ und $1.2\, T_c$ in Einklang mit der graphischen Konstruktion wiedergegeben. Wie schon oben erwähnt, ist bei vorgegebenem Feld h der Wert der Magnetisierung unterhalb von T_c nicht überall eindeutig; z.B. treten für $h = 0$ die drei Werte $0, \pm m_0$ auf. Um herauszufinden, welche Teile der Zustandsgleichung physikalisch stabil sind, müssen wir die freie Energie untersuchen.

Die freie Energie in Molekularfeldnäherung $F = -kT \log Z_{\text{MFT}}$ bezogen auf einen Gitterplatz und in Einheiten der Boltzmann-Konstante ist mit (6.5.13') durch

$$f(T,h) = \frac{F}{Nk} = \frac{1}{2}T_c m^2 - T\log\left\{2\cosh((T_c m + h/k)/T)\right\}$$
$$\approx \frac{1}{2}(T-T_c)m^2 + \frac{T_c}{12}m^4 - mh/k - T\log 2 \qquad (6.5.24)$$

gegeben. Wir geben hier in der ersten Zeile den kompletten Ausdruck und in der zweiten die Entwicklung nach m, h und $T - T_c$ an, wie sie in der Nähe des Phasenübergangs verwendet werden kann. Hier muß noch $m = m(h)$ eingesetzt werden.

Aus (6.5.24) folgt für die Wärmekapazität bei verschwindendem äußeren Feld (für $T \approx T_c$)

$$c_{h=0} = -NkT \left.\frac{\partial^2 f}{\partial T^2}\right|_{h=0} = \begin{cases} 0 & T > T_c \\ \frac{3}{2}Nk\frac{T}{T_c} & T < T_c \end{cases},$$

woraus ein Sprung von der Größe $\Delta c_{h=0} = \frac{3}{2}Nk$ folgt. Wir berechnen unmittelbar die *Helmholtzsche* freie Energie

$$a(T,m) = f + mh/k$$
$$= \frac{1}{2}T_c m^2 - T\log\left\{2\cosh((T_c m + h/k)/T)\right\} + mh/k, \qquad (6.5.25)$$

in der $h = h(m)$ einzusetzen ist. Aus der Bestimmungsgleichung für m (6.5.14) folgt

$$T\log\left\{2\cosh((T_c m + h/k)/T)\right\} =$$
$$= T\log 2 + T\log\left(\frac{1}{1-\text{tgh}^2((T_c m + h/k)/T)}\right)^{1/2}$$
$$= T\log 2 - \frac{T}{2}\log(1-m^2).$$

Setzt man dies zusammen mit (6.5.23) in (6.5.25) ein, so erhält man

$$a(T,m) = -\frac{1}{2}T_c m^2 - T\log 2 + \frac{1}{2}T\log(1-m^2) + \frac{Tm}{2}\log\frac{1+m}{1-m}$$
$$\approx -T\log 2 + \frac{1}{2}(T_c - T)m^2 + \frac{T_c}{12}m^4, \qquad (6.5.26)$$

wobei die zweite Zeile in der Nähe von T_c gilt. Die Helmholtzsche freie Energie ist in Abb. 6.9 oberhalb und unterhalb von T_c dargestellt.
Wir weisen zunächst auf die Ähnlichkeit der freien Energie für $T < T_c$ mit der des van-der-Waals-Gases hin. Für $T < T_c$ gibt es einen Bereich in dem

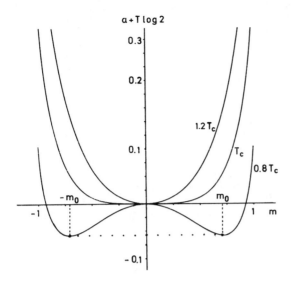

Abb. 6.9. Die Helmholtzsche freie Energie in Molekularfeldnäherung, oberhalb und unterhalb von T_c für $T = 0.8\,T_c$ und $T = 1.2\,T_c$.

$a(T, m)$ die Stabilitätsbedingung (6.1.24a) verletzt. Die Magnetisierung kann man aus Abb. 6.9 nach

$$h = k \left(\frac{\partial a}{\partial m} \right)_T \tag{6.5.27}$$

ablesen, indem man an die Funktion $a(T, m)$ eine Tangente mit Steigung h anlegt. Oberhalb von T_c ist diese Konstruktion eindeutig, unterhalb von T_c jedoch nur für genügend starkes Feld. Wir bleiben bei der Diskussion der Tieftemperaturphase und wollen die Umorientierung der Magnetisierung bei einer Richtungsänderung des äußeren Magnetfeldes bestimmen. Wir gehen zunächst von einem Magnetfeld h aus, für das nur ein einziger Wert der Magnetisierung nach der Tangentenkonstruktion resultiert. Bei Verkleinerung des Feldes wird m kleiner, bis bei $h = 0$ der Wert m_0 erreicht wird. Genau die gleiche Tangente, nämlich mit Steigung Null, besitzt der Punkt $-m_0$. Regionen mit Magnetisierung m_0 und $-m_0$ können deshalb miteinander im Gleichgewicht vorliegen. Wenn ein Bruchteil c des Körpers die Magnetisierung $-m_0$ aufweist und ein Bruchteil $1 - c$ die Magnetisierung m_0, liegt für $0 \leq c \leq 1$ die mittlere Magnetisierung

$$m = -cm_0 + (1 - c)m_0 = (1 - 2c)m_0 \tag{6.5.28}$$

im Intervall zwischen $-m_0$ und m_0. Die freie Energie dieses inhomogen magnetisierten Körpers ist $a(m_0)$ (punktierte Linie in Abb. 6.9) und deshalb niedriger als der nach oben gewölbte Teil der Molekularfeld-Lösung, die einem homogenen Zustand im Koexistenzbereich der beiden Zustände $+m_0$ und $-m_0$ entspricht. Im Intervall $[-m_0, m_0]$ nimmt das System nicht den homogenen

Zustand mit höherer freier Energie ein, sondern bricht in Domänen[24] auf, die nach Gl. (6.5.28) insgesamt die Magnetisierung m erbringen. Wir weisen auf die Analogie zur Maxwell-Konstruktion bei der van-der-Waals-Flüssigkeit hin.

Zur Vollständigkeit vergleichen wir noch die freien Energien der zu kleinem endlichen h gehörenden Magnetisierungszustände. Ohne Beschränkung der Allgemeinheit nehmen wir h als positiv an. Neben der positiven Magnetisierung gibt es für kleines h auch noch zwei Lösungen von (6.5.27) mit negativer Magnetisierung. Nach Abb. 6.9 ist es offensichtlich, daß die beiden letzteren höhere freie Energie besitzen als die Lösung mit positiver Magnetisierung. Für positives (negatives) Magnetfeld ist also der Zustand mit positiver (negativer) Magnetisierung der thermodynamisch stabile. Der schleifenförmige Teil ($T < T_c$) in Abb. 6.8 der Zustandsgleichung wird somit durch die punktierte Vertikale ersetzt.

Schließlich geben wir noch die Entropie in der Molekularfeldnäherung

$$s = \frac{S}{Nk} = -\left(\frac{\partial a}{\partial T}\right)_m = -\left[\frac{1+m}{2}\log\frac{1+m}{2} + \frac{1-m}{2}\log\frac{1-m}{2}\right] \quad (6.5.29)$$

an, die nur von der mittleren Magnetisierung m abhängt.

Die innere Energie ist durch

$$e = \frac{E}{Nk} = a - mh/k + Ts = -\frac{1}{2}T_c m^2 - mh/k \quad (6.5.30)$$

gegeben. Dies sieht man noch schneller aus (6.5.11), indem man den Mittelwert $\langle \mathcal{H} \rangle$ mit der Dichtematrix (6.5.12) bildet. Aus $h = k\frac{\partial a(T,m)}{\partial m}$ folgt wieder, $m = \text{tgh}\frac{T_c m + h/k}{T}$, also Gl. (6.5.14).

Bemerkungen:

(i) Die Molekularfeldnäherung läßt sich auch für andere Modelle, z.B. das Heisenberg-Modell, und auch ganz andere kooperative Phänomene durchführen. Die Resultate sind dabei ganz analog.

(ii) Die Wirkung der übrigen Spins auf einen beliebig herausgegriffenen wird in der Molekularfeldtheorie durch ein mittleres Feld ersetzt. Bei kurzreichweitiger Wechselwirkung wird die tatsächliche Feldkonfiguration erheblich von diesem Mittelwert abweichen. Je langreichweitiger die Wechselwirkung ist, umso mehr Spins tragen zu dem lokalen Feld bei und umso besser wird sich dieses dem gemittelten Feld annähern. Die Molekularfeldnäherung wird deshalb für langreichweitige Wechselwirkung exakt (siehe auch Beispiel 6.13,

---

[24] Die Zahl der Domänen kann auch größer als nur zwei sein. Bei nur wenigen Domänen ist die Grenzflächenenergie im Vergleich zum Gewinn an Volumensenergie vernachlässigbar, siehe Aufgabe 7.6. In der Realität spielt bei der Domänenbildung die Dipolwechselwirkung, Anisotropien und auch Inhomogenitäten des Kristalls eine Rolle. Die Domänen bilden sich so aus, daß die Energie inklusive des magnetischen Feldes möglichst niedrig wird.

Weiß-Modell). Es sei hier auch auf die Analogie der Molekularfeldtheorie zur Hartree-Fock-Theorie von Atomen und anderen Vielteilchensystemen hingewiesen.

(iii) Wir wollen noch auf ein weiteres Merkmal der Molekularfeldnäherung hinweisen. Die Ergebnisse sind völlig unabhängig von der Dimension. Dies widerspricht der Intuition und auch exakten Rechnungen. Bei kurzreichweitigen Kräften werden eindimensionale Systeme tatsächlich keinen Phasenübergang durchmachen; es gibt zu wenige Nachbarn, um zu einer kooperativen Ordnung zu führen.

(iv) Wir werden uns im nächsten Kapitel eingehend mit dem Vergleich des Gas-Flüssigkeits-Überganges und dem ferromagnetischen Übergang befassen. Schon jetzt wollen wir darauf hinweisen, daß sich die van-der-Waals-Flüssigkeit und der Ferromagnet in Molekularfeldnäherung in der unmittelbaren Nähe ihrer kritischen Punkte ganz ähnlich verhalten, z.B. sind $(\rho_G - \rho_c) \sim (T_c - T)^{1/2}$ und $M_0 \sim (T_c - T)^{1/2}$, und genauso divergieren die isotherme Kompressibilität und magnetische Suszeptibilität wie $(T_c - T)^{-1}$. Diese Ähnlichkeit ist nicht verwunderlich. In beiden Fällen wurde die Wechselwirkung mit den übrigen Gasatomen bzw. Spins durch ein mittleres Feld ersetzt, das sich selbstkonsistent aus der Zustandgleichung bestimmte.

(v) Vergleicht man die kritischen Potenz-Gesetze (6.5.17), (6.5.19), (6.5.21) mit Experimenten, mit der exakten Lösung des zweidimensionalen Ising-Modells und mit numerischen Ergebnissen aus Computersimulationen oder Reihenentwicklungen, so stellt man fest, daß zwar qualitativ ähnliche Potenzgesetze gelten, jedoch die kritischen Exponenten verschieden von jenen der Molekularfeldtheorie sind. Je niedriger die Dimension ist, umso größer sind die Abweichungen. Statt (6.5.17), (6.5.19), (6.5.21) findet man verallgemeinerte Potenzgesetze

$$m_0 \sim |\tau|^\beta \qquad T < T_c, \qquad (6.5.31\text{a})$$

$$m \sim h^{1/\delta} \qquad T = T_c, \qquad (6.5.31\text{b})$$

$$\chi \sim |\tau|^{-\gamma} \qquad T \gtrless T_c, \qquad (6.5.31\text{c})$$

$$c_h \sim |\tau|^{-\alpha} \qquad T \gtrless T_c. \qquad (6.5.31\text{d})$$

Die hier auftretenden *kritischen Exponenten* β, δ, γ und α sind i.a. verschieden von ihren Molekularfeldwerten $1/2, 3, 1$ und 0 (entsprechend dem Sprung). Zum Beispiel, für das *zweidimensionale Ising-Modell* sind $\beta = 1/8$, $\delta = 15$, $\gamma = 7/4$, $\alpha = 0$ (logarithmisch).

Bemerkenswerterweise hängen die Werte der kritischen Exponenten nicht von der Gitterstruktur ab, sondern nur von der Dimension des Systems. Alle Ising-Systeme mit kurzreichweitigen Kräften haben in d Dimensionen die gleichen kritischen Exponenten. Wir haben hier ein Beispiel der sogenannten *Universalität* vor uns. Das kritische Verhalten hängt nur von ganz wenigen Größen, wie der Dimension des Systems, der Zahl der Komponenten des Ordnungsparameters und der Symmetrie des Hamilton-Operators ab. Heisenberg-Ferromagneten haben andere kritische Exponenten als Ising-Ferromagneten, aber unter sich sind sie wiederum alle gleich. Mit diesen Bemerkungen über das tatsächliche Verhalten in der Nähe eines kritischen Punktes wollen wir die Diskussion beenden. Insbesondere verschieben wir die Darstellung weiterer Analogien zwischen Phasenübergängen auf das nächste Kapitel. Wir kehren nun wieder zu der Molekularfeldnäherung zurück und berechnen in diesem Rahmen die magnetische Suszeptibilität und die ortsabhängige Spin-Korrelationfunktion.

6.5.3 Korrelationsfunktion und Suszeptibilität

Im vorliegenden Abschnitt betrachten wir das Ising-Modell in Gegenwart eines ortsabhängigen äußeren Magnetfeldes h_l. Der Hamilton-Operator ist dann durch

$$\mathcal{H} = \mathcal{H}_0 - \sum_l h_l \sigma_l = -\frac{1}{2} \sum_{l,l'} J(l-l') \sigma_l \sigma_{l'} - \sum_l h_l \sigma_l \qquad (6.5.32)$$

gegeben. Die Magnetisierung pro Spin an der Position l

$$m_l = \langle \sigma_l \rangle \equiv \mathrm{Sp}\left[\mathrm{e}^{-\beta \mathcal{H}} \sigma_l\right] / \mathrm{Sp}\, \mathrm{e}^{-\beta \mathcal{H}}, \qquad (6.5.33)$$

hängt nun vom Ort ab.
Wir definieren zunächst die *Suszeptibilität*

$$\chi(\mathbf{x}_l, \mathbf{x}_{l'}) = \frac{\partial m_l}{\partial h_{l'}}, \qquad (6.5.34)$$

die die Antwort an der Stelle l auf eine Änderung des Feldes an der Stelle l' angibt.
Als *Korrelationsfunktion* wird definiert

$$\begin{aligned}G(\mathbf{x}_l, \mathbf{x}_{l'}) &\equiv \langle \sigma_l \sigma_{l'} \rangle - \langle \sigma_l \rangle \langle \sigma_{l'} \rangle \\ &= \langle (\sigma_l - \langle \sigma_l \rangle)(\sigma_{l'} - \langle \sigma_{l'} \rangle) \rangle. \end{aligned} \qquad (6.5.35)$$

Die Korrelationsfunktion (6.5.35) ist ein Maß dafür, wie Abweichungen von den jeweiligen Mittelwerten an den Stellen l und l' miteinander korreliert sind. Suszeptibilität und Korrelationsfunktion sind verknüpft durch die wichtige Beziehung (Fluktuations-Response-Theorem)

$$\chi(\mathbf{x}_l, \mathbf{x}_{l'}) = \frac{1}{kT} G(\mathbf{x}_l, \mathbf{x}_{l'}). \qquad (6.5.36)$$

Man zeigt (6.5.36) indem man (6.5.33) nach $h_{l'}$ ableitet.
Für ein translationsinvariantes System ist

$$\chi(\mathbf{x}_l, \mathbf{x}_{l'})|_{\{h_l=0\}} = \chi(\mathbf{x}_l - \mathbf{x}_{l'}) \quad \text{und} \quad G(\mathbf{x}_l, \mathbf{x}_{l'})|_{\{h_l=0\}} = G(\mathbf{x}_l - \mathbf{x}_{l'}) \ . \tag{6.5.37}$$

Für kleine Felder h_l gilt ($m'_l \equiv m_l - m$)

$$m'_l = \sum_{l'} \chi(\mathbf{x}_l - \mathbf{x}_{l'}) h_{l'} \ . \tag{6.5.38}$$

Ein periodisches Feld

$$h_l = h_{\mathbf{q}} e^{i\mathbf{q}\mathbf{x}_l} \tag{6.5.39}$$

verursacht folglich eine Magnetisierung der Form

$$m'_l = e^{i\mathbf{q}\mathbf{x}_l} \sum_{l'} \chi(\mathbf{x}_l - \mathbf{x}_{l'}) e^{-i\mathbf{q}(\mathbf{x}_l - \mathbf{x}_{l'})} h_{\mathbf{q}} = \chi(\mathbf{q}) e^{i\mathbf{q}\mathbf{x}_l} h_{\mathbf{q}} \ , \tag{6.5.40}$$

wobei

$$\chi(\mathbf{q}) = \sum_{l'} \chi(\mathbf{x}_l - \mathbf{x}_{l'}) e^{-i\mathbf{q}(\mathbf{x}_l - \mathbf{x}_{l'})} = \frac{1}{kT} \sum_l G(\mathbf{x}_l) e^{-i\mathbf{q}\mathbf{x}_l} \tag{6.5.41}$$

die Fourier-Transformierte der Suszeptibilität ist, und nach dem Gleichheitszeichen (6.5.36) eingesetzt wurde. Speziell für $\mathbf{q} = 0$ ergibt sich folgende Beziehung zwischen der homogenen Suszeptibilität und der Korrelationsfunktion

$$\chi \equiv \chi(0) = \frac{1}{kT} \sum_l G(\mathbf{x}_l) \ . \tag{6.5.42}$$

Da die Korrelationsfunktion (6.5.35) nie größer als 1 ist ($|\sigma_l| = 1$), und schon gar nicht divergent ist, kann die Divergenz der homogenen Suszeptibilität, Gl. (6.5.21), (der Suszeptibilität gegenüber einem ortsunabhängigen Feld) nur dadurch entstehen, daß die Korrelationen bei T_c unendliche Reichweite erlangen.

6.5.4 Ornstein–Zernike Korrelationsfunktion

Wir wollen nun die im vorhergehenden Abschnitt eingeführte Korrelationsfunktion in Molekularfeldnäherung berechnen. Wie schon zuvor sei das Feld h_l und somit auch der Mittelwert $m_l = \langle \sigma_l \rangle$ ortsabhängig. Die Dichtematrix lautet nun in Molekularfeldnäherung

$$\rho_{\text{MFT}} = Z^{-1} \exp\left[\beta \sum_l \sigma_l (h_l + \sum_{l'} J(l - l') \langle \sigma_{l'} \rangle)\right]. \tag{6.5.43}$$

Die Fourier-Transformierte der als kurzreichweitig vorausgesetzten Austauschkopplung schreiben wir für kleine Wellenzahlen als

$$\tilde{J}(\mathbf{k}) \equiv \sum_l J(l) e^{-i\mathbf{k}\mathbf{x}_l} \approx \tilde{J} - \mathbf{k}^2 \frac{1}{6} \sum_l \mathbf{x}_l^2 J(l) \equiv \tilde{J} - k^2 J . \qquad (6.5.44)$$

Hier haben wir die Exponentialfunktion durch ihre Taylor-Reihe ersetzt. Wegen der Spiegelsymmetrie eines kubischen Gitters ist $J(-l) = J(l)$, und deshalb tritt kein linearer Term in $\mathbf{k}$ auf. Außerdem gilt $\sum_l (\mathbf{k} \cdot \mathbf{x}_l)^2 J(l) = \frac{1}{3} k^2 \sum_l \mathbf{x}_l^2 J(l)$. Die Konstante J ist durch

$$J = \frac{1}{6} \sum_l \mathbf{x}_l^2 J(l) \qquad (6.5.45)$$

definiert. Mit der Molekularfelddichtematrix (6.5.43) erhalten wir für den Mittelwert von σ_l analog zu (6.5.14) in Abschnitt 6.5.2

$$\langle \sigma_l \rangle = \operatorname{tgh} \left[\beta (h_l + \sum_{l'} J(l-l') \langle \sigma_{l'} \rangle) \right] . \qquad (6.5.46)$$

Wir bilden nun die Ableitung $\frac{\partial}{\partial h_{l'}}$ der letzten Gleichung (6.5.46), setzen alle $h_{l'} = 0$ und erhalten für die Suszeptibilität

$$\begin{aligned}\chi(\mathbf{x}_l - \mathbf{x}_{l'}) = &\frac{1}{\cosh^2 \left[\beta \sum_{l''} J(l-l'') m \right]} \times \\ &\times \left(\beta \delta_{ll'} + \beta \sum_{l''} J(l-l'') \chi(\mathbf{x}_{l''} - \mathbf{x}_{l'}) \right)\end{aligned} \qquad (6.5.47)$$

Die Fourier-transformierte Suszeptibilität (6.5.41) erhält man aus (6.5.47) indem man sich an das Faltungstheorem erinnert:

$$\chi(\mathbf{q}) = \frac{1}{\cosh^2 \beta \tilde{J} m} \left(\beta + \beta \tilde{J}(\mathbf{q}) \chi(\mathbf{q}) \right) . \qquad (6.5.48)$$

Verwendet man außerdem $\cosh^2 \beta \tilde{J} m = \frac{1}{1 - \operatorname{tgh}^2 \beta \tilde{J} m} = \frac{1}{1-m^2}$, wo die Bestimmungsgleichung für m, Gl. (6.5.16) eingesetzt wurde, so folgt allgemein

$$\chi(\mathbf{q}) = \frac{\beta}{\frac{1}{1-m^2} - \beta \tilde{J}(\mathbf{q})} . \qquad (6.5.49)$$

Aus der letzten Gleichung folgt mit (6.5.15) und (6.5.44) in der Nähe von T_c

$$\chi(\mathbf{q}) = \frac{\beta}{1 - \frac{T_c}{T} + m_0^2 + \frac{Jq^2}{kT}} \qquad \text{für} \quad T \approx T_c \qquad (6.5.50)$$

oder auch

$$\chi(\mathbf{q}) = \frac{1}{J(q^2 + \xi^{-2})}, \qquad (6.5.50')$$

wobei die *Korrelationslänge*

$$\xi = \left(\frac{J}{kT_c}\right)^{\frac{1}{2}} \begin{cases} \tau^{-1/2} & T > T_c \\ (-2\tau)^{-1/2} & T < T_c \end{cases} \qquad (6.5.51)$$

eingeführt wurde mit $\tau = (T - T_c)/T_c$. Die Suszeptibilität im Ortsraum erhält man durch Umkehrung der Fourier-Transformation

$$\chi(\mathbf{x}_l - \mathbf{x}_{l'}) = \frac{1}{N}\sum_{\mathbf{q}} \chi(\mathbf{q})e^{i\mathbf{q}(\mathbf{x}_l - \mathbf{x}_{l'})} = \frac{V}{N(2\pi)^3}\int d^3q\,\chi(\mathbf{q})\,e^{i\mathbf{q}(\mathbf{x}_l - \mathbf{x}_{l'})}.$$
$$(6.5.52)$$

Beim zweiten Gleichheitszeichen wurde vorausgesetzt, daß das System makroskopisch ist, so daß die Summe über $\mathbf{q}$ durch ein Integral ersetzt werden kann (vergl. (4.1.2b) und (4.1.14a) mit $\mathbf{p}/\hbar \to \mathbf{q}$).

Zur Berechnung der Suszeptibilität für große Abstände genügt es, für $\chi(\mathbf{q})$ das Ergebnis für kleine $\mathbf{q}$ (Gl. (6.5.50')) einzusetzen, dann folgt mit der Gitterkonstanten a

$$\chi(\mathbf{x}_l - \mathbf{x}_{l'}) = \frac{a^3}{(2\pi)^3}\int d^3q\,\frac{e^{i\mathbf{q}(\mathbf{x}_l - \mathbf{x}_{l'})}}{J(q^2 + \xi^{-2})} = \frac{a^3 e^{-|\mathbf{x}_l - \mathbf{x}_{l'}|/\xi}}{4\pi J|\mathbf{x}_l - \mathbf{x}_{l'}|}. \qquad (6.5.53)$$

Aus dem so berechneten χ ergibt sich über (6.5.37), die Korrelationsfunktion

$$G(\mathbf{x}) = kT\chi(\mathbf{x}) = \frac{kTa^3 e^{-|\mathbf{x}|/\xi}}{4\pi J|\mathbf{x}|}, \qquad (6.5.53')$$

die in diesem Zusammenhang *Ornstein-Zernike-Korrelationsfunktion* heißt. Die Ornstein-Zernike-Korrelationsfunktion und ihre Fourier-Transformierte sind in Abb. 6.10 und Abb. 6.11 für die Temperaturen $T = 1.01\,T_c$ und T_c dargestellt. In diesen Figuren ist auch die Korrelationslänge ξ bei $T = 1.01\,T_c$ eingetragen. Die Größe ξ_0 ist nach (6.5.48) durch $\xi_0 = (J/kT_c)^{1/2}$ definiert. Für große Abstände fällt $\chi(\mathbf{x})$ exponentiell wie $\frac{1}{|\mathbf{x}|}e^{-|\mathbf{x}|/\xi}$ ab. Die Korrelationslänge ξ charakterisiert die typische Länge, über die Spin-Fluktuationen korreliert sind. Für $|\mathbf{x}| \gg \xi$ ist $G(\mathbf{x})$ praktisch Null. Bei T_c ist $\xi = \infty$, und $G(\mathbf{x})$ gehorcht dem Potenzgesetz

$$G(\mathbf{x}) = \frac{kT_c v}{4\pi J|\mathbf{x}|} \qquad (6.5.54)$$

mit dem Volumen der Einheitszelle $v = a^3$. $\chi(\mathbf{q})$ verhält sich für $\xi^{-1} \ll q$ wie $1/q^2$ und ist für $q = 0$ identisch mit der Curie-Weiß-Suszeptibilität. Bei Annäherung an T_c wird $\chi(0)$ immer größer. Es sollte noch bemerkt werden,

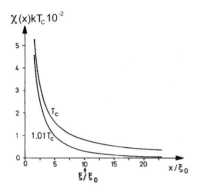

Abb. 6.10. Ornstein-Zernike-Korrelationsfunktion für $T = 1.01\, T_c$ und für $T = T_c$. Die Abstände werden in Einheiten von $\xi_0 = (J/kT_c)^{1/2}$ gemessen.

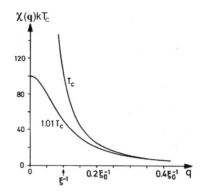

Abb. 6.11. Die Fouriertransformierte der Ornstein-Zernike-Suszeptibilität für $T = 1.01\, T_c$ und für $T = T_c$. Durch den Pfeil ist die inverse Korrelationslänge für $T = 1.01\, T_c$ markiert.

daß die Kontinuumstheorie und damit (6.5.50′) und (6.5.52) nur für $|\mathbf{x}| \gg a$ zutreffend ist.

Ein wichtiges experimentelles Hilfsmittel zur Untersuchung von magnetischen Phänomenen ist die Neutronenstreuung. Das magnetische Moment des Neutrons wechselwirkt mit dem durch die magnetischen Momente des Festkörpers erzeugten Magnetfeld und reagiert deshalb auf die magnetische Struktur und auf statische und dynamische Fluktuationen. Der elastische Streuquerschnitt ist proportional zur statischen Suszeptibilität $\chi(\mathbf{q})$. Hierbei ist $\mathbf{q}$ der Impulsübertrag $\mathbf{q} = \mathbf{k}_{\text{ein}} - \mathbf{k}_{\text{aus}}$, wo $\mathbf{k}_{\text{ein(aus)}}$ die Wellenzahlen der einfallenden und auslaufenden Neutronen sind. Das Anwachsen von $\chi(\mathbf{q})$ bei kleinen $\mathbf{q}$ für $T \to T_c$ führt zu starker Streuung in Vorwärtsrichtung. Dies ist der Ausdruck der *kritischen Opaleszenz* in der Nähe des Curie-Punktes analog zum entsprechenden Phänomen in der Lichtstreuung in der Nähe des kritischen Punktes des Flüssigkeits-Gas-Überganges.

Die Korrelationslänge ξ divergiert am kritischen Punkt, die Korrelationen werden bei Annäherung an T_c immer langreichweitiger. Deshalb sind statistische Fluktuationen der magnetischen Momente über immer größer werdende Bereiche miteinander korreliert. Außerdem induziert wegen (6.5.37) ein Feld das an der Stelle $\mathbf{x}$ einwirkt, nicht nur an dieser Stelle eine Polarisation, sondern auch noch in der Entfernung ξ. Das Anwachsen der Korrelation kann man auch an den in Abb. 6.12 dargestellten Spin-Konfigurationen erkennen. Hier sind Momentaufnahmen einer Computersimulation des Ising-Modells dargestellt. Weiße Quadrate stellen $\sigma = +1$ und schwarze Quadrate $\sigma = -1$ dar. Bei der zweifachen Übergangstemperatur sind die Spins nur über ganz kleine Distanzen (wenige Gitterkonstanten) korreliert. Bei $T = 1.1\, T_c$ ist das Anwachsen der Korrelationslänge deutlich erkennbar. Neben ganz kleinen

Abb. 6.12. Momentaufnahme der Spinkonfiguration eines zweidimensionalen Ising-Modells bei $T = 2T_c, T = 1.1\,T_c$ und $T = T_c$. Weiße Quadrate $\sigma = +1$, schwarze Quadrate $\sigma = -1$.

Clustern sind sowohl schwarze wie weiße Cluster bis hinauf zur Korrelationslänge $\xi\,(T = 1.1\,T_c)$ erkennbar. Bei $T = T_c$ ist $\xi = \infty$. Man sieht in der Abbildung zwei große weiße und schwarze Cluster. Würde man den Ausschnitt vergrößern, so würde sich zeigen, daß diese sich selbst nur innerhalb eines noch größeren Clusters befinden, der auch seinerseits nur Teil eines noch größeren ist. Es gibt also korrelierte Regionen auf allen *Längenskalen*. Es ist hier eine *Skaleninvarianz* ersichtlich, auf die wir später noch zurückkommen werden. Wenn wir die Längeneinheit vergrößern, werden die großen Cluster zu kleineren Clustern, da aber Cluster bis zu unendlich großer Ausdehnung vorliegen, bleibt das Bild das gleiche.

Die Ornstein-Zernike Theorie (6.5.51) und (6.5.53′) gibt qualitativ das richtige Verhalten. Die Korrelationslänge divergiert allerdings in Wirklichkeit wie $\xi = \xi_0 \tau^{-\nu}$, wo i.A. $\nu \neq \frac{1}{2}$ ist, und auch die Form von $G(\mathbf{x})$ unterscheidet sich von (6.5.53′) (siehe Kap. 7).

*6.5.5 Kontinuumsdarstellung

6.5.5.1 Korrelationsfunktion und Suszeptibilität

Es ist instruktiv, die in den vorhergehenden Abschnitten erhaltenen Ergebnisse in einer Kontinuumsdarstellung abzuleiten. Die dabei auftretenden Formeln erlauben auch einen direkten Vergleich mit der später (Kap. 7) noch zu behandelnden Ginzburg-Landau-Theorie. Kritische Anomalien treten bei großen Wellenlängen auf. Um diesen Bereich zu beschreiben, ist es ausreichend und zweckmäßig, zu einer Kontinuumsformulierung überzugehen

$$h_l \to h(\mathbf{x})\,,\ \sigma_l \to \sigma(\mathbf{x})\,,\ m_l \to m(\mathbf{x})\,,$$
$$\sum_l h_l \sigma_l \to \int \frac{d^3x}{v} h(\mathbf{x})\,\sigma(\mathbf{x})\,, \tag{6.5.55}$$

dabei ist a die Gitterkonstante und $v = a^3$ das Volumen der Elementarzelle. Aus der Summe über l wird im Grenzfall $v \to \infty$ ein Integral über $\mathbf{x}$. Die partielle

Ableitung wird zur Funktionalableitung[25] ($v \to 0$)

$$\frac{\delta m(\mathbf{x})}{\delta h(\mathbf{x'})} = \frac{1}{v} \frac{\partial m_l}{\partial h_{l'}} \quad \text{etc., z.B.} \quad \frac{\delta h(\mathbf{x})}{\delta h(\mathbf{x'})} = \delta(\mathbf{x} - \mathbf{x'}) . \qquad (6.5.56)$$

Für die Suszeptibilität und Korrelationsfunktion erhält man aus (6.5.34) somit

$$\chi(\mathbf{x} - \mathbf{x'}) = v \frac{\delta m(\mathbf{x})}{\delta h(\mathbf{x'})} = \frac{\partial m_l}{\partial h_{l'}} = \frac{1}{kT} G(\mathbf{x} - \mathbf{x'}) . \qquad (6.5.57)$$

Für kleines $h(\mathbf{x})$ gilt

$$m(\mathbf{x}) = \int \frac{d^3 x'}{v} \chi(\mathbf{x} - \mathbf{x'}) \, h(\mathbf{x'}) . \qquad (6.5.58)$$

Ein periodisches Feld

$$h(\mathbf{x'}) = h_{\mathbf{q}} \, e^{i\mathbf{q}\mathbf{x'}} \qquad (6.5.59)$$

induziert eine Magnetisierung der Form

$$m(\mathbf{x}) = e^{i\mathbf{q}\mathbf{x}} \int \frac{d^3 x'}{v} \chi(\mathbf{x} - \mathbf{x'}) \, e^{-i\mathbf{q}(\mathbf{x}-\mathbf{x'})} \, h_{\mathbf{q}} = \chi(\mathbf{q}) \, e^{i\mathbf{q}\mathbf{x}} \, h_{\mathbf{q}} , \qquad (6.5.60)$$

wobei

$$\chi(\mathbf{q}) = \int \frac{d^3 y}{v} \chi(\mathbf{y}) \, e^{-i\mathbf{q}\mathbf{y}} = \frac{1}{kTv} \int d^3 y \, e^{-i\mathbf{q}\mathbf{y}} \, G(\mathbf{y}) \qquad (6.5.61)$$

die Fourier-Transformierte der Suszeptibilität ist, und nach dem zweiten Gleichheitszeichen (6.5.37) eingesetzt wurde. Speziell für $\mathbf{q} = 0$ ergibt sich folgende Beziehung zwischen der homogenen Suszeptibilität und der Korrelationsfunktion

$$\chi \equiv \chi(0) = \frac{1}{kTv} \int d^3 y \, G(\mathbf{y}) . \qquad (6.5.62)$$

6.5.5.2 Ornstein-Zernike-Korrelationsfunktion

Wie schon zuvor sei das Feld $h(\mathbf{x})$ und somit auch der Mittelwert $\langle \sigma(\mathbf{x}) \rangle$ ortsabhängig. Die Dichtematrix lautet nun in Molekularfeldnäherung in Kontinuumsdarstellung:

$$\rho_{\text{MFT}} = Z^{-1} \exp\left[\beta \int \frac{d^3 x}{v} \sigma(\mathbf{x}) \left(h(\mathbf{x}) + \int \frac{d^3 x'}{v} J(\mathbf{x} - \mathbf{x'}) \langle \sigma(\mathbf{x'}) \rangle \right)\right] . \qquad (6.5.63)$$

Die Fourier-Transformierte der Austauschkopplung nimmt für kleine Wellenzahlen die Form

$$\tilde{J}(\mathbf{k}) = \int \frac{d^3 x}{v} J(\mathbf{x}) \, e^{-i\mathbf{k}\cdot\mathbf{x}} \approx \tilde{J} - \frac{1}{6} \mathbf{k}^2 \int \frac{d^3 x}{v} \mathbf{x}^2 J(\mathbf{x}) \equiv \tilde{J} - k^2 J \qquad (6.5.64)$$

---

[25] Die allgemeine Definition der Funktionalableitung findet sich in W.I. Smirnov, *Lehrgang der höheren Mathematik*, Bd.V, VEB Deutscher Verlag der Wissenschaften, Berlin, 1960 oder QM I, Abschn. 13.3.1; siehe auch S. Großmann, *Funktionalanalysis*, Kap. 8, 4. Aufl., 1988, AULA-Verlag, Wiesbaden.

6. Magnetismus

an, wobei die Exponentialfunktion durch ihre Taylor-Reihe ersetzt wurde. Wegen der Kugelsymmetrie der Austauschwechselwirkung $J(\mathbf{x}) \equiv J(|\mathbf{x}|)$ tritt kein linearer Term in $\mathbf{k}$ auf und ist $\int d^3x\,(\mathbf{kx})^2 J(\mathbf{x}) = \frac{1}{3}\mathbf{k}^2 \int d^3x\,\mathbf{x}^2 J(\mathbf{x})$. Die Konstante J ist durch $J = \frac{1}{6v}\int d^3x\,\mathbf{x}^2\,J(\mathbf{x})$ definiert. Die Umkehrung von (6.5.64) liefert

$$J(\mathbf{x}) = v\left(\tilde{J} + J\boldsymbol{\nabla}^2\right)\delta(\mathbf{x})\,. \qquad (6.5.65)$$

Für Phänomene bei kleinen $\mathbf{k}$ oder großen Abständen kann die tatsächliche Ortsabhängigkeit der Austauschwechselwirkung durch (6.5.65) ersetzt werden. Dies setzen wir in (6.5.63) ein und erhalten für den Mittelwert von $\sigma(x)$ analog zu (6.5.14) in Abschnitt 6.5.2

$$\langle\sigma(\mathbf{x})\rangle = \operatorname{tgh}\left[\beta\left(h(\mathbf{x}) + \tilde{J}\langle\sigma(\mathbf{x})\rangle + J\boldsymbol{\nabla}^2\langle\sigma(\mathbf{x})\rangle\right)\right]\,. \qquad (6.5.66)$$

In der Nähe von T_c können wir ähnlich wie in (6.5.16) entwickeln, $m(\mathbf{x}) \equiv \langle\sigma(\mathbf{x})\rangle$,

$$\tau m(\mathbf{x}) - \frac{J}{kT_c}\boldsymbol{\nabla}^2 m(\mathbf{x}) + \frac{1}{3}m(\mathbf{x})^3 = \frac{h(\mathbf{x})}{kT_c}\,, \qquad (6.5.67)$$

mit $\tau = (T - T_c)/T_c$, wobei wegen der räumlichen Inhomogenität der Magnetisierung der zweite Term auf der linken Seite auftritt. Die Gleichungen des Kontinuumsgrenzfalls kann man in jedem Schritt auch direkt aus den jeweiligen Gleichungen der diskreten Darstellung erhalten, z.B. folgt (6.5.67) aus (6.5.46), indem man die Ersetzungen $\langle\sigma_l\rangle = m_l \to m(\mathbf{x}), J(l) \to J(\mathbf{x}) = \left(\tilde{J} + J\boldsymbol{\nabla}^2\right)\delta(\mathbf{x})$ durchführt. Wir bilden die Funktionalableitung $\frac{\delta}{\delta h(\mathbf{x}')}$ der letzten Gleichung (6.5.67)

$$\left[\tau - \frac{J}{kT_c}\boldsymbol{\nabla}^2 + m_0^2\right]\chi(\mathbf{x}-\mathbf{x}') = v\delta(\mathbf{x}-\mathbf{x}')/kT_c\,. \qquad (6.5.68)$$

Da die Suszeptibilität im Grenzfall $h \to 0$ berechnet wird, steht auf der linken Seite m_0, die spontane Magnetisierung, die durch die Molekularfeldausdrücke (6.5.17a,b) gegeben ist. Die Lösung dieser auch in Zusammenhang mit dem Yukawa-Potential auftretenden Differentialgleichung ist in drei Dimensionen durch

$$\chi(\mathbf{x}-\mathbf{x}') = \frac{v\,\mathrm{e}^{-|\mathbf{x}-\mathbf{x}'|/\xi}}{4\pi J\,|\mathbf{x}-\mathbf{x}'|} \qquad (6.5.69)$$

gegeben. Die Fourier-Transformation lautet

$$\chi(\mathbf{q}) = \frac{1}{J\,(q^2 + \xi^{-2})}\,. \qquad (6.5.70)$$

Dabei wurde die *Korrelationslänge* eingeführt:

$$\xi = \left(\frac{J}{kT_c}\right)^{1/2} \begin{cases} \tau^{-1/2} & T > T_c \\ (-2\tau)^{-1/2} & T < T_c \end{cases} \qquad (6.5.71)$$

Die so erhaltenen Ergebnisse stimmen mit denen des vorhergehenden Abschnitts überein; für deren Diskussion verweisen wir darauf.

*6.6 Dipolwechselwirkung, Formabhängigkeit, innere und äußere Felder

6.6.1 Hamilton-Operator

In diesem Abschnitt werden wir den Einfluß der Dipolwechselwirkung untersuchen. Der gesamte Hamilton-Operator für die magnetischen Momente $\boldsymbol{\mu}_l$ lautet

$$\mathcal{H} \equiv \mathcal{H}_0(\{\boldsymbol{\mu}_l\}) + \mathcal{H}_d(\{\boldsymbol{\mu}_l\}) - \sum_l \boldsymbol{\mu}_l \mathbf{H}_a \ . \tag{6.6.1}$$

$\mathcal{H}_0$ enthält die Austauschwechselwirkung zwischen den magnetischen Momenten, $\mathcal{H}_d$ die Dipolwechselwirkung

$$\begin{aligned}\mathcal{H}_d &= \frac{1}{2} \sum_{l,l'} A_{ll'}^{\alpha\beta} \mu_l^\alpha \mu_{l'}^\beta \\ &= \frac{1}{2} \sum_{l,l'} \left(\frac{\delta_{\alpha\beta}}{|\mathbf{x}_l - \mathbf{x}_{l'}|^3} - \frac{3(\mathbf{x}_l - \mathbf{x}_{l'})_\alpha (\mathbf{x}_l - \mathbf{x}_{l'})_\beta}{|\mathbf{x}_l - \mathbf{x}_{l'}|^5} \right) \mu_l^\alpha \mu_{l'}^\beta\end{aligned} \tag{6.6.2}$$

und $\mathbf{H}_a$ das von außen angelegte Feld. Die Dipolwechselwirkung ist im Unterschied zur Austauschwechselwirkung langreichweitig, sie nimmt mit der dritten Potenz des Abstandes ab. Obwohl die Dipolwechselwirkung i.A. wesentlich schwächer als die Austauschwechselwirkung ist – ihre Energie entspricht einer Temperatur von etwa[26] 1 K – spielt sie wegen ihrer langen Reichweite und auch wegen der Anisotropie für manche Phänomene eine wichtige Rolle.

Das Ziel dieses Abschnittes ist es, Aussagen über die freie Energie für den Hamilton-Operator (6.6.1)

$$F(T, H_a) = -kT \log \mathrm{Sp}\, e^{-\mathcal{H}/kT} \tag{6.6.3}$$

und deren Ableitungen zu erhalten und die Änderungen aufgrund der Dipolwechselwirkung zu analysieren. Bevor wir uns der mikroskopischen Theorie zuwenden, wollen wir einige elementare Konsequenzen der klassischen Magnetostatik für die Thermodynamik herleiten; die Begründung im Rahmen der statistischen Mechanik wird am Ende des Abschnittes durchgeführt.

---

[26] Siehe z.B. die Abschätzung in N.W. Ashcroft and N.D. Mermin, *Solid State Physics*, Holt, Rinehart and Winston, New York, 1976, S. 673.

6.6.2 Thermodynamik und Magnetostatik

6.6.2.1 Entmagnetisierungsfeld

Schon aus der Elektrodynamik[27] (Magnetostatik) ist wohlbekannt, daß in einem magnetisierten Körper zu dem von außen angelegten Feld $\mathbf{H}_a$ ein von den Dipolfeldern der einzelnen magnetischen Momente herrührendes Entmagnetisierungsfeld $\mathbf{H}_e$ hinzukommt, so daß das im Inneren des Magneten wirkende Feld $\mathbf{H}_i$,

$$\mathbf{H}_i = \mathbf{H}_a + \mathbf{H}_e \,, \tag{6.6.4a}$$

im allgemeinen verschieden von $\mathbf{H}_a$ ist. Das Feld $\mathbf{H}_e$ ist nur in *Ellipsoiden* und deren Grenzformen homogen, und auf *derartige Körper* wollen wir uns wie üblich *beschränken*. Für Ellipsoide ist das Entmagnetisierungsfeld von der Form $\mathbf{H}_e = -D\,\mathbf{M}$ und somit ist das (makroskopische) Feld im Inneren

$$\mathbf{H}_i = \mathbf{H}_a - D\,\mathbf{M} \,. \tag{6.6.4b}$$

Hier ist D der Entmagnetisierungstensor und $\mathbf{M}$ die Magnetisierung (pro Einheitsvolumen). Für $\mathbf{H}_a$ längs einer der Hauptachsen, bedeutet D in (6.6.4b) den zugehörigen Entmagnetisierungsfaktor. Für $\mathbf{H}_a$ und damit $\mathbf{M}$ parallel zur Achse eines langen zylindrischen Körpers ist $D = 0$, für $\mathbf{H}_a$ und $\mathbf{M}$ senkrecht zu einer unendlich ausgedehnten dünnen Platte ist $D = 4\pi$, und für eine Kugel ist $D = \frac{4\pi}{3}$. Der Wert des inneren Feldes hängt also von der Form der Probe und von der Richtung des Feldes ab.

6.6.2.2 Magnetische Suszeptibilitäten

Wir müssen nun unterscheiden zwischen der Suszeptibilität bezüglich des äußeren Feldes $\chi_a(H_a) = \frac{\partial M}{\partial H_a}$ und der Suszeptibilität bezüglich des inneren Feldes $\chi_i(H_i) = \frac{\partial M}{\partial H_i}$. Wir betrachten zunächst nur Felder in Richtung der Vorzugsachsen, so daß wir vom Tensorcharakter der Suszeptibilitäten absehen können. Es sei betont, daß die in der Elektrodynamik übliche Definition die zweite ist. Dies liegt daran, daß $\chi_i(H_i)$ eine reine Materialgröße[28] ist, und daß wegen rot $\mathbf{H}_i = \frac{4\pi}{c}\mathbf{j}$ das Feld $\mathbf{H}_i$ in einem Spulenkern durch die Stromstärke $\mathbf{j}$ gesteuert werden kann.

Indem man Gl. (6.6.4b) nach M ableitet, erhält man zwischen den beiden Suszeptibilitäten den Zusammenhang

---

[27] A. Sommerfeld, *Elektrodynamik*, 5. Aufl., Akademische Verlagsgesellschaft, Leipzig 1967;
R. Becker u. F. Sauter, *Theorie der Elektrizität*, Bd. 1, 21. Auflage, S. 52, Teubner, Stuttgart, 1973; J. D. Jackson, *Classical Electrodynamics*, John Wiley, New York, 1962

[28] In der magnetischen Literatur nennt man $\chi_i(H_i)$ wahre Suszeptibilität und $\chi_a(H_a)$ scheinbare Suszeptibilität. E. Kneller, *Ferromagnetismus*, Springer, Berlin, 1962, S. 97

6.6 Dipolwechselwirkung, Formabhängigkeit, innere und äußere Felder   313

$$\frac{1}{\chi_i(H_i)} = \frac{1}{\chi_a(H_a)} - D \ . \tag{6.6.5a}$$

Es ist physikalisch klar, daß die Suszeptibilität $\chi_i(H_i)$ bezüglich des im Inneren des Körpers wirkenden Feldes H_i eine spezifische, von der Form unabhängige Materialgröße ist und daß somit die Formabhängigkeit von $\chi_a(H_a)$

$$\chi_a(H_a) = \frac{\chi_i(H_i)}{1 + D\chi_i(H_i)} \tag{6.6.5b}$$

durch das Auftreten von D in (6.6.5b) und (6.6.4b) resultiert.[29]

Wenn das Feld nicht in eine der Hauptachsen des Ellipsoids weist, findet man durch Ableiten der α-Komponente von (6.6.4b) nach M_β die tensorielle Beziehung

$$\left(\chi_i^{-1}\right)_{\alpha\beta} = \left(\chi_a^{-1}\right)_{\alpha\beta} - D_{\alpha\beta} \ . \tag{6.6.5c}$$

Relationen der Art (6.6.5a-c) findet man schon in der klassischen thermodynamischen Literatur.[30]

6.6.2.3 Freie Energien und spezifische Wärmen

Geht man von der freien Energie $F(T, H_a)$ mit dem Differential

$$dF = -SdT - V\mathbf{M}d\mathbf{H}_a \tag{6.6.6}$$

aus, so können wir über eine Legendre-Transformation eine weitere freie Energie

$$\hat{F}(T, \mathbf{H}_i) = F(T, \mathbf{H}_a) + \frac{V}{2}M^\alpha D^{\alpha\beta} M^\beta \tag{6.6.7a}$$

definieren. Das Differential dieser freien Energie ist mit (6.6.4b) durch

$$d\hat{F}(T, \mathbf{H}_i) = -SdT - V\mathbf{M}d\mathbf{H}_i \tag{6.6.7b}$$

gegeben. Da die Entropie $S(T, \mathbf{H}_i)$ und die Magnetisierung $\mathbf{M}(T, \mathbf{H}_i)$ als Funktion des inneren Feldes unabhängig von der Form sein müssen, sind alle Ableitungen von $\hat{F}(T, \mathbf{H}_i)$ unabhängig von der Form der Probe. Deshalb ist die freie Energie $\hat{F}(T, \mathbf{H}_i)$ selbst formunabhängig. Aus (6.6.6) und (6.6.7b) folgt

---

[29] Wenn $\chi_i \lesssim 10^{-4}$, wie in vielen praktischen Situationen, kann man die Entmagnetisierungskorrektur vernachlässigen. Andererseits gibt es auch Fälle in denen die Form des Körpers wichtig werden kann. In paramagnetischen Salzen wächst χ_i aufgrund des Curie-Gesetzes bei tiefen Temperaturen an und kann von der Größenordnung 1 werden und in Supraleitern ist $4\pi\chi_i = -1$.

[30] R. Becker und W. Döring, *Ferromagnetismus*, Springer, Berlin, 1939, S. 8.

6. Magnetismus

$$S = -\left(\frac{\partial F}{\partial T}\right)_{H_a} = -\left(\frac{\partial \hat{F}}{\partial T}\right)_{H_i} \tag{6.6.8}$$

und

$$M = -\frac{1}{V}\left(\frac{\partial F}{\partial H_a}\right)_T = -\frac{1}{V}\left(\frac{\partial \hat{F}}{\partial H_i}\right)_T. \tag{6.6.9}$$

Auch die spezifische Wärme kann man bei konstantem inneren Feld

$$C_{H_i} = \frac{T}{V}\left(\frac{\partial S}{\partial T}\right)_{H_i} \tag{6.6.10a}$$

und konstantem äußeren Feld

$$C_{H_a} = \frac{T}{V}\left(\frac{\partial S}{\partial T}\right)_{H_a} \tag{6.6.10b}$$

definieren. Man zeigt leicht unter Verwendung der Jacobi-Determinante, wie in Abschn. 3.2.4, die folgenden Zusammenhänge

$$C_{H_a} = C_{H_i}\frac{1}{1 + D\chi_{i_T}} \tag{6.6.11a}$$

$$C_{H_i} = C_{H_a} + T\frac{\left(\frac{\partial M}{\partial T}\right)_{H_a} D\left(\frac{\partial M}{\partial T}\right)_{H_a}}{1 - D\chi_{a_T}} \tag{6.6.11b}$$

und

$$C_{H_a} = C_{H_i} - T\frac{\left(\frac{\partial M}{\partial T}\right)_{H_i} D\left(\frac{\partial M}{\partial T}\right)_{H_i}}{1 + D\chi_{i_T}}, \tag{6.6.11c}$$

wo der Index T auf die isotherme Suszeptibilität hinweist.

Die aus den oben angeführten physikalischen Gründen einleuchtende Formunabhängigkeit von $\chi_i(H_i)$ und $\hat{F}(T, H_i)$ wurde auch mit störungstheoretischen Methoden abgeleitet.[31] Für verschwindendes Feld wurde die Formunabhängigkeit ohne Verwendung der Störungstheorie bewiesen.[32]

6.6.2.4 Lokales Feld

Neben dem inneren Feld benötigt man gelegentlich auch das lokale Feld H_{lok}. Das ist das Feld, das an der Stelle eines magnetischen Momentes wirkt. Man erhält es, indem man sich um den betrachteten Gitterpunkt eine Kugel denkt, die groß ist gegenüber der Einheitszelle, aber klein gegenüber dem gesamten Ellipsoid (siehe Abb. 6.13). Für das lokale Feld erhält man[27]

$$H_{\text{lok}} = H_a + \phi M \tag{6.6.12a}$$

mit $\quad \phi = \phi_0 + \frac{4\pi}{3} - D$. \tag{6.6.12b}

---
[31] P.M. Levy, Phys. Rev. **170**, 595 (1968); H. Horner, Phys. Rev. **172**, 535 (1968)
[32] R.B. Griffiths, Phys.Rev.**176**, 655 (1968)

6.6 Dipolwechselwirkung, Formabhängigkeit, innere und äußere Felder   315

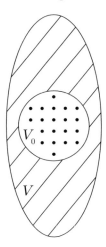

Abb. 6.13. Zur Definition des lokalen Feldes. Ellipsoid mit Volumen V und fiktive Kugel mit Volumen V_0; schematisch.

Hier ist ϕ_0 die Summe der Dipolfelder der mittleren Momente innerhalb der fiktiven Kugel. Das Medium außerhalb der gedachten Kugel kann man als Kontinuum behandeln, und sein Beitrag ist der eines vollen polarisierten Ellipsoids $(-D)$ abzüglich einer polarisierten Kugel $\left(\frac{4\pi}{3}\right)$. Für kubische Gitter verschwindet ϕ_0 aus Symmetriegründen.[27] Man kann nun auch eine freie Energie

$$\hat{\hat{F}}(T, H_{\text{lok}}) = F(T, H_a) - \frac{1}{2}VM\phi M \tag{6.6.13a}$$

mit dem Differential

$$d\hat{\hat{F}} = -SdT - VMdH_{\text{lok}} \tag{6.6.13b}$$

einführen. Da aus (6.6.12a,b),(6.6.7a) und (6.6.13a)

$$\hat{\hat{F}}(T, H_{\text{lok}}) = \hat{F}(T, H_i) + \frac{1}{2}VM\left(\phi_0 + \frac{4\pi}{3}\right)M \tag{6.6.14}$$

folgt, unterscheidet sich $\hat{\hat{F}}$ von $\hat{F}$ nur um einen von der äußeren Form unabhängigen Term und ist deshalb selbst formunabhängig. Man kann natürlich auch Suszeptibilitäten bei konstantem H_{lok} einführen und den Gleichungen (6.6.13a-c) und (6.6.11a-c) entsprechende Relationen herleiten, in denen im wesentlichen H_i durch H_{lok} und D durch ϕ ersetzt wird.

6.6.3 Statistisch-mechanische Begründung

In diesem Teilabschnitt werden die thermodynamischen Ergebnisse des vorhergehenden Abschnitts mikroskopisch begründet und Hamilton-Operatoren zur Berechnung der formunabhängigen freien Energien $\hat{F}(T, H_i)$ und

$\hat{F}(T, H_{\text{lok}})$ der Gleichungen (6.6.7a) und (6.6.13a) abgeleitet. Es werden dabei die magnetischen Momente durch ihren Mittelwert und Fluktuationen dargestellt. Die Dipolwechselwirkung wird in einen kurzreichweitigen und einen langreichweitigen Teil zerlegt. Bei der Wechselwirkung der Fluktuationen kann der langreichweitige Teil vernachlässigt werden. Ausgangspunkt ist der Hamilton-Operator (6.6.1), in den wir die Fluktuationen um den Mittelwert $\langle \mu_l^\alpha \rangle$

$$\delta \mu_l^\alpha \equiv \mu_l^\alpha - \langle \mu_l^\alpha \rangle \tag{6.6.15}$$

einführen:

$$\begin{aligned}
\mathcal{H} =& \mathcal{H}_0(\{\boldsymbol{\mu}_l\}) + \frac{1}{2} \sum_{l,l'} A_{ll'}^{\alpha\beta} \delta\mu_l^\alpha \delta\mu_{l'}^\beta + \frac{1}{2} \sum_{l,l'} A_{ll'}^{\alpha\beta} \langle \mu_l^\alpha \rangle \langle \mu_{l'}^\beta \rangle \\
& + \sum_{l,l'} A_{ll'}^{\alpha\beta} \delta\mu_l^\alpha \langle \mu_{l'}^\beta \rangle - \sum_l \mu_l^\alpha H_a^\alpha \\
=& \mathcal{H}_0(\{\boldsymbol{\mu}_l\}) + \frac{1}{2} \sum_{l,l'} A_{ll'}^{\alpha\beta} \delta\mu_l^\alpha \delta\mu_{l'}^\beta - \frac{1}{2} \sum_{l,l'} A_{ll'}^{\alpha\beta} \langle \mu_l^\alpha \rangle \langle \mu_{l'}^\beta \rangle \\
& - \sum_l \mu_l^\alpha (H_a^\alpha + H_{e,l}^\alpha)
\end{aligned} \tag{6.6.16}$$

mit dem thermisch gemittelten Feld der übrigen Dipole am Gitterplatz l

$$H_{e,l}^\alpha = - \sum_{l'} A_{ll'}^{\alpha\beta} \langle \mu_{l'}^\beta \rangle \ . \tag{6.6.17}$$

Für Ellipsoide in einem äußeren Magnetfeld ist die Magnetisierung homogen ($\langle \mu_{l'}^\beta \rangle = \frac{V}{N} M^\beta$), desgleichen das Dipolfeld (Entmagnetisierungsfeld)

$$H_{e,l}^\alpha = H_{\text{lok}}^\alpha \equiv (\phi_0 + D_0 - D)_{\alpha\beta} M^\beta \ . \tag{6.6.18}$$

Beim Übergang von (6.6.17) auf (6.6.18) wurde die Dipolsumme

$$\phi_{\alpha\beta} = -\frac{V}{N} \sum_{l'} A_{ll'}^{\alpha\beta} = (\phi_0 + D_0 - D)_{\alpha\beta} \tag{6.6.19}$$

in eine diskrete Summe über ein Teilvolumen V_0 (die Lorentzkugel) und das Gebiet $V - V_0$, in welchem eine Kontinuumsnäherung durchgeführt werden kann, zerlegt:

$$\begin{aligned}
(D_0 - D)_{\alpha\beta} &= -\int_{V-V_0} d^3x \, \frac{\partial}{\partial x_\alpha} \frac{\partial}{\partial x_\beta} \frac{1}{|\mathbf{x}|} \\
&= \delta_{\alpha\beta} \left(\int_{O_1} df_\alpha \, \frac{\partial}{\partial x_\beta} \frac{1}{|\mathbf{x}|} - \int_{O_2} df_\alpha \, \frac{\partial}{\partial x_\beta} \frac{1}{|\mathbf{x}|} \right) \ .
\end{aligned} \tag{6.6.20}$$

6.6 Dipolwechselwirkung, Formabhängigkeit, innere und äußere Felder

Das erste Oberflächenintegral erstreckt sich über die Oberfläche der Lorentz-Kugel und das zweite über die (äußere) Oberfläche des Ellipsoids.

Somit kann der Hamilton-Operator in der Form

$$\mathcal{H} = \mathcal{H}_0(\{\boldsymbol{\mu}_l\}) + \frac{1}{2}\sum_{l,l'} A_{ll'}^{\alpha\beta}\,\delta\mu_l^\alpha\,\delta\mu_{l'}^\beta - \sum_l \mu_l^\alpha H_{\text{lok}}^\alpha + \frac{1}{2}V M_\alpha \phi_{\alpha\beta} M_\beta \quad (6.6.21)$$

geschrieben werden. Da in der Wechselwirkung zwischen den Fluktuationen $\delta\mu_l$ die Langreichweitigkeit der Dipolwechselwirkung keine Rolle spielt, sind die beiden ersten Terme des Hamilton-Operators formunabhängig. Die Form der Probe äußert sich nur im lokalen Feld H_{lok} und im vierten Term der rechten Seite. Der Vergleich mit (6.6.13a) zeigt, daß die bis auf die Abhängigkeit von H_{lok} formunabhängige freie Energie $\hat{\tilde{F}}(T, H_{\text{lok}})$ durch Berechnung der Zustandssumme mit den ersten drei Termen von (6.6.21) bestimmt werden kann.

Wenn man die Dipolwechselwirkung zwischen den Fluktuationen zur Gänze vernachlässigt,[33] erhält man als näherungsweisen effektiven Hamilton-Operator

$$\hat{\tilde{\mathcal{H}}} = \mathcal{H}_0(\{\boldsymbol{\mu}_l\}) - \sum_l \boldsymbol{\mu}_l \mathbf{H}_{\text{lok}}, \quad (6.6.22)$$

in dem sich die Dipolwechselwirkung lediglich im Entmagnetisierungsfeld äußert.

Die präzise Behandlung des zweiten Terms $\frac{1}{2}\sum_{l,l'} A_{ll'}^{\alpha\beta}\,\delta\mu_l^\alpha\,\delta\mu_{l'}^\beta$ in (6.6.21) verläuft folgendermaßen. Da der Erwartungswert unter näherungsweiser Zugrundelegung der Ornstein-Zernike-Theorie wie $\langle \delta\mu_l \delta\mu_{l'}\rangle \approx \frac{e^{-r_{ll'}/\xi}}{r}$ abfällt, und $A_{ll'} \sim \frac{1}{r_{ll'}^3}$ ist, ist die Wechselwirkung der Schwankungen für große Abstände vernachlässigbar. Die Form des Körpers spielt also in diesem Term im Grenzfall $V \to \infty$ bei gleichbleibender Form keine Rolle. Man kann deshalb $A_{ll'}^{\alpha\beta}$ durch

$$^\sigma A_{ll'}^{\alpha\beta} = \frac{\partial}{\partial x^\alpha}\frac{\partial}{\partial x^\beta}\frac{e^{-\sigma|\mathbf{x}|}}{|\mathbf{x}|} \quad (6.6.23)$$

ersetzen; mit der Abschneidelänge σ^{-1}, genauer

$$\frac{1}{2}\sum_{l,l'} A_{ll'}^{\alpha\beta}\,\delta\mu_l^\alpha\,\delta\mu_{l'}^\beta = \lim_{\sigma\to 0}\lim_{V\to\infty} \frac{1}{2}\sum_{l,l'} {}^\sigma A_{ll'}^{\alpha\beta}\,\delta\mu_l^\alpha\,\delta\mu_{l'}^\beta. \quad (6.6.24)$$

Setzt man $\delta\mu_l = \mu_l - \langle\mu_l\rangle$ ein, erhält man für die rechte Seite von (6.6.24)

$$\lim_{\sigma\to 0}\lim_{V\to\infty} \frac{1}{2}\sum_{l,l'} {}^\sigma A_{ll'}^{\alpha\beta}\left(\mu_l^\alpha \mu_{l'}^\beta - 2\mu_l^\alpha\langle\mu_{l'}^\beta\rangle + \langle\mu_l^\alpha\rangle\langle\mu_{l'}^\beta\rangle\right)$$

$$= \lim_{\sigma\to 0}\lim_{V\to\infty} \frac{1}{2}\sum_{l,l'} {}^\sigma A_{ll'}^{\alpha\beta}\,\mu_l^\alpha \mu_{l'}^\beta + \quad (6.6.25)$$

$$+ \sum_l (\phi_0 + D_0)_{\alpha\beta} M^\beta \mu_l^\alpha - \frac{V}{2}(\phi_0 + D_0)M^2.$$

---

[33] J. H. van Vleck, J. Chem. Phys. **5**, 320, (1937), Gl. (36)

In der Reihenfolge, zuerst thermodynamischer Grenzwert $V \to \infty$ und dann $\sigma \to 0$, ist der erste Term in (6.6.25) formunabhängig. Da im zweiten und dritten Term die Summe über l' durch $e^{-|\mathbf{x}_l - \mathbf{x}_{l'}|\sigma}$ abgeschnitten wird, tritt der Beitrag $-D$ von der äußeren Begrenzung des Ellipsoids hier nicht auf. Setzt man (6.6.24) und (6.6.25) in (6.6.21) ein, ergibt sich der *Hamilton-Operator* in *endgültiger Form*[34]

$$\mathcal{H} = \hat{\mathcal{H}} - \frac{V}{2} MDM \tag{6.6.26a}$$

mit

$$\hat{\mathcal{H}} = \mathcal{H}_0(\{\boldsymbol{\mu}_l\}) + \int \frac{d^3q}{(2\pi)^3} v_a A_{\mathbf{q}}^{\alpha\beta} \mu_{\mathbf{q}}^\alpha \mu_{-\mathbf{q}}^\beta - \sum_l \mu_l^\alpha H_i^\alpha . \tag{6.6.26b}$$

Hier wurde die Fourier-Transformation

$$\mu_{\mathbf{q}}^\alpha = \frac{1}{\sqrt{N}} \sum_l e^{-i\mathbf{q}\mathbf{x}_l} \mu_l^\alpha , \tag{6.6.27a}$$

$$A_{\mathbf{q}}^{\alpha\beta} = \sum_{l \neq 0} e^{-i\mathbf{q}(\mathbf{x}_{l'} - \mathbf{x}_1)} A_{l0}^{\alpha\beta} \tag{6.6.27b}$$

und das innere Feld $H_i = H_a - DM$ eingeführt. Die Fourier-Transformation (6.6.27b) kann mit der *Ewald-Methode*[35] ausgewertet werden und ergibt[36] für kubische Gitter

$$A_{\mathbf{q}}^{\alpha\beta} = \frac{1}{v_a} \left(\frac{4\pi}{3} \left(\delta^{\alpha\beta} - \frac{3 q^\alpha q^\beta}{q^2} \right) + \alpha_1 q^\alpha q^\beta + \left(\alpha_2 q^2 - \alpha_3 (q^\alpha)^2 \right) \delta^{\alpha\beta} + \right.$$
$$\left. \mathcal{O}\left(q^4, (q^\alpha)^4, (q^\alpha)^2 (q^\beta)^2 \right) \right) , \tag{6.6.27b'}$$

wo v_a das Volumen der primitiven Einheitszelle ist, und die α_i von der Gitterstruktur abhängige Konstanten sind. Die beiden ersten Terme in $\hat{\mathcal{H}}$, Gl. (6.6.26b) sind von der Form unabhängig. Die Form der Probe ist lediglich im inneren Feld H_i und im letzten Term von (6.6.26a) enthalten. Der Vergleich von Gl. (6.6.26a) mit Gl. (6.6.7a) zeigt, daß die formunabhängige freie Energie $\hat{F}(T, H_i)$ aus der Zustandssumme mit dem Hamilton-Operator $\hat{\mathcal{H}}$, Gl. (6.6.26b), berechnet werden kann. Besonders sei auf das nicht-analytische Verhalten des Termes $q_\alpha q_\beta / q^2$ im Grenzfall $q \to 0$ hingewiesen, das vom $1/r^3$-Abfall der Dipolwechselwirkung herrührt. Wegen dieses Terms sind die longitudinale und transversale wellenzahlabhängige Suszeptibilität (in Bezug auf den Wellenzahlvektor) voneinander verschieden.[37] Wir erinnern daran, daß

---

[34] Siehe auch W. Finger, Physica **90 B**, 251 (1977).
[35] P.P. Ewald, Ann. Phys. **54**, 57 (1917), ibid. **54**, 519 (1917), ibid. **64**, 253 (1921)
[36] M.H. Cohen and F. Keffer, Phys. Rev. **99** 1135 (1955); A. Aharony and M.E. Fisher, Phys. Rev. B **8**, 3323 (1973)
[37] E. Frey and F. Schwabl, Advances in Physics **43**, 577 (1994)

die kurzreichweitige Austauschwechselwirkung nach **q** in eine Taylor-Reihe entwickelbar ist

$$\mathcal{H}_0 = -\frac{1}{2} \int d^3q \, \tilde{J}(\mathbf{q}) \mu_\mathbf{q} \mu_{-\mathbf{q}}$$
$$\tilde{J}(\mathbf{q}) = \tilde{J} - J\mathbf{q}^2 + \mathcal{O}(q^4) \, .$$
(6.6.28)

Neben den ausführlich dargestellten Entmagnetisierungseffekten und der daraus resultierenden Formabhängigkeit hat die Dipolwechselwirkung, obwohl sie i.a. sehr viel schwächer als die Austauschwechselwirkung ist, aufgrund ihrer langen Reichweite und der Anisotropie eine Reihe von wichtigen Konsequenzen.[37] (i) Sie ändert die Werte der kritischen Exponenten in der Nähe von ferromagnetischen Phasenübergängen. (ii) Sie kann die magnetische Ordnung in niederdimensionalen Systemen stabilisieren, die sonst wegen der großen thermischen Fluktuationen unmöglich wäre. (iii) Das gesamte magnetische Moment $\boldsymbol{\mu} = \sum_l \boldsymbol{\mu}_l$ ist nicht mehr erhalten. Dies hat wichtige Konsequenzen in der Dynamik. (iv) Die Dipolwechselwirkung ist wichtig im Kernspinmagnetismus, wo sie größer oder vergleichbar mit der indirekten Austauschwechselwirkung ist.

Man kann die Dipolwechselwirkung nun folgendermaßen in die Resultate der Abschnitte 6.1 bis 6.5 einbauen.

(i) Wenn man näherungsweise die Dipolwechselwirkung zwischen den Fluktuationen der magnetischen Momente $\delta \mu_l = \mu_l - \langle \mu_l \rangle$ vernachlässigt, kann man den räumlich homogenen Teil der Dipolfelder berücksichtigen, indem man das Feld **H** durch das lokale Feld $\mathbf{H}_{\text{lok}}$ ersetzt.

(ii) Wenn man zusätzlich zu der eventuell vorhandenen Austauschwechselwirkung auch die dipolare Wechselwirkung zwischen den Schwankungen berücksichtigt, dann erhält der komplette Hamilton-Operator nach Gl. (6.6.26) das *innere Feld* $\mathbf{H}_i$. Das Feld **H** ist also zu ersetzen durch $\mathbf{H}_i$, und außerdem tritt im Hamilton-Operator $\mathcal{H}$, Gl. (6.6.26a), der formabhängige Term $-\frac{V}{2}MDM$ und über den Term $\hat{\mathcal{H}}$ der formunabhängige Teil der Dipolwechselwirkung, Gl. (6.6.27b'), auf.

6.6.4 Domänen

Die spontane Magnetisierung pro Spin, $m_0(T)$, ist in Abb. 6.15 dargestellt. Das gesamte magnetische Moment einer homogen magnetisierten Probe ohne äußerem Feld wäre $Nm_0(T)$, und die spontane Magnetisierung pro Einheitsvolumen $M_0(T) = Nm_0(T)/V$, wo N die Gesamtzahl der magnetischen Momente ist. Tatsächlich ist in der Regel das magnetische Moment kleiner oder sogar Null. Dies rührt daher, daß eine Probe i.a. in Domänen mit unterschiedlichen Magnetisierungsrichtungen zerfällt. Innerhalb jeder Domäne ist $|\mathbf{M}(\mathbf{x},T)| = M_0(T)$. Erst durch Anlegen eines äußeren Feldes wachsen die längs des Feldes orientierten Domänen auf Kosten der anderen an, und es kommt zu Neuorientierungen bis schließlich $Nm_0(T)$ erreicht ist. Man nennt deshalb die spontane Magnetisierung auch *Sättigungsmagnetisierung*. Wir wollen die Domänenbildung an zwei Beispielen illustrieren.

(i) Eine mögliche Domänenstruktur eines ferromagnetischen Stabes unterhalb von T_c ist in Abb. 6.14 dargestellt. Man überzeugt sich leicht, daß für die Konfiguration mit 45°-Wänden überall in der Probe

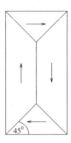

Abb. 6.14. Domänenstruktur in einem Quader

$$\operatorname{div} \mathbf{M} = 0 \tag{6.6.29}$$

ist. Deshalb folgt aus der Grundgleichung der Magnetostatik

$$\operatorname{div} \mathbf{H}_i = -4\pi \operatorname{div} \mathbf{M} \tag{6.6.30a}$$
$$\operatorname{rot} \mathbf{H}_i = 0 \tag{6.6.30b}$$

im Inneren der Probe

$$\mathbf{H}_i = 0 \,, \tag{6.6.31}$$

und deshalb auch $\mathbf{B} = 4\pi \mathbf{M}$ im Inneren. Aus den Stetigkeitsbedingungen folgt $\mathbf{B} = \mathbf{H} = 0$ im Außenraum. Die Domänenkonfiguration ist also energetisch günstiger als eine homogen magnetisierte Probe.

(ii) Domänenstrukturen äußern sich auch bei der Messung des gesamten magnetischen Moments $\mathcal{M}$ einer Kugel. Die daraus berechnete Magnetisierung $M = \frac{\mathcal{M}}{V}$ als Funktion des äußeren Feldes zeigt den in Abb. 6.15 dargestellten Verlauf.

Als Funktion des inneren Feldes $H_i = H_a - DM$ sei die Magnetisierung in einem homogen magnetisierten Bereich durch die Funktion $M = M(H_i)$ gegeben. Solange die gesamte Magnetisierung der Kugel kleiner als die Sättigungsmagnetisierung ist, sind die Domänen so geformt, daß $H_i = 0$ ist, und deshalb muß $M = \frac{1}{D} H_a$ sein.[38] Für $H_a = D M_{\text{spontan}}$ ist schließlich die Probe homogen, entsprechend der Sättigungsmagnetisierung, magnetisiert. Für $H_a > D M_{\text{spontan}}$ kann M aus $M = M(H_a - DM)$ berechnet werden.

---

[38] S. Arajs and R.V. Calvin, J. Appl. Phys. **35**, 2424 (1964).

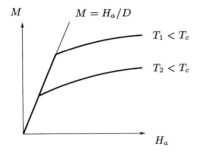

Abb. 6.15. Die Magnetisierung innerhalb einer Kugel als Funktion des äußeren Feldes H_a, $T_1 < T_2 < T_c$, D ist der Entmagnetisierungsfaktor.

6.7 Anwendungen auf verwandte Phänomene

In diesem Abschnitt besprechen wir Folgerungen aus den Ergebnissen dieses Kapitels über Magnetismus in anderen Bereichen der Physik: Polymerphysik, negative Temperaturen und die Schmelzkurve von He^3.

6.7.1 Polymere, Gummielastizität

Polymere sind lange Kettenmoleküle, die aus gleichartigen Gliedern, den Monomeren aufgebaut sind. Die Zahl der Monomere beträgt typischerweise $N \approx 100.000$. Beispiele für Polymere sind Polyäthylen $(CH_2)_N$, Polystyrol (polysterene) $(C_8H_8)_N$ und Kautschuk $(C_5H_8)_N$, wo die Zahl der Monomere $N > 100.000$ ist (Siehe Abb. 6.16).

Abb. 6.16. Der Aufbau von Polyäthylen und Polystyrol.

Zur Beschreibung der mechanischen und thermischen Eigenschaften legen wir folgendes einfache Modell zugrunde (siehe Abb. 6.17). Den Anfangspunkt des Monomers 1 bezeichnen wir mit $\mathbf{X}_1$, allgemein des Monomers i mit $\mathbf{X}_i$. Die Lage (Orientierung) des i-ten Monomers ist dann durch den Vektor $\mathbf{S}_i \equiv \mathbf{X}_{i+1} - \mathbf{X}_i$ charakterisiert:

$$\mathbf{S}_1 = \mathbf{X}_2 - \mathbf{X}_1, \ldots, \mathbf{S}_i = \mathbf{X}_{i+1} - \mathbf{X}_i, \ldots, \mathbf{S}_N = \mathbf{X}_{N+1} - \mathbf{X}_N . \quad (6.7.1)$$

Wir nehmen nun an, daß abgesehen von der Verkettung der Monomere keinerlei Wechselwirkung zwischen diesen bestehe, und daß sie völlig unabhängig voneinander jede Orientierung einnehmen können, $\langle \mathbf{S}_i \cdot \mathbf{S}_j \rangle = 0$ für $i \neq j$. Die Länge eines Monomers bezeichnen wir mit a, d.h. $\mathbf{S}_i^2 = a^2$.

Abb. 6.17. Polymer, aufgebaut aus Monomeren.

Da die Verbindungslinie zwischen Anfangs- und Endpunkt des Polymers in der Form

$$\mathbf{X}_{N+1} - \mathbf{X}_1 = \sum_{i=1}^{N} \mathbf{S}_i \tag{6.7.2}$$

dargestellt werden kann, folgt

$$\langle \mathbf{X}_{N+1} - \mathbf{X}_1 \rangle = 0 \ . \tag{6.7.3}$$

Hier wird über alle Orientierungen der $\mathbf{S}_i$ unabhängig gemittelt. Die letzte Gleichung bedeutet, daß das verknäulte Polymer beliebig im Raum orientiert ist, aber sagt nichts über dessen typische Ausdehnung aus. Ein geeignetes Maß für die mittlere quadratische Länge ist

$$\left\langle (\mathbf{X}_{N+1} - \mathbf{X}_1)^2 \right\rangle = \left\langle \left(\sum \mathbf{S}_i\right)^2 \right\rangle = a^2 N \ . \tag{6.7.4}$$

Wir definieren den sogenannten *Gyrationsradius*

$$R \equiv \sqrt{\left\langle (\mathbf{X}_{N+1} - \mathbf{X}_1)^2 \right\rangle} = a N^{\frac{1}{2}} \ , \tag{6.7.5}$$

der die Größe des Knäuels charakterisiert und mit der Wurzel aus der Zahl der Monomere anwächst.

Um die *elastischen Eigenschaften* zu studieren, lassen wir auf die Enden des Polymers eine Kraft wirken, d.h. auf $\mathbf{X}_{N+1}$ wirke $\mathbf{K}$ und auf $\mathbf{X}_1$ die Kraft $-\mathbf{K}$. (Siehe Abb. 6.17). Unter dem Einfluß dieser Zugkraft hängt die Energie von den Anfangs- und Endpositionen ab:

$$\begin{aligned}\mathcal{H} &= -(\mathbf{X}_{N+1} - \mathbf{X}_1) \cdot \mathbf{K} \\ &= -[(\mathbf{X}_{N+1} - \mathbf{X}_N) + (\mathbf{X}_N - \mathbf{X}_{N-1}) + \ldots + (\mathbf{X}_2 - \mathbf{X}_1)] \cdot \mathbf{K} \\ &= -\mathbf{K} \cdot \sum_{i=1}^{N} \mathbf{S}_i \ . \end{aligned} \tag{6.7.6}$$

Polymere unter Zugspannung lassen sich demnach auf das Problem des Paramagneten im Magnetfeld abbilden, Abschn. 6.3. Die Kraft entspricht dem

Magnetfeld im Paramagneten, die Länge der Kette der Magnetisierung. Also ist der thermisch gemittelte Abstandsvektor der Kettenenden

$$\mathbf{L} = \left\langle \sum_{i=1}^{N} \mathbf{S}_i \right\rangle = Na \left(\operatorname{ctgh} \frac{aK}{kT} - \frac{kT}{aK} \right) \frac{\mathbf{K}}{K} \,. \tag{6.7.7}$$

Hier haben wir die Langevin-Funktion (6.3.12b) für klassische Momente eingesetzt und mit dem Einheitsvektor in Kraftrichtung $\mathbf{K}/K$ multipliziert. Falls aK klein gegen kT ist, ergibt sich entsprechend dem Curie-Gesetz

$$\mathbf{L} = \frac{Na^2}{3kT} \mathbf{K} \,. \tag{6.7.8}$$

Für die Änderung der Länge erhalten wir aus der vorhergehenden Gleichung

$$\frac{\partial L}{\partial K} \sim \frac{1}{T} \tag{6.7.9a}$$

und

$$\frac{\partial L}{\partial T} = -\frac{Na^2}{3kT^2} |\mathbf{K}| \,. \tag{6.7.9b}$$

Die Längenänderung pro Einheitskraft bzw. die elastische Konstante, nimmt nach (6.7.9a) mit steigender Temperatur ab. Noch spektakulärer ist das Resultat für den Ausdehnungskoeffizienten $\frac{\partial L}{\partial T}$. Gummi zieht sich bei Temperaturerhöhung zusammen! Dies ist völlig verschieden von Kristallen, die sich in der Regel thermisch ausdehnen. Der Grund für das elastische Verhalten von Gummi ist leicht einzusehen. Je höher die Temperatur wird, umso mehr wirkt sich in der zu minimalisierenden freien Energie $F = E - TS$ die Entropie aus. Die Entropie wächst an, d.h. das Polymer wird zunehmend ungeordneter oder verknäult und zieht sich somit zusammen. Die allgemeine Abhängigkeit der Länge von aK/kT ist in Abb. 6.18 dargestellt.

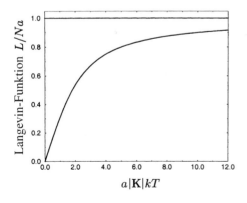

Abb. 6.18. Die Länge eines Polymers unter dem Einfluß einer Zugkraft K.

Bemerkung: In dem hier betrachteten Modell wurde nicht berücksichtigt, daß ein Monomer in seiner Orientierungsfreiheit eingeschränkt ist, weil jede Stelle nur durch höchstens ein Monomer belegt werden kann. In einer Theorie, die diesen Effekt berücksichtigt, wird die Abhängigkeit $R = aN^{1/2}$ in Gl. (6.7.5) durch $R = aN^\nu$ ersetzt. Der Exponent ν hat eine analoge Bedeutung wie der Exponent der Korrelationslänge bei Phasenübergängen und der Polymerisationsgrad (Kettenlänge) N entspricht dem inversen Abstand vom kritischen Punkt τ^{-1}. Die Eigenschaften von Polymeren, bei denen schon belegtes Volumen ausgeschlossen ist, entsprechen auch einer Zufallsbewegung, bei der der Weg nicht nochmals auf einen schon durchlaufenen Platz zurückführen darf. Die Eigenschaften dieser beiden Phänomene folgen aus dem n-komponentigen ϕ^4-Modell (siehe Abschnitt 7.4.5) im Grenzfall $n \to 0$.[39] Eine Näherungsformel für ν stammt von Flory $\nu_{\text{Flory}} = 3/(d+2)$.

6.7.2 Negative Temperaturen

In isolierten Systemen, deren Energieniveaus nach unten und nach oben beschränkt sind, können thermodynamische Zustände mit negativer absoluter Temperatur erreicht werden. Beispiele für Systeme mit auch nach oben beschränkten Energieniveaus sind Zweiniveausysteme oder Paramagnete in einem äußeren Magnetfeld h.

Wir betrachten einen Paramagneten, der aus N Spins der Quantenzahl $S = 1/2$ bestehe, in einem Feld in z-Richtung. Mit den Quantenzahlen der Pauli-Matrizen $\sigma_l = \pm 1$ besitzt der Hamilton-Operator die folgende diagonale Gestalt

$$\mathcal{H} = -h \sum_l \sigma_l \,. \tag{6.7.10}$$

Die Magnetisierung pro Gitterplatz ist durch $m = \langle \sigma \rangle$ definiert und ist unabhängig von der Gitterposition l. Die Entropie ist durch

$$\begin{aligned} S(m) &= -kN \left[\frac{1+m}{2} \log \frac{1+m}{2} + \frac{1-m}{2} \log \frac{1-m}{2} \right] \\ &= -k \left[N_+ \log \frac{N_+}{N} + N_- \log \frac{N_-}{N} \right] \end{aligned} \tag{6.7.11}$$

gegeben und die innere Energie E hängt mit der Magnetisierung über

$$E = -Nhm = -h(N_+ - N_-) \tag{6.7.12}$$

zusammen, $N_\pm = N(1 \pm m)/2$. Diese Ausdrücke folgen unmittelbar aus der Behandlung im mikrokanonischen Ensemble (Abschnitt 2.5.2.2) und können

---
[39] P.-G. de Gennes, *Scaling Concepts in Polymer Physics*, Cornell University Press, 1979, Ithaca.

auch aus Abschnitt 6.3 durch Elimination von T und B erhalten werden. Für $m = 1$ (alle Spins parallel zum Feld h) ist die Energie $E = -Nh$, für $m = -1$ (alle Spins antiparallel zu h) ist die Energie $E = Nh$. Die Entropie ist als Funktion der Energie in Abb. 2.9 dargestellt. Sie ist maximal für $E = 0$, also im Zustand völliger Unordnung. Die Temperatur erhält man durch Ableiten der Entropie:

$$T = \frac{1}{\left(\frac{\partial S}{\partial E}\right)_h} = \frac{2h}{k}\left[\log\frac{1+m}{1-m}\right]^{-1}. \tag{6.7.13}$$

Sie ist als Funktion der Energie in Abb. 2.10 dargestellt. Im Intervall $0 < m \leq 1$, d.h. $-1 \leq E/Nh < 0$, ist die Temperatur, wie gewohnt, positiv. Für $m < 0$, also wenn die Magnetisierung entgegengesetzt zum Magnetfeld orientiert ist, ist die absolute Temperatur negativ, d.h. $T < 0$! Mit steigender Energie geht die Temperatur T von 0 nach ∞, dann nach $-\infty$, und schließlich zu -0. Negative Temperaturen gehören also zu höheren Energien, "sind also heißer" als die positiven Temperaturen. Im Zustand negativer Temperaturen sind mehr Spins im angeregten Zustand als im Grundzustand. Daß negative Temperaturen tatsächlich heißer sind als die positiven, erkennt man auch, indem man zwei derartige Systeme in Kontakt bringt. Das System 1 habe positive Temperatur $T_1 > 0$ und das System 2 negative Temperatur $T_2 < 0$. Wir nehmen an, daß der Energieaustausch quasistatisch erfolgt, dann ist die Gesamtentropie $S = S_1(E_1) + S_2(E_2)$ und die (konstante) Gesamtenergie $E = E_1 + E_2$. Aus dem Anwachsen der Entropie folgt mit $\frac{dE_2}{dt} = -\frac{dE_1}{dt}$

$$0 < \frac{dS}{dt} = \frac{\partial S_1}{\partial E_1}\frac{dE_1}{dt} + \frac{\partial S_2}{\partial E_2}\frac{dE_2}{dt} = \left(\frac{1}{T_1} - \frac{1}{T_2}\right)\frac{dE_1}{dt}. \tag{6.7.14}$$

Da der Faktor in Klammern $\left(\frac{1}{T_1} + \frac{1}{|T_2|}\right)$ positiv ist, muß auch $\frac{dE_1}{dt} > 0$ sein; das bedeutet Energie fließt vom Teilsystem mit negativer Temperatur in das Teilsystem 1.

Wir betonen, daß die in Abb. 2.9 dargestellte Energieabhängigkeit von $S(E)$ und die daraus resultierenden negativen Temperaturen eine direkte Konsequenz der Beschränktheit der Energieniveaus ist. Wären die Energieniveaus nicht nach oben beschränkt, so könnte eine endliche Energiezufuhr nicht zu unendlicher Temperatur oder sogar darüber hinaus führen. Wir bemerken auch noch, daß die spezifische Wärme pro Gitterplatz dieses Spin-Systems durch

$$\frac{C}{Nk} = \left(\frac{2h}{kT}\right)^2 \frac{e^{2h/kT}}{\left(1 + e^{2h/kT}\right)^2} \tag{6.7.15}$$

gegeben ist und sowohl bei $T = \pm 0$ als auch bei $T = \pm\infty$ verschwindet. Wir besprechen nun zwei Beispiele für negative Temperaturen:

(i) Kern-Spins in einem magnetischen Feld:
Das erste Experiment dieser Art wurde von Purcell und Pound[40] in einem Kernresonanzexperiment mit den Kernspins von ^{7}Li in LiF durchgeführt. Die Spins werden zunächst bei Temperatur T durch das Feld **H** ausgerichtet. Anschließend wird die Richtung von **H** so rasch umgekehrt, daß die Kernspins nicht folgen können, das bedeutet rascher als die Periode der Spinpräzession. Die Kernspins sind dann in einem Zustand negativer Temperatur $-T$. Die Wechselwirkung der Spins untereinander wird durch die Spin-Spin-Relaxationszeit $10^{-5} - 10^{-6}$ sec charakterisiert. Diese Wechselwirkung ist wichtig, damit die Spins untereinander ins Gleichgewicht kommen, sie ist aber für die Energieniveaus gegenüber der Zeeman-Energie vernachlässigbar. Für Kern-Spins ist die Wechselwirkung mit dem Gitter so langsam (die Spin-Gitter-Relaxationszeit beträgt 1 bis 10 min), daß das Spinsystem in Zeiträumen von Sekunden als völlig isoliert angesehen werden kann. Außerdem bleibt der Zustand negativer Temperatur über Minuten erhalten, solange bis durch Wechselwirkung mit dem Gitter sich die Magnetisierung umkehrt und die Temperatur wieder T ist. In verdünnten Gasen kann ein Spin-invertierter Zustand erreicht werden, dessen Lebensdauer Tage beträgt.

(ii) Laser (gepulster Laser, Rubin):
Durch Einstrahlung von Licht werden die Atome angeregt (Abb. 6.19). Das Elektron fällt in einen metastabilen Zustand. Wenn mehr Elektronen in diesem angeregten Zustand als im Grundzustand sind, d.h. bei Inversion, liegt negative Temperatur vor.

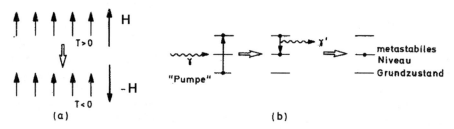

Abb. 6.19. Beispiele für negative Temperatur (a) Kern-Spins in Magnetfeld H, das um 180° gedreht wird (b) Rubin-Laser. "Pumpe" bringt Elektron in angeregten Zustand. Mit Emission eines Photons fällt das Elektron in einen metastabilen Zustand. Bei Inversion: negative Temperatur.

---

[40] E.M. Purcell and R.V. Pound, Phys.Rev. **81**, 279 (1951)

*6.7.3 Schmelzkurve von He³

Das anomale Verhalten der Schmelzkurve von He³ (Abb. 6.20) hängt mit den magnetischen Eigenschaften von festem He³ zusammen.[41]

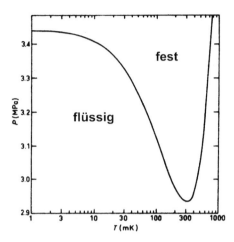

Abb. 6.20. Schmelzkurve von He³ bei tiefen Temperaturen.

Wie schon in Zusammenhang mit der Clausius-Clapeyron-Gleichung

$$\frac{dP}{dT} = \frac{S_\text{F} - S_\text{Fl}}{V_\text{F} - V_\text{Fl}} < 0 \qquad (6.7.16)$$

besprochen wurde, hat der Festkörper im Bereich unterhalb 0.32K höhere Entropie als die Flüssigkeit. Das Minimum der Schmelzkurve tritt nach der Clausius-Clapeyron-Gleichung gerade auf, wenn die Entropien gleich sind. Die magnetischen Effekte in He³ rühren vom Kernspin her und sind deshalb wesentlich kleiner als im elektronischen Magnetismus. Die Austauschwechselwirkung J ist so klein, daß die antiferromagnetische Ordnung in festem He³ erst bei Temperaturen von $T_N < 10^{-3}$K einsetzt. Die Spins sind ungeordnet und ergeben eine Entropie (vgl. (6.3.16')):

$$S_\text{F} = Nk \left[\log 2 - \mathcal{O}\left(\left(\frac{J}{kT}\right)^2\right) \right]. \qquad (6.7.17)$$

Da die Gitterentropie bei 0.3K vernachlässigbar ist, ist dies auch schon die gesamte Entropie im Festkörper. Die Entropie der Flüssigkeit ist nach Gl. (4.3.19)

---

[41] J. Wilks, *The properties of Liquid and Solid Helium*, Clarendon Press, Oxford, 1967; C.M. Varma a. N.R. Werthamer in K.H. Bennemann a. J.B. Ketterson, Eds., *The physics of liquid and solid He* Part I, p. 549, J. Wiley, New York, 1976; A.C. Anderson, W. Reese, J.C. Wheatley, Phys. Rev. **130**, 495 (1963); O.V. Lounasmaa, *Experimental Principles and Methods Below 1K*, Academic Press, London, 1974.

$$S_{\mathrm{Fl}} \approx kN \frac{\pi^2}{2} \frac{T}{T_F} \qquad T_F \approx 1\mathrm{K} \ . \tag{6.7.18}$$

Nach der Clausius-Clapeyron-Gleichung (6.7.16) hat die Schmelzkurve ein Minimum für $S_{\mathrm{Fl}} = S_{\mathrm{F}}$

$$T_{\min} = \frac{2T_F}{\pi^2} \log 2 \sim \frac{2T_F}{\pi^2} 0.69 \sim 0.15\mathrm{K} \ . \tag{6.7.19}$$

Unterhalb von $T_{\min}$ ist die Steigung der Schmelzkurve $\frac{dP}{dT} = \frac{S_{\mathrm{Fl}} - S_{\mathrm{F}}}{V_{\mathrm{Fl}} - V_{\mathrm{F}}} < 0$, da dort $S_{\mathrm{Fl}} < S_{\mathrm{F}}$ und $V_{\mathrm{Fl}} > V_{\mathrm{F}}$ ist. Dies führt zu dem in Abschn. 3.8.2 erwähnten Pomerantschuk-Effekt. Die Abschätzung von $T_{\min}$ ergibt gegenüber dem experimentellen Wert $T_{\min}^{\exp} = 0.3\mathrm{K}$ einen um einen Faktor 0.5 zu kleinen Wert. Dies rührt von dem zu großen Wert von S_{Fl} her. Gegenüber einem idealen Gas gibt es in einer wechselwirkenden Fermi-Flüssigkeit Korrelationen, die, wie anschaulich klar ist, deren Entropie erniedrigen und zu einem größeren $T_{\min}$ führen.

Vor der Entdeckung der beiden suprafluiden Phasen von He^3 wurde theoretisch auch die Existenz eines Maximums der Schmelzkurve unterhalb von $10^{-3}\mathrm{K}$ diskutiert.[41] Dieses wurde aus der T^3-Abhängigkeit der spezifischen Wärme in der antiferromagnetisch geordneten Phase und der linearen spezifischen Wärme der Fermi-Flüssigkeit gefolgert. Dieses Bild änderte sich jedoch mit der Entdeckung der suprafluiden Phasen von He^3 (siehe Abb. 4.10). Die spezifische Wärme der Flüssigkeit verhält sich für niedere Temperaturen wie $e^{-\Delta/kT}$, mit einer Konstanten Δ (Energielücke) und deshalb steigt die Schmelzkurve für $T \to 0$ an und hat bei $T = 0$ die Steigung 0.

Literatur

A.I. Akhiezer, V.G. Bar'yakhtar and S.V. Peletminskii, *Spin Waves*, North Holland, Amsterdam, 1968

N.W. Ashcroft and N.D. Mermin, *Solid State Physics*, Holt, Rinehart and Winston, New York, 1976

R. Becker u. W. Döring, *Ferromagnetismus*, Springer, Berlin, 1939

W.F. Brown, *Magnetostatic Principles in Ferromagnetism*, North Holland, Amsterdam, 1962

F. Keffer, *Spin Waves*, Handbuch der Physik, Band XVIII/2, S.1. Ferromagnetismus, Hrsg. S. Flügge, Springer, Berlin (1966)

Ch. Kittel, *Introduction to Solid State Physics*, 3rd ed., John Wiley, 1967

Ch. Kittel, *Thermal Physics*, John Wiley, New York, 1969

D.C. Mattis, *The Theory of Magnetism*, Harper and Row, New York, 1965

W. Nolting, *Quantentheorie des Magnetismus 1 und 2*, Teubner Studienbücher, Teubner, Stuttgart, 1986

A.B. Pippard, *Elements of Classical Thermodynamics*, Cambridge at the University Press, 1964

H.E. Stanley, *Introduction to Phase Transitions and Critical Phenomena*, Clarendon Press, Oxford, 1971

J.H. van Vleck, *The Theory of Magnetic and Electric Susceptibilites*, Oxford University Press, 1932

D. Wagner, *Introduction to the Theory of Magnetism*, Pergamon Press, Oxford, 1972

Aufgaben zu Kapitel 6

6.1 Zeigen Sie (6.1.24c) für den Hamilton-Operator (6.1.25), indem Sie

$$A(T, M) = -kT \log \mathrm{Sp}\, e^{-\beta \mathcal{H}} + HM$$

bei festem M zweimal nach T ableiten.

6.2 Klassischer Paramagnet: Betrachten Sie ein System von N nichtwechselwirkenden, klassischen magnetischen Magneten $\boldsymbol{\mu}_i$ ($\sqrt{\boldsymbol{\mu}_i^2} = m$) in einem magnetischen Feld $\mathbf{H}$, mit der Hamilton-Funktion $\mathcal{H} = -\sum_{i=1}^{N} \boldsymbol{\mu}_i \mathbf{H}$. Berechnen Sie das klassische Zustandsintegral, die freie Energie, die Entropie, die Magnetisierung und die isotherme Suszeptibilität. Siehe Anleitung nach Gl. (6.3.12b)

6.3 Quantenmechanischer Paramagnet, in Analogie zum Haupttext:
(a) Berechnen Sie die Entropie und die innere Energie eines idealen Paramagneten als Funktion von T. Zeigen Sie für $T \to \infty$

$$S = Nk \ln(2J+1)$$

und diskutieren Sie die Temperaturabhängigkeit nahe $T = 0$.
(b) Berechnen Sie die Wärmekapazitäten C_H und C_M für ein nichtwechselwirkendes Spin-1/2-System.

6.4 Suszeptibilität und Schwankungsquadrat von harmonischen Oszillatoren. Betrachten Sie den quantenmechanischen harmonischen Oszillator mit Ladung e in einem elektrischen Feld E

$$\mathcal{H} = \frac{p^2}{2m} + \frac{m\omega^2}{2}x^2 - eEx\,.$$

Zeigen Sie, daß die dielektrische Suszeptibilität die Form

$$\chi = \frac{\partial \langle ex \rangle}{\partial E} = \frac{e^2}{m\omega^2}$$

und das Schwankungsquadrat die Form

$$\langle x^2 \rangle = \frac{\hbar}{2\omega m} \mathrm{ctgh}\, \frac{\beta \hbar \omega}{2}$$

besitzen, woraus

$$\chi = \frac{2 \mathrm{tgh}\, \frac{\beta \hbar \omega}{2}}{\hbar \omega} \langle x^2 \rangle$$

folgt. Vergleichen Sie die Ergebnisse mit dem Paramagnetismus ungekoppelter magnetischer Momente! Beachten Sie den Unterschied zwischen starren Momenten und induzierten Momenten und die daraus resultierende unterschiedliche Temperaturabhängigkeit der Suszeptibilität. Bilden Sie den klassischen Grenzfall $\beta \hbar \omega \ll 1$.

6. Magnetismus

6.5 Betrachten Sie einen Festkörper, der N Freiheitsgrade besitzt, die jeweils durch zwei Energieniveaus bei Δ und $-\Delta$ charakterisiert sind. Zeigen Sie, daß

$$E = -N\Delta\tanh\frac{\Delta}{kT} \quad , \quad C = \frac{dE}{dT} = Nk\left(\frac{\Delta}{kT}\right)^2 \frac{1}{\cosh^2\frac{\Delta}{kT}}$$

gilt. Wie verhält sich die spezifische Wärme für $T \gg \Delta/k$ und $T \ll \Delta/k$?

6.6 Wenn das System aus 6.5 ungeordnet ist, so daß alle Werte von Δ im Intervall $0 \leq \Delta \leq \Delta_0$ mit gleicher Wahrscheinlichkeit vorkommen, zeigen Sie, daß dann die spezifische Wärme für $kT \ll \Delta_0$ proportional zu T ist.

Hinweis: Die innere Energie dieses Systems erhält man aus Aufgabe 6.5 durch Mittelung über alle Δ. Dieses dient als Modell für die lineare spezifische Wärme von Gläsern bei tiefen Temperaturen.

6.7 Zeigen Sie die Gültigkeit des Fluktuations-Response-Theorems Gl. (6.5.35).

6.8 In einem Ferromagneten werden zwei Defekte an den Stellen $\mathbf{x}_1$ und $\mathbf{x}_2$ eingebracht, die an diesen Stellen magnetische Felder h_1 und h_2 erzeugen. Berechnen Sie die Wechselwirkungsenergie dieser Defekte für $|\mathbf{x}_1 - \mathbf{x}_2| > \xi$. Für welche Vorzeichen der h_i ziehen sich die Defekte an?
Anleitung: Die Energie ist in Molekularfeldnäherung $\bar{E} = \sum_{l,l'} \langle S_l \rangle \langle S_{l'} \rangle J(l - l')$. Für jeden einzelnen Defekt ist $\langle S_l \rangle_{1,2} = G(\mathbf{x}_i - \mathbf{x}_{1,2}) h_{1,2}$, wo G die Ornstein-Zernike-Korrelationsfunktion ist. Für zwei Defekte, die weit entfernt sind, kann $\langle S_l \rangle$ als die lineare Superposition der Einzeldefektmittelwerte genähert werden. Die Wechselwirkungsenergie erhält man, indem man $\bar{E}$ für diese lineare Superposition berechnet und davon die Energien für die einzelnen Defekte abzieht.

6.9 Eindimensionales Ising-Modell: Berechnen Sie die Zustandssumme Z_N für ein eindimensionales Ising-Modell mit N Spins mit dem Hamilton-Operator

$$\mathcal{H} = -\sum_{i=1}^{N-1} J_i S_i S_{i+1} \ .$$

Hinweis: Zeigen Sie die Rekursionsrelation $Z_{N+1} = 2Z_N \cosh(J_N/kT)$.

6.10 (a) Berechnen Sie die Zweispin-Korrelationsfunktion $G_{i,n} := \langle S_i S_{i+n} \rangle$ für das eindimensionale Ising Modell aus Aufgabe 6.9.
Hinweis: Die Korrelationsfunktion kann durch entsprechendes Ableiten der Zustandssumme nach den Wechselwirkungen gefunden werden. Beachten Sie $S_i^2 = 1$.
Resultat: $G_{i,n} = \tanh^n(J/kT)$ für $J_i = J$.
(b) Bestimmen Sie das Verhalten der über $G_{i,n} = e^{-n/\xi}$ definierten Korrelationslänge für $T \to 0$.
(c) Berechnen Sie die Suszeptibilität aus dem Fluktuations-Response-Theorem:

$$\chi = \frac{(g\mu_B)^2}{kT} \sum_i^N \sum_j^N \langle S_i S_j \rangle \ .$$

Hinweis: Überlegen Sie, wieviele Terme mit $|i-j| = 0$, $|i-j| = 1$, $|i-j| = 2$ usw. in der Doppelsumme vorkommen. Berechnen Sie die auftretenden geometrischen Reihen.
Resultat:

$$\chi = \frac{(g\mu_B)^2}{kT}\left\{N\left(\frac{1+\alpha}{1-\alpha}\right) - \frac{2\alpha(1-\alpha^N)}{(1-\alpha)^2}\right\}\ ;\ \alpha = \tanh\frac{J}{kT}.$$

(d) Zeigen Sie, daß im thermodynamischen Limes ($N \to \infty$) $\chi \propto \xi$ für $T \to 0$, und somit $\gamma/\nu = 1$.
(e) Zeichnen Sie χ^{-1} im thermodynamischen Limes als Funktion der Temperatur.
(f) Wie erhält man daraus die Suszeptibilität für eine antiferromagnetisch gekoppelte lineare Kette? Zeichnen und diskutieren Sie χ als Funktion der Temperatur.

6.11 Zeigen Sie, daß in der Molekularfeld-Näherung für das Ising-Modell die innere Energie E

$$E = \left(-\frac{1}{2}kT_c\, m^2 - hm\right) N$$

und die Entropie S durch

$$S = kN\left[-\frac{T_c}{T}m^2 - \frac{1}{kT}hm + \log\bigl(2\cosh(kT_c m + h)/kT\bigr)\right]$$

gegeben sind. Unter Benutzung der Zustandsgleichung gilt auch

$$S = -kN\left(\frac{1+m}{2}\log\frac{1+m}{2} + \frac{1-m}{2}\log\frac{1-m}{2}\right).$$

Entwickeln Sie ferner $a(T,m) = e - Ts + mh$ bis zur 4. Potenz in m.

6.12 Eine Verbesserung der Molekularfeldtheorie für ein Ising-Spinsystem kann folgendermaßen eingeführt werden (Bethe-Peierls-Näherung). Man behandelt die Wechselwirkung eines Spin σ_0 mit seinen z Nachbarn exakt. Die restlichen Wechselwirkungen werden durch ein Molekularfeld h' berücksichtigt, das nur auf die z Nachbarn wirkt. Der Hamilton-Operator lautet damit:

$$\mathcal{H} = -h'\sum_{j=1}^{z}\sigma_j - J\sum_{j=1}^{z}\sigma_0\sigma_j - h\sigma_0\ .$$

Das äußere Feld h wirkt direkt auf den zentralen Spin und sei gegebenenfalls in h' enthalten. H' wird selbstkonsistent aus der Bedingung $\langle\sigma_0\rangle = \langle\sigma_j\rangle$ bestimmt.
(a) Zeigen Sie, daß die Zustandssumme $Z(h',T)$ die Gestalt

$$Z = \left[2\cosh\left(\frac{h'}{kT}+\frac{J}{kT}\right)\right]^z e^{-h/kT} + \left[2\cosh\left(\frac{h'}{kT}-\frac{J}{kT}\right)\right]^z e^{h/kT}$$
$$= Z_+ + Z_-$$

hat.
(b) Berechnen Sie die Mittelwerte $\langle\sigma_0\rangle$ und $\langle\sigma_j\rangle$ der Einfachheit halber für $h = 0$. Ergebnis:

$$\langle\sigma_0\rangle = (Z_+ - Z_-)/Z\ ,$$

$$\langle\sigma_j\rangle = \frac{1}{z}\sum_{j=1}^{z}\langle\sigma_j\rangle = \frac{1}{z}\frac{\partial}{\partial\left(\frac{h'}{kT}\right)}\log Z =$$

$$= \frac{1}{z}\left[Z_+\tanh\left(\frac{h'}{kT}-\frac{J}{kT}\right) + Z_-\tanh\left(\frac{h'}{kT}-\frac{J}{kT}\right)\right]\ .$$

(c) Die Gleichung $\langle\sigma_0\rangle = \langle\sigma_j\rangle$ hat unterhalb von T_c eine von Null verschiedene Lösung:

$$\frac{h'}{kT(z-1)} = \frac{1}{2}\log\frac{\cosh\left(\frac{J}{kT}+\frac{h'}{kT}\right)}{\cosh\left(\frac{J}{kT}-\frac{h'}{kT}\right)}.$$

Bestimmen Sie T_c und h' durch Entwickeln der Gleichung nach $\frac{h'}{kT}$.
Ergebnis:

$$\tanh\frac{J}{kT_c} = 1/(z-1)$$

$$\left(\frac{h'}{kT}\right)^2 = 3\,\frac{\cosh^3(J/kT)}{\sinh(J/kT)}\left\{\tanh\frac{J}{kT} - \frac{1}{z-1} + \ldots\right\}.$$

6.13 Im sog. Weiß-Modell wechselwirkt jeder der N Spins mit jedem gleich stark

$$\mathcal{H} = -\frac{1}{2}\sum_{l,l'}J\,\sigma_l\sigma_{l'} - h\sum_l\sigma_l\,.$$

Dabei ist $J = \frac{\tilde{J}}{N}$. Dieses Modell läßt sich exakt lösen; zeigen Sie, daß das Ergebnis der Molekularfeldtheorie resultiert.

6.14 Magnonen (= Spinwellen) in Ferromagneten. Der *Heisenberg-Hamilton-Operator*, der eine Beschreibung von bestimmten Ferromagneten leistet, ist durch

$$\mathcal{H} = -\frac{1}{2}\sum_{l,l'}J(|\mathbf{x}_l-\mathbf{x}_{l'}|)\,\mathbf{S}_l\mathbf{S}_{l'}$$

gegeben, wobei l und l' nächste Nachbarn in einem kubischen Gitter sind. Durch die *Holstein-Primakoff-Transformation*

$$S_l^+ = \sqrt{2S}\,\varphi(n_l)\,a_l,\quad S_l^- = \sqrt{2S}\,a_l^+\varphi(n_l)\,,\quad S_l^z = S - n_l$$

$(S_l^\pm = S_l^x \pm iS_l^y)$ mit $\varphi(n_l) = \sqrt{1-n_l/2S}$, $n_l = a_l^\dagger a_l$ und $[a_l, a_{l'}^\dagger] = \delta_{ll'}$ sowie $[a_l, a_{l'}] = 0$ werden die Spin-Operatoren auf Bose-Operatoren transformiert.

(a) Zeigen Sie, daß die Vertauschungsregeln für die Spinoperatoren erfüllt sind.
(b) Stellen Sie den Heisenberg-Operator bis in zweiter Ordnung (harmonische Näherung) durch die Bose-Operatoren $\{a_l\}$ dar, indem Sie die Wurzeln in der obigen Transformation in eine Taylor-Reihe entwickeln.
(c) Diagonalisieren Sie $\mathcal{H}$ (durch eine Fourier-Transformation) und bestimmen Sie die Magnonendispersionsrelation.

6.15 (a) Zeigen Sie, daß ein Magnon die z-Komponente des gesamten Spinoperators $S^z \equiv \sum_l S_l^z$ um $\hbar$ erniedrigt.

(b) Berechnen Sie die Temperaturabhängigkeit der Magnetisierung!
(c) Zeigen Sie, daß es im ein- und zweidimensionalen Spingitter keine ferromagnetische Ordnung bei endlicher Temperatur geben kann!

6.16 Gegeben sei ein Heisenberg-Modell in einem äußeren Feld **H**.

$$\mathcal{H} = -\frac{1}{2} \sum_{l,l'} J\left(l - l'\right) \mathbf{S}_l \mathbf{S}_{l'} - \boldsymbol{\mu} \cdot \mathbf{H} \,,$$

$$\boldsymbol{\mu} = -\frac{g\mu_B}{\hbar} \sum_{l} \mathbf{S}_l \,.$$

Zeigen Sie, daß die isothermen Suszeptibilitäten $\chi_{||}$ (parallel zu **H**) und $\chi_\perp$ (senkrecht zu **H**) nicht negativ sind.
Anleitung: Führen Sie in den Hamilton-Operator ein zusätzliches Feld $\Delta\mathbf{H}$ ein und leiten Sie nach diesem ab. Für $\chi_{||}$, d.h. $\Delta\mathbf{H} \parallel \mathbf{H}$ folgt die Behauptung wie in Abschnitt 3.3 über die Kompressibilität. Für beliebig orientiertes $\Delta\mathbf{H}$ kann man zweckmäßigerweise die Entwicklung aus Anhang C verwenden.

6.17 Die spezifische Wärme bei konstanter Magnetisierung sei c_M, bei konstantem Feld c_H. Zeigen Sie, daß für die isotherme und adiabatische Suszeptibilität die Relation (6.1.22c) gilt. Volumensänderungen des magnetischen Materials werden hier vernachlässigt.

6.18 Ein paramagnetisches Material erfüllt das Curie-Gesetz

$$M = c\frac{H}{T} \,,$$

wobei c eine Konstante ist. Zeigen Sie unter Beachtung von $T\,dS = dE - H\,dM$, daß für eine adiabatische Änderung (das Volumen sei konstant) gilt

$$dT_{ad} = \frac{H}{c_H T} c\,dH \,.$$

c_H ist die spezifische Wärme bei konstantem Magnetfeld.

6.19 Eine paramagnetische Substanz erfüllt das Curie-Gesetz $M = \frac{c}{T}H$ (c konst.) und die innere Energie E ist gegeben durch $E = aT^4$ ($a > 0$, konst.).
(a) Welche Wärmemenge, δQ, wird bei einer isothermen Magnetisierung abgegeben, wenn das Magnetfeld von 0 auf H_1 erhöht wird.
(b) Wie ändert sich die Temperatur, wenn Sie nun das Feld adiabatisch von H_1 auf 0 reduzieren?

6.20 Zeigen Sie die Zusammenhänge zwischen der formabhängigen und der formunabhängigen spezifischen Wärme (6.6.11a), (6.6.11b) und (6.6.11c).

6.21 Polymer in eingeschränkter Geometrie: Betrachten Sie ein Polymer, das sich in einem konischen Kasten befindet (wie dargestellt). Warum bewegt sich das Polymer in Richtung der größeren Öffnung? (Keine Rechnung!)

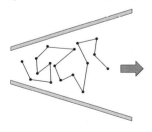

7. Phasenübergänge, Skaleninvarianz, Renormierungsgruppentheorie und Perkolation

Dieses Kapitel knüpft unmittelbar an die Ergebnisse der beiden vorhergehenden über den ferromagnetischen Phasenübergang und den Gas-Flüssigkeits-Übergang an. Zunächst werden einige allgemeine Betrachtungen über Symmetriebrechung und Phasenübergänge vorangestellt. Dann werden verschiedene Phasenübergänge und kritische Punkte besprochen und Analogien aufgezeigt. Anschließend befassen wir uns eingehend mit dem kritischen Verhalten und werden durch die statische Skalentheorie eine phänomenologische Beschreibung derartiger Erscheinungen geben. Im darauf folgenden Abschnitt werden die wesentlichen Gedanken der Renormierungsgruppentheorie in einem einfachen Modell besprochen und dabei die Skalengesetze abgeleitet. Schließlich führen wir die Ginzburg-Landau-Theorie[1] ein, die einen wichtigen Grundstein für die verschiedenen Näherungsmethoden in der Theorie kritischer Phänomene bildet.

Der erste, einleitende Abschnitt dieses Kapitels soll die Reichhaltigkeit und Vielfältigkeit der Erscheinungen der Phasenübergänge zeigen und dem Leser die Faszination dieses Gebietes nahebringen. Er fällt dabei etwas aus dem Rahmen des Buches, weil nur phänomenologische Beschreibungen ohne statistische, theoretische Behandlungen geboten werden. Alle diese vielfältigen Erscheinungen können im Rahmen einer einheitlichen Theorie, der Renormierungsgruppentheorie, beschrieben werden, die von so herausragender theoretischer Wirkungskraft ist, daß sie auch in der Quantenfeldtheorie der Elementarteilchen grundlegend ist.

7.1 Phasenübergänge, kritische Phänomene

7.1.1 Symmetriebrechung, Ehrenfestsche Klassifizierung

Die fundamentalen Naturgesetze, die der Materie zugrunde liegen (Maxwellsche Elektrodynamik, Schrödinger-Gleichung eines Vielteilchensystems), zeichnen sich durch eine Reihe von Symmetrieeigenschaften aus. Sie sind

---

[1] Die russische Literatur wird häufig in der englischen Transkription zitiert, weil deren Übersetzungen ins Englische am verbreitetsten sind, d.h. z.B. Ginzburg statt Ginsburg.

invariant gegen räumliche und zeitliche Translation, gegen Drehungen und Spiegelungen. Die in der Natur realisierten Zustände haben im allgemeinen nicht die volle Symmetrie der Naturgesetze. Ein Festkörper ist nur mehr invariant gegen diskrete Translationen und gegenüber Drehungen von einer Punktgruppe.

Die Materie besitzt also verschiedene Aggregatzustände oder Phasen, die sich in ihrer Symmetrie und folglich in ihren thermischen, mechanischen und elektromagnetischen Eigenschaften unterscheiden. Durch die äußeren Bedingungen (Druck P, Temperatur T, Magnetfeld $\mathbf{H}$, elektrisches Feld $\mathbf{E}$, ...) wird bestimmt, in welcher der möglichen Phasen eine chemische Substanz mit bestimmten Wechselwirkungskräften vorliegt. Ändert man die äußeren Kräfte oder die Temperatur, so kann bei bestimmten Werten dieser Größen ein System von einer Phase in eine andere übergehen: es findet ein Phasenübergang statt.

Ehrenfestsche Klassifizierung: Wie aus den bisherigen Beispielen für Phasenübergänge ersichtlich ist, ist die freie Energie (oder ein anderes, geeignetes thermodynamisches Potential) am Phasenübergang eine nichtanalytische Funktion eines Kontrollparameters. Die folgende von *Ehrenfest* eingeführte Klassifizierung von Phasenübergängen ist gebräuchlich. Ein *Phasenübergang n-ter Ordnung* ist dadurch definiert, daß mindestens eine der n-ten Ableitungen des thermodynamischen Potentials unstetig ist, während alle niedrigeren Ableitungen stetig sind. Bei unstetiger Änderung einer der ersten Ableitungen spricht man von einem Phasenübergang erster Ordnung, bei stetiger Änderung der ersten Ableitung und Singularitäten oder Diskontinuitäten der zweiten Ableitungen von einem Phasenübergang zweiter Ordnung oder auch kritischem Punkt bzw. kontinuierlichem Phasenübergang.

Es gehört sicher zu den interessantesten Fragestellungen der Physik der kondensierten Materie, zu verstehen, welche Phasen ein bestimmtes Material unter bestimmten äußeren Bedingungen einnimmt. Wegen ihrer unterschiedlichen Eigenschaften ist dies auch für Anwendungen von Materialien von Bedeutung. Darüber hinaus ist das Verhalten in der Nähe von Phasenübergängen von grundsätzlichem Interesse. Dabei wollen wir hier auf zwei Aspekte besonders hinweisen. Wieso kommt es trotz der Kurzreichweitigkeit der Wechselwirkung zu langreichweitigen Korrelationen von Fluktuationen in der Nähe des kritischen Punktes und zu langreichweitiger Ordnung unterhalb von T_c? Welchen Einfluß hat die innere Symmetrie des Ordnungsparameters? Grundsätzliche Fragen dieser Art haben weit über die Physik der kondensierten Materie hinaus Bedeutung. Die Renormierungsgruppentheorie wurde ursprünglich im Rahmen der Quantenfeldtheorie entwickelt. In Zusammenhang mit kritischen Phänomenen wurde sie von Wilson[2] in einer Weise formuliert, aus der die unterliegende Struktur nichtlinearer Feldtheorien ersichtlich wurde, und die auch systematische und detaillierte Berechnungen erlaubte. Dieser entscheidende Durchbruch führte nicht nur zu einem gewaltigen Anstieg der

---

[2] K.G. Wilson, Phys. Rev. B **4**, 3174, 3184 (1971).

Kenntnis und des tieferen Verständnisses der kondensierten Materie, sondern hatte auch bedeutende Rückwirkungen auf die quantenfeldtheoretischen Anwendungen der Renormierungsgruppentheorie in der Elementarteilchenphysik.

*7.1.2 Beispiele für Phasenübergänge und Analogien

Zunächst wollen wir die wesentlichen Merkmale von Phasenübergängen darstellen, indem wir an Kap. 5 und 6 anknüpfend, die schon dort erwähnte Analogie und die Gemeinsamkeiten zwischen dem Flüssigkeits-Gas-Übergang und dem ferromagnetischen Übergang weiter analysieren. Dazu betrachten wir die verschiedenen Projektionen der Zustandsgleichung. In Abb. 7.1a,b sind die Zustandsdiagramme einer Flüssigkeit und eines Ferromagneten dargestellt. Den beiden ferromagnetischen Ordnungen in einem Ising Ferromagneten (Spin nach „oben" und „unten") entsprechen die flüssige und die gasförmige Phase. Der kritische Punkt entspricht der Curie-Temperatur. Wegen der Symmetrie des Hamilton-Operators für $H = 0$ gegenüber der Operation $\sigma_l \to -\sigma_l$ für alle l liegt die Phasengrenzlinie symmetrisch in der H-T-Ebene.

Die ferromagnetische Ordnung wird durch den Ordnungsparameter m bei $H = 0$ charakterisiert. Dieser ist Null oberhalb von T_c und $\pm m_0$ unterhalb von T_c, wie in Abb. 7.1d im M-T-Diagramm dargestellt. Die entsprechende Größe kann man für die Flüssigkeit dem V-T-Diagramm von Abb. 7.1c entnehmen.

Der Ordnungsparameter ist hier $(\rho_{Fl} - \rho_c)$ bzw. $(\rho_G - \rho_c)$. Im Alltagsleben beobachtet man den Flüssigkeits-Gas-Übergang meist bei konstantem

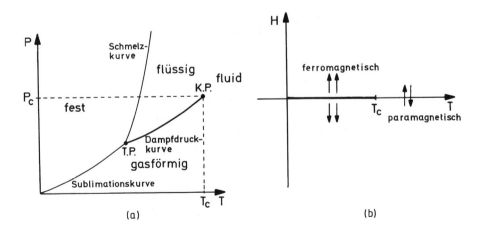

Abb. 7.1a,b. Phasendiagramme **(a)** einer Flüssigkeit (P-T) und **(b)** eines Ferromagneten (H-T). (Tripelpunkt (T.P.), kritischer Punkt (K.P.))

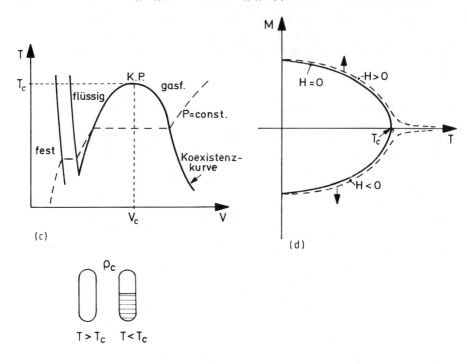

Abb. 7.1c,d. Ordnungsparameter für den Gas-Flüssigkeit-Übergang (c) (darunter Natterer-Röhren) und für den ferromagnetischen Übergang (d).

Druck weit unterhalb von P_c. Bei Erhitzung ändert sich die Dichte diskontinuierlich als Funktion der Temperatur. Deshalb bezeichnet man den Verdampfungsübergang meist als erster Ordnung und den kritischen Punkt als Endpunkt der Verdampfungskurve, bei dem der Unterschied zwischen Gas und Flüssigkeit verschwindet. Die Analogie zwischen dem Gas-Flüssigkeits- und dem ferromagnetischen Übergang wird deutlicher, wenn man die Flüssigkeit in einer sogenannten Natterer-Röhre[3] untersucht. Diese ist eine abgeschlossene Röhre, in der die Substanz deshalb eine feste vorgegebene Dichte besitzt. Falls man die Stoffmenge so wählt, daß die Dichte gleich der kritischen ρ_c ist, dann gibt es oberhalb von T_c eine fluide Phase, während bei Abkühlung diese in eine dichtere, flüssige und eine durch einen Meniskus getrennte, dünnere gasförmige Phase aufspaltet. Dies entspricht der Abkühlung eines Ferromagneten bei $H = 0$. Oberhalb von T_c liegt der ungeordnete paramagnetische Zustand vor, und unterhalb zerfällt der Körper in (mindestens zwei) nega-

---

[3] Siehe Zitat in Abschnitt 3.8.

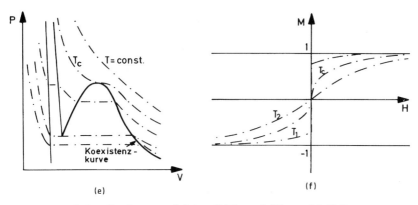

Abb. 7.1e,f. Die Isothermen (e) im P-V- und (f) im M-H-Diagramm

tiv und positiv orientierte ferromagnetische Phasen.[4] In Abb. 7.1e,f sind die Isothermen im P-V- und M-H-Diagramm dargestellt. Die Ähnlichkeit der Isothermen ist nach Drehung der zweiten Abbildung um 90° offenkundig. In Ferromagneten kommt wieder die besondere Symmetrie zum Ausdruck. Da die Phasengrenzkurve im P-T-Diagramm der Flüssigkeit schräg liegt, fallen die horizontalen Abschnitte der Isothermen des P-V-Diagramms nicht zusammen. In Abb.7.1g,h sind schließlich die Zustandsflächen dargestellt.

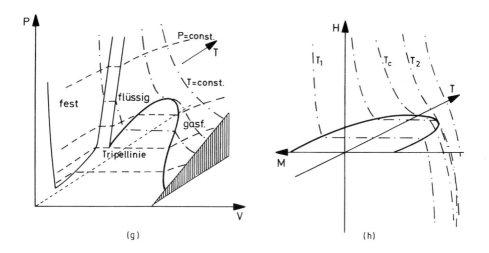

Abb. 7.1g,h. Die Zustandsfläche der Flüssigkeit (g) und des Ferromagneten (h).

---

[4] In Ising-Systemen sind es zwei, in Heisenberg-Systemen ohne Feld kann die Magnetisierung in jede beliebige Raumrichtung zeigen, da der Hamilton-Operator (6.5.2) drehinvariant ist.

7. Phasenübergänge, Renormierungsgruppentheorie und Perkolation

Das Verhalten in unmittelbarer Nähe eines kritischen Punkts wird durch Potenzgesetze mit kritischen Exponenten charakterisiert, welche für Ferromagnete und Flüssigkeiten in Tab. 7.1 zusammengefaßt sind. Wie in Kap. 5 und 6 bedeutet $\tau = \frac{T-T_c}{T_c}$. Die kritischen Exponenten $\beta, \gamma, \delta, \alpha$ für den Ordnungsparameter, die Suszeptibilität, die kritische Isotherme und die spezifische Wärme sind Ziel der Theorie und des Experiments. Weitere Analogien werden sich später bei den Korrelationsfunktionen und den daraus folgenden Streuphänomenen zeigen.

Tabelle 7.1. Ferromagnet, Flüssigkeit, kritische Exponenten

	Ferromagnet	Flüssigkeit	Kritisches Verhalten	
Ordnungsparameter	M	$(V_{G,F} - V_c)$ oder $(\rho_{G,F} - \rho_c)$	$(-\tau)^\beta$	$T < T_c$
isotherme Suszeptibilität	magnetische Suszeptibilität $\chi_T = \left(\frac{\partial M}{\partial H}\right)_T$	isotherme Kompressibilität $\kappa_T = -\frac{1}{V}\left(\frac{\partial V}{\partial P}\right)_T$	$\propto \lvert\tau\rvert^{-\gamma}$	$T \gtrless T_c$
Kritische Isotherme $(T = T_c)$	$H = H(M)$	$P = P(V - V_c)$	$\sim M^\delta$ $\sim (V - V_c)^\delta$	$T = T_c$
Spezifische Wärme	$C_{M=0} = C_{H=0}$ $= T\left(\frac{\partial S}{\partial T}\right)_H$	$C_V = T\left(\frac{\partial S}{\partial T}\right)_V$	$\propto \lvert\tau\rvert^{-\alpha}$	$T \gtrless T_c$

Die allgemeine *Definition* des Wertes eines kritischen Exponenten einer Funktion $f(T - T_c)$, die nicht von vornherein eine reine Potenzfunktion ist, lautet

$$\text{Exponent} = \lim_{T \to T_c} \frac{d \log f(T - T_c)}{d \log(T - T_c)}. \tag{7.1.1}$$

Falls f von der Form $f = a + b(T - T_c)$ ist:

$$\frac{d \log(a + T - T_c)}{d \log(T - T_c)} = \frac{1}{a + (T - T_c)} \cdot \frac{1}{\frac{d \log (T-T_c)}{d(T-T_c)}} = \frac{T - T_c}{a + (T - T_c)} \longrightarrow 0.$$

Falls f logarithmisch divergiert, gilt

$$\frac{d \log \log (T - T_c)}{d \log(T - T_c)} = \frac{1}{\log(T - T_c)} \longrightarrow 0.$$

In diesen beiden Fällen ist der Wert des kritischen Exponenten Null. Der erste Fall tritt bei der spezifischen Wärme in Molekularfeldnäherung auf, der zweite bei der spezifischen Wärme des zweidimensionalen Ising-Modells. Der Grund auch hier kritische Exponenten einzuführen, liegt in den im nächsten Abschnitt behandelten Skalengesetzen. Um auf die unterschiedliche Bedeutung des Exponenten Null hinzuweisen (Sprung oder Logarithmus), wird manchmal 0_{Sp} oder $0_{\log}$ geschrieben.

Von der Vielzahl der Phasenübergänge[5,6] wollen wir hier nur einige Beispiele anführen. Im Bereich der magnetischen Substanzen findet man Antiferromagnete (z.B. mit zwei Untergittern mit entgegengesetzter Magnetisierung $\mathbf{M}_1$ und $\mathbf{M}_2$, und dem Ordnungsparameter $\mathbf{N} \equiv \mathbf{M}_1 - \mathbf{M}_2$, der sog. alternierenden Magnetisierung), Ferrimagnete und helikale Phasen. In Flüssigkeitsgemischen gibt es Entmischungsübergänge, wo der Ordnungsparameter die Konzentration charakterisiert. Bei strukturellen Phasenübergängen ändert sich die Gitterstruktur, wobei der Ordnungsparameter durch das Verschiebungsfeld oder den Deformationstensor gegeben ist. Beispiele sind Ferroelektrika[7] und distortive Übergänge, bei denen die Ordnungsparameter z.B. durch die elektrische Polarisation $\mathbf{P}$ oder durch den Drehwinkel φ von Molekülgruppen gegeben sind. Schließlich gibt es Übergänge in makroskopische Quantenzustände, nämlich Suprafluidität und Supraleitung. Der Ordnungsparameter ist hier ein komplexes Feld ψ, die makroskopische Wellenfunktion, und die gebrochene Symmetrie ist die Eichinvarianz bezüglich der Phase von ψ. Beim Übergang flüssig-fest wird die Translationssymmetrie gebrochen und der Ordnungsparameter ist eine Komponente der Fourier-transformierten Dichte. Dieser Übergang endet nicht in einem kritischen Punkt.

In Tab. 7.2 haben wir für einige dieser Übergänge den Ordnungsparameter und ein Substanzbeispiel angegeben.

Generell versteht man unter dem *Ordnungsparameter* eine Größe, die oberhalb des kritischen Punktes Null und unterhalb endlich ist und welche die strukturelle oder sonstige Veränderung charakterisiert, wie z.B. den Erwartungswert von Gitterauslenkungen oder einer Komponente des gesamten magnetischen Momentes.

Zur Verdeutlichung einiger Begriffe wollen wir an dieser Stelle ein verallgemeinertes *anisotropes, ferromagnetisches Heisenberg-Modell* diskutieren

$$\mathcal{H} = -\frac{1}{2} \sum_{l,l'} \left\{ J_\parallel(l-l') \sigma_l^z \sigma_{l'}^z + J_\perp(l-l')(\sigma_l^x \sigma_{l'}^x + \sigma_l^y \sigma_{l'}^y) \right\} - h \sum_l \sigma_l^z \; , \quad (7.1.2)$$

wo $\boldsymbol{\sigma}_l = (\sigma_l^x, \sigma_l^y, \sigma_l^z)$ der dreidimensionale Pauli-Spin-Operator am Gitterplatz $\mathbf{x}_l$ und N die Zahl der Gitterplätze ist. Dieser Hamilton-Operator enthält für $J_\parallel(l-l') > J_\perp(l-l') \geq 0$ den *uniaxialen Ferromagneten* und

---

[5] Wir weisen auf zwei Übersichtsartikel hin, in denen die Literatur bis 1966 zusammengefaßt ist: M.E. Fisher, *The Theory of Equilibrium Critical Phenomena*, S. 615 und P. Heller, *Experimental Investigations of Critical Phenomena*, S. 731, beides in Reports on Progress in Physics XXX (1967).

[6] Einen Überblick über die wichtigsten Phänomene bei Phasenübergängen und die theoretischen Methoden kann man auch in W.Gebhardt und U.Krey, *Phasenübergänge und kritische Phänomene*, Vieweg, 1980 erhalten.

[7] Bei einer Reihe von strukturellen Phasenübergängen springt der Ordnungsparameter bei der Übergangstemperatur diskontinuierlich auf einen endlichen Wert. Hier liegt nach der Ehrenfestschen Klassifizierung ein Phasenübergang erster Ordnung vor.

Tabelle 7.2. Phasenübergänge (Kritische Punkte), Ordnungsparameter, Substanzen

Phasenübergänge	Ordnungsparameter		Substanz
Paramagnet-Ferromagnet (Curie-Temperatur)	Magnetisierung	**M**	Fe
Paramagnet-Antiferromagnet (Néel-Temperatur)	alternierende Magnetisierung	$\mathbf{N} = \mathbf{M}_1 - \mathbf{M}_2$	RbMnF$_3$
Gas-Flüssigkeit (Kritischer Punkt)	Dichte	$\rho - \rho_c$	CO$_2$
Entmischung von binären Flüssigkeiten	Konzentration	$c - c_c$	Methanol-n-Hexan
Ordnungs-Unordnungs-Übergänge	Untergitterbesetzung	$N_A - N_B$	Cu-Zn
Paraelektrisch-ferroelektrisch	Polarisation	**P**	BaTiO$_3$
Distortive strukturelle Umwandlungen	Drehwinkel	φ	SrTiO$_3$
Elastische Phasenübergänge	Deformation	ϵ	KCN
He I–He II (Lambda-Punkt)	Bose-Kondensat	Ψ	He^4
Normalleiter-Supraleiter	Cooper-Paar-Amplitude	Δ	Nb$_3$Sn

für $J_\perp(l - l') = J_\parallel(l - l')$ das *isotrope Heisenberg-Modell* (6.5.2). Im ersten Fall ist der auf die Zahl der Gitterplätze bezogene Ordnungsparameter ($h = 0$) die einkomponentige Größe $\langle \frac{1}{N} \sum_l \sigma_l^z \rangle$, d.h. die Zahl der Komponenten n ist $n = 1$. Im zweiten Fall ist der Ordnungsparameter $\langle \frac{1}{N} \sum_l \boldsymbol{\sigma}_l \rangle$, welcher in jede beliebige Richtung zeigen kann ($h = 0!$), die Komponentenzahl ist hier $n = 3$. Für $J_\perp(l-l') > J_\parallel(l-l') \geq 0$ liegt der sogenannte *planare Ferromagnet* vor, in welchem der Ordnungsparameter $\frac{1}{N} \sum_l \langle(\sigma_l^x, \sigma_l^y, 0)\rangle$ zwei Komponenten, $n = 2$, besitzt. Ein Spezialfall des uniaxialen Ferromagneten ist das Ising-Modell (6.5.4) mit $J_\perp(l-l') = 0$. Der *uniaxiale Ferromagnet* hat als Symmetrieelemente alle Drehungen um die z-Achse, die diskrete Symmetrie $(\sigma_l^x, \sigma_l^y, \sigma_l^z) \to (\sigma_l^x, \sigma_l^y, -\sigma_l^z)$ und deren Produkte. Unterhalb von T_c ist die diskrete Symmetrie gebrochen. Beim planaren Ferromagneten ist die (kontinuierliche) Drehsymmetrie um die z-Achse und im Fall des isotropen Heisenberg-Modells die $O(3)$-Symmetrie, also die Drehinvarianz um eine beliebige Achse, gebrochen.

Man könnte sich fragen, wieso z.B. für den Ising-Hamilton-Operator ohne äußeres Feld überhaupt $\frac{1}{N}\langle \sum \sigma_l \rangle$ verschieden von Null sein kann, denn aus der Invarianz-Operation $\{\sigma_l^z\} \to \{-\sigma_l^z\}$ folgt $\frac{1}{N}\langle \sum_l \sigma_l^z \rangle = -\frac{1}{N}\langle \sum_l \sigma_l^z \rangle$. In einem endlichen System ist $\frac{1}{N}\langle \sum \sigma_l^z \rangle_h$ für endliches h analytisch in h, und

$$\lim_{h\to 0} \frac{1}{N} \left\langle \sum_l \sigma_l^z \right\rangle_h = 0 \ . \tag{7.1.3}$$

Für endliches N tragen auch Konfigurationen mit dem Feld entgegengesetzten Spins zur Zustandssumme bei und haben immer mehr Gewicht je kleiner h ist.

Die mathematisch präzise Definition des Ordnungsparameters lautet

$$\langle \sigma \rangle = \lim_{h\to 0} \lim_{N\to\infty} \frac{1}{N} \left\langle \sum_l \sigma_l^z \right\rangle_h \ , \tag{7.1.4}$$

zuerst erfolgt der thermodynamische Limes $N \to \infty$ und dann $h \to 0$. Diese Größe kann unterhalb von T_c verschieden von Null sein. Für $N \to \infty$ haben Zustände mit falscher Orientierung auch für beliebig kleines, aber endliches Feld verschwindendes Gewicht in der Zustandssumme.

7.1.3 Universalität

In der Nähe von kritischen Punkten ist die Topologie der Phasendiagramme von so unterschiedlichen Systemen wie einem Gas-Flüssigkeitsgemisch und einem ferromagnetischen Material erstaunlich ähnlich, Abb. 7.1. Darüber hinaus zeigen Experimente und Computersimulationen, daß die kritischen Exponenten für die entsprechenden Phasenübergänge für breite Klassen von physikalischen Systemen gleich sind und nur von der Zahl der Komponenten und der Symmetrie des Ordnungsparameters, der Raumdimension und dem Charakter der Wechselwirkung, nämlich ob kurz- oder langreichweitig (z.B. Coulomb-, Dipolkräfte) abhängen. Dieser bemerkenswerte Zug wird als *Universalität* bezeichnet. Die mikroskopischen Details dieser stark wechselwirkenden Vielteilchensysteme äußern sich nur in den Vorfaktoren (Amplituden) der Potenzgesetze, und selbst die Verhältnisse derartiger Amplituden sind universelle Zahlen.

Der Grund für diesen bemerkenswerten Befund liegt in der Divergenz der Korrelationslänge, $\xi = \xi_0 \left(\frac{T-T_c}{T_c}\right)^{-\nu}$. Bei Annäherung an T_c wird ξ zur einzigen relevanten Längenskala des Systems, die bei großen Abständen über alle mikroskopischen Skalen dominiert. Obwohl der Phasenübergang in der Regel durch kurzreichweitige Wechselwirkungen der mikroskopischen Konstituenten verursacht wird, ist wegen der großen langreichweitigen Fluktuationen (siehe 6.12) die Abhängigkeit von den mikroskopischen Details wie der Gitterstruktur, der Gitterkonstanten, der Reichweite der Wechselwirkung (so lange sie kurzreichweitig ist) untergeordnet. Im kritischen Bereich verhält sich das System kollektiv, und nur globale Züge wie die Dimension und die Symmetrie spielen eine Rolle, wodurch das universelle Verhalten verständlich wird.

344 7. Phasenübergänge, Renormierungsgruppentheorie und Perkolation

Die Universalität kritischer Phänomene ist nicht auf Materialklassen beschränkt, sondern geht über diese hinaus. Z.B. ist das statische kritische Verhalten des Gas-Flüssigkeitsüberganges das gleiche wie von Ising-Ferromagneten. Planare Ferromagneten verhalten sich gleich wie He^4 am Lambda-Übergang. Auch ohne Verwendung der Renormierungsgruppentheorie kann man diese Zusammenhänge durch folgende Transformationen verstehen.[8] Die großkanonische Zustandssumme eines Gases kann man näherungsweise auf die eines Gittergases abbilden, welches äquivalent einem magnetischen Ising-Modell ist (besetzte (unbesetzte) Zelle $\hat{=}$ Spin nach oben (unten)). Den Hamilton-Operator einer Bose-Flüssigkeit kann man auf den eines planaren Ferromagneten abbilden. Die Eichinvarianz des Bose-Hamilton-Operators entspricht der zweidimensionalen Drehinvarianz des planaren Ferromagneten.

7.2 Statische Skalenhypothese[9]

7.2.1 Thermodynamische Größen, kritische Exponenten

In diesem Abschnitt wird die analytische Struktur der thermodynamischen Größen in der Nähe des kritischen Punktes diskutiert und daraus typische Folgerungen für die kritischen Exponenten gezogen. Dieser allgemein gültige Sachverhalt wird in der Sprache des Ferromagneten demonstriert. In der Nähe von T_c besitzt die Zustandsgleichung nach Gl. (6.5.16) die Form

$$\frac{h}{kT_c} = \tau m + \frac{1}{3}m^3 \tag{7.2.1}$$

und kann folgendermaßen umgeformt werden $\frac{1}{kT_c}\frac{h}{|\tau|^{3/2}} = \mathrm{sgn}(\tau)\frac{m}{|\tau|^{1/2}} + \frac{1}{3}\left(\frac{m}{|\tau|^{1/2}}\right)^3$. Indem wir nach m auflösen, erhalten wir für m die folgende Abhängigkeit von τ und h

$$m(\tau, h) = |\tau|^{1/2} m_\pm\left(\frac{h}{|\tau|^{3/2}}\right) \quad \text{für} \quad T \gtrless T_c . \tag{7.2.2}$$

---

[8] Siehe z.B. M.E. Fisher, op.cit. und Übungsaufgabe 7.16.

[9] Obwohl die sog. Skalentheorie kritischer Phänomene durch die Renormierungsgruppentheorie mikroskopisch hergeleitet werden kann (siehe Abschnitt 7.3.4), ist es aus folgenden Gründen zweckmäßig, sie zunächst phänomenologisch einzuführen. (i) als Motivation für die Vorgangsweise der Renormierungsgruppentheorie (ii) zur Darstellung der Struktur von Skalenüberlegungen in physikalischen Situationen, wo noch keine feldtheoretischen, renormierungsgruppentheoretischen Behandlungen möglich sind (wie z.B. bei vielen Nichtgleichgewichtsphänomenen). Skalenüberlegungen haben ausgehend von kritischen Phänomenen und Hochenergieskalen in der Elementarteilchenphysik einen großen Einfluß in verschiedensten Gebieten.

7.2 Statische Skalenhypothese

Die Funktionen $m_\pm$ für $T \gtreqless T_c$ sind durch (7.2.1) bestimmt. In der Nähe des kritischen Punktes hängt die Magnetisierung von τ und h in ganz spezieller Weise ab, nämlich abgesehen von dem Faktor $|\tau|^{1/2}$ nur von dem Verhältnis $h/|\tau|^{3/2}$. Die Magnetisierung ist eine verallgemeinerte homogene Funktion von τ und h. Dies impliziert, daß (7.2.2) invariant gegenüber der Skalentransformation

$$h \to hb^3, \quad \tau \to \tau b^2 \quad \text{und} \quad m \to mb$$

ist. Die Skaleninvarianz der physikalischen Eigenschaften äußert sich zum Beispiel in der spezifischen Wärme von He^4 am Lambda-Punkt (Abb. 7.2).

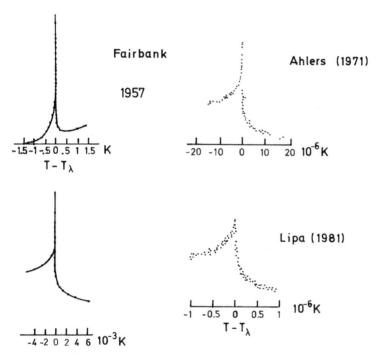

Abb. 7.2. Spezifische Wärme bei konstantem Druck, c_P, am Lambda-Übergang von He^4. Die Form der spezifischen Wärme bleibt bei Änderung der Temperaturskala (1K bis 10^{-6}K) gleich.

Wir wissen aus Kap. 6 und Tab. 7.1, daß die tatsächlichen kritischen Exponenten von den in (7.2.2) auftretenden Molekularfeldwerten verschieden sind. Es liegt deshalb nahe, die Zustandsgleichung (7.2.2) auf beliebige kritische Exponenten zu erweitern[10]

---

[10] Abgesehen als Verallgemeinerung der Molekularfeldtheorie, kann man sich die Skalenhypothese (7.2.3) auch plausibel machen, indem man von der Feststellung

346   7. Phasenübergänge, Renormierungsgruppentheorie und Perkolation

$$m(\tau,h) = |\tau|^\beta m_\pm\left(\frac{h}{|\tau|^{\delta\beta}}\right),\qquad(7.2.3)$$

dabei sind β, δ kritische Exponenten, $m_\pm$ heißen *Skalenfunktionen*.

Im momentanen Stadium ist (7.2.3) eine Hypothese; es ist jedoch möglich, diese Hypothese durch die Renormierungsgruppentheorie zu beweisen, wie wir es später in Abschn. 7.3, z.B. Gl. (7.3.40′), ausführen werden. Für den Moment wollen wir (7.2.3) als gegeben annehmen und nach den allgemeinen Konsequenzen fragen. Die beiden Skalenfunktionen $m_\pm(y)$ müssen gewisse Grenzbedingungen erfüllen, die aus den in Gl. (6.5.31) und in Tab. 7.1 aufgelisteten kritischen Eigenschaften folgen. Die Magnetisierung ist für endliches h immer längs h orientiert und bleibt im Grenzfall $h \to 0$ unterhalb von T_c endlich, während sie oberhalb verschwindet:

$$\lim_{y\to 0} m_-(y) = \operatorname{sgn} y\ ,\quad m_+(0) = 0\ .\qquad(7.2.4a)$$

Die thermodynamischen Funktionen sind genau bei $\tau = 0, h = 0$ nicht analytisch. Für endliches h ist die Magnetisierung im gesamten Temperaturbereich endlich und muß als Funktion von τ selbst bei $\tau = 0$ analytisch sein; die $|\tau|^\beta$-Abhängigkeit von (7.2.3) muß durch die Funktion $m_\pm(h/|\tau|^{\delta\beta})$ kompensiert werden. Deshalb müssen sich die beiden Funktionen $m_\pm$ für große Argumente wie

$$\lim_{y\to\infty} m_\pm(y) \propto y^{1/\delta}\qquad(7.2.4b)$$

verhalten. Daraus folgt, daß für $\tau = 0$, also am kritischen Punkt, $m \sim h^{1/\delta}$ ist. Die Skalenfunktionen $m_\pm(y)$ sind in Abb. 7.3 dargestellt.

So wie oben die Molekularfeldvariante des Skalengesetzes besagt auch (7.2.3), daß die Magnetisierung eine verallgemeinerte homogene Funktion von τ und h ist und deshalb invariant gegenüber der *Skalentransformation*

$$h \to hb^{\frac{\beta\delta}{\nu}}, \tau \to \tau b^{\frac{1}{\nu}}\quad\text{und}\quad m \to mb^{\beta/\nu}$$

ist. Aus dieser Skaleninvarianz leitet sich der Name *Skalengesetz* ab. Gleichung (7.2.3) enthält weitere Informationen über die Thermodynamik; durch Integration können wir die freie Energie bestimmen und durch geeignete Ableitungen die magnetische Suszeptibilität und die spezifische Wärme. Daraus

---

ausgeht, daß Singularitäten nur bei $\tau = 0$ und $h = 0$ vorhanden sind. Wie stark sich diese auswirken, hängt vom Abstand vom kritischen Punkt τ und von $h/|\tau|^{\beta\delta}$, also dem Verhältnis zwischen äußerem Feld und dem Feldäquivalent von τ, nämlich $h_\tau = m^\delta = |\tau|^{\beta\delta}$, ab. Solange $h \ll h_\tau$ ist, befindet sich das System effektiv in verschwindendem Feld und $m \approx |\tau|^\beta m_\pm(0)$. Wenn andererseits τ so klein wird, daß $|\tau| \leq h^{1/\beta\delta}$ ist, dominiert der Einfluß des Feldes. Jede weitere Verkleinerung von τ führt zu keiner Veränderung: m bleibt bei dem Wert, den sie für $|\tau| = h^{1/\beta\delta}$ hatte, d.h. $h^{\frac{1}{\delta}} m_\pm(1)$. Im Grenzfall $\tau \to 0$ muß also $m_\pm(y) \longrightarrow y^\beta$ gelten, damit sich in $m(\tau, h)$ die singuläre Abhängigkeit von τ weghebt.

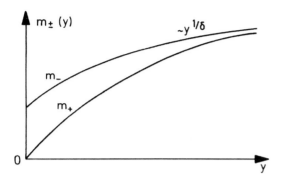

Abb. 7.3. Das qualitative Verhalten der Skalenfunktionen $m_\pm$.

folgen Beziehungen zwischen den kritischen Exponenten. Für die *Suszeptibilität* finden wir aus Gl. (7.2.3) das Skalengesetz

$$\chi \equiv \left(\frac{\partial m}{\partial h}\right)_T = |\tau|^{\beta-\delta\beta} m'_\pm\left(\frac{h}{|\tau|^{\delta\beta}}\right), \tag{7.2.5}$$

und im Grenzfall $h \to 0$ somit $\chi \propto |\tau|^{\beta-\delta\beta}$. Daraus folgt, daß der kritische Exponent der Suszeptibilität γ (Gl. (6.5.31c)) durch

$$\gamma = -\beta(1-\delta) \tag{7.2.6}$$

gegeben ist. Die *spezifische freie Energie* ergibt sich durch Integration von (7.2.3)

$$f - f_0 = -\int_{h_0}^{h} dh\, m(\tau, h) = -|\tau|^{\beta+\delta\beta} \int_{h_0/|\tau|^{\delta\beta}}^{h/|\tau|^{\delta\beta}} dx\, m_\pm(x).$$

Dabei sei h_0 genügend groß, so daß der Ausgangspunkt außerhalb des kritischen Bereichs liege. Die freie Energie hat also die folgende Gestalt

$$f(\tau, h) = |\tau|^{\beta+\delta\beta} \hat{f}_\pm\left(\frac{h}{|\tau|^{\beta\delta}}\right) + f_{reg} \tag{7.2.7}$$

Hier ist $\hat{f}$ durch den von der oberen Grenze kommenden Beitrag des Integrals definiert und f_{reg} der nichtsinguläre Teil der freien Energie. Für die spezifische Wärme bei konstantem Magnetfeld erhält man durch zweimaliges Ableiten von (7.2.7)

$$c_h = -\frac{\partial^2 f}{\partial \tau^2} \sim A_\pm |\tau|^{\beta(1+\delta)-2} + B_\pm. \tag{7.2.8}$$

Hier sind $A_\pm$ Amplituden, und $B_\pm$ kommt vom regulären Teil. Der Vergleich mit dem durch den kritischen Exponenten α charakterisierten Verhalten der spezifischen Wärme (Gl. (6.5.31d)) ergibt

$$\alpha = 2 - \beta(1+\delta) \, . \tag{7.2.9}$$

Die Relationen zwischen den kritischen Exponenten bezeichnet man als *Skalenrelationen*, da sie aus den Skalengesetzen für die thermodynamischen Größen folgen. Wenn wir (7.2.6) und (7.2.9) addieren, erhalten wir

$$\gamma + 2\beta = 2 - \alpha \, . \tag{7.2.10}$$

Aus (7.2.6) und (7.2.9) sieht man, daß die übrigen thermodynamischen kritischen Exponenten durch β und δ bestimmt sind.

7.2.2 Skalenhypothese für die Korrelationsfunktion

In Molekularfeldnäherung fanden wir in Gl. (6.5.50) und (6.5.53') für die wellenzahlabhängige Suszeptibilität $\chi(\mathbf{q})$ und die Korrelationsfunktion $G(\mathbf{x})$ das Ornstein-Zernike-Verhalten:

$$\chi(\mathbf{q}) = \frac{1}{\tilde{J}q^2} \frac{(q\xi)^2}{1+(q\xi)^2} \, , \quad G(\mathbf{x}) = \frac{kT_c \, v \, e^{-|\mathbf{x}|/\xi}}{4\pi \tilde{J} \, |\mathbf{x}|} \quad \text{mit} \quad \xi = \xi_0 \tau^{-\frac{1}{2}} \, . \tag{7.2.11}$$

Die Verallgemeinerung dieses Gesetzes lautet ($q \ll a^{-1}, |\mathbf{x}| \gg a, \xi \gg a$ mit der Gitterkonstanten a)

$$\chi(\mathbf{q}) = \frac{1}{q^{2-\eta}} \, \hat{\chi}(q\xi) \, , \quad G(\mathbf{x}) = \frac{1}{|\mathbf{x}|^{1+\eta}} \, \hat{G}\left(|\mathbf{x}|/\xi\right) \, , \quad \xi = \xi_0 \, \tau^{-\nu} \, ,$$

(7.2.12a,b,c)

mit noch unbekannten Funktionen $\hat{\chi}(q\xi)$ und $\hat{G}(|\mathbf{x}|/\xi)$. In (7.2.12c) wurde davon ausgegangen, daß die Korrelationslänge ξ im kritischen Punkt divergiert. Diese Divergenz wird durch den kritischen Exponenten ν charakterisiert. Genau bei T_c ist $\xi = \infty$, und deshalb ist keine endliche charakteristische Länge mehr vorhanden; die Korrelationsfunktion $G(\mathbf{x})$ kann demnach nur nach einem Potenzgesetz abfallen $G(\mathbf{x}) \sim \frac{1}{|\mathbf{x}|^{1+\eta}} \hat{G}(0)$. Mit der Einführung des weiteren kritischen Exponenten η wurde die Möglichkeit des Abweichens vom $1/|\mathbf{x}|$-Verhalten der Ornstein-Zernike Theorie berücksichtigt. In der unmittelbaren Umgebung von T_c ist ξ die einzige relevante Länge, daher enthält die Korrelationsfunktion noch den Faktor $\hat{G}(|\mathbf{x}|/\xi)$. Die Fourier-Transformation von $G(\mathbf{x})$ ergibt (7.2.12a) für die wellenzahlabhängige Suszeptibilität, die ihrerseits eine naheliegende Verallgemeinerung des Ornstein-Zernike-Ausdrucks darstellt. Wir erinnern daran (Abschnitt 5.4.4 und 6.5.5.2), daß das Anwachsen von $\chi(\mathbf{q})$ für kleine q mit Annäherung an T_c zur kritischen Opaleszenz führt.

In (7.2.11) und (7.2.12b) wurde ein dreidimensionales System angenommen. Natürlich sind auch Phasenübergänge in zwei Dimensionen von höchstem Interesse, und außerdem hat es sich in der Theorie der Phasenübergänge als sehr fruchtbar erwiesen, ganz beliebige (selbst nicht ganzzahlige) Dimensionen zu betrachten. Wir wollen deshalb die Relationen auf beliebige Dimensionen d verallgemeinern:

$$G(\mathbf{x}) = \frac{1}{|\mathbf{x}|^{d-2+\eta}} \hat{G}(|\mathbf{x}|/\xi) \,. \tag{7.2.12b'}$$

Die Gleichungen (7.2.12a) und (7.2.12c) bleiben auch in d Dimensionen gültig, wobei natürlich die Exponenten ν und η und die Gestalt der Funktionen $\hat{G}$ und $\hat{\chi}$ von der Dimension abhängen. Aus (7.2.12a) und (7.2.12b') ergibt sich am kritischen Punkt

$$G(\mathbf{x}) \propto \frac{1}{|\mathbf{x}|^{d-2+\eta}} \quad \text{und} \quad \chi \propto \frac{1}{q^{2-\eta}} \quad \text{für} \quad T = T_c \,. \tag{7.2.13}$$

Hier haben wir vorausgesetzt, daß $\hat{G}(0)$ und $\hat{\chi}(\infty)$ endlich sind, was aus der Endlichkeit von $G(\mathbf{x})$ bei endlichen Abständen und von $\chi(\mathbf{q})$ bei endlichen Wellenzahlen (und $\xi = \infty$) folgt.

Nun betrachten wir noch für Temperaturen $T \neq T_c$ den Grenzfall $\mathbf{q} \to 0$. Dann folgt aus (7.2.12a)

$$\chi = \lim_{q \to 0} \chi(\mathbf{q}) \propto \frac{(q\xi)^{2-\eta}}{q^{2-\eta}} = \xi^{2-\eta} \,. \tag{7.2.14}$$

Diese Abhängigkeit erhält man aufgrund folgender Argumentation. Für endliches ξ ist die Suszeptibilität sogar im Grenzfall $\mathbf{q} \to 0$ endlich. Deshalb muß der Faktor $\frac{1}{q^{2-\eta}}$ in (7.2.12a) durch eine entsprechende Abhängigkeit von $\hat{\chi}(q\xi)$ kompensiert werden, woraus die Relation (7.2.14) für die homogene Suszeptibilität folgt. Da deren Divergenz nach (6.5.31c) durch den kritischen Exponenten γ charakterisiert wird, folgt aus (7.2.14) zusammen mit (7.2.12c) eine weitere Skalenrelation

$$\gamma = \nu(2 - \eta) \,. \tag{7.2.15}$$

Relationen der Art (7.2.3), (7.2.7) und (7.2.12b') nennt man *Skalengesetze*, weil sie unter den folgenden Skalentransformationen

$$\begin{aligned} x &\to x/b, \quad \xi \to \xi/b, \quad \tau \to \tau b^{1/\nu}, \quad h \to h b^{\beta\delta/\nu} \\ m &\to m b^{\beta/\nu}, \quad f_s \to f_s b^{(2-\alpha)/\nu}, \quad G \to G b^{(d-2+\eta)/\nu} \end{aligned} \tag{7.2.16}$$

invariant sind, wobei f_s für den singulären Teil der (spezifischen) freien Energie steht.

Wenn man darüber hinaus annimmt, daß diesen Skalentransformationen eine mikroskopische Eliminationsprozedur zugrunde liegt, durch die das ursprüngliche System mit Gitterkonstante a und N Gitterplätzen auf ein neues mit der gleichen Gitterkonstanten a abgebildet wird, aber mit der verkleinerten Zahl Nb^{-d} von Freiheitsgraden, dann gilt

$$\frac{F_s(\tau, h)}{N} = b^{-d}\frac{F_s(\tau b^{1/\nu}, h b^{\beta\delta/\nu})}{Nb^{-d}}, \qquad (7.2.17)$$

was die *Hyperskalenrelation*

$$2 - \alpha = d\nu \qquad (7.2.18)$$

impliziert, in der auch die Dimension d enthalten ist. Nach den Gleichungen (7.2.6), (7.2.9), (7.2.15) und (7.2.18) werden alle kritischen Exponenten aus zwei unabhängigen festgelegt.

Für das *zweidimensionale Ising Modell* ergibt sich aus den nach Gl. (6.5.31d) zitierten Exponenten und den Skalenrelationen (7.2.15) und (7.2.18) für die Exponenten der Korrelationsfunktion $\nu = 1$ und $\eta = 1/4$.

7.3 Renormierungsgruppe

7.3.1 Einleitende Bemerkungen

Unter dem Begriff „Renormierung" einer Theorie versteht man eine gewisse Umparametrisierung mit dem Ziel, daß die renormierte Theorie leichter behandelbar ist als die ursprüngliche. Historisch wurde die Renormierung von Stückelberg und Feynman erfunden, um Quantenfeldtheorien, wie die Quantenelektrodynamik, von Divergenzen zu befreien. Statt der nackten Parameter (Massen, Kopplungskonstanten) wird die Lagrange-Funktion durch physikalische Massen und Kopplungskoeffizienten ausgedrückt, so daß ultraviolettdivergente Beiträge von virtuellen Übergängen nur mehr im Zusammenhang zwischen den nackten und den physikalischen Größen auftreten, wodurch die renormierte Theorie endlich ist. Die Renormierungsprozedur ist nicht eindeutig; die renormierten Größen können zum Beispiel von einer Abschneidelängenskala abhängen, bis zu der bestimmte, virtuelle Prozesse berücksichtigt werden. Die *Renormierungsgruppentheorie* studiert die Abhängigkeit von dieser Längenskala, die man auch „Flußparameter" nennt. Der Name „Renormierungsgruppe" kommt von der Tatsache, daß zwei aufeinanderfolgende Renormierungsgruppentransformationen zu einer dritten derartigen Transformation führen.

Im Bereich der kritischen Phänomene, wo man das Verhalten bei großen Abständen (oder im Fourier-Raum bei kleinen Wellenzahlen) erklären muß, ist es naheliegend, die Renormierungsvorschrift durch eine geeignete Elimination von kurzwelligen Fluktuationen zu realisieren. Eine derartige teilweise Auswertung der Zustandssumme ist einfacher als die Berechnung der vollständigen Zustandssumme und auch unter Verwendung von Näherungsmethoden möglich. Als Ergebnis eines Eliminationsschrittes werden die übrigbleibenden Freiheitsgrade modifizierte, *effektive* Wechselwirkungen erfahren.

Ganz allgemein kann man sich von einer solchen Renormierungsgruppentransformation die folgenden Vorteile erwarten:

a) Die neuen Kopplungskonstanten könnten kleiner sein. Durch fortgesetzte Anwendung der Renormierungsprozedur könnte man schließlich eine praktisch freie Theorie, ohne Wechselwirkung, erhalten.
b) Die sukzessive iterierten Kopplungskoeffizienten, auch „Parameterfluß" genannt, könnten einen *Fixpunkt* besitzen, an dem sich das System bei weiteren Renormierungsgruppentransformationen nicht mehr ändert. Da die Elimination von Freiheitsgraden von einer Änderung des Gitterabstandes, bzw. der Längenskala begleitet ist, kann man vermuten, daß die Fixpunkte unter bestimmten Umständen mit kritischen Punkten zu tun haben. Weiters kann man hoffen, daß der Fluß in der Nähe dieser Fixpunkte Informationen über die universellen physikalischen Größen in der Umgebung der kritischen Punkte liefert.

Das unter a) genannte Szenario werden wir für das eindimensionale Ising-Modell und das unter b) für das zweidimensionale finden.

Durch die Renormierungsgruppenmethode wird die Skaleninvarianz in der Nähe eines kritischen Punktes zur Geltung gebracht. Bei sogenannten *Ortsraumtransformationen* (im Gegensatz zu Transformation im Fourier-Raum) eliminiert man bestimmte Freiheitsgrade, welche auf einem Gitter definiert sind und führt somit eine partielle Spurbildung der Zustandssumme aus. Anschließend wird die Gitterkonstante des resultierenden Systems readjustiert und die inneren Variablen werden dergestalt renormiert, daß der neue Hamilton-Operator in seiner Form dem ursprünglichen entspricht. Durch Vergleich definiert man effektive, skalenabhängige Kopplungskonstanten, deren Flußverhalten man untersucht. Wir untersuchen zunächst das eindimensionale Ising-Modell und anschließend das zweidimensionale. Schließlich wird die allgemeine Struktur derartiger Transformationen mit der Ableitung von Skalengesetzen diskutiert. Eine kurze skizzenhafte Diskussion von kontinuierlichen feldtheoretischen Formulierungen wird im Anschluß an die Ginzburg-Landau-Theorie vorgenommen.

7.3.2 Eindimensionales Ising-Modell, Dezimierungstransformation

Wir wollen zunächst die Renormierungsgruppen-Methode am eindimensionalen Ising-Modell mit ferromagnetischer Austauschwechselwirkung J ohne äußerem Feld erläutern. Der Hamilton-Operator ist durch

$$\mathcal{H} = -J \sum_l \sigma_l \sigma_{l+1} \qquad (7.3.1)$$

gegeben, wobei l über alle Plätze des eindimensionalen Gitters läuft. Siehe Abb. 7.4. In der Zustandssumme für N Spins (mit periodischen Randbedingungen $\sigma_{N+1} = \sigma_1$) führen wir die Abkürzung $K = J/kT$ ein

7. Phasenübergänge, Renormierungsgruppentheorie und Perkolation

$$Z_N = \text{Sp } e^{-\mathcal{H}/kT} = \sum_{\{\sigma_l = \pm 1\}} e^{K \sum_l \sigma_l \sigma_{l+1}} . \tag{7.3.2}$$

Die Dezimierungsprozedur besteht in einer teilweisen Ausführung der Zustandssumme, indem im ersten Schritt die Summe über jeden zweiten Spin durchgeführt wird. In Abb. 7.4 werden die Gitterplätze, an denen die Spur ausgeführt wird, durch ein Kreuz gekennzeichnet.

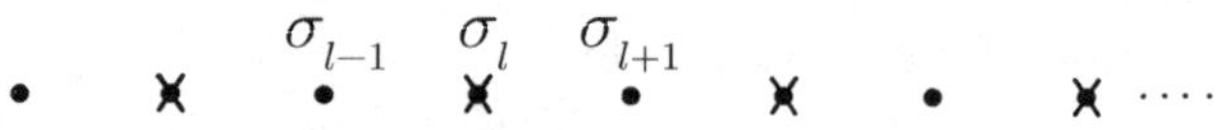

$$\bullet \quad \times \quad \overset{\sigma_{l-1}}{\bullet} \quad \overset{\sigma_l}{\times} \quad \overset{\sigma_{l+1}}{\bullet} \quad \times \quad \bullet \quad \times \quad \cdots$$

Abb. 7.4. Ising-Kette. Die Spur wird über die angekreuzten Gitterpunkte durchgeführt. Es bleibt ein Gitter mit der doppelten Gitterkonstanten.

Ein typischer Term in der Zustandssumme ist dann

$$\sum_{\sigma_l = \pm 1} e^{K\sigma_l(\sigma_{l-1} + \sigma_{l+1})} = 2\cosh K(\sigma_{l-1} + \sigma_{l+1}) = e^{2g + K'\sigma_{l-1}\sigma_{l+1}} , \tag{7.3.3}$$

mit noch zu bestimmenden Koeffizienten g und K'. Hier haben wir nach dem ersten Gleichheitszeichen die Summe über $\sigma_l = \pm 1$ gebildet. Da $\cosh K(\sigma_{l-1} + \sigma_{l+1})$ nur davon abhängt, ob σ_{l-1} und σ_{l+1} parallel oder antiparallel stehen, kann das Ergebnis auf jeden Fall auf die nach dem zweiten Gleichheitszeichen stehende Form gebracht werden. Die Koeffizienten g und K' können entweder durch Reihenentwicklung der Exponentialfunktion bestimmt werden oder noch einfacher, indem die beiden Ausdrücke für die möglichen Orientierungen verglichen werden. Wenn $\sigma_{l-1} = -\sigma_{l+1}$ ist, finden wir

$$2 = e^{2g - K'} , \tag{7.3.4a}$$

und wenn $\sigma_{l-1} = \sigma_{l+1}$ ist,

$$2\cosh 2K = e^{2g + K'} . \tag{7.3.4b}$$

Aus dem Produkt von (7.3.4a) und (7.3.4b) erhalten wir $4\cosh 2K = e^{4g}$ und aus dem Quotienten $\cosh 2K = e^{2K'}$, also lauten die Rekursionsrelationen

$$K' = \frac{1}{2}\log\cosh 2K \tag{7.3.5a}$$

$$g = \frac{1}{2}(\log 2 + K') . \tag{7.3.5b}$$

Führt man diese Dezimierungsprozedur k-mal durch, ergibt sich aus (7.3.5a,b) für den k-ten Schritt folgende Rekursionsrelation

$$K^{(k)} = \frac{1}{2}\log\left(\cosh 2K^{(k-1)}\right) \qquad (7.3.6a)$$

$$g(K^{(k)}) = \frac{1}{2}\log 2 + \frac{1}{2}K^{(k)}\;. \qquad (7.3.6b)$$

Durch die Dezimierung entsteht wieder ein Ising-Modell mit einer Wechselwirkung zwischen nächsten Nachbarn mit der Kopplungskonstante $K^{(k)}$. Außerdem wird ein Spin-unabhängiger Beitrag $g(K^{(k)})$ zur Energie erzeugt, der im k-ten Schritt durch (7.3.6b) gegeben ist.

Bei einer Transformation dieser Art ist es zweckmäßig die *Fixpunkte* zu bestimmen, die sich im gegenwärtigen Zusammenhang auch als physikalisch bedeutsam erweisen werden. Fixpunkte sind diejenigen Punkte K^*, die gegenüber der Transformation invariant sind, d.h. hier $K^* = \frac{1}{2}\log(\cosh 2K^*)$. Diese Gleichung besitzt zwei Lösungen

$$K^* = 0 \quad (T=\infty) \quad \text{und} \quad K^* = \infty \quad (T=0)\;. \qquad (7.3.7)$$

In Abb. 7.5 ist die Rekursionsrelation (7.3.6a) graphisch dargestellt. Ausgehend vom Anfangswert K_0 ergibt sich $K'(K_0)$ und durch Spiegelung an der Geraden $K' = K$ erhält man $K'(K'(K_0))$ und so fort. Man sieht, daß die Kopplungskonstante fortschreitend kleiner wird. Das System läuft auf den Fixpunkt $K^* = 0$, d.h. ein wechselwirkungsfreies System, zu. Daher kommt es für kein endliches K_0 zu einem geordneten Zustand: es tritt kein Phasenübergang auf. Nur für $K = \infty$, d.h. bei endlicher Austauschwechselwirkung J und $T = 0$ sind die Spins geordnet.

Mittels dieser Renormierungsgruppentransformation können wir die Zustandssumme und die freie Energie berechnen. Die Zustandssumme für insgesamt N Spins mit der Kopplungskonstanten K ist unter Verwendung von (7.3.3)

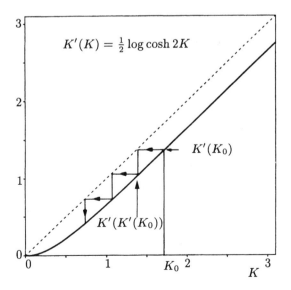

Abb. 7.5. Rekursionsrelation für das eindimensionale Ising-Modell mit Wechselwirkung zwischen nächsten Nachbarn (dick), Gerade $K' = K$ (strichliert), Iterationsschritte (dünn).

$$Z_N(K) = \mathrm{e}^{Ng(K')} Z_{\frac{N}{2}}(K') = \mathrm{e}^{Ng(K')+\frac{N}{2}g(K'')} Z_{\frac{N}{2^2}}(K'') \tag{7.3.8}$$

und nach dem n-ten Schritt

$$Z_N(K) = \exp\left[N \sum_{k=1}^{n} \frac{1}{2^{k-1}} g(K^{(k)}) + \log Z_{\frac{N}{2^n}}(K^{(n)})\right]. \tag{7.3.9}$$

Die reduzierte freie Energie pro Gitterplatz und kT ist durch

$$\tilde{f} = -\frac{1}{N} \log Z_N(K) \tag{7.3.10}$$

definiert.

Wir haben gesehen, daß die Wechselwirkung bei der Renormierungsgruppentransformation schwächer wird, woraus sich folgende Anwendungsmöglichkeit ergibt. Nach einigen Schritten ist die Wechselwirkung so schwach, daß störungstheoretische Methoden verwendet werden können, oder die Wechselwirkung überhaupt vernachlässigt werden kann. Falls wir $K^{(n)} \approx 0$ setzen, ergibt sich aus (7.3.9) die Näherung

$$\tilde{f}^{(n)}(K) = -\sum_{k=1}^{n} \frac{1}{2^{k-1}} g(K^{(k)}) - \frac{1}{2^n} \log 2, \tag{7.3.11}$$

da die freie Energie pro Spin eines feldfreien Spin-1/2-Systems ohne Wechselwirkung $-\log 2$ beträgt. In Abb. 7.6 ist $\tilde{f}^{(n)}(K)$ für $n = 1$ bis 5 gezeichnet. Wir sehen, wie rasch sich diese Näherungslösung der exakten reduzierten, freien Energie, $\tilde{f}(K) = -\log(2\cosh K)$, annähert. Das eindimensionale Ising-Modell kann mit elementaren Methoden (siehe Aufgabe 6.9) exakt gelöst werden, sowie auch mit der Transfermatrixmethode, (Anhang F).

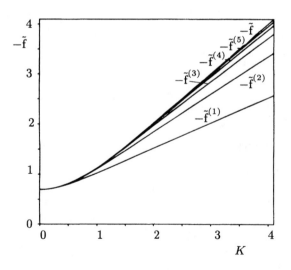

Abb. 7.6. Reduzierte freie Energie des eindimensionalen Ising-Modells. $\tilde{f}$ exakte freie Energie, $\tilde{f}^{(1)}, \tilde{f}^{(2)}, \ldots$ Approximation (7.3.11).

7.3.3 Zweidimensionales Ising-Modell

Interessanter ist die Anwendung der Dezimierungsprozedur auf das zweidimensionale Ising-Modell, da es einen Phasenübergang bei einer endlichen Temperatur $T_c > 0$ besitzt. Wir betrachten nun das in Abb. 7.7 dargestellte, um 45° gedrehte, quadratische Gitter mit der Gitterkonstanten eins.

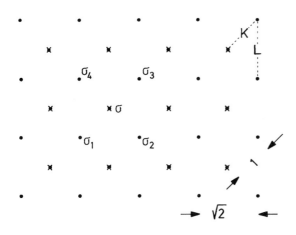

Abb. 7.7. Quadratisches, um 45° gedrehtes Spingitter. Die Gitterpunkte sind durch einen Punkt gekennzeichnet. Bei der Dezimierungstransformation werden die Spins an den zusätzlich durch ein Kreuz markierten Plätzen eliminiert. K ist die Wechselwirkung zwischen nächsten und L zwischen übernächsten Nachbarn.

Der mit β multiplizierte Hamilton-Operator $H = \beta \mathcal{H}$ lautet

$$H = - \sum_{n.N.} K \sigma_i \sigma_j , \qquad (7.3.12)$$

wobei sich die Summation über Paare von nächsten Nachbarn (n.N.) erstreckt ($K = J/kT$). Wenn in der teilweisen Berechnung der Zustandssumme die Spur über die durch ein Kreuz gekennzeichneten Spins ausgeführt wird, ergibt sich ein neues quadratisches Gitter mit der Gitterkonstanten $\sqrt{2}$. Wie transformieren sich die Kopplungskonstanten? Wir greifen einen der gekreuzten Spins σ heraus, bezeichnen seine Nachbarn mit $\sigma_1, \sigma_2, \sigma_3, \sigma_4$ und werten für diesen den Beitrag zur Zustandssumme aus:

$$\sum_{\sigma=\pm 1} e^{K(\sigma_1+\sigma_2+\sigma_3+\sigma_4)\sigma} = e^{\log(2\cosh K(\sigma_1+\sigma_2+\sigma_3+\sigma_4))}$$
$$= e^{A' + \frac{1}{2}K'(\sigma_1\sigma_2...+\sigma_3\sigma_4) + L'(\sigma_1\sigma_3+\sigma_2\sigma_4) + M'\sigma_1\sigma_2\sigma_3\sigma_4} . \qquad (7.3.13)$$

Durch diese Transformation (partielle Spurbildung) ergibt sich eine geänderte Wechselwirkung zwischen nächsten Nachbarn K' (hier trägt die Elimination zweier gekreuzter Spins bei), darüber hinaus werden neue Wechselwirkungen zwischen den übernächsten Nachbarn (wie z.B. σ_1 und σ_3) und eine Vierspinwechselwirkung erzeugt

$$H' = \left(A' + K' \sum_{n.N.} \sigma_i \sigma_j + L' \sum_{\ddot{u}.n.N.} \sigma_i \sigma_j + \ldots \right) . \qquad (7.3.12')$$

Die Koeffizienten A', K', L' und M' können aus (7.3.13) leicht als Funktion von K angegeben werden, indem man $\sigma_i^2 = 1$, $i = 1, \ldots, 4$ benützt (siehe Aufgabe 7.2):

$$A'(K) = \log 2 + \frac{1}{8}\{\log\cosh 4K + 4\log\cosh 2K\}, \qquad (7.3.14)$$

$$K'(K) = \frac{1}{4}\log\cosh 4K, \quad L'(K) = \frac{1}{2}K'(K) \qquad (7.3.13')$$

$$M'(K) = \frac{1}{8}\{\log\cosh 4K - 4\log\cosh 2K\}.$$

Setzt man zur Abschätzung in diese Relation für den Ausgangswert K den kritischen Wert $K_c = J/kT_c = 0.4406$ (exaktes Resultat[11]) ein, so findet man $M' \ll L' \leq K'$. Beim ersten Eliminationsschritt wird aus dem ursprünglichen Ising-Modell eines mit drei Wechselwirkungen, beim nächsten Eliminationsschritt müssen wir diese mitberücksichtigen und erhalten noch weitere Wechselwirkungen und so fort. In einer quantitativ brauchbaren Rechnung wird es also notwendig sein, die Rekursionsrelationen für eine erweiterte Zahl von Kopplungskonstanten zu bestimmen. Wir wollen hier nur die wesentliche Struktur derartiger Rekursionsrelationen bestimmen und sie so weit vereinfachen, daß eine analytische Lösung möglich ist. Deshalb vernachlässigen wir die Kopplungskonstante M' und alle weiteren durch die Elimination erzeugten und beschränken uns auf K' und L' und auch deren Ausgangswerte K und L. Dies ist begründet in der oben erwähnten Kleinheit von M'.

Wir benötigen nun die Rekursionsrelation inklusive der Kopplungskonstanten L, die zwischen σ_1 und σ_4 usw. wirkt. Wenn man in (7.3.13') bis zur zweiten Ordnung in K entwickelt und beachtet, daß eine Wechselwirkung L zwischen übernächsten Nachbarn in der ursprünglichen Hamilton-Funktion als ein Beitrag zur Wechselwirkung der nächsten Nachbarn in der gestrichenen Hamilton-Funktion erscheint, erhält man bei Elimination der gekreuzten Spins (Abb. 7.7) folgende Rekursionsrelation

$$K' = 2K^2 + L \qquad (7.3.15a)$$
$$L' = K^2. \qquad (7.3.15b)$$

Man kann diese Relationen folgendermaßen intuitiv begründen. Der Spin σ vermittelt eine Wechselwirkung der Größe K mal K, also K^2 zwischen σ_1 und σ_3, ebenso der genau links von σ liegende gekreuzte Spin. Dies führt zu $2K^2$ in K'. Die Wechselwirkung zwischen übernächsten Nachbarn L des ursprünglichen Modells wird unmittelbar ein Beitrag zu K'. Der Spin σ vermittelt auch eine diagonale Wechselwirkung zwischen σ_1 und σ_4, dies führt also zu der Relation $L' = K^2$ von (7.3.15b).

---

[11] Die Zustandssumme des Ising-Modells auf einem Quadratgitter ohne äußeres Feld wurde von L. Onsager, Phys. Rev. **65** 117 (1944) mittels der Transfermatrixmethode (siehe Anhang F) exakt berechnet.

Es sollte jedoch klar sein, daß im Gegensatz zum eindimensionalen Fall mit jedem Eliminationsschritt neue Kopplungen entstehen. Man kann nicht erwarten, daß die näherungsweise auf einen eingeschränkten Parameterraum (K, L) reduzierten Rekursionsrelationen quantitativ genaue Resultate liefern werden. Sie enthalten jedoch alle typischen Züge derartiger Rekursionsrelationen.

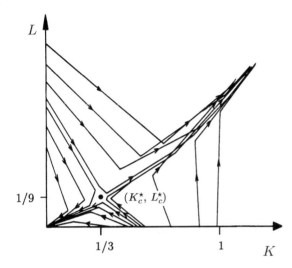

Abb. 7.8. Flußdiagramm von Gl. (7.3.15a,b). (Es wird nur jeder zweite Punkt gezeichnet.) Es sind drei Fixpunkte erkennbar: $K^* = L^* = 0, K^* = L^* = \infty$ und $K_c^* = \frac{1}{3}, L_c^* = \frac{1}{9}$

In Abb. 7.8 haben wir die Rekursionsrelationen (7.3.15a,b) dargestellt.[12] Ausgehend von Werten $(K, 0)$ wird die Rekursionsrelation immer wieder angewendet, genauso für Ausgangswerte $(0, L)$. Es ergibt sich folgendes Bild: Für kleine Ausgangswerte münden die Flußlinien in $K = L = 0$, für große Ausgangswerte in $K = L = \infty$. Diese beiden Regionen werden getrennt durch zwei Linien, die in $K_c^* = \frac{1}{3}$ und $L_c^* = \frac{1}{9}$ münden. Weiter unten wird klar, daß dieser Fixpunkt mit dem kritischen Punkt verbunden ist.

Wir werden nun die wichtigsten Eigenschaften des aus den Rekursionsrelationen (7.3.15a,b) folgenden Flußdiagramms analytisch untersuchen. Als ersten Schritt müssen wir nun die *Fixpunkte* von (7.3.15a,b) bestimmt werden, also K^* und L^*, die $K^* = 2K^{*2} + L^*$ und $L^* = K^*$ erfüllen. Daraus folgen drei Fixpunkte

1. $K^* = L^* = 0$,   2. $K^* = L^* = \infty$ und   3. $K_c^* = \frac{1}{3}, L_c^* = \frac{1}{9}$.   (7.3.16)

Der Hochtemperaturfixpunkt 1 entspricht der Temperatur $T = \infty$, der Tieftemperaturfixpunkt 2 nicht nur der Temperatur Null, sondern der ganzen

---

[12] Aus Gründen der Übersichtlichkeit haben wir in Abb. 7.8 nur jeden zweiten Iterationsschritt eingezeichnet. Wir kommen darauf am Ende dieses Abschnitts, nach der analytischen Untersuchung der Rekursionsrelation, zurück.

358   7. Phasenübergänge, Renormierungsgruppentheorie und Perkolation

geordneten Tieftemperaturphase. Das kritische Verhalten kann nur mit dem nichttrivialen Fixpunkt $(K_c^*, L_c^*) = (\frac{1}{3}, \frac{1}{9})$ zu tun haben.

Daß Ausgangswerte von K und L, die in den Fixpunkt (K_c^*, L_c^*) führen, kritische Punkte darstellen, sieht man folgendermaßen. Die RG-Transformation führt zu einem Gitter mit einer um $\sqrt{2}$ vergrößerten Gitterkonstanten. Die Korrelationslänge des transformierten Systems ξ' ist also um den Faktor $\sqrt{2}$ kleiner:

$$\xi' = \xi/\sqrt{2} \,. \tag{7.3.17}$$

Am Fixpunkt sind aber die Kopplungskonstanten K_c^*, L_c^* invariant, also muß für das ξ des Fixpunktes gelten: $\xi' = \xi$, d.h. am Fixpunkt folgt $\xi = \xi/\sqrt{2}$, also

$$\xi = \begin{cases} \infty & \text{oder} \\ 0 \end{cases} \tag{7.3.18}$$

Der Wert 0 entspricht dem Hochtemperatur- und dem Tieftemperatur-Fixpunkt. Bei endlichen K^*, L^* kann ξ nicht Null, sondern nur ∞ sein. Zurückrechnen der Transformation zeigt, daß die Korrelationslänge an jeder Stelle der kritischen Trajektorie, die in den Fixpunkt führt, unendlich ist. Deshalb sind alle Punkte der „kritischen Trajektorie", also der Trajektorie, die in den Fixpunkt führt, kritische Punkte von Ising-Modellen mit nächster und übernächster Nachbar-Wechselwirkung.

Um das kritische Verhalten zu bestimmen, betrachten wir das Verhalten der Kopplungskonstanten in der Nähe des nichttrivialen Fixpunktes und linearisieren dazu die Transformationsgleichungen (7.3.15a,b) um (K_c^*, L_c^*) im l-ten Schritt:

$$\delta K_l = K_l - K_c^* \,, \quad \delta L_l = L_l - L_c^* \,. \tag{7.3.19}$$

Damit erhalten wir folgende lineare Rekursionsrelation:

$$\begin{pmatrix} \delta K_l \\ \delta L_l \end{pmatrix} = \begin{pmatrix} 4K_c^* & 1 \\ 2K_c^* & 0 \end{pmatrix} \begin{pmatrix} \delta K_{l-1} \\ \delta L_{l-1} \end{pmatrix} = \begin{pmatrix} \frac{4}{3} & 1 \\ \frac{2}{3} & 0 \end{pmatrix} \begin{pmatrix} \delta K_{l-1} \\ \delta L_{l-1} \end{pmatrix} \,. \tag{7.3.20}$$

Die Eigenwerte der Transformationsmatrix bestimmen sich aus $\lambda^2 - \frac{4}{3}\lambda - \frac{2}{3} = 0$, also:

$$\lambda_{1,2} = \frac{1}{3}(2 \pm \sqrt{10}) = \begin{cases} 1.7208 \\ -0.3874 \,. \end{cases} \tag{7.3.21a}$$

Die zugehörigen Eigenvektoren erhalten wir aus $(4 - (2 \pm \sqrt{10}))\delta K + 3\delta L = 0$, also:

$$\delta L = \pm \frac{\sqrt{10}-2}{3}\delta K \quad \text{und somit}$$

$$\mathbf{e}_1 = \left(1, \frac{\sqrt{10}-2}{3}\right) \quad \text{und} \quad \mathbf{e}_2 = \left(1, -\frac{\sqrt{10}+2}{3}\right) \tag{7.3.21b}$$

mit dem Skalarprodukt $\mathbf{e}_1 \cdot \mathbf{e}_2 = \frac{1}{3}$.

Wir gehen nun von einem Ising-Modell mit (durch kT dividierten) Kopplungskonstanten K_0 und L_0 aus. Zunächst entwickeln wir die Abweichung der Ausgangskopplungskonstanten K_0 und L_0 vom Fixpunkt in der Basis der Eigenvektoren (7.3.21):

$$\begin{pmatrix} K_0 \\ L_0 \end{pmatrix} = \begin{pmatrix} K_c^* \\ L_c^* \end{pmatrix} + c_1\mathbf{e}_1 + c_2\mathbf{e}_2, \tag{7.3.22}$$

mit Entwicklungskoeffizienten c_1 und c_2. Die Dezimierungsprozedur wird mehrfach wiederholt; nach l Transformationsschritten ergeben sich Kopplungskonstanten K_l und L_l:

$$\begin{pmatrix} K_l \\ L_l \end{pmatrix} = \begin{pmatrix} K_c^* \\ L_c^* \end{pmatrix} + \lambda_1^l c_1\mathbf{e}_1 + \lambda_2^l c_2\mathbf{e}_2. \tag{7.3.23}$$

Weicht der Hamilton-Operator H von H^* nur um einen Anteil in Richtung $\mathbf{e}_2$ ab, so führt die sukzessive Anwendung der Renormierungsgruppentransformation in den Fixpunkt, da $|\lambda_2| < 1$ ist (siehe Abb. 7.9).

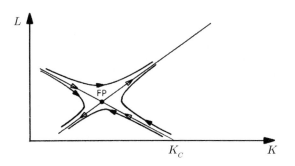

Abb. 7.9. Flußdiagramm aufgrund der um den nichttrivialen Fixpunkt (FP) linearisierten Rekursionsrelation (7.3.22)

Betrachten wir nun das ursprüngliche Ising-Modell mit der Kopplungskonstanten $K_0 \equiv \frac{J}{kT}$ und mit $L_0 = 0$ und bestimmen zunächst den kritischen Wert K_c; das ist derjenige Wert von K_0, der in den Fixpunkt führt. Die Bedingung für K_c lautet nach der obigen Überlegung

$$\begin{pmatrix} K_c \\ 0 \end{pmatrix} = \begin{pmatrix} \frac{1}{3} \\ \frac{1}{9} \end{pmatrix} + 0 \cdot \mathbf{e}_1 + c_2 \begin{pmatrix} 1 \\ -\frac{\sqrt{10}+2}{3} \end{pmatrix}. \tag{7.3.24}$$

Diese beiden linearen Gleichungen besitzen die Lösung

$$c_2 = \frac{1}{3(\sqrt{10}+2)}, \quad \text{und folglich} \quad K_c = \frac{1}{3} + \frac{1}{3(\sqrt{10}+2)} = 0.3979 \ . \quad (7.3.25)$$

Für $K_0 = K_c$ führt die linearisierte RG-Transformation in den Fixpunkt, d.h. dies ist der kritische Punkt des ursprünglichen Ising-Modells, $K_c = \frac{J}{kT_c}$. Aus der nichtlinearen Rekursionsrelation (7.3.15a,b) ergibt sich für den kritischen Punkt der etwas kleinere Wert $K_c^{n.l.} = 0.3921$. Beide Werte weichen noch von der exakten Lösung von Onsager ab, wonach $K_c = 0.4406$ ist, aber sind diesem bei weitem näher als der Wert der Molekularfeldtheorie $K_c = 0.25$.

Für $K_0 = K_c$ ist nur $c_2 \neq 0$, und die Transformation führt in den Fixpunkt. Für $K_0 \neq K_c$ ist auch $c_1 \propto (K_0 - K_c) = -\frac{J}{kT_c^2}(T - T_c)\cdots \neq 0$. Dies wächst und führt vom Fixpunkt (K_c^*, L_c^*) weg (Abb. 7.9), und der Fluß läuft entweder zum Tieftemperatur- (für $T < T_c$) oder zum Hochtemperatur-Fixpunkt (für $T > T_c$).

Nun bestimmen wir noch den kritischen Exponenten ν der Korrelationslänge und gehen dazu von der Rekursionsrelation

$$(K - K_c)' = \lambda_1 (K - K_c) \quad (7.3.26)$$

aus und schreiben λ_1 als Potenz der neuen Längenskala

$$\lambda_1 = (\sqrt{2})^{y_1} \ . \quad (7.3.27)$$

Für den hier definierten Exponenten y_1 folgt der Wert

$$y_1 = 2\frac{\log \lambda_1}{\log 2} = 1.566 \ . \quad (7.3.28)$$

Aus $\xi' = \xi/\sqrt{2}$ (Gl. (7.3.17)) folgt $(K' - K_c)^{-\nu} = (K - K_c)^{-\nu}/\sqrt{2}$, d.h.

$$(K' - K_c) = (\sqrt{2})^{\frac{1}{\nu}} (K - K_c) \ . \quad (7.3.29)$$

Vergleicht man dies mit der ersten Beziehung (7.3.26), erhält man

$$\nu = \frac{1}{y_1} = 0.638 \ . \quad (7.3.30)$$

Dies ist zwar noch weit entfernt von 1, dem exakt bekannten Wert des zweidimensionalen Ising-Modells, aber immerhin ergibt sich etwas Größeres als 0.5, dem Wert der Molekular-Feld-Näherung. Eine wesentliche Verbesserung kann man erreichen, wenn man die Rekursionsrelation auf mehrere Kopplungskoeffizienten erweitert.

Betrachten wir noch den Effekt eines endlichen Magnetfeldes h (inklusive des Faktors β). Die Rekursionsrelation kann wieder intuitiv aufgestellt werden. Auf die verbleibenden Spins wirkt direkt das Feld h, und durch die orientierende Wirkung des Feldes auf die eliminierten Nachbarspins ein (dabei etwas unterschätztes) Zusatzfeld Kh, somit insgesamt

$$h' = h + Kh \,. \tag{7.3.31}$$

Der Fixpunktwert dieser Rekursionsrelation ist $h^* = 0$. Die Linearisierung um den Fixpunkt ergibt

$$h' = (1 + K^*)h = \frac{4}{3}h \,, \tag{7.3.32}$$

also ist der zugehörige Eigenwert

$$\lambda_h = \frac{4}{3} \,. \tag{7.3.33}$$

Man nennt $K_0 - K_c$ (bzw. $T - T_c$) und h *relevante „Felder"*, weil die Eigenwerte λ_1 und λ_h größer als 1 sind, und sie deshalb bei der Renormierungsgruppentransformation anwachsen und vom Fixpunkt wegführen. Dagegen ist c_2 ein *„irrelevantes Feld"*, da $|\lambda_2| < 1$, und deshalb c_2 bei der RG-Transformation immer kleiner wird. Hier versteht man unter „Feldern" Felder im üblichen Sinn und Kopplungskonstanten in der Hamilton-Funktion. Die hier gefundene Struktur ist typisch für Modelle, die kritische Punkte beschreiben, und bleibt auch erhalten, wenn man beliebig viele Kopplungskonstanten bei der Transformation berücksichtigt: Es gibt *zwei relevante Felder* ($T - T_c$) und h, das zum Ordnungsparameter konjugierte Feld), und *alle übrigen Felder sind irrelevant*.

Noch eine Bemerkung zum Flußdiagramm 7.9. Dort ist wegen des negativen λ_2 nur jeder zweite Punkt dargestellt. Dies entspricht einer zweimaligen Anwendung der Transformation und der Vergrößerung der Gitterkonstanten um den Faktor 2 und $\lambda_1 \to \lambda_1^2, \lambda_2 \to \lambda_2^2$. Dann ist auch der zweite Eigenwert λ_2^2 positiv, während sonst die Trajektorie oszillierend in den Fixpunkt hineinwandern würde.

7.3.4 Skalengesetze

Obwohl die in Abschnitt 7.3.3 dargestellte Dezimierungsprozedur mit nur ganz wenigen Parametern keine quantitativ befriedigenden Resultate liefert und auch für die Berechnung von Korrelationsfunktionen ungeeignet ist, zeigt sie doch die allgemeine Struktur von RG-Transformationen, an die wir jetzt anknüpfen, um die Skalengesetze abzuleiten.

Eine allgemeine RG-Transformation $\mathcal{R}$ bildet die ursprüngliche Hamilton-Funktion $\mathcal{H}$ auf eine neue ab

$$\mathcal{H}' = \mathcal{R}\mathcal{H} \,. \tag{7.3.34}$$

Diese Transformation beinhaltet auch die Reskalierung der Längen des Problems, und für die Zahl der Freiheitsgrade N gilt in d Dimensionen $N' = Nb^{-d}$ (dabei ist $b = \sqrt{2}$ für die Dezimierungstransformation aus 7.3.1).

Die Fixpunkt-Hamilton-Funktion ist durch

$$\mathcal{R}(\mathcal{H}^*) = \mathcal{H}^* \qquad (7.3.35)$$

bestimmt. Für kleine Abweichungen von der Fixpunkt-Hamilton-Funktion,

$$\mathcal{R}(\mathcal{H}^* + \delta\mathcal{H}) = \mathcal{H}^* + \mathcal{L}\,\delta\mathcal{H} \quad,$$

kann nach der Abweichung $\delta\mathcal{H}$ entwickelt werden. Daraus folgt die linearisierte Rekursionsrelation

$$\mathcal{L}\delta\mathcal{H} = \delta\mathcal{H}' \,. \qquad (7.3.36a)$$

Die „Eigenoperatoren" $\delta\mathcal{H}_1, \delta\mathcal{H}_2, \ldots$ dieser linearen Transformation sind durch die Eigenwertgleichung

$$\mathcal{L}\delta\mathcal{H}_i = \lambda_i \delta\mathcal{H}_i \qquad (7.3.36b)$$

bestimmt. Eine vorgegebene Hamilton-Funktion $\mathcal{H}$, die sich von $\mathcal{H}^*$ nur wenig unterscheidet, kann durch $\mathcal{H}^*$ und Abweichungen davon dargestellt werden:

$$\mathcal{H} = \mathcal{H}^* + \tau\delta\mathcal{H}_\tau + h\delta\mathcal{H}_h + \sum_{i\geq 3} c_i \delta\mathcal{H}_i \,, \qquad (7.3.37)$$

wobei $\delta\mathcal{H}_\tau$ und $\delta\mathcal{H}_h$ die beiden *relevanten* Störungen mit

$$|\lambda_\tau| = b^{y_\tau} > 1 \,, \quad |\lambda_h| = b^{y_h} > 1 \qquad (7.3.38)$$

bezeichnen, die mit der Temperaturvariablen $\tau = \frac{T-T_c}{T_c}$ und dem äußeren Feld h zusammenhängen, während $|\lambda_j| = b^{y_j} < 1$ und deshalb $y_j < 0$ für $j \geq 3$ mit den *irrelevanten* Störungen zusammenhängen.[13] Die Koeffizienten τ, h und c_j heißen *Skalenfelder*. Für das Ising-Modell ist $\delta\mathcal{H}_h = \sum_l \sigma_l$. Wenn wir die Ausgangswerte der Felder mit c_i bezeichnen, dann transformiert sich die freie Energie nach l Schritten auf

$$F_N(c_i) = F_{N/b^{dl}}(c_i \lambda_i^l) \,. \qquad (7.3.39a)$$

Für die freie Energie pro Spin,

$$f(c_i) = \frac{1}{N} F_N(c_i) \quad, \qquad (7.3.39b)$$

gilt dann in der linearen Näherung

$$f(\tau, h, c_3, \ldots) = b^{-dl} f\bigl(\tau b^{y_\tau l}, h b^{y_h l}, c_3 b^{y_3 l}, \ldots\bigr) \,. \qquad (7.3.40)$$

---

[13] Vergl. die Diskussion nach Gl. (7.3.33). Das (einzige) irrelevante Feld ist dort mit c_2 bezeichnet. Im weiteren nehmen wir an, daß die $\lambda_i \geq 0$ sind.

Hier haben wir einen additiven Term, der die folgende Herleitung des Skalengesetzes nicht beeinflußt, weggelassen, der jedoch für die Berechnung der gesamten freien Energie wichtig wäre. Der Skalenparameter l kann nun so gewählt werden, daß $|\tau| b^{y_\tau l} = 1$ ist, wodurch das erste Argument von f gleich ± 1 wird. Dann ergibt sich

$$f(\tau, h, c_3, \ldots) = |\tau|^{d/y_\tau} \hat{f}_\pm\left(h|\tau|^{-y_h/y_\tau}, c_3|\tau|^{|y_3|/y_\tau}, \ldots\right), \qquad (7.3.40')$$

wobei $\hat{f}_\pm(x, y, \ldots) = f(\pm 1, x, y, \ldots)$ und $y_\tau, y_h > 0, y_3, \ldots < 0$. Nahe bei T_c kann die Abhängigkeit von den irrelevanten Feldern $c_3, \ldots$ vernachlässigt werden, und Gleichung (7.3.40') nimmt dann genau die Skalenform (Gl. 7.2.7) an, mit den konventionellen Exponenten

$$\beta\delta = y_h/y_\tau \qquad (7.3.41\text{a})$$

und

$$2 - \alpha = \frac{d}{y_\tau}. \qquad (7.3.41\text{b})$$

Ableiten nach h ergibt

$$\beta = \frac{d - y_h}{y_\tau} \quad \text{und} \quad \gamma = \frac{d - 2y_h}{y_\tau} \qquad (7.3.41\text{c,d})$$

Damit ist das Skalengesetz Gl. (7.2.7) innerhalb der RG-Theorie für Fixpunkte mit genau einem relevanten Feld, neben dem äußeren Magnetfeld und den irrelevanten Operatoren hergeleitet. Darüber hinaus gibt die Abhängigkeit von den irrelevanten Feldern $c_3, \ldots$ Korrekturen zu den Skalengesetzen, welche man für Temperaturen außerhalb des asymptotischen Bereiches berücksichtigen muß.

Um y_τ mit dem Exponenten ν in Verbindung zu bringen, erinnern wir daran, daß l Iterationen die Korrelationslänge auf $\xi' = b^{-l}\xi$ verkleinern, was $(\tau b^{y_\tau l})^{-\nu} = b^{-l}\tau^{-\nu}$ impliziert und folglich

$$\nu = \frac{1}{y_\tau} \qquad (7.3.41\text{e})$$

(vergl. Gl. (7.3.30) für das zweidimensionale Ising-Modell). Aus der Existenz einer Fixpunkt-Hamilton-Funktion mit zwei relevanten Operatoren konnte die Skalenform der freien Energie hergeleitet werden, und es ergibt sich auch die Möglichkeit, die kritischen Exponenten zu berechnen. Selbst die Form der Skalenfunktionen $\hat{f}$ und $\hat{m}$ kann mit störungstheoretischen Methoden berechnet werden, da die Argumente endlich sind. Eine ähnliche Vorgangsweise kann für die Korrelationsfunktion Gl. (7.2.12b') angewendet werden. In diesem Punkt ist es wichtig, die Spinvariable zu renormieren $\sigma' = b^\zeta \sigma$, wobei sich herausstellt, daß die Fixierung

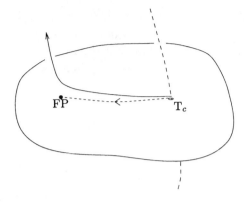

Abb. 7.10. Kritische Hyperfläche. Trajektorie in der kritischen Hyperfläche gestrichelt. Trajektorie in der Nähe der kritischen Hyperfläche durchgezogen. Die Kopplungskoeffizienten eines bestimmten physikalischen Systems als Funktion der Temperatur lang-gestrichelt.

$$\zeta = (d - 2 + \eta)/2 \qquad (7.3.41\text{f})$$

die Gültigkeit von (7.2.13) am kritischen Punkt garantiert.

Wir fügen noch einige Bemerkungen über die generische Struktur des Flußdiagramms in der Nähe eines kritischen Fixpunktes (Abb. 7.10) an. In dem multidimensionalen Raum der Kopplungskoeffizienten gibt es eine Richtung (die relevante Richtung), die vom Fixpunkt wegführt (wir setzen $h = 0$ voraus). Die anderen Eigenvektoren der linearisierten RG-Transformation spannen die kritische Hyperfläche auf. Weiter weg vom Fixpunkt ist diese Hyperfläche keine Ebene mehr, sondern gekrümmt. Von jedem Punkt auf der kritischen Hyperfläche führen die Trajektorien in den kritischen Fixpunkt. Wenn der Ausgangspunkt nahe, aber nicht genau auf der kritischen Hyperfläche liegt, wird die Trajektorie zunächst parallel zur Hyperfläche laufen, bis der relevante Teil genügend vergrößert wird, so daß schließlich die Trajektorie die Umgebung der kritischen Hyperfläche verläßt und entweder zum Hoch- oder Tieftemperaturfixpunkt abbiegt. Für ein gegebenes physikalisches System (Ferromagnet, Flüssigkeit, ...) hängen die Parameter $\tau, c_3, \ldots$ von der Temperatur ab (die lang-gestrichelte Kurve in Abb. 7.10). Die Temperatur, für welche diese Kurve die kritische Hyperfläche schneidet, ist die Übergangstemperatur T_c.

Aus dieser Diskussion sind auch die *Universalitätseigenschaften* offensichtlich. Alle Systeme, die zu einem bestimmten Teil des Parameterraums gehören, d.h. zum Attraktionsgebiet eines bestimmten Fixpunktes, werden in der Nähe der kritischen Hyperfläche des Fixpunktes durch die selben Potenzgesetze beschrieben.

*7.3.5 Allgemeine Ortsraum RG-Transformationen

Eine allgemeine Ortsraum-RG-Transformation bildet ein bestimmtes, auf einem Gitter definiertes Spinsystem $\{\sigma\}$ mit Hamilton-Operator $\mathcal{H}\{\sigma\}$ auf ein neues Spinsystem mit um $N'/N = b^{-d}$ weniger Freiheitsgraden und dem neuen Hamilton-Operator $\mathcal{H}'\{\sigma'\}$ ab. Sie kann durch eine Transformation $T\{\sigma',\sigma\}$ dargestellt werden, so daß

$$e^{-G-\mathcal{H}'\{\sigma'\}} = \sum_{\{\sigma\}} T\{\sigma',\sigma\} e^{-\mathcal{H}\{\sigma\}} \qquad (7.3.42)$$

mit den Bedingungen

$$\sum_{\{\sigma'\}} \mathcal{H}'\{\sigma'\} = 0 \qquad (7.3.43\text{a})$$

und

$$\sum_{\{\sigma'\}} T\{\sigma',\sigma\} = 1 \, , \qquad (7.3.43\text{b})$$

welche garantieren, daß

$$e^{-G} \operatorname{Sp}_{\{\sigma'\}} e^{-\mathcal{H}'\{\sigma'\}} = \operatorname{Sp}_{\{\sigma\}} e^{-\mathcal{H}\{\sigma\}} \qquad (7.3.44\text{a})$$

erfüllt ist ($\operatorname{Sp}_{\{\sigma\}} \equiv \sum_{\{\sigma\}}$). Daraus ergibt sich zwischen der freien Energie F des ursprünglichen Gitters und der freien Energie F' des gestrichenen Gitters der Zusammenhang

$$F' + G = F \, . \qquad (7.3.44\text{b})$$

Die Konstante G ist unabhängig von der Konfiguration der $\{\sigma'\}$ und ergibt sich aus der Beziehung (7.3.43a).

Wichtige Beispiele derartiger Transformationen sind Dezimierungstransformationen sowie lineare und nichtlineare Block-Spin-Transformationen. Die einfachste Realisierung besteht in

$$T\{\sigma',\sigma\} = \Pi_{i' \in \Omega'} \frac{1}{2}\left(1 + \sigma'_{i'}\, t_{i'}(\sigma)\right) \, , \qquad (7.3.45)$$

wo Ω die Gitterplätze des Ausgangsgitters und Ω' die Gitterplätze des neuen Gitters bezeichnen, und die Funktion $t_{i'}(\sigma)$ die Natur der Transformation festlegt.

α) Dezimierungstransformation (Abb. 7.11)

$$\begin{aligned} t_{i'}\{\sigma\} &= \zeta \sigma_{i'} \\ b &= \sqrt{2} \, , \quad \zeta = b^{(d-2+\eta)/2} \, , \end{aligned} \qquad (7.3.46\text{a})$$

wo ζ die Amplitude der verbleibenden Spins reskaliert.

Nun ist

$$\langle \sigma_x \sigma_0 \rangle = \zeta^2 \langle \sigma'_{x'}\, \sigma'_0 \rangle \, .$$

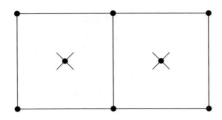

Abb. 7.11. Dezimierungstransformation

β) Lineare Block-Spin-Transformation (Dreiecksgitter, Abb. 7.12)

$$t_{i'}\{\sigma\} = p(\sigma_{i'}^1 + \sigma_{i'}^2 + \sigma_{i'}^3)$$
$$b = \sqrt{3} \quad , \quad p = \frac{1}{3}(\sqrt{3})^{\eta/2} = 3^{-1+\eta/4} \tag{7.3.46b}$$

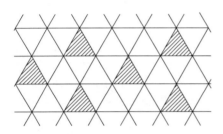

Abb. 7.12. Block-Spin-Transformation

γ) Nichtlineare Block-Spin-Transformation

$$t_{i'}\{\sigma\} = p(\sigma_{i'}^1 + \sigma_{i'}^2 + \sigma_{i'}^3) + q\sigma_{i'}^1\sigma_{i'}^2\sigma_{i'}^3 \tag{7.3.46c}$$

Wichtiger Spezialfall

$$p = -q = \frac{1}{2} \quad , \quad \sigma'_{i'} = \text{sgn}(\sigma_{i'}^1 + \sigma_{i'}^2 + \sigma_{i'}^3) \ .$$

Diese sog. Ortsraum-(real-space)-Renormierungsprozeduren wurden von Niemeijer und van Leeuwen eingeführt.[14] Die in Abschn. 7.3.3 dargestellte, vereinfachte Variante stammt aus.[15] Die Blockspintransformation für das quadratische Ising-Gitter ist in[16] dargestellt. Für eine ausführliche Darstellung mit weiteren Referenzen verweisen wir auf den Reviewartikel von Niemeijer und van Leeuwen.[17]

---

[14] Th. Niemeijer, J.M.J. van Leeuwen, Phys. Rev. Lett. **31**, 1411 (1973)
[15] K.G. Wilson, Rev. Mod. Phys. **47**, 773 (1975).
[16] M. Nauenberg, B. Nienhuis, Phys. Rev. Lett. **33**, 344 (1974)
[17] Th. Niemeijer and J.M.J. van Leeuwen, in *Phase Transitions and Critical Phenomena* Vol.6, Ed. C. Domb, M.S. Green, p.425, 1976, Academic Press, London.

*7.4 Ginzburg-Landau-Theorie

7.4.1 Ginzburg-Landau-Funktional

Die Ginzburg-Landau-Theorie ist eine Kontinuumsbeschreibung von Phasenübergängen. Die Erfahrung und die bisherigen theoretischen Betrachtungen in diesem Kapitel zeigen, daß die mikroskopischen Details, wie Gitterstruktur, genaue Form der Wechselwirkung etc. unerheblich für das kritische Verhalten sind, das sich bei Abständen manifestiert, die sehr viel größer als die Gitterkonstante sind. Da uns also nur das Verhalten bei kleinen Wellenzahlen interessiert, werden wir zu einer makroskopischen Kontinuumsbeschreibung übergehen, etwa analog dem Übergang von der mikroskopischen Elektrodynamik zur Elektrodynamik der Kontinua. Bei der Aufstellung des Ginzburg-Landau-Funktionals werden wir eine intuitive Begründung geben; eine mikroskopische Ableitung ist im Anhang E dargestellt; siehe auch Übungsaufgabe 7.15.

Wir gehen von einem ferromagnetischen System aus, das aus Ising-Spins ($n = 1$) auf einem d-dimensionalen Gitter bestehe. Die Verallgemeinerung auf beliebige Dimensionen ist aus mehreren Gründen von Interesse. Erstens sind darin die physikalisch relevanten Dimensionen drei und zwei enthalten. Zweitens zeigt sich, daß bestimmte Näherungsverfahren oberhalb von vier Dimensionen exakt sind. Das gibt dann die Möglichkeit störungstheoretische Entwicklungen um die Dimension vier durchzuführen (Abschn. 7.4.5).

Statt der Spins S_l auf dem Gitter führen wir eine Kontinuumsmagnetisierung

$$m(\mathbf{x}) = \frac{1}{\tilde{N} a_0^d} \sum_l g(\mathbf{x} - \mathbf{x}_l) S_l \qquad (7.4.1)$$

ein. Hier ist $g(\mathbf{x} - \mathbf{x}_l)$ eine Gewichtsfunktion, die innerhalb einer Zelle mit $\tilde{N}$ Spins eins ist und außerhalb Null. Die lineare Abmessung dieser Zelle a_z soll sehr viel größer sein als die Gitterkonstante a_0 aber sehr viel kleiner als die Seitenlänge L des Kristalls, d.h. $a_0 \ll a_z \ll L$. Die Funktion $g(\mathbf{x} - \mathbf{x}_l)$ soll stetig vom Wert 1 auf 0 übergehen, so daß $m(\mathbf{x})$ stetig mit x variiert, siehe Abb. 7.13 .

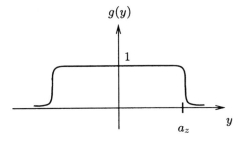

Abb. 7.13. Die Gewichtsfunktion $g(y)$ längs einer der d kartesischen Koordinaten

Unter Verwendung von

$$\int d^d x\, g(\mathbf{x} - \mathbf{x}_l) = \tilde{N} a_0^d$$

und der Definition (7.4.1) kann man den Zeeman-Term folgendermaßen umformen

$$\sum_l h S_l = h \sum_l \frac{1}{\tilde{N} a_0^d} \int d^d x\, g(\mathbf{x} - \mathbf{x}_l) S_l = \int d^d x\, h m(\mathbf{x}) \,. \tag{7.4.2}$$

Aus der kanonischen Dichtematrix für die Spins folgt die Wahrscheinlichkeitsdichte für die Konfigurationen $m(\mathbf{x})$. Allgemein gilt

$$\mathcal{P}[m(\mathbf{x})] = \left\langle \delta\left(m(\mathbf{x}) - \frac{1}{\tilde{N} a_0^d} \sum_l g(\mathbf{x} - \mathbf{x}_l) S_l \right) \right\rangle \tag{7.4.3}$$

Wir schreiben für $\mathcal{P}[m(\mathbf{x})]$

$$\mathcal{P}[m(\mathbf{x})] \propto e^{-\mathcal{F}[m(\mathbf{x})]/kT} \,, \tag{7.4.4}$$

wo das Ginzburg-Landau-Funktional $\mathcal{F}[m(\mathbf{x})]$, eine Art Hamilton-Funktion für die Magnetisierung $m(\mathbf{x})$, auftritt. Die durch die Austauschwechselwirkung hervorgerufene Tendenz zur ferromagnetischen Ordnung muß sich in der Form des Funktionals $\mathcal{F}[m(\mathbf{x})]$ äußern

$$\mathcal{F}[m(\mathbf{x})] = \int d^d x \left(a m^2(\mathbf{x}) + \frac{b}{2} m^4(\mathbf{x}) + c\bigl(\nabla m(\mathbf{x})\bigr)^2 - h m(\mathbf{x}) \right) \,. \tag{7.4.5}$$

In der Nähe von T_c sollten nur Konfigurationen von $m(\mathbf{x})$ mit kleinen Absolutwerten von Bedeutung sein, und deshalb die Taylor-Entwicklung (7.4.5) zulässig sein. Bevor wir uns den Koeffizienten in (7.4.5) zuwenden, fügen wir einige Bemerkungen über die Bedeutung dieses Funktionals ein.

Wegen der Mittelung (7.4.1) tragen kurzwellige Variationen von S_l nicht zu $m(\mathbf{x})$ bei. Die langwelligen Variationen jedoch, mit Wellenlänge größer als a_z werden genauso durch $m(\mathbf{x})$ repräsentiert. Die Zustandssumme des magnetischen Systems ist deshalb von der Form

$$Z = Z_0(T) \int \mathcal{D}[m(\mathbf{x})] e^{-\mathcal{F}[m(\mathbf{x})]/kT} \,. \tag{7.4.6}$$

Hier bedeutet das Funktionalintegral $\int \mathcal{D}[m(\mathbf{x})] \ldots$ die Summe über alle möglichen Konfigurationen von $m(\mathbf{x})$ mit dem Wahrscheinlichkeitsgewicht $e^{-\mathcal{F}[m(\mathbf{x})]/kT}$. Man kann $m(\mathbf{x})$ durch eine Fourier-Reihe darstellen und erhält die Summe über alle Konfigurationen durch Integration über alle Fourier-Komponenten. Der Faktor $Z_0(T)$ rührt von den (kurzwelligen) Konfigurationen des Spin-Systems her, die nicht zu $m(\mathbf{x})$ beitragen. Die Berechnung des in der Zustandssumme (7.4.6) auftretenden Funktionalintegrals ist natürlich ein

*7.4 Ginzburg-Landau-Theorie

höchst nichttriviales Problem und wird in den folgenden Abschnitten 7.4.2 und 7.4.5 mit Näherungsmethoden durchgeführt. Die *freie Energie* ist

$$F = -kT \log Z \ . \tag{7.4.7}$$

Wir kommen nun zu den Koeffizienten in der Entwicklung (7.4.5). Zunächst hat die Entwicklung (7.4.5) darauf Bedacht genommen, daß $\mathcal{F}[m(\mathbf{x})]$ dieselbe Symmetrie wie die mikroskopische Spin-Hamilton-Funktion hat. D.h. bis auf den Zeeman-Term ist $\mathcal{F}[m(\mathbf{x})]$ eine gerade Funktion von $m(\mathbf{x})$. Wegen (7.4.2) äußert sich das Feld h nur im Zeeman-Term $-\int d^d x\, h\, m(\mathbf{x})$, und die Koeffizienten a, b, c sind unabhängig von h. Aus Stabilitätsgründen müssen große Werte von $m(\mathbf{x})$ ein geringes statistisches Gewicht besitzen, was $b > 0$ verlangt. Sollte $b \leq 0$ sein, muß die Entwicklung zu höherer Ordnung in $m(\mathbf{x})$ fortgeführt werden. Diese Verhältnisse treten bei Phasenübergängen erster Ordnung und an trikritischen Punkten auf. Die ferromagnetische Austauschwechselwirkung hat die Tendenz, die Spins gleichmäßig auszurichten. Dies führt zu dem Term $c\nabla m\nabla m$ mit $c > 0$, welcher Inhomogenitäten in der Magnetisierung unterdrückt.

Schließlich kommen wir zu den Werten von a. Für $h = 0$ und homogenes $m(x) = m$, ist das Wahrscheinlichkeitsgewicht $e^{-\beta \mathcal{F}}$ in der Abbildung 7.14 gezeigt.

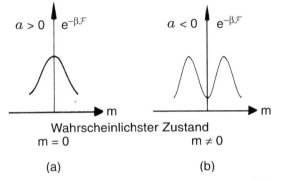

Abb. 7.14. Die Wahrscheinlichkeitsdichte $e^{-\beta \mathcal{F}}$ als Funktion von homogenen Werten der Magnetisierung. **(a)** Für $a > 0$ $(T > T_c^0)$ und **(b)** für $a < 0$ $(T < T_c^0)$.

Wenn $a > 0$ ist, dann ist die wahrscheinlichste Konfiguration $m = 0$, wenn $a < 0$ ist, dann ist die wahrscheinlichste Konfiguration $m \neq 0$. Somit muß a sein Vorzeichen wechseln,

$$a = a'(T - T_c^0) \ , \tag{7.4.8}$$

mit einem positiven Koeffizienten a', damit ein Phasenübergang existiert. Wegen der nichtlinearen Terme und Fluktuationen wird das tatsächliche T_c verschieden von T_c^0 sein. Die Koeffizienten b und c sind endlich bei T_c^0.

370   7. Phasenübergänge, Renormierungsgruppentheorie und Perkolation

Falls man statt vom Ising-Modell vom Heisenberg-Modell ausgeht, ist zu ersetzen (siehe Gl. (7.4.10))

$$S_l \to \mathbf{S}_l \quad \text{und} \quad m(\mathbf{x}) \to \mathbf{m}(\mathbf{x})$$
$$m^4(\mathbf{x}) \to \left(\mathbf{m}(\mathbf{x})^2\right)^2 \quad, \quad (\nabla m)^2 \to \nabla_\alpha \mathbf{m} \nabla_\alpha \mathbf{m} \,. \tag{7.4.9}$$

Ginzburg-Landau-Funktionale kann man für jede Art von Phasenübergang aufstellen. Es ist dazu auch nicht notwendig von einer mikroskopischen Herleitung auszugehen. Die Form ergibt sich in den meisten Fällen aus der Kenntnis der Symmetrie des Ordnungsparameters. So wurde die Ginzburg-Landau-Theorie erstmalig für den Fall der Supraleitung aufgestellt, lange vor der mikroskopischen BCS-Theorie. In der Supraleitung war die Ginzburg-Landau-Theorie auch besonders erfolgreich, weil einfache Näherungen, Abschn. 7.4.2, einen großen Gültigkeitsbereich haben (siehe Abschn. 7.4.3.3).

7.4.2 Ginzburg-Landau-Näherung

Wir gehen vom Ginzburg-Landau-Funktional für einen n-komponentigen Ordnungsparameter $\mathbf{m}(\mathbf{x})$, $n = 1, 2, \ldots$, aus

$$\mathcal{F}[\mathbf{m}(\mathbf{x})] = \int d^d x \left[a\mathbf{m}^2(\mathbf{x}) + \frac{1}{2}b(\mathbf{m}(\mathbf{x})^2)^2 + c(\nabla \mathbf{m})^2 - \mathbf{h}(\mathbf{x})\mathbf{m}(\mathbf{x}) \right]. \tag{7.4.10}$$

Die Integration möge sich über das Volumen L^d erstrecken. Die *wahrscheinlichste Konfiguration* von $\mathbf{m}(\mathbf{x})$ ist durch den stationären Zustand gegeben, bestimmt durch

$$\frac{\delta \mathcal{F}}{\delta \mathbf{m}(\mathbf{x})} = 2\big(a + b\mathbf{m}(\mathbf{x})^2 - c\nabla^2\big)\mathbf{m}(\mathbf{x}) - \mathbf{h}(\mathbf{x}) = 0 \,. \tag{7.4.11}$$

Sei $\mathbf{h}$ ortsunabhängig und o.B.d.A. wird $\mathbf{h}$ in die x_1-Richtung gelegt, $\mathbf{h} = h\mathbf{e_1}, (h \gtrless 0)$, dann ergibt sich die homogene Lösung aus

$$2(a + b\mathbf{m}^2)\mathbf{m} - h\mathbf{e_1} = 0 \,. \tag{7.4.12}$$

Wir diskutieren *Spezialfälle*

(i) $\mathbf{h} \to 0$: *spontane Magnetisierung* und *spezifische Wärme*
Bei verschwindendem äußeren Feld besitzt (7.4.12) folgende Lösungen

$$\mathbf{m} = 0 \quad \text{für} \quad a > 0$$

$$(\mathbf{m} = 0) \quad \text{und} \quad \mathbf{m} = \pm \mathbf{e_1} m_0, \quad m_0 = \sqrt{\frac{-a}{b}} \quad \text{für} \quad a < 0 \,. \tag{7.4.13}$$

Die (Gibbs) *freie Energie* für die Konfigurationen (7.4.13) ist[18]

---
[18] Anstatt das Funktionalintegral $\int \mathcal{D}[\mathbf{m}(\mathbf{x})] e^{-\mathcal{F}[\mathbf{m}(\mathbf{x})]/kT}$ wirklich zu berechnen, wie es nach (7.4.6) und (7.4.7) für die Bestimmung der freien Energie erforderlich ist, wurde $\mathbf{m}(\mathbf{x})$ überall durch den wahrscheinlichsten Wert ersetzt.

$$F(T, h = 0) = F[0] = 0 \qquad \text{für} \quad T > T_c^0 \tag{7.4.14a}$$

$$F(T, h = 0) = F[m_0] = -\frac{1}{2}\frac{a^2}{b}L^d \qquad \text{für} \quad T < T_c^0 . \tag{7.4.14b}$$

Wir lassen den regulären Term $F_{reg} = -kT \log Z_0$ immer weg. Der Zustand $\mathbf{m} = 0$ hätte für $T < T_c^0$ eine höhere freie Energie als der Zustand m_0, deshalb wurde $\mathbf{m} = 0$ schon in (7.4.13) eingeklammert. Für $T < T_c^0$ ergibt sich also eine endliche *spontane Magnetisierung*. Das Einsetzen dieser Magnetisierung wird durch den kritischen Exponenten β charakterisiert, der hier den Wert $\beta = \frac{1}{2}$ annimmt (Abb. 7.15).

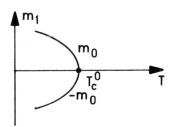

Abb. 7.15. Spontane Magnetisierung in der Ginzburg-Landau-Näherung

Spezifische Wärme

Aus (7.4.14a,b) findet man unmittelbar die spezifische Wärme

$$L^d c_{h=0} = T\left(\frac{\partial S}{\partial T}\right)_{h=0} = -T\left(\frac{\partial^2 F}{\partial T^2}\right)_{h=0} = \begin{cases} 0 & T > T_c^0 \\ T\frac{a'^2}{b}L^d & T < T_c^0 \end{cases}, \tag{7.4.15}$$

mit a' aus (7.4.8). Die spezifische Wärme weist einen Sprung

$$\Delta c_{h=0} = T_c^0 \frac{a'^2}{b} \tag{7.4.16}$$

auf, der kritische Exponent α ist deshalb Null (siehe Gl. (7.1.1)) $\alpha = 0$.

(ii) *Zustandsgleichung für $h > 0$ und Suszeptibilität*

Man zerlegt $\mathbf{m}$ in den longitudinalen Teil $\mathbf{e}_1 m_1$ und den transversalen Teil $\mathbf{m}_\perp = (0, m_2, ..., m_n)$. Aus Gl. (7.4.12) folgt offensichtlich

$$\mathbf{m}_\perp = 0 \tag{7.4.17}$$

und die magnetische Zustandsgleichung

$$h = 2(a + bm_1^2)m_1 . \tag{7.4.18}$$

Wir können diese in Grenzfällen vereinfachen
α) $T = T_c^0$

$$h = 2bm_1^3 \quad \text{also} \quad \delta = 3 . \tag{7.4.19}$$

β) $T > T_c^0$

$$m_1 = \frac{h}{2a} + \mathcal{O}(h^3) \ . \tag{7.4.20}$$

γ) $T < T_c^0$

$$m_1 - m_0 \operatorname{sgn}(h) + \Delta m \quad \text{ergibt}$$

$$m_1 = m_0 \operatorname{sgn}(h) + \frac{h}{4bm_0^2} + \mathcal{O}(h^2 \operatorname{sgn}(h))$$

$$= m_0 \operatorname{sgn}(h) + \frac{h}{-4a} + \mathcal{O}(h^2 \operatorname{sgn}(h)) \ . \tag{7.4.21}$$

Nun können wir auch die *magnetische Suszeptibilität* für $h = 0$ berechnen, indem wir entweder die Zustandsgleichung (7.4.18) differenzieren

$$2(a + 3bm_1^2)\frac{\partial m_1}{\partial h} = 1$$

oder direkt (7.4.20) und (7.4.21) betrachten. Daraus folgt für die isotherme Suszeptibilität

$$\chi_T = \left(\frac{\partial m_1}{\partial h}\right)_T = \begin{cases} \frac{1}{2a} & T > T_c^0 \\ \frac{1}{4|a|} & T < T_c^0 \end{cases} \ . \tag{7.4.22}$$

Der kritische Exponent γ besitzt wie in der Molekularfeldtheorie den Wert $\gamma = 1$.

7.4.3 Fluktuationen in Gaußscher Näherung

7.4.3.1 Gaußsche Näherung

Wir wollen nun den Einfluß von Schwankungen der Magnetisierung untersuchen. Dazu entwickeln wir das Ginzburg-Landau-Funktional nach Abweichungen vom wahrscheinlichsten Zustand bis zur 2. Ordnung. Wir führen

$$\mathbf{m}(\mathbf{x}) = m_1 \mathbf{e_1} + \mathbf{m}'(\mathbf{x}) \tag{7.4.23}$$

ein, wo

$$\mathbf{m}'(\mathbf{x}) = L^{-d/2} \sum_{k \in B} \mathbf{m}_k e^{ikx} \ , \tag{7.4.24}$$

die Abweichung vom wahrscheinlichsten Wert charakterisiert. Wegen der unterliegenden Zelleneinteilung ist die Summation über k auf die Brillouin-Zone $-\frac{\pi}{a_z} < k_i < \frac{\pi}{a_z}$ beschränkt. Die Reellitätsbedingung für $\mathbf{m}(\mathbf{x})$ ergibt

$$\mathbf{m}_k^* = \mathbf{m}_{-k} \ . \tag{7.4.25}$$

A) $T > T_c^0$ und $h = 0$:

In diesem Bereich ist $m_1 = 0$, und die Fourier-Entwicklung (7.4.24) diagonalisiert den harmonischen Teil $\mathcal{F}_h$ des Ginzburg-Landau-Funktionals

$$\mathcal{F}_h = \int d^d x \left(a\mathbf{m}'^2 + c(\nabla \mathbf{m}')^2 \right) = \sum_k (a + ck^2) \mathbf{m}_k \mathbf{m}_{-k} \ . \tag{7.4.26}$$

Wir können nun sehr leicht die Zustandssumme (7.4.6) in Gaußscher Näherung oberhalb T_c^0

$$Z_G = Z_0 \int \prod_k d\mathbf{m}_k e^{-\beta \mathcal{F}_h} \tag{7.4.27}$$

berechnen. Zerlegen wir $\mathbf{m}_k$ in Real- und Imaginärteil, so ergibt sich für jedes k und jede der n Komponenten von $\mathbf{m}_k$ ein Gauß-Integral, so daß

$$Z_G = Z_0 \prod_k \left(\sqrt{\frac{\pi}{\beta(a + ck^2)}} \right)^n \tag{7.4.28}$$

folgt, und somit die freie Energie (stationäre Lösung 0 gibt keinen Beitrag)

$$F(T, 0) = F_0 - kT \frac{n}{2} \sum_k \log \frac{\pi}{\beta(a + ck^2)} \tag{7.4.29}$$

ist. Die spezifische Wärme ist mit $\sum_{\mathbf{k}} \cdots = \frac{V}{(2\pi)^d} \int d^d k \ldots$ und Gl. (7.4.8) dann

$$c_{h=0} = -T \frac{\partial^2 F/L^d}{\partial T^2} = k \frac{n}{2} (Ta')^2 \int \frac{d^d k}{(2\pi)^d} \frac{1}{(a + ck^2)^2} + \ldots \ . \tag{7.4.30}$$

Die Punkte stehen für weniger singuläre Terme. Wir definieren die Größe

$$\xi = \sqrt{\frac{c}{a}} = \left(\frac{c}{a'} \right)^{1/2} (T - T_c^0)^{-1/2} \ , \tag{7.4.31}$$

die im Limes $T \to T_c^0$ divergiert und sich bei Berechnung der Korrelationsfunktion (7.4.47) als Korrelationslänge erweisen wird. Indem man in (7.4.30) als neue Integrationsvariable $q = \xi k$ einführt, ergibt sich für den singulären Teil der spezifischen Wärme

$$c_{h=0}^{sing.} = \tilde{A}_+ \xi^{4-d} \tag{7.4.32}$$

mit der Amplitude

$$\tilde{A}_+ = k \frac{n}{2} \left(\frac{Ta'}{c} \right)^2 \int_{q < \Lambda\xi} \frac{d^d q}{(2\pi)^d} \frac{1}{(1 + q^2)^2} \tag{7.4.33}$$

7. Phasenübergänge, Renormierungsgruppentheorie und Perkolation

Hier tritt der am Ende von Anhang E eingeführte Radius Λ der Brillouin-Kugel auf. Die Amplitude $\tilde{A}_+$ charakterisiert die Stärke der Singularität oberhalb von T_c. Hier und im folgenden treten d-dimensionale Integrale des Typs

$$\int \frac{d^d k}{(2\pi)^d} f(k^2) = \int \frac{d\Omega_d}{(2\pi)^d} \int dk\, k^{d-1} f(k^2) \tag{7.4.34a}$$

auf, wo

$$K_d \equiv \int \frac{d\Omega_d}{(2\pi)^d} = \left(2^{d-1} \pi^{d/2} \Gamma\left(\frac{d}{2}\right)\right)^{-1} \tag{7.4.34b}$$

die Oberfläche einer d-dimensionalen Einheitskugel dividiert durch $(2\pi)^d$ ist. In der weiteren Auswertung von (7.4.32) und (7.4.33) werden die drei Fälle $d < 4$, $d = 4$, $d > 4$ unterschieden:

$\underline{d < 4}$

$$\int_0^{\Lambda\xi} dq \frac{q^{d-1}}{(1+q^2)^2} = \int_0^\infty dq \frac{q^{d-1}}{(1+q^2)^2} - \underbrace{\int_{\Lambda\xi}^\infty dq\, q^{d-5}}_{(\Lambda\xi)^{d-4}} = \text{endl.} + \mathcal{O}\big((\Lambda\xi)^{d-4}\big)$$

$\underline{d = 4}$

$$\int_0^{\Lambda\xi} dq \frac{q^3}{(1+q^2)^2} \sim \int^{\Lambda\xi} \frac{dq}{q} \sim \log \Lambda\xi$$

$\underline{d > 4}$

$$\int_0^{\Lambda\xi} dq \left(\frac{q^{d-1}}{(1+q^2)^2} - q^{d-5}\right) + \int_0^{\Lambda\xi} dq\, q^{d-5}$$
$$= -\int_0^{\Lambda\xi} dq \frac{q^{d-5} + 2q^{d-3}}{(1+q^2)^2} + \frac{1}{d-4}(\Lambda\xi)^{d-4}\ .$$

Das Gesamtresultat ist in (7.4.35) zusammengefaßt:

$$c_{h=0}^{sing} = \begin{cases} A_+(T - T_c^0)^{-\frac{4-d}{2}} & d < 4 \\ \sim \log(T - T_c^0) & d = 4 \\ A - B(T - T_c^0)^{\frac{d-4}{2}} & d > 4\ . \end{cases} \tag{7.4.35}$$

Für $d \leq 4$ ist die spezifische Wärme bei T_c divergent, für $d > 4$ besitzt sie eine Spitze (engl. cusp). Die Amplitude A_+ für $d < 4$ lautet

$$A_+ = \frac{n}{2} T^2 \left(\frac{a'}{c}\right)^{\frac{d}{2}} K_d \int_0^\infty dq \frac{q^{d-1}}{(1+q^2)^2}\ . \tag{7.4.36}$$

Unterhalb von $d = 4$ ist der kritische Exponent der spezifischen Wärme ($c_{h=0} \sim (T - T_c)^{-\alpha}$)

$$\alpha = \frac{1}{2}(4 - d), \qquad (7.4.37)$$

insbesondere bei $d = 3$ ist in Gaußscher Näherung $\alpha = \frac{1}{2}$. Der Vergleich mit exakten Resultaten und Experimenten zeigt, daß in der Gaußschen Näherung die Fluktuationen überschätzt werden.

B) $\underline{T < T_c^0}$

Nun gehen wir zu $T < T_c^0$ über und unterscheiden zwischen den longitudinalen (m_1) und transversalen Komponenten (m_i)

$$m_1(x) = m_1 + m_1'(x), \quad m_i(x) = m_i'(x) \quad \text{für } i \geq 2 \qquad (7.4.38)$$

mit den Fourierkomponenten m_{1k}' und m_{ik}', wobei letztere nur für $n \geq 2$ vorhanden sind. Im gegenwärtigen Zusammenhang, auch nicht-ganzzahliger Dimension, werden wir Vektoren vereinfacht durch x etc. bezeichnen. Aus (7.4.10) ergibt sich für das Ginzburg-Landau-Funktional in zweiter Ordnung in den Schwankungen

$$\mathcal{F}_h[\mathbf{m}] = \mathcal{F}[m_1] + \sum_k \left[\left(-2a + \frac{3h}{2m_1} + \mathcal{O}(h^2) + ck^2 \right) |m_{1k}'|^2 \right. \\ \left. + \left(\frac{h}{2m_1} + ck^2 \right) \sum_{i \geq 2} |m_{ik}|^2 \right]. \qquad (7.4.39)$$

Dabei wurde folgende Nebenrechnung verwendet:

$$a\left(m_1^2 + 2m_1 m_1' + m_1'^2 + m_\perp^2\right)$$
$$+ \frac{b}{2}\left(m_1^4 + 4m_1^3 m_1' + 6m_1^2 m_1'^2 + 2m_1^2 m_\perp^2\right) - h(m_1 + m_1')$$
$$= am_1^2 + \frac{b}{2}m_1^4 - hm_1 + \left(a + 3bm_1^2\right) m_1'^2 + \underbrace{\left(a + bm_1^2\right)}_{\frac{h}{2m_1}} m_\perp^2.$$

Ähnlich der Rechnung, die von (7.4.26) auf (7.4.29) führte, finden wir für die freie Energie der Tieftemperaturphase für $h = 0$

$$F(T, 0) = F_0(T, h) + F_{G.L.}(T, 0) - \\ - \frac{1}{2} kT \sum_k \left\{ \log \frac{\pi}{\beta(2|a| + ck^2)} + (n - 1) \log \frac{\pi}{\beta ck^2} \right\}. \qquad (7.4.40)$$

Der erste Term rührt von Z_0, der zweite Term von $\mathcal{F}[m_1]$, der in der Ginzburg-Landau-Näherung betrachteten stationären Lösung, der dritte von den longitudinalen Fluktuationen und der vierte von den transversalen her. Zur spezifischen Wärme tragen die transversalen Fluktuationen, deren Energie für $h = 0$ temperaturunabhängig ist, nichts bei:

$$c_{h=0} = T\frac{a'^2}{b} + \tilde{A}_-\xi^{4-d} = T\frac{a'^2}{b} + A_-(T_c - T)^{-\frac{4-d}{2}}, \tag{7.4.41}$$

wobei die Tieftemperaturkorrelationslänge

$$\xi = \left(\sqrt{\frac{2|a|}{c}}\right)^{-1} = \left(\frac{c}{2a'}\right)^{1/2}(T_c^0 - T)^{-1/2}, \qquad T < T_c^0 \tag{7.4.42}$$

einzusetzen ist. Die Amplituden in (7.4.23) und (7.4.41) erfüllen die Beziehungen

$$\tilde{A}_- = \frac{4}{n}\tilde{A}_+, \quad A_- = \frac{2^{d/2}}{n}A_+. \tag{7.4.43}$$

Das Verhältnis der Amplituden des singulären Beitrages zur spezifischen Wärme hängt nur von der Komponentenzahl n und der Dimension d ab und ist in diesem Sinne universell. Die transversalen Fluktuationen tragen nichts zur spezifischen Wärme unterhalb von T_c bei, deshalb tritt der Faktor $\frac{1}{n}$ im Amplitudenverhältnis auf.

7.4.3.2 Korrelationsfunktionen

Nun berechnen wir noch die Korrelationsfunktionen in Gaußscher Näherung. Zuerst betrachten wir
$\underline{T > T_c^0}$
Um derartige Größen, die uns später immer wieder begegnen werden, zu berechnen, führen wir das erzeugende Funktional

$$\begin{aligned}Z[h] &= \frac{1}{Z_G}\int \prod_k dm_k\, e^{-\beta\mathcal{F}_h + \sum h_k m_{-k}} \\ &= \frac{1}{Z_G}\int \prod_k dm_k\, e^{-\beta\sum_k(a+ck^2)|m_k|^2 + h_k m_{-k}}\end{aligned} \tag{7.4.44}$$

ein. Zur Berechnung der Gauß-Integrale in (7.4.44) führt man die Substitution

$$\tilde{m}_k = m_k - \frac{1}{2\beta}(a + ck^2)^{-1}h_k \tag{7.4.45}$$

ein und erhält

$$Z[h] = \exp\left[\frac{1}{4\beta}\sum_k \frac{1}{a+ck^2}h_k h_{-k}\right]. \tag{7.4.46}$$

Offensichtlich ist

$$\langle m_k m_{-k'}\rangle = \frac{\partial^2}{\partial h_{-k}\partial h_{k'}}Z[h]\bigg|_{h=0} \quad,$$

woraus sich mit Hilfe von (7.4.46) die Korrelationsfunktion

$$\langle m_k m_{-k'}\rangle = \delta_{kk'}\frac{1}{2\beta(a+ck^2)} \equiv \delta_{kk'}G(\mathbf{k}) \tag{7.4.47}$$

ergibt. Dabei wurde berücksichtigt, daß in der Summe über k in (7.4.46) jeder Term $h_k h_{-k} = h_{-k}h_k$ zweimal vorkommt. Aus der letzten Gleichung wird die Bedeutung der *Korrelationslänge* (7.4.31), charakterisiert durch den kritischen Exponenten $\nu = \frac{1}{2}$, klar, denn im *Ortsraum* folgt aus (7.4.47)

$$\begin{aligned}\langle m(x)m(x')\rangle &= \frac{1}{L^d}\sum_k e^{ik(x-x')}\frac{1}{2\beta(a+ck^2)} = \int\frac{d^dk}{(2\pi)^d}\frac{e^{ik(x-x')}}{2\beta c(\xi^{-2}+k^2)}\\ &= \frac{\xi^{2-d}}{2\beta c}\int_{q<\Lambda\xi}\frac{d^dq}{(2\pi)^d}\frac{e^{iq(x-x')/\xi}}{1+q^2}\ .\end{aligned}$$
(7.4.48)

Für $T = T_c^0$ sieht man aus der zweiten Darstellung sofort

$$\langle m(x)m(x')\rangle \sim \frac{1}{|x-x'|^{d-2}} \quad, \tag{7.4.49}$$

d.h. der in (7.2.13) eingeführte Exponent η ist in dieser Näherung Null, $\eta = 0$.

In *drei* Dimensionen ergibt sich aus (7.4.48) die *Ornstein-Zernike-Korrelationsfunktion*

$$\langle m(\mathbf{x})m(\mathbf{x}')\rangle = \frac{1}{8\pi\beta c}\frac{e^{-r/\xi}}{r} \quad, \quad r = |\mathbf{x}-\mathbf{x}'|\ . \tag{7.4.50}$$

Anmerkung: Die Korrelationsfunktion (7.4.47) erfüllt

$$\lim_{k\to 0}G(k) = kT\chi_T \quad, \tag{7.4.51}$$

wobei χ_T die isotherme Suszeptibilität (7.4.22a) ist.

Für $T < T_c^0$
unterscheiden wir für $n > 1$ zwischen der longitudinalen und der transversalen $(i \geq 2)$ Korrelationsfunktion

$$G_\parallel(k) = \langle m'_{1k}m'_{1-k}\rangle \quad \text{und} \quad G_\perp(k) = \langle m_{ik}m_{i-k}\rangle\ . \tag{7.4.52}$$

Für $n = 1$ ist nur $G_\parallel(k)$ maßgeblich. Aus (7.4.39) folgt analog zu (7.4.47)

7. Phasenübergänge, Renormierungsgruppentheorie und Perkolation

$$G_\parallel(k) = \frac{1}{2\beta[-2a + \frac{3h}{2m_1} + ck^2]} \xrightarrow{h\to 0} \frac{1}{2\beta[2a'(T_c^0 - T) + ck^2]} \quad (7.4.53)$$

und

$$G_\perp(k) = \frac{1}{2\beta[\frac{h}{2m_1} + ck^2]} \xrightarrow{h\to 0} \frac{1}{2\beta ck^2} \quad (7.4.54a)$$

$$G_\perp(0) = \frac{Tm_1}{h}. \quad (7.4.54b)$$

Die Divergenz der transversalen Suszeptibilität (Korrelationsfunktion) (7.4.54a) für $h = 0$ ist eine Folge der Rotationsinvarianz, aufgrund derer es keine Energie kostet, die Magnetisierung zu drehen.

Wir wollen zunächst die Ergebnisse der Gaußschen Näherung zusammenfassen, dann die Gültigkeitsgrenzen der Gaußschen Näherung behandeln und schließlich in Abschn. 7.4.4.1 die Form der Korrelationsfunktionen unterhalb T_c^0 allgemeiner diskutieren.

Zusammenfassend ergibt sich für die *kritischen Exponenten*

$$\alpha_{\text{Flukt}} = 2 - \frac{d}{2}, \; \beta = \frac{1}{2}, \; \gamma = 1, \; \delta = 3, \; \nu = \frac{1}{2}, \; \eta = 0 \quad (7.4.55)$$

und für die *Amplitudenverhältnisse* der spezifischen Wärme, der longitudinalen Korrelationsfunktion und der isothermen Suszeptibilität

$$\frac{\tilde{A}_+}{\tilde{A}_-} = \frac{n}{4}, \; \frac{\tilde{C}_+}{\tilde{C}_-} = 1 \quad \text{und} \quad \frac{C_+}{C_-} = 2. \quad (7.4.56)$$

Die Amplituden sind in (7.4.32), (7.4.41), (7.4.57) und (7.4.58) definiert:

$$G(k) = \tilde{C}_\pm \frac{\xi^2}{1 + (\xi k)^2}, \quad \tilde{C}_\pm = \frac{1}{2\beta c}, \quad (7.4.57)$$

$$\chi = C_\pm |T - T_c|^{-1}, \quad T \gtrless T_c. \quad (7.4.58)$$

7.4.3.3 Gültigkeitsbereich der Gaußschen Näherung

Den Gültigkeitsbereich der Gaußschen Näherung und von weitergehenden störungstheoretischen Rechnungen kann man durch Vergleich von höheren mit niedrigen Ordnungen abschätzen. Es muß z.B. die vierte Ordnung sehr viel kleiner sein als die zweite, bzw. der Gaußsche Beitrag zur spezifischen Wärme kleiner als der stationäre Wert. Die Ginzburg-Landau-Näherung ist zulässig, wenn die Fluktuationen klein gegenüber dem stationären Wert sind, d.h. nach Gl. (7.4.16) und (7.4.41)

$$\Delta c \gg \xi^{4-d} \left(\frac{Ta'}{c}\right)^2 \mathcal{N}, \quad (7.4.59)$$

wo $\mathcal{N}$ ein numerischer Faktor ist. Somit muß gelten

$$\tau^{(4-d)/2} \gg \frac{\mathcal{N}}{\xi_0^d \Delta c} \tag{7.4.60}$$

mit $\tau = \frac{T-T_c^0}{T_c^0}$ und $\xi_0 = \sqrt{\frac{c}{a'T_c^0}}$.

Für Dimensionen $d < 4$ bricht die Ginzburg-Landau-Näherung nahe bei T_c zusammen. Aus (7.4.60) ergibt sich eine charakteristische Temperatur $\tau_{GL} = (\frac{\mathcal{N}}{\xi_0^d \Delta c})^{2/(4-d)}$, die sogenannte Ginzburg-Levanyuk-Temperatur; diese hängt von den Ginzburg-Landau-Parametern ab, Tab. 7.3.

Es tritt in diesem Zusammenhang $d_c = 4$ als Grenzdimension (obere kritische Dimension) auf. Für $d < 4$ bricht für $\tau < \tau_{GL}$ die Ginzburg-Landau-Näherung zusammen. Es reicht dann auch nicht aus, den Fluktuationsanteil zu addieren, sondern man muß noch Wechselwirkungen unter den Fluktuationen berücksichtigen. Oberhalb von vier Dimensionen nehmen die Korrekturen zur Gaußschen Näherung bei Annäherung an T_c^0 ab, so daß dort die Gaußsche Näherung zutrifft. Für $d > 4$ ist der Exponent des Fluktuationsbeitrags nach Gl. (7.4.35) negativ, $\alpha_{\text{Flukt}} < 0$. Es kann deshalb das Verhältnis $\frac{c_{h=0}(T_c^0)}{\Delta c} \gtrless 1$ sein.

Tabelle 7.3. Korrelationslänge und kritischer Bereich

Supraleiter[19]	$\xi_0 \sim 10^3$ Å	$\tau_{GL} = 10^{-10} - 10^{-14}$
Magnete	$\xi_0 \sim$ Å	$\tau_{GL} \sim 10^{-2}$
λ–Übergang	$\xi_0 \sim 4$ Å	$\tau_{GL} \sim 0.3$

7.4.4 Kontinuierliche Symmetrie, Phasenübergänge erster Ordnung

7.4.4.1 Suszeptibilitäten für $T < T_c$

A) Transversale Suszeptibilität Wir fanden für die transversale Korrelationsfunktion (7.4.54a) $G_\perp(k) = \frac{1}{2\beta[\frac{h}{2m_1}+ck^2]}$ und wollen nun zeigen, daß das Ergebnis $G_\perp(0) = \frac{Tm_1}{h}$ eine allgemeine Folge der Rotationsinvarianz ist. Dazu stellen wir uns vor, daß auf den Ferromagneten ein äußeres Feld **h** wirke. Nun untersuchen wir den Einfluß eines infinitesimalen, transversalen Zusatzfeldes $\delta \mathbf{h}$, das senkrecht auf **h** sei

---

[19] Nach der BCS-Theorie ist $\xi_0 \sim 0.18 \frac{hv_F}{kT_c}$. In reinen Metallen ist $m = m_e, v_F = 10^8 \frac{\text{cm}}{\text{s}}$, T_c niedrig, $\xi_0 = 1000 - 16.000$ Å. Die A-15 Verbindungen Nb$_3$Sn, V$_3$Ga besitzen flache Bänder, deshalb ist m groß, $v_F = 10^6 \frac{\text{cm}}{\text{s}}$, T_c größer, $\xi_0 = 50$ Å. Ganz anders ist die Situation in Hoch-T_c-Supraleitern, dort ist $\xi_0 \sim$ Å.

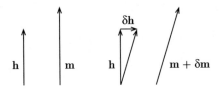

Abb. 7.16. Feld h und infinitesimales transversales Zusatzfeld $\delta \mathbf{h}$

$$\sqrt{(\mathbf{h}+\delta\mathbf{h})^2} = \sqrt{h^2 + \delta h^2} = h + \frac{\delta h^2}{2h} \quad .$$

Die Größe des Feldes wird nur um $\mathcal{O}(\delta h^2)$ geändert, für kleines δh haben wir eine Drehung des Feldes um den Winkel $\frac{\delta h}{h}$, Abb. 7.16. Die Magnetisierung dreht sich um den gleichen Winkel; das bedeutet $\frac{\delta m}{m} = \frac{\delta h}{h}$, und daraus erhalten wir für die transversale Suszeptibilität

$$\chi_\perp \equiv \frac{\delta m}{\delta h} = \frac{m}{h} \quad . \tag{7.4.61}$$

Die transversale Korrelationsfunktion in Gaußscher Näherung (7.4.54a) ist mit diesem allgemeinen Resultat in Einklang.

Bemerkungen über die Ortsabhängigkeit der transversalen Korrelationsfunktion $G_\perp(r)$:

(i)
$$G_\perp(r, h=0) = \frac{1}{2\beta c} \int \frac{d^d k}{(2\pi)^d} \frac{e^{ikx}}{k^2} = A_d \left(\frac{\xi_\perp}{r}\right)^{d-2}, \quad \xi_\perp = (2\beta c)^{-\frac{1}{d-2}}$$
$$\tag{7.4.62}$$

Mit Hilfe des Volumenelements

$$d^d k = dk\, k^{d-1} (\sin\theta)^{d-2}\, d\theta\, d\Omega_{d-1}$$

folgt für das Integral in (7.4.60)

$$= \frac{\Omega_{d-1}}{(2\pi)^d} \int_0^\infty dk\, k^{d-1} \frac{1}{2\beta c k^2} \int_0^\pi e^{ikr\cos\theta} (\sin\theta)^{d-2} d\theta$$
$$= \frac{K_{d-1}}{2\beta c\, 2\pi} \int_0^\infty dk\, k^{d-3} \Gamma\left(\frac{d}{2} - \frac{1}{2}\right) \Gamma\left(\frac{1}{2}\right) 2^{\frac{d}{2}-1} \frac{J_{\frac{d}{2}-1}(kr)}{(kr)^{\frac{d}{2}-1}}$$
$$\sim r^{-(d-2)} \quad . \quad {}^{20}$$

Aus Dimensionsgründen muß $G_\perp(r)$ von der Form

$$G_\perp(r) \sim M^2 \left(\frac{\xi}{r}\right)^{d-2}$$

---

[20] I.S. Gradshteyn and I.M. Ryshik, *Table of Integrals, Series and Products*, Academic Press New York, 1980, Eq. 8.411.7

sein, d.h. die transversale Korrelationslänge aus Gl. (7.4.62) ist

$$\xi_\perp = \xi M^{\frac{2}{d-2}} \propto \tau^{-\nu} \tau^{\frac{2\beta}{d-2}} = \tau^{\eta\nu/(d-2)} \quad , \tag{7.4.63}$$

wo der Exponent unter Verwendung von Skalenrelationen umgeformt wurde.
(ii) Wir rechnen noch die lokalen transversalen Magnetisierungsschwankungen aus

$$G_\perp(r=0) \sim \int_0^\Lambda \frac{dk\, k^{d-1}}{\frac{h}{2m_1} + ck^2} \sim \left[\sqrt{\frac{2m_1}{h}} c\right]^{-d+2} \int_0^{\sqrt{\frac{2m_1}{h}} c \Lambda} dq \frac{q^{d-1}}{1+q^2}$$

und betrachten den Limes $h \to 0$: Das Ergebnis ist für

$d > 2$: endlich

$d = 2$: $\log h$

$d < 2$: $\left(\frac{m_1}{h}\right)^{\frac{2-d}{2}} \overset{h \to 0}{\longrightarrow} \infty$ falls $m_1 \ne 0$ wäre

Für $d \le 2$ divergieren die transversalen Schwankungen im Grenzfall $h \to 0$. Dies hat zur Folge, daß für $d \le 2$ $m_1 = 0$ sein muß!

B) Longitudinale Korrelationsfunktion

Wir fanden in Gaußscher Näherung für $T < T_c$ in Gl. (7.4.54a)

$$\lim_{k \to 0} \lim_{h \to 0} G_\parallel(k) = \frac{1}{-4\beta a}$$

wie für $n = 1$. Tatsächlich wird man erwarten, daß die großen transversalen Fluktuationen das Verhalten von $G_\parallel(k)$ modifizieren. Hinausgehend über die Gaußsche Näherung berechnen wir nun den Beitrag von Orientierungsfluktuationen zu den longitudinalen Fluktuationen. Wir betrachten eine Rotation der Magnetisierung am Ort $\mathbf{x}$ und zerlegen die Änderung $\delta\mathbf{m}$ in eine Komponente δm_1 parallel und einen Vektor $\delta\mathbf{m}_\perp$ senkrecht zu $\mathbf{m_0}$ (Abb. 7.17). Die Invarianz der Länge gibt die Bedingung

$$m_0^2 = m_0^2 + 2m_0 \delta m_1 + \delta m_1^2 + (\delta\mathbf{m}_\perp)^2 \quad ,$$

und daraus folgt wegen $|\delta m_1| \ll m_0$

$$\delta m_1 = -\frac{1}{2m_0}(\delta\mathbf{m}_\perp)^2 \quad . \tag{7.4.64}$$

Für die Korrelation der longitudinalen Fluktuationen erhält man hieraus die folgende Beziehung zu den transversalen Schwankungen

$$\langle \delta m_1(\mathbf{x})\delta m_1(0) \rangle = \frac{1}{4m_0^2} \langle \delta\mathbf{m}_\perp^{\,2}(\mathbf{x})\delta\mathbf{m}_\perp^{\,2}(0) \rangle \quad . \tag{7.4.65}$$

Nun faktorisieren wir diese Korrelationsfunktion in das Produkt zweier transversaler Korrelationsfunktionen und können die Fourier-Transformierte longitudinale Korrelationsfunktion berechnen

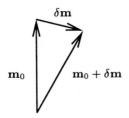

Abb. 7.17. Drehung der spontanen Magnetisierung in isotropen Systemen

$$G_\|(k=0) = \int d^d x \frac{e^{-2r/\sqrt{\frac{m_1}{h}}}}{r^{(d-2)2}} \sim \left(\sqrt{\frac{h}{m_1}}\right)^{d-4} \sim h^{\frac{d}{2}-2} \quad . \tag{7.4.66}$$

In drei Dimensionen ergibt sich hieraus für die longitudinale Suszeptibilität

$$kT\frac{\partial m_1}{\partial h} = G_\|(k=0) \sim h^{-\frac{1}{2}} \quad . \tag{7.4.66'}$$

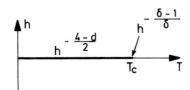

Abb. 7.18. Singularitäten der longitudinalen Suszeptibilität in Systemen mit innerer Rotationssymmetrie, $n \geq 2$.

In der Umgebung des kritischen Punktes T_c fanden wir $m \sim h^{\frac{1}{\delta}}$ (siehe nach Gl. (7.2.4b)), dies bedingt im Unterschied zu (7.4.66)

$$\frac{\partial m_1}{\partial h} \sim h^{-\frac{\delta-1}{\delta}} \quad .$$

In isotropen Systemen ist die longitudinale Suszeptibilität nicht nur im kritischen Bereich, sondern im gesamten Koexistenzbereich für $h \to 0$ singulär (Abb. 7.18). Dies ist eine Folge der Rotationsinvarianz.

C) Koexistenzsingularitäten

Unter dem Koexistenzbereich versteht man die Region mit endlicher Magnetisierung im Grenzfall $h \to 0$. Die in (7.4.54a), (7.4.62) und (7.4.66) für isotrope Systeme gefundenen Koexistenzsingularitäten haben exakte Gültigkeit. Man kann dies folgendermaßen begründen. Für $T < T_c^0$ kann das Ginzburg-Landau-Funktional in der Form

$$\begin{aligned}\mathcal{F}[\mathbf{m}] &= \int d^d x \left(\frac{1}{2}b\left(\mathbf{m}^2 - \frac{|a|}{b}\right)^2 + (\nabla \mathbf{m})^2 - h\mathbf{m} - \frac{|a|^2}{2b}\right) \\ &= \int d^d x \left(\frac{1}{2}b\left(m_1^2 + 2m_1 m_1'(\mathbf{x}) + m_1'(\mathbf{x})^2 + \mathbf{m}'_\perp(\mathbf{x})^2 - \frac{|a|}{b}\right)^2 \right. \\ &\quad \left. + c\big(\nabla m_1'(\mathbf{x})\big)^2 + c\big(\nabla \mathbf{m}'_\perp(\mathbf{x})\big)^2 - h\big(m_1 + m_1'(\mathbf{x})\big) - \frac{|a|^2}{2b}\right)\end{aligned} \tag{7.4.67}$$

geschrieben werden. Hier wurde (7.4.38) eingesetzt und die Komponenten $m'_i(\mathbf{x}), i \geq 2$, zum Vektor der transversalen Schwankungen $\mathbf{m}'_\perp(\mathbf{x}) = (0, m'_2(\mathbf{x}), \ldots, m'_n(\mathbf{x}))$ zusammengefaßt. Unter Verwendung von (7.4.18) und $m'_1(\mathbf{x}) \ll m_1$ erhält man

$$\mathcal{F}[\mathbf{m}] = \int d^d x \left(\frac{1}{2} b \left(2m_1 m'_1 + \mathbf{m}'^2_\perp + \frac{h}{2bm_1} \right)^2 + c(\nabla m'_1)^2 + c(\nabla \mathbf{m}'_\perp)^2 - h(m_1 + m'_1) - \frac{|a|^2}{2b} \right). \quad (7.4.68)$$

Die nichtlinearen Terme in den transversalen Fluktuationen werden durch die Substitution

$$m'_1 = m''_1 - \frac{\mathbf{m}'^2_\perp}{2m_1} \quad (7.4.69)$$

in die longitudinalen absorbiert:

$$\mathcal{F}[\mathbf{m}] = \int d^d x \left(2bm_1^2 m''^2_1 + c(\nabla m''_1)^2 + \frac{h}{2m_1} \mathbf{m}'^2_\perp + c(\nabla \mathbf{m}'_\perp)^2 - hm_1 + \frac{h^2}{8bm_1^2} - \frac{|a|^2}{2b} \right). \quad (7.4.70)$$

Die endgültige freie Energie ist harmonisch in den Variablen m''_1 und $\mathbf{m}'_\perp$. Folglich ist der transversale Propagator im Koexistenzbereich exakt durch (7.4.54a) gegeben. Die longitudinale Korrelationsfunktion ist

$$\langle m'_1(\mathbf{x}) m'_1(0) \rangle_C = \langle m''_1(\mathbf{x}) m''_1(0) \rangle + \frac{1}{4m_1^2} \langle \mathbf{m}'_\perp(\mathbf{x})^2 \mathbf{m}'_\perp(0)^2 \rangle_C . \quad (7.4.71)$$

In Gleichung (7.4.68) sind Terme der Form $(\nabla \frac{\mathbf{m}'^2_\perp}{m_1})^2$ und $\nabla m''_1 \nabla \frac{\mathbf{m}'^2_\perp}{m_1}$ vernachlässigt.

Der zweite Term in (7.4.69) führt zu einer Verkleinerung des Ordnungsparameters $-\frac{\langle \mathbf{m}'^2_\perp \rangle}{2m_1}$. Gl. (7.4.71) gibt die Kumulante, d.h. die Korrelationsfunktion der Abweichungen vom Mittelwert an. Da (7.4.70) nur mehr harmonische Terme enthält, ist die Faktorisierung des zweiten Summanden in (7.4.71) exakt, wie sie bei der Berechnung von (7.4.65) mit dem Ergebnis (7.4.66') durchgeführt wurde. Man könnte gegen die Herleitung von (7.4.71) noch einwenden, daß eine Reihe von Vernachlässigungen gemacht wurden. Mit Hilfe der Renormierungsgruppentheorie[21] läßt sich jedoch zeigen, daß die Anomalien des Koexistenzbereiches durch einen Tieftemperatur-Fixpunkt beschrieben werden, an dem $m_0 = \infty$ ist. Das heißt asymptotisch ist das Resultat exakt.

---

[21] I.D. Lawrie, J. Phys. A **14**, 2489 (1981), ibid. A **18**, 1141 (1985); U.C. Täuber und F. Schwabl, Phys. Rev. B **46**, 3337 (1992)

7.4.4.2 Phasenübergänge erster Ordnung

Es gibt Systeme bei denen nicht nur der Übergang von der einen Orientierung des Ordnungsparameters zur entgegengesetzten von erster Ordnung ist, sondern auch der Übergang bei T_c. Das bedeutet, daß der Ordnungsparameter bei T_c von Null auf einen endlichen Wert springt (ein Beispiel ist der ferroelektrische Übergang von $BaTiO_3$). Diese Situation kann in der Ginzburg-Landau-Theorie beschrieben werden, wenn $b < 0$ ist, und zur Stabilisierung ein Term der Form $\frac{1}{2}vm^6$ mit $v > 0$ hinzugefügt wird. Dann lautet das Ginzburg-Landau-Funktional

$$\mathcal{F} = \int d^d x \left\{ am^2 + c(\nabla m)^2 + \frac{1}{2}bm^4 + \frac{1}{2}vm^6 \right\} , \qquad (7.4.72)$$

wobei $a = a'(T - T_c^0)$. Die Dichte der freien Energie ist für einen homogenen Ordnungsparameter in der Abb. 7.19 dargestellt.

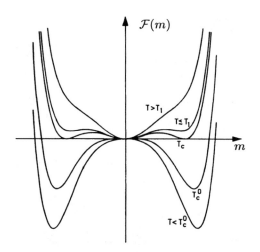

Abb. 7.19. Dichte der freien Energie in der Nähe einer Phasenumwandlung erster Ordnung für Temperaturen $T < T_c^0, T \approx T_c^0, T = T_c, T < T_1, T > T_1$.

Für $T > T_1$ gibt es nur das Minimum bei $m = 0$, also den ungeordneten Zustand. Bei T_1 entsteht ein zweites relatives Minimum, das für $T \leq T_c$ schließlich niedriger als das bei $m = 0$ ist. Für $T < T_c^0$ ist der Zustand $m = 0$ instabil. Die Stationaritätsbedingung lautet

$$\left(a + bm^2 + 3\frac{v}{2}m^4\right)m = 0 \quad , \qquad (7.4.73)$$

und die Bedingung dafür, daß ein Minimum vorliegt

$$\frac{1}{2}\frac{\partial^2 f}{\partial m^2} = a + 3bm^2 + 15\frac{v}{2}m^4 > 0 \quad . \tag{7.4.74}$$

Die Lösungen der Stationaritätsbedingung sind

$$m_0 = 0 \tag{7.4.75a}$$

und

$$m_0^2 = -\frac{b}{3v}(\overset{+}{\underset{-}{}}) \left(\frac{b^2}{9v^2} - \frac{2a}{3v}\right)^{1/2} \quad . \tag{7.4.75b}$$

Wir erinnern $b < 0$. Die endliche Lösung mit dem Minuszeichen entspricht einem Maximum der freien Energie und wird im weiteren außer Acht gelassen. Das Minimum (7.4.75b) existiert für alle Temperaturen, für die die Diskriminante positiv ist, also unterhalb der Temperatur T_1

$$T_1 = T_c^0 + \frac{b^2}{6va'} \quad . \tag{7.4.76}$$

T_1 ist die Überhitzungstemperatur (siehe Abb. 7.19 und unten). Die Übergangstemperatur T_c ergibt sich aus der Bedingung, daß die freie Energie für (7.4.75b) Null ist. Für diese Temperatur (siehe Abb. 7.19) hat die freie Energie eine Doppelnullstelle bei $m^2 = m_0^2$ und hat somit die Form

$$\frac{v}{2}(m^2 - m_0^2)^2 m^2 = \left(a + \frac{b}{2}m^2 + \frac{v}{2}m^4\right)m^2$$
$$= \left(\frac{v}{2}\left(m^2 + \frac{b}{2v}\right)^2 - \frac{b^2}{8v} + a\right)m^2 = 0 \quad .$$

Daraus folgt $a = \frac{b^2}{8v}$ und $m^2 = -\frac{b}{2v}$, was gleichermaßen zu

$$T_c = T_c^0 + \frac{b^2}{8va'} \tag{7.4.77}$$

führt. Für $T < T_c^0$ liegt bei $m = 0$ ein lokales Maximum vor. T_c^0 hat die Bedeutung der Unterkühlungstemperatur. Im Bereich $T_c^0 \leq T \leq T_1$ können also beide Phasen koexistieren, d.h. es ist Unterkühlung bzw. Überhitzung einer Phase möglich. Denn für $T_c^0 \leq T < T_c$ ist die ungeordnete Phase ($m_0 = 0$) metastabil; für $T_1 \geq T > T_c$ dagegen ist die geordnete Phase ($m_0 \neq 0$) metastabil. Bei langsamer Abkühlung, so daß das System den Zustand niedrigster freier Energie einnimmt, springt m_0 bei T_c von 0 auf

$$m_0^2(T_c) = -\frac{b}{3v} + \left(\frac{b^2}{9v^2} - \frac{b^2}{12v^2}\right)^{1/2} = -\frac{b}{2v} \tag{7.4.78}$$

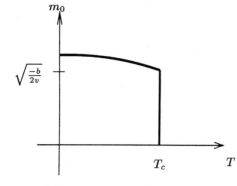

Abb. 7.20. Temperaturverlauf der Magnetisierung bei einem Phasenübergang erster Ordnung

und hat unterhalb von T_c den Temperaturverlauf, Abb. 7.20,

$$m_0^2(T) = \frac{2}{3}m_0^2(T_c)\left[1 + \sqrt{1 - \frac{3}{4}\frac{(T-T_c^0)}{(T_c-T_c^0)}}\right].$$

*7.4.5 Impulsschalen-Renormierungsgruppe

Die RG-Theorie kann auch im Rahmen des G.L.-Funktionals durchgeführt werden, mit folgenden Vorteilen gegenüber diskreten Spin-Modellen: Die Methode ist auch in höheren Dimensionen praktikabel und verschiedene Wechselwirkungen und Symmetrien sind behandelbar. Es ergibt sich dabei eine Entwicklung der kritischen Exponenten in $\epsilon = 4 - d$. Hier kann nicht auf die Details der dazu notwendigen störungstheoretischen Techniken eingegangen werden, sondern nur die wesentliche Struktur der Renormierungsgruppen-Rekursionsrelationen und ihre Konsequenzen dargestellt werden. Für die detaillierte Rechnung wird auf ausführliche Darstellungen[22,23] und die Literatur am Ende des Kapitels hingewiesen.

7.4.5.1 Wilsons RG-Schema

Wir wenden uns nun der Renormierungsgruppentransformation für das Ginzburg-Landau-Funktional (7.4.10) zu. Dabei führen wir durch die Substitutionen

$$m = \frac{1}{\sqrt{2c}}\phi \;,\quad a = rc \;,\quad b = uc^2 \quad \text{und}\quad \mathbf{h} \to \sqrt{2c}\,\mathbf{h} \qquad (7.4.79)$$

die in diesem Zusammenhang übliche Notation ein, und erhalten das sog. *Ginzburg–Landau–Wilson–Funktional*.

$$\mathcal{F}[\phi] = \int d^d x \left[\frac{r}{2}\phi^2 + \frac{u}{4}(\phi^2)^2 + \frac{1}{2}(\nabla\phi)^2 - \mathbf{h}\phi\right]. \qquad (7.4.80)$$

---

[22] Wilson, K.G., Kogut, J., Phys. Rep. **12 C**, 76 (1974).
[23] S. Ma, *Modern Theory of Critical Phenomena*, Benjamin, Reading, 1976.

Eine intuitiv einleuchtende Vorgehensweise wurde von K.G. Wilson[22,23] vorgeschlagen. Im wesentlichen wird im Impulsraum die Spur über die Freiheitsgrade mit großem k ausgeführt, und man erhält auf diese Weise Rekursionsrelationen für die Ginzburg–Landau–Koeffizienten. Da man erwartet, daß die detaillierte Form der kurzwelligen Fluktuationen nicht wesentlich ist, kann die Brillouin–Zone einfach durch eine d–dimensionale Kugel mit dem Radius (cutoff) Λ genähert werden. Die Impulsschalen-RG-Transformation besteht dann aus den folgenden Schritten:

(i) Ausführen der Spur über alle Fourier Komponenten ϕ_k mit $\Lambda/b < |k| < \Lambda$ (Abb 7.21) eliminiert diese kurzwelligen Moden.

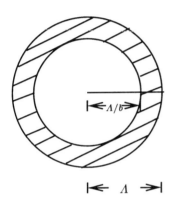

Abb. 7.21. Impulsraum-RG: Die partielle Spur wird über die Fourier-Komponenten ϕ_k mit Impulsen in der Schale $\Lambda/b < |k| < \Lambda$ gebildet.

(ii) Durch eine Skalentransformation[24]

$$k' = bk, \qquad (7.4.81)$$

$$\phi' = b^\zeta \phi, \qquad (7.4.82)$$

und deshalb

$$\phi'_{k'} = b^{\zeta-d} \phi_k, \qquad (7.4.83)$$

wird das resultierende effektive Hamilton–Funktional auf ein Form analog zum ursprünglichen Modell gebracht, wodurch dann effektive skalenabhängige Kopplungsparameter definiert werden. Durch wiederholte Anwendung dieser RG–Transformation (die eine Halbgruppe darstellt, da es kein inverses Element gibt) werden die erwarteten universellen Eigenschaften des langwelligen Bereiches deutlich. Wie bei der Ortsraum-Renormierungsgruppentransformation von Abschn. 7.3.3 entsprechen die Fixpunkte der Trans-

---

[24] Betrachtet man (7.4.83) zusammen mit dem Feldterm im Ginzburg-Landau-Funktional (7.4.10), so erkennt man, daß der Exponent ζ die Transformation des äußeren Feldes bestimmt und mit y_h aus Abschnitt (7.3.4) über $\zeta = d - y_h$ zusammenhängt.

formation den verschiedenen thermodynamischen Phasen und den Phasenübergängen dazwischen. Die Eigenwerte der linearisierten Flußgleichungen in der Nähe des kritischen Fixpunktes geben schließlich die kritischen Exponenten (siehe (7.3.41a,b,c)). Obwohl eine störungstheoretische Entwicklung (nach u) im kritischen Bereich in keiner Weise gerechtfertigt scheint, ist sie völlig legitim weit entfernt vom kritischen Punkt, wo die Fluktuationen vernachlässigbar sind. Die wichtige Beobachtung ist nun, daß der RG–Fluß diese sehr unterschiedlichen Bereiche verbindet und Resultate der Störungsentwicklung im nicht-kritischen Bereich auf diese Weise in die Nähe von T_c transformiert werden können, wobei die nichtanalytischen Singularitäten bei der Abbildung konsistent, kontrolliert und verläßlich ihre Berücksichtigung erfahren. Störungstheoretische Methoden können ebenfalls bei der Eliminierung der kurzwelligen Freiheitsgrade Anwendung finden (Schritt (i)).

7.4.5.2 Gaußsches Modell

Das im vorhergehenden Abschnitt dargestellte Konzept soll nun zunächst auf das Gaußsche Modell, bei dem $u = 0$ gilt (siehe Abschnitt 7.4.3), angewendet werden,

$$\mathcal{F}_0[\phi_k] = \int_{|k|<\Lambda} \frac{r+k^2}{2} |\phi_k|^2 \quad , \tag{7.4.84}$$

wobei $\int_k \equiv \int d^d k/(2\pi)^d$ ist. Da (7.4.84) diagonal in den Fourier–Moden ist, erzeugt die Elimination der Komponenten mit großem k lediglich einen konstanten (von ϕ unabhängigen) Beitrag; die Form des effektiven Hamilton–Funktionals bleibt dann unverändert, vorausgesetzt

$$\zeta = \frac{d-2}{2} \ , \ \text{d.h.} : \ \eta = 0 \ , \tag{7.4.85}$$

und r transformiert sich wie

$$r' = b^2 r \ . \tag{7.4.86}$$

Die Fixpunkte von Gl. (7.4.86) sind $r^* = \pm\infty$ entsprechend der Hoch– bzw. Tieftemperaturphase und der kritische Fixpunkt $r^* = 0$. Der Eigenwert für die relevante Temperatur–Richtung an diesem kritischen Fixpunkt ist offensichtlich $y_\tau = 2$, und deshalb erhält man nach (7.3.41c,d) den Exponenten $\nu = 1/2$ wie in der Molekularfeld-Theorie bzw. Gaußschen Näherung (Abschn. 7.4.3).

7.4.5.3 Störungstheorie und ϵ-Entwicklung

Der nichtlineare Wechselwirkungsterm in Gl. (7.4.80)

$$\mathcal{F}_{\text{int}}[\phi_k] = \frac{u}{4} \int_{|k_i|<\Lambda} \phi_{k_1} \phi_{k_2} \phi_{k_3} \phi_{-k_1-k_2-k_3} \tag{7.4.87}$$

kann nun störungstheoretisch behandelt werden, indem man die Exponentialfunktion in Gl. (7.4.6) nach u entwickelt. Wenn man die Feldvariablen jeweils in ihre Anteile in der inneren und der äußeren Impulsschale trennt,

$$\phi_k = \phi_{k_<} + \phi_{k_>} \quad,$$

mit $|k_<| < \Lambda/b$ und $\Lambda/b < |k_>| < \Lambda$, erhält man in erster Ordnung in u Terme der folgenden (symbolisch geschriebenen) Form (von nun an wird kT gleich 1 gesetzt):

(i) $u \int \phi_<^4 e^{-\mathcal{F}_0}$ muß lediglich wieder exponentiert werden, da diese Freiheitsgrade nicht eliminiert werden;
(ii) alle Terme mit einer ungeraden Anzahl von $\phi_<$ oder $\phi_>$, wie z.B. $u \int \phi_<^3 \phi_> e^{-\mathcal{F}_0}$, verschwinden;
(iii) $u \int \phi_>^4 e^{-\mathcal{F}_0}$ gibt einen konstanten Beitrag zur freien Energie und schließlich $u \int \phi_<^2 \phi_>^2 e^{-\mathcal{F}_0}$, wofür das Gaußsche Integral über die $\phi_>$ mit der Hilfe von Gl. (7.4.47) für den *Propagator* $\langle \phi_{k_>}^\alpha \phi_{-k'_>}^\beta \rangle_0 = \frac{\delta_{kk'}}{2(r+k^2)}$ durchgeführt werden kann, ein Mittelwert, der mit dem statistischen Gewicht $e^{-\mathcal{F}_0}$ berechnet wird.

Ganz allgemein besagt das *Wicksche Theorem*,[22,23] daß Ausdrücke der Form

$$\left\langle \prod_i^m \phi_{k_i>} \right\rangle_0 \equiv \langle \phi_{k_1>} \phi_{k_2>} \cdots \phi_{k_m>} \rangle_0$$

in eine Summe von Produkten aller möglichen Paare $\langle \phi_{k_>} \phi_{-k_>} \rangle_0$ faktorisieren, wenn m geradzahlig ist und sonst verschwinden. Speziell in der Behandlung höherer Ordnungen der Störungstheorie steht mit den *Feynman Diagrammen* eine sehr hilfreiche Darstellung für die große Anzahl von Beiträgen, die in der Störungsreihe aufsummiert werden müssen, zur Verfügung. Hierbei symbolisieren Linien die Propagatoren und *Wechselwirkungsvertizes* stehen für die nichtlineare Kopplung u.

Mit diesen Mitteln können die Zweipunkt–Funktion $\langle \phi_{k_<} \phi_{-k_<} \rangle$ und die ähnlich definierte Vierpunkt–Funktion berechnet werden. Unter Verwendung von Gl. (7.4.47) erhält man dann zur ersten nichttrivialen Ordnung („1–loop", eine Notation, die von der graphischen Darstellung herrührt) die folgenden Rekursionsrelationen zwischen den Ausgangskoeffizienten r, u und den transformierten Koeffizienten r', u' des Ginzburg-Landau-Wilson-Funktionals:[22,23]

$$r' = b^2 \big(r + (n+2)\, A(r)\, u\big)\,, \tag{7.4.88}$$
$$u' = b^{4-d} u \big(1 - (n+8)\, C(r)\, u\big)\,, \tag{7.4.89}$$

wo $A(r)$ und $C(r)$ durch die Integrale

$$A(r) = K_d \int_{\Lambda/b}^{\Lambda} (k^{d-1}/r + k^2) dk$$
$$= K_d [\Lambda^{d-2}(1 - b^{2-d})/(d - 2) - r\Lambda^{d-4}(1 - b^{4-d})/(d - 4)] + \mathcal{O}(r^2)$$
$$C(r) = K_d \int_{\Lambda/b}^{\Lambda} [k^{d-1}/(r + k^2)^2] dk$$
$$= K_d \Lambda^{d-4}(1 - b^{4-d})/(d - 4) + \mathcal{O}(r) ,$$

mit $K_d = 1/2^{d-1}\pi^{d/2}\Gamma(d/2)$ definiert sind, und die von der Zahl n der Komponenten des Ordnungsparameterfeldes abhängigen Faktoren, von der Kombinatorik beim Zählen der äquivalenten Möglichkeiten, die Felder $\phi_{k_>}$ zu „kontrahieren", d.h. die Integrale über die großen Impulse auszuführen, herstammen. Wir weisen darauf hin, daß hier wieder Gl. (7.4.85) gilt.

Wenn man die Gl. (7.4.88) und (7.4.89) am Gaußschen Fixpunkt $r^* = 0$, $u^* = 0$ linearisiert, findet man sofort die Eigenwerte $y_\tau = 2$ und $y_u = 4 - d$. Somit stellt sich für $d > d_c = 4$ die Nichtlinearität $\propto u$ als irrelevant heraus, und die Molekularfeld-Exponenten sind gültig, wie bereits in Abschn. 7.4.3.3 vermutet. Für $d < 4$ ($d_c = 4$ obere kritische Dimension) werden die Fluktuationen jedoch relevant und jeder Anfangswert $u \neq 0$ wächst unter der Renormierungsgruppentransformation an. Um das Skalenverhalten in diesem Fall zu erhalten, müssen wir deshalb nach einem nichttrivialen, endlichen Fixpunkt suchen. Das geschieht am leichtesten, indem man via $b^\ell = e^{\delta\ell}$ und $\delta \to 0$ den differentiellen Fluß einführt, wodurch die Anzahl der RG-Schritte effektiv eine kontinuierliche Variable wird, und die resultierenden differentiellen Rekursionsrelationen studiert:

$$\frac{dr(\ell)}{d\ell} = 2r(\ell) + (n + 2)u(\ell)K_d\Lambda^{d-2} - (n + 2)r(\ell)u(\ell)K_d\Lambda^{d-4} , \quad (7.4.90)$$

$$\frac{du(\ell)}{d\ell} = (4 - d)u(\ell) - (n + 8)u(\ell)^2 K_d\Lambda^{d-4} . \quad (7.4.91)$$

Ein Fixpunkt ist nun durch die Bedingung $dr/d\ell = 0 = du/d\ell$ definiert.

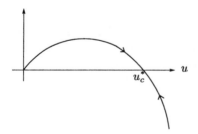

Abb. 7.22. Fluß der effektiven Kopplung $u(\ell)$, bestimmt durch die als Ordinate aufgetragene rechte Seite von Gl. (7.4.91). Sowohl für Anfangswerte $u_0 > u_c^*$, als auch für $0 < u_0 < u_c^*$ erhält man $u(\ell) \to u_c^*$ für $\ell \to \infty$.

In Abb. 7.22 ist der Fluß von $u(\ell)$ entsprechend Gl. (7.4.91) dargestellt; für jeden Anfangswert $u_0 \neq 0$ findet man, daß asymptotisch, d.h. für $\ell \to \infty$, der nichttriviale Fixpunkt

$$u_c^* K_d = \frac{\epsilon}{n+8} \Lambda^\epsilon, \quad \epsilon = 4-d \tag{7.4.92}$$

erreicht wird, der die universellen kritischen Eigenschaften des Modells bestimmen sollte. Ähnlich wie bei der Ortsraum-Renormierung, Abschn. 7.3, erzeugt auch die RG Transformation mittels Impulsschalenelimination neue Wechselwirkungen; zum Beispiel Terme $\propto \phi^6$ und $\nabla^2 \phi^4$ etc., die in nachfolgenden Schritten wieder die Rekursionsrelationen für r und u beeinflussen. Es zeigt sich jedoch, daß bis zur Ordnung ϵ^3 diese Terme nicht berücksichtigt werden müssen.[22,23]

Die ursprüngliche Annahme, daß u klein sei, die die Störungsreihe gerechtfertigt hat, bedeutet wegen Gl. (7.4.92) jetzt, daß der effektive Entwicklungsparameter hier die Abweichung von der oberen kritischen Dimension ϵ ist. Setzt man (7.4.92) in Gl. (7.4.90) und nimmt Terme bis zur Ordnung $\mathcal{O}(\epsilon)$ mit, so findet man

$$r_c^* = -\frac{n+2}{2} u_c^* K_d \Lambda^{d-2} = -\frac{(n+2)\epsilon}{2(n+8)} \Lambda^2. \tag{7.4.93}$$

Die physikalische Interpretation dieses Resultats lautet, daß Fluktuationen zu einer Erniedrigung der Übergangstemperatur führen. Mit $\tau = r - r_c^*$ ergibt schließlich die differentielle Form der Flußgleichung

$$\frac{d\tau(\ell)}{d\ell} = \tau(\ell)\Big(2 - (n+2)\, u\, K_d\, \Lambda^{d-4}\Big) \tag{7.4.94}$$

den Eigenwert $y_\tau = 2 - (n+2)\epsilon/(n+8)$ in der Nähe des kritischen Punktes (7.4.92). In der hier dargestellten Ein-Loop-Ordnung $\mathcal{O}(\epsilon)$ findet man deshalb für den kritischen Exponenten ν nach Gl. (7.3.41e)

$$\nu = \frac{1}{2} + \frac{n+2}{4(n+8)}\epsilon + \mathcal{O}(\epsilon^2). \tag{7.4.95}$$

Benutzt man das Ergebnis $\eta = \mathcal{O}(\epsilon^2)$ und die Skalenrelationen (7.3.41a-d), so erhält man folgende Resultate (bemerkenswert ist der Unterschied zum Resultat (7.4.35) der Gaußschen Näherung)

$$\alpha = \frac{4-n}{2(n+8)}\epsilon + \mathcal{O}(\epsilon^2), \tag{7.4.96}$$

$$\beta = \frac{1}{2} - \frac{3}{2(n+8)}\epsilon + \mathcal{O}(\epsilon^2), \tag{7.4.97}$$

$$\gamma = 1 + \frac{n+2}{2(n+8)}\epsilon + \mathcal{O}(\epsilon^2), \tag{7.4.98}$$

$$\delta = 3 + \epsilon + \mathcal{O}(\epsilon^2) \tag{7.4.99}$$

in erster Ordnung in dem Entwicklungsparameter $\epsilon = 4-d$. Der erste nichttriviale Beitrag zum Exponenten η tritt in Zwei-Loop-Ordnung auf,

$$\eta = \frac{n+2}{2(n+8)^2}\epsilon^2 + \mathcal{O}(\epsilon^3)\ .\tag{7.4.100}$$

Die Universalität dieser Resultate manifestiert sich, indem diese nur von der Raumdimension d und der Anzahl der Ordnungsparameter-Komponenten n und nicht von den ursprünglichen „mikroskopischen" Ginzburg–Landau Parametern abhängen.

Bemerkungen:

(i) An der oberen kritischen Dimension $d_c = 4$ tritt ein inverses Potenzgesetz als Lösung der Gl. (7.4.91) an Stelle des exponentiellen Verhaltens, was zu logarithmischen Korrekturen zum Molekularfeld-Exponenten führt.
(ii) Zusätzlich bemerken wir, daß für langreichweitige Wechselwirkungen, die ein Potenzverhalten zeigen, $\propto |x|^{-(d+\sigma)}$, die kritischen Exponenten eine zusätzliche Abhängigkeit vom Parameter σ erhalten.
(iii) Neben der ϵ-Entwicklung ist auch eine Entwicklung in Potenzen von $1/n$ möglich. Hierbei entspricht der Limes $n \to \infty$ dem exakt lösbaren sphärischen Modell.[25] Zwar hilft die $1/n$-Entwicklung einige allgemeine Aspekte zu klären, die numerische Genauigkeit ist allerdings nicht sehr hoch, da doch gerade kleine Werte für n von praktischem Interesse sind.

Die differentiellen Rekursionsrelationen der Form (7.4.90) und (7.4.91) dienen auch als Basis für die Behandlung subtilerer Fragestellungen wie der Berechnung von Skalenfunktionen oder auch der Behandlung von *cross over-Phänomen* im Rahmen der RG–Theorie. So führt zum Beispiel eine anisotrope Störung im n-komponentigen Heisenberg-Modell, die m Richtungen auszeichnet, zu einem crossover vom $O(n)$-Heisenberg-Fixpunkt[26] zum $O(m)$ Fixpunkt.[27] Die Instabilität des ersten wird durch den cross over Exponenten beschrieben. Für kleine anisotrope Störungen wird der Fluß der RG-Trajektorie dem instabilen Fixpunkt allerdings sehr nahe kommen. Das bedeutet, daß man weit entfernt von der Übergangstemperatur T_c des Systems das Verhalten eines n-komponentigen Systems findet, bevor das System von dem kritischen anisotropen Verhalten geprägt wird.

Der cross over von einem RG–Fixpunkt zu einem anderen kann durch die Einführung von *effektiven Exponenten* dargestellt (und gemessen) werden. Diese sind als logarithmische Ableitungen der geeigneten physikalischen Größen definiert. Andere wichtige Störungen, die im Rahmen der RG–Theorie behandelt wurden, sind zum einen kubische Terme. Sie reflektieren die zugrundeliegende Kristallstruktur und tragen im Ginzburg-Landau-Wilson-Funktional in vierter Ordnung in den kartesischen Komponenten von

---

[25] Shang-Keng Ma, *Modern Theory of Critical Phenomena*, Benjamin, Reading, 1976.
[26] $O(n)$ weist auf die Invarianz gegenüber Drehungen im n-dimensionalen Raum, d.h. gegenüber der Gruppe $O(n)$ hin.
[27] siehe D.J. Amit, *Field Theory, the Renormalization Group and Critical Phenomena*, 2nd ed., World Scientific, Singapore, 1984, Kap. 5–3.

ϕ bei. Zum anderen werden Dipol-Wechselwirkungen als Störungen behandelt. Diese ändern den harmonischen Anteil der Theorie.

7.4.5.4 Weitergehende feldtheoretische Methoden

Will man die Störungstheorie in höherer als der ersten oder zweiten Ordnung diskutieren, ist Wilsons Impulsschalen-Renormierungsschema für praktische Rechnungen nicht die beste Wahl, trotz seiner intuitiv einleuchtenden Eigenschaften. Der technische Grund hierfür sind Einschränkungen der Impulse in den Integralen im Fourier-Raum, die wegen der endlichen Abschneidewellenzahl Λ schwer zu behandeln sind. Es erweist sich als besser das feldtheoretische Renormierungsschema mit $\Lambda \to \infty$ zu verwenden. Allerdings führt dieses auf zusätzliche Ultraviolett (UV)-Divergenzen der Integrale für $d \geq d_c$. Bei der kritischen Dimension d_c treten sowohl Ultraviolett- als auch Infrarot (IR)-Singularitäten kombiniert in logarithmischer Form, [$\propto \log(\Lambda^2/r)$], auf. Die Idee besteht nun darin, die UV-Divergenzen mit der ursprünglich in der Quantenfeldtheorie entwickelten Methodik zu behandeln und somit das korrekte Skalenverhalten für den IR-Limes zu gewinnen. Bei der formalen Umsetzung wird die Tatsache ausgenutzt, daß die ursprüngliche, unrenormierte Theorie nicht vom frei wählbaren Renormierungspunkt abhängt; als Ergebnis erhält man die *Callan–Symanzik-* oder *RG-Gleichungen*. Dabei handelt es sich um partielle Differentialgleichungen, die den differentiellen Flußgleichungen im Wilson-Schema entsprechen.

ϵ-Entwicklungen sind bis zur siebten Ordnung durchgeführt worden;[28] die so erhaltene Reihe ist aber nur asymptotisch konvergent (der Konvergenzradius der Störungsreihe in u muß klarerweise Null sein, da $u < 0$ einer instabilen Theorie entspricht). Durch die Kombination dieser durch Entwicklung

Tabelle 7.4. Die besten Näherungen für die statischen kritischen Exponenten ν, β, und δ für das $O(n)$–symmetrische ϕ^4-Modell in $d = 2$ und $d = 3$ Dimensionen, aus ϵ-Entwicklungen bis zu hoher Ordnung in Verbindung mit Borel-Summations-Technik.[28] Zum Vergleich sind auch die exakten Onsager-Resultate für das 2d-Ising-Modell angegeben. Der Grenzfall $n = 0$ beschreibt die statistische Mechanik von Polymeren.

		γ	ν	β	η
$d = 2$	$n = 0$	1.39 ± 0.04	0.76 ± 0.03	0.065 ± 0.015	0.21 ± 0.05
	$n = 1$	1.73 ± 0.06	0.99 ± 0.04	0.120 ± 0.015	0.26 ± 0.05
2d Ising (exakt)		1.75	1	0.125	0.25
$d = 3$	$n = 0$	1.160 ± 0.004	0.5885 ± 0.0025	0.3025 ± 0.0025	0.031 ± 0.003
	$n = 1$	1.239 ± 0.004	0.6305 ± 0.0025	0.3265 ± 0.0025	0.037 ± 0.003
	$n = 2$	1.315 ± 0.007	0.671 ± 0.005	0.3485 ± 0.0035	0.040 ± 0.003
	$n = 3$	1.390 ± 0.010	0.710 ± 0.007	0.368 ± 0.004	0.040 ± 0.003

---

[28] J.C. Le Guillou und J.C. Zinn-Justin, J. Phys. Lett. **46** L, 137 (1985)

in so hoher Ordnung gewonnenen Resultate mit dem divergenten asymptotischen Verhalten und der Technik der Borel-Resummation, können kritische Exponenten mit einer beeindruckenden Genauigkeit erhalten werden, siehe Tabelle 7.4

*7.5 Perkolation

Skalentheorien und Renormierungsgruppentheorien spielen auch in anderen Zweigen der Physik eine Rolle, und zwar immer dann, wenn die charakteristische Länge gegen unendlich geht und Strukturen jeder Längenskala auftreten. Beispiele dafür sind die Perkolation in der Nähe der Perkolationsschwelle, Polymere im Grenzfall großer Zahl von Monomeren, Wiederkehr vermeidende Zufallsbewegung[29], Wachstumsvorgänge und getriebene dissipative Systeme im Grenzfall langsamer Wachstumsrate (selbstorganisierte Kritikalität). Als Beispiel eines derartigen Systems, das sich in der Sprache kritischer Phänomene beschreiben läßt, betrachten wir die Perkolation.

7.5.1 Das Phänomen der Perkolation

Unter dem Phänomen der *Perkolation* versteht man Probleme der folgenden Art.

(i) Es möge eine Landschaft gegeben sein mit Bergen und Tälern, die sukzessive mit Wasser aufgefüllt wird. Bei niedrigem Wasserspiegel bilden sich Seen, bei ansteigendem Wasserspiegel wachsen einige der Seen zusammen bis schließlich ab einer gewissen kritischen Höhe (oder auch Fläche) des Wasserspiegels ein von einem zum anderen Ende der Landschaft reichendes Meer mit Inseln entsteht.

(ii) Gegeben sei eine Fläche aus einem elektrischen Leiter, in den kreisförmige Löcher, völlig stochastisch verteilt, gestanzt werden, Abb. 7.23a . Wenn man mit p den Bruchteil der verbleibenden Leiterfläche bezeichnet, dann ist für $p > p_c$ noch eine Verbindung von einem zum anderen Ende der Fläche vorhanden, während für $p < p_c$ die leitenden Flächenstücke in Inseln zerfallend keine durchgehende Brücke mehr bilden, und die Leitfähigkeit dieses ungeordneten Mediums Null ist. Man nennt p_c die *Perkolationsschwelle*. Oberhalb von p_c gibt es einen unendlichen "Cluster", unterhalb nur endliche "Cluster", deren mittlerer Radius aber mit Annäherung an p_c divergiert. Die Beispiele (i) und (ii) repräsentieren Kontinuumsperkolation. Theoretisch modelliert man derartige Systeme auf einem diskreten d-dimensionalen Gitter. Tatsächlich treten solche diskrete Modelle auch in der Natur auf, z.B. in Legierungen.

(iii) Stellen wir uns ein quadratisches Gitter vor, in dem jeder Platz mit der Wahrscheinlichkeit p besetzt und mit der Wahrscheinlichkeit $(1-p)$ leer ist.

---

[29] self-avoiding random walk

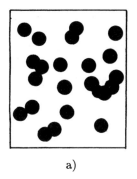 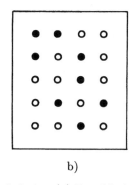 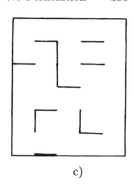

a) b) c)

Abb. 7.23. Beispiele für Perkolation (a) Durchlöcherter Leiter (Swiss-cheese model), Kontinuumsperkolation, (b) Site percolation, (c) Bond percolation

Dabei kann besetzt bedeuten, daß dort ein elektrischer Leiter ist und leer ein Nichtleiter, oder daß ein magnetisches Ion oder ein nichtmagnetisches Ion vorliegt, Abb. 7.23b. Wenn wir bei der ersten Interpretation bleiben, dann ergibt sich folgender physikalischer Sachverhalt. Für kleine p bilden die Leiter nur kleine Inseln (elektischer Strom möge nur zwischen benachbarten Lagen fließen) und das System ist insgesamt ein Isolator. Bei anwachsendem p werden die Inseln (Cluster) aus leitenden Plätzen größer. Zwei Gitterplätze gehören zum gleichen Cluster, wenn es zwischen ihnen eine Verbindung über besetzte nächste Nachbarn gibt. Bei großen p ($p \lesssim 1$) gibt es viele leitende Verbindungswege zwischen entgegengesetzten Rändern und das System ist ein Leiter. Bei einer dazwischenliegenden Konzentration p_c, der Perkolationsschwelle bzw. auch kritischen Konzentration, gibt es gerade noch eine Verbindung, d.h. kann Strom von einem Rand zum anderen perkolieren. Die kritische Konzentration trennt die Isolatorphase unterhalb p_c von der Leiterphase oberhalb p_c.

Im Falle des magnetischen Beispiels wird bei p_c aus einem Paramagneten ein Ferromagnet, vorausgesetzt, die Temperatur ist genügend tief. Ein weiteres Beispiel ist die Besetzung der Gitterplätze durch Supra- und Normalleiter, in welchem Fall ein Übergang von einer normalleitenden in eine supraleitende Phase stattfindet.

Wir haben hier Beispiele für *site percolation* (Platzperkolation) betrachtet, wobei die Gitterplätze stochastisch besetzt werden, Abb. 7.23b. Eine andere Möglichkeit ist, daß die Bindungen zwischen den Gitterplätzen stochastisch vorhanden oder durchgeschnitten sind. Man spricht dann von *bond percolation* (Bindungsperkolation), Abb. 7.23c. Hier hat man Cluster aus vorhandenen Bindungen; zwei Bindungen gehören zum selben Cluster, wenn es zwischen ihnen eine Verbindung über vorhandene Bindungen gibt. Zwei Beispiele für die Bindungsperkolation sind: (i) Ein makroskopisches System mit Perkolationseigenschaften kann man durch ein stochastisches Netzwerk aus Widerständen und Metalldrahtverbindungen realisieren. (ii) Ein Gitter aus verzweigenden Monomeren sei gegeben. Mit der Aktivierungswahrscheinlichkeit p bilden sich Bindungen zwischen den Monomeren. Für $p < p_c$ bilden sich endliche Makromoleküle, für $p > p_c$ dehnt sich ein Netzwerk chemischer Bindungen über das gesamte Gitter aus. Diesen Gelations-Vorgang nennt man den sol-gel (Lösungs-Gelatine)-Übergang (Beispiel: Kochen eines Eies oder eines Puddings). Siehe Abb. 7.23.

Bemerkungen:

(i) Fragestellungen, die mit Perkolation zusammenhängen, haben auch außerhalb der Physik Bedeutung, wie z.B. in der Biologie. Ein Beispiel ist die Ausbreitung einer Epidemie oder eines Waldbrandes. Ein erkranktes Individuum kann mit Wahrscheinlichkeit p in einem Zeitschritt seine noch nicht infizierten nächsten Nachbarn infizieren. Das Individuum selbst stirbt nach einem Zeitschritt, aber seine infizierten Nachbarn können weitere noch lebende nichtinfizierte Nachbarn anstecken. Unterhalb der kritischen Wahrscheinlichkeit p_c stirbt die Epidemie nach einigen Zeitschritten aus, oberhalb breitet sie sich immer weiter aus. Beim Waldbrand kann man sich ein Gitter denken, auf dem Bäume mit Wahrscheinlichkeit p sind. Wenn ein Baum brennt, zündet er in einem Zeitschritt die ihm benachbarten Bäume an und er selbst wird zu Asche. Für kleine p stirbt das Feuer nach einigen Schritten aus. Für $p > p_c$ breitet sich das Feuer, falls an einem Rand alle Bäume angezündet sind, über das gesamte Waldgebiet aus. Es erlischt, wenn es am anderen Rand angekommen ist. Übrig bleiben abgebrannte Bäume, leere Plätze und Bäume, die von der Umgebung durch einen Ring von leeren Plätzen getrennt waren, und so niemals vom Feuer berührt werden konnten. Für $p > p_c$ bilden die abgebrannten Bäume einen unendlichen Cluster.

(ii) In der Natur treten häufig ungeordnete Systeme auf. Die Perkolation stellt dafür ein einfaches Beispiel dar, bei dem die Besetzung der einzelnen Gitterplätze untereinander unkorreliert ist.

Wie oben betont wurde, kann man diese Modelle für Perkolation auch auf einem d-dimensionalen Gitter einführen. Je höher die Dimension ist, umso mehr Verbindungswege gibt es zwischen zwei Plätzen; deshalb wird die Perkolationsschwelle p_c mit zunehmender Dimension abnehmen. Auch ist die Perkolationsschwelle für bond percolation kleiner als für site percolation, da eine Bindung mehr benachbarte Bindungen besitzt als eine Gitterplatz benachbarte Gitterplätze (im Quadratgitter 6 statt 4). Siehe Tab. 7.5.

Tabelle 7.5. Perkolationsschwelle und kritische Exponenten für einige Gitter

Gitter	p_c		β	ν	γ
	site	bond			
ein-dimensional	1	1	-	1	1
quadratisch	0.592	1/2	$\frac{5}{36}$	$\frac{4}{3}$	$\frac{43}{18}$
einfach kubisch	0.311	0.248	0.417	0.875	1.795
Bethe-Gitter	$\frac{1}{z-1}$	$\frac{1}{z-1}$	1	1	1
$d = 6$ hyperkubisch	0.107	0.0942	1	$\frac{1}{2}$	1
$d = 7$ hyperkubisch	0.089	0.0787	1	$\frac{1}{2}$	1

Der *Perkolationsübergang* ist im Unterschied zu thermischen Phasenübergängen geometrischer Natur. Wenn p gegen p_c anwächst, werden die Cluster immer größer, bei p_c entsteht ein unendlicher Cluster. Obwohl sich dieser Cluster schon über das ganze Gebiet ausdehnt, ist der Bruchteil der in ihm enthaltenen Plätze bei p_c noch Null. Für $p > p_c$ gehören mehr und mehr Plätze zum unendlichen Cluster, auf Kosten der endlichen Cluster, deren mittlerer Radius abnimmt. Für $p = 1$ gehören natürlich alle Plätze zum unendlichen Cluster. Das Verhalten in der Nähe von p_c weist viele Ähnlichkeiten mit dem kritischen Verhalten bei Phasenübergängen zweiter Ordnung in der Nähe der kritischen Temperatur T_c auf. Wie in Abschnitt 7.1 behandelt, wächst die Magnetisierung unterhalb von T_c wie $M \sim (T_c - T)^\beta$ an. Bei der Perkolation entspricht dem *Ordnungsparameter* die *Wahrscheinlichkeit* P_∞, daß ein besetzter Platz (oder eine vorhandene Bindung) zum unendlichen Cluster gehört, Abb. 7.24. Es gilt

$$P_\infty \propto \begin{cases} 0 & \text{für } p < p_c \\ (p - p_c)^\beta & \text{für } p > p_c \,. \end{cases} \tag{7.5.1}$$

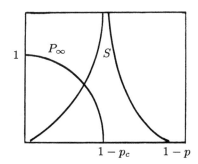

Abb. 7.24. P_∞ Ordnungsparameter (Stärke des unendlichen Clusters), S mittlere Zahl von Plätzen in einem endlichen Cluster

Die *Korrelationslänge* ξ charakterisiert (oberhalb und unterhalb von p_c) die lineare Abmessung der endlichen Cluster. Genauer ist sie durch den mittleren Abstand zweier Gitterpunkte am selben endlichen Cluster definiert. In der Nähe von p_c verhält sich ξ wie

$$\xi \sim |p - p_c|^{-\nu} \,. \tag{7.5.2}$$

Eine weitere Größe ist die mittlere Zahl von Plätzen (Bindungen) in einem endlichen Cluster. Diese divergiert wie

$$S \sim |p - p_c|^{-\gamma} \tag{7.5.3}$$

und entspricht der magnetischen Suszeptibilität χ, siehe Abb. 7.24.

Genau wie bei thermischen Phasenübergängen erwartet man, daß die kritischen Eigenschaften (z.B. die Werte von β, ν, γ) *universell* sind, d.h. nicht von der Gitterstruktur abhängen oder der Art der Perkolation (site, bond, Kontinuums-perkolation). Wohl aber hängen diese kritischen Eigenschaften von der Dimension des Systems ab. Die Werte der Exponenten sind für einige Gitter in Tab. 7.5 angegeben. Man kann das Perkolationsproblem auf ein s-Zustands-Potts-Modell abbilden, wobei der Grenzwert $s \to 1$ zu nehmen ist.[30,31] Aus diesem Zusammenhang ist verständlich, daß die obere kritische Dimension für Perkolation $d_c = 6$ ist. Das Potts-Modell enthält in seiner feldtheoretischen Ginzburg-Landau-Formulierung einen Term von der Form ϕ^3, daraus folgt aus Überlegungen analog zur ϕ^4-Theorie die charakteristische Dimension $d_c = 6$.

Die kritischen Exponenten β, ν, γ beschreiben die geometrischen Eigenschaften des Perkolationsüberganges. Darüber hinaus gibt es noch dynamische Exponenten, die die Transporteigenschaften wie z.B. die Leitfähigkeit der durchlöcherten Leiterplatte oder des ungeordneten Widerstandsgitters beschreiben. Auch kann man die magnetischen, thermodynamischen Übergänge in der Nähe der Perkolationsschwelle untersuchen.

7.5.2 Theoretische Beschreibung der Perkolation

Wir betrachten Cluster der Größe s, d.h. Cluster, die s Plätze enthalten. Wir definieren mit n_s die Zahl der Cluster der Größe s dividiert durch die Zahl aller Gitterplätze und nennen dies die (normierte) Clusterzahl. Dann ist $s\, n_s$ die Wahrscheinlichkeit, daß ein willkürlich gewählter Platz zu einem Cluster der Größe s gehört. Es gilt unterhalb der Perkolationsschwelle ($p < p_c$)

$$\sum_{s=1}^{\infty} s\, n_s = \frac{\text{Zahl aller besetzten Plätze}}{\text{Zahl aller Gitterplätze}} = p. \tag{7.5.4}$$

Die Zahl aller Cluster pro Gitterplatz, unbeschadet ihrer Größe, ist

$$N_c = \sum_s n_s. \tag{7.5.5}$$

Die mittlere Größe (auch die mittlere Masse) aller endlichen Cluster ist

$$S = \sum_{s=1}^{\infty} s\, \frac{s\, n_s}{\sum_{s=1}^{\infty} s\, n_s} = \frac{1}{p} \sum_{s=1}^{\infty} s^2\, n_s. \tag{7.5.6}$$

Es gilt auch noch folgender Zusammenhang zwischen dem vor Gl. (7.5.1) definierten P_∞ und den n_s: Wir betrachten einen beliebigen Gitterplatz. Dieser

---

[30] C.M. Fortuin, P.W. Kasteleyn, Physica **57**, 536 (1972).

[31] Das s-Zustands-Potts-Modell ist als Verallgemeinerung des Ising-Modells, welches dem 2-Zustands-Potts-Modell entspricht, definiert: An jedem Gitterplatz gibt es s Zustände Z. Der Energiebeitrag eines Paares ist $-J\delta_{Z,Z'}$ d.h. $-J$, wenn die beiden Gitterplätze im gleichen Zustand sind, und Null sonst.

ist entweder unbesetzt, oder er ist besetzt und gehört zu einem Cluster endlicher Größe, oder er ist besetzt und gehört zum unendlichen Cluster, das heißt $1 = 1 - p + \sum_{s=1}^{\infty} s\, n_s + p\, P_\infty$, und folglich

$$P_\infty = 1 - \frac{1}{p}\sum_s s\, n_s \,. \tag{7.5.7}$$

7.5.3 Perkolation in einer Dimension

Wir betrachten eine eindimensionale Kette, bei der jeder Gitterplatz mit der Wahrscheinlichkeit p besetzt ist. Da ein einziger unbesetzter Platz schon die Verbindung von einem Ende zum anderen unterbricht, ein unendlicher Cluster also nur vorliegen kann, wenn alle Plätze besetzt sind, ist $p_c = 1$. In diesem Modell können wir also nur die Phase $p < p_c$ studieren.

Wir können für dieses eindimensionale Modell die normierte Clusterzahl n_s sofort berechnen. Die Wahrscheinlichkeit, daß ein willkürlich gewählter Platz einem Cluster der Größe s angehört, hat den Wert $s\, p^s (1-p)^2$, denn es müssen s aufeinanderfolgende Plätze besetzt sein (Faktor p^s) und die links und rechts angrenzenden Plätze frei sein (Faktor $(1-p)^2$). Da der herausgegriffene Platz an jeder der s Positionen des Clusters sein kann, tritt der Faktor s auf. Daraus und aus den allgemeinen Überlegungen am Anfang von Abschn. 7.5.2 folgt

$$n_s = p^s (1-p)^2 \,. \tag{7.5.8}$$

Daraus können wir ausgehend von (7.5.6) die mittlere Clustergröße berechnen:

$$\begin{aligned} S &= \frac{1}{p}\sum_s s^2 n_s = \frac{1}{p}\sum_{s=1}^{\infty} s^2 p^s (1-p)^2 = \frac{(1-p)^2}{p}\left(p\frac{d}{dp}\right)^2 \sum_{s=1}^{\infty} p^s \\ &= \frac{(1-p)^2}{p}\left(p\frac{d}{dp}\right)^2 \frac{p}{1-p} = \frac{1+p}{1-p} \quad \text{für} \quad p < p_c \,. \end{aligned} \tag{7.5.9}$$

Die mittlere Clustergröße divergiert bei Annäherung an die Perkolationsschwelle $p_c = 1$ wie $1/(1-p)$, d.h. in einer Dimension ist der in (7.5.3) eingeführte kritische Exponent $\gamma = 1$.

Wir definieren nun die radiale *Korrelationsfunktion* $g(r)$. Sei der Nullpunkt ein besetzter Platz, dann gibt $g(r)$ die mittlere Zahl von besetzten Plätzen in der Entfernung r an, die zum gleichen Cluster wie der Nullpunkt gehören. Dies ist auch gleich der Wahrscheinlichkeit, daß ein bestimmter Platz in der Entfernung r besetzt ist und zum gleichen Cluster gehört multipliziert mit der Zahl aller Plätze in der Entfernung r. Offensichtlich ist $g(0) = 1$. Daß der Punkt r zum Cluster gehört, erfordert, daß dieser Punkt selbst und alle zwischen 0 und r liegenden besetzt sind. D.h. die Wahrscheinlichkeit, daß der

Punkt r besetzt ist und zum selben Cluster gehört wie 0, ist p^r, und somit ist

$$g(r) = 2 p^r \quad \text{für} \quad r \geq 1 \,. \tag{7.5.10}$$

Der Faktor 2 tritt auf, da es im eindimensionalen Gitter zwei Punkte in der Entfernung r gibt.
Die Korrelationslänge ist durch

$$\xi^2 = \frac{\sum_{r=1}^{\infty} r^2 g(r)}{\sum_{r=1}^{\infty} g(r)} = \frac{\sum_{r=1}^{\infty} r^2 p^r}{\sum_{r=1}^{\infty} p^r} \tag{7.5.11}$$

definiert. Analog zur Rechnung in Gl. (7.5.9) erhält man

$$\xi^2 = \frac{1+p}{(1-p)^2} = \frac{1+p}{(p-p_c)^2} \,, \tag{7.5.11'}$$

d.h. der kritische Exponent der Korrelationslänge ist hier $\nu = 1$. Wir können $g(r)$ auch in der Form

$$g(r) = 2\, \mathrm{e}^{r \log p} = 2\, \mathrm{e}^{-\frac{\sqrt{2}r}{\xi}} \tag{7.5.10'}$$

schreiben, wobei nach dem letzten Gleichheitszeichen $p \approx p_c$ vorausgesetzt wurde, so daß $\log p = \log(1 - (1-p)) \approx -(1-p)$. Die Korrelationslänge charakterisiert den (exponentiellen) Zerfall der Korrelationsfunktion.

Die vorhin eingeführte mittlere Clustergröße kann auch durch die radiale Korrelationsfunktion dargestellt werden

$$S = 1 + \sum_{r=1}^{\infty} g(r) \,. \tag{7.5.12}$$

Wir erinnern an den analogen Zusammenhang zwischen statischer Suszeptibilität und Korrelationsfunktion, der im Kapitel über Ferromagnetismus hergeleitet wurde (6.5.42). Man überzeugt sich leicht, daß (7.5.12) mit (7.5.10) wieder auf (7.5.9) führt.

7.5.4 Bethe-Gitter (Cayley-Baum)

Ein weiteres exakt lösbares Modell, das gegenüber dem eindimensionalen Modell den Vorzug besitzt, auch in der Phase $p > p_c$ definiert zu sein, ist Perkolation auf dem Bethe-Gitter. Das Bethe-Gitter wird folgendermaßen konstruiert. Vom Gitterplatz am Ursprung gehen z (Koordinationszahl) Äste aus, an deren Enden wieder Gitterplätze liegen, von denen wieder jeweils $z-1$ neue Zweige ausgehen, u.s.w. (siehe Abb. 7.25 für $z = 3$).

Die erste Schale von Gitterplätzen enthält z Gitterplätze, die zweite Schale $z(z-1)$ Plätze und die l-te Schale $z(z-1)^{l-1}$ Gitterplätze. Die Zahl der

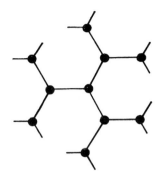

Abb. 7.25. Bethe-Gitter mit Koordinationszahl $z = 3$

Gitterplätze nimmt mit der Entfernung vom Mittelpunkt $\sim e^{l\log(z-1)}$ exponentiell zu, während in einem euklidischen d-dimensionalen Gitter sich diese Zahl wie l^{d-1} verhält. Dies läßt die Vermutung zu, daß die kritischen Exponenten des Bethe-Gitters mit denen eines üblichen euklidischen Gitters für $d \to \infty$ zusammenfallen. Ein weiterer besonderer Unterschied des Bethe-Gitters zu euklidischen Gittern ist die Eigenschaft, daß es nur Verzweigungen aber keine geschlossenen Schleifen enthält. Dies ist der Grund für die exakte Lösbarkeit.

Wir berechnen zunächst die radiale Korrelationsfunktion $g(l)$, die wie vorhin als mittlere Zahl von besetzten Gitterplätzen im gleichen Cluster in der Entfernung l von einem beliebigen besetzten Gitterplatz definiert ist. Die Wahrscheinlichkeit dafür, daß ein bestimmter Gitterplatz in Entfernung l besetzt ist und auch alle zwischen ihm und dem Ausgangspunkt liegenden Plätze, hat den Wert p^l. Die Zahl aller Plätze in der Schale l ist $z(z-1)^{l-1}$, daraus folgt

$$g(l) = z(z-1)^{l-1} p^l = \frac{z}{z-1}(p(z-1))^l = \frac{z}{z-1}e^{l\log(p(z-1))}. \qquad (7.5.13)$$

Aus dem Verhalten der Korrelationsfunktion für große l kann man die Perkolationsschwelle für das Bethe-Gitter ablesen. Für $p(z-1) < 1$ liegt exponentieller Abfall vor, für $p(z-1) > 1$ divergiert $g(l)$ für $l \to \infty$, und es liegt ein unendlicher Cluster vor, der in der Berechnung der Korrelationsfunktion der endlichen Cluster nicht berücksichtigt werden darf. Es folgt aus (7.5.13) für p_c

$$p_c = \frac{1}{z-1}. \qquad (7.5.14)$$

Für $z = 2$ wird das Bethe-Gitter zur eindimensionale Kette, und somit auch $p_c = 1$. Aus (7.5.13) ist offensichtlich, daß die Korrelationslänge

$$\xi \propto \frac{-1}{\log p(z-1)} = \frac{-1}{\log \frac{p}{p_c}} \sim \frac{1}{p_c - p} \qquad (7.5.15)$$

für p in der Nähe von p_c ist, d.h. $\nu = 1$ wie in einer Dimension.[32] Das gleiche Resultat ergibt sich, wenn man ξ über (7.5.11) definiert. Für die mittlere Clustergröße erhält man für $p < p_c$

$$S = 1 + \sum_{l=1}^{\infty} g(l) = \frac{p_c(1+p)}{p_c - p} \quad \text{für} \quad p < p_c; \tag{7.5.16}$$

d.h. $\gamma = 1$.

Die Stärke des unendlichen Clusters P_∞, d.h. die Wahrscheinlichkeit, daß ein beliebiger besetzter Gitterpunkt dem unendlichen Cluster angehört, kann auf folgende Weise berechnet werden. Das Produkt pP_∞ ist die Wahrscheinlichkeit, daß der Ursprung oder irgend ein anderer Punkt besetzt ist, und eine Verbindung von besetzten Plätzen bis Unendlich besteht. Wir berechnen zunächst die Wahrscheinlichkeit Q, daß für einen beliebigen Gitterplatz über einen bestimmten von diesem ausgehenden Zweig keine Verbindung nach Unendlich führt. Diese Wahrscheinlichkeit ist gleich der Wahrscheinlichkeit, daß der an dem Zweig hängende Platz gar nicht besetzt ist, also $(1-p)$, plus der Wahrscheinlichkeit, daß der Platz besetzt ist, aber keiner der $z-1$ von ihm wegführenden Zweige nach ∞ führt, d.h.

$$Q = 1 - p + pQ^{z-1}.$$

Dies ist eine Bestimmungsgleichung für Q, die wir der Einfachheit halber für Koordinationszahl $z = 3$ lösen. Die beiden Lösungen der quadratischen Gleichung sind $Q = 1$ und $Q = \frac{1-p}{p}$.

Die Wahrscheinlichkeit, daß der Ursprung besetzt ist, daß aber kein Weg ins Unendliche führt, ist einerseits $p(1 - P_\infty)$ und andererseits pQ^z, d.h. für $z = 3$

$$P_\infty = 1 - Q^3.$$

Für die erste Lösung, $Q = 1$, ergibt sich $P_\infty = 0$, offensichtlich zutreffend für $p < p_c$, und für die zweite Lösung

$$P_\infty = 1 - \left(\frac{1-p}{p}\right)^3, \tag{7.5.17}$$

für $p > p_c$. In der Nähe von $p_c = \frac{1}{2}$ verhält sich die Stärke des unendlichen Clusters wie

---

[32] Es wurde vorhin vermutet, daß hyperkubische Gitter hoher Dimension die gleichen kritischen Exponenten wie das Bethe-Gitter besitzen. Der aus Tab. 7.5 ersichtliche Unterschied bei ν kommt daher, daß beim Bethe-Gitter der topologische (chemische) und beim hyperkubischen Gitter der euklidische Abstand verwendet wurde. Verwendet man auch beim hyperkubischen Gitter den chemischen Abstand, ergibt sich oberhalb von $d = 6$ ebenfalls 1. Siehe Literatur: A. Bunde und S. Havlin, S. 71.

$$P_\infty \propto (p - p_c) \; , \tag{7.5.18}$$

also $\beta = 1$. Wir werden dieses Resultat mit Gl. (7.5.30) noch auf andere Weise erhalten.

Nun untersuchen wir die normierte Clusterzahl n_s, die auch gleich der Wahrscheinlichkeit dafür ist, daß ein bestimmter Platz einem Cluster der Größe s angehört, dividiert durch s. In einer Dimension konnte n_s leicht bestimmt werden. Allgemein ist die Wahrscheinlichkeit für einen Cluster aus s Plätzen und t (leeren) Begrenzungspunkten $p^s(1-p)^t$. Der Perimeter t enthält innere und äußere Begrenzungspunkte. Für allgemeine Gitter, wie z.B. Quadratgitter gibt es zu ein und demselben s verschiedene Werte von t, je nach der Form des Clusters; je gestreckter der Cluster umso größer ist t, und je kugelförmiger umso kleiner ist t. In einem Quadratgitter gibt es zwei Cluster der Größe 3, linienförmige und winkelförmige. Die zugehörigen Werte von t sind 8 und 7, und die Zahl der Orientierungen auf dem Gitter sind 2 und 4. Für allgemeine Gitter muß man deshalb die Größe g_{st} einführen, welche die Zahl der Cluster mit Größe s und Umrandung t angibt. Dann lautet der allgemeine Ausdruck für n_s

$$n_s = \sum_t g_{st}\, p^s (1-p)^t \; . \tag{7.5.19}$$

Für beliebige Gitter ist die Bestimmung von g_{st} nicht allgemein möglich. Für das Bethe-Gitter besteht aber ein eindeutiger Zusammenhang zwischen der Größe des Clusters s und der Zahl seiner Begrenzungspunkte t. Ein Cluster der Größe 1 hat $t = z$, ein Cluster der Größe 2 hat $t = 2z - 2$. Allgemein hat ein Cluster der Größe s um $z - 2$ mehr Begrenzungspunkte als ein Cluster der Größe $s - 1$, d.h.

$$t(s) = z + (s-1)(z-2) = 2 + s(z-2) \; .$$

Somit ist für das Bethe-Gitter

$$n_s = g_s\, p^s (1-p)^{2+(z-2)s} \; , \tag{7.5.20}$$

wo g_s die Zahl der Konfigurationen der Cluster der Größe s ist. Um die Berechnung von g_s zu umgehen, werden wir $n_s(p)$ auf die Verteilung $n_s(p_c)$ bei p_c beziehen.

Wir wollen nun das Verhalten von n_s in der Nähe von $p_c = (z-1)^{-1}$ als Funktion der Clustergröße untersuchen und separieren die Verteilung bei p_c ab

$$n_s(p) = n_s(p_c) \left[\frac{1-p}{1-p_c}\right]^2 \left[\frac{p}{p_c}\left(\frac{(1-p)}{(1-p_c)}\right)^{z-2}\right]^s , \tag{7.5.21}$$

und entwickeln um $p = p_c$

$$n_s(p) = n_s(p_c) \left[\frac{1-p}{1-p_c}\right]^2 \left[1 - \frac{(p-p_c)^2}{2\, p_c^2 (1-p_c)} + \mathcal{O}((p-p_c)^3)\right]^s \tag{7.5.22}$$
$$= n_s(p_c)\, e^{-cs} \; ,$$

mit $c = -\log\left(1 - \frac{(p-p_c)^2}{2p_c(1-p_c)}\right) \propto (p-p_c)^2$.

Das bedeutet, die Zahl der Cluster der Größe s fällt exponentiell ab. Der zweite Faktor in (7.5.22) hängt nur von der Kombination $(p-p_c)^{\frac{1}{\sigma}}s$, mit $\sigma = 1/2$, ab. Der Exponent σ gibt an, wie rasch die Clusterzahl mit wachsender Größe s abnimmt. Bei p_c stammt die s-Abhängigkeit von n_s nur vom Vorfaktor $n_s(p_c)$. In Analogie zu kritischen Punkten nehmen wir an, daß $n_s(p_c)$ ein reines Potenzgesetz ist; falls ξ die einzige Längenskala ist, die bei p_c unendlich ist, dann können bei p_c keine charakteristischen Längen, Clustergrößen etc. vorhanden sein. D.h. $n_s(p_c)$ kann nur von der Form

$$n_s(p_c) \sim s^{-\tau} \tag{7.5.23}$$

sein. Die gesamte Funktion (7.5.22) ist dann von der Form

$$n_s(p) = s^{-\tau} f\left((p-p_c)^{\frac{1}{\sigma}}s\right) \quad, \tag{7.5.24}$$

und ist eine homogene Funktion von s und $(p-p_c)$. Den Exponenten τ können wir mit schon bekannten Exponenten in Verbindung bringen: Die mittlere Clustergröße ist nach Gl. (7.5.6)

$$\begin{aligned} S &= \frac{1}{p}\sum_s s^2 n_s(p) \propto \sum s^{2-\tau} e^{-cs} \\ &\propto \int_1^\infty ds\, s^{2-\tau} e^{-cs} = c^{\tau-3}\int_c^\infty z^{2-\tau} e^{-z} dz\,. \end{aligned} \tag{7.5.25}$$

Für $\tau < 3$ existiert das Integral, auch wenn die untere Grenze gegen Null geht: Es ist dann

$$S \sim c^{\tau-3} = (p-p_c)^{\frac{\tau-3}{\sigma}} \quad, \tag{7.5.26}$$

woraus nach (7.5.3)

$$\gamma = \frac{3-\tau}{\sigma} \tag{7.5.27}$$

folgt. Da für das Bethe-Gitter $\gamma = 1$ und $\sigma = \frac{1}{2}$ ist, ergibt sich $\tau = \frac{5}{2}$. Man kann aus (7.5.24) mittels der allgemeinen Relation (7.5.7) auch P_∞ bestimmen. Während der Faktor s^2 in (7.5.25) ausreichte, um das Integral an der unteren Grenze konvergent zu machen, ist das in (7.5.7) nicht der Fall. Deshalb schreiben wir (7.5.7) zunächst in der Form

$$\begin{aligned} P_\infty &= 1 - \frac{1}{p}\sum_s s\bigl(n_s(p) - n_s(p_c)\bigr) - \frac{1}{p}\sum_s s\, n_s(p_c) \\ &= \frac{1}{p}\sum_s s\bigl(n_s(p_c) - n_s(p)\bigr) + 1 - \frac{p_c}{p}\,, \end{aligned} \tag{7.5.28}$$

wobei

$$P_\infty(p_c) = 0 = 1 - \frac{1}{p_c} \sum_s s\, n_s(p_c)$$

benützt wurde. Nun kann der erste Term in (7.5.28) durch ein Integral ersetzt werden

$$\begin{aligned}P_\infty &= \text{const.}\, c^{\tau-2} \int_c^\infty z^{1-\tau}\left[1 - e^{-z}\right] dz + \frac{p-p_c}{p} \\ &= \ldots c^{\tau-2} + \frac{p-p_c}{p}\, .\end{aligned} \qquad (7.5.29)$$

Daraus folgt für den in Gl. (7.5.1) definierten Exponenten

$$\beta = \frac{\tau - 2}{\sigma}\, . \qquad (7.5.30)$$

Für das Bethe-Gitter erhält man in Einklang mit (7.5.18) wieder $\beta = 1$. Im Bethe-Gitter ist der erste Term in (7.5.29)) auch von der Form $p-p_c$, während in anderen Gittern der erste Term, $(p-p_c)^\beta$, wegen $\beta < 1$ gegenüber dem zweiten dominiert.

Wir haben in (7.5.5) auch die mittlere Clusterzahl pro Gitterplatz eingeführt, deren kritisches Perkolationsverhalten durch einen Exponenten α über

$$N_c \equiv \sum_s n_s \sim |p - p_c|^{2-\alpha} \qquad (7.5.31)$$

charakterisiert wird. D.h. diese Größe steht in Analogie zur freien Energie bei thermischen Phasenübergängen. Wir bemerken, daß es bei der Perkolation keine Wechselwirkung gibt, und die freie Energie lediglich durch die Entropie bestimmt wird. Setzt man in (7.5.31) wieder (7.5.24) für die Clusterzahl ein, so ergibt sich

$$2 - \alpha = \frac{\tau - 1}{\sigma}\, , \qquad (7.5.32)$$

was auf $\alpha = -1$ für das Bethe-Gitter führt. Zusammenfassend sind die kritischen Exponenten für das Bethe-Gitter

$$\beta = 1\, ,\ \gamma = 1\, ,\ \alpha = -1\, ,\ \nu = 1\, ,\ \tau = 5/2\, ,\ \sigma = 1/2\, . \qquad (7.5.33)$$

7.5.5 Allgemeine Skalentheorie

Im letzten Abschnitt wurden die Exponenten für das Bethe-Gitter (Cayley-tree) berechnet. Dabei haben wir zum Teil von einer Skalenannahme (7.5.24)

Gebrauch gemacht. Wir werden diese nun verallgemeinern und die daraus folgenden Konsequenzen ableiten.

Wir gehen von der allgemeinen Skalenhypothese

$$n_s(p) = s^{-\tau} f_\pm \left(|p - p_c|^{\frac{1}{\sigma}} s \right) \tag{7.5.34}$$

aus, wobei sich $\pm$ auf $p \gtrless p_c$ beziehen.[33] Die Relationen (7.5.27), (7.5.30) und (7.5.32), die nur die Exponenten $\alpha, \beta, \gamma, \sigma, \tau$ betreffen, gelten auch für die allgemeine Skalenhypothese. Die Skalenrelation für die Korrelationslänge und andere Charakteristika der Ausdehnung der endlichen Cluster müssen wir von neuem herleiten. Die Korrelationslänge ist der mittlere quadratische Abstand zwischen allen besetzten Positionen innerhalb des gleichen endlichen Clusters. Für einen Cluster mit s besetzten Plätzen ist der mittlere quadratische Abstand zwischen allen Paaren

$$R_s^2 = \frac{1}{s^2} \sum_{i=1}^{s} \sum_{j=1}^{i} (\mathbf{x}_i - \mathbf{x}_j)^2 \; .$$

Die Korrelationslänge ξ erhält man durch Mittelung über alle Cluster

$$\xi^2 = \frac{\sum_{s=1}^{\infty} R_s^2 \, s^2 \, n_s}{\sum_{s=1}^{\infty} s^2 \, n_s} \; . \tag{7.5.35}$$

Die Größe $\frac{1}{2} s^2 n_s$ ist gleich der Zahl der Paare in Cluster n_s von der Größe s, also proportional zur Wahrscheinlichkeit, daß ein Paar (im gleichen Cluster) zu einem Cluster der Größe s gehört.

Der mittlere quadratische Clusterradius ist durch

$$\overline{R^2} = \frac{\sum_{s=1}^{\infty} R_s^2 \, s \, n_s}{\sum_{s=1}^{\infty} s \, n_s} \tag{7.5.36}$$

gegeben, da $s \, n_s$ = Wahrscheinlichkeit, daß ein besetzter Platz zu einem s-Cluster gehört. Der mittlere quadratische Abstand wächst mit der Clustergröße wie

$$R_s \sim s^{1/d_f} \; , \tag{7.5.37}$$

wo d_f die fraktale Dimension ist. Dann folgt aus (7.5.35)

---

[33] An der Perkolationsschwelle $p = p_c$ ist die Clusterverteilung ein Potenzgesetz $n_s(p_c) = s^{-\tau} f_\pm(0)$. Die Abschneidefunktion $f_\pm(x)$ geht für $x \gtrsim 1$ gegen Null, z.B. wie in (7.5.22) exponentiell. Die Größe $s_{max} = |p - p_c|^{-1/\sigma}$ hat die Bedeutung des maximalen Clusters. Cluster der Größe $s \ll s_{max}$ sind auch für $p \neq p_c$ nach $s^{-\tau}$ verteilt und für $s \gtrsim s_{max}$ verschwindet $n_s(p)$.

$$\xi^2 \sim \sum_{s=1}^{\infty} s^{\frac{2}{d_f}+2-\tau} f_{\pm}\left(|p-p_c|^{\frac{1}{\sigma}}s\right) \Big/ \sum_{s=1}^{\infty} s^{2-\tau} f_{\pm}\left(|p-p_c|^{\frac{1}{\sigma}}s\right)$$

$$\sim |p-p_c|^{-\frac{2}{d_f\sigma}}, \quad 2 < \tau < 2.5$$

$$\nu = \frac{1}{d_f \sigma} = \frac{\tau-1}{d\sigma}$$

und aus (7.5.36)

$$\overline{R^2} \sim \sum_{s=1}^{\infty} s^{\frac{2}{d_f}+1-\tau} f_{\pm}(|p-p_c|^{\frac{1}{\sigma}}s) \sim |p-p_c|^{-2\nu+\beta}.$$

7.5.5.1 Dualitätstransformation und Perkolationsschwelle

Die Berechnung von p_c für die Bindungsperkolation ist durch Verwendung einer *Dualitätstransformation* im quadratischen Gitter möglich. Die Definition des dualen Gitters ist in Abb. 7.26 illustriert. Die Gitterpunkte des *dualen Gitters* sind durch die Zentren der Einheitszellen des Gitters definiert.

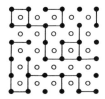
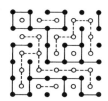

● Gitter
○ Duales Gitter
—— Bindungen am Gitter
---- Bindungen am dualen Gitter

Abb. 7.26. Gitter und duales Gitter. *Linkes Bild:* Gitter mit Bindungen und duales Gitter. *Rechtes Bild:* Zusätzlich noch die Bindungen im dualen Gitter.

Eine Bindung am dualen Gitter wird gelegt, wenn sie nicht eine Bindung des Gitters kreuzt. D.h., die Wahrscheinlichkeit für eine Bindung im dualen Gitter ist

$$q = 1 - p\,.$$

Am dualen Gitter liegt ebenfalls ein Bindungsperkolationsproblem vor. Für $p < p_c$ gibt es keinen unendlichen Cluster am Gitter, dafür aber gibt es einen unendlichen Cluster am dualen Gitter. Es gibt eine Verbindung von einem Ende des dualen Gitters zum anderen, der keine Bindung des Gitters schneidet, es ist also $q > p_c$. Für $p \to p_c^-$ von unten, erreicht $q \to p_c^+$ die Perkolationsschwelle von oben, d.h.

$$p_c = 1 - p_c\,.$$

Also ist $p_c = \frac{1}{2}$. Dieses Resultat für Bindungs-Perkolation ist exakt.

Anmerkungen:

(i) Durch ähnliche Überlegungen findet man auch, daß die Perkolationsschwelle für Platz-Perkolation am Dreiecksgitter durch $p_c = \frac{1}{2}$ gegeben ist.

(ii) Auch für das zweidimensionale Ising-Modell waren für eine Reihe von Gitterstrukturen die Übergangstemperaturen durch Dualitätstransformationen schon vor dessen exakter Lösung bekannt.

7.5.6 Renormierungsgruppentheorie im Ortsraum

Wir besprechen nun eine Ortsraum-Renormierungsgruppentransformation, welche die näherungsweise Bestimmung von p_c und den kritischen Exponenten gestattet.

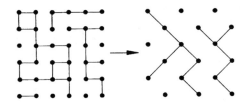

Abb. 7.27. Gitter und dezimiertes Gitter

Bei der in Abb. 7.27 für ein quadratisches Gitter dargestellten Dezimierungstransformation wird jeder zweite Gitterplatz eliminiert; dabei entsteht wieder ein quadratisches Gitter. Im neuen Gitter wird eine Bindung gelegt, wenn zwischen den beiden Gitterpunkten im ursprünglichen Gitter wenigstens ein Verbindungsweg über zwei Bindungen bestand (siehe Abb. 7.27). Die Bindungskonfigurationen, die zu einer Bindung (gestrichelt gezeichnet) am dezimierten Gitter führen, sind in Abb. 7.28 dargestellt. Darunter ist die Wahrscheinlichkeit für diese Konfigurationen angegeben. Aus den in Abb. 7.28 dargestellten Regeln folgt für die Wahrscheinlichkeit einer Bindung am dezimierten Gitter

$$p' = p^4 + 4p^3(1-p) + 2p^2(1-p)^2 = 2p^2 - p^4 \ . \tag{7.5.38}$$

Aus diesem Transformationsgesetz[34] erhält man die Fixpunktgleichung $p^* = 2p^{*2} - p^{*4}$. Diese besitzt als Lösungen $p^* = 0$, $p^* = 1$, die den Hoch- und Tieftemperaturfixpunkten bei Phasenübergängen entsprechen; und außerdem die beiden Fixpunkte $p^* = \frac{-1 \stackrel{+}{(-)} \sqrt{5}}{2}$, von denen nur $p^* = \frac{\sqrt{5}-1}{2} = 0.618\ldots$ in Frage kommt. Der Wert der so gefundenen Perkolationsschwelle ist verschieden vom im vorhergehenden Abschnitt gefundenen exakten Wert $\frac{1}{2}$. Die Gründe dafür sind: (i) Punkte, die im ursprünglichen Gitter verbunden waren,

---

[34] A.P. Young and R.B. Stinchcombe, J.Phys.C: Solid State Phys. **8**, L 535 (1975).

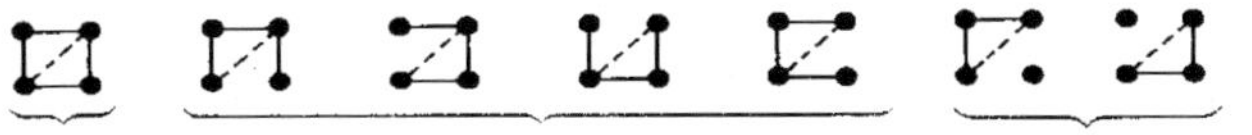

$$\underbrace{\square\;\square}_{p^4}\;\underbrace{\square\;\square\;\square\;\square}_{4p^3(1-p)}\;\underbrace{\square\;\square\;\square}_{2p^2(1-p)^2}$$

Abb. 7.28. Bindungskonfigurationen, die zu einer Bindung (gestrichelt) am dezimierten Gitter führen

können im dezimierten Gitter unverbunden sein. (ii) Verschiedene Bindungen auf dem dezimierten Gitter sind nicht mehr unkorreliert, da die Existenz einer Bindung auf dem ursprünglichen Gitter für das Auftreten von mehreren Bindungen auf dem dezimierten Gitter entscheidend sein kann.

Die Linearisierung der Rekursionsrelation um den Fixpunkt ergibt für den Exponenten der Korrelationslänge $\nu = 0.817$.

In zwei Dimensionen ist die Behandlung des Dreiecksgitters am einfachsten. Die Gitterpunkte eines Dreiecks werden zu einer Zelle zusammengefaßt. Diese Zelle gilt als besetzt, wenn alle drei Plätze besetzt sind, oder wenn zwei Plätze besetzt und einer leer ist, da in beiden Fällen ein Weg durch die Zelle besteht. Für alle anderen Konfigurationen (nur ein Platz besetzt oder keiner) ist die Zelle unbesetzt. Für das Dreiecksgitter[35] erhält man folglich als Rekursionsrelation

$$p' = p^3 + 3p^2(1-p) \quad , \tag{7.5.39}$$

mit den Fixpunkten $p^* = 0, 1, \frac{1}{2}$. Diese RG-Transformation liefert also für die Perkolationsschwelle $p_c = \frac{1}{2}$, was identisch mit dem exakten Wert ist. Die Linearisierung der RG-Transformation um den Fixpunkt ergibt für den Exponenten der Korrelationslänge ν

$$\nu = \frac{\log\sqrt{3}}{\log\frac{3}{2}} = 1.3547 \; .$$

Dies ist näher dem Reihenentwicklungsresultat $\nu = 1.34$, bzw. dem exakten Resultat $4/3$ als der vorhin für das Quadratgitter gefundene Wert (siehe Bemerkung über Universalität nach Gl. (7.5.3)).

7.5.6.1 Definition der Fraktalen Dimension

In einem fraktalen Objekt verhält sich die Masse als Funktion der Länge L eines d-dimensionalen euklidischen Ausschnitts wie

$$M(L) \sim L^{d_f} \quad ,$$

und somit die Dichte

$$\rho(L) = \frac{M(L)}{L^d} \sim L^{d_f - d} \; .$$

---

[35] P.J. Reynolds, W. Klein and H.E. Stanley J. Phys. C: Solid State Phys. **10** L167 (1977).

Eine alternative Definition von d_f erfolgt über die Zahl der Hyperkuben $N(L_m, \delta)$, die man zur Überdeckung der fraktalen Struktur benötigt. Die Kantenlänge der Hyperkuben sei δ; der Hyperkubus, der den gesamten Cluster enthält, habe die Kantenlänge L_m

$$N(L_m, \delta) = \left(\frac{L_m}{\delta}\right)^{d_f},$$

d.h.

$$d_f = -\lim_{\delta \to 0} \frac{\log N(L_m, \delta)}{\log \delta}.$$

Literatur

D.J. Amit, *Field Theory, the Renormalization Group, and Critical Phenomena*, 2nd ed., World Scientific, Singapore, 1984
P. Bak, C. Tang and K. Wiesenfeld, Phys. Rev. Lett. **59**, 381 (1987)
K. Binder, Rep. Prog. Phys. **60**, 487 (1997)
J.J. Binney, N.J. Dowrick, A.J. Fisher, M.E.J. Newman, *The Theory of Critical Phenomena*, 2nd ed., Oxford University Press, New York, 1993
M.J. Buckingham, W.M. Fairbank, in: C.J. Gorter (Ed.), *Progress in Low Temperature Physics*, Vol. III, 80–112, North Holland Publishing Company, Amsterdam, 1961
A. Bunde, S. Havlin, in: A. Bunde, S. Havlin (Eds.), *Fractals and Disordered Systems*, 51, Springer Berlin, 1991
Critical Phenomena, Lecture Notes in Physics **54**, Ed. J. Brey, R.B. Jones, Springer, Sitges, Barcelona, 1976
M.C. Cross and P.C. Hohenberg (1994), Rev. Mod. Phys. **65**, 851–1112
P.G. De Gennes, *Scaling Concepts in Polymer Physics*, Cornell University Press, Ithaca, 1979
C. Domb and M.S. Green, *Phase Transitions and Critical Phenomena*, Academic Press, London, 1972-1976
C. Domb, J.L. Lebowitz (Eds.), *Phase Transitions and Critical Phenomena*, Vols. 7–15, Academic Press, London, 1983–1992
B. Drossel and F. Schwabl, Phys. Rev. Lett. **69**, 1629 (1992)
J.W. Essam, Rep. Prog. Phys. **43**, 843 (1980)
R.A. Ferrell, N. Menyhárd, H. Schmidt, F. Schwabl and P. Szépfalusy, Ann. Phys. (N.Y.) **47**, 565 (1968)
M.E. Fisher, Rep. Prog. Phys. **30**, 615–730 (1967)
M.E. Fisher, Rev. Mod. Phys. **46**, 597 (1974)
H.J. Jensen, *Self-Organized Criticality*, Cambridge University Press, Cambridge, 1998
E. Frey and F. Schwabl, Adv. Phys. **43**, 577–683 (1994)
B.I. Halperin and P.C. Hohenberg, Phys. Rev. **177**, 952 (1969)
Shang-Keng Ma, *Modern Theory of Critical Phenomena*, Benjamin, Reading, Mass., 1976
S. Ma, in: C. Domb, M.S. Green (Eds.), *Phase Transitions and Critical Phenomena*, Vol. 6, 249–292, Academic Press, London, 1976
T. Niemeijer, J.M.J. van Leeuwen, in: C. Domb, M.S. Green (Eds.), *Phase Transitions and Critical Phenomena*, Vol. 6, 425–505, Academic Press, London, 1976

G. Parisi, *Statistical Field Theory*, Addison–Wesley, Redwood, 1988
A.Z. Patashinskii and V.L. Prokovskii, *Fluctuation theory of Phase Transitions*, Pergamon Press, Oxford, 1979
C.N.R. Rao and K.J. Rao, *Phase Transitions in Solids*, McGraw Hill, New York, 1978
F. Schwabl und U.C. Täuber, *Phase Transitions: Renormalization and Scaling*, in *Encyclopedia of Applied Physics*, Vol. 13, 343,VCH (1995)
H.E. Stanley, *Introduction to Phase Transitions and Critical Phenomena*, Clarendon Press, Oxford, 1971
D. Stauffer and A. Aharony, *Introduction to Percolation Theory*, Taylor and Francis, London and Philadelphia, 1985
P. Pfeuty and G. Toulouse, *Introduction to the Renormalization Group and to Critical Phenomena*, John Wiley, London 1977
J.M.J. van Leeuwen in *Fundamental Problems in Statistical Mechanics III*, Ed. E.G.D. Cohen, North Holl. Publ. Comp., Amsterdam, 1975
K.G. Wilson and J. Kogut, Phys. Rept. **12C**, 76 (1974)
K.G. Wilson, Rev. Mod. Phys. **47**, 773 (1975)
J. Zinn–Justin, *Quantum Field Theory and Critical Phenomena*, 3rd ed., Clarendon Press, Oxford, 1996

Aufgaben zu Kapitel 7

7.1 Eine verallgemeinerte homogene Funktion erfüllt die Relation

$$f(\lambda^{a_1} x_1, \lambda^{a_2} x_2) = \lambda^{a_f} f(x_1, x_2) \ .$$

Zeigen Sie, daß **(a)** die partiellen Ableitungen $\frac{\partial^j}{\partial x_1^j} \frac{\partial^k}{\partial x_2^k} f(x_1, x_2)$ **(b)** die Fourier-Transformierte $g(k_1, x_2) = \int d^d x_1 e^{ik_1 x_1} f(x_1, x_2)$ einer verallgemeinerten homogenen Funktion ebenfalls homogene Funktionen sind.

7.2 Leiten Sie die Beziehungen (7.3.13′) für A', K', L', M' her. Betrachten Sie zusätzlich im Ausgangsmodell eine Wechselwirkung zwischen übernächsten Nachbarn L. Berechnen Sie die Rekursionsrelation in führender Ordnung in K und L, d.h. bis K^2 und L. Zeigen Sie, daß (7.3.15a,b) resultiert.

7.3 Welchen Wert hat δ für die zweidimensionale Dezimierungstransformation aus Abschnitt 7.3.3?

7.4 Zeigen Sie durch Fourier-Transformation der Suszeptibilität $\chi(\mathbf{q}) = \frac{1}{q^{2-\eta}} \hat{\chi}(q\xi)$, daß die Korrelationsfunktion die Gestalt

$$G(\mathbf{x}) = \frac{1}{|\mathbf{x}|^{d-2+\eta}} \hat{G}(|\mathbf{x}|/\xi)$$

hat.

7.5 Bestätigen Sie Gl. (7.4.35).

7.6 Zeigen Sie, daß

$$m(x) = m_0 \text{tgh} \frac{x - x_0}{2\xi_-}$$

die Ginzburg-Landau-Gleichung (7.4.11) löst. Berechnen Sie die freie Energie der dadurch beschriebenen Domänenwand.

7.7 Trikritischer Phasenübergangspunkt
Durch folgendes Ginzburg-Landau-Funktional wird ein *trikritischer Phasenübergangspunkt* beschrieben:

$$\mathcal{F}[\phi] = \int d^d x \{c(\nabla\phi)^2 + a\phi^2 + v\phi^6 - h\phi\}$$

mit $a = a'\tau$, $\tau = \dfrac{T - T_c}{T_c}$, $v \geq 0$.

Bestimmen Sie durch Variationsableitung ($\frac{\delta \mathcal{F}}{\delta \phi} = 0$) die homogene stationäre Lösung ϕ_{st} für $h = 0$ und die zugehörigen trikritischen Exponenten $\alpha_t, \beta_t, \gamma_t$ und δ_t.

7.8 Betrachten Sie das erweiterte Ginzburg-Landau-Funktional

$$\mathcal{F}[\phi] = \int d^d x \{c(\nabla\phi)^2 + a\phi^2 + u\phi^4 + v\phi^6 - h\phi\} .$$

(a) Bestimmen Sie für $u > 0$ in Analogie zu Aufgabe 7.7 die kritischen Exponenten α, β, γ und δ. Sie nehmen dieselben Werte wie beim ϕ^4-Modell (siehe Abschn. 4.6) an, der Term $\sim \phi^6$ ist *irrelevant*, d.h. er liefert nur Korrekturen zum Skalenverhalten des ϕ^4-Modells. Untersuchen Sie für kleine u den Übergang („cross over") von trikritischen Verhalten für $h = 0$. Betrachten Sie dazu die Crossover-Funktion $\tilde{m}(x)$, die wie folgt definiert ist

$$\phi_{eq}(u,\tau) = \phi_t(\tau) \cdot \tilde{m}(x) \quad \text{mit} \quad \phi_t(\tau) = \phi_{eq}(u=0,\tau) \sim \tau^{\beta_t} , \quad x = \frac{u}{\sqrt{3|a|v}} .$$

(b) Untersuchen Sie nun den Fall $u < 0, h = 0$. Hier tritt ein *Phasenübergang 1. Ordnung* auf; bei T_c wechselt das absolute Minimum von $\mathcal{F}$ von $\phi = 0$ zu $\phi = \phi^0$. Berechnen Sie die Verschiebung der Übergangstemperatur $T_c - T_0$ und die Sprunghöhe des Ordnungsparameters ϕ^0. Auch für die Annäherung an den trikritischen Punkt durch Variation von u lassen sich kritische Exponenten definieren

$$\phi^0 \sim |u|^{\beta_u} , \quad T_c - T_0 \sim |u|^{\frac{1}{\psi}} .$$

Geben Sie β_u und den „shift-Exponenten" ψ an.

(c) Berechnen Sie für $u < 0$ und $h \neq 0$ die Phasenübergangslinien 2. Ordnung indem Sie aus den Bedingungen

$$\frac{\partial^2 \mathcal{F}}{\partial \phi^2} = 0 = \frac{\partial^3 \mathcal{F}}{\partial \phi^3}$$

eine Parameterdarstellung ableiten.

(d) Zeigen Sie durch Einsetzen der bei a) gefundenen Crossover-Funktion in $\mathcal{F}$, daß die freie Energie in der Nähe des trikritischen Punktes einem verallgemeinerten Skalengesetz genügt

$$\mathcal{F}[\phi_{eq}] = |\tau|^{2-\alpha_t} \hat{f}\left(\frac{u}{|\tau|^{\phi_t}}, \frac{h}{|\tau|^{\delta_t}}\right)$$

(ϕ_t heißt „cross over-Exponent"). Zeigen Sie, daß die *Skalenrelationen*

$$\delta = 1 + \frac{\gamma}{\beta} , \quad \alpha + 2\beta + \gamma = 2$$

bei a) und am trikritischen Punkt (Aufgabe 7.7) erfüllt sind.

(e) Diskutieren Sie das *Hystereseverhalten* im Fall des Phasenübergang erster Ordnung ($u < 0$).

7.9 In Ginzburg-Landau-Näherung lautet die Spin-Spin-Korrelationsfunktion

$$\langle m(\mathbf{x})m(\mathbf{x}')\rangle = \frac{1}{L^d} \sum_{|\mathbf{k}|\leq \Lambda} e^{i\mathbf{k}(\mathbf{x}-\mathbf{x}')} \frac{1}{2\beta c(\xi^{-2}+k^2)} \; ; \quad \xi \propto (T-T_c)^{-\frac{1}{2}}$$

(a) Ersetzen Sie die Summe durch ein Integral.
(b) Zeigen Sie, daß im Grenzfall $\xi \to \infty$ gilt:

$$\langle m(\mathbf{x})m(\mathbf{x}')\rangle \propto \frac{1}{|\mathbf{x}-\mathbf{x}'|^{d-2}} .$$

(c) Zeigen Sie, daß für $d=3$ und große ξ gilt:

$$\langle m(\mathbf{x})m(\mathbf{x}')\rangle = \frac{1}{8\pi c\beta} \frac{e^{-|\mathbf{x}-\mathbf{x}'|/\xi}}{|\mathbf{x}-\mathbf{x}'|} .$$

7.10 Untersuchen Sie das Verhalten des folgenden Integrals im Grenzfall $\xi \to \infty$

$$I = \int_0^{\Lambda\xi} \frac{d^dq}{(2\pi)^d} \frac{\xi^{4-d}}{(1+q^2)^2} ,$$

indem Sie zeigen:
a) $I \propto \xi^{4-d}$, $d < 4$; b) $I \propto \ln\xi$, $d = 4$;
c) $I \propto A - B\xi^{4-d}$, $d > 4$.

7.11 Phasenübergang eines molekularen Reißverschlusses; *nach C. Kittel, American Journal of Physics, 37, 917, (1969)*.
Ein stark vereinfachtes Modell für die Helix-Knäul-Übergänge in Polypeptiden oder DNA, die den Übergang zwischen durch Wasserstoffbrücken stabilisierten Helices und einem Knäul beschreiben, ist der „molekulare Reißverschluß".

Ein molekularer Reißverschluß bestehe aus N Brücken, die nur von einer Seite her zu öffnen sind. Es erfordert die Energie ϵ, die Brücke $p+1$ zu öffnen, wenn alle Brücken $1, ..., p$ geöffnet sind, aber unendliche Energie, wenn nicht alle vorhergehenden Brücken offen sind. Eine geöffnete Brücke habe G Orientierungen, ihr Zustand ist also G–fach entartet. Der Reißverschluß ist offen, wenn alle $N-1$ Brücken offen sind.

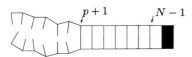

(a) Bestimmen Sie die Zustandssumme

$$Z = \frac{1-x^N}{1-x} \; ; \quad x \equiv G\exp(-\epsilon\beta) .$$

(b) Bestimmen Sie die mittlere Anzahl $\langle s \rangle$ offener Brücken. Untersuchen Sie $\langle s \rangle$ in der Umgebung von $x_c = 1$. Welchen Wert nimmt $\langle s \rangle$ bei x_c an und wie ist die Steigung dort? Wie verhält sich $\langle s \rangle$ bei $x \gg 1$ und $x \ll 1$?
(c) Wie lautet die Zustandssumme, wenn der Reißverschluß von beiden Seiten geöffnet werden kann?

7.12 Fluktuationen in Gaußscher Näherung unterhalb T_c

Entwickeln Sie im für $h = 0$ $O(n)$-symmetrischen Ginzburg-Landau-Funktional

$$\mathcal{F}[\mathbf{m}] = \int d^d x \left[a\mathbf{m}(x)^2 + \frac{b}{2}\mathbf{m}(x)^4 + c(\nabla \mathbf{m}(x))^2 - h\mathbf{m}(x) \right]$$

bis zur zweiten Ordnung in den Fluktuationen des Ordnungsparameters $\mathbf{m}'(x)$, wobei unterhalb von T_c

$$\mathbf{m}(x) = m_1 \mathbf{e}_1 + \mathbf{m}'(x) \,, \quad h = 2(a + bm_1^2)m_1$$

gilt.

(a) Zeigen Sie, daß für $h \to 0$ die langwelligen ($k \to 0$) transversalen Fluktuationen m'_i ($i = 2, \ldots, n$) keine „Anregungsenergie" benötigen (Goldstone-Moden) und bestimmen Sie die Gibbssche freie Energie. In welchen Fällen treten Singularitäten auf?

(b) Wie lautet die spezifische Wärme $c_{h=0}$ unterhalb T_c in harmonischer Näherung? Vergleichen Sie mit dem Resultat der ungeordneten Phase!

(c) Berechnen Sie die bezüglich der spontanen Magnetisierung m_1 longitudinalen und transversalen Korrelationsfunktionen

$$G_\parallel(x - x') = \langle m'_1(x) m'_1(x') \rangle \quad \text{und}$$
$$G_{\perp\, ij}(x - x') = \langle m'_i(x) m'_j(x') \rangle \,, \quad i, j = 2. \ldots, n$$

für $d = 3$ aus deren Fourier-Transformierten in harmonischer Näherung. Diskutieren Sie insbesondere den Grenzfall $h \to 0$.

7.13 Longitudinale Korrelationsfunktion unterhalb von T_c

Die Resultate aus Aufgabe 7.12 lassen erwarten, daß die Berücksichtigung der transversalen Fluktuationen in harmonischer Näherung i.a. ungenügend sein wird. In einfacher Weise lassen sich anharmonische Beiträge mitnehmen, wenn man – wie im zugrundeliegenden Heisenberg-Modell – die Länge des Vektors $\mathbf{m}(x)$ fixiert ($h = 0$):

$$m_1(x)^2 + \sum_{i=2}^n m_i(x)^2 = m_0^2 = \text{konst.}$$

Berechnen Sie die Fourier-Transformierte $G_\parallel(k)$, indem Sie die Vier-Spin-Korrelationsfunktion geeignet in Zwei-Spin-Korrelationsfunktionen faktorisieren

$$G_\parallel(x - x') = \frac{1}{4m_0^2} \sum_{i,j=2}^n \langle m_i(x)^2 m_j(x')^2 \rangle$$

und für

$$G_\perp(x - x') = \int \frac{d^d k}{(2\pi)^d} \frac{e^{i\mathbf{k}(\mathbf{x}-\mathbf{x}')}}{2\beta c k^2}$$

einsetzen.

Bemerkung: Für $n \geq 2$ und $2 < d \leq 4$ gelten die Relationen $G_\perp(k) \propto \frac{1}{k^2}$ und $G_\parallel \propto \frac{1}{k^{4-d}}$ im limes $k \to 0$ sogar exakt.

7.14 Verifizieren Sie die zweite Zeile in Gl. (7.5.22).

7.15 Hubbard-Stratonovich-Transformation: Unter Verwendung der Identität

$$\exp\left\{-\sum_{i,j} J_{ij} S_i S_j\right\} = \text{const.} \int_{-\infty}^{\infty} \left(\prod_i dm_i\right) \exp\left\{-\frac{1}{4}\sum_{i,j} m_i J_{ij}^{-1} m_j\right\}$$

ist zu zeigen, daß sich die Zustandssumme des Ising-Hamilton-Operators $\mathcal{H} = \sum_{i,j} J_{ij} S_i S_j$ in der Form

$$Z = \text{const.} \int_{-\infty}^{\infty} \left(\prod_i dm_i\right) \exp\{\mathcal{H}'(\{m_i\})\}$$

schreiben läßt. Geben Sie die Entwicklung von $\mathcal{H}'$ nach m_i bis zur Ordnung $\mathcal{O}(m^4)$ an. *Caveat*: Der Ising-Hamilton-Operator muß durch Terme mit J_{ii} so ergänzt werden, daß J_{ij} positiv definit ist.

7.16 Gittergasmodell. Es soll die Zustandssumme eines klassischen Gases auf die eines Ising-Magneten abgebildet werden.
Anleitung: Dazu wird der d-dimensionale Ortsraum in N Zellen eingeteilt. In jeder Zelle soll sich maximal 1 Atom befinden (hard core Volumen). Man stelle sich dabei ein Gitter vor, bei dem eine Zelle durch einen Gitterplatz repräsentiert wird, der entweder frei oder besetzt sein kann ($n_i = 0$ oder 1). Der attraktiven Wechselwirkung $U(x_i - x_j)$ zweier Atome soll in der Energie durch den Term $\frac{1}{2}U_2(i,j)n_i n_j$ Rechnung getragen werden.
(a) Die großkanonische Zustandssumme für diese Problem lautet nach Ausintegration der kinetischen Energie somit

$$Z_G = \left(\prod_{i=1}^{N} \sum_{n_i=0,1}\right) \exp\left[-\beta\left(-\bar\mu \sum_i n_i + \frac{1}{2}\sum_{ij} U_2(i,j) n_i n_j\right)\right] .$$

$$\bar\mu = kT \log z v_0 = \mu - kT \log\left(\frac{\lambda^d}{v_0}\right), \quad z = \frac{e^{\beta\mu}}{\lambda^d}, \quad \lambda = \frac{2\pi\hbar}{\sqrt{2\pi m kT}},$$

v_0 ist das Volumen einer Zelle.
(b) Bringen Sie durch Einführung von Spinvariablen S_i ($n_i = \frac{1}{2}(1+S_i)$, $S_i = \pm 1$) die großkanonische Zustandssumme auf die Form

$$Z_G = \left(\prod_{i=1}^{N} \sum_{S_i=-1,1}\right) \exp\left[-\beta\left(E_0 - \sum_i h S_i - \sum_{ij} J_{ij} S_i S_j\right)\right] .$$

Berechnen Sie die Beziehungen zwischen E_0, h, J und μ, U_2, v_0.
(c) Bestimmen Sie die Dampfdruckkurve des Gases aus der Phasengrenzkurve $h = 0$ des Ferromagneten.
(d) Berechnen Sie die Teilchendichte-Korrelationsfunktion für ein Gittergas.

7.17 Zeigen Sie unter Verwendung von Skalenrelationen Gl. (7.4.63).

7.18 Zeigen Sie, daß aus (7.4.68) im Limes kleiner k und für $h = 0$ für die longitudinale Korrelationsfunktion

$$G_\|(k) \propto \frac{1}{k^{d-2}}$$

folgt.

7.19 Verschiebung von T_c in der Ginzburg-Landau Theorie: Betrachten Sie Gl. (7.4.1) für die paramagnetische Phase in der sog. quasiharmonischen Näherung. Dabei wird der nichtlineare Term in (7.4.1) durch $6b\langle m(\mathbf{x})^2\rangle m(\mathbf{x})$ ersetzt. a) Begründen Sie diese Näherung. b) Berechnen Sie nun die Übergangstemperatur T_c und zeigen Sie, daß $T_c < T_c^0$ ist.

7.20 Bestimmen Sie die Fixpunkte der Transformationsgleichung (7.5.38).

8. Brownsche Bewegung, Stochastische Bewegungsgleichungen und Fokker-Planck-Gleichungen

Die nun folgenden Kapitel sind Nichtgleichgewichtsvorgängen gewidmet. Zunächst behandeln wir in Kapitel 8 den Problemkreis der Langevin-Gleichungen und der damit verbundenen Fokker-Planck-Gleichungen. Im nächsten Kapitel wird die Boltzmann-Gleichung dargestellt, die für die Dynamik von verdünnten Gasen, aber auch von Transportvorgängen in kondensierter Materie fundamental ist. Im letzten Kapitel wird auf allgemeine Probleme der Irreversibilität und den Übergang ins Gleichgewicht eingegangen.

8.1 Langevin-Gleichungen

8.1.1 Freie Langevin-Gleichung

8.1.1.1 Brownsche Bewegung

In der Natur gibt es eine Vielzahl von Situationen, bei denen man nicht an der kompletten Dynamik eines Vielteilchensystems interessiert ist, sondern nur an einer Untermenge von ausgezeichneten Variablen. Die übrigen führen in deren Bewegungsgleichungen zu vergleichsweise rasch variierenden stochastischen Kräften und zu Dämpfungseffekten. Beispiele sind die Brownsche Bewegung eines schweren Teilchens in einer Flüssigkeit, die Bewegungsgleichungen von erhaltenen Dichten und die Dynamik des Ordnungsparameters in der Nähe eines kritischen Punktes.

Wir besprechen zunächst als grundsätzliches Beispiel eines stochastischen Vorgangs die *Brownsche Bewegung*. Ein schweres Teilchen mit Masse m und Geschwindigkeit v bewege sich in einer Flüssigkeit von leichten Teilchen. Dieses „Brownsche Teilchen" wird von den Molekülen der Flüssigkeit in unregelmäßiger Weise gestoßen (Abb. 8.1). Die Stöße mit den Molekülen der Flüssigkeit bewirken eine mittlere bremsende Kraft auf das Teilchen und eine um diesen Mittelwert fluktuierende *stochastische Kraft* $f(t)$, wie in Abb. 8.2 dargestellt. Den ersten Kraftanteil $-m\zeta v$ wollen wir durch einen *Reibungskoeffizienten* ζ charakterisieren. Somit wird die Newtonsche Gleichung – unter diesen physikalischen Gegebenheiten – *Langevin*-Gleichung genannt

$$m\dot{v} = -m\zeta v + f(t). \tag{8.1.1}$$

418   8. Brownsche Bewegung und Stochastische Bewegungsgleichungen

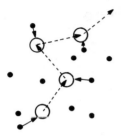

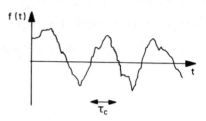

Abb. 8.1. Zur Brownschen Bewegung

Abb. 8.2. Stochastische Kraft bei der Brownschen Bewegung

Man nennt derartige Gleichungen stochastische Bewegungsgleichungen und dadurch beschriebene Vorgänge stochastische Prozesse.[1]

Die Korrelationszeit τ_c gibt an,[2] über welchen Zeitraum die Fluktuationen der stochastischen Kraft korreliert sind. Wir nehmen nach dem Gesagten an, daß der Mittelwert der Kraft und ihre Autokorrelationsfunktion zu verschiedenen Zeitpunkten die folgende Form besitzen[3]

$$\langle f(t) \rangle = 0$$
$$\langle f(t) f(t') \rangle = \phi(t - t'). \tag{8.1.2}$$

Hier ist $\phi(\tau)$ nur für $\tau < \tau_c$ merklich von Null verschieden (Abb. 8.3). Da wir uns für die Bewegung unseres Brownschen Teilchens über Zeiträume t interessieren, die wesentlich größer als τ_c sind, können wir $\phi(\tau)$ durch eine Delta-Funktion

$$\phi(\tau) = \lambda \delta(\tau) \tag{8.1.3}$$

nähern. Der Koeffizient λ ist eine Maß für die Stärke des Schwankungsquadrats der stochastischen Kraft. Da auch die Reibung mit der Stärke der Stöße zunimmt, muß es einen Zusammenhang zwischen λ und dem Reibungskoeffiziententen ζ geben. Um diesen zu ermitteln, lösen wir zunächst die Langevin-Gl. (8.1.1).

---

[1] Wegen der stochastischen Kraft in Gl. (8.1.1) ist auch die Geschwindigkeit eine stochastische Größe, d.h. eine Zufallsvariable.

[2] Unter der Voraussetzung, daß die Stöße der Flüssigkeitsatome auf das Brownsche Teilchen völlig unkorreliert sind, ist die Korrelationszeit etwa gleich der Dauer eines Stoßes. Für die Stoßdauer erhalten wir $\tau_c \approx \frac{a}{\bar{v}} = \frac{10^{-6} \text{ cm}}{10^5 \text{ cm/sec}} = 10^{-11}$ sec, wo a der Radius des schweren Teilchens ist und $\bar{v}$ die mittlere Geschwindigkeit der Gasatome.

[3] Den Mittelwert $\langle \rangle$ kann man als Mittelung über ein Ensemble von unabhängigen Brownschen Teilchen verstehen oder als Mittelung über verschiedene Zeiten ein und desselben Brownschen Teilchens. Zur Festlegung der höheren Momente von $f(t)$ werden wir später annehmen, daß $f(t)$ einer Gauß-Verteilung genügt, Gl. (8.1.26).

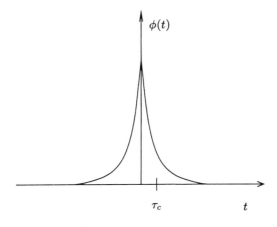

Abb. 8.3. Korrelation der stochastischen Kräfte.

8.1.1.2 Einstein-Relation

Die Bewegungsgleichung (8.1.1) kann mit Hilfe der *retardierten Greenschen Funktion* $G(t)$ gelöst werden, welche durch

$$\dot{G} + \zeta G = \delta(t) \, , \quad G(t) = \Theta(t) e^{-\zeta t} \tag{8.1.4}$$

definiert ist. Sei v_0 der Anfangswert der Geschwindigkeit, dann erhält man für $v(t)$

$$\begin{aligned} v(t) &= v_0 e^{-\zeta t} + \int_0^\infty d\tau \, G(t-\tau) f(\tau)/m \\ &= v_0 e^{-\zeta t} + e^{-\zeta t} \int_0^t d\tau \, e^{\zeta \tau} f(\tau)/m. \end{aligned} \tag{8.1.5}$$

Da der Verlauf von $f(\tau)$ nur statistisch bekannt ist, betrachten wir nicht den Mittelwert von $v(t)$ sondern den des Quadrats $\langle v(t)^2 \rangle$

$$\langle v(t)^2 \rangle = e^{-2\zeta t} \int_0^t d\tau \int_0^t d\tau' \, e^{\zeta(\tau+\tau')} \phi(\tau-\tau') \frac{1}{m^2} + v_0^2 e^{-2\zeta t} \, ;$$

der gemischte Term verschwindet. Mit (8.1.3) ergibt sich

$$\langle v(t)^2 \rangle = \frac{\lambda}{2\zeta m^2}(1 - e^{-2\zeta t}) + v_0^2 e^{-2\zeta t} \xrightarrow{t \gg \zeta^{-1}} \frac{\lambda}{2\zeta m^2} \, . \tag{8.1.6}$$

Für $t \gg \zeta^{-1}$ wird der Beitrag von v_0 vernachlässigbar, und die Erinnerung an den Anfangswert geht verloren. Somit hat ζ^{-1} die Bedeutung einer *Relaxationszeit*.

Wir *verlangen*, daß unser Teilchen für große Zeiten, $t \gg \zeta^{-1}$, das *thermische Gleichgewicht* erreicht, d.h. daß der Mittelwert der kinetischen Energie dann das Äquipartitionstheorem

8. Brownsche Bewegung und Stochastische Bewegungsgleichungen

$$\frac{1}{2}m\langle v(t)^2\rangle = \frac{1}{2}kT \tag{8.1.7}$$

erfüllt. Daraus finden wir die sogenannte *Einstein-Beziehung*

$$\lambda = 2\zeta mkT. \tag{8.1.8}$$

Der Reibungskoeffizient ζ ist proportional zum Schwankungsquadrat λ der stochastischen Kraft.

8.1.1.3 Geschwindigkeitskorrelationsfunktion

Als nächstes berechnen wir die Geschwindigkeitskorrelationsfunktion

$$\langle v(t)v(t')\rangle = e^{-\zeta(t+t')}\int_0^t d\tau \int_0^{t'} d\tau'\, e^{\zeta(\tau+\tau')}\frac{\lambda}{m^2}\delta(\tau-\tau') + v_0^2 e^{-\zeta(t+t')}. \tag{8.1.9}$$

Da die Rollen von t und t' beliebig vertauschbar sind, können wir ohne Beschränkung der Allgemeinheit $t < t'$ annehmen und die beiden Integrale sofort in der in in dieser Gleichung stehenden Reihenfolge ausführen, so daß sich $\left(e^{2\zeta \min(t,t')} - 1\right)\frac{\lambda}{2\zeta m^2}$ ergibt, und deshalb insgesamt gilt

$$\langle v(t)v(t')\rangle = \frac{\lambda}{2\zeta m^2}e^{-\zeta|t-t'|} + \left(v_0^2 - \frac{\lambda}{2\zeta m^2}\right)e^{-\zeta(t+t')}. \tag{8.1.10}$$

Für $t, t' \gg \zeta^{-1}$ kann der zweite Term in (8.1.10) vernachlässigt werden.

8.1.1.4 Mittleres Auslenkungsquadrat

Um das mittlere Auslenkungsquadrat für $t \gg \zeta^{-1}$ zu erhalten, brauchen wir nur (8.1.10) zweifach zu integrieren,

$$\langle x(t)^2\rangle = \int_0^t d\tau \int_0^t d\tau'\, \frac{\lambda}{2\zeta m^2} e^{-\zeta|\tau-\tau'|}. \tag{8.1.11}$$

Zwischenrechnung für Integrale des Typus

$$I = \int_0^t d\tau \int_0^t d\tau'\, f(\tau-\tau').$$

Wir bezeichnen die Stammfunktion von $f(\tau)$ mit $F(\tau)$ und führen die τ-Integration aus $I = \int_0^t d\tau' \left(F(t-\tau') - F(-\tau')\right)$. Nun substituieren wir $u = t - \tau'$ im ersten Term und erhalten nach partieller Integration zunächst

$$I = \int_0^t du\,(F(u) - F(-u)) = t(F(t) - F(-t)) - \int_0^t du\, u(f(u) + f(-u))$$

und daraus das Endergebnis

$$\int_0^t d\tau \int_0^t d\tau' \, f(\tau - \tau') = \int_0^t du \, (t-u)(f(u) + f(-u)). \qquad (8.1.12)$$

Mit Gl. (8.1.12) folgt für (8.1.11)

$$\langle x^2(t) \rangle = \frac{\lambda}{2\zeta m^2} 2 \int_0^t du \, (t-u) e^{-\zeta u} \approx \frac{\lambda}{\zeta^2 m^2} t$$

beziehungsweise

$$\langle x^2(t) \rangle = 2Dt \qquad (8.1.13)$$

mit der Diffusionskonstanten

$$D = \frac{\lambda}{2\zeta^2 m^2} = \frac{kT}{\zeta m}. \qquad (8.1.14)$$

Daß D die Bedeutung einer Diffusionskonstanten hat, können wir vorläufig begründen, indem wir von der Kontinuitätsgleichung für die Teilchendichte

$$\dot{n}(x) + \boldsymbol{\nabla}\mathbf{j}(x) = 0 \qquad (8.1.15a)$$

und der Stromdichte

$$\mathbf{j}(x) = -D\boldsymbol{\nabla}n(x) \qquad (8.1.15b)$$

ausgehen. Die daraus folgende Diffusionsgleichung

$$\dot{n}(x) = D\nabla^2 n(x) \qquad (8.1.16)$$

hat in einer Dimension die Lösung

$$n(x,t) = \frac{N}{\sqrt{4\pi D t}} e^{-\frac{x^2}{4Dt}}. \qquad (8.1.17)$$

Die Teilchenzahldichte $n(x,t)$ von Gl. (8.1.17) beschreibt das Auseinanderlaufen von N Teilchen, welche zur Zeit $t=0$ bei $x=0$ konzentriert waren ($n(x,0) = N\delta(x)$). D.h. die mittlere Auslenkung zum Quadrat wächst mit der Zeit wie $2Dt$. (Allgemeinere Lösungen von (8.1.16) findet man mittels (8.1.17) durch Superposition.)

Wir können der Einstein-Relation noch eine geläufigere Form geben, indem wir in (8.1.1) statt des Reibungskoeffizienten die *Beweglichkeit* μ einführen. Die Langevin-Gleichung lautet dann

$$m\ddot{x} = -\mu^{-1}\dot{x} + f \quad \text{mit} \quad \mu = \frac{1}{\zeta m}, \qquad (8.1.18)$$

und die Einstein-Beziehung erhält die Gestalt

$$D = \mu kT. \qquad (8.1.19)$$

Die Diffusionskonstante ist also proportional zur Beweglichkeit des Teilchens und zur Temperatur.

Bemerkungen:

(i) Als vereinfachte Form von Einsteins[4] historischer Herleitung von (8.1.19), betrachten wir (statt des osmotischen Druckes in einem Kraftfeld) den dynamischen Ursprung der barometrischen Höhenformel. Die wesentliche Überlegung ist, daß es im Schwerefeld zwei Ströme gibt, die sich im Gleichgewichtszustand kompensieren müssen. Dies sind der Diffusionsstrom $-D\frac{\partial}{\partial z}n(z)$ und der Strom der im Schwerefeld fallenden Teilchen $\bar{v}n(z)$. Hier ist $n(z)$ die Teilchenzahldichte und $\bar{v}$ die mittlere Fallgeschwindigkeit, die sich wegen der Reibung aus $\mu^{-1}v = -mg$ ergibt. Das Verschwinden der Summe dieser beiden Ströme liefert die Bedingung

$$-D\frac{\partial}{\partial z}n(z) - mg\mu n(z) = 0. \qquad (8.1.20)$$

Daraus ergibt sich die barometrische Höhenformel $n(z) \propto e^{-\frac{mgz}{kT}}$, wenn die Einstein-Beziehung (8.1.19) erfüllt ist.

(ii) Bei der Brownschen Bewegung einer Kugel in einer Flüssigkeit mit der Zähigkeitskonstanten η ist die Reibungskraft nach dem Stokesschen Gesetz $K_r = 6\pi a\eta \dot{x}$, wo a der Radius und $\dot{x}$ die Geschwindigkeit der Kugel sind. Somit ist die Diffusionskonstante $D = kT/6\pi a\eta$ und das mittlere Auslenkungsquadrat der Kugel

$$\langle x^2(t) \rangle = \frac{kTt}{3\pi a\eta}. \qquad (8.1.21)$$

Mit Hilfe dieser Beziehung kann durch Beobachtung von $\langle x^2(t) \rangle$ die *Boltzmann-Konstante* k experimentell bestimmt werden.

8.1.2 Langevin-Gleichung in einem Kraftfeld

In Verallgemeinerung der bisherigen Überlegungen betrachten wir nun die *Brownsche Bewegung* in einem äußeren *Kraftfeld*

$$K(x) = -\frac{\partial V}{\partial x}. \qquad (8.1.22a)$$

Dann lautet die Langevin-Gleichung

$$m\ddot{x} = -m\zeta\dot{x} + K(x) + f(t), \qquad (8.1.22b)$$

wobei wir annehmen, daß die stoßende und bremsende Einwirkung der Moleküle durch die äußere Kraft nicht geändert wird und somit die stochastische Kraft $f(t)$ wiederum (8.1.2), (8.1.3) und (8.1.8) erfüllt.[5]

---

[4] Siehe Literatur am Ende des Kapitels
[5] Wir werden später sehen, daß die Einstein-Relation (8.1.8) bedingt, daß die Funktion $\exp(-(\frac{p^2}{2m} + V(x))/kT)$ eine Gleichgewichtsverteilung für diesen stochastischen Prozeß ist.

Ein wichtiger *Spezialfall* von (8.1.22b) ist der Grenzfall *starker Dämpfung* ζ. Falls die Ungleichung $m\zeta\dot{x} \gg m\ddot{x}$ erfüllt ist (wie es z.B. bei periodischer Bewegung für kleine Frequenzen der Fall ist), folgt aus (8.1.22b)

$$\dot{x} = -\Gamma\frac{\partial V}{\partial x} + r(t), \tag{8.1.23}$$

wo die Dämpfungskonstante Γ und die fluktuierende Kraft $r(t)$ durch

$$\Gamma \equiv \frac{1}{m\zeta} \quad \text{und} \quad r(t) \equiv \frac{1}{m\zeta}f(t) \tag{8.1.24}$$

gegeben sind. Die stochastische Kraft $r(t)$ erfüllt nach Gl. (8.1.2) und (8.1.3)

$$\begin{aligned}\langle r(t)\rangle &= 0 \\ \langle r(t)r(t')\rangle &= 2\Gamma kT\delta(t-t')\,.\end{aligned} \tag{8.1.25}$$

Zur Charakterisierung der höheren Momente (Korrelationsfunktionen) von $r(t)$ werden wir im folgenden noch annehmen, daß $r(t)$ einer Gauß-Verteilung genügt

$$\mathcal{P}[r(t)] = e^{-\int_{t_0}^{t_f} dt\,\frac{r^2(t)}{4\Gamma kT}}. \tag{8.1.26}$$

$\mathcal{P}[r(t)]$ gibt die Wahrscheinlichkeitsdichte für die Werte von $r(t)$ im Intervall $[t_0, t_f]$ an, wo t_0 und t_f die Anfangs- und Endzeiten sind. Zur Definition der Funktionalintegration unterteilen wir das Intervall in

$$N = \frac{t_f - t_0}{\Delta}$$

kleine Teilintervalle der Breite Δ und führen die diskreten Zeiten

$$t_i = t_0 + i\Delta, \qquad i = 0, \ldots, N-1$$

ein. Das Element der Funktionalintegration $\mathcal{D}[r]$ ist durch

$$\mathcal{D}[r] \equiv \lim_{\Delta\to 0} \prod_{i=0}^{N-1}\left(dr(t_i)\sqrt{\frac{\Delta}{4\Gamma kT\pi}}\right) \tag{8.1.27}$$

definiert. Die Normierung der Wahrscheinlichkeitsdichte ist

$$\int \mathcal{D}[r]\,\mathcal{P}[r(t)] \equiv \lim_{\Delta\to 0}\prod_{i=0}^{N-1}\int\left(dr(t_i)\sqrt{\frac{\Delta}{4\Gamma kT\pi}}\right)e^{-\sum_i \Delta\frac{r^2(t_i)}{4\Gamma kT}} = 1. \tag{8.1.28}$$

Zur Kontrolle berechnen wir

$$\langle r(t_i)r(t_j)\rangle = \frac{4\Gamma kT}{2\Delta}\delta_{ij} = 2\Gamma kT\frac{\delta_{ij}}{\Delta} \to 2\Gamma kT\delta(t_i - t_j)\,,$$

was in Einklang mit Gl. (8.1.2), (8.1.3) und (8.1.8) ist.

8. Brownsche Bewegung und Stochastische Bewegungsgleichungen

Da Langevin-Gleichungen der Art (8.1.23) in sehr vielen physikalischen Situationen auftreten, wollen wir einige elementare Erläuterungen anschließen. Wir betrachten (8.1.23) zunächst ohne die stochastische Kraft, d.h. $\dot{x} = -\Gamma \frac{\partial V}{\partial x}$. In Regionen positiver (negativer) Steigung von $V(x)$ wird x in negativer (positiver) x-Richtung verschoben. Die Koordinate x bewegt sich in Richtung eines der Minima von $V(x)$ (Siehe Abb. 8.4). An den Extrema von $V(x)$ verschwindet $\dot{x}$. Durch die stochastische Kraft $r(t)$ wird die Bewegung in Richtung auf die Minima fluktuierend, und an den Extremallagen selbst bleibt das Teilchen nicht in Ruhe, sondern wird immer wieder weggestoßen, so daß die Möglichkeit für einen Übergang von einem Minimum in ein anderes besteht. Die Berechnung derartiger Übergangsraten ist unter anderem für thermisch aktiviertes Hüpfen von Fremdatomen in Festkörpern und für chemische Reaktionen von Interesse (siehe Abschn. 8.3.2).

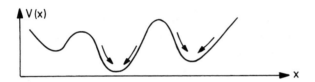

Abb. 8.4. Bewegung aufgrund der Bewegungsgleichung $\dot{x} = -\Gamma \partial V / \partial x$.

8.2 Herleitung der Fokker-Planck-Gleichung aus der Langevin-Gleichung

Als nächstes wollen wir für die Langevin-Gleichungen (8.1.1), (8.1.22b) und (8.1.23) Bewegungsgleichungen für die Wahrscheinlichkeitsdichten herleiten.

8.2.1 Fokker-Planck-Gleichung für die Langevin-Gleichung (8.1.1)

Wir definieren

$$P(\xi,t) = \langle \delta(\xi - v(t)) \rangle , \qquad (8.2.1)$$

die *Wahrscheinlichkeitsdichte* für das Ereignis, daß das Brownsche Teilchen zur Zeit t die Geschwindigkeit ξ besitzt. Das bedeutet, $P(\xi,t)d\xi$ ist die Wahrscheinlichkeit, daß die Geschwindigkeit im Intervall $[\xi, \xi + d\xi]$ liegt. Wir leiten nun eine Bewegungsgleichung für $P(\xi,t)$ her:

8.2 Herleitung der Fokker-Planck-Gleichung aus der Langevin-Gleichung

$$\frac{\partial}{\partial t}P(\xi,t) = -\frac{\partial}{\partial \xi}\langle\delta(\xi-v(t))\dot{v}(t)\rangle$$

$$= -\frac{\partial}{\partial \xi}\left\langle\delta(\xi-v(t))\left(-\zeta v(t)+\frac{1}{m}f(t)\right)\right\rangle$$

$$= -\frac{\partial}{\partial \xi}\left\langle\delta(\xi-v(t))\left(-\zeta\xi+\frac{1}{m}f(t)\right)\right\rangle$$

$$= \frac{\partial}{\partial \xi}(\zeta P(\xi,t)\xi) - \frac{1}{m}\frac{\partial}{\partial \xi}\langle\delta(\xi-v(t))f(t)\rangle, \tag{8.2.2}$$

wobei in der zweiten Zeile die Langevin-Gleichung (8.1.1) eingesetzt wurde. Zur Berechnung des letzten Terms benötigen wir die als Gaußverteilung angenommene Wahrscheinlichkeitsdichte für die stochastische Kraft

$$\mathcal{P}[f(t)] = e^{-\int_{t_0}^{t_f} dt \frac{f^2(t)}{4\zeta mkT}}. \tag{8.2.3}$$

Die Mittelwerte $\langle\ldots\rangle$ sind durch das Funktionalintegral mit dem Gewicht (8.2.3) gegeben (siehe Gl. (8.1.26)). Insbesondere erhält man für den letzten Term in (8.2.2)

$$\langle\delta(\xi-v(t))f(t)\rangle = \int \mathcal{D}[f(t')]\,\delta(\xi-v(t))f(t)e^{-\int \frac{f(t')^2 dt'}{4\zeta mkT}}$$

$$= -2\zeta mkT \int \mathcal{D}[f(t')]\,\delta(\xi-v(t))\frac{\delta}{\delta f(t)}e^{-\int \frac{f(t')^2 dt'}{4\zeta mkT}}$$

$$= 2\zeta mkT \int \mathcal{D}[f(t')]\,e^{-\int \frac{f(t')^2 dt'}{4\zeta mkT}}\frac{\delta}{\delta f(t)}\delta(\xi-v(t))$$

$$= 2\zeta mkT\left\langle\frac{\delta}{\delta f(t)}\delta(\xi-v(t))\right\rangle = -2\zeta mkT\frac{\partial}{\partial \xi}\left\langle\delta(\xi-v(t))\frac{\delta v(t)}{\delta f(t)}\right\rangle. \tag{8.2.4}$$

Hier müssen wir die Lösung (8.1.5) verwenden

$$v(t) = v_0 e^{-\zeta t} + \int_0^\infty d\tau\, G(t-\tau)\frac{f(\tau)}{m} \tag{8.1.5}$$

und nach $f(t)$ ableiten. Mit $\frac{\delta f(\tau)}{\delta f(t)} = \delta(\tau-t)$ und (8.1.4) ergibt sich

$$\frac{\delta v(t)}{\delta f(t)} = \int_0^t d\tau\, e^{-\zeta(t-\tau)}\frac{1}{m}\delta(t-\tau) = \frac{1}{2m}. \tag{8.2.5}$$

Der Faktor $\frac{1}{2}$ resultiert, weil nur die Hälfte der δ-Funktion integriert wird. Setzt man (8.2.5) in (8.2.4) und (8.2.4) in (8.2.2) ein, so erhält man als Bewegungsgleichung für die Wahrscheinlichkeitsdichte die *Fokker-Planck-Gleichung*:

$$\frac{\partial}{\partial t}P(v,t) = \zeta\frac{\partial}{\partial v}vP(v,t) + \zeta\frac{kT}{m}\frac{\partial^2}{\partial v^2}P(v,t). \tag{8.2.6}$$

Wir ersetzen hier die Bezeichnung für die Geschwindigkeit ξ durch v, nicht zu verwechseln mit der stochastischen Variablen $v(t)$. Die Fokker-Planck Gleichung kann auch in Form einer Kontinuitätsgleichung dargestellt werden

$$\frac{\partial}{\partial t}P(v,t) = -\zeta \frac{\partial}{\partial v}\left(-vP(v,t) - \frac{kT}{m}\frac{\partial}{\partial v}P(v,t)\right). \tag{8.2.7}$$

Bemerkungen:

(i) Die Stromdichte, der Ausdruck in Klammern, setzt sich aus einem Driftterm und einem Diffusionsstrom zusammen.

(ii) Die Stromdichte verschwindet falls die Wahrscheinlichkeitsdichte die Form $P(v,t) \propto e^{-\frac{mv^2}{2kT}}$ hat. Die *Maxwell-Verteilung* ist also (zumindest eine) Gleichgewichtsverteilung. Hier geht wesentlich die Einstein-Relation (8.1.8) ein. Umgekehrt hätten wir aus dieser Forderung, daß die Maxwell-Verteilung eine Lösung der Fokker-Planck Gleichung ist, die Einstein-Relation erhalten können.

(iii) Wir werden in Abschn. 8.3.1 sehen, daß $P(v,t)$ im Zeitverlauf in die Maxwell-Verteilung übergeht, und diese somit die einzige Gleichgewichtsverteilung der Fokker-Planck-Gleichung (8.2.6) ist.

8.2.2 Herleitung der Smoluchowski-Gleichung für die überdämpfte Langevin-Gleichung (8.1.23)

Auch für die stochastische Bewegungsgleichung (8.1.23)

$$\dot{x} = -\Gamma\frac{\partial V}{\partial x} + r(t), \tag{8.1.23}$$

definieren wir eine Wahrscheinlichkeitsdichte

$$P(\xi,t) = \langle \delta(\xi - x(t))\rangle, \tag{8.2.8}$$

wobei $P(\xi,t)d\xi$ die Wahrscheinlichkeit ist, das Teilchen zur Zeit t an der Stelle ξ im Intervall $d\xi$ zu finden. Wir leiten nun eine Bewegungsgleichung für $P(\xi,t)$ her und bilden dazu ($K(x) \equiv -\frac{\partial V}{\partial x}$)

$$\begin{aligned}\frac{\partial}{\partial t}P(\xi,t) &= -\frac{\partial}{\partial \xi}\langle \delta(\xi - x(t))\dot{x}(t)\rangle \\ &= -\frac{\partial}{\partial \xi}\langle \delta(\xi - x(t))(\Gamma K(x) + r(t))\rangle \\ &= -\frac{\partial}{\partial \xi}\left(\Gamma P(\xi,t)K(\xi)\right) - \frac{\partial}{\partial \xi}\langle \delta(\xi - x(t))r(t)\rangle.\end{aligned} \tag{8.2.9}$$

In der zweiten Zeile wurde die überdämpfte Langevin-Gleichung eingesetzt. Für den letzten Term ergibt sich analog zu Gl. (8.2.4)

8.2 Herleitung der Fokker-Planck-Gleichung aus der Langevin-Gleichung

$$\langle \delta(\xi - x(t))r(t) \rangle = 2\Gamma kT \left\langle \frac{\delta}{\delta r(t)} \delta(\xi - x(t)) \right\rangle$$

$$= -2\Gamma kT \frac{\partial}{\partial \xi} \left\langle \delta(\xi - x(t)) \frac{\delta x(t)}{\delta r(t)} \right\rangle = -\Gamma kT \frac{\partial}{\partial \xi} P(\xi, t) \,. \quad (8.2.10)$$

Dabei haben wir (8.1.23) zwischen 0 und t integriert,

$$x(t) = x(0) + \int_0^t d\tau \left(\Gamma K(x(\tau)) + r(\tau) \right) \,, \quad (8.2.11)$$

woraus

$$\frac{\delta x(t)}{\delta r(t')} = \int_0^t \left(\frac{\partial \Gamma K(x(\tau))}{\partial x(\tau)} \frac{\delta x(\tau)}{\delta r(t')} + \delta(t' - \tau) \right) d\tau \quad (8.2.12)$$

folgt. Die Ableitung ist $\frac{\delta x(\tau)}{\delta r(t')} = 0$ für $\tau < t'$ aus Gründen der Kausalität und verschieden von Null nur für $\tau \geq t'$ mit einem endlichen Wert für $\tau = t'$. So ergibt sich

$$\frac{\delta x(t)}{\delta r(t')} = \int_0^t \frac{\partial \Gamma K(x(\tau))}{\partial x(\tau)} \frac{\delta x(\tau)}{\delta r(t')} d\tau + 1 \text{ für } t' < t \quad (8.2.13a)$$

und

$$\frac{\delta x(t)}{\delta r(t')} = \underbrace{\int_0^t \frac{\partial \Gamma K(x(\tau))}{\partial x(\tau)} \frac{\delta x(\tau)}{\delta r(t')}}_{0 \text{ für } t'=t} + \frac{1}{2} = \frac{1}{2} \quad \text{für } t' = t \,. \quad (8.2.13b)$$

Damit ist der letzte Schritt in (8.2.10) begründet. Aus (8.2.10) und (8.2.9) erhält man die Bewegungsgleichung für $P(\xi, t)$ die sog. *Smoluchowski-Gleichung*

$$\frac{\partial}{\partial t} P(\xi, t) = -\frac{\partial}{\partial \xi} \left(\Gamma P(\xi, t) K(\xi) \right) + \Gamma kT \frac{\partial^2}{\partial \xi^2} P(\xi, t) \,. \quad (8.2.14)$$

Bemerkungen:

(i) Man kann die Smoluchowski-Gleichung (8.2.14) in die Form einer Kontinuitätsgleichung

$$\frac{\partial}{\partial t} P(x, t) = -\frac{\partial}{\partial x} j(x, t) \quad (8.2.15a)$$

bringen, mit der Stromdichte

$$j(x, t) = -\Gamma \left(kT \frac{\partial}{\partial x} - K(x) \right) P(x, t). \quad (8.2.15b)$$

Die Stromdichte $j(x, t)$ setzt sich der Reihe nach aus einem Diffusions- und einem Driftanteil zusammen.

428   8. Brownsche Bewegung und Stochastische Bewegungsgleichungen

(ii) Offensichtlich ist

$$P(x,t) \propto e^{-V(x)/kT} \tag{8.2.16}$$

eine stationäre Lösung der Smoluchowski-Gleichung. Für diese Lösung verschwindet $j(x,t)$.

8.2.3 Fokker-Planck-Gleichung für die Langevin-Gleichung (8.1.22b)

Für die allgemeine Langevin-Gleichung (8.1.22b) definieren wir die Wahrscheinlichkeitsdichte

$$P(x,v,t) = \langle \delta(x - x(t))\delta(v - v(t)) \rangle . \tag{8.2.17}$$

Hier muß man sorgfältig unterscheiden zwischen den Größen x, v und den stochastischen Variablen $x(t), v(t)$. Die Bedeutung der Wahrscheinlichkeitsdichte $P(x,v,t)$ ist folgendermaßen charakterisiert: $P(x,v,t)dxdv$ ist die Wahrscheinlichkeit, das Teilchen im Intervall $[x, x+dx]$ mit der Geschwindigkeit $[v, v+dv]$ zu finden. Die Bewegungsgleichung von $P(x,v,t)$, die allgemeine Fokker-Planck-Gleichung

$$\frac{\partial}{\partial t}P + v\frac{\partial P}{\partial x} + \frac{K(x)}{m}\frac{\partial P}{\partial v} = \zeta\left[\frac{\partial}{\partial v}vP + \frac{kT}{m}\frac{\partial^2 P}{\partial v^2}\right] \tag{8.2.18}$$

folgt durch ähnliche Schritte wie in Abschn. 8.2.2, siehe Aufgabe 8.1.

8.3 Beispiele und Anwendungen

In diesem Abschnitt wird die Fokker-Planck-Gleichung für die freie Brownsche Bewegung exakt gelöst. Außerdem wird für die Smoluchowski-Gleichung allgemein gezeigt, daß die Verteilungsfunktion in die Gleichgewichtslage relaxiert. In diesem Zusammenhang wird auch eine Anknüpfung an die supersymmetrische Quantenmechanik gefunden. Darüber hinaus werden zwei wichtige Anwendungen der Langevin-Gleichungen bzw. Fokker-Planck-Gleichungen dargestellt: die Übergangsraten bei chemischen Reaktionen und die Dynamik kritischer Phänomene.

8.3.1 Integration der Fokker-Planck-Gleichung (8.2.6)

Wir wollen nun die Fokker-Planck-Gleichung für die freie Brownsche Bewegung (8.2.6)

$$\dot{P}(v) = \zeta\frac{\partial}{\partial v}\left\{Pv + \frac{kT}{m}\frac{\partial P}{\partial v}\right\} \tag{8.3.1}$$

8.3 Beispiele und Anwendungen

lösen. Wir erwarten, daß $P(v)$ gegen die Maxwell-Verteilung $e^{-\frac{mv^2}{2kT}}$ relaxiert und zwar mit dem Relaxationsgesetz $e^{-\zeta t}$. Dies legt nahe, statt v die Variable $\rho = ve^{\zeta t}$ einzuführen. Dann wird

$$P(v,t) = P(\rho e^{-\zeta t}, t) \equiv Y(\rho, t) , \tag{8.3.2a}$$

$$\frac{\partial P}{\partial v} = \frac{\partial Y}{\partial \rho} e^{\zeta t}, \quad \frac{\partial^2 P}{\partial v^2} = \frac{\partial^2 Y}{\partial \rho^2} e^{2\zeta t}, \tag{8.3.2b}$$

$$\frac{\partial P}{\partial t} = \frac{\partial Y}{\partial \rho}\frac{\partial \rho}{\partial t} + \frac{\partial Y}{\partial t} = \frac{\partial Y}{\partial \rho}\zeta\rho + \frac{\partial Y}{\partial t} . \tag{8.3.2c}$$

Setzen wir (8.3.2a-c) in (8.2.6) bzw. (8.3.1) ein, ergibt sich

$$\frac{\partial Y}{\partial t} = \zeta Y + \zeta \frac{kT}{m}\frac{\partial^2 Y}{\partial \rho^2} e^{2\zeta t}. \tag{8.3.3}$$

Dies legt die Substitution $Y = \chi e^{\zeta t}$ nahe. Wegen $\frac{\partial Y}{\partial t} = \frac{\partial \chi}{\partial t}e^{\zeta t} + \zeta Y$ folgt

$$\frac{\partial \chi}{\partial t} = \zeta \frac{kT}{m}\frac{\partial^2 \chi}{\partial \rho^2} e^{2\zeta t}. \tag{8.3.4}$$

Nun führen wir durch $d\vartheta = e^{2\zeta t}dt$ die neue Zeitvariable

$$\vartheta = \frac{1}{2\zeta}\left(e^{2\zeta t} - 1\right) \tag{8.3.5}$$

ein, wobei $\vartheta(t=0) = 0$. Somit folgt aus (8.3.4) die Diffusionsgleichung

$$\frac{\partial \chi}{\partial \vartheta} = \zeta \frac{kT}{m}\frac{\partial^2 \chi}{\partial \rho^2} \tag{8.3.6}$$

mit der aus (8.1.17) bekannten Lösung

$$\chi(\rho, \vartheta) = \frac{1}{\sqrt{4\pi q\vartheta}}e^{-\frac{(\rho-\rho_0)^2}{4q\vartheta}} \;;\; q = \zeta\frac{kT}{m}. \tag{8.3.7}$$

Indem wir wieder zu den ursprünglichen Variablen v und t zurückkehren, erhalten wir folgende Lösung

$$P(v,t) = \chi e^{\zeta t} = \left\{\frac{m}{2\pi kT(1-e^{-2\zeta t})}\right\}^{\frac{1}{2}} e^{-\frac{m(v-v_0 e^{-\zeta t})^2}{2kT(1-e^{-2\zeta t})}} \tag{8.3.8}$$

der Fokker-Planck-Gleichung (8.2.6), die die Brownsche Bewegung in Abwesenheit äußerer Kräfte beschreibt. In (8.3.8) ist auch die Lösung der Smoluchowski-Gleichung (8.2.14) für ein harmonisches Potential enthalten.

Wir diskutieren nun die wichtigsten Eigenschaften und Konsequenzen der Lösung (8.3.8):

Im Grenzfall $t \to 0$ gilt

$$\lim_{t\to 0} P(v,t) = \delta(v-v_0). \tag{8.3.9a}$$

Im Grenzfall großer Zeiten, $t \to \infty$, ergibt sich

$$\lim_{t\to\infty} P(v,t) = e^{-mv^2/2kT} \left(\frac{m}{2\pi kT}\right)^{\frac{1}{2}}. \tag{8.3.9b}$$

Bemerkung: Da $P(v,t)$ die Eigenschaft (8.3.9a) besitzt, haben wir mit (8.3.8) auch die bedingte Wahrscheinlichkeitsdichte[6]

$$P(v,t|v_0,t_0) = P(v,t-t_0) \tag{8.3.10}$$

gefunden. Dies ist nicht überraschend. Da durch (8.1.1), (8.1.2) und (8.1.3) ein Markov-Prozeß[7] festgelegt ist, erfüllt $P(v,t|v_0,t_0)$ ebenfalls die Fokker-Planck-Gleichung (8.2.6).

Für eine beliebige integrierbare und normierte Anfangswahrscheinlichkeitsdichte $\rho(v_0)$ zur Zeit t_0

$$\int dv_0 \rho(v_0) = 1 \tag{8.3.11}$$

ergibt sich mit (8.3.8) der Zeitverlauf

$$\rho(v,t) = \int dv_0 P(v,t-t_0)\rho(v_0). \tag{8.3.12}$$

Offensichtlich erfüllt $\rho(v,t)$ die Anfangsbedingung

$$\lim_{t\to t_0} \rho(v,t) = \rho(v_0), \tag{8.3.13a}$$

während für große Zeiten

$$\lim_{t\to\infty} \rho(v,t) = e^{-\frac{mv^2}{2kT}} \left(\frac{m}{2\pi kT}\right)^{\frac{1}{2}} \int dv_0 \rho(v_0) = e^{-\frac{mv^2}{2kT}} \left(\frac{m}{2\pi kT}\right)^{\frac{1}{2}} \tag{8.3.13b}$$

die Maxwell-Verteilung resultiert. Somit ist für die Fokker-Planck-Gleichung (8.2.6) und die Smoluchowski-Gleichung (8.2.14) mit einem harmonischen Potential bewiesen, daß eine beliebige Anfangsverteilung für große Zeiten in die Maxwell-Verteilung (8.3.13b) relaxiert.

Die Funktion (8.3.8) wird übrigens auch in der Wilsonschen exakten Renormierungsgruppen-Transformation zur kontinuierlichen partiellen Elimination kurzwelliger kritischer Fluktuationen benützt.[8]

---

[6] Die bedingte Wahrscheinlichkeit $P(v,t|v_0,t_0)$ gibt die Wahrscheinlichkeit dafür an, daß zur Zeit t der Wert v vorliegt, unter der Bedingung, daß er v_0 zur Zeit t_0 war.

[7] Unter einem Markov-Prozeß versteht man einen stochastischen Prozeß, bei dem alle bedingten Wahrscheinlichkeiten nur von der letzten der in den Bedingungen auftretenden Zeiten abhängt; z.B.

$$P(t_3,v_3|t_2,v_2;t_1,v_1) = P(t_3,v_3|t_2,v_2),$$

wobei $t_1 \leq t_2 \leq t_3$.

[8] K. G. Wilson and J. Kogut, Phys. Rep. **12C**, 75 (1974)

8.3.2 Chemische Reaktion

Wir wollen nun den thermisch aktivierten Übergang über eine Barriere berechnen (Abb. 8.5). Eine naheliegende physikalische Anwendung
ist die Bewegung eines Fremdatoms in einem Festkörper von einem lokalen Minimum des Gitterpotentials in ein anderes. Auch gewisse chemische Reaktionen kann man auf dieser Basis beschreiben. Hier bedeutet x die Reaktionskoordinate, die den Zustand des Moleküls charakterisiert. Die Umgebung des Punktes A kann etwa einen angeregten Zustand eines Moleküls bedeuten, während B das dissoziierte Molekül bedeutet. Der Übergang von A nach B erfolgt über Konfigurationen, die höhere Energie besitzen und wird durch die thermische Einwirkung des umgebenden Mediums ermöglicht. Wir werden die folgende Rechnung in der Sprache der chemischen Reaktion formulieren.

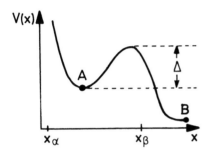

Abb. 8.5. Thermisch aktivierter Übergang über eine Barriere vom Minimum A in das Minimum B.

Gesucht ist die Reaktionsrate (auch Übergangsrate), das ist die Übergangswahrscheinlichkeit pro Zeiteinheit für die Umwandlung von Sorte A in Sorte B. Wir nehmen an, daß die Reibung so groß ist, daß wir die Smoluchowski-Gleichung (8.2.15a,b) zugrunde legen können,

$$\dot P = -\frac{\partial}{\partial x}j(x). \tag{8.2.15a}$$

Die Integration dieser Gleichung zwischen den Punkten α und β ergibt

$$\frac{d}{dt}\int_{x_\alpha}^{x_\beta} dx P = -j(x_\beta) + j(x_\alpha), \tag{8.3.14}$$

wobei x_β zwischen den Stellen A und B liegt. Daraus folgt, daß $j(x_\beta)$ die *Übergangsrate* zwischen den Zuständen (den chemischen Sorten) A und B ist.

Zur Berechnung von $j(x_\beta)$ setzen wir voraus, daß die Barriere genügend hoch ist, so daß die Übergangsrate klein ist. Dann werden faktisch alle Moleküle im Bereich des Minimums A sein und dort nach der thermischen Gleichgewichtsverteilung verteilt sein. Die wenigen Moleküle, die den Zustand B

432   8. Brownsche Bewegung und Stochastische Bewegungsgleichungen

erreicht haben, kann man sich abgefiltert vorstellen. Die Strategie unserer Rechnung ist, eine stationäre Lösung $P(x)$ zu finden, die die Eigenschaften

$$P(x) = \frac{1}{Z} e^{-V(x)/kT} \qquad \text{in der Umgebung von } A \qquad (8.3.15a)$$

$$P(x) = 0 \qquad \text{in der Umgebung von } B \qquad (8.3.15b)$$

besitzt. Aus der Forderung der Stationarität folgt

$$0 = \Gamma \frac{\partial}{\partial x} \left(kT \frac{\partial}{\partial x} + \frac{\partial V}{\partial x} \right) P , \qquad (8.3.16)$$

woraus sich nach einmaliger Integration

$$\Gamma \left(kT \frac{\partial}{\partial x} + \frac{\partial V}{\partial x} \right) P = -j_0 \qquad (8.3.17)$$

ergibt. Die Integrationskonstante j_0 hat die Bedeutung der Stromdichte, die wegen der Quellenfreiheit von (8.2.14) zwischen A und B unabhängig von x ist. Diese Integrationskonstante kann aus den obigen Randbedingungen bestimmt werden. Dazu führen wir für $P(x)$ den Ansatz

$$P(x) = e^{-V/kT} \hat{P} \qquad (8.3.18)$$

in Gleichung (8.3.17) ein

$$\frac{\partial}{\partial x} \hat{P} = -\frac{j_0}{kT\Gamma} e^{V(x)/kT} . \qquad (8.3.17'a)$$

Wenn man diese Gleichung ausgehend von A bis x integriert, erhält man

$$\hat{P}(x) = \text{const} - \frac{j_0}{kT\Gamma} \int_A^x dx\, e^{V(x)/kT} . \qquad (8.3.17'b)$$

Die Randbedingung bei A, daß dort P der thermischen Gleichgewichtsverteilung genügt, bedingt

$$\text{const} = \frac{1}{\int_A dx\, e^{-V/kT}} . \qquad (8.3.19a)$$

Hier bedeutet $\int_A$, daß sich das Integral über die Umgebung von A erstreckt. Bei genügender Höhe der Barriere sind Beiträge, die entfernt vom Minimum sind, vernachlässigbar.[9] Die Randbedingung bei B verlangt

$$0 = e^{-V_B/kT} \left(\text{const} - \frac{j_0}{kT\Gamma} \int_A^B dx\, e^{V/kT} \right) , \qquad (8.3.19b)$$

---

[9] Setzt man (8.3.17'b) mit (8.3.20) in (8.3.18) ein, erhält man in der Umgebung der Stelle A vom ersten Term tatsächlich die Gleichgewichtsverteilung, während der zweite Term wegen $\int_A^x dx\, e^{V/kT} / \int_A^B dx\, e^{V/kT} \ll 1$ vernachlässigbar ist.

so daß

$$j_0 = \frac{kT\,\Gamma\left(\int_A dx\,e^{-V(x)/kT}\right)^{-1}}{\int_A^B dx\,e^{V(x)/kT}}. \tag{8.3.20}$$

Für $V(x)$ in der Umgebung von A setzen wir $V_A(x) \approx \frac{1}{2}(2\pi\nu)^2 x^2$, wobei wir ohne Beschränkung der Allgemeinheit den Nullpunkt der Energieskala an die Stelle A gesetzt haben. Dann ergibt sich

$$\int_A dx\,e^{-V_A/kT} = \int_{-\infty}^{\infty} dx\,e^{-\frac{1}{2}(2\pi\nu)^2 x^2/kT} = \frac{\sqrt{kT}}{\sqrt{2\pi}\nu}.$$

Hier wurde die Integration über die Umgebung von A hinaus bis $[-\infty, \infty]$ ausgedehnt, was wegen des raschen Abfalls des Integranden zulässig ist. Der Hauptbeitrag zu dem Integral im Nenner von (8.3.20) kommt von der Umgebung der Barriere, wo wir $V(x) \approx \Delta - (2\pi\nu')^2 x^2/2$ setzen. Hier ist Δ die Höhe der Barriere und ν'^2 charakterisiert die Krümmung der Barriere

$$\int_A^B dx\,e^{V/kT} \approx e^{\Delta/kT} \int_{-\infty}^{\infty} dx\,e^{-\frac{(2\pi\nu')^2 x^2}{2kT}} = e^{\frac{\Delta}{kT}} \frac{\sqrt{kT}}{\sqrt{2\pi}\nu'}.$$

Das ergibt insgesamt für die Stromdichte beziehungsweise die Übergangsrate[10]

$$j_0 = 2\pi\nu\nu'\Gamma e^{-\Delta/kT}. \tag{8.3.21}$$

Wir weisen auf folgende wichtige Züge der *thermisch aktivierten Übergangsrate* hin. Der entscheidende Faktor in diesem Resultat ist die *Arrhenius*-Abhängigkeit $e^{-\Delta/kT}$, wo Δ die Höhe der Barriere, d.h. die Aktivierungsenergie, angibt. Den Vorfaktor können wir noch umformen, indem wir $(2\pi\nu)^2 = m\omega^2, (2\pi\nu')^2 = m\omega'^2$ und $\Gamma = \frac{1}{m\zeta}$ (Gleichung (8.1.24)) ersetzen:

$$j_0 = \frac{\omega\omega'}{2\pi\zeta}e^{-\Delta/kT}. \tag{8.3.21'}$$

Nehmen wir $\omega' \approx \omega$ an, so ist der Vorfaktor proportional dem Quadrat der durch die Potentialmulde charakterisierten Schwingungsfrequenz.[11]

8.3.3 Kritische Dynamik

Es wurde schon in der Einleitung zur Brownschen Bewegung darauf hingewiesen, daß die dafür entwickelte Theorie wesentlich allgemeinere Bedeutung

---

[10] H. A. Kramers, Physica **7**, 284 (1940)

[11] ω ist die Frequenz (attempt frequency) mit der das Teilchen auf die rechte Seite der Potentialmulde kommt, von wo aus es (wenn auch mit kleiner Wahrscheinlichkeit $\sim e^{-\Delta/kT}$) die Möglichkeit hat, durch Stöße die Barriere zu überwinden.

hat. Statt der Bewegung eines schweren Teilchens in einer Flüssigkeit von stochastisch stoßenden Molekülen hat man auch in ganz anderen Situationen eine kleine Zahl von vergleichsweise langsam variierenden kollektiven Variablen, die in Wechselwirkung mit vielen stark variierenden, raschen Freiheitsgraden stehen. Die letzteren führen zur Dämpfung der Bewegung der kollektiven Freiheitsgrade.

Diese Situation liegt im *hydrodynamischen* Bereich vor. Hier sind die kollektiven Freiheitsgrade die Dichten der Erhaltungsgrößen. Die typischen Zeitskalen für diese hydrodynamischen Freiheitsgrade wachsen proportional zu $1/q$ oder $1/q^2$ an, wo q die Wellenzahl ist. Im Vergleich dazu sind im Bereich kleiner Wellenzahlen alle übrigen Freiheitsgrade sehr rasch und können als stochastisches Rauschen in den Bewegungsgleichungen der erhaltenen Dichten angesehen werden. Dies führt dann zu der typischen Form der hydrodynamischen Gleichungen mit Dämpfungstermen proportional zu q^2 oder im Ortsraum $\sim \nabla^2$. Es sei betont, daß „Hydrodynamik" keineswegs auf die Domäne der Flüssigkeiten oder Gase beschränkt ist, sondern in Verallgemeinerung der ursprünglichen Bedeutung generell die Dynamik der Erhaltungsgrößen beinhaltet, entsprechend der jeweiligen physikalischen Situation (Dielektrikum, Ferromagnet, flüssige Kristalle etc.).

Ein weiteres wichtiges Gebiet, in dem eine solche Trennung der Zeitskalen auftritt, ist die Dynamik in der Nähe von kritischen Punkten. Wie aus den Abschnitten über die statischen kritischen Phänomene bekannt ist, werden die Korrelationen des lokalen Ordnungsparameters langreichweitig. Man hat also fluktuierende Ordnung innerhalb von Bereichen der Ausdehnung von der Größe der Korrelationslänge. Mit dem Anwachsen dieser korrelierten Bereiche geht das Anwachsen der charakteristischen Zeitskala einher. Deshalb können die übrigen Freiheitsgrade des Systems als rasch variierend angesehen werden. Im Ferromagneten ist der Ordnungsparameter die Magnetisierung. In dessen Bewegung wirken sich die übrigen Freiheitsgrade wie Elektronen und Gitterschwingungen als rasch variierende stochastische Stöße aus.

Im *Ferromagneten* verhält sich in der Nähe des Curie-Punktes die magnetische Suszeptibilität wie

$$\chi \sim \frac{1}{T - T_c} \tag{8.3.22a}$$

und die Magnetisierungskorrelationsfunktion wie

$$G_{MM}(\mathbf{x}) \sim \frac{e^{-|\mathbf{x}|/\xi}}{|\mathbf{x}|}. \tag{8.3.22b}$$

In der Nähe des kritischen Punktes des *Flüssigkeits-Gas*-Überganges divergiert die isotherme Kompressibilität

$$\kappa_T \sim \frac{1}{T - T_c} \tag{8.3.22c}$$

und die Dichte-Dichte-Korrelationsfunktion hat den Verlauf

$$g_{\rho\rho}(\mathbf{x}) \sim \frac{e^{-|\mathbf{x}|/\xi}}{|\mathbf{x}|}. \qquad (8.3.22d)$$

In Gl. (8.3.22b,d) ist in Molekularfeldnäherung $\xi \sim (T - T_c)^{-\frac{1}{2}}$ die Korrelationslänge. Dies sind die bekannten Resultate der Molekularfeldtheorie, Abschn. 5.4, 6.5.

Ein allgemeiner modellunabhängiger Zugang zur Theorie der kritischen Phänomene geht von einer Kontinuumsbeschreibung für die freie Energie, der Ginzburg-Landau-Entwicklung (Siehe Abschn. 7.4.1) aus,

$$\mathcal{F}[M] = \int d^d x \left\{ \frac{a'}{2}(T - T_c)M^2 + \frac{b}{4}M^4 + \frac{c}{2}(\nabla M)^2 - Mh \right\}, \qquad (8.3.23)$$

wobei $e^{-\mathcal{F}/kT}$ das statistische Gewicht einer Konfiguration $M(\mathbf{x})$ angibt. Die wahrscheinlichste Konfiguration ist durch

$$\frac{\delta \mathcal{F}}{\delta M} = 0 = a'(T - T_c)M - c\nabla^2 M + bM^3 - h \qquad (8.3.24)$$

gegeben. Daraus folgt für die Magnetisierung und die Suszeptibilität im Grenzfall $h \to 0$

$$M \sim (T_c - T)^{1/2} \Theta(T_c - T) \quad \text{und} \quad \chi \sim \frac{1}{T - T_c}.$$

Da die Korrelationslänge bei Annäherung an den kritischen Punkt divergiert, $\xi \to \infty$, werden auch die Schwankungen langsam. Dies legt die folgende stochastische Bewegungsgleichung[12]

$$\dot{M}(\mathbf{x},t) = -\lambda \frac{\delta \mathcal{F}}{\delta M(\mathbf{x},t)} + r(\mathbf{x},t) \qquad (8.3.25)$$

für die Magnetisierung nahe. Der erste Term in der Bewegungsgleichung bewirkt die Relaxation in das Minimum des Funktionals der freien Energie. Diese thermodynamische Kraft ist umso stärker, je größer der Gradient $\delta \mathcal{F}/\delta M(\mathbf{x})$ ist. Der Koeffizient λ charakterisiert die Relaxationsrate analog zu Γ in der Smoluchowski-Gleichung. Schließlich ist $r(\mathbf{x},t)$ eine stochastische Kraft, die von den übrigen Freiheitsgraden herrührt. Statt einer endlichen Zahl von stochastischen Variablen haben wir hier von einem kontinuierlichen Index, dem Ort $\mathbf{x}$, abhängige stochastische Variablen $M(\mathbf{x},t)$ und $r(\mathbf{x},t)$.

Statt $M(\mathbf{x})$ können wir auch deren Fourier-Transformierte

$$M_{\mathbf{k}} = \int d^d x \, e^{-i\mathbf{k}\mathbf{x}} M(\mathbf{x}) \qquad (8.3.26)$$

---

[12] TDGL = time dependent Ginzburg Landau model

einführen und gleichermaßen für $r(\mathbf{x},t)$. Dann lautet die Bewegungsgleichung (8.3.25)

$$\dot{M}_{\mathbf{k}} = -\lambda \frac{\partial \mathcal{F}}{\partial M_{-\mathbf{k}}} + r_{\mathbf{k}}(t). \tag{8.3.25'}$$

Schließlich müssen wir noch die Eigenschaften der stochastischen Kräfte spezifizieren. Der Mittelwert verschwindet

$$\langle r(\mathbf{x},t) \rangle = \langle r_{\mathbf{k}}(t) \rangle = 0$$

und außerdem sind sie räumlich und zeitlich nur über kurze Distanzen korreliert, was wir in idealisierter Form durch

$$\langle r_{\mathbf{k}}(t) r_{\mathbf{k}'}(t') \rangle = 2\lambda kT \delta_{\mathbf{k},-\mathbf{k}'} \delta(t-t') \tag{8.3.27}$$

oder

$$\langle r(\mathbf{x},t) r(\mathbf{x}',t') \rangle = 2\lambda kT \delta(\mathbf{x}-\mathbf{x}') \delta(t-t') \tag{8.3.27'}$$

darstellen. Für das Schwankungsquadrat der Kraft haben wir die Einstein-Relation postuliert, wodurch gesichert ist, daß eine Gleichgewichtsverteilungsfunktion durch $e^{-\beta \mathcal{F}[M]}$ gegeben ist. Wir setzen außerdem voraus, daß die Wahrscheinlichkeitsdichte für die stochastischen Kräfte $r(\mathbf{x},t)$ eine Gauß-Verteilung ist (vgl. (8.1.26)). Das hat zur Folge, daß die ungeraden Korrelationsfunktionen von $r(\mathbf{x},t)$ verschwinden und die geraden in Produkte von (8.3.27') faktorisieren (Summe über alle paarweisen Kontraktionen). Wir untersuchen nun die Bewegungsgleichung (8.3.25') für $T > T_c$. Im weiteren verwenden wir die *Gaußsche Näherung*, d.h. wir vernachlässigen die anharmonischen Terme, dann vereinfacht sich die Bewegungsgleichung zu

$$\dot{M}_{\mathbf{k}} = -\lambda \big(a'(T-T_c) + ck^2 \big) M_{\mathbf{k}} + r_{\mathbf{k}}. \tag{8.3.28}$$

Deren Lösung ist uns schon aus der elementaren Theorie der Brownschen Bewegung geläufig

$$M_{\mathbf{k}}(t) = e^{-\gamma_{\mathbf{k}} t} M_{\mathbf{k}}(0) + e^{-\gamma_{\mathbf{k}} t} \int_0^t dt' \, r_{\mathbf{k}}(t') e^{\gamma_{\mathbf{k}} t'}, \tag{8.3.29}$$

und ebenso die daraus resultierende Korrelationsfunktion

$$\langle M_{\mathbf{k}}(t) M_{\mathbf{k}'}(t') \rangle = e^{-\gamma_k |t-t'|} \frac{\lambda kT}{\gamma_k} \delta_{\mathbf{k},-\mathbf{k}'} + \mathcal{O}(e^{-\gamma_k (t+t')}) \tag{8.3.30}$$

beziehungsweise für Zeiten $t, t' > \gamma_{\mathbf{k}}^{-1}$

$$\langle M_{\mathbf{k}}(t) M_{\mathbf{k}'}(t') \rangle = \delta_{\mathbf{k},-\mathbf{k}'} \frac{kT}{a'(T-T_c) + ck^2} e^{-\gamma_k |t-t'|}. \tag{8.3.31}$$

Hier haben wir die Relaxationsrate

$$\gamma_{\mathbf{k}} = \lambda\big(a'(T - T_c) + ck^2\big) \tag{8.3.32a}$$

eingeführt. Insbesondere gilt für $k = 0$

$$\gamma_0 \sim (T - T_c) \sim \xi^{-2} \ . \tag{8.3.32b}$$

Wie eingangs vermutet, nimmt die Relaxationsrate bei Annäherung an den kritischen Punkt drastisch ab. Man bezeichnet diesen Sachverhalt als kritische Verlangsamung oder auch „critical slowing down".

Wie schon aus Kap. 7 bekannt ist, führt die Wechselwirkung bM^4 zwischen den kritischen Fluktuationen zur Abänderung der kritischen Exponenten, z.B. $\xi \to (T - T_c)^{-\nu}$. Ebenso zeigt sich im Rahmen der dynamischen Renormierungsgruppentheorie, daß diese Wechselwirkungen in der Dynamik zu

$$\gamma_0 \to \xi^{-z} \tag{8.3.33}$$

mit einem von 2 verschiedenen *kritischen dynamischen Exponenten* z führen[13].

Bemerkung:

Nach Gl. (8.3.25′) ist die Dynamik des Ordnungsparameters relaxierend. Für *isotrope Ferromagneten* ist die Magnetisierung erhalten, und die gekoppelte Präzessionsbewegung der magnetischen Momente führt zu Spinwellen. In diesem Fall lauten die Bewegungsgleichungen[14]

$$\dot{\mathbf{M}}(\mathbf{x}, t) = -\lambda M(\mathbf{x}, t) \times \frac{\delta \mathcal{F}}{\delta \mathbf{M}}(\mathbf{x}, t) + \Gamma \nabla^2 \frac{\delta \mathcal{F}}{\delta \mathbf{M}}(\mathbf{x}, t) + \mathbf{r}(\mathbf{x}, t) \ , \tag{8.3.34}$$

mit

$$\langle \mathbf{r}(\mathbf{x}, t) \rangle = 0 \ , \tag{8.3.35}$$

$$\langle r_i(\mathbf{x}, t) r_j(\mathbf{x}, t) \rangle = -2\Gamma k T \nabla^2 \delta^{(3)}(\mathbf{x} - \mathbf{x}') \delta(t - t') \delta_{ij} \ , \tag{8.3.36}$$

die oberhalb der Curie-Temperatur zu Spindiffusion und unterhalb zu Spinwellen führt (Aufgabe 8.9). Der erste Term auf der rechten Seite der Bewegungsgleichung bewirkt die Präzessionsbewegung der lokalen Magnetisierung $\mathbf{M}(\mathbf{x}, t)$ um das lokale Feld $\delta \mathcal{F}/\delta \mathbf{M}(\mathbf{x}, t)$ an der Stelle $\mathbf{x}$. Der zweite Term ergibt die Dämpfung. Da die Magnetisierung erhalten ist, ist sie proportional zu ∇^2, d.h. im Fourier-Raum proportional zu k^2 angesetzt. Diese Bewegungsgleichungen sind unter dem Namen Bloch-Gleichungen oder Landau-Lifshitz-Gleichungen bekannt und exklusive des stochastischen Terms schon lange vor

---

[13] Siehe z.B. F. Schwabl und U.C. Täuber, Encyclopaedia of Applied Physics, Vol. 13, 343 (1995), VCH.
[14] S. Ma, G.F. Mazenko, Phys. Rev. B **11**, 4077 (1975).

der Zeit der kritischen dynamischen Phänomene in der Festkörperphysik in Verwendung gewesen. Die stochastische Kraft $\mathbf{r}(\mathbf{x},t)$ rührt von den übrigen, raschen Freiheitsgraden her. Das Funktional der freien Energie lautet

$$\mathcal{F}[\mathbf{M}(\mathbf{x},t)] = \frac{1}{2}\int d^3x \left[a'(T-T_c)\mathbf{M}^2(\mathbf{x},t) + \frac{b}{2}\mathbf{M}^4(\mathbf{x},t) \right.$$
$$\left. + c(\nabla \mathbf{M}(\mathbf{x},t))^2 - \mathbf{h}\mathbf{M}(\mathbf{x},t) \right] \quad (8.3.37)$$

*8.3.4 Smoluchowski-Gleichung und supersymmetrische Quantenmechanik

8.3.4.1 Eigenwertgleichung

Um die Smoluchowski-Gleichung (8.2.14) ($V' \equiv \partial V/\partial x) \equiv -K$

$$\frac{\partial P}{\partial t} = \Gamma \frac{\partial}{\partial x}\left(kT \frac{\partial}{\partial x} + V' \right) P \quad (8.3.38)$$

auf eine Gestalt zu bringen, die nur mehr die zweite Ableitung nach x enthält, setzen wir den Ansatz

$$P(x,t) = e^{-V(x)/2kT} \rho(x,t) \quad (8.3.39)$$

ein und erhalten

$$\frac{\partial \rho}{\partial t} = kT\Gamma \left(\frac{\partial^2}{\partial x^2} + \frac{V''}{2kT} - \frac{V'^2}{4(kT)^2} \right) \rho . \quad (8.3.40)$$

Dies ist eine Schrödinger-Gleichung mit imaginärer Zeit

$$i\hbar \frac{\partial \rho}{\partial(-i\hbar 2kT\Gamma t)} = \left(-\frac{1}{2}\frac{\partial^2}{\partial x^2} + V^0(x) \right)\rho. \quad (8.3.41)$$

mit dem Potential

$$V^0(x) = \frac{1}{2}\left\{ \frac{V'^2}{4(kT)^2} - \frac{V''}{2kT} \right\}. \quad (8.3.42)$$

Nach der Separation der Variablen

$$\rho(x,t) = e^{-2kT\Gamma E_n t}\varphi_n(x) \quad (8.3.43)$$

erhalten wir aus Gl. (8.3.40) die Eigenwertgleichung

$$\frac{1}{2}\varphi_n'' = (-E_n + V^0(x))\varphi_n(x). \quad (8.3.44)$$

Formal ist Gleichung (8.3.44) identisch mit einer zeitunabhängigen Schrödinger-Gleichung.[15] In (8.3.43) und (8.3.44) haben wir die aus (8.3.44) folgenden Eigenfunktionen und Eigenwerte mit dem Index n numeriert.

Der Grundzustand von (8.3.44) ist durch

$$\varphi_0 = \mathcal{N} e^{-\frac{V}{2kT}}, \; E_0 = 0 \tag{8.3.45}$$

gegeben, wo $\mathcal{N}$ ein Normierungsfaktor ist. Eingesetzt in (8.3.39) ergibt sich daraus für $P(x,t)$ die Gleichgewichtsverteilung

$$P(x,t) = \mathcal{N} e^{-V(x)/kT} \; . \tag{8.3.45'}$$

Aus (8.3.42) ist sofort der Zusammenhang mit der *supersymmetrischen Quantenmechanik* ersichtlich. Der supersymmetrische Partner[16] zu V^0 besitzt das Potential

$$V^1 = \frac{1}{2} \left[\frac{V'^2}{4(kT)^2} + \frac{V''}{2kT} \right] . \tag{8.3.46}$$

Die Anregungsspektren der beiden Hamilton-Operatoren

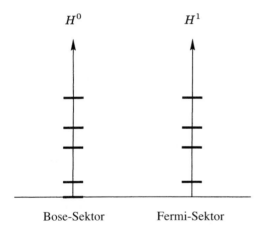

Abb. 8.6. Die Anregungsspektren der beiden Hamilton-Operatoren H^0 und H^1, QM I, S. 357 und 365.

$$H^{0,1} = -\frac{1}{2} \frac{d^2}{dx^2} + V^{0,1}(x) \tag{8.3.47}$$

hängen in der in Abb. 8.6 dargestellten Weise zusammen. Man kann diesen Zusammenhang mit Vorteil nützen, wenn das Problem H^1 einfacher zu lösen ist als H^0.

---

[15] N.G. van Kampen J. Stat. Phys. **17**, 71 (1977).

[16] M. Bernstein, L. S. Brown, Phys. Rev. Lett. **52**, 1933 (1984); F. Schwabl, QM I, Kap. 19, Springer, 2005. Die dort eingeführte Größe Φ hängt mit der Grundzustandswellenfunktion φ_0 und dem Potential V folgendermaßen zusammen: $\Phi = -\varphi_0'/\varphi_0 = V'/2kT$.

8.3.4.2 Relaxation in das Gleichgewicht

Wir können nun das Anfangswertproblem für die Smoluchowski-Gleichung allgemein lösen. Ausgehend von einer beliebigen, normierten Anfangsverteilung $P(x)$ läßt sich $\rho(x)$ berechnen und nach den Eigenfunktionen von (8.3.44) entwickeln

$$\rho(x) = e^{V(x)/2kT} P(x) = \sum_n c_n \varphi_n(x), \qquad (8.3.48)$$

mit den Entwicklungskoeffizienten

$$c_n = \int dx\, \varphi_n^*(x) e^{V(x)/2kT} P(x). \qquad (8.3.49)$$

Aus (8.3.43) ergibt sich die Zeitabhängigkeit

$$\rho(x,t) = \sum_n e^{-2kT\Gamma E_n t} c_n \varphi_n(x), \qquad (8.3.50)$$

woraus mit (8.3.39)

$$P(x,t) = e^{-V(x)/2kT} \sum_{n=0}^{\infty} c_n e^{-2kT\Gamma E_n t} \varphi_n(x) \qquad (8.3.51)$$

folgt. Der normierte Grundzustand hat die Form

$$\varphi_0 = \frac{e^{-V(x)/2kT}}{\left(\int dx\, e^{-V(x)/kT}\right)^{1/2}}. \qquad (8.3.52)$$

Deshalb ist der Entwicklungskoeffizient c_0 durch

$$c_0 = \int dx\, \varphi_0^* e^{V(x)/2kT} P(x) = \frac{\int dx\, P(x)}{\left(\int dx\, e^{-V(x)/kT}\right)^{1/2}} = \frac{1}{\left(\int dx\, e^{-V(x)/kT}\right)^{1/2}} \qquad (8.3.53)$$

gegeben. Dies erlaubt uns (8.3.51) in die Form

$$P(x,t) = \frac{e^{-V(x)/kT}}{\int dx\, e^{-V(x)/kT}} + e^{-V(x)/2kT} \sum_{n=1}^{\infty} c_n e^{-2kT\Gamma E_n t} \varphi_n(x) \qquad (8.3.54)$$

zu bringen. Damit ist das Anfangswertproblem für die Smoluchowski-Gleichung allgemein gelöst. Da $E_n > 0$ für $n \geq 1$ ist, folgt aus dieser Entwicklung

$$\lim_{t\to\infty} P(x,t) = \frac{e^{-V(x)/kT}}{\int dx\, e^{-V(x)/kT}}, \qquad (8.3.55)$$

was bedeutet, daß von einer beliebigen Anfangsverteilung ausgehend $P(x,t)$ für große Zeiten in die Gleichgewichtsverteilung (8.3.45') bzw. (8.3.55) übergeht.

Literatur

R. Becker, *Theorie der Wärme*, 3. Aufl., Springer Verlag, Heidelberg, 1985, Kap. 7
A. Einstein, Ann. d. Phys. **17**, 182 (1905); nachgedruckt in Annalen der Physik **14**, Supplementary issue, 2005
H. Risken, *The Fokker-Planck Equation*, Springer Verlag, Heidelberg, 1984
N.G. van Kampen, *Stochastic Processes in Physics and Chemistry*, North Holland, Amsterdam, 1981

Aufgaben zu Kapitel 8

8.1 Leiten Sie die allgemeine Fokker-Planck-Gleichung (8.2.18) her.

8.2 Ein Teilchen bewegt sich mit der Schrittweite l entlang der x-Achse. In einem Zeitschritt hüpft es mit der Wahrscheinlichkeit p_+ nach rechts und mit der Wahrscheinlichkeit p_- nach links ($p_+ + p_- = 1$). Wie weit entfernt es sich im Mittel nach t Zeitschritten vom Ausgangspunkt wenn $p_+ = p_- = 1/2$ ist, bzw. wenn $p_+ = 3/4$ und $p_- = 1/4$ ist?

8.3 Diffusion und Wärmeleitung
(a) Lösen Sie die Diffusionsgleichung

$$\dot{n} = D \Delta n$$

für $d = 1, 2$ und 3 Dimensionen mit der Anfangsbedingung

$$n(\mathbf{x}, t = 0) = N \delta^d(\mathbf{x}).$$

Hierbei ist n die Teilchendichte, N die Teilchenzahl und D die Diffusionskonstante.
(b) Eine andere Form der Diffusionsgleichung ist die Wärmeleitungsgleichung

$$\Delta T = \frac{c\rho}{\kappa} \frac{\partial T}{\partial t}$$

wobei T die Temperatur, κ die Wärmeleitfähigkeit, c die spezifische Wärme und ρ die Dichte ist.
Lösen Sie als Anwendung die folgende Aufgabe: Kartoffeln werden bei $+5°C$ in einen breiten Graben eingelagert, der mit einer Schicht lockerer Erde der Dicke d zugedeckt wird. Gleich nach dem Einlagern setzt schlagartig eine Kälteperiode von durchgehend $-10°C$ ein, die zwei Monate lang dauert. Wie dick muß die Erdschicht sein, damit die Kartoffelschicht am Ende der zwei Monate nicht bis auf $0°C$ abgekühlt ist? Nehmen Sie näherungsweise für Kartoffeln und Erde die gleichen Werte an: $\kappa = 0.4 \frac{W}{m \cdot K}$, $c = 2000 \frac{J}{kg \cdot K}$, $\rho = 1000 \frac{kg}{m^3}$.

8.4 Betrachten Sie die Langevin-Gleichung eines überdämpften, harmonischen Oszillators

$$\dot{x}(t) = -\Gamma x(t) + h(t) + r(t),$$

wobei $h(t)$ eine äußere Kraft und $r(t)$ eine stochastische Kraft mit den Eigenschaften (8.1.25) ist. Berechnen Sie die Korrelationsfunktion

$$C(t, t') = \langle x(t) x(t') \rangle_{h=0},$$

die Responsefunktion

$$\chi(t, t') = \frac{\delta \langle x(t) \rangle}{\delta h(t')},$$

und die Fourier-Transformierte der Responsefunktion.

442   8. Brownsche Bewegung und Stochastische Bewegungsgleichungen

8.5 Gedämpfter Oszillator
(a) Betrachten Sie den gedämpften harmonischen Oszillator

$$m\ddot{x} + m\zeta\dot{x} + m\omega_0^2 x = f(t)$$

mit der stochastischen Kraft $f(t)$ aus Gl. (8.1.25). Berechnen Sie Korrelationsfunktion und dynamische Suszeptibilität. Diskutieren Sie insbesondere die Lage der Pole und die Linienform. Was ändert sich gegenüber den Grenzfällen des ungedämpften bzw. überdämpften Oszillators?
(b) Drücken Sie die stationäre Lösung $\langle x(t)\rangle$ beim Einwirken einer periodischen äußeren Kraft $f_e(t) = f_0 \cos\frac{2\pi}{T}t$ durch die dynamische Suszeptibilität aus. Berechnen Sie damit die dissipierte Leistung $\frac{1}{T}\int_0^T dt\, f_e(t)\langle \dot{x}(t)\rangle$.

8.6 Verschiedenste physikalische Systeme lassen sich als ein schwingungsfähiges Subsystem beschreiben, das an einen relaxierenden Freiheitsgrad koppelt, wobei beide sich in Kontakt mit einem Wärmebad befinden (z.B. die Schallausbreitung in einem Medium, in dem chemische Reaktionen ablaufen; Phononen bei Berücksichtigung von Energie-/Wärmediffusion). Betrachten Sie als einfaches Modell das folgende gekoppelte Gleichungssystem

$$\dot{x} = \frac{1}{m}p$$
$$\dot{p} = -m\omega_0^2 x - \Gamma p + by + R(t)$$
$$\dot{y} = -\gamma y - \frac{b}{m}p + r(t).$$

Hierbei wird durch x und p der Schwingungsfreiheitsgrad (mit Eigenfrequenz ω_0) beschrieben, y ist der Relaxationsfreiheitsgrad. Die Subsysteme sind wechselseitig linear verkoppelt, die Kopplungsstärke ist durch den Parameter b bestimmt. Die Kopplung an das Wärmebad wird jeweils durch die Zufallskräfte R, r mit den üblichen Eigenschaften (Verschwinden der Mittelwerte und Einstein-Relationen) und die zugehörigen Dämpfungskoeffizienten Γ, γ gewährleistet.
(a) Berechnen Sie die dynamische Suszeptibilität $\chi_x(\omega)$ für den Schwingungsfreiheitsgrad.
(b) Diskutieren Sie den erhaltenen Ausdruck im Grenzfall $\gamma \to 0$, d.h. die Relaxationszeit des Relaxators sei sehr lang.

8.7 Ein Anwendungbeispiel für die überdämpfte Langevin-Gleichung ist ein elektrischer Schwingkreis bestehend aus einer Kapazität C und einem Widerstand R, der sich auf der Temperatur T befindet. Die Spannung U_R am Widerstand ist mit der Stromstärke I über $U_R = RI$ und die Spannung U_c am Kondensator ist mit der Ladung Q des Kondensators über $U_c = \frac{Q}{C}$ verknüpft. Im Mittel gilt, daß die Summe der beiden Spannungen Null ist, $U_R + U_C = 0$. Tatsächlich rührt der Strom von der Bewegung vieler Elektronen her, und durch Stöße am Gitter und mit Phononen kommt es zu Schwankungen, die man durch einen Rauschterm V_{th} in der Spannungsbilanz modelliert ($J = \dot{Q}$)

$$R\dot{Q} + \frac{1}{C}Q = V_{\text{th}}.$$

bzw.

$$\dot{U}_c + \frac{1}{RC}U_c = \frac{1}{RC}V_{\text{th}}.$$

(a) Nehmen Sie für die stochastische Kraft die Einstein-Relation an und berechnen Sie die spektrale Verteilung der Spannungsschwankungen

$$\phi(\omega) = \int_{-\infty}^{\infty} dt\, e^{i\omega t} \langle U_c(t) U_c(0)\rangle\;.$$

(b) Berechnen Sie

$$\langle U_c^2 \rangle \equiv \langle U_c(t) U_c(t)\rangle \equiv \int_{-\infty}^{\infty} d\omega\, \phi(\omega)$$

und interpretieren Sie das Ergebnis $\frac{1}{2} C \langle U_c^2 \rangle = \frac{1}{2} kT$.

8.8 In Verallgemeinerung von Beispiel 8.7 möge der Schwingkreis nun auch noch ein induktives Element enthalten, an welchem der Spannungsabfall $U_L = L\dot{I}$ ist. Die Bewegungsgleichung für die Ladung am Kondensator lautet

$$\ddot{Q} + R\dot{Q} + \frac{1}{C}Q = V_{\text{th}}\;.$$

Indem Sie wieder die Einstein-Relation für die Rauschspannung V_{th} annehmen, berechnen Sie die spektrale Verteilung für die Stromstärke $\int_{-\infty}^{\infty} dt\, e^{i\omega t} \langle I(t)I(0)\rangle$.

8.9 Gehen Sie von den Bewegungsgleichungen des isotropen Ferromagneten Gleichung (8.3.34) aus, und untersuchen Sie die ferromagnetische Phase, in welcher

$$\mathbf{M}(\mathbf{x},t) = \hat{e}_z M_0 + \delta \mathbf{M}(\mathbf{x},t)$$

gilt.
(a) Linearisieren Sie die Bewegungsgleichungen in $\delta \mathbf{M}(\mathbf{x},t)$, und bestimmen Sie die transversalen und longitudinalen Anregungen in Bezug auf die z−Richtung.
(b) Berechnen Sie die dynamische Suszeptibilität

$$\chi_{ij}(\mathbf{k},\omega) = \int d^3x\, dt\, e^{-i(\mathbf{k}\mathbf{x}-\omega t)} \frac{\partial M_i(\mathbf{x},t)}{\partial h_j(0,0)}$$

und die Korrelationsfunktion

$$G_{ij}(\mathbf{k},\omega) = \int d^3x\, dt\, e^{-i(\mathbf{k}\mathbf{x}-\omega t)} \langle \delta M_i(\mathbf{x},t)\delta M_j(0,0)\rangle$$

8.10 Lösen Sie die Smoluchowski-Gleichung

$$\frac{\partial P(x,t)}{\partial t} = \Gamma \frac{\partial}{\partial x}\left(kT \frac{\partial}{\partial x} + \frac{\partial V(x)}{\partial x}\right) P(x,t)$$

für ein harmonisches Potential und ein invertiertes harmonisches Potential $V(x) = \pm \frac{m\omega^2}{2} x^2$, indem sie das entsprechende Eigenwertproblem lösen.

8.11 Begründen Sie den Ansatz Gl. (8.3.39) und führen Sie die Umformung auf Gl. (8.3.40) durch.

8.12 Lösen Sie die Smoluchowski-Gleichung für das Modellpotential

$$V(x) = 2kT \log(\cosh x)$$

mit Hilfe der supersymmetrischen Quantenmechanik, indem Sie sie gemäß Kapitel 8.3.4 auf eine Schrödinger-Gleichung transformieren. (*Literatur: F. Schwabl, Quantenmechanik, Kap. 19, 6., erw. Aufl., Springer Verlag, Heidelberg, 2004.*)

8.13 Wertpapierkurse als stochastischer Prozeß

Nehmen Sie an, der Logarithmus $l(t) = \log S(t)$ des Kurses $S(t)$ eines Wertpapiers genüge (auf einer genügend groben Zeitskala) der Langevin-Gleichung

$$\frac{d}{dt}l(t) = r + \Gamma(t)$$

wobei r eine Konstante und Γ eine Gaußsche „Zufallskraft" mit $\langle \Gamma(t)\Gamma(t')\rangle = \sigma^2 \delta(t-t')$ sei.

(a) Motivieren Sie diesen Ansatz. *Hinweise:* Was bedeutet die Annahme, daß zukünftige Kurse nicht aus der Kursentwicklung in der Vergangenheit vorhergesagt werden können? Denken Sie zunächst an einen in der Zeit diskreten Prozeß (z.B. Zeitentwicklung der Tagesschlußkurse). Sollte die Übergangswahrscheinlichkeit eher eine Funktion der Kursdifferenz oder des Kursverhältnisses sein?

(b) Stellen Sie die Fokker-Planck-Gleichung für l und davon ausgehend die für S auf.

(c) Was ist der Erwartungswert des Wertpapierkurses zur Zeit t, wenn das Papier zur Zeit $t_0 = 0$ zum Kurs S_0 gehandelt wird? *Hinweis:* Lösen Sie die Fokker-Planck-Gleichung für $l = \log S$.

9. Boltzmann-Gleichung

9.1 Einleitung

In der Langevin-Gleichung (Kap. 8) wurde die Irreversibilität durch den Dämpfungsterm phänomenologisch eingeführt. *Kinetische Theorien* haben die Erklärung und quantitative Berechnung von Transportprozessen und dissipativen Vorgängen aus den Stoßprozessen der Atome (oder im Festkörper der Quasiteilchen) zum Ziel. Gegenstand der Theorie ist die Einteilchenverteilungsfunktion, deren zeitliche Entwicklung durch die kinetische Gleichung bestimmt wird.

Wir wollen uns im folgenden mit einem einatomigen klassischen Gas bestehend aus Teilchen der Masse m beschäftigen, wir setzen also voraus, daß die thermische Wellenlänge $\lambda_T = 2\pi\hbar/\sqrt{2\pi mkT}$ und das Volumen pro Teilchen $v = n^{-1}$ die Ungleichung

$$\lambda_T \ll n^{-1/3} ,$$

erfüllen, d.h. die Wellenpakete sind so stark lokalisiert, daß die Atome als klassisch betrachtet werden können.

Als weitere charakteristische Größen gehen die *Stoßdauer* τ_c und die *Stoßzeit* τ (das ist die Zeit, die zwischen zwei Stößen eines Moleküls vergeht, siehe (9.2.12)) ein. Es gilt $\tau_c \approx r_c/\bar{v}$ und $\tau \approx 1/nr_c^2\bar{v}$, wo r_c die Reichweite des Potentials und $\bar{v}$ die mittlere Geschwindigkeit der Teilchen ist. Damit wir unabhängige Zweiteilchenstöße betrachten können, haben wir die weitere Bedingung

$$\tau_c \ll \tau ,$$

d.h. die Stoßdauer ist kurz im Vergleich zur Stoßzeit. Diese Bedingung ist im Grenzfall kleiner Dichte, $r_c \ll n^{-1/3}$, erfüllt. Es können dann Stöße von mehr als zwei Teilchen vernachlässigt werden.

Die kinetische Gleichung, die den Fall des hier betrachteten verdünnten Gases beschreibt, ist die *Boltzmann-Gleichung*.[1] Die Boltzmann-Gleichung ist eine der grundlegendsten Gleichungen der Nichtgleichgewichts-Statistischen

---

[1] Ludwig Boltzmann, Wien. Ber. **66**, 275 (1872); *Vorlesungen über Gastheorie*, Leipzig, 1896

Mechanik und findet Anwendungen in Bereichen, die weit über den des verdünnten Gases hinausgehen.[2]

In diesem Kapitel wird die Boltzmann-Gleichung der klassischen Herleitung[1] Boltzmanns folgend aufgestellt. Daran anschließend werden einige grundlegende Fragen zur Irreversibilität anhand des H-Theorems diskutiert. Als Anwendung der Boltzmann-Gleichung werden die hydrodynamischen Gleichungen abgeleitet und deren Eigenmoden (Schall, Wärmediffusion) bestimmt. Die Transportkoeffizienten werden aus der linearisierten Boltzmann-Gleichung systematisch durch die Eigenmoden und Eigenfrequenzen dieser Gleichung dargestellt.

9.2 Herleitung der Boltzmann-Gleichung

Wir setzen voraus, daß nur eine Sorte von Atomen vorliegen möge. Für diese wird die Bewegungsgleichung der Einteilchen-Verteilungsfunktion gesucht.

Definition: Die Einteilchen-Verteilungsfunktion $f(\mathbf{x}, \mathbf{v}, t)$ ist definiert durch
$f(\mathbf{x}, \mathbf{v}, t) \, d^3x \, d^3v =$ Zahl der Teilchen, die sich zur Zeit t im Volumenelement d^3x um den Punkt $\mathbf{x}$ und d^3v um die Geschwindigkeit $\mathbf{v}$ befinden.

$$\int d^3x \, d^3v \, f(\mathbf{x}, \mathbf{v}, t) = N \, . \tag{9.2.1}$$

$f(\mathbf{x}, \mathbf{v}, t)$ hängt mit der N-Teilchen-Verteilungsfunktion $\rho(\mathbf{x}_1, \mathbf{v}_1, \ldots, \mathbf{x}_N, \mathbf{v}_N, t)$ (Gl. (2.3.1)) durch $f(\mathbf{x}_1, \mathbf{v}_1, t) = N \int d^3x_2 \, d^3v_2 \ldots \int d^3x_N \, d^3v_N \, \rho(\mathbf{x}_1, \mathbf{v}_1, \ldots, \mathbf{x}_N, \mathbf{v}_N, t)$ zusammen.

Bemerkungen:

1. In der kinetischen Theorie nimmt man üblicherweise als Variable die Geschwindigkeit statt des Impulses, $\mathbf{v} = \mathbf{p}/m$.
2. Der von $\mathbf{x}$ und $\mathbf{v}$ erzeugte 6-dimensionale Raum heißt μ-Raum.
3. Die Volumenelemente d^3x und d^3v sollen zwar in ihren linearen Dimensionen klein sein gegen die makroskopischen Abmessungen bzw. gegen die mittlere Geschwindigkeit $\bar{v} = \sqrt{kT/m}$, aber groß auf der mikroskopischen Skala, so daß sich viele Teilchen innerhalb des betrachteten Elementes aufhalten. In einem Gas unter Normalbedingungen ($T = 1°C$, $P = 1\,\text{atm}$) ist die Zahl der Moleküle pro cm^3 $n = 3 \times 10^{19}$. In einem Kubus mit der Kantenlänge 10^{-3} cm, also einem Volumenelement der Größe $d^3x = 10^{-9}$ cm^3, das für alle experimentellen Zwecke faktisch als punktförmig angesehen werden kann, befinden sich immer noch 3×10^{10} Moleküle. Wählt man für $d^3v \approx 10^{-6} \times \bar{v}^3$, so befinden sich nach der Maxwell-Verteilung

---

[2] Siehe z.B.: J. M. Ziman, *Principles of the Theory of solids*, 2$^\text{nd}$ ed, Cambridge Univ. Pr., Cambridge, 1972.

9.2 Herleitung der Boltzmann-Gleichung

$$f^0(\mathbf{v}) = n \left(\frac{m}{2\pi kT}\right)^{3/2} e^{-\frac{mv^2}{2kT}}$$

in diesem Element des μ-Raums $f^0 \, d^3x \, d^3v \approx 10^4$ Moleküle.

Zur Herleitung der Boltzmann-Gleichung verfolgen wir die Bewegung eines Volumenelementes im μ-Raum im Zeitintervall $[t, t+dt]$, Abb. 9.1. Da

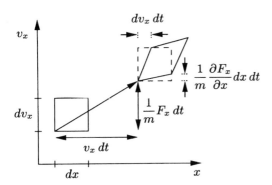

Abb. 9.1. Deformation eines Volumenelements im μ-Raum während des Zeitintervalls dt.

sich Teilchen mit höherer Geschwindigkeit rascher bewegen, deformiert sich das Volumenelement. Jedoch gilt durch Betrachtung der Inhalte der beiden Parallelepipede[3]

$$d^3x' \, d^3v' = d^3x \, d^3v \,. \tag{9.2.2}$$

Die Zahl der Teilchen zur Zeit t in $d^3x \, d^3v$ ist $f(\mathbf{x}, \mathbf{v}, t) \, d^3x \, d^3v$, und die Zahl der Teilchen in dem daraus nach dem Zeitintervall dt entstehenden Volumenelement d^3v ist $f(\mathbf{x}+\mathbf{v}dt, \mathbf{v}+\frac{1}{m}\mathbf{K}dt, t+dt) \, d^3x' \, d^3v'$. Falls sich die Gasatome stoßfrei bewegen würden, wären diese Zahlen gleich. Eine Änderung dieser Teilchenzahlen kann nur durch Stöße erfolgen. Somit erhalten wir

$$\left[f(\mathbf{x}+\mathbf{v}\,dt, \mathbf{v}+\frac{1}{m}\mathbf{K}\,dt, t+dt) - f(\mathbf{x}, \mathbf{v}, t)\right] d^3x \, d^3v =$$
$$= \left.\frac{\partial f}{\partial t}\right)_{\text{Stoß}} dt \, d^3x \, d^3v \,, \tag{9.2.3}$$

d.h. die Änderung der Teilchenzahl ist gleich der Änderung der Teilchenzahl aufgrund von Stößen. Die Entwicklung dieser Bilanz-Gleichung ergibt

$$\left[\frac{\partial}{\partial t} + \mathbf{v}\boldsymbol{\nabla}_x + \frac{1}{m}\mathbf{K}(\mathbf{x})\boldsymbol{\nabla}_v\right] f(\mathbf{x}, \mathbf{v}, t) = \left.\frac{\partial f}{\partial t}\right)_{\text{Stoß}}. \tag{9.2.4}$$

---

[3] Das hier geometrisch erzielte Ergebnis kann auch mittels des Liouvilleschen Satzes (L.D. Landau und E.M. Lifshitz, *Lehrbuch der theoretischen Physik*, Bd. 1, 6. Aufl., Akademie Verlag, Berlin, 1969, S. 181) hergeleitet werden.

Die linke Seite dieser Gleichung bezeichnet man als den *Strömungsterm*.[4] Den *Stoßterm* $\left.\frac{\partial f}{\partial t}\right)_{\text{Stoß}}$ können wir als Differenz von *Gewinn-* und *Verlust-*Prozessen darstellen

$$\left.\frac{\partial f}{\partial t}\right)_{\text{Stoß}} = \mathbf{g} - \mathbf{v} \; . \tag{9.2.5}$$

Dabei ist $\mathbf{g}\,d^3x\,d^3v\,dt$ die Zahl der Teilchen, die während des Intervalls dt durch Stoß in das Volumen $d^3x\,d^3v$ gestreut werden, und $\mathbf{v}d^3x\,d^3v\,dt$ die Zahl derer, die herausgestreut werden, d.h. die Zahl der Stöße im Volumenelement d^3x, bei denen einer der beiden Stoßpartner vor dem Stoß die Geschwindigkeit $\mathbf{v}$ besaß. Es wird dabei angenommen, daß das Volumenelement d^3v im Geschwindigkeitsraum so klein ist, daß jeder Stoß aus diesem Volumenelement herausführt.

Unter dem Boltzmannschen *Stoßzahlansatz* versteht man den folgenden Ausdruck für den Stoßterm

$$\left.\frac{\partial f}{\partial t}\right)_{\text{Stoß}} = \int d^3v_2\,d^3v_3\,d^3v_4\, W(\mathbf{v},\mathbf{v}_2;\mathbf{v}_3,\mathbf{v}_4)[f(\mathbf{x},\mathbf{v}_3,t)f(\mathbf{x},\mathbf{v}_4,t) -$$
$$- f(\mathbf{x},\mathbf{v},t)f(\mathbf{x},\mathbf{v}_2,t)] \; . \tag{9.2.6}$$

Hier bedeutet $W(\mathbf{v},\mathbf{v}_2;\mathbf{v}_3,\mathbf{v}_4)$ die Übergangswahrscheinlichkeit $\mathbf{v},\mathbf{v}_2 \to$

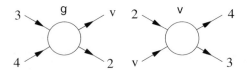

Abb. 9.2. Gewinn- und Verlustprozesse, g und v.

$\mathbf{v}_3,\mathbf{v}_4$, d.h. die Wahrscheinlichkeit, daß bei einem Stoß zwei Teilchen mit Geschwindigkeit $\mathbf{v}$ und $\mathbf{v}_2$ in zwei Teilchen mit den Geschwindigkeiten $\mathbf{v}_3$ und $\mathbf{v}_4$ übergehen. Die Zahl der Stöße, die aus dem betrachteten Volumenelement herausführen, ist proportional zur Zahl der Teilchen mit der Geschwindigkeit $\mathbf{v}$ und der Zahl der Teilchen mit der Geschwindigkeit $\mathbf{v}_2$ und proportional zu $W(\mathbf{v},\mathbf{v}_2;\mathbf{v}_3,\mathbf{v}_4)$, und es ist zu summieren über alle $\mathbf{v}_2$ und alle Werte der Endgeschwindigkeiten $\mathbf{v}_3$ und $\mathbf{v}_4$. Die Zahl der Stöße, bei denen nach dem Stoß ein Teilchen mehr in dem Volumenelement d^3v ist, ist gegeben durch die Zahl der Teilchen mit der Geschwindigkeit $\mathbf{v}_3$ und $\mathbf{v}_4$, deren Stoß ein Teilchen mit der Geschwindigkeit $\mathbf{v}$ ergibt. Dabei ist die Übergangswahrscheinlichkeit $W(\mathbf{v}_3,\mathbf{v}_4;\mathbf{v},\mathbf{v}_2)$ mittels (9.2.8e) ausgedrückt worden.

Der Stoßzahlansatz (9.2.6) zusammen mit der Bilanzgleichung (9.2.4) ergibt die *Boltzmann-Gleichung*

---
[4] In Bemerkung (i), S. 450, wird der Strömungsterm auf andere Weise hergeleitet werden.

9.2 Herleitung der Boltzmann-Gleichung

$$\left[\frac{\partial}{\partial t} + \mathbf{v}\boldsymbol{\nabla}_x + \frac{1}{m}\mathbf{K}(\mathbf{x})\boldsymbol{\nabla}_v\right] f(\mathbf{x},\mathbf{v},t) =$$
$$\int d^3v_2 \int d^3v_3 \int d^3v_4 \, W(\mathbf{v},\mathbf{v}_2;\mathbf{v}_3,\mathbf{v}_4)\big(f(\mathbf{x},\mathbf{v}_3,t)f(\mathbf{x},\mathbf{v}_4,t)$$
$$- f(\mathbf{x},\mathbf{v},t)f(\mathbf{x},\mathbf{v}_2,t)\big). \quad (9.2.7)$$

Dies ist eine nichtlineare Integrodifferentialgleichung.

Die Übergangswahrscheinlichkeit W hat folgende Symmetrieeigenschaften:

- Vertauschbarkeit der Teilchen:
$$W(\mathbf{v},\mathbf{v}_2;\mathbf{v}_3,\mathbf{v}_4) = W(\mathbf{v}_2,\mathbf{v};\mathbf{v}_4,\mathbf{v}_3)\,. \quad (9.2.8a)$$

- Rotations- und Reflexionsinvarianz: Mit einer orthogonalen Matrix D gilt
$$W(D\mathbf{v},D\mathbf{v}_2;D\mathbf{v}_3,D\mathbf{v}_4) = W(\mathbf{v},\mathbf{v}_2;\mathbf{v}_3,\mathbf{v}_4)\,. \quad (9.2.8b)$$

Darin ist die Inversionssymmetrie
$$W(-\mathbf{v},-\mathbf{v}_2;-\mathbf{v}_3,-\mathbf{v}_4) = W(\mathbf{v},\mathbf{v}_2;\mathbf{v}_3,\mathbf{v}_4) \quad (9.2.8c)$$
enthalten.

- Zeitumkehrinvarianz:
$$W(\mathbf{v},\mathbf{v}_2;\mathbf{v}_3,\mathbf{v}_4) = W(-\mathbf{v}_3,-\mathbf{v}_4;-\mathbf{v},-\mathbf{v}_2)\,. \quad (9.2.8d)$$

Die Kombination von Inversion und Zeitumkehr ergibt die in $\left.\frac{\partial f}{\partial t}\right)_{\text{Stoß}}$ schon verwendete Beziehung
$$W(\mathbf{v}_3,\mathbf{v}_4;\mathbf{v},\mathbf{v}_2) = W(\mathbf{v},\mathbf{v}_2;\mathbf{v}_3,\mathbf{v}_4)\,. \quad (9.2.8e)$$

Aus dem Impuls- und Energieerhaltungssatz folgt
$$W(\mathbf{v}_1,\mathbf{v}_2;\mathbf{v}_3,\mathbf{v}_4) = \sigma(\mathbf{v}_1,\mathbf{v}_2;\mathbf{v}_3,\mathbf{v}_4)\delta^{(3)}(\mathbf{p}_1+\mathbf{p}_2-\mathbf{p}_3-\mathbf{p}_4)$$
$$\times \delta\left(\frac{\mathbf{p}_1^2}{2m}+\frac{\mathbf{p}_2^2}{2m}-\frac{\mathbf{p}_3^2}{2m}-\frac{\mathbf{p}_3^2}{2m}\right)\,, \quad (9.2.8f)$$

wie man auch explizit aus der mikroskopischen Berechnung des Zweistoßes in Gl. (9.5.21) sieht. Die Gestalt des Streuquerschnitts σ hängt vom Wechselwirkungspotential zwischen den Teilchen ab. Für alle allgemeinen, grundsätzlichen Folgerungen aus der Boltzmann-Gleichung kommt es auf die genaue Gestalt von σ nicht an. Als explizites Beispiel werden wir σ für das Wechselwirkungspotential harter Kugeln (Gl. (9.5.15)) und ein algebraisch abfallendes Potential (Aufgabe 9.15, Gl. (9.5.29)) berechnen.

Zur Vereinfachung der Notation werden wir im folgenden häufig die Abkürzungen
$$\begin{aligned} f_1 &\equiv f(\mathbf{x},\mathbf{v}_1,t) \text{ mit } \mathbf{v}_1 = \mathbf{v},\\ f_2 &\equiv f(\mathbf{x},\mathbf{v}_2,t), \quad f_3 \equiv f(\mathbf{x},\mathbf{v}_3,t), \quad f_4 \equiv f(\mathbf{x},\mathbf{v}_4,t) \end{aligned} \quad (9.2.9)$$
verwenden.

Bemerkungen:

(i) Man kann den Strömungsterm in der Boltzmann-Gleichung auch herleiten, indem man für den fiktiven Fall von stoßfreien, wechselwirkungsfreien Gasatomen eine Kontinuitätsgleichung aufstellt. Dazu führt man den sechsdimensionalen Geschwindigkeitsvektor

$$\mathbf{w} = \left(\mathbf{v} = \dot{\mathbf{x}}, \dot{\mathbf{v}} = \frac{\mathbf{K}}{m} \right) \qquad (9.2.10)$$

und die Stromdichte $\mathbf{w}f(\mathbf{x}, \mathbf{v}, t)$ ein. Für ein stoßfreies Gas erfüllt f die Kontinuitätsgleichung

$$\frac{\partial f}{\partial t} + \operatorname{div} \mathbf{w} f = 0 . \qquad (9.2.11)$$

Mit Hilfe der Hamiltonschen Bewegungsgleichungen nimmt Gl. (9.2.11) die Form

$$\left(\frac{\partial}{\partial t} + \mathbf{v} \boldsymbol{\nabla}_x + \frac{1}{m} \mathbf{K}(\mathbf{x}) \boldsymbol{\nabla}_v \right) f(\mathbf{x}, \mathbf{v}, t) = 0 \qquad (9.2.11')$$

des Strömungsterms in Gl. (9.2.4) und (9.2.7) an.

(ii) In der Form des Stoßterms ist die Ausbildung von Korrelationen zwischen zwei Teilchen vernachlässigt. Es wird hier angenommen, daß zu jedem Zeitpunkt die Zahl der Teilchen mit Geschwindigkeit $\mathbf{v}_3$ und $\mathbf{v}_4$, bzw. $\mathbf{v}$ und $\mathbf{v}_2$ unkorreliert ist, eine Annahme, die man auch als molekulares Chaos bezeichnet. Es wird hier ein statistisches Element eingebracht. Zur Rechtfertigung kann man sagen, daß in einem Gas mit niedriger Dichte ein binärer Stoß zwischen zwei Molekülen, die schon untereinander wechselwirkten, entweder direkt oder indirekt durch eine gemeinsame Menge von Molekülen, äußerst unwahrscheinlich ist. Tatsächlich kommen miteinander stoßende Moleküle von ganz anderen Stellen des Gases und wurden vorher von ganz anderen Molekülen gestoßen, und sind deshalb völlig unkorreliert. Die Annahme des molekularen Chaos benötigt man nur für die Teilchen vor dem Stoß. Nach dem Stoß sind die beiden Teilchen korreliert (sie laufen so auseinander, daß sie bei Umkehr der Bewegung wieder zusammentreffen würden), dies geht aber in die Gleichung nicht ein.

Es ist möglich, die Boltzmann-Gleichung näherungsweise aus der Liouville-Gleichung herzuleiten. Dazu leitet man aus dieser Gleichung Bewegungsgleichungen für die Ein-, Zwei- u.s.w. Mehrteilchenverteilungsfunktionen her. Die Struktur dieser Gleichungen, die man auch BBGKY (Bogoliubov, Born, Green, Kirkwood, Yvon)-Hierarchie[5] nennt, ist von einer Gestalt, daß die Bewegungsgleichung für die r-Teilchen-Verteilungsfunktion ($r = 1, 2, \ldots$) neben dieser auch die $(r+1)$-Teilchen-Verteilungsfunktion enthält.[6] Insbesondere ist die Bewegungsgleichung für die Einteilchenverteilungsfunktion $f(\mathbf{x}, \mathbf{v}, t)$ von der Gestalt der linken Seite der Boltzmann-Gleichung. Die rechte Seite enthält jedoch f_2, die Zweiteilchenverteilungsfunktion, und somit Korrelationen zwischen den Teilchen. Nur durch näherungsweise Behandlung, nämlich durch Abbrechen der Bewegungsgleichung für f_2

---

[5] Siehe Literatur am Ende des Kapitels: K. Huang, S. Harris.

[6] Die r-Teilchen-Verteilungsfunktion erhält man aus der N-Teilchen-Verteilungsfunktion durch $f_r(\mathbf{x}_1, \mathbf{v}_1, \ldots \mathbf{x}_r, \mathbf{v}_r, t) \equiv \frac{N!}{(N-r)!} \int d^3 x_{r+1} d^3 v_{r+1} \ldots d^3 x_N d^3 v_N \rho(\mathbf{x}_1, \mathbf{v}_1, \ldots \mathbf{x}_N, \mathbf{v}_N, t)$. Der kombinatorische Faktor rührt davon her, daß es nicht darauf ankommt, welches der Teilchen an den μ-Raum-Stellen $\mathbf{x}_1, \mathbf{v}_1, \ldots$ ist.

selbst, erhält man einen Ausdruck, der identisch mit dem Stoßterm der Boltzmann-Gleichung ist.

Es sei erwähnt, daß Terme, die über die Boltzmann-Gleichung hinausgehen, zu Phänomenen führen, die statt des exponentiellen Relaxationszeitverhaltens zu einem zeitlich wesentlich langsameren, algebraischen Zerfall führen; man nennt diese Zeitabhängigkeiten auch Langzeitschwänze. Diese rühren mikroskopisch betrachtet von sogenannten Ringstößen her, siehe Literatur am Ende dieses Kapitels: J.A. McLennan. Quantitativ sind diese Effekte in der Realität unmeßbar klein; sie wurden bisher lediglich in Computerexperimenten beobachtet. In diesem Sinn haben sie ein ähnliches Schicksal wie die in der Quantenmechanik auftretenden Abweichungen vom exponentiellen Zerfall angeregter Quantenniveaus.

(iii) Zur Berechnung der *Stoßzeit* τ stellen wir uns als Hilfskonstruktion einen Zylinder vor, dessen Höhe gleich der Strecke ist, die ein Teilchen mit der thermischen Geschwindigkeit in einer Zeiteinheit durchmißt, und dessen Grundfläche gleich dem totalen Streuquerschnitt ist. Ein Atom mit der thermischen Geschwindigkeit durchmißt diesen Zylinder während einer Zeiteinheit und stößt mit allen Atomen, die sich im Zylinder befinden. Die Zahl der Atome innerhalb dieses Zylinders und somit die Zahl der Stöße eines Atoms pro Sekunde sind $\sigma_{\text{tot}} \bar{v} n$, und folglich ist die mittlere Stoßzeit

$$\tau = \frac{1}{\sigma_{\text{tot}} \bar{v} n} \ . \tag{9.2.12}$$

Unter der *mittleren freien Weglänge* l versteht man die Strecke, die ein Atom typischerweise zwischen zwei Stößen durchmißt, diese ist

$$l \equiv \bar{v}\tau = \frac{1}{\sigma_{\text{tot}} n} \ . \tag{9.2.13}$$

(iv) Abschätzung von Längen und Zeiten, die bei der Aufstellung der Boltzmann-Gleichung eine Rolle spielen: Die Reichweite r_c des Potentials muß so kurz sein, daß nur Stöße von Molekülen stattfinden, die sich innerhalb des gleichen Volumenelements d^3x befinden: $r_c \ll dx$. Diese Ungleichung ist für das Zahlenbeispiel $r_c \approx 10^{-8}$ cm, $dx = 10^{-3}$ cm erfüllt. Mit $\bar{v} \approx 10^5 \frac{\text{cm}}{\text{sec}}$ erhält man für die Zeit, die das Teilchen in d^3x ist: $\tau_{d^3x} \approx \frac{10^{-3} \text{ cm}}{10^5 \frac{\text{cm}}{\text{sec}}} \approx 10^{-8}$ sec. Stoßdauer $\tau_c \approx \frac{10^{-8} \text{ cm}}{10^5 \frac{\text{cm}}{\text{sec}}} \approx 10^{-13}$ sec, Stoßzeit $\tau \approx (r_c^2 n \bar{v})^{-1} \approx (10^{-16} \text{cm}^2 \times 3 \times 10^{19} \text{cm}^{-3} \times 10^5 \text{cm sec}^{-1})^{-1} \approx 3 \times 10^{-9}$ sec.

9.3 Folgerungen aus der Boltzmann-Gleichung

9.3.1 H-Theorem[7] und Irreversibilität

Ziel dieses Abschnitts ist zu zeigen, daß die Boltzmann-Gleichung irreversibles Verhalten aufweist, und die Verteilungsfunktion in die Maxwell-Verteilung strebt. Dazu wurde von Boltzmann die mit dem Negativen der Entropie zusammenhängende Größe H eingeführt[7]

---

[7] Gelegentlich kursiert das Märchen, daß es nach Boltzmann eigentlich Eta-Theorem heißen müßte. Tatsächlich hat Boltzmann (1872) E (für Entropie) verwendet, und erst später (S.H. Burbury, 1890) hat sich der lateinische Buchstabe H eingebürgert. (D. Flamm, private Mitteilung, und S.G. Brush, *Kinetic Theory*, Vol. 2, p. 6, Pergamon Press, Oxford, 1966)

$$H(\mathbf{x},t) = \int d^3v\, f(\mathbf{x},\mathbf{v},t) \log f(\mathbf{x},\mathbf{v},t)\,. \tag{9.3.1}$$

Für deren Zeitableitung erhält man aus der Boltzmann-Gleichung (9.2.7)

$$\begin{aligned}\dot{H}(\mathbf{x},t) &= \int d^3v\,(1+\log f)\dot{f} \\ &= -\int d^3v\,(1+\log f)\left(\mathbf{v}\boldsymbol{\nabla}_x + \frac{1}{m}\mathbf{K}\boldsymbol{\nabla}_v\right)f - I \\ &= -\boldsymbol{\nabla}_x \int d^3v\,(f\log f)\,\mathbf{v} - I\,.\end{aligned} \tag{9.3.2}$$

Der zweite Term in der zweiten Zeile innerhalb der großen Klammer ist proportional zu $\int d^3v\,\boldsymbol{\nabla}_v(f\log f)$ und verschwindet, da keine Teilchen mit unendlicher Geschwindigkeit vorhanden sind, d.h. $f \to 0$ für $v \to \infty$.

Der Beitrag des Stoßterms

$$I = \int d^3v_1\,d^3v_2\,d^3v_3\,d^3v_4\,W(\mathbf{v}_1,\mathbf{v}_2;\mathbf{v}_3,\mathbf{v}_4)(f_1f_2 - f_3f_4)(1+\log f_1) \tag{9.3.3}$$

ergibt unter Verwendung der Invarianz von W gegenüber den Vertauschungen $1,3 \leftrightarrow 2,4$ und $1,2 \leftrightarrow 3,4$

$$I = \frac{1}{4}\int d^3v_1\,d^3v_2\,d^3v_3\,d^3v_4\,W(\mathbf{v}_1,\mathbf{v}_2;\mathbf{v}_3,\mathbf{v}_4)(f_1f_2 - f_3f_4)\log\frac{f_1f_2}{f_3f_4}\,. \tag{9.3.4}$$

Die von (9.3.3) auf (9.3.4) führende Umformung ist ein Spezialfall der allgemeinen Identität

$$\begin{aligned}\int d^3v_1\,d^3v_2\,d^3v_3\,d^3v_4\,W(\mathbf{v}_1,\mathbf{v}_2;\mathbf{v}_3,\mathbf{v}_4)(f_1f_2 - f_3f_4)\varphi_1 \\ = \frac{1}{4}\int d^3v_1\,d^3v_2\,d^3v_3\,d^3v_4\,W(\mathbf{v}_1,\mathbf{v}_2;\mathbf{v}_3,\mathbf{v}_4)\times \\ \times (f_1f_2 - f_3f_4)(\varphi_1 + \varphi_2 - \varphi_3 - \varphi_4)\,,\end{aligned} \tag{9.3.5}$$

welche mit Hilfe der Symmetrierelationen (9.2.8) folgt, und wo $\varphi_i = \varphi(\mathbf{x},\mathbf{v}_i,t)$ ist (Aufgabe 9.1).

Aus der Ungleichung $(x-y)\log\frac{x}{y} \geq 0$ folgt

$$I \geq 0\,. \tag{9.3.6}$$

Die Zeitableitung von H, Gl. (9.3.2) kann in der Form

$$\dot{H}(\mathbf{x},t) = -\boldsymbol{\nabla}_x \mathbf{j}_H(\mathbf{x},t) - I\,, \tag{9.3.7}$$

geschrieben werden, wo

$$\mathbf{j}_H = \int d^3v\,f\log f\,\mathbf{v} \tag{9.3.8}$$

die zugehörige Stromdichte ist. Der erste Term auf der rechten Seite von (9.3.7) gibt die Änderung von H durch Entropieströmung an und der zweite aufgrund von Entropieproduktion.

Diskussion:

a) Wenn keine äußere Kraft vorhanden ist, $\mathbf{K}(\mathbf{x}) = 0$, kann die vereinfachte Situation vorliegen, daß $f(\mathbf{x},\mathbf{v},t) = f(\mathbf{v},t)$ unabhängig von $\mathbf{x}$ ist. Da die Boltzmann-Gleichung dann keine $\mathbf{x}$-Abhängigkeit enthält, bleibt f für alle Zeiten ortsunabhängig und aus (9.3.7) folgt, da $\boldsymbol{\nabla}_x \mathbf{j}_H(\mathbf{x},t) = \mathbf{0}$ ist,

$$\dot{H} = -I \leq 0 \,. \tag{9.3.9}$$

Die Größe H *nimmt ab* und *strebt einem Minimum zu*, welches endlich ist, da die Funktion $f \log f$ nach unten beschränkt ist, und das Integral über $\mathbf{v}$ existiert.[8] Am Minimum gilt in (9.3.9) das Gleichgewichtszeichen. In Abschnitt 9.3.3 wird gezeigt, daß f am Minimum in die *Maxwell-Verteilung*

$$f^0(\mathbf{v}) = n \left(\frac{m}{2\pi kT}\right)^{3/2} e^{-\frac{mv^2}{2kT}} \tag{9.3.10}$$

übergeht.

b) Falls $\mathbf{K}(\mathbf{x}) \neq 0$ ist, und ein abgeschlossenes System mit dem Volumen V vorliegt, gilt

$$\int_V d^3x \, \boldsymbol{\nabla}_x \mathbf{j}_H(\mathbf{x},t) = \int_{O(V)} d\mathbf{O}\, \mathbf{j}_H(\mathbf{x},t) = 0 \,.$$

Der durch die Oberfläche tretende H-Fluß verschwindet, wenn die Oberfläche ideal reflektiert; dann gibt es zu jedem Beitrag $\mathbf{v}\,d\mathbf{O}$ auch einen Beitrag $-\mathbf{v}\,d\mathbf{O}$, und es folgt

$$\frac{d}{dt} H_{\text{tot}} \equiv \frac{d}{dt} \int_V d^3x\, H(\mathbf{x},t) = -\int_V d^3x\, I \leq 0 \,. \tag{9.3.11}$$

H_{tot} nimmt ab, es liegt *Irreversibilität* vor. Daß aus einer Gleichung, die aus der Newtonschen Mechanik abgeleitet wurde, welche zeitumkehrinvariant ist, Irreversibilität folgt, hat zunächst Widerspruch hervorgerufen. Der Stoßzahlansatz enthält jedoch ein probabilistisches Element, wie nach Gl. (9.3.14) näher ausgeführt wird.

Wie schon erwähnt wurde, hängt H eng mit der Entropie zusammen. Die Berechnung von H für die Gleichgewichtsverteilung $f^0(\mathbf{v})$ für das ideale Gas ergibt (Aufgabe 9.3) $H = n \left[\log\left(n \left(\frac{m}{2\pi kT}\right)^{3/2}\right) - \frac{3}{2}\right]$. Die gesamte Entropie S des idealen Gases (Gl. (2.7.27)) ist deshalb

---

[8] Man kann sich leicht davon überzeugen, daß $H(t)$ nicht unbegrenzt abnehmen kann. Wegen $\int d^3v\, f(\mathbf{x},\mathbf{v},t) < \infty$ ist $f(\mathbf{x},\mathbf{v},t)$ überall beschränkt und eine Divergenz von $H(t)$ könnte nur vom Integrationsbereich $\mathbf{v} \to \infty$ herrühren. Für $v \to \infty$ muß $f \to 0$ gelten und folglich $\log f \to -\infty$. Der Vergleich von $H(t) = \int d^3v\, f \log f$ mit $\int d^3v\, v^2 f(\mathbf{x},\mathbf{v},t) < \infty$ zeigt, daß eine Divergenz $|\log f| > v^2$ verlangt. Dann aber ist $f < e^{-v^2}$, und H bleibt endlich.

$$S = -VkH - kN\left(3\log\frac{2\pi\hbar}{m} - 1\right). \qquad (9.3.12\text{a})$$

Dabei ist $\hbar$ das Plancksche Wirkungsquantum. Lokal lautet der Zusammenhang zwischen der Entropie pro Volumeneinheit, H, und der Teilchenzahldichte n

$$S(\mathbf{x},t) = -kH(\mathbf{x},t) - k\left(3\log\frac{2\pi\hbar}{m} - 1\right)n(\mathbf{x},t). \qquad (9.3.12\text{b})$$

Die zugehörigen Stromdichten sind

$$\mathbf{j}_S(\mathbf{x},t) = -k\mathbf{j}_H(\mathbf{x},t) - k\left(3\log\frac{2\pi\hbar}{m} - 1\right)\mathbf{j}(\mathbf{x},t) \qquad (9.3.12\text{c})$$

und erfüllen

$$\dot{S}(\mathbf{x},t) = -\boldsymbol{\nabla}\mathbf{j}_S(\mathbf{x},t) + kI. \qquad (9.3.12\text{d})$$

Damit hat kI die Bedeutung der lokalen Entropieproduktion.

*9.3.2 Verhalten der Boltzmann-Gleichung unter Zeitumkehr

Bei der klassischen Zeitumkehrtransformation $\mathcal{T}$ (auch Bewegungsumkehr) werden die Impulse (Geschwindigkeiten) der Teilchen $\mathbf{v} \to -\mathbf{v}$ transformiert.[9] Wenn man ein System betrachtet, das sich, von einem Anfangszustand mit den Orten $\mathbf{x}_n(0)$ und den Geschwindigkeiten $\mathbf{v}_n(0)$ ausgehend, für eine Zeit t bewegt, und dann den Zustand $\{\mathbf{x}_n(t), \mathbf{v}_n(t)\}$ erreicht, und zur Zeit t_1 die Bewegungsumkehrtransformation $\{\mathbf{x}_n(t_1), \mathbf{v}_n(t_1)\} \to \{\mathbf{x}_n(t_1), -\mathbf{v}_n(t_1)\}$ durchgeführt wird, so führt in einem bewegungsumkehrinvarianten System eine weitere Bewegung um die Zeit t_1 zurück zum bewegungsumgekehrten Anfangszustand $\{\mathbf{x}_n(0), -\mathbf{v}_n(0)\}$. Die Lösung der Bewegungsgleichungen im zweiten Zeitabschnitt $(t > t_1)$ ist

$$\begin{aligned}\mathbf{x}'_n(t) &= \mathbf{x}(2t_1 - t) \\ \mathbf{v}'_n(t) &= -\mathbf{v}(2t_1 - t).\end{aligned} \qquad (9.3.13)$$

Wir haben hier vorausgesetzt, daß kein äußeres Magnetfeld vorliegt. Bis auf eine Translation um $2t_1$ wird also $t \to -t, \mathbf{v} \to -\mathbf{v}$ ersetzt. Unter dieser Transformation transformiert sich die Boltzmann-Gleichung (9.2.7) in

$$\left(\frac{\partial}{\partial t} + \mathbf{v}\boldsymbol{\nabla}_\mathbf{x} + \frac{1}{m}\mathbf{K}(\mathbf{x})\boldsymbol{\nabla}_\mathbf{v}\right)f(\mathbf{x},-\mathbf{v},-t) = -I\left[f(\mathbf{x},-\mathbf{v},-t)\right]. \qquad (9.3.14)$$

Die Bezeichnung des Stoßterms soll zum Ausdruck bringen, daß alle Verteilungsfunktionen die zeitumgekehrten Argumente besitzen. Die Boltzmann-Gleichung ist also *nicht zeitumkehrinvariant*; $f(\mathbf{x},-\mathbf{v},-t)$ genügt nicht der

---

[9] Siehe z.B. QM II, Abschn. 11.4.1

Boltzmann-Gleichung, sondern einer Gleichung, die auf der rechten Seite ein negatives Vorzeichen hat $(-I\,[f(\mathbf{x}, -\mathbf{v}, -t)])$.

Daß eine Gleichung, die aus der Newtonschen Mechanik abgeleitet wurde, welche zeitumkehrinvariant ist, selbst nicht zeitumkehrinvarinat ist und irreversibles Verhalten (Gl. (9.3.11)) aufweist, mag überraschen und hat historisch Widerspruch hervorgerufen. Tatsächlich enthält der Stoßzahlansatz über die Newtonsche Mechanik hinausgehend ein probabilistisches Element. Selbst wenn man von unkorrelierten Teilchenzahlen ausgeht, werden die Zahlen der Teilchen mit der Geschwindigkeit $\mathbf{v}$ und $\mathbf{v}_2$ schwanken, sie werden einmal größer und kleiner sein als durch die Einteilchen-Verteilungsfunktionen f_1 und f_2 zu erwarten ist. Der wahrscheinlichste Wert der Stöße ist $f_1 \cdot f_2$ und im zeitlichen Mittel wird diese Zahl $f_1 \cdot f_2$ sein. Die Boltzmann-Gleichung liefert deshalb den typischen Verlauf der typischen Konfigurationen der Verteilung der Teilchen. Konfigurationen mit statistisch geringem Gewicht, bei denen Teilchen von einer (oberflächlich) typischen Konfiguration in eine weniger typische (mit geringerer Entropie) übergehen – was nach der Newtonschen Mechanik möglich ist – werden durch die Boltzmann-Gleichung nicht beschrieben. Wir werden auf diese Fragen im nächsten Kapitel, Abschn. 10.7, noch unabhängig von der Boltzmann-Gleichung genauer eingehen.

9.3.3 Stoßinvarianten und lokale Maxwell-Verteilung

9.3.3.1 Erhaltungsgrößen

Aus der Einteilchen-Verteilungsfunktion lassen sich die folgenden erhaltenen Dichten berechnen. Die *Teilchenzahldichte* ist durch

$$n(\mathbf{x},t) \equiv \int d^3v\, f \qquad (9.3.15a)$$

gegeben. Die *Impulsdichte*, die auch gleich dem Produkt aus Masse und Stromdichte ist, ist durch

$$m\,\mathbf{j}(\mathbf{x},t) \equiv m\,n(\mathbf{x},t)\mathbf{u}(\mathbf{x},t) \equiv m\int d^3v\, \mathbf{v} f \qquad (9.3.15b)$$

gegeben. Durch die Gleichung (9.3.15b) wird auch die mittlere lokale Geschwindigkeit $\mathbf{u}(\mathbf{x},t)$ definiert. Schließlich definieren wir die *Energiedichte*, die sich aus der kinetischen Energie der lokalen konvektiven Strömung mit der Geschwindigkeit $\mathbf{u}(\mathbf{x},t)$ nämlich $n(\mathbf{x},t)m\mathbf{u}(\mathbf{x},t)^2/2$ und der mittleren kinetischen Energie im lokalen Ruhesystem[10] $n(\mathbf{x},t)e(\mathbf{x},t)$ zusammensetzt.

---

[10] Wir bemerken, daß für das verdünnte Gas die potentielle Energie gegenüber der kinetischen vernachlässigbar ist, und deshalb die innere Energie pro Teilchen $e(\mathbf{x},t) = \bar{\epsilon}(\mathbf{x},t)$ gleich der mittleren kinetischen Energie ist.

$$n(\mathbf{x},t)\left[\frac{m\mathbf{u}(\mathbf{x},t)^2}{2} + e(\mathbf{x},t)\right] \equiv \int d^3v\, \frac{mv^2}{2} f = \int d^3v\, \frac{m}{2}\left(\mathbf{u}^2 + \boldsymbol{\phi}^2\right) f \,.$$
(9.3.15c)

Hier wurde die Relativgeschwindigkeit $\boldsymbol{\phi} = \mathbf{v} - \mathbf{u}$ eingeführt und nach Gl. (9.3.15b) $\int d^3v\, \boldsymbol{\phi} f = 0$ benützt. Für $e(\mathbf{x},t)$, der inneren Energie pro Teilchen im lokalen Ruhesystem (welches sich mit der Geschwindigkeit $\mathbf{u}(\mathbf{x},t)$ bewegt) folgt aus (9.3.15c)

$$n(\mathbf{x},t)\, e(\mathbf{x},t) = \frac{m}{2} \int d^3v (\mathbf{v} - \mathbf{u}(\mathbf{x},t))^2 f \,.$$
(9.3.15c')

9.3.3.2 Stoßinvariante

Das Stoßintegral I von Gl. (9.3.3) und der Stoßterm in der Boltzmann-Gleichung verschwinden, wenn die Verteilungsfunktion f für alle möglichen Stöße (eingeschränkt durch die in (9.2.8f) enthaltenen Erhaltungssätze) die Beziehung

$$f_1 f_2 - f_3 f_4 = 0 \tag{9.3.16}$$

erfüllt, d.h.

$$\log f_1 + \log f_2 = \log f_3 + \log f_4 \tag{9.3.17}$$

gilt. Man beachte, daß alle Verteilungsfunktionen f_i das gleiche $\mathbf{x}$-Argument haben. Wegen Impuls-, Energie- und Teilchenzahlerhaltung erfüllt jede der fünf sogenannten *Stoßinvarianten*

$$\chi^i = m v_i\,, \qquad i = 1,2,3 \tag{9.3.18a}$$

$$\chi^4 = \epsilon_{\mathbf{v}} \equiv \frac{mv^2}{2} \tag{9.3.18b}$$

$$\chi^5 = 1 \tag{9.3.18c}$$

die Beziehung (9.3.17). Außer diesen fünf Stoßinvarianten gibt es keine weiteren.[11] Somit ist der Logarithmus der allgemeinsten Verteilungsfunktion, für die der Stoßterm verschwindet, eine Linearkombination der Stoßinvarianten mit ortsabhängigen Vorfaktoren

$$\log f^\ell(\mathbf{x},\mathbf{v},t) = \alpha(\mathbf{x},t) + \beta(\mathbf{x},t)\left(\mathbf{u}(\mathbf{x},t)\cdot m\mathbf{v} - \frac{m}{2}\mathbf{v}^2\right), \tag{9.3.19}$$

oder

$$f^\ell(\mathbf{x},\mathbf{v},t) = n(\mathbf{x},t)\left(\frac{m}{2\pi k T(\mathbf{x},t)}\right)^{\frac{3}{2}} \exp\left[-\frac{m}{2kT(\mathbf{x},t)}(\mathbf{v}-\mathbf{u}(\mathbf{x},t))^2\right].$$
(9.3.19')

---

[11] H. Grad, Comm. Pure Appl. Math. **2**, 331 (1949)

Hier besitzen die Größen $T(\mathbf{x},t) = (k\beta(\mathbf{x},t))^{-1}$, $n(\mathbf{x},t) = \left(\frac{2\pi}{m\beta(\mathbf{x},t)}\right)^{\frac{3}{2}} \times$ $\exp[\alpha(\mathbf{x},t)+\beta(\mathbf{x},t)mu^2(\mathbf{x},t)/2]$ und $\mathbf{u}(\mathbf{x},t)$ die Bedeutung der *lokalen Temperatur*, der *lokalen Teilchenzahldichte* und der *lokalen Geschwindigkeit*. Man nennt $f^\ell(\mathbf{x},\mathbf{v},t)$ *lokale Maxwell-Verteilung* oder lokale Gleichgewichtsverteilungsfunktion, da sie lokal identisch mit der Maxwell-Verteilung, (9.3.10) bzw. (2.6.13), ist. Setzt man (9.3.19′) in die Erhaltungsgrößen (9.3.15a–c) ein, so sieht man auch, daß die auf der rechten Seite von (9.3.19′) auftretenden Größen $n(\mathbf{x},t)$, $\mathbf{u}(\mathbf{x},t)$ und $T(\mathbf{x},t)$ die Bedeutung der lokalen Dichte, Geschwindigkeit und Temperatur haben, wobei letztere mit der mittleren kinetischen Energie über

$$e(\mathbf{x},t) = \frac{3}{2}kT(\mathbf{x},t)$$

– also die kalorische Zustandsgleichung des idealen Gases – zusammenhängt.

Die lokale Gleichgewichts-Verteilungsfunktion $f^\ell(\mathbf{x},\mathbf{v},t)$ ist i.a. nicht Lösung der Boltzmann-Gleichung, da dafür zwar der Stoßterm aber nicht der Strömungsterm verschwindet.[12] Die lokale Maxwell-Verteilung löst die Boltzmann-Gleichung i.a. nur, wenn die Koeffizienten konstant sind, also im totalen Gleichgewicht. Zusammen mit den Ergebnissen aus Abschnitt 9.3.1 folgt, daß ein Gas mit einer beliebigen inhomogenen Anfangsverteilung $f(\mathbf{x},\mathbf{v},0)$ schließlich in eine Maxwell-Verteilung (9.3.10) mit konstanter Temperatur und Dichte relaxiert. Deren Werte ergeben sich aus den Anfangsbedingungen.

9.3.4 Erhaltungssätze

Mit Hilfe der Stoßinvarianten können wir aus der Boltzmann-Gleichung Kontinuitätsgleichungen für die Erhaltungsgrößen herleiten. Zunächst setzen wir die erhaltenen Dichten (9.3.15a–c) in Verbindung mit den Stoßinvarianten (9.3.18a–c). Die *Teilchenzahldichte*, die *Impulsdichte* und die *Energiedichte* können in der folgenden Form dargestellt werden:

$$n(\mathbf{x},t) \equiv \int d^3v\, \chi^5 f\,, \tag{9.3.20}$$

$$m\, j_i(\mathbf{x},t) \equiv m\, n(\mathbf{x},t) u_i(\mathbf{x},t) = \int d^3v\, \chi^i f \tag{9.3.21}$$

und

---

[12] Es gibt spezielle lokale Maxwell-Verteilungen für die der Strömungsterm ebenfalls verschwindet, die jedoch keine physikalische Bedeutung haben. Siehe G.E. Uhlenbeck und G.W. Ford, *Lectures in Statistical Mechanics*, American Mathematical Society, Providence, 1963, p. 86, S. Harris, *An Introduction to the Theory of the Boltzmann Equation*, Holt Rinehart and Winston, New York, 1971, p. 73 und Aufgabe 9.16.

9. Boltzmann-Gleichung

$$n(\mathbf{x},t)\left[\frac{m\mathbf{u}(\mathbf{x},t)^2}{2}+e(\mathbf{x},t)\right]=\int d^3v\,\chi^4 f\;. \tag{9.3.22}$$

Als nächstes wollen wir die Bewegungsgleichungen für die in (9.3.15a–c) definierten Größen aus der Boltzmann-Gleichung (9.2.7) ableiten, indem wir letztere mit $\chi^\alpha(\mathbf{v})$ multiplizieren und über $\mathbf{v}$ integrieren. Es folgt aufgrund der allgemeinen Identität (9.3.7)

$$\int d^3v\,\chi^\alpha(\mathbf{v})\left[\frac{\partial}{\partial t}+\mathbf{v}\boldsymbol{\nabla}_x+\frac{1}{m}\mathbf{K}(\mathbf{x})\boldsymbol{\nabla}_v\right]f(\mathbf{x},\mathbf{v},t)=0\;. \tag{9.3.23}$$

Indem wir der Reihe nach χ^5, $\chi^{1,2,3}$ und χ^4 einsetzen, erhalten wir aus (9.3.23) die folgenden drei Erhaltungssätze:

Teilchenzahlerhaltung:

$$\frac{\partial}{\partial t}n+\boldsymbol{\nabla}\mathbf{j}=0 \tag{9.3.24}$$

Impulserhaltung:

$$m\frac{\partial}{\partial t}j_i+\nabla_{x_j}\int d^3v\,m\,v_j v_i f-K_i(\mathbf{x})n(\mathbf{x})=0 \tag{9.3.25}$$

Im dritten Term wurde partiell integriert. Wenn man in (9.3.25) wieder die Substitution $\mathbf{v}=\mathbf{u}-\boldsymbol{\phi}$ einführt, erhält man

$$m\frac{\partial}{\partial t}j_i+\frac{\partial}{\partial x_j}(m\,n\,u_i u_j+P_{ji})=nK_i\;, \tag{9.3.25'}$$

wo der *Drucktensor*

$$P_{ji}=P_{ij}=m\int d^3v\,\phi_i\phi_j f \tag{9.3.26}$$

eingeführt wurde.

Energieerhaltung:

Wenn wir schließlich $\chi^4=\frac{mv^2}{2}$ in (9.3.23) einsetzen, ergibt sich

$$\frac{\partial}{\partial t}\int d^3v\,\frac{m}{2}v^2 f+\nabla_{x_i}\int d^3v\,(u_i+\phi_i)\frac{m}{2}(u^2+2u_j\phi_j+\phi^2)f-\mathbf{j}\cdot\mathbf{K}=0\;, \tag{9.3.27}$$

wo im letzten Term partiell integriert wurde. Unter Verwendung von Gl. (9.3.22) und (9.3.26) erhält man die Kontinuitätsgleichung für die Energiedichte

9.3 Folgerungen aus der Boltzmann-Gleichung

$$\frac{\partial}{\partial t}\left[n\left(\frac{m}{2}u^2 + e\right)\right] + \nabla_i\left[nu_i\left(\frac{m}{2}u^2 + e\right) + u_j P_{ji} + q_i\right] = \mathbf{j} \cdot \mathbf{K} \, . \quad (9.3.28)$$

Hier wurde neben der in (9.3.15c′) definierten inneren Energiedichte e auch die *Wärmestromdichte*

$$\mathbf{q} = \int d^3v\, \boldsymbol{\phi}\left(\frac{m}{2}\phi^2\right) f \quad (9.3.29)$$

eingeführt.

Bemerkungen:

(i) (9.3.25′) und (9.3.28) haben in Abwesenheit äußerer Kräfte ($\mathbf{K} = \mathbf{0}$) wie (9.3.24) die übliche Form von Kontinuitätsgleichungen.

(ii) Für die Impulsdichte setzt sich nach Gl. (9.3.25′) die tensorielle Stromdichte aus einem konvektiven Anteil und dem Drucktensor P_{ij} zusammen, der den mikroskopischen Impulsstrom in Bezug auf das mit der mittleren Geschwindigkeit $\mathbf{u}$ bewegte Koordinatensystem angibt.

(iii) Die Energiestromdichte in Gl. (9.3.28) enthält einen makroskopischen Konvektionsstrom, die Arbeit, die vom Druck geleistet wird, und den Wärmestrom $\mathbf{q}$ (= mittlerer Energiefluß in dem mit der Flüssigkeit mitbewegten System).

(iv) Die Erhaltungssätze liefern noch kein geschlossenes Gleichungssystem, solange die Stromdichten unbekannt sind. Im hydrodynamischen Grenzfall ist es möglich, die Stromdichten durch die Erhaltungsgrößen auszudrücken.

Man kann die Erhaltungssätze für Impuls und Energie auch als Gleichungen für $\mathbf{u}$ und e aufschreiben. Dazu führen wir unter Verwendung von (9.3.21) und des Erhaltungssatzes für die Teilchenzahldichte die Umformung

$$\begin{aligned}\frac{\partial}{\partial t}j_i + \nabla_j(nu_j u_i) &= n\frac{\partial}{\partial t}u_i + u_i\frac{\partial}{\partial t}n + u_i\nabla_j nu_j + nu_j\nabla_j u_i \\ &= n\left(\frac{\partial}{\partial t} + u_j\nabla_j\right) u_i \end{aligned} \quad (9.3.30)$$

durch, welche für (9.3.25′)

$$mn\left(\frac{\partial}{\partial t} + u_j\nabla_j\right) u_i = -\nabla_j P_{ji} + nK_i \quad (9.3.31)$$

ergibt. Hieraus folgen im hydrodynamischen Limes die Navier-Stokes-Gleichungen. Ebenso zeigt man ausgehend von Gl. (9.3.28)

$$n\left(\frac{\partial}{\partial t} + u_j\nabla_j\right) e + \boldsymbol{\nabla}\mathbf{q} = -P_{ij}\nabla_i u_j \, . \quad (9.3.32)$$

9.3.5 Erhaltungssätze und hydrodynamische Gleichungen für die lokale Maxwell-Verteilung

9.3.5.1 Lokales Gleichgewicht und Hydrodynamik

Wir wollen hier einige Begriffe, die in der Nichtgleichgewichtstheorie eine Rolle spielen, zusammenstellen und erläutern.

Unter *lokalem Gleichgewicht* versteht man die Situation, daß die thermodynamischen Größen des Systems wie Dichte, Temperatur, Druck etc. zwar räumlich und zeitlich variieren, aber in jedem Raumelement die thermodynamischen Relationen zwischen den dort gerade zutreffenden lokalen Werten gelten. Die dann zutreffende Dynamik bezeichnet man in der Physik der kondensierten Materie generell als *Hydrodynamik*, in Anlehnung an die in diesem Grenzfall für die Strömung von Gasen und Flüssigkeiten gültigen dynamischen Gleichungen. Die Bedingungen für lokales Gleichgewicht sind

$$\omega\tau \ll 1 \quad \text{und} \quad kl \ll 1, \tag{9.3.33}$$

wo ω die Frequenz der zeitlichen Änderung ist und k die Wellenzahl, während τ und l die Stoßzeit und mittlere freie Weglänge bedeuten. Die erste Bedingung garantiert, daß die zeitliche Änderung so langsam ist, daß das System Zeit hat, durch die Stöße der Atome *lokal* ins Gleichgewicht zu kommen. Die zweite Bedingung geht davon aus, daß die Teilchen über eine Strecke der Länge l ohne Impuls- und Energieänderung fliegen. Die lokalen Werte von Impuls und Energie müssen deshalb über eine Distanz l faktisch konstant sein.

Wenn man von einer beliebigen Anfangsverteilungsfunktion $f(\mathbf{x}, \mathbf{v}, 0)$ ausgeht, spielen sich nach der Boltzmann-Gleichung die folgenden Relaxationsprozesse ab. Der Stoßterm bewirkt, daß sich die Verteilungsfunktion mit der charakteristischen Zeit τ einer lokalen Maxwell-Verteilung *annähert*. Der Strömungsterm bewirkt einen Ausgleich im Ortsraum, welcher längere Zeit benötigt. Diese beiden Annäherungsvorgänge in Richtung Gleichgewicht – im Geschwindigkeitsraum und im Ortsraum – sind erst beendet, wenn totales Gleichgewicht erreicht ist. Wenn das System nur räumlich und zeitlich langsam variierenden Störungen ausgesetzt ist, wird es nach der Zeit τ im lokalen Gleichgewicht sein. Diese zeitlich und räumlich langsam veränderliche Verteilungsfunktion wird von der lokalen Maxwellschen (9.3.19') abweichen, welche die Boltzmann-Gleichung nicht erfüllt.

9.3.5.2 Hydrodynamische Gleichungen ohne Dissipation

Um explizite Ausdrücke für die Stromdichten $\mathbf{q}$ und P_{ij} zu erhalten, müssen diese Größen für eine Verteilungsfunktion $f(\mathbf{x}, \mathbf{v}, t)$, welche die Boltzmann-Gleichung zumindest näherungsweise löst, berechnet werden. In diesem Abschnitt werden wir näherungsweise die lokale Maxwell-Verteilung zugrundelegen. In Abschnitt 9.4 wird die Boltzmann-Gleichung in linearisierter Näherung systematisch gelöst.

Nach den vorhergehenden Überlegungen über das unterschiedliche Relaxationsverhalten im Orts- und Geschwindigkeitsraum ist zu erwarten, daß im lokalen Gleichgewicht die tatsächliche Verteilungsfunktion von der lokalen Maxwellschen nicht sehr verschieden ist. Wenn wir näherungsweise die lokale Maxwell-Verteilung verwenden, vernachlässigen wir Dissipation.

Mit der lokalen Maxwell-Verteilung, Gl. (9.3.19′)

$$f^\ell = n(\mathbf{x},t) \left(\frac{m}{2\pi kT(\mathbf{x},t)}\right)^{\frac{3}{2}} \exp\left[-\frac{m(\mathbf{v}-\mathbf{u}(\mathbf{x},t))^2}{2kT(\mathbf{x},t)}\right], \qquad (9.3.34)$$

mit orts- und zeitabhängiger Dichte n, Temperatur T und Strömungsgeschwindigkeit $\mathbf{u}$, ergibt sich aus (9.3.15a), (9.3.15b) und (9.3.15c′)

$$\mathbf{j} = n\mathbf{u} \qquad (9.3.35)$$

$$ne = \frac{3}{2}nkT \qquad (9.3.36)$$

$$P_{ij} \equiv \int d^3v\, m\phi_i\phi_j f^\ell = \delta_{ij} nkT \equiv \delta_{ij} P, \qquad (9.3.37)$$

wo der lokale Druck P eingeführt wurde, der nach (9.3.37)

$$P = nkT \qquad (9.3.38)$$

ist. Die Gleichungen (9.3.38) und (9.3.36) beinhalten die lokale thermische und kalorische Zustandsgleichung des idealen Gases. Der Drucktensor P_{ij} enthält nach Gl. (9.3.37) keinerlei dissipativen Anteil, der der Zähigkeit der Flüssigkeit entsprechen würde. Die Wärmestromdichte (9.3.29) verschwindet, $\mathbf{q} = 0$, für die lokale Maxwell-Verteilung.

Mit diesen Ergebnissen erhält man für die Kontinuitätsgleichungen (9.3.24), (9.3.25′) und (9.3.32)

$$\frac{\partial}{\partial t} n = -\boldsymbol{\nabla} n\mathbf{u} \qquad (9.3.39)$$

$$mn\left(\frac{\partial}{\partial t} + \mathbf{u}\boldsymbol{\nabla}\right)\mathbf{u} = -\boldsymbol{\nabla} P + n\mathbf{K} \qquad (9.3.40)$$

$$n\left(\frac{\partial}{\partial t} + \mathbf{u}\boldsymbol{\nabla}\right)e = -P\boldsymbol{\nabla}\mathbf{u}. \qquad (9.3.41)$$

Hier ist (9.3.40) die aus der Hydrodynamik (Strömungslehre) bekannte *Eulersche Gleichung*.[13] Die Bewegungsgleichungen (9.3.39) – (9.3.41) stellen zusammen mit den lokalen thermodynamischen Beziehungen (9.3.36) und (9.3.38) ein geschlossenes Gleichungssystem für n, $\mathbf{u}$ und e dar.

---

[13] Die Eulersche Gleichung beschreibt die nichtdissipative Strömung von Fluiden: L. D. Landau und E. M. Lifshitz, *Hydrodynamik*, Lehrbuch der Theoretischen Physik IV, 3. Aufl. Akademie Verl. Berlin, 1974, S. 4; A. Sommerfeld, *Mechanik der deformierbaren Medien*, 6. Aufl. Akademische Verlagsgesellschaft, Leipzig, 1970, S. 74.

9.3.5.3 Schallfortpflanzung in Gasen

Als Anwendung betrachten wir die *Schall-Fortpflanzung*. Dabei führt das Gas kleine Schwingungen um die Gleichgewichtswerte der Dichte n, des Drucks P, der inneren Energie e, der Temperatur T und um $\mathbf{u} = 0$ durch. Wir vereinbaren im weiteren die folgende Notation: thermodynamische Größen, bei denen keine Orts- und Zeitabhängigkeit angegeben ist, bedeuten die Gleichgewichtswerte. D.h. man setzt in Gl. (9.3.39) – (9.3.41)

$$n(\mathbf{x},t) = n + \delta n(\mathbf{x},t), \qquad P(\mathbf{x},t) = P + \delta P(\mathbf{x},t),$$
$$e(\mathbf{x},t) = e + \delta e(\mathbf{x},t), \qquad T(\mathbf{x},t) = T + \delta T(\mathbf{x},t) \tag{9.3.42}$$

ein und entwickelt nach den mit einem δ gekennzeichneten kleinen Abweichungen

$$\frac{\partial}{\partial t}\delta n = -n\boldsymbol{\nabla}\mathbf{u} \tag{9.3.43a}$$

$$mn\frac{\partial}{\partial t}\mathbf{u} = -\boldsymbol{\nabla}\delta P \tag{9.3.43b}$$

$$n\frac{\partial}{\partial t}\delta e = -P\boldsymbol{\nabla}\mathbf{u} \ . \tag{9.3.43c}$$

Die Strömungsgeschwindigkeit $\mathbf{u}(\mathbf{x},t) \equiv \delta\mathbf{u}(\mathbf{x},t)$ ist insgesamt klein. Durch Einsetzen von Gl. (9.3.36) und (9.3.38) in (9.3.43c) erhält man

$$\frac{3}{2}\frac{\partial}{\partial t}\delta T = -T\boldsymbol{\nabla}\mathbf{u} \ ,$$

was zusammen mit (9.3.43a)

$$\frac{\partial}{\partial t}\left[\frac{\delta n}{n} - \frac{3}{2}\frac{\delta T}{T}\right] = 0 \tag{9.3.44}$$

ergibt. Der Vergleich mit der Entropie des idealen Gases

$$S = kN\left(\frac{5}{2} + \log\frac{(2\pi mkT)^{3/2}}{nh^3}\right) \tag{9.3.45}$$

zeigt, daß aus (9.3.44) die zeitliche Konstanz von S/N (der Entropie pro Teilchen bzw. pro Masse) folgt. Indem man auf (9.3.43a) $\partial/\partial t$ und auf (9.3.43b) $\boldsymbol{\nabla}$ anwendet und den $\mathbf{u}$ enthaltenden Term eliminiert, erhält man

$$\frac{\partial^2 \delta n}{\partial t^2} = m^{-1}\boldsymbol{\nabla}^2 \delta P \ . \tag{9.3.46}$$

Aus Gl. (9.3.38) folgt

$$\delta P = nk\delta T + \delta nkT \ ,$$

und zusammen mit (9.3.44) ergibt sich $\frac{\partial}{\partial t}\delta P = \frac{5}{3}kT\frac{\partial}{\partial t}\delta n$. Damit kann man die Bewegungsgleichung (9.3.46) in die Form

$$\frac{\partial^2 \delta P}{\partial t^2} = \frac{5kT}{3m}\boldsymbol{\nabla}^2 \delta P \qquad (9.3.47)$$

bringen. Die aus Gl. (9.3.47) folgenden Schallwellen (Druckwellen) sind von der Form

$$\delta P \propto e^{i(\mathbf{k}\mathbf{x} \pm c_s |\mathbf{k}| t)} \qquad (9.3.48)$$

mit der *adiabatischen Schallgeschwindigkeit*

$$c_s = \sqrt{\frac{1}{mn\kappa_s}} = \sqrt{\frac{5kT}{3m}} \; . \qquad (9.3.49)$$

Hier ist κ_s die adiabatische Kompressibilität (Gl. (3.2.3b)), die nach Gl. (3.2.28) für das ideale Gas die Form

$$\kappa_s = \frac{3}{5P} = \frac{3V}{5NkT} \qquad (9.3.50)$$

hat.

Anmerkungen:

Das Ergebnis, daß für eine Schallwelle die Entropie pro Teilchen S/N bzw. die Entropie pro Einheitsmasse s zeitunabhängig ist, hat über das ideale Gas hinaus allgemeine Gültigkeit. Wenn man die im lokalen Gleichgewicht gültige thermodynamische Beziehung

$$\delta n = \left(\frac{\partial n}{\partial P}\right)_{S/N} \delta P + \left(\frac{\partial n}{\partial S/N}\right)_P \delta\left(\frac{S}{N}\right) \qquad (9.3.51)$$

zweimal nach der Zeit ableitet[14] $\frac{\partial^2 \delta n}{\partial t^2} = \left(\frac{\partial n}{\partial P}\right)_{S/N} \frac{\partial^2 P}{\partial t^2} + \left(\frac{\partial n}{\partial S/N}\right)_P \underbrace{\frac{\partial^2 S/N}{\partial t^2}}_{=0}$, so

erhält man aus (9.3.43a) und (9.3.43b)

$$\frac{\partial^2 P(\mathbf{x},t)}{\partial t^2} = m^{-1}\left(\frac{\partial P}{\partial n}\right)_{S/N} \boldsymbol{\nabla}^2 P(\mathbf{x},t) \; , \qquad (9.3.52)$$

wo wieder die adiabatische Schallgeschwindigkeit

$$\begin{aligned}c_s^2 &= m^{-1}\left(\frac{\partial P}{\partial n}\right)_{S/N} = m^{-1}\left(\frac{\partial P}{\partial N/V}\right)_S \\ &= m^{-1}N^{-1}(-V^2)\left(\frac{\partial P}{\partial V}\right)_S = \frac{1}{mn\kappa_s}\end{aligned} \qquad (9.3.53)$$

---

[14] Innerhalb von Zeit- und Ortsableitungen kann man $\delta n(\mathbf{x},t)$, etc. durch $n(\mathbf{x},t)$ etc. ersetzen.

auftritt. Nach dem dritten Gleichheitszeichen wurde die Teilchenzahl N als fest angenommen.

Für lokale Maxwell-Verteilungen verschwindet der Stoßterm; es gibt keine Dämpfung. Zwischen den Regionen verschiedener lokalen Gleichgewichte kommt es zu reversiblen Oszillationsvorgängen. Abweichungen der tatsächlichen lokalen Gleichgewichtsverteilungsfunktionen $f(\mathbf{x}, \mathbf{v}, t)$ von der lokalen Maxwell-Verteilung $f^l(\mathbf{x}, \mathbf{v}, t)$ führen aufgrund des Stoßterms zu lokalen, irreversiblen Relaxationsvorgängen und zusammen mit dem Strömungsterm zu diffusionsartigen Ausgleichsprozessen, die ins totale Gleichgewicht führen.

*9.4 Linearisierte Boltzmann-Gleichung

9.4.1 Linearisierung

In diesem Abschnitt wollen wir die Lösungen der Boltzmann-Gleichung systematisch im Grenzfall kleiner Abweichungen vom Gleichgewicht untersuchen. Es kann dann die Boltzmann-Gleichung linearisiert werden, und daraus hydrodynamische Gleichungen abgeleitet werden. Dies sind Bewegungsgleichungen für die Erhaltungsgrößen, deren Gültigkeit im Bereich großer Wellenlängen und kleiner Frequenzen liegt. Es wird zeitweilig zweckmäßig sein, von den Variablen $(\mathbf{x}, t)$ zu Wellenzahl und Frequenz $(\mathbf{k}, \omega)$ überzugehen. Wir werden dabei auch ein äußeres Potential berücksichtigen, das zu frühen Zeiten verschwindet

$$\lim_{t \to -\infty} V(\mathbf{x}, t) = 0 \ . \tag{9.4.1}$$

Dann möge die Verteilungsfunktion die Eigenschaft

$$\lim_{t \to -\infty} f(\mathbf{x}, \mathbf{v}, t) = f^0(\mathbf{v}) \equiv n \left(\frac{m}{2\pi kT}\right)^{\frac{3}{2}} e^{-\frac{m\mathbf{v}^2}{2kT}} \tag{9.4.2}$$

besitzen, wo f^0 die totale räumlich homogene Maxwellsche Gleichgewichtsverteilung ist.[15]

Für kleine Abweichungen vom totalen Gleichgewicht können wir $f(\mathbf{x}, \mathbf{v}, t)$ in der Form

$$f(\mathbf{x}, \mathbf{v}, t) = f^0(\mathbf{v}) \left(1 + \frac{1}{kT} \nu(\mathbf{x}, \mathbf{v}, t)\right) \equiv f^0 + \delta f \tag{9.4.3}$$

schreiben und die Boltzmann-Gleichung in δf bzw. ν linearisieren. Die Linearisierung des Stoßterms (9.2.6) ergibt

---

[15] Wir schreiben hier den auf die Gleichgewichtsverteilung hinweisenden Index als oberen Index, weil später auch die Notation $f_i^0 \equiv f^0(\mathbf{v}_i)$ gebraucht werden wird.

$$\left.\frac{\partial f}{\partial t}\right)_{\text{Stoß}} = -\int d^3v_2\, d^3v_3\, d^3v_4\, W(f_1^0 f_2^0 - f_3^0 f_4^0 + f_1^0\, \delta f_2 + f_2^0\, \delta f_1 - f_3^0\, \delta f_4 - f_4^0\, \delta f_3)$$

$$= -\frac{1}{kT}\int d^3v_2\, d^3v_3\, d^3v_4\, W(\mathbf{v}\,\mathbf{v}_2; \mathbf{v}_3\mathbf{v}_4) f^0(\mathbf{v}_1) f^0(\mathbf{v}_2)(\nu_1 + \nu_2 - \nu_3 - \nu_4) \,, \tag{9.4.4}$$

da unter Berücksichtigung des in $W(\mathbf{v}\,\mathbf{v}_1;\mathbf{v}_3\mathbf{v}_4)$ enthaltenen Energieerhaltungssatzes $f_3^0 f_4^0 = f_1^0 f_2^0$ gilt. Wir verwenden auch die Notation $\mathbf{v}_1 \equiv \mathbf{v}$, $f_1^0 = f^0(\mathbf{v})$ etc. Der Strömungsterm hat die Gestalt

$$\left[\frac{\partial}{\partial t} + \mathbf{v}\boldsymbol{\nabla}_x + \frac{1}{m}\mathbf{K}(\mathbf{x},t)\boldsymbol{\nabla}_v\right]\left(f^0 + \frac{f^0}{kT}\nu\right)$$
$$= \frac{f^0(\mathbf{v})}{kT}\left[\frac{\partial}{\partial t} + \mathbf{v}\boldsymbol{\nabla}_x\right]\nu(\mathbf{x},\mathbf{v},t) + \mathbf{v}\cdot\left(\boldsymbol{\nabla} V(\mathbf{x},t)\right)f^0(\mathbf{v})/kT \,. \tag{9.4.5}$$

Insgesamt lautet die linearisierte Boltzmann-Gleichung

$$\left[\frac{\partial}{\partial t} + \mathbf{v}\boldsymbol{\nabla}_x\right]\nu(\mathbf{x},\mathbf{v},t) + \mathbf{v}(\boldsymbol{\nabla} V(\mathbf{x},t)) = -\mathcal{L}\nu \tag{9.4.6}$$

mit dem *linearen Stoßoperator* $\mathcal{L}$

$$\mathcal{L}\nu = \frac{kT}{f^0(\mathbf{v})}\int d^3v_2\, d^3v_3\, d^3v_4\, W'(\mathbf{v},\mathbf{v}_2;\mathbf{v}_3,\mathbf{v}_4)(\nu + \nu_2 - \nu_3 - \nu_4) \tag{9.4.7}$$

und

$$W'(\mathbf{v}\,\mathbf{v}_2;\mathbf{v}_3\,\mathbf{v}_4) = \frac{1}{kT}\left(f^0(\mathbf{v})f^0(\mathbf{v}_2)f^0(\mathbf{v}_3)f^0(\mathbf{v}_4)\right)^{\frac{1}{2}} W(\mathbf{v}\,\mathbf{v}_2;\mathbf{v}_3\,\mathbf{v}_4) \,, \tag{9.4.8}$$

wo der in W enthaltene Energieerhaltungssatz verwendet wurde.

9.4.2 Skalarprodukt

Für die weitere Untersuchung führen wir das *Skalarprodukt* zweier Funktionen $\psi(\mathbf{v})$ und $\chi(\mathbf{v})$ ein,

$$\langle\psi|\chi\rangle = \int d^3v\, \psi(\mathbf{v})\frac{f^0(\mathbf{v})}{kT}\chi(\mathbf{v}) \,, \tag{9.4.9}$$

welches die üblichen Eigenschaften erfüllt. Spezialfälle sind die Stoßinvarianten

$$\langle\chi^5|\chi^5\rangle \equiv \langle 1|1\rangle = \int d^3v\, \frac{f^0(\mathbf{v})}{kT} = \frac{n}{kT} \,, \tag{9.4.10a}$$

$$\langle\chi^4|\chi^5\rangle \equiv \langle\epsilon|1\rangle = \int d^3v\, \frac{mv^2}{2}\frac{f^0(\mathbf{v})}{kT} = \frac{n\epsilon}{kT} = \frac{3}{2}n \tag{9.4.10b}$$

mit $\epsilon \equiv \frac{mv^2}{2}$ und

$$\langle \chi^4 | \chi^4 \rangle \equiv \langle \epsilon | \epsilon \rangle = \int d^3v \left(\frac{mv^2}{2}\right)^2 \frac{f^0(\mathbf{v})}{kT} = \frac{15}{4} nkT \ . \tag{9.4.10c}$$

Der in (9.4.7) eingeführte lineare Stoßoperator $\mathcal{L}$ ist ein linearer Operator, und es gilt

$$\langle \chi | \mathcal{L} \nu \rangle = \frac{1}{4} \int d^3v_1 \, d^3v_2 \, d^3v_3 \, d^3v_4 \, W'(\mathbf{v}_1 \mathbf{v}_2; \mathbf{v}_3 \mathbf{v}_4)$$
$$\times (\nu_1 + \nu_2 - \nu_3 - \nu_4)(\chi^1 + \chi^2 - \chi^3 - \chi^4) \ . \tag{9.4.11}$$

Daraus folgt, daß $\mathcal{L}$ selbstadjungiert und positiv semidefinit ist,

$$\langle \chi | \mathcal{L} \nu \rangle = \langle \mathcal{L} \chi | \nu \rangle \ , \tag{9.4.12}$$
$$\langle \nu | \mathcal{L} \nu \rangle \geq 0 \ . \tag{9.4.13}$$

9.4.3 Eigenfunktionen von $\mathcal{L}$ und Entwicklung der Lösungen der Boltzmann-Gleichung

Mit χ^λ bezeichnen wir die Eigenfunktionen von $\mathcal{L}$

$$\mathcal{L} \chi^\lambda = \omega_\lambda \chi^\lambda \ , \qquad \omega_\lambda \geq 0 \ . \tag{9.4.14}$$

Die Stoßinvarianten $\chi^1, \chi^2, \chi^3, \chi^4, \chi^5$ sind Eigenfunktionen mit Eigenwert 0.

Es wird sich als zweckmäßig erweisen, orthonormierte Eigenfunktionen einzuführen:

$$\langle \hat{\chi}^\lambda | \hat{\chi}^{\lambda'} \rangle = \delta^{\lambda \lambda'} \ . \tag{9.4.15}$$

Für die Stoßinvarianten bedeutet das die Einführung von

$$\hat{\chi}^i \equiv \hat{\chi}^{u_i} = \frac{v_i}{\sqrt{\langle v_i | v_i \rangle}} = \frac{v_i}{\sqrt{n/m}} \ , \qquad i = 1, 2, 3 \ , \tag{9.4.16a}$$

$\langle v_i | v_i \rangle = \frac{1}{3} \int d^3v \, \mathbf{v}^2 f^0(\mathbf{v})/kT$, über i nicht summiert,

$$\hat{\chi}^5 \equiv \hat{\chi}^n = \frac{1}{\sqrt{\langle 1 | 1 \rangle}} = \frac{1}{\sqrt{n/kT}} \ , \tag{9.4.16b}$$

$$\hat{\chi}^4 \equiv \hat{\chi}^T = \frac{\epsilon \langle 1|1 \rangle - 1 \langle 1|\epsilon \rangle}{\sqrt{\langle 1|1 \rangle (\langle 1|1 \rangle \langle \epsilon|\epsilon \rangle - \langle 1|\epsilon \rangle^2)}} = \frac{\epsilon - \frac{3}{2}kT}{\sqrt{\frac{3}{2}nkT}} \ . \tag{9.4.16c}$$

Die Eigenfunktionen χ^λ mit $\omega_\lambda > 0$ sind orthogonal auf den Funktionen (9.4.16a–c) und werden im Fall von Entartung untereinander orthonormalisiert. Eine beliebige Lösung der linearisierten Boltzmann-Gleichung können wir als Superposition der Eigenfunktionen von $\mathcal{L}$ mit orts- und zeitabhängigen Faktoren darstellen[16]

$$\nu(\mathbf{x},\mathbf{v},t) = a^5(\mathbf{x},t)\hat{\chi}^n + a^4(\mathbf{x},t)\hat{\chi}^T + a^i(\mathbf{x},t)\hat{\chi}^{u_i} + \sum_{\lambda=6}^{\infty} a^\lambda(\mathbf{x},t)\hat{\chi}^\lambda \ . \quad (9.4.17)$$

Hier weist die Bezeichnung auf die Teilchenzahldichte $n(\mathbf{x},t)$, die Temperatur $T(\mathbf{x},t)$ und die Strömungsgeschwindigkeit $u_i(\mathbf{x},t)$ hin:

$$\hat{T}(\mathbf{x},t) \equiv a^4(\mathbf{x},t) = \langle \hat{\chi}^T | \nu \rangle = \int d^3v \left(\frac{f^0}{kT}\nu\right)\hat{\chi}^T \equiv \int d^3v\, \delta f(\mathbf{x},\mathbf{v},t)\hat{\chi}^T$$
$$= \frac{\delta e - \frac{3}{2}kT\delta n}{\sqrt{\frac{3}{2}nkT}} = \sqrt{\frac{3n}{2kT}}\delta T(\mathbf{x},t) \ . \quad (9.4.18\text{a})$$

Die Identifikation von $\delta T(\mathbf{x},t)$ mit der lokalen Schwankung der Temperatur bis auf den Normierungsfaktor erklärt sich, indem man die lokale innere Energie betrachtet

$$e + \delta e = \frac{3}{2}(n+\delta n)k(T+\delta T) \ ,$$

woraus unter Vernachlässigung von Größen zweiter Ordnung

$$\delta e = \frac{3}{2}nk\delta T + \frac{3}{2}kT\delta n \quad \Rightarrow \quad \delta T = \frac{\delta e - \frac{3}{2}\delta nkT}{\frac{3}{2}nk} \quad (9.4.19)$$

folgt. Ähnlich erhält man für

$$\hat{n}(\mathbf{x},t) \equiv a^5(\mathbf{x},t) = \langle \hat{\chi}^n | \nu \rangle = \int d^3v\, \delta f(\mathbf{x},\mathbf{v},t)\frac{1}{\sqrt{n/kT}} = \frac{\delta n}{\sqrt{n/kT}} \ ,$$
$$(9.4.18\text{b})$$

und

$$\hat{u}_i(\mathbf{x},t) \equiv a^i(\mathbf{x},t) = \langle \hat{\chi}^{u_i} | \nu \rangle = \int d^3v \frac{v_i}{\sqrt{n/m}}\delta f(\mathbf{x},\mathbf{v},t)$$
$$= \int d^3v \frac{v_i}{\sqrt{n/m}}(f^0 + \delta f) = \frac{nu_i(\mathbf{x},t)}{\sqrt{n/m}}, \quad i=1,2,3 \quad (9.4.18\text{c})$$

---

[16] Hier wird angenommen, daß die Eigenfunktionen χ^λ ein vollständiges System bilden. Für die explizit bekannten Eigenfunktionen des Maxwell-Potentials (abstoßendes r^{-4}-Potential) kann man dies direkt zeigen. Für abstoßende r^{-n}-Potentiale wurde die Vollständigkeit in Y. Pao, Comm. Pure Appl. Math. **27**, 407 (1974) bewiesen.

den Zusammenhang mit den Dichte- und Impulsschwankungen. Nun setzen wir die Entwicklung (9.4.17) in die linearisierte Boltzmann-Gleichung (9.4.6) ein

$$\left(\frac{\partial}{\partial t} + \mathbf{v}\boldsymbol{\nabla}\right) \nu(\mathbf{x},\mathbf{v},t) = -\sum_{\lambda'=6}^{\infty} a^{\lambda'}(\mathbf{x},t)\omega_{\lambda'}\hat{\chi}^{\lambda'}(\mathbf{v}) - \mathbf{v}\boldsymbol{\nabla}V(\mathbf{x},t) \ . \quad (9.4.20)$$

In der Summe tragen nur Terme mit $\lambda' \geq 6$ bei, da die Stoßinvarianten den Eigenwert 0 besitzen. Durch Multiplikation dieser Gleichung mit $\hat{\chi}^\lambda f^0(\mathbf{v})/kT$ und Integration über $\mathbf{v}$ erhält man wegen der Orthonormierung der $\hat{\chi}^\lambda$, Gl. (9.4.15),

$$\frac{\partial}{\partial t}a^\lambda(\mathbf{x},t) + \boldsymbol{\nabla}\sum_{\lambda'=1}^{\infty}\left\langle\hat{\chi}^\lambda|\mathbf{v}\hat{\chi}^{\lambda'}\right\rangle a^{\lambda'}(\mathbf{x},t)$$
$$= -\omega_\lambda a^\lambda(\mathbf{x},t) - \left\langle\hat{\chi}^\lambda|\mathbf{v}\right\rangle \boldsymbol{\nabla}V(\mathbf{x},t) \ . \quad (9.4.21)$$

Die Fourier-Transformation

$$a^\lambda(\mathbf{x},t) = \int \frac{d^3k}{(2\pi)^3}\frac{d\omega}{2\pi} \mathrm{e}^{\mathrm{i}(\mathbf{k}\cdot\mathbf{x}-\omega t)}a^\lambda(\mathbf{k},\omega) \quad (9.4.22)$$

ergibt

$$(\omega + \mathrm{i}\omega_\lambda)a^\lambda(\mathbf{k},\omega) - \mathbf{k}\sum_{\lambda'=1}^{\infty}\left\langle\hat{\chi}^\lambda|\mathbf{v}\hat{\chi}^{\lambda'}\right\rangle a^{\lambda'}(\mathbf{k},\omega) - \mathbf{k}\left\langle\hat{\chi}^\lambda|\mathbf{v}\right\rangle V(\mathbf{k},\omega) = 0 \ .$$
$$(9.4.23)$$

Welche Größen aneinander koppeln, hängt von den Skalarprodukten $\left\langle\hat{\chi}^\lambda|\mathbf{v}\hat{\chi}^{\lambda'}\right\rangle$ ab, wofür offensichtlich die Symmetrie der $\hat{\chi}^\lambda$ eine Rolle spielt.

Da für die Moden $\lambda = 1$ bis 5, d.h. Impuls, Energie und Teilchenzahldichte, $\omega_\lambda = 0$ ist, kann man schon in diesem Stadium die Struktur der Erhaltungssätze für diese Größen in (9.4.23) erkennen. Der Term mit der äußeren Kraft koppelt aus Symmetriegründen offensichtlich nur an $\hat{\chi}^i \equiv \hat{\chi}^{u_i}$

$$\left\langle\hat{\chi}^i|v^j\right\rangle = \frac{\left\langle v^i|v^j\right\rangle}{\sqrt{n/m}} = \sqrt{n/m}\,\delta^{ij} \ . \quad (9.4.24)$$

Für die Moden mit $\lambda \leq 5$ gilt

$$\omega a^\lambda(\mathbf{k},\omega) - \mathbf{k}\sum_{\lambda'=1}^{\infty}\left\langle\hat{\chi}^\lambda|\mathbf{v}\hat{\chi}^{\lambda'}\right\rangle a^{\lambda'}(\mathbf{k},\omega) - \mathbf{k}\left\langle\hat{\chi}^\lambda|\mathbf{v}\right\rangle V(\mathbf{k},\omega) = 0 \ , \quad (9.4.25)$$

und für die nicht erhaltenen Freiheitsgrade[17] $\lambda \geq 6$

---

[17] Über doppelt vorkommende Indizes i, j, l, r wird von 1 bis 3 summiert.

$$a^\lambda(\mathbf{k},\omega) = \frac{k_i}{\omega + i\omega_\lambda} \left(\sum_{\lambda'=1}^{5} \left\langle \hat\chi^\lambda | v_i \hat\chi^{\lambda'} \right\rangle a^{\lambda'}(\mathbf{k},\omega) \right.$$
$$\left. + \sum_{\lambda'=6}^{\infty} \left\langle \hat\chi^\lambda | v_i \hat\chi^{\lambda'} \right\rangle a^{\lambda'}(\mathbf{k},\omega) + \left\langle \hat\chi^\lambda | v_i \right\rangle V(\mathbf{k},\omega) \right). \quad (9.4.26)$$

Diese auf den unterschiedlichen Zeitskalen beruhende Unterscheidung bildet die Grundlage für die Elimination der nicht erhaltenen Freiheitsgrade.

9.4.4 Hydrodynamischer Grenzfall

Für kleine Frequenzen ($\omega \ll \omega^\lambda$) und ($\mathbf{vk} \ll \omega^\lambda$) ist $a^\lambda(\mathbf{k},\omega)$ mit $\lambda \geq 6$ von höherer Ordnung in diesen Größen als die erhaltenen Größen $\lambda = 1,\ldots,5$. Deshalb kann man in führender Ordnung für (9.4.26) schreiben

$$a^\lambda(\mathbf{k},\omega) = -\frac{ik_i}{\omega_\lambda} \left(\sum_{\lambda'=1}^{5} \left\langle \hat\chi^\lambda | v_i \hat\chi^{\lambda'} \right\rangle a^{\lambda'}(\mathbf{k},\omega) + \left\langle \hat\chi^\lambda | v_i \right\rangle V(\mathbf{k},\omega) \right). \quad (9.4.27)$$

Somit ergibt sich durch Einsetzen in (9.4.25) für die erhaltenen (auch *hydrodynamischen*) Variablen

$$\omega a^\lambda(\mathbf{k},\omega) - k_i \sum_{\lambda'=1}^{5} \left\langle \hat\chi^\lambda | v_i \hat\chi^{\lambda'} \right\rangle a^{\lambda'}(\mathbf{k},\omega)$$
$$+ ik_i k_j \sum_{\lambda'=1}^{5} \sum_{\mu=6}^{\infty} \left\langle \hat\chi^\lambda | v_i \hat\chi^\mu \right\rangle \frac{1}{\omega_\mu} \left\langle \hat\chi^\mu | v_j \hat\chi^{\lambda'} \right\rangle a^{\lambda'}(\mathbf{k},\omega) - k_i \left\langle \hat\chi^\lambda | v_i \right\rangle V(\mathbf{k},\omega)$$
$$- k_i \sum_{\lambda'=6}^{\infty} \left\langle \hat\chi^\lambda | v_i \hat\chi^{\lambda'} \right\rangle \left(\frac{-ik_j}{\omega_{\lambda'}} \right) \left\langle \hat\chi^{\lambda'} | v_j \right\rangle V(\mathbf{k},\omega) = 0 \quad (9.4.28)$$

ein geschlossenes System von hydrodynamischen Bewegungsgleichungen. Der zweite Term in diesen Gleichungen führt zu schallartigen propagierenden Bewegungen, der dritte Term zur Dämpfung dieser Schwingungen. Dieser rührt formal von der Elimination der unendlich vielen nichterhaltenen Variablen her, welche möglich war wegen der Zeitskalentrennung von hydrodynamischen Variablen (typische Frequenz ck, Dk^2) und nichterhaltenen Variablen (typische Frequenz $\omega_\mu \propto \tau^{-1}$).

Die in Gl. (9.4.28) ersichtliche Struktur ist sehr allgemeiner Natur und kann auch aus Boltzmann-Gleichungen für andere physikalische Systeme hergeleitet werden, wie z.B. Phononen und Elektronen oder Magnonen in Festkörpern.

Wir wollen nun Gl. (9.4.28) für das verdünnte Gas ohne Einwirkung eines äußeren Potentials weiter auswerten. Zuerst berechnen wir die Skalarprodukte im zweiten Term (siehe Gl. (9.4.16a–c))

$$\langle \hat{\chi}^n | v_i \hat{\chi}^j \rangle = \int d^3v \frac{f^0(\mathbf{v})}{kT} \frac{v_i v_j}{\sqrt{n^2/kTm}} = \delta_{ij} \sqrt{\frac{kT}{m}} \tag{9.4.29a}$$

$$\langle \hat{\chi}^T | v_i \hat{\chi}^j \rangle = \int d^3v \frac{f^0(\mathbf{v})}{kT} v_i v_j \frac{\left(\frac{mv^2}{2} - \frac{3}{2}kT\right)}{\sqrt{\frac{n}{m}\frac{3}{2}nkT}} = \delta_{ij} \sqrt{\frac{2kT}{3m}} \ . \tag{9.4.29b}$$

Diese Skalarprodukte und $\langle \hat{\chi}^j | v_i \hat{\chi}^{n,T} \rangle = \langle \hat{\chi}^{n,T} | v_i \hat{\chi}^j \rangle$ sind die einzigen endlichen Skalarprodukte, die in der Bewegungsgleichung vom Strömungsterm herrühren.

Wir werden nun die Bewegungsgleichungen für die Teilchenzahldichte, Energiedichte und Geschwindigkeit analysieren. In der Bewegungsgleichung für die *Teilchenzahldichte* (9.4.28), $\lambda \equiv 5$, kommt vom zweiten Term eine Ankopplung an $a^i(\mathbf{k},\omega)$. Wie oben festgestellt, verschwinden alle übrigen Skalarprodukte. Der dritte Term verschwindet zur Gänze, da $\langle \hat{\chi}^n | v_i \hat{\chi}^\mu \rangle \propto \langle v_i | \hat{\chi}^\mu \rangle = 0$ für $\mu \geq 6$ wegen der Orthonormierung. Somit folgt

$$\omega \hat{n}(\mathbf{k},\omega) - k_i \sqrt{\frac{kT}{m}} \hat{u}^i(\mathbf{k},\omega) = 0 \tag{9.4.30}$$

bzw. wegen (9.4.18)

$$\omega \delta n(\mathbf{k},\omega) - k_i n u^i(\mathbf{k},\omega) = 0 \ , \tag{9.4.30'}$$

oder im Ortsraum

$$\frac{\partial}{\partial t} n(\mathbf{x},t) + \boldsymbol{\nabla} n \mathbf{u}(\mathbf{x},t) = 0 \ . \tag{9.4.30''}$$

Diese Bewegungsgleichung ist identisch mit der Kontinuitätsgleichung für die Dichte (9.3.24), nur daß hier im Gradiententerm wegen der Linearisierung $n(\mathbf{x},t)$ durch n ersetzt ist.

Die Bewegungsgleichung für die *lokale Temperatur* nimmt unter Verwendung von (9.4.28), (9.4.18a), (9.4.29b) die Form

$$\omega \sqrt{\frac{3n}{2kT}} k \delta T(\mathbf{k},\omega) - k_i \sqrt{\frac{2kT}{3m}} \frac{nu_i(\mathbf{k},\omega)}{\sqrt{n/m}}$$
$$+ ik_i k_j \sum_{\lambda'=1}^{5} \sum_{\mu=6}^{\infty} \langle \hat{\chi}^4 | v_i \hat{\chi}^\mu \rangle \frac{1}{\omega_\mu} \langle \hat{\chi}^\mu | v_j \hat{\chi}^{\lambda'} \rangle a^{\lambda'}(\mathbf{k},\omega) = 0 \tag{9.4.31}$$

an. In der Summe über λ' trägt $\lambda' = 5$ nicht bei, da $\langle \hat{\chi}^\mu | v_j \hat{\chi}^5 \rangle \propto \langle \hat{\chi}^\mu | v_j \rangle = 0$ ist. Da $\hat{\chi}^4$ sich wie ein Skalar transformiert, muß sich $\hat{\chi}^\mu$ so wie v_i transformieren, so daß wegen des zweiten Faktors auch $\hat{\chi}^{\lambda'} = \hat{\chi}^i$ nicht in Frage kommt, sondern nur $\hat{\chi}^{\lambda'} = \hat{\chi}^4$. Es bleibt vom dritten Term dieser Gleichung

*9.4 Linearisierte Boltzmann-Gleichung 471

$$ik_i k_j \sum_{\mu=6}^{\infty} \langle \hat{\chi}^4 | v_i \hat{\chi}^\mu \rangle \frac{1}{\omega_\mu} \langle \hat{\chi}^\mu | v_j \hat{\chi}^4 \rangle a^4(\mathbf{k}, \omega)$$

$$\approx ik_i k_j \tau \sum_{\mu=6}^{\infty} \langle \hat{\chi}^4 | v_i \hat{\chi}^\mu \rangle \langle \hat{\chi}^\mu | v_j \hat{\chi}^4 \rangle a^4(\mathbf{k}, \omega)$$

$$= ik_i k_j \tau \Big(\langle \hat{\chi}^4 | v_i v_j \hat{\chi}^4 \rangle - \sum_{\lambda=1}^{5} \langle \hat{\chi}^4 | v_i \hat{\chi}^\lambda \rangle \langle \hat{\chi}^\lambda | v_j \hat{\chi}^4 \rangle \Big) a^4(\mathbf{k}, \omega)$$

$$= ik_i k_j \tau (\langle \hat{\chi}^4 | v_i v_j \hat{\chi}^4 \rangle - \langle \hat{\chi}^4 | v_i \hat{\chi}^i \rangle \langle \hat{\chi}^i | v_j \hat{\chi}^4 \rangle) a^4(\mathbf{k}, \omega) \, . \quad (9.4.32)$$

Hier wurden alle ω_μ^{-1} durch die Stoßzeit ersetzt, $\omega_\mu^{-1} = \tau$ und für die weitere Auswertung die Vollständigkeitsrelation für die Eigenfunktionen von $\mathcal{L}$ und Symmetrieeigenschaften benützt. Nun ist

$$\langle \hat{\chi}^4 | v_i \hat{\chi}^i \rangle = \sqrt{\frac{2kT}{3m}} \, , \quad (9.4.33a)$$

wobei hier nicht über i summiert wird, und

$$\langle \hat{\chi}^4 | v_i v_j \hat{\chi}^4 \rangle = \delta_{ij} \frac{1}{3} \int d^3 v \, f^0(\mathbf{v}) \, \mathbf{v}^2 \frac{\left(\frac{m\mathbf{v}^2}{2}\right)^2 - \frac{m\mathbf{v}^2}{2} 3kT + \left(\frac{3}{2}kT\right)^2}{\frac{3}{2}n(kT)^2}$$

$$= \delta_{ij} \frac{7kT}{3m} \, . \quad (9.4.33b)$$

Wir erhalten somit für den dritten Term in Gl. (9.4.31) $ik^2 D \sqrt{3n/2kT} k \delta T$ mit dem Koeffizienten

$$D \equiv \frac{5}{3} \frac{kT\tau}{m} = \frac{\kappa}{mc_v} \, , \quad (9.4.34)$$

wo

$$c_v = \frac{3}{2} nk \quad (9.4.35)$$

die spezifische Wärme bei konstantem Volumen ist, und

$$\kappa = \frac{5}{2} nk^2 T \tau \quad (9.4.36)$$

die Bedeutung der *Wärmeleitfähigkeit* hat. Insgesamt erhalten wir mit (9.4.32)–(9.4.34) für die Bewegungsgleichung (9.4.31) der lokalen Temperatur

$$\omega a^4(\mathbf{k}, \omega) - k_i \sqrt{\frac{2kT}{3m}} a^i(\mathbf{k}, \omega) + ik^2 D a^4(\mathbf{k}, \omega) = 0 \, , \quad (9.4.37)$$

oder

$$\omega \delta T - \frac{2}{3}\frac{T}{n}\mathbf{k}\cdot n\mathbf{u} + \mathrm{i}k^2 D\delta T = 0 , \qquad (9.4.37')$$

oder im Ortsraum

$$\frac{\partial}{\partial t}T(\mathbf{x},t) + \frac{2T}{3n}\boldsymbol{\nabla} n\mathbf{u}(\mathbf{x},t) - D\boldsymbol{\nabla}^2 T(\mathbf{x},t) = 0 . \qquad (9.4.37'')$$

Zusammenhang mit phänomenologischer Überlegung:
Die zeitliche Änderung der Wärmemenge δQ ist

$$\delta \dot{Q} = -\boldsymbol{\nabla}\mathbf{j}_Q \qquad (9.4.38\mathrm{a})$$

mit der Wärmestromdichte $\mathbf{j}_Q$. Im lokalen Gleichgewicht gilt die thermodynamische Beziehung

$$\delta Q = c_P \delta T . \qquad (9.4.38\mathrm{b})$$

Hier tritt die spezifische Wärme bei konstantem Druck auf, weil Wärmediffusion isobar ist, wegen $c_s k \gg Dk^2$ im Grenzfall kleiner Wellenzahlen mit der Schallgeschwindigkeit c_s und Wärmediffusionskonstanten D_s. Der Wärmestrom fließt in Richtung abnehmender Temperatur, folglich gilt

$$\mathbf{j}_Q = -\frac{\kappa}{m}\boldsymbol{\nabla} T \qquad (9.4.38\mathrm{c})$$

mit der Wärmeleitfähigkeit κ. Somit ergibt sich insgesamt

$$\frac{d}{dt}T = \frac{\kappa}{mc_P}\boldsymbol{\nabla}^2 T \qquad (9.4.38\mathrm{d})$$

eine Diffusionsgleichung für die Temperatur.

Schließlich bestimmen wir die Bewegungsgleichung für die *Impulsdichte*, also für a^j, $j=1,2,3$: Für die reversiblen Terme (erster und zweiter Term in Gl. (9.4.28) ergibt sich unter Verwendung von (9.4.18b–c) und $\left\langle \hat{\chi}^j | v_i \hat{\chi}^{j'} \right\rangle = 0$

$$\begin{aligned}
&\omega a^j(\mathbf{k},\omega) - k_i \left(\langle \hat{\chi}^j | v_i \hat{\chi}^5 \rangle a^5(\mathbf{k},\omega) + \langle \hat{\chi}^j | v_i \hat{\chi}^4 \rangle a^4(\mathbf{k},\omega) \right) \\
&= \sqrt{\frac{m}{n}} \left(\omega n u^j(\mathbf{k},\omega) - k_j \frac{kT}{m}\delta n(\mathbf{k},\omega) - k_j \frac{n}{m} k \delta T(\mathbf{k},\omega) \right) \\
&= \sqrt{\frac{m}{n}} \left(\omega n u^j(\mathbf{k},\omega) - \frac{1}{m} k_j \delta P(\mathbf{k},\omega) \right) ,
\end{aligned} \qquad (9.4.39)$$

wo aus $P(\mathbf{x},t) = n(\mathbf{x},t)kT(\mathbf{x},t) = (n + \delta n(\mathbf{x},t))k(T + \delta T(\mathbf{x},t))$

$$\delta P = nk\delta T + kT\delta n$$

gefolgert und eingesetzt wurde. Für den Dämpfungsterm in der Impulsdichte-Bewegungsgleichung erhalten wir aus (9.4.28) mit der Näherung $\omega_\mu = 1/\tau$

$$\mathrm{i}k_i k_l \sum_{\lambda'=1}^{5} \sum_{\mu=6}^{\infty} \langle \hat{\chi}^j | v_i \hat{\chi}^\mu \rangle \frac{1}{\omega_\mu} \langle \hat{\chi}^\mu | v_l \hat{\chi}^{\lambda'} \rangle a^{\lambda'}(\mathbf{k},\omega)$$

$$= \mathrm{i}k_i k_l \sum_{\mu=6}^{\infty} \left\langle \frac{v_j}{\sqrt{n/m}} \Big| v_i \hat{\chi}^\mu \right\rangle \frac{1}{\omega_\mu} \left\langle \hat{\chi}^\mu \Big| v_l \frac{v_r}{\sqrt{n/m}} \right\rangle a^r(\mathbf{k},\omega)$$

$$\approx \mathrm{i}k_i k_l \tau \left(\left\langle \frac{v_j}{\sqrt{n/m}} \Big| v_i v_l \frac{v_r}{\sqrt{n/m}} \right\rangle - \sum_{\lambda=1}^{5} \left\langle \frac{v_j}{\sqrt{n/m}} \Big| v_i \hat{\chi}^\lambda \right\rangle \left\langle \hat{\chi}^\lambda \Big| v_l \frac{v_r}{\sqrt{n/m}} \right\rangle \right) a^r(\mathbf{k},\omega) \ . \quad (9.4.40)$$

In der zweiten Zeile wurde verwendet, daß sich die Summe über λ' auf $r = 1, 2, 3$ reduziert. Für den ersten Term in der runden Klammer ergibt sich:

$$\left\langle \frac{v_j}{\sqrt{n/m}} v_i \Big| v_l \frac{v_r}{\sqrt{n/m}} \right\rangle = \frac{m}{nkT} \int d^3v\, f^0(\mathbf{v}) v_j v_i v_l v_r$$

$$= \frac{kT}{m} (\delta_{ji}\delta_{lr} + \delta_{jl}\delta_{ir} + \delta_{jr}\delta_{il}) \ .$$

Zum zweiten Term der runden Klammer in (9.4.40) benötigen wir die Ergebnisse der Übungsaufgabe 9.12, woraus $\delta_{ij}\delta_{lr}\frac{5kT}{3m}$ resultiert. Folglich lautet der gesamte Dämpfungsterm (9.4.40)

$$\mathrm{i}k_i k_l \sum_{\lambda'=1}^{5} \sum_{\mu=6}^{\infty} \langle \hat{\chi}^j | v_i \hat{\chi}^\mu \rangle \frac{1}{\omega_\mu} \langle \hat{\chi}^\mu | v_l \hat{\chi}^{\lambda'} \rangle a^{\lambda'}(\mathbf{k},\omega)$$

$$= \mathrm{i}k_i k_l \tau \frac{kT}{m} \left(\delta_{ji}\delta_{lr} + \delta_{jl}\delta_{ir} + \delta_{jr}\delta_{il} - \frac{5}{3}\delta_{ij}\delta_{lr} \right) a^r(\mathbf{k},\omega) \quad (9.4.40')$$

$$= \mathrm{i}\left(k_j k_l u_l(\mathbf{k},\omega) \left(-\frac{2}{3}\right) + k_i k_j u_i(\mathbf{k},\omega) + k_i k_i u_j(\mathbf{k},\omega) \right) \tau kT \sqrt{\frac{n}{m}}$$

$$= \mathrm{i}\left(\frac{1}{3} k_j (\mathbf{k} \cdot \mathbf{u}(\mathbf{k},\omega)) + \mathbf{k}^2 u_j(\mathbf{k},\omega) \right) \tau kT \sqrt{\frac{n}{m}} \ .$$

Wenn man noch die *Scherviskosität*

$$\eta \equiv n\tau kT \quad (9.4.41)$$

definiert, findet man aus (9.4.39) und (9.4.40') die folgenden äquivalenten Gestalten der Impulsdichte-Bewegungsgleichung

$$\omega n u_j(\mathbf{k},\omega) - \frac{1}{m} k_j \delta P(\mathbf{k},\omega) + \mathrm{i}\frac{\eta}{m} \left(\frac{1}{3} k_j (\mathbf{k}\mathbf{u}(\mathbf{k},\omega)) + \mathbf{k}^2 u_j(\mathbf{k},\omega) \right) = 0 \quad (9.4.42)$$

bzw. in Raum und Zeit

$$\frac{\partial}{\partial t} mn u_j(\mathbf{x},t) + \nabla_j P(\mathbf{x},t) - \eta \left(\frac{1}{3}\nabla_j (\boldsymbol{\nabla} \cdot \mathbf{u}(\mathbf{x},t)) + \boldsymbol{\nabla}^2 u_j(\mathbf{x},t) \right) = 0 \quad (9.4.42')$$

oder

$$\frac{\partial}{\partial t} mnu_j(\mathbf{x},t) + P_{jk,k}(\mathbf{x},t) = 0 \qquad (9.4.42'')$$

mit dem Drucktensor ($P_{jk,k} \equiv \nabla_k P_{jk}$ etc.)

$$P_{jk}(\mathbf{x},t) = \delta_{jk} P(\mathbf{x},t) - \eta \left(u_{j,k}(\mathbf{x},t) + u_{k,j}(\mathbf{x},t) - \frac{2}{3}\delta_{jk} u_{l,l}(\mathbf{x},t) \right). \qquad (9.4.43)$$

Wir vergleichen dieses Ergebnis mit dem allgemeinen Drucktensor der Hydrodynamik:

$$P_{jk}(\mathbf{x},t) = \delta_{jk} P(\mathbf{x},t) - \eta \left(u_{j,k}(\mathbf{x},t) + u_{k,j}(\mathbf{x},t) - \frac{2}{3}\delta_{jk} u_{l,l}(\mathbf{x},t) \right) -$$
$$- \zeta \delta_{jk} u_{l,l}(\mathbf{x},t). \qquad (9.4.44)$$

Hier ist ζ die *Volumenviskosität*, auch *zweite Zähigkeit* oder Kompressionsviskosität genannt. Als Resultat von Gl. (9.4.44) verschwindet diese nach der Boltzmann-Gleichung für einfache einatomige Gase. Man kann den Ausdruck (9.4.41) für die Zähigkeit auch in der Form (siehe Gl. (9.2.12) und (9.2.13))

$$\eta = \tau n kT = \tau n \frac{m v_{\text{th}}^2}{3} = \frac{1}{3} n m v_{\text{th}} l = \frac{m v_{\text{th}}}{3 \sigma_{\text{tot}}} \qquad (9.4.45)$$

schreiben, wo $v_{\text{th}} = \sqrt{3kT/m}$ die thermische Geschwindigkeit aus der Maxwell-Verteilung ist; d.h. die Zähigkeit ist unabhängig von der Dichte.

Es ist instruktiv, die hydrodynamischen Gleichungen statt in den Größen $n(\mathbf{x},t)$, $T(\mathbf{x},t)$, $u_i(\mathbf{x},t)$ auch in den normierten Funktionen anzugeben, $\hat{n} = \frac{n}{\sqrt{\langle n^2 \rangle / kT}}$, etc. Aus Gl. (9.4.30), (9.4.37) und (9.4.42') folgt

$$\dot{\hat{n}}(\mathbf{x},t) = -c_n \nabla_i \hat{u}^i(\mathbf{x},t) \qquad (9.4.46\text{a})$$

$$\dot{\hat{T}}(\mathbf{x},t) = -c_T \nabla_i \hat{u}^i(\mathbf{x},t) + D \boldsymbol{\nabla}^2 \hat{T}(\mathbf{x},t) \qquad (9.4.46\text{b})$$

$$\dot{\hat{u}}^i(\mathbf{x},t) = -c_n \nabla_i \hat{n} - c_T \nabla_i \hat{T} + \frac{\eta}{mn} \boldsymbol{\nabla}^2 \hat{u}^i + \frac{\eta}{3mn} \nabla_i (\boldsymbol{\nabla} \cdot \hat{\mathbf{u}}) \qquad (9.4.46\text{c})$$

mit den Koeffizienten $c_n = \sqrt{kT/m}$, $c_T = \sqrt{2kT/3m}$, D und η aus Gl. (9.4.34) und (9.4.41). Man beachte, daß in den orthonormierten Größen die Kopplung der Freiheitsgrade in den Bewegungsgleichungen symmetrisch ist.

9.4.5 Lösungen der hydrodynamischen Gleichungen

Von besonderem Interesse sind periodische Lösungen von (9.4.46a–c), die man mit dem Ansatz $\hat{n}(\mathbf{x},t) \propto \hat{u}^i(\mathbf{x},t) \propto \hat{T}(\mathbf{x},t) \propto e^{i(\mathbf{k}\mathbf{x}-\omega t)}$ findet. Die aus der resultierenden Säkulardeterminante folgenden Schallresonanzen und die Wärmediffusionsmode haben die Frequenzen

$$\omega = \pm c_s k - \frac{\mathrm{i}}{2} D_s k^2 \tag{9.4.47a}$$

$$\omega = -\mathrm{i} D_T k^2 \tag{9.4.47b}$$

mit der Schallgeschwindigkeit c_s, dem Schalldämpfungskoeffizienten D_s und der Wärmediffusionskonstanten D_T:

$$c_s = \sqrt{c_n^2 + c_T^2} = \sqrt{\frac{5}{3}\frac{kT}{m}} \equiv \frac{1}{\sqrt{mn\kappa_s}} \tag{9.4.48a}$$

$$D_s = \frac{4\eta}{3mn} + \frac{\kappa}{mn}\left(\frac{1}{c_v} - \frac{1}{c_P}\right) \tag{9.4.48b}$$

$$D_T = D\frac{c_v}{c_P} = \frac{\kappa}{mc_P}. \tag{9.4.48c}$$

Dabei geht auch die spezifische Wärme bei konstantem Druck ein, die für das ideale Gas durch

$$c_P = \frac{5}{2}nk \tag{9.4.49}$$

gegeben ist. Die beiden transversalen Komponenten der Impulsdichte führen eine rein diffusive Scherbewegung aus:

$$D_\eta = \frac{\eta k^2}{mn}. \tag{9.4.50}$$

Die Resonanzen (9.4.47a,b) äußern sich z.B. in der Dichte-Dichte-Korrelationsfunktion, $S_{nn}(\mathbf{k},\omega)$. Die Berechnung von dynamischen Suszeptibilitäten und von Korrelationsfunktionen (Aufgabe 9.11) aus Bewegungsgleichungen mit Dämpfungstermen ist in QM II, Abschn. 4.7 dargestellt. Das gekoppelte System von hydrodynamischen Bewegungsgleichungen für die Dichte, die Temperatur und die longitudinale Impulsdichte ergibt für die Dichte-Dichte Korrelationsfunktion

$$S_{nn}(\mathbf{k},\omega) = 2kTn\left(\frac{\partial n}{\partial P}\right)_T$$
$$\times \left\{\frac{\frac{c_v}{c_P}(c_s k)^2 D_s k^2 + \left(1 - \frac{c_v}{c_P}\right)(\omega^2 - c_s^2 k^2) D_T k^2}{(\omega^2 - c_s^2 k^2)^2 + (\omega D_s k^2)^2} + \frac{\left(1 - \frac{c_v}{c_P}\right) D_T k^2}{\omega^2 + (D_T k^2)^2}\right\}.$$
$$\tag{9.4.51}$$

Die Dichte-Dichte-Korrelationsfunktion ist für ein festes $\mathbf{k}$ schematisch als Funktion von ω in Abb. 9.3 dargestellt.

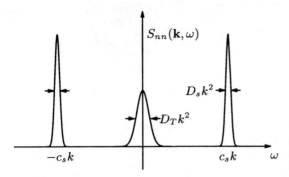

Abb. 9.3. Dichte-Dichte-Korrelationsfunktion für festes **k** als Funktion von ω.

Die Lage der Resonanzen wird durch den Realteil, die Breite durch den Imaginärteil der Frequenzen (9.4.47a, b) bestimmt. Neben den beiden Resonanzen bei $\pm c_s k$ von longitudinalen akustischen Phononen findet man eine Resonanz bei $\omega = 0$ von der Wärmediffusion. Die Fläche unterhalb der in Abb. 9.3 dargestellten Kurve, welche die gesamte Intensität bei inelastischen Streuexperimenten bestimmt, ist proportional zu der isothermen Kompressibilität $\left(\frac{\partial n}{\partial P}\right)_T$. Die relative Stärke der Diffusions- zu den beiden Schallresonanzen ist durch das Verhältnis der spezifischen Wärmen $\frac{c_P - c_V}{c_V}$ gegeben. Man nennt dieses Verhältnis auch Landau-Placzek-Verhältnis und die diffusive Resonanz in $S_{nn}(\mathbf{k}, \omega)$ Landau-Placzek-peak.

Da die spezifischen Wärmen bei konstantem Druck wie $(T - T_c)^{-\gamma}$ und bei konstantem Volumen nur wie $(T - T_c)^{-\alpha}$ divergieren (S. 259, 258), wird dieses Verhältnis bei Annäherung an T_c immer größer. Der im Grenzfall kleiner **k** (Streuung in Vorwärtsrichtung) gültige Ausdruck (9.4.51) zeigt wegen $(\partial n/\partial P)_T \propto (T - T_c)^{-\gamma}$ das Phänomen der kritischen Opaleszenz.

*9.5 Ergänzungen

9.5.1 Relaxationszeitnäherung

Die Berechnung der Eigenwerte und Eigenfunktionen des linearen Stoßoperators ist im allgemeinen kompliziert. Da andererseits in einem bestimmten Diffusionsvorgang nicht alle Eigenfunktionen beitragen und sicher diejenigen das größte Gewicht haben, deren Eigenwerte ω_λ besonders niedrig sind, kann man näherungsweise versuchen, den Stoßterm durch nur eine charakteristische Frequenz zu charakterisieren

$$\left(\frac{\partial}{\partial t} + \mathbf{v}\boldsymbol{\nabla}\right) f(\mathbf{x}, \mathbf{v}, t) = -\frac{1}{\tau}(f(\mathbf{x}, \mathbf{v}, t) - f^\ell(\mathbf{x}, \mathbf{v}, t)) \,. \tag{9.5.1}$$

Man nennt diese Näherung die *erhaltene Relaxationszeitnäherung*, da man auf der rechten Seite die Differenz von Verteilungsfunktion und lokaler Maxwell-Verteilung hat. Damit ist berücksichtigt, daß der Stoßterm verschwindet, wenn die Verteilungsfunktion gleich der lokalen Maxwell-Verteilung ist. Die in $f^\ell(\mathbf{x}, \mathbf{v}, t)$ auftretenden lokalen Größen $n(\mathbf{x}, t)$, $u^i(\mathbf{x}, t)$ und $e(\mathbf{x}, t)$ berechnen sich aus $f(\mathbf{x}, \mathbf{v}, t)$ nach Gl. (9.3.15a), (9.3.15b), (9.3.15c').

Ziel ist nun, f bzw. $f - f^\ell$ zu berechnen. Man schreibt

$$\left(\frac{\partial}{\partial t} + \mathbf{v}\boldsymbol{\nabla}\right)(f - f^\ell) + \left(\frac{\partial}{\partial t} + \mathbf{v}\boldsymbol{\nabla}\right) f^\ell = -\frac{1}{\tau}(f - f^\ell). \tag{9.5.2}$$

Im hydrodynamischen Bereich, $\omega\tau \ll 1$, $\mathbf{vk}\tau \ll 1$, können wir für $(f - f^\ell)$ den ersten Term auf der linken Seite von (9.5.2) gegenüber dem Term auf der rechten Seite vernachlässigen und erhalten $f - f^\ell = \tau\left(\frac{\partial}{\partial t} + \mathbf{v}\boldsymbol{\nabla}\right) f^\ell$. Somit ist die Verteilungsfunktion von der Gestalt

$$f = f^\ell + \tau\left(\frac{\partial}{\partial t} + \mathbf{v}\boldsymbol{\nabla}\right) f^\ell \tag{9.5.3}$$

und man kann damit in Erweiterung von Abschnitt 9.3.5.2 die Stromdichten von Neuem berechnen. In nullter Ordnung erhalten wir die in (9.3.35) und (9.3.36) gefundenen Ausdrücke für die reversiblen Teile des Drucktensors und der übrigen Stromdichten. Vom zweiten Term kommen Zusätze zum Drucktensor, und auch ein endlicher Wärmestrom. Da f^ℓ nur über die drei Funktionen $n(\mathbf{x}, t)$, $T(\mathbf{x}, t)$ und $\mathbf{u}(\mathbf{x}, t)$ von $\mathbf{x}$ und t abhängt, hängt der zweite Term von diesen und ihren Ableitungen ab. Die Zeitableitung von f^ℓ bzw. n, T und $\mathbf{u}$ kann man durch die Bewegungsgleichungen nullter Ordnung ersetzen. Die Korrekturen sind deshalb von der Gestalt $\boldsymbol{\nabla} n(\mathbf{x}, t)$, $\boldsymbol{\nabla} T(\mathbf{x}, t)$ und $\boldsymbol{\nabla} u_i(\mathbf{x}, t)$. Zusammen mit den schon in den Bewegungsgleichungen auftretenden Ableitungen von P_{ij} und $\mathbf{q}$ sind die Zusätze zu den Bewegungsgleichungen von der Gestalt $\tau\boldsymbol{\nabla}^2 T(\mathbf{x}, t)$ etc. (Siehe Aufgabe 9.13)

9.5.2 Berechnung von $W(\mathbf{v}_1, \mathbf{v}_2; \mathbf{v}'_1, \mathbf{v}'_2)$

Für die generellen Aussagen der Boltzmann-Gleichung kam es auf die genaue Form der Stoßwahrscheinlichkeit nicht an, sondern es wurden nur die allgemeinen Relationen (9.2.8a-f) benötigt. Der Vollständigkeit halber geben wir nun den Zusammenhang von $W(\mathbf{v}_1, \mathbf{v}_2; \mathbf{v}'_1, \mathbf{v}'_2)$ mit dem Streuquerschnitt zweier Teilchen an.[18] Es wird vorausgesetzt, daß die beiden stoßenden Teilchen über ein Zentralpotential $w(\mathbf{x}_1 - \mathbf{x}_2)$ wechselwirken. Wir betrachten den Streuprozeß

$$\mathbf{v}_1, \mathbf{v}_2 \Rightarrow \mathbf{v}'_1, \mathbf{v}'_2,$$

bei dem Teilchen 1 und 2, mit den Geschwindigkeiten $\mathbf{v}_1$, $\mathbf{v}_2$ vor dem Stoß, in $\mathbf{v}'_1$, $\mathbf{v}'_2$ übergehen (siehe Abb. 9.4). Es gelten dabei die Erhaltungssätze für

---

[18] Die Theorie der Streuung in der klassischen Mechanik ist beispielsweise in L. D. Landau und E. M. Lifshitz, *Lehrbuch der Theoretischen Physik I, Mechanik*, Akademie-Verlag, 6. Aufl., Berlin, 1969 und H. Goldstein, *Klassische Mechanik*, 10. Aufl., Aula Verlag, Wiesbaden, 1989 dargestellt.

9. Boltzmann-Gleichung

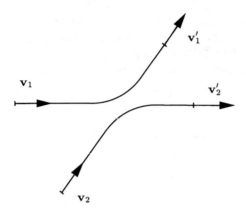

Abb. 9.4. Stoß zweier Teilchen

Impuls und Energie, die wegen der Gleichheit der Massen

$$\mathbf{v}_1 + \mathbf{v}_2 = \mathbf{v}_1' + \mathbf{v}_2' \tag{9.5.4a}$$

$$\mathbf{v}_1^2 + \mathbf{v}_2^2 = {\mathbf{v}_1'}^2 + {\mathbf{v}_2'}^2 \tag{9.5.4b}$$

lauten. Es ist zweckmäßig, Schwerpunkts- und Relativgeschwindigkeiten einzuführen; das sind vor dem Stoß

$$\mathbf{V} = \frac{1}{2}(\mathbf{v}_1 + \mathbf{v}_2)\,, \quad \mathbf{u} = \mathbf{v}_1 - \mathbf{v}_2 \tag{9.5.5a}$$

und nach dem Stoß

$$\mathbf{V}' = \frac{1}{2}(\mathbf{v}_1' + \mathbf{v}_2')\,, \quad \mathbf{u}' = \mathbf{v}_1' - \mathbf{v}_2'\,. \tag{9.5.5b}$$

In diesen Geschwindigkeiten nehmen die beiden Erhaltungssätze die Gestalt

$$\mathbf{V} = \mathbf{V}' \tag{9.5.6a}$$

und

$$|\mathbf{u}| = |\mathbf{u}'| \tag{9.5.6b}$$

an. Um (9.5.6b) einzusehen, muß man vom Doppelten der Gl. (9.5.4b) das Quadrat von (9.5.4a) subtrahieren. Die Schwerpunktsgeschwindigkeit ändert sich beim Stoß nicht, die (asymptotische) Relativgeschwindigkeit ändert ihren Betrag nicht, wird aber gedreht. Für die in (9.5.5a) und (9.5.5b) angegebenen Transformationen der Geschwindigkeiten vor und nach dem Stoß in das Schwerpunktssystem erfüllen die Volumenelemente im Geschwindigkeitsraum die Relationen

$$d^3v_1 d^3v_2 = d^3V d^3u = d^3V' d^3u' = d^3v_1' d^3v_2'\,, \tag{9.5.7}$$

da die Jacobi-Determinanten den Wert eins besitzen.

Der Streuquerschnitt berechnet sich am einfachsten im Schwerpunktsystem. Wie aus der klassischen Mechanik[18] bekannt ist, genügt die Relativkoordinate **x** einer Bewegungsgleichung, in der als Masse die reduzierte Masse μ, das ist hier $\mu = \frac{1}{2}m$, und das Zentralpotential $w(\mathbf{x})$ auftreten. Den Streuquerschnitt im Schwerpunktsystem erhält man aus der Streuung eines fiktiven Teilchens mit der Masse μ am Potential $w(\mathbf{x})$. Zunächst geben wir die Geschwindigkeiten der beiden Teilchen vor und nach dem Stoßprozeß im Schwerpunktsystem an

$$\mathbf{v}_{1s} = \mathbf{v}_1 - \mathbf{V} = \frac{1}{2}\mathbf{u}, \quad \mathbf{v}_{2s} = -\frac{1}{2}\mathbf{u}, \quad \mathbf{v}'_{1s} = \frac{1}{2}\mathbf{u}', \quad \mathbf{v}'_{2s} = -\frac{1}{2}\mathbf{u}'. \quad (9.5.8)$$

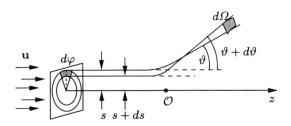

Abb. 9.5. Streuung an einem festen Potential, Stoßparameter s und Streuzentrum $\mathcal{O}$. Die Teilchen, die auf das Flächenelement $s\,ds\,d\varphi$ einfallen, werden in das Raumwinkelelement $d\Omega$ abgelenkt.

Nun erinnern wir an einige Begriffe der Streutheorie. In Abb. 9.5 ist das dazu äquivalente Potentialstreuproblem dargestellt, anhand dessen der Streuquerschnitt definiert werden kann. Durch die asymptotische Einfallsgeschwindigkeit **u** und das Streuzentrum $\mathcal{O}$ wird eine Ebene, die Bahnebene des Teilchens, festgelegt. Dies folgt aus der Erhaltung des Drehimpulses im Zentralpotential. Die z-Achse des in Abb. 9.5 gezeichneten Koordinatensystems läuft durch das Streuzentrum $\mathcal{O}$ und ist parallel zu **u** festgelegt. Die Bahnkurve der einfallenden Teilchen wird durch den Stoßparameter s und den Winkel φ festgelegt. In der Abb. 9.5 ist die durch den Winkel φ definierte Bahnebene in die Zeichenebene gelegt. Wir betrachten einen gleichförmigen Strahl von Teilchen, die in unterschiedlichem Abstand s von der Achse mit der asymptotischen Einfallsgeschwindigkeit **u** einfallen. Die Intensität des Strahls I ist definiert als Zahl der Teilchen, die pro Sekunde auf einen cm^2 der gezeichneten senkrechten Fläche einfallen. Falls n die Zahl der Teilchen pro cm^3 ist, dann ist $I = n|\mathbf{u}|$. Die Teilchen, die auf das durch die Stoßparameter s und $s+ds$ und das Winkelelement $d\varphi$ festgelegte Flächenelement einfallen, werden in das Raumwinkelelement $d\Omega$ abgelenkt. Man bezeichnet mit $dN(\Omega)$ die Zahl der Teilchen, die pro Zeiteinheit auf $d\Omega$ auftrifft. Der differentielle Streuquerschnitt $\sigma(\Omega, u)$, der natürlich auch von u abhängt, ist durch $dN(\Omega) = I\sigma(\Omega,u)d\Omega$ definiert oder

$$\sigma(\Omega, u) = I^{-1}\frac{dN(\Omega)}{d\Omega}. \quad (9.5.9)$$

9. Boltzmann-Gleichung

Wegen der Drehsymmetrie bezüglich der z-Achse ist $\sigma(\Omega, u) = \sigma(\vartheta, u)$ unabhängig von φ. Den Streuquerschnitt im Schwerpunktsystem erhält man durch die Ersetzung $u = |\mathbf{v}_1 - \mathbf{v}_2|$.

Durch den Stoßparameter s wird die Bahnkurve, und damit der Ablenkwinkel ϑ eindeutig festgelegt:

$$dN(\Omega) = Is d\varphi(-ds) \ . \tag{9.5.10}$$

Daraus folgt mit $d\Omega = \sin\vartheta d\vartheta d\varphi$

$$\sigma(\Omega, u) = -\frac{1}{\sin\vartheta} s \frac{ds}{d\vartheta} = -\frac{1}{\sin\vartheta} \frac{1}{2} \frac{ds^2}{d\vartheta} \ . \tag{9.5.11}$$

Aus $\vartheta(s)$ oder $s(\vartheta)$ erhält man den Streuquerschnitt. Der Streuwinkel ϑ und der Asymptotenwinkel φ_a hängen über

$$\vartheta = \pi - 2\varphi_a \quad \text{bzw.} \quad \varphi_a = \frac{1}{2}(\pi - \vartheta) \tag{9.5.12}$$

zusammen (Abb. 9.6).

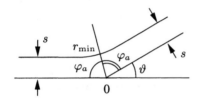

Abb. 9.6. Ablenkwinkel ϑ und Asymptotenwinkel φ_a

In der klassischen Mechanik erhält man aus Energie- und Drehimpulssatz

$$\varphi_a = \int_{r_{\min}}^{\infty} dr \frac{l}{r^2 \sqrt{2\mu(E - w(r)) - \frac{l^2}{r^2}}} = \int_{r_{\min}}^{\infty} dr \frac{s}{r^2 \sqrt{1 - \frac{s^2}{r^2} - \frac{2w(r)}{\mu u^2}}} \ , \tag{9.5.13}$$

dabei ist

$$l = \mu s u \tag{9.5.14a}$$

der Drehimpuls und

$$E = \frac{\mu}{2} u^2 \tag{9.5.14b}$$

die Energie, ausgedrückt durch die asymptotische Geschwindigkeit. Den minimalen Abstand $r_{\min}$ vom Streuzentrum bestimmt man aus der Bedingung ($\dot{r} = 0$)

$$w(r_{\min}) + \frac{l^2}{2\mu r_{\min}^2} = E \ . \tag{9.5.14c}$$

Als Beispiel betrachten wir die Streuung zweier harter Kugeln mit dem Radius R. In diesem Fall ist

$$s = 2R\sin\varphi_a = 2R\sin\left(\frac{\pi}{2} - \frac{\vartheta}{2}\right) = 2R\cos\frac{\vartheta}{2} \ ,$$

woraus nach (9.5.11)

$$\sigma(\vartheta, u) = R^2 \tag{9.5.15}$$

folgt. In diesem Fall ist der Streuquerschnitt unabhängig vom Ablenkungswinkel und von u, was sonst nicht der Fall ist, wie beispielsweise aus der Rutherford-Streuung bekannt ist.[18]

Nach diesem Exkurs in die klassische Mechanik sind wir in der Lage, die Übergangswahrscheinlichkeit $W(\mathbf{v}, \mathbf{v}_2; \mathbf{v}_3, \mathbf{v}_4)$ für die Verlust- und Gewinnprozesse in Gl. (9.2.5) und (9.2.6) zu berechnen. Zur Berechnung der Verlustrate erinnern wir an folgende Annahmen:

(i) Die Kräfte werden als kurzreichweitig vorausgesetzt, so daß nur Teilchen im selben Raumelement d^3x_1 streuen.
(ii) Wenn Teilchen 1 gestreut wird, dann verläßt es das Geschwindigkeitselement d^3v_1.

Zur Berechnung der *Verlustrate* v greifen wir ein Molekül in d^3x heraus, das die Geschwindigkeit $\mathbf{v}_1$ besitzt, und sehen dieses Molekül als das Streuzentrum an, auf das Moleküle 2 mit der Geschwindigkeit $\mathbf{v}_2$ im Geschwindigkeitselement d^3v_2 einfallen. Der Fluß dieser Teilchen ist $f(\mathbf{x}, \mathbf{v}_2, t)|\mathbf{v}_2 - \mathbf{v}_1|d^3v_2$. Die Zahl der Teilchen, die auf das Flächenelement $(-s\,ds)d\varphi$ fallen, ist pro Zeiteinheit

$$f(\mathbf{x}, \mathbf{v}_2, t)|\mathbf{v}_2 - \mathbf{v}_1|d^3v_2(-s\,ds)d\varphi =$$
$$= f(\mathbf{x}, \mathbf{v}_2, t)|\mathbf{v}_2 - \mathbf{v}_1|d^3v_2 \sigma(\Omega, |\mathbf{v}_1 - \mathbf{v}_2|)d\Omega \ .$$

Um die Zahl aller Stöße, die die Teilchen in $d^3x\,d^3v_1$ während des Zeitintervalls dt erfahren, zu erhalten, müssen wir dieses Ergebnis mit $f(\mathbf{x}, \mathbf{v}_1, t)d^3x\,d^3v_1 dt$ multiplizieren und über $\mathbf{v}_2$ und alle Ablenkungswinkel $d\Omega$ integrieren:

$$\mathrm{v}d^3x\,d^3v_1\,dt = \int d^3v_2 \int d\Omega f(\mathbf{x}, \mathbf{v}_1, t)f(\mathbf{x}, \mathbf{v}_2, t)|\mathbf{v}_2 - \mathbf{v}_1| \times$$
$$\times \sigma(\Omega, |\mathbf{v}_1 - \mathbf{v}_2|)d^3x\,d^3v_1\,dt \ . \tag{9.5.16}$$

Bei der Berechnung der *Gewinnrate* g betrachten wir Streuvorgänge, bei denen ein Molekül mit der vorgegebenen Geschwindigkeit $\mathbf{v}'_1$ durch Streuung mit irgendeinem anderen Molekül in $\mathbf{v}_1$ übergeht:

$$g d^3x d^3v_1 dt = \int d\Omega \int d^3v'_1 d^3v'_2 |\mathbf{v}'_1 - \mathbf{v}'_2| \sigma(\Omega, |\mathbf{v}'_1 - \mathbf{v}'_2|) \times$$
$$\times f(\mathbf{x}, \mathbf{v}'_1, t) f(\mathbf{x}, \mathbf{v}'_2, t) d^3x dt \ . \quad (9.5.17)$$

Die Geschwindigkeitsintegrale sind so eingeschränkt, daß die Geschwindigkeit $\mathbf{v}_1$ im Element d^3v_1 liegt. Unter Benutzung von (9.5.7) resultiert für die rechte Seite von (9.5.17)

$$d^3v_1 \int d^3v_2 \int d\Omega |\mathbf{v}_1 - \mathbf{v}_2| \sigma(\Omega, |\mathbf{v}_1 - \mathbf{v}_2|) f(\mathbf{x}, \mathbf{v}'_1, t) f(\mathbf{x}, \mathbf{v}'_2, t) d^3x dt \ ,$$

d.h.

$$\mathbf{g} = \int d^3v_2 \int d\Omega |\mathbf{v}_1 - \mathbf{v}_2| \sigma(\Omega, |\mathbf{v}_1 - \mathbf{v}_2|) f(\mathbf{x}, \mathbf{v}'_1, t) f(\mathbf{x}, \mathbf{v}'_2, t) \ . \quad (9.5.18)$$

Hier ist auch eingegangen, daß der Streuquerschnitt für die Streuung von $\mathbf{v}'_1, \mathbf{v}'_2 \to \mathbf{v}_1, \mathbf{v}_2$ gleich dem für $\mathbf{v}_1, \mathbf{v}_2 \to \mathbf{v}'_1, \mathbf{v}'_2$ ist, da die beiden Vorgänge durch räumliche und zeitliche Spiegelung ineinander übergehen.

Folglich ergibt sich für den gesamten Stoßterm:

$$\left.\frac{\partial f}{\partial t}\right)_{\text{Stoß}} = \mathbf{g} - \mathbf{v} = \int d^3v_2 \, d\Omega \, |\mathbf{v}_2 - \mathbf{v}_1| \sigma(\Omega, |\mathbf{v}_2 - \mathbf{v}_1|) \left(f'_1 f'_2 - f_1 f_2\right) \ .$$
$$(9.5.19)$$

Der Ablenkwinkel ϑ kann folgendermaßen durch die asymptotischen Relativgeschwindigkeiten dargestellt werden[18]

$$\vartheta = \arccos \frac{(\mathbf{v}_1 - \mathbf{v}_2)(\mathbf{v}'_1 - \mathbf{v}'_2)}{|\mathbf{v}_1 - \mathbf{v}_2||\mathbf{v}'_1 - \mathbf{v}'_2|} \ .$$

Das Integral $\int d\Omega$ bedeutet eine Integration über die Richtung von $\mathbf{u}'$. Mit den Umformungen

$$\mathbf{u}'^2 - \mathbf{u}^2 = \mathbf{v}'^2_1 - 2\mathbf{v}'_1 \mathbf{v}'_2 + \mathbf{v}'^2_2 - \mathbf{v}^2_1 + 2\mathbf{v}_1 \mathbf{v}_2 - \mathbf{v}^2_2$$
$$= -4\mathbf{V}'^2 + 2\mathbf{v}'^2_1 + 2\mathbf{v}'^2_2 + 4\mathbf{V}^2 - 2\mathbf{v}^2_1 - 2\mathbf{v}^2_2 = 2(\mathbf{v}'^2_1 + \mathbf{v}'^2_2 - \mathbf{v}^2_1 - \mathbf{v}^2_2)$$

und

$$\int d\Omega |\mathbf{v}_2 - \mathbf{v}_1| = \int d\Omega \, u = \int du' \, d\Omega \, \delta(u' - u) u'$$
$$= \int du' \, u'^2 \, d\Omega \, \delta\left(\frac{u'^2}{2} - \frac{u^2}{2}\right)$$
$$= \int d^3u' \, \delta\left(\frac{u'^2}{2} - \frac{u^2}{2}\right) \int d^3V' \, \delta^{(3)}\left(\mathbf{V}' - \mathbf{V}\right)$$
$$= 4 \int d^3v'_1 \, d^3v'_2 \, \delta\left(\frac{\mathbf{v}'^2_1 + \mathbf{v}'^2_2}{2} - \frac{\mathbf{v}^2_1 + \mathbf{v}^2_2}{2}\right) \delta^{(3)}\left(\mathbf{v}'_1 + \mathbf{v}'_2 - \mathbf{v}_1 - \mathbf{v}_2\right) \ ,$$

die auch die Erhaltungssätze zum Ausdruck bringen, erhält man

$$g - v = \int d^3v_2 d^3v'_1 d^3v'_2 W(\mathbf{v}_1, \mathbf{v}_2; \mathbf{v}'_1, \mathbf{v}'_2)(f'_1 f'_2 - f_1 f_2) \,. \tag{9.5.20}$$

Hier ist

$$W(\mathbf{v}_1, \mathbf{v}_2; \mathbf{v}'_1, \mathbf{v}'_2) = 4\sigma(\Omega, |\mathbf{v}_2 - \mathbf{v}_1|)\delta\left(\frac{{\mathbf{v}'_1}^2 + {\mathbf{v}'_2}^2}{2} - \frac{\mathbf{v}_1^2 + \mathbf{v}_2^2}{2}\right) \times$$
$$\times \delta^{(3)}\left(\mathbf{v}'_1 + \mathbf{v}'_2 - \mathbf{v}_1 - \mathbf{v}_2\right) \,. \tag{9.5.21}$$

Der Vergleich mit Gl. (9.2.8f) ergibt

$$\sigma(\mathbf{v}_1, \mathbf{v}_2; \mathbf{v}'_1, \mathbf{v}'_2) = 4m^4 \sigma(\Omega, |\mathbf{v}_2 - \mathbf{v}_1|) \,. \tag{9.5.22}$$

Aus dem Verlustterm in (9.5.19) kann man die gesamte Stoßrate des Teilchens mit der Geschwindigkeit $\mathbf{v}_1$ ablesen

$$\frac{1}{\tau(\mathbf{x}, \mathbf{v}, t)} = \int d^3v_2 \int d\Omega\, |\mathbf{v}_2 - \mathbf{v}_1| \sigma(\Omega, |\mathbf{v}_2 - \mathbf{v}_1|) f(\mathbf{x}, \mathbf{v}_2, t) \,. \tag{9.5.23}$$

Der Ausdruck für τ^{-1} entspricht der elementar hergeleiteten Abschätzung aus Gl. (9.2.12) $\tau^{-1} = nv_{\text{th}}\sigma_{\text{tot}}$ mit

$$\sigma_{\text{tot}} = \int d\Omega\, \sigma(\Omega, |\mathbf{v}_2 - \mathbf{v}_1|) = 2\pi \int_0^{r_{\max}} ds\, s \,. \tag{9.5.24}$$

$r_{\max}$ ist der Abstand vom Streuzentrum, bei dem der Streuwinkel Null wird, d.h. daß keine Streuung mehr stattfindet. Für harte Kugeln ist nach Gl. (9.5.15)

$$\sigma_{\text{tot}} = 4\pi R^2 \,. \tag{9.5.25}$$

Für Potentiale mit unendlicher Reichweite divergiert $r_{\max}$. Der Stoßterm hat in diesem Fall die Form

$$\left.\frac{\partial f}{\partial t}\right)_{\text{Stoß}} = \int d^3v_2 \int_0^\infty ds\, s \int_0^{2\pi} d\varphi (f'_1 f'_2 - f_1 f_2)|\mathbf{v}_1 - \mathbf{v}_2| \,. \tag{9.5.26}$$

Obwohl die einzelnen Beiträge im Stoßterm divergieren, ist der Stoßterm insgesamt endlich:

$$\lim_{r_{\max}\to\infty} \int_0^{r_{\max}} ds\, s\, (f'_1 f'_2 - f_1 f_2) = \text{endlich} \,,$$

denn für $s \to \infty$ wird der Ablenkwinkel 0, und $\mathbf{v}'_1 - \mathbf{v}_1 \to 0$ und $\mathbf{v}'_2 - \mathbf{v}_2 \to 0$, so daß

$$(f'_1 f'_2 - f_1 f_2) \to 0 \,.$$

Literatur

P. Resibois and M. De Leener, *Classical Kinetic Theory of Fluids*, John Wiley, New York, 1977

K. Huang, *Statistical Mechanics*, 2nd ed., John Wiley, New York, 1987

J. Jäckle, *Einführung in die Transporttheorie*, Vieweg, Braunschweig, 1978

L. Boltzmann, *Vorlesungen über Gastheorie, Band 1: Theorie der Gase mit einatomigen Molekülen, deren Dimensionen gegen die mittlere Weglänge verschwinden*, Barth, Leipzig, 1896.

R.L. Liboff, *Introduction to the Theory of Kinetic Equations*, Robert E. Krieger Publishing Company, Huntington, New York, 1979

S. Harris, *An Introduction to the Theory of the Boltzmann Equation*, Holt, Rinehard and Winston, New York, 1971

J.A. McLennan, *Introduction to Non-Equilibrium Statistical Mechanics*, Prentice Hall, Inc., London, 1988

K.H. Michel and F. Schwabl, *Hydrodynamic Modes in a Gas of Magnons*, Phys. Kondens. Materie **11**, 144 (1970)

Aufgaben zu Kapitel 9

9.1 Symmetrierelationen. Zeigen Sie die zum Beweis des H−Theorems verwendete Identität (9.3.5)

$$\int d^3 v_1 \int d^3 v_2 \int d^3 v_3 \int d^3 v_4 \, W(\mathbf{v}_1, \mathbf{v}_2; \mathbf{v}_3, \mathbf{v}_4)(f_1 f_2 - f_3 f_4)\varphi_1$$
$$= \frac{1}{4} \int d^3 v_1 \int d^3 v_2 \int d^3 v_3 \int d^3 v_4 \, W(\mathbf{v}_1, \mathbf{v}_2; \mathbf{v}_3, \mathbf{v}_4)$$
$$\times (f_1 f_2 - f_3 f_4)(\varphi_1 + \varphi_2 - \varphi_3 - \varphi_4). \quad (9.5.27)$$

9.2 Strömungsglied der Boltzmann-Gleichung. Führen Sie die von der Kontinuitätsgleichung für die Einteilchenverteilungsfunktion im μ−Raum (9.2.11) auf (9.2.11′) führenden Zwischenschritte durch.

9.3 Zusammenhang von H und S. Berechnen Sie die Größe

$$H(\mathbf{x}, t) = \int d^3 v \, f(\mathbf{x}, \mathbf{v}, t) \log f(\mathbf{x}, \mathbf{v}, t)$$

für den Fall, daß $f(\mathbf{x}, \mathbf{v}, t)$ die Maxwell-Verteilung ist.

9.4 Zeigen Sie, daß in Abwesenheit einer äußeren Kraft die Kontinuitätsgleichung (9.3.28) in die Form (9.3.32)

$$n(\partial_t + u_j \partial_j)e + \partial_j q_j = -P_{ij}\partial_i u_j$$

gebracht werden kann.

9.5 Lokale Maxwell-Verteilung. Bestätigen Sie die nach Gl. (9.3.19′) gemachten Aussagen, indem Sie die lokale Maxwell-Verteilung (9.3.19′) in (9.3.15a)–(9.3.15c) einsetzen.

9.6 Verteilung der Stoßzeiten. Betrachten Sie ein kugelförmiges Teilchen mit Radius r, das mit Geschwindigkeit v eine Wolke gleichartiger Teilchen der Dichte n durchquert. Die Teilchen sollen sich nur bei Berührung ablenken. Bestimmen Sie die Wahrscheinlichkeitsverteilung für das Ereignis, daß das Teilchen nach einer Zeitspanne t den ersten Stoß erleidet. Wie groß ist die mittlere Zeit zwischen zwei Stößen?

9.7 Gleichgewichtserwartungswerte. Bestätigen Sie die Resultate (G.1c) und (G.1g) für

$$\int d^3v \left(\frac{mv^2}{2}\right)^s f^0(v) \quad \text{und} \quad \int d^3v \, v_k v_i v_j v_l \, f^0(v).$$

9.8 Berechnen Sie die Skalarprodukte aus Abschnitt 9.4.2 $\langle 1|1\rangle$, $\langle \epsilon|1\rangle$, $\langle \epsilon|\epsilon\rangle$, $\langle v_i|v_j\rangle$, $\langle \hat{\chi}^5|\hat{\chi}^4\rangle$, $\langle \hat{\chi}^4|v_i\hat{\chi}^j\rangle$, $\langle \hat{\chi}^5|v_i\hat{\chi}^j\rangle$, $\langle \hat{\chi}^4|v_i^2\hat{\chi}^4\rangle$, und $\langle v_j|v_i\hat{\chi}^4\rangle$.

9.9 Schalldämpfung. In (9.4.30″), (9.4.37″) und (9.4.42″) wurden die linearisierten hydrodynamischen Gleichungen für ein ideales Gas abgeleitet. Für reale Gase und Flüssigkeiten mit allgemeinen Zustandsgleichungen für $P(n, T)$ gelten analoge Gleichungen:

$$\frac{\partial}{\partial t} n(\mathbf{x}, t) + n \nabla \cdot \mathbf{u}(\mathbf{x}, t) = 0$$

$$mn\frac{\partial}{\partial t} u_j(\mathbf{x}, t) + \partial_i P_{ji}(\mathbf{x}, t) = 0$$

$$\frac{\partial}{\partial t} T(\mathbf{x}, t) + n \left(\frac{\partial T}{\partial n}\right)_S \nabla \cdot \mathbf{u}(\mathbf{x}, t) - D\nabla^2 T(\mathbf{x}, t) = 0.$$

Der Drucktensor P_{ij} mit den Komponenten

$$P_{ij} = \delta_{ij} P - \eta \left(\nabla_j u_i + \nabla_i u_j\right) + \left(\frac{2}{3}\eta - \zeta\right) \delta_{ij} \nabla \cdot \mathbf{u}$$

enthält jetzt allerdings in der Diagonalen einen Zusatzterm $-\zeta \nabla \cdot \mathbf{u}$. Dieser rührt daher, daß reale Gase neben der Scherviskosität η auch eine nicht verschwindende Volumenviskosität (Kompressionsviskosität) ζ aufweisen. Bestimmen und diskutieren Sie die Moden.

Anleitung: Beachten Sie, daß die Gleichungen teilweise entkoppeln, wenn man das Geschwindigkeitsfeld in transversale und longitudinale Anteile zerlegt: $\mathbf{u} = \mathbf{u}_t + \mathbf{u}_l$ mit $\nabla \cdot \mathbf{u}_t = 0$ und $\nabla \times \mathbf{u}_l = 0$. (Das erreicht man im Fourier-Raum einfach dadurch, daß man o.B.d.A. den Wellenvektor in z-Richtung legt.)

Um die Dispersionsgleichungen (Eigenfrequenzen $\omega(k)$) für die Fouriertransformierten von n, $\mathbf{u}_l$ und T auszuwerten, kann man Lösungsansätze für $\omega(k)$ in sukzessiv ansteigender Ordnung im Betrag des Wellenvektors k betrachten. Eine nützliche Abkürzung ist

$$mc_s^2 = \left(\frac{\partial P}{\partial n}\right)_S = \left(\frac{\partial P}{\partial n}\right)_T \left[1 - \left(\frac{\partial T}{\partial n}\right)_S \Big/ \left(\frac{\partial T}{\partial n}\right)_P\right] = \left(\frac{\partial P}{\partial n}\right)_T \frac{c_P}{c_V}.$$

c_s ist die adiabatische Schallgeschwindigkeit.

9.10 Zeigen Sie

$$\left\langle \frac{v_j}{\sqrt{n/m}} \Big| v_i \frac{1}{\sqrt{n/kT}} \right\rangle = \delta_{ji}\sqrt{kT/m}, \quad \left\langle \frac{1}{\sqrt{n/kT}} \Big| v_l \frac{v_r}{\sqrt{n/m}} \right\rangle = \delta_{lr}\sqrt{kT/m},$$

$$\left\langle \frac{v_j}{\sqrt{n/m}} \Big| v_i \hat{\chi}^4 \right\rangle = \delta_{ij}\left\langle v_i | \hat{\chi}^i \hat{\chi}^4 \right\rangle = \delta_{ij}\sqrt{\frac{2kT}{3m}}, \quad \left\langle \hat{\chi}^4 \Big| v_l \frac{v_r}{\sqrt{n/m}} \right\rangle = \delta_{lr}\sqrt{\frac{2kT}{3m}}$$

und verifizieren Sie (9.4.40′).

9.11 Berechnen Sie die Dichte-Dichte-Korrelationsfunktion $S_{nn}(\mathbf{k},\omega) = \int d^3x \int dt\, e^{-i(\mathbf{k}\mathbf{x}-\omega t)}\langle n(\mathbf{x},t)n(\mathbf{0},0)\rangle$ und bestätigen Sie das Ergebnis (9.4.51), indem Sie in den Fourier-Raum übergehen und die Schwankungen bei gleicher Zeit durch thermodynamische Ableitungen ausdrücken (siehe auch QM II, Abschn. 4.7).

9.12 Viskosität eines verdünnten Gases. In Abschnitt 9.4 wurde die Lösung der linearisierten Boltzmann-Gleichung mittels Entwicklung in Eigenfunktionen des Stoßoperators behandelt. Komplettieren Sie die Berechnung des dissipativen Anteils des Impulsstroms, Gl. (9.4.40). Zeigen Sie also

$$\sum_{\lambda=1}^{5} \left\langle \frac{v_j}{\sqrt{n/m}} \Big| v_i \hat{\chi}^\lambda \right\rangle \left\langle \hat{\chi}^\lambda \Big| v_l \frac{v_r}{\sqrt{n/m}} \right\rangle = \delta_{ij}\delta_{lr}\frac{5kT}{3m}.$$

9.13 Wärmeleitfähigkeit mittels Relaxationszeitansatz. Eine weitere Möglichkeit zur näherungsweise Bestimmung der dissipativen Anteile der Bewegungsgleichungen für die Erhaltungsgrößen Teilchenzahl, Impuls und Energie besteht in dem in Abschn. 9.5.1 vorgestellten Relaxationszeitansatz

$$\left.\frac{\partial f}{\partial t}\right)_{\text{Stoß}} = -\frac{f-f^\ell}{\tau}.$$

Für $g := f - f^\ell$ erhält man dann aus der Boltzmann-Gl. (9.5.1) in niedrigster Ordnung

$$g(\mathbf{x},\mathbf{v},t) = -\tau\left(\partial_t + \mathbf{v}\cdot\nabla + \frac{1}{m}\mathbf{K}\cdot\nabla_\mathbf{v}\right)f^\ell(\mathbf{x},\mathbf{v},t).$$

Eliminieren Sie die Zeitableitung von f^ℓ mit Hilfe der aus f^ℓ gewonnenen nichtdissipativen Bewegungsgleichungen und bestimmen Sie die Wärmeleitfähigkeit, indem Sie $f = f^\ell + g$ in den in (9.3.29) abgeleiteten Ausdruck für den Wärmestrom $\mathbf{q}$ einsetzen.

9.14 Relaxationszeitansatz für die elektrische Leitfähigkeit. Betrachten Sie ein unendliches System geladener Teilchen vor einem positiven Hintergrund. Der Stoßterm beschreibt Stöße der Teilchen untereinander sowie mit den (feststehenden) Ionen des Hintergrundes. Deshalb verschwindet der Stoßterm für allgemeine lokale Maxwell-Verteilungen $f^\ell(\mathbf{x},\mathbf{v},t)$ nicht mehr. Vor Anlegen eines schwachen homogenen Feldes E sei $f = f^0$, wobei f^0 die orts- und zeitunabhängige Maxwellverteilung ist. Machen Sie den Relaxationszeitansatz $\partial f/\partial t|_{\text{Stoß}} = -(f-f^0)/\tau$ und bestimmen sie die neue Gleichgewichtsverteilung f in erster Ordnung in E. Was erhalten Sie für $\langle v \rangle$? Verallgemeinern Sie auf ein zeitabhängiges Feld $E(t) = E_0 \cos(\omega t)$. Diskutieren Sie die Auswirkung des hier gemachten Relaxationszeitansatzes auf die Erhaltungssätze (siehe z.B. John M. Ziman, *Principles of the Theory of Solids*, 2nd ed., Cambridge University Press, Cambridge 1972).

9.15 Ein theoretisch leicht handhabbares aber für die Wechselwirkung von Atomen unrealistisches Beispiel ist das rein abstoßende Potential[19]

$$w(r) = \frac{\kappa}{\nu - 1} \frac{1}{r^{\nu-1}}, \quad \nu \geq 2, \kappa > 0. \tag{9.5.28}$$

Zeigen Sie, daß der zugehörige Streuquerschnitt von der Form

$$\sigma(\vartheta, |\mathbf{v}_1 - \mathbf{v}_2|) = \left(\frac{2\kappa}{m}\right)^{\frac{2}{\nu-1}} |\mathbf{v}_1 - \mathbf{v}_2|^{-\frac{4}{\nu-1}} F_\nu(\vartheta) \tag{9.5.29}$$

ist, mit von ϑ und der Potenz ν abhängigen Funktionen $F_\nu(\vartheta)$. Für den Spezialfall des sog. Maxwell-Potentials, $\nu = 5$, ist $|\mathbf{v}_1 - \mathbf{v}_2|\sigma(\vartheta, |\mathbf{v}_1 - \mathbf{v}_2|)$ unabhängig von $|\mathbf{v}_1 - \mathbf{v}_2|$.

9.16 Finden Sie durch Koeffizientenvergleich der Potenzen von $\mathbf{v}$ spezielle lokale Maxwell-Verteilungen,

$$f^0(\mathbf{v}, \mathbf{x}, t) = \exp\left(A + \mathbf{B} \cdot \mathbf{v} + C\frac{\mathbf{v}^2}{2m}\right)$$

welche Lösung der Boltzmann-Gleichung sind. Das Resultat ist $A = A_1 + \mathbf{A}_2 \cdot \mathbf{x} + C_3 \mathbf{x}^2$, $\mathbf{B} = \mathbf{B}_1 - \mathbf{A}_2 t - (2C_3 t + C_2)\mathbf{x} + \boldsymbol{\Omega} \times \mathbf{x}$, $C = C_1 + C_2 t + C_3 t^2$.

9.17 Es sei in der Boltzmann-Gleichung eine äußere Kraft $\mathbf{K}(\mathbf{x}) = -\boldsymbol{\nabla} V(\mathbf{x})$ vorhanden. Zeigen Sie, daß der Stoßterm und der Strömungsterm für die Maxwell-Verteilungsfunktion

$$f(\mathbf{v}, \mathbf{x}) \propto n \left(\frac{m}{2\pi kT}\right)^{3/2} \exp\left[-\frac{1}{kT}\left(\frac{m(\mathbf{v} - \mathbf{u})^2}{2} + V(\mathbf{x})\right)\right]$$

verschwinden.

9.18 Verifizieren Sie Gl. (9.4.33b).

---

[19] Landau Lifshitz, *Mechanik*, S. 61, op. cit. in Fußnote 18.

10. Irreversibilität und Streben ins Gleichgewicht

10.1 Vorbemerkungen

In diesem Kapitel werden wir einige grundsätzliche Überlegungen über irreversible Vorgänge und deren mathematische Beschreibung und zur Herleitung makroskopischer Bewegungsgleichungen aus der mikroskopischen Dynamik – klassisch aus den Newtonschen Gleichungen und quantenmechanisch aus der Schrödinger-Gleichung – anstellen. Diese mikroskopischen Bewegungsgleichungen sind zeitumkehrinvariant, und es erhebt sich die Frage, wie es überhaupt möglich sein kann, daß aus derartigen Gleichungen zeitunsymmetrische Gleichungen wie die Boltzmann-Gleichung oder die Wärmediffusionsgleichung folgen können. Diese scheinbare Inkompatibilität, die historisch vor allem von Loschmidt als Einwand gegen die Boltzmann-Gleichung erhoben wurde, wird auch als *Loschmidt-Paradoxon* bezeichnet. Da zu Zeiten Boltzmanns die Existenz von Atomen in keiner Weise experimentell belegbar war, wurde der scheinbare Widerspruch zwischen zeitumkehrbarer (zeitsymmetrischer) Mechanik von Atomen und irreversibler Nichtgleichgewichts-Thermodynamik von den Gegnern der Boltzmannschen Vorstellung als Gegenargument gegen die Existenz von Atomen überhaupt gewertet.[1] Ein zweiter Einwand gegen die Boltzmann-Gleichung und eine rein mechanische Fundierung der Thermodynamik kam von der durch Poincaré mathematisch streng bewiesenen Tatsache, daß jedes noch so große endliche System schließlich nach einer sogenannten Wiederkehrzeit in periodischen Abständen seinen Ausgangszustand wieder einnehmen müßte. Dieser Einwand wurde nach seinem heftigsten Verfechter auch als *Zermelo-Paradoxon* bezeichnet. Boltzmann hat beide Einwände entkräftet. In diesen Überlegungen, die von seinem Schüler P. Ehrenfest weiter verfolgt wurden,[2] spielen wie in allen Bereichen der statistischen Mechanik Wahrscheinlichkeitsbetrachtungen eine Rolle – eine Denkweise, die dem mechanistischen Weltbild der damaligen Physik fremd war. Es sei an dieser Stelle auch schon angemerkt, daß die in Gleichung (2.3.1) mittels der Dichtematrix definierte Entropie sich in einem abgeschlossenen System nicht ändert. Wir

---

[1] Siehe dazu auch das Geleitwort von H. Thirring in E. Broda, *Ludwig Boltzmann*, Deuticke, Wien, 1986.
[2] Siehe P. Ehrenfest und T. Ehrenfest, *Begriffliche Grundlagen der statistischen Auffassung in der Mechanik*, Encykl. Math. Wiss. **4** (32) (1911)

werden in diesem Kapitel die so definierte Entropie als *Gibbssche Entropie* bezeichnen. Boltzmanns schon früher entstandener Entropiebegriff ordnet, wie in Abschnitt 10.6.2 noch genauer dargestellt wird, nicht nur einem Ensemble sondern jedem Mikrozustand einen bestimmten Wert der Entropie zu. Im Gleichgewicht ist die Gibbssche Entropie gleich der *Boltzmann-Entropie*. Zur Behebung des Wiederkehreinwandes werden wir die Wiederkehrzeit in einem einfachen Modell abschätzen. In einem zweiten einfachen Modell zur Brownschen Bewegung wird untersucht, wie das Zeitverhalten von der Teilchenzahl und den unterschiedlichen Zeitskalen der Konstituenten abhängt. Das wird auf eine allgemeine Herleitung von makroskopischen hydrodynamischen Gleichungen mit Dissipation aus zeitumkehr-invarianten mikroskopischen Bewegungsgleichungen führen. Schließlich werden wir das Streben ins Gleichgewicht eines verdünnten Gases und dessen Verhalten unter der Zeitumkehrtransformation untersuchen. In diesem Zusammenhang wird auch der Einfluß äußerer Störungen berücksichtigt. Daneben enthält dieses Kapitel eine Abschätzung der Größe von statistischen Schwankungen und eine Herleitung der Paulischen Mastergleichungen.

In diesem Kapitel werden einige signifikante Aspekte dieses umfangreichen Problemkreises behandelt. Zum einen werden einfache Modelle studiert und zum anderen qualitative Überlegungen durchgeführt, die den Themenkreis von verschiedenen Seiten beleuchten.

Um die Problematik des Loschmidt-Paradoxons zu verdeutlichen stellen wir in Abb. 10.1 die Zeitentwicklung eines Gases dar. Der Leser wird als zeitliche Reihenfolge die Folge a,b,c vermuten, in der das Gas auf das gesamte ihm zur Verfügung stehende Volumen expandiert. Wenn andererseits in der Konfiguration c eine Bewegungsumkehr durchgeführt wird, dann laufen die Atome wieder über das Stadium b in die Konfiguration a mit der niedrigeren Entropie zurück. An diesen Sachverhalt knüpfen sich zwei Fragen: (i) Wieso

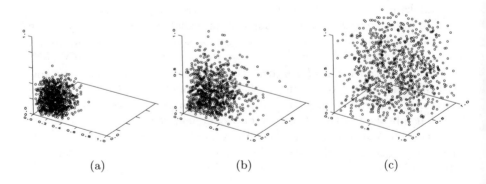

Abb. 10.1. Expansion oder Kontraktion eines Gases; Gesamtvolumen V, Teilvolumen V_1 (Kubus in der linken unteren Ecke)

wird die zuletzt beschriebene Reihenfolge (c,b,a) tatsächlich niemals beobachtet? (ii) Wie ist die Herleitung des H-Theorems zu verstehen, nach dem die Entropie immer zunimmt?

10.2 Wiederkehrzeit

Zermelo (1896)[3] knüpfte in seiner Kritik der Boltzmann-Gleichung an das Poincarésche Wiederkehrzeit-Theorem[4] an. Dieses besagt, daß ein abgeschlossenes, endliches konservatives System innerhalb einer endlichen Zeit – der Poincaréschen Wiederkehrzeit τ_P – seiner Ausgangskonfiguration beliebig nahe kommt. Nach Zermelos Einwand dürfte $H(t)$ nicht monoton abnehmen, sondern müßte schließlich wieder zunehmen und den Wert $H(0)$ erreichen.

Zur Beurteilung dieses Einwandes schätzen wir die Wiederkehrzeit in einem Modell[5] ab. Wir betrachten ein System klassischer harmonischer Oszillatoren (lineare Kette) mit Auslenkungen q_n, Impulsen p_n und der Hamilton-Funktion (siehe QM II, Abschnitt 12.1)

$$\mathcal{H} = \sum_{n=1}^{N} \left\{ \frac{1}{2m} p_n^2 + \frac{m\Omega^2}{2} (q_n - q_{n-1})^2 \right\} . \qquad (10.2.1)$$

Daraus folgen die Bewegungsgleichungen

$$\dot{p}_n = m\ddot{q}_n = m\Omega^2 (q_{n+1} + q_{n-1} - 2q_n) . \qquad (10.2.2)$$

Unter der Voraussetzung periodischer Randbedingungen, $q_0 = q_N$, liegt ein translationsinvariantes Problem vor, das durch die Fourier-Transformation

$$q_n = \frac{1}{(mN)^{1/2}} \sum_s e^{isn} Q_s , \quad p_n = \left(\frac{m}{N}\right)^{1/2} \sum_s e^{-isn} P_s \qquad (10.2.3)$$

diagonalisiert wird. Man nennt $Q_s(P_s)$ Normalkoordinaten (-impulse). Die periodischen Randbedingungen verlangen $1 = e^{isN}$, d.h. $s = \frac{2\pi l}{N}$ mit ganzzahligem l. Dabei sind die Werte von s, bei denen sich l um N unterscheidet, äquivalent. Eine mögliche Wahl der Werte von l, z.B. für ungerades N, ist: $l = 0, \pm 1, \ldots, \pm(N-1)/2$. Da q_n und p_n reell sind, folgt

$$Q_s^* = Q_{-s} \text{ und } P_s^* = P_{-s} .$$

Die Fourier-Koeffizienten erfüllen die Orthogonalitätsrelationen

$$\frac{1}{N} \sum_{n=1}^{N} e^{isn} e^{-is'n} = \Delta(s - s') = \begin{cases} 1 & \text{für } s - s' = 2\pi h \text{ mit } h \text{ ganz} \\ 0 & \text{sonst} \end{cases} \qquad (10.2.4)$$

---

[3] E. Zermelo, Wied. Ann. **57**, 485 (1896); ibid. **59**, 793 (1896)
[4] H. Poincaré, Acta Math. **13**, 1 (1890)
[5] P.C. Hemmer, L.C. Maximon, H. Wergeland, Phys. Rev. **111**, 689 (1958)

492 10. Irreversibilität und Streben ins Gleichgewicht

und die Vollständigkeitsrelation

$$\frac{1}{N}\sum_s e^{-isn}e^{isn'} = \delta_{nn'} \ . \tag{10.2.5}$$

Durch Einsetzen der Transformation auf Normalkoordinaten ergibt sich

$$\mathcal{H} = \frac{1}{2}\sum_s \left(P_s P_s^* + \omega_s^2 Q_s Q_s^*\right) \tag{10.2.6}$$

mit der Dispersionsrelation

$$\omega_s = 2\Omega \left|\sin\frac{s}{2}\right| \ . \tag{10.2.7}$$

Man findet also N ungekoppelte Oszillatoren mit den Eigenfrequenzen[6] ω_s. Die Bewegung der Normalkoordinaten kann man am anschaulichsten durch komplexe Vektoren

$$Z_s = P_s + i\omega_s Q_s \tag{10.2.8}$$

darstellen, die sich nach

$$Z_s = a_s e^{i\omega_s t} \tag{10.2.9}$$

mit einer komplexen Amplitude a_s auf einem Einheitskreis bewegen (Abb. 10.2).

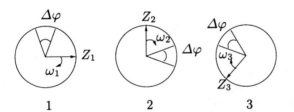

Abb. 10.2. Bewegung der Normalkoordinaten

Wir setzen voraus, daß die Frequenzen ω_s von $N-1$ solchen Normalkoordinaten inkommensurabel seien, also nicht in einem rationalen Verhältnis zueinander stehen. Dann rotieren die Phasenvektoren Z_s voneinander unabhängig, ohne Koinzidenzen. Es soll nun berechnet werden, welche Zeit verstreicht, bis alle N Vektoren wieder die Ausgangsstellung erreicht haben, genauer bis alle Vektoren in einem Intervall $\Delta\varphi$ um die Ausgangsstellung liegen. Die Wahrscheinlichkeit, daß der Vektor Z_s während eines Umlaufs in $\Delta\varphi$ liegt, ist $\Delta\varphi/2\pi$, und daß alle Vektoren in dem jeweils vorgegebenen Intervall

---

[6] Die Normalkoordinate mit $s=0$, $\omega_s = 0$ entspricht einer Translation und kann im folgenden außer Acht gelassen werden.

liegen ist $(\Delta\varphi/2\pi)^{N-1}$. Die Zahl der für die Wiederkehr nötigen Umläufe ist deshalb $(2\pi/\Delta\varphi)^{N-1}$. Die Wiederkehrzeit ergibt sich daraus, indem man mit einer typischen Umlaufzeit $\frac{1}{\omega}$ multipliziert[7]

$$\tau_P \approx \left(\frac{2\pi}{\Delta\varphi}\right)^{N-1} \cdot \frac{1}{\omega}. \tag{10.2.10}$$

Nimmt man für $\Delta\varphi = \frac{2\pi}{100}$, $N = 10$ und $\omega = 10$ Hz, so ergibt sich $\tau_P \approx 10^{12}$ Jahre, also mehr als das Alter des Universums. Diese Zeiten werden natürlich noch viel größer, wenn ein makroskopisches System mit $N \approx 10^{20}$ betrachtet wird. Diese Wiederkehr gibt es zwar theoretisch, aber sie spielt praktisch keine Rolle. Damit ist Zermelos Wiederkehrzeiteinwand entkräftet.

Bemerkung: Wir studieren hier noch den Zeitverlauf der Lösung der gekoppelten Oszillatoren. Aus (10.2.3) und (10.2.9) ergibt sich

$$q_n(t) = \sum_s \frac{e^{isn}}{\sqrt{Nm}}\left(Q_s(0)\cos\omega_s t + \frac{\dot{Q}_s(0)}{\omega_s}\sin\omega_s t\right), \tag{10.2.11}$$

woraus die folgende Lösung des allgemeinen Anfangswertproblems folgt

$$q_n(t) = \frac{1}{N}\sum_{s,n'}\left(q_{n'}(0)\cos(s(n-n')-\omega_s t) + \frac{\dot{q}_{n'}(0)}{\omega_s}\sin(s(n-n')-\omega_s t)\right). \tag{10.2.12}$$

Als Beispiel betrachten wir die spezielle Anfangsbedingung $q_{n'} = \delta_{n',0}$, $\dot{q}_{n'}(0) = 0$, bei der nur der Oszillator an der Stelle 0 ausgelenkt ist, woraus

$$q_n(t) = \frac{1}{N}\sum_s \cos(sn - 2\Omega t \,|\sin\frac{s}{2}|) \tag{10.2.13}$$

folgt. Solange N endlich ist, ist die Lösung quasiperiodisch. Andererseits ist im Grenzfall $N \to \infty$

$$q_n(t) = \frac{1}{2\pi}\int_{-\pi}^{\pi} ds \cos(sn - 2\Omega t \,|\sin\frac{s}{2}|) = \frac{1}{\pi}\int_0^\pi ds \cos(s2n - 2\Omega t \,\sin s)$$

$$= J_{2n}(2\Omega t) \sim \sqrt{\frac{1}{\pi\Omega t}}\cos(2\Omega t - \pi n - \frac{\pi}{4}) \text{ für große } t. \tag{10.2.14}$$

J_n sind Besselfunktionen[8]. Die Erregung fällt nicht exponentiell ab, sondern algebraisch wie $t^{-1/2}$.

---

[7] Eine genauere Formel von P.C. Hemmer, L.C. Maximon, H. Wergeland[5] ergibt

$$\tau_P = \frac{\prod_{s=1}^{N-1}\frac{2\pi}{\Delta\varphi_s}}{\sum_{s=1}^{N-1}\frac{\omega_s}{\Delta\varphi_s}} \propto \frac{1}{N}\Delta\varphi^{2-N}.$$

[8] I.S. Gradshteyn und I.M. Ryzhik, *Table of Integrals, Series and Products*, Academic Press, New York, 1980, 8.4.11 u. 8.4.51

Wir machen noch einige Bemerkungen zu den Eigenschaften der Lösung (10.2.13) für endliche N. Wenn zur Zeit $t = 0$ das nullte Atom losgelassen wird, schwingt es zurück, und die Nachbarn beginnen sich nach oben zu bewegen. Die Anregung breitet sich mit der Schallgeschwindigkeit $a\Omega$ aus; das n-te Atom, im Abstand $d = na$, reagiert etwa nach der Zeit $t \sim \frac{n}{\Omega}$. Hier ist a die Gitterkonstante. Die Auslenkungsamplitude bleibt am nullten Atom am größten. In einer endlichen Kette käme es zu Echoeffekten. Für periodische Randbedingungen laufen die abgestrahlten Oszillationen wieder auf das nullte Atom zu. Durch den Grenzfall $N \to \infty$ wird die Poincaré-Wiederkehr vermieden. Die am Anfang vorhandene Auslenkungsenergie des 0.ten Atoms teilt sich auf die unendlich vielen Freiheitsgrade auf. Die Abnahme der Oszillationsamplitude des angeregten Atoms kommt von seinem Energieübertrag auf die Nachbarn.

10.3 Der Ursprung makroskopischer irreversibler Bewegungsgleichungen

In diesem Abschnitt untersuchen wir ein mikroskopisches Modell der Brownschen Bewegung. Daran zeigt sich, daß die Irreversibilität im Grenzfall unendlich vieler Freiheitsgrade auftritt. Die Herleitung von hydrodynamischen Bewegungsgleichungen wird am Ende des Abschnitts in Analogie zur Brownschen Bewegung skizziert und in Anhang H im Detail dargestellt.

10.3.1 Mikroskopisches Modell zur Brownschen Bewegung

Als mikroskopisches Modell zur Brownschen Bewegung betrachten wir einen harmonischen Oszillator, der an ein harmonisches Gitter gekoppelt ist.[9] Da es sich insgesamt um ein harmonisches System handelt, haben Hamilton-Funktion bzw. -Operator, sowie die Bewegungsgleichungen und deren Lösungen klassisch und quantenmechanisch die gleiche Gestalt. Wir verwenden zunächst die quantenmechanische Formulierung. Im Unterschied zur Langevin-Gleichung von Abschnitt 8.1, wo auf das Brownsche Teilchen eine stochastische Kraft wirkte, werden nun die vielen stoßenden Teilchen des Gitters explizit im Hamilton-Operator und in den Bewegungsgleichungen berücksichtigt. Der Hamilton-Operator dieses Systems lautet

$$\mathcal{H} = \mathcal{H}_O + \mathcal{H}_F + \mathcal{H}_W ,$$
$$\mathcal{H}_O = \frac{1}{2M} P^2 + \frac{M\Omega^2}{2} Q^2 , \quad \mathcal{H}_F = \frac{1}{2m} \sum_{\mathbf{n}} p_{\mathbf{n}}^2 + \frac{1}{2} \sum_{\mathbf{nn'}} \Phi_{\mathbf{nn'}} q_{\mathbf{n}} q_{\mathbf{n'}} , \quad (10.3.1)$$
$$\mathcal{H}_W = \sum_{\mathbf{n}} c_{\mathbf{n}} q_{\mathbf{n}} Q ,$$

---

[9] Die Ankopplung an ein Bad von Oszillatoren als Mechanismus für Dämpfung wurde vielfach untersucht, z.B.: F. Schwabl und W. Thirring, Ergeb. exakt. Naturwiss. **36**, 219 (1964); A. Lopez, Z. Phys. **192**, 63 (1965); P. Ullersma, Physica **32**, 27 (1966).

10.3 Der Ursprung makroskopischer irreversibler Bewegungsgleichungen 495

wobei $\mathcal{H}_O$ der Hamilton-Operator des Oszillators mit Masse M und Frequenz Ω ist. Weiters ist $\mathcal{H}_F$ der Hamilton-Operator des Gitters[10] mit Massen m, Impulsen $p_\mathbf{n}$ und Auslenkungen $q_\mathbf{n}$ aus den Gleichgewichtslagen, wobei $m \ll M$ sei. Die harmonischen Wechselwirkungskoeffizienten der Gitteratome sind $\Phi_{\mathbf{nn}'}$. Die Wechselwirkung des Oszillators mit den Gitteratomen ist durch $\mathcal{H}_W$ gegeben; die Koeffizienten $c_\mathbf{n}$ charakterisieren die Stärke und die Reichweite der Wechselwirkung des am Koordinatenursprungs sitzenden Oszillators. Der Vektor $\mathbf{n}$ numeriert die Atome des Gitters. Die aus (10.3.1) folgenden Bewegungsgleichungen lauten

$$M\ddot{Q} = -M\Omega^2 Q - \sum_\mathbf{n} c_\mathbf{n} q_\mathbf{n}$$

und

$$m\ddot{q}_\mathbf{n} = -\sum_{\mathbf{n}'} \Phi_{\mathbf{nn}'} q_{\mathbf{n}'} - c_\mathbf{n} Q \ . \tag{10.3.2}$$

Wir setzen periodische Randbedingungen voraus $q_\mathbf{n} = q_{\mathbf{n}+\mathbf{N}_i}$, mit $\mathbf{N}_1 = (N_1, 0, 0)$, $\mathbf{N}_2 = (0, N_2, 0)$, $\mathbf{N}_3 = (0, 0, N_3)$, wobei N_i die Zahl der Atome in Richtung $\hat{\mathbf{e}}_i$ ist. Wegen der Translationsinvarianz von $\mathcal{H}_F$ führen wir die folgenden Transformationen auf Normalkoordinaten und -impulse ein

$$q_\mathbf{n} = \frac{1}{\sqrt{mN}} \sum_\mathbf{k} e^{i\mathbf{k}\mathbf{a}_\mathbf{n}} Q_\mathbf{k} \ , \ p_\mathbf{n} = \sqrt{\frac{m}{N}} \sum_\mathbf{k} e^{-i\mathbf{k}\mathbf{a}_\mathbf{n}} P_\mathbf{k} \ . \tag{10.3.3}$$

Die Umkehrung dieser Transformation ist durch

$$Q_\mathbf{k} = \sqrt{\frac{m}{N}} \sum_\mathbf{n} e^{-i\mathbf{k}\mathbf{a}_\mathbf{n}} q_\mathbf{n} \ , \ P_\mathbf{k} = \frac{1}{\sqrt{mN}} \sum_\mathbf{n} e^{i\mathbf{k}\mathbf{a}_\mathbf{n}} p_\mathbf{n} \tag{10.3.4}$$

gegeben. Die Fourier-Koeffizienten erfüllen Orthogonalitäts- und Vollständigkeitsrelation

$$\frac{1}{N} \sum_\mathbf{n} e^{i(\mathbf{k}-\mathbf{k}')\cdot\mathbf{a}_\mathbf{n}} = \Delta(\mathbf{k}-\mathbf{k}') \ , \ \frac{1}{N} \sum_\mathbf{k} e^{i\mathbf{k}\cdot(\mathbf{a}_\mathbf{n}-\mathbf{a}_{\mathbf{n}'})} = \delta_{\mathbf{n},\mathbf{n}'} \tag{10.3.5a,b}$$

mit dem verallgemeinerten Kronecker-Delta $\Delta(\mathbf{k}) = \begin{cases} 1 & \text{für } \mathbf{k} = \mathbf{g} \\ 0 & \text{sonst} \end{cases}$. Aus den periodischen Randbedingungen ergeben sich folgende Werte für den Wellenzahlvektor

$$\mathbf{k} = \mathbf{g}_1 \frac{r_1}{N_1} + \mathbf{g}_2 \frac{r_2}{N_2} + \mathbf{g}_3 \frac{r_3}{N_3} \ \text{mit} \ r_i = 0, \pm 1, \pm 2, \ldots \ .$$

---

[10] Wir verwenden den Index F, weil im Grenzfall $N \to \infty$ das Gitter in ein Feld übergeht.

Hier haben wir noch die aus der Festkörperphysik geläufigen reziproken Gittervektoren eingeführt:

$$\mathbf{g}_1 = \left(\frac{2\pi}{a}, 0, 0\right) \,,\; \mathbf{g}_2 = \left(0, \frac{2\pi}{a}, 0\right) \,,\; \mathbf{g}_3 = \left(0, 0, \frac{2\pi}{a}\right) \,.$$

Die Transformation auf Normalkoordinaten (10.3.3) führt den Hamilton-Operator des Gitters in den Hamilton-Operator N ungekoppelter Oszillatoren über

$$\mathcal{H}_F = \frac{1}{2} \sum_{\mathbf{k}} (P_{\mathbf{k}}^\dagger P_{\mathbf{k}} + \omega_{\mathbf{k}}^2 Q_{\mathbf{k}}^\dagger Q_{\mathbf{k}}) \,, \tag{10.3.6}$$

mit den Frequenzen[11] (siehe Abb. 10.3)

$$\omega_{\mathbf{k}}^2 = \frac{1}{m} \sum_{\mathbf{n}} \Phi(\mathbf{n})\, e^{-i\mathbf{k}\mathbf{a}_{\mathbf{n}}} \,. \tag{10.3.7}$$

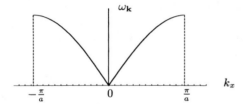

Abb. 10.3. Die Frequenzen $\omega_{\mathbf{k}}$ in einer der Raumrichtungen, $\omega_{\max} = \omega_{\pi/a}$

Aus der Invarianz des Gitters gegenüber infinitesimalen Translationen ergibt sich die Bedingung $\sum_{\mathbf{n}'} \Phi(\mathbf{n}, \mathbf{n}') = 0$, und aus der Translationsinvarianz gegenüber Gittervektoren $\mathbf{t}$ folgt $\Phi(\mathbf{n} + \mathbf{t}, \mathbf{n}' + \mathbf{t}) = \Phi(\mathbf{n}, \mathbf{n}') = \Phi(\mathbf{n} - \mathbf{n}')$. Die letzte Relation wurde bereits in (10.3.7) benützt. Aus der ersten der beiden Relationen folgt $\lim_{\mathbf{k} \to 0} \omega_{\mathbf{k}}^2 = 0$, d.h. die Schwingungen des Gitters sind akustische Phononen. Ausgedrückt durch die Normalkoordinaten lauten die Bewegungsgleichungen (10.3.2)

$$M\ddot{Q} = -M\Omega^2 Q - \frac{1}{\sqrt{mN}} \sum_{\mathbf{k}} c(\mathbf{k})^* Q_{\mathbf{k}} \tag{10.3.8a}$$

$$m\ddot{Q}_{\mathbf{k}} = -m\omega_{\mathbf{k}}^2 Q_{\mathbf{k}} - \sqrt{\frac{m}{N}}\, c(\mathbf{k})\, Q \tag{10.3.8b}$$

---

[11] Wir nehmen an, daß das Oszillatorpotential für den schweren Oszillator auf der gleichen mikroskopischen Wechselwirkung wie die der Gitteratome, $\Phi(\mathbf{n}, \mathbf{n}')$, beruht. Wenn wir deren Stärke mit g bezeichnen, dann ist $\Omega = \sqrt{\frac{g}{M}}$ und $\omega_{max} = \sqrt{\frac{g}{m}}$ und folglich $\Omega \ll \omega_{max}$. Die Größenordnung der Schallgeschwindigkeit ist $c = a\omega_{max}$.

10.3 Der Ursprung makroskopischer irreversibler Bewegungsgleichungen

mit

$$c(\mathbf{k}) = \sum_{\mathbf{n}} c_{\mathbf{n}} e^{-i\mathbf{k}\,\mathbf{a_n}} \ . \tag{10.3.9}$$

Zur weiteren Behandlung der Bewegungsgleichungen (10.3.8a,b) und der Lösung des Anfangswertproblems führen wir die halbseitige Fourier-Transformierte (Laplace-Transformierte) von $Q(t)$ ein

$$\tilde{Q}(\omega) \equiv \int_0^\infty dt\ e^{i\omega t} Q(t) = \int_{-\infty}^\infty dt\ e^{i\omega t} \Theta(t) Q(t) \ . \tag{10.3.10a}$$

Die Umkehrung dieser Gleichung lautet

$$\Theta(t) Q(t) = \int_{-\infty}^\infty d\omega\ e^{-i\omega t} \tilde{Q}(\omega) \ . \tag{10.3.10b}$$

Für freie oszillierende Bewegung enthält (10.3.10a) δ_+-Distributionen. Zu deren bequemeren Behandlung ist es zweckmäßig

$$\tilde{Q}(\omega + i\eta) = \int_0^\infty dt\ e^{i(\omega+i\eta)t}\, Q(t) \ , \tag{10.3.11a}$$

mit $\eta > 0$ zu betrachten. Wenn (10.3.10a) existiert, dann erst recht (10.3.11a) wegen des Faktors $e^{-\eta t}$. Die Umkehrung von (10.3.11a) lautet

$$e^{-\eta t} Q(t) = \int_{-\infty}^\infty d\omega\, e^{-i\omega t}\, \tilde{Q}(\omega + i\eta) \ , \text{ d.h.}$$

$$Q(t)\Theta(t) = \int_{-\infty}^\infty d\omega\, e^{-i(\omega+i\eta)t}\, \tilde{Q}(\omega + i\eta) \ . \tag{10.3.11b}$$

Für die in (10.3.11a,b) auftretende komplexe Frequenz führen wir $z \equiv \omega + i\eta$ ein. Das Integral (10.3.11b) bedeutet in der komplexen z-Ebene einen um $i\eta$ oberhalb der reellen Achse liegenden Integrationsweg

$$Q(t)\Theta(t) = \int_{-\infty+i\eta}^{\infty+i\eta} dz\, e^{-izt}\, \tilde{Q}(z) \ . \tag{10.3.11b'}$$

Die Bildung der halbseitigen Fourier-Transformation der Bewegungsgleichung (10.3.8a) ergibt für den ersten Term

$$\int_0^\infty dt\ e^{izt} \frac{d^2}{dt^2} Q(t) = e^{izt} \dot{Q}(t)\big|_0^\infty - iz \int_0^\infty dt\ e^{izt} \dot{Q}(t)$$
$$= -\dot{Q}(0) + iz Q(0) - z^2 \tilde{Q}(z) \ .$$

Insgesamt erhalten wir für die halbseitige Fourier-Transformierte der Bewegungsgleichungen (10.3.8a,b)

$$M\left(-z^2 + \Omega^2\right) \tilde{Q}(z) = -\frac{1}{\sqrt{mN}} \sum_{\mathbf{k}} c(\mathbf{k})^* \tilde{Q}_{\mathbf{k}}(z) + M\left(\dot{Q}(0) - \mathrm{i}z\, Q(0)\right)$$
(10.3.12)

$$m\left(-z^2 + \omega_{\mathbf{k}}^2\right) \tilde{Q}_{\mathbf{k}}(z) = -\sqrt{\frac{m}{N}}\, c(\mathbf{k})\, \tilde{Q}(z) + m\left(\dot{Q}_{\mathbf{k}}(0) - \mathrm{i}z Q_{\mathbf{k}}(0)\right) .$$
(10.3.13)

Die Elimination von $\tilde{Q}_{\mathbf{k}}(z)$ und Ersetzen der Anfangswerte $Q_{\mathbf{k}}(0), \dot{Q}_{\mathbf{k}}(0)$ durch $q_{\mathbf{n}}(0), \dot{q}_{\mathbf{n}}(0)$ ergibt

$$D(z)\, \tilde{Q}(z) = M\left(\dot{Q}(0) - \mathrm{i}z\, Q(0)\right)$$
$$- \frac{m}{N} \sum_{\mathbf{n}} \sum_{\mathbf{k}} c(\mathbf{k})^* \frac{\mathrm{e}^{-\mathrm{i}\mathbf{k}\cdot\mathbf{a_n}}}{m(-z^2 + \omega_{\mathbf{k}}^2)} \left(\dot{q}_{\mathbf{n}}(0) - \mathrm{i}z\, q_{\mathbf{n}}(0)\right) \quad (10.3.14)$$

mit

$$D(z) \equiv \left(M\left(-z^2 + \Omega^2\right) + \frac{1}{N}\sum_{\mathbf{k}} \frac{|c(\mathbf{k})|^2}{m(z^2 - \omega_{\mathbf{k}}^2)}\right) .$$
(10.3.15)

Wir beschränken uns nun auf den klassischen Fall. Setzen wir die speziellen Anfangswerte der Gitteratome $q_{\mathbf{n}}(0) = 0$, $\dot{q}_{\mathbf{n}}(0) = 0$ für alle $\mathbf{n}$ ein,[12] dann folgt

$$\tilde{Q}(z) = \frac{M\left(\dot{Q}(0) - \mathrm{i}z Q(0)\right)}{-Mz^2 + M\Omega^2 - \sum_{\mathbf{k}} \frac{|c(\mathbf{k})|^2}{m\,N}/(-z^2 + \omega_{\mathbf{k}}^2)} .$$
(10.3.16)

Daraus erhält man in der Zeitdarstellung

$$\Theta(t) Q(t) = \int \frac{d\omega}{2\pi}\, \mathrm{e}^{-\mathrm{i}zt}\tilde{Q}(z) = -\mathrm{i}\sum_{\nu} g(\omega_{\nu})\, \mathrm{e}^{-\mathrm{i}\omega_{\nu} t} ,$$
(10.3.17)

wo ω_{ν} die Pole von $\tilde{Q}(z)$ und $g(\omega_{\nu})$ die Residuen sind.[13] Die Lösung ist also *quasiperiodisch*. Man könnte auch hieran anknüpfend die Poincaré-Zeit analog zum vorhergehenden Abschnitt abschätzen.

Im Grenzfall großer Teilchenzahl N können Summen über $\mathbf{k}$ durch Integrale ersetzt werden, und es kann sich ein anderes analytisches Verhalten

---

[12] In der Quantenmechanik müßte man statt dessen den Erwartungswert von (10.3.14) nehmen und $\langle q_{\mathbf{n}}(0)\rangle = \langle \dot{q}_{\mathbf{n}}(0)\rangle = 0$ einsetzen. In Aufgabe 10.6 wird die Kraft auf den Oszillator durch die Gitterteilchen, wenn sich diese im thermischen Gleichgewicht befinden, untersucht.

[13] Die Pole von $\tilde{Q}(z)$, $z \equiv \omega + \mathrm{i}\eta$, sind reell, liegen also in der komplexen ω-Ebene unterhalb der reellen Achse. (10.3.17) folgt mit dem Residuensatz durch Schließen der Integration in der unteren Halbebene.

10.3 Der Ursprung makroskopischer irreversibler Bewegungsgleichungen

ergeben:[14]

$$D(z) = -Mz^2 + M\Omega^2 + \frac{a^3}{m}\int \frac{d^3k}{(2\pi)^3}\frac{|c(\mathbf{k})|^2}{z^2 - \omega_\mathbf{k}^2}. \tag{10.3.18}$$

Das **k**-Integral erstreckt sich über die erste Brillouin-Zone: $-\frac{\pi}{a} \le k_i \le \frac{\pi}{a}$. Zur einfachen Auswertung des **k**-Integrals ersetzen wir den Integrationsbereich durch eine Kugel gleichen Volumens mit Radius $\Lambda = \left(\frac{3}{4\pi}\right)^{1/3}\frac{2\pi}{a}$ und ersetzen die Dispersionsrelation durch $\omega_\mathbf{k} = c|\mathbf{k}|$ mit der Schallgeschwindigkeit c. Dann folgt

$$\frac{a^3}{m}\frac{1}{2\pi^2 c^3}\int_0^{\Lambda c}\frac{d\nu\,\nu^2}{z^2-\nu^2}|c(\nu)|^2 = \frac{a^3}{m}\frac{1}{2\pi^2 c^3}\left[-\int_0^{\Lambda c}d\nu|c(\nu)|^2+\right.$$
$$\left.+z^2\int_0^{\infty}\frac{d\nu\,|c(\nu)|^2}{z^2-\nu^2} - z^2\int_{\Lambda c}^{\infty}\frac{d\nu\,|c(\nu)|^2}{z^2-\nu^2}\right] \tag{10.3.19}$$

mit $\nu = c|\mathbf{k}|$. Wir diskutieren nun die letzte Gleichung Term für Term mit der Vereinfachung $|c(\nu)|^2 = g^2$ entsprechend $c_\mathbf{n} = g\delta_{\mathbf{n},0}$.

1. Term von (10.3.19):

$$-\frac{a^3}{m}\frac{1}{2\pi^2 c^3}\int_0^{\Lambda c}d\nu|c(\nu)|^2 = -g^2\Lambda c \tag{10.3.20}$$

Dies ergibt eine Renormierung der Oszillatorfrequenz

$$\bar\omega = \sqrt{\Omega^2 - g^2\Lambda c\frac{a^3}{m2\pi^2 c^3}\frac{1}{M}}. \tag{10.3.21}$$

2. Term von (10.3.19) und Auswertung mittels des Residuensatzes

$$\frac{a^3}{m}\frac{1}{2\pi^2 c^3}g^2 z^2\int_0^{\infty}\frac{d\nu}{z^2-\nu^2} = -M\Gamma\mathrm{i}\,z \tag{10.3.22}$$

$$\Gamma = \frac{g^2 a^3}{4\pi mc^3}\frac{1}{M} = c\Lambda\frac{m}{M}. \tag{10.3.23}$$

Der dritte Term von (10.3.19) rührt von den hohen Frequenzen her und beeinflußt das Kurzzeitverhalten. Dessen Effekt wird in Übungsaufgabe 10.5 mittels einer kontinuierlichen Abschneidefunktion behandelt. Wenn man diesen außer Acht läßt, erhält man aus (10.3.16)

$$(-z^2 + \bar\omega^2 - \mathrm{i}\Gamma z)\tilde Q(z) = M(\dot Q(0) - \mathrm{i}z Q(0)), \tag{10.3.24}$$

---

[14] Um herauszufinden, in welchem Verhältnis t und N sein müssen, damit der Grenzwert $N \to \infty$ auch für endliches N verwendet werden kann, muß die N–Abhängigkeit der Pole ω_ν aus $D(z) = 0$ bestimmt werden. Der Abstand der Polstellen ω_ν untereinander ist $\Delta\omega_\nu \sim \frac{1}{N}$, und die Werte der Residuen sind von der Größe $\mathcal{O}\left(\frac{1}{N}\right)$. Die Frequenzen ω_ν erfüllen $\omega_{\nu+1} - \omega_\nu \sim \frac{\omega_{max}}{N}$. Für $t \ll \frac{N}{\omega_{max}}$ variieren die Phasenfaktoren $e^{\mathrm{i}\omega_\nu t}$ nur wenig mit ν, und es kann die Summe in (10.3.17) über ν durch ein Integral ersetzt werden.

500   10. Irreversibilität und Streben ins Gleichgewicht

und nach Transformation in den Zeitraum für $t > 0$ folgende Bewegungsgleichung für $Q(t)$

$$\left(\frac{d^2}{dt^2} + \bar{\omega}^2 + \Gamma \frac{d}{dt}\right) Q(t) = 0 \,. \tag{10.3.25}$$

Durch die Ankopplung an das Oszillatorenbad kommt es zum *Reibungsglied* und zur *irreversiblen gedämpften Bewegung*. Z.B. seien die Anfangswerte $Q(0) = 0$, $\dot{Q}(t=0) = \dot{Q}(0)$ (für die Gitteroszillatoren wurde schon früher $q_\mathbf{n}(0) = \dot{q}_\mathbf{n}(0) = 0$ gesetzt), dann folgt aus Gl. (10.3.24) für

$$\Theta(t)\, Q(t) = \int_{-\infty}^{\infty} \frac{d\omega}{2\pi} \frac{e^{-izt}\dot{Q}(0)}{-z^2 + \bar{\omega}^2 - i\Gamma z} \tag{10.3.26}$$

und mittels des Residuensatzes

$$Q(t) = e^{-\Gamma t/2}\, \frac{\sin \omega_0 t}{\omega_0}\, \dot{Q}(0) \,, \tag{10.3.27}$$

mit $\omega_0 = \sqrt{\bar{\omega}^2 - \frac{\Gamma^2}{4}}$.

Die *Bedingungen* bei der *Herleitung* der irreversiblen Bewegungsgleichung (10.3.25) waren:

a) Beschränkung auf Zeiten $t \ll \frac{N}{\omega_{max}}$.[15] Das bedeutet für große N praktisch keine Einschränkung, denn der exponentielle Zerfall geht sehr viel rascher vor sich.

b) Die Trennung in makroskopische Variable $\equiv$ schwerer Oszillator (Masse M) und mikroskopische Variable $\equiv$ Gitteroszillatoren (Masse m) führt wegen $\frac{m}{M} \ll 1$ zur Zeitskalentrennung

$$\Omega \ll \omega_{max}\,, \quad \Gamma \ll \omega_{max} \,.$$

Die Zeitskalen der makroskopischen Variablen sind $1/\Omega$, $1/\Gamma$.

Die Irreversibilität (exponentielle Dämpfung) entsteht im Grenzübergang $N \to \infty$. Um auch für beliebig große Zeiten Irreversibilität zu erhalten, muß zuerst der Grenzübergang $N \to \infty$ durchgeführt werden.

10.3.2 Mikroskopische zeitumkehrbare und makroskopische irreversible Bewegungsgleichungen, Hydrodynamik

Die Herleitung *hydrodynamischer* Bewegungsgleichungen (Anhang H) direkt aus den mikroskopischen basiert auf den folgenden Elementen.

(i) Ausgangspunkt sind die Bewegungsgleichungen für die Erhaltungsgrößen und die Bewegungsgleichungen für die unendlich vielen Nichterhaltungsgrößen.

---
[15] Diese zwar großen Zeiten sind sehr viel kleiner als die Poincaré-Wiederkehrzeit.

(ii) Eine wichtige Voraussetzung ist die Zeitskalentrennung $ck \ll \omega_{\text{n.e.}}$, d.h. die charakteristischen Frequenzen der Erhaltungsgrößen ck sind sehr viel langsamer als die typischen Frequenzen der nicht erhaltenen Größen $\omega_{\text{n.e.}}$, analog der ω_λ ($\lambda > 5$) in der Boltzmann-Gleichung, Abschn. 9.4.4. Dies erlaubt die Elimination der raschen Variablen.

Bei der analytischen Durchführung in Anhang H geht man von den Bewegungsgleichungen für die sog. Kubo-Relaxationsfunktion ϕ aus und erhält Bewegungsgleichungen für die Relaxationsfunktionen der Erhaltungsgrößen. Aus der Eins-zu-eins-Korrespondenz von Bewegungsgleichungen für ϕ und den zeitabhängigen Erwartungswerten von Operatoren unter dem Einfluß einer Störung ergeben sich die hydrodynamischen Gleichungen für die Erhaltungsgrößen. Die übrigen Variablen äußern sich in Dämpfungstermen, die durch Kubo-Formeln ausdrückbar sind.

*10.4 Master-Gleichung und Irreversibilität in der Quantenmechanik[16]

Wir betrachten ein isoliertes System und seine Dichtematrix zur Zeit t mit den Wahrscheinlichkeiten $w_i(t)$

$$\varrho(t) = \sum_i w_i(t) |i\rangle \langle i| \ . \tag{10.4.1}$$

Die Zustände $|i\rangle$ seien Eigenzustände des Hamilton-Operators $\mathcal{H}_0$. Dabei mögen die Quantenzahlen i die Energie E_i und eine Reihe von weiteren Quantenzahlen ν_i beinhalten. Auf das System oder innerhalb dessen wirke weiters eine Störung V, die Übergänge zwischen den Zuständen bewirkt, also ist der gesamte Hamilton-Operator

$$\mathcal{H} = \mathcal{H}_0 + V \ . \tag{10.4.2}$$

Zum Beispiel könnte für ein fast ideales Gas $\mathcal{H}_0$ die kinetische Energie bedeuten und V die Wechselwirkung, welche zu den Stößen der Atome führt. Wir betrachten nun die Zeitentwicklung von ϱ aufgrund von (10.4.1) und bezeichnen den Zeitentwicklungsoperator mit $U(\tau)$. Nach der Zeit τ hat die Dichtematrix die Form

$$\begin{aligned}\varrho(t+\tau) &= \sum_i w_i(t) U(\tau) |i\rangle \langle i| U^\dagger(\tau) \\ &= \sum_i \sum_{j,k} w_i(t) |j\rangle \langle j| U(\tau) |i\rangle \langle i| U^\dagger(\tau) |k\rangle \langle k| \\ &= \sum_i \sum_{j,k} w_i(t) |j\rangle \langle k| U_{ji}(\tau) U^*_{ki}(\tau) \ ,\end{aligned} \tag{10.4.3}$$

---

[16] W. Pauli, *Sommerfeld Festschrift*, S. Hirzel, Leipzig, 1928, S.30.

wo die Matrixelemente

$$U_{ji}(\tau) \equiv \langle j | U(\tau) | i \rangle \qquad (10.4.4)$$

eingeführt wurden. Wir nehmen an, daß das System, selbst wenn es noch so gut isoliert ist, durch schwachen Kontakt mit anderen makroskopischen Systemen faktisch in jedem Zeitpunkt einer Mittelung seiner Phasen unterliegt. Dies entspricht der Spurbildung über weitere an das System gekoppelte und nicht beachtete Freiheitsgrade.[17] Dann geht die Dichtematrix (10.4.3) in

$$\sum_i \sum_j w_i(t) |j\rangle \langle j| U_{ji}(\tau) U_{ji}^*(\tau) \qquad (10.4.5)$$

über. Vergleich mit (10.4.1) zeigt, daß die Wahrscheinlichkeit für den Zustand $|j\rangle$ deshalb zur Zeit $t + \tau$

$$w_j(t + \tau) = \sum_i w_i(t) |U_{ji}(\tau)|^2$$

ist, und die Änderung der Wahrscheinlichkeit ist

$$w_j(t + \tau) - w_j(t) = \sum_i (w_i(t) - w_j(t)) |U_{ji}(\tau)|^2 , \qquad (10.4.6)$$

wo wir $\sum_i |U_{ji}(\tau)|^2 = 1$ benützten. Auf der rechten Seite verschwindet der Term $i = j$. Wir benötigen deshalb nur die Nichtdiagonalelemente von $U_{ij}(\tau)$, für die wir die goldene Regel[18] verwenden können:

$$|U_{ji}(\tau)|^2 = \frac{1}{\hbar^2} \left(\frac{\sin \omega_{ij} \tau/2}{\omega_{ij}/2} \right)^2 |\langle j| V |i\rangle|^2 = \tau \frac{2\pi}{\hbar} \delta(E_i - E_j) |\langle j| V |i\rangle|^2$$

(10.4.7)

mit $\omega_{ij} = (E_i - E_j)/\hbar$. Die Gültigkeitsgrenzen der goldenen Regel sind $\Delta E \gg \frac{2\pi\hbar}{\tau} \gg \delta\varepsilon$, wo ΔE die Breite der Energieverteilung der Zustände und $\delta\varepsilon$ der Abstand der Energieniveaus ist. Aus (10.4.6) und (10.4.7) folgt

$$\frac{dw_j(t)}{dt} = \sum_i (w_i(t) - w_j(t)) \frac{2\pi}{\hbar} \delta(E_i - E_j) |\langle j| V |i\rangle|^2 .$$

---

[17] Wenn z. B. mit jedem Zustand $|j\rangle$ des Systems ein Zustand $|2,j\rangle$ dieser übrigen makroskopischen Freiheitsgrade verbunden ist, so daß die Beiträge zur gesamten Dichtematrix von der Form $|2,j\rangle |j\rangle \langle k| \langle 2,k|$ sind, so führt die Spurbildung über 2 auf die Diagonalform $|j\rangle \langle j|$. Diese durch die Umwelt eingeführte Stochastizität ist der entscheidende und subtile Schritt in der Herleitung der Mastergleichung. Vergl. dazu N.G. van Kampen, Physica **20**, 603 (1954) und Fortschritte der Physik **4**, 405 (1956).

[18] QM I, Gl. (16.36)

10.4 Master-Gleichung und Irreversibilität in der Quantenmechanik

Wie schon eingangs betont wurde, faßt der Index $i \equiv (E_i, \nu_i)$ die Quantenzahlen der Energie und ν_i die große Menge aller übrigen Quantenzahlen zusammen. Die Summe über die Energieeigenwerte auf der rechten Seite kann gemäß

$$\sum_{E_i} \cdots = \int dE_i\, \varrho(E_i)\, \cdots$$

durch ein Integral mit der Zustandsdichte $\varrho(E_i)$ ersetzt werden und man erhält unter Ausnützung der δ-Funktion:

$$\frac{dw_{E_j\nu_j}(t)}{dt} = \sum_{\nu_i} (w_{E_j,\nu_i} - w_{E_j,\nu_j}) \frac{2\pi}{\hbar} \varrho(E_j) |\langle E_j, \nu_j | V | E_j, \nu_i \rangle|^2 \,. \quad (10.4.8)$$

Mit den Koeffizienten

$$\lambda_{E_j,\nu_j;\nu_i} = \frac{2\pi}{\hbar} \varrho(E_j) |\langle E_j, \nu_j | V | E_j, \nu_i \rangle|^2 \,, \quad (10.4.9)$$

folgt die *Paulische Master-Gleichung*

$$\frac{dw_{E_j\nu_j}(t)}{dt} = \sum_{\nu_i} \lambda_{E_j,\nu_j;\nu_i} \left(w_{E_j,\nu_i}(t) - w_{E_j,\nu_j}(t) \right) \,. \quad (10.4.10)$$

Diese Gleichung ist von der allgemeinen Struktur

$$\dot{p}_n = \sum_{n'} (W_{n'\,n}\, p_{n'} - W_{n'\,n}\, p_n) \,, \quad (10.4.11)$$

wobei die Übergangsraten $W_{n'\,n} = W_{n\,n'}$ die Bedingung des sog. *detaillierten Gleichgewichts*[19]

$$W_{n'\,n}\, p_{n'}^{\text{eq}} = W_{n\,n'}\, p_n^{\text{eq}} \quad (10.4.12)$$

für das mikrokanonische Ensemble, $p_{n'}^{\text{eq}} = p_n^{\text{eq}}$ für alle n und n', erfüllen. Für Gleichung (10.4.11) kann man allgemein zeigen, daß sie irreversibel ist, und daß die Entropie

$$S = -\sum_n p_n \log p_n \quad (10.4.13)$$

anwächst. Mit (10.4.11) ist

$$\dot{S} = -\sum_{n,n'} (p_n \log p_n)'\, W_{n'\,n}(p_{n'} - p_n)$$

$$= \sum_{n,n'} W_{n'\,n}\, p_{n'} \left((p_n \log p_n)' - (p_{n'} \log p_{n'})' \right) \,.$$

---

[19] Siehe QM II, nach Gl. (4.2.17).

Durch Vertauschung der Summationsindizes n und n' und mit Hilfe der Symmetrierelation $W_{nn'} = W_{n'n}$ erhält man

$$\dot{S} = \frac{1}{2}\sum_{n,n'} W_{nn'}(p_{n'} - p_n)\left((p_{n'}\log p_{n'})' - (p_n \log p_n)'\right) > 0 \quad, \quad (10.4.14)$$

wobei die Ungleichung aus der Konvexität von $x\log x$ (Abb. 10.4) folgt. Die Entropie wächst solange an, bis $p_n = p_{n'}$ für alle n und n'. Dabei ist angenommen, daß alle n und n' über eine Kette von Matrixelementen verbunden sind. Das durch die Mastergleichung (10.4.10) beschriebene *abgeschlossene* System geht ins *mikrokanonische Gleichgewicht* über.

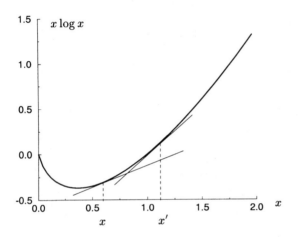

Abb. 10.4. Die Funktion $f(x) = x\log x$ ist konvex, $(x' - x)(f'(x') - f'(x)) > 0$.

10.5 Wahrscheinlichkeit und Phasenraumvolumen

*10.5.1 Wahrscheinlichkeit und Zeitabstand großer Fluktuationen

Im Rahmen der statistischen Mechanik des Gleichgewichts berechnet man die Wahrscheinlichkeit dafür, daß das System von sich aus eine Zwangsbedingung einnimmt. In Zusammenhang mit dem Gay-Lussac-Versuch fanden wir die Wahrscheinlichkeit, ein System mit fester Teilchenzahl N, das ein Volumen V zur Verfügung hat, nur in einem Teilvolumen V_1 zu finden (Gl. (3.5.5))

$$W(E, V_1) = e^{-(S(E,V) - S(E,V_1))/k} \quad. \tag{10.5.1}$$

Für ein ideales Gas[20] ist die Entropie $S(E, V) = kN(\log \frac{V}{N\lambda_T^3} + \frac{5}{2})$. Da $E = \frac{3}{2}NkT$, bleibt λ_T bei der Expansion ungeändert und es folgt $W(E, V_1) =$

---
[20] Kapitel 2

$\mathrm{e}^{-N\log\frac{V}{V_1}}$. Es ist $\log\frac{V}{V_1} = \log\frac{V}{V-(V-V_1)} \approx \frac{V-V_1}{V}$ für kleine Verdichtung. Bei großer Verdichtung, $V_1 \ll V$, wird der Faktor $\log\frac{V}{V_1}$ größer. Dominierend in Gleichung (10.5.1) ist die Abhängigkeit von $N \approx 10^{20}$ für makroskopische Systeme. Für allgemeine Zwangsbedingungen ist nach Gleichung (3.5.5)

$$W(E, Z) = \mathrm{e}^{-(S(E)-S(E,Z))/k}. \tag{10.5.2}$$

Als *Beispiel* betrachten wir weiter im Detail die Dichteschwankungen in einem idealen Gas. Die N Gasatome sind entsprechend einer Binomialverteilung[21] auf das Teilvolumen V_1 und das Teilvolumen $V - V_1$ mit den Wahrscheinlichkeiten $p = \frac{V_1}{V}$ und $1 - p$ verteilt. Das Schwankungsquadrat der Teilchenzahl $(\Delta n)^2$ im Teilvolumen V_1 verhält sich zum Mittelwert der Teilchenzahl in diesem Volumen $\bar{n} = pN$:

$$\frac{(\Delta n)^2}{\bar{n}^2} = \frac{1}{\bar{n}}, \quad \text{d.h.} \quad \frac{(\Delta n)}{\bar{n}} = \frac{1}{\sqrt{\bar{n}}}. \tag{10.5.3}$$

Für $\bar{n} = 10^{20}$ ist dieses Verhältnis $\frac{(\Delta n)}{\bar{n}} = 10^{-10}$. Für große N, n und $N - n$ erhält man aus der Binomialverteilung durch Entwicklung mit Hilfe der Stirlingschen Formel als Wahrscheinlichkeitsdichte für die Teilchenzahl n die Gauß-Verteilung

$$w(n) = \frac{1}{\sqrt{2\pi\bar{n}}}\mathrm{e}^{-\frac{(n-\bar{n})^2}{2\bar{n}}}. \tag{10.5.4}$$

Die letzte Formel ist auch eine Folge des zentralen Grenzwertsatzes[22]. Die Wahrscheinlichkeitsdichte ist auf 1 normiert: $\int dn\, w(n) = 1$.

Wir interessieren uns nun dafür, daß n den Wert $\bar{n} + \delta n$ übersteigt, d.h. dafür daß eine Schwankung größer als ein vorgegebenes δn auftritt. Diese Wahrscheinlichkeit erhält man durch Integration von (10.5.4) über das Intervall $[\bar{n} + \delta n, \infty]$

$$\begin{aligned}w_\delta(\delta n) &= \frac{1}{\sqrt{2\pi\bar{n}}}\int_{\delta n}^{\infty} d\nu\, \mathrm{e}^{-\frac{\nu^2}{2\bar{n}}} = \frac{1}{\sqrt{\pi}}\int_{\delta n/\sqrt{2\bar{n}}}^{\infty} dx\, \mathrm{e}^{-x^2}\\ &= \frac{1}{2}\left(1 - \Phi\left(\frac{\delta n}{\sqrt{2\bar{n}}}\right)\right),\end{aligned} \tag{10.5.5}$$

mit dem Fehlerintegral

$$\Phi(x) = \frac{2}{\sqrt{\pi}}\int_0^x dy\, \mathrm{e}^{-y^2}, \tag{10.5.6}$$

wobei schon für Werte $x \gtrsim 1$ die Näherungsformel $\frac{1}{2}(1 - \Phi(x)) \approx \frac{\mathrm{e}^{-x^2}}{2\sqrt{\pi}x}$ verwendet werden kann.

In Abb. 10.5 ist ein denkbarer Verlauf der Teilchenzahl als Funktion der Zeit dargestellt. Aus Kenntnis der Wahrscheinlichkeit für das Auftreten einer

---
[21] Abschn. 1.5.1
[22] Abschn. 1.2.2

506   10. Irreversibilität und Streben ins Gleichgewicht

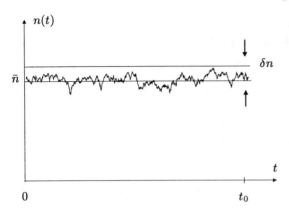

Abb. 10.5. Denkbarer Zeitverlauf der Teilchenzahl im Teilvolumen V_1.

Fluktuation können wir auch Aussagen über den typischen Zeitabstand zwischen Fluktuationen machen. Zunächst hat die Wahrscheinlichkeit $w_\delta(\delta n)$ die folgende zeitliche Bedeutung. Wenn man mit $t_{\delta n}$ die *gesamte Zeit* bezeichnet, in der $n(t)$ während des *Beobachtungszeitraums* t_0 oberhalb von $\bar{n} + \delta n$ ist, dann gilt

$$w_\delta(\delta n) = \frac{t_{\delta n}}{t_0} \; . \tag{10.5.7}$$

Wir interessieren uns nun dafür, wie lange es im Mittel dauert, bis eine Dichteerhöhung auftritt, die größer als δn ist, und nennen diese *Wartezeit* $\vartheta_{\delta n}$. Hier müssen wir noch die Zeit τ_0 einführen, die es dauert, bis eine einmal entstandene Fluktuation wieder *abgebaut* wird. Typischerweise ist $\tau_0 = L/c$, wo L die lineare Abmessung des Systems und c die Schallgeschwindigkeit ist, z.B. $L = 1\,\text{cm}$, $c = 10^5\,\text{cm/s}$, $\tau_0 = 10^{-5}\,\text{s}$. Die vorhin eingeführte Zeit $t_{\delta n}$, innerhalb derer die Abweichung den Wert δn übersteigt, ist $t_{\delta n} = \tau_0 \times$ (Zahl der Schwankungen oberhalb δn). Für verhältnismäßig große δn ist $t_0 - t_{\delta n} \approx t_0$ und deshalb die Wartezeit $\vartheta_{\delta n}$ gleich dem Verhältnis aus t_0 und der Zahl der Fluktuationen größer δn

$$\vartheta_{\delta n} = \frac{t_0}{t_{\delta n}} \tau_0 = \frac{\tau_0}{w_\delta(\delta n)} = \tau_0 \Big/ \frac{1}{2}\left(1 - \Phi\Big(\frac{\delta n}{\bar{n}}\sqrt{\frac{\bar{n}}{2}}\Big)\right) , \tag{10.5.8}$$

wo (10.5.5) verwendet wurde.

Zur Illustration sind die Zeiten, die man warten muß, bis eine Fluktuation nach oben um mehr als δn auftritt, für einige Werte der relativen Abweichung $\frac{\delta n}{\bar{n}\sqrt{2}}$ und $x \equiv \frac{\delta n}{\bar{n}}\sqrt{\frac{\bar{n}}{2}}$ für $\bar{n} = 10^{20}$ in Tabelle 10.1 angegeben. Abweichungen, die kleiner als 3×10^{-10} sind, treten durchaus auf, solche, die größer als 7×10^{-10} sind, *nie*! Und selbst diese tatsächlich kleinen Abweichungen (7×10^{-10}) sind makroskopisch unbeobachtbar. In diesem kleinen Intervall liegt die ganze Skala von oft bis nie.

Nun kehren wir nochmals zu der Schwankungskurve (Abb. 10.5) zurück. Wir betrachten ein verhältnismäßig großes δn. Rechts vom Maximum kommt

Tabelle 10.1. Wartezeiten

x	$\frac{1}{2}(1-\Phi(x))$	Relative Abweichung $\frac{\delta n}{\bar{n}\sqrt{2}}$	Wartezeit $\vartheta_{\delta n} = \frac{10^{-5}}{\frac{1}{2}(1-\Phi(x))}$
3	1×10^{-5}	3×10^{-10}	1 s
5	8×10^{-13}	5×10^{-10}	1.3×10^7 s = 5 Monate
7	2×10^{-23}	7×10^{-10}	5×10^{17} s = 2×10^{10} Jahre

es zu monotonem Ausgleich. Es gibt aber genausoviele Schnittpunkte links vom Maximum wie rechts vom Maximum. Für großes δn muß der Schnittpunkt faktisch am Maximum liegen. Aber links vom Maximum muß $n(t)$ angewachsen sein; dies ist so unwahrscheinlich, daß es niemals eintritt. In der Praxis wird ein solcher unwahrscheinlicher Zustand niemals durch eine spontan auftretende Fluktuation erzeugt, sondern wird als Anfangszustand im Experiment durch Aufhebung von Zwangsbedingungen festgelegt. Aus einer so unwahrscheinlichen Konfiguration wird das System immer auf $\bar{n}$ relaxieren und niemals einen noch unwahrscheinlicheren Makrozustand einnehmen, z.B. weitere Verdichtung bei der Expansion des Gases. Dieser Relaxationsbewegung überlagern sich kleine Schwankungen.

10.5.2 Ergodenhypothese

In der klassischen Physik hat die *Ergodenhypothese* als Begründung der statistischen Beschreibung eine bedeutende Rolle gespielt. Diese wurde von Boltzmann aufgestellt; sie besagt, daß eine beliebige Trajektorie durch jeden Punkt des Phasenraums geht und deshalb die Zeitmittelung identisch mit der Mittelung über den Phasenraum ist. In dieser Form ist die Hypothese nicht haltbar, sondern sie muß in folgender Weise, dann auch *Quasiergodenhypothese* genannt, abgeschwächt werden: Jede Trajektorie, abgesehen von einer Menge vom Maß Null, kommt jedem Punkt des Phasenraums beliebig nahe. Auch dies hat zur Folge, daß die *Zeitmittelung gleich der Ensemble-Mittelung* ist. Wenn ein System *ergodisch*[23] ist, d.h. die Quasiergodenhypothese zutrifft, dann gilt für Funktionen im Phasenraum

$$\lim_{T \to \infty} \frac{1}{T} \int_0^T dt\, f(q(t), p(t)) = \frac{1}{\Omega(E)} \int d\Gamma\, f(q, p)\,, \qquad (10.5.9)$$

„Zeitmittel ist gleich Scharmittel".

Wählt man für $f(q,p) = \Theta(q, p \in G)$, wo G ein Teilgebiet der Energieschale ist, erhält man aus (10.5.9) im Grenzfall großer T

---

[23] Boltzmann sowie P. und T. Ehrenfest hatten mit dem Begriff „ergodisch", den sie auch mit „zerrühren" umschrieben, eher die Vorstellung verbunden, die man heute mit „mischend" bezeichnen würde.

$$\frac{\tau_G}{T} = \frac{|\Gamma_G|}{\Omega(E)} \, , \qquad (10.5.10)$$

wo τ_G die Zeit ist, während der sich die Trajektorie in G aufhält und $|\Gamma_G|$ das Phasenraumvolumen des Teilgebiets G. Es ist somit der Bruchteil der Zeit, während der sich das System in G aufhält, gleich dem Verhältnis der Volumina im Phasenraum. Die Zeit, die sich ein System in einem unwahrscheinlichen Gebiet (in einer untypischen Konfiguration) aufhält, ist klein.

10.6 Gibbssche und Boltzmannsche Entropie und deren Zeitverhalten

10.6.1 Zeitableitung der Gibbsschen Entropie

Die in Abschnitt 2.3 eingeführte, „mikroskopische" Entropie eines abgeschlossenen Systems mit dem Hamilton-Operator $\mathcal{H}$, im gegenwärtigen Zusammenhang auch Gibbssche Entropie S_G genannt,

$$S_G = -k \, \text{Sp} \, (\varrho \log \varrho) \qquad (10.6.1)$$

ändert sich im Zeitverlauf nicht. Die von Neumann-Gleichung für dieses System lautet

$$\dot\varrho = \frac{\mathrm{i}}{\hbar} [\varrho, \mathcal{H}] \, , \qquad (10.6.2)$$

so daß

$$-\dot S_G/k = \text{Sp} \, (\varrho \log \varrho)^\cdot = \text{Sp} \, (\dot\varrho \log \varrho) + \text{Sp} \, \dot\varrho$$
$$= \frac{\mathrm{i}}{\hbar} \text{Sp} \, ([\varrho, \mathcal{H}] \log \varrho) = \frac{\mathrm{i}}{\hbar} \text{Sp} \, ([\log \varrho, \varrho] \mathcal{H}) = 0 \, .$$

Es wurde $\text{Sp} \, \dot\varrho = 0$ verwendet, was aus $\text{Sp} \, \varrho = 1$ folgt. In dieser Ableitung kann $\mathcal{H}$ auch von der Zeit abhängen, z.B. kann $\mathcal{H}$ einen zeitabhängigen äußeren Parameter enthalten, wie etwa das zur Verfügung stehende Volumen, festgelegt durch die Wandpotentiale. Die Dichtematrix ändert sich, aber es ist

$$\dot S_G = 0 \, . \qquad (10.6.3)$$

Die Gibbs-Entropie bleibt konstant und gibt keine Information über die irreversible Bewegung, sie ist nur für das Gleichgewicht von Bedeutung.

Die Ableitung von $\dot S_G = 0$ aus der klassischen Statistik für

$$S_G = -k \int d\Gamma \, \varrho \log \varrho$$

mit Hilfe der Liouville-Gleichung ist der Übungsaufgabe 10.7 vorbehalten. Dieses Ergebnis rührt daher, daß sich ein bestimmter Bereich im Phasenraum zwar verändert, daß aber die Größe seines Volumens nach dem Liouvilleschen Theorem gleich bleibt.

10.6.2 Boltzmann-Entropie

Jedem Makrozustand[24] M und damit jedem Mikrozustand X bzw. Punkt im Γ-Raum, der den Makrozustand repräsentiert, $M = M(X)$, wird eine *Boltzmann-Entropie* S_{B} zugeordnet

$$S_{\mathrm{B}}(M) = k \log |\Gamma_M| \,, \tag{10.6.4}$$

wo Γ_M der Phasenraumbereich von M ist und $|\Gamma_M|$ das damit verbundene Volumen.

Die *Gibbs-Entropie* S_{G} ist für ein Ensemble mit der Verteilungsfunktion $\varrho(X)$ definiert

$$S_{\mathrm{G}}[\varrho] = -k \int d\Gamma \; \varrho(X) \log \varrho(X) \,. \tag{10.6.5}$$

Für ein mikrokanonisches Ensemble (Abschn. 2.2) ist

$$\varrho_{\mathrm{MK}} = \begin{cases} |\Gamma_M|^{-1} & X \in \Gamma_M \\ 0 & \text{sonst} \end{cases}\,.$$

In diesem Fall gilt

$$S_{\mathrm{G}}[\varrho_{\mathrm{MK}}] = k \log |\Gamma_M| = S_{\mathrm{B}}(M) \,. \tag{10.6.6}$$

Im Gleichgewicht sind also die Boltzmannsche und Gibbssche Entropie gleich. Allgemeiner sind die beiden Entropien gleich, wenn die Teilchendichte, die Energiedichte und die Impulsdichte auf mikroskopischer Skala nur langsam variieren, und das System in jeder kleinen makroskopischen Region im Gleichgewicht ist, d.h. lokales Gleichgewicht vorliegt. Wenn jedoch das System nicht im vollständigen Gleichgewicht ist, wo sich M und ϱ nicht mehr ändern, dann ist die Zeitentwicklung von S_{B} und S_{G}, auch ausgehend von einem lokalen Gleichgewicht, ganz verschieden. Wie gezeigt wurde, bleibt S_{G} konstant, während sich $S_{\mathrm{B}}(M)$ ändert. Betrachten wir z.B. die Expansion eines Gases. Anfangs ist $S_{\mathrm{B}} = S_{\mathrm{G}}$. Dann wird typischerweise S_{B} anwachsen, während S_{G} konstant bleibt, und aus S_{G} die Bewegung ins Gleichgewicht überhaupt nicht erkennbar ist. Dies kommt daher, daß die Größe des Phasenraumvolumens im gesamten Zeitverlauf immer gleich dem der Ausgangszustände bleibt.

*10.6.2.1 Boltzmanns Berechnung von S_{B} und Zusammenhang mit dem μ-Raum der Boltzmann-Gleichung[25]

Wir betrachten ein verdünntes Gas mit N Teilchen und führen eine Einteilung des μ-Raums in Zellen $\omega_1, \omega_2, \ldots$ der Größe $|\omega|$ ein, die wir mit dem Index i durchnumerieren. Die Zelle i sei mit n_i Teilchen besetzt. Das Volumen im Phasenraum hat die Größe

---

[24] Siehe Kapitel 1 und 2.
[25] P. und T. Ehrenfest, *Begriffliche Grundlagen der statistischen Auffassung in der Mechanik*, Encyklopädie der Mathematischen Wissenschaften IV, Heft 6, Art. 32, Teubner, Leipzig, 1911; M. Kac, *Probability and Related Topics in Science*, Interscience Publishers, London, 1953

510   10. Irreversibilität und Streben ins Gleichgewicht

$$|\Gamma| = \frac{N!}{n_1! \, n_2! \ldots} |\omega|^N \,, \tag{10.6.7}$$

siehe unten. Daraus folgt mit Hilfe der Stirlingschen Formel

$$\log |\Gamma| \approx N \log N - \sum_i n_i \log n_i + N \log |\omega| \,, \tag{10.6.7'}$$

und für die Boltzmann-Entropie

$$S_{\mathrm{B}} = k \log |\Gamma| \,.$$

Zusammenhang mit der Verteilungsfunktion f und der Boltzmannschen H-Funktion: $n_i = \int_{\omega_i} d^3x \, d^3v \, f$ ist die Zahl der Teilchen in der Zelle i. Falls $f(x,v)$ langsam variiert (glatt ist), dann ist $n_i = |\omega| \times f(\text{in Zelle } i) \Rightarrow f(\text{in Zelle } i) = \frac{n_i}{|\omega|}$.[26] Die ω_i sollen klein sein, andererseits sollen die n_i so groß sein, daß die Stirling Formel benützt werden kann. Für die in Zusammenhang mit der Boltzmann-Gleichung eingeführten H-Funktion erhält man dann

$$H_{\mathrm{tot}} = \int d^3x \, d^3v \, f \log f \approx \sum_i n_i \log \frac{n_i}{|\omega|} = \sum_i n_i \log n_i - N \log |\omega| \,. \tag{10.6.8}$$

Der Vergleich mit Gl. (10.6.7') ergibt für ein verdünntes Gas (mit vernachlässigbarer Wechselwirkung)

$$S_{\mathrm{B}} = -k \, H_{\mathrm{tot}} \,, \tag{10.6.9}$$

abgesehen von dem Term $N \log N$, welcher unabhängig von der Konfiguration ist.

Begründung der Formel (10.6.7) für $|\Gamma|$: Zu jedem Punkt im Γ-Raum gehören Bildpunkte der N Moleküle im μ-Raum. Z.B.: k-tes Molekül hat Bildpunkt $m^{(k)}$. Jedem Punkt im Γ-Raum entspricht eine Verteilung $n_1, n_2, \ldots$. Andererseits gehört zu jeder Zustandsverteilung $n_1, n_2, \ldots$ ein Kontinuum von Γ-Punkten. (i) Jeden der Bildpunkte kann man in der Zelle ω_i, in der er sich befindet, beliebig verschieben. Das gibt das Volumen $|\omega|^N$ in Γ. (ii) Gegeben sei ein Punkt im Γ-Raum. Jede Permutation der Bildpunkte führt auf einen Γ-Punkt mit der gleichen Verteilung $n_1, n_2, \ldots$ Insgesamt gibt es $N!$ Permutationen. (iii) Permutationen, die nur die Bildpunkte innerhalb einer Zelle vertauschen, sind schon durch die Verschiebungspermutationen (i) berücksichtigt. Für jeden Γ-Punkt gibt es $n_1! n_2! \ldots$ solche Permutationen. Die Zahl der Permutationen, die zu neuen Bildpunkten führen („Kombinationen"), ist deshalb $\frac{N!}{n_1! n_2! \ldots}$. Wie aus der Diskussion des Gibbsschen Paradoxons bekannt ist, geht der Term $N \log N$ in (10.6.7') weg nach Division durch $N!$, „korrekte Boltzmann-Abzählung", wie sie aus der Quantenstatistik (Bose- und Fermi-Statistik) folgt.

10.7 Irreversibilität und Zeitumkehr

10.7.1 Expansion eines Gases

Wir haben nun die nötigen Grundlagen, um die Expansion eines Gases und das sich an die Zeitumkehrinvarianz anschließende „Loschmidtsche Parado-

---
[26] Dies ist sicher erfüllt im lokalen Gleichgewicht.

xon" diskutieren zu können.[27] Wir nehmen an, daß sich das Gas zur Anfangszeit, $t=0$, nur in einem Teilvolumen V_1 des gesamten Volumens V befindet, und die Geschwindigkeiten einer Maxwell-Verteilung genügen. Man kann sich vorstellen, daß diese Anfangssituation durch Herausnahme von ursprünglich vorhandenen Trennwänden entsteht.[28] Die Zeit, die die Teilchen typischerweise benötigen, um ballistisch durch das Volumen zu fliegen, ist $\tau_0 = \frac{L}{v}$. Für $L = 1$ cm und $v = 10^5$ cm sec^{-1} ist $\tau_0 = 10^{-5}$ sec. Im Vergleich dazu ist die Stoßzeit $\tau \approx 10^{-9}$ sec sehr klein. Es dauert also typischerweise einige τ_0, damit sich das Gas ballistisch (mit Reflexionen an den Wänden) über das gesamte Volumen ausbreitet. Nach etwa 10 τ_0 ist das Gas über das gesamte Volumen gleichverteilt und kann in makroskopischer Hinsicht als im Gleichgewicht angesehen werden.

In Abb. 10.1 sind die Konfigurationen in der Computersimulation[27] zu den Zeiten $t = 4.72$, 14.16 und 236 gezeigt. Verbunden mit dieser Expansion ist das monotone Anwachsen der „vergröberten", nur auf die räumliche Verteilung der Teilchenzahldichte $n(\mathbf{x})$ beruhenden Boltzmann-Entropie

$$S = -\int d^3x \ n(\mathbf{x},t) \log n(\mathbf{x},t) \ , \tag{10.7.1}$$

die nach $t = 50$ ihren Gleichgewichtswert erreicht. Dieses beobachtete Verhalten ist genau so, wie es von der Boltzmann-Gleichung vorhergesagt wird. Die Entropie nimmt monoton zu, Abb 10.6 (1).[29] Wenn man allerdings in diesem Gas, auch nach noch so langer Zeit, zu einem bestimmten Zeitpunkt

---

[27] Zur Illustration werden wir uns auch auf ein Computerexperiment mit $N = 864$ Atomen beziehen, welche über ein Lennard-Jones Potential (Gl. (5.3.16)) wechselwirken, Abb. 10.1. Der Zeitverlauf wird mittels der Methode der Molekulardynamik, d.i. durch numerische Lösung der diskretisierten Newtonschen Gleichungen bestimmt. B. Kaufmann, Diplomarbeit, TU München, 1995. Die Zeiten sind in Einheiten einer für das Potential und die Masse (Argon) charakteristischen Zeit $\sqrt{m\sigma^2/\epsilon} = 2.15 \times 10^{-12}$ sec angegeben.

[28] In der folgenden Diskussion werden wir den Anfangszustand im Teilvolumen V_1 mit X, den Mikrozustand nach der Zeit t mit $T_t X$ und den zeitumgekehrten Zustand mit $\mathcal{T} T_t X$ bezeichnen. Es gilt $T_t \mathcal{T} T_t X = \mathcal{T} X$. Mit T_t bezeichnen wir den Zeitentwicklungsoperator für das Zeitintervall t und mit $\mathcal{T}$ den Zeitumkehroperator, der alle Geschwindigkeiten umkehrt.

[29] Wie schon am Ende von Abschnitt 10.6 betont wurde, bleibt die Gibbssche Entropie S_G konstant und gibt keinen Hinweis auf eine irreversible Expansion. Dies kommt daher, daß die Größe des Phasenraumvolumens der Ausgangszustände im Laufe der Zeit immer gleich bleibt. Diese Mikrozustände sind aber für $t > 0$ *nicht mehr typisch* für den Makrozustand $M(t)$ (bzw. den lokalen Gleichgewichtszustand), der dann vorhanden ist. Der Phasenraum dieser Zustände ist gleich groß wie der Phasenraum zur Zeit $t = 0$, ist also wesentlich kleiner als der aller Zustände, die den Makrozustand zur Zeit $t > 0$ repräsentieren. Der Zustand $T_t X$ enthält komplizierte Korrelationen. Die typischen Mikrozustände von $M(t)$ haben diese Korrelationen nicht. Ersichtlich werden diese Korrelationen bei einer Zeitumkehr. In zeitlicher Vorwärtsrichtung hingegen ist die Zukunft eines derartigen untypischen Mikrozustandes genauso wie die der typischen.

512   10. Irreversibilität und Streben ins Gleichgewicht

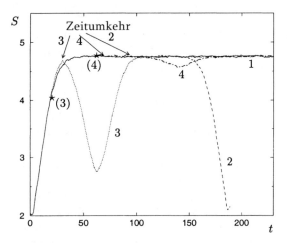

Abb. 10.6. Entropie als Funktion der Zeit bei der Expansion eines Computergases aus 864 Atomen. Im Anfangsstadium liegen alle Kurven aufeinander. (1) Ungestörte Expansion von V_1 auf V (durchgezogene Linie). (2) Zeitumkehr bei $t = 94.4$ (gestrichelte Linie), System kehrt in den Anfangszustand zurück und die Entropie zu ihrem Anfangswert. (3) Störung $\star$ bei $t = 18.88$ und Zeitumkehr bei $t = 30.68$. Das System kommt dem Anfangszustand nahe (punktierte Linie). (4) Störung $\star$ bei $t = 59$ und Zeitumkehr bei $t = 70.8$ (strichpunktierte Linie). Nur über kurze Zeit nach der Zeitumkehr nimmt die Entropie ab und erhöht sich dann auf den Gleichgewichtswert.[30]

t alle Geschwindigkeiten umkehrt, dann laufen die Teilchen ihren ursprünglichen Weg wieder zurück und kommen nach einem weiteren Zeitintervall t wieder in der Anfangskonfiguration an, und die Entropie nimmt auf ihren Anfangswert ab, Abb. 10.6 (2). Obwohl bezüglich seiner Ortsverteilung das in Abbildung 10.1 c) dargestellte Gas völlig ungeordnet aussieht, und in seiner Bewegung in positiver Zeitrichtung keine Besonderheiten erkennen läßt, ist durch den speziellen, nur einen Bruchteil des Phasenraums ausnützenden Anfangszustand, in dem hochgradige räumliche Einschränkungen vorhanden sind, ein Zustand entstanden, der subtile Korrelationen der Geschwindigkeiten der Teilchen enthält. Nach der Zeitumkehr ($\mathbf{v} \to -\mathbf{v}$) bewegen sich die Teilchen in einer „verschworenen" Weise, so daß sie sich schließlich alle wieder im räumlichen Untervolumen zusammenfinden.[31] Es ist offensichtlich so, daß der eingangs definierte Anfangszustand im Laufe

---

[30] Es muß hier auf einen unrealistischen Zug der Computerexperimente hingewiesen werden. Die Probe ist so klein, daß innerhalb einer Equilibrierungszeit $10\,\tau_0$ nur wenige Stöße stattfinden. Die Abnahme der Entropie nach Störung und Zeitumkehr kommt primär von Atomen, die noch überhaupt nicht gestoßen haben. Daher rührt der große Unterschied der Kurven (3) und (4).

[31] Die zugehörige vergröberte Boltzmann-Entropie (10.7.1) nimmt nach der Zeitumkehr wieder ab, Kurve (2) in Abb. 10.6. Ein derartiger Zeitablauf wird durch die Boltzmann-Gleichung nicht beschrieben und wird auch in der Natur niemals beobachtet.

der Zeit zu einem Zustand führt, der nicht typisch ist für ein Gas mit der in Abb. 10.1 c) ersichtlichen Dichte und einer Maxwell-Verteilung. Ein typischer Mikrozustand für ein derartiges Gas würde sich nach Zeitumkehr niemals in ein Teilvolumen verdichten. Zustände, die sich so korreliert entwickeln und nicht typisch sind, werden wir als *Quasigleichgewichtszustände*[32] bezeichnen, im Zwischenbereich der Zeitentwicklung auch als lokale Quasigleichgewichtszustände. Quasigleichgewichtszustände sind so beschaffen, daß ihr makroskopisches Erscheinungsbild nicht invariant unter Zeitumkehr ist. Obwohl diese Quasigleichgewichtszustände eines isolierten Systems zweifellos existieren und deren zeitumgekehrte Gegenstücke im Computerexperiment visualisiert werden können, so scheinen letztere in der Realität keine Bedeutung zu haben. Weshalb hat Boltzmann doch recht, daß die Entropie S_B bis auf kleine Fluktuationen immer monoton anwächst?

Zunächst muß man sich klar machen, daß die Zahl der Quasigleichgewichtszustände X, die zu einem bestimmten Makrozustand gehören, um vieles geringer ist als die Zahl der typischen Mikrozustände, die diesen Makrozustand repräsentieren. Das Phasenraumvolumen des Makrozustandes M mit Volumen V ist $|\Gamma_{M(V)}|$. Hingegen ist das Phasenraumvolumen der Quasigleichgewichtszustände gleich dem Phasenraumvolumen $|\Gamma_{M(V_1)}|$, aus dem sie durch Expansion entstehen und bei Zeitumkehr wieder zurückkehren, und es gilt $|\Gamma_{M(V_1)}| \ll |\Gamma_{M(V)}|$. Das bedeutet, wenn man ein System in einem bestimmten Makrozustand präpariert, wird der dabei entstandene Mikrozustand niemals, von sich aus zufällig, oder mit Absicht einer der zeitumgekehrten Quasigleichgewichtszustände, wie $\mathcal{T}T_t X$, sein. Die einzige Möglichkeit einen solchen untypischen Zustand zu erzeugen ist tatsächlich, ein Gas expandieren zu lassen, und dann alle Geschwindigkeiten umzukehren, d.h. $\mathcal{T}T_t X$ zu produzieren. Somit könnte man gegen das Loschmidt-Paradoxon lakonisch einwenden, daß es in der Praxis (im realen Experiment) nicht möglich ist, die Geschwindigkeiten von 10^{20} Teilchen umzukehren. Es kommt aber noch eine weitere Unmöglichkeit hinzu, die verhindert, daß Zustände auftreten, in denen die Entropie abnimmt. Wir haben bisher nicht beachtet, daß es unmöglich ist, ein System völlig zu isolieren. Es sind immer *äußere Störungen* vorhanden, wie Strahlung, Sonnenflecken oder der veränderliche Gravitationseinfluß der übrigen Materie. Der letzte Effekt wird in Abschnitt 10.7.3 abgeschätzt. Selbst wenn es gelänge, alle Geschwindigkeiten umzukehren, würde zwar kurzzeitig die Entropie abnehmen, aber durch die äußeren Störungen würde sich das System in kürzester Zeit (etwa $10\,\tau$) so verändern, daß seine Entropie wieder anwächst. Äußere Störungen führen Quasigleichgewichtszustände in typischere Repräsentanten des Makrozustands über. Äußere Störungen mögen zwar so schwach sein, daß sie in der Energiebilanz keine Rolle spielen, sie führen aber quantenmechanisch zu einer Randomisierung der Phasen und klassisch zu geringfügigen Abweichungen der Trajektorien, so daß das

---
[32] J.M. Blatt, *An Alternative Approach to the Ergodic Problem*, Prog. Theor. Phys. **22**, 745 (1959)

System schon nach einer geringen Zahl von Stößen seine Erinnerung an den Anfangszustand verliert. Dieser drastische Effekt äußerer Störungen ist eng verbunden mit der in der klassischen Mechanik wohlbekannten sensitiven Abhängigkeit von den Anfangsbedingungen, welche auch verantwortlich für das deterministische Chaos ist.

In den Kurven 3 und 4 von Abb. 10.6 wurde das System zu den Zeiten $t = 23.6$ und $t = 59$ gestört und danach die Zeitumkehrtransformation durchgeführt. Die Störung bestand in einer geringen Änderung der Geschwindigkeitsrichtungen der Teilchen, wie sie auch durch energetisch vernachlässigbare Gravitationseinflüsse verursacht wird (Abschnitt 10.7.3). Bei der früheren Zeit kommt das System dem Anfangszustand noch nahe und die Entropie nimmt ab, dann wächst die Entropie wieder an. Bei der späteren Zeit kommt es nur für eine kurze Periode zu einer Abnahme der Entropie.

Es ist anschaulich klar, daß jede Störung aus dem untypischen Bereich wegführt, da der Phasenraum der typischen Zustände um vieles größer ist. Das weist auch darauf hin, *daß die Störungen umso effizienter* sind, je näher man dem Quasigleichgewicht ist. Denn statistisch betrachtet ist das Mißverhältnis von der Zahl der typischen und untypischen Zustände dann umso größer und die Wahrscheinlichkeit durch die Störung in einen wesentlich typischeren Zustand zu gelangen größer. Signifikanter ist allerdings, daß die Zahl der Stöße die die Teilchen des Systems erfahren mit der Zeit enorm anwächst. Pro τ_0 ist die Zahl der Stöße $\tau_0/\tau \approx 10^5$. Und alle diese Stöße müßten bei einer Zeitumkehrtransformation wieder präzise in umgekehrter Richtung durchlaufen werden, damit der Anfangszustand wieder erreicht wird.

Bemerkungen:

(i) Stabilität der irreversiblen makroskopischen Relaxation: Die untersuchten schwachen *Störungen* haben auf die Zeitentwicklung in Zukunftsrichtung in makroskopischer Hinsicht keine Auswirkung. Aus dem Zustand $T_t X$ wird durch die Störung ein typischerer Zustand, der genauso wie $T_t X$ weiter in das Gleichgewicht (Quasigleichgewicht) relaxiert. Die Zeitumkehrung eines derartigen typischeren Zustands führt aber auf einen Zustand, der höchstens für kurze Zeit eine Entropieabnahme zeigt, und danach nimmt die Entropie wieder zu. (Auch wenn man zuerst umkehrt und dann stört, wird sich dies ähnlich auswirken.) Bei der Zeitentwicklung $T_{t'}(T_t X)$ laufen die Teilchen räumlich auseinander; im Γ-Raum läuft X in Regionen mit insgesamt größerem Phasenraumvolumen, hier ändert eine äußere Rüttelei nichts. Bei $T_{t'}(\mathcal{T} T_t X)$ laufen die Teilchen auf ein engeres Gebiet zusammen. Alle Geschwindigkeiten und Positionen müssen aufeinander abgestimmt sein, damit sich der unwahrscheinliche Anfangszustand wieder einstellt. In Vorwärtsrichtung ist die makroskopische *Zeitentwicklung stabil gegen Störungen* aber in der zeitumgekehrten ist sie sehr instabil.

(ii) Der Argumentation Boltzmanns folgend, ist die Erklärung von Irreversibilität probabilistisch. Die Grundgesetze sind nicht irreversibel, aber der Anfangszustand des Systems in einem Expansionsexperiment ist speziell. Dieser Anfangszustand ist sehr unwahrscheinlich. Damit ist gemeint, daß ihm nur ein sehr kleines Volumen des Phasenraums entspricht und dementsprechend eine kleine Entropie. Die Zeitentwicklung führt dann in Regionen mit insgesamt großem Volumen (und auch großer Entropie), entsprechend einem wahrscheinlicheren Makrozustand des Systems mit langer Verweilzeit. Im Prinzip würde das System nach utopisch langer Zeit wieder in seinen unwahrscheinlichen Anfangszustand zurückkehren; nur wird man das niemals erleben. Sobald man in der Theorie den Grenzfall unendlicher Teilchenzahl einführt, geht diese Wiederkehrzeit sogar gegen Unendlich. In diesem Grenzfall hat man keine Wiederkehr, und vollständige Irreversibilität.

(iii) Die Signifikanz der äußeren Störungen für die Relaxation in das Gleichgewicht statt nur ins Quasigleichgewicht geht in Hand mit der Begründung der Notwendigkeit der Beschreibung realer Systeme durch statistische Ensembles in Kap. 2. Man könnte sich noch fragen, was in einem idealisierten, streng isolierten System geschähe. Dessen Mikrozustand würde sich im Laufe der Zeit in einen Quasigleichgewichtszustand entwickeln, der in seinem makroskopischen Verhalten nicht unterscheidbar wäre von für den entstandenen Makrozustand typischen Mikrozuständen. Man könnte deshalb auch in dieser Situation aus rechnerischer Bequemlichkeit statt des einen Zustandes wieder eine Dichtematrix verwenden.

Damit haben wir die wichtigsten Überlegungen zum irreversiblen Übergang ins Gleichgewicht und das damit verbundene Ansteigen der Boltzmann-Entropie abgeschlossen. Die nächsten Teilabschnitte enthalten noch zusätzliche Betrachtungen und Abschätzungen.

10.7.2 Beschreibung des Expansionsexperiments im μ-Raum

Es ist instruktiv, das isolierte Expansionsexperiment auch im Boltzmannschen μ-Raum zu beschreiben, und im Detail Gibbssche und Boltzmannsche Entropie zu vergleichen, Abb. 10.7. Im Ausgangszustand befinden sich alle Atome in dem kleinen Teilvolumen V_1. Die Einteilchenverteilungsfunktion ist in diesem uniform und verschwindet außerhalb. Die Teilchen sind weitgehend unkorreliert, d.h. die Zweiteilchenverteilungsfunktion erfüllt $f_2(\mathbf{x}_1, \mathbf{v}_1, \mathbf{x}_2, \mathbf{v}_2) - f(\mathbf{x}_1, \mathbf{v}_1)f(\mathbf{x}_2, \mathbf{v}_2) = 0$ und auch höhere Korrelationsfunktionen verschwinden. Bei der Expansion breitet sich f auf das gesamte Gebiet aus. Wie schon in Zusammenhang mit dem Stoßzahlansatz bei der Herleitung der

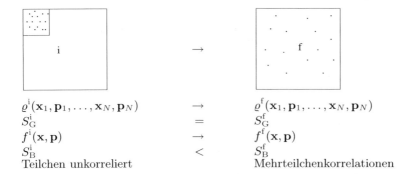

Abb. 10.7. Expansionsexperiment: N-Teilchen- und Einteilchen-Verteilungsfunktionen ρ und f, Boltzmann- und Gibbs-Entropie für den Anfangszustand i und den Endzustand f.

516   10. Irreversibilität und Streben ins Gleichgewicht

Bolzmann-Gleichung erwähnt wurde, sind zwei stoßende Teilchen nach dem Stoß korreliert (ihre Geschwindigkeiten sind so, daß sie sich bei einer Bewegungsumkehr wieder treffen würden). Die Information des Anfangszustandes „Alle Teilchen in einer Ecke", d.h. die durch die konzentrierte auf V_1 festgelegte Verteilung (damit räumliche Einschränkung) verlagert sich in subtile Korrelationen der Teilchen untereinander. Je länger die verstrichene Zeit, je mehr Stöße schon stattgefunden haben, umso höhere Korrelationsfunktionen nehmen einen Wert verschieden von Null an. Alle diese Informationen sind in der zeitabhängigen N-Teilchen-Verteilungsfunktion $\varrho(\mathbf{x}_1, \mathbf{v}_1, \ldots \mathbf{x}_N, \mathbf{v}_N, t)$ enthalten, auf welcher die Gibbssche Entropie beruht. Andererseits wird in der Boltzmann-Entropie nur das makroskopische Erscheinungsbild, im einfachsten Fall die Einteilchen-Verteilungsfunktion, in Betracht gezogen. Die Boltzmann-Entropie nimmt zu.

Die Zeit, die die Teilchen typischerweise benötigen, um ballistisch durch das Volumen zu fliegen, ist $\tau_0 = \frac{L}{v}$. Für $L = 1$ cm und $v = 10^5$ cm sec^{-1} ist $\tau_0 = 10^{-5}$ sec. Im Vergleich dazu ist die Stoßzeit $\tau = 10^{-9}$ sec sehr klein. Es dauert also typischerweise einige τ_0, damit sich das Gas ballistisch (mit Reflexionen an den Wänden) über das gesamte Volumen ausbreitet. Nach etwa 10 τ_0 haben darüber hinaus auch $\frac{10 \times 10^{-5}}{10^{-9}} = 10^5$ Stöße stattgefunden. Schon nach dieser kurzen Zeit, nämlich 10^{-4} sec hat sich die Anfangskonfiguration (alle Teilchen unkorreliert innerhalb einer Ecke) in Korrelationsfunktionen der Ordnung 10000 Teilchen übertragen.

10.7.3 Einfluß äußerer Störungen auf die Trajektorien der Teilchen

Im folgenden wird der Einfluß einer äußeren Störung auf die Relativbewegung zweier Teilchen abgeschätzt, sowie die Abänderung der einer solchen Störung folgenden Stöße. Wir betrachten zwei miteinander stoßende Teilchen und untersuchen den Effekt einer zusätzlichen äußeren Kraft auf deren Relativabstand und die Auswirkungen auf die Trajektorie. Die beiden Atome mögen anfangs den Abstand l (mittlere freie Weglänge) haben. Wegen der räumlichen Variation der Kraft $\mathbf{K}$ wirkt sie auf die beiden Atome unterschiedlich $\Delta \mathbf{K} = \mathbf{K}_1 - \mathbf{K}_2$. Die Newtonsche Gleichung für die Relativkoordinate $\Delta \ddot{\mathbf{x}} = \frac{\Delta \mathbf{K}}{m}$ führt auf $\Delta \dot{\mathbf{x}} \approx \frac{\Delta \mathbf{K} t}{m}$ und schließlich

$$\Delta \mathbf{x} \approx \frac{\Delta \mathbf{K} t^2}{m} \approx \frac{\Delta \mathbf{K}}{m} \left(\frac{l}{v}\right)^2 . \qquad (10.7.2)$$

Das ergibt eine Winkeländerung der Trajektorie nach einer Strecke l

$$\Delta \vartheta \approx \frac{|\Delta \mathbf{x}|}{l} \approx \frac{|\Delta \mathbf{K}|}{m} \frac{l}{v^2} . \qquad (10.7.3)$$

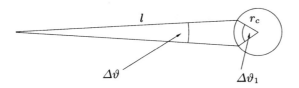

Abb. 10.8. $\Delta\vartheta_1 = \frac{l}{r_c}\Delta\vartheta$

Selbst wenn diese Winkeländerung sehr klein ist, kommt es zu einer Amplifikation durch die anschließenden Stöße. Beim ersten Stoß kommt es zu einer Änderung des Ablenkwinkels $\Delta\vartheta_1 = \frac{l}{r_c}\Delta\vartheta$ (Abb. 10.8), wobei zu beachten ist, daß $l \gg r_c$. Hier ist r_c die Reichweite des Potentials, bzw. der Radius einer harten Kugel. Nach k Stößen ist die Winkeländerung

$$\Delta\vartheta_k = \left(\frac{l}{r_c}\right)^k \Delta\vartheta \;. \tag{10.7.4}$$

Die Bedingung, daß die gestörte Trajektorie keinerlei Bezug zur ungestörten hat, lautet $\Delta\vartheta_k = 2\pi = \left(\frac{l}{r_c}\right)^k \Delta\vartheta$. Daraus folgt

$$k = \frac{\log\frac{2\pi}{\Delta\vartheta}}{\log\frac{l}{r_c}} \;. \tag{10.7.5}$$

Betrachten wir z.B. den Einfluß eines Experimentators der Masse $M = 80\,\mathrm{kg}$, im Abstand $d = 1\,\mathrm{m}$ auf eine Helium-Gasprobe (1 Mol) durch die Gravitationswechselwirkung $W = -\frac{GMNm}{d}$; $G = 6.67 \times 10^{-11}\mathrm{m}^3\mathrm{kg}^{-1}\mathrm{s}^{-2}$, $N = 6 \times 10^{23}$, $m = 6.7 \times 10^{-23}$ g. Die zusätzliche Energie $W \approx -2 \times 10^{-10}$ J ist vernachlässigbar gegenüber der Gesamtenergie des Gases von $E \approx 3\,\mathrm{kJ}$. Der Unterschied der Kraft auf die beiden Teilchen im Abstand l durch die zusätzliche Masse M ist

$$|\Delta\mathbf{K}| = \frac{GMm}{d^2} - \frac{GMm}{(d+l)^2} \approx \frac{GMml}{d^3} \;,$$

und die Winkeländerung

$$\Delta\vartheta \approx \frac{GMml}{d^3}\frac{l}{mv^2} = \frac{GM}{d^3}\left(\frac{l}{v}\right)^2 \;.$$

Für die oben angegebenen Zahlenwerte findet man $\Delta\vartheta \approx 4 \times 10^{-28}$. Für die Bestimmung der Zahl der Stöße, die zu einer völlig anderen Bahn führen, ist dies zusammen mit $l \approx 1400$ Å, $r_c \approx 1.5$ Å in Gleichung (10.7.5) einzusetzen mit dem Ergebnis $k \approx 10$. Trotz der Kleinheit von $\Delta\vartheta$ ist wegen der logarithmischen Abhängigkeit eine verhältnismäßig kleine Zahl von Stößen ausreichend. Auch wesentlich kleinere Massen in wesentlich größeren Abständen führen zu einem ähnlich drastischen Effekt. *Energetisch völlig vernachlässigbare Störungen führen zu einer Randomisierung der Bahn.*

*10.8 Entropietod oder geordnete Strukturen?

Wir schließen mit einigen qualitativen Bemerkungen zu den Konsequenzen des globalen Anwachsens der Entropie. Schon Boltzmann hat sich mit der Evolution des Kosmos beschäftigt und befürchtete, daß dieser in einem Zustand thermischen Gleichgewichts (Wärmetod) enden würde. Unsere Erde und der umgebende Kosmos lassen nichts davon erkennen: (i) Wie kommt es zu dem extremen thermischen Ungleichgewicht innerhalb der Galaxien? (ii) Was ermöglicht geordnete und hochorganisierte Strukturen auf unserem Planeten? (iii) Wohin führt die weitere Entwicklung?

In seiner Frühzeit bei Temperaturen über 3.000 K bestand das Universum nicht aus Galaxien und Sternen sondern nur aus einer ionisierten und undifferenzierten Suppe von Materie und Strahlung. Als die Temperatur des Universums auf 3.000 K abgesunken war (etwa 300.000 Jahre nach dem Urknall), banden sich Kernteilchen und Elektronen zu Atomen. Damit wurde die Materie für Lichtstrahlen durchlässig. Die damals einer Planckschen Verteilung mit der Temperatur 3.000 K genügende Strahlung ist heute noch als Hintergrundstrahlung mit der Temperatur 2, 7 K (wegen der Rotverschiebung) beobachtbar, und weist darauf hin, daß das Universum im Gleichgewicht war. Der entscheidende Effekt der Entkopplung von Strahlung und Materie war, daß der Strahlungsdruck keine Bedeutung mehr hatte, und die *Gravitationswechselwirkung* bei der Sternbildung nur mehr den Druck der Materie überwinden mußte. Und so konnten Sterne, Gesteine und Lebewesen des heutigen Universums entstehen.

Gaswolken ziehen sich aufgrund der Gravitationsanziehung zusammen. Dabei verringert sich ihre potentielle Energie und aus Gründen der Energieerhaltung steigt die kinetische Energie. Aus dem Äquipartitionstheorem folgt, daß sie sich erhitzen. Die heißen Wolken strahlen Licht ab, erniedrigen ihre Energie, kontrahieren sich noch mehr und werden also noch heißer. Dieses Heißwerden folgt auch aus der Negativität der spezifischen Wärme in Systemen mit Gravitationswechselwirkung unterhalb der Instabilität.[33] Das bedeutet, daß bei abnehmender Energie ihre Temperatur steigt. Dieser Zug ist grundlegend für die Sternentwicklung. Die beschriebene Instabilität ist auch im Computerexperiment sichtbar.[34] Die thermische Instabilität aufgrund der Gravitation zerstört das thermische Gleichgewicht und führt zu heißen Clustern, den Sternen. Die dabei auftretende Temperaturdifferenz ermöglicht das Entstehen geordneter Strukturen einschließlich des Lebens. Wie schon Boltzmann vermutete, rührt dies auf der Erde daher, daß Sonnenlicht reich an Energie und arm an Entropie ist. Wie in Abschn. 4.5.4 gezeigt wurde, ist die Entropie eines Photonengases ungefähr gleich dem Produkt aus Boltzmann-Konstante und Photonenanzahl, und die Energie pro Photon ist kT. Photo-

---

[33] J. Messer, Lecture Notes in Physics **147** (1981); P. Hertel and W. Thirring, Ann. Phys. (N.Y.) **63**, 520 (1971).

[34] H. Posch, H. Narnhofer, W. Thirring, J. Stat. Phys. **65**, 555 (1991); Phys. Rev. A **42**, 1880 (1990).

nen mit der thermischen Energie der Sonnenoberfläche von ≈ 6000 K können durch Prozesse an der Erdoberfläche in jeweils 20 Photonen mit 300 K ($\approx$ Temperatur der Erdoberfläche) übergehen. (Man erinnere sich daran, daß sich die Energie der Erde nicht ändert; genau soviel Energie, wie von der Sonne im sichtbaren Bereich eingestrahlt wird, wird mit langwelligen infraroten Photonen wieder abgestrahlt.) Bei diesem Vorgang erhöht sich die Entropie der Photonen um den Faktor 20. Auch wenn im Zuge dieser Vorgänge Strukturen aufgebaut werden, die geordnet sind und niedrigere Entropie als die Gleichgewichtsentropie haben, bleibt die Entropiebilanz noch immer positiv, d.h. die Gesamtentropie wächst an. Letztlich ist es die thermodynamische Instabilität von Gravitationssystemen, die Leben ermöglicht.

In der weiteren, langfristigen Entwicklung (10^7 Jahre) kollabieren Sterne, nachdem sie ihren nuklearen Brennstoff verbraucht haben, zu Neutronensternen und bei genügend großer Masse zu schwarzen Löchern. Der Phasenraum schwarzer Löcher und deshalb ihre Entropie ist so gewaltig, daß das Verhältnis der Phasenraumvolumina im Endzustand $|\Gamma_f|$ und im Anfangszustand $|\Gamma_i|$ nach einer Abschätzung von Penrose[35] den Wert

$$\frac{|\Gamma_f|}{|\Gamma_i|} = 10^{10^{123}}$$

hat. Der mit der Gravitationsinstabilität verbundene, enorme Entropiezuwachs kann begleitet von lokaler Entropieabnahme sein, wodurch Raum für eine Vielfalt hochorganisierter Strukturen ist, wie Gorgonen, Nixen und Schwarzen Wolken[36]...

Literatur

R. Balian, *From Microphysics to Macrophysics II*, Springer, Berlin, 1982
R. Becker, *Theorie der Wärme*, 3. Aufl., Springer, Berlin, 1985
J.M. Blatt, *An Alternative Approach to the Ergodic Problem*, Prog. Theor. Phys. **22**, 745 (1959)
L. Boltzmann, *Entropie und Wahrscheinlichkeit*, Ostwalds Klassiker der exakten Naturwissenschaften, Bd. 286, Verlag Harry Deutsch, Frankfurt, 2000
K. Huang, *Statistical Mechanics*, 2nd ed., John Wiley, New York, 1987
M. Kac, *Probability and Related Topics in Physical Science*, Interscience Publishers, London, 1953
H.J. Kreuzer, *Nonequilibrium Thermodynamics and its Statistical Foundations*, Clarendon Press, Oxford, 1981
J.L. Lebowitz, *Boltzmann's Entropy and Time's Arrow*, Physics Today, Sept. 93, p. 32 und *Macroscopic Law and Microscopic Dynamics*, Physica A **194**, 1 (1993)
O. Penrose, *Foundations of Statistical Mechanics*, Pergamon, Oxford, 1970

---

[35] R. Penrose, *The Emperor's New Mind*, Oxford Univ. Press, Oxford, 1990, chapter 7; basierend auf der Bekenstein-Hawking-Formel unter der Annahme, daß der Endzustand aus einem einzigen schwarzen Loch besteht.
[36] F. Hoyle, *The Black Cloud*, Harper, New York, 1957

D. Ruelle, *Chance and Chaos*, Princeton University Press, Princton, 1991
W. Thirring, *Lehrbuch der Mathematischen Physik 4, Quantenmechanik großer Systeme*, Springer, Wien, 1980
S. Weinberg, *Die ersten drei Minuten*, Piper, München, 1977

Aufgaben zu Kapitel 10

10.1 Bestätigen Sie Gleichungen (10.2.11) und (10.2.12).

10.2 Lösen Sie die Bewegungsgleichung der Kette von Atomen (10.2.2), indem Sie die Koordinaten $x_{2n} = \sqrt{m}\,\frac{dq_n}{dt}$ und $x_{2n+1} = \sqrt{m}\,\Omega(q_n - q_{n+1})$ einführen. Dies führt auf die Bewegungsgleichungen

$$\frac{dx_n}{dt} = -\Omega(x_{n+1} - x_{n-1}) \,,$$

deren Lösung durch Vergleich mit den Rekursionsrelationen der Bessel-Funktionen gefunden wird (siehe z.B. Abramowitz/Stegun, *Handbook of Mathematical Functions*). *Literatur:* E. Schrödinger, Ann. d. Physik **44**, 916 (1914)

10.3 Wiederkehrzeit. Vervollständigen Sie die Zwischenschritte der in Abschnitt 10.3.1 angegebenen Rechnung zur Wiederkehrzeit in einer Kette aus N harmonischen Oszillatoren. Benutzen Sie die folgende Darstellung der Bessel-Funktion für ganzzahlige n:

$$J_n(x) = \frac{(-i)^n}{\pi}\int_0^\pi d\phi\, e^{ix\cos\phi}\cos n\phi$$

$$\stackrel{x\to\infty}{\sim} \sqrt{\frac{2}{\pi x}}\left[\cos(x - n\pi/2 - \pi/4) + \mathcal{O}(1/x)\right] \,.$$

10.4 Berechnen Sie mit Hilfe des Residuensatzes das in Gl. (10.3.19) auftretende Integral $g^2 z^2 \int_0^\infty \frac{d\nu}{z^2 - \nu^2}$, wobei $z = \omega + i\eta$, $\eta > 0$.

10.5 Mikroskopisches Modell zur Brownschen Bewegung.
(a) Berechnen Sie die inverse Greensche Funktion für das in Abschnitt 10.3 behandelte Modell, indem Sie eine kontinuierliche Abschneide-Funktion $c(\mathbf{k})$ verwenden:

$$D(z) = -M(z^2 + \Omega^2) + \frac{a^3}{m(2\pi)^3}\int d^3k \frac{|c(\mathbf{k})|^2}{z^2 - |c\mathbf{k}|^2}$$

mit

$$|c(\mathbf{k})|^2 = g^2 \frac{\Lambda^2}{\mathbf{k}^2 + \Lambda^2} \,.$$

(b) Bestimmen Sie für große Werte von Λ die Pole von $D(z)^{-1}$.
(c) Führen Sie die Integration in der Lösung der Bewegungsgleichung

$$\Theta(t)Q(t) = \int_{-\infty}^{\infty}\frac{d\omega}{2\pi}e^{-izt}D(z)^{-1}M(\dot{Q}(0) - izQ(0)) \,,$$

aus, indem Sie die Residuen für große Λ bis zur Ordnung $\mathcal{O}(\Lambda^{-2})$ entwickeln. Vergleiche auch P.C. Aichelburg und R. Beig, Ann. Phys. **98**, 264 (1976).

10.6 Stochastische Kräfte im mikroskopischen Modell der Brownschen Bewegung.
(a) Zeigen Sie, daß für das in Abschn. 10.3 besprochene Modell eines an ein Bad leichter Teilchen gekoppelten schweren Teilchens, das schwere Teilchen einer von den Anfangsbedingungen der leichten Teilchen abhängigen Kraft $K(t)$ ausgesetzt ist, deren halbseitige Fourier-Transformierte

$$\tilde{K}(z) = \int_0^\infty dt\, e^{izt} K(t)$$

($z = \omega + i\eta$, $\eta > 0$) die Form

$$\tilde{K}(z) = \frac{1}{\sqrt{mN}} \sum_k c(\mathbf{k}) \frac{\dot{Q}_\mathbf{k}(0) - iz Q_\mathbf{k}(0)}{\omega_\mathbf{k}^2 - z^2}$$

hat.
(b) Berechnen Sie die Korrelationsfunktion $\langle K(t) K(t') \rangle$ unter der Annahme, daß die leichten Teilchen zum Zeitpunkt $t=0$ im thermischen Gleichgewicht seien:

$$\langle \dot{Q}_\mathbf{k}(0) \dot{Q}_{\mathbf{k}'}(0) \rangle = \delta_{\mathbf{k},-\mathbf{k}'} kT\,,\quad \langle Q_\mathbf{k}(0) Q_{\mathbf{k}'}(0) \rangle = \delta_{\mathbf{k},-\mathbf{k}'} \frac{kT}{\omega_\mathbf{k}^2}\,.$$

Führen Sie dabei die auftretende Summe über $\mathbf{k}$ wie in (10.3.18) auf ein Integral mit einem Cutoff Λ zurück und nehmen Sie an, daß das schwere Teilchen nur an das leichte Teilchen am Ursprung koppelt: $c(\mathbf{k}) = g$. Diskutieren Sie die erhaltene Korrelationsfunktion und setzen Sie den Vorfaktor in Beziehung zur der Dämpfungskonstanten Γ.

10.7 Zeitunabhängigkeit der Gibbsschen Entropie. Es sei $\rho(p,q)$ mit $(p,q) = (p_1,\ldots,p_{3N}, q_1,\ldots q_{3N})$ eine beliebige Verteilungsfunktion im Phasenraum. Zeigen Sie mit Hilfe der mikroskopischen Bewegungsgleichung (Liouville-Gleichung)

$$\dot{\rho} = -\{\mathcal{H},\rho\} = -\frac{\partial \mathcal{H}}{\partial p_i}\frac{\partial \rho}{\partial q_i} + \frac{\partial \rho}{\partial p_i}\frac{\partial \mathcal{H}}{\partial q_i}\,,$$

daß die Gibbssche Entropie $S_\mathrm{G} = -k \int d\Gamma\, \rho \log \rho$ stationär ist: $\dot{S}_\mathrm{G} = 0$.

10.8 Urnenmodell.[37] Betrachten Sie folgenden stochastischen Prozeß: N numerierte Kugeln $1, 2, \ldots N$ werden auf zwei Urnen verteilt. In jedem Schritt wird eine Zahl zwischen 1 und N gezogen, und die entsprechende Kugel wird aus der Urne, in der sie sich befindet, in die andere Urne gelegt. Als Zufallsvariable betrachten wir die Anzahl n der Kugeln in der ersten Urne.

Berechnen Sie die bedingte Wahrscheinlichkeit (Übergangswahrscheinlichkeit) $T_{n,n'}$ in der ersten Urne n' Kugeln zu finden, falls sie im vorherigen Schritt n Kugeln enthielt.

---

[37] Ein Modell zur Boltzmann-Gleichung und zur Irreversibilität, in dem das typische Verhalten einfacher berechnet werden kann, ist das Urnenmodell. Obwohl im Prinzip sich auch eine der Urnen auf Kosten der anderen füllen könnte, ist dieser Weg so unwahrscheinlich, daß das System mit erdrückender Wahrscheinlichkeit dem Zustand mit Gleichverteilung zustrebt und um diesen kleine Schwankungen ausführt. Das Urnenmodell wird hier in einer Reihe von Beispielen analysiert.

10.9 Betrachten Sie für das in Aufgabe 10.8 definierte Ehrenfestsche Urnenmodell die Wahrscheinlichkeit $P(n,t)$, nach t Schritten in der ersten Urne n Kugeln zu finden.
(a) Können Sie eine Gleichgewichtsverteilung $P_{\text{eq}}(n,t)$ finden? Gilt detailliertes Gleichgewicht?
(b) Wie verhält sich die bedingte Wahrscheinlichkeit $P(0, n_0|t, n)$ für $t \to \infty$? Diskutieren Sie das Ergebnis. *Hinweis:* Die Matrix $T_{n,n'}$ der Übergangswahrscheinlichkeiten pro Zeitschritt hat die Eigenwerte $\lambda_k = 1 - 2k/N$, $k = 0, 1, \ldots, N$. Außerdem antikommutiert $T_{n,n'}$ mit einer geeigneten Diagonalmatrix. (Definition: $P(t_0, n_0|t, n) =$ Wahrscheinlichkeit, daß zur Zeit t n Kugeln in der ersten Urne sind, falls sich zur Zeit t_0 dort n_0 befanden.)

10.10 Urnenmodell und Paramagnet. Das Urnenmodell mit N Kugeln (Aufgabe 10.8 und Aufgabe 10.9) kann als Modell für die Dynamik der Gesamtmagnetisierung N nicht wechselwirkender Ising-Spins aufgefaßt werden. Erläutern Sie dies.

10.11 Urnenmodell und H-Theorem. Sei X_t die Zahl der nach t Zeitschritten in Urne 1 liegenden Kugeln und

$$H_t = \frac{X_t}{N} \log \frac{X_t}{N} + \frac{N - X_t}{N} \log \frac{N - X_t}{N}.$$

Studieren Sie das Zeitverhalten von H_t für ein System mit $X_0 = N$ anhand einer Simulation. Tragen Sie dazu die Zeitentwicklung von $\Delta_t \equiv X_t/N - 1/2$ für mehrere Realisierungen des stochastischen Prozesses auf. Was beobachten Sie? Diskutieren Sie die Beziehung Ihrer Beobachtung zum zweiten Hauptsatz.

10.12 Urnenmodell für große N.
(a) Berechnen Sie den mittleren Verlauf von Δ_t aus der vorigen Aufgabe für sehr große N. Dazu ist es günstig, eine quasi-kontinuierliche Zeit $\tau = t/N$ einzuführen und die Größe $f(\tau) = \Delta_{N\tau}$ zu betrachten. Stellen Sie ausgehend von der Bewegungsgleichung für die Wahrscheinlichkeiten $P_n(t)$, in der ersten Urne im Zeitschritt t n der N Kugeln zu finden, eine Differenzengleichung für $\langle f(\tau + 1/N) \rangle_{f(\tau)=f}$ auf. Durch Grenzübergang $N \to \infty$ und Mittelung über f erhalten Sie eine Differentialgleichung für $\langle f(\tau) \rangle$.
(b) Berechnen Sie ebenso das Schwankungsquadrat $v(\tau) \equiv \langle f(\tau)^2 \rangle - \langle f(\tau) \rangle^2$. Was schließen Sie für den Verlauf der nicht gemittelten Größe $f(\tau)$?
(c) Vergleichen Sie das erhaltene Ergebnis mit dem Resultat der Simulation aus der vorigen Aufgabe. Erläutern Sie den Zusammenhang.
Literatur: A. Martin-Löf, *Statistical Mechanics and the Foundation of Thermodynamics*, Springer Lecture Notes in Physics **101** (1979).

10.13 Fokker-Planck- und Langevin-Gleichung für das Urnenmodell. Für das Ehrenfestsche Urnenmodell mit N Kugeln sei X_t die Anzahl der Kugeln, die sich nach t Schritten in der linken Urne befinden. Betrachten Sie die Zeitentwicklung von $x(\tau) := \sqrt{N} f(\tau)$ wo $f(\tau) = X_{N\tau}/N - \frac{1}{2}$ (siehe Aufgabe 10.12).
(a) Stellen Sie durch Berechnung der mittleren und mittleren quadratischen Sprungweite $\langle x(\tau + \frac{1}{N}) - x(\tau) \rangle_{x(\tau)=x}$ und $\langle [x(\tau + \frac{1}{N}) - x(\tau)]^2 \rangle_{x(\tau)=x}$ die Fokker-Planck-Gleichung für $P(x, \tau)$ auf. Hierbei können Sie die in Aufgabe 10.12 erhaltenen Zwischenergebnisse verwenden.
(b) Erkennen Sie die erhaltene Gleichung wieder? Geben Sie durch Vergleich mit dem in Kapitel 8 behandelten Fall die Lösung für $P(x, \tau)$ an und lesen die in Aufgabe 10.12 auf anderem Weg erhaltenen Ergebnisse für $\langle f(\tau) \rangle$ und $v(\tau) = \langle [f(\tau) - \langle f(\tau) \rangle]^2 \rangle$ (jeweils unter der Bedingung $f(\tau = 0) = f_0$) ab.

(c) Wie lautet die zugehörige Langevin-Gleichung? Interpretieren Sie die auftretenden Kräfte. Vergleichen Sie dazu das dem nicht-stochastischen Anteil der Kraft entsprechende Potential mit der Boltzmann-Entropie $S_\text{B}(x) = k \log |\Gamma_x|$ wobei Γ_x die Menge der Mikrozustände ist, die durch x charakterisiert werden (nutzen Sie aus, daß die Binomialverteilung für große N durch eine Gauß-Verteilung genähert wird).

Anhang

A Nernstsches Theorem (3. Hauptsatz)

A.1 Vorbemerkungen zur historischen Entwicklung des Nernstschen Theorems

Basierend auf experimentellen Befunden[1] hatte Nernst (1905) ursprünglich postuliert, daß Entropieänderungen ΔS bei isothermen Vorgängen (chemischen Reaktionen, Phasenübergängen, Änderungen des Druckes oder äußerer Felder für $T = $ const) die Eigenschaft

$$\Delta S \to 0$$

im Grenzfall $T \to 0$ haben. Dieses Postulat wurde von Planck verschärft durch die Aussage $S \to 0$ bzw. präziser

$$\lim_{T \to 0} \frac{S(T)}{N} = 0 , \qquad (A.1)$$

wo je nach physikalischer Situation N die Zahl der Teilchen oder der Gitterplätze ist. Man nennt (A.1) Nernstsches Theorem oder dritten Hauptsatz.[2]

Nach der statistischen Mechanik hängt der Wert der Entropie am absoluten Nullpunkt, $T = 0$, mit der Entartung des Grundzustandes zusammen. Wir setzen voraus, daß die Grundzustandsenergie E_0 g_0–fach entartet sei. Es sei P_0 der Projektionsoperator auf die Zustände mit $E = E_0$. Dann kann die Dichtematrix des kanonischen Ensembles in der Gestalt

---

[1] Die Messung der Entropie als Funktion der Temperatur T erfolgt durch Messung der spezifischen Wärme $C_X(T)$ im Intervall $[T_0, T]$ und Integration nach Gl. $S(T) = S_0 + \int_{T_0}^{T} dT \frac{C_X(T)}{T}$, wo der Wert S_0 bei der Ausgangstemperatur T_0 eingeht. Das Nernstsche Theorem in der Form (A.1) sagt, daß diese Konstante für alle Systeme bei $T = 0$ Null ist.

[2] Das Nernstsche Theorem ist nur im Rahmen der Quantentheorie verständlich. Die Entropie von klassischen Gasen und Festkörpern ist damit nicht im Einklang. Klassisch wären die Energieniveaus kontinuierlich. Z.B. ist für einen harmonischen Oszillator $E = \frac{1}{2}\left(\frac{p^2}{m} + m\omega^2 q^2\right)$ statt $E = \hbar\omega(n + \frac{1}{2})$. Die Entropie eines klassischen Kristalls, effektive ein System von harmonischen Oszillatoren, wäre bei $T = 0$ divergent, da pro Schwingungsfreiheitsgrad $S = k + k \log T$. In diesem Sinn kann das Nernstsche Theorem durchaus als visionär angesehen werden.

$$\rho = \frac{\mathrm{e}^{-\beta H}}{\mathrm{Sp}\,\mathrm{e}^{-\beta H}} = \frac{\sum_n \mathrm{e}^{-\beta E_n}|n\rangle\langle n|}{\sum_n \mathrm{e}^{-\beta E_n}} = \frac{P_0 + \sum_{E_n > E_0} \mathrm{e}^{-\beta(E_n-E_0)}|n\rangle\langle n|}{g_0 + \sum_{E_n > E_0} \mathrm{e}^{-\beta(E_n-E_0)}} \tag{A.2}$$

dargestellt werden. Für $T = 0$ ergibt sich daraus $\rho(T = 0) = \frac{P_0}{g_0}$ und somit für die Entropie

$$S(T = 0) = -k\langle \log \rho \rangle = k \log g_0 \, . \tag{A.3}$$

Die generelle Meinung der Mathematischen Physik ist, daß der Grundzustand wechselwirkender Systeme nicht entartet sein sollte, oder daß der Entartungsgrad auf jeden Fall wesentlich geringer als die Zahl der Teilchen sein sollte. Wenn $g_0 = \mathcal{O}(1)$ oder selbst wenn $g_0 = \mathcal{O}(N)$, so wird

$$\lim_{N \to \infty} \frac{S(T = 0)}{kN} = 0 \, , \tag{A.4}$$

d.h. für derartige Entartungsgrade folgt das Nernstsche Theorem aus der Quantenstatistik.

Im Abschnitt A.2 wird der dritte Hauptsatz allgemein formuliert unter Bedacht auf die Möglichkeit einer Restentropie. Dies ist in der Praxis aus folgenden Gründen notwendig: (i) Es gibt Modellsysteme mit stärkerer Grundzustandsentartung (Eis, nicht wechselwirkende magnetische Momente). (ii) Eine sehr schwache Aufhebung der Entartung kann sich erst bei ganz tiefen Temperaturen bemerkbar machen. (iii) Ein ungeordneter metastabiler Zustand wird bei rascher Abkühlung eingefroren und behält eine endliche Restentropie. Wir werden diese Situationen im dritten Abschnitt besprechen.

A.2 Nernstsches Theorem und thermodynamische Konsequenzen

Allgemeine Formulierung des Nernstschen Theorems:
$S(T = 0)/N$ ist eine endliche Konstante, die unabhängig von Parametern X, z.B. V und P ist (d.h. die Entartung ändert sich nicht mit X) und $S(T)$ ist endlich für endliche T.

Folgerungen aus dem Nernstschen Theorem für die spezifische Wärme und andere thermodynamischen Ableitungen:
A sei der thermodynamische Zustand, der von $T = 0$ ausgehend bei Temperaturerhöhung mit konstantem X erreicht wird. Aus $C_X = T\left(\frac{\partial S}{\partial T}\right)_X$ folgt

$$S(T) - S(T = 0) = \int_0^A dT\, \frac{C_X(T)}{T} \, . \tag{A.5}$$

Daraus folgt

$$C_X(T) \longrightarrow 0 \quad \text{für} \quad T \longrightarrow 0 \, ,$$

denn sonst wäre $S(T) = S(T=0) + \infty = \infty$. Das bedeutet, daß die Wärmekapazität jeder Substanz am absoluten Nullpunkt gegen Null geht, insbesondere gilt $C_P \to 0$, $C_V \to 0$, wie schon in Kap. 4 für die idealen Quantengase explizit gefunden wurde. Das bedeutet, daß die spezifische Wärme bei konstantem Druck die Gestalt

$$C_P = T^x(a + bT + \ldots) \tag{A.6}$$

besitzt, wo x ein positiver Exponent ist. Für die Entropie (A.5) erhält man hieraus

$$S(T) = S(T=0) + T^x \left(\frac{a}{x} + \frac{bT}{x+1} + \ldots \right). \tag{A.7}$$

Auch andere thermodynamische Ableitungen verschwinden im Grenzfall $T \to 0$, wie man aus Kombination von (A.7) mit thermodynamischen Beziehungen sieht.
Der Ausdehnungskoeffizient α und dessen Verhältnis zur isothermen Kompressibilität erfüllen die Beziehungen

$$\alpha \equiv \frac{1}{V}\left(\frac{\partial V}{\partial T}\right)_P = -\frac{1}{V}\left(\frac{\partial S}{\partial P}\right)_T \to 0 \quad \text{für} \quad T \to 0 \tag{A.8}$$

$$\frac{\alpha}{\kappa_T} = \left(\frac{\partial P}{\partial T}\right)_V = \left(\frac{\partial S}{\partial V}\right)_T \to 0 \quad \text{für} \quad T \to 0. \tag{A.9}$$

Die erste Relation sieht man, indem man (A.7) nach dem Druck ableitet

$$V\alpha = \left(\frac{\partial V}{\partial T}\right)_P = -\left(\frac{\partial S}{\partial P}\right)_T = -T^x\left(\frac{a'}{x} + \frac{b'T}{x+1} + \ldots\right), \tag{A.10}$$

die zweite Beziehung ergibt sich durch Ableitung von (A.7) nach V.

Aus dem Verhältnis von (A.10) und (A.6) ergibt sich

$$\frac{V\alpha}{C_P} = -\frac{a'}{ax} + \ldots \propto T^0.$$

Bei einer adiabatischen Änderung des Druckes ändert sich die Temperatur wie[3] $dT = \left(\frac{V\alpha}{C_P}\right)T dP$. Eine endliche Temperaturänderung erfordert, daß dP wie $\frac{1}{T}$ ansteigt. *Der absolute Nullpunkt kann daher nicht durch adiabatische Expansion erreicht werden.*

Zur Klärung der Frage, ob der absolute Nullpunkt erreichbar ist, beachten wir, daß Kühlprozesse immer zwischen zwei Kurven $X = \text{const}$ verlaufen, z. B. $P = P_1$, $P = P_2$ ($P_1 > P_2$) (Siehe Abb. A.1). Der absolute Nullpunkt könnte nur in unendlich vielen Schritten erreicht werden. Die adiabatische

---

[3] $\left(\frac{\partial P}{\partial T}\right)_S = -\frac{\left(\frac{\partial S}{\partial T}\right)_P}{\left(\frac{\partial S}{\partial P}\right)_T} = \frac{T^{-1}C_P}{\left(\frac{\partial V}{\partial T}\right)_P} = \frac{C_P}{TV\alpha}$

Änderung von X führt zur Abkühlung. Danach muß man durch Wärmeabgabe die Entropie erniedrigen; da kein kälteres Wärmebad vorhanden ist, geht das bestenfalls bei $T = $ const. Wenn eine Substanz mit dem in Abb. A.2 dargestellten $T - S$ Diagramm existierte, also, entgegen dem dritten Hauptsatz, $S(T = 0)$ von X abhängig wäre, dann könnte man den absoluten Nullpunkt erreichen.

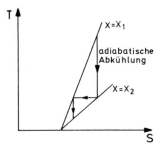

Abb. A.1. Annäherung an den absoluten Nullpunkt durch wiederholte adiabatische Veränderung (z.B. adiabatische Expansion)

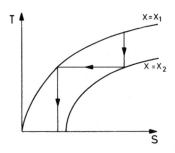

Abb. A.2. Hypothetische Adiabaten, die den dritten Hauptsatz verletzen würden

A.3 Restentropie, Metastabilität etc

In diesem Abschnitt betrachten wir Systeme, die noch bei ganz tiefen Temperaturen eine Restentropie aufweisen, metastabile eingefrorene Zustände und andere in diesem Zusammenhang auftretende Besonderheiten.

(i) Systeme, welche ungekoppelte Spins enthalten und sich nicht in einem äußeres Magnetfeld befinden, haben die Zustandssumme $Z = (2S + 1)^N Z'$ und die freie Energie $F = -kTN \log(2S+1) + F'$. Es verbleibt dann von den Spins auch bei $T = 0$ eine endliche Restentropie

$$S(T = 0) = Nk \log(2S + 1) \;.$$

Z. B.: Paraffin $C_{20}H_{42}$; wegen der Spins der Protonen von H ist die Zustandssumme proportional zu $Z \sim 2^{42N}$, woraus für die Restentropie $S = 42kN \log 2$ folgt.

(ii) Metastabile Zustände in Molekülkristallen: Der Grundzustand von kristallinem Kohlenmonoxid CO ist eine gleichsinnig orientierte, geordnete Struktur der linearen CO-Moleküle. Bei höheren Temperaturen sind die CO-Moleküle nicht geordnet. Kühlt man unter $T = \frac{\Delta \epsilon}{k}$ ab, wo $\Delta \epsilon$ die sehr kleine Energiedifferenz zwischen der Orientierung CO–OC und CO–CO benachbarter Moleküle ist, so sollten die Moleküle in den geordneten Gleichgewichtszustand übergehen. Die Umorientierungszeit ist aber sehr lang. Das System

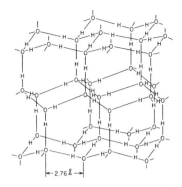

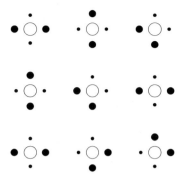

Abb. A.3. Struktur von Eis[4]

Abb. A.4. Zweidimensionales Eis: ○ Sauerstoff, ● Wasserstoff, • andere mögliche Positionen von H

befindet sich in einem metastabilen Zustand in welchem die Restentropie den Wert

$$S(T=0) = k\log 2^N = Nk\log 2,$$

d.h. $S = 5.76$ J mol^{-1} K^{-1}, hat. Der experimentelle Wert ist etwas kleiner, was auf eine teilweise Orientierung hinweist.

(iii) Binäre Legierungen wie β-Messing (CuZn) können bei langsamer Abkühlung von einem vollkommen ungeordneten Zustand in einen geordneten Zustand übergehen. Dieser Phasenübergang kann übrigens auch durch das Ising-Modell beschrieben werden. Wenn andererseits die Abkühlung sehr rasch erfolgt, die Legierung abgeschreckt wird, dann bleiben die Cu und Zn Atome in ihren ungeordneten Positionen. Bei tiefen Temperaturen ist die Umordnungsrate so vernachläßigbar klein, daß dieser eingefrorene, metastabile Zustand für alle Zeiten bleibt. Dieses System hat eine Restentropie.

(iv) Eis, festes H_2O: Eis kristallisiert in der Wurtzit–Struktur. Jedes Sauerstoffatom besitzt vier Sauerstoffatome als Nachbarn (Abb. A.3). Benachbarte Sauerstoffe sind durch Wasserstoffbrücken verbunden. Dabei kann das Wasserstoffatom zwei Positionen zwischen den beiden Sauerstoffen einnehmen (Abb. A.4). Wegen der Coulomb-Abstoßung ist es ungünstig, wenn mehr oder weniger als zwei Wasserstoffe einem Sauerstoffatom benachbart sind. Die möglichen Konfigurationen der Wasserstoffe schränkt man durch die Eisregel ein: Die Protonen verteilen sich so, daß bei jedem Sauerstoffatom zwei nahe und zwei entfernt sind.[5] Für N Gitterplätze (N Sauerstoffe) gibt es $2N$ Wasserstoff-Brücken. Die genäherte Berechnung der Zustandssumme[5] bei $T = 0$ ergibt

---

[4] Die Struktur der gewöhnlichen (hexagonalen) H_2O Eiskristalle. S.N. Vinogrado, R.H. Linnell, *Hydrogen Bonding*, p. 201, Van Nostrand Reinhold, New York, 1971.

[5] L. Pauling: J. Am. Chem. Soc., **57**, 2680 (1935)

$$Z_0 = 2^{2N} \left(\frac{6}{16}\right)^N = \left(\frac{3}{2}\right)^N.$$

(Zahl der uneingeschränkten Einstellungsmöglichkeiten der Protonen in den Wasserstoffbrücken) mal (Reduktionsfaktor pro Gitterplatz, weil von den 16 Vertizes nur 6 erlaubt sind). Mit $W = \lim_{N \to \infty} Z_0^{1/N} = 1.5$ folgt für die Entropie pro H_2O.

$$\frac{S(T=0)}{kN} = \log W = \log 1.5.$$

Als Modell für Eis wurde ein exakt lösbares zweidimensionales Modell eingeführt[6] (Abb. A.4). Ein Quadratgitter von Sauerstoffatomen ist durch Wasserstoffbrücken verbunden. Die Nachbarschaftsverhältnisse sind so wie im dreidimensionalen Eis. Das statistische Problem der Berechnung von Z_0 kann auf ein Vertexmodell abgebildet werden (Abb. A.5). Der Pfeil charakterisiert die Position der Wasserstoffbrücke. Und zwar nimmt H diejenige Position ein, die demjenigen Sauerstoff nahe ist, zu dem der Pfeil zeigt. Da jeder der vier Pfeile eines Vertex zwei Orientierungen besitzt, gibt es insgesamt 16 Vertizes. Wegen der Eisregel sind von den 16 Vertizes nur die sechs in Abb. A.5 gezeigten zulässig.

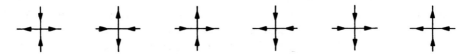

Abb. A.5. Die Vertizes des zweidimensionalen Eismodells, die die Eisregel (zwei Wasserstoffe nahe und zwei entfernt) erfüllen.

Das statistische Problem besteht nun in der Bestimmung der Zahl der Möglichkeiten, die 6 Vertizes von Abb. A.5 auf dem Quadratgitter anzuordnen. Die exakte Lösung[6] des zweidimensionalen Problems erfolgt mit der Transfermatrixmethode (Anhang F).

$$W = \lim_{N \to \infty} Z_0^{1/N} = \left(\frac{4}{3}\right)^{3/2} = 1.5396007\dots.$$

Numerisches Resultat für dreidimensionales Eis[7]:

$W = 1.50685 \pm 0.00015, \quad S(T=0) = 0.8154 \pm 0.0002 \text{ cal/K mol}$

Experiment bei 10 K: $\quad S(T=0) = 0.82 \pm 0.05 \text{ cal/K mol}.$

---

[6] E.H. Lieb, Phys. Rev. Lett. **18**, 692 (1967), Phys. Rev. **162**, 162 (1967)
[7] Review: E.H. Lieb a. F.Y. Wu in: Domb and Green, *Phase Transitions and Critical Phenomena I*, 331, Academic Press, New York, 1972.

Die Näherungsformel von Pauling gibt eine untere Schranke für die Restentropie an.

Würde man die Orientierungen der Wasserstoffbrücken ganz uneingeschränkt lassen, wäre die Restentropie pro Gitterplatz $\log 2^2 = \log 4$. Durch die Eisregel (wegen Coulombabstoßung) wird die Restentropie auf $\log 1.5$ verkleinert. Würde man noch weitere Wechselwirkungen der Protonen berücksichtigen, käme es zu feineren Energieaufspaltungen unter den verschiedenen Konfigurationen der Vertexanordnungen. Bei Absenkung der Temperatur wären dann nur mehr eine geringere Zahl erlaubt und vermutlich bei $T \to 0$ keine Restentropie mehr vorhanden. Daß Eis auch bei tiefen Temperaturen noch die Restentropie besitzt, weist darauf hin, daß bei tiefen Temperaturen die Umorientierung sehr langsam wird.

(v) Die Entropie eines Systems mit niedrig liegenden Energieniveaus hat typischerweise den in Abb. A.6 gezeigten Verlauf. Hier ist der Wert der Entropie zwischen T_1 und T_2 nicht die Entropie S_0. Falls Energieniveaus von der Größenordnung kT_1 vorhanden sind, so sind diese für $T \gg T_1$ faktisch mit dem Grundzustand entartet, und erst für $T < T_1$ wird die Restentropie (eventuell $S_0 = 0$) erreicht. Ein Beispiel hierfür ist das schwach gekoppelte Spinsystem. Das Plateau im Temperatur-Intervall $[T_1, T_2]$ könnte bei Abkühlung als

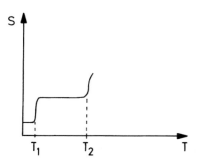

Abb. A.6. Entropie eines Systems mit Energieniveaus der Größe kT_1 und kT_2

Restentropie erscheinen. In diesem Intervall ist die spezifische Wärme Null. In der Gegend von T_1 steigt die spezifische Wärme mit abnehmender Temperatur wieder an, um unterhalb von T_1, nachdem die Freiheitsgrade mit der Energie kT_1 eingefroren sind, auf den Wert Null zu sinken; dies könnte möglicherweise die endgültige Abnahme der Entropie auf ihren Wert bei $T = 0$ bedeuten.

Für Freiheitsgrade mit einem diskreten Anregungsspektrum (Spins in einem Feld, harmonische Oszillatoren) bestimmt die Anregungsenergie die Temperatur unterhalb derer die Entropie dieser Freiheitsgrade faktisch Null ist. Dies ist anders bei translatorischen Freiheitsgraden, für die die Energieniveaus im Limes $N \to \infty$ kontinuierlich werden und z. B. der Abstand des ersten angeregten Zustandes vom Grundzustand von der Größenordnung $\frac{\hbar^2}{mV^{2/3}}$ ist. Die entsprechende Anregungstemperatur von ungefähr 5×10^{-15}K ist jedoch für den Anwendungsbereich des dritten Hauptsatzes unerheblich. Dieser gilt schon bei wesentlich höheren Temperaturen. Der Abstand der Energieniveaus geht im thermodynamischen Grenzfall gegen Null, und diese werden durch eine Zustandsdichte charakterisiert. Der Temperaturverlauf der Entropie und der spezifischen Wärme hängt nicht vom Wert einzelner Energieniveaus sondern von der Form der Zustandsdichte ab. Für Kristalle ist die Zustandsdichte der Phononen proportional zum Quadrat der Energie und deshalb ist bei niederen Temperaturen $S \propto T^3$. Die Zustandsdichte der Elektronen an der Fermi-Kante ist konstant, und somit ergibt sich $S \propto T$.

(vi) Es ist auch interessant, in Zusammenhang mit dem dritten Hauptsatz, chemische Substanzen mit Allotropie zu diskutieren. Zwei berühmte Beispiele sind Kohlenstoff mit den kristallinen Formen Diamant und Graphit sowie Zinn, das als metallisches weißes und als nichtleitendes graues Zinn kristallisiert. Weißes Zinn ist die Hochtemperaturform und graues Zinn die Tieftemperaturform. Bei $T_0 = 292K$ geht graues Zinn mit einer latenten Wärme Q_L in weißes über. Bei Abkühlung läuft die Transformation in umgekehrter Richtung, sofern der Vorgang langsam abläuft und Kondensationskeime von grauem Zinn vorhanden sind. Bei rascher Abkühlung bleibt weißes Zinn als metastabile Struktur. Für die Entropien von weißem und grauem Zinn gilt:

$$S_W(T) = S_W(0) + \int_0^T \frac{dT}{T} C_W(T)$$

$$S_G(T) = S_G(0) + \int_0^T \frac{dT}{T} C_G(T) \,.$$

Aus der allgemeinen Formulierung des Nernstschen Theorems folgt

$$S_W(0) = S_G(0) \,,$$

da beide Formen unter den gleichen äußeren Bedingungen vorliegen. (Die statistische Mechanik gibt darüber hinaus für diese beiden perfekten Kristallkonfigurationen $S_W(0) = S_G(0) = 0$.) Somit folgt

$$S_W(T) - S_G(T) = \int_0^T \frac{dT}{T} (C_W(T) - C_G(T)) \,.$$

Daraus folgt insbesondere, daß die latente Wärme bei der Übergangstemperatur T_0 durch

$$Q_L(T_0) \equiv T_0 \big(S_W(T_0) - S_G(T_0)\big) = T_0 \int_0^{T_0} \frac{dT}{T} (C_W(T) - C_G(T)) \quad \text{(A.11)}$$

gegeben ist. Die Temperaturabhängigkeit der spezifischen Wärme bei ganz niedrigen Temperaturen macht sich in den Werten der Entropie bei hohen Temperaturen bemerkbar.

(vii) Systeme mit kontinuierlicher innerer Symmetrie wie z.B. das Heisenberg-Modell: Sowohl für den Heisenberg-Ferromagneten, als auch den Heisenberg-Antiferromagneten ist wegen der kontinuierlichen Drehsymmetrie der Grundzustand kontinuierlich entartet. Klassisch hinge der Grad der Entartung zwar nicht von der Zahl der Gitterplätze ab, wäre aber unendlich groß. Für N Spins der Größe $1/2$ hat in der Quantenmechanik die z-Komponente des gesamten Spins $N+1$ Einstellungsmöglichkeiten. Der Grundzustand ist also nur $(N+1)$ fach entartet (siehe Gl. (A.4)). Diese Entartung führt also zu keiner Restentropie am absoluten Nullpunkt.

Literatur: J. Wilks, *The Third Law of Thermodynamics*, Oxford University Press, 1961.

B Klassischer Grenzfall und Quantenkorrekturen

B.1 Klassischer Grenzfall

Wir besprechen nun den Übergang von der quantenmechanischen Dichtematrix zur klassischen Verteilungsfunktion (vorerst eindimensional). Bei hohen Temperaturen und geringen Dichten gehen die Ergebnisse der Quantenstatistik in die klassischen über (siehe z.B. Abschnitt 4.2). Die allgemeine Herleitung kann mit der folgenden Methode durchgeführt werden.[8]

Wenn wir das System in eine Box mit Lineardimension L einschließen[9], dann sind die Ortseigenzustände $|q\rangle$ und die Impulseigenzustände $|p\rangle$ durch

$$\hat{q}|q\rangle = q|q\rangle \ , \ \langle q|q'\rangle = \delta(q-q') \ , \ \int dq\, |q\rangle\langle q| = \mathbb{1} \ , \tag{B.1a}$$

$$\hat{p}|p\rangle = p|p\rangle \ , \ \langle p|p'\rangle = \delta_{pp'} \ , \ \sum_p |p\rangle\langle p| = \mathbb{1} \ ,$$

$$\langle q|p\rangle = \frac{e^{ipq/\hbar}}{\sqrt{L}} \ , \ \text{mit } p = \frac{2\pi\hbar}{L}n \tag{B.1b}$$

charakterisiert[10]. Wir ordnen jedem Operator $\hat{A}$ eine Funktion[9] $A(p,q)$ zu,

$$A(p,q) \equiv \langle p|\hat{A}|q\rangle\langle q|p\rangle\, L \ . \tag{B.2a}$$

Diese Matrixelemente stehen mit den Operatoren entsprechenden klassischen Größen in Verbindung. Zum Beispiel wird einem Operator der Form $\hat{A} = f(\hat{p})g(\hat{q})$ die Funktion

---

[8] E. Wigner, Phys. Rev. **40**, 749 (1932); G.E. Uhlenbeck, L. Gropper, Phys. Rev. **41**, 79 (1932); J.G. Kirkwood, Phys. Rev. **44**, 31 (1933) und **45**, 116 (1934).
[9] Zur Verdeutlichung werden Operatoren in diesem Abschnitt ausnahmsweise durch ein Dach gekennzeichnet.
[10] QM I, Kap. 8

$$A(p,q) = \langle p| f(\hat{p}) g(\hat{q}) |q\rangle \langle q|p\rangle \, L = f(p)g(p) \tag{B.2b}$$

zugeordnet. Dem Hamilton-Operator

$$\hat{H} \equiv H(\hat{p},\hat{q}) = \frac{\hat{p}^2}{2m} + V(\hat{q}) \tag{B.3a}$$

wird also die klassische Hamilton-Funktion

$$H(p,q) = \frac{p^2}{2m} + V(q) \tag{B.3b}$$

zugeordnet. Dem Kommutator zweier Operatoren wird gemäß (B.2a) die Funktion

$$\begin{aligned}
&\langle p| [\hat{A},\hat{B}] |q\rangle \langle q|p\rangle \, L \\
&= L \int dq' \sum_{p'} \Big\{ \langle p| \hat{A} |q'\rangle \langle q'|p'\rangle \langle p'| \hat{B} |q\rangle - \langle p| \hat{B} |q'\rangle \langle q'|p'\rangle \langle p'| \hat{A} |q\rangle \Big\} \\
&\quad \times \langle q|p\rangle \\
&= L \int dq' \sum_{p'} \Big(A(p,q')B(p',q) - B(p,q')A(p',q) \Big) \\
&\quad \times \langle p|q'\rangle \langle p'|q\rangle \langle q'|p'\rangle \langle q|p\rangle
\end{aligned} \tag{B.3c}$$

zugeordnet, wobei $\langle p|q'\rangle \langle q'|p\rangle = \frac{1}{L}$ benützt wurde. Wir bemerken an dieser Stelle, daß für den in der Thermodynamik relevanten Grenzfall großer L die Summation

$$\sum_p \leftrightarrow \frac{L}{2\pi\hbar} \int dp \tag{B.3d}$$

durch ein Integral ersetzt werden kann und umgekehrt. Die runde Klammer in (B.3c) kann man nach $(q'-q)$ und $(p'-p)$ entwickeln:

$$\begin{aligned}
&A(p,q')B(p',q) - B(p,q)A(p',q) = \\
&\left(A(p,q) + (q'-q)\frac{\partial A}{\partial q} + \frac{1}{2}(q'-q)^2\frac{\partial^2 A}{\partial q^2} + \ldots \right) \\
&\times \left(B(p,q) + (p'-p)\frac{\partial B}{\partial p} + \frac{1}{2}(p'-p)^2\frac{\partial^2 B}{\partial p^2} + \ldots \right) \\
&- \left(B(p,q) + (q'-q)\frac{\partial B}{\partial q} + \frac{1}{2}(q'-q)^2\frac{\partial^2 B}{\partial q^2} + \ldots \right) \\
&\times \left(A(p,q) + (p'-p)\frac{\partial A}{\partial p} + \frac{1}{2}(p'-p)^2\frac{\partial^2 A}{\partial p^2} + \ldots \right).
\end{aligned} \tag{B.3e}$$

B Klassischer Grenzfall und Quantenkorrekturen

Die Terme nullter Ordnung fallen weg, und reine Potenzen von $(q' - q)$ bzw. $(p' - p)$ ergeben beim Einsetzen in (B.3c) Null, da die p'-Summation bzw. q'-Integration auf eine δ-Funktion führt. Es bleibt in zweiter Ordnung

$$
\begin{aligned}
\langle p|\,[\hat{A},\hat{B}]\,|q\rangle\,\langle q|p\rangle\, L &= \\
&= L \int dq' \sum_{p'} (q'-q)(p'-p) \frac{\partial(A,B)}{\partial(q,p)} \langle p|q'\rangle \langle p'|q\rangle \langle q'|p'\rangle \langle q|p\rangle \\
&= L\,\langle p|\,(\hat{q}-q)(\hat{p}-p)\,|q\rangle\, \frac{\partial(A,B)}{\partial(q,p)} \langle q|p\rangle \\
&= L\,\mathrm{i}\hbar \frac{\partial(A,B)}{\partial(q,p)} |\langle q|p\rangle|^2 = \frac{\hbar}{\mathrm{i}} \frac{\partial(A,B)}{\partial(q,p)}\ ,
\end{aligned}
\tag{B.3f}
$$

wobei das Skalarprodukt (B.1b) und Gl. (B.1a) eingesetzt wurde. Bei höheren Potenzen von $(\hat{q}-q)$ und $(\hat{p}-p)$ treten zwei- und mehrfache Kommutatoren von $\hat{q}$ und $\hat{p}$ auf, so daß sich ausgedrückt durch die Poisson-Klammer (Fußnote 5, Abschn. 1.3) insgesamt

$$
\langle p|\,[\hat{A},\hat{B}]\,|q\rangle\,\langle q|p\rangle\, L = \frac{\hbar}{\mathrm{i}}\{A,B\} + \mathcal{O}(\hbar^2)
\tag{B.4}
$$

ergibt.

Die Übertragung der Zuordnung (B.2a) auf die Zustandssumme führt mit (B.2b) auf

$$
\begin{aligned}
Z = \mathrm{Sp}\,\mathrm{e}^{-\beta\hat{H}} &= \sum_p \langle p|\,\mathrm{e}^{-\beta H(\hat{p},\hat{q})}\,|p\rangle = \sum_p \int dq\, \langle p|\,\mathrm{e}^{-\beta H(\hat{p},\hat{q})}\,|q\rangle \langle q|p\rangle \\
&= \sum_p \int dq\, \langle p|\left(\mathrm{e}^{-\beta K(\hat{p})}\mathrm{e}^{-\beta V(\hat{q})} + \mathcal{O}(\hbar)\right)|q\rangle \langle q|p\rangle \\
&= \frac{1}{L}\sum_p \int dq\, \mathrm{e}^{-\beta H(p,q)} + \mathcal{O}(\hbar) = \int \frac{dp\,dq}{2\pi\hbar}\, \mathrm{e}^{-\beta H(p,q)} + \mathcal{O}(\hbar)\ .
\end{aligned}
\tag{B.5}
$$

Z ist also bis auf Terme von der Größenordnung $\hbar$, welche von Kommutatoren zwischen $K(\hat{p})$ und $V(\hat{q})$ herrühren, gleich dem klassischen Zustandsintegral. In (B.5) ist $\hat{K} \equiv K(\hat{p})$ der Operator der kinetischen Energie.

Ausgehend von der Dichtematrix $\hat{\rho}$ definiert man die *Wigner-Funktion*:

$$
\rho(p,q) = \frac{L}{2\pi\hbar}\,\langle p|q\rangle \langle q|\,\hat{\rho}\,|p\rangle\ .
\tag{B.6}
$$

Der Faktor $\frac{L}{2\pi\hbar}$ wird eingeführt, damit zusammen mit der Normierung der Impulseigenfunktionen die Wigner-Funktionen für große L unabhängig von L ist.

Die Bedeutung der Wigner-Funktion zeigt sich an den beiden wichtigen Eigenschaften:

(1) Normierung : $\int dq \int dp\, \rho(p,q) = \int dq \sum_p \langle p|q\rangle \langle q|\hat{\rho}|p\rangle$ (B.7)

$$= \text{Sp}\,\hat{\rho} = 1\;.$$

Hier wurde die Vollständigkeitsrelation für die Ortseigenzustände (B.1a) verwendet.

(2) Mittelwerte : $\int dq \int dp\, \rho(p,q)\, A(p,q)$

$$= \int dq \sum_p \frac{L}{2\pi\hbar} \langle p|q\rangle \langle q|\hat{\rho}|p\rangle \langle p|\hat{A}|q\rangle \langle q|p\rangle \qquad\text{(B.8)}$$

$$= \int dq \sum_p \langle q|\hat{\rho}|p\rangle \langle p|\hat{A}|q\rangle = \text{Sp}\,(\hat{\rho}\hat{A})\;.$$

Nach dem zweiten Gleichheitszeichen wurde $\langle p|q\rangle\langle q|p\rangle = \frac{1}{L}$ und Gl. (B.3d) verwendet.

Für die kanonische Gesamtheit folgt mit (B.5)

$$\begin{aligned}\rho(p,q) &= \frac{L}{2\pi\hbar} \langle p|q\rangle \langle q|\frac{e^{-\beta\hat{H}}}{Z}|p\rangle\\ &= \frac{L}{2\pi\hbar} \langle p|q\rangle \langle q| \left(e^{-\beta\hat{K}} e^{-\beta V} + \mathcal{O}(\hbar)\right)|p\rangle \frac{1}{Z}\\ &= \frac{L}{2\pi\hbar} |\langle p|q\rangle|^2 \frac{e^{-\beta H(p,q)}}{Z} + \mathcal{O}(\hbar) = \frac{e^{-\beta H(p,q)}}{2\pi\hbar Z} + \mathcal{O}(\hbar)\end{aligned}\qquad\text{(B.9)}$$

und

$$\begin{aligned}\langle \hat{A}\rangle &= \frac{\frac{1}{L}\sum_p \int dq\, e^{-\beta H(p,q)} A(p,q)}{\frac{1}{L}\sum_p \int dq\, e^{-\beta H(p,q)}} + \mathcal{O}(\hbar)\\ &= \frac{\int \frac{dp\,dq}{2\pi\hbar} e^{-\beta H(p,q)} A(p,q)}{\int \frac{dp\,dq}{2\pi\hbar} e^{-\beta H(p,q)}} + \mathcal{O}(\hbar)\;.\end{aligned}\qquad\text{(B.10)}$$

Verallgemeinerung auf N Teilchen in drei Dimensionen:

$$\hat{H} = \sum_{i=1}^N \frac{\hat{\mathbf{p}}_i^2}{2m} + V(\hat{\mathbf{q}}_1,\ldots,\hat{\mathbf{q}}_N)\;.\qquad\text{(B.11)}$$

Wir führen für die Mehrteilchenzustände die folgenden Abkürzungen ein:

$$|q\rangle \equiv |\mathbf{q}_1\rangle\ldots|\mathbf{q}_N\rangle\;,\quad |p\rangle \equiv |\mathbf{p}_1\rangle\ldots|\mathbf{p}_N\rangle\;,\qquad\text{(B.12a)}$$

$$\langle p|p'\rangle = \delta_{pp'}\;,\quad \langle q|p\rangle = \frac{e^{ipq/\hbar}}{L^{3N/2}}\;,\quad \sum_p |p\rangle\langle p| = \mathbb{1}\;.\qquad\text{(B.12b)}$$

Unter Zugrundelegung von periodischen Randbedingungen nehmen die $\mathbf{p}_i$ die Werte

$$\mathbf{p}_i = \frac{L}{2\pi\hbar}(n_1, n_2, n_3)$$

mit ganzen Zahlen n_i an.

Die in der Natur realisierten quantenmechanischen Vielteilchenzustände sind entweder symmetrisch (Bosonen) oder antisymmetrisch (Fermionen):

$$|p\rangle_s = \frac{1}{\sqrt{N!}} \sum_P (\pm 1)^P P |p\rangle \ . \tag{B.13}$$

Der Index s steht hier allgemein für Symmetrisierung und umfaßt symmetrische (oberes Vorzeichen) und antisymmetrische (unteres Vorzeichen) Zustände. Diese Summe enthält $N!$ Terme. Sie erstreckt sich über alle Permutationen P von N Objekten. Für Fermionen ist $(-1)^P = 1$ für gerade Permutationen und $(-1)^P = -1$ für ungerade Permutationen, während für Bosonen immer $(+1)^P = 1$ ist. Bei Fermionen müssen deshalb in (B.13) im Einklang mit dem Pauli-Verbot alle $\mathbf{p}_i$ voneinander verschieden sein. Bei Bosonen können gleiche $\mathbf{p}_i$ vorkommen; deshalb sind diese Zustände im allgemeinen nicht normiert: Ein normierter Zustand ist durch

$$|p\rangle_{sn} = \frac{1}{\sqrt{n_1! n_2! \ldots}} |p\rangle_s \tag{B.14}$$

gegeben, wo n_i die Zahl der Teilchen mit Impuls $\mathbf{p}_i$ ist. Es gilt

$$\begin{aligned}\operatorname{Sp}\hat{A} &= {\sum_{\mathbf{p}_1,\ldots,\mathbf{p}_N}}' {}_{sn}\langle p|\hat{A}|p\rangle_{sn} = \sum_{\mathbf{p}_1,\ldots,\mathbf{p}_N} \frac{n_1! n_2! \ldots}{N!} {}_{sn}\langle p|\hat{A}|p\rangle_{sn} \\ &= \sum_{\mathbf{p}_1,\ldots,\mathbf{p}_N} \frac{1}{N!} {}_s\langle p|\hat{A}|p\rangle_s \ .\end{aligned} \tag{B.15}$$

Der Strich an der Summe deutet an, daß die Summe so eingeschränkt ist, daß die Zustände verschieden sind. Z.B. würden $\mathbf{p}_1\mathbf{p}_2\ldots$ und $\mathbf{p}_2\mathbf{p}_1\ldots$ den gleichen Zustand geben. Die Umschreibung der Zustandssumme im Sinne der Zuordnung (B.2a) ergibt

$$\begin{aligned}Z = \operatorname{Sp} e^{-\beta H} &= \frac{1}{N!} \sum_{\{\mathbf{p}_i\}} {}_s\langle p|e^{-\beta\hat{H}}|p\rangle_s \\ &= \frac{1}{N!} \int d^{3N}q \sum_{\{\mathbf{p}_i\}} {}_s\langle p|e^{-\beta\hat{H}}|q\rangle\langle q|p\rangle_s \\ &= \frac{1}{N!} \left(\frac{V}{(2\pi\hbar)^3}\right)^N \int d^{3N}p \int d^{3N}q \, e^{-\beta H(p,q)} |\langle q|p\rangle_s|^2 + \mathcal{O}(\hbar) \ .\end{aligned} \tag{B.16}$$

Der letzte Faktor des Integranden hat die Gestalt $|\langle q|p\rangle_s| = V^{-N}(1 + f(p,q))$, wobei der erste Term auf das Zustandsintegral

$$Z = \int \frac{d^{3N}p\, d^{3N}q}{N!\,(2\pi\hbar)^{3N}} \, e^{-\beta H(p,q)} + \mathcal{O}(\hbar) \tag{B.16'}$$

führt.

Bemerkungen:

(i) In (B.16) wurde die Umformung $_s\langle p|e^{-\beta\hat{H}}|p\rangle_s = \int d^{3N}q\,_s\langle p|e^{-\beta\hat{K}} \times e^{-\beta V}|q\rangle\langle q|p\rangle_s + \mathcal{O}(\hbar) = \int d^{3N}q\, e^{-\beta H(p,q)}|\langle q|p\rangle_s|^2 + \mathcal{O}(\hbar)$ verwendet, wo die Symmetrie von $\hat{H}$ in den Teilchen eingeht.

(ii) Die Größe $|\langle q|p\rangle_s|^2 = V^{-N}(1+f(p,q))$ enthält neben dem im klassischen Grenzfall führenden V^{-N} auch noch p- und q- abhängige Terme. Die Korrekturen von der Symmetrisierung ergeben Beiträge von der Ordnung $\hbar^3$. Siehe ideales Gas und Abschn. B.2.

(iii) Analog (zu B.16) zeigt man, daß die Verteilungsfunktion

$$\rho(p,q) = \frac{e^{-\beta H(p,q)}}{Z(2\pi\hbar)^{3N}N!} \tag{B.17}$$

ist.

Somit ist gezeigt, daß unter Vernachlässigung von Termen der Größenordnung $\hbar$, welche aus der Nichtkommutativität der kinetischen und potentiellen Energie und der Symmetrisierung der Wellenfunktion herrühren, das *klassische Zustandsintegral* (B.16') folgt.

Das klassische Zustandsintegral (B.16') weist Züge auf, die auf die zugrundeliegende Quantennatur hinweisen und zwar die Faktoren $1/N!$ und $(2\pi\hbar)^{-3N}$. Der erste Faktor drückt aus, daß Zustände identischer Teilchen, die durch Vertauschung von Teilchen ineinander übergehen, nur einmal gezählt werden dürfen. Durch diesen Faktor werden die thermodynamischen Potentiale extensiv und das nach Gl. (2.2.3) diskutierte Gibbssche Paradoxon beseitigt. Der Faktor $(2\pi\hbar)^{-3N}$ macht das Zustandsintegral dimensionslos und besitzt die anschauliche Bedeutung, daß im Phasenraum jedem Volumenelement der Größe $(2\pi\hbar)^{3N}$ ein Zustand im Einklang mit der Unschärferelation entspricht.

B.2 Berechnung der quantenmechanischen Korrekturen

Wir kommen nun zur Berechnung der quantenmechanischen Korrekturen zu den klassischen thermodynamischen Größen. Diese haben zwei Quellen:
a) Symmetrisierung der Wellenfunktion
b) Nichtkommutativität von $\hat{K}$ und V.
Wir untersuchen diese Effekte seperat; die Kombination von beiden ergibt höhere Korrekturen in $\hbar$.

ad a) Als erstes berechnen wir ausgehend von (B.13) die in der zweiten Zeile von (B.16) auftretende Größe $|\langle q|p_s\rangle|^2$ und die daraus resultierenden Quantenkorrekturen:

$$\begin{aligned}
|\langle q|p\rangle_s|^2 &= \frac{1}{N!}\sum_P\sum_{P'}(-1)^P(-1)^{P'}\langle q|\,P'\,|p\rangle\,\langle q|\,P\,|p\rangle^* \\
&= \frac{1}{N!}\sum_P\sum_{P'}(-1)^P(-1)^{P'}\langle P'q|p\rangle\,\langle Pq|p\rangle^* \\
&\hat{=} \frac{1}{N!}\sum_P\sum_{P'}(-1)^P(-1)^{P'}\langle q|p\rangle\,\langle PP'^{-1}q|p\rangle^* \\
&= \sum_P(-1)^P\langle q|p\rangle\,\langle Pq|p\rangle^* \\
&= \frac{1}{V^N}\sum_P e^{\frac{i}{\hbar}(\mathbf{p}_1\cdot(\mathbf{q}_1-P\mathbf{q}_1)+\ldots+\mathbf{p}_N\cdot(\mathbf{q}_N-P\mathbf{q}_N))}\;.
\end{aligned} \qquad \text{(B.18)}$$

Hier wurde in der zweiten Zeile verwendet, daß die Permutation der Teilchen in der Ortsdarstellung gleich der Permutation der Ortskoordinate ist. In der dritten Zeile wurde ausgenützt, daß innerhalb des in (B.16) auftretenden $\int d^{3N}q$-Integrals durch Umbenennung die Koordinaten $P'q$ durch q ersetzt werden können. In der vorletzten Zeile wurde die für jede Gruppe zutreffende Eigenschaft benutzt, daß für jedes feste P' die Elemente PP'^{-1} alle Elemente der Gruppe durchlaufen. In der letzten Zeile wurde schließlich die explizite Form der Impulseigenfunktionen in der Ortsdarstellung eingesetzt.

Setzt man das Endergebnis von Gl. (B.18) in (B.16) ein, kann jedes der dabei auftretenden Impulsintegrale durch

$$\int d^3p\, e^{-\frac{\beta \mathbf{p}^2}{2m}+i\mathbf{p}\mathbf{x}} = \int d^3p\, e^{-\frac{\beta \mathbf{p}^2}{2m}}f(\mathbf{x}) \qquad \text{(B.19)}$$

ausgedrückt werden, mit

$$f(\mathbf{x}) = e^{-\frac{\pi\mathbf{x}^2}{\lambda^2}}\;, \qquad \text{(B.20)}$$

wo $\lambda = \frac{2\pi\hbar}{\sqrt{2\pi\hbar mkT}}$ (Gl. (2.7.20)) die thermische Wellenlänge ist. Somit lautet die Zustandssumme unter Vernachlässigung der von der Nichtvertauschbarkeit herrührenden Quantenkorrekturen

$$Z = \int \frac{d^{3N}q\,d^{3N}p}{N!(2\pi\hbar)^{3N}}\,e^{-\beta H(p,q)}\sum_P(-1)^P f(\mathbf{q}_1-P\mathbf{q}_1)\ldots f(\mathbf{q}_N-P\mathbf{q}_N)\;. \qquad \text{(B.21)}$$

Die Summe über die $N!$ Permutation enthält für das Einheitselement $P=1$ den Beitrag $f(0)^N=1$, für Transpositionen (bei denen nur Paare von

Teilchen i und j vertauscht werden) den Beitrag $(f(\mathbf{q}_i - \mathbf{q}_j))^2$ usw. Die Anordnung nach steigender Zahl von Vertauschung ergibt

$$\sum_P (-1)^P f(\mathbf{q}_1 - P\mathbf{q}_1) \cdots f(\mathbf{q}_N - P\mathbf{q}_N) =$$
$$= 1 + \sum_{i<j} (f(\mathbf{q}_i - \mathbf{q}_j))^2 + \sum_{ijk} f(\mathbf{q}_i - \mathbf{q}_j) f(\mathbf{q}_j - \mathbf{q}_k) f(\mathbf{q}_k - \mathbf{q}_i) \pm \dots .$$
(B.22)

Das obere Vorzeichen bezieht sich auf Bosonen, das untere auf Fermionen. Für genügend hohe Temperaturen, so daß (v spezifisches Volumen) der mittlere Teilchenabstand die Ungleichung

$$v^{1/3} \gg \lambda \tag{B.23}$$

erfüllt, ist $f(\mathbf{q}_i - \mathbf{q}_j)$ für $|\mathbf{q}_i - \mathbf{q}_j| \gg \lambda$ verschwindend klein und deshalb nur der erste Term in (B.22) von Bedeutung, für welchen nach dem vorigen Abschnitt das klassische Zustandsintegral (B.16) resultiert.

Je mehr Faktoren f in (B.22) vorhanden sind, umso mehr wird der räumliche Integrationsbereich in (B.16) eingeschränkt. Die führende Quantenkorrektur rührt deshalb von der zweiten Summe in (B.22) her, die wir näherungsweise folgendermaßen umformen

$$1 \pm \sum_{i<j} (f(\mathbf{q}_i - \mathbf{q}_j))^2 \approx \prod_{i<j} \left(1 \pm (f(\mathbf{q}_i - \mathbf{q}_j))^2\right) = e^{-\beta \sum_{i<j} \tilde{v}_i(\mathbf{q}_i - \mathbf{q}_j)} . \tag{B.24}$$

Hier ist das effektive Potential

$$\tilde{v}_i(\mathbf{q}_i - \mathbf{q}_j) = -kT \log\left(1 \pm e^{-2\pi |\mathbf{q}_i - \mathbf{q}_j|/\lambda^2}\right) \tag{B.25}$$

für Bosonen attraktiv und für Fermionen repulsiv. Dieses effektive Potential rührt nur von den Symmetrieeigenschaften der Wellenfunktion her und nicht von irgendeiner mikroskopischen Wechselwirkung der Teilchen untereinander. Es erlaubt, im klassischen Zustandsintegral die führende Quantenkorrektur zu berücksichtigen. Für das ideale Gas führen diese Quantenkorrekturen, wie schon aus Abschnitt 4.2 bekannt ist, zu Beiträgen der Ordnung $\hbar^3$ in den thermodynamischen Größen.

ad b) Der exakte quantenmechanische Ausdruck für die Zustandssumme lautet

$$Z = \frac{1}{N!} \sum_{\{\mathbf{p}_i\}} {}_s\langle p| e^{-\beta \hat{H}} |p\rangle_s$$
$$= \frac{1}{N!} \left(\frac{V}{(2\pi\hbar)^3}\right)^N \int d^{3N}p \int d^{3N}q \; {}_s\langle p| e^{-\beta \hat{H}} |q\rangle \langle q|p\rangle_s .$$
(B.26)

B Klassischer Grenzfall und Quantenkorrekturen

Bei Vernachlässigung von Austauscheffekten (Symmetrisierung der Wellenfunktion) erhält man

$$Z = \frac{1}{N!}\left(\frac{V}{(2\pi\hbar)^3}\right)^N \int d^{3N}p \int d^{3N}q \quad \langle p|\,e^{-\beta\hat{H}}\,|q\rangle\,\langle q|p\rangle$$
$$= \frac{1}{N!}\left(\frac{1}{(2\pi\hbar)^3}\right)^N \int d^{3N}p \int d^{3N}q\, I \;. \tag{B.27}$$

Zur Berechnung des hier auftretenden Integranden führen wir, zunächst für ein einziges Teilchen,

$$I = \langle p|\,e^{-\beta\hat{H}}\,|q\rangle\,\langle q|p\rangle\, V = e^{ipq/\hbar}e^{-\beta\hat{H}}e^{-ipq/\hbar} \tag{B.28}$$

ein, wobei nach dem letzten Gleichheitszeichen und im folgenden $\hat{H}$ der Hamilton-Operator in der Ortsdarstellung ist. Zur Berechnung von I leiten wir unter Verwendung der Baker-Hausdorff-Formel eine Differentialgleichung für I ab:

$$\begin{aligned}\frac{\partial I}{\partial \beta} &= -e^{ipq/\hbar}\hat{H}e^{-\beta\hat{H}}e^{-ipq/\hbar} = -e^{ipq/\hbar}\hat{H}e^{-ipq/\hbar}I \\ &= -\left(\hat{H} - i\left[-\frac{pq}{\hbar},\hat{H}\right] - \frac{1}{2\hbar^2}[pq,[pq,\hat{H}]] + \ldots\right)I \\ &= -\left[\hat{H} - \frac{\hbar^2}{2m}\left(-\frac{2i}{\hbar}p\frac{\partial}{\partial q} - \frac{p^2}{\hbar^2}\right)I\right]\;. \end{aligned} \tag{B.29}$$

Die durch die Punkte gekennzeichneten, höheren Kommutatoren verschwinden, sodaß

$$\frac{\partial I}{\partial \beta} = \left[-H(p,q) + \frac{\hbar^2}{2m}\left(-\frac{2i}{\hbar}p\frac{\partial}{\partial q} + \frac{\partial^2}{\partial q^2}\right)\right]I\;, \tag{B.29'}$$

wo $H(p,q)$ die klassische Hamilton-Funktion ist. Zur Lösung dieser Differentialgleichung machen wir den Ansatz:

$$\chi = e^{\beta H(p,q)}I\;. \tag{B.30}$$

Für χ ergibt sich aus (B.29′) die folgende Differentialgleichung

$$\begin{aligned}\frac{\partial \chi}{\partial \beta} &= H(p,q)\chi + e^{\beta H(p,q)}\frac{\partial I}{\partial \beta} = e^{\beta H(p,q)}\frac{\hbar^2}{2m}\left(\frac{2i}{\hbar}p\frac{\partial}{\partial q} + \frac{\partial^2}{\partial q^2}\right)I \\ &= e^{\beta H(p,q)}\frac{\hbar^2}{2m}\left(\frac{2i}{\hbar}p\frac{\partial}{\partial q} + \frac{\partial^2}{\partial q^2}\right)e^{\beta H(p,q)}\chi \\ &= \frac{\hbar^2\beta}{2m}\left[\frac{2ip}{\hbar}\frac{\partial V}{\partial q} - \frac{2ip}{\hbar\beta}\frac{\partial}{\partial q} - \frac{\partial^2 V}{\partial q^2} + \beta\left(\frac{\partial V}{\partial q}\right)^2 \right. \\ &\quad \left. - 2\frac{\partial V}{\partial q}\frac{\partial}{\partial q} + \beta^{-1}\frac{\partial^2}{\partial q^2}\right]\chi\;.\end{aligned} \tag{B.31}$$

Die Übertragung auf ein Vielteilchensystem mit Koordinaten und Impulsen q_i und p_i ergibt

$$\frac{\partial \chi}{\partial \beta} = \sum_i \frac{\hbar^2 \beta}{2m_i} \left[\frac{2\mathrm{i}p_i}{\hbar} \frac{\partial V}{\partial q_i} - \frac{2\mathrm{i}p_i}{\hbar \beta} \frac{\partial}{\partial q_i} - \frac{\partial^2 V}{\partial q_i^2} \right.$$
$$\left. + \beta \left(\frac{\partial V}{\partial q_i} \right)^2 - 2 \frac{\partial V}{\partial q_i} \frac{\partial}{\partial q_i} + \beta^{-1} \frac{\partial^2}{\partial q_i^2} \right] \chi \ . \quad \text{(B.31')}$$

Deren Lösung erfolgt mit dem Potenzreihenansatz

$$\chi = 1 + \hbar \chi_1 + \hbar^2 \chi_2 + \mathcal{O}(\hbar^3) \quad \text{(B.32)}$$

in $\hbar$. Wegen (B.28) und (B.30) muß χ die Randbedingung $\chi = 1$ für $\beta = 0$ erfüllen. Einsetzen dieses Ansatzes in (B.31') ergibt

$$\frac{\partial \chi_1}{\partial \beta} = \pm \mathrm{i}\beta \sum_i \frac{p_i}{m_i} \frac{\partial V}{\partial q_i} \quad \text{(B.33a)}$$

und

$$\frac{\partial \chi_2}{\partial \beta} = \sum_i \frac{1}{2m_i} \left[-2\mathrm{i}\beta p_i \frac{\partial V}{\partial q_i} \chi_1 + 2\mathrm{i}p_i \frac{\partial \chi_1}{\partial q_i} - \beta \frac{\partial^2 V}{\partial q_i^2} + \beta^2 \left(\frac{\partial V}{\partial q_i} \right)^2 \right] \ . \quad \text{(B.33b)}$$

Daraus folgt

$$\chi_1 = -\frac{\mathrm{i}\beta^2}{2} \sum_i \frac{p_i}{m_i} \frac{\partial V}{\partial q_i} \quad \text{(B.34a)}$$

$$\chi_2 = \pm \frac{\beta^4}{8} \left(\sum_i \frac{p_i}{m_i} \frac{\partial V}{\partial q_i} \right)^2 + \frac{\beta^3}{6} \sum_i \sum_k \frac{p_i}{m_i} \frac{p_k}{m_k} \frac{\partial^2 V}{\partial q_i \partial q_k}$$
$$+ \frac{\beta^3}{6} \sum_i \frac{1}{m_i} \left(\frac{\partial V}{\partial q_i} \right)^2 - \frac{\beta^2}{4} \sum_i \frac{1}{m_i} \frac{\partial^2 V}{\partial q_i^2} \ . \quad \text{(B.34b)}$$

Setzt man in (B.30) und (B.27) ein, so ergibt sich für die Zustandssumme

$$Z = \int \frac{d^{3N}q \, d^{3N}p}{(2\pi\hbar)^{3N} N!} \, \mathrm{e}^{-\beta H(p,q)} (1 + \hbar \chi_1 + \hbar^2 \chi_2) \ . \quad \text{(B.35)}$$

Der Term von der Ordnung $\mathcal{O}(\hbar)$ verschwindet, da χ_1 ungerade in p_1 ist, also bleibt

$$Z = \left(1 + \hbar^2 \langle \chi_2 \rangle_{\mathrm{kl}} \right) Z_{\mathrm{kl}} \ . \quad \text{(B.36)}$$

Hier bedeutet $\langle \ \rangle_{\mathrm{kl}}$ den Mittelwert mit der klassischen Verteilungsfunktion und Z_{kl} die klassische Zustandssumme. Somit ergibt sich für die freie Energie

$$F = -\frac{1}{\beta}\log Z = F_{\text{kl}} - \frac{1}{\beta}\log\bigl(1 + \hbar^2\langle\chi_2\rangle_{\text{kl}}\bigr) \approx F_{\text{kl}} - \frac{\hbar^2}{\beta}\langle\chi_2\rangle_{\text{kl}}\,. \tag{B.37}$$

Mit

$$\langle p_i p_k\rangle_{\text{kl}} = \frac{m}{\beta}\delta_{ik} \tag{B.38}$$

und

$$\left\langle \frac{\partial^2 V}{\partial q_i{}^2}\right\rangle_{\text{kl}} = \beta\left\langle\left(\frac{\partial V}{\partial q_i}\right)^2\right\rangle$$

(Beweis durch partielle Integration) folgt

$$F = F_{\text{kl}} + \frac{\hbar^2}{24m(kT)^2}\sum_i\left\langle\left(\frac{\partial V}{\partial q_i}\right)^2\right\rangle_{\text{kl}}. \tag{B.39}$$

Die klassische Näherung ist also gut für hohe T und große m.

Bemerkung: Mit der thermischen Wellenlänge $\lambda = 2\pi\hbar/\sqrt{2\pi mkT}$ und der die räumliche Variation des Potentials charakterisierenden Länge l (Reichweite der Wechselwirkungspotentiale) ist die Korrektur in Gl. (B.39) $\frac{\lambda^2}{l^2}\frac{V^2}{kT}$. Daraus folgt als Bedingung für die Gültigkeit der klassischen Näherung:

$$\lambda \ll l \quad\text{(aus der Nichtkommutativität von } \hat{K} \text{ und } V\text{)} \tag{B.39a}$$

und nach Gl. (B.23)

$$\lambda \ll \left(\frac{V}{N}\right)^{1/3} \quad\text{(Symmetrisierung der Wellenfunktion)}\;. \tag{B.39b}$$

Die Umkehrung von Gl. (2.7.20) ergibt

$$T[\text{K}] = \frac{5\times 10^{-38}}{\lambda^2[\text{cm}^2]m[\text{g}]} = \frac{5.56\times 10^5}{\lambda^2[\text{Å}^2]m[m_\text{e}]}\,.$$

Für *Elektronen* im Festkörper ist $\left(\frac{V}{N}\right)^{1/3} \approx 1\text{Å}$, so daß selbst bei einer Temperatur $T = 5.5\times 10^5$ K das Verhalten noch immer nichtklassisch ist.
Für ein Gas mit der Massenzahl A: $m = A\cdot m_\text{p}$, $\left(\frac{V}{N}\right)^{1/3} \approx 10^{-7}$cm, $T \approx \frac{3}{A}$ K

B.3 Quantenkorrekturen zum zweiten Virialkoeffizienten $B(T)$

B.3.1 Quantenkorrekturen aufgrund der Austauscheffekte

Wir vernachlässigen die Wechselwirkung, aber auch dann ist der zweite Virialkoeffizient aus Gl. (5.3.7)

$$B(T) = \left(Z_2 - \frac{1}{2}Z_1^2\right)\frac{V}{Z_1^2} \tag{B.40}$$

wegen der Austauscheffekte verschieden von Null. Ein Zweiteilchen-Impulseigenzustand hat die Form

$$|p_1, p_2\rangle = \frac{1}{\sqrt{2!}} \left(|p_1\rangle |p_2\rangle \pm |p_2\rangle |p_1\rangle \right) \qquad \text{für } p_1 \neq p_2$$

$$|p_1, p_2\rangle = \begin{cases} |p_1\rangle |p_1\rangle \\ 0 \end{cases} \quad \text{für } p_1 = p_2 \qquad \begin{matrix} \text{Bosonen} \\ \text{Fermionen} \end{matrix} \,.$$

(B.41)

Die Zustandssumme für zwei nicht wechselwirkende Teilchen ist

$$\begin{aligned} Z_2 &= \operatorname{Sp} e^{-(\hat{p}_1^2 + \hat{p}_2^2)/2mkT} = \frac{1}{2} \sum_{\substack{p_1, p_2 \\ p_1 \neq p_2}} e^{-(p_1^2 + p_2^2)/2mkT} + \begin{cases} \sum_p e^{-p^2/mkT} \\ 0 \end{cases} \\ &= \frac{1}{2} \sum_{p_1} \sum_{p_2} e^{-(p_1^2 + p_2^2)/2mkT} \pm \frac{1}{2} \sum_p e^{-p^2/mkT} \\ &= \frac{1}{2} Z_1^2 \pm \frac{1}{2} \sum_p e^{-p^2/mkT} \qquad \text{für } \begin{cases} \text{Bosonen} \\ \text{Fermionen} \end{cases} \,. \end{aligned}$$

(B.42)

Daraus[11] folgt für den zweiten Virialkoeffizienten (5.3.7):

$$B(T) = \mp \frac{\lambda^6}{2V} \sum_p e^{-p^2/mkT} = \mp \frac{\lambda^3}{2^{5/2}} = \mp \frac{1}{2} \left(\frac{\pi \hbar^2}{mkT} \right)^{3/2} \quad \text{für } \begin{matrix} \text{Bosonen} \\ \text{Fermionen} \end{matrix} \,.$$

(B.43)

B.3.2 Quantentheoretische Korrekturen zu $B(T)$ aufgrund der Wechselwirkung

Im quasiklassischen Grenzfall (nichtsymmetrisierte Wellenfunktion) erhält man nach Gl. (B.35) für die Zustandssumme zweier Teilchen

$$Z_2 = \frac{1}{2} \left(\frac{1}{\lambda^3} \right)^2 \int d^3 x_1 \, d^3 x_2 \, e^{-v_{12}(x_1 - x_2)/kT} \left(1 + \underbrace{\hbar \chi_1}_{=0} + \hbar^2 \chi_2 \right) \,. \quad (B.44)$$

Daraus folgt für den zweiten Virialkoeffizienten (Gl. (5.3.7), (B.40))

$$B = \frac{1}{2} \left(\frac{1}{V} \int d^3 x_1 \, d^3 x_2 \left(e^{-v_{12}(x_1 - x_2)/kT} (1 + \hbar^2 \chi_2) - 1 \right) \right) \,. \quad (B.45)$$

---

[11] $Z_1 \equiv \sum_p e^{-p^2/2mkT} = \frac{V}{\lambda^3}$
Wir lassen hier den Spinentartungsfaktor $g = 2S + 1$ außer acht.

Die quantenmechanische Korrektur ist deshalb durch

$$B_{\mathrm{qm}} = \int d^3y\, e^{-v(\mathbf{y})/kT} \frac{1}{kT} \left(\frac{\partial v}{\partial \mathbf{y}}\right)^2 \frac{\hbar^2}{24m(kT)^2}$$
$$= \frac{\hbar^2 \pi}{6m(kT)^3} \int_0^\infty dr\, r^2 e^{-v(r)/kT} \left(\frac{\partial v}{\partial r}\right)^2 \tag{B.46}$$

gegeben, wo in der zweiten Zeile ein Zentralpotential angenommen wurde. Diese quantenmechanische Korrektur kommt zum klassischen Wert von B hinzu; sie ist immer positiv. Die Austauschkorrekturen (B.43) sind von der Größenordnung $\mathcal{O}(\hbar^3)$. Die niedrigsten Quantenkorrekturen, nämlich (B.46), sind von der Ordnung $\hbar^2$. Bei tiefen Temperaturen werden diese Quanteneffekte (von nichtkommutierenden $\hat{V}$ und $\hat{K}$) wichtig. Der Symmetrisierungsanteil ist relativ klein.

B.3.3 Zweiter Virialkoeffizient und Streuphase

Man kann den zweiten Virialkoeffizienten auch durch die Phasenverschiebung des Wechselwirkungspotentials darstellen. Ausgangspunkt ist die Formel für den Virialkoeffizienten, Gl. (5.3.7)

$$B = -\left(\frac{Z_2}{Z_1^2} - \frac{1}{2}\right) V\,. \tag{B.47}$$

In der Zustandssumme für ein einzelnes Teilchen tritt die Wechselwirkung nicht auf

$$Z_1 = \sum_{\mathbf{p}} e^{-\frac{\mathbf{p}^2}{2mkT}} = \frac{V}{(2\pi\hbar)^3} \int d^3p\, e^{-\frac{p^2}{2mkT}} = \frac{V}{\lambda^3}\,. \tag{B.48}$$

Der Hamilton-Operator für zwei Teilchen ist

$$\hat{H} = \frac{\mathbf{p}_1^2 + \mathbf{p}_2^2}{2m} + V(\mathbf{x}_1 - \mathbf{x}_2) \tag{B.49}$$

und kann unter Einführung von Schwerpunkts- und Relativkoordinaten

$$\mathbf{x}_{\mathrm{s}} = \frac{1}{2}(\mathbf{x}_1 + \mathbf{x}_2)\,, \qquad \mathbf{x}_{\mathrm{r}} = \mathbf{x}_2 - \mathbf{x}_1 \tag{B.50}$$

als

$$\hat{H} = \frac{\mathbf{p}_{\mathrm{s}}^2}{4m} + \frac{\mathbf{p}_{\mathrm{r}}^2}{m} + V(\mathbf{x}_{\mathrm{r}}) \tag{B.51}$$

geschrieben werden. Somit ist die Zustandssumme für zwei Teilchen

$$Z_2 = \mathrm{Sp}_\mathrm{S}\, e^{-\frac{\mathbf{p}_\mathrm{S}^2}{4mkT}} \mathrm{Sp}_\mathrm{r}\, e^{-\left(\frac{\mathbf{p}_\mathrm{r}^2}{m}+V(\mathbf{x}_r)\right)/kT} = 2^{3/2} \frac{V}{\lambda^3} \sum_n e^{-\frac{\varepsilon_n}{kT}}\,. \tag{B.52}$$

Dabei sind die ε_n die Energieniveaus des Zweiteilchensystems in Relativkoordinaten unter Bedachtnahme auf die unterschiedliche Symmetrie von Bosonen und Fermionen. Es folgt

$$B = -\left(2^{3/2}\lambda^3 \sum_n e^{-\varepsilon_n/kT} - \frac{V}{2}\right). \tag{B.53}$$

Zunächst erinnern wir daran, daß für nichtwechselwirkende Teilchen für den zweiten Virialkoeffizienten nach (B.43)

$$B^{(0)} = -\left(2^{3/2}\lambda^3 \sum_n e^{-\varepsilon_n^0/kT} - \frac{V}{2}\right) = \mp 2^{-5/2}\lambda^3 \quad \begin{cases} \text{Bosonen} \\ \text{Fermionen} \end{cases} \tag{B.54}$$

folgt. Die Änderung des zweiten Virialkoeffizienten durch die Wechselwirkung der Teilchen ist deshalb durch

$$B(T) - B^0(T) = -2^{3/2}\lambda^3 \sum_n \left(e^{-\beta\varepsilon_n} - e^{-\beta\varepsilon_n^{(0)}}\right) \tag{B.55}$$

gegeben. Die Energieniveaus des nichtwechselwirkenden Systems sind

$$\varepsilon_n^{(0)} = \frac{\hbar^2 k^2}{m}\,, \tag{B.56a}$$

während im wechselwirkenden System neben den Kontinuumszuständen mit der Energie

$$\varepsilon_n = \frac{\hbar^2 k^2}{m}\,, \tag{B.56b}$$

auch Bindungszustände mit Energie ε_B auftreten können. Die Werte von k ergeben sich aus der Randbedingung und werden für das wechselwirkende System von dem freien verschieden sein, so daß auch unterschiedliche Zustandsdichten auftreten. Die Zahl der Energieniveaus $g(k)dk$ im Intervall $[k, k+dk]$ definiert die Zustandsdichte $g(k)$. Somit ergibt sich

$$B(T) - B^{(0)}(T)$$
$$= -2^{3/2}\lambda^3 \left[\sum_B e^{-\varepsilon_B/kT} + \int_0^\infty dk\, (g(k) - g^{(0)}(k))e^{-\varepsilon_k/kT}\right]. \tag{B.57}$$

Die hier auftretende Änderung der Zustandsdichte kann mit der Ableitung der Streuphase in Verbindung gebracht werden. Wir setzen voraus, daß das Potential $V(r)$ rotationssymmetrisch ist und betrachten die Eigenzustände des Relativteils des Hamilton-Operators. Dann kann man die Wellenfunktionen des freien und des wechselwirkenden Problems in der Form[12]

$$\begin{aligned}\psi_{klm}^{(0)}(\mathbf{x}) &= A_{klm}^{(0)} Y_{lm}(\vartheta,\varphi) R_{kl}^{(0)}(r) \\ \psi_{klm}(\mathbf{x}) &= A_{klm} Y_{lm}(\vartheta,\varphi) R_{kl}(r)\end{aligned} \tag{B.58}$$

darstellen. Die freien Radialfunktionen sind durch die sphärischen Besselfunktionen gegeben. Die asymptotischen Formen für $r \to \infty$ lauten

$$\begin{aligned}R_{kl}^{(0)}(r) &= \frac{1}{kr}\sin\left(kr + \frac{l\pi}{2}\right) \\ R_{kl}(r) &= \frac{1}{kr}\sin\left(kr + \frac{l\pi}{2} + \delta_l(k)\right)\end{aligned} \tag{B.59}$$

mit den aus der Streutheorie bekannten Phasenverschiebungen $\delta_l(k)$. Die zulässigen Werte von k ergeben sich aus den Randbedingungen

$$R_{kl}^{(0)}(R) = R_{kl}(R) = 0 \tag{B.60}$$

mit einem großen Radius R, der schließlich gegen Unendlich geht. Es folgt hieraus

$$kR + \frac{l\pi}{2} = \pi n \quad \text{und} \quad kR + \frac{l\pi}{2} + \delta_l(k) = \pi n, \tag{B.61}$$

wo $n = 0, 1, 2, \ldots$. Die Werte von k hängen deshalb von l ab. Benachbarte Werte von k zu festem l unterscheiden sich um

$$\Delta k^{(0)} = \frac{\pi}{R} \quad \text{und} \quad \Delta k = \frac{\pi}{R + \frac{\partial \delta_l(k)}{\partial k}}. \tag{B.62}$$

Es ist noch zu beachten, daß jeder Wert von l mit der Vielfachheit $(2l+1)$ vorkommt. Da in jedem Intervall Δk bzw. $\Delta k^{(0)}$ ein k-Wert liegt, sind die Zustandsdichten

$$g_l^{(0)}(k) = \frac{2l+1}{\pi} R \quad \text{und} \quad g_l(k) = \frac{2l+1}{\pi}\left[R + \frac{\partial \delta_l(k)}{\partial k}\right]. \tag{B.63}$$

Daraus folgt für den zweiten Virialkoeffizienten

$$B(T) - B^{(0)}(T)$$
$$= -2^{3/2}\lambda^3 \left\{ \sum_B e^{-\varepsilon_B/kT} + \frac{1}{\pi}\int_0^\infty dk \sum_l{}' f_l (2l+1) \frac{\partial \delta_l(k)}{\partial k} e^{-\frac{\hbar^2 k^2}{mkT}} \right\}. \tag{B.64}$$

---

[12] QM I, Kap. 17

Nun müssen noch die mit den Symmetrieeigenschaften verträglichen Werte von l bestimmt werden. Für Bosonen gilt $\psi(-\mathbf{x}) = \psi(\mathbf{x})$ und für Spin-1/2-Fermionen $\psi(-\mathbf{x}) = \pm\psi(\mathbf{x})$, je nachdem, ob ein Spin-Singulett oder -Triplett Zustand vorliegt. Für Spin-0-Bosonen ist deshalb $l = 0, 2, 4, \ldots$ und $f_l = 1$. Für Spin-1/2-Fermionen ist

$$\begin{aligned} l &= 0, 2, 4, \ldots & f_l &= 1 & &\text{(Singulett)} \\ l &= 1, 3, 5, \ldots & f_l &= 3 & &\text{(Triplett)}. \end{aligned} \tag{B.65}$$

Die Änderung des zweiten Virialkoeffizienten ist durch die Bindungsenergien und durch die Phasenverschiebungen ausgedrückt. Ein wichtiger Beitrag zum k-Integral stammt von den Resonanzen. Für sehr scharfe Resonanzen ist $\frac{\partial \delta_l(k)}{\partial k} = \pi \delta(k - k_0)$, und man erhält einen ähnlichen Beitrag wie von den Bindungszuständen, allerdings mit positiver Energie. Allgemeiner kann man die Größe

$$\frac{1}{\hbar} \frac{\partial \delta_l(k)}{\partial k} = \frac{\partial E}{\partial \hbar k} \frac{\partial \delta_l}{\partial E} = v \frac{\partial \delta_l}{\partial E},$$

als Geschwindigkeit mal der Verweilzeit[13] im Potential interpretieren. Je kürzer die Verweildauer im Potential, um so idealer ist das wechselwirkende Gas.

Literatur:
S.K. Ma, *Statistical Mechanics*, Sect. 14.3, World Scientific, Singapore, 1985
E. Beth and G.E. Uhlenbeck, Physics **4**, 915 (1937)
A. Pais and G.E. Uhlenbeck, Phys. Rev. **116**, 250 (1959)

Aufgaben zu Anhang B:

B.1 Führen Sie die in Gl. (B.3f) auftretenden Umformungen durch.
B.2 Führen Sie die in Gl. (B.28) auftretende Umformung durch.
B.3 Zeigen Sie, daß (B.29′) aus (B.29) folgt.
B.4 Bestimmen Sie das Verhalten der effektiven Potentiale $\tilde{v}(\mathbf{x})$ aus Gl. (B.25) bei kleinen und großen Abständen. Zeichnen Sie $\tilde{v}(\mathbf{x})$ für Bosonen und Fermionen.

C Störungsentwicklung

Für die Berechnung von Suszeptibilitäten und in anderen Problemen, bei denen sich der Hamilton-Operator $H = H_0 + V$ aus einem „ungestörten" Teil und einer Störung V zusammensetzt, benötigen wir die Relation

$$e^{H_0 + V} = e^{H_0} + \int_0^1 dt\, e^{tH_0} V e^{(1-t)H_0} + \mathcal{O}(V^2). \tag{C.1}$$

Zu deren Beweis führen wir die Definition

---
[13] Siehe z.B. QM I, Gl. (3.126)

$$A(t) = e^{Ht}e^{-H_0 t}$$

ein und bilden deren Ableitung nach der Zeit

$$\dot{A}(t) = e^{Ht}(H - H_0)e^{-H_0 t} = e^{Ht}Ve^{-H_0 t}.$$

Indem wir über die Zeit zwischen 0 und 1 integrieren

$$A(1) - A(0) = e^{H}e^{-H_0} - 1 = \int_0^1 dt\, e^{Ht}Ve^{-H_0 t},$$

erhalten wir nach Multiplikation mit e^{H_0} die exakte Identität

$$e^{H} = e^{H_0} + \int_0^1 dt\, e^{Ht}Ve^{(1-t)H_0}. \tag{C.2}$$

Entwickelt man $e^{Ht} = e^{(H_0+V)t}$ in eine Potenzreihe, so ergibt sich die Behauptung (C.1).
Die Iteration der aus (C.2) folgenden, ebenfalls exakten Identität

$$e^{Ht} = e^{H_0 t} + \int_0^t dt'\, e^{Ht'}Ve^{(t-t')H_0} \tag{C.2'}$$

ergibt

$$e^{H} = e^{H_0} + \int_0^1 dt\, e^{H_0 t}Ve^{(1-t)H_0} +$$
$$+ \int_0^1 dt \int_0^t dt'\, e^{H_0 t'}Ve^{(t-t')H_0}Ve^{(1-t)H_0} + \ldots +$$
$$+ \int_0^1 dt_1 \int_0^{t_1} dt_2 \ldots \int_0^{t_{n-1}} dt_n\, e^{H_0 t_n}Ve^{(t_{n-1}-t_n)H_0}Ve^{(t_{n-2}-t_{n-1})H_0} \ldots$$
$$\times Ve^{(1-t_1)H_0} + \ldots. \tag{C.3}$$

Mit der Substitution

$$1 - t_n = u_n,\, 1 - t_{n-1} = u_{n-1}, \ldots, 1 - t_1 = u_1$$

erhält man

$$e^{H} = e^{H_0} + \sum_{n=1}^{\infty} \int_0^1 du_1 \int_{u_1}^1 du_2 \ldots \int_{u_{n-1}}^1 du_n\, e^{(1-u_n)H_0}Ve^{(u_n-u_{n-1})H_0} \ldots$$
$$\times Ve^{(u_2-u_1)H_0}Ve^{u_1 H_0}. \tag{C.3'}$$

D Riemannsche ζ-Funktion und Bernoulli-Zahlen

Bei Fermionen treten die folgenden Integrale auf

$$\frac{1}{\Gamma(\nu)} \int_0^\infty dx \, \frac{x^{\nu-1}}{e^x + 1} = \sum_{k=1}^\infty (-1)^{k+1} \frac{1}{k^\nu}$$

$$= \sum_{k=1}^\infty \frac{1}{k^\nu} - 2 \sum_{l=1}^\infty \frac{1}{(2l)^\nu} = \left(1 - 2^{1-\nu}\right) \zeta(\nu) \,. \quad \text{(D.1)}$$

Nach dem letzten Gleichheitszeichen wurde die Riemannsche ζ-Funktion

$$\zeta(\nu) = \sum_k \frac{1}{k^\nu} \quad \text{für Re } \nu > 1 \quad \text{(D.2)}$$

eingeführt. Auch die bei Bosonen auftretenden Integrale können unmittelbar damit in Verbindung gebracht werden:

$$\frac{1}{\Gamma(\nu)} \int_0^\infty dx \, \frac{x^{\nu-1}}{e^x - 1} = \sum_{k=1}^\infty \frac{1}{k^\nu} = \zeta(\nu) \,. \quad \text{(D.3)}$$

Nach dem Residuensatz kann $\zeta(\nu)$ in der folgenden Weise dargestellt werden

$$\zeta(\nu) = \frac{1}{4i} \int_C dz \, \frac{\text{ctg}\pi z}{z^\nu} = \frac{1}{4i} \int_{C'} dz \, \frac{\text{ctg}\pi z}{z^\nu} \,. \quad \text{(D.4)}$$

Definition der Bernoulli-Zahlen:

$$\frac{1}{2} z \, \text{ctg} \frac{1}{2} z = 1 - \sum_{n=1}^\infty B_n \frac{z^{2n}}{(2n)!} \,, \quad \text{(D.5)}$$

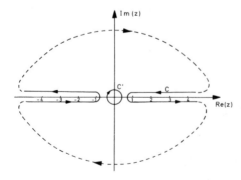

Abb. D.1. Integrationsweg in (D.4)

$$B_1 = \frac{1}{6}, \qquad B_2 = \frac{1}{30}, \qquad B_3 = \frac{1}{42}, \ldots$$

$\nu = 2k$:

$$\zeta(2k) = \frac{\pi^{-1}}{4i} \int_{C'} dz \, \frac{1 - \sum_{n=1}^{\infty} B_n \frac{(2z\pi)^{2n}}{(2n)!}}{z^{2k}\pi z} = \frac{(2\pi)^{2k} B_k}{2(2k)!}, \tag{D.6}$$

da nur der Term $n = k$ einen von Null verschiedenen Beitrag liefert.

$$\frac{1}{\Gamma(2k)} \int dx \, \frac{x^{2k-1}}{e^x + 1} = \frac{\left(2^{2k-1} - 1\right)\pi^{2k} B_k}{(2k)!}$$

$$\int_0^\infty dx \, \frac{x^{2k-1}}{e^x + 1} = \frac{\left(2^{2k-1} - 1\right)\pi^{2k} B_k}{2k} \tag{D.7}$$

$$\int_0^\infty dx \, \frac{x^{2k-1}}{e^x - 1} = (2k-1)! \frac{(2\pi)^{2k} B_k}{2(2k)!} = \frac{(2\pi)^{2k} B_k}{4k} \tag{D.8}$$

E Herleitung des Ginzburg-Landau-Funktionals

Der Einfachheit halber werden wir für die Herleitung zunächst ein System von ferromagnetischen Ising-Spins ($n = 1$) betrachten, die durch den Hamilton-Operator

$$H = -\frac{1}{2} \sum_{l,l'} J(l - l') S_l S_{l'} - h \sum_l S_l , \tag{E.1}$$

wo S_l die Werte $S_l = \pm 1$ annimmt, charakterisiert sind. Wir setzen ein d-dimensionales einfach kubisches Gitter voraus; dessen Gitterkonstante sei a_0 und die Seitenlänge des Kristalls sei L. Dieses d-dimensionale Gitter teilen wir in Zellen mit Volumen $v = a_z^d$ auf, wobei die lineare Abmessung der Zelle a_z die Ungleichung $a_0 \ll a_z \ll L$ erfüllen möge. Die Anzahl der Zellen ist $N_z = \left(\frac{L}{a_z}\right)^d = \frac{N}{\tilde{N}}$, und die Anzahl der Gitterpunkte innerhalb einer Zelle ist $\tilde{N} = \left(\frac{a_z}{a_0}\right)^d$. Schließlich definieren wir noch den Zellenspin der Zelle ν

$$m_\nu = \frac{1}{\tilde{N}} \sum_{l \in \nu} S_l , \tag{E.2}$$

dessen Wertebereich im Intervall $-1 \leq m_\nu \leq 1$ liegt. Wir definieren nun eine neue, effektive Hamilton-Funktion $\mathcal{F}(\{m_\nu\})$ für die Zellenspins durch die einer teilweisen Ausführung der Spur entsprechenden exakten Umschreibung,

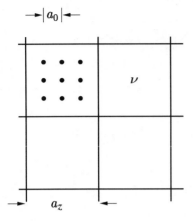

Abb. E.1. Einteilung des Gitters in Zellen

$$Z = \mathrm{Sp}\, e^{-\beta H} \equiv \sum_{\{S_l = \pm 1\}} e^{-\beta H} = \sum_{\{m_\nu\}} \mathrm{Sp}\left(e^{-\beta H} \prod_\nu \delta_{\sum_{l \in \nu} S_l, \tilde{N} m_\nu}\right)$$
$$\equiv \sum_{\{m_\nu\}} e^{-\beta \mathcal{F}(\{m_\nu\})} \quad , \tag{E.3}$$

d.h.

$$\mathcal{F}(\{m_\nu\}) = -\frac{1}{\beta} \log \sum_{\{S_l = \pm 1\}} e^{-\beta H} \prod_\nu \delta_{\sum_{l \in \nu} S_l, \tilde{N} m_\nu} \quad . \tag{E.4}$$

Für hinreichend viele Spins pro Zelle wird m_ν eine kontinuierliche Variable $\left(\Delta m_\nu = \frac{2}{\tilde{N}}\right)$

$$\sum_{m_\nu} \cdots \longrightarrow \frac{\tilde{N}}{2} \int_{-1}^{1} dm_\nu \cdots \tag{E.5}$$

$$\mathcal{F}(\{m_\nu\}) = \tilde{N} f(\{m_\nu\}) \qquad \text{für genügend großes } \tilde{N} \quad .$$

Der Feld-Term lautet in den neuen Variablen

$$-h \sum_l S_l = -h \sum_\nu \sum_{l \in \nu} S_l = -h \tilde{N} \sum_\nu m_\nu \quad . \tag{E.6}$$

Deshalb ist der Faktor $e^{-h \sum_l S_l} = e^{-h \tilde{N} \sum_\nu m_\nu}$ von der Bildung der Spur nach dem dritten Gleichheitszeichen in (E.3) überhaupt nicht berührt und überträgt sich ungeändert in $\mathcal{F}(\{m_\nu\})$. Dies hat auch die wichtige Folge, daß alle übrigen Terme in $\mathcal{F}(\{m_\nu\})$ unabhängig von h sind, und wegen der Invarianz des Austausch-Hamilton-Operators (siehe Kapitel 6) unter der Transformation $\{S_l\} \to \{-S_l\}$ gerade in m_ν sind.

E Herleitung des Ginzburg-Landau-Funktionals

Wir können $f(\{m_\nu\})$ in Terme zerlegen, die nur von einem, zweien und so weiter m_ν abhängen:

$$f(\{m_\nu\}) = \sum_{\nu=1}^{N_z} f_1(m_\nu) + \frac{1}{2}\sum_{\mu\neq\nu} f_2^{\nu\mu}(m_\nu, m_\mu) + \ldots \quad . \tag{E.7}$$

Die Taylor-Entwicklung der Funktionen in (E.7) lautet

$$f_1(m_\nu) = f_1(0) + c_2 m_\nu^2 + c_4 m_\nu^4 + \ldots - h m_\nu \tag{E.8a}$$

und

$$f_2(m_\nu, m_\mu) = -\sum_{\mu,\nu} 2K_{\mu\nu} m_\mu m_\nu + \ldots \quad . \tag{E.8b}$$

Dann folgt aus (E.3,E.5)

$$Z = \prod_\nu \frac{\tilde{N}}{2} \int_{-1}^{1} dm_\nu e^{-\beta \tilde{N} f(\{m_\nu\})} \tag{E.8c}$$

mit

$$f(\{m_\nu\}) = N_z f_1(0) + \sum_\nu \left(a m_\nu^2 + \frac{b}{2} m_\nu^4 + \ldots - h m_\nu \right)$$
$$+ \frac{1}{2} \sum_{\mu,\nu} K_{\mu\nu} (m_\mu - m_\nu)^2 + \ldots \quad . \tag{E.8d}$$

Die Koeffizienten $f_1(0), a, b$ und $K_{\mu\nu}$ sind Funktionen von T und $J_{ll'}$. Die Zellen bilden wie das Ausgangsgitter ein einfach kubisches Gitter, nämlich das Zellengitter mit der Gitterkonstanten a_z und den Gittervektoren $\mathbf{a}_\nu$. Es sei N_i die Zahl der Gitterpunkte (Zellen) in Richtung i, deren Produkt $N_1 N_2 N_3 = N_z$ sein muß; dann definieren wir die Wellenzahlvektoren mit Komponenten

$$k_i = \frac{2\pi r_i}{N_i a_z}, \text{ wobei } -\frac{N_i}{2} < r_i \leq \frac{N_i}{2} \quad . \tag{E.9}$$

Die Vektoren des reziproken Gitters bezüglich des Zellengitters sind durch

$$\mathbf{g} = \frac{2\pi}{a_z}(n_1, n_2, n_3) \tag{E.10}$$

gegeben. Die Fourier-Transformation der Zellenspins wird über

$$m_\nu = \frac{1}{\sqrt{N_z}} \sum_{\mathbf{k}} e^{i\mathbf{k}\mathbf{a}_\nu} m_{\mathbf{k}} \tag{E.11a}$$

554   Anhang

$$m_{\mathbf{k}} = \frac{1}{\sqrt{N_z}} \sum_\nu e^{-i\mathbf{k}\mathbf{a}_\nu} m_\nu \qquad (\text{E.11b})$$

eingeführt.
Die Orthogonalität und die Vollständigkeit der Fourier-Koeffizienten lautet

$$\sum_{\mathbf{k}} e^{i\mathbf{k}(\mathbf{a}_\nu - \mathbf{a}_{\nu'})} = N_z \delta_{\nu\nu'} \qquad (\text{E.12a})$$

$$\sum_\nu e^{i(\mathbf{k}-\mathbf{k}')\mathbf{a}_\nu} = N_z \Delta(\mathbf{k}-\mathbf{k}') \equiv N_z \begin{cases} 1 & \text{für } \mathbf{k}-\mathbf{k}' = \mathbf{g} \\ 0 & \text{sonst} \end{cases}, \qquad (\text{E.12b})$$

wo $\mathbf{g}$ ein beliebiger Vektor des reziproken Gitters ist.
Die Transformation der einzelnen Terme der freien Energie lautet

$$a \sum_\nu m_\nu^2 = a \sum_\mathbf{k} m_\mathbf{k} m_{-\mathbf{k}} ,$$

$$b \sum_\nu m_\nu^4 = \frac{b}{N_z^2} \sum_\nu \sum_{\mathbf{k}_1,\ldots,\mathbf{k}_4} e^{i(\mathbf{k}_1+\ldots+\mathbf{k}_4)\mathbf{a}_\nu} m_{\mathbf{k}_1} \ldots m_{\mathbf{k}_4}$$

$$= \frac{b}{N_z} \sum_{\mathbf{k}_1,\ldots\mathbf{k}_4} \Delta(\mathbf{k}_1+\ldots+\mathbf{k}_4) m_{\mathbf{k}_1} m_{\mathbf{k}_2} m_{\mathbf{k}_3} m_{\mathbf{k}_4} , \qquad (\text{E.13a})$$

$$h\tilde{N} \sum_\nu m_\nu = h\tilde{N} \sqrt{N_z} m_{\mathbf{k}=\mathbf{0}} .$$

Wegen der Translationsinvarianz hängt die Wechselwirkung $K_{\mu\nu}$ nur vom Abstand ab,

$$\frac{1}{2} \sum_{\nu,\nu'} K(\nu-\nu')(m_\nu - m_{\nu'})^2$$

$$= \frac{1}{2N_z} \sum_\nu \sum_\delta \sum_{\mathbf{k}\mathbf{k}'} K(\delta) e^{i\mathbf{k}\mathbf{a}_\nu}\left(1-e^{i\mathbf{k}\mathbf{a}_\delta}\right) m_\mathbf{k} e^{-i\mathbf{k}'\mathbf{a}_\nu}\left(1-e^{-i\mathbf{k}'\mathbf{a}_\delta}\right) m_{-\mathbf{k}'}$$

$$= \sum_\mathbf{k} v(\mathbf{k}) m_\mathbf{k} m_{-\mathbf{k}} .$$

Hier wurde $\delta \equiv \nu - \nu'$ eingeführt, und

$$v(\mathbf{k}) = \sum_\delta K(\delta)(1-\cos\mathbf{k}\mathbf{a}_\delta) = \sum_\delta K(\delta) \, 2 \sin^2 \frac{\mathbf{k}\mathbf{a}_\delta}{2} \qquad (\text{E.13b})$$

definiert. Wegen der kurzen Reichweite der Wechselwirkungskoeffizienten $K(\delta)$ kann $\sin^2 \frac{\mathbf{k}\mathbf{a}_\delta}{2}$ für kleine $\mathbf{k}$ in eine Taylor-Reihe entwickelt werden, und diese nach dem ersten Term abgebrochen werden. Unter Beachtung der kubischen Symmetrie ergibt sich in d Dimensionen

$$v(\mathbf{k}) = \mathbf{k}^2 \frac{1}{2d} \sum_{\delta} K(\delta)\mathbf{a}_\delta{}^2 + \mathcal{O}(k^4) \quad . \tag{E.13c}$$

Somit ist die Zustandssumme im Fourier-Raum

$$Z = Z_0 \Big(\prod_\mathbf{k} \int dm_\mathbf{k}\Big) \exp\Big\{-\beta\tilde{N}\Big[\sum_k (a+ck^2)m_\mathbf{k} m_{-\mathbf{k}}$$
$$+\frac{b}{2}\frac{1}{N_z}\sum_{\mathbf{k}_1\ldots\mathbf{k}_4} \Delta(\mathbf{k}_1+\ldots+\mathbf{k}_4)\,m_{\mathbf{k}_1}\ldots m_{\mathbf{k}_4} - h\sqrt{N_z}\,m_{\mathbf{k}=\mathbf{0}}+\ldots\Big]\Big\},$$
$$\tag{E.14}$$

wo Z_0 der aus (E.8c) folgende $m_\mathbf{k}$-unabhängige Teil der Zustandssumme ist.

Definition von $\int dm_\mathbf{k}$:

Wegen $m_\mathbf{k}^* = m_{-\mathbf{k}}$ kann (E.11a) in der Form

$$\begin{aligned}
m_\nu &= \frac{1}{\sqrt{N_z}} \sum_{\mathbf{k}\in HR} \big(e^{i\mathbf{k}\mathbf{a}_\nu}(\mathrm{Re}\,m_\mathbf{k} + i\mathrm{Im}\,m_\mathbf{k}) \\
&\qquad + e^{-i\mathbf{k}\mathbf{a}_\nu}(\mathrm{Re}\,m_\mathbf{k} - i\mathrm{Im}\,m_\mathbf{k})\big) \\
&= \frac{1}{\sqrt{N_z}} \sum_{\mathbf{k}\in HR} \Big(\frac{e^{i\mathbf{k}\mathbf{a}_\nu}+e^{-i\mathbf{k}\mathbf{a}_\nu}}{\sqrt{2}}\underbrace{(\sqrt{2}\,\mathrm{Re}\,m_\mathbf{k})}_{y_\mathbf{k}} \\
&\qquad + i\frac{e^{i\mathbf{k}\mathbf{a}_\nu}-e^{-i\mathbf{k}\mathbf{a}_\nu}}{\sqrt{2}}\underbrace{(\sqrt{2}\,\mathrm{Im}\,m_\mathbf{k})}_{y_{-\mathbf{k}}}\Big)
\end{aligned} \tag{E.15a}$$

geschrieben werden, wo sich die $\mathbf{k}$-Summen nur über einen Halbraum (HR) des $\mathbf{k}$-Raums erstrecken. Dies ist eine orthogonale Transformation

$$\sum_\nu \big(e^{i\mathbf{k}\mathbf{a}_\nu}+e^{-i\mathbf{k}\mathbf{a}_\nu}\big)\big(e^{i\mathbf{k}'\mathbf{a}_\nu}+e^{-i\mathbf{k}'\mathbf{a}_\nu}\big)\frac{1}{2N_z} = \delta_{\mathbf{k},\mathbf{k}'} \tag{E.15b}$$

und entsprechend für $\sin \mathbf{k}\mathbf{a}_\nu$. Die gemischten Terme ergeben Null. Daraus folgt

$$\int \prod_\nu dm_\nu \ldots = \int \prod_{\mathbf{k}\in HR}(\sqrt{2}d\,\mathrm{Re}\,m_\mathbf{k})(\sqrt{2}d\,\mathrm{Im}\,m_\mathbf{k}) \ldots = \int \prod_\mathbf{k} dy_\mathbf{k} \ldots \tag{E.15c}$$

Offensichtlich ist nach (E.13b)

$$v(\mathbf{k}) = v(-\mathbf{k}) = v(\mathbf{k})^* \tag{E.15d}$$

und

$$\sum_{\mathbf{k}} v(\mathbf{k}) m_{\mathbf{k}} m_{-\mathbf{k}} = \sum_{\mathbf{k} \in HR} v(\mathbf{k}) \left(\left(\sqrt{2}\operatorname{Re} m_{\mathbf{k}}\right)^2 + \left(\sqrt{2}\operatorname{Im} m_{\mathbf{k}}\right)^2 \right)$$
$$= \sum_{\mathbf{k}} v(\mathbf{k}) y_{\mathbf{k}}^2 \quad . \quad \text{(E.15e)}$$

In harmonischer Näherung folgt aus (E.15d), wie sich auch in (7.4.47) bestätigen wird

$$\langle m_{\mathbf{k}} m_{\mathbf{k}'} \rangle = \int \left(\prod_{\mathbf{k}} dm_{\mathbf{k}} \right) \frac{e^{-\sum_{\mathbf{k}} v(\mathbf{k})|m_{\mathbf{k}}|^2}}{Z} m_{\mathbf{k}} m_{\mathbf{k}'} = \frac{\delta_{\mathbf{k}',-\mathbf{k}}}{2v(\mathbf{k})} \quad . \quad \text{(E.16)}$$

<u>Kontinuums-Limes $v = a_z^d \to 0$.</u>

Wenn wir Wellenlängen betrachten, die groß sind gegen a_z, können wir zum Kontinuumslimes übergehen.

$$m(\mathbf{x}_\nu) = \frac{1}{\sqrt{v}} m_\nu \tag{E.17}$$

$$m(\mathbf{x}) = \frac{1}{\sqrt{N_z a_z^d}} \sum_{\mathbf{k} \in B} e^{i\mathbf{k}\mathbf{x}} m_{\mathbf{k}} \quad . \tag{E.18}$$

Im strengen Kontinuumslimes geht die Brillouin-Zone gegen ∞. Die Terme im Ginzburg-Landau-Funktional lauten

$$\sum_\nu m_\nu^2 = \int d^dx\, m(\mathbf{x})^2 \, , \qquad \sum_\nu m_\nu^4 = v \int d^dx\, m(\mathbf{x})^4 \, ,$$
$$\sum_\nu h m_\nu = \frac{h}{\sqrt{v}} \int d^dx\, m(\mathbf{x}) \, , \qquad \sum_\mathbf{k} k^2 |m_\mathbf{k}|^2 = \int d^dx \bigl(\nabla m(\mathbf{x})\bigr)^2 \, , \quad \text{(E.19)}$$
$$\int \prod_\nu dm_\nu \ldots \to \int \mathcal{D}[m(\mathbf{x})] \ldots \equiv \int \prod_\nu \bigl(\sqrt{v}\, dm(\mathbf{x}_\nu)\bigr) \, .$$

Die Funktionalintegrale sind durch die Diskretisierung definiert. Somit kommen wir als Ergebnis zum *Ginzburg-Landau-Funktional*

$$\mathcal{F}[m(\mathbf{x})] = \int d^dx \left[am^2(\mathbf{x}) + \frac{b}{2} m^4(\mathbf{x}) + c(\nabla m)^2 - hm(\mathbf{x}) + \ldots \right] \quad \text{(E.20)}$$

durch welches die Zustandssumme durch das folgende Funktionalintegral gegeben ist

$$Z = Z_0(T) \int \mathcal{D}[m(\mathbf{x})] e^{-\beta \mathcal{F}[m(\mathbf{x})]} \quad . \tag{E.21}$$

(i) Wir haben hier die Koeffizienten nochmals umdefiniert, z.B. wurde $\frac{1}{\sqrt{v}}$ mit h zusammengefaßt. Der Koeffizient $Z_0(T)$ ergibt sich aus den früheren Vorfaktoren, ist aber für das weitere uninteressant.
(ii) Wegen der nur teilweisen Ausführung der Spur sind die Koeffizienten a, b, c und $Z_0(T)$ "unkritisch", d.h. nicht singulär in $T, J, \ldots$ etc.
(iii) Im weiteren dehnen wir $\int_{-1}^{1} dm_\nu \ldots = \int_{-1/\sqrt{v}}^{1/\sqrt{v}} dm(\mathbf{x}) \to \int_{-\infty}^{\infty} dm(\mathbf{x})$ den Integrationsbereich aus, da $m(\mathbf{x})$ ohnehin durch e^{-bm^4} eingeschränkt wird. Der *wahrscheinlichste Wert* ist $m(\mathbf{x}) \sim \sqrt{\frac{-a}{b}}$, und deshalb $m_\nu \sim \sqrt{v}\sqrt{\frac{a}{b}} \ll 1$.
(iv) *Allgemeine Aussagen über die Koeffizienten* im Ginzburg-Landau-Funktional:
α) $\mathcal{F}[m(\mathbf{x})]$ hat dieselbe Symmetrie wie die mikroskopische Spin-Hamilton Funktion. D.h. bis auf den Term mit h, ist $\mathcal{F}[m(\mathbf{x})]$ eine gerade Funktion in $m(\mathbf{x})$.
β) Aus der vorhergehenden Umformung des h-Terms ist ersichtlich, daß a, b, c unabhängig von h sind. Insbesondere werden durch die partielle Spurbildung keine höheren ungeraden Terme produziert.
γ) Die Stabilität verlangt $b > 0$. Sonst darf man nicht bei m^4 abbrechen. Am trikritischen Punkt ist $b = 0$, so daß man den Term der Ordnung m^6 mit berücksichtigen muß.
δ) Die ferromagnetische Wechselwirkung begünstigt parallele Spins, d.h. Inhomogenität kostet Energie. Also $c\nabla m \nabla m$ mit $c > 0$.
ϵ) Bezüglich der Temperaturabhängigkeit des G.-L.-Koeffizienten a verweisen wir auf den Haupttext, Gl. (7.4.8).
(v) Im *thermodynamischen Limes* wird die lineare Abmessung $L \to \infty$

$$m(\mathbf{x}) = \frac{1}{L^{d/2}} \sum_{\mathbf{k} \in B} e^{i\mathbf{k}\mathbf{x}} m_\mathbf{k} = \frac{1}{L^d} \sum_{\mathbf{k}} e^{i\mathbf{k}\mathbf{x}} m(\mathbf{k})$$

$m(\mathbf{x}) \stackrel{L \to \infty}{\longrightarrow} \int_B \frac{d^d k}{(2\pi)^d} e^{i\mathbf{k}\mathbf{x}} m(\mathbf{k})$, wo das Integral über die Brillouin-Zone B: $k_i \in \left[-\frac{\pi}{a_z}, \frac{\pi}{a_z}\right]$ erstreckt wird und $m(\mathbf{k}) = L^{d/2} m_\mathbf{k}$.

Später wird das Integral über die kubische Brillouin-Zone durch eine Kugel genähert

$$m(\mathbf{x}) = \int_{|\mathbf{k}| < \Lambda} \frac{d^d k}{(2\pi)^d} e^{i\mathbf{k}\mathbf{x}} m(\mathbf{k}) \,.$$

Ginzburg-Landau-Funktionale kann man für jede Art von Phasenübergang aufstellen. Es ist dazu auch nicht notwendig von einer mikroskopischen Herleitung auszugehen. Die Form ergibt sich aus der Kenntnis der Symmetrie des Ordnungsparameters.

F Transfermatrix-Methode

Die Transfermatrix-Methode ist ein wichtiges Instrument zur exakten Lösung von Modellen in der statistischen Mechanik. Sie bewährt sich insbesondere bei zweidimensionalen und eindimensionalen Modellen. Wir führen die Transfermatrix-Methode mit der Lösung des *eindimensionalen Ising-Modells* ein. Das eindimensionale *Ising-Modell für N Spins mit Wechselwirkung zwischen nächsten Nachbarn* wird durch die Hamilton-Funktion

$$\mathcal{H} = -J \sum_{j=1}^{N} \sigma_j \sigma_{j+1} - H \sum_{j=1}^{N} \sigma_j \,, \tag{F.1}$$

dargestellt, wobei periodische Randbedingungen, $\sigma_{N+1} = \sigma_1$, vorausgesetzt werden. Die Zustandssumme ($K \equiv \beta J$, $h \equiv \beta H$) hat die Gestalt

$$Z_N = \sum_{\{\sigma_i = \pm 1\}} \prod_{j=1}^{N} e^{K \sigma_j \sigma_{j+1} + \frac{h}{2}(\sigma_j + \sigma_{j+1})} = \mathrm{Sp}\left(T^N\right) \,. \tag{F.2}$$

Nach dem zweiten Gleichheitszeichen wurde die durch

$$T_{\sigma\sigma'} \equiv e^{K\sigma\sigma' + \frac{h}{2}(\sigma + \sigma')} \tag{F.3}$$

definierte *Transfer-Matrix* eingeführt. Deren Matrixdarstellung lautet

$$T = \begin{pmatrix} e^{K+h} & e^{-K} \\ e^{-K} & e^{K-h} \end{pmatrix} \,. \tag{F.4}$$

Man findet leicht die beiden Eigenwerte dieser (2×2) Matrix

$$\lambda_{1,2} = e^K \cosh h \pm \left(e^{-2K} + e^{2K} \sinh^2 h\right)^{1/2} \,. \tag{F.5}$$

Die Spur in (F.2) ist invariant gegenüber orthogonalen Transformationen. Indem man auf diejenige Basis transformiert, in der T diagonal ist, sieht man, daß

$$Z_N = \lambda_1^N + \lambda_2^N \tag{F.6}$$

ist. Die *freie Energie* pro Spin ist durch den Logarithmus der Zustandssumme

$$f(T, H) = -kT \lim_{N \to \infty} \frac{1}{N} \log Z_N \tag{F.7}$$

gegeben. Im thermodynamischen Grenzfall, $N \to \infty$, dominiert der größte Eigenwert:

$$f = -kT \log \lambda_1 \quad (\text{wegen } \lambda_1 \geq \lambda_2 \text{ für alle } T \geq 0) \,. \tag{F.8}$$

Es tritt in einer Dimension kein Phasenübergang auf, da

$$f(T,0) = -kT\left[\log 2 + \log(\cosh\beta J)\right] \tag{F.9}$$

für $T > 0$ glatt ist. Wegen der kurzreichweitigen Wechselwirkung sind ungeordnete Spin-Konfigurationen (große Entropie S) im Gleichgewicht ($F(T,0) = E - TS$ minimal) wahrscheinlicher als geordnete Konfigurationen (kleine innere Energie E). Die isotherme Suszeptibilität $\chi = \left(\frac{\partial m}{\partial H}\right)_T$ für $H = 0$ ergibt sich aus (F.8) zu $\chi = \beta e^{2\beta J}$ für kleine T. Es liegt ein Pseudo-Phasenübergang bei $T = 0$ vor: $m_0^2 = 1$, $\chi_0 = \infty$.

Magnetisierung: $m = -\partial f/\partial B$ \hspace{2cm} Spezifische Wärme: $C_H = -T\partial^2 f/\partial T^2$

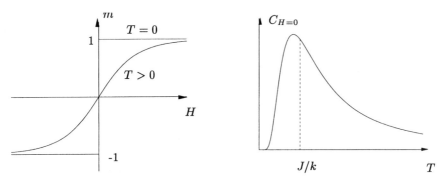

Abb. F.1. Magnetisierung und spezifische Wärme des eindimensionalen Ising-Modells

Man kann auch die *Spin-Korrelationsfunktion* mit Hilfe der Transfermatrix ausdrücken und berechnen:

$$\begin{aligned}
\langle \sigma_k \sigma_l \rangle_N &\equiv \frac{1}{Z_N} \sum_{\{\sigma_i = \pm 1\}} e^{-\beta \mathcal{H}} \sigma_k \sigma_l \\
&= \frac{1}{Z_N} \sum_{\{\sigma_i = \pm 1\}} T_{\sigma_1 \sigma_2} \ldots T_{\sigma_{k-1}\sigma_k} \sigma_k T_{\sigma_k \sigma_{k+1}} \ldots T_{\sigma_{l-1}\sigma_l} \\
&\qquad \times \sigma_l T_{\sigma_l \sigma_{l+1}} \ldots T_{\sigma_{N-1}\sigma_1} \\
&= \frac{1}{Z_N} \sum_{\pm} \langle \chi_\pm | T^k \tau_z T^{l-k} \tau_z T^{N-l} | \chi_\pm \rangle \\
&= Z_N^{-1} \mathrm{Sp}\left(\tau_z T^{l-k} \tau_z T^{N-l+k}\right), \quad \tau_z \equiv \begin{pmatrix} 1 & 0 \\ 0 & -1 \end{pmatrix}, \quad l \geq k.
\end{aligned} \tag{F.10}$$

Zur Unterscheidung von $\sigma_i = \pm 1$ werden hier die Pauli-Matrizen mit $\tau_{x,y,z}$ bezeichnet. Die Spur in der letzten Zeile von (F.10) bedeutet die Summe der beiden Diagonalmatrixelemente in den Pauli-Spinorzuständen $\chi_\pm$. Die weitere Auswertung erfolgt durch Diagonalisierung von $\mathcal{T}$:

$$\Gamma \mathcal{T} \Gamma^{-1} = \begin{pmatrix} \lambda_1 & 0 \\ 0 & \lambda_2 \end{pmatrix} \equiv \Lambda \quad , \quad \text{wo} \quad \Gamma = \frac{1}{\sqrt{2}} \begin{pmatrix} 1 & 1 \\ -1 & 1 \end{pmatrix} \quad .$$

Wegen

$$\Gamma \tau_z \Gamma^{-1} = -\begin{pmatrix} 0 & 1 \\ 1 & 0 \end{pmatrix} \equiv -\tau_x$$

folgt aus (F.10)

$$\langle \sigma_k \sigma_l \rangle_N = Z_N^{-1} \mathrm{Sp}(\tau_x \Lambda^{l-k} \tau_x \Lambda^{N-l+k})$$

und somit für $l - k \ll N$ im thermodynamischen Grenzfall $N \to \infty$ das Endergebnis

$$\langle \sigma_k \sigma_l \rangle = \left(\frac{\lambda_2}{\lambda_1}\right)^{l-k} \quad . \tag{F.11}$$

Für $T > 0$ ist $\lambda_2 < \lambda_1$, d.h. $\langle \sigma_k \sigma_l \rangle$ fällt mit wachsendem Abstand $l-k$ ab. Für $T \to 0$ geht $\lambda_1 \to \lambda_2$ (asymptotische Entartung), so daß die Korrelationslänge $\xi \to \infty$ wird.

Durch die Transfermatrix-Methode wird das eindimensionale Ising-Modell auf ein nulldimensionales (ein einziger Spin) Quantensystem abgebildet. Das zweidimensionale Ising-Modell wird auf ein eindimensionales Quantensystem abgebildet. Da es möglich ist, dessen Hamilton-Operator zu diagonalisieren, kann auf diesem Weg das zweidimensionale Ising-Modell exakt gelöst werden.

G Integrale mit der Maxwell-Verteilung

$$f^0(\mathbf{v}) = n \left(\frac{m}{2\pi kT}\right)^{3/2} e^{-\frac{mv^2}{2kT}} \tag{G.1a}$$

$$\int d^3v \, f^0(\mathbf{v}) = n \tag{G.1b}$$

$$\int d^3v \left(\frac{mv^2}{2}\right)^s f^0(\mathbf{v}) = n \left(\frac{m}{2\pi kT}\right)^{3/2} \left(-\frac{\partial}{\partial(1/kT)}\right)^s \underbrace{\int d^3v \, e^{-\frac{mv^2}{2kT}}}_{\left(\frac{\pi}{m/2kT}\right)^{3/2}}$$

$$= n(kT)^s \frac{3}{2} \frac{5}{2} \cdots \frac{1+2s}{2} \quad s = 1, 2, \ldots \tag{G.1c}$$

$$\int d^3v \, \frac{mv^2}{2} f^0(\mathbf{v}) = \frac{3}{2} nkT \tag{G.1d}$$

$$\int d^3v \left(\frac{mv^2}{2}\right)^2 f^0(\mathbf{v}) = \frac{15}{4} n(kT)^2 \tag{G.1e}$$

$$\int d^3v \left(\frac{mv^2}{2}\right)^3 f^0(\mathbf{v}) = \frac{105}{8} n(kT)^3 \tag{G.1f}$$

$$\int d^3v \, v_k v_i v_j v_l f^0(\mathbf{v}) = \lambda \big(\delta_{ki}\delta_{jl} + \delta_{kj}\delta_{il} + \delta_{kl}\delta_{ij}\big) \,, \quad \lambda = \frac{kT}{m} \tag{G.1g}$$

Man zeigt (G.1g), indem man zunächst feststellt, daß das Ergebnis von der angegebenen Gestalt sein muß und dann die Summe $\sum_{k=i}\sum_{j=l}$ bildet: Nach Vergleich mit (G.1e) folgt aus $\int d^3v \left(\mathbf{v}^2\right)^2 f^0(\mathbf{v}) = 15\lambda$ das Resultat $\lambda = \frac{kT}{m}$.

H Hydrodynamik

In diesem Anhang befassen wir uns mit der mikroskopischen Herleitung von linearen, hydrodynamischen Gleichungen. Die hydrodynamischen Gleichungen bestimmen das Niederfrequenz- bzw. Langzeitverhalten eines Systems. Sie sind also die Bewegungsgleichungen der Erhaltungsgrößen und von Variablen, die mit einer gebrochenen, kontinuierlichen Symmetrie zusammenhängen. Nichterhaltene Größen werden rasch auf den durch die Erhaltungsgrößen festgelegten lokalen Gleichgewichtswert relaxieren. Die Erhaltungsgrößen (Energie, Dichte, Magnetisierung...) können nur durch Strömung von einem Raumgebiet in ein anderes zeitlich variieren. Das bedeutet, daß Bewegungsgleichungen von Erhaltungsgrößen $E(\mathbf{x})$ typischerweise von der Form $\dot{E}(\mathbf{x}) = -\nabla \mathbf{j}_E(\mathbf{x})$ sind. Schon allein der hierin auftretende Gradient bedingt bereits, daß die charakteristische Rate (Frequenz, Zerfallsrate) für Erhaltungsgrößen proportional zur Wellenzahl q ist. Da $\mathbf{j}_E$ proportional zu Erhaltungsgrößen oder Gradienten von Erhaltungsgrößen sein kann, haben

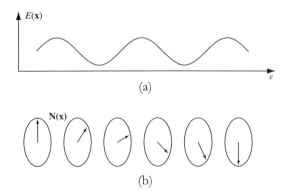

Abb. H.1. Erhaltungsgrößen und symmetriegebrochene Variable:
a) Energiedichte $E(\mathbf{x})$,
b) alternierende Magnetisierung $\mathbf{N}(\mathbf{x})$ in einem isotropen oder planaren Antiferromagneten

hydrodynamische Variable eine charakteristische Rate $\sim q^\kappa$, d.h. eine Potenz der Wellenzahl q, wobei i.A. $\kappa = 1, 2$. Im Falle einer gebrochenen, kontinuierlichen Symmetrie gibt es noch weitere hydrodynamische Variable. So ist in einem isotropen Antiferromagneten die alternierende Magnetisierung **N** nicht erhalten. In der geordneten Phase ist ihr Mittelwert endlich und kann in eine beliebige Raumrichtung orientiert sein. Es kostet deshalb keine Energie, die alternierende Magnetisierung zu drehen. Das bedeutet, daß mikroskopische Variable, die eine zur alternierenden Magnetisierung transversale Schwankung darstellen, ebenfalls zum Satz der hydrodynamischen Variablen gehören (Abb. H.1).

H.1 Hydrodynamische Gleichungen, phänomenologisch

Um uns einen Einblick in die Struktur hydrodynamischer Gleichungen zu verschaffen, wollen wir zunächst ein einfaches Beispiel betrachten, nämlich die Hydrodynamik eines Ferromagneten, für den einzig allein die Magnetisierungsdichte erhalten ist. Die Magnetisierungsdichte $M(\mathbf{x})$ genügt der Kontinuitätsgleichung

$$\dot{M}(\mathbf{x}) = -\nabla \mathbf{j}_M(\mathbf{x}) \ . \tag{H.1}$$

Hier ist $\mathbf{j}_M$ die Magnetisierungsstromdichte. Diese ist umso größer, je größer der Unterschied zwischen den Magnetfeldern an verschiedenen Stellen des Materials ist. Daraus ergibt sich die phänomenologische Beziehung

$$\mathbf{j}_M(\mathbf{x}) = -\lambda \nabla H(\mathbf{x}) \tag{H.2}$$

wo λ die Magnetisierungsleitfähigkeit ist. Das lokale Magnetfeld hängt mit der Magnetisierungsdichte über die Relation

$$H(\mathbf{x}) = \frac{1}{\chi} M(\mathbf{x}) \ , \tag{H.3}$$

in die die magnetische Suszeptibilität χ eingeht, zusammen. Setzt man (H.3) in (H.2) und diese in (H.1) ein, so findet man die Diffusionsgleichung

$$\dot{M}(\mathbf{x}, t) = D\nabla^2 M(\mathbf{x}, t) \ , \tag{H.4}$$

wo die Magnetisierungsdiffusionskonstante durch

$$D = \frac{\lambda}{\chi}$$

definiert ist. Zur Lösung von (H.4) ist es zweckmäßig, die räumliche Fourier-Transformation einzuführen, dann nimmt die Diffusionsgleichung (H.4) die Form

$$\dot{M}_\mathbf{q} = -Dq^2 M_\mathbf{q} \tag{H.5}$$

an, mit dem offensichtlichen Ergebnis

$$M_{\mathbf{q}}(t) = e^{-Dq^2 t} M_{\mathbf{q}}(0) \ . \tag{H.6}$$

Die diffusive Relaxationsrate Dq^2 ist umso kleiner je kleiner die Wellenzahl ist. Für mehrere Variable $X_{\mathbf{q}}^c$, deren Abweichungen vom Gleichgewicht wir mit $\delta\langle X_{\mathbf{q}}^c\rangle$ bezeichnen, haben die hydrodynamischen Gleichungen die allgemeine Gestalt

$$\frac{\partial}{\partial t}\delta\langle X_{\mathbf{q}}^c\rangle + M^{cc'}(\mathbf{q})\,\delta\langle X_{\mathbf{q}}^{c'}\rangle = 0 \ . \tag{H.7}$$

Hier ist $M^{cc'}(\mathbf{q})$ eine Matrix, die mit $\mathbf{q} \to 0$ verschwindet. Für die Hydrodynamik von Flüssigkeiten erinnern wir an Gl. (9.4.46a-c).

H.2 Kubo-Relaxationsfunktion

In der Theorie des linearen Responses[14] untersucht man die Einwirkung einer äußeren Kraft $F(t)$, die an den Operator B koppelt. Der Hamilton-Operator enthält dann den Zusatzterm

$$H'(t) = -F(t)B \ . \tag{H.8}$$

Für die Änderung des Erwartungswertes eines Operators A gegenüber dem Gleichgewichtserwartungswert erhält man in erster Ordnung in $F(t)$

$$\delta\langle A(t)\rangle = \int_{-\infty}^{\infty} dt'\, \chi_{AB}(t-t') F(t') \tag{H.9}$$

mit der dynamischen Suszeptibilität

$$\chi_{AB}(t-t') = \frac{i}{\hbar}\Theta(t-t')\langle [A(t), B(t')]\rangle \ . \tag{H.10}$$

Deren Fourier-Transformierte ist

$$\chi_{AB}(\omega) = \int_{-\infty}^{\infty} dt\, e^{i\omega t} \chi_{AB}(\omega) \ . \tag{H.11}$$

Wir betrachten nun eine Störung, die langsam eingeschaltet wird und die zur Zeit $t = 0$ wieder abgeschaltet wird: $F(t) = e^{\epsilon t}\Theta(-t)F$. Dann findet man aus (H.9)

$$\delta\langle A(t)\rangle = \int_{-\infty}^{\infty} dt'\, \chi_{AB}(t-t') F\Theta(-t') e^{\epsilon t'}$$

$$= \int_{t}^{\infty} du\, \chi_{AB}(u) F e^{\epsilon(t-u)} \ , \tag{H.12}$$

---
[14] QM II, Abschn. 4.3

wo die Substitution $t - t' = u$ eingeführt wurde. Das Abklingen der Störung für $t > 0$ wird also durch

$$\delta\langle A(t)\rangle = \phi_{AB}(t) F e^{\epsilon t} \tag{H.13}$$

beschrieben,[15] wobei die *Kubo-Relaxationsfunktion* $\phi_{AB}(t)$ durch

$$\phi_{AB}(t) = \frac{i}{\hbar} \int_t^\infty dt' \langle [A(t'), B(0)]\rangle e^{-\epsilon t'} \tag{H.14}$$

definiert ist. Deren halbseitige Fourier–Transformierte ist durch

$$\phi_{AB}(\omega) \equiv \int_0^\infty dt\, e^{i\omega t} \phi_{AB}(t) \tag{H.15}$$

gegeben. Die Kubo-Relaxationsfunktion hat die folgenden Eigenschaften:

$$\phi_{AB}(t=0) = \chi_{AB}(\omega = 0), \tag{H.16}$$

$$\dot\phi_{AB}(t) = -\chi_{AB}(t) \quad \text{für } t > 0, \tag{H.17}$$

$$\phi_{AB}(\omega) = \frac{1}{i\omega}\bigl(\chi_{AB}(\omega) - \chi_{AB}(\omega = 0)\bigr). \tag{H.18}$$

Gl. (H.16) folgt durch Vergleich mit der Fourier-Transformierten dynamischen Suszeptibilität, Gl. (H.11). Die zweite Relation erhält man unmittelbar durch Ableiten von (H.14). Die dritte Relation erhält man durch halbseitige Fourier-Transformation von (H.17)

$$-\int_0^\infty dt\, e^{i\omega t}\chi_{AB}(t) = \int_0^\infty dt\, e^{i\omega t}\dot\phi_{AB}(t) = e^{i\omega t}\phi_{AB}(t)\Big|_0^\infty - i\omega \int_0^\infty dt\, e^{i\omega t}\phi_{AB}(t)$$

$$= \phi_{AB}(t=0) - i\omega \phi_{AB}(\omega)$$

und Verwendung von $\phi_{AB}(t=\infty) = 0$, (H.16) und

$$\int_0^\infty dt\, e^{i\omega t}\chi_{AB}(t) = \int_{-\infty}^\infty dt\, e^{i\omega t}\chi_{AB}(t) = \chi_{AB}(\omega).$$

Weiters zeigt man für $t \geq 0$

$$\phi_{\dot A B}(t) = \int_t^\infty dt'\, \frac{i}{\hbar}\langle [\dot A(t'), B(0)]\rangle e^{-\epsilon t'} = -\frac{i}{\hbar}\langle [A(t), B(0)]\rangle = -\chi_{AB}(t)$$

d.h.

$$\phi_{\dot A B}(\omega) = -\chi_{AB}(\omega) \tag{H.19}$$

und zusammen mit (H.18)

$$\omega \phi_{AB}(\omega) = i\phi_{\dot A B}(\omega) + i\chi_{AB}(\omega = 0). \tag{H.20}$$

Wir werden später auch noch die Identität

$$\chi_{\dot A B^\dagger}(\omega = 0) = \frac{i}{\hbar}\int_0^\infty dt'\langle [\dot A(t'), B(0)^\dagger]\rangle = -\frac{i}{\hbar}\langle [A(0), B(0)^\dagger]\rangle \tag{H.21}$$

benötigen, die aus der Fourier-Transformation von (H.10) und dem Verschwinden von $\langle [A(\infty), B(0)^\dagger]\rangle$ folgt.

---

[15] Der Faktor $e^{\epsilon t}$ ist in (H.13) ohne Belang, da $\phi_{AB}(t)$ zeitlich rascher relaxiert.

H.3 Mikroskopische Ableitung hydrodynamischer Gleichungen

H.3.1 Hydrodynamische Gleichungen und Relaxation

Wir führen hier folgende Notation ein.

$$X^i(\mathbf{x},t) \qquad i = 1, 2, \ldots \qquad \text{Dichten (hermitesch)}$$

$$X^i_{\mathbf{q}}(t) = \frac{1}{\sqrt{V}} \int d^3 x \, e^{-i\mathbf{q}\mathbf{x}} X^i(\mathbf{x},t) \qquad \text{Fourier-Transformierte} \qquad \text{(H.22a)}$$

$$X^i(\mathbf{x},t) = \frac{1}{\sqrt{V}} \sum_{\mathbf{q}} e^{i\mathbf{q}\mathbf{x}} X^i_{\mathbf{q}}(t) , \qquad X^{i\dagger}_{\mathbf{q}} = X^i_{-\mathbf{q}} \qquad \text{(H.22b)}$$

$$\chi^{ij}(\mathbf{q},t) \equiv \chi_{X^i_{\mathbf{q}}, X^j_{-\mathbf{q}}}(t) \qquad \text{etc.}$$

Erhaltene Dichten werden wir im weiteren durch Indizes $c, c', \ldots$ etc. und nicht erhaltene durch $n, n', \ldots$ kennzeichnen (c conserved).

Wir betrachten nun eine Störung, die auf die erhaltenen Dichten wirkt. Bei $t = 0$ werde sie abgeschaltet, so daß der Stör–Hamilton–Operator die Gestalt

$$H' = -\int d^3 x \, X^c(\mathbf{x},t) K^c(\mathbf{x}) \Theta(-t) e^{\epsilon t} = -\sum_{\mathbf{q}} X^c_{-\mathbf{q}}(t) K^c_{\mathbf{q}} \Theta(-t) e^{\epsilon t}$$

annimmt und nach Gl. (H.13) zu folgender Änderung der Erhaltungsgrößen für $t > 0$ führt

$$\delta \langle X^c_{\mathbf{q}}(t) \rangle = \phi^{cc'}(\mathbf{q},t) K^{c'}_{\mathbf{q}} e^{\epsilon t} . \qquad \text{(H.23)}$$

Das Abklingen der Störung wird durch die Relaxationsfunktion bestimmt.

Die hier betrachtete Situation wird aber andererseits durch die hydrodynamischen Gleichungen (H.7) beschrieben

$$\left\{ \delta^{cc'} \frac{\partial}{\partial t} + M^{cc'}(\mathbf{q}) \right\} \delta \langle X^{c'}_{\mathbf{q}}(t) \rangle = 0 . \qquad \text{(H.24a)}$$

Setzen wir Gl. (H.23) in (H.24a) ein, erhalten wir

$$\left\{ \delta^{cc'} \frac{\partial}{\partial t} + M^{cc'}(\mathbf{q}) \right\} \phi^{c'c''}(\mathbf{q},t) K^{c''}_{\mathbf{q}} = 0 .$$

Da diese Gleichung für beliebige $K^{c''}_{\mathbf{q}}$ gültig ist, folgt

$$\left\{ \delta^{cc'} \frac{\partial}{\partial t} + M^{cc'}(\mathbf{q}) \right\} \phi^{c'c''}(\mathbf{q},t) = 0 . \qquad \text{(H.24b)}$$

Daraus finden wir $\phi^{c'c''}(\mathbf{q},\omega)$, indem wir die halbseitige Fourier-Transformation

$$\int_0^\infty dt\, e^{i\omega t} \left\{ \delta^{cc'} \frac{\partial}{\partial t} + M^{cc'}(\mathbf{q}) \right\} \phi^{c'c''}(\mathbf{q},t) = 0$$

bilden und partiell integrieren, d.h.

$$-\phi^{cc''}(\mathbf{q},t=0) + \left\{ -i\omega\delta^{cc'} + M^{cc'}(\mathbf{q}) \right\} \phi^{c'c''}(\mathbf{q},\omega) = 0 \,.$$

Benutzen wir (H.16), so erhalten wir schließlich

$$\left\{ -i\omega\delta^{cc'} + M^{cc'}(\mathbf{q}) \right\} \phi^{c'c''}(\mathbf{q},\omega) = \chi^{cc''}(\mathbf{q}) \,. \tag{H.24c}$$

Folglich ergeben sich aus der Hydrodynamik für kleine $\mathbf{q}$ und ω die Relaxationsfunktionen $\phi^{cc'}(\mathbf{q},\omega)$ und somit die dynamischen Responsefunktionen.

Wenn wir umgekehrt aus einer mikroskopischen Theorie $\phi^{cc'}(\mathbf{q},\omega)$ für kleine $\mathbf{q}$ und ω bestimmen können, können wir daraus durch Vergleich von (H.24a) und (H.24c) die hydrodynamischen Gleichungen ablesen.

Wir betrachten ein beliebiges Vielteilchensystem (Flüssigkeit, Ferromagnet, Antiferromagnet, etc.) und teilen den vollständigen Satz von Operatoren $X_\mathbf{q}^i$ in Erhaltungsgrößen $X_\mathbf{q}^c$ und Nicht-Erhaltungsgrößen $X_\mathbf{q}^n$ ein. Unsere Strategie ist, Bewegungsgleichungen für die $X_\mathbf{q}^c$ zu finden, wo die Kräfte in einen Teil zerlegt sind, der proportional zu den $X_\mathbf{q}^c$ ist, und einen Teil, der proportional zu den $X_\mathbf{q}^n$ ist. Der letztere fluktuiert rasch und wird nach seiner Elimination zu Dämpfungstermen in den Bewegungsgleichungen führen, die dann nur noch die $X_\mathbf{q}^c$ enthalten.

Um diese Zerlegung übersichtlich darzustellen, ist es zweckmäßig, die Operatoren so zu wählen, daß sie orthogonal sind. Dazu müssen wir vorerst ein *Skalarprodukt* zweier Operatoren A und B definieren:

$$\langle A|B\rangle = \chi_{A,B^\dagger}(\omega=0) \,. \tag{H.25}$$

Anmerkung: Man überzeugt sich leicht, daß die Eigenschaften eines Skalarprodukts erfüllt sind:

$$\langle A|B\rangle^* = \langle B|A\rangle$$
$$\langle c_1 A_1 + c_2 A_2|B\rangle = c_1 \langle A_1|B\rangle + c_2 \langle A_2|B\rangle$$
$$\langle A|A\rangle \text{ ist reell und } \langle A|A\rangle \geq 0 \text{ (0 nur für } A \equiv 0) \,.$$

Wir wählen nun unsere Operatoren so, daß sie orthonormiert sind

$$\langle X_\mathbf{q}^i | X_\mathbf{q}^j \rangle = \chi^{ij}(\mathbf{q},\omega=0) = \delta^{ij} \,. \tag{H.25}$$

Zur Konstruktion dieser Operatoren verwendet man das Schmidtsche Orthogonalisierungsverfahren.

Die Heisenberg-Bewegungsgleichungen $\dot{X}_\mathbf{q}^c = \frac{i}{\hbar}[H, X_\mathbf{q}^c]$ etc. können nun in der Form

$$\dot{X}_\mathbf{q}^c = -iC^{cc'}(\mathbf{q})X_\mathbf{q}^{c'} - iC^{cn}(\mathbf{q})X_\mathbf{q}^n \tag{H.26a}$$
$$\dot{X}_\mathbf{q}^n = -iC^{nc}(\mathbf{q})X_\mathbf{q}^c - iD^{nn'}(\mathbf{q})X_\mathbf{q}^{n'} \tag{H.26b}$$

geschrieben werden. Dabei wurden die Ableitungen $\dot{X}_\mathbf{q}^c$ und $\dot{X}_\mathbf{q}^n$ auf $X_\mathbf{q}^{c'}$ und $X_\mathbf{q}^{n'}$ projiziert. Bilden wir z.B. das Skalarprodukt von $\dot{X}_\mathbf{q}^c$ mit $X_\mathbf{q}^{c'}$ folgt unter Verwendung der Gleichung (H.21):

$$\langle \dot{X}_\mathbf{q}^c | X_\mathbf{q}^{c'} \rangle \equiv -\mathrm{i}C^{cc'}(\mathbf{q}) = -\frac{\mathrm{i}}{\hbar}\langle [X_\mathbf{q}^c, X_\mathbf{q}^{c'\dagger}] \rangle \,.$$

D.h.:

$$C^{cc'}(\mathbf{q}) = \frac{1}{\hbar}\langle [X_\mathbf{q}^c, X_\mathbf{q}^{c'\dagger}] \rangle \,, \tag{H.27a}$$

und analog

$$C^{cn}(\mathbf{q}) = \frac{1}{\hbar}\langle [X_\mathbf{q}^c, X_\mathbf{q}^{n\dagger}] \rangle \,, \qquad D^{nn'}(\mathbf{q}) = \frac{1}{\hbar}\langle [X_\mathbf{q}^n, X_\mathbf{q}^{n'\dagger}] \rangle \,. \tag{H.27b,c}$$

Diese Koeffizienten erfüllen die folgenden Symmetrierelationen

$$C^{cc'*}(\mathbf{q}) = C^{c'c}(\mathbf{q}) \,,\; C^{nc*}(\mathbf{q}) = C^{cn}(\mathbf{q}) \,,\; D^{nn'*}(\mathbf{q}) = D^{n'n}(\mathbf{q}) \,. \tag{H.28}$$

Somit folgt aus (H.20)

$$\begin{aligned}
\omega\phi^{cc'}(\mathbf{q},\omega) &= C^{cc''}(\mathbf{q})\phi^{c''c'}(\mathbf{q},\omega) + C^{cn}(\mathbf{q})\phi^{nc'}(\mathbf{q},\omega) + \mathrm{i}\delta^{cc'} \\
\omega\phi^{nc'}(\mathbf{q},\omega) &= C^{nc'}(\mathbf{q})\phi^{c'c}(\mathbf{q},\omega) + D^{nn'}(\mathbf{q})\phi^{n'c}(\mathbf{q},\omega) \\
\omega\phi^{nn'}(\mathbf{q},\omega) &= C^{nc}(\mathbf{q})\phi^{cn'}(\mathbf{q},\omega) + D^{nn''}(\mathbf{q})\phi^{n''n'}(\mathbf{q},\omega) + \mathrm{i}\delta^{nn'} \\
\omega\phi^{cn}(\mathbf{q},\omega) &= C^{cc'}(\mathbf{q})\phi^{c'n}(\mathbf{q},\omega) + C^{cn'}(\mathbf{q})\phi^{n'n}(\mathbf{q},\omega) \,.
\end{aligned} \tag{H.29a–d}$$

Aus (H.29b) liest man

$$\phi^{nc}(\mathbf{q},\omega) = (\omega\mathbb{1} - D(\mathbf{q}))^{-1}_{nn'}C^{n'c'}(\mathbf{q})\phi^{c'c}(\mathbf{q},\omega) \tag{H.30}$$

ab, und Einsetzen von (H.30) in (H.29a) führt auf

$$\left[\omega\delta^{cc'} - C^{cc'}(\mathbf{q}) - C^{cn}(\mathbf{q})\left(\frac{1}{\omega\mathbb{1} - D(\mathbf{q})}\right)_{nn'}C^{n'c'}(\mathbf{q})\right]\phi^{c'c''}(\mathbf{q},\omega) = \mathrm{i}\delta^{cc''} \,. \tag{H.31}$$

Für die Erhaltungsgrößen verschwinden die Koeffizienten $C^{cc'}(\mathbf{q})$ und $C^{cn}(\mathbf{q})$ im Limes $\mathbf{q} \to 0$. Deshalb findet man im Grenzfall kleiner $\mathbf{q}$

$$\mathrm{i}\left(C^{cc'}(\mathbf{q})X_\mathbf{q}^{c'} + C^{cn}(\mathbf{q})X_\mathbf{q}^n\right) = \mathrm{i}q_\alpha j_\alpha^c(\mathbf{q}) \,. \tag{H.32}$$

Wir definieren auch den nichterhaltenen Anteil der Stromdichte

$$C^{cn}(\mathbf{q})X_\mathbf{q}^n = q_\alpha \tilde{j}_\alpha^c(\mathbf{q}) \,. \tag{H.33}$$

Im Gegensatz zu (H.32) und (H.33) sind die $D_{nn'}(\mathbf{q})$ im Limes $\mathbf{q} \to 0$ endlich. Für das langwellige Verhalten ($\mathbf{q} \to 0$) können wir deshalb $\frac{1}{\omega\mathbb{1}-D}$ im Limes $\omega, \mathbf{q} \to 0$ nehmen, wobei wir wegen der Endlichkeit von $D(\mathbf{q})$ erwarten, daß

$$\lim_{\omega\to 0}\lim_{\mathbf{q}\to 0}\frac{1}{\omega\mathbb{1}-D(\mathbf{q})} = \lim_{\mathbf{q}\to 0}\lim_{\omega\to 0}\frac{1}{\omega\mathbb{1}-D(\mathbf{q})} \ . \tag{H.34}$$

Im Limes $\mathbf{q} \to 0$ können wir $\frac{1}{\omega\mathbb{1}-D}$ aus Gl. (H.29c) in Verbindung mit einer Korrelationsfunktion setzen. Wegen $\lim_{\mathbf{q}\to 0} C^{nc}(\mathbf{q}) = 0$ folgt aus (H.29c) mit der Abkürzung $D \equiv \lim_{\mathbf{q}\to 0} D(\mathbf{q})$

$$(\omega\mathbb{1}-D)^{nn''}\lim_{\mathbf{q}\to 0}\phi^{n''n'}(\mathbf{q},\omega) = \mathrm{i}\delta^{nn'}$$

oder

$$\left(\frac{1}{\omega\mathbb{1}-D}\right)_{nn'} = -\mathrm{i}\lim_{\mathbf{q}\to 0}\phi^{nn'}(\mathbf{q},\omega) \ . \tag{H.35}$$

Setzen wir dies in (H.31) ein, zusammen mit der doppelten Limes-Bildung, dann ergibt sich

$$\left(\omega\delta^{cc'} - C^{cc'}(\mathbf{q}) + \mathrm{i}C^{cn}(\mathbf{q})\left(\lim_{\omega\to 0}\lim_{\mathbf{q}\to 0}\phi^{nn'}(\mathbf{q},\omega)\right)C^{n'c'}(\mathbf{q})\right)\phi^{c'c''}(\mathbf{q},\omega)$$
$$= \mathrm{i}\delta^{cc''}$$

$$\left(\omega\delta^{cc'} - C^{cc'}(\mathbf{q}) + \mathrm{i}q_\alpha q_\beta \Gamma^{cc'}_{\alpha\beta}\right)\phi^{c'c''}(\mathbf{q},\omega) = \mathrm{i}\delta^{cc''} \ , \tag{H.36}$$

mit den Dämpfungskoeffizienten

$$\Gamma^{cc'}_{\alpha\beta} \equiv \lim_{\omega\to 0}\lim_{q\to 0}\phi_{\tilde{j}^c_\alpha \tilde{j}^{c'}_\beta}(q,\omega) \ . \tag{H.37}$$

Hier wurden die Summen über n und n' zu den in Gl. (H.33) definierten, nichterhaltenen Stromdichten zusammengefaßt.

Bei Vorliegen von Symmetrieeigenschaften wie Spiegelung, Drehung, etc. läßt sich die Zahl der nichtverschwindenden Koeffizienten $\Gamma^{cc'}_{\alpha\beta}$ reduzieren. Wir setzten voraus, daß für die verbleibenden Funktionen $\phi_{\tilde{j}^c_\alpha \tilde{j}^{c'}_\beta}$ die Operatoren j_c und $j_{c'}$ die gleiche Signatur[16] unter Zeitspiegelung besitzen: $\epsilon_{j_c} = \epsilon_{j_{c'}}$. Verwendet man (H.18) und die Dispersionsrelationen,[17] erhält man

$$\phi(\omega) = -\frac{\mathrm{i}}{\omega}\big(\chi'(\omega) - \chi(0)\big) + \frac{\chi''(\omega)}{\omega}$$
$$= -\frac{\mathrm{i}}{\pi}\mathrm{P}\int d\omega' \frac{\chi''(\omega')}{(\omega'-\omega)\omega'} + \underbrace{\frac{\chi''(\omega)}{\omega}}_{\frac{1-e^{-\beta\hbar\omega}}{2\hbar\omega}G^>(\omega)} \ , \tag{H.38}$$

---

[16] QM II, Abschn. 4.8.2.2
[17] QM II, Abschn. 4.4

was wegen des Fluktuations–Dissipationstheorems[18] und der Antisymmetrie von $\chi''(\omega)$ auf $\lim_{\omega \to 0} \phi(\omega) = \lim_{\omega \to 0} \frac{\beta}{2} G^{>}(\omega)$ und schließlich

$$\Gamma^{cc'}_{\alpha\beta} = \frac{1}{2kT} \lim_{\omega \to 0} \lim_{\mathbf{q} \to 0} \int_{-\infty}^{\infty} dt\, e^{i\omega t} \langle \tilde{j}^{c}_{\alpha \mathbf{q}}(t) \tilde{j}^{c'}_{\beta -\mathbf{q}}(0) \rangle \tag{H.39}$$

führt. Das ist die Kubo-Formel für die Transportkoeffizienten, ausgedrückt durch Strom-Strom-Korrelationsfunktionen. Ohne auf die einfachen Beweise einzugehen, erwähnen wir die folgenden Symmetrie-Eigenschaften:

$$\Gamma^{cc'\,*}_{\alpha\beta} = \Gamma^{c'c}_{\beta\alpha}\,, \quad \Gamma^{cc}_{\alpha\alpha} > 0\,, \quad \Gamma^{cc'}_{\alpha\beta} = \Gamma^{c'c}_{\beta\alpha} \text{ reell.} \tag{H.40a,b,c}$$

Zusammenfassend kann man durch den Vergleich mit Gl. (H.24c) und (H.24a) die folgenden *linearen, hydrodynamischen Gleichungen* ablesen

$$\left[\frac{\partial}{\partial t}\delta^{cc'} + iC^{cc'}(\mathbf{q}) + q_\alpha q_\beta \Gamma^{cc'}_{\alpha\beta}\right] \delta \langle X^{c'}_{\mathbf{q}}(t) \rangle = 0\,, \tag{H.41a}$$

$$C^{cc'}(\mathbf{q}) = \frac{1}{\hbar} \langle [X^{c}_{\mathbf{q}}, X^{c'}_{-\mathbf{q}}] \rangle\,, \tag{H.41b}$$

$$\Gamma^{cc'}(\mathbf{q}) = \frac{1}{4kT} \lim_{\omega \to 0} \lim_{\mathbf{q} \to 0} \int_{-\infty}^{\infty} dt\, e^{i\omega t} \langle \{j^{c}_{\mathbf{q}}(t), j^{c'}_{-\mathbf{q}}(0)\} \rangle\,. \tag{H.41c}$$

Die Elemente der *Frequenzmatrix* $C^{cc'}(\mathbf{q}) \sim q$ (oder q^2) sind Funktionen von Erwartungswerten der Erhaltungsgrößen und Ordnungsparameter und Suszeptibilitäten dieser Größen. Sie bestimmen das periodische, reversible Verhalten der Dynamik. Z.B. ist für einen Ferromagneten die aus (H.41b) folgende Spinwellenfrequenz $\omega(\mathbf{q}) = \frac{M}{\chi^T_{\mathbf{q}}} \propto q^2$, wo M die Magnetisierung und $\chi^T_{\mathbf{q}} \propto q^{-2}$ die transversale Suszeptibilität ist. Die Dämpfungsterme rühren von der Elimination der nichterhaltenen Freiheitsgrade her. Sie sind ausdrückbar durch Kubo-Formeln der Stromdichten. In der Herleitung war wichtig, daß die Nichterhaltungsgrößen eine wesentlich kürzere Zeitskala besitzen als die Erhaltungsgrößen, was auch die Limesbildung $\lim_{\omega \to 0} \lim_{\mathbf{q} \to 0}$ rechtfertigte. Wir weisen auch auf die Ähnlichkeit der Vorgangsweise bei der linearisierten Boltzmann-Gleichung (Abschn. 9.4) hin. Die gegenwärtige Herleitung ist allgemeiner, weil keine Einschränkung an die Dichte oder die Stärke der Wechselwirkung des Vielteilchensystems gemacht wurde.

Literatur:
H. Mori, Prog. Theor. Phys. (Kyoto) **33**, 423 (1965); **34**, 399 (1965); **28**, 763 (1962)
F. Schwabl, K.H. Michel, Phys. Rev. **B2**, 189 (1970)
K. Kawasaki, Ann. Phys. (N.Y.) **61**, 1 (1970)

---

[18] QM II, Abschn. 4.6

I Einheiten, Tabellen

In diesem Anhang geben wir die Definition von Einheiten und Konstanten an, die im thermodynamischen Zusammenhang auftreten. Wir verweisen auch auf die Tabelle auf Seite 576.

Umrechnungsfaktoren

$1 \text{ eV} = 1.60219 \times 10^{-19}$ J
$1 \text{ N} = 10^5$ dyn
$1 \text{ J} = 1 \times 10^7$ erg $= 1$ mN $= 10^7$ cm dyn
$1 \text{ C} = 2.997925 \times 10^9$ esu $= 2.997925 \times 10^9 \sqrt{\text{dyn cm}^2}$
$1 \text{ K} \triangleq 0.86171 \times 10^{-4}$ eV
$1 \text{ eV} \triangleq 2.4180 \times 10^{14}$ Hz $\triangleq 1.2399 \times 10^{-4}$ cm
$1 \text{ T} = 10^4$ Gauß (G)
$1 \text{ Å} = 10^{-8}$ cm
$1 \text{ sec} \equiv 1$ s

Druck

$$1 \text{ bar} = 10^6 \text{dyn/cm}^2 = 10^5 \text{N/m}^2 = 10^5 \text{Pa}$$
$$1 \text{ Torr} = 1 \text{ mm Hg}$$

Physikalische Atmosphäre:

$$1 \text{ atm} = \text{Luftdruck bei 760 mm Hg} \equiv 760 \text{ Torr} = 1.01325 \text{ bar}$$

Dieser Zusammenhang zwischen Torr und bar folgt aus der Massendichte von Quecksilber $\rho_{\text{Hg}} = 13.5951 \text{g cm}^{-3}$ bei $1°C$ und der Erdbeschleunigung $g = 9.80655 \times 10^2 \text{cm s}^{-2}$.

Technische Atmosphäre:

$$1 \text{ at} = 1 \text{ kp/cm}^2 = 0.980655 \text{ bar}$$

Temperatur

Die Festlegung der Skala der absoluten Temperatur erfolgte in Abschnitt 3.4 über $T_t = 273.16$ K, den Tripelpunkt von H_2O.

Der Nullpunkt der Celsius-Skala $0°C$ liegt bei 273.15 K. Somit liegt in dieser Skala der absolute Nullpunkt bei $-273.15°C$. Mit dieser Definition erreicht man, daß $0°C$ die Gleichgewichtstemperatur von Eis und luftgesättigtem Wasser unter einem Druck von 760 mm Hg $\equiv 1$ atm ist.

Zur vergleichenden Charakterisierung von Stoffen werden deren Eigenschaften bei einheitlichen Normaltemperaturen und Normaldrucken angegeben. In der physikalischen Literatur sind dies $0°C$ und 1 atm und in der technischen Literatur $20°C$ und 1 at.

Physikalischer Normzustand $\equiv$ Normaldruck (1 atm) und Normaltemperatur $0°C$.

---

[18] dtv *Lexikon der Physik*, Bd. 9

Tabelle I.1. Fixpunkte der internationalen Temperaturskala:[18]

0°C	Eispunkt von Wasser
100°C	Gleichgewichtstemperatur von Wasser und Wasserdampf
−182.970°C	Siedepunkt von Sauerstoff
444.600°C	Siedepunkt von Schwefel
960.8°C	Schmelzpunkt von Silber
1063.0°C	Schmelzpunkt von Gold

Technischer Normzustand $\equiv$ 1 at und 20°C.
Dichte von H_2 bei T_t und $P = 1$ atm:

$$\rho = 8.989 \times 10^{-2} \text{g/Liter} = 8.989 \times 10^{-5} \text{g cm}^{-3}$$

Molvolumen unter diesen Bedingungen:

$$V_M = \frac{2.016\,\text{g}}{8.989 \times 10^{-2}\,\text{g Liter}^{-1}} = 22.414\,\text{Liter}(\stackrel{\triangle}{=} 22.414\,\frac{\text{Liter}}{\text{mol}})$$

1 Mol $\stackrel{\triangle}{=}$ Atomgewicht in g (z.B. hat ein Mol H_2 die Masse 2.016 g).

$$k = \frac{PV}{NT} = \frac{1\,\text{atm}\,V_M}{L \times 273.16\,\text{K}} = 1.38065 \times 10^{-16}\,\text{erg/K}$$

Loschmidt- $\equiv$ Avogadro-Zahl:

$$L \equiv N_A = \text{Zahl der Moleküle pro Mol}$$
$$= \frac{2.016\,\text{g}}{\text{Masse}\,H_2} = \frac{2.016}{2 \times 1.6734 \times 10^{-24}} = 6.02213 \times 10^{23}$$

Energie

Die Einheit Kalorie (cal) ist durch

$$1\,\text{cal} = 4.1840 \times 10^7\,\text{erg} = 4.1840\,\text{Joule}$$

definiert. Eine Kilokalorie wird mit Cal bezeichnet. Durch die vorhergehende Definition hat 1 Cal bis auf die vierte Dezimalstelle genau die Bedeutung

$$1\,\text{Cal} \equiv 1\,\text{kcal} \equiv 1000\,\text{cal}$$

= Die Wärmemenge, welche 1 kg H_2O bei 1 atm von 14.5 auf 15.5°C erwärmt.[19]

---

[19] Übrigens erfolgen Nährwertangaben von Nahrungsmitteln neben kJ in Kilokalorien.

Leistung

$$1\text{ W} = 1\text{ VA} = 1\text{ J s}^{-1} = 10^7 \text{erg s}^{-1}$$

$$1\text{ PS} = 75\text{ kp m s}^{-1} = 75 \times 9.80665 \times 10^5 \text{dyn m s}^{-1} = 735.498\text{ W}$$

Die Gaskonstante R ist definiert über die Loschmidt/Avogadro-Zahl durch

$$R = Lk = 8.3145 \times 10^7 \text{erg mol}^{-1}\text{K}^{-1}\,.$$

Unter Verwendung der Gaskonstanten R kann man die Zustandsgleichung des idealen Gases in der Form

$$PV = nRT \tag{I.1}$$

schreiben, wo n die Stoffmenge in Mol (Zahl der Mole) ist.

Wir schließen diesen Abschnitt mit einigen *Zahlenangaben* über *thermodynamische Größen*. Die untenstehende Tabelle I.2 gibt einige Zahlenwerte spezifischer Wärmen (C_P).

Tabelle I.2. Spezifische Wärme einiger Stoffe unter Normalbedingungen

	Spez. Wärme C [cal K^{-1} g^{-1}]	Molekular- gewicht	Molare Wärmekapazität [cal K^{-1} mol^{-1}]
Aluminium	0.214	27.1	5.80
Eisen	0.111	55.84	6.29
Nickel	0.106	58.68	6.22
Kupfer	0.091	63.57	5.78
Silber	0.055	107.88	5.93
Antimon	0.050	120.2	6.00
Platin	0.032	195.2	6.25
Gold	0.031	197.2	6.12
Blei	0.031	207.2	6.42
Glas	0.19	—	—
Quarzglas	0.174	—	—
Diamant	0.12	—	—
Wasser	1.00	—	—
Ethanol	0.58	—	—
Schwefelkohlenstoff	0.24	—	—

Wie man sieht, ist die spezifische Wärme des Wassers besonders groß. Diese Tatsache spielt im Wärmehaushalt der Natur eine wichtige Rolle. Wasser muß eine große Wärmemenge aufnehmen oder abgeben, um seine Temperatur merklich zu ändern. Daher bleibt das Meerwasser im Frühjahr verhältnismäßig lange kühl, und im Herbst verhältnismäßig lange warm. Es bewirkt daher in Küstengegenden eine Verminderung der jährlichen Temperaturschwankungen. Hierin liegt ein wesentlicher Grund für den typischen Unterschied zwischen Küstenklima und Kontinentalklima.

Der *lineare Ausdehnungskoeffizient* α_l hängt mit dem in (3.2.4) definierten (räumlichen oder kubischen) Ausdehnungskoeffizienten über

$$\alpha = 3\alpha_l$$

zusammen. Dies folgt für einen rechteckigen Körper aus $V + \Delta V = (a + \Delta a)(b + \Delta b)(c + \Delta c) = abc\left(1 + \frac{\Delta a}{a} + \frac{\Delta b}{b} + \frac{\Delta c}{c}\right) + O(\Delta^2)$, also $\frac{\Delta V}{V} = 3\frac{\Delta a}{a}$ unter der Voraussetzung isotroper thermischer Ausdehnung, wie es in isotropen Materialien (Flüssigkeiten, amorphe Substanzen) und kubischen Kristallen gegeben ist.

Tabelle I.3. Ausdehnungskoeffizienten einiger fester und flüssiger Stoffe in K^{-1}

	linear				räumlich	
Blei	0.0000292	Diamant	0.0000013	Alkohol	0.00110
Eisen	120	Graphit	080	Äther	163
Kupfer	165	Glas	081	Quecksilber	018
Platin	090	Bergkristall $\perp$ Achse	144	Wasser	018
Invar (^{64}Fe+^{36}Ni)	016	Bergkristall $\parallel$ Achse	080		
		Quarzglas	005		

Tabelle I.4. Einige Daten von Gasen: Siedepunkt (bei 760 Torr), kritische Temperatur, Koeffizienten in der van der Waals-Gl. , Inversionstemperatur

Gas	Siedepunkt in K	$T_c[K]$	$a\left[\frac{\text{atm cm}^6}{\text{mol}^2}\right]$	$b\left[\frac{\text{cm}^3}{\text{mol}}\right]$	$T_{\text{inv}} = \frac{27}{4}T_c[K]$
He	4.22	5.19	0.0335×10^6	23.5	35
H$_2$	20.4	33.2	0.246×10^6	26.7	224
N$_2$	77.3	126.0	1.345×10^6	38.6	850
O$_2$	90.1	154.3	1.36×10^6	31.9	1040
CO$_2$	194.7	304.1	3.6×10^6	42.7	2050

Tabelle I.5. Druckabhängigkeit des Siedepunktes von Wasser

Druck in Torr	Siedepunkt in °C
720	98,49
730	98,89
740	99,26
750	99,63
760	100,00
770	100,37
780	100,73
790	101,09
800	101,44

Tabelle I.6. Verdampfungswärmen einiger Stoffe in $\text{cal}\cdot\text{g}^{-1}$

Alkohol	202
Ammoniak	321
Äther	80
Chlor, Cl$_2$	62
Quecksilber	68
Sauerstoff, O$_2$	51
Stickstoff, N$_2$	48
Schwefelkohlenstoff	85
Wasser	539,2
Wasserstoff, H$_2$	110

Tabelle I.7. Schmelzwärmen einiger Stoffe in cal · g^{-1}

Aluminium	94	Silber	26,0
Blei	5,5	Kochsalz	124
Gold	15,9	Wasser (Eis)	79,5
Kupfer	49		

Tabelle I.8. Dampfdruck des Wassers (Eises) in Torr

$-60°$C	0,007
$-40°$C	0,093
$-20°$C	0,77
$+0°$C	4,6
$+20°$C	17,5
$+40°$C	55,3
$+60°$C	149,4
$+80°$C	355,1
$+100°$C	760,0
$+200°$C	11665,0

Tabelle I.9. Dampfdruck über Jod in Torr

$-48,3°$C	0,00005
$-32,3°$C	0,00052
$-20,9°$C	0,0025
$0°$C	0,029
$15°$C	0,131
$30°$C	0,469
$80°$C	15,9
$114,5°$C	90,0 (Schmelzpunkt)
$185,3°$C	760,0 (Siedepunkt)

Tabelle I.10. Kältemischungen und andere Eutektika

Konstituenten mit Schmelztemperaturen		Eutektische Temperatur in °C	Konzentration
NH$_4$Cl	Eis (0)	-15.4	
NaCl	Eis (0)	-21	29/71 NaCl
Alkohol	Eis (0)	-30	
CaCl$_2$·6H$_2$O	Eis (0)	-55	
Alkohol	CO$_2$(-56)	-72	
Äther	CO$_2$(-56)	-77	
Sn (232)	Pb (327)	183	74/26
Au (1063)	Si (1404)	370	69/31
Au (1063)	Tl (850)	131	27/73

Tabelle I.11. Grundzustände von Ionen mit teilweise besetzten Schalen nach den Hundschen Regeln

d – Schale ($l = 2$)

n	$l_z = 2$	1	0	-1	-2	S	$L = \lvert \sum l_z \rvert$	J	$^{2S+1}L_J$
1	↑					1/2	2	3/2	$^2D_{3/2}$
2	↑	↑				1	3	2	$^3F_2$
3	↑	↑	↑			3/2	3	3/2	$^4F_{3/2}$
4	↑	↑	↑	↑		2	2	0	$^5D_0$
5	↑	↑	↑	↑	↑	5/2	0	5/2	$^6S_{5/2}$
6	↑↓	↑	↑	↑	↑	2	2	4	$^5D_4$
7	↑↓	↑↓	↑	↑	↑	3/2	3	9/2	$^4F_{9/2}$
8	↑↓	↑↓	↑↓	↑	↑	1	3	4	$^3F_4$
9	↑↓	↑↓	↑↓	↑↓	↑	1/2	2	5/2	$^2D_{5/2}$
10	↑↓	↑↓	↑↓	↑↓	↑↓	0	0	0	$^1S_0$

f – Schale ($l = 3$)

n	$l_z = 3$	2	1	0	-1	-2	-3	S	$L = \lvert \sum l_z \rvert$	J	$^{2S+1}L_J$
1	↑							1/2	3	5/2	$^2F_{5/2}$
2	↑	↑						1	5	4	$^3H_4$
3	↑	↑	↑					3/2	6	9/2	$^4I_{9/2}$
4	↑	↑	↑	↑				2	6	4	$^5I_4$
5	↑	↑	↑	↑	↑			5/2	5	5/2	$^6H_{5/2}$
6	↑	↑	↑	↑	↑	↑		3	3	0	$^7F_0$
7	↑	↑	↑	↑	↑	↑	↑	7/2	0	7/2	$^8S_{7/2}$
8	↑↓	↑	↑	↑	↑	↑	↑	3	3	6	$^7F_6$
9	↑↓	↑↓	↑	↑	↑	↑	↑	5/2	5	15/2	$^6H_{15/2}$
10	↑↓	↑↓	↑↓	↑	↑	↑	↑	2	6	8	$^5I_8$
11	↑↓	↑↓	↑↓	↑↓	↑	↑	↑	3/2	6	15/2	$^4I_{15/2}$
12	↑↓	↑↓	↑↓	↑↓	↑↓	↑	↑	1	5	6	$^3H_6$
13	↑↓	↑↓	↑↓	↑↓	↑↓	↑↓	↑	1/2	3	7/2	$^2F_{7/2}$
14	↑↓	↑↓	↑↓	↑↓	↑↓	↑↓	↑↓	0	0	0	$^1S_0$

↑ = Spin $\tfrac{1}{2}$; ↓ = Spin $-\tfrac{1}{2}$.

Tabelle I.12. Wichtige Konstanten

Größe	Symbol oder Formel cgs / SI Darstellung	Zahlenwert und Einheit im cgs System	Zahlenwert und Einheit im SI System
Atomistische Größen:			
Plancksches Wirkungsquantum	h	6.626075×10^{-27} erg s	6.626075×10^{-34} J s $\mathrel{\hat=} 4.135669 \times 10^{-15}$ eV s
	$\hbar = h/2\pi$	1.054572×10^{-27} erg s	1.054572×10^{-34} J s $\mathrel{\hat=} 6.582122 \times 10^{-16}$ eV s
Elementarladung	e_0	4.80324×10^{-10} esu	1.602177×10^{-19} C
Vakuum-Lichtgeschwindigkeit	c	2.997925×10^{10} cm s^{-1}	2.997925×10^{8} m s^{-1}
Atomare Masseneinheit (amu)	$1\text{u} = 1\text{amu} = \frac{1}{12} m_{C^{12}}$	1.660540×10^{-24} g	1.660540×10^{-27} kg $\mathrel{\hat=} 931.5$ MeV
Elektronenruhemasse	m_e	9.109389×10^{-28} g	9.109389×10^{-31} kg $\mathrel{\hat=} 5.485799 \times 10^{-4}$ amu
-ruheenergie	$m_e c^2$		0.510999 MeV
Protonenruhemasse	m_p	1.672623×10^{-24} g	1.672623×10^{-27} kg $\mathrel{\hat=} 1.0072764$ amu
-ruheenergie	$m_p c^2$		938.272 MeV
Neutronenruhemasse	m_n	1.674928×10^{-24} g	1.674928×10^{-27} kg $\mathrel{\hat=} 1.0086649$ amu
-ruheenergie	$m_n c^2$		939.565 MeV
Massenverhältnis Proton : Elektron	m_p/m_e		1836.152
Massenverhältnis Neutron : Proton	m_n/m_p		1.0013784
Spezifische Elektronenladung	e_0/m_e	5.272759×10^{17} esu/g	1.758819×10^{11} C/kg
Klassischer Elektronenradius	r_e $\quad \frac{e_0^2}{m_e c^2}$ / $\frac{e_0^2}{4\pi\epsilon_0 m_e c^2}$	2.817940×10^{-13} cm	2.817940×10^{-15} m
Compton-Wellenlänge des Elektrons	λ_C $\quad h/m_e c$ / $h/m_e c$	2.426310×10^{-10} cm	2.426310×10^{-12} m
	$\lambdabar_C$ $\quad \hbar/m_e c$ / $\hbar/m_e c$	3.861593×10^{-11} cm	3.861593×10^{-13} m
Sommerfeldsche Feinstrukturkonstante	α $\quad \frac{e_0^2}{\hbar c}$ / $\frac{e_0^2}{4\pi\epsilon_0 \hbar c}$		$\frac{1}{137.035989}$
Bohrscher Radius des Wasserstoffgrundzustandes	a $\quad \frac{\hbar^2}{m_e e_0^2}$ / $\frac{4\pi\epsilon_0 \hbar^2}{m_e e_0^2}$	5.291772×10^{-9} cm	5.291772×10^{-11} m
Rydberg-Konstante (Grundzustandsenergie des Wasserstoffs)	Ry $\quad \frac{1}{2} m_e c^2 \alpha^2$ / $\frac{1}{2} m_e c^2 \alpha^2$	2.179874×10^{-11} erg	2.179874×10^{-18} J $\mathrel{\hat=} 13.6058$ eV
Bohrsches Magneton	μ_B $\quad \frac{e_0 \hbar}{2 m_e c}$ / $\frac{e_0 \hbar}{2 m_e}$	9.274015×10^{-21} erg G^{-1}	9.274015×10^{-24} J T^{-1}
Kernmagneton	μ_K $\quad \frac{e_0 \hbar}{2 m_p c}$ / $\frac{e_0 \hbar}{2 m_p}$	5.050786×10^{-24} erg G^{-1}	5.050786×10^{-27} J T^{-1}
Magnetmoment des Elektrons	μ_e	9.28477×10^{-21} erg G^{-1}	9.28477×10^{-24} J T^{-1} $\mathrel{\hat=} 1.00115965 \mu_B$
Magnetmoment des Protons	μ_p	1.410607×10^{-23} erg G^{-1}	1.410607×10^{-26} J T^{-1} $\mathrel{\hat=} 2.792847 \mu_K$

Tabelle I.12. (Fortsetzung)

Größe	Symbol oder Formel in cgs / SI Darstellung	Zahlenwert und Einheit im System cgs	Zahlenwert und Einheit im System SI
Thermodynamische Größen:			
Boltzmann-Konstante	k_B	$1.380658 \times 10^{-16}\,\text{erg K}^{-1}$	$1.380658 \times 10^{-23}\,\text{J K}^{-1}$
Gaskonstante	R	$8.314510 \times 10^7\,\text{erg mol}^{-1}\text{K}^{-1}$	$8.314510 \times 10^3\,\text{J kmol}^{-1}\text{K}^{-1}$
Loschmidtsche Zahl	L	$6.0221367 \times 10^{23}\,\text{mol}^{-1}$	$6.0221367 \times 10^{26}\,\text{kmol}^{-1}$
Molvolumen (id. Gas) bei Normalbedingungen	V_0	$22.41410 \times 10^3\,\text{cm}^3\text{mol}^{-1}$	$22.41410\,\text{m}^3\text{kmol}^{-1}$
Normaldruck (Atmosphärendruck)	P_0	$1.01325 \times 10^6\,\text{dyn cm}^{-2}$	$1.01325 \times 10^5\,\text{Pa}$
Normaltemperatur	T_0		$273.15\,\text{K}\,(\hat{=}0^\circ\text{C})$
Temperatur des Tripelpunkts von Wasser	T_t		$273.16\,\text{K}$
Stefan-Boltzmannsche Strahlungskonstante	σ	$5.67051 \times 10^{-5}\,\text{erg s}^{-1}\text{cm}^{-2}\text{K}^{-4}$	$5.67051 \times 10^{-8}\,\text{W m}^{-2}\text{K}^{-4}$
Wiensche Verschiebungskonstante	A	$0.2897756\,\text{cm K}$	$2.897756 \times 10^{-3}\,\text{m K}$
Zahl der Gasmoleküle pro cm³ bei Normalbedingungen	$n_0 = L/V_M$	$2.686763 \times 10^{19}\,\text{cm}^{-3}$	$2.686763 \times 10^{25}\,\text{m}^{-3}$
Gravitation und Elektrodynamik:			
Gravitationskonstante	G	$6.67259 \times 10^{-8}\,\text{dyn cm}^2\text{g}^{-2}$	$6.67259 \times 10^{-11}\,\text{N m}^2\text{kg}^{-2}$
Standard-Fallbeschleunigung	g	$9.80665 \times 10^2\,\text{cm s}^{-2}$	$9.80665\,\text{m s}^{-2}$
Induktionskonstante	μ_0		$4\pi \times 10^{-7}\,\text{N A}^{-2} = 1.2566 \times 10^{-6}\,\text{N A}^{-2}$
Influenzkonstante	$\epsilon_0 = 1/(\mu_0 c^2)$		$8.85418 \times 10^{-12}\,\text{C}^2\text{m}^{-2}\text{N}^{-1}$
	$1/(4\pi\epsilon_0)$		$8.98755 \times 10^9\,\text{N m}^2\text{C}^{-2}$

Sachverzeichnis

absolute Temperatur, 91
absoluter Nullpunkt, 525
Adiabatengleichung, 103
– ideales Quantengas, 175
adiabatische Änderung, 527
Äquipartitionstheorem, 55
Aggregatszustände, 336
– siehe auch Phasen
Aktivierungsenergie, 433
Allotropie, 532
alternierende Magnetisierung, 341, 342, 562
Ammoniakerzeugung, 156
Amplitudenverhältnisse, 378
anharmonische Effekte, 212
Antiferromagnet, 342, 562
Antiferromagnetismus, 290–291, 341, 342, 562
Arbeit, 44, 60, 63, 76, 99, 100, 126
Arbeitsleistung, siehe Arbeit
Arbeitsmaschine, 126
Arrhenius-Gesetz, 433
Atmosphäre, 167
Ausdehnungskoeffizient (thermischer), 84, 89, 214
– am absoluten Nullpunkt, 527
– linearer, 572
– Zahlenwerte für verschiedene Stoffe, 573
Austausch
– direkter, 291
– indirekter, 291
Austauschkorrekturen, 176
– zum zweiten Virialkoeffizienten, 244, 543
Austauschwechselwirkung, 290–292
Avogadro-Zahl, siehe Loschmidt-Zahl

barometrische Höhenformel, 54, 72, 422
Barriere, siehe Reaktionsraten
BBGKY-Hierarchie, 450
Bernoulli-Zahlen, 230, 550

Besetzungszahl, 170, 171, 201, 216
Bethe-Gitter, 400–405
– Perkolationsschwelle, 401
Bethe-Peierls-Näherung, 331
Beweglichkeit, 421
Bewegungsumkehr, siehe Zeitumkehr
binäre Legierungen, 529
Bindungsperkolation, 395
Bloch-Gleichungen, 437
– in der ferromagnetischen Phase, 443
Block-Spin-Transformation, 365, 366
Bohr-van-Leeuwen-Theorem, 278
Bohrsches Magneton, 271
Boltzmann-Entropie, 490, 509
– im Urnenmodell, 523
Boltzmann-Gleichung, 445–487
– Herleitung, 446–451
– linearisierte, 464–476
– Symmetrieeigenschaften, 449, 452, 484
– und Irreversibilität, 451, 453, 515
Boltzmann-Konstante, 36, 93
– experimentelle Bestimmung, 93, 422
bond percolation, 395
Bose-Einstein-Kondensation, 190–198, 224
Bose-Einstein-Statistik, 170
Bose-Verteilungsfunktion, 171
Bosonen, 170
– zweiter Virialkoeffizient, 544
Bravais-Kristalle, 209
Brillouin-Funktion, 283
Brownsche Bewegung, 417–418
– einer Kugel in einer Flüssigkeit, 422
– Grenzfall starker Dämpfung, 423
– im Kraftfeld, 422
– mikroskopisches Modell, 494–500, 520, 521
Buckingham-Potential, 242

Carnot-Prozeß, 126, 163
– inverser, 128

– Wirkungsgrad, 128
Cayley-Baum, *siehe* Bethe-Gitter
charakteristische Funktion, 5
chemische Konstanten, 153, 237
chemische Reaktionen, 151–156, 431–433
– Raten, *siehe* Reaktionsraten
– Richtung, 152, 156
chemisches Gleichgewicht, 151–156
chemisches Potential, 46, 64
– ideales Bose-Gas, 196
– ideales Fermi-Gas, 183
– Photonengas, 206
Clausius-Clapeyron-Gleichung, 135–139, 164, 327
Clausius-Prinzip, 105
Clausiussche Zustandsgleichung, 250
Cluster, 394, 395
Clusterradius, 406
Clusterzahl, 398, 403
Coulomb-Wechselwirkung, 184
critical slowing down, 437
cross over, 392, 412
Curie-Gesetz, 284
Curie-Temperatur, 290, 295
Curie-Weiß-Gesetz, 297

Dämpfung, 423, 469, 500
– *siehe auch* Reibung
– durch Bad harmonischer Oszillatoren, 494, 520
Dämpfungskoeffizienten (Hydrodynamik), 568
Dämpfungsterm, 473
Daltons Gesetz, 156
Dampf, 135
Dampfdruck, 131, 139, 574
Dampfdruckerhöhung
– durch Fremdgas, 157, 160
– durch Oberflächenspannung, 160–161
Dampfdruckerniedrigung, 266, 269
Dampfdruckkurve, 131
– *siehe auch* Verdampfungskurve
– van der Waals-Theorie, 255, 259
Dampfmaschine, 125
de-Haas-van-Alphen-Oszillationen, 289
Debye-Frequenz, 212
Debyesche Näherung, 211
Debyesches Gesetz, 211
Dezimierungstransformation, 351, 355, 361, 365, 408
Diamagnetismus, 281
Dichte

– der Zustände, 38
– normalfluide, 221
– suprafluide, 221
Dichte-Dichte-Korrelationsfunktion, 475, 486
Dichtematrix, 14, 35
– großkanonische, 64
– in Molekularfeldnäherung, 294
– kanonische, 51
– – magnetisch, 273
– mikrokanonische, 29
Dichteoperator, *siehe* Dichtematrix
Diesel-Zyklus, 163
Diffusionsgleichung, 421, 429, 441, 562
– Temperatur, 472
Diffusionskonstante, 421
Dipolwechselwirkung, 280, 311–320
diskrete Symmetrie, 342
dissipative Systeme, 394
Dissoziationsgrad, 154
distortive Übergänge, 341, 342
Domäne, 301, 319–320, 411
Drehinvarianz, 342, 344
Druck, 44, 45, 56, 64, 570
Drucktensor, 458, 474, 485
duales Gitter, 407
Dualitätstransformation, 407
Dulong-Petit-Gesetz, 211
dynamische Suszeptibilität, 563
dynamischer kritischer Exponent, 437

effektive Exponenten, 392
effektive Masse, 187
Ehrenfestsche Klassifizierung, 336
Einheitszelle, 209
Einstein-Relation, 419–420
Einstoffsystem, 131
Einteilchen-Verteilungsfunktion, 446
Eis, 137, 529–531
– Regelation, 138
elastischer Übergang, 342
Elektronengas in Festkörpern, 185, 543
elektronische Energie, 229, 232
empirische Temperatur, 91
endotherm, 157
Energie
– Einheiten, 571
– freie, *siehe* freie Energie
– innere, 75, 277
– kanonische freie, 273
– Rotations-, *siehe* Rotationsenergie
– Schwingungs-, *siehe* Schwingungsenergie

- Translations-, *siehe* Translationsenergie
Energiedichte, 455
- Bewegungsgleichung, 470
- spektrale, 201
Energieerhaltung, 449, 458
Energieniveaus, Abstand, 3, 38
Energieschale, 26
- harmonische Oszillatoren, 33
- klassisches ideales Gas, 30
- Oberfläche $\Omega(E)$, 27
- Spin-$\frac{1}{2}$-Paramagnet, 34
- Volumen, 27
- Volumen innerhalb, 29
Ensemble, 3, 10
- großkanonisches, 63–68
- kanonisches, 50–63
- mikrokanonisches, 26–30
-- Magnete, 273
- Tabelle, 67
Ensemble-Mittelung, 507
Enthalpie, 77
- freie, *siehe* freie Enthalpie
Entmagnetisierungsfaktor, 312
Entmagnetisierungsfeld, 312
Entmischungsübergang, 341
- binärer Flüssigkeiten, 342
Entropie, 35, 59
- Additivität, 60
- Anwachsen, 105, 454, 504
- bei der Schallfortpflanzung, 462, 463
- Boltzmannsche, *siehe* Boltzmann-Entropie
- des Paramagneten, 285, 324
- Extremaleigenschaft, 36
- Gibbssche, *siehe* Gibbssche Entropie
- großkanonische, 65
- kanonische, 54
- Maximum, 36, 37, 70, 121
- mikrokanonische, 37
- Nernstsches Theorem, 525–533
- Restentropie, 528–533
- Zusammenhang mit H, 451, 484
Entropiebilanz, 519
Entropieströmung, 452
Entropietod, 518
ϵ-Entwicklung, 388
Ergodenhypothese, 25, 507–508
ergodisch, 507
Erhaltungsgrößen, 26, 566
- Boltzmann-Gleichung, 455–459
Erwartungswert, *siehe* Mittelwert
Euler-MacLaurin-Summenformel, 230

Eulersche Gleichung, 461
Eutektikum, 150
- Tabelle, 574
eutektischer Punkt, 150
Ewald-Methode, 318
exaktes Differential, 86, 162
- *siehe auch* vollständiges Differential
exotherm, 157
exp-6-Potential, 242
Expansion
- adiabatische, 127
-- dritter Hauptsatz, 527
- isotherme, 127
Expansion eines Gases
- und Irreversibilität, 97, 510
Exponenten, kritische, *siehe* kritische Exponenten
Extremaleigenschaften, 120–123, 277

Felder
- irrelevante, 361
- relevante, 361
Fermi
- Energie, 178, 184, 223
- Flüssigkeit, 187
-- Landau-Theorie, 189
- Gas, 177–185
-- fast entartetes, 177
- Impuls, 178
- Kugel, 177
- Temperatur, 181, 183, 184
- Verteilungsfunktion, 171, 179
Fermi-Dirac-Statistik, 170, 280
Fermionen, 170, 280
- wechselwirkende, 185
Ferrimagnet, 341
Ferroelektrika, 341
Ferromagnet, 290–310, 337, 340, 367
- isotroper, 342, 437
- planarer, 342
- uniaxialer, 341, 342
Ferromagnetismus, 290–310
Fixpunkt, 351, 353, 357, 362, 390, 408
Flüssigkeits-Gas-Übergang, *siehe* Verdampfungsübergang, 252, 337
Fluktuationen, 6, 316, 372
- Energie, 90
- Gaußsche Näherung, 414
- Teilchenzahl, 91, 206, 505
- Zeitabstand großer Fluktuationen, 504–507
Fluktuations-Dissipationstheorem, 569
Fluktuations-Response-Theorem, 91, 303, 330

Flußdiagramm, 357
Fokker-Planck-Gleichung
– für freies Teilchen, 424–426
– – Lösung, 428
– für Teilchen im Kraftfeld, 428
– für Wertpapierkurse, 444
Formabhängigkeit, 313
fraktale Dimension, 406, 409
freie Energie, 59, 77, 276–277, 313, 315
– Helmholtzsche, 274
– kanonische, 274
– Konvexität, 140
freie Enthalpie, 78, 146
– Konkavität, 140
Frequenzmatrix, 569
Fugazität, 68, 172, 192, 239
Funktionalintegration, 423

Galilei-Transformation, 218
Galtonsches Brett, 23
Γ-Raum, 9
Gas
– adiabatische Expansion, 95, 100
– ideales, *siehe* ideales Gas
– ideales Molekül-Gas, *siehe* ideales Molekül-Gas
– isotherme Expansion, 99
– reales, *siehe* reales Gas
– reversible Expansion, 98
Gaskonstante, 572
Gaskonstante R, 572
Gauß-Integral, 32
Gauß-Verteilung, 23
Gaußsche Näherung, 372, 378
Gay-Lussac-Versuch, 95, 504
– irreversibler, 95, 119
– reversibler, 98, 100
Gefrierpunktserniedrigung, 138, 266
Gefrierpunktskurve, 150
Gemisch, *siehe* Mischungen
Gesamtheit
– gemischte, 15
– reine, 14, 15
Geschwindigkeit
– Bewegungsgleichung, 470
– lokale, 457
Gewinnrate
– im Stoßterm der Boltzmann-Gleichung, 481
Gibbs-Duhem-Relation, 81, 82, 146, 167
Gibbssche Entropie, 490, 508
– Zeitunabhängigkeit, 521

Gibbssche Phasenregel, 147–151
Gibbssches Paradoxon, 27, 117, 538
Ginzburg–Landau–Wilson Funktional, 386
Ginzburg-Landau-Funktional, 367
Ginzburg-Landau-Modell
– zeitabhängiges, 435
Ginzburg-Landau Näherung, 370
Ginzburg-Landau-Theorie, 367, 411, 551–557
Ginzburg-Levanyuk-Temperatur, 379
Gittergasmodell, 415
Gitterschwingungen, 209
– *siehe auch* Phononen
Gleichgewicht
– lokales, *siehe* lokales Gleichgewicht
– thermodynamisches, 121, 151
Gleichgewichts-Verteilungsfunktion
– lokale, 457
Gleichgewichtsbedingungen, 120–123, 147
Gleichgewichtszustand, 26
Goldstone-Moden, 414
Grüneisen Konstante, 213
Gravitationsinstabilität, 518, 519
Grenzdimension, *siehe* kritische Dimension
großkanonische Zustandssumme
– ideales Quantengas
– – in zweiter Quantisierung, 172
großkanonische Zustandssumme
– ideales Quantengas, 170
großkanonische Zustandssumme, 64
großkanonisches Potential
– ideales Quantengas, 171
großkanonisches Potential, 65, 78, 147
– ideales Quantengas, 169
Gummielastizität, 321–324
Gyrationsradius, 322
gyromagnetisches Verhältnis, 272

H-Theorem, 451–454, 491
Hamilton-Funktion, 11
Hamilton-Operator, 11
– der Austauschwechselwirkung, 291
– der Dipolwechselwirkung, 311, 318
Hamiltonsche Bewegungsgleichungen, 11
hard core Potential, 241
harmonische Oszillatoren, 10, 329, 442, 491, 494
– ungekoppelte quantenmechanische, 33, 48
Hauptreihe, 188

Hauptsatz
- dritter, 110, 525–533
- erster, 1, 44, 60, 66, 76, 104, 106, 108, 145, 278
-- für magnetische Systeme, 274
- nullter, 109
- zweiter, 1, 76, 104, 106, 109

Heisenberg-Modell, 291, 332
- am absoluten Nullpunkt, 533
- anisotropes, ferromagnetisches, 341
- isotropes, 342

Heizeffektivität, 129
Heizen
- eines Raumes, 117
helikale Phasen, 341
He^3, 138, 187
- Phasendiagramm, 187
- Schmelzkurve, 327–328
He^4, 187, 197, 214–222
- Phasendiagramm, 197
He I–He II Übergang, 342
He II, 214–222
- Anregungsspektrum, 215
- Quasiteilchen, 214
Helmholtzsche freie Energie, 274, 299
Hertzsprung-Russel-Diagramm, 188
Hintergrundstrahlung, 204, 518
Hochtemperaturfixpunkt, 357
Hohlraumstrahlung, 203
Holstein-Primakoff-Transformation, 332
homogene Funktion, 404, 411
Hubbard-Modell, 226, 292
Hubbard-Stratonovic-Transformation, 415
Hundsche Regeln, 280
Hydrodynamik, 434, 460, 561–569
- des Ferromagneten, 562, 569
hydrodynamische Gleichungen, 469–476
- Lösung, 474–476
- mikroskopische Herleitung, 500, 565–569
- phänomenologisch, 562–563
hydrodynamische Variablen, 469
Hydrodynamischer Grenzfall, 469–474
Hyperkugel, 32
Hyperskalenrelation, 350
Hystereseverhalten
- bei Phasenübergang erster Ordnung, 412

ideales Gas, 39, 41, 46–48, 572
- Gaskonstante, 572
- kalorische Zustandsgleichung, 46
- klassisches, 30, 67, 89, 445
- Reaktion, 153
- thermische Zustandsgleichung, 47, 572

ideales Molekül-Gas, 227–238
- chemisches Potential, 228
- Einfluß des Kernspins, 234–236
- freie Energie, 228
- Gemisch von, 236–238
- innere Energie, 228

ideales Quantengas, 169–222
- freier Teilchen, 173
- klassischer Grenzfall, 175

Impulsdichte, 455
- Bewegungsgleichung, 473
Impulserhaltung, 449, 458
Impulsschalen-Renormierungsgruppe, 386
Impulsstrom, 486
innere Freiheitsgrade, 227, 229
inneres Feld, 318
Integrabilitätsbedingungen, 84, 86
Inversion, 326
Inversionskurve, 112, 113, 270
Irreversibilität, 97, 451–454, 489–520
- und äußere Störungen, 513
- aus mikroskopischen Bewegungsgleichungen im Grenzfall unendlich vieler Freiheitsgrade, 494
- in der Quantenmechanik, 501–504
- und Zeitumkehr, 510–519
irreversible Änderung, *siehe* Prozeß
irreversibler Prozeß, *siehe* Prozeß
Ising-Modell, 292–307, 331
- eindimensionales, 330, 351, 558–560
- Ginzburg-Landau-Funktional, 551
- zweidimensionales, 355, 560
Isobare, 48
Isochore, 48
Isotherme, 48
isotroper Ferromagnet, 437

Jacobi-Determinante, 87
Joule-Thomson-Koeffizient, 112
Joule-Thomson-Prozeß, 111
Joule-Zyklus, 163

Kältemaschine, 126
Kältemischungen, 151
Kältemischungen (Tabelle), 574
Kühleffektivität, 129
kanonische Variable, 80
kanonischer Impuls, 271

Katalysator, 155
Kern-Spin
– in magnetischem Feld, 325
Kernmaterie, 188
kinetischer Impuls, 271
Klassischer Grenzfall der Quantenstatistik, 533–538
Knallgasreaktion, 154
Koexistenzbereich, 300, 382
Koexistenzgebiet, 132
– van der Waals-Theorie, 252
Koexistenzkurve
– van der Waals-Theorie, 256, 259
Koexistenzsingularitäten, 382
kollektive Dichte-Anregungen, 216
kollektive Freiheitsgrade, 434
Komponenten, 130
Kompressibilität, 83, 89
– adiabatische, 84, 463
– isentrope, 84
– isotherme, 84, 89, 91, 476
– – am absoluten Nullpunkt, 527
– Schwankung der Teilchenzahl, 91
– van der Waals-Theorie, 257
Kompression
– adiabatische, 127
– isotherme, 127
Kompressionsviskosität, *siehe* Volumenviskosität
Kontinuierliche Symmetrie, 379
Kontinuitätsgleichung, 450, 457, 461, 484
– für die Teilchendichte, 421
Kontinuumsperkolation, 394
Konzentration, 260
Kopplungskoeffizienten, *siehe* Kopplungskonstanten
Kopplungskonstanten, 350, 351, 353, 356
Korrelationen, 6, 307
Korrelationsfunktion, 303–304, 309–310, 373, 376
– longitudinale, 377, 381, 383, 414, 415
– Ornstein-Zernike-, 306
– radiale, 400
– transversale, 377–380
Korrelationslänge, 306, 310, 343, 373, 397, 406
– kritischer Exponent, 409
Korrelationszeit, 418
korrespondierende Zustände, Gesetz der, 253, 254
Kreisprozeß, 108, 125–130

– allgemeiner, 129
– Carnotscher, 126, 162
– Diesel, 163
– Joule, 163
– Stirlingscher, 164
kritische Dimension, 379, 390–392
kritische Dynamik, 433–438, 476
kritische Exponenten, 302, 340, 346, 360
– der Flüssigkeit, 340
– der Korrelationsfunktion, 348
– der kritischen Isotherme, 340
– der spezifischen Wärme, 340
– der Suszeptibilität, 340
– der van der Waals-Theorie, 258
– des Ferromagneten, 340
– des Ordnungsparameters, 340
– dynamische Exponenten, 398
– Korrelationslänge, 343
– logarithmische Divergenz, 340
– Skalengesetz, 346, 349
– – Hyperskalenrelation, 350
– Skalenrelationen, 348
– Tabellen, 258, 340, 393
kritische Isotherme
– van der Waals-Theorie, 257
kritische Opaleszenz, 257, 307, 348, 476
kritische Phänomene, 335
kritische Temperatur
– Zahlenwerte einiger Stoffe, 573
kritische Verlangsamung, 437
kritischer Exponent
– dynamischer, *siehe* dynamischer kritischer Exponent
kritischer Punkt, 132, 336, 340, 434
– van der Waals-Theorie, 254–259
Kubo-Formel, 501, 569
Kubo-Relaxationsfunktion, 501, 563–564
Kumulante, 8, 246, 383

Lösungen, *siehe* verdünnte Lösungen
Lambda-Übergang, 342
Lambda-Temperatur, 196
Landau-Diamagnetismus, 289
Landau-Lifshitz-Gleichungen, *siehe* Bloch-Gleichungen
Landau-Placzek-peak, 476
Landau-Placzek-Verhältnis, 476
Landau-Quasiteilchen-Wechselwirkung, 289
Landé-g-Faktor, 272, 282
Langevin-Diamagnetismus, 281
Langevin-Funktion, 72, 284, 323

Langevin-Gleichung, 417–424
Langzeitschwänze, 451
Laser, 326
latente Wärme, 136, 532
– siehe auch Schmelzwärme, Verdampfungswärme
– van der Waals-Theorie, 258
Legendre-Transformation, 79
Lennard-Jones-Potential, 241, 243
lineare Kette, 207, 491, 520
linearer Response, 563
Liouville-Gleichung, 11, 13, 521
logarithmischen Korrekturen, 392
Lognormal-Verteilung, 23
lokale Temperatur
– Bewegungsgleichung, 470
lokales Feld, 314
lokales Gleichgewicht, 456, 460
longitudinale Suszeptibilität, siehe Suszeptibilität
Loschmidt-Paradoxon, 489, 510, 513
Loschmidt-Zahl, 93, 571

magnetisches Moment
– des Elektrons, 272
– eines Körpers, 274
– gesamtes, 272
– klassisches, 284
Magnetisierung, 274
– als hydrodynamische Größe, 561
– eindimensionales Ising-Modell, 559
– Pauli-Paramagnetismus, 288
– spontane, 370
Magnetisierungsschwankungen, 381
magnetomechanisches Verhältnis, siehe gyromagnetisches Verhältnis
Magnonen, 214, 332
Makrozustand, 3, 10, 25, 509
Markov-Prozeß, 430
Massenwirkungsgesetz, 151–156, 165
Master-Gleichung und Irreversibilität in der Quantenmechanik, siehe Paulische Master-Gleichung
Maxwell-Konstruktion, 252
Maxwell-Potential, 487
Maxwell-Relationen, 84, 275, 277
Maxwell-Verteilung, 53, 446, 453, 464, 484
– Integrale, 560
– lokale, 457, 461, 485, 487
metastabile Zustände, 528
Mie-Grüneisen-Zustandsgleichung, 213
Mikrozustand, 3, 10, 25, 509

mischend, 507
Mischentropie, 116
Mischungen, 145, 154, 167, 236, 260–269
Mittelwert, 4, 6, 27, 51, 65
mittlere freie Weglänge, 451
Mittlere-Potential-Näherung, 246
mittleres Feld, 293, 301
Mol, 93, 156, 571, 572
Molekülgas, 153
Molekülkristalle (Restentropie), 528
molekulares Chaos, 450
Molekularfeldnäherung, 292–303
Molvolumen, 93, 155, 571
Molwärme, 83
Momente, 5, 8
Monomere, 321
μ-Raum, 446, 515

N-Teilchen-Verteilungsfunktion, 446
Néel-Temperatur, 290
natürliche Variable, 79
Natterer-Röhre, 338
Navier-Stokes-Gleichungen, 459
Nebelgrenze, 135
negative Temperatur, 324–326
Nernstsches Theorem, 110, 525–533
Neutronensterne, 188
Neutronenstreuung, 307
Nichtgleichgewichtszustand, 121
Nichtintegrabilität, 86
Normalleiter-Supraleiter Übergang, 342

Ordnung, 518
– ferromagnetische, 337
Ordnungs-Unordnungs Übergang, 342
Ordnungsparameter, 193, 215, 296, 341, 397
Ornstein-Zernike-Korrelationsfunktion, 304, 306, 307, 348, 377
Orthowasserstoff, 235
Ortsraum RG-Transformationen, allgemeine, 364
Ortsraumtransformationen, 351
osmotischer Druck, 264

paraelektrisch-ferroelektrischer Übergang, 342
Paramagnet, 34
– klassischer, 329
Paramagnet-Antiferromagnet Übergang, 342
Paramagnet-Ferromagnet Übergang, 342

Paramagnetismus, 282–286, 324
Parameterfluß, 351
Parawasserstoff, 235
Partialdrücke, 154, 156
Pauli-Paramagnetismus, 287–290
Paulische Master-Gleichung, 501–504
Perkolation, 394–410
– Bindungsperkolation, 395
– bond percolation, 395
– Cluster, 394, 395
– Kontinuumsperkolation, 394
– Korrelationslänge, 397
– kritische Exponenten, *siehe* kritische Exponenten
– Ordnungsparameter, 397
– Perkolationsübergang, 397
– Perkolationsschwelle, 394, 398
– Platzperkolation, 395
– Potts-Modell, 398
– radiale Korrelationsfunktion, 399
– site percolation, 395
Perkolationsübergang, 397
Perkolationsschwelle, 394, 398, 408
Perkolationsverhalten
– kritisches, 405
perpetuum mobile
– erster Art, 108
– zweiter Art, 2, 109
Pfadintegral, *siehe* Funtionalintegration
Phasen, 131, 336
– Gleichgewicht, 131
– Koexistenz, 131
Phasenübergang, 133, 142, 335–337, 340, 341
– antiferromagnetischer, 341
– Ehrenfestsche Klassifizierung, 336
– eines molekularen Reißverschlusses, 413
– Entmischungsübergang, 341
– erster Ordnung, 336, 379, 384, 412
– ferromagnetischer, 337
– Flüssigkeits-Gas-Übergang, 337
– helikale Phasen, 341
– kontinuierlicher, 336
– Korrelationslänge, 343
– kritische Exponenten, *siehe* kritische Exponenten
– kritischer Punkt, 336, 340
– n-ter Ordnung, 336
– Ordnungsparameter, 341
– Phasengrenzkurve, 339
– Potenzgesetze, 340

– trikritischer, 412
– Verdampfungsübergang, 338
– Verdampfungskurve, 338
– Zustandsflächen, 339
– zweiter Ordnung, 336
Phasengrenzkurve, 131–139, 339
– Steigung, 135
Phasenraum, 9
Phonon-Dispersionsrelation, 210
Phononen, 207–222, 225
– akustische, 209, 476
– Dämpfung, 442
– optische, 209
Photonengas, 198–206
– chemisches Potential, 205
Plancksches Strahlungsgesetz, *siehe* Strahlungsgesetz
Plancksches Wirkungsquantum, 454
Platzperkolation, 395
Poincaré
– Wiederkehrzeit, *siehe* Wiederkehrzeit
– Wiederkehrzeit-Theorem, 491
Poisson-Klammer, 12, 535
Polyäthylen, 321
Polymere, 321–324, 333, 394
Polymerisationsgrad, 324
Polystyrol, 321
Pomerantschuk-Effekt, 138, 165, 328
Potential
– Buckingham-, *siehe* Buckingham-Potential
– exp-6-, *siehe* exp-6-Potential
– großkanonisches, 65, 78, 147, 278
– hard core, *siehe* hard core Potential
– Lennard-Jones-, *siehe* Lennard-Jones-Potential
Potentiale, thermodynamische, *siehe* thermodynamische Potentiale
Potts-Modell, 398
Prinzip von Le Chatêlier, 125
Prozeß
– adiabatischer, 93, 100, 108
– irreversibler, 94–98, 105, 489
– isentroper, 93
– isobarer, 93
– isochorer, 93
– Kreisprozeß, *siehe* Kreisprozeß
– quasistatischer, 94, 110, 111
– realer reversibler, 101
– reversibler, 95, 98–101
– wärmeisolierter, 93

Quantenflüssigkeit, 187
Quantenkorrekturen, 176, 244, 544–548

Quasiergodenhypothese, 507
Quasigleichgewichtszustände, 513, 514
Quasistatischer Prozeß, siehe Prozeß
Quasiteilchen, 189, 190, 214, 216, 218

radiale Korrelationsfunktion, 399
random walk, 8, 21
Raoultsches Gesetz, 269
Rauschen
- elektrisches, 442
Rauschspannung, 442
Rayleigh-Jeans Strahlungsgesetz, siehe Strahlungsgesetz
Reaktionsgleichgewicht, 155
Reaktionsgleichung, 151
Reaktionskoordinate, 431
Reaktionsraten, 431
Reaktionswärme, 157
real-space-Renormierungsprozeduren, siehe Ortsraumtransformationen
reales Gas, 239–259
- siehe auch van der Waals-Theorie
- freie Energie, 247
- kalorische Zustandsgleichung, 247
- thermische Zustandsgleichung, 247, 248
Relaxationszeitnäherung, 476–477, 486
- elektrische Leitfähigkeit, 486
relevante Felder, 361
relevante Störungen, 362
Renormierungsgruppe, 350–394
Renormierungsgruppentheorie, 350–394
- ϵ-Entwicklung, 388
- Abschneidelängenskala, 350
- Blocktransformation, 366
- cross over-Phänomen, 392
- Dezimierungstransformation, 351
- effektive Exponenten, 392
- Felder
-- irrelevante, 361
-- relevante, 361
- Fixpunkt, 351, 353
- Flußdiagramm, 357
- Flußlinien, 357
- Ginzburg–Landau–Wilson Funktional, 386
- Hochtemperaturfixpunkt, 357
- Impulsschalen-Renormierungsgruppe, 386
- Ising-Modell
-- eindimensionales, 351, 558
-- zweidimensionales, 355
- Kopplungskonstanten, 350, 351, 353, 356

- kritische Dimension siehe Grenzdimension, 379, 390, 391
- kritische Exponenten, 360
- kritische Trajektorie, 358
- kritischer Punkt, 357
- logarithmischen Korrekturen, 392
- Ortsraum RG-Transformationen, 351, 364
- Renormierungsgruppentransformationen, 350, 351, 408
- RG–Fluß, 388
- Skalenfelder, 362
- Tieftemperaturfixpunkt, 357
- Universalitätseigenschaften, 364
- Wicksches Theorem, 389
- Wilsons RG-Schema, 386
- Zweipunkt–Funktion, 389
Restentropie am absoluten Nullpunkt, 528–533
reversible Änderung, siehe Prozeß
reversibler Prozeß, siehe Prozeß
RG–Fluß, 388
Riemannsche ζ-Funktion, siehe ζ-Funktion
RKKY-Wechselwirkung, 291
Rotationsenergie, 229
Rotationsfreiheitsgrade, 118, 229
Rotonen, 215

Sättigungsgebiet, 135
Sättigungskurve, 135
Sättigungsmagnetisierung, 320
Sackur-Tetrode-Gleichung, 46
Schalldämpfung, 485
Schallfortpflanzung
- in Gasen, 462–464
Schallgeschwindigkeit, adiabatische, 463, 485
Schallresonanzen, 475
Scharmittel, 507
Scherviskosität, 473, 485
Schmelzkurve, 131
Schmelzpunkterniedrigung, 268
Schmelzwärme, 268
- Zahlenwerte einiger Stoffe, 573
Schottky-Anomalie, 286
Schrödinger-Gleichung, 15
- Beziehung zur Smoluchowski-Gleichung, 438
Schwankung, relative, 9, 42
Schwankungsquadrat, 5, 8, 42
Schwarze Löcher, 188, 519
schwarzer Körper, 204

Schwingkreis, elektrischer, 442
Schwingungsenergie, 229
Schwingungsfreiheitsgrade, 232
selbstorganisierte Kritikalität, 394
selbstvermeidende Zufallsbewegung, 394
self-avoiding random walk, 394
Siedegrenze, 135
Siedelinse, 165
Siedepunkt
– Zahlenwerte einiger Stoffe, 573
Siedepunktserhöhung, 266, 269
Sievertsches Gesetz, 266
site percolation, 395
Skalarprodukt, 465, 485, 566
Skalenfelder, 362
Skalenfunktionen, 346
Skalengesetz, 346, 349
– Hyperskalenrelation, 350
Skalenhypothese, 348
– für die Korrelationsfunktion, 348
– statische, 344
Skaleninvarianz, 308
Skalenrelationen, 348
Skalentheorie, Perkolation, 405–407
Skalentransformation, 346
Smoluchowski-Gleichung, 426–428
– Beziehung zur Schrödinger-Gleichung, 438
– Lösung für harmonisches Potential, 429
– und supersymmetrische Quantenmechanik, 438–440
Sommerfeld-Entwicklung, 179, 288
Sonnentemperatur, 205
Spannungskoeffizient, 84, 89
Spannungskurve, 135
spektroskopischer Aufspaltungsfaktor, *siehe* Landé-g-Faktor
spezifische Wärme, 83, 90, 275, 314
– am absoluten Nullpunkt, 526
– bei konstantem Druck, 83, 259, 475
– bei konstantem Volumen, 83, 256, 471
– eindimensionales Ising-Modell, 559
– eines Paramagneten, 325
– Festkörper, 186, 212–214, 225
– ideales Molekül-Gas, 233
– negative, 518
– Rotationsanteil, 231, 235
– Schwankung der inneren Energie, 90
– van der Waals-Theorie, 256
– Vibrationsbeitrag, 232

– Zahlenwerte für verschiedene Stoffe, 572
Spin-Bahn-Kopplung, 282
Spin-Spin-Korrelationsfunktion, *siehe* Ornstein-Zernike-Korrelationsfunktion
– eindimensionales Ising-Modell, 559
Spinwellen, 332, 437, 569
spontane Magnetisierung, 290, 295, 370
stöchiometrische Koeffizienten, 151
Störungen
– irrelevante, 362
– relevante, 362
Störungsentwicklung, 548–549
Stabilität, 91, 125
– mechanische, 125
– thermische, 125
Stationarität, 122, 124
statische Skalenhypothese, 344
Statistischer Operator, *siehe* Dichtematrix
Stefan-Boltzmann-Gesetz, 201
Stirlingsche Formel, 21, 31
stochastische Bewegungsgleichung, 418
stochastische Kraft, 417
stochastischer Prozeß, 418
Stoßdauer, 418, 445
Stoßinvariante, 456–457, 465, 466
Stoßoperator
– linearer, 465
– – Eigenfunktionen, 466, 476
Stoßterm, 448, 476, 486
– linearisierter, 464
Stoßzahlansatz, 448, 450
Stoßzeit, 445, 471, 485
Strömungsterm, 448, 465, 484
Strahlungsdruck, 201, 518
Strahlungsgesetz
– Planck, 202
– Rayleigh-Jeans, 202
– Wien, 203
Streuphase
– zweiter Virialkoeffizient, 545
Streuquerschnitt, 449, 477–483, 487
– differentieller, 479
– elastischer, 307
Streuung
– inelastische, 476
– Stoßterm der Boltzmann-Gleichung, 477–483
– zweier harter Kugeln, 481, 483
Stromdichte, 452
Sublimation, 139

Sublimationskurve, 131, 138
Superaustausch, 291
supersymmetrische Quantenmechanik, 438, 443
Suprafluidität, 187, 218, 341
Supraleitung, 341, 370
Suszeptibilität, 84, 303–304
- adiabatische, 276
- bez. äußeren Feldes, 312
- bez. inneren Feldes, 312
- des Pauli-Paramagnetismus, 288
- diamagnetische, 285
- dielektrische, 329
- dynamische, 563
- eindimensionales Ising-Modell, 559
- harmonische Oszillatoren, 329
- in Molekularfeldnäherung, 305
- isotherme, 275, 296
- longitudinale, 381
- molare, 281
- paramagnetische, 285
- transversale, 378, 379
Symmetrie
- diskrete, 342
- kontinuierliche, 379
Symmetrieeigenschaften, 335, 449
Symmetrierelationen
- Boltzmann-Gleichung, 484
System
- einkomponentiges, 130
- isoliertes, 26
- mehrkomponentiges, 145
- wechselwirkendes, 42

Taubildung, 161
Teilchenzahl, 505
Teilchenzahldichte, 455
- Bewegungsgleichung, 470
- lokale, 457
Teilchenzahlerhaltung, 458
Temperatur, 38, 39, 45, 64
- absolute, 91, 144
- absoluter Nullpunkt, 525
- Definition, 39
- empirische, 91
- lokale, 457
- negative, 324–326
- Skala, 92, 570
Temperaturausgleich, 114
- quasistatischer, 110
Temperaturstandard, 144
Thermalisierung, 71
thermische Wellenlänge, 67, 96, 205, 445, 539

thermodynamische Größen
- Ableitungen, 82
thermodynamische Potentiale, 75–81, 145–147, 273–278
- Extremaleigenschaften, 120–123
- Tabelle, 80
thermodynamische Prozesse, 93
thermodynamische Ungleichungen, 90, 123–125, 276
Tieftemperaturfixpunkt, 357
Tieftemperaturphysik, 138
Trajektorie, kritische, 358
Transfermatrixmethode, 354, 530, 558–560
Translationsenergie, 227
Translationsfreiheitsgrade, 227
transversale Suszeptibilität, *siehe* Suszeptibilität
trikritischer Punkt, 412
Tripellinie, 134
Tripelpunkt, 93, 134, 135, 142–144
- Schwerpunktsregel, 144
Tripelpunktszelle, 145

Übergang
- thermisch aktivierter, 431
Übergangsrate, *siehe* Reaktionsrate
Übergangswahrscheinlichkeit
- Boltzmann-Gleichung, 448, 477–483
Überhitzung, 385
Universalität, 302, 343–344, 364
Universalitätsklassen, 343
Unterkühlung, 385
Urnenmodell, 521, 522
- Fokker-Planck-Gleichung, 522
- Langevin-Gleichung, 522
- und H-Theorem, 522
- und Paramagnet, 522

van der Waals-
- Isotherme, 248, 250
- Koeffizienten, 249
-- Zahlenwerte einiger Stoffe, 573
- Schleifen, 248
- Theorie, 244–259
- Zustandsgleichung, 248, 259
-- dimensionslose, 253
van Hove-Singularitäten, 211, 212
Van Vleck-Paramagnetismus, 286
van't Hoff-Formel, 264, 270
Verbrennungsmotor, 125
verdünnte Lösungen, 260–269
- chemische Potential, 260

- Druck, 260
- freie Enthalpie, 263

Verdampfungsübergang, 131, 134, 338, 342

Verdampfungskurve, 131, 132, 135, 338

Verdampfungswärme
- Zahlenwerte einiger Stoffe, 573

Verlustrate
- im Stoßterm der Boltzmann-Gleichung, 481

Verteilung
- binomiale, 17
- Poisson, 17

Verteilungsfunktion, 9, 11
- großkanonische, 65
- Herleitung aus der Dichtematrix, 533
- kanonische, 52
- mikrokanonische, 27

Vertexmodell, 530

Vibrationsfreiheitsgrade, *siehe* Schwingungsfreiheitsgrade

Virial, 56

Virialentwicklung, 239–244

Virialkoeffizienten, 239
- klassische Näherung, 240–244
- Lennard-Jones-Potential, 243
- Quantenkorrekturen, 244, 543–548

Virialsatz
- klassischer, 54
- quantenstatistischer, 57

virtuelle Änderung, 122

Viskosität, 486
- *siehe auch* Scherviskosität, Volumenviskosität

vollständiges Differential, 84–87

Volumenviskosität, 474, 485

Von Neumann-Gleichung, 15

Vorgang, *siehe* Prozeß

Wärme, 60, 61, 76
- latente, *siehe* latente Wärme

Wärmebad, 50

Wärmediffusion, 472, 475, 476

Wärmekapazität, 82, 89
- *siehe auch* spezifische Wärme
- am absoluten Nullpunkt, 527

Wärmeleitfähigkeit, 471, 486

Wärmeleitung, 441

Wärmepumpe, 126

Wärmestromdichte, 459, 472

Wärmetönung, 154, 157

Wärmetod, 518

Wärmezufuhr, 62, 76

Wachstumsvorgänge, 394

Wahrscheinlichkeit, 4
- bedingte, 7, 430

Wahrscheinlichkeitsdichte, 4
- charakteristische Funktion, 5
- Momente, 5
- von Zufallsfunktionen, 6

Wasser, 134
- *siehe auch* Eis, Dampfdruck
- Anomalie, 137

Wasserstoff in Metallen, 265

Wasserstoff-Brücken, 413, 529

Weiß-Modell, 332

Weiße Zwerge, 188, 223

Wertpapierkurse
- als stochastischer Prozeß, 444

Wicksches Theorem, 389

Wiederkehrzeit, 489, 491–494, 498, 520

Wiensches Gesetz, *siehe* Strahlungsgesetz

Wiensches Verschiebungsgesetz, 202

Wigner-Funktion, 535

Wilsons RG-Schema, 386, 430

Wirkungsgrad, 128, 129, 164

Yukawa-Potential, 310

Zeeman-Effekt, 282

Zeitmittel, 507

Zeitskalentrennung, 434, 469, 501

Zeitumkehr
- Boltzmann-Gleichung, 454–455
- und Irreversibilität, *siehe* Irreversibilität

Zeitumkehrinvarianz, 489

Zeitumkehrtransformation, 490, 511

zentraler Grenzwertsatz, 7, 9

Zermelo-Paradoxon, 489, 491, 493

ζ-Funktion, 200
- und Bernoulli-Zahlen, 550
- verallgemeinerte, 174

Zinn (Allotropie), 532

Zufallsbewegung, *siehe* random walk

Zufallsvariable, 4–6

Zustandsdichte, 183, 210, 212, 287, 289
- freie Elektronen, 183
- Phononen, 210, 212

Zustandsfläche, 47, 134, 339

Zustandsfunktion, 86, 87

Zustandsgleichung
- ideales Gas, 47
- in Molekularfeldnäherung, 298
- magnetische, 296, 344, 345, 371
- Mie-Grüneisen, 213

– Molekülgase, 228, 236
– van-der-Waals, 112
Zustandsgröße, 1
– *siehe auch* Zustandsfunktion
Zustandsintegral, 52, 538
– Herleitung aus der Zustandssumme, 538
– im Magnetfeld, 278
Zustandssumme, 51, 59
– großkanonische, 64
– kanonische, 52

Zustandsvariable
– extensive, 81, 94
– intensive, 81, 94
Zwangsbedingung, 98, 106, 504
Zwei-Flüssigkeitsmodell, 218–222
Zwei-Niveau-Systeme, 34, 49, 324–326, 330
Zweipunkt–Funktion, 389
zweite Zähigkeit, *siehe* Volumenviskosität

Druck: Krips bv, Meppel
Verarbeitung: Stürtz, Würzburg